Zeeck/Grond/Papastavrou/Zeeck

Chemie für Mediziner

Zeeck

Chemie für Mediziner

A. Zeeck, S. Grond, I. Papastavrou, S. C. Zeeck

Mit 460 Abbildungen und 62 Tabellen

7., völlig überarbeitete Auflage

ELSEVIER
URBAN & FISCHER

URBAN & FISCHER München

Zuschriften und Kritik an:
Elsevier GmbH, Urban & Fischer Verlag, Hackerbrücke 6, 80335 München
E-Mail: medizinstudium@elsevier.de

Anschriften der Verfasser
Prof. Dr. rer. nat. Axel Zeeck (Hrsg.)
Institut für Organische Chemie der Universität Göttingen
Tammannstraße 2
37077 Göttingen

Prof. Dr. rer. nat. Stephanie Grond
Eberhard Karls Universität Tübingen
Institut für Organische Chemie
Auf der Morgenstelle 18
72076 Tübingen

Dr. rer. nat. Ina Papastavrou
Minna-Vortisch-Str. 10a
79540 Lörrach

Dr. med. Sabine C. Zeeck
Dransfelder Weg 6
37127 Dransfeld

Wichtiger Hinweis für den Benutzer
Die Erkenntnisse in der Medizin unterliegen laufendem Wandel durch Forschung und klinische Erfahrungen. Herausgeber und Autoren dieses Werkes haben große Sorgfalt darauf verwendet, dass die in diesem Werk gemachten therapeutischen Angaben (insbesondere hinsichtlich Indikation, Dosierung und unerwünschter Wirkungen) dem derzeitigen Wissensstand entsprechen. Das entbindet den Nutzer dieses Werkes aber nicht von der Verpflichtung, anhand der Beipackzettel zu verschreibender Präparate zu überprüfen, ob die dort gemachten Angaben von denen in diesem Buch abweichen, und seine Verordnung in eigener Verantwortung zu treffen.

Bibliografische Information der Deutschen Nationalbibliothek
Die Deutsche Nationalbliothek verzeichnet diese Publikation in der Deutschen Nationalbibliografie; detaillierte bibliografische Daten sind im Internet unter http://www.d-nb.de abrufbar.

1. Auflage 1990
7. Auflage 2010

Der Urban & Fischer Verlag ist ein Imprint der Elsevier GmbH.

12 13 14 15 5 4 3 2

Planung und Lektorat: Dr. Katja Weimann, Dr. Andrea Beilmann, Sabine Hennhöfer
Redaktion: Dr. rer. nat. Claudia Deigele
Herstellung: Peter Sutterlitte, Andrea Mogwitz, München
Satz: Kösel, Krugzell
Druck und Bindung: Printer Trento, Trento
Zeichnungen: Dr. Wolfgang Zettlmeier, Barbing
Umschlaggestaltung: SpieszDesign, Neu-Ulm

ISBN 978-3-437-42443-4

Aktuelle Informationen finden Sie im Internet unter www.elsevier.com und www.elsevier.de

Vorwort zur 7. Auflage

Farben sind in der Natur überall erlebbar und beeinflussen den Menschen. Denken Sie an das Grün der Blätter und Wiesen im Frühling, an das strahlende Blau eines Sommerhimmels oder an die bunte Farbenpracht der Laubwälder im Herbst. Wer möchte dies missen? Farben sind jedoch auch das Kleid unserer Persönlichkeit und verändern unser Fühlen, Denken und Wollen. Von den Farben gehen Kräfte aus, die sich vielfältig nutzen lassen, z. B. zu einer Farbtherapie oder zur Unterstützung der Ausstrahlung eines Menschen. Farben sind darüber hinaus ein wichtiges Hilfsmittel in der Lehre, um Lerninhalte hervorzuheben, Abläufe durchsichtiger zu machen oder einfach um die Leserin/den Leser unseres Buches zu erfreuen.

Das bewährte Gesamtkonzept dieses Buches ist geblieben. Wir vermitteln chemische Grundlagen, die ohne Vorkenntnisse verstanden werden können. Außerdem wird von der Chemie ausgehend auf wichtige Lebenszusammenhänge hingewiesen. Die Chemie für Mediziner und Zahnmediziner ist nicht isoliert zu sehen, sondern will angemessen auf die Biochemie, Physiologie, Pharmazie und Pharmakologie vorbereiten. Diagnose und Therapie im medizinischen Alltag sind von chemischen Vorgängen durchdrungen. Niemand wird ein guter Arzt, der nur diese Vorgänge kennt, aber ohne diese Kenntnisse geht es auch nicht.

Warum sollen Medizinstudierende die Grundlagen der Chemie erlernen? Als eine Antwort auf diese Frage haben wir erstmals jedem Kapitel eine *Orientierung* vorangestellt und einige Fragen zum jeweiligen Thema als Arbeitsauftrag formuliert. Der gesamte Lehrbuchtext wurde gestrafft und stärker untergliedert. Die Kinetik chemischer Reaktionen erhält ein eigenes, neu gestaltetes Kapitel 12. Die Farbgestaltung der Abbildungen, Formeln und Reaktionsabläufe wurde weiter optimiert, um einerseits Strukturteile und funktionelle Gruppen hervorzuheben und um andererseits auch Eigenschaften und Qualitäten einzelner Substanzen zu markieren. Die wiederkehrenden Farbhilfen, z. B. Säuren *rot* und Basen *blau*, sollen Ihnen das Lernen erleichtern. Die wichtigsten Stichworte eines Kapitels enthält eine *Checkliste*, die mit dem Glossar verknüpft ist. Die ausführlicher gewordenen Lösungen zu den Übungsaufgaben finden Sie nicht mehr im Buch, sondern online. Zusätzliche Übungsaufgaben mit sehr detaillierten Lösungswegen stehen Ihnen außerdem in dem von uns entwickelten *Prüfungstraining Chemie für Mediziner* zur Verfügung.

Chemie und Leben sind eng miteinander verbunden, ebenso Chemie und Medizin. Um dies zu verdeutlichen, haben wir an vielen Stellen markierte Abschnitte eingefügt, in denen Medizin- (rot) und Umweltsachverhalte (grün) zur Sprache kommen. Damit wird dem Wunsch nach einem integrierten Unterricht Rechnung getragen. Durch diese Öffnung der Chemie zu den Lebenswissenschaften können auch Studierende der Biologie, Pharmazie und Landwirtschaft sowie Schüler der gymnasialen Oberstufe dieses Lehrbuch sinnvoll nutzen.

Wir wünschen uns von unseren Leserinnen und Lesern, dass sie dieses Lehrbuch weiterhin mit Kritik und Anregungen begleiten. Dem Verlag danken wir für die gute Zusammenarbeit und für die Bereitschaft, die Ausstattung des Buches weiter zu verbessern. Geduldige Hilfe haben wir durch das Lektorat erhalten, hier sind wir Frau Sabine Hennhöfer und Frau Dr. Andrea Beilmann besonders dankbar. Nicht zuletzt möchte der Herausgeber Herrn Dr. med. Otto Wolff † (Arlesheim, CH) seinen Dank sagen für die Möglichkeit, bei ihm Grundlegendes über das Dreieck Chemie – Leben – Mensch zu lernen.

Göttingen, im Oktober 2009

Axel Zeeck
Stephanie Grond
Ina Papastavrou
Sabine C. Zeeck

Aus dem Vorwort zur 1. Auflage

Der Naturforscher und Arzt *Paracelsus* (1493–1541) prägte die Begriffe *Sal, Sulphur und Mercurius,* um Prozesse zu beschreiben, die im Menschen wirken. Mit dem heutigen Wissen erkennt man chemische Substanzklassen, denen eine bestimmte, für die Eigenschaften verantwortliche Bindungsart zugrunde liegt: im festen Salz *(Sal)* die Ionenbindung, im leicht verdampfbaren Schwefel *(Sulphur)* die Atombindung, im flüssigen Quecksilber *(Mercurius)* die Metallbindung. Paracelsus wollte seine medizinische Erfahrung jedoch nicht auf ein chemisches Lehrgebäude reduzieren. Er sah, dass auch der menschliche Gesamtorganismus Kräften ausgesetzt ist, die zur Verfestigung führen *(Sal)* oder aber zur Auflösung, zur Verflüchtigung *(Sulphur).* Dazwischen steht *Mercurius,* es sorgt für den Ausgleich. Wirken die drei Kräfte richtig zusammen, ist der Mensch gesund. Bei Störungen hat der Arzt die Aufgabe, durch seine Behandlung die Harmonie der Lebensprozesse wiederherzustellen. Dies gilt heute wie damals.

Vor dem Ganzen, das ein Arzt sehen sollte, ist ein Lehrbuch „Chemie für Mediziner" etwas Einseitiges. Es bereitet nicht unmittelbar auf ärztliches Handeln vor. Aus dem großen Themenkreis „Chemie" haben wir jedoch solche Passagen ausgewählt, die für die Mediziner bedeutsam sind. Chemiekenntnisse helfen dem Mediziner, die stoffbezogenen Lebensvorgänge und Arzneimittelwirkungen, die in späteren Studienabschnitten zu lernen sind, besser zu verstehen. Für die Leserin/den Leser bleibt die Aufgabe, im Laufe des Studiums in der Zusammenschau verschiedener Teilfächer das Ganze zu erkennen und ärztliches Handeln daran zu orientieren.

Die Chemie hat ihre eigene Sprache, die bei der Beschreibung von Strukturen und Reaktionen einfacher Moleküle erlernt werden kann. Chemische Grundkenntnisse setzt dieses Buch nicht voraus. Da eine Sprache nicht nur Fakten vermittelt, sind die Themen in größere Gedankenzusammenhänge eingebettet. Dies schafft *Motivation* für das Lernen und hilft *Gedächtnisbrücken* zu bauen.

Dieses Lehrbuch ist kein Repetitorium, das lediglich den offiziellen Gegenstandskatalog (GK) auswalzt. Eine zu knappe Darstellung von Fakten zwingt zum Auswendiglernen und wirkt eher einengend als anregend. Durch die sinngemäße Ergänzung und Einordnung der Themen wird jedoch zwangsläufig mehr vermittelt, als für ein durchschnittliches Examen in der „Chemie für Mediziner" erforderlich ist. Mit diesem Buch hoffen wir, eine Lücke zu schließen zwischen den zu „schmalen" Repetitorien und den vielen Büchern, die mehr für Chemie-Studenten geschrieben wurden. Anregungen und Kritik werden gern entgegengenommen.

Göttingen, im Sommer 1990

Axel Zeeck
Susanne Eick
Bern Krone
Karsten Schröder

Benutzerinfos für die Online-Extras

Im Buch sind die Online-Extras jeweils durch das Kreuzchen-Symbol ✚ zusammen mit einer Ziffer gekennzeichnet. Über das Eingeben dieser Ziffer auf der Elsevier.de-Seite zu diesem Buch gelangen Sie direkt zu der weiterführenden Information zum jeweiligen Thema.

Inhalt

Allgemeine Chemie

1 Atombau ... 3
1.1 Elementarteilchen ... 3
1.2 Aufbau eines Atoms ... 4
1.3 Isotope ... 5
1.4 Elemente ... 5
1.5 Atommasse, Stoffmenge Mol ... 6
1.6 Aufbau der Elektronenhülle ... 7
1.6.1 Allgemeines ... 7
1.6.2 Quantenzahlen ... 7
1.6.3 Elektronenkonfiguration ... 8
1.6.4 Atomorbitale ... 11

2 Periodensystem der Elemente ... 15
2.1 Übersicht und Historisches ... 15
2.2 Beschreibung des Aufbaus ... 15
2.3 Elektronenkonfiguration als Wegweiser ... 17
2.4 Hauptgruppen- und Nebengruppenelemente ... 18
2.5 Biochemisch und medizinisch wichtige Elemente ... 19
2.6 Radioisotope ... 22

3 Grundtypen der chemischen Bindung ... 27
3.1 Oktettregel ... 27
3.2 Metallische Bindung ... 27
3.3 Ionenbindung ... 29
3.3.1 Kationen ... 29
3.3.2 Anionen ... 30
3.3.3 Neigung zur Ionenbildung ... 30
3.3.4 Atom- und Ionenradien ... 31
3.3.5 Salze ... 32
3.3.6 Namen wichtiger Ionen/Salze, Molberechnung ... 33
3.4 Atombindung ... 34
3.4.1 Schreibweise und Definitionen ... 34
3.4.2 Moleküle ... 35
3.4.3 Bindungslänge und Bindungsenergie ... 37
3.4.4 Molekülorbitale ... 37
3.4.5 Das Methan-Molekül ... 38
3.4.6 C–C-Einfachbindungen ... 39
3.4.7 Mehrfachbindungen ... 40
3.4.8 Die polarisierte Atombindung ... 42
3.4.9 Dipolmoleküle ... 43

4 Erscheinungsformen der Materie ... 47
4.1 Aggregatzustände ... 47
4.2 Gase ... 48
4.2.1 Druck und Druckmessung ... 48
4.2.2 Gasgesetze ... 49
4.3 Flüssigkeiten ... 50
4.4 Feststoffe ... 51
4.5 Phasenumwandlungen ... 53
4.6 Eigenschaften von Wasser und Schwefelwasserstoff ... 55
4.7 Reinstoffe und Stoffgemische ... 57
4.7.1 Unterscheidungsmerkmale ... 57
4.7.2 Homogen und heterogen ... 58

5 Heterogene Gleichgewichte ... 61
5.1 Gesättigte Lösungen und Löslichkeit ... 61
5.2 Nernst-Verteilungsgesetz ... 63
5.3 Henry-Dalton-Gesetz ... 64
5.4 Adsorption an Oberflächen ... 64

5.5 Gleichgewichte in Gegenwart von Membranen 65
5.5.1 Membran 65
5.5.2 Diffusion 65
5.5.3 Dialyse 66
5.5.4 Osmose 67
5.5.5 Donnan-Gleichgewicht 69
5.6 Verfahren zur Stofftrennung 71

6 Chemische Reaktionen 77
6.1 Definition 77
6.2 Chemische Gleichungen 77
6.3 Stöchiometrische Berechnungen 79
6.4 Energetik chemischer Reaktionen 82
6.4.1 Allgemeines 82
6.4.2 Reaktionswärme (= Reaktionsenthalpie) 83
6.4.3 Reaktionsentropie 85
6.4.4 Gibbs-Energie – Triebkraft chemischer Reaktionen 85
6.5 Chemisches Gleichgewicht 87
6.5.1 Allgemeines 87
6.5.2 Massenwirkungsgesetz 88
6.5.3 Prinzip des kleinsten Zwanges 88
6.5.4 Gibbs-Energie und chemisches Gleichgewicht 89
6.6 Gekoppelte Reaktionen 91
6.7 Fließgleichgewichte 92

7 Salzlösungen 95
7.1 Vorgänge beim Lösen von Salzen 95
7.1.1 Dissoziation 95
7.1.2 Hydratation von Ionen 96
7.1.3 Lösungsenthalpie 98
7.2 Löslichkeitsprodukt 99
7.3 Fällungs-Reaktionen 101
7.4 Elektrolyse 102

8 Säuren und Basen 107
8.1 Säure-Base-Definitionen 107
8.2 Konjugierte Säure-Base-Paare und Ampholyte 109
8.3 Autoprotolyse des Wassers, pH-Wert 112
8.4 Stärke von Säuren und Basen 114
8.5 Berechnung von pH-Werten 117
8.5.1 Starke Säuren 117
8.5.2 Schwache Säuren 117
8.6 Messung von pH-Werten 119
8.7 Neutralisation 120
8.8 pH-Wert von Salzlösungen 121
8.9 Säure-Base-Titration 122
8.9.1 Titrationskurven 122
8.9.2 Gehaltsbestimmung durch Titration 124
8.10 Pufferlösungen 124
8.10.1 Puffersubstanzen und ihre Wirkung 125
8.10.2 Puffergleichung 125
8.10.3 Pufferkapazität 126
8.10.4 pH-Optimum und Pufferbereich 127
8.10.5 Phosphat-Puffer 128
8.10.6 Kohlensäure-Puffer 129

9 Oxidation und Reduktion 133
9.1 Elektronenübergänge bei chemischen Reaktionen 133
9.2 Definitionen 134
9.3 Redox-Teilreaktionen sind umkehrbar 136
9.4 Spannungsreihe 137
9.5 Richtung des Elektronenflusses zwischen Redoxpaaren 138
9.6 Aufstellen von Redoxgleichungen 139
9.6.1 Oxidationsstufen als Hilfsgröße 139
9.6.2 Beispiele für Redoxgleichungen 140
9.7 Elektrochemische Zelle 142
9.8 Elektromotorische Kraft (EMK) 143

9.9 Elektrodenpotenziale . . . 145
9.10 Nernst-Gleichung . . . 148
9.11 Redox- und Säure-Base-Reaktionen im Vergleich . . . 150
9.12 pH-Abhängigkeit von Redoxpotenzialen . . . 150
9.12.1 Normalpotenziale bei pH = 7 . . . 150
9.12.2 pH-Bestimmung durch Potenzialmessung . . . 151
9.13 Knallgasreaktion und Atmungskette . . . 152

10 Metallkomplexe . . . 157
10.1 Koordinative Bindung . . . 157
10.2 Aufbau von Metallkomplexen . . . 158
10.3 Chelatkomplexe . . . 161
10.4 Reaktionen mit Metallkomplexen . . . 162
10.4.1 Ligandenaustausch-Reaktionen . . . 162
10.4.2 Stabilität von Metallkomplexen . . . 163
10.5 Durch Komplexbildung beeinflusste Eigenschaften von Metallionen . . . 164
10.6 Bedeutung von Chelatkomplexen . . . 166

Organische Chemie

11 Einführung und Kohlenwasserstoffe . . . 171
11.1 Grundlagen . . . 171
11.1.1 Organische Chemie – die chemische Brücke in die Welt des Lebens . . . 171
11.1.2 Bindungsverhältnisse am Kohlenstoff . . . 173
11.1.3 Funktionelle Gruppen am Kohlenstoff . . . 174
11.1.4 Elementare Reaktionstypen am Kohlenstoff . . . 175
11.1.5 Kohlenstoff ist einzigartig . . . 176
11.2 Alkane . . . 178
11.2.1 Summenformel und Struktur . . . 178
11.2.2 Nomenklatur . . . 179
11.2.3 Molekülmodelle . . . 181
11.2.4 Konformationsisomere . . . 181
11.2.5 Physikalische Eigenschaften . . . 183
11.3 Cycloalkane . . . 185
11.3.1 Struktur . . . 185
11.3.2 Konformationen des Cyclohexans . . . 185
11.3.3 Cyclohexanderivate . . . 186
11.4 Reaktionen der Alkane . . . 188
11.4.1 Homolytischer/heterolytischer Bindungsbruch . . . 188
11.4.2 Radikalische Substitution . . . 189
11.4.3 Oxidation der Alkane . . . 192
11.5 Alkene . . . 193
11.5.1 Konstitution und Nomenklatur . . . 193
11.5.2 Geometrische Isomerie . . . 194
11.5.3 Additions-Reaktionen . . . 195
11.5.4 Diene und Polyene . . . 199
11.6 Alkine . . . 202
11.7 Aromaten (Arene) . . . 202
11.7.1 Molekülbau und Mesomerie des Benzols . . . 202
11.7.2 Reaktionen des Benzols . . . 204
11.7.3 Einzelschritte der elektrophilen aromatischen Substitution . . . 206

12 Kinetik chemischer Reaktionen . . . 209
12.1 Von der Thermodynamik zur Kinetik . . . 209
12.2 Reaktionsgeschwindigkeit . . . 210
12.2.1 Geschwindigkeitsgesetz und Reaktionsordnung . . . 210
12.2.2 Molekularität von Reaktionen . . . 212
12.2.3 Temperaturabhängigkeit . . . 212
12.3 Katalyse . . . 214
12.4 Enzymkinetik . . . 215

13 Verbindungen mit einfachen funktionellen Gruppen . . . 219
13.1 Alkanole und Phenole . . . 219
13.1.1 Klassifizierung und Nomenklatur . . . 219

13.1.2 Eigenschaften und Reaktionen ... 222
13.1.3 Mehrwertige Alkanole und Phenole ... 225
13.1.4 Wo spielen Alkanole eine Rolle? ... 226
13.2 Ether ... 232
13.2.1 Nomenklatur und Eigenschaften ... 232
13.2.2 Reaktionen ... 233
13.2.3 Kronenether ... 235
13.3 Thiole und Thioether ... 237
13.3.1 Nomenklatur und Eigenschaften ... 237
13.3.2 Reaktionen ... 238
13.4 Amine ... 241
13.4.1 Klassifizierung und Nomenklatur ... 241
13.4.2 Basizität ... 242
13.4.3 Salzbildung ... 243
13.4.4 Beispiele für Amine ... 243
13.5 Halogenalkane und Halogenaromaten ... 246
13.6 Nucleophile Substitution ... 248
13.6.1 Allgemeines ... 248
13.6.2 Eigenschaften der Reaktionspartner ... 250
13.6.3 S_N2-Reaktion ... 251
13.6.4 S_N1-Reaktion ... 251
13.6.5 Vergleich der S_N1- und S_N2-Reaktion ... 252
13.7 Eliminierungen ... 253
13.7.1 Allgemeines ... 253
13.7.2 E2-Reaktionen ... 254
13.7.3 E1-Reaktionen ... 255

14 Aldehyde und Ketone ... 257
14.1 Bau und Reaktionsverhalten der Carbonylgruppe ... 257
14.2 Struktur und Nomenklatur ... 259
14.3 Herstellung und Eigenschaften ... 261
14.4 Keto-Enol-Tautomerie ... 262
14.5 Addition von Wasser und Alkoholen ... 264
14.6 Addition primärer Amine ... 266
14.7 Reduktion der Carbonylgruppe ... 268
14.8 Aldol-Kondensation (C–C-Verknüpfung) ... 269

15 Chinone ... 273
15.1 Strukturen der Chinone ... 273
15.2 Redoxreaktionen ... 275

16 Carbonsäuren und Carbonsäurederivate ... 279
16.1 Carbonsäuren ... 279
16.1.1 Struktur und Nomenklatur ... 279
16.1.2 Eigenschaften ... 281
16.1.3 Salzbildung ... 283
16.1.4 Carbonsäuren mit zusätzlichen funktionellen Gruppen ... 285
16.2 Carbonsäurederivate ... 289
16.2.1 Allgemeines ... 289
16.2.2 Carbonsäurechloride ... 290
16.2.3 Carbonsäureanhydride ... 292
16.2.4 Carbonsäureester ... 293
16.2.5 Thioester ... 298
16.2.6 Carbonsäureamide ... 299

17 Derivate anorganischer Säuren ... 303
17.1 Kohlensäure und Harnstoff ... 303
17.2 Phosphorsäure ... 305
17.3 Schwefelsäure ... 308
17.4 Gibbs-Energie der Hydrolyse ... 309

18 Stereochemie ... 313
18.1 Verbindungen mit einem Chiralitätszentrum ... 313
18.1.1 Grundbegriffe ... 313
18.1.2 Optische Aktivität ... 315
18.1.3 Chirale Erkennung und Stereoselektivität ... 316
18.1.4 Schreibweise und Nomenklatur chiraler Verbindungen ... 318

18.2 Verbindungen mit zwei Chiralitätszentren ... 321
18.2.1 Enantiomere und Diastereomere ... 321
18.2.2 Racemat und Racematspaltung ... 322
18.2.3 *meso*-Weinsäure ... 323
18.3 Zur Struktur organischer Moleküle ... 324
18.3.1 Arten der Isomerie ... 324
18.3.2 Konstitution, Konfiguration und Konformation ... 324
18.3.3 Chiralität bei Arzneimitteln ... 325

19 Aminosäuren und Peptide ... 329
19.1 Einfache Aminosäuren ... 329
19.1.1 Struktur ... 329
19.1.2 Chiralität ... 331
19.1.3 Zwitterion ... 332
19.1.4 Molekülform in Abhängigkeit vom pH-Wert ... 332
19.1.5 Chelatkomplexe ... 333
19.1.6 Titrationskurve und Puffereigenschaften ... 334
19.1.7 Isoelektrischer Punkt ... 335
19.1.8 Decarboxylierung zu biogenen Aminen ... 337
19.1.9 Veresterung und Acylierung ... 338
19.2 Peptide ... 340
19.2.1 Peptidbindung und Primärstruktur (Sequenz) ... 340
19.2.2 Aufbau von Peptidketten ... 342
19.2.3 Abbau von Peptidketten ... 344
19.2.4 Sekundärstruktur von Peptiden ... 344
19.2.5 Zur Raumstruktur von Peptiden und Proteinen ... 347
19.2.6 Insulin ... 350

20 Kohlenhydrate ... 355
20.1 Bausteine und Biopolymere ... 355
20.2 Monosaccharide ... 357
20.2.1 Triosen ... 357
20.2.2 Tetrosen ... 358
20.2.3 Pentosen ... 358
20.2.4 Hexosen ... 359
20.2.5 Eigenschaften und Reaktionen der Monosaccharide ... 360
20.2.6 Bildung cyclischer Halbacetale, Haworth-Formel ... 361
20.2.7 Sesselform-Schreibweise der Pyranosen ... 363
20.2.8 Abgewandelte Monosaccharide ... 364
20.2.9 Glykoside ... 366
20.3 Disaccharide ... 369
20.3.1 Allgemeines ... 369
20.3.2 Beispiele wichtiger Disaccharide ... 370
20.4 Polysaccharide ... 373
20.4.1 Cellulose ... 373
20.4.2 Stärke ... 374
20.4.3 Glykogen ... 375
20.5 Glykolipide und Glykoproteine ... 377

21 Heterocyclen ... 381
21.1 Fünfgliedrige Heterocyclen ... 381
21.2 Sechsgliedrige Heterocyclen ... 385
21.3 Mehrkernige Heterocyclen ... 386
21.4 Nucleinsäuren ... 388
21.5 Riboflavin und Folsäure ... 392

22 Spektroskopie in Chemie und Medizin ... 395
22.1 Allgemeines ... 395
22.2 UV-Spektroskopie ... 396
22.3 IR-Spektroskopie ... 399
22.4 NMR-Spektroskopie ... 400
22.5 Massenspektrometrie ... 404
22.6 Röntgenstrukturanalyse ... 405

Glossar ... 408

Sachverzeichnis ... 420

Medizinische Themen

Auf die Elektronen kommt es an ... 12
Elementhäufigkeit im menschlichen Körper ... 20
Elemente mit verschiedener Bedeutung ... 22
Radioisotope in der Diagnostik ... 24
Bor und Yttrium in der Strahlentherapie ... 25
Es ist nicht alles Gold, was glänzt ... 29
Salze für die Gesundheit ... 34
Was oben fehlt, macht unten krank ... 42
Abkühlung durch Schwitzen ... 54
Haben Zellen eine Wasserleitung? ... 57
Tyndall-Effekt im Auge ... 58
Taucher leben gefährlich ... 62
Verteilungsprozesse im Körper ... 63
Die Lunge reguliert den Gasaustausch ... 64
Die Niere kontrolliert den Flüssigkeitshaushalt ... 66
Osmodiuretika ... 68
Warum Regenwasser oder Meerwasser „giftig" sind ... 69
Nervenreizleitung, was ist das? ... 70
Kann der Mensch leuchten? ... 83
Die Wärmeregulation – das A und O für Wohlbefinden und Gesundheit ... 84
Gleichgewicht oder Fließgleichgewicht: Was braucht der Mensch? ... 92
Das Aussalzen von Proteinen ... 97
Salze als Abführmittel ... 97
Ionenverteilung im Körper ... 98
Lithiumsalze helfen bei manisch-depressiven Erkrankungen ... 99
Nierensteine ... 101
Knochen- und Zahnbildung ... 101
Ionenwanderung im Wurzelkanal ... 104
Säuren und Laugen rufen Verätzungen hervor ... 116
Lebensmittel beeinflussen den Säure-Base-Haushalt ... 118
Allzu viel ist ungesund ... 121
Pufferkapazität des Blutes ... 130
Im Notfall hilft eine Plastiktüte ... 130
Desinfektion ist unverzichtbar ... 136
Stickstoffoxide machen Karriere ... 142
Stoffwechselenergie als Stromquelle ... 145
Power für die Zellen ... 154
Platin in der Krebstherapie ... 160
Gift oder Botenstoff ... 167
Morbus Wilson ... 168
Paraffine ... 184
Chlorethan und Halothan ... 191
Autooxidation und Antioxidanzien ... 192
Benzol ist toxisch ... 203
Benzol als Baustein ... 206
Jedes Enzym hat seine eigene Kinetik ... 217
Unterschiedliche Alkoholwirkungen ... 217
Methanol ist ein starkes Gift ... 226
Ethanol ist giftig und macht süchtig ... 227
Cholesterin und Arteriosklerose ... 229
Vitamine mit OH-Gruppen ... 230
Inhalationsnarkotika ... 233
Benzpyren und Krebs ... 235
Wirt-Gast-Beziehung ... 236
Schwefel hat viele Funktionen ... 239
Catecholamine ... 244
Nutzen und Schaden liegen dicht beieinander ... 244
Pestizide ... 248
Formalin in der Anatomie ... 259
Aceton in der Atemluft ... 260
Progesteron im weiblichen Zyklus ... 261
Chloralhydrat ... 264
Chemie des Sehens ... 268
Vitamin K, ein Chinon der Blutgerinnung ... 277
Ursodeoxycholsäure, eine bärenstarke Gallensäure ... 286
Prostaglandine sind Gewebshormone ... 288
Aspirin® ist über 100 Jahre alt ... 293
Essenzielle Fettsäuren ... 296
Mykotoxine sind weit verbreitet und gefährlich ... 297
Acetylcholin – ein wichtiger Neurotransmitter ... 298
Penicillin, ein β-Lactam-Antibiotikum ... 300
Ammoniak ist ein Zellgift ... 305
Sulfonamide sind Chemotherapeutika bei Infektionskrankheiten ... 309
Phosphor ist ein „anfeuerndes" Element ... 310
Die Contergan®-Katastrophe ... 326
Was bedeuten essenzielle Aminosäuren für den Menschen? ... 331
Histamin – ein Mediator bei Allergien ... 338
Nicht nur Zucker schmeckt süß ... 342
Ein Peptid reguliert den Zuckerstoffwechsel ... 351
Vitamin C – ein Zuckerderivat ... 364
Karies und Saccharose ... 372
Lactoseintoleranz und Galaktosämie ... 372
Hyaluronsäure und Heparin – Glykosaminoglykane mit besonderen Eigenschaften ... 376
Gibt es essenzielle Monosaccharide? ... 379
Hämoglobin und Cytochrom c: Was macht hier das Eisen? ... 382
Nicotin – zwischen Pflanzenschutz und Krebs ... 384
Serotonin und Melatonin. Nachtarbeit als Diabetes-Risiko? ... 387
Coffein macht munter ... 388
Nucleinsäuren als Angriffsorte für Arzneimittel ... 391
Photometrische Blutuntersuchungen ... 398
Kernspintomographie ... 403
Röntgendiagnostik ... 406

Allgemeine Chemie

KAPITEL

1 Atombau

Orientierung

Sie schlagen ein Chemiebuch auf und erwarten, dass es mit der Chemie losgeht, mit Formeln, Eigenschaften und Reaktionen chemischer Stoffe. Stattdessen beginnt es mit Atomen, den Bausteinen der Materie. Diese Vorgehensweise bezeichnet man als reduktionistisch und es erwächst die Aufgabe, die Bausteine später wieder zum Ganzen zusammenzusetzen, denn der Mensch bildet mit seinen körperlichen, seelischen und geistigen Fähigkeiten eine Einheit. Wir starten trotzdem mit diesem Blick tief in die Materie, weil es die Protonen und Elektronen sind, die viele Eigenschaften und das Reaktionsverhalten chemischer Stoffe vermitteln und bestimmen.
Antwort erhalten Sie u. a. auf folgende Fragen:

- Welche Eigenschaften haben Protonen und Elektronen?
- Wie sind Atome aufgebaut?
- Was sind Elemente?
- Wie ist die Elektronenhülle der Atome aufgebaut?
- Ist Elektrosmog bedenklich?

1.1 Elementarteilchen

Die **Atome** sind die Bausteine der Materie. *Leukipp* und sein Schüler *Demokrit* kamen im 4. Jahrhundert vor Christus durch Gedankenexperimente zu dieser Einsicht. Sie waren der Meinung, dass sich die kleinsten „Elemente der Einzeldinge“ nicht mehr teilen lassen (griech. *atomos* = unteilbar). Dies erwies sich als unzutreffend. Heute wissen wir, dass man bei der Zerlegung von Atomen zahlreiche subatomare Partikel (= Elementarteilchen) nachweisen kann. Von diesen betrachten wir nur drei: **Protonen** ($p^{\oplus}$), **Neutronen** (n) und **Elektronen** ($e^{\ominus}$). Diese reichen aus, um die wichtigsten Eigenschaften der Atome zu verstehen. In der Atomphysik kennt man heute weitere, z. T. sehr kurzlebige Elementarteilchen.

Proton, Elektron, Neutron

Die genannten Elementarteilchen lassen sich durch ihre *Ladung* und *Masse* charakterisieren (Tab. 1/1). Die Elementarladung beträgt absolut $-1{,}6 \cdot 10^{-19}$ C (= Coulomb) für ein Elektron und $+1{,}6 \cdot 10^{-19}$ C für ein Proton. Das Neutron ist ungeladen. Da jede messbare Ladung ein ganzzahliges Vielfaches der Elementarladung ist, genügt es zur Verständigung, relative Ladungen (– 1/+ 1) anzugeben.

Proton und Neutron haben ungefähr die gleiche Masse, ein Elektron besitzt nur etwa $^{1}/_{2000}$ der Masse eines Protons. Die absoluten Massen in Gramm sind schwer zu handhaben, man verwendet deshalb relative Massen. Diese sind beim Proton und Neutron etwa gleich 1. Die Stellen hinter dem Komma ergeben sich, weil der Bezugspunkt, die **atomare Masseneinheit**, nicht das Proton oder das Neutron ist, sondern $^{1}/_{12}$ der Masse eines Kohlenstoffatoms ^{12}C (☞ Kap. 1.5).

Tab. 1/1 Ladung und Masse der drei wichtigsten Elementarteilchen.

Name	Symbol	relative Ladung	relative Masse	absolute Masse (in g)
Proton	$p^{\oplus}$	+1	1,0073	$1{,}66 \cdot 10^{-24}$
Neutron	n	0	1,0087	$1{,}66 \cdot 10^{-24}$
Elektron	$e^{\ominus}$	−1	$5 \cdot 10^{-4}$	$9{,}10 \cdot 10^{-28}$

1

1.2 Aufbau eines Atoms

Jedes Atom besitzt einen **Atomkern**, der sich aus Protonen und Neutronen, den **Nucleonen**, zusammensetzt, und eine **Elektronenhülle**, in der sich Elektronen aufhalten. Der Atomkern ist positiv geladen und vereinigt nahezu die gesamte Masse eines Atoms in sich. Die Elektronen umgeben den Kern als Wolke negativer Ladung.

! Jedes Atom ist nach außen hin *neutral.*

Atomkern, Elektronenhülle

Ein Atom hat einen *Durchmesser* von etwa 10^{-10} m (= 0,1 nm = 100 pm, 0,1 Nanometer = 100 Picometer): Erst wenn man 10^8 Atome aneinanderreiht, ergibt sich eine Kette von 1 cm Länge. Der Atomkern hat nur einen Durchmesser von 10^{-15} m (= 1 fm, 1 Femtometer). Die Größenrelation von Gesamtatom zu Atomkern ist wie die einer großen Sporthalle zu einem Tischtennisball, es gibt also sehr viel Platz in einem Atom. Dieser Platz steht den Elektronen zur Verfügung, die bei einer dichten Atompackung, wie z. B. in einem Stück Metall, die Atomkerne auf Distanz halten. Um einen Eindruck von den atomaren Dimensionen zu erhalten, kann man Größen und Abstände in der Welt wie in Tabelle 1/2 vergleichen. Man erkennt, dass der *Mensch* ziemlich genau zwischen *Mikrokosmos* und *Makrokosmos* seinen Platz hat.

Tab. 1/2 Größen und Abstände in Mikro- und Makrokosmos (in Meter).

Atomkern	Durchmesser	10^{-15}
Atom	Durchmesser	10^{-10}
Hämoglobin	Ausdehnung	10^{-8}
Zellkern	Durchmesser	10^{-6}
Erythrozyten	Durchmesser	10^{-5}
Mensch	Größe	1,7
Erde	Durchmesser	10^{7}
Sonne	Durchmesser	10^{9}
Erde – Sonne	Abstand	10^{11}
Milchstraße	Ausdehnung	10^{21}

Kernladungszahl, Ordnungszahl

Der Atomkern ist positiv geladen. Die Summe der Protonen im Atomkern ergibt die sog. **Kernladungszahl** (KLZ). Ordnet man die Atome nach steigender KLZ, entsteht daraus als gleichwertiger Begriff die **Ordnungszahl** (OZ) der Elemente. Das einfachste Atom ist das Wasserstoffatom (Elementsymbol H), es hat die Kernladungszahl 1 und damit auch die Ordnungszahl 1. Natriumatome (Na) haben die Kernladungszahl 11, Phosphoratome (P) 15, Uranatome (U) 92. Da Atome nach außen hin neutral sind, wird die Ladung eines Atomkerns durch die entsprechende Anzahl Elektronen in der Umgebung des Atomkerns ausgeglichen. Für Atome gilt also:

! **Kernladungszahl = Ordnungszahl = Zahl der Protonen im Atomkern = Zahl der Elektronen in der Elektronenhülle.**

Massenzahl

Sauerstoff hat die Ordnungszahl 8. Damit ist klar, dass ein Sauerstoffatom 8 Protonen im Atomkern enthält und 8 Elektronen in der Elektronenhülle. Ein Sauerstoffatom besitzt jedoch die relative Atommasse 16. Dies bedeutet, dass der Atomkern neben den 8 Protonen noch 8 Neutronen enthalten muss, da die Elektronen zur Masse praktisch nichts beitragen. 16 ist die **Massenzahl** (= Nucleonenzahl) eines Sauerstoffatoms. Ein Atom ist bezüglich der enthaltenen Elementarteilchen vollständig charakterisiert, wenn man neben der Ordnungszahl noch die Massenzahl angibt. Für Atome der oben genannten Elemente gilt:

$$^{1}_{1}H,\ ^{16}_{8}O,\ ^{23}_{11}Na,\ ^{31}_{15}P \text{ und } ^{238}_{92}U.$$

Massenzahl — $^{A}_{Z}M$ — Elementsymbol
Ordnungszahl

1.3 Isotope

Es gibt Atome, die in der *Kernladungszahl (= Ordnungszahl)* übereinstimmen, sich jedoch in der *Massenzahl* unterscheiden. Die Atomkerne solcher Atome enthalten dieselbe Anzahl Protonen, jedoch eine unterschiedliche Anzahl Neutronen.

Isotope

! Atome mit gleicher Ordnungszahl, aber unterschiedlicher Massenzahl nennt man **Isotope.**

Vom Chlor z. B. kennt man die Isotope $^{35}_{17}Cl$ und $^{37}_{17}Cl$, vom Uran $^{235}_{92}U$ und $^{238}_{92}U$. Die Chlor-Isotope unterscheiden sich um zwei Neutronen im Atomkern, die Uran-Isotope um drei Neutronen. Die abgekürzte Schreibweise $^{A}_{Z}M$ hilft also nicht nur, den Atomaufbau zu abzuleiten, sondern ermöglicht auch das Erkennen von Isotopen.

Die Isotope eines Elementes können *stabil* oder *instabil* (= radioaktiv) sein. Sie können *natürlichen* Ursprungs sein oder werden *künstlich* hergestellt, z. B. durch Kernspaltung oder durch Beschuss von Atomen mit Elementarteilchen. Die Isotope eines Elementes haben sehr ähnliche chemische Eigenschaften und können im Stoffwechsel normalerweise nicht unterschieden werden.

1.4 Elemente

Chemisches Element

Liegt ein Stoff vor, der nur aus Atomen mit ein und derselben Kernladungszahl aufgebaut ist, spricht man von einem **chemischen Element**.

! Ein chemisches **Element** besteht nur aus Atomen mit der **gleichen Ordnungszahl**.

Derzeitig sind 112 chemische Elemente bekannt, die alle einen Namen und eine Abkürzung *(= Elementsymbol)* haben. Das Elementsymbol leitet sich nicht immer vom deutschen Namen des Elements ab (☞ Tab. 1/3). Man muss die Namen und Abkürzungen wichtiger Elemente kennen, um chemische Gleichungen lesen zu können.

Viele Elemente setzen sich aus mehreren stabilen Isotopen zusammen, d. h. aus Atomen mit gleicher Kernladungszahl, aber unterschiedlicher Neutronenzahl. Für die Zahl der Isotope gibt es natürliche Grenzen. Bei Elementen mit kleinen Ordnungszahlen stimmt die Zahl der Protonen und Neutronen in etwa überein. Bei Elementen mit hoher Ordnungszahl gibt es einen geringfügigen Neutronenüberschuss: Die Neutronen werden im Atomkern benötigt, um die sich gegenseitig abstoßenden Protonen zusammenzuhalten. Wird von dieser Ausgewogenheit abgewichen, werden die Atomkerne *instabil* und versuchen, sich durch Abgabe von Elementarteilchen zu stabilisieren. Es treten *Radioisotope* auf, die *radioaktiv* sind (☞ Kap. 2.6).

! Es gibt drei **Wasserstoff-Isotope**: $^{1}_{1}H$, $^{2}_{1}H$ *(= Deuterium)* und $^{3}_{1}H$ *(= Tritium)*. Die ersten beiden sind stabil. Tritium ist radioaktiv.

Beim Kohlenstoff ($^{11}_{6}C$, $^{12}_{6}C$, $^{13}_{6}C$, $^{14}_{6}C$) sind die Isotope $^{11}_{6}C$ und $^{14}_{6}C$ radioaktiv. Weitere Beispiele zeigt Tabelle 1/3.

Die Isotopenzusammensetzung der auf der Erde natürlich vorkommenden Elemente ist praktisch konstant. Es gibt eine definierte **Isotopenhäufigkeit**. Wasserstoff z. B. enthält 99,99% $^{1}_{1}H$ und 0,01% $^{2}_{1}H$, Kohlenstoff 98,9% $^{12}_{6}C$ und 1,1% $^{13}_{6}C$, Chlor 75% $^{35}_{17}Cl$ und 25%

$^{37}_{17}Cl$. Zinn ($_{50}Sn$) setzt sich aus 10 Isotopen zusammen, während Phosphor ($_{15}P$) ein *isotopenreines Element* ist. Der Anteil instabiler Isotope ist, wenn diese nicht nachgebildet werden, wegen des hohen Alters der Erde gering und müsste zukünftig weiter abnehmen.

1.5 Atommasse, Stoffmenge Mol

Relative Atommasse

Relative Atommasse. Ein Wasserstoffatom $^{1}_{1}H$ wiegt $1{,}66 \cdot 10^{-24}$ g, ein Natriumatom $^{23}_{11}Na$ das 23-Fache. Diese Massen sind unvorstellbar klein. Man definiert deshalb eine **relative Atommasse** und setzt die Masse des Kohlenstoffisotops $^{12}_{6}C$ gleich 12,000. Aus dem Massenvergleich mit diesem Isotop ergeben sich alle anderen Werte. Die relative Atommasse „1" entspricht somit $^{1}/_{12}$ der Masse des genannten Kohlenstoffisotops. Ein Blick in Tabelle 1/3 lässt erkennen, dass kein Element eine glatte Atommasse aufweist. Hierfür gibt es drei Gründe:

1. Die Masse eines Protons oder Neutrons ist nicht genau gleich 1 (☞ Tab. 1/1).
2. Die Massen der Elementarteilchen addieren sich nicht genau, weil es eine atomare Bindungsenergie gibt, die zu einer Massenabnahme führt (Massendefekt).
3. Die Zahlen in den Tabellenwerken spiegeln zugleich die natürliche *Isotopenhäufigkeit* eines Elements wider. Beim Kohlenstoff z. B. liegt die relative Atommasse wegen des Anteils von ^{13}C etwas über 12.

Die genauen relativen Atommassen der Elemente benötigt man, um z. B. bei chemischen Reaktionen genaue Massenbilanzen aufstellen zu können. Die Massen sind für einige Elemente in Tabelle 1/3 angegeben. Man findet sie für alle Elemente im Periodensystem der Elemente (☞ Abb. 2/1 in Kap. 2).

Tab. 1/3 Liste einiger Elemente mit Namen, Elementsymbol, Ordnungszahl (OZ), relativer Atommasse und Nennung einiger, z. T. künstlicher Isotope.

Element	Symbol	OZ	Relative Atommasse	Isotope (= Nuclide)
Wasserstoff	H	1	1,008	^{1}H, ^{2}H, ^{3}H*
Kohlenstoff	C	6	12,011	^{11}C*, ^{12}C, ^{13}C, ^{14}C*
Stickstoff	N	7	14,007	^{13}N*, ^{14}N, ^{15}N
Sauerstoff	O	8	15,999	^{16}O, ^{17}O*, ^{18}O
Natrium	Na	11	22,990	^{23}Na, ^{24}Na*
Magnesium	Mg	12	24,305	^{24}Mg, ^{25}Mg, ^{26}Mg
Phosphor	P	15	30,974	^{31}P, ^{32}P*
Schwefel	S	16	32,066	^{32}S, ^{35}S*
Chlor	Cl	17	35,453	^{35}Cl, ^{37}Cl
Kalium	K	19	39,102	^{39}K, ^{40}K, ^{42}K*
Calcium	Ca	20	40,080	^{40}Ca, ^{45}Ca*, ^{47}Ca*
Eisen	Fe	26	55,847	^{55}Fe*, ^{56}Fe, ^{59}Fe*
Cobalt	Co	27	58,932	^{58}Co*, ^{59}Co, ^{60}Co*
Iod	I	53	126,904	^{125}I*, ^{127}I, ^{131}I*
Uran	U	92	238,029	^{235}U*, ^{238}U*

* Das Isotop ist radioaktiv.

Mol. Nimmt man 12,000 g des Kohlenstoffisotops $^{12}_{6}C$ und dividiert durch die absolute Masse eines C-Atoms ($12 \cdot 1{,}66 \cdot 10^{-24}$ g), so erhält man die Anzahl der C-Atome in der vorgegebenen Menge des Kohlenstoffisotops. Das Ergebnis lautet $6{,}02 \cdot 10^{23}$. Die Zahl ist eine Naturkonstante und heißt **Avogadro-Konstante** N_A (früher Loschmidt-Zahl). Von ihr ausgehend wird die **Stoffmenge** n mit der Bezeichnung **Mol** (Einheitszeichen mol) definiert.

> **!** Ein Mol eines Elements enthält $6{,}02 \cdot 10^{23}$ Atome.
> Ein Mol einer chemischen Verbindung enthält $6{,}02 \cdot 10^{23}$ Moleküle.

Die Avogadro-Konstante gibt also an, wie viele Teilchen in der Stoffmenge 1 mol enthalten sind. Anders ausgedrückt: Gleiche Stoffmengen verschiedener Stoffe enthalten die gleiche Anzahl Teilchen.

Avogadro-Konstante

> **!** **Avogadro-Konstante:** $N_A = 6{,}02 \cdot 10^{23}\ mol^{-1}$

Mit der Stoffmengen-Angabe wird es sehr viel leichter, chemische Reaktionen qualitativ zu beschreiben, weil die Stoffmenge unabhängig ist von äußeren Parametern, wie z. B. Druck und Temperatur. Ein Mol eines Elementes entspricht der relativen Atommasse in Gramm (Beispiel Natrium: 1 mol = 23 g). Ein Mol einer chemischen Verbindung entspricht der relativen Molekülmasse in Gramm (Beispiel Wasser H_2O: 1 mol = 18 g)

Mit den bekannten Abkürzungen kann man auch kleine Teilmengen beschreiben (Tab. 1/4). Selbst 1 nmol (= 1 Nanomol = 10^{-9} mol) enthält immer noch ca. $6 \cdot 10^{14}$ Teilchen des betrachteten Stoffes, das sind mehr Teilchen, als es Menschen auf der Erde gibt (ca. 10^{10}). Sich diese Größenordnungen zu verdeutlichen wird wichtig, wenn über die Dosierung von Arzneimitteln gesprochen wird.

Tab. 1/4 Stoffmenge *n* (mol) und Teilmengen davon am Beispiel des Elementes Eisen (Fe).

Stoffmenge *(n)*	Masse *(m)*	Anzahl der Eisenatome
1 mol	55,847 g	$6{,}02 \cdot 10^{23}$
1 mmol (millimol)	55,847 mg	$6{,}02 \cdot 10^{20}$
1 µmol (mikromol)	55,847 µg	$6{,}02 \cdot 10^{17}$
1 nmol (nanomol)	55,847 ng	$6{,}02 \cdot 10^{14}$

1.6 Aufbau der Elektronenhülle

1.6.1 Allgemeines

Elektronenhülle

Das Bindungsverhalten einzelner Atome beziehungsweise die chemischen Eigenschaften eines Elementes werden unmittelbar von der **Elektronenhülle** bestimmt. Bei der Ausbildung einer chemischen Bindung, d. h. beim Ablauf chemischer Reaktionen, werden Elektronen umgeordnet. Man muss etwas über den *Aufbau der Elektronenhülle* wissen, also über die Zahl, die Energie und die räumliche Verteilung der Elektronen einzelner Atome.

In einem Atom üben die positiv geladenen Atomkerne und die negativ geladenen Elektronen eine Anziehungskraft aufeinander aus. Will man z. B. ein Elektron vom Atomkern ablösen, so muss man Energie aufwenden. Interessant ist nun die Tatsache, dass die Elektronen wegen der Kernanziehung nicht einfach in den Kern „stürzen", sondern sich nach festen Regeln um den Kern anordnen. Diese Regeln werden im Folgenden besprochen.

1.6.2 Quantenzahlen

Elektronen, die den Atomkern einhüllen, haben nicht die gleiche Energie. Sie verteilen sich auf verschiedene *Energieniveaus.*

Elektronenschalen
Quantenzahlen

Hauptquantenzahl. Die *Haupt-Energieniveaus* (= Schalen) der Elektronenhülle werden mit zunehmendem Abstand vom Atomkern durch die Buchstaben *K, L, M, N* usw. gekennzeichnet: Elektronen der *K*-Schale befinden sich dichter am Atomkern, sind somit energieärmer als Elektronen auf der *L*- oder *M*-Schale. Alternativ zur Schalen-Bezeichnung durch Buchstaben spricht man von *Hauptquantenzahlen (n)*, die aufsteigend gezählt werden (n = 1, 2, 3 usw.).

Nebenquantenzahl. Innerhalb eines Haupt-Energieniveaus gibt es für die Elektronen verschiedene *Unterniveaus*, charakterisiert durch die *Nebenquantenzahl l*. Sie ist abhängig von der Hauptquantenzahl und reicht für jede Schale von $l = 0$ bis $l = n - 1$. Die Unterniveaus werden durch die Buchstaben s ($l = 0$), p ($l = 1$), d ($l = 2$) und f ($l = 3$) gekennzeichnet. Mit anderen Worten: Die *K*-Schale (1. Schale) enthält nur *s*-Elektronen, die *L*-Schale (2. Schale) *s*- und *p*-Elektronen, die *M*-Schale (3. Schale) *s*-, *p*- und *d*-Elektronen usw.

Magnetquantenzahl. Die Unterniveaus lassen sich entsprechend ihrer *Magnetquantenzahl m* weiter aufspalten: m nimmt jeden Wert zwischen $+l$ und $-l$ (einschließlich 0) ein. Für $l = 0$ ist $m = 0$, d. h., bei den *s*-Elektronen gibt es keine Aufspaltung des Niveaus. Für $l = 1$ ist $m = +1$, 0 oder -1, d. h., die *p*-Elektronen können drei verschiedene *Zustände* einnehmen (p_x, p_y und p_z), die energetisch jedoch gleichwertig sind. Für $l = 2$ gilt $m = +2, +1, 0, -1$ oder -2, was zu fünf energetisch gleichwertigen Zuständen für die *d*-Elektronen führt.

Spinquantenzahl. Ein letztes Unterscheidungsmerkmal für Elektronen ist die *Spinquantenzahl*, die der Drehrichtung eines Elektrons um seine eigene Achse entspricht und nur die Werte $+^1/_2$ und $-^1/_2$ annehmen kann. Ein einzelnes Elektron wird dadurch zu einem kleinen Magneten.

! Kein Elektron eines Atoms stimmt in allen vier Quantenzahlen mit einem anderen überein *(Pauli-Prinzip)*.

Mit der genannten Regel kann man die maximale Elektronenzahl für jedes Unterniveau und für jede Schale ableiten (Tab. 1/5). Die maximale Elektronenzahl einer Schale ergibt sich nach der Formel $2\,n^2$ aus der zugehörigen Hauptquantenzahl n. Haupt- und Unterniveau werden durch die Schreibweise 1*s*, 2*s*, 2*p*, 3*s* usw. gekennzeichnet. Will man zusätzlich angeben, wie viele Elektronen sich auf einem Niveau befinden, schreibt man die Elektronenzahl als Hochzahl. Für die maximale Elektronenzahl der Niveaus ergibt sich: $1s^2$, $2s^2$, $2p^6$, $3s^2$, $3p^6$, $3d^{10}$, $4s^2$, $4p^6$ usw. Im folgenden Kapitel 1.6.3 werden Beispiele gezeigt.

Tab. 1/5 Maximale Elektronenzahl ($e^{\ominus}$-Zahl) pro Schale und pro Unterniveau (abgeleitet aus den Quantenzahlen.

Hauptquantenzahl n	Nebenquantenzahl l	Magnetquantenzahl m	Spin	maximale $e^{\ominus}$-Zahl	$e^{\ominus}$-Zahl pro Schale ($2\,n^2$)
1 (*K*-Schale)	0 (1*s*)	0	± ½	2	2
2 (*L*-Schale)	0 (2*s*) 1 (2*p*)	0 + 1, 0, − 1	± ½ je ± ½	2 6	8
3 (*M*-Schale)	0 (3*s*) 1 (3*p*) 2 (3*d*)	0 +1, 0, −1 +2, +1, 0, −1, −2	± ½ je ± ½ je ± ½	2 6 10	18
4 (*N*-Schale)	0 (4*s*) 1 (4*p*) 2 (4*d*) 3 (4*f*)	0 +1, 0, −1 +2, +1, 0, −1, −2 +3, +2, +1, 0, −1, −2, −3	± ½ je ± ½ je ± ½ je ± ½	2 6 10 14	32

1.6.3 Elektronenkonfiguration

Elektronenkonfiguration

Die **Elektronenhülle** eines beliebigen Atoms lässt sich mit den vorgenannten Regeln genau beschreiben. Man kommt zur **Elektronenkonfiguration** eines Atoms, wenn man dessen Ordnungszahl kennt und drei Hinweise berücksichtigt:

1. Die Besetzung der Energieniveaus, sofern man den Grundzustand eines Atoms betrachtet, erfolgt nacheinander. Man beginnt mit dem energieärmsten Niveau (1*s*).
2. *s*-Unterniveaus werden zunächst mit zwei Elektronen besetzt, bevor die Besetzung des *p*-Unterniveaus derselben Schale beginnt.

3. Die energetisch gleichwertigen *p*-Zustände (p_x, p_y, p_z) werden zunächst nur mit einem Elektron besetzt, die alle drei parallelen Spin *(Hund-Regel)* aufweisen, bevor je ein zweites Elektron mit entgegengesetztem Spin dazukommt.

Für die ersten 12 Elemente des Periodensystems (Ordnungszahl 1 bis 12) ist die Elektronenkonfiguration in Tabelle 1/6 angegeben. Die Anordnung erfolgt von unten nach oben entsprechend dem Anstieg der Energieniveaus.

Valenzelektronen

! Elektronen, die sich in der äußeren Schale eines Atoms befinden, heißen **Valenzelektronen**.

Tab. 1/6 Elektronenkonfiguration der ersten zwölf Elemente des Periodensystems.

Element	Symbol	Ordnungszahl	Elektronen-konfiguration	Valenzelektronen
Magnesium	Mg	12	$1s^2\ 2s^2\ 2p^6\ 3s^2$	2
Natrium	Na	11	$1s^2\ 2s^2\ 2p^6\ 3s^1$	1
Neon	Ne	10	$1s^2\ 2s^2\ 2p^6$	8 (volle Schale)
Fluor	F	9	$1s^2\ 2s^2\ 2p^5$	7
Sauerstoff	O	8	$1s^2\ 2s^2\ 2p^4$	6
Stickstoff	N	7	$1s^2\ 2s^2\ 2p^3$	5
Kohlenstoff	C	6	$1s^2\ 2s^2\ 2p^2$	4
Bor	B	5	$1s^2\ 2s^2\ 2p^1$	3
Beryllium	Be	4	$1s^2\ 2s^2$	2
Lithium	Li	3	$1s^2\ 2s^1$	1
Helium	He	2	$1s^2$	2 (volle Schale)
Wasserstoff	H	1	$1s^1$	1

Energieniveauschema. Will man für die Elektronen eines Atoms gleichzeitig die Energie der besetzten Niveaus kennzeichnen, benötigt man ein *Energieniveauschema* (Abb. 1/1). Aus diesem ist ersichtlich, dass sich bis zum 3*p*-Niveau alles so ordnet, wie man es erwartet. Dann überschneiden sich die Energieniveaus der Schalen. Das 4*s*-Niveau ist *energieärmer* als das 3*d*-Niveau. Es werden erst Elektronen in die 4. Schale eingebaut, bevor die restlichen Niveaus der 3. Schale aufgefüllt werden. Beim 5*s*- und 4*d*-Niveau ist es ähnlich. In den Fällen sind die 4*s*- bzw. 5*s*-Elektronen die Valenzelektronen.

Ein detailliertes Energieniveauschema für das Kohlenstoffatom zeigt Abbildung 1/2. Die Pfeile auf den Niveaus kennzeichnen jeweils ein Elektron, durch die Pfeilrichtung wird der Spin des Elektrons charakterisiert. Das Kohlenstoffatom besitzt vier Valenzelektronen (Abb. 1/2, blaue Pfeile). Als komplizierteres Beispiel wollen wir uns noch die Elektronenkonfiguration des **Eisenatoms** ($_{26}$Fe) ansehen. Sie lautet: $1s^2\ 2s^2\ 2p^6\ 3s^2\ 3p^6\ 3d^6\ 4s^2$. Das Eisenatom hat zwei Valenzelektronen. Das 3*d*-Niveau ist noch nicht voll aufgefüllt: Zur vollen Besetzung dieses Unterniveaus fehlen vier Elektronen.

Angeregte Atome. Durch Zufuhr von Energie können Atome aus ihrem *Grundzustand* in einen *angeregten Zustand* überführt werden. Dies geschieht durch Anheben (= Promovieren) von Elektronen auf höhere Energieniveaus. Die aufgenommene Energie kann beim Rückfallen der Elektronen auf das Ausgangsniveau in Form von *Strahlung* wieder abgegeben werden. Die Energiebeträge, um die es hier geht, sind *gequantelt*, d. h., für jeden Übergang von einem Niveau zu einem anderen wird ein ganz bestimmter Energiebetrag (ΔE) benötigt bzw. frei, den man als *Quant* bezeichnet. Die Energie E eines Quants ist direkt proportional der Frequenz ν der Strahlung, die aufgenommen oder abgegeben wird. Dies äußert sich z. B. darin, dass angeregte Atome *Licht* mit charakteristischen Frequenzen *(ν)* abstrahlen.

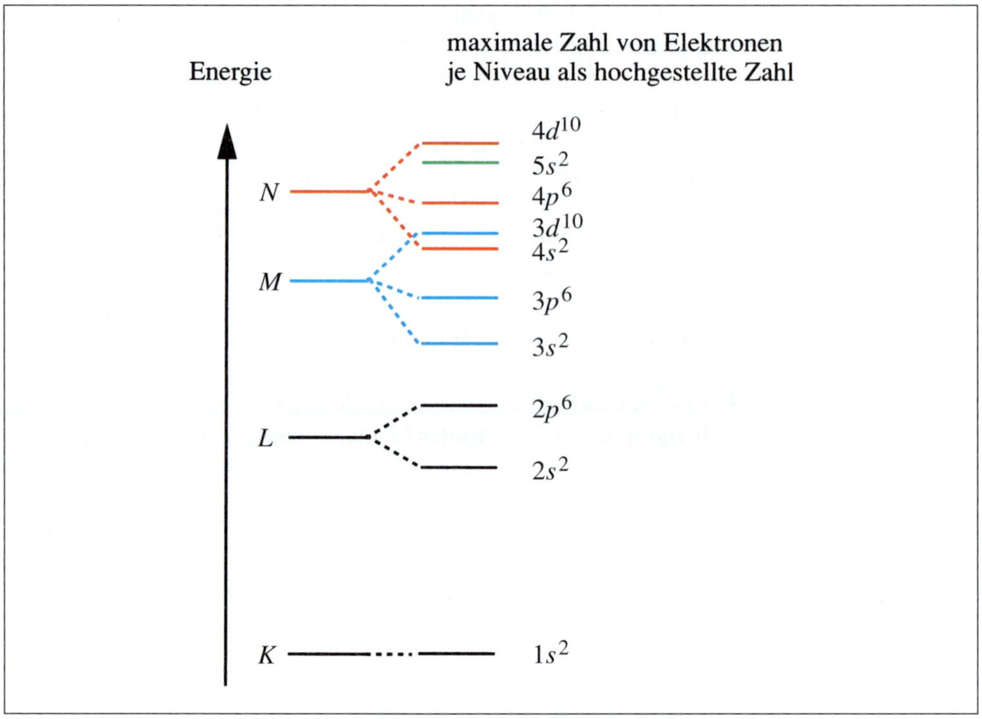

Abb. 1/1 Energieniveauschema der Elektronenhülle mit Kennzeichnung der Schalen und der Unterniveaus.

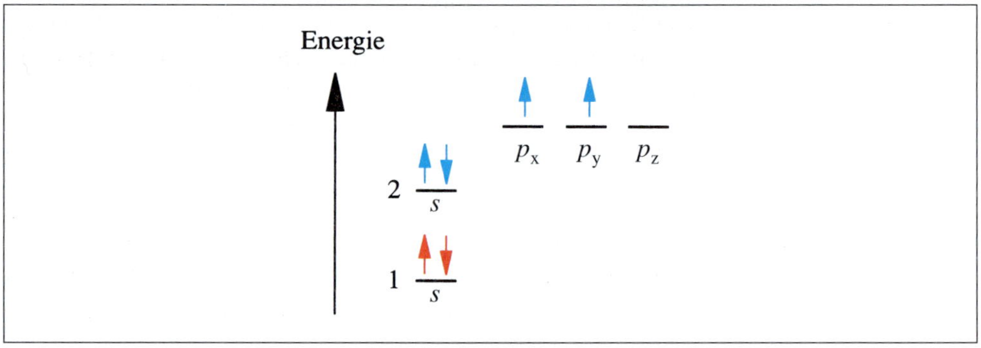

Abb. 1/2 Elektronenkonfiguration des Kohlenstoffatoms ($1s^2$ $2s^2$ $2p^2$).

> **!** Für die Energie der Quantenstrahlung gilt:
> $\boldsymbol{E} = \boldsymbol{h} \cdot \nu$ mit $h = 6{,}626 \cdot 10^{-34}$ J · s (*Planck*-Konstante mit der Einheit Joule · Sekunde).

Für jedes Element gibt es eine begrenzte Zahl von möglichen Elektronenübergängen, so dass nach Anregung in einem Spektrometer ein *Linienspektrum* auftritt, mit dessen Hilfe man die Elemente erkennen und unterscheiden kann (☞ Lehrbücher der Physik).

Ein einzelnes Lichtquant kann man sich auch als Teilchen vorstellen, das sich mit Lichtgeschwindigkeit bewegt, man nennt es dann **Photon**. Man stößt hier auf den *Welle/Teilchen-Dualismus* des Lichts. Diese Beschreibungen sind Modelle. Die Geheimnisse des Lichts sind bis heute nicht geklärt.

1.6.4 Atomorbitale

Um die Bahn eines den Atomkern umkreisenden Elektrons genau vorhersagen zu können, müsste man Ort und Geschwindigkeit des Elektrons zu jedem Zeitpunkt kennen. Das ist nicht möglich, da Elektronen gleichzeitig Welle und Teilchen sind. Mathematisch wird dieser Sachverhalt durch die von *Heisenberg* aufgestellte *Unschärferelation* ausgedrückt. Den Teilchencharakter beschreibt das *Bohr-Atommodell*, den Wellencharakter die *Quantentheorie* (Quantenmechanik), die sich nicht anschaulich, sondern nur mathematisch erklären lässt. Dabei wird u. a. die Wahrscheinlichkeit erfasst, mit der ein Elektron in einer bestimmten Entfernung vom Atomkern anzutreffen ist. In der Elektronenhülle ergibt sich somit für jedes Elektron ein Raum, in dem es sich mit großer Wahrscheinlichkeit aufhält.

Orbitale

Solche Räume negativer Ladung heißen **Orbitale**.

> ! Ein **Atomorbital** ist ein Raum in der Elektronenhülle, in dem die **Aufenthaltswahrscheinlichkeit** für ein bestimmtes Elektron des Atoms zwischen 0 und 1 liegt.

Elektronen sind in dieser quantenmechanischen Betrachtung keine definierten Partikel mehr, sondern Wolken negativer Ladung *(Orbitale = Ladungswolken)*. Um deren Form dreidimensional zu beschreiben, werden die *Orbitalgrenzen* so gelegt, dass sich das betrachtete Elektron mit *90%iger Wahrscheinlichkeit* innerhalb dieser Grenzen bewegt. Aus den Energieniveaus für Elektronen (☞ Kap. 1.6.2) sind in der quantenmechanischen Berechnung die Orbitale geworden: Aus dem 1*s*-Niveau wird das 1*s*-Orbital, aus den 2*s*- und 2*p*-Niveaus die 2*s*- und 2*p*-Orbitale usw.

s-Orbitale. *s-Orbitale* sind *kugelsymmetrisch* um den Atomkern angeordnet. Sie haben keine Vorzugsrichtung im dreidimensionalen Raum. Abbildung 1/3 veranschaulicht die Ladungswolke eines 1*s*-Elektrons. *s*-Orbitale gibt es für alle Schalen der Elektronenhülle. Sie ordnen sich wie Kugelschalen ineinander mit dem Atomkern als Zentrum, wobei das 1*s*-Orbital innen liegt, gefolgt von 2*s*-, 3*s*-Orbitalen usw. Das Kugelschalen-Modell ist insoweit eine Vereinfachung, als es innerhalb jedes *s*-Orbitals je nach Abstand vom Kern unterschiedliche Dichteverteilungen der Elektronen gibt.

***p*-Orbitale.** In der 2. Schale (*L*-Schale) wird zunächst das 2*s*-Orbital besetzt, gefolgt von drei 2*p*-Orbitalen (p_x, p_y und p_z). Die *p-Orbitale* sind *hantelförmig* um den Atomkern geordnet in Richtung der x-, y- und z-Achse (Abb. 1/4). In Richtung der jeweiligen Achse ist das *p*-Orbital *rotationssymmetrisch*. Die drei *p*-Orbitale sind energetisch gleichwertig, sie stehen *senkrecht* aufeinander und jedes kann (wie in Kap. 1.6.2 erläutert) mit maximal 2 Elek-

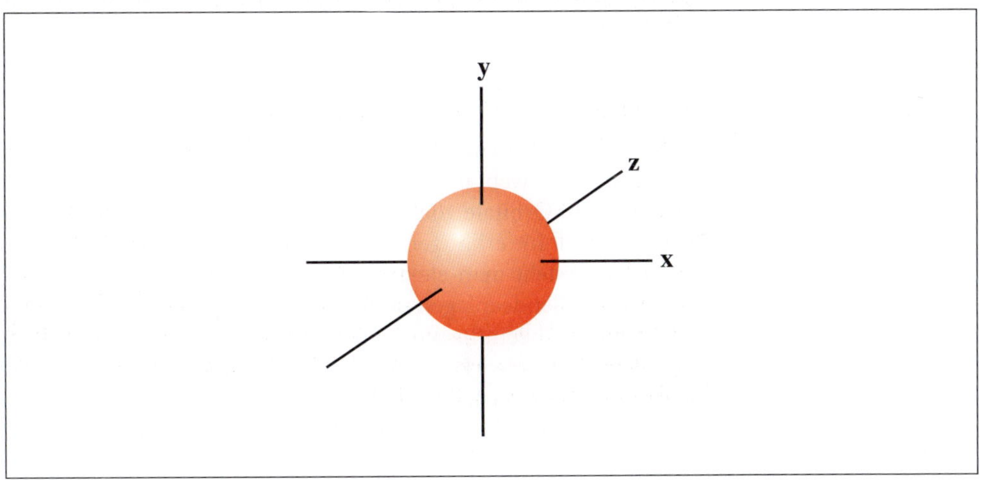

Abb. 1/3 Dreidimensionale Darstellung eines 1*s*-Orbitals. Innerhalb der Kugelgrenzen ist das 1*s*-Elektron mit 90%iger Wahrscheinlichkeit anzutreffen. Der Atomkern befindet sich im Zentrum.

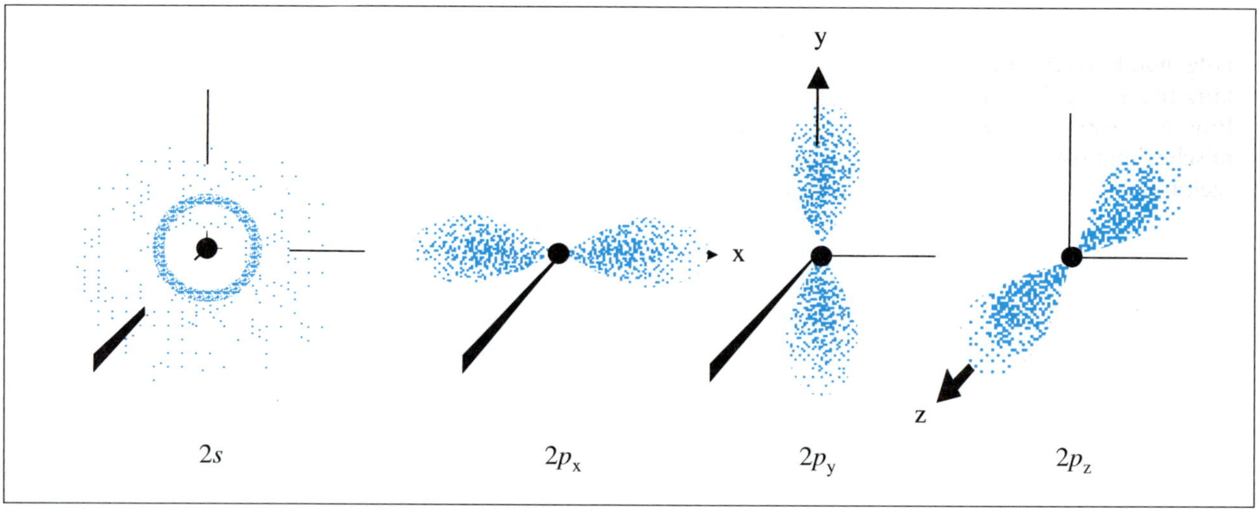

Abb. 1/4 Form und räumliche Anordnung des 2*s*-Orbitals und der 2*p*-Orbitale.

tronen besetzt werden. Die 3*p*- oder 4*p*-Orbitale haben ein ähnliches Aussehen, die größte Ladungsdichte liegt jedoch entsprechend weiter vom Atomkern entfernt.

Bei den *d*- und *f*-*Orbitalen* der höheren Schalen gibt es für die 5 bzw. 7 energetisch gleichwertigen Atomorbitale eine noch komplexere Raumerfüllung.

Auf die Elektronen kommt es an

Zu den bislang besprochenen Bausteinen gibt es keinen direkten medizinischen Bezug. Warum eigentlich nicht? Der Mensch besteht aus etwa 10^{27} Atomen, die zusammen die Grundlage für alles bilden, was das Menschsein ausmacht: *Entwicklung, geistige Tätigkeit, Charakter, Gesundheit* und *Krankheit.* Die Atome sind gewissermaßen die Tasten und Saiten eines Klaviers, die erst angeschlagen werden müssen, damit das Ganze zu klingen anfängt. Die Tasten sind nicht die Musik oder gar eine Sinfonie von Mozart oder Beethoven. Die Atommodelle geben auf die Frage, was Atome wirklich sind, *keine* Antwort, es sind eben nur Modelle. Die Realität bleibt verschlossen.

Wie erläutert wurde, bilden die Atomkerne Massepunkte in einem ansonsten nahezu leeren Raum. In diesem Raum schwingen die Elektronen mit ihrer negativen Ladung, strukturieren diesen Raum gesetzmäßig und grenzen ihn nach außen ab, so dass man einen Atomradius bestimmen kann. Um die Energiezustände der Elektronen und damit die Eigenschaften der Atome, der Elemente und der Moleküle zu erklären, hat man quantenmechanische Theorien und Rechenansätze ersonnen, aber diese ändern nichts daran: Der Raum zwischen Atomkern und äußerer Atomgrenze bleibt im Wesentlichen leer und für die Anschauung gibt es keine Hilfe. Dennoch kann man durch den menschlichen Körper nicht hindurchschauen, obwohl man sagt, dass ein Mensch einen anderen Menschen durchschauen kann.

Bleiben wir bei dem, was die Atommodelle bieten: Unser Körperraum wird von Elektronenwolken gewebt und durch die zugehörigen Atomkerne stabilisiert. Die mit Elektronen besetzten Orbitale von 10^{27} Atomen überlagern sich jedoch in vielfältiger Weise und lassen die Sinfonie erklingen, die den Menschen ausmacht. Was aber bewirkt *Elektrosmog*? Darunter versteht man elektromagnetische Felder, die z. B. von Stromleitungen, Mobilfunkmasten, Sendeanlagen oder Handys ausgehen. Solche Felder verändern sicher nicht die Atome, sie beeinflussen jedoch alle Prozesse, bei denen Ladungen (z. B. Elektronen, Protonen) wechselwirken oder fließen. Dass Menschen elektrosensibel sind, steht heute außer Frage. Wie stark die Gesundheit durch ständigen Elektrosmog beeinflusst wird und wo die Grenzwerte liegen sollten, wird strittig diskutiert.

Checkliste

Folgende Bezeichnungen/Begriffe sollten Sie erklären oder definieren (s. a. Glossar) und – wo möglich – Abkürzungen oder Beispiele angeben können:
Proton – Elektron – Neutron – Atomkern – Elektronenhülle – Kernladungszahl – Ordnungszahl – Isotope – chemisches Element – relative Atommasse – Avogadro-Konstante – Mol – Elektronenschalen – Quantenzahlen – Elektronenkonfiguration – Valenzelektronen – Orbital – Elektrosmog.

Aufgaben

1. Wie viele *Elektronen* entsprechen der Masse eines Protons?
2. Wie viele *Atome* muss man etwa aneinanderreihen, um eine *Kette* von *1 m Länge* zu erhalten? Wie lang ist die Kette, wenn man alle Atome des menschlichen Körpers aneinanderreiht?
3. Was lässt sich der Abkürzung $^{31}_{15}P$ entnehmen?
   a) Wie heißt das *Element* und welche *Ordnungszahl* hat es?
   b) Wie lauten die Zahlenwerte für die *Kernladung*, die *Protonen*, die *Nucleonen*, die *Elektronen* und die *Masse*?
4. Was ist ein *chemisches Element*?
5. Warum sind die Atome $^{11}_{5}B$ und $^{11}_{6}C$ keine Isotope?
6. Was versteht man unter Isotopenhäufigkeit? Geben Sie zwei Beispiele! Nennen Sie ein Reinelement!
7. Ergänzen Sie die fehlenden Angaben:

Symbol	A	Z	Protonen	Neutronen	Elektronen
		6			
Na	23		11		
H	2				
Cl		17		18	
U			92	143	

8. Was sagen Sie zu einem Teilchen, das 9 Protonen, 10 Neutronen und 10 Elektronen aufweist?
9. Wodurch entsteht *Radioaktivität*?
10. Geben Sie die abgekürzte Schreibweise und die Namen der drei *Wasserstoffisotope* an! Welches Isotop ist *radioaktiv*?
11. Warum sind die Atommassen der Elemente keine *glatten* Zahlen?
12. Wie viele *Atome* enthält 1 mol festes *Magnesium*, wie viele 1 mol gasförmiges *Helium*? Wie viel Gramm entspricht diese Stoffmenge?
13. Wodurch werden die *chemischen Eigenschaften* eines Elementes bestimmt?
14. Mit wie vielen *Elektronen* können die *K*-, *L*- und *M*-Schale maximal besetzt werden?
15. Nennen Sie die vier *Quantenzahlen*, mit denen sich jedes Elektron in der Elektronenhülle eines Atoms beschreiben lässt! Gibt es Elektronen, die in *allen* Quantenzahlen übereinstimmen?
16. Geben Sie möglichst genau die *Elektronenkonfiguration* eines Kohlenstoff- und eines Natriumatoms an! Welches Elektron eines Natriumatoms ist am energiereichsten?
17. Was ist ein *Atomorbital*?
18. Worin gleichen und worin unterscheiden sich die *Elektronenkonfigurationen* von Sauerstoff und Stickstoff?
19. Ein 2*s*-Elektron soll auf ein leeres 2*p*-Niveau wechseln. Wird dazu Energie benötigt?
20. Ordnen Sie die folgenden Atomorbitale in der Reihenfolge ihrer Besetzung (beginnend mit dem energieärmsten) und geben Sie die maximal mögliche Besetzung mit Elektronen an!
    3*s*, 2*p*, 3*d*, 4*s*, 3*p*, 1*s*, 4*p*, 2*s*

+ 001 Lösungen der Aufgaben
+ 002 IMPP-Fragen

KAPITEL

2 Periodensystem der Elemente

Orientierung

Für die chemischen Elemente, die am Aufbau der Materie beteiligt sind, gibt es eine periodische Ordnung. Diese basiert auf der Anzahl der Protonen im Kern und den Elektronen in der Elektronenhülle der Atome. In dieser Hinsicht sind alle Elemente verschieden. Unter den vielen Elementen gibt es einige, die in ihren chemischen Eigenschaften jeweils ähnlich sind (z. B. Natrium/Kalium oder Chlor/Brom), während andere erhebliche Unterschiede aufweisen (z. B. Natrium/Chlor). Die Ordnung, die sich hier abbildet, kennen zu lernen hat den Vorteil, dass die Elemente Ihnen dann nicht mehr als eine ungeordnete Sammlung erscheinen. Sie werden in die Lage versetzt, die tiefer gehenden Qualitäten der Elemente zu erkennen und zu beurteilen.
Antwort erhalten Sie u. a. auf folgende Fragen:

- Welches Ordnungsprinzip liegt dem Periodensystem zugrunde?
- Welche Bedeutung haben Perioden und Gruppen?
- Welche Elemente sind medizinisch wichtig und wo stehen sie im Periodensystem?
- Welchen Anteil haben bestimmte Elemente im menschlichen Körper?
- Was sind Radioisotope und welche Rolle spielen sie in der Diagnostik und Therapie?

2.1 Übersicht und Historisches

Man kennt heute 112 chemische Elemente mit den Ordnungszahlen von 1 bis 112. Elemente bis zur Ordnungszahl 92 *(Uran)* kommen in der Natur vor. Elemente mit einer höheren Ordnungszahl können nur künstlich, d. h. durch kernchemische Synthesen, in einem Atomreaktor oder Zyklotron, „erbrütet" werden. Das Periodensystem hat also eine Obergrenze, die mit der Instabilität der größer werdenden Atomkerne zusammenhängt. Alle bekannten Isotope der Elemente ab der Ordnungszahl 84 sind *radioaktiv*, bemerkenswerterweise aber auch die Elemente 43 (Technetium, Tc) und 61 (Promethium, Pm). Die beiden letztgenannten Elemente gibt es heute in der Natur nicht mehr.

Die Elemente werden in einem zweidimensionalen Schema angeordnet, das man **Periodensystem** nennt (Abb. 2/1). Früher war man der Meinung, dass mit steigender Ordnungszahl auch die Atommasse regelmäßig zunehme. Heute weiß man, dass es wegen der natürlichen Isotopenverteilung Ausnahmen gibt (siehe z. B. Tellur/Iod). Die Atommasse ist daher als Ordnungskriterium der Elemente nicht geeignet. Allein die Protonen- bzw. Elektronenzahl in den Atomen bestimmt die Reihenfolge der Elemente und die Elektronenkonfiguration die Anordnung in Perioden und Gruppen.

Dass es eine Ordnung der Elemente gibt, wurde 1869 von *L. Meyer* und *D. Mendelejew* erkannt. Ihre Einsicht erwuchs aus dem eingehenden Studium der chemischen Eigenschaften der Elemente. Sie entdeckten die Periodizität bei dem Versuch, Ordnung in die Elemente hineinzubringen. Die Beobachtungen waren so fundiert, dass die Forscher sogar die Existenz bis dahin unbekannter Elemente vorhersagen konnten.

2.2 Beschreibung des Aufbaus

Periodensystem

Abbildung 2/1 zeigt das *Periodensystem der Elemente*. In jedem Kästchen stehen das *Elementsymbol* und darüber der *Name des Elementes*. Links unten an jedem Elementsymbol steht die *Ordnungszahl*, die der Kernladungszahl entspricht (☞ Kap. 1.2). Über dem Ele-

	1 (IA)	2 (IIA)	3 (IIIB)	4 (IVB)	5 (VB)	6 (VIB)	7 (VIIB)	8	9 (VIIIB)	10	11 (IB)	12 (IIB)	13 (IIIA)	14 (IVA)	15 (VA)	16 (VIA)	17 (VIIA)	18 (VIIIA)
1. Periode	1.0079 Wasserstoff 1 **H**																	4.0026 Helium 2 **He**
2. Periode	6.941 Lithium 3 **Li**	9.0122 Beryllium 4 **Be**											10.811 Bor 5 **B**	12.011 Kohlenstoff 6 **C**	14.007 Stickstoff 7 **N**	15.9994 Sauerstoff 8 **O**	18.998 Fluor 9 **F**	20.180 Neon 10 **Ne**
3. Periode	22.990 Natrium 11 **Na**	24.305 Magnesium 12 **Mg**											26.982 Aluminium 13 **Al**	28.086 Silicium 14 **Si**	30.974 Phosphor 15 **P**	32.066 Schwefel 16 **S**	35.453 Chlor 17 **Cl**	39.948 Argon 18 **Ar**
4. Periode	39.098 Kalium 19 **K**	40.078 Calcium 20 **Ca**	44.956 Scandium 21 **Sc**	47.88 Titan 22 **Ti**	50.942 Vanadium 23 **V**	51.996 Chrom 24 **Cr**	54.938 Mangan 25 **Mn**	55.847 Eisen 26 **Fe**	58.933 Cobalt 27 **Co**	58.69 Nickel 28 **Ni**	63.546 Kupfer 29 **Cu**	65.39 Zink 30 **Zn**	69.723 Gallium 31 **Ga**	72.61 Germanium 32 **Ge**	74.922 Arsen 33 **As**	78.96 Selen 34 **Se**	79.904 Brom 35 **Br**	83.80 Krypton 36 **Kr**
5. Periode	85.468 Rubidium 37 **Rb**	87.62 Strontium 38 **Sr**	88.906 Yttrium 39 **Y**	91.224 Zirkonium 40 **Zr**	92.906 Niob 41 **Nb**	95.94 Molybdän 42 **Mo**	98.906 Technetium 43 **Tc***	101.07 Ruthenium 44 **Ru**	102.91 Rhodium 45 **Rh**	106.42 Palladium 46 **Pd**	107.87 Silber 47 **Ag**	112.41 Cadmium 48 **Cd**	114.82 Indium 49 **In**	118.71 Zinn 50 **Sn**	121.75 Antimon 51 **Sb**	127.60 Tellur 52 **Te**	126.90 Iod 53 **I**	131.29 Xenon 54 **Xe**
6. Periode	132.91 Caesium 55 **Cs**	137.33 Barium 56 **Ba**	57–71	178.49 Hafnium 72 **Hf**	180.95 Tantal 73 **Ta**	183.85 Wolfram 74 **W**	186.21 Rhenium 75 **Re**	190.2 Osmium 76 **Os**	192.22 Iridium 77 **Ir**	195.08 Platin 78 **Pt**	196.97 Gold 79 **Au**	200.59 Quecksilber 80 **Hg**	204.38 Thallium 81 **Tl**	207.2 Blei 82 **Pb**	208.98 Bismut 83 **Bi**	208.98 Polonium 84 **Po***	209.99 Astat 85 **At***	222.02 Radon 86 **Rn***
7. Periode	223.02 Francium 87 **Fr***	226.03 Radium 88 **Ra***	89–103	261 Rutherfordium 104 **Rf***	262 Dubnium 105 **Db***	263 Seaborgium 106 **Sg***	Bohrium 107 **Bh***	Hassium 108 **Hs***	Meitnerium 109 **Mt***	Darm-stadtium 110 **Ds***	Roent-genium 111 **Rg***	Copernicum 112 **Cn***						

Gruppen 1, 2 und 13–18: Hauptgruppen; Gruppen 3–12: Nebengruppen

Lanthanoide	138.91 Lanthan 57 **La**	140.12 Cer 58 **Ce**	140.91 Praseodym 59 **Pr**	144.24 Neodym 60 **Nd**	146.92 Promethium 61 **Pm***	150.36 Samarium 62 **Sm**	151.97 Europium 63 **Eu**	157.25 Gadolinium 64 **Gd**	158.93 Terbium 65 **Tb**	162.50 Dysprosium 66 **Dy**	164.93 Holmium 67 **Ho**	167.26 Erbium 68 **Er**	168.93 Thulium 69 **Tm**	173.04 Ytterbium 70 **Yb**	174.97 Lutetium 71 **Lu**
Actinoide	227.03 Actinium 89 **Ac***	232.04 Thorium 90 **Th***	231.04 Protactinium 91 **Pa***	238.03 Uran 92 **U***	237.05 Neptunium 93 **Np***	244.06 Plutonium 94 **Pu***	243.06 Americium 95 **Am***	247.07 Curium 96 **Cm***	247.07 Berkelium 97 **Bk***	251.08 Californium 98 **Cf***	252.08 Einsteinium 99 **Es***	257.10 Fermium 100 **Fm***	258.10 Mendelevium 101 **Md***	259.10 Nobelium 102 **No***	260.11 Lawrencium 103 **Lr***

* radioaktive Elemente; angegeben ist die Masse eines wichtigen Isotops (soweit bekannt)

Abb. 2/1 Periodensystem der Elemente. Angegeben sind in jedem Kästchen: Elementsymbol, Name, Ordnungszahl und relative Atommasse. Bei den Elementen mit * sind alle bekannten Isotope radioaktiv. Verwendet wurde die neue Nummerierung der Haupt- und Nebengruppen (1–18), die alte steht in Klammern. Alle *Hauptgruppenelemente* sind blau unterlegt, die *Edelgase* nur blassblau, um sie hervorzuheben. Alle *Nebengruppenelemente* sind rot unterlegt.

+ 045 Das Periodensystem der Elemente zum Ausdrucken

mentsymbol steht die *relative Atommasse* (☞ Kap. 1.5). In chemischen Formeln und Gleichungen finden nur die Elementsymbole Verwendung.

Die Elemente stehen in waagerechten Reihen, die **Perioden** heißen. Die Reihen eins bis sieben heißen 1. bis 7. Periode. Die senkrechten Reihen der Elemente nennt man **Gruppen**. Diese unterteilen sich in *Hauptgruppen* (1, 2, 13 – 18) und *Nebengruppen* (3 – 12). Zu den Nebengruppen gehören auch die je 14 Elemente der *Lanthanoide* und *Actinoide*, die dem Lanthan ($_{57}$La) bzw. Actinium ($_{89}$Ac) folgen. Früher gebräuchliche Gruppenbezeichnungen (römische Zahlen) sind im Periodensystem (Abb. 2/1) in Klammern angegeben.

2.3 Elektronenkonfiguration als Wegweiser

Elektronen-konfiguration

Besetzung der Schalen. Wie lassen sich die Elemente nun in Perioden und Gruppen ordnen? Unter Beachtung der Regeln für den Aufbau der Elektronenhülle der Atome (☞ Kap. 1.6) lässt sich für jedes Element die *Elektronenkonfiguration* angeben. Wir erinnern uns, dass die Atomorbitale der einzelnen Schalen nach steigendem Energieinhalt besetzt werden.

- Die 1. Schale ist mit zwei *s*-Elektronen ($1s^2$) schon voll besetzt, entsprechend findet man in der ersten Periode nur die Elemente Wasserstoff (H) und Helium (He).
- Die 2. Schale vermag maximal acht Elektronen ($2s^2$ $2p^6$) aufzunehmen. Bei den Elementen der 2. Periode werden vom Lithium zum Neon die Orbitale der 2. Schale nacheinander mit Elektronen aufgefüllt.
- Die 3. Schale wird vom Natrium bis zum Argon zunächst mit bis zu acht Elektronen ($3s^2$ $3p^6$) besetzt (Elemente der 3. Periode).
- Jetzt erfolgt die Aufnahme von ein und zwei 4*s*-Elektronen in die 4. Schale (Elemente Kalium und Calcium), bevor die nächsten 10 Elektronen die noch freien *d*-Orbitale (maximal $3d^{10}$) der 3. Schale besetzen. Am Ende dieses Prozesses steht das Zink. Erst dann erfolgt die Ergänzung der 4. Schale bis zum Krypton ($4s^2$, $4p^6$). Insgesamt gehören 18 Elemente zur 4. Periode.

Dieses „Einschieben“ von Elementen durch das Auffüllen innen liegender Schalen wiederholt sich in den höheren Perioden in ähnlicher Weise (Tab. 2/1). In der 6. und 7. Periode müssen zusätzlich noch die Lanthanoide und Actinoide eingeschoben werden, die durch die Auffüllung der 4*f*- und 5*f*-Orbitale (maximale Besetzung: $4f^{14}$ bzw. $5f^{14}$) gekennzeichnet sind, obwohl sich schon Elektronen in der 6. und 7. Schale befinden.

Darstellung der Reihenfolge. Die Elektronenkonfiguration mit ihrem gesetzmäßigen, wiederkehrenden Raster innerhalb der Perioden (Tab. 2/1) ist gewissermaßen der *quantenmechanische Wegweiser* durch das Periodensystem. Die Reihenfolge der Auffüllung der Orbitale ist beim Durchgang durch die Perioden (Tab. 2/1, links) schlecht zu merken. Dazu gibt es in der rechten Spalte, von unten beginnend, eine Hilfe. Folgt man den schrägen blauen Pfeilen bei 1*s* beginnend jeweils bis zur Spitze und geht dann zum Anfang des nächsten Pfeils, so ergibt sich die Reihenfolge der Besetzung der Elektronenschalen. Auf 2*p*,3*s* folgen 3*p*,4*s*, bevor es mit 3*d* weitergeht. Die Perioden sind in Tab. 2/1 von unten nach oben angeordnet, um zu verdeutlichen, dass sich in der ersten Periode die energieärmsten Elek-

Tab. 2/1 Reihenfolge bei der Auffüllung der Orbitale mit Elektronen: innerhalb der Perioden des Periodensystems (links) und eine Hilfskonstruktion (rechts), um die Auffüllung der Orbitale leichter zu erinnern.

7. Periode	$7s^{1\text{ bis }2}$	$5f^{1\text{ bis }14}$	$6d^{1\text{ bis }10}$	$7p^?$	7*s*
6. Periode	$6s^{1\text{ bis }2}$	$4f^{1\text{ bis }14}$	$5d^{1\text{ bis }10}$	$6p^{1\text{ bis }6}$	6*s* 6*p* 6*d*
5. Periode	$5s^{1\text{ bis }2}$	$4d^{1\text{ bis }10}$	$5p^{1\text{ bis }6}$		5*s* 5*p* 5*d* 5*f*
4. Periode	$4s^{1\text{ bis }2}$	$3d^{1\text{ bis }10}$	$4p^{1\text{ bis }6}$		4*s* 4*p* 4*d* 4*f*
3. Periode	$3s^{1\text{ bis }2}$	$3p^{1\text{ bis }6}$			3*s* 3*p* 3*d*
2. Periode	$2s^{1\text{ bis }2}$	$2p^{1\text{ bis }6}$			2*s* 2*p*
1. Periode	$1s^{1\text{ bis }2}$				1*s*

tronen befinden und der Energieinhalt der folgenden Elektronen zunehmend größer wird. In Tab. 2/1 (rechte Spalte) beziehen sich die Zahlen in den waagerechten Reihen nicht auf die Perioden. Die Ziffern entsprechen den Hauptquantenzahlen (n = 1, 2, 3 usw.).

2.4 Hauptgruppen- und Nebengruppenelemente

! Elemente, die Elektronen in der äußeren Schale aufnehmen, bezeichnet man als **Hauptgruppenelemente**. Dies ist bei den Elementen der Gruppen 1, 2 sowie 13 – 18 der Fall.

Hauptgruppen

Hauptgruppen. Die Elemente *einer* Hauptgruppe stimmen in der Zahl ihrer *Valenzelektronen* überein. Die Elemente aus Gruppe 1 (Alkalimetalle) verfügen über *ein* Valenzelektron, die aus Gruppe 2 (Erdalkalimetalle) über *zwei*, die aus Gruppe 13 über *drei* Valenzelektronen. Bei den Elementen der Gruppe 18 (Edelgase) sind es *acht* Valenzelektronen mit Ausnahme des Heliums, das nur zwei Valenzelektronen aufweist. Acht Valenzelektronen

Oktett

(s^2p^6) sind ein **Oktett**, das sich als eine besonders stabile Elektronenkonfiguration erweist *(Oktettregel)*. Bei den Elementen von Gruppe 13 bis 18 entspricht die zweite Ziffer in der Gruppennummer der Zahl der Valenzelektronen.

Da die Valenzelektronen die chemischen Eigenschaften der Elemente bestimmen, liegt es nahe, dass die Elemente einer Hauptgruppe ähnliche Eigenschaften besitzen und sich damit deutlich von den Elementen anderer Hauptgruppen abgrenzen lassen. Zu dieser Schlussfolgerung sind wir über die Elektronenkonfiguration gelangt. Bei der Aufstellung des Periodensystems im Jahre 1869 wusste man jedoch noch nichts von Elektronen und Orbitalen, sondern hatte beobachtet, dass mit zunehmender Atommasse nach einer gewissen Anzahl von Elementen wieder eines mit ähnlichen Eigenschaften folgte. Diese *Periodizität* der Eigenschaften ist eng mit dem Aufbau der Elektronenschalen verknüpft.

! Das Periodensystem entsteht durch Reihung der Elemente nach steigender Ordnungszahl und Zusammenfassung chemisch verwandter Elemente in Gruppen.

Die Hauptgruppenelemente haben gemeinsame Eigenschaften, man kennzeichnet sie zusätzlich durch triviale Gruppennamen:

Gruppe 1 (Li, Na, K, Rb, Cs)	= *Alkalimetalle*	(1 Valenzelektron)
Gruppe 2 (Be, Mg, Ca usw.)	= *Erdalkalimetalle*	(2 Valenzelektronen)
Gruppe 13 (B, Al usw.)	= *Erdmetalle*	(3 Valenzelektronen)
Gruppe 14 (C, Si, Ge usw.)	= *Kohlenstoffgruppe*	(4 Valenzelektronen)
Gruppe 15 (N, P, As usw.)	= *Stickstoffgruppe*	(5 Valenzelektronen)
Gruppe 16 (O, S, Se usw.)	= *Chalkogene*	(6 Valenzelektronen)
Gruppe 17 (F, Cl, Br, I usw.)	= *Halogene*	(7 Valenzelektronen)
Gruppe 18 (He, Ne, Ar, Kr usw.)	= *Edelgase*	(8 Valenzelektronen, He: 2)

Nebengruppen

Nebengruppen. Bleibt die Zahl der Valenzelektronen gleich und werden der Ordnungszahl folgend von einem Element zum nächsten Elektronen in einer innen liegenden Schale hinzugefügt, kommt man zu *Nebengruppenelementen* (Gruppe 3 – 12). Alle Nebengruppenelemente sind *Metalle*. Sie besitzen in der Regel zwei Valenzelektronen (ab $4s^2$) und unterscheiden sich in der Elektronenzahl einer inneren Schale, was vergleichsweise kleine Änderungen in den chemischen Eigenschaften bewirkt. Die Nebengruppenelemente stehen in den Perioden zwischen den Hauptgruppenelementen, sie sind erkennbar Übergangselemente, genauer: *Übergangsmetalle.*

Richtungsangaben. Da die Elemente im Periodensystem weltweit nach dem gleichen Schema angeordnet und aufgeschrieben werden (Abb. 2/1), ist es zulässig, von *links* und *rechts* sowie *oben* und *unten* zu sprechen. Links oben bedeutet z. B., dass man Elemente mit kleiner Ordnungszahl am Anfang einer Periode meint. Die folgenden Definitionen sind damit eindeutig.

> **!** *Hauptgruppenelemente:* Beim Durchlaufen einer Periode von links nach rechts werden äußere Schalen mit Elektronen aufgefüllt.
> *Nebengruppenelemente:* Beim Durchlaufen einer Periode von links nach rechts werden innere Schalen mit Elektronen aufgefüllt.

Zahlenordnung im Periodensystem. Durch das Periodensystem der Elemente wird eine Ordnung in die Materie gebracht. Greifen wir nochmals auf das Schalenmodell zurück, dann benötigt man eine bestimmte Anzahl Elemente, bis eine Schale mit Elektronen voll besetzt ist (Tab. 2/2). Bei den 112 bekannten Elementen ist dies nur bis zur 4. Schale gegeben. Ab der 5. Schale ist die Besetzung unvollständig, weil es keine Elemente gibt, deren Elektronen in der 5. Schale nach 5*f* ein weiteres Energieniveau auffüllen. Bei der 6. und 7. Schale fällt die unvollständige Besetzung noch deutlicher ins Auge.

Zerlegt man die Gesamtzahl der Elektronen einer vollständigen Schale in einfache Zahlenfaktoren (Tab. 2/2, rechts), dann scheint sich ein Naturgesetz abzubilden. Innerhalb der Schalen fällt immer wieder die „Oktave" (2 + 6) auf, d. h., bei acht Valenzelektronen stößt man auf die wenig reaktiven Edelgase. Lediglich am Anfang folgt auf den hoch reaktiven Wasserstoff gleich das reaktionsträge Edelgas Helium, das mit zwei Valenzelektronen die Stabilität erreicht, die nachfolgend für eine Achterschale typisch ist. Der charakteristische Reaktivitätsunterschied entwickelt sich in den anderen Perioden über acht Stufen (☞ Kap. 3).

Tab. 2/2 Zahlenordnung im Periodensystem der Elemente, abgeleitet aus der maximalen Besetzung der Elektronenschalen.

Schale	Maximale Besetzung der Orbitale mit $e^{\ominus}$ *s p d f*	Gesamtzahl der Elektronen einer Schale	Zerlegung der Gesamtzahl in Zahlenfaktoren
1.	2	2	2 = 2 · 1 · 1
2.	2 + 6	8	8 = 2 · 2 · 2
3.	2 + 6 + 10	18	18 = 2 · 3 · 3
4.	2 + 6 + 10 + 14	32	32 = 2 · 4 · 4
5.	2 + 6 + 10 + 14	32 (unvollständig)	
6.	2 + 6 + 10	18 (unvollständig)	
7.	2	2 (unvollständig)	
		Summe: 112 (= Zahl der bisher bekannten Elemente)	

Der Wasserstoff an der Spitze einer Art Halbpyramide (Tab. 2/2, zweite Spalte) ist ein kosmisches Element und steht am Anfang aller Materiebildung, die im Verlauf durch Kernfusion und Kernspaltung zu den anderen Elementen führt. Je weiter man nach unten kommt, desto schwerer, erdgebundener wird die Materie, bis ein Punkt erreicht ist, wo sie durch Aussendung von Strahlung zerfällt. Die Basis der Halbpyramide zerstrahlt gewissermaßen, nur an der Spitze ist das System stabil, d. h. dort, wo sich das Eingangstor zur Materie befindet. Die für die Lebensprozesse neben Wasserstoff wichtigsten Elemente (C, N, O) findet man nahe diesem Tor.

2.5 Biochemisch und medizinisch wichtige Elemente

Von den 81 stabilen Elementen des Periodensystems bilden nur etwa 20 die materielle Basis für den Menschen und alle anderen Lebewesen auf der Erde. Die Elemente beteiligen sich in der Regel nicht in elementarer Form an den Lebensprozessen, sondern als Bestandteil chemischer Verbindungen. Ausnahmen sind Sauerstoff und Stickstoff in der Atmosphäre.

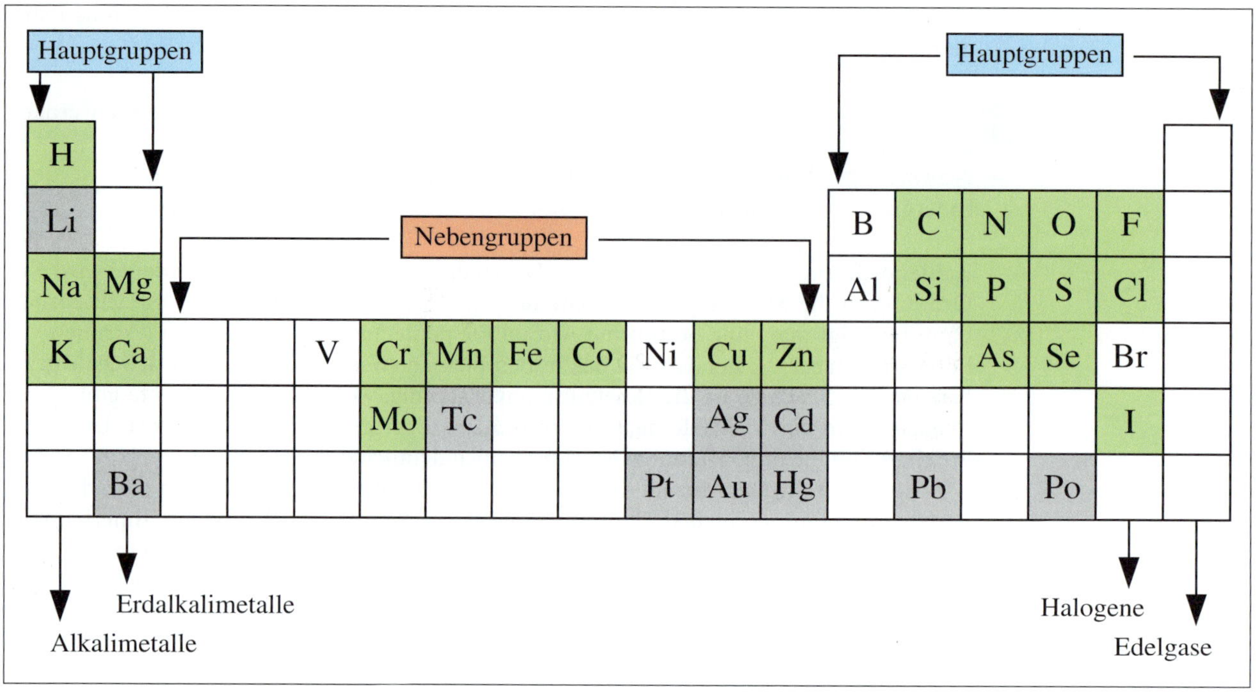

Abb. 2/2 Ausschnitt aus dem Periodensystem. ▢ biochemisch wichtige Elemente; ▢ pharmakologisch oder toxikologisch bedeutsame Elemente; ▢ Elemente, die außerdem in Naturstoffen bzw. Lebewesen vorkommen.

Periodensystem des Lebens

Um Übersicht zu gewinnen, kann man das Periodensystem der Elemente (Abb. 2/1) zu einem **„Periodensystem des Lebens“** (Abb. 2/2) vereinfachen. Hier fällt auf, dass die Mehrzahl der Lebenselemente in den ersten vier Perioden angesiedelt ist. Nach dem Zink ($_{30}Zn$) gibt es nur noch wenige lebenswichtige Elemente. Mit steigender Ordnungszahl sind viele Elemente in Form ihrer wasserlöslichen Verbindungen starke Gifte, z. B. Barium (Ba), Quecksilber (Hg) oder Blei (Pb), und sie bedrohen das Leben durch die ab Element 84 hinzukommende Radioaktivität.

Chemische Evolution. Für die Auswahl der lebensnotwendigen Elemente während der Evolution mussten zwei Bedingungen erfüllt sein: die Verfügbarkeit in der Umwelt *(Bioverfügbarkeit)* und die Fähigkeit, solche Verbindungen zu bilden, die Lebensprozesse ermöglichen und fördern *(Gestalt- und Stoffwechseldynamik)*. Die sog. *Bioverfügbarkeit* der Elemente wird u. a. von ihrem Anteil in der Biosphäre bestimmt und von der Tendenz, sich z. B. aus Mineralien mit Wasser herauszulösen. Schlecht verfügbar sind z. B. die in der Erdrinde sehr häufigen Elemente *Aluminium*, *Silicium* und *Titan*, die als wasserunlösliche Oxide vorkommen. Auf der anderen Seite sind die gut wasserlöslichen Alkali- und Erdalkalisalze (z. B. Natriumchlorid: NaCl, Kaliumchlorid: KCl, Magnesiumchlorid: $MgCl_2$, Calciumchlorid: $CaCl_2$) sehr wichtig und gut verfügbar. Ihre Ionen sind an zentralen Stoffwechselprozessen aller Lebewesen beteiligt.

Elementhäufigkeit im menschlichen Körper

Die am Aufbau des menschlichen Körpers beteiligten Hauptgruppenelemente zeigt Tabelle 2/3. Man muss dazu wissen, dass der Mensch zu etwa 60% aus Wasser besteht und die Körpersubstanz überwiegend organischer und nur zu 5% mineralischer Natur ist. Am häufigsten sind die Elemente Sauerstoff, Kohlenstoff, Wasserstoff und Stickstoff. Metalle in Form ihrer Kationen sind z. B. für die Osmoregulation der Zellen, für die Potenzialbildung an Membranen und für katalytische Prozesse unentbehrlich. Magnesium (als $Mg^{2\oplus}$) wird z. B. für Reaktionen benötigt, an denen energiereiche Nucleosidtriphosphate (z. B. ATP) beteiligt sind (☞ Kap. 17.4). Calcium (als $Ca^{2\oplus}$) ist ein wichtiger sekundärer Botenstoff in der Zelle. Natrium($Na^{\oplus}$)- und Kalium($K^{\oplus}$)-Kanäle spielen für den Ionentransport und bei der Nervenreizleitung eine wichtige Rolle. Phosphor taucht in den Phosphaten auf sowie beim ATP und ist ein bedeutendes Hilfselement im Zuckerstoffwechsel.

Tab. 2/3 Massenanteil wichtiger Hauptgruppenelemente im menschlichen Körper.

Element	Symbol	Anteil in %	Element	Symbol	Anteil in %
Sauerstoff	O	61	Schwefel	S	0,2
Kohlenstoff	C	23	Kalium	K	0,2
Wasserstoff	H	10	Natrium	Na	0,14
Stickstoff	N	2,6	Chlor	Cl	0,12
Calcium	Ca	1,4	Magnesium	Mg	0,03
Phosphor	P	1,1	Andere		0,21

Es ist zu vermuten, dass die Natur es im Laufe der Evolution erst „gelernt" hat, einzelne Elemente für bestimmte Aufgaben optimal zu nutzen. Dies gilt insbesondere für diejenigen Nebengruppenelemente, die für die Funktion bestimmter *Enzyme* unerlässlich sind (Tab. 2/4). Es erscheint zumindest plausibel, dass diese Elemente bezüglich ihrer Bedeutung für das Leben folgende Entwicklung erfahren haben:

tragbare Verunreinigung → nützliches Element → notwendiges Element

Spurenelemente

Spurenelemente. Lebensnotwendige Nebengruppenelemente müssen in Form geeigneter Verbindungen regelmäßig mit der *Nahrung* bzw. dem *Trinkwasser* aufgenommen werden und entfalten ihre Bedeutung niemals in elementarer Form, sondern als Ionen oder in Verbindungen. Da die pro Tag benötigte Menge vergleichsweise gering ist, spricht man von *Spurenelementen*. Sie haben für die Aufrechterhaltung der Lebensfunktionen eine ähnliche Bedeutung wie *Vitamine*. Zu den Spurenelementen gehören auch *Fluor*, *Iod* und *Selen*.

Tab. 2/4 Biochemisch wichtige Nebengruppenelemente (Gesamtmenge im Körper eines 70 kg schweren Erwachsenen).

Element	Symbol	Gesamtmenge	Aufgabe
Eisen	Fe	4–5 g	Wichtiges Element bei Redoxvorgängen in der Zelle (Cytochrome) und für den O_2-Transport im Hämoglobin.
Zink	Zn	1,4–2,3 g	Essenzielles Element für Wachstum, Reifung, Kohlenhydrat- und Proteinstoffwechsel. Wichtig für DNA- und RNA-Bildung und den Hormonstoffwechsel. Es ist z. B. in der Speicherform des Insulins enthalten.
Kupfer	Cu	75–100 mg	Bestandteil vieler Oxidasen, spielt z. B. bei der Melanin-(Hautfarbstoff-)Synthese eine Rolle.
Mangan	Mn	12–20 mg	Rolle bei der Bildung von Kollagen und Glykosaminoglykanen. Es wird für die Blutgerinnung benötigt, bei seinem Fehlen verlängert sich die Prothrombinzeit.
Molybdän	Mo	5–9 mg	Wichtig in der Atmungskette als Bestandteil der Flavoproteine, Xanthin-Oxidase.
Cobalt	Co	1–1,5 mg	Bestandteil von Vitamin B_{12}.
Chrom	Cr	0,6–1,4 mg	Phosphogluco-Mutase, Insulinwirkung.

2

Elemente mit verschiedener Bedeutung

Neben den Elementen mit bekannter Funktion gibt es andere, deren Bedeutung noch unklar ist (z. B. Aluminium, Silicium, Arsen). Außerdem sind Elemente zu nennen, deren Verbindungen in der Diagnostik oder Therapie angewandt werden oder uns als Umweltgifte gefährden (Tab. 2/5).

Hier sind die Grenzen jedoch fließend, weil positive oder negative Wirkung von den Konzentrationen der Stoffe abhängen, mit der diese Elemente auf den menschlichen Körper einwirken. *Arsen-*, *Zinn-* oder *Bleiverbindungen* z. B. sind in höherer Konzentration giftig – in niedriger (homöopathischer) Dosierung werden sie zur Therapie verwendet.

Zahl und Bedeutung von *Umweltgiften* haben seit Beginn der Industrialisierung stark zugenommen, besonders stark im letzten Jahrhundert. Schleichende Schäden und Beeinträchtigungen des Lebens in unvorhersehbarer Weise, wie es sich z. B. in der Zunahme von *Allergien* zeigt, sind unvermeidlich. Obwohl die gesundheitliche Gefährdung heute bekannt ist und der Umweltschutz einen hohen Stellenwert bekommen hat, wird über die Grenzwerte einzelner Chemikalien z. B. im Trinkwasser aus ökonomischen Gründen immer wieder gestritten.

Tab. 2/5 Pharmakologisch und toxikologisch wichtige Elemente.

Element	Symbol	Wirkung/Verwendung
Lithium	Li	Spurenelement, Behandlung manisch-depressiver Erkrankungen
Aluminium	Al	Spurenelement, Wundbehandlung, essigsaure Tonerde, fördert vermutlich Altersdemenz
Arsen	As	Spurenelement, Umweltgift
Nickel	Ni	Kontaktdermatitis
Chrom	Cr	Spurenelement, Allergien
Cadmium	Cd	Spurenelement, Umweltgift, östrogene Wirkung (Metalloestrogen)
Barium	Ba	wasserlösliche Salze sind starke Gifte, unlösliches Bariumsulfat (Bariumbrei) dient als Röntgen-Kontrastmittel
Quecksilber	Hg	Umweltgift
Blei	Pb	Umweltgift
Iod	I	Spurenelement, Desinfektionsmittel
Platin	Pt	zur Behandlung von Krebs (Cisplatin)
Xenon	Xe	Edelgas, schonende Narkose bei gleichzeitiger Schmerzhemmung

2.6 Radioisotope

Radioaktivität

Radioaktivität. Bestimmte Elemente zerfallen ohne äußeres Zutun unter Aussendung von Strahlung, sie sind *radioaktiv.* Diese Erscheinung wurde 1896 von *Becquerel* entdeckt. 1898 isolierte *Marie Curie* in mühevoller Arbeit geringe Mengen des radioaktiven Elementes Radium. Später stellte sich heraus, dass Radioaktivität auf einen *Zerfall der Atomkerne* zurückzuführen ist.

Radioaktive Elemente können drei verschiedene Arten von Strahlen aussenden:

1. **α-Strahlen**, die aus positiv geladenen Heliumkernen ($^{4}_{2}He^{2\oplus}$) bestehen.
2. **β-Strahlen**, die aus Elektronen ($e^{\ominus}$) bestehen. Sie kommen aus dem Atomkern durch den Zerfall eines Neutrons in ein Proton und ein Elektron ($n \longrightarrow p^{\oplus} + e^{\ominus}$).
3. **γ-Strahlen**, eine energiereiche elektromagnetische Strahlung.

Reichweite und Durchdringungsfähigkeit nehmen in der Reihenfolge $\alpha \longrightarrow \beta \longrightarrow \gamma$ zu. Die Energie der Strahlung ist sehr unterschiedlich, man unterscheidet *„harte"* und *„weiche"* Strahlung. α- und β-Strahlen sind besonders gefährlich, wenn sie in den Körper eindringen und auf dem Weg Gewebe schädigen. Im Allgemeinen gilt, je energiereicher die Strahlung, desto größer ist die Wahrscheinlichkeit, dass Biomoleküle sich in ihrer Funktion unkontrolliert und irreversibel verändern.

Halbwertszeit

Halbwertszeit. Radioaktive Elemente haben eine begrenzte Lebensdauer. Man definiert die *Halbwertszeit* ($t_{1/2}$) als diejenige Zeit, in der die Hälfte einer bestimmten Zahl radioaktiver Atome zerfallen ist. Dies bedeutet, wenn ein radioaktives Element eine Halbwertszeit von 1 Jahr hat, dass von 1000 Atomen dieses Elementes nach 1 Jahr noch 500 vorhanden sind, nach 2 Jahren noch 250, nach 3 Jahren noch 125 usw. Die Abnahme der Atome folgt einer *e*-Funktion (☞ Lehrbücher der Physik). Mit Hilfe der Halbwertszeit kann man eine Vorstellung gewinnen, welche Lebensdauer radioaktives Material hat, bis seine Strahlung keine Gefährdung mehr darstellt. Die Halbwertszeit einzelner Radioisotope lässt sich nicht vorhersagen, die Werte differieren von wenigen Sekunden bis zum Alter der Erde (^{238}U).

Radioisotope

Im Periodensystem (Abb. 2/1) sind die natürlichen und künstlichen radioaktiven Elemente markiert. Ein Blick auf die Halbwertszeiten von *Radium* und *Radon* (Tab. 2/6) macht deutlich, dass es diese Elemente auf der Erde nicht mehr geben dürfte. Sie werden jedoch beim Zerfall des langlebigen ^{238}*Urans* in einer sehr komplexen Zerfallsreihe ständig nachgebildet.

Tab. 2/6 Einige biochemisch und medizinisch wichtige Radioisotope.

Isotop	$t_{1/2}$	Strahlung	Anwendung
^{3}H	12,3 a	β	Tracer
^{14}C	5730 a	β	Tracer
^{32}P	14,3 d	β	Tracer, Strahlentherapie (Knochen)
^{35}S	87 d	β	Tracer, Tumordiagnostik
^{60}Co	6,2 a	β, γ	Strahlentherapie
^{90}Sr	28 a	β	Strahlentherapie
^{90}Y	64 h	β	Strahlentherapie
^{99m}Tc	6 h	γ	Diagnostik (breite Anwendung)
^{123}I	13 h	γ	Radioiodtest (Schilddrüse)
^{125}I	60 d	γ	Tracer für Proteine (*in vitro*)
^{131}I	8 d	β, γ	Radioiodtherapie (Schilddrüse)
^{222}Rn	3,8 d	α	Kurzwecke (Radonquelle)
^{226}Ra	1622 a	α	Strahlentherapie
^{238}U	$4{,}5 \cdot 10^9$ a	α (β, γ)	zur Herstellung von Transuranen

a = Jahre, d = Tage, h = Stunden

Spaltung oder Fusion?

Bei der **Spaltung** von schweren Atomkernen wird wesentlich mehr Energie frei als bei chemischen Reaktionen, die nur zu Veränderungen in der Elektronenhülle der Atome führen. In *Kernreaktoren* wird natürliches Uran (überwiegend $^{238}_{92}U$), das mit $^{235}_{92}U$ angereichert ist, verwendet. Durch langsame Neutronen wird letzteres in Elemente mit kleinerer Ordnungszahl gespalten.

Beispiel: $$^{235}_{92}U + {}^{1}_{0}n \longrightarrow {}^{90}_{36}Kr + {}^{144}_{56}Ba + 2\,{}^{1}_{0}n + \text{Energie}$$

Bei der Kernspaltung werden mehr Neutronen frei als eingesetzt, d. h., ohne eine wirksame Neutronenkontrolle käme es zur Kettenreaktion, zur Explosion. Die bei der Kernreaktion entstehende Wärmeenergie wird abgeleitet und für den Betrieb von Dampfturbinen genutzt, die Strom erzeugen. 1 g $^{235}_{92}U$ liefert so viel Energie wie ca. 2,7 t Steinkohle bei der Verbrennung. Probleme bei der Nutzung der Kernenergie sind die Beschaffung von spaltbarem Material und die Tatsache, dass die Spaltprodukte radioaktiv sind und irgendwo über Jahrzehnte und Jahrhunderte (je nach Halbwertszeit) gelagert werden müssen.

Bei der **Kernfusion** werden zwei leichte Atomkerne zu einem größeren verschmolzen, z. B. kann aus Wasserstoff Helium entstehen, ein Prozess, der in der Sonne abläuft. Die

2

freigesetzte Energie pro Gramm Brennstoff ist bei der Fusion etwa viermal größer als bei der Kernspaltung. Um Atomkerne zu verschmelzen, werden hohe Temperaturen (10^8 K) benötigt. Aus Wasserstoff entsteht dabei ein sog. *Plasma* gasförmiger Protonen und Elektronen, die durch elektromagnetische Felder zusammengehalten werden müssen. Das Problem dieser *thermonuklearen Reaktion* auf der Erde liegt darin, die Energie aus dem Reaktionszentrum geordnet abzuleiten. Es gibt kein Material, das den hohen Temperaturen standhält. Außerdem entsteht bei der Kernfusion viel Strahlung, die die Umgebung belastet, d. h. „ansteckende" Wirkung auf Atome anderer Elemente hat, die normalerweise nicht radioaktiv sind.

Die technische Handhabung der Atomenergie ist ein zweischneidiges Schwert. Bei unzureichender Abschirmung oder einem Unfall kann Strahlung oder radioaktives Material austreten und die Umwelt auf Jahrzehnte hinaus belasten. *Plutonium* z. B., das in Kernreaktoren entsteht, hat eine Halbwertszeit von 24 000 Jahren. Andererseits ist das Leben auf der Erde an einen gewissen Anteil *natürlicher Radioaktivität* gewöhnt und angepasst. Erst was darüber hinausgeht, wirkt Leben zerstörend. Leider hat der Mensch kein Organ, mit dem er radioaktive Strahlung wahrnehmen kann. Ein Zuviel an Strahlung wird erst bemerkt, wenn es zu spät ist.

Radioisotope. Von den Elementen mit kleinerer Ordnungszahl existieren nebeneinander stabile und instabile radioaktive Isotope (Beispiele ☞ Tab. 1/3). Besprochen werden sollen die Radioisotope ^3_1H (Tritium) und $^{14}_6C$, die beide in kleinen Mengen unter der Einwirkung von *Neutronen* (Bestandteil der Höhenstrahlung) aus Stickstoff ($^{14}_7N$) hervorgehen.

$$^{14}_7N + ^1_0n \longrightarrow ^{14}_6C^* + ^1_1H$$

$$^{14}_7N + ^1_0n \longrightarrow ^{12}_6C + ^3_1H^*$$

Tritium und $^{14}_6C$ werden in der biochemischen und medizinischen Forschung verwendet, z. B. um dem Weg nachzuspüren, den bestimmte Moleküle (Arzneistoffe, Biosynthese-Vorläufer, Agrarchemikalien) im Stoffwechsel von Mensch, Tier und Pflanze oder im Erdboden nehmen *(Tracer-Methoden)*. Dazu ersetzt man in einem organischen Molekül einen Teil der stabilen Isotope $^{12}_6C$ bzw. ^1_1H durch die Radioisotope ^3_1H bzw. $^{14}_6C$; das Molekül ist dann radioaktiv markiert. Die Enzyme des Stoffwechsels können in der Regel nicht zwischen den Isotopen eines Elementes unterscheiden. So lässt sich der Weg markierter Moleküle in bestimmte Organe durch Messung der Radioaktivität verfolgen. In der lebenden Pflanze ist der Anteil von $^{14}_6C$ im Zellmaterial durch die ständige Aufnahme von CO_2 aus der Luft konstant. Stirbt die Pflanze ab, nimmt der Anteil an $^{14}_6C$ entsprechend seiner Halbwertszeit (5730 Jahre) ab. Durch Messung der Radioaktivität kann der Gehalt an $^{14}_6C$ und damit das *Alter* von totem Pflanzenmaterial bis zu mehreren Tausend Jahren zurückbestimmt werden *(Radiocarbon-Methode)*.

Radioisotope in der Diagnostik

Neben den natürlichen Radioisotopen gibt es zahlreiche künstliche, die durch kernchemische Synthesen hergestellt werden und in der *medizinischen Diagnostik* eine bedeutende Rolle spielen (Tab. 2/6). Das verwendete Radioisotop muss als Teil einer chemischen Verbindung *(Radiopharmakon)* bestimmte Zielorgane erreichen, so dass diese dann mit geeigneten Bildgebungsverfahren sichtbar gemacht werden können (Abb. 2/3). Um die Strahlenbelastung der Patienten niedrig zu halten, sollten die verwendeten Radioisotope eine kurze Halbwertszeit haben und möglichst weiche Strahlung aussenden.

^{99m}Tc (m = metastabil) stellt zurzeit das mit Abstand am häufigsten verwendete Radioisotop in der *In-vivo*-Diagnostik dar. Es wird aus radioaktivem ^{99}*Molybdän* in einem speziellen „Generator" ständig gebildet und vom Molybdän vor der Verwendung abgetrennt. ^{99m}Tc geht in kurzer Zeit durch γ-Strahlung in das längerlebige ^{99}Tc über, das als weicher β-Strahler nicht mehr gefährlich ist.

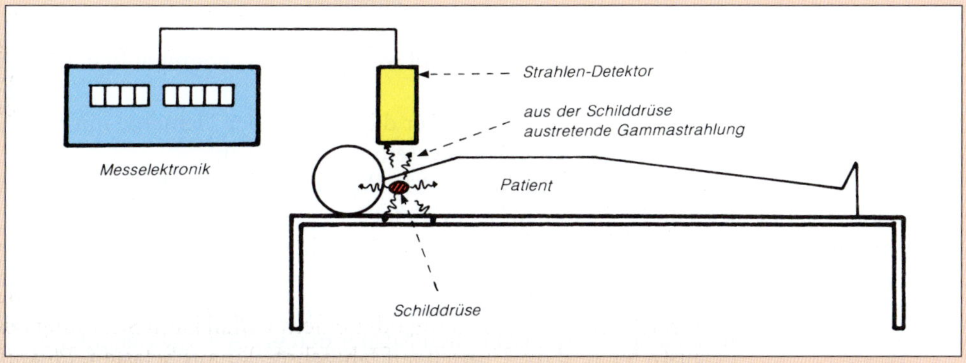

Abb. 2/3 Messplatz für die Aufnahme eines Szintigramms. Der Patient ist mit einem Radiopharmakon behandelt worden, das in der Schilddrüse angereichert ist und dem Stoffwechsel unterliegt. Die über jeder Stelle gemessene Strahlung ist der Stoffwechselaktivität für diesen Stoff an dieser Stelle proportional, so dass der Kliniker gesunde von kranken Organgebieten unterscheiden kann (z. B. Kalter Knoten in der Schilddrüse) (Goretzki, G.; Med. Strahlenkunde, 2. Aufl., Elsevier, München 2004).

Bor und Yttrium in der Strahlentherapie

Zur Zerstörung von Krebsgewebe setzt man die Strahlung ein, die von Radioisotopen (z. B. ^{60}Co) ausgeht. Zwei Verfahren, die sich noch in der Entwicklung befinden, verwenden ^{10}B (Bor) bzw. ^{90}Y (Yttrium).

Das natürlich vorkommende Element *Bor* (Gruppe 13) ist eine Mischung aus den Isotopen ^{10}B (etwa 20%) und ^{11}B (etwa 80%). Beide Isotope sind stabil und können getrennt werden. Für die Therapie geeignet ist nur das ^{10}B, denn es fängt leicht thermische Neutronen ein und zerfällt dann in ein α-Teilchen (^{4}He-Kern) und einen ^{7}Li-Kern. Die Kernteilchen haben eine Reichweite von etwa einem Zelldurchmesser und geben auf dieser Strecke ihre gesamte Energie ab, die starke Zellschäden verursacht. Aus dieser besonderen Eigenschaft von ^{10}B wurde die Bor-Neutronen-Einfang-Therapie (BNCT) entwickelt und z. B. bei Gehirntumoren eingesetzt. Voraussetzung ist, dass sich genügend ^{10}B-Atome im Tumorgewebe befinden, und zwar nur dort. Dieses Problem ist noch nicht befriedigend gelöst.

Yttrium ist ein seltenes Erdmetall (Gruppe 3). Das radioaktive Isotop ^{90}Y ist ein β-Strahler mit einer Halbwertszeit von 64,5 Stunden. Es wird vor der Anwendung aus ^{90}Sr (Strontium) frisch hergestellt und dann als Kation an einen Chelator (☞ Kap. 10.3) gebunden, der mit tumorspezifischen monoklonalen Antikörpern verknüpft ist. Die Antikörper tragen das Radioisotop an den Tumor, die ausgesandte Strahlung zerstört das Tumorgewebe.

Checkliste

Folgende Bezeichnungen/Begriffe sollten Sie erklären oder definieren (s. a. Glossar) und – wo möglich – Abkürzungen oder Beispiele angeben können:
Periodensystem – Perioden – Hauptgruppen – Nebengruppen – Quantenzahlen – Elektronenkonfiguration – Valenzelektronen – Oktett – Übergangsmetalle – Periodensystem des Lebens – Spurenelemente – Radioisotope – Radioaktivität – Halbwertszeit.

Aufgaben

1. Wie viele *chemische Elemente* sind bekannt und wie viele davon kommen in der Natur vor?
2. Wie ist das *Periodensystem* aufgebaut?
3. Wodurch bestimmt sich die Reihenfolge, in der die *Orbitale* der Elemente mit *Elektronen* aufgefüllt werden? Geben Sie diese Reihenfolge bis zur 4. Periode (einschließlich) an.
4. Wie viele Valenzelektronen besitzen Mg, S, P, I? Welchen Namen haben die Elemente? Zu welcher Gruppe gehören sie? Welches dieser Elemente ist ein Metall?
5. Was sind *Nebengruppenelemente*? Nennen Sie fünf biochemisch wichtige Nebengruppenelemente! Wie viele *Valenzelektronen* haben die Nebengruppenelemente in der Regel? Welche Eigenschaft haben sie gemeinsam?
6. Wie viele Elemente enthält das „*Periodensystem des Lebens*" ungefähr?
7. Welche *vier* Elemente haben im menschlichen Körper den größten Massenanteil?
8. Welche *vier Hauptgruppenelemente* aus den Gruppen 1 und 2 sind biochemisch von herausragender Bedeutung? Sind es Metalle oder Nichtmetalle?
9. Nennen Sie die Elemente der Gruppen 1 und 17! Welche zusätzliche Bezeichnung haben diese Hauptgruppenelemente? Welches ist die Elektronenkonfiguration der Valenzschale?
10. Welches *Nebengruppenelement* hat den größten Massenanteil im menschlichen Körper? Wo spielt es eine Rolle? Welche Elektronenkonfiguration hat es?
11. Was sind *Spurenelemente*? Nennen Sie zwei Metalle und zwei Nichtmetalle! Wie kommen sie vor?
12. Nennen Sie drei Elemente, die selbst oder in Form ihrer Verbindungen *toxisch* sind!
13. Was sind *Radioisotope* und wofür werden sie in der Medizin verwendet? Nennen Sie drei medizinisch wichtige Radioisotope!
14. Nennen Sie je ein Radioisotop der Elemente Wasserstoff, Kohlenstoff und Iod. Verwenden Sie die ${}^{A}_{Z}M$-Schreibweise aus Kapitel 1.
15. Können *Enzyme* zwischen stabilen und radioaktiven Isotopen eines Elementes unterscheiden?
16. Was ist *Tritium* und warum wird es in der Strahlentherapie nicht verwendet?
17. Warum bergen die Herstellung, Anreicherung, Verwendung, Rückgewinnung und Lagerung von *Radioisotopen* ein *großes Gefahrenpotenzial* in sich?
18. Nennen Sie jeweils drei Argumente für bzw. gegen die Nutzung von Kernenergie zur Energiegewinnung.

003 Lösungen der Aufgaben

Bedeutung für den Menschen

Spurenelemente

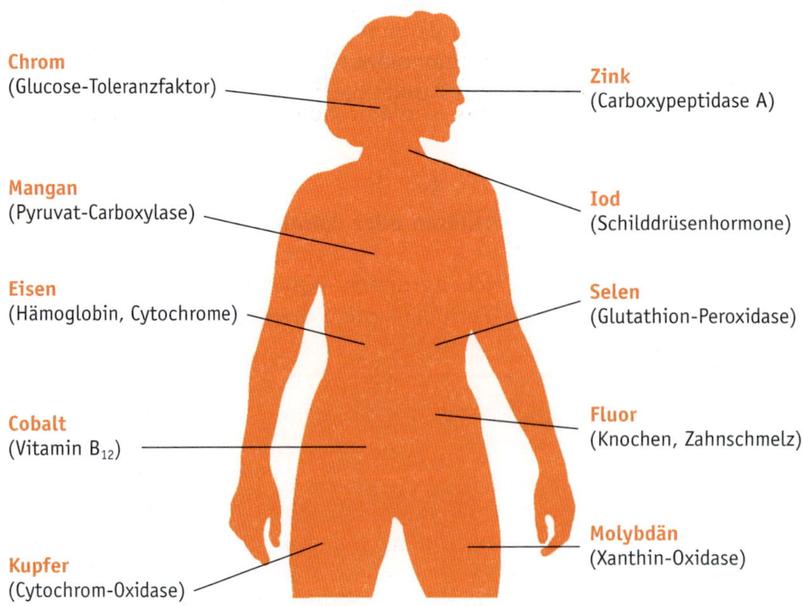

004 IMPP-Fragen

KAPITEL

3 Grundtypen der chemischen Bindung

Orientierung

Atome eines Elements können sowohl miteinander als auch mit Atomen anderer Elemente zusammentreten. Dieses Wechselspiel des sich miteinander Verbindens und des sich wieder Lösens liegt allen chemischen Prozessen zugrunde und es geht in einem Chemiebuch darum, die Regeln für dieses Wechselspiel kennen zu lernen. Das, was die entstehenden Gebilde (Metalle, Salze, Moleküle) zusammenhält, bezeichnet man als *chemische Bindung.* Jedes Element prägt der Verbindungswelt seinen „Charakter" ein, der formal mit der Elektronenkonfiguration der Atome zusammenhängt. Den Qualitäten von Elementen in ihren Verbindungen nachzuspüren ist der Weg, um aus der Welt der Atome und Elementarteilchen wieder zu den wahrnehmbaren Erscheinungen in der Welt der Minerale und der Lebewesen zu gelangen.
Antwort erhalten Sie u. a. auf folgende Fragen:

- Was sind Metalle, was Nichtmetalle?
- Wie entstehen Ionen und was sind Salze?
- Wie kommt es zur Atombindung und was sind Moleküle?
- Wie sehen die Dipolmoleküle von Wasser und Ammoniak aus?
- Welche Bindungen gehen Kohlenstoffatome mit sich selbst und mit Atomen anderer Elemente ein?

3.1 Oktettregel

Für den Zusammenhalt von Atomen ist eine chemische Bindung erforderlich, von der es drei Grundtypen gibt: die **metallische Bindung**, die **Ionenbindung** und die **Atombindung**. Die Tendenz dazu, die eine oder andere Bindung einzugehen, hängt mit der Konfiguration der Valenzelektronen zusammen. Erreicht die Valenzschale eines Atoms durch die Bindung *Edelgaskonfiguration* (s^2p^6), wie sie dem Neon, Argon oder Krypton entspricht, bzw. $1s^2$ wie beim Helium, so ist die Anordnung *energetisch günstig* und damit stabil. Edelgasatome haben deshalb eine geringe Tendenz, miteinander oder mit Atomen anderer Elemente Bindungen einzugehen, Edelgase liegen atomar vor. Die Atome der meisten übrigen Elemente versuchen sich mit einem oder mehreren Bindungspartnern so zu arrangieren, dass möglichst die Edelgas-Konfiguration ($1s^2$ oder s^2p^6) auf der äußeren Schale erreicht wird.

Oktettregel

! **Oktettregel (Edelgasregel):** Das Bestreben von Atomen, beim Ausbilden einer chemischen Bindung zu acht Valenzelektronen zu kommen.

3.2 Metallische Bindung

Metall

Metalle. Vorzugsweise Atome von Elementen mit einem oder zwei Valenzelektronen können sich fest zusammenlagern, indem sich die Atome in Gittern anordnen und die Valenzelektronen so weit gelockert sind, dass sie sich zwischen den räumlich fixierten, positiv geladenen *Atomrümpfen* frei bewegen können. Die Elektronen sind gleichsam ein *„Elektronengas"*, sie gehören zu keinem einzelnen Atom mehr, sie sind *delokalisiert, leicht beweglich und halten als Elektronenwolke die positiv geladenen Atomrümpfe zusammen.* Derartige Atomverbände haben einen regelmäßigen Aufbau, neigen zur Kristallisation, glänzen an der Oberfläche, besitzen eine gute Wärmeleitfähigkeit und leiten den elektrischen Strom.

Nichtmetall

Elemente mit solchen Eigenschaften heißen **Metalle**. Alle Elemente, die keine metallische Bindung eingehen, bezeichnet man als **Nichtmetalle**.

metallische Bindung

! Die Anziehungskräfte, die zwischen Atomen durch delokalisierte Valenzelektronen zustande kommen, bezeichnet man als **metallische Bindung**.

Übergangsmetall

Metalle im Periodensystem. Im Periodensystem stehen die Metalle bevorzugt in den Hauptgruppen 1 und 2, und außerdem sind alle Elemente der Nebengruppen Metalle, was sich in dem Synonym **Übergangsmetalle** ausdrückt. Zwischen den Metallen und den Nichtmetallen gibt es sog. *Halbmetalle* wie z. B. Silicium oder Germanium.

Ein Blick auf das Periodensystem (Abb. 3/1) zeigt, wo man Metalle und Nichtmetalle findet. Innerhalb einzelner Hauptgruppen kann ein Wechsel der Eigenschaften eintreten. *Kohlenstoff* (Gruppe 14) ist ein Nichtmetall, *Silicium* und *Germanium* sind Halbmetalle, *Zinn* und *Blei* sind Metalle. Innerhalb einer Periode stehen links die Metalle (Alkali- und Erdalkalimetalle) und rechts die Nichtmetalle (*Sauerstoff/Schwefel, Halogene, Edelgase*). Anders ausgedrückt: Links unten im Periodensystem stehen typische Metalle (z. B. *Caesium*), rechts oben typische Nichtmetalle (z. B. *Fluor*).

! Der *metallische Charakter* eines Elements nimmt innerhalb einer *Hauptgruppe* von oben nach unten *zu* und innerhalb einer *Periode* von links nach rechts *ab*.

Legierung

Legierungen. Mischt man verschiedene Metalle, z. B. durch Schmelzen und Wiederabkühlen, so bilden sich häufig Mischkristalle. Man bezeichnet solche Metallsysteme, die als Werkstoffe von großer Bedeutung sind, als **Legierungen**. Dies sind keine Verbindungen

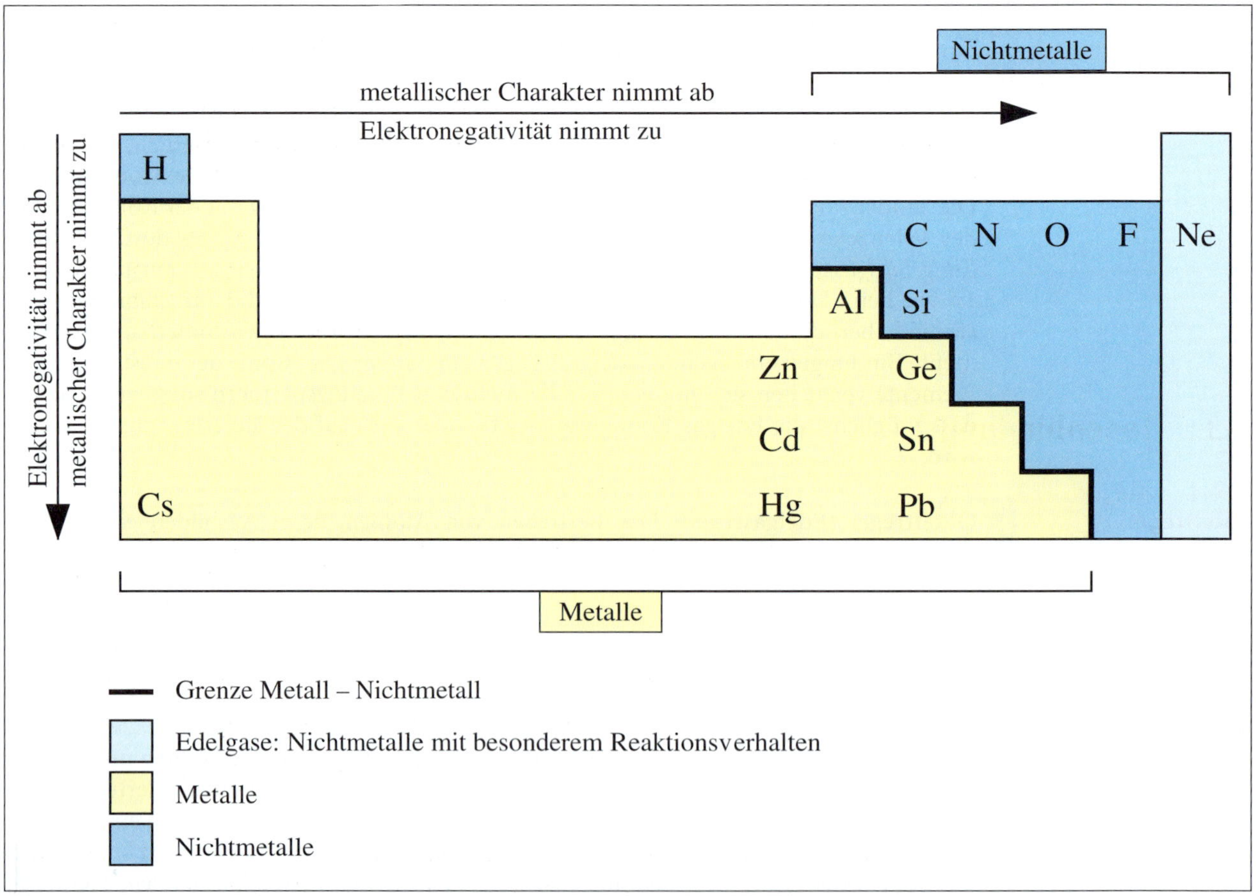

Abb. 3/1 Metalle und Nichtmetalle im Periodensystem. Änderung von Metallcharakter und Elektronegativität innerhalb der Hauptgruppen (beispielhaft Gruppe 14).

oder Stoffgemische, sondern sog. *intermetallische Phasen*. In Abhängigkeit von der Größe der Metallatome und der Anzahl der Valenzelektronen weisen manche Legierungen eine definierte Zusammensetzung auf. Sie liegen in bestimmten Kristallstrukturen vor, die anders sind als die der reinen Komponenten. So wird verständlich, dass sich die physikalischen Eigenschaften von Legierungen oft sehr stark von den Eigenschaften der reinen Metalle unterscheiden, z. B. durch eine veränderte *Leitfähigkeit* oder eine größere *Härte*. Aber auch die *Korrosionsbeständigkeit* kann sich erhöhen, wie z. B. beim Eisen durch Zulegieren von Chrom, Nickel oder Molybdän *(V2A-Stahl)*. Andere Beispiele für Legierungen sind *Bronze* (Cu/Sn), *Messing* (Cu/Zn) und *Neusilber* (Cu/Ni/Zn).

Für die Entwicklung der Menschheit spielten die Fähigkeit, Metalle zu gewinnen, und das Erlernen der Metallverarbeitung eine große Rolle, weil sich dies unmittelbar auf die Werkzeug- und Waffentechnik auswirkte. Die Bezeichnungen Bronze- und Eisenzeit für bestimmte Epochen deuten darauf hin.

Es ist nicht alles Gold, was glänzt

Die Ein-Euro-Münze besteht aus einem goldgelben Ring (75% Cu, 20% Zn, 5% Ni) und einem silbernen Kern (75% Cu, 25% Ni), bei Zwei-Euro-Münzen ist es umgekehrt. Kürzlich wurde gezeigt, dass Körperschweiß Nickel aus den Münzen freisetzt und *Nickel-Allergien* auslösen kann.

In der Zahnmedizin werden Metalle für konservierende Zwecke oder für den Zahnersatz verwendet. Voraussetzung ist, dass die eingesetzten Metalle keine giftigen Ionen freisetzen. Dies können nur Edelmetalle bzw. deren korrosionsfeste Legierungen gewährleisten. Sicher ist in diesem Sinn das *Gold*, das wegen seiner geringen Härte jedoch nur als Legierung zusammen mit Pt, Pd, Ag und Cu verwendet wird. „Spargold" enthält weniger Au, dafür mehr Pd. Für die Zahnkonservierung größte Bedeutung hat das *Silberamalgam*. Intensives Verreiben von Quecksilber mit einem Metallpulver, das überwiegend *Silber* und kleine Teile Sn, Zn und/oder Cu enthält, liefert ein plastisches Material, das nach kurzer Zeit fest wird. Beim Aushärten dehnt sich der Metallkörper etwas aus, wodurch ein fester Sitz im Zahn erreicht wird.

Bei allen Metallen im Mund besteht die Gefahr, dass sich unter der Einwirkung des Speichels Lokalströme ausbilden, die die Gesundheit beeinträchtigen. Das ist besonders dann der Fall, wenn verschiedene Metalle oder Legierungen verwendet werden. Eine andere Gefährdung liegt in dem Umstand, dass sich Spuren der Metalle herauslösen und zu einer chronischen Gesundheitsbelastung führen. Symptome dafür können u. a. Allergien, Migräneanfälle oder Leberschäden unklarer Genese sein. Der Speichel ist gegenüber Metallen von Mensch zu Mensch unterschiedlich aggressiv, d. h., das Risiko einer Schwermetallbelastung ist unterschiedlich. Einen Schutz bieten hier Keramik-Materialien.

3.3 Ionenbindung

3.3.1 Kationen

Kation

Atome mit einer *geringen* Anzahl Valenzelektronen (Metalle) haben eine Tendenz, diese abzugeben, die darunter liegende, dann äußere Schale hat Edelgaskonfiguration. Die Elektronenabgabe aus Atomen führt zu **Kationen**, die *positiv* geladen sind. Beispiele:

		Natrium-Ion			Magnesium-Ion
Na	$\longrightarrow$	$Na^{\oplus} + e^{\ominus}$	Mg	$\longrightarrow$	$Mg^{2\oplus} + 2\,e^{\ominus}$
$1s^2\,2s^2\,2p^6\,3s^1$		$1s^2\,2s^2\,2p^6$	$1s^2\,2s^2\,2p^6\,3s^2$		$1s^2\,2s^2\,2p^6$

Ionisierungsenergie

Für das Herauslösen eines Elektrons aus einem Atom wird Energie benötigt, die man **Ionisierungsenergie** nennt. Sie nimmt innerhalb einer Periode von links nach rechts *zu* und innerhalb einer Hauptgruppe von oben nach unten *ab*. Die Edelgase haben in einer Periode die höchste Ionisierungsenergie.

3.3.2 Anionen

Anion

Atome, denen an der Edelgaskonfiguration der Valenzelektronen ($1s^2$ bzw. s^2p^6) ein oder zwei Elektronen fehlen (Nichtmetalle), haben eine Tendenz, diese aufzunehmen. Dabei entstehen negativ geladene Teilchen, die **Anionen**. Beispiele:

	Fluorid-Ion		Oxid-Ion
$F + e^{\ominus}$ ⟶	$F^{\ominus}$	$O + 2\,e^{\ominus}$ ⟶	$O^{2\ominus}$
$1s^2\,2s^2\,2p^5$	$1s^2\,2s^2\,2p^6$	$1s^2\,2s^2\,2p^4$	$1s^2\,2s^2\,2p^6$

Elektronenaffinität

Im ersten Beispiel wird bei diesem Vorgang Energie frei (– 328 kJ/mol), im zweiten muss Energie aufgewendet werden (+ 704 kJ/mol). In beiden Fällen bezeichnet man diese Energie als **Elektronenaffinität** (Energieabgabe: –; Energieaufnahme: +). In den Perioden nimmt bei den Elementen der Gruppen 15 bis 17 die Tendenz, dass Energie frei wird, von links nach rechts *zu*. Beim Sauerstoff wird bei der Aufnahme des ersten Elektrons Energie frei (– 141 kJ/mol), das zweite verbraucht dann Energie, die ein Reaktionspartner aufbringen muss. Die Edelgase zeigen keine Neigung, Elektronen aufzunehmen.

3.3.3 Neigung zur Ionenbildung

Elektronegativität

Elektronegativität. Die Neigung zur Bildung von Ionen, d. h. die Aufnahme/Abgabe von Elektronen, ist nicht bei allen Elementen des Periodensystems gleich ausgeprägt. Eine deutliche Tendenz zur *Bildung von Kationen* beobachtet man bei den Elementen der Hauptgruppen 1 und 2 sowie bei den Nebengruppenelementen. *Anionen* entstehen bevorzugt aus Elementen der Gruppen 16 und 17. Um bei der Abschätzung der Tendenz zur Ionenbildung nicht auf schwierig zu messende Energiegrößen (Ionisierungsenergie, Elektronenaffinität) angewiesen zu sein, hat man den Begriff **Elektronegativität** (EN) eingeführt. Es handelt sich um eine relative Größe mit dimensionslosen Werten zwischen 0,7 und 4,0.

! **Elektronegativität** (EN) charakterisiert die Tendenz eines Atoms gegenüber einem Partner, Elektronen anzuziehen. Die Zahlenangaben für jedes Element sind als relative Größen dimensionslos.

H 2,2						
Li 1,0	Be 1,6	B 2,0	C 2,6	N 3,0	O 3,4	F 4,0
Na 0,9	Mg 1,3	Al 1,6	Si 1,9	P 2,2	S 2,6	Cl 3,2
K 0,8			Ge 2,0	As 2,2	Se 2,6	Br 3,0
Rb 0,8					Te 2,1	I 2,7

Abb. 3/2 Elektronegativität wichtiger Hauptgruppenelemente.

Hohe EN bedeutet, dass ein Atom z. B. in einer Verbindung eine starke Tendenz hat, Elektronen zu sich herüberzuziehen (Beispiele: F 4,0; O 3,4). Innerhalb einer Periode (ohne Edelgase) nimmt die EN von links nach rechts *zu*, innerhalb einer Hauptgruppe von oben nach unten *ab* (Abb. 3/2).

Elemente, die sich in ihrer EN stark unterscheiden, bewirken eine gegenseitige Ionisierung der Atome, es entstehen Ionen und damit chemische Verbindungen, die man *Salze* nennt (☞ Kap. 3.3.5). Atome mit ähnlicher EN bilden untereinander *Atombindungen* aus (☞ Kap. 3.4). Zwischen diesen klar unterscheidbaren Prozessen gibt es Übergange.

3.3.4 Atom- und Ionenradien

Atomradius. Für die Atome der Elemente lässt sich ein Atomradius angeben, der im Bereich von 0,06 – 0,25 nm (1 nm = 10^{-9} m) liegt. Die Atomradien ändern sich von Element zu Element. Sie nehmen innerhalb einer Periode (ohne Edelgase) von links nach rechts *ab*, denn durch die steigende positive Kernladung werden die negativen Elektronen stärker angezogen. Innerhalb einer Hauptgruppe nimmt der Atomradius von oben nach unten *zu*, weil jeweils neue, weiter außen liegende Schalen mit Elektronen besetzt werden.

Ionenradius. Bildet man aus einem Atom durch Entfernen der Valenzelektronen ein *Kation*, so nimmt der Radius des Teilchens deutlich *ab*. Betrachtet man den Ionenradius verschiedener Elemente (Abb. 3/3), so nimmt er innerhalb einer Hauptgruppe wegen hinzukommender Schalen von oben nach unten *zu*. Bei benachbarten Elementen einer Periode hat das zweifach positiv geladene Kation einen kleineren Radius als das einfach positiv geladene.

Entsteht aus einem Atom durch Aufnahme eines Valenzelektrons ein *Anion*, dann *vergrößert* sich der Radius des Teilchens. Durch die zusätzliche negative Ladung weitet sich die äußere Schale. Innerhalb einer Hauptgruppe (z. B. der Halogene) nimmt der Ionenradius von oben nach unten erwartungsgemäß *zu* (Abb. 3/3). Anionen innerhalb einer Periode sind deutlich größer als die Kationen.

In Tabelle 3/1 ist nochmals zusammengefasst, welche Größen sich bei der Bildung von Kationen bzw. Anionen aus den Atomen ändern und welche gleich bleiben.

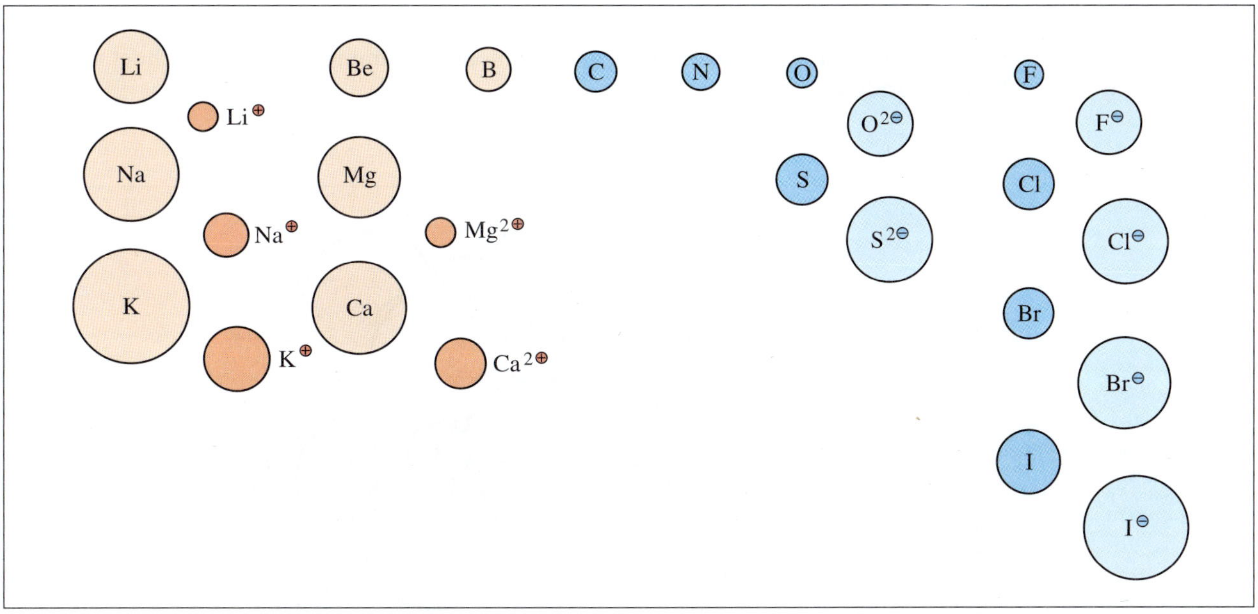

Abb. 3/3 Relative Größe von Atomen und Ionen einiger Hauptgruppenelemente im Vergleich. Die realen Werte liegen zwischen 0,06 und 0,38 nm (1 nm = 10^{-9} m).

Tab. 3/1 Ionenbildung bei den Elementen Natrium und Fluor (Änderungen sind durch einen Pfeil markiert).

Element		Kernladungszahl	Masse (M_r)	Radius (nm)	Elektronenkonfiguration	Gesamtladung
Atom	Na ↓ $-e^{\ominus}$	11	23	0,186 ↓	$1s^2\ 2s^2\ 2p^6\ 3s^1$ ↓	0 ↓
Kation	$Na^{\oplus}$	11	23	0,095	$1s^2\ 2s^2\ 2p^6$	+1
Atom	F ↓ $+e^{\ominus}$	9	19	0,064 ↓	$1s^2\ 2s^2\ 2p^5$ ↓	0 ↓
Anion	$F^{\ominus}$	9	19	0,136	$1s^2\ 2s^2\ 2p^6$	−1

3

3.3.5 Salze

Gibt man in einem Reaktionsgefäß metallisches Natrium und Chlorgas zusammen, so tritt eine heftige Reaktion ein. Aus den Elementen entsteht eine farblose Verbindung, das *Natriumchlorid* (= Kochsalz). Es hat völlig andere Eigenschaften als die zugrunde liegenden Elemente. Kochsalz setzt sich aus Natrium- und Chlorid-Ionen zusammen, es ist eine *Ionenverbindung*. Die Schreibweise NaCl macht nicht deutlich, dass die Substanz aus Ionen aufgebaut ist.

$$2\ Na + Cl_2 \longrightarrow 2\ NaCl$$

! Verbindungen, die in festem Zustand aus Ionen aufgebaut sind, heißen **Salze**.

Ionengitter

Bei der Reaktion der Elemente sind von den Natriumatomen Elektronen auf die Chloratome übergegangen. Die entstandenen Ionen bilden einen festen Ionenverband: In allen drei Richtungen des Raumes reihen sich Kationen und Anionen abwechselnd zu einem **Ionengitter** aneinander (Abb. 3/4). Der Zusammenhalt erfolgt einzig und allein durch elektrostatische Anziehungskräfte zwischen den Ionen. Die *Ionenbindung* (auch als *heteropolare Bindung* bezeichnet) ist *ungerichtet*.

Ionenbindung

! Anziehungskräfte, die gegensinnig geladene Ionen zusammenhalten, bezeichnet man als **Ionenbindung**.

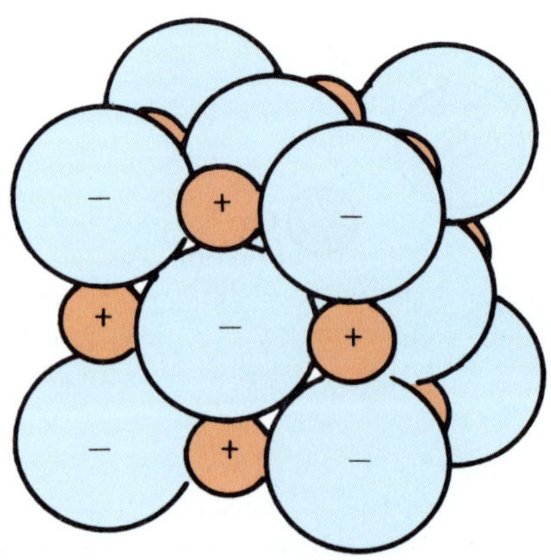

Abb. 3/4 Ausschnitt aus dem Ionengitter von Lithiumfluorid ($Li^{\oplus}F^{\ominus}$).

Salze

Salze entstehen aus Elementen, die eine große Differenz in den Elektronegativitäten aufweisen (☞ Kap. 3.3.3). Sie *kristallisieren* leicht, haben *hohe Schmelzpunkte* (NaCl: 801 °C) und ihre *Schmelzen leiten den elektrischen Strom*. Bei den Leitungsvorgängen sind Ionen die Ladungsträger, nicht Elektronen wie bei den Metallen.

Die Bindungsenergie eines Salzes bezeichnet man als *Gitterenergie* (ΔH_U). Sie beträgt beim NaCl 788 kJ/mol. Diese Energie wird frei (negatives Vorzeichen), wenn sich Ionenkristalle bilden. Man muss sie aufwenden, wenn das Ionengitter gegen die elektrostatische Anziehung in die einzelnen Ionen zerlegt werden soll (☞ Kap. 7.2).

3.3.6 Namen wichtiger Ionen/Salze, Molberechnung

Ionen können entsprechend der Stellung der Elemente im Periodensystem einfach oder mehrfach positiv bzw. negativ geladen sein ($Na^{\oplus}$, $Mg^{2\oplus}$, $Al^{3\oplus}$ oder $Cl^{\ominus}$, $S^{2\ominus}$), abhängig davon, wie viele Elektronen zum Erreichen der Edelgaskonfiguration abgegeben bzw. aufgenommen werden müssen. Die Ladung steht rechts oben am Elementsymbol. Bei einfachen Ionen entspricht die Ladung zugleich der *Wertigkeit* bzw. *Oxidationsstufe* (☞ Kap. 9.6) des betreffenden Elementes.

Zur Benennung von Kationen ergänzt man den Elementnamen durch den Zusatz *„Ion"*. Manche Ionen treten mit unterschiedlicher Wertigkeit auf ($Fe^{2\oplus}$, $Fe^{3\oplus}$), was man im Namen berücksichtigen muss (Tab. 3/2). Die Wertigkeit einfacher Kationen und Anionen sollte man im Kopf haben.

Bei Anionen bedarf es des Zusatzes *„Ion"* eigentlich nicht, weil die negative Ladung im Namen durch die Endsilbe *„-id"* oder *„-at"* ihren Ausdruck findet. Neben den einfachen gibt es häufig auch komplexe Anionen, die sich aus mehreren Atomen aufbauen und sowohl mineralischer wie auch organischer Natur sein können. Es bedarf etwas Übung, um dem Namen die richtige Formel zuzuordnen (Tab. 3/2).

Tab. 3/2 Formeln und Namen einiger wichtiger Ionen.

$Na^{\oplus}$	Natrium-Ion	$F^{\ominus}$	Fluorid
$K^{\oplus}$	Kalium-Ion	$Cl^{\ominus}$	Chlorid
$Mg^{2\oplus}$	Magnesium-Ion	$Br^{\ominus}$	Bromid
$Ca^{2\oplus}$	Calcium-Ion	$I^{\ominus}$	Iodid
$H^{\oplus}$	Wasserstoff-Ion (Proton)	$OH^{\ominus}$	Hydroxid
$Cu^{2\oplus}$	Kupfer(II)-Ion	$S^{2\ominus}$	Sulfid
$Fe^{2\oplus}$	Eisen(II)-Ion	$SO_4^{2\ominus}$	Sulfat
$Fe^{3\oplus}$	Eisen(III)-Ion	$NO_3^{\ominus}$	Nitrat
$Co^{2\oplus}$	Cobalt(II)-Ion	$PO_4^{3\ominus}$	Phosphat
$NH_4^{\oplus}$	Ammonium-Ion	$HCO_3^{\ominus}$	Hydrogencarbonat
		$CH_3COO^{\ominus}$	Acetat

Salzformeln. Die Formeln der Salze sind bezüglich der Zahl der beteiligten Ionen unterschiedlich. Da Salze nach außen hin *neutral* sind, müssen sich die positive und die negative Ladung der Ionen ausgleichen (Tab. 3/3). Um Salzformeln aufstellen zu können, muss man die Ladungen der beteiligten Ionen kennen. Beim Lithiumfluorid (LiF) lagern sich einfach positive ($Li^{\oplus}$) und einfach negative ($F^{\ominus}$) Ionen zusammen. Beim Calciumfluorid benötigt ein $Ca^{2\oplus}$-Ion zwei $F^{\ominus}$-Ionen zum Ladungsausgleich, die Formel lautet CaF_2. Beim Kaliumphosphat benötigt man drei Kationen ($K^{\oplus}$), um die Ladung des Anions ($PO_4^{3\ominus}$) auszugleichen. Die Formel lautet K_3PO_4.

Stoffmenge. Die Stoffmenge *n* (mol) lässt sich analog auf Salze und Ionen anwenden: Man geht von der Salz-Formel aus und errechnet die molare *Formelmasse*.

1 mol NaCl entspricht der Summe der relativen Atommassen in Gramm entsprechend der Salzformel, für NaCl sind dies 58,5 g (23 + 35,5). Die Atommassen entnehmen Sie für alle Berechnungen dem Periodensystem (☞ Abb. 2/1).

Tab. 3/3 Formeln und Namen einiger Salze.

Formel	Name	Formel	Name
$NaCl$	Natriumchlorid	$(NH_4)_2SO_4$	Ammoniumsulfat
KI	Kaliumiodid	$AgNO_3$	Silbernitrat
CaF_2	Calciumfluorid	$NaNO_2$	Natriumnitrit
$NaHCO_3$	Natriumhydrogencarbonat	$FeCl_3$	Eisen(III)-chlorid
Na_2CO_3	Natriumcarbonat	NaH_2PO_4	Natriumdihydrogenphosphat
$MgSO_4$	Magnesiumsulfat	$CuSO_4$	Kupfer(II)-sulfat
$BaSO_4$	Bariumsulfat	CH_3COONa	Natriumacetat

Für 1 mol $MgCl_2$ errechnen sich entsprechend 95,3 g (24,3 + 2 · 35,5). Umgekehrt lassen sich aus 95,3 g Magnesiumchlorid 1 mol (= 24,3 g) $Mg^{2\oplus}$-Ionen und 2 mol (2 · 35,5 = 71 g) $Cl^{\ominus}$-Ionen freisetzen. 1 mol $MgCl_2$ liefert insgesamt 3 · N_A Ionen (N_A = Avogadro-Konstante, ☞ Kap. 1.5).

Salze für die Gesundheit

Mineralstoffe (Salze) werden vom Körper benötigt (u. a. für den Elektrolythaushalt der Zellen, den Knochen- und Zahnaufbau, die Nervenreizleitung, bei der Muskeltätigkeit) und mit der Nahrung aufgenommen. Krankheiten führen u. a. dazu, dass die Salzverteilung vom Üblichen abweicht und die Ionen der Salze im Körper nicht dahin gelangen, wo sie gebraucht werden. Aus diesen Überlegungen heraus entwickelte der Arzt W. H. Schüßler vor mehr als 120 Jahren seine Behandlungsmethode der „Schüßler-Biochemie". Dazu wählte er 12 Salze in *potenzierter Form* aus, welche die in der Medizin üblichen lateinischen Namen tragen, z. B. Calcium fluoratum D12 (CaF_2), Kalium chloratum D6 (KCl), Magnesium phosphoricum D6 usw.

Für die *Potenzierung* einer Substanz auf D6 oder D12 beginnt man mit einem Teil der Ursubstanz und neun Teilen Verdünnungsmittel (z. B. Wasser) und schüttelt die Lösung eine gewisse Zeit. Das Ergebnis ist die D1. Ein Teil D1 mit neun Teilen Verdünnungsmittel verschüttelt ergibt die D2 usw. bis zur D6 bzw. D12. Schüßler zeigte, dass mit diesen potenzierten Salzen defizitäre Körperfunktionen besser ausgeglichen werden können als allein durch die mit der Nahrung zugeführten Mineralstoffe. So kann z. B. Magnesium phosphoricum D6 bei Schmerzen und Krämpfen eingesetzt werden, während Natrium chloratum D6 hilft, den Flüssigkeitshaushalt zu regeln. Die potenzierten Salze ersetzen nicht die normale Mineralstoffzufuhr, sondern sorgen dafür, dass die stofflich im Körper vorhandenen Ionen sich zur rechten Zeit am rechten Ort befinden, so dass $Mg^{2\oplus}$ z. B. wieder in die Muskelzellen hineinkommt und den Krampf lösen kann. Für die Schüßler-Salze gibt es umfangreiche Therapieanleitungen, die Therapieerfolge werden unterschiedlich bewertet.

3.4 Atombindung

3.4.1 Schreibweise und Definitionen

gemeinsames Elektronenpaar

Bei Nichtmetallen – mit Ausnahme der Edelgase – zeigen die Atome eine starke Tendenz, sich so zusammenzulagern, dass jedes Atom ein einzelnes (= ungepaartes) Elektron zu einem **gemeinsamen** (= bindenden) **Elektronenpaar** beisteuert. Es entsteht eine **Atombindung**, für die es auch die Bezeichnungen *kovalente Bindung*, *homöopolare Bindung* oder *Elektronenpaarbindung* gibt.

Bindigkeit. Die an *einer* Atombindung (= Einfachbindung) beteiligten Atome können gleich oder verschieden sein (☞ Tab. 3/4). Ein Atom kann mit seinen Valenzelektronen auch zur Bildung mehrerer Einfachbindungen beitragen, wie die Beispiele in Tabelle 3/4

Bindigkeit

zeigen. Die *Bindigkeit* (Valenzzahl) eines Atoms richtet sich nach der Zahl der Elektronen, die durch die Bindungsbildung zu den vorhandenen Valenzelektronen hinzukommen. Unter Einbeziehung der gemeinsamen Elektronenpaare dürfen sich am Ende nicht mehr als 8 (beim Wasserstoffatom 2) Elektronen auf der äußeren Schale eines Atoms befinden *(Oktettregel)*. So können von einem Atom nur maximal *vier* Einfachbindungen ausgehen, wie es beim Kohlenstoffatom im Methan der Fall ist. Das Kohlenstoffatom hat vier Valenzelektronen und kann mit vier geeigneten Partneratomen (z. B. Wasserstoff) je ein gemeinsames Elektronenpaar ausbilden, es ist *vierbindig* und erreicht so ein Elektronenoktett in der äußeren Schale. Aus den Beispielen in Tabelle 3/4 kann man die Bindigkeit der Atome ablesen:

- **Einbindig:** Wasserstoff, Fluor, Chlor
- **Zweibindig:** Sauerstoff
- **Dreibindig:** Stickstoff
- **Vierbindig:** Kohlenstoff

Ein gemeinsames (= bindendes) Elektronenpaar zwischen zwei Atomen wird durch einen Verbindungsstrich gekennzeichnet. Dies macht zugleich deutlich, dass die Atombindung von einem Atom ausgehend auf einen Partner *gerichtet* ist.

Atombindung

! Die Bindung zwischen zwei Atomen, die durch die Ausbildung von gemeinsamen Elektronenpaaren entsteht, bezeichnet man als **Atombindung (kovalente Bindung)**. Kennzeichen der *Einfachbindung* ist, dass jedes Atom *ein* Elektron zur Atombindung beisteuert. Die Atombindung ist *gerichtet*.

freie Elektronenpaare

Freie Elektronenpaare. Valenzelektronen, die keine Bindung eingehen, liegen in der Regel paarweise vor, man bezeichnet sie als *freie Elektronenpaare* und markiert sie durch einen Strich an dem betreffenden Atom. Häufig werden diese Striche auch weggelassen. Aufgrund der Stellung des Atoms im Periodensystem kann man feststellen, wie viele freie (= einsame) Elektronenpaare es besitzt. Die Summe der Elektronen in gemeinsamen und freien Elektronenpaaren darf die Zahl acht (Oktettregel) nicht überschreiten. Sehen Sie sich als Beispiel das Wasser (H_2O) in Tabelle 3/4 an. Das Sauerstoffatom im Wasser ist Ausgangspunkt für zwei Einfachbindungen, es ist zweibindig. Außerdem trägt das Sauerstoffatom zwei freie Elektronenpaare.

Tab. 3/4 Bildung einfacher Moleküle aus den Atomen.

Atome	Moleküle (Strukturformel)	Summenformel (Namen)	relative Molekülmassen
		H_2	2
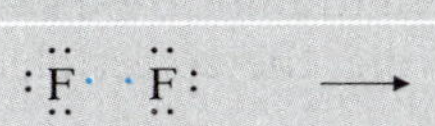	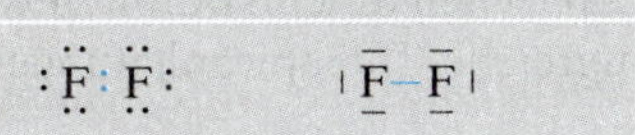	F_2	38
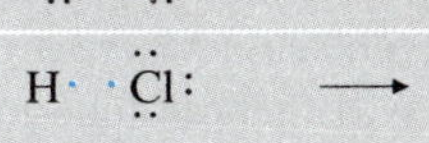		HCl (Chlorwasserstoff)	36,5
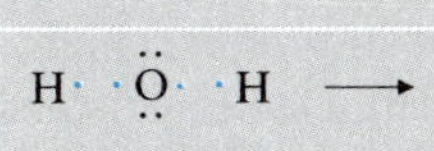	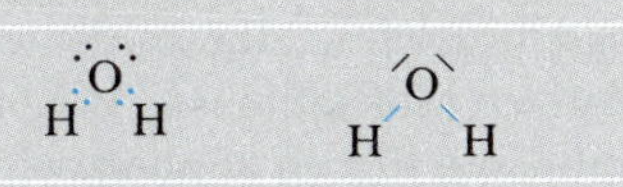	H_2O (Wasser)	18
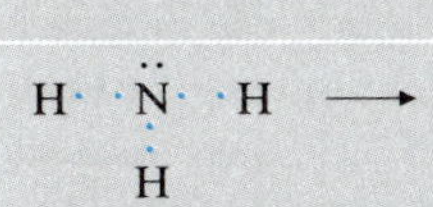	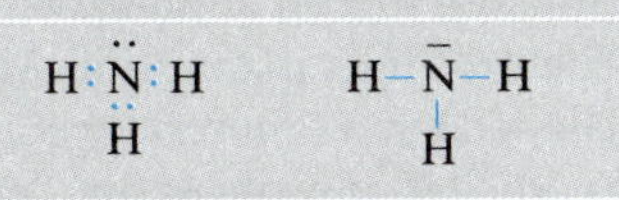	NH_3 (Ammoniak)	17
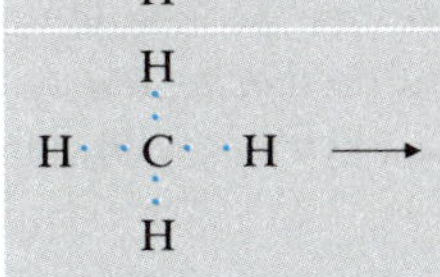	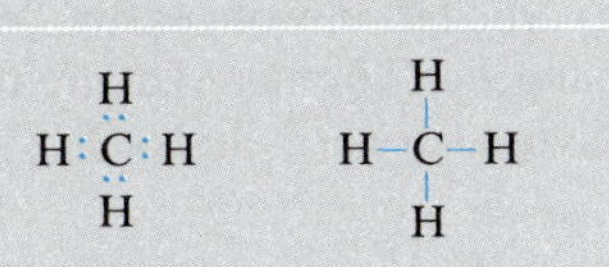	CH_4 (Methan)	16

3.4.2 Moleküle

Molekül

Aus den Atomen entstehen durch Atombindung *Moleküle* (Tab. 3/4). So liegen z. B. Wasserstoff und die Halogene nicht atomar vor wie die Edelgase, sondern molekular als H_2, F_2, Cl_2 usw. Zur Beschreibung eines Moleküls benötigt man die **Summenformel** und die **Strukturformel**.

Strukturformel

Summenformel

> **!** In der **Strukturformel** sind alle Atome durch ihre Elementsymbole und die Atombindungen durch Striche markiert (z. B. H – H, H – Cl).
> In der **Summenformel** werden die Atome eines Moleküls addiert und ihre Anzahl durch eine am Elementsymbol tief gesetzte Ziffer dokumentiert (z. B. NH_3, CH_4).

Aus der Strukturformel kann die Summenformel durch Abzählen der Atome leicht ermittelt werden. Insbesondere bei organischen Molekülen muss man es lernen, Strukturformeln aufzuschreiben und zu lesen. Die Beispiele in Tabelle 3/4 zeigen je eine vollständige Strukturformel und daneben eine abgekürzte Schreibweise, in der sich Summen- und Strukturangaben mischen.

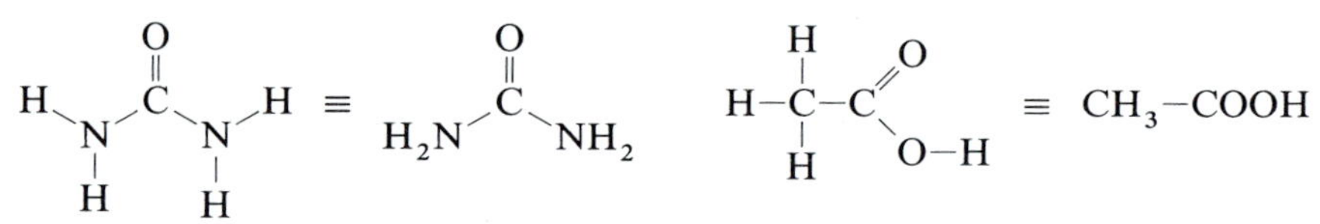

Harnstoff (CH_4N_2O) Essigsäure ($C_2H_4O_2$)

Molekülmasse

Molekülmasse. Jedes Molekül hat eine definierte *Molekülmasse*, die sich durch Addition der bekannten Atommassen ergibt. Diese können dem Periodensystem (☞ Abb. 2/1) entnommen werden. Man verwendet nicht die absoluten, sondern die relativen Massen (siehe Beispiele in Tab. 3/4). Die Masseneinheit „1" ist auch hier $\frac{1}{12}$ der Masse des Kohlenstoffisotops $^{12}_{6}C$. Die Zahlenwerte sind als Verhältniszahlen dimensionslos (relative Molekülmasse M_r). Das H_2-Molekül ist das leichteste Molekül. Moleküle mit Massen bis 2000 bezeichnet man als *niedermolekular*, mit Massen ab 5000 als *hochmolekular*. Hochmolekulare Biomoleküle sind z. B. Enzyme und Nucleinsäuren. Sehr große Nucleinsäure-Moleküle mit Massen von 10^6 – 10^7 findet man z. B. in den menschlichen Chromosomen.

> **!** Die relative Molekülmasse M_r ist dimensionslos.
> Die molare Masse M_m (Molmasse) hat die Einheit g/mol.

Die relative Molekülmasse M_r wird häufig unkorrekt als „Molekulargewicht" bezeichnet. Die *molare Masse* M_m eines Stoffes gibt hingegen seine Masse pro Mol an und hat damit die Einheit g · mol^{-1} (g/mol). Die molare Masse wird vereinfacht auch als Molekülmasse oder nur als **Molmasse** bezeichnet. Ihr Zahlenwert stimmt bei einem gegebenen Molekül natürlich mit der relativen Molekülmasse M_r überein. Da dimensionslose Größen in einem Text zu Missverständnissen führen können, wird häufig die molare Masse M_m (g/mol) verwendet. In der Biochemie findet man für die Molekülmasse die Einheit *Dalton (Da)*.

An dieser Stelle sei daran erinnert (☞ Kap. 3.3.6), dass man auch bei Salzen mit der Stoffmenge *n* (mol) arbeitet, obwohl keine definierten Moleküle vorliegen, für die man eine Molekülmasse angeben könnte. Man greift auf die *Formelmasse* des Salzes zurück, die sich ausgehend z. B. von den Formeln NaCl, $MgCl_2$, $FeSO_4$ ergibt, und verwendet auch hier die Einheit g/mol.

3.4.3 Bindungslänge und Bindungsenergie

Bindungslänge

Durch die Atombindung werden zwei Atome in einem bestimmten Abstand zueinander gehalten, der sich genau bestimmen lässt – obwohl die Atome ständig Schwingungen um diesen mittleren Abstand ausführen. Den mittleren Abstand zwischen den Atomkernen bezeichnet man als **Bindungslänge**. Die Angabe erfolgt in nm oder pm (1 nm = 10^{-9} m; 1 pm = 10^{-12} m). Die Werte liegen zwischen 0,07 und 0,3 nm, das entspricht 70 – 300 pm. Sie lassen sich mit Hilfe der Röntgenstrukturanalyse kristalliner Festkörper und mit Hilfe von Schwingungsspektren bestimmen (☞ Kap. 22).

Bindungsenergie

Will man ein Molekül durch Spaltung der Atombindungen in die Atome zerlegen, so muss man Energie aufwenden. Es ist genau der Beitrag, der bei der Bildung des Moleküls aus den Atomen frei wird. Die **Bindungsenergie** (genauer: Bindungsenthalpie ΔH, ☞ Kap. 6.6) lässt sich für jede einzelne Bindung in einem Molekül angeben, bei mehreren gleichartigen Bindungen nimmt man den Mittelwert (Tab. 3/5).

! Für jede Atombindung lassen sich die *Bindungslänge* und die *Bindungsenergie* angeben. Als Richtgröße für die Bindungslänge kann der Wert 0,1 nm, für die Bindungsenergie der Wert 400 kJ/mol dienen.

Tab. 3/5 Beispiele für Bindungslängen und Bindungsenergien.

Molekül			Bindungslänge	Bindungsenergie
H_2	(Wasserstoff)	H–H	0,074 nm	436 KJ/mol
H_2O	(Wasser)	O–H	0,096 nm	463 kJ/mol
NH_3	(Ammoniak)	N–H	0,100 nm	391 kJ/mol
CH_4	(Methan)	C–H	0,107 nm	413 kJ/mol

3.4.4 Molekülorbitale

σ-Bindung. Die Ursachen für das Entstehen einer Atombindung sind zunächst wenig plausibel: Entsprechend der Theorie müssen sich Wolken negativer Ladung *(Orbitale)* durchdringen und dabei Anziehungskräfte entwickeln, obwohl jeder weiß, dass gleichsinnig geladene Systeme sich abstoßen. Sehen wir uns das Wasserstoffmolekül an: Die einfach besetzten 1*s*-Atomorbitale, die sich bei Annäherung der Atome durchdringen *(= überlappen)*, verlieren bei dieser Begegnung ihre ursprüngliche Form und verändern ihren Energiegehalt. Es bildet sich etwas Neues, ein **Molekülorbital** (Abk. MO). Dies hat seine größte Elektronendichte im Raum zwischen den beiden Atomen. Es ist um die gedachte Bindungsachse der Atomkerne *rotationssymmetrisch*. Die Atome können sich um die Bindungsachse *frei drehen*. Man spricht in diesem Fall von einem σ-Molekülorbital (σ = Sigma) und bezeichnet die Atombindung als **σ-Bindung** (Abb. 3/5). Bildlich gesprochen, binden sich die Atome über Elektronen, die ihnen gemeinsam gehören, aneinander.

Molekülorbital

σ-Bindung

! Molekülorbitale entstehen durch Überlappen von Atomorbitalen bei der Bildung eines Moleküls.

Bindende Molekülorbitale. Interessant wird es, wenn man die Energieniveaus der Molekülorbitale mit denen der Atomorbitale vergleicht. Mit Hilfe quantenmechanischer Berechnungen hat man herausgefunden, dass aus zwei Atomorbitalen zwei Molekülorbitale entstehen (es gehen keine Orbitale verloren), von denen eines energieärmer, das andere energiereicher als die Atomorbitale ist (Abb. 3/6): Die beiden einzelnen Elektronen der 1*s*-Atomorbitale besetzen jetzt *gemeinsam* das energieärmere σ-Molekülorbital, man spricht von dem *bindenden* MO, während das energiereichere σ*-Molekülorbital (= *antibindendes* MO) frei bleibt. Jedes Molekülorbital kann von maximal zwei Elektronen besetzt werden. Aus dem Energiediagramm (Abb. 3/6) wird deutlich, dass beim Entstehen von Atombindungen tatsächlich Energie frei wird (Bindungsenergie). Verstehen kann man jetzt

3

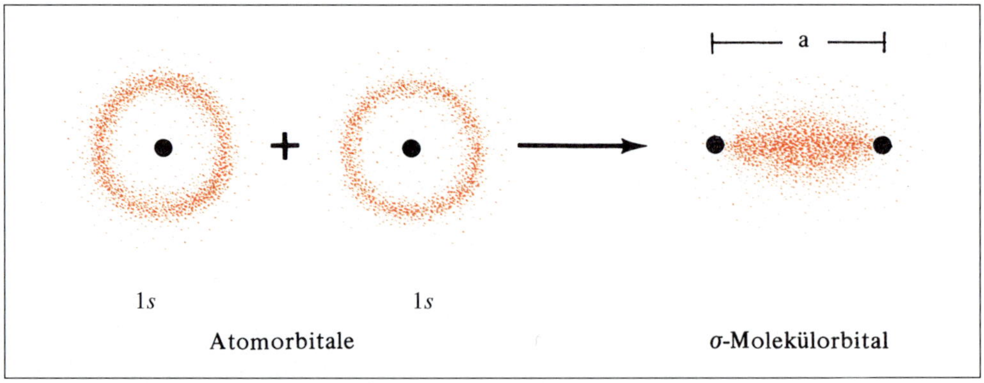

Abb. 3/5 Bildung einer σ-Bindung durch Überlappen von zwei einfach besetzten 1*s*-Atomorbitalen zum σ-Molekülorbital im Wasserstoffmolekül (a = Bindungslänge).

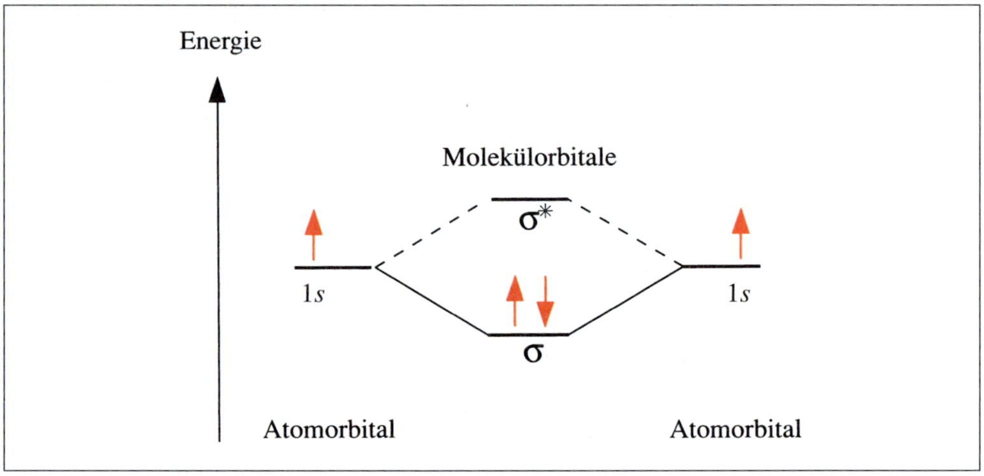

Abb. 3/6 Energiediagramm für die Bildung einer Atombindung beim Übergang von einfach besetzten 1*s*-Atomorbitalen in das bindende σ- und das antibindende σ*-Molekülorbital (H_2-Molekül).

auch, dass doppelt besetzte Atomorbitale miteinander keine Atombindung eingehen können. Die Elektronen müssten bindende und antibindende Molekülorbitale besetzen, weil kein Orbital mehr als zwei Elektronen aufnehmen kann. Dies bringt jedoch keinen Energiegewinn.

3.4.5 Das Methan-Molekül

Kohlenstoff. Der Kohlenstoff ist das Basiselement für das Leben auf der Erde. Alle Biomoleküle bauen auf ihm auf. Viele kohlenstoffhaltige Verbindungen entstehen in den chemischen Laboratorien. Die *Organische Chemie* (☞ ab Kap. 11) bezeichnet man deshalb auch als *Chemie des Kohlenstoffs*. Wir wollen die Bindungen, die vom Kohlenstoffatom ausgehen, schon hier verstehen lernen und greifen später darauf zurück.

Die Elektronenkonfiguration des Kohlenstoffatoms ($1s^2\ 2s^2\ 2p^2$) kennen Sie schon und wissen ferner, dass Kohlenstoff *vierbindig* ist. Betrachtet man die Elektronenkonfiguration im Energiediagramm (Abb. 3/7), so fällt auf, dass im *Grundzustand* nur zwei ungepaarte Elektronen vorhanden sind. Wie kann es so zu vier gleichwertigen Atombindungen kommen?

sp^3-Hybridisierung

sp^3-Hybridisierung. Der Energieunterschied zwischen den 2*s*- und 2*p*-Orbitalen ist relativ klein, unter dem Einfluss eines Bindungspartners kann durch Anheben eines 2*s*-Elektrons auf das freie 2*p*-Niveau ein *angeregter Zustand* entstehen. Die vier zunächst unterschiedlichen Atomorbitale ($2s^1\ 2p^3$) kombinieren sich zu vier *neuen, energetisch gleichwer-*

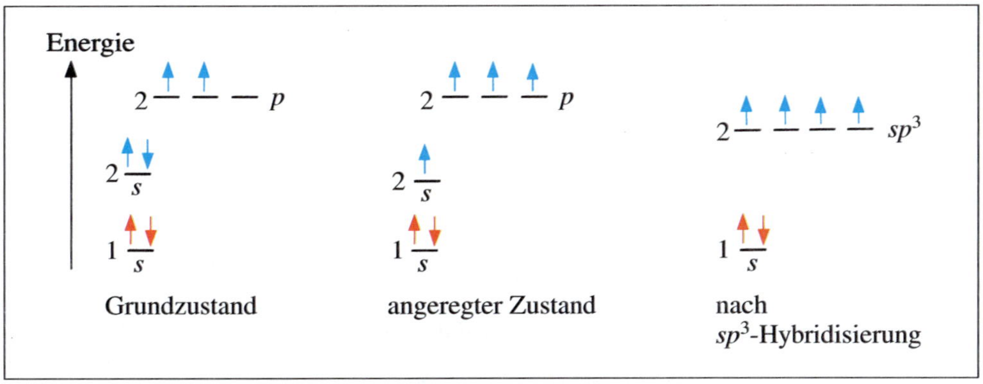

Abb. 3/7 Elektronenkonfiguration des Kohlenstoffatoms.

tigen Orbitalen (Abb. 3/7). Diese Vermischung von einfach besetzten *s*- und *p*-Orbitalen nennt man *Hybridisierung*, es entstehen $\boldsymbol{sp^3}$**-Hybridorbitale**. Das Kohlenstoffatom ist dann sp^3-hybridisiert. Überlappt jetzt jedes der einfach besetzten sp^3-Hybridorbitale des C-Atoms mit je einem einfach besetzten 1*s*-Atomorbital eines H-Atoms, erhält man vier doppelt besetzte, bindende Molekülorbitale. Im Methan (CH_4) liegen vier gleichwertige σ-Bindungen vor.

Tetraeder

Die Hybridisierung bestimmt die Raumstruktur des Methan-Moleküls. Die *s*-Atomorbitale sind kugelsymmetrisch. Die *p*-Atomorbitale stehen im rechten Winkel zueinander (☞ Kap. 1.6.4). Die sp^3-Molekülorbitale weisen in die Ecken eines **Tetraeders** (Abb. 3/8). Typisch ist der Winkel zwischen zwei CH-Bindungen, der sog. *Bindungswinkel*, er beträgt beim Methan $\alpha = 109{,}5°$. Die Tetraederform des Methans wird durch verschiedene Schreibweisen verdeutlicht (Abb. 3/8).

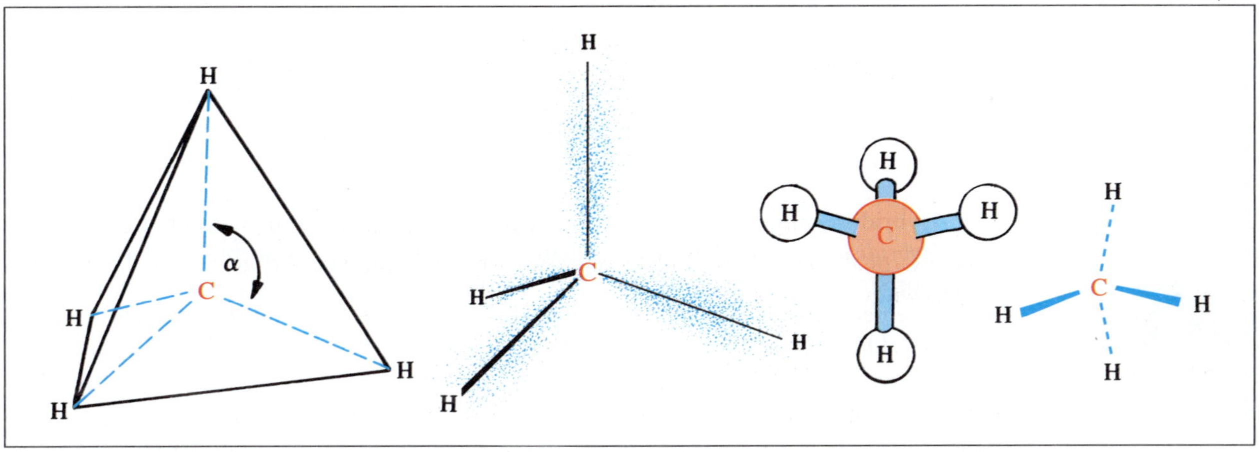

Abb. 3/8 Verschiedene Abbildungen des Methan-Moleküls, um den tetraedrischen Bau zu verdeutlichen.

3.4.6 C–C-Einfachbindungen

Die eigentliche Ursache für die Vielfalt der organischen Verbindungen liegt darin, dass Kohlenstoffatome nicht nur mit Atomen anderer Elemente Atombindungen eingehen können, sondern auch mit sich selbst. Die Atombindung zwischen zwei sp^3-hybridisierenden C-Atomen ist die gleiche wie die für Methan beschriebene: Es überlappen zwei einfach besetzte sp^3-Orbitale. Sie bilden eine σ-Bindung mit rotationssymmetrischer Verteilung der Elektronen um die gedachte Bindungsachse. Die Atombindung ist eine **C–C-Einfachbindung.** Sind die anderen Bindungen, die von den verknüpften C-Atomen ausgehen, mit Wasserstoff besetzt, heißt die entstandene Verbindung *Ethan*.

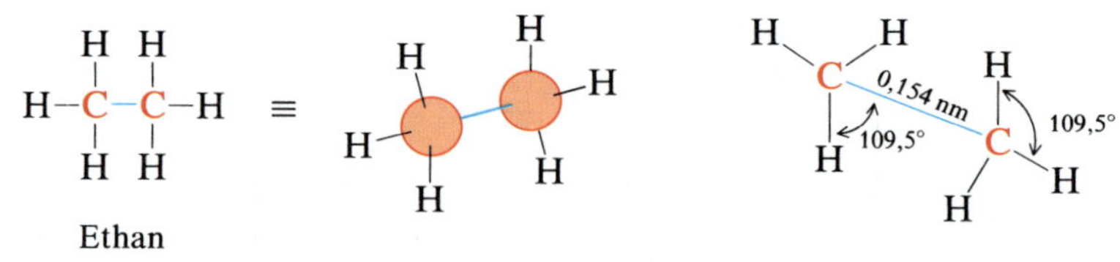

Bei einer Verlängerung der C-Atom-Kette wiederholen sich die beschriebenen Vorgänge. Im geradkettigen *n-Pentan* z. B. sind fünf tetraedrische sp^3-Atome durch σ-Bindungen verknüpft. Betrachtet man die Raumstruktur des Moleküls, so erkennt man, dass die C-Atome eine *Zickzack-Kette* bilden.

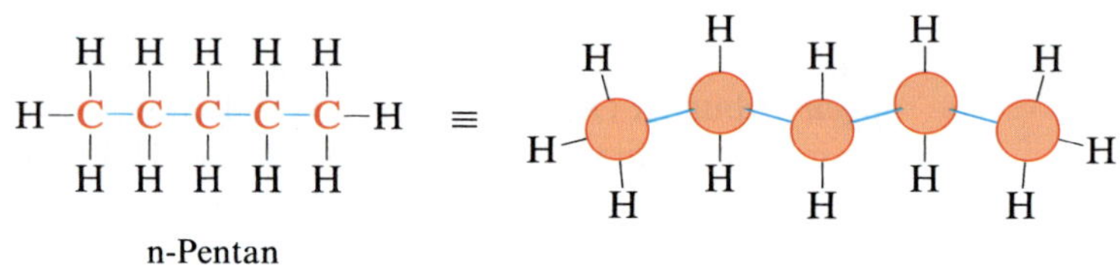

3.4.7 Mehrfachbindungen

Atome bestimmter Elemente sind in der Lage, untereinander mehr als eine Atombindung auszubilden, es entstehen **Doppel-** oder **Dreifachbindungen**. Kohlenstoffatome besitzen diese Fähigkeit. Die einfachsten Kohlenwasserstoffe mit einer Mehrfachbindung sind *Ethen* und *Ethin*. Im ersten Fall sind zwischen den C-Atomen zwei gemeinsame Elektronenpaare wirksam, im zweiten Fall sogar drei. Wie lässt sich dies verstehen?

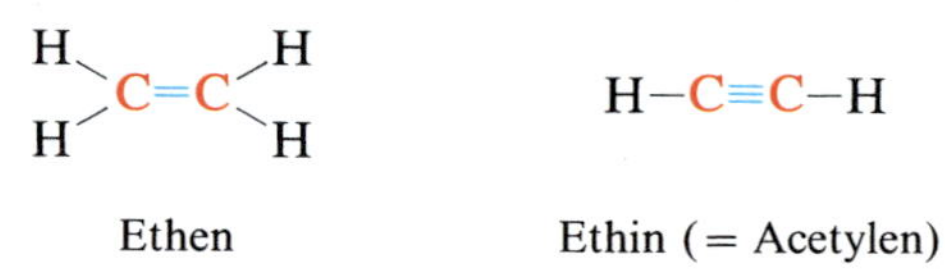

sp^2-**Hybridisierung**

***sp^2*-Hybridisierung.** Das C-Atom im angeregten Zustand kann statt der sp^3- auch eine *sp^2-Hybridisierung* eingehen. Dies bedeutet, dass sich das 2*s*-Atomorbital nur mit zwei 2*p*-Atomorbitalen vermischt und drei energetisch gleichwertige sp^2-Hybridorbitale entstehen, die in einer Ebene liegen und mit je einem Elektron besetzt sind. Ein einfach besetztes *p*-Orbital bleibt unverändert (Abb. 3/9), es steht senkrecht zur Ebene der sp^2-Hybridorbitale.

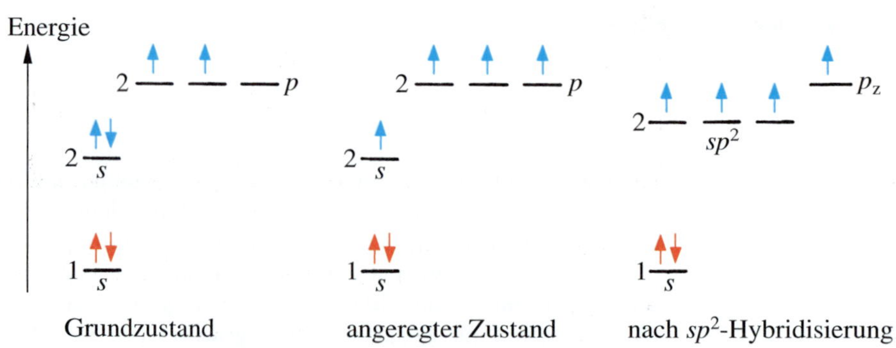

Abb. 3/9 Orbitalschema des C-Atoms vor und nach sp^2-Hybridisierung.

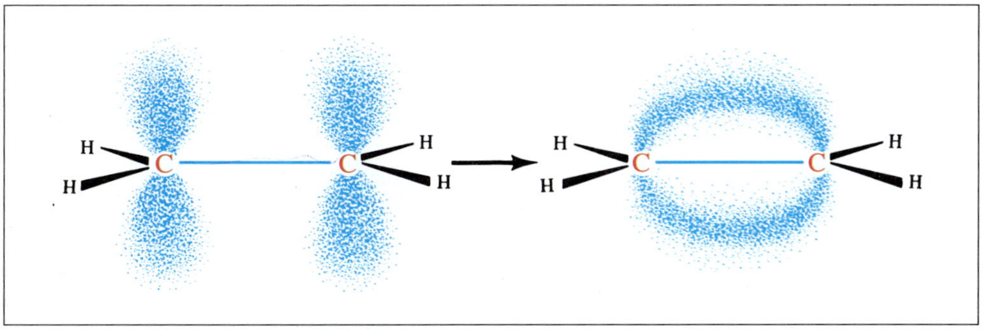

Abb. 3/10 Bildung des π-Molekülorbitals durch Überlappen der $2p^2$-Atomorbitale im Ethen (Ausbildung der π-Bindung).

Ethen. Die sp^2-Molekülorbitale ordnen sich so um das C-Atom, dass die Achsen in einer Ebene liegen und zueinander einen Winkel von 120° bilden. Im Ethen-Molekül entsteht zwischen den beiden C-Atomen eine **σ-Bindung**. Vier weitere σ-Bindungen richten sich auf die H-Atome. Übrig bleibt an jedem C-Atom das *p*-Orbital, das senkrecht zur Ebene der σ-Bindungen steht (Abb. 3/10). Beide *p*-Orbitale sind einfach besetzt, überlappen miteinander und bilden ein doppelt besetztes, bindendes *π-Molekülorbital* aus. Seine größte Elektronendichte befindet sich oberhalb und unterhalb der Ebene der σ-Bindungen (Abb. 3/10).

π-Bindung

Obwohl man in der Abbildung zwei Orbitallappen sieht, handelt es sich nur um ein π-Molekülorbital, das mit zwei Elektronen vollständig besetzt ist. Diese zweite Bindung zwischen den C-Atomen wird als **π-Bindung** (sprich: Pi-Bindung) bezeichnet. Bei der C=C-Doppelbindung ist um die C–C-Bindungsachse *keine* freie Rotation mehr möglich, denn dazu müsste die π-Bindung vorübergehend gelöst werden, was nur unter Energiezufuhr (Licht oder Wärme) möglich ist.

Verglichen mit der C–C-Einfachbindung (Tab. 3/6) verkürzt sich der Bindungsabstand zwischen den C-Atomen einer C=C-Doppelbindung deutlich. Auch wächst die Bindungsenergie. Diese ist jedoch nicht doppelt so groß wie die der C–C-Einfachbindung, was bedeutet, dass die π-Bindung schwächer ist als die σ-Bindung.

Tab. 3/6 Bindungsdaten für die C–C-Einfach- und -Doppelbindung.

Molekül	Hybridisierung der C-Atome	C–C-Bindungsenergie (kJ/mol)	C–C-Bindungsabstand
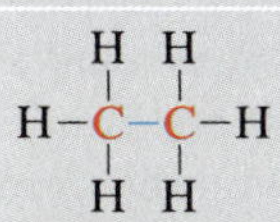	sp^3	369	0,154 nm
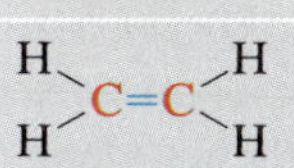	sp^2	683	0,133 nm

H–C≡C–H

Ethin. Eine Dreifachbindung zwischen zwei C-Atomen führt zum *Ethin*. Die beteiligten C-Atome sind in dem Fall *sp*-hybridisiert und bilden zwischen sich eine σ-Bindung aus. Die benachbarten *p*-Orbitale, die jeweils einfach besetzt sind, verschmelzen zu zwei π-Bindungen, die zueinander und zur σ-Bindung senkrecht stehen. An jedem C-Atom hängt noch ein H-Atom. Alle vier Atome stehen in einer Reihe, das Molekül ist *linear*.

Stickstoff und Sauerstoff. Die bei Raumtemperatur gasförmigen Elemente *Stickstoff* (N_2) und *Sauerstoff* (O_2) liegen molekular vor. Sie sind in der Atmosphäre im Verhältnis 4:1 enthalten.

N≡N

Ein Stickstoffatom hat fünf Valenzelektronen. Man erreicht die Oktett-Struktur nur durch die Ausbildung von drei Atombindungen. Für das Molekül N_2 führt dies zur Ausbildung einer *Dreifachbindung* zwischen den N-Atomen.

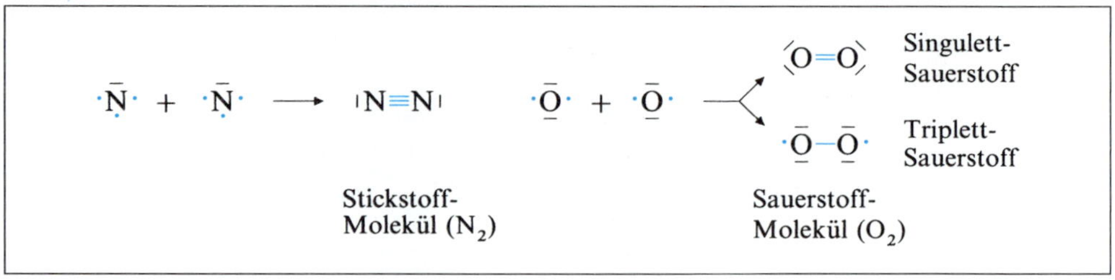

·O–O·

Beim Sauerstoff (O_2) würde man mit analogen Überlegungen eine Doppelbindung zwischen den O-Atomen erwarten. Der Sauerstoff ist zwar in dieser Form *(Singulett-Sauerstoff)* existent, jedoch deutlich energiereicher als in einer Form mit einer Einfachbindung und zwei ungepaarten Elektronen *(Triplett-Sauerstoff)*. Moleküle mit ungepaarten Elektronen werden als *Radikale* bezeichnet. Der normale Luftsauerstoff reagiert als *Diradikal*, was seine Reaktionsfähigkeit erklärt, z. B. im Vergleich zum Stickstoff, der sehr reaktionsträge ist.

Ozon. Sauerstoff kann durch elektrische Entladungen oder Bestrahlung mit UV-Licht in *Ozon* (O_3) umgewandelt werden. Das Ozon-Molekül ist *gewinkelt* gebaut und in sich *polarisiert*. Die negative Ladung verteilt sich unter Verschiebung eines Elektronenpaares auf beide endständigen O-Atome. Man bezeichnet dies als *Mesomerie* (☞ Kap. 11.7.1).

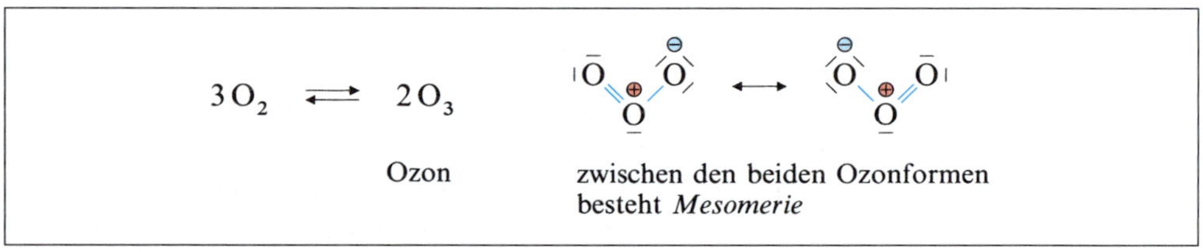

Was oben fehlt, macht unten krank

Ozon (O_3) entsteht unter Energiezufuhr aus Sauerstoff (O_2). Es hat eine starke keimtötende Wirkung und ist in höherer Konzentration für den Menschen giftig. 0,02 ppm Ozon sind in der Atmosphäre in der Nähe des Erdbodens immer vorhanden, in Smog-Situationen steigt der Anteil bis auf 0,5 ppm, reizt die Schleimhäute, verursacht Kopfschmerzen und erzeugt Schwindel.

In den oberen Schichten (15 – 50 km) enthält die Atmosphäre bis zu 10 ppm Ozon, das dort unter Einwirkung von UV-Licht ($\lambda < 280$ nm) aus Sauerstoff entsteht. Die Ozonschicht hüllt die ganze Erde ein und hat eine Tiefe von mehreren Kilometern. Das Ozon wirkt wie ein Filter, denn es hält den vergleichsweise kurzwelligen Anteil des Sonnenlichts (UV-B-Strahlung, $\lambda = 280 - 320$ nm) zurück. Das Ozon zersetzt sich dabei wieder zu Sauerstoff. In der Stratosphäre stellt sich ein natürliches Ozon-Sauerstoff-Gleichgewicht ein. **Fluorchlorkohlenwasserstoffe** (FCKWs, ☞ Kap. 13.5), die 10 Jahre für den Weg vom Erdboden in die Stratosphäre benötigen, zerstören die Ozonschicht. Die aus den FCKWs freigesetzten Chloratome verwandeln Ozon rasch in Sauerstoff, die Ozonschicht verdünnt sich, es entsteht ein **Ozonloch**. Als Folge steigt der Anteil an UV-B-Strahlung, der bis zur Erdoberfläche vordringt, was zu einem erhöhten *Hautkrebs-Risiko* führt.

3.4.8 Die polarisierte Atombindung

Solange sich Atome gleicher Art an einer Atombindung beteiligen (z. B. in den Molekülen H_2, Cl_2 oder N_2), sind die Bindungselektronen *symmetrisch* im Raum zwischen und um diese Atome verteilt. Dies gilt auch, wenn sich Atome verschiedener Elemente verbinden, sofern sich die beiden Elemente nur wenig in ihrer *Elektronegativität* (☞ Kap. 3.3.3) unterscheiden. Beispiele hierfür sind Kohlenstoff (EN 2,5) und Wasserstoff (EN 2,1).

Diese Symmetrie ändert sich jedoch dramatisch, wenn Bindungspartner, die sich *deutlich* in ihrer Elektronegativität unterscheiden, eine Atombindung eingehen. Bei den *Halogenwasserstoffen* z. B. zeigt sich, dass die elektronegativeren Halogenatome das bindende Elektronenpaar deutlich zu sich herüberziehen, die Atombindung ist **polarisiert.**

Die *Richtung der Polarisierung* lässt sich durch Angabe von Partialladungen (δ^+, δ^-) an den jeweiligen Atomen verdeutlichen. Da die Elektronegativität bei den Halogenen (Gruppe 17) vom Fluor zum Iod hin abnimmt (☞ Kap. 3.3.3), vermindert sich die Polarisierung der Atombindung in den Halogenwasserstoffen vom HF zum HI hin ($\leftrightarrow$ = Dipolmoment).

$$\overset{\delta^+}{H}\overset{\leftrightarrow}{—}\overset{\delta^-}{F} \qquad \overset{\delta^+}{H}\overset{\leftrightarrow}{—}\overset{\delta^-}{Cl} \qquad \overset{\delta^+}{H}\overset{\leftrightarrow}{—}\overset{\delta^-}{Br} \qquad \overset{\delta^+}{H}\overset{\leftrightarrow}{—}\overset{\delta^-}{I}$$

polarisierte Atombindung

Die Elektronegativität wird bei Elementen, die Atombindungen eingehen, zu einem Maß, wie weit ein Atom gegenüber einem anderen die Bindungselektronen zu sich herüberzieht. Man kann das Auftreten **polarisierter Atombindungen** auch so beschreiben, dass hier ein Übergang zwischen einer reinen Ionenbindung und einer reinen Atombindung vorliegt.

$Na^{\oplus}\ \ Cl^{\ominus}$	$\overset{\delta^+}{H}—\overset{\delta^-}{Cl}$	$Cl—Cl$
Ionenbindung	polarisierte Atombindung	Atombindung

Im Kochsalz (NaCl) hat die Bindung zu 100% Ionencharakter, im Cl_2-Molekül beträgt dieser 0%. Beim Chlorwasserstoff liegt er mit ca. 20% dazwischen. In der Reihe vom Fluorwasserstoff (HF) zum Iodwasserstoff (HI) nimmt der Ionencharakter der Atombindung *ab.*

Polarisierte Atombindungen zeigen auch die folgenden Gruppen, die für organische Moleküle typisch sind:

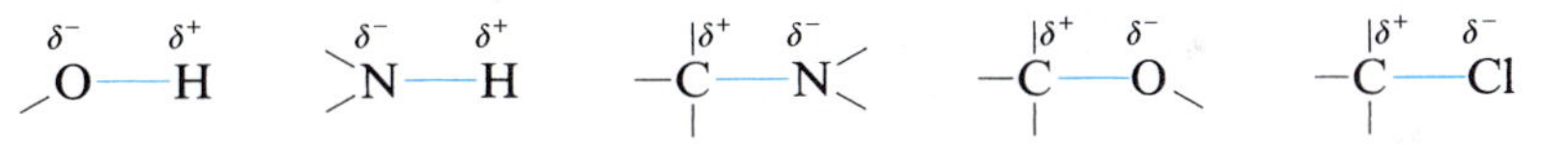

Die Richtung der Polarisierung ergibt sich aus den Werten für die Elektronegativität der Elemente (☞ Abb. 3/2). Die Polarisierung der N–H- oder C–N-Bindung ist schwächer als die der O–H- oder C–O-Bindung.

! Eine *polarisierte Atombindung* entsteht, wenn die Bindungselektronen zwischen zwei ungleichen Atomen stärker zu einem Partner hingezogen werden. Der elektronegativere Partner ist dann negativ polarisiert, der andere positiv polarisiert.

Der Grad der Polarisierung einzelner Atombindungen innerhalb eines Moleküls ist sowohl für die *physikalischen Eigenschaften* als auch für die *Reaktivität* gegenüber anderen Molekülen bedeutsam. Generell gilt: Gegensinnig polarisierte Atome benachbarter Moleküle ziehen sich an. Dies ist der Ausgangspunkt für verschiedene Wechselwirkungen zwischen Molekülen. Um dies genauer zu beschreiben, muss man bei wichtigen Atombindungen die Richtung der Polarisierung kennen.

3.4.9 Dipolmoleküle

! Ein Körper, bei dem die Schwerpunkte der negativen und der positiven Ladung nicht zusammenfallen, wird als **Dipol** bezeichnet.

Ein Dipol richtet sich im homogenen elektrischen Feld entlang der Feldlinien aus. Bei Molekülen mit polarisierten Atombindungen kann sich eine asymmetrische Ladungsverteilung ergeben. Typische **Dipolmoleküle** sind die oben erwähnten Halogenwasserstoffe.

Dipolmolekül

Wasser. Wasser (H_2O) ist ein *Dipolmolekül.* Dies hängt mit der Polarisierung der Atombindungen und mit der Raumstruktur des Moleküls zusammen. Das Sauerstoffatom hat die Elektronenkonfiguration $1s^2\,2s^2\,2p^4$. In seinen Verbindungen ist Sauerstoff zweibindig. Unter dem Einfluss der Bindungspartner erfolgt bei den *s*- und *p*-Orbitalen der 2. Schale eine sp^3-Hybridisierung (☞ Kap. 3.4.5). Anders als beim Kohlenstoff werden zwei der sp^3-Molekülorbitale mit jeweils *zwei eigenen Elektronen* besetzt. Dies sind die *freien Elektronenpaare* am Sauerstoffatom. Die anderen beiden Orbitale sind einfach besetzt, sie bilden die Atombindungen zum Wasserstoff aus. Der Bindungswinkel beträgt etwa 105°. Wasser ist ein **gewinkeltes Molekül** (Abb. 3/11). Der gegenüber dem Tetraederwinkel (109,5°) verkleinerte Bindungswinkel erklärt sich aus dem erhöhten Platzanspruch der freien Elektronenpaare am O-Atom.

gewinkeltes Molekül

3

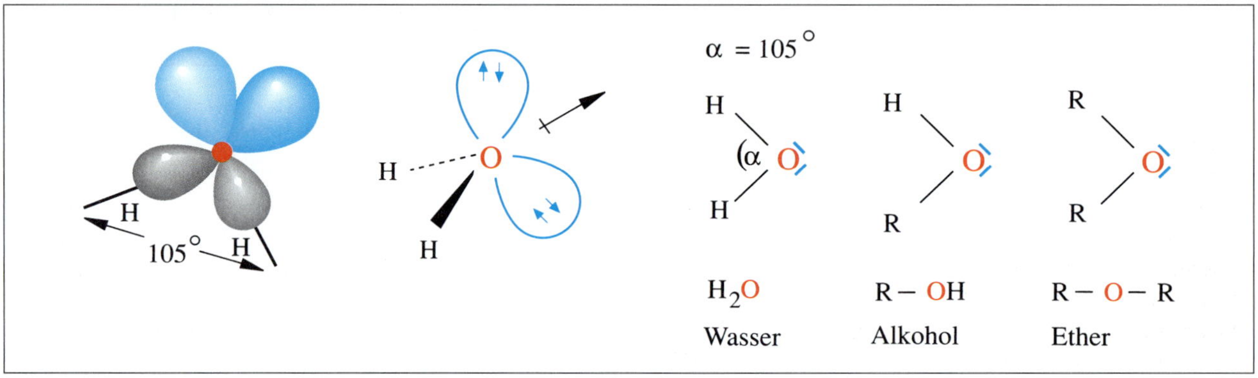

Abb. 3/11 Geometrie des Wassermoleküls und daraus abgeleiteter organischer Moleküle (⟷ = Gesamt-Dipolmoment, R = organische Reste).

Da die O–H-Bindung im Wasser polarisiert ist, verteilt sich die Ladung innerhalb des Moleküls unsymmetrisch. Das negative Ende (δ^-) des Dipols liegt zwischen den freien Elektronenpaaren am O-Atom, das positive Ende (δ^+) zwischen den beiden H-Atomen. Die Polarisierung und der gewinkelte Bau am Sauerstoffatom bleiben bestehen, auch wenn einzelne H-Atome des Wassermoleküls durch organische Reste (R) ersetzt werden. Vom Wasser leiten sich **Alkohole** und **Ether** ab (Abb. 3/11).

Ammoniak. Im Ammoniak (NH_3) besitzt der dreibindige Stickstoff, der ebenfalls sp^3-hybridisiert ist, nur *ein* einsames Elektronenpaar. Ammoniak ist ebenfalls *gewinkelt* gebaut, das N-Atom steht an der Spitze einer *Pyramide.* Der Bindungswinkel weicht mit 107° nur wenig vom Tetraederwinkel ab. Durch die Polarisierung der Atombindung entsteht ein Dipolmolekül mit dem negativen Ende (δ^-) am freien Elektronenpaar des N-Atoms. Das positive Ende (δ^+) liegt zwischen den H-Atomen (Abb. 3/12). Beim Ammoniak selbst tritt die Besonderheit auf, dass der Stickstoff innerhalb der Pyramide mit hoher Frequenz von oben nach unten durchschwingt. Das Dipolmoment hebt sich im Mittel auf, wird aber wirksam, sobald Ammoniak sich mit seinem freien Elektronenpaar einem bindungsbereiten Kation nähert. Vom Ammoniak leiten sich die **Amine** an (Abb. 3/12). Die pyramidale Struktur am Stickstoffatom wird durch den organischen Rest nicht verändert.

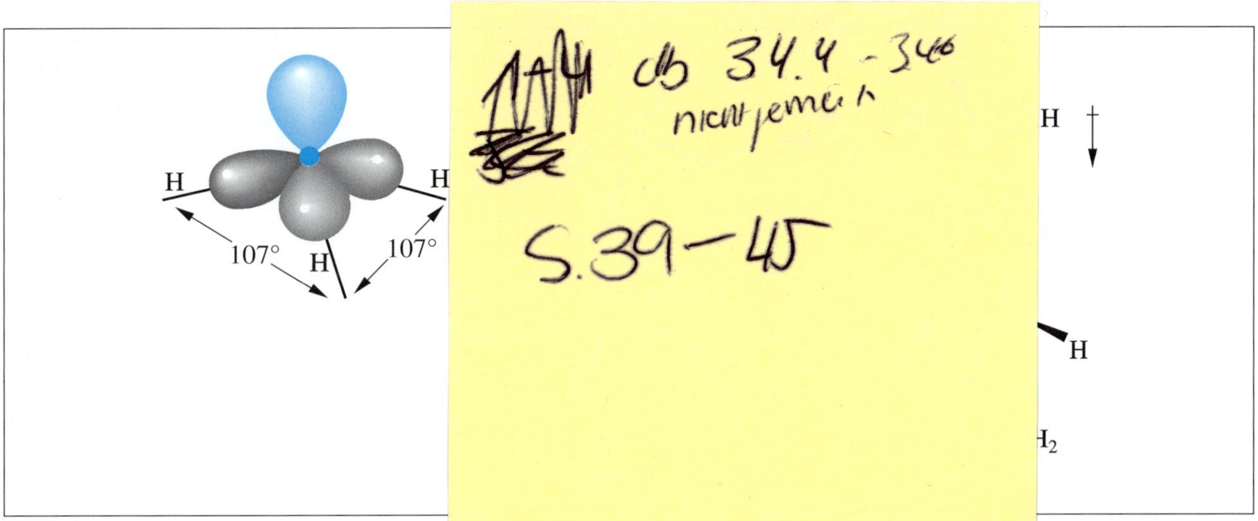

Abb. 3/12 Geometrie des Ammoniakmolek … **nischer Rest).**

Checkliste

Folgende Bezeichnungen/Begriffe sollten Sie erklären oder definieren (s. a. Glossar) und – wo möglich – Abkürzungen oder Beispiele angeben können:
Valenzelektronen – Oktettregel – metallische Bindung – Ionenbindung – Atombindung – kovalente Bindung – Edelgaskonfiguration – Metall – Nichtmetall – Legierung – Kation – Anion – Elektronenaffinität – Ionisierungsenergie – Elektronegativität – Salz – Ionengitter – Gitterenergie – gemeinsames/freies Elektronenpaar – Bindigkeit – Summenformel – Strukturformel – Molekül – Molekülmasse – Bindungslänge – Bindungsenergie – Einfachbindung – Molekülorbital – σ-Bindung – π-Bindung – Doppelbindung – Tetraeder – polarisierte Atombindung – Dipolmolekül – gewinkeltes Molekül – lineares Molekül.

Aufgaben

1. Nennen Sie drei typische Eigenschaften eines Metalls!
2. Gibt es im *Periodensystem* mehr Metalle oder mehr Nichtmetalle? Wo im Periodensystem stehen bevorzugt die *Metalle*, wo die *Nichtmetalle*?
3. Was ist eine *Legierung*? Nennen Sie ein Beispiel!
4. Wenn aus einem Atom ein Ion entsteht, was bleibt *gleich*, was *ändert* sich?
5. Wie ändert sich die *Elektronegativität* der Elemente in der 2. Periode und in Gruppe 17?
6. Geben Sie bei folgenden Beispielen an, ob der *Ionenradius* größer oder kleiner ist als der *Atomradius*: $Na/Na^{\oplus}$, $Cl/Cl^{\ominus}$, $Mg/Mg^{2\oplus}$ und $I/I^{\ominus}$!
7. Ist die Ionenbindung gerichtet?
8. Was sind *Salze*? Welche typischen Eigenschaften haben sie?
9. Geben Sie die *Formeln* an für: Ammoniumchlorid, Calciumfluorid, Eisen(II)-sulfat, Natriumcarbonat, Kupfer(II)-sulfid und Calciumphosphat!
10. Nennen Sie weitere Bezeichnungen für die Atombindung!
11. Geben Sie die *Bindigkeit* für Kohlenstoff, Wasserstoff, Stickstoff und Sauerstoff an! Welche Verbindungen entstehen, wenn alle Bindungen mit Wasserstoff abgesättigt werden?
12. Geben Sie die *Summenformel* und die *Strukturformel* für Wasser an! Markieren Sie den *Bindungswinkel* und die freien *Elektronenpaare*!
13. Warum ist das Wassermolekül *gewinkelt* gebaut?
14. Welche *Molekülmasse* hat eine Verbindung mit der Summenformel CH_4N_2O?
15. *Hydrazin* hat die Summenformel N_2H_4, Kohlendioxid CO_2. Geben Sie die Strukturformeln an!
16. Erläutern Sie am H_2-Molekül die Begriffe *bindendes* und *antibindendes Molekülorbital*, *Bindungslänge* und *Bindungsenergie*!
17. Welches sind die äußeren Kennzeichen der *sp^3-Hybridisierung* des Kohlenstoffs im Methan-Molekül?

18. Nennen Sie die Unterschiede zwischen einer *C–C-Einfachbindung* und einer *C=C-Doppelbindung*!
19. Welche der folgenden Verbindungen sind *ionisch*, welche *kovalent* aufgebaut: NaI, H_2S, $FeCl_3$, CH_3NH_2, CCl_4?
20. Geben Sie mit Hilfe der EN-Werte (Abb. 3/2) an, bei welchem der Bindungspaare die Atombindung stärker polarisiert ist und welches Atom die partielle negative Ladung trägt?
    a) N–H, O–H
    b) C–O, C–S
    c) C–Cl, C–I
21. Welche der folgenden Moleküle haben ein *Dipolmoment*: I_2, HCl, NaCl, CH_3OH, CH_3NH_2, CH_4, H_2O?
22. Wie entwickelt sich die Polarisierung der Atombindung in der Reihe der Halogenwasserstoffe?
23. Wie viele freie Elektronenpaare besitzen die Moleküle Methan, Ethen und Stickstoff?
24. Geben Sie die genauen Bindungsverhältnisse für das Narkosemittel Lachgas (N_2O) und den Neurotransmitter Stickstoffmonoxid (NO) an! Welches der beiden Moleküle enthält ein ungepaartes Elektron?

005 Lösungen der Aufgaben
006 IMPP-Fragen

KAPITEL

4 Erscheinungsformen der Materie

Orientierung

Luft, Wasser und Erde stehen für das Leben auf der Erde zur Verfügung. Man stößt hier auf drei Erscheinungsformen der Materie. Wir wollen die Erscheinungsformen näher charakterisieren und dabei auch solche Bindungskräfte beschreiben, die nicht *innerhalb* von Molekülen wirken, sondern *zwischen* diesen. Das Wasser gibt uns hierfür ein anschauliches Beispiel: Auf (festem) Eis kann man gehen, im (flüssigen) Wasser schwimmen, mit heißem (gasförmigem) Wasserdampf sterilisieren. Dabei sind es immer nur gewinkelt gebaute Wassermoleküle (H_2O), die in Abhängigkeit von Druck und Temperatur diese Dreiheit erzeugen. In dieser Hinsicht ist das Wasser jedoch nicht einzigartig, viele Elemente und chemische Verbindungen können unter bestimmten Bedingungen in den drei Erscheinungsformen vorliegen.
Antwort erhalten Sie u. a. auf folgende Fragen:

- Welche Gesetze bestimmen das Verhalten von Gasen?
- Was ist die Oberflächenspannung einer Flüssigkeit?
- Was zeichnet den festen Kohlenstoff aus?
- Was sind Phasenumwandlungen?
- Worin unterscheiden sich homogene und heterogene Systeme?

4.1 Aggregatzustände

Aggregatzustand

Die drei *Erscheinungsformen* (**Aggregatzustände**) der Materie sind **gasförmig**, **flüssig** und **fest**. Die üblichen Abkürzungen g *(gaseous)*, l *(liquid)* und s *(solid)* stammen aus der englischen Sprache.

kinetische Energie

In welchem *Aggregatzustand* sich ein Stoff bei einem bestimmten Druck und einer bestimmten Temperatur befindet, hängt einerseits von den Kräften ab, mit denen sich Atome, Ionen oder Moleküle anziehen. Andererseits kommt es auch auf die *Bewegungsenergie* (**kinetische Energie**) der Teilchen an. Je größer diese ist, desto mehr Bewegungsspielraum beanspruchen die Teilchen und drängen sich dabei auseinander. Liegt ein Stoff als **Gas** vor, besitzen die Teilchen eine hohe kinetische Energie (E_{kin}), sie bewegen sich frei in alle Richtungen des Raumes. Bei **Flüssigkeiten** ist die Energie E_{kin} der Teilchen geringer, die Beweglichkeit ist eingeschränkt, da es Wechselwirkungen zwischen den Teilchen gibt. Bei **Feststoffen** nimmt die Energie weiter ab, die Teilchen sind räumlich fixiert und die Beweglichkeit ist auf Schwingungen gegeneinander begrenzt. Die Ordnung eines Systems wächst von den Gasen über die Flüssigkeiten zu den Feststoffen (Abb. 4/1). *Feststoffe* befinden sich im *Zustand höchster Ordnung*, die Teilchen bilden z. B. Kristallgitter aus.

Beispiel: Nehmen Sie als Bild die Besucher eines Konzertes, die während der Aufführung auf ihren Plätzen sitzen, sich wenig bewegen und allenfalls mit den Nachbarn Kontakt haben. In der Pause begeben sich die Besucher ins Foyer, es setzt mehr Bewegung ein, es ist mehr Platz da und es sind mit vielen anderen Besuchern Begegnungen möglich. Am Ende streben die Besucher aus der Konzerthalle, verteilen sich im Stadtgebiet und haben keinen Kontakt mehr untereinander.

Phasenumwandlung

Von den meisten Stoffen sind alle drei Aggregatzustände bekannt. Bei welcher Temperatur und welchem Druck die Änderung des Aggregatzustandes (auch *Phasenwechsel* oder **Phasenumwandlung** genannt) eintritt, ist von Stoff zu Stoff verschieden und wird zur Beschreibung der Eigenschaften eines Stoffes herangezogen (☞ Kap. 4.5).

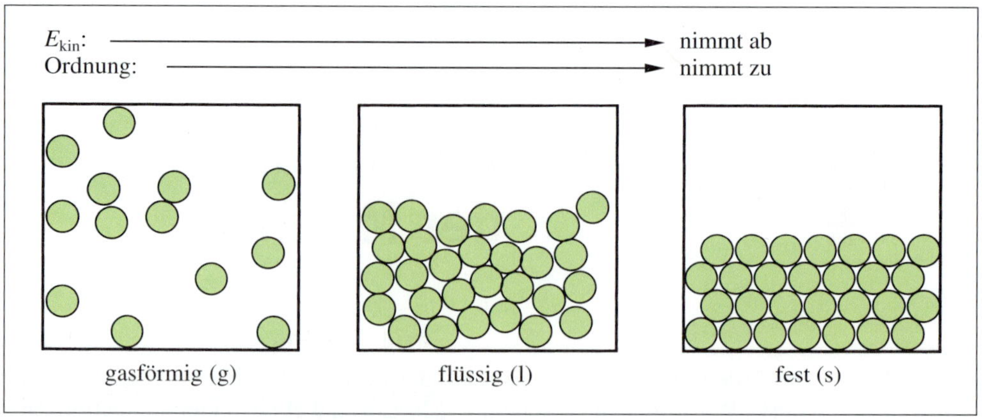

Abb. 4/1 Kinetische Energie und Ordnung bei den drei Aggregatzuständen.

4.2 Gase

4.2.1 Druck und Druckmessung

Gasdruck. Einige wenige Elemente, z. B. Wasserstoff (H_2), Sauerstoff (O_2) und Stickstoff (N_2), aber auch die Edelgase, sind bei Raumtemperatur (25 °C = 298 K) gasförmig. Im *idealen* Fall können sich die einzelnen Moleküle oder Atome eines Gases im Raum ungehindert ausbreiten, ohne Anziehungskräfte aufeinander auszuüben. Hat der Raum Wände, so bestimmen diese das *Volumen* des Gases. Die Teilchen führen in dem zur Verfügung stehenden Raum schnelle Bewegungen aus und stoßen dabei u. a. auf die Gefäßwand (elastische Stöße). Daraus resultiert ein **Druck** *(p)* auf die Gefäßwand, denn der Druck ist als Kraft pro Fläche definiert. Die Kraft wiederum, die insgesamt an der Gefäßwand wirkt, hängt von der *mittleren Geschwindigkeit v* der Gasmoleküle ab. Das Quadrat von v ist proportional zur *Temperatur* (T, in Kelvin) und umgekehrt proportional zur *Masse m* der Teilchen. Mit zunehmender Temperatur wächst die Geschwindigkeit (v) der Teilchen, da die kinetische Energie größer wird. Entsprechend steigt der Druck eines Gases an.

Druck

$$\text{Druck} = \frac{\text{Kraft}}{\text{Fläche}} \qquad \text{und} \qquad v^2 \sim \frac{T}{m}$$

Druckmessung. Der *Druck (p)* kann mit einem *Manometer* gemessen werden. Ein **Quecksilber-Manometer** z. B. besteht aus einem Vorratsgefäß mit Quecksilber (Hg), das bei Raumtemperatur flüssig ist. In das Vorratsgefäß taucht ein Steigrohr, das teilweise mit Quecksilber gefüllt und in seinem oberen, geschlossenen Teil evakuiert (luftleer) ist. Lastet der äußere Luftdruck auf der Oberfläche des Quecksilbers, so treibt dieser das Quecksilber im Steigrohr in die Höhe und kann in der Einheit mm Hg auf einer Skala am Steigrohr abgelesen werden (Abb. 4/2). Der bei 0 °C und in Höhe des Meeresspiegels (Normalnull) gemessene Druck ist der sog. **Normaldruck**, der einer Atmosphäre (atm) entspricht. Die SI-Einheit für den Druck ist *Pascal*: 10^5 Pa = 10^3 hPa = 1 bar.

Normaldruck

! **Normaldruck:** 760 mm Hg = 760 Torr = 1 atm = 1,013 bar = 1013 Hektopascal (hPa)

Würde man anstelle von Quecksilber Wasser in einem Manometer verwenden, würde die Wassersäule bei Normaldruck auf etwa 10 m (= 1000 cm) hochsteigen, weil Wasser wegen der im Vergleich zu Quecksilber viel geringeren Dichte (1 g/cm³ gegenüber 13,6 g/cm³) keinen so starken Gegendruck aufbaut.

Dies veranschaulicht, dass auf 1 cm² Körperoberfläche ein Luftdruck lastet, der dem Gewicht von 1000 cm³ (= 1 L) Wasser entspricht (1 cm · 1 cm · 1000 cm). Um diesem Druck standzuhalten, baut eine lebende Zelle einen entsprechenden *Gegendruck* (Turgor) im In-

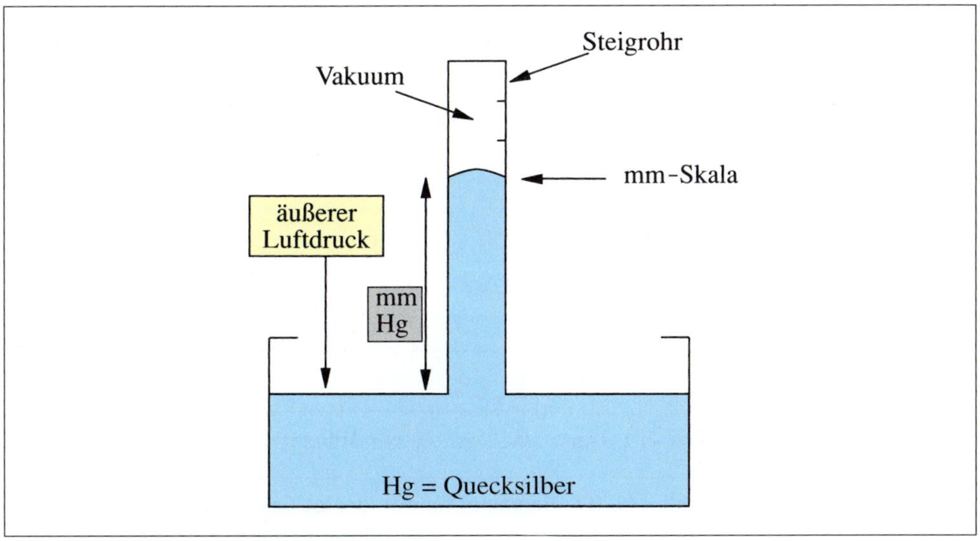

Abb. 4/2 Quecksilber-Manometer.

neren auf. Dies bedeutet, dass Zellen platzen, wenn man sie in ein Vakuum bringt (☞ Kap. 5.5.4).

Quecksilber. Das Metall Quecksilber wird in Manometern und Thermometern häufig verwendet, weil es eine hohe Dichte und einen großen, konstanten Ausdehnungskoeffizienten zwischen – 10 °C und + 110 °C besitzt. Quecksilber ist im Bereich – 39 °C bis + 357 °C, d. h. bei den normalen Temperaturen auf der Erde, flüssig. Nachteilig ist seine hohe *Toxizität.* In 1 m^3 Zimmerluft können 12 – 15 mg Hg als Dampf enthalten sein und eingeatmet werden. Aus Instrumenten ausgelaufenes Quecksilber, das sich gern in Form kleiner Tröpfchen verteilt und in Ritzen festsetzt, muss unbedingt mit *Schwefel* oder *Zinkstaub* gebunden werden, um Vergiftungen zu vermeiden.

4.2.2 Gasgesetze

ideales Gas

Das Verhalten von Gasen wird durch die *Gasgesetze* beschrieben. Hierbei geht man vom Modellsystem eines *idealen Gases* aus, für das man annimmt, dass die Atome oder Moleküle *kein* Eigenvolumen haben und *keine* Wechselwirkungen untereinander zeigen. Es gibt in Wirklichkeit kein Gas, das die Bedingungen eines idealen Gases erfüllt. Trotzdem lassen sich die einfachen Gasgesetze in erster Näherung auch auf Gase wie Stickstoff oder Sauerstoff anwenden. Die Beschreibung durch die Gasgesetze ist umso genauer, je höher man die Temperatur und je kleiner man den Druck wählt.

Druck *(p)*, Volumen *(V)* und Temperatur *(T)* sind Zustandsgrößen. Es gibt eine einfache Beziehung zwischen diesen Zustandsgrößen und der Stoffmenge *n* (in mol), eine sog. Zustandsgleichung für ideale Gase.

allgemeines Gasgesetz

! **Allgemeines Gasgesetz:** $p \cdot V = n \cdot \mathrm{R} \cdot T$

p = Druck (in Pa)
V = Volumen (in m^3)
n = Stoffmenge (in mol)
R = allgemeine Gaskonstante ($8{,}31\ \mathrm{Pa \cdot m^3 \cdot mol^{-1} \cdot K^{-1}}$)
T = Temperatur (in K)

absoluter Nullpunkt

Die allgemeine Gaskonstante R besitzt für alle idealen Gase den gleichen Wert, der sich experimentell bestimmen lässt. Für die Temperatur verwendet man nicht °C (Celsius), sondern die Temperaturskala in K (Kelvin). Der **absolute Nullpunkt (0 K)** entspricht – 273,15 °C. Trägt man in einem Diagramm bei gleich bleibendem Druck das gemessene

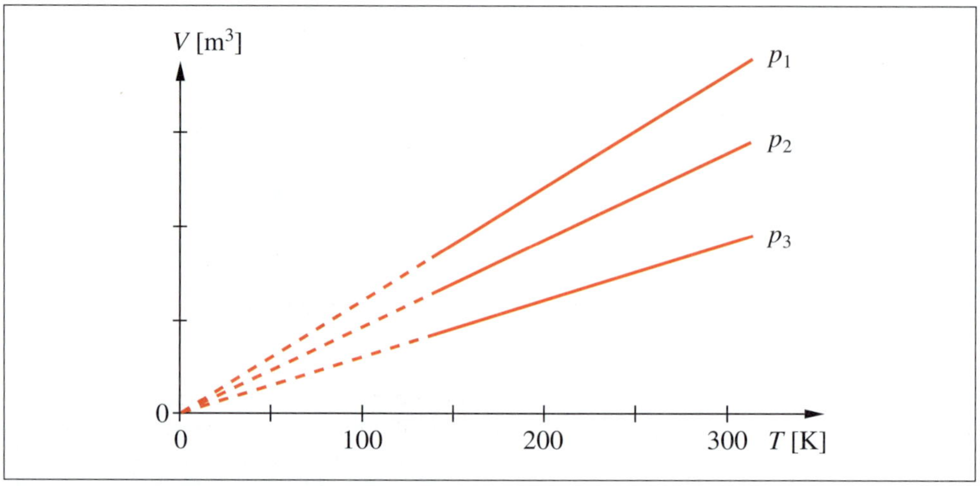

Abb. 4/3 *V,T*-Diagramm für ein ideales Gas. Ausgezogene Gerade (Messbereich), gestrichelte Gerade (Extrapolation), $p_1 > p_2 > p_3$.

4

Volumen einer bestimmten Gasmenge gegen die Temperatur auf, dann erhält man eine Gerade. Im Diagramm (Abb. 4/3) ist dies für die Drücke p_1, p_2 und p_3 gezeigt. Verlängert (extrapoliert) man die Geraden in Richtung tieferer Temperatur, dann schneiden sie die Abszisse ($V = 0\ m^3$) bei 0 K. Das *V,T*-Diagramm hilft bei der Frage, welches Volumen ein ideales Gas bei einer bestimmten Temperatur und einem bestimmten Druck einnimmt.

Molvolumen

Molvolumen. Möchte man wissen, welchem Volumen 1 mol ($n = 1$) eines idealen Gases unter *Normbedingungen* (0 °C, 1,013 bar) entspricht, so lässt sich mit dem allgemeinen Gasgesetz der Wert von 0,0224 m^3 (= 22,4 L) errechnen. Dieses Volumen ist das *Molvolumen* (V_m mit der Einheit L/mol) unter Normbedingungen. Da ein Mol eines Stoffes $6 \cdot 10^{23}$ Moleküle enthält (Avogadro-Konstante), befindet sich diese Anzahl Moleküle bei idealen Gasen unter Normbedingungen in einem Volumen von 22,4 L. Diesen Wert kann man problemlos auch auf *reale Gase* (z. B. N_2, CO_2) anwenden, die Abweichung ist gering.

Das *Molvolumen (V_m)* ist das Volumen, das ein Mol eines Gases einnimmt.
V_m beträgt unter Normbedingungen 22,4 L.

4.3 Flüssigkeiten

Beim Abkühlen eines Gases nimmt die kinetische Energie E_{kin} der Teilchen ab: Die Teilchen bewegen sich langsamer und nähern sich unter dem Einfluss intermolekularer Anziehungskräfte einander immer mehr. Schließlich bildet sich eine *Flüssigkeit.* Es hat ein Phasenwechsel gasförmig → flüssig stattgefunden. Dadurch verringern sich Beweglichkeit und Abstand der Teilchen. Flüssigkeiten sind in sich beweglich und nehmen ein festes Volumen ein, sie haben jedoch keine feste Form. Der Druck hat auf das Volumen kaum noch Einfluss.

Bei welcher Temperatur ein Element oder eine Verbindung flüssig ist, hängt u. a. von den Anziehungskräften der Atome bzw. Moleküle untereinander und von der *Masse* der Teilchen ab. Es gibt z. B. nur drei Elemente, die bei 30 °C flüssig sind: Quecksilber (Hg), Brom (Br) und Gallium (Ga). Quecksilber und Gallium finden wegen ihres großen Flüssigkeitsbereichs in Thermometern Verwendung.

Oberflächenspannung

Oberflächenspannung. Durch Gravitationskräfte werden die Moleküle einer Flüssigkeit nach unten (zur Erde hin) gezogen und breiten sich auf festen Unterlagen aus. Flüssigkeiten haben jedoch eine gekrümmte Oberfläche und können Tröpfchen bilden. Zur Erklärung muss man wissen, dass Teilchen sich auch dann anziehen, wenn sie keine chemische Bin-

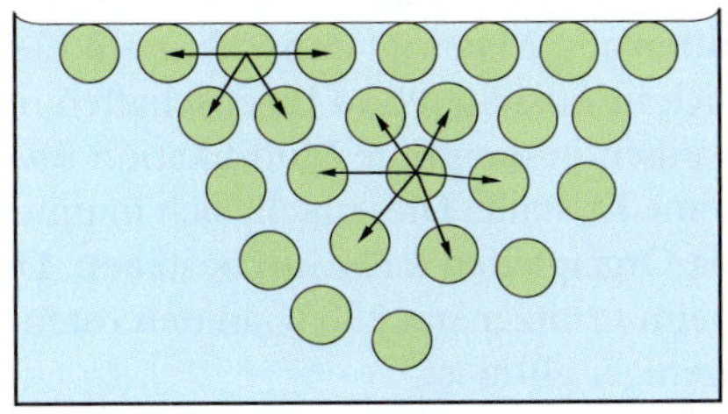

Abb. 4/4 Schematische Darstellung der intermolekularen Anziehungskräfte im Inneren und an der Oberfläche einer Flüssigkeit.

dung untereinander ausbilden. Man spricht allgemein von *van-der-Waals*-Kräften, die im Vergleich zur chemischen Bindung schwach sind. Diese Kräfte wirken umso stärker, wenn Dipolmoleküle vorliegen oder wenn die Moleküle groß und polarisierbar sind. Während ein Teilchen im Inneren einer Flüssigkeit von den Teilchen in der Umgebung von allen Seiten gleich stark angezogen wird, wirkt auf Teilchen an der Oberfläche nur eine Anziehung zur Flüssigkeit hin (Abb. 4/4). Die sog. *Oberflächenspannung* ist ein Maß für die nach innen gerichteten Kräfte an der Oberfläche einer Flüssigkeit. Diese Kräfte bewirken, dass eine Flüssigkeit die Tendenz hat, auf einer festen Unterlage eine möglichst kleine Oberfläche auszubilden. Flüssigkeitstropfen nehmen deshalb eine kugelförmige Gestalt an.

Viskosität. Flüssigkeiten sind in ihren Fließeigenschaften z. B. durch Röhren oder Kapillaren nicht gleich. Als Viskosität bezeichnet man die Eigenschaft, dem Fließen einen Widerstand entgegenzusetzen. Dieser hängt von der Stärke der Anziehungskräfte zwischen den Molekülen in der Flüssigkeit ab. Die Viskosität einer Flüssigkeit nimmt mit steigender Temperatur ab, mit steigendem Druck hingegen zu. Ein Öl wird z. B. bei tieferen Temperaturen zähflüssig.

4.4 Feststoffe

Sind die anziehenden Kräfte zwischen den Teilchen (Atome, Ionen oder Moleküle) so stark geworden, dass keine freie Beweglichkeit mehr möglich ist, dann bilden die Teilchen geordnete Verbände (z. B. Kristallgitter). Die Stoffe verdichten sich und werden **fest**, d. h., *Form* und *Volumen* sind definiert. An ihrem Platz fixiert, haben die Teilchen nur noch eine geringe kinetische Energie, sie können noch gegeneinander schwingen und sich um sich selbst drehen. Erst am absoluten Nullpunkt (0 K) hört definitionsgemäß jede Bewegung auf, die Materie ist erstarrt.

Kristalline Feststoffe sind ein Merkmal der *unbelebten Natur*. Viele organische Moleküle, die in der belebten Natur eine Rolle spielen, kristallisieren erst unter geeigneten Bedingungen im Labor. Selbst Biopolymere, wie *DNA*, *Enzyme* oder *Proteine*, ja sogar *Viren*, können kristallisiert werden.

kristallin

Kristallgitter. In einem *kristallinen Feststoff* bilden die beteiligten Teilchen ein sich wiederholendes dreidimensionales Gerüst, ein *Kristallgitter*. In Abhängigkeit von der Größe und Ladung der beteiligten Teilchen können Kristallgitter verschieden aussehen. Die Teilchen versuchen, unter den jeweils gegebenen Bedingungen die energetisch günstigsten Plätze im Raum einzunehmen. Der innere Aufbau eines Kristalls spiegelt sich in der äußerlich sichtbaren *Kristallform* (z. B. kubisch, hexagonal, oktaedrisch, monoklin) wider. Die exakte Kristallform und die Abstände der Atome lassen sich mit Hilfe von Röntgenstrahlen ermitteln, die am Kristallgitter unterschiedlich gebeugt werden. Mit verfeinerten Methoden können sogar die einzelnen Atome eines Moleküls und damit die Molekülstruktur als Ganzes sichtbar gemacht werden (*Röntgenstrukturanalyse*, ☞ Kap. 22.6).

Modifikationen von Elementen. Die meisten Elemente, insbesondere die Metalle (mit Ausnahme von Quecksilber und Gallium), sind bei Raumtemperatur Feststoffe. Manche

Modifikationen

bilden beim Kristallisieren unter bestimmten Bedingungen unterschiedliche Kristallstrukturen aus. Man sagt dann, dass ein Element in verschiedenen **Modifikationen** existiert, die sich in Aussehen und Eigenschaften unterscheiden. **Zinn** (Sn) z. B. geht bei 13,2 °C von der weißen in die graue Modifikation über, dabei zerfällt der ursprüngliche Metallverband in feine Kristalle. Dies macht sich in unterkühlten Kirchen u. U. sehr unangenehm bemerkbar, da Orgelpfeifen aus Zinn bestehen. Der reaktionsfähige weiße **Phosphor** (P) wandelt sich beim Erhitzen auf 250 °C in den roten Phosphor um, der weniger reaktionsfähig, aber auch weniger giftig ist.

amorph

Amorph. Neben den kristallinen kennt man *amorphe Feststoffe*. Bei ihnen besitzen die Teilchen keine durchgehend regelmäßige Anordnung, demgemäß fehlt auch die regelmäßige äußere Form. Beispiele sind: Aktivkohle, Puder, Heilerde. Schwieriger einzuordnen sind *Glas*, *Leim* und einige *Kunststoffe*, die ebenfalls amorph sind. Man bezeichnet sie auch als erstarrte Flüssigkeiten *(unterkühlte Schmelzen)*.

Diamant, Graphit

4

Modifikationen des Kohlenstoffs. Kohlenstoff existiert als farbloser **Diamant**, den große Härte und hohe Lichtbrechung auszeichnen, und als schwarzer **Graphit**, der weich und undurchsichtig ist. Im *Diamant* sind die Kohlenstoffatome *sp*^{3}-hybridisiert (☞ Kap. 3.4.5), im Kristall ist jedes C-Atom tetraedrisch von vier anderen C-Atomen umgeben und die Kristallform ist häufig oktaedrisch. Beim Erhitzen unter Luftausschluss zerfällt Diamant zu Graphit. Die Kohlenstoffatome des *Graphits* sind *sp*^{2}-hybridisiert, Graphit kristallisiert hexagonal in Schichten. Die Elektronen der p_z-Orbitale (☞ Kap. 3.4.7) sind in den Schichten delokalisiert, d. h., Graphit leitet den elektrischen Strom in Richtung der Schichten, aber nicht senkrecht dazu *(Anisotropie)*. Bei 1400 °C und hohem Druck (5 GPa) lässt sich Graphit in Diamant umwandeln.

Fullerene

Zusätzlich zu den genannten Modifikationen Diamant und Graphit (Tab. 4/1) wurden 1985 weitere Modifikationen des Kohlenstoffs entdeckt, die **Fullerene**. Das dunkelbraune, kristallisierbare C_{60}-Fulleren, dessen Moleküle an Fußbälle erinnern, löst sich mit weinroter Farbe in organischen Lösungsmitteln. Es besteht aus 60 *sp*^{2}-hybridisierten C-Atomen, die Fünf- und Sechsringe bilden. Das C_{60}-Fulleren, das sich z. B. aus Graphit im Lichtbogen

Tab. 4/1 Vergleich der verschiedenen Modifikationen des Kohlenstoffs.

Modifikation	Eigenschaften	Verwendung
Diamant	sehr hart, farblos, stark lichtbrechend, nicht leitfähig	Bohrer, Schleifmittel, Achslager, Schmuck
Graphit	sehr weich, schwarz, undurchsichtig, leitfähig	Schmiermittel, Elektroden, Bleistiftminen
Fullerene	Käfigmoleküle, Nanoröhren, farbig, löslich, reaktiv, leitfähig	Synthese von Arzneistoffen, Mikrochip-Technik, Wasserstoffspeicher

Abb. 4/5 Darstellung der verschiedenen Modifikationen des Kohlenstoffs (von links: Diamant, Graphit, C_{60}-Fulleren).

gewinnen lässt, ist nur ein Beispiel für zahlreiche andere Käfigmoleküle (C_{70}, C_{76}, C_{78}, C_{82} usw.). Außerdem können sich aus den Kohlenstoffnetzen *Nanoröhren* (Durchmesser 1 – 2 nm) bilden, die interessante mechanische und elektrische Eigenschaften haben und durch die z. B. Gene in eine Zelle eingeschleust werden können.

Kohlenstoff ist strukturbegabt. Durch die Vielfalt seiner Modifikationen zeigt der Kohlenstoff, dass er *strukturbegabt* ist. Außerdem hat er einen besonderen Bezug zum Licht, erkennbar an den Farben der Modifikationen und der Lichtbrechung des durchsichtigen Diamanten. In den tieferen Erdschichten wird Kohlenstoff in das härteste irdische Material, den Diamanten, verdichtet, weiter oben tritt er als Graphit und Kohle (amorph) in Erscheinung. In seinen Verbindungen pendelt er hinsichtlich der Oxidationsstufen zwischen Extremen (☞ Kap. 9.6.1):

1. Kohlenstoff hat eine Affinität zum Wasserstoff und ist im **Methan** (CH_4) vollständig reduziert.
2. Kohlenstoff verbindet sich leicht mit Sauerstoff und ist im **Kohlendioxid** (CO_2) vollständig oxidiert.

Zwischen diesen Extremen liegt die Vielfalt der Organischen Chemie (ab Kap. 11) mit mehreren Millionen Kohlenstoffverbindungen, die ein Spiegelbild der Fähigkeiten des Kohlenstoffs sind.

Feinstaub aus dem Laserdrucker

Feinst verteilte feste Teilchen in der Luft gelten als lungengängiger Feinstaub, wenn die Partikelgröße unterhalb von 2,5 µm liegt. Die Feinstaubbelastung durch Auto- und Industrieabgase ist schon lange ein Thema. Hinzu kommt jetzt, dass Feinstaub auch von Laserdruckern in die Umgebung abgegeben wird und die für den Straßenverkehr festgelegten Grenzwerte z. T. deutlich übersteigt. Der Feinstaub stammt aus den Tonerkassetten, in denen das Pulver enthalten ist, das für die Erzeugung des Druckbildes in einem elektrofotografischen Verfahren benötigt wird. Der Toner besteht überwiegend aus *Rußpartikeln* (amorpher Kohlenstoff), die durch das Druckverfahren auf dem Papier fixiert werden. Es ist unvermeidlich, dass Teile des Toners mit der Luftkühlung des Laserdruckers in die Umgebung gelangen. Gesundheitliche Folgen einer Feinstaubexposition können Dauerschnupfen, Nebenhöhlenentzündungen und Asthma sein bis hin zu Lungenkrebs. Daher sollten Laserdrucker in gut gelüfteten, vom Arbeitsplatz getrennten Räumen betrieben werden.

4.5 Phasenumwandlungen

Schmelz- und Siedepunkt. Viele Substanzen gehen bei *Änderung der Temperatur* und/oder *des Drucks* in einen anderen Aggregatzustand (eine andere Phase) über: z. B. von fest in flüssig oder von flüssig in gasförmig und umgekehrt (Abb. 4/6). Die Kenngrößen für die **Phasenumwandlung** sind der *Schmelzpunkt* (Übergang fest → flüssig) und der *Siedepunkt* (Übergang flüssig → gasförmig). Die zugehörigen Temperaturen sind bei vorgegebenem Druck für eine Substanz charakteristisch, d. h., man kann eine Substanz mit Hilfe ihres Schmelz- und Siedepunktes identifizieren. Die Kenngrößen verändern sich, wenn eine Substanz durch andere Substanzen verunreinigt ist. Die Schmelz- und Siedepunkte reiner Substanzen können in Tabellenwerken nachgeschlagen werden.

Schmelzpunkt
Siedepunkt

! Schmelz- und Siedepunkt sind **Reinheitskriterien** für eine gegebene Substanz.

Schmelz- und Verdampfungswärme

Schmelz- und Verdampfungswärme. Beim Schmelzen eines Feststoffes bzw. beim Verdampfen einer Flüssigkeit muss Energie zugeführt werden, um die Phasenumwandlung zu vollziehen. Die *Schmelz-* bzw. *Verdampfungswärme* (in kJ/mol) wird der Umgebung entzogen. Umgekehrt verläuft das Erstarren einer Flüssigkeit bzw. die Kondensation eines Dampfes unter Abgabe entsprechender Wärmebeträge an die Umgebung. Aufzuwendende

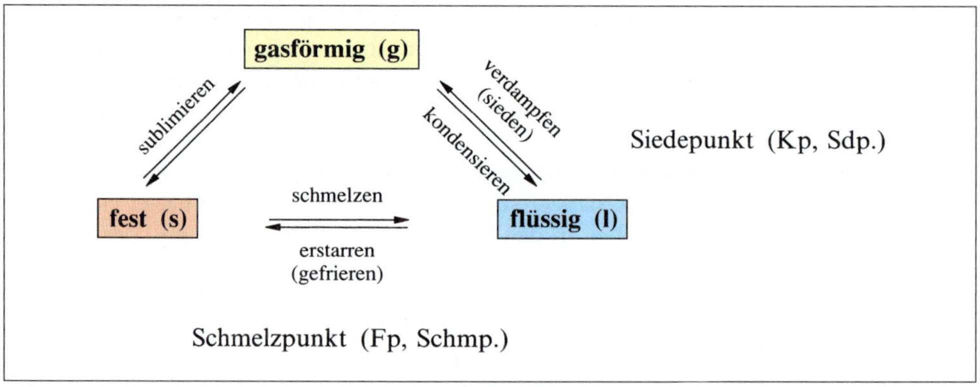

Abb. 4/6 Phasenumwandlungen.

Energiebeträge erhalten ein positives Vorzeichen (der Vorgang ist *endotherm*), frei werdende Wärme ein negatives Vorzeichen (der Vorgang ist *exotherm*).

Während einer Phasenumwandlung bleibt die Temperatur des Systems trotz Wärmezufuhr bzw. Wärmeabgabe so lange *konstant*, bis sämtliche Teilchen des Systems in derselben Phase vorliegen. Die zugeführte Wärme dient beim Schmelzen eines Feststoffes dazu, die Teilchen aus dem Kristallgitter loszulösen und mit einer für den flüssigen Zustand erforderlichen *kinetischen Energie* auszustatten. Entsprechendes gilt beim Wechsel flüssig → gasförmig. Der Zuwachs an Bewegungsenergie der Teilchen ist bei diesem Wechsel größer, entsprechend ist die Verdampfungswärme in der Regel *größer* als die Schmelzwärme.

Verdunsten

Verdunsten. Die Bewegungsenergie (= kinetische Energie) der Teilchen einer Flüssigkeit ist infolge von Zusammenstößen keineswegs gleich. Es wird immer einige Teilchen geben, die genügend Energie besitzen, um den Flüssigkeitsverband zu verlassen und in den Gasraum überzugehen. Solange die Temperatur unter dem Siedepunkt liegt, bezeichnet man den Vorgang als **Verdunsten**. Auch beim Verdunsten wird der Flüssigkeit bzw. der Umgebung Wärme entzogen, sie kühlt sich ab.

Abkühlung durch Schwitzen

Wird es dem Menschen zu warm, beginnt er zu schwitzen. Der Wasseranteil des Schweißes verdunstet auf der Körperoberfläche. Der Vorgang entzieht dem Körper Wärme entsprechend der Verdampfungswärme des Wassers. Dadurch wird die Körpertemperatur reguliert. Unter normalen Lebensbedingungen verliert der Mensch 500–600 mL Wasser pro Tag, bei Sportlern und Schwerarbeitern sind bis zu 4 L pro Tag möglich. Die Werte sind nicht nur von der Temperatur, sondern auch von der relativen Luftfeuchtigkeit der Umgebung abhängig.

Der abkühlende Effekt beim Verdampfen einer Flüssigkeit wird auch medizinisch genutzt. Durch Aufbringen von leicht siedendem Ethylchlorid (☞ Kap. 11.4.2) auf die Haut tritt beim Verdunsten eine so starke Abkühlung der betroffenen Hautpartien ein *(„vereisen“)*, dass lokale chirurgische Eingriffe schmerzfrei vorgenommen werden können.

Der Siedepunkt ist vom Druck abhängig. Da auch unterhalb des Siedepunktes ein Teil der Flüssigkeitsmoleküle in die Gasphase übertritt, stellt sich bei jeder Temperatur ein definierter Dampfdruck *(Sättigungsdampfdruck)* über der Flüssigkeit ein. Entspricht der Dampfdruck über der Flüssigkeit dem äußeren Luftdruck, dann siedet die Flüssigkeit. Verringert man den Druck über einer Flüssigkeit, so *sinkt* der Siedepunkt. Dies nutzt man im Labor und in der Technik, indem man Flüssigkeiten in speziellen Apparaturen durch Anlegen eines Vakuums verdampfen lässt. Die Abhängigkeit vom Luftdruck macht verständlich, warum Wasser im Hochgebirge z. B. schon bei 85 °C siedet und man dort Mühe hat, Nahrungsmittel gar zu kochen. Umgekehrt *erhöht* sich der Siedepunkt und damit die Dampftemperatur, wenn man den Dampf einer siedenden Flüssigkeit in einem geschlossenen Behälter hält, in dem sich ein Druck aufbauen kann, der größer als 1,013 bar ist. Im Fall von Wasser werden die so erreichbaren höheren Temperaturen zur Beschleunigung des

Kochvorgangs *(Dampfdrucktopf)* oder zum *Sterilisieren* von Geräten in Medizin und Technik genutzt. In sog. *Autoklaven* werden Temperaturen zwischen 121 und 134 °C eingestellt (entsprechend einem Druck von 2 – 4 bar), um innerhalb von ca. 15 Minuten auch hochpathogene Krankheitserreger abzutöten. Im **Phasendiagramm** des Wassers (Abb. 4/7) erkennt man die Druck-Temperatur-Abhängigkeit, wenn man auf der Grenzlinie zwischen blauer und gelber Fläche nach oben geht.

Phasendiagramm

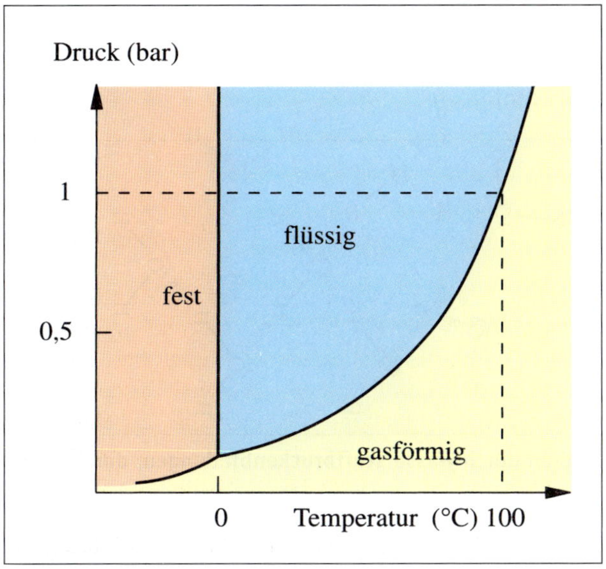

Abb. 4/7 Phasendiagramm von H_2O.

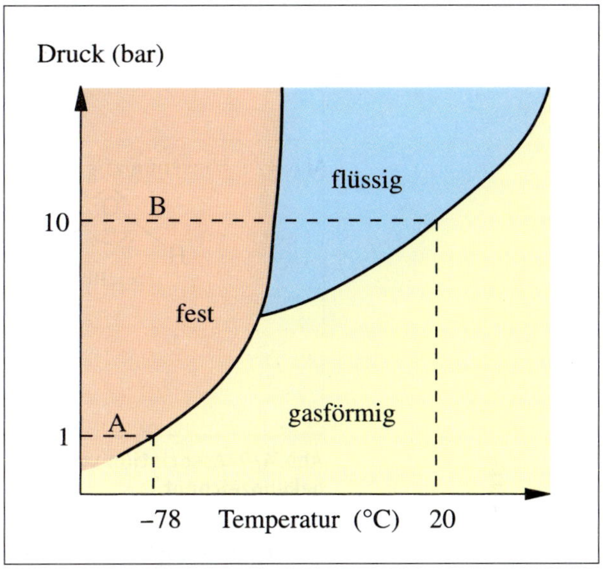

Abb. 4/8 Phasendiagramm von CO_2.

Kohlendioxid. Einige Substanzen gehen bei Normaldruck direkt vom festen in den gasförmigen Zustand über und umgekehrt. Man bezeichnet den Übergang fest → gasförmig als **Sublimation** (Abb. 4/6). Ein Beispiel hierfür ist das *Kohlendioxid* (CO_2), sein Gefrierpunkt liegt bei – 78 °C. Festes CO_2 wird auch **Trockeneis** genannt, weil es beim Erwärmen nicht flüssig wird wie normales Eis, sondern gasförmig (Abb. 4/8, Linie A). Wenn Trockeneis in einer inerten Flüssigkeit unter Normaldruck verdampft (sublimiert), entzieht es die dafür notwendige Wärme der Flüssigkeit, die dabei bis auf – 78 °C abkühlt.

Sublimation
Trockeneis

CO_2 ist bei Raumtemperatur und Normaldruck gasförmig. Will man es verflüssigen, muss man den äußeren Druck erhöhen (Abb. 4/8, Linie B). In den Druckgasflaschen z. B. ist CO_2 bei Raumtemperatur flüssig und entweicht daraus als Gas, was bei Bierzapfanlagen oder bei Feuerlöschern genutzt wird. Das *Phasendiagramm* für CO_2 (Abb. 4/8) zeigt die Existenzbereiche der jeweiligen Aggregatzustände in Abhängigkeit von Druck und Temperatur. Betrachtet man im Vergleich dazu das Phasendiagramm des Wassers (Abb. 4/7), so erkennt man, dass bei Normaldruck (1,013 bar) alle drei Phasen des Wassers existieren, aber kein flüssiges CO_2. Die beim CO_2 beschriebene *Druckverflüssigung* gelingt auch beim Ammoniak oder Butan (Campingkocher).

4.6 Eigenschaften von Wasser und Schwefelwasserstoff

H-Brücken. Das gewinkelte Wassermolekül ist ein *Dipol* (☞ Kap. 3.4.9). Zwischen den Molekülen wirken elektrostatische Anziehungskräfte *(Dipol-Dipol-Wechselwirkungen)*: Ein positiv polarisiertes H-Atom des einen Moleküls *(Donator)* nähert sich einem freien Elektronenpaar des negativ polarisierten O-Atoms *(Akzeptor)* eines Nachbarmoleküls (Abb. 4/9). Ein H-Atom überbrückt damit zwei O-Atome. Man spricht von einer **Wasserstoffbrückenbindung** (H-Brücke), die mit ca. 20 kJ/mol nur etwa 5 – 10% der Stärke einer kovalenten Bindung hat. Da die H-Brücke zwischen zwei Wassermolekülen wirksam ist, bezeichnet man sie als *intermolekular.*

Wasserstoffbrückenbindung

Eis. Maximal kann jedes Wassermolekül an vier H-Brücken beteiligt sein, wenn das O-Atom an jedem der beiden freien Elektronenpaare, also zweimal, *Akzeptor* ist und an jedem der beiden H-Atome *Donator* in Richtung benachbarter Wassermoleküle. Diese maximale Einbindung findet man beim **Eis.** Der hohe Raumbedarf dieser tetraedrischen Struktur ist der Grund dafür, dass Eis eine geringere Dichte hat als die Flüssigkeit Wasser und damit auf dem Wasser schwimmt. Wenn Wasser kristallisiert, entstehen vielfältige Kristallformen. Natürliche Schneekristalle z. B. beeindrucken dadurch, dass kein Kristall dem anderen gleicht. Allen gemeinsam ist ein hexagonales Bauprinzip.

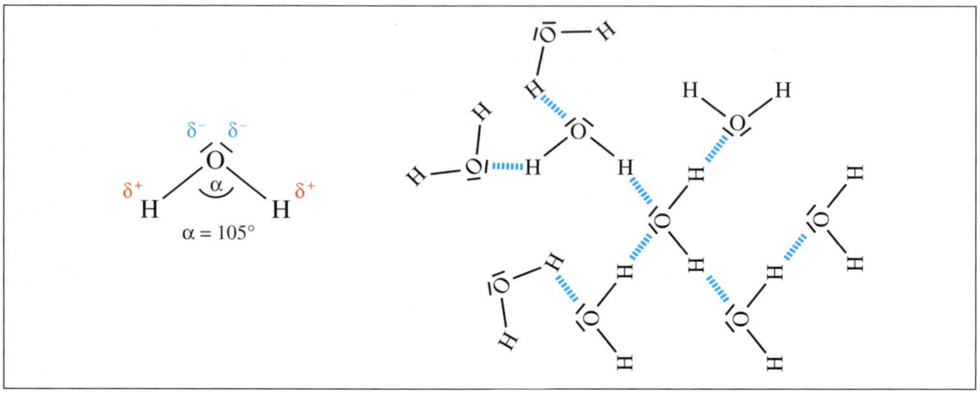

Abb. 4/9 Assoziation von Wassermolekülen durch Wasserstoffbrückenbindungen, durch (▮▮▮▮▮) gekennzeichnet.

Cluster

Assoziate

Clusterbildung. Auch flüssiges Wasser ist keineswegs unstrukturiert. Die Wassermoleküle treten unter Ausbildung von H-Brücken zu Schwärmen und Ringen zusammen, z. B. bilden sich cyclische *Hexamere,* die zu größeren Einheiten vernetzt sind. Solche **Assoziate** führen zu so genannten **Wasser-Clustern** und sind dafür verantwortlich, dass die *scheinbare Molmasse* des Wassers wesentlich größer ist als die des Einzelmoleküls (Tab. 4/2). Entsprechend benötigt man vergleichsweise viel Energie, um die Wassermoleküle aus solchen Verbänden herauszulösen, d. h. das Wasser zu verdampfen. Der Siedepunkt bei Normaldruck ist extrem hoch (100 °C) im Vergleich zur Größe des Moleküls (H_2O: $M_r = 18$), ebenso die Verdampfungswärme.

Schwefelwasserstoff. Beim Schwefelwasserstoff (H_2S) ist das O-Atom des Wassers durch ein S-Atom ersetzt worden. Schwefel steht in der 3. Periode unterhalb des Sauerstoffs, d. h., es ist größer als das O-Atom und weniger elektronegativ, so dass die S–H-Bindung länger und weniger stark polarisiert ist als die O–H-Bindung im Wassermolekül. Die H_2S-Moleküle sind kaum assoziiert, als Folge davon ist H_2S bei Raumtemperatur gasförmig (Tab. 4/2). Wir erkennen aus dem Vergleich, dass die physikalischen Eigenschaften einer Verbindung durch intermolekulare Wasserstoffbrückenbindungen erheblich beeinflusst werden. H_2S riecht nach verfaulten Eiern und ist eingeatmet giftig. Jüngst wurde entdeckt, dass H_2S auch im normalen Stoffwechsel entsteht und als Signalmolekül an der Regulierung des Blutdrucks beteiligt ist.

Tab. 4/2 Physikalische Daten von H_2O und H_2S.

	Molmasse	Schmelzpunkt	Siedepunkt	Verdampfungswärme
H_2O	18 ($n \cdot 18$) g/mol	0 °C	100 °C	40,7 kJ/mol
H_2S	34 g/mol	−85 °C	−61 °C	19 kJ/mol

Ohne Wasser läuft nichts

Wasser durchdringt den Lebensraum der Erde von der Tiefsee bis in die oberste Atmosphäre und zirkuliert in einem ständigen Wechsel zwischen Himmel und Erde. Eine ähnliche Polarität findet man in seiner Zusammensetzung: Der kosmische *Wasserstoff*, den es auf der Erde in freier Form nicht gibt, wird vom erdtypischen *Sauerstoff* festgehalten. Das Molekül wirkt wie ein Kopf mit zwei Fühlern, die mit der Umgebung Kontakt haben. Ob flüssig oder fest, das Wasser weicht in jeder Hinsicht vom Verhalten gewöhnlicher Systeme ab, was mit der Ausbildung und der Flexibilität der Wasserstoffbrückenbindungen zusammenhängt. Unerwartete Eigenschaften, so genannte Anomalien des Wassers, sind zahlreich, besonders augenfällig ist die Änderung der Dichte in Abhängigkeit von der Temperatur. Von 100 bis 4 °C nimmt die Dichte zu, um bei weiter sinkender Temperatur dann wieder abzunehmen. Das Volumen von Eis ist 11% größer als das von Wasser. Eis schwimmt auf dem Wasser, während sich das dichtere 4 °C kalte Wasser in den unteren Schichten sammelt. Die mittlere Temperatur auf der Erde liegt deutlich vom Schmelz- und Siedepunkt entfernt im Flüssigkeitsbereich des Wassers, was eine der Voraussetzungen für die Entstehung des Lebens ist.

Wasser als Bestandteil der Zellen durchdringt jedes Lebewesen der Erde. Der Mensch besteht bis zu 70% aus Wasser, er muss täglich etwa 2 L davon aufnehmen und scheidet eine entsprechende Menge aus. Wasser ist ein **Lebensmittel**. Dazu wird es durch die Fähigkeit, Binnenstrukturen (Cluster) auszubilden und sich den Umgebungseinflüssen anzupassen. So ordnen sich die Cluster in der Nähe einer Zellmembran oder eines Enzyms anders als in einem Wassertropfen. Jedes Ereignis im Zytoplasma einer Körperzelle steht durch das Wasser mit vielen gleichzeitig ablaufenden Ereignissen unmittelbar in Verbindung. Strittig ist in diesem Zusammenhang z. B., ob das Wasser Träger von Information sein kann, die sich den Clustern einprägt und so stabil ist, dass sie sich der Umgebung mitteilt. Da selbst das reine Wasser der Wissenschaft noch viele Rätsel aufgibt, verwundert es nicht, dass die Bedeutung des Wassers für das Leben nur anfänglich verstanden ist.

Haben Zellen eine Wasserleitung?
Jede Zelle ist von einer *Zellmembran* (Plasmamembran) umgeben, die hilft, das innere Milieu aufrechtzuerhalten. Die Zellmembran besteht aus einer *Phospholipid-Doppelschicht* (Bilayer), die jedoch nur eine sehr begrenzte Durchlässigkeit für Wasser aufweist. Zusätzliche Bausteine, z. B. Proteine, die in die Membran integriert sind, bilden u. a. *Poren* (Kanäle) oder komplexere Transportsysteme, damit Ionen und verschiedene Metaboliten in der einen oder anderen Richtung passieren können. Wie Wasser durch die Zellmembran hindurchtritt, war lange umstritten, dabei ist die gezielte Führung des Wassers außer in den Nieren auch für die Aufrechterhaltung des Liquors und die Ausscheidung von Tränen, Speichel, Schweiß und Gallenflüssigkeit bedeutsam.

Als wirksames „Wasserleitungssystem" der Zellen sind Membranproteine erkannt worden, die man als **Aquaporine** bezeichnet. Sie sind keine Pumpen oder Austauscher, sondern sie bilden Poren, durch die das Wasser die Zellmembran rasch durchqueren kann, viel rascher als durch Diffusion. Die treibende Kraft dabei ist die *Osmose* (☞ Kap. 5.5.4). Ein kanalvermittelter Wassertransport kann reguliert werden. Das erste Aquaporin, ein 28-kDa-Protein, wird z. B. durch Quecksilberverbindungen gehemmt. Das Aquaporin ist wie ein Stundenglas gebaut, an der engsten Stelle passt gerade ein Wassermolekül hindurch, $H_3O^{\oplus}$-Ionen werden z. B. komplett zurückgehalten. Es überrascht schon, dass die Natur für das allgegenwärtige Wasser spezielle Membranproteine entwickelt hat. Das „Wasserleitungssystem" ist vollkommen selektiv, transportiert also nichts anderes als Wasser.

4.7 Reinstoffe und Stoffgemische

4.7.1 Unterscheidungsmerkmale

Bei der Besprechung der Aggregatzustände und Phasenumwandlungen wurde zunächst von **Einstoffsystemen** ausgegangen, deren Merkmal es ist, dass sie sich mit physikalischen Methoden nicht weiter zerlegen oder auftrennen lassen.

> **!** Chemische Elemente und Verbindungen sind **Reinstoffe** *(= Reinsubstanzen)*. Sie haben eine definierte chemische Zusammensetzung und definierte physikalische Eigenschaften, wie z. B. Schmelz- und Siedepunkt, Dichte, elektrische Leitfähigkeit, optische und chromatographische Daten.

Im Gegensatz zu Reinstoffen ist für **Stoffgemische** typisch, dass sie sich oft mit physikalischen Methoden (z. B. Destillation, Kristallisation, Chromatographie, ☞ Kap. 5.6) in Reinstoffe auftrennen lassen. Die chemische Zusammensetzung von Stoffgemischen ist nicht definiert, entsprechend schwanken die physikalischen Eigenschaften in weiten Grenzen. Alle *Lösungen* sind Stoffgemische, sie setzen sich aus dem Lösungsmittel und den darin gelösten Stoffen zusammen, Entsprechendes gilt für alle Körperflüssigkeiten.

Reinstoffe, wie die chemischen Elemente und die große Zahl chemischer Verbindungen, kommen in der Natur vergleichsweise selten vor. Will man aus natürlichen Stoffgemischen Reinstoffe gewinnen, so ist eine *Stofftrennung* mit Hilfe analytischer Trennverfahren (☞ Kap. 5.6) erforderlich. Aber auch Arzneistoffe, die chemisch hergestellt wurden (z. B. Aspirin oder Antidepressiva) müssen vor der Anwendung Trennverfahren unterworfen werden, um unerwünschte Nebenkomponenten abzutrennen. Dies erhöht die Kosten für das Arzneimittel, ist aber unverzichtbar, weil Verunreinigungen unerwünschte Nebenwirkungen auslösen können.

4.7.2 Homogen und heterogen

homogen, heterogen

Ein Stoffsystem in einem Aggregatzustand, das nach außen einheitlich ist, bezeichnet man als **Phase**. Besteht ein System nur aus einer Phase, ist es **homogen**, liegen mehrere Phasen vor, ist es **heterogen**.

Homogene Systeme. Beispiele für *homogene Systeme* sind Reinstoffe in nur einem Aggregatzustand:

- Ein geschlossener Glaskolben gefüllt mit O_2-Gas: Die Gasphase ist homogen.
- Ein Glas Wasser: Die Wasserphase ist homogen.
- Ein Goldbarren: Die feste Phase ist homogen.

Homogen sind aber auch:

- *Gasmischungen* (z. B. Atemluft, die sich rein und trocken aus 78% N_2, 21% O_2, 0,037% CO_2 und Edelgasen zusammensetzt und zusätzlich wechselnde Anteile Wasserdampf, d. h. Luftfeuchtigkeit, enthält).
- *Lösungen* (z. B. eine Salzlösung).
- *Legierungen* (z. B. Messing).

echte Lösung
kolloidale Lösung

Lösungen. Ob eine Lösung homogen oder heterogen ist, hängt auch davon ab, ob man sie mit dem bloßen Auge, mit einem Licht- oder einem Elektronenmikroskop betrachtet. Man spricht von **echten Lösungen**, wenn der gelöste Stoff niedermolekular und klein ist (< 3 nm). Das System ist dann *molekular-dispers*. Bei **kolloidalen Lösungen** sind Makromoleküle mit einer Größe von 3 – 200 nm gelöst. Solche Lösungen verhalten sich anders als echte Lösungen, das System wird als *kolloid-dispers* bezeichnet, wobei seine Einordnung als homogen oder heterogen umstritten ist.

> **Tyndall-Effekt im Auge**
> Durchdringt ein Lichtstrahl eine kolloidale Lösung, so wird das Licht gestreut und der Lichtstrahl ist von der Seite sichtbar (Tyndall-Effekt). Eine derartige Lichtstreuung lässt sich beobachten, wenn Sonnenstrahlen Nebelschwaden (z. B. in einem Wald) durchdringen. Bei einer Entzündung im vorderen Augenabschnitt *(Uveitis anterior)* kann sich das normalerweise molekular-disperse Kammerwasser in eine kolloidale Lösung verwandeln und das Sehvermögen aufgrund einer unerwünschten Lichtstreuung stark einschränken. Als Ursache hat man Eiweißmoleküle und andere größere Zellbestandteile erkannt, die durch den gestörten Stoffwechsel des Auges in das Kammerwasser eintreten. Der Augenarzt nutzt den Tyndall-Effekt auch zur Diagnose, indem er die Intensität des Streulichts, das ein Lichtstrahl verursacht, beobachtet.

Heterogene Systeme. Eine Flüssigkeit, bei der man die mitgeführten Teilchen mit dem Auge oder mit einem einfachen Lichtmikroskop erkennen kann, wird als *heterogen* eingestuft, das System ist *grob-dispers*. Dies gilt z. B. für das Blut, das im Blutplasma Erythrozyten, Leukozyten und Thrombozyten mitführt. *Heterogene Systeme* enthalten mehrere homogene Teilsysteme, die oft auch mit bloßem Auge sichtbar sind. Auch reine Stoffen liegen heterogen vor, sobald sie zwei Phasen bilden: Eis/Wasser oder Wasser/Wasserdampf. Bei Stoffgemischen treten heterogene Systeme auf, wenn sich zwei oder mehr Stoffe *nicht* ineinander lösen. Die Stoffe können dabei in den gleichen oder verschiedenen Aggregatzuständen vorliegen, z. B. Malerfarbe (Pigment in Wasser) oder eine Creme (Öl in Wasser). Die sich bildenden Systeme werden durch spezielle Namen gekennzeichnet (Tab. 4/3). Der Stoff, der überwiegt, heißt *Dispersionsmittel*, der hinzukommende Stoff wird im Dispersionsmittel *dispergiert*.

Suspension
Emulsion
Aerosol

Tab. 4/3 Heterogene Systeme.

Aggregatzustand	Bezeichnung	Beispiel
fest/fest	Gemenge, Konglomerat	Granit, Aspirin-Tablette
fest/flüssig	Aufschlämmung, Suspension	erdtrübes Wasser, Kalkmilch
flüssig/flüssig	Emulsion	Creme, Milch
fest/gasförmig	Aerosol	Staub, Rauch
flüssig/gasförmig	Aerosol	Nebel, Schaum

Arzneimittel werden häufig nicht in homogener Form verabreicht, sondern in heterogener Form als *Gemenge* (in Tabletten oder Zäpfchen), als *Suspension* (zum Einnehmen oder Injizieren) oder als *Aerosole* (zum Inhalieren). Viele **Umweltgifte** erreichen den Menschen über die Atemluft, die die belastenden Stoffe als *Aerosol* in Form von Staub, Rauch oder Nebel mit sich führt.

Die Einteilung der Stoffe, aus denen sich die Materie aufbaut, wird in Abbildung 4/10 nochmals zusammengefasst.

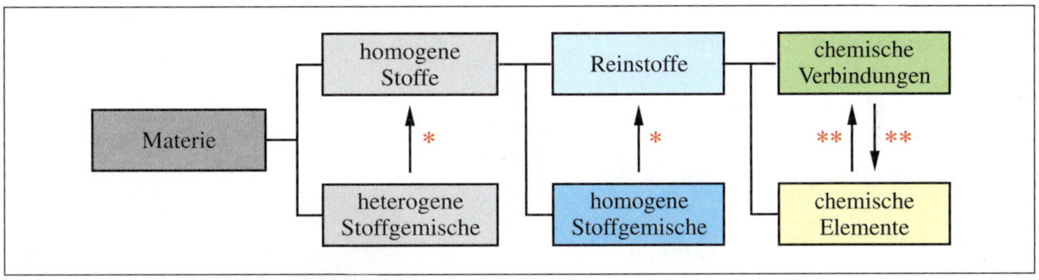

Abb. 4/10 Einteilung der Stoffe (* = Trennung erfordert physikalische Methoden; ** = Umwandlung erfordert chemische Methoden).

Checkliste

Folgende Bezeichnungen/Begriffe sollten Sie erklären oder definieren (s. a. Glossar) und – wo möglich – Abkürzungen oder Beispiele angeben können:
Aggregatzustand – Phasenumwandlung – allgemeines Gasgesetz – ideales Gas – Normaldruck – absoluter Nullpunkt – Molvolumen – Oberflächenspannung – Viskosität – amorph – kristallin – Modifikationen – Siedepunkt – Schmelzpunkt – Sublimation – verdampfen – kondensieren – verdunsten – Trockeneis – Verdampfungswärme – Reinstoff – Schmelzwärme – Wasserstoffbrückenbindung – homogenes System – heterogenes System – Suspension – Emulsion – Aerosol – kolloidale Lösung.

Aufgaben

1. Wie ändern sich *kinetische Energie* und *Ordnung* der Teilchen eines Stoffes beim Wechsel der *Aggregatzustände* von fest über flüssig in gasförmig?

2. Warum verwendet man *Quecksilber* trotz seiner Giftigkeit in Thermometern?
3. Warum bilden Flüssigkeiten, wie z. B. *Wasser* oder *Quecksilber*, Tropfen?
4. Was versteht man unter *Modifikationen* eines Elementes? Nennen Sie ein Beispiel!
5. Was ist ein *Kristallgitter*?
6. Wie verändert sich der *Siedepunkt* einer Flüssigkeit in Abhängigkeit vom *Druck*?
7. Welche Phasenumwandlung tritt bei der *Sublimation* ein?
8. Erklären Sie, warum Wasser aus einem offenen Gefäß bei Raumtemperatur langsam verdunstet!
9. Kann Eis sublimieren? Wenn ja, welche Bedingungen wären dazu nötig?
10. Was versteht man unter den Anomalien des Wassers?
11. Wie stellt man sich vor, dass das Wasser zum Träger von Informationen wird?
12. Wenn man einen Energiebetrag von 40,7 kJ benötigt, um 1 Mol Wasser zu verdampfen, welche Wärme (in kJ) wird dann frei, wenn 1 Mol Wasserdampf kondensiert?
13. Wenn von der Hautoberfläche 540 mL Wasser verdunsten, welche Wärme (in kJ) wird dem Körper dann entzogen? Für die Berechnung benötigen Sie die Angabe aus Aufgabe 12.
14. Beim Aufbringen einer *leicht siedenden Flüssigkeit* auf die Haut eines Menschen kann man die betroffene Hautpartie vereisen. Warum?
15. Was ist *Trockeneis* und wofür kann man es verwenden?
16. Gegeben sind die Schmelz- bzw. Siedepunkte der Substanzen A und B: A (Schmp. – 138 °C/Sdp. – 0,5 °C) und B (Schmp. – 98 °C/Sdp. 65 °C). a) In welchem Aggregatzustand befinden sich die Substanzen bei 10 °C? b) Welche Substanz hat bei – 10 °C den höheren Dampfdruck und warum? c) Welche der Substanzen neigt wohl eher zur Ausbildung von H-Brücken?
17. Ordnen Sie folgende Verbindungen nach steigenden Siedepunkten: CH_4, HF, NH_3 und H_2!
18. Wenn Sie ein Gasfeuerzeug nachfüllen wollen, dann befindet sich in der Nachfüllflasche, die Sie kaufen, eine Flüssigkeit. Warum?
19. Was sind *Reinstoffe*? Was sind *Reinheitskriterien*?
20. Wie viel % *Stickstoff*, *Sauerstoff* und *Kohlendioxid* enthält die Erdatmosphäre?
21. Worin unterscheidet sich eine *echte* von einer *kolloidalen Lösung*?
22. Kennzeichnen Sie die folgenden Systeme als *homogen* oder *heterogen*: Staub, Schaum, Luft, Quellwasser, Mayonnaise, Milch, Malerfarbe, Zahngold, Blut, schmelzendes Eis!

007 Lösungen der Aufgaben

Bedeutung für den Menschen

Körperflüssigkeiten (Wassergehalt in %)

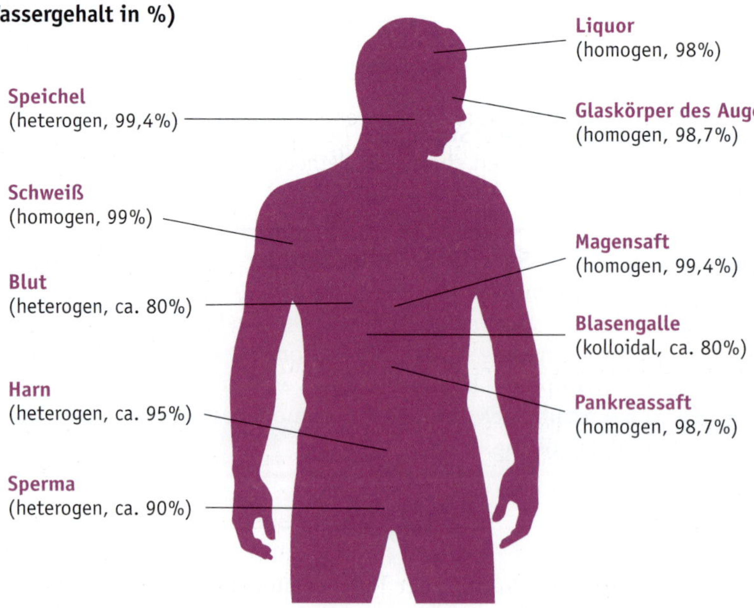

008 IMPP-Fragen
046 Kreuzworträtsel zu Kapitel 4

KAPITEL

5 Heterogene Gleichgewichte

Orientierung

Ein **heterogenes Gleichgewicht** liegt vor, wenn ein Stoff (= chemische Substanz) in zwei oder mehr Phasen vorliegt und sich an diesem Zustand unter definierten äußeren Bedingungen nichts ändert. Solche Gleichgewichte bilden sich z. B. aus, wenn Sauerstoff als Gas, Benzin als Flüssigkeit oder Kochsalz als Feststoff mit Wasser in Wechselwirkung tritt und dabei zwei Phasen entstehen. Bei den Austauschprozessen zwischen den Phasen laufen keine chemischen Reaktionen ab, d. h., die Identität der beteiligten Stoffe verändert sich nicht.

Im menschlichen Körper sind Organe/Gewebe gegeneinander abgegrenzt, für jede einzelne Körperzelle gibt es ein Innen und ein Außen, getrennt durch die Zellmembran. Alle Teile des Körpers sind aber durch den Stoffwechsel miteinander verbunden, d. h., es gibt einen kontinuierlichen Stoffaustausch zwischen den verschiedenen Phasen, z. B. verteilt sich der Sauerstoff der Atemluft zwischen Lunge, Blut und Gewebe. Heterogene Gleichgewichte bilden ferner die Basis für *Stofftrennungen*, die in der chemischen und biochemischen *Analytik* von Bedeutung sind.

Antwort erhalten Sie u. a. auf folgende Fragen:

- Was sind gesättigte Lösungen?
- Wie verhalten sich chemische Substanzen in mehrphasigen Systemen?
- Was ist eine Membran und was gibt es beim Stofftransport zu beachten?
- Welche analytischen Trennverfahren basieren auf einem Phasenwechsel bzw. darauf, dass Stoffe Wechselwirkungen mit unterschiedlichen Phasen zeigen?
- Wie funktioniert die Dialyse und was müssen Tieftaucher beim Auftauchen beachten?

5.1 Gesättigte Lösungen und Löslichkeit

Lösungen sind Stoffgemische. Sie entstehen, wenn ein fester, flüssiger oder gasförmiger Stoff in einem *Lösungsmittel* (Solvens) gelöst wird. Ein vollständig gelöster Stoff in einem Lösungsmittel ist eine *homogene Phase* (☞ Kap. 4.7.2). Man betrachtet solche Systeme in der Regel bei Raumtemperatur.

gesättigte Lösung

Feststoff. Eine **gesättigte Lösung** entsteht, wenn man so viel von einem Feststoff A (z. B. Kochsalz) zu einer bestimmten Menge des Lösungsmittels (z. B. Wasser) gibt, bis dieses kein A mehr aufnehmen kann und A als Festkörper in der Lösung sichtbar wird. An der Phasengrenze fest/flüssig herrscht ein Gleichgewicht in der Form, dass ständig kleine Mengen von A in Lösung gehen, während sich pro Zeiteinheit genauso viel A als Feststoff abscheidet. Es stellt sich ein Gleichgewicht ein. Die gelöste Menge A ist bei gegebener Temperatur für ein bestimmtes Lösungsmittel charakteristisch und wird in mol/L oder g/L angegeben. Die Sättigungskonzentration entspricht der **Löslichkeit** des Feststoffes, sie beträgt für Kochsalz in Wasser 358 g/L bei 20 °C.

Löslichkeit

Flüssigkeiten. Ist ein in Wasser zu lösender Stoff B ebenfalls eine *Flüssigkeit* (z. B. Diethylether), so bildet sich nach Erreichen der Sättigung *ein zweiphasiges System*: Das Lösungsmittel Wasser ist mit Ether (B) gesättigt, aber auch der Ether (B) ist mit dem Lösungsmittel Wasser gesättigt. Die überwiegend aus Wasser bestehende Phase befindet sich unten (Unterphase), während der vom spezifischen Gewicht her leichtere Ether die Oberphase bildet. Bei zwei Flüssigkeiten gibt es auch den Fall, dass sie sich vollständig ineinander lösen und in jedem Konzentrationsverhältnis nur eine Phase bilden. Die Flüssigkeiten sind in diesem Fall *vollständig* miteinander *mischbar* (z. B. Ethanol/Wasser).

Gase. Leitet man ein Gas in Wasser ein, so „verschwindet" es anfangs im Wasser, man sagt, es ist physikalisch gelöst, erst nach einer Weile perlt es durch das Wasser hindurch. *Sättigung* ist erreicht, wenn das Gas vollständig durch das Lösungsmittel perlt, also nichts mehr in Lösung geht. Es stellt sich an der Phasengrenzfläche Gas/Flüssigkeit ein Gleichgewicht ein. Die *Löslichkeit* ist hier außer von der *Temperatur* auch vom *Druck* des Gases über dem Lösungsmittel abhängig. In 1 L Wasser lösen sich bei 1013 hPa und 20 °C z. B. 27 mL (= 43,4 mg) O_2 oder 860 mL (= 1690 mg) CO_2.

! Die Löslichkeit eines Gases in einer Flüssigkeit nimmt mit steigendem Druck zu, mit steigender Temperatur hingegen ab (☞ Kap. 5.3).

Alle Gewässer enthalten in den oberen Schichten im Wasser gelösten *Sauerstoff*. Wird dieser von Tieren und Pflanzen verbraucht, muss er von der Oberfläche her (Phasengrenzfläche zur Luft) nachgeliefert werden. Vereinfacht wird dies, wenn das Wasser z. B. durch den Wind aufgewirbelt und bewegt wird (Vergrößerung der Oberfläche).

Taucher leben gefährlich

Unter *höherem Druck* lösen sich die Gase der Atemluft im Blut *besser* als unter Normaldruck. Dies gilt auch für den nicht stoffwechselaktiven Stickstoff (N_2), der aber anteilig auch im Blut gelöst ist. Wird der Außendruck plötzlich erniedrigt, bilden die dann überschüssigen Gasanteile (insbesondere N_2) Gasbläschen im Blut, ähnlich wie man es beim Öffnen einer vollen Sprudelflasche für CO_2 beobachten kann. Da bereits wenige Gasblasen im Blut zum Tode führen können *(Gasembolie)*, müssen Taucher **langsam** an die Wasseroberfläche zurückkehren. In der Tiefe ist mehr N_2 im Blut gelöst als unter Normaldruck an der Oberfläche. Zur Vermeidung eventueller Zwischenfälle ersetzt man den Stickstoff der Atemluft für Taucher gern durch das Edelgas *Helium*, von dem sich nur wenig im Blut löst. Die Tendenz zur Bläschenbildung bei der Druckentlastung lässt sich so vermindern. Da das Gasgemisch (21 % O_2, 79 % He) weniger viskos ist, wird es auch als *„Kunstluft"* bei Asthmatikern verwendet.

Einfluss der Polarität. Die Löslichkeit eines Stoffes hängt u. a. von seiner *Polarität*, von der Polarität des Lösungsmittels und von der Temperatur ab. Die *Polarität* eines Stoffes mit kovalenten Bindungen hängt von dem Anteil *polarisierter Atombindungen* ab (☞ Kap. 3.4.8), Salze sind an sich schon polar, weil sie aus Ionen aufgebaut sind (☞ Kap. 3.3.5). Wasser als polares Lösungsmittel löst Stoffe, die selbst polar sind (z. B. Salze) oder wenigstens polare Gruppen enthalten (z. B. OH-, NH_2- oder COOH-Gruppen). Die Löslichkeit von Salzen betrachten wir in Kapitel 7 genauer. Ein flüssiger Kohlenwasserstoff (z. B. Hexan oder Benzol) enthält keine polarisierten Atombindungen, er ist unpolar. Dient Hexan als Lösungsmittel, so löst es nur unpolare Stoffe (z. B. Lipide). Auf der Basis von Polaritätsbeziehungen gilt:

! Gleiches löst sich in Gleichem.

hydrophil/hydrophob

lipophob/lipophil

Statt der Begriffspaare **polar/unpolar** im Zusammenhang mit der Löslichkeit verwendet man häufig auch die Begriffe **hydrophil/hydrophob** (griech. *hydor* = Wasser, *phil* = liebend, *phob* = abstoßend), wobei man sich auf das *Wasser* bezieht. Nimmt man die unpolaren *Lipide* (griech. *lipos* = Fett) als Bezugspunkt, ergeben sich die Begriffe **lipophob/lipophil**.

Alle lebenden Organismen bedienen sich des Wassers als Lösungsmittel. Viele für den Menschen wichtige Substanzen sind *wasserlöslich* (= hydrophil, polar). Dies gilt z. B. für *Glucose* und *Aminosäuren*, die im Stoffwechsel weiterverarbeitet werden, und für Stoffwechsel-Endprodukte (z. B. *Harnsäure, Harnstoff*), die ausgeschieden werden. Auch im Zytoplasma einer Zelle liegen *Enzyme* oder *Stoffwechsel-Zwischenprodukte* im wässrigen Milieu gelöst vor. Ausgeprägt hydrophobe Eigenschaften findet man im Bereich der Zellmembran, d. h. immer dort, wo Lipide in Wachselwirkung treten.

5.2 Nernst-Verteilungsgesetz

Verteilungsprozesse im Körper
Arzneistoffe, die auf das *Nervensystem* wirken, müssen ausreichend lipophil sein. Sie müssen aber auch hydrophile Anteile aufweisen, weil sie nur über die Blutbahn an den Wirkort gelangen können. Es muss die sog. **Blut-Hirn-Schranke** überwunden werden, die in Form eines bestimmten Gewebes *(Glia, Kapillarendothel)* zwischen Blutgefäßen und Nervenzellen den Austausch von Stoffen einschränkt oder verhindert. *Narkosemittel* z. B. überwinden diese Schranke, für die Wirkung ist dann der *Verteilungskoeffizient* zwischen *neuronalen Membranen* und dem umgebenden *Liquorraum* bedeutsam.

Verteilungsvorgänge können auch negative Auswirkungen haben. Zahlreiche lipophile *Insektizide* auf der Basis *chlorierter Kohlenwasserstoffe* (CKWs), wie *DDT* und *Lindan* (☞ Kap. 13.5), haben sich weltweit in der Biosphäre verteilt. Diese toxischen Stoffe reichern sich über die Nahrungskette Pflanze → Tier → Mensch auch im *Fettgewebe* des Menschen an und verweilen dort über Jahre, weil ihre *biologische Halbwertszeit* lang ist. In manchen Gegenden der Erde weist z. B. die *Muttermilch* CKW-Konzentrationen auf, die für Säuglinge bedenklich sind.

Verteilungsgleichgewicht

Wir betrachten jetzt zwei Lösungsmittel, die nach dem Umschütteln zwei Phasen bilden, eine Oberphase und eine Unterphase (z. B. Hexan/Wasser, Diethylether/Wasser, Wasser/Chloroform). Gibt man zu einem solchen zweiphasigen System einen Stoff A, der in beiden Lösungsmitteln löslich ist, und schüttelt kräftig um, so wird sich A zwischen den beiden Phasen verteilen. An der Grenzfläche der Phasen wechseln einzelne Moleküle von A aus der Oberphase in die Unterphase und umgekehrt *(reversibler Stofftransport)*. Es stellt sich ein *Verteilungsgleichgewicht* ein. Bei gegebener Temperatur ist das Verhältnis der Konzentrationen des Stoffes, der sich zwischen zwei Phasen verteilt, *konstant*.

Nernst-Verteilungsgesetz: $$\frac{[\mathrm{A}]\ (\text{Oberphase})}{[\mathrm{A}]\ (\text{Unterphase})} = K$$

K = Verteilungskoeffizient
[A] = Konzentration des Stoffes A (in mol/L oder g/L)

Beispiele: Hat ein Stoff A bei der Verteilung zwischen Diethylether/Wasser den Wert $K = 3$, so bedeutet dies bei gleichen Volumina der Phasen, dass sich 3 Teile (= 75%) von Stoff A in der Oberphase *(Ether)* und 1 Teil (= 25%) in der Unterphase *(Wasser)* befinden. Stoff A ist also eher *lipophil*, weil Ether ein lipophileres Lösungsmittel als Wasser ist. Hat ein anderer Stoff B einen Verteilungskoeffizienten $K = 0{,}33$, so kehrt sich die Verteilung um (25% Oberphase/75% Unterphase), der Stoff B ist eher *hydrophil*.

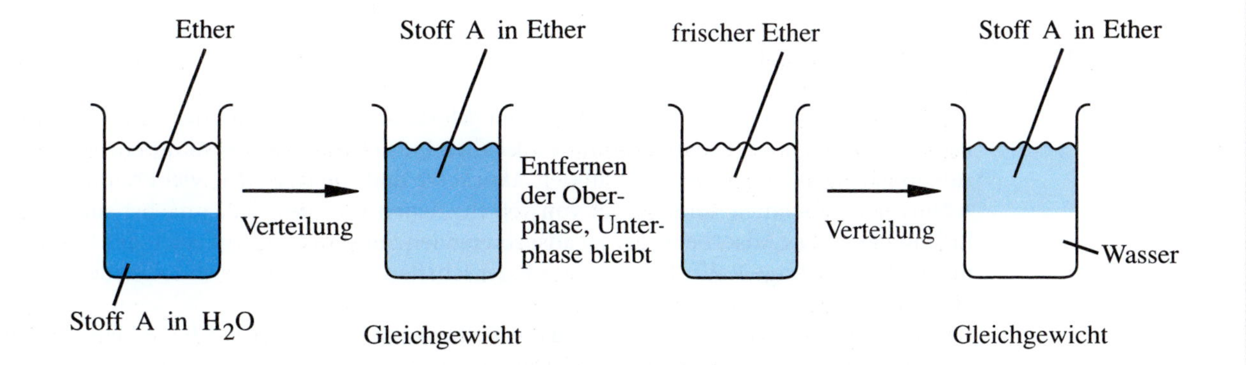

Abb. 5/1 Extraktion des Stoffes A (K = 3) aus der Wasser- in die Etherphase. Die unterschiedlichen Tönungen spiegeln die verschiedenen Konzentrationen des Stoffes A wider.

Liegt der oben betrachtete Stoff A in Wasser gelöst vor, so kann man ihn fast vollständig aus der Wasserphase herausziehen (extrahieren), indem man die Wasserphase *mehrfach* mit frischem Ether ausschüttelt (Abb. 5/1). Am Schluss befindet sich Stoff A nicht mehr in der Wasserphase.

Liegen die oben genannten Stoffe A ($K = 3$) und B ($K = 0{,}33$) nebeneinander in Wasser vor, so wird beim Ausschütteln mit Ether aufgrund der unterschiedlichen K-Werte der Stoff A bevorzugt extrahiert. Durch mehrfache Wiederholung der Verteilung mit frischem Ether kann man A und B in dafür geeigneten Apparaturen trennen *(Gegenstromverteilung)*.

5.3 Henry-Dalton-Gesetz

In Analogie zum Nernst-Verteilungsgesetz können wir nun auch das Verteilungsverhalten eines Gases zwischen der Gasphase und einer Flüssigkeit als Lösungsmittel quantitativ beschreiben. Das Verhältnis der Konzentration des Gases A in der Flüssigkeit zum Partialdruck des Gases A über der Flüssigkeit ist bei gegebener Temperatur *konstant.*

Anders ausgedrückt: Die Konzentration des Gases A in der Flüssigkeit ist proportional dem Partialdruck des Gases über der Flüssigkeit.

Henry-Dalton-Gesetz: $$\frac{[A]\ (\text{Flüssigkeit})}{p_A\ (\text{Gasphase})} = K \qquad \text{oder:} \qquad [A] = K \cdot p_A$$

p_A = Partialdruck des Gases (in bar)
$[A]$ = Konzentration des Gases im Lösungsmittel (in mol/L)
K = Konstante

Die Lunge reguliert den Gasaustausch

Der O_2-Partialdruck der Atemluft beeinflusst das O_2-Angebot im Blut. Allerdings spielt hier nicht nur die physikalische Löslichkeit eine Rolle (24 mL O_2 pro Liter Blut bei 37 °C), sondern auch die Tatsache, dass Sauerstoff chemisch an *Hämoglobin* (Hb) gebunden wird (1 g Hb bindet 1,34 mL O_2). Bei etwa 150 g Hb pro Liter Blut wird also etwa 10-fach mehr Sauerstoff gebunden, als sich physikalisch in 1 L Blut löst. Diese reversible Bindung an Hb ist für den Transport von O_2 wichtig und es erhöht sich die im Gewebe verfügbare Menge an Sauerstoff. Jedes Molekül O_2, das in der Lunge oder im Gewebe ausgetauscht wird, durchläuft jedoch den Zustand der physikalischen Lösung. Auch der CO_2-Gehalt in Gewebe und Blut wird über die Atmung reguliert. Gleiches gilt für die Konzentration von Fremdgasen, z. B. *Lachgas* (N_2O) als Narkosemittel. Bei einer *Inhalationsnarkose* wird das Fremdgas der Atemluft beigemengt, der Partialdruck bestimmt die Tiefe der Narkose. Am Ende wird das im Körper physikalisch gelöste Narkosegas über die Atemluft rasch eliminiert.

5.4 Adsorption an Oberflächen

Adsorption

Gase und Flüssigkeiten oder in Flüssigkeiten gelöste Stoffe werden an der Oberfläche von Festkörpern mehr oder weniger stark festgehalten (adsorbiert). Den Festkörper nennt man **Adsorbens.** Häufige Verwendung finden *Aktivkohle* und *Kieselgel.* Wie viel Fremdstoff ein Adsorbens aufnehmen kann, hängt von verschiedenen Faktoren ab. Zunächst spielen die Eigenschaften des Adsorbens, der zu adsorbierenden Substanz und ggf. auch des Lösungsmittels eine wichtige Rolle. Liegen diese Eigenschaften fest, ergeben sich folgende Abhängigkeiten für den Adsorptionsvorgang:

1. **Größe der Oberfläche.** Je feiner das Adsorbens zermahlen wird, d. h., je kleiner seine *Korngröße* ist, desto mehr Substanz kann pro Gramm Adsorbens adsorbiert werden. Zerkleinerte oder poröse Materialien haben im Gegensatz zu glatten eine vergrößerte Oberfläche, an die mehr Substanz binden kann.

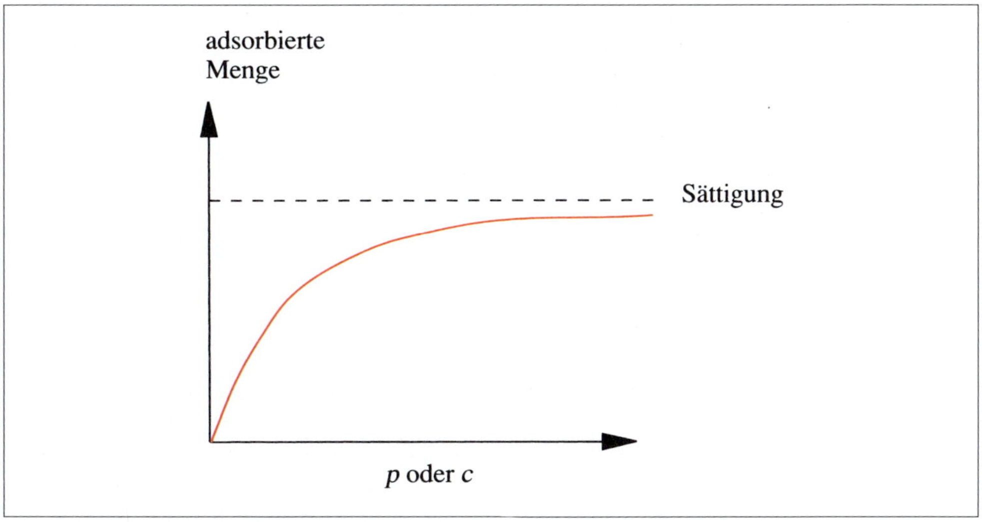

Abb. 5/2 Adsorptions-Isotherme in Abhängigkeit vom Partialdruck (*p*) oder von der Konzentration (*c*) einer zu adsorbierenden Substanz.

2. **Konzentration der zu adsorbierenden Substanz.** Innerhalb gewisser Grenzen wächst die Aufnahmefähigkeit des Adsorbens für eine Substanz mit deren Partialdruck bzw. deren Konzentration in der Umgebung des Adsorbens. Die Beladung erreicht schließlich jedoch einen Grenzwert (Abb. 5/2).
3. **Temperatur.** Da sich an der Grenzfläche zum Adsorbens heterogene Gleichgewichte einstellen, ist der gesamte Vorgang temperaturabhängig. Die Aufnahmefähigkeit für eine Substanz *sinkt* mit steigender Temperatur. Bei der Darstellung der Sättigungskurve für einen Adsorptionsvorgang (Abb. 5/2) arbeitet man deshalb *isotherm*.

Beispiele für Adsorptionsvorgänge sind *Gasmasken* und bestimmte *Filter* zur Reinigung von Wasser, Abgasen oder als Teil von Zigaretten. *Aktivkohle* und *Heilerde* werden bei Magen-Darm-Entzündungen eingesetzt, um belastende Stoffe zu binden. Außerdem spielt die Adsorption bei der *Chromatographie* eine wichtige Rolle (☞ Kap. 5.6).

5.5 Gleichgewichte in Gegenwart von Membranen

5.5.1 Membran

Eine **Membran** ist wie eine dünne, poröse Folie, die als Schicht oder Hülle z. B. zwei Flüssigkeitsräume vor dem Vermischen schützt, aber aufgrund ihrer begrenzten Durchlässigkeit Diffusionsprozesse modifizieren und kontrollieren kann. Haben die Maße der Hohlräume oder Poren molekulare Dimension (10 – 100 nm), werden große Moleküle (z. B. Proteine) vom Durchtritt durch die Membran ausgeschlossen, während kleinere Moleküle (z. B. Wasser) oder Ionen von Salzen ungehindert passieren können. Solche Membranen bezeichnet man als **semipermeabel**, sie sind nur teilweise durchlässig, sie wirken gewissermaßen als molekulare Filter.

semipermeabel

! Eine Membran ist semipermeabel, wenn kleinere Moleküle und Ionen hindurchtreten können, während größere Moleküle zurückgehalten werden.

5.5.2 Diffusion

einfache Diffusion

Einfache Diffusion. Lässt man in ein mit Wasser gefülltes Glas ohne umzurühren etwas Tinte tropfen, so bilden sich Schlieren und man beobachtet nach einer Weile eine gleichmäßige Blaufärbung des Wassers. Dieser Farbausgleich ist ein Beispiel für die **einfache** (= passive = freie) **Diffusion**, deren Merkmal der Ausgleich von Konzentrationsunterschieden von Stoffen ist, wobei nur die Eigenbewegung der Teilchen eine Rolle spielt.

Einfache Diffusion erfolgt auch dann, wenn zwei verschieden konzentrierte Lösungen des Stoffes A durch eine *Membran* voneinander getrennt sind, die für den Stoff A und das Lösungsmittel durchlässig ist. Die Moleküle von A wandern von der konzentrierteren Lösung in die weniger konzentrierte entlang des *Konzentrationsgradienten*. Längs des Diffusionsweges ist die Teilchenzahl von A zunächst unterschiedlich, gleicht sich mit der Zeit jedoch aus. Sobald der Gleichgewichtszustand erreicht ist, diffundieren in jeder Richtung gleich viele Moleküle durch die Membran, die Konzentration von A links und rechts der Membran ist gleich.

! Einfache oder passive **Diffusion** ist der spontane Konzentrationsausgleich von Molekülen oder Ionen durch die Eigenbewegung der Teilchen.

Die Diffusionsfähigkeit und -geschwindigkeit eines Moleküls hängt u. a. von seiner *Größe*, von der *Viskosität des Lösungsmittels* und von der *Temperatur* ab. Ob eine passive Diffusion durch eine Membran überhaupt möglich ist, hängt außerdem von der *Porengröße* ab. Kleine Moleküle oder Ionen können in der Regel leichter diffundieren als große.

Aktiver Transport. Die passive Diffusion ist beim Stoffaustausch einer lebenden Zelle mit der Umgebung eher die Ausnahme. In den Zellen müssen für bestimmte Stoffe häufig Konzentrationen aufrechterhalten werden, die kleiner oder größer sind als in der Umgebung, z. B. ist die Konzentration der $K^{\oplus}$-Ionen in der Zelle größer als außerhalb. *Konzentrationsgradienten* an Membranen sind für eine *lebende* Zelle typisch. Vollständiger Konzentrationsausgleich durch passive Diffusion bedeutet den Tod. Viele Stoffe werden *gegen* einen Konzentrationsgradienten, d. h. unter Aufwendung von Energie, in eine Zelle eingeschleust oder aus ihr herausgebracht, z. B. durch die $K^{\oplus}/Na^{\oplus}$-Pumpen. Diesen Vorgang bezeichnet man als **aktiven Transport**.

5.5.3 Dialyse

Dialyse

Die **Dialyse** wird im biochemischen Labor dazu genutzt, aus einer wässrigen Lösung *niedermolekulare* Bestandteile (z. B. Ionen von Salzen) von *hochmolekularen* (z. B. Proteine, Enzyme) abzutrennen. Dazu füllt man die Ausgangslösung in einen Beutel, der aus einer semipermeablen Dialysemembran besteht, und hängt ihn in destilliertes Wasser, das man ggf. einige Male erneuert oder das man an der Dialysemembran langsam vorbeiströmen lässt. Nach einiger Zeit sind die niedermolekularen Stoffe durch die Membran in die äußere Wasserphase, das *Dialysat*, diffundiert. Die hochmolekularen Stoffe bleiben in der Lösung innerhalb des Beutels zurück.

Die Niere kontrolliert den Flüssigkeitshaushalt

Die *Niere* scheidet niedermolekulare Stoffe aus dem Stoffwechsel und überschüssiges Wasser als *Urin* aus. In einem ausgeklügelten System von **Filtration** und **Rückresorption** an *semipermeablen Membranen* hält die Niere Volumen und Zusammensetzung der extrazellulären Flüssigkeit konstant. Dazu passiert das Blut täglich etwa 300-mal die Niere, es entstehen etwa 150 L Primärharn, der auf 1 – 2 L reduziert wird. Über die Niere werden nicht nur dem Stoffwechsel entstammende *Schlackenstoffe* (z. B. Harnstoff) ausgeschieden, auch niedermolekulare Arzneistoffe oder Gifte können den Körper direkt oder nach Transformation in der Leber auf diesem Weg verlassen. Bei einem Ausfall beider Nieren muss der Patient in bestimmten Zeitabständen sein Blut mit Hilfe eines *Dialysators* „waschen" lassen. Das Blut wird durch den Dialysator gepumpt, an geeigneten Membranen mit physiologischer Salzlösung „gewaschen" und wieder in den Körper zurückgeführt. Die niedermolekularen Giftstoffe diffundieren in die Salzlösung.

5.5.4 Osmose

Osmose

! Unter **Osmose** versteht man die Diffusion von Wasser durch eine semipermeable Membran in die wässrige Lösung einer Substanz A, für die die Membran undurchlässig ist.

Abbildung 5/3 zeigt das Prinzip der Osmose: Aus der linken Kammer wird reines Lösungsmittel in die rechte Kammer strömen, um die dortige Lösung, die die Substanz A enthält, gemäß dem Konzentrationsgradienten zu verdünnen. Durch das Hereinströmen des Lösungsmittels nimmt das Volumen der Flüssigkeit in der rechten Kammer zu, während es in der linken Kammer abnimmt. Durch die aufsteigende Flüssigkeitssäule in der rechten Kammer wird ein Druck p *(= hydrostatischer Druck)* erzeugt, der auf die Membran wirkt. Dieser Druck erhöht die Tendenz des Lösungsmittels, wieder in die andere Kammer zu strömen, und wirkt somit dem Verdünnungsbestreben entgegen. Im Gleichgewicht ist die Zahl der in beide Richtungen diffundierenden Lösungsmittelmoleküle gleich groß. Der auftretende hydrostatische Überdruck wird als **osmotischer Druck** (p_{osm}) bezeichnet. Er ist von der Temperatur und von der Konzentration der gelösten Substanz A abhängig.

$$p_{osm} = [A] \cdot R \cdot T$$

[A] = Konzentration von Substanz A (in mol/L)
R = allgemeine Gaskonstante ($8{,}31\ kPa \cdot L \cdot mol^{-1} \cdot K^{-1}$)
T = absolute Temperatur (in K)

Ist die gelöste Substanz ein Salz, so zerfällt dieses beim Lösen in zwei und mehr Ionen. Der osmotische Druck der Salzlösung ist von der *Zahl* der entstehenden Ionen abhängig, nicht von der Ladung oder der Größe. Aus Kochsalz (NaCl) z. B. entstehen beim Lösen in Wasser zwei Ionen ($Na^{\oplus}$ und $Cl^{\ominus}$), d. h., aus 1 mol NaCl entstehen insgesamt 2 mol der Ionen, aus 1 mol $CaCl_2$ entsprechend 3 mol der Ionen ($Ca^{2\oplus}$, 2 $Cl^{\ominus}$).

$$NaCl \longrightarrow Na^{\oplus} + Cl^{\ominus} \qquad CaCl_2 \longrightarrow Ca^{2\oplus} + 2\ Cl^{\ominus}$$

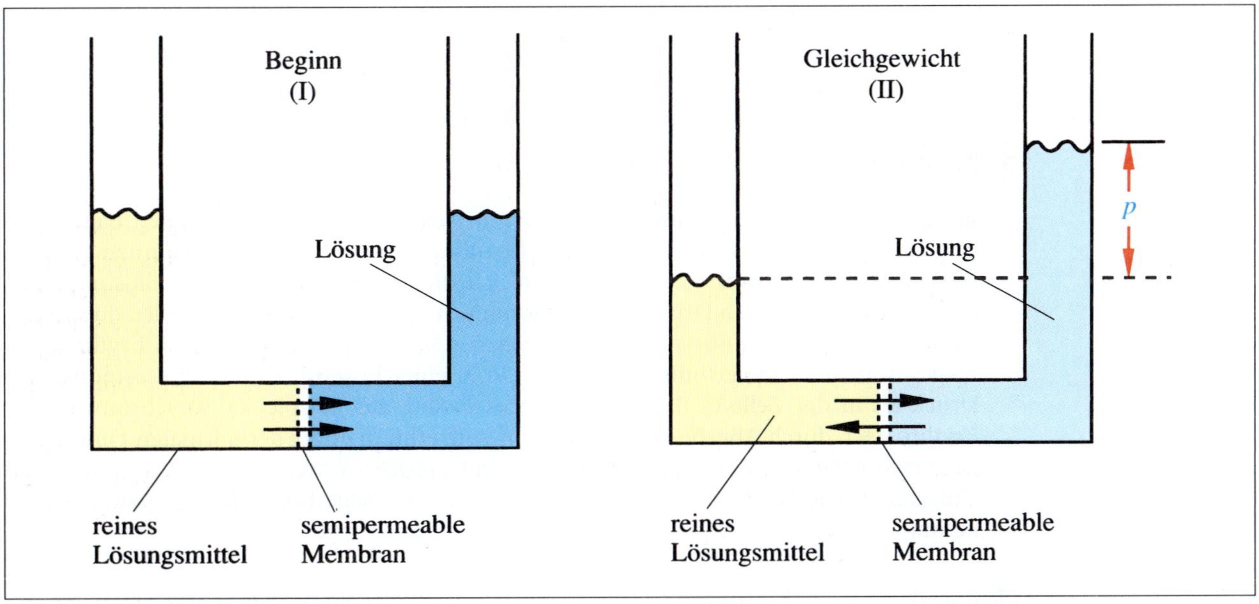

Abb. 5/3 Darstellung der Osmose. Zustand zu Beginn des Experiments (I) und nach Erreichen des Gleichgewichts (II) (→ Diffusionsrichtung des Lösungsmittels; p = hydrostatischer Überdruck, der p_{osm} der Lösung entspricht).

Beispiele.

1. Welchen osmotischen Druck hat eine Glucoselösung mit $c = 1$ mol/L bei 0 °C?

   $p_{osm} = 1 \cdot 8{,}31 \cdot 273 = 2269$ kPa = 22 690 hPa = **22,7 bar**

2. Welchen osmotischen Druck hat eine Kochsalzlösung ($c = 1$ mol/L) bei 37 °C?

   $p_{osm} = 2 \cdot 8{,}31 \cdot 310 = 5152$ kPa = 51 520 hPa = **51,5 bar**

Man sieht, dass der osmotische Druck der Kochsalzlösung wegen der doppelten Teilchenzahl in der Lösung und wegen der erhöhten Temperatur mehr als doppelt so groß ist als bei der Glucoselösung.

3. Welchen osmotischen Druck hat Blut bei 37 °C?
   Blut ist ein komplexes Substanzgemisch aus Protein-, Zucker- und Salzanteilen. Der osmotische Druck wird ganz überwiegend von den im Blut enthaltenen Ionen bestimmt.
   Wir rechnen mit einer für den osmotischen Druck wirksamen Konzentration von $c = 0{,}308$ mol/L für die Teilchen.

   $p_{osm} = 0{,}308 \cdot 8{,}31 \cdot 310 = 793{,}4$ kPa = 7934 hPa = **7,93 bar**

4. a) Wie viel molar ist eine Kochsalzlösung, die denselben osmotischen Druck hat wie das Blut?
   b) Wie viel Gramm NaCl enthält dann 1 L der Kochsalzlösung?
   c) Wie viel prozentig an NaCl ist die Kochsalzlösung?

   Antworten:
   a) 51,5 bar entsprechen 1 mol/L NaCl
   7,93 bar entsprechen x mol/L NaCl; x = 7,93/51,5 = **0,154 mol NaCl**
   b) Im nächsten Schritt benötigt man die molare Formelmasse von NaCl. Sie beträgt 23 + 35,5 = 58,5 g/mol.
   1 mol/L entspricht 58,5 g NaCl
   0,154 mol/L entsprechen x g NaCl; x = 58,5 · 0,154 = **9,001 g NaCl**
   c) Die Kochsalzlösung enthält 9 g NaCl pro Liter, in 100 g Lösung sind 0,9 g NaCl enthalten, die Lösung ist **0,9%ig.**

Osmodiuretika

Bei drohendem Nierenversagen oder bei einem *Hirnödem* (beispielsweise nach einem Schädel-Hirn-Trauma) können *Osmodiuretika*, wie z. B. der Zuckeralkohol *Mannit (= Mannitol)*, eingesetzt werden, um unerwünschte Wasseransammlungen zu vermeiden. Diese Substanzen werden in der Niere glomerulär filtriert, aber tubulär nicht rückresorbiert. Beim Hirnödem wird intravenös eine *hypertonische* Lösung von Mannitol infundiert, damit das überschüssige Wasser dem *osmotischen Druck* folgend ausgeschieden werden kann und der bedrohliche Hirndruck, der zu Bewusstlosigkeit oder Atemstörungen führt, absinkt.

hypotonisch

hypertonisch

isotonisch

Bei größeren Konzentrationsunterschieden an semipermeablen Membranen bauen sich vergleichsweise hohe Drücke auf, die eine Membran zum Platzen bringen können. Suspendiert man z. B. Erythrozyten in Wasser, so hat dieses im Vergleich zur Zelllösung einen *niedrigeren* osmotischen Druck, es ist **hypotonisch.** Die Erythrozyten schwellen durch Aufnahme von Wasser an und platzen *(„osmotischer Schock")*. Suspendiert man Erythrozyten hingegen in einer **hypertonischen Lösung**, d. h. einer Lösung mit *höherem* osmotischem Druck als in der Zelle (z. B. in einer Glucoselösung aus Beispiel 1), so schrumpfen die Erythrozyten durch Abgabe von Wasser. Zur Aufrechterhaltung der normalen Funktionen der Erythrozyten bedarf es einer **isotonischen** (= *gleicher* osmotischer Druck) Lösung als Umgebung. Dieser Zustand ist erreicht, wenn eine 0,9%ige Kochsalzlösung zum Einsatz kommt.

! Eine 0,9%ige Kochsalzlösung wird als **physiologische Kochsalzlösung** bezeichnet, sie ist bezogen auf das Blut **isotonisch.**

Warum Regenwasser oder Meerwasser „giftig" sind?
Flüssigkeitsverluste beim Menschen dürfen weder durch destilliertes Wasser (z. B. Regenwasser) noch durch Meerwasser, das 3,5% Salz enthält, ausgeglichen werden. In beiden Fällen kommt es zu osmotischen Extremsituationen, die zum Tode führen. Die „Vergiftung" erfolgt hier durch Substanzen, die dem Leben in höchstem Maße dienlich sind (Wasser, NaCl). Die nicht angepasste Konzentration sorgt für die lebensbedrohlichen Störungen im Stoffwechsel. Mit anderen Worten: Immer wenn Flüssigkeitsverluste ausgeglichen werden oder offene Wunden oder Schleimhäute mit Flüssigkeiten in Berührung kommen, sollte eine isotonische Kochsalzlösung die Basis bilden.

Oxalatdrusen. Ungelöste Stoffe tragen nicht zum osmotischen Druck bei. Da beim Stoffwechsel in der Zelle viele wasserlösliche Endprodukte entstehen, müssen diese aus der Zelle heraustransportiert *oder* in fester Form abgelagert werden, um den osmotische Druck in der Zelle zu reduzieren. Ein Beispiel für derartige Hilfs- und Entgiftungsmaßnahmen sind die in Pflanzenzellen vorkommenden *Oxalatdrusen* (Ablagerungen von Salzen der Oxalsäure).

5.5.5 Donnan-Gleichgewicht

Sind an Verteilungsvorgängen an Membranen auch Ionen beteiligt, wie es bei allen Körperzellen der Fall ist, so muss man neben der Tendenz zum Konzentrationsausgleich durch *Diffusion* auch die Bedingung der *Elektroneutralität* berücksichtigen. Abbildung 5/4 soll diese Situation an einer semipermeablen Membran, die nur für kleinere Ionen ($K^{\oplus}$, $Cl^{\ominus}$) und Wasser durchlässig ist, verdeutlichen.

In Abbildung 5/4a ist die Ausgangssituation gezeigt: Lösung I enthält nur $K^{\oplus}$- und $Cl^{\ominus}$-Ionen, Lösung II neben $K^{\oplus}$-Ionen noch negativ geladene Proteinmoleküle ($Prot^{\ominus}$), für die die Membran nicht durchlässig ist. Auf beiden Seiten der Membran herrscht Elektroneutralität. Die Teilchenzahl ist links größer als rechts. Jetzt setzt ein Wanderungsprozess ein, der mit der Diffusion von $Cl^{\ominus}$-Ionen aus Lösung I in die Lösung II gemäß dem Konzentrationsgradienten beginnt. Zur Erhaltung der Elektroneutralität müssen $K^{\oplus}$-Ionen nachfolgen, zunächst mit dem $K^{\oplus}$-Konzentrationsgradienten und dann sogar gegen ihn. Die Diffusion von $K^{\oplus}$- und $Cl^{\ominus}$-Ionen erfolgt so lange, bis sich das sog. **Donnan-Gleichgewicht** eingestellt hat. Dies ist erreicht, sobald das Produkt der Ionenkonzentrationen der wanderungsfähigen Ionen auf beiden Seiten der Membran gleich ist (Abb. 5/4b). Auf beiden Seiten herrscht wieder *Elektroneutralität*. Die in Abbildung 5/4 dargelegte Situation gilt für alle lebenden Zellen. Lösung I entspricht dem extrazellulären Raum, Lösung II mit den Proteinen dem *intrazellulären* Raum.

Donnan-Gleichgewicht

Donnan-Gleichgewicht: $[K^{\oplus}]_I \cdot [Cl^{\ominus}]_I = [K^{\oplus}]_{II} \cdot [Cl^{\ominus}]_{II}$

Das Produkt der Konzentrationen der wanderungsfähigen Ionen zu beiden Seiten einer Membran ist gleich. Es herrscht Elektroneutralität.

Ein Blick auf Abbildung 5/4 zeigt, dass die Zahl der Teilchen in Lösung I und II unterschiedlich ist. Zu Beginn (a) war sie in Lösung I größer, nach Einstellung des Donnan-Gleichgewichtes (b) ist sie in Lösung II größer.

Jetzt kommt die *Osmose* ins Spiel. In Situation a) wandern Wassermoleküle aus Lösung II in Lösung I ein, entsprechend entsteht in Lösung I ein osmotischer Druck (roter Pfeil). Im Gleichgewicht (b) kehrt sich die Situation um. Lösung II enthält jetzt mehr Ionen, Wassermoleküle wandern ein und es baut sich ein osmotischer Druck auf (roter Pfeil in b).

Durch das *osmotische Ungleichgewicht* werden die $K^{\oplus}$-Ionen partiell „genötigt", Lösung II wieder zu verlassen, so dass sich links von der Membran (außen) überschüssige positive Ladung aufbaut, rechts (innen) hingegen negative Ladung durch die Protein-Anionen zurückbleibt. Es entsteht ein **Membranpotenzial** ($\Delta\psi$), das sog. *Donnan-Potenzial*, das bei dieser Ladungsverteilung (innen negativ) ein negatives Vorzeichen trägt.

Membranpotenzial

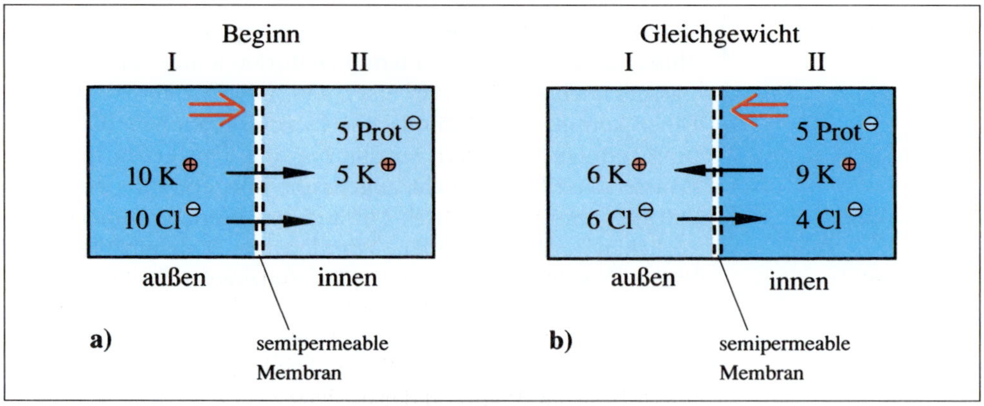

Abb. 5/4 Einstellung eines Donnan-Gleichgewichtes (⟶ Diffusionsrichtung von Ionen; ⇒ osmotischer Druck, Prot$^{\ominus}$ = Protein-Anion); a) Ausgangslage, b) Donnan-Gleichgewicht.

Nervenreizleitung, was ist das?

Es gibt bestimmte Zellen, die auf einen physikalischen oder chemischen Reiz mit einer spezifischen Reaktion, einer *Erregung*, reagieren und diese weiterleiten können. Diese Fähigkeit ist bei den Nervenzellen des Menschen besonders ausgeprägt. Das *Ruhepotenzial* an der Membran beträgt bis zu – 100 mV. In den Zellen ist die Konzentration der $K^{\oplus}$-Ionen größer als die der $Na^{\oplus}$-Ionen, außerhalb ist es umgekehrt. Bei der Nervenerregung wird unter dem Einfluss von Neurotransmittern (Überträgerstoffe, die an Nervenendigungen freigesetzt werden) die Permeabilität der Membran für $Na^{\oplus}$-Ionen durch Öffnung von *$Na^{\oplus}$-Kanälen* plötzlich erhöht, das Potenzial bricht zusammen *(Depolarisation)* und kann sich sogar umkehren (positiv innen, negativ außen). Der elektrische Impuls wird weitergeleitet. Das Ruhepotenzial kann sich nach Schließen der $Na^{\oplus}$-Kanäle durch Öffnen von $K^{\oplus}$-Kanälen ($K^{\oplus}$-Ionen strömen mit dem Konzentrationsgradienten aus) wieder aufbauen. Das gestörte Verhältnis der Ionenkonzentration in der Zelle wird durch aktiven Transport ($Na^{\oplus}$ hinaus, $K^{\oplus}$ hinein) mit Hilfe der „$Na^{\oplus}$/$K^{\oplus}$-Pumpe" wieder normalisiert (☞ Lehrbücher der Physiologie).

Jede Zellmembran ist ein Kunstwerk

Für die Entwicklung des Lebens war die Ausbildung von *biologischen Membranen* eine wichtige Voraussetzung, um sich von der Umgebung (z. B. dem Meerwasser) abzugrenzen, die Substanzen im Innenraum einer Zelle den Bedürfnissen anzupassen und diesen Innenraum vor dem Anfluten unerwünschter Substanzen zu schützen. Jede Zellmembran besteht aus einer Lipid-Doppelschicht (Bilayer, ☞ Kap. 17.2), die von Proteinmolekülen durchsetzt und durchzogen ist. Biologische Membranen sind nun keineswegs undurchdringliche Barrieren, im Gegenteil, sie sind in ihrer molekularen Struktur flexibel und können sowohl für polare Teilchen (z. B. Ionen, Wasser) als auch für unpolare Moleküle eine selektive Durchlässigkeit herstellen. Dafür sind einmal die membrangebundenen Proteine verantwortlich, die Poren und Ionenkanäle bilden können, zum anderen Carrier, die Moleküle durch die Lipid-Doppelschicht schleusen.

Für die Aufrechterhaltung von Zellfunktionen ist es wichtig, dass sich auf beiden Seiten einer Membran Substanzen in *unterschiedlichen Konzentrationen* ansammeln können. Vorgänge wie *Diffusion, Osmose* oder der Aufbau von *Membranpotenzialen* spielen eine große Rolle mit dem entscheidenden Unterschied zur besprochenen Theorie, dass sich in lebenden Systemen *niemals* Gleichgewichte einstellen. Aus der Tendenz, das Gleichgewicht erreichen zu wollen, kann punktuell Energie gewonnen werden, z. B. aus einem *Protonengradienten*, den die *ATPasen* der Atmungskette für die Bildung von ATP nutzen. Auf der anderen Seite steht der energieverbrauchende **aktive Transport** z. B. von Ionen gegen einen Konzentrationsgradienten. Wie der kunstvolle Wechsel zwischen Barriere und Durchlässigkeit bei biologischen Membranen gesteuert wird, ist keineswegs in allen Details geklärt.

5.6 Verfahren zur Stofftrennung

Heterogene Gleichgewichte können zur *Stofftrennung* genutzt werden. Voraussetzung dafür ist, dass sich die Stoffe beim Wechsel zwischen den Phasen nicht zersetzen. Die Gewinnung von Reinstoffen aus Reaktionsgemischen oder aus Extrakten von biologischem Material ist für die Anwendung in Biologie, Chemie oder Medizin von großer Bedeutung. Um dies zu erreichen, benötigt man den Stoffen angepasste **Trennverfahren**.

Destillation

Destillation. Eine Flüssigkeit wird zum Sieden erhitzt. Der entstehende Dampf wird an einer anderen Stelle der Apparatur abgekühlt (kondensiert), die zurückgebildete Flüssigkeit kann separat aufgefangen werden (Abb. 5/5). Eine Stofftrennung durch Destillation hat zur Voraussetzung, dass die im Gemisch vorliegenden Stoffe A und B *unterschiedliche Siedepunkte* besitzen. Während der niedriger siedende Stoff A schon am Siedepunkt verdampft, reicht die Temperatur für den höher siedenden Stoff B dafür noch nicht aus, so dass sein Anteil im Dampf geringer ist. Im Dampf und damit im Kondensat reichert sich der leichter flüchtige Stoff A an, in der zurückbleibenden Flüssigkeit der Stoff B. Sorgt man dafür, dass sich diese Gleichgewichtseinstellung während der Destillation mehrfach wiederholt (z. B. durch Verwendung einer *Kolonne*), wird eine gute Trennung erzielt, die letztlich auf *Dampfdruckunterschieden* beruht. Wenn die Stoffe bei Normaldruck einen sehr hohen Siedepunkt haben, vermindert man den äußeren Druck, um den Siedepunkt zu erniedrigen (☞ Kap. 4.5). Der Prozess wird als *Vakuumdestillation* bezeichnet.

Sublimation. Geht aus einem Stoffgemisch A/B der Stoff A beim Erhitzen aus dem festen in den gasförmigen Zustand über, so kann der gebildete Dampf sich an einer gekühlten Stelle der Apparatur wieder als feste, nun aber reine Substanz niederschlagen. Die Trennung beruht auch hier auf *Dampfdruckunterschieden*.

5

Gefriertrocknung

Gefriertrocknung. Aus wässrigen Lösungen, die schwer flüchtige Stoffe wie z. B. Salze, Aminosäuren oder Proteine enthalten, lässt sich das Wasser auf schonende Weise durch *Gefriertrocknung* entfernen. Dazu gefriert man die Lösung in einem Glaskolben zu Eis und evakuiert die Destillationsanlage, bis ein gutes Vakuum (z. B. 10^{-4} bar = 10 Pa) erreicht ist.

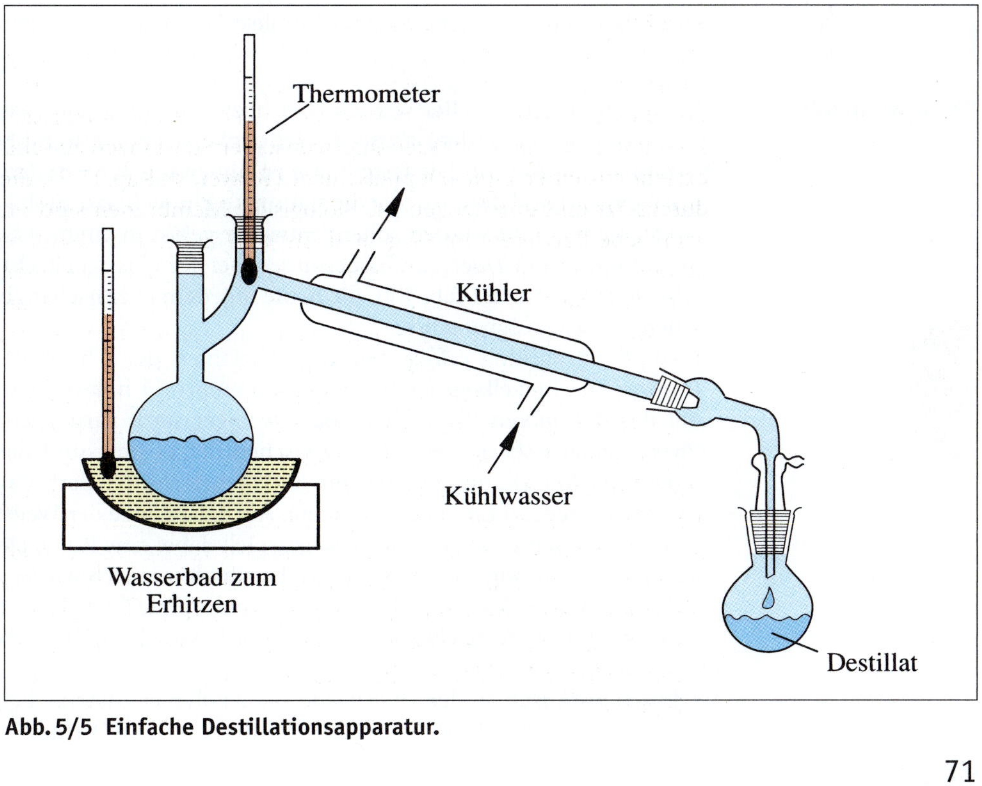

Abb. 5/5 Einfache Destillationsapparatur.

Bei dem niedrigen Druck wird an der Eisoberfläche ständig Wasser verdampft und an stark gekühlten Teilen der Apparatur wieder als Eis niedergeschlagen, *das Wasser sublimiert* (☞ Abb. 4/7). Beim Verdampfen aus dem Kolben wird der Umgebung Wärme entzogen (Verdampfungswärme, ☞ Kap. 4.5), so dass das Eis während der Gefriertrocknung gar nicht auftaut, auch wenn in der Umgebung des Kolbens Raumtemperatur herrscht. Am Ende bleiben die schwer flüchtigen Substanzen als trockenes Pulver im Kolben zurück. Den ganzen Vorgang bezeichnet man auch als lyophilisieren und den Rückstand als *Lyophilisat*. Die schwer flüchtigen Stoffe bleiben während des Verdampfungsprozesses des Wassers gekühlt, so dass man auf diesem Weg auch *thermolabile Biomoleküle* von Wasser befreien kann. Diese Methode ist schonend, sie findet z. B. auch bei der Herstellung von Pulverkaffee Anwendung.

Kristallisation

Kristallisation. Hat ein Stoffgemisch A/B in einem Lösungsmittel unterschiedliche Löslichkeiten, so kann man die Stoffe durch Kristallisation trennen. Zunächst bringt man beide Stoffe durch Erwärmen des Lösungsmittels in Lösung. Beim Abkühlen kristallisiert der Stoff mit der geringeren Löslichkeit zuerst aus und kann durch Absaugen über einen Filter oder vorsichtiges Abgießen der Restlösung (= Dekantieren) abgetrennt werden. Die Trennung beruht auf *Löslichkeitsunterschieden*. Beim Abkühlen kann es passieren, dass die Löslichkeit eines Stoffes längst unterschritten ist, ehe die Kristallisation einsetzt. Es liegt dann eine sog. *übersättigte Lösung* vor, aus der der Stoff nach Bildung eines Kristallisationskeims schlagartig auskristallisiert.

Extraktion

Flüssig-Flüssig-Verteilung (Extraktion). Dieses Verfahren haben wir in Kapitel 5.2 erwähnt. Die Trennung zweier Stoffe beruht darauf, dass diese in einem gegebenen *zweiphasigen Lösungsmittelsystem* unterschiedliche *Verteilungskoeffizienten K* haben. Die vollständige Trennung gelingt schon durch wenige Verteilungsschritte zwischen den flüssigen Phasen, wenn die Differenz der *K*-Werte sehr groß ist. Bei kleineren Differenzen muss die Verteilung nach Trennung der Phasen jeweils mit frischer Phase mehrfach wiederholt werden (multiplikative Verteilung).

Dialyse

Dialyse. Bei diesem Verfahren werden an einer geeigneten semipermeablen Membran aus einer vorgegebenen Lösung die niedermolekularen Bestandteile abgetrennt (☞ Kap. 5.5.3), indem man das reine Lösungsmittel außen an der Membran vorbeifließen lässt und dieses die durch die Membran diffundierenden niedermolekularen Stoffe aufnimmt. Im Dialysesack zurück bleiben die hochmolekularen Anteile. So kann man z. B. Proteine entsalzen.

Chromatographie

Chromatographie. Hier werden Gleichgewichte zwischen zwei Phasen genutzt, von denen eine *fest*, die andere *flüssig* (= **Flüssigkeitschromatographie**) oder *gasförmig* (**Gaschromatographie**) ist. Die feste Phase ist unbeweglich *(= stationär)*, die andere ist beweglich *(= mobil)* und durchströmt die stationäre Phase. In der mobilen Phase befinden sich die Stoffe, die getrennt werden sollen: entweder gelöst in einem *Fließmittel* oder als Gase gemischt mit einem *Trägergas*. Insbesondere bei der Flüssigkeitschromatographie gibt es verschiedene Varianten (Tab. 5/1), die heute in jedem chemischen, biochemischen oder klinischen Labor verfügbar sind.

Die Stofftrennung erfolgt bei allen Varianten der Chromatographie nach demselben Prinzip: Die Einzelkomponenten werden aufgrund unterschiedlicher Wechselwirkungen mit der stationären Phase mehr oder weniger stark zurückgehalten. An der stationären Phase stellen sich *Gleichgewichte* zwischen der Lösung und dem Festkörper ein: Unterschiedliche Verteilungskoeffizienten und mehrfache Wiederholung der Gleichgewichtseinstellung führen am Ende zur Trennung. Auch die Länge der Wegstrecke, die sich die mobile Phase in der stationären Phase bewegt, spielt dabei eine Rolle. Die eigentlichen Effekte, auf denen die Trennung an festen Trägern beruht, lassen sich wie folgt angeben:

- **Adsorption,** z. B. an Kieselgel, das eine hydrophile Oberfläche besitzt.
- **Hydrophobe Wechselwirkung,** z. B. an RP-Kieselgel (RP = reversed phase), das hydrophobe Reste an seiner Oberfläche trägt.
- **Ionenaustausch** an der Oberfläche einer Polymer-Matrix, die positiv oder negativ geladene organische Reste (z. B. $-NR_3^{\oplus}$, $-SO_3^{\ominus}$, $-COO^{\ominus}$) trägt. Unterschiedliche Ion-Ion-

Wechselwirkungen erfolgen in Abhängigkeit vom pH-Wert oder von der Ionenkonzentration der mobilen Phase.
- **Gelfiltration** an einer porösen Polymer-Matrix mit Hohlräumen, in die kleine Moleküle hineindiffundieren können und zurückgehalten werden, während große Moleküle außen vorbeiwandern. Die Trennung erfolgt nach Molekülgröße.

Die **Flüssigkeitschromatographie** an größeren Säulen dient der *präparativen Trennung* von Stoffgemischen (Abb. 5/6). Im Ergebnis erhält man größere Mengen reiner Substanzen für chemische oder biochemische Zwecke. Das Fließmittel wird in diesem Fall auch *Elutionsmittel* genannt, die aus der Säule heraustropfende Flüssigkeit ist das *Eluat*. Bei farbigen Substanzen ist es kein Problem, die Trennung an der stationären Phase mit dem Auge zu beobachten. Bei farblosen Substanzen muss das Eluat z. B. einen *UV-Detektor* passieren, der UV-aktive Substanzen durch Absorption von Licht bei einer vorgegebenen Wellenlänge anzeigt. Zusätzlich kann man das Eluat auch fortlaufend in einem Massenspektrometer (MS, ☞ Kap. 22.5) oder NMR-Gerät (☞ Kap. 22.4) untersuchen. Man spricht von gekoppelten Methoden (z. B. LC-UV, LC-MS oder LC-NMR).

Chromatographische Daten. Das chromatographische Verhalten einer Substanz kann als **Reinheitskriterium** dienen oder zu ihrer **Identifizierung** herangezogen werden. Eine Substanz, die sich unter Anwendung verschiedenen Trennmethoden nicht weiter auftrennen lässt, ist in der Regel einheitlich. Eine Substanz, die im direkten Vergleich mit einer bekannten Reinsubstanz unter verschiedenen Trennbedingungen in der Wanderungsgeschwindigkeit übereinstimmt, ist in der Regel mit dieser identisch. Auf diesem Grundprinzip basieren analytische und diagnostische Verfahren.

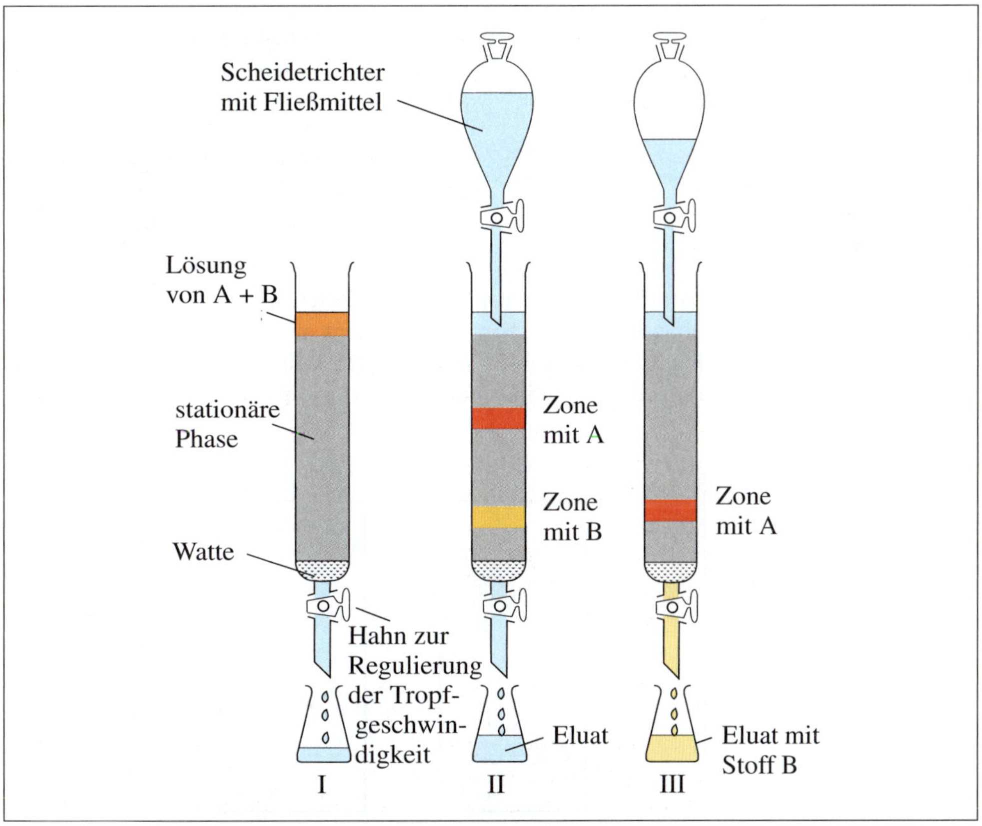

Abb. 5/6 Stofftrennung durch Säulenchromatographie (SC).
I: Stoffgemisch A/B, im Fließmittel gelöst, wird auf die stationäre Phase (in einer Glassäule) aufgegeben.
II: Mit dem Fließmittel (= Elutionsmittel) wird nachgewaschen, A und B trennen sich bei der Wanderung durch die Säule.
III: B ist mit dem Elutionsmittel aus der Säule herausgetropft und befindet sich im Eluat.

Tab. 5/1 Verschiedene Arten der Chromatographie.

	stationäre Phase	mobile Phase
Flüssigkeitschromatographie (LC)		
1) Säulenchromatographie (SC; Abb. 5/6)	Adsorbenzien: Kieselgel, Aluminiumoxid, Cellulose, RP-Kieselgel	organische Lösungsmittel (auch gemischt mit Wasser)
2) Hochdruck-Flüssigkeits-chromatographie (HPLC)	Adsorbenzien wie oben, jedoch in druckfesten Säulen	wie oben, jedoch unter hohem Druck (bis 300 bar)
3) Dünnschichtchromatographie (DC; Abb. 5/7)	Adsorbenzien wie oben, jedoch in dünner Schicht auf Glas oder Alufolie	wie oben
4) Papierchromatographie	saugfähiges Papier	organische Lösungsmittel gemischt mit Wasser
5) Gelchromatographie (= Gelfiltration)	Polysaccharid-Matrix mit Hohlräumen	Wasser oder organische Lösungsmittel
6) Ionenaustausch-chromatographie	poröse Polymer-Matrix mit ionischen Gruppen an der Oberfläche	Wasser, wässrige Pufferlösungen, Salzlösungen
7) Affinitätschromatographie	Polymer-Matrix mit Molekülen an der Oberfläche, die nur mit den gesuchten Molekülen eine Wechselwirkung eingehen	Wasser
Gaschromatographie (GC; Abb. 5/8)	Trägermaterial in einer Säule, beladen mit einer hochsiedenden Flüssigkeit, heizbarer Ofen	H_2, He, N_2 oder Ar als Trägergas
Kapillar-GC	hochsiedende Flüssigkeiten als Film in einer Glaskapillare, heizbarer Ofen	wie oben

Die *chromatographischen Daten* einer Reinsubstanz sind der **R_f-Wert** bei der Dünnschichtchromatographie und/oder die **Retentionszeit** (t_r) bei der HPLC oder Gaschromatographie. Der R_f-Wert ist der Quotient aus der Laufstrecke der Substanz zur Laufstrecke des Fließmittels (Abb. 5/7). Der Wert ist dimensionslos und liefert Werte zwischen 0 (die Substanz bleibt am Start hängen) und 1 (die Substanz läuft mit der Laufmittelfront). Die Reten-

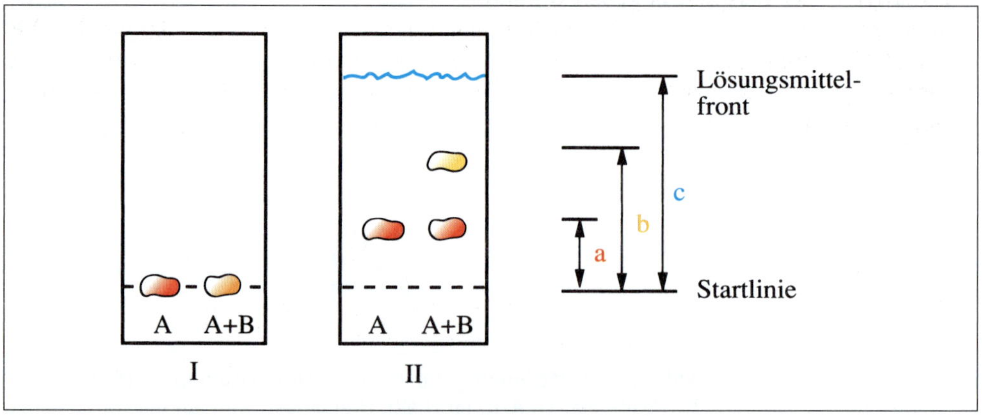

Abb. 5/7 Schematische Zeichnung eines Dünnschichtchromatogramms (DC). (I) Reine Substanz A und ein Substanzgemisch sind an der Startlinie aufgetragen. (II) Nach der Entwicklung des DC: a = Laufstrecke von Reinsubstanz A, b = Laufstrecke von Reinsubstanz B, c = Laufstrecke des Fließmittels, R_f-Wert für A: a/c; R_f-Wert für B: b/c.

tionszeit (in Minuten) ist die Zeit, die ein Stoff benötigt, um durch eine Trennsäule hindurchzuwandern (Abb. 5/8).

Wenn man chromatographische Daten *reproduzieren* will, müssen die Bedingungen für die Trennung genau bekannt sein und eingehalten werden (z. B. Art des Trägermaterials, Korngröße, Zusammensetzung des Fließmittels, Laufstrecke oder Durchflussgeschwindigkeit des Fließmittels, Temperatur).

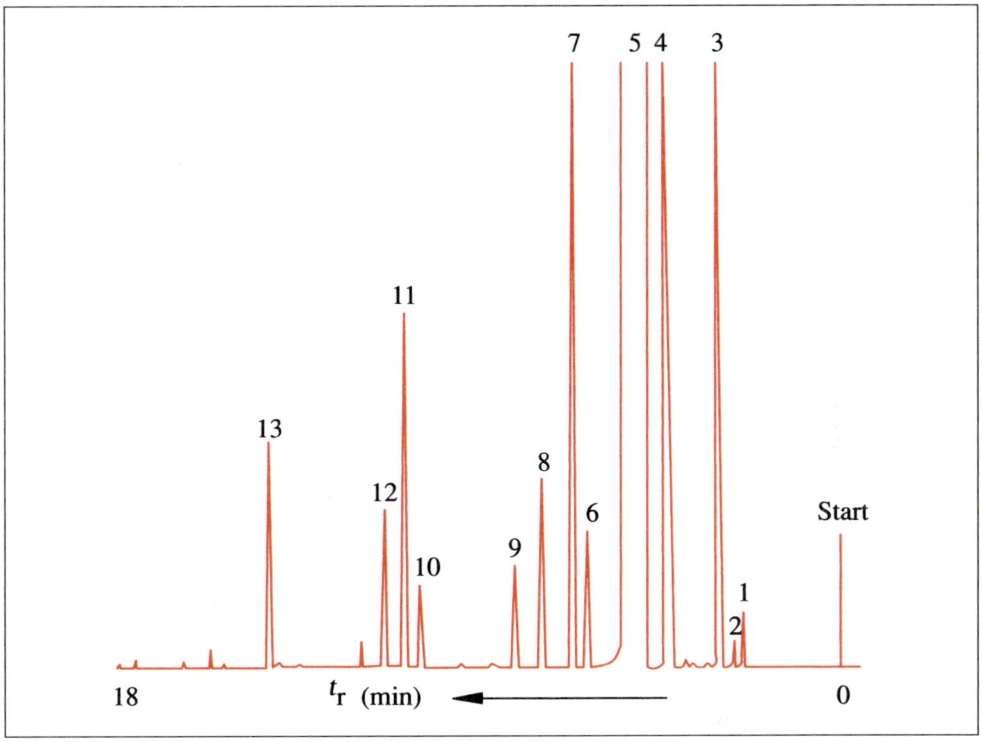

Abb. 5/8 Beispiel für ein Gaschromatogramm (GC). Trennung von käuflichem Kirschwasser (40 Vol.-%). Nur die Komponente 5 ist Ethanol, alles andere sind organische Bestandteile, die beim Gärprozess entstehen.

Checkliste

Folgende Bezeichnungen/Begriffe sollten Sie erklären oder definieren (s. a. Glossar) und – wo möglich – Abkürzungen oder Beispiele angeben können:
Gesättigte Lösung – Löslichkeit – hydrophil – hydrophob – lipophil – lipophob – Verteilungsgleichgewicht – Nernst-Verteilungsgesetz – Henry-Dalton-Gesetz – Adsorption – Kristallisation – Destillation – Gefriertrocknung – einfache Diffusion – Osmose – Dialyse – semipermeable Membran – hypotonisch – hypertonisch – isotonisch – Donnan-Gleichgewicht – Membranpotenzial – Chromatographie – R_f-Wert – Retentionszeit.

Aufgaben

1. Was ist ein *heterogenes Gleichgewicht*? Geben Sie drei Beispiele!
2. Was ist eine gesättigte, was eine *übersättigte* Lösung?
3. Wie sind die Begriffspaare *hydrophil/hydrophob* und *lipophil/lipophob* mit den Begriffen *polar/unpolar* verknüpft?
4. Von welchen Faktoren hängt die *Löslichkeit* eines Stoffes ab?
5. Ein Stoff mit $K = 0{,}25$ wird in gleichen Volumina zweier flüssiger Phasen verteilt. Wie viel % des Stoffes befinden sich nach der Gleichgewichtseinstellung in der Oberphase?

6. Beschreiben Sie die *Etherextraktion* zur Abtrennung eines lipophilen, in Wasser gelösten Stoffes! Wie viel % eines Stoffes mit $K = 9$ verbleiben nach *zweimaliger Etherextraktion* in der wässrigen Phase?
7. Von welchen Größen ist die *Löslichkeit eines Gases* in einer Flüssigkeit abhängig?
8. Warum entwickeln sich beim Öffnen einer Sprudelflasche CO_2-Gasblasen?
9. Von welchen Faktoren ist die *Adsorption* eines Stoffes an ein vorgegebenes Adsorbens abhängig?
10. Welches ist der wesentliche Unterschied zwischen *einfacher Diffusion* und *aktivem Transport* an einer Membran?
11. Welches Trennverfahren bedient sich einer *semipermeablen Membran*?
12. Von welchen Größen ist der *osmotische Druck* einer Lösung abhängig?
13. Bestimmen Sie den *osmotischen Druck* von drei jeweils 0,1 molaren wässrigen Lösungen, die Glucose, Kochsalz bzw. Calcium(II)-chlorid enthalten! Welche der Lösungen sind gegenüber dem osmotischen Druck des Blutes *hypertonisch* bzw. *hypotonisch*?
14. Was passiert, wenn man 10 mL 0,9%ige Kochsalzlösung intravenös (i. v.) injiziert?
15. Wie viel Gramm Kochsalz muss man abwiegen, um 1 L einer isotonischen Lösung zu erhalten?
16. Welche Eigenschaften muss eine Membran haben, damit sich an ihr ein *Donnan-Gleichgewicht* einstellt?
17. Was muss geschehen, damit ein an einer Membran gebildetes *Membranpotenzial* zusammenbricht?
18. Worauf beruht die Stofftrennung bei der *Destillation*, worauf bei der *Kristallisation*?
19. Erklären Sie den Begriff *Sublimation* am Beispiel der Gefriertrocknung! Unter welchen Bedingungen findet dieser Vorgang beim Wasser statt?
20. Nennen Sie drei Faktoren, die die Stofftrennung bei der *Chromatographie* beeinflussen!
21. Erläutern Sie das Prinzip der *Dünnschichtchromatographie*!
22. Worin besteht der Unterschied zwischen *Flüssigkeits-* und *Gaschromatographie*?
23. Nach welchem Prinzip trennt man ein Substanzgemisch mit Hilfe der Gaschromatographie?

5

009 Lösungen der Aufgaben

Bedeutung für den Menschen

Heterogene Gleichgewichte

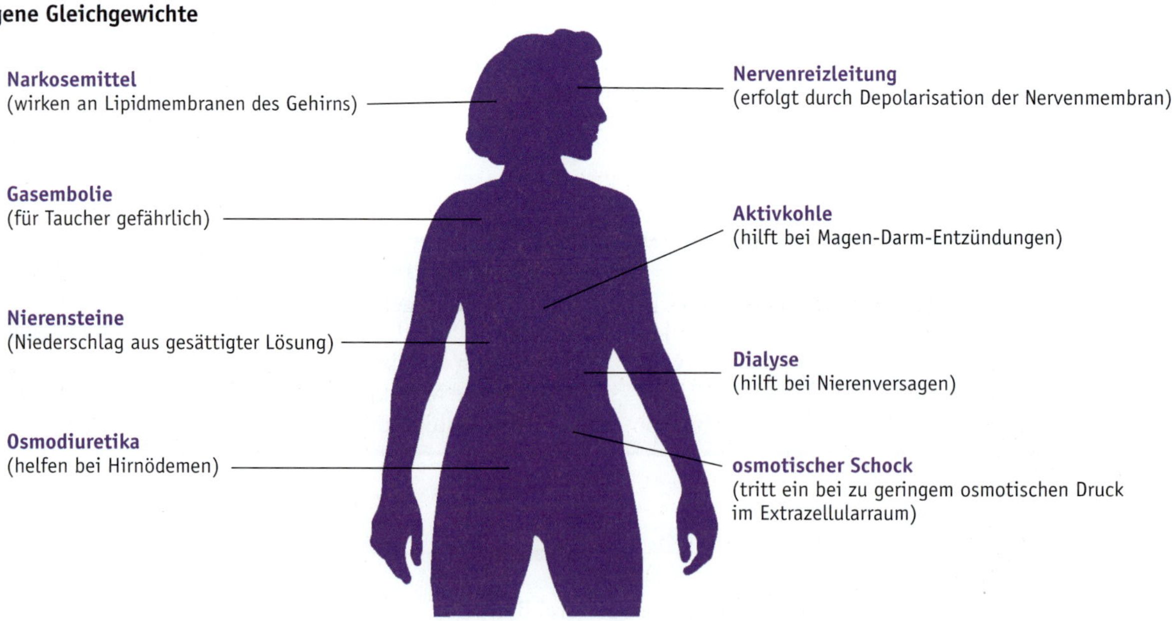

010 IMPP-Fragen

KAPITEL

6 Chemische Reaktionen

Orientierung

Chemische Reaktionen stehen im Zentrum der Chemie. Ohne die Umwandlung der chemischen Elemente in chemische Verbindungen oder von chemischen Verbindungen ineinander ist die Stoffvielfalt auf der Erde undenkbar. Dies betrifft sowohl den Bereich der Mineralien (anorganische Verbindungen) als auch den Bereich der Biomoleküle (organische Verbindungen). Hinzu kommen viele chemische Verbindungen, die es in der Natur gar nicht gibt, die aber dennoch für den Menschen wertvoll sind. Allen Stoffumwandlungen liegen generelle Prinzipien zugrunde, die dabei helfen, Reaktionsgleichungen aufzustellen und die Triebkraft eines Prozesses zu erfassen. Wer Lebensprozesse verstehen will, muss den Ablauf chemischer Reaktionen korrekt beschreiben können. Entdecken Sie dabei, mit welchen „Tricks" die Natur Reaktionskaskaden entwickelt hat, um die in den Stoffen enthaltene Energie umzuwandeln und maximal zu nutzen.
Antwort erhalten Sie u. a. auf folgende Fragen:

- Wie lassen sich chemische Reaktionen ohne große Worte kurz und prägnant beschreiben?
- Was haben alle chemischen Reaktionen gemeinsam?
- Warum laufen chemische Reaktionen überhaupt ab?
- Kann man vorhersagen, in welche Richtung eine chemische Reaktion läuft, und lässt sich die Richtung beeinflussen?
- Warum laufen manche Reaktionen in lebenden Organismen nicht genauso ab wie im Reagenzglas?

6.1 Definition

chemische Reaktionen

Die Stoffe, die die Materie bilden, sind die chemischen Elemente bzw. die aus ihnen hervorgegangenen chemischen Verbindungen. Die Umwandlung von Elementen in Verbindungen und umgekehrt erkennt man daran, dass sich die physikalischen *und* chemischen Eigenschaften der beteiligten Stoffe ändern. Man spricht von **chemischen Reaktionen** oder **chemischen Umsetzungen**. Ihre Beschreibung und die Ableitung der zugehörigen Gesetze stehen im Mittelpunkt der *Chemie*.

! Chemische Reaktionen sind Stoffumwandlungen.

Im Bereich der anorganischen Chemie gehen viele chemische Reaktionen von den Elementen und deren Ionen aus. Vier wichtige Reaktionstypen werden exemplarisch genannt: (1), (2) und (3) sind Beispiele für Reaktionen unter Beteiligung von *Ionen*, (4) ist ein Beispiel für die Reaktion von *Elementen*.

1. **Säure-Base-Reaktion:** $HCl + NaOH \longrightarrow NaCl + H_2O$
2. **Fällungs-Reaktion:** $Ag^{\oplus} + Cl^{\ominus} \longrightarrow AgCl\downarrow$
3. **Metallkomplex-Reaktion:** $CuSO_4 + 4\,NH_3 \longrightarrow [Cu(NH_3)_4]SO_4$
4. **Redox-Reaktion:** $2\,H_2 + O_2 \longrightarrow 2\,H_2O$

6.2 Chemische Gleichungen

chemische Gleichung

Reaktionsgleichung. Eine chemische Reaktion wird durch eine chemische Gleichung, auch *Reaktionsgleichung* genannt, beschrieben. Vier Beispiele sind oben bei der Nennung der Reaktionstypen aufgeführt. Die Symbole und Formeln der Elemente und Verbindungen, die an einer Reaktion beteiligt sind, werden so aufgeschrieben, dass *links* die Ausgangsstoffe *(= Edukte)* und *rechts* die daraus hervorgehenden Stoffe *(= Produkte)* stehen. Die Richtung der Reaktion wird durch einen Pfeil markiert. Viele chemische Reaktionen laufen in Lösung ab, d. h. in homogener Phase (☞ Kap. 4.7.2). Solange das Lösungsmittel nicht an der Reaktion teilnimmt, taucht es in der chemischen Gleichung nicht auf. Wenn Angaben zum Lösungsmittel fehlen, wird entweder keines benötigt oder die Reaktion läuft in Wasser ab.

Edukte, Produkte

Knallgasreaktion:
$$\underset{\text{Wasserstoff}}{2\,H_2} + \underset{\text{Sauerstoff}}{O_2} \longrightarrow \underset{\text{Wasser}}{2\,H_2O} + \text{Energie}$$

Erhaltung der Masse. Sehen wir uns die Knallgasreaktion genauer an. In Worten ausgedrückt steht da, dass zwei Moleküle *Wasserstoff* und ein Molekül *Sauerstoff* unter Bildung von zwei Molekülen *Wasser* reagieren. Die Zahlen vor den Formeln *(= Koeffizienten)* geben die Zahl der reagierenden Moleküle einer Sorte an. Dass bei der Reaktion Energie frei wird, lassen wir zunächst außer Acht. Um die Gleichung richtig zu schreiben, muss man also wissen, dass die bei Raumtemperatur gasförmigen Elemente Wasserstoff und Sauerstoff *molekular* als H_2 bzw. O_2 vorliegen und dass Wasser aus zwei H-Atomen und einem O-Atom besteht. Generell gilt, dass sich die Atome der Elemente im **Verhältnis ganzer Zahlen** vereinigen, im Beispiel Wasser 2 : 1. In dem Wort „Gleichung" steckt also, dass die Summen der Atome der Elemente auf der linken und rechten Seite gleich sein müssen. Dies bedeutet, dass auch die *Summen der Massen* auf beiden Seiten gleich sind. Man bezeichnet diese Gesetzmäßigkeit als **Erhaltung der Masse**.

Erhaltung der Masse

Erhaltung der Ladung. Betrachten wir folgende Reaktion zwischen Ionen:

$$\underset{\text{Silber-Ion}}{Ag^{\oplus}} + \underset{\text{Chlorid-Ion}}{Cl^{\ominus}} \longrightarrow \underset{\text{Silberchlorid}}{AgCl\downarrow}$$

Die Reaktionsgleichung besagt, dass ein Silber- und ein Chlorid-Ion zu dem schwer löslichen Salz *Silberchlorid* reagieren, das aus der wässrigen Lösung als Feststoff (= Niederschlag) ausfällt, was durch den senkrecht nach unten gerichteten Pfeil am AgCl ausgedrückt wird. Das Zahlenverhältnis der Ionen zueinander ist definiert (1 : 1). Es muss in diesem Fall nicht nur die *Massenbilanz* links und rechts des Reaktionspfeils übereinstimmen, sondern auch die *Ladungsbilanz*, d. h., die Summen der Ladungen links und rechts müssen gleich sein. Man bezeichnet diese Gesetzmäßigkeit als **Erhaltung der Ladung**.

Erhaltung der Ladung

! Bei chemischen Reaktionen ist
- die Gesamtmasse der Edukte gleich der Gesamtmasse der Produkte (**Erhaltung der Masse**).
- die Summe der Ladungen der Edukte gleich der Summe der Ladungen der Produkte (**Erhaltung der Ladung**).

Summenformeln. In welchem Verhältnis die Atome oder Ionen verschiedener Elemente zu einer chemischen Verbindung zusammentreten, bleibt nicht dem Zufall überlassen. Es gehört zum chemischen Grundwissen, dass z. B. *Wasser* die Summenformel H_2O hat, *Ammoniak* NH_3 oder *Kohlendioxid* CO_2.

Mit den Gesetzmäßigkeiten beim Aufbau der Elektronenhülle und bei der Ausbildung von chemischen Bindungen kann man heute verstehen, wie es zu bestimmten Summenformeln kommt, und erklären, dass es z. B. neben CO_2 noch das giftige *Kohlenmonoxid* CO gibt, aber *kein* CO_3 oder CO_4. Herauszufinden, in welchem Zahlenverhältnis die Atome verschiedener Elemente sich zu einer Verbindung zusammenfinden, war anfangs ganz dem *Experiment* überlassen, d. h. der sorgfältigen Bestimmung der Massen- und Ladungsbilanz einer Reaktion. Daraus ergab sich die *Reaktionsgleichung*.

6.3 Stöchiometrische Berechnungen

Die Reaktionsgleichung gibt Auskunft über die Zahlenverhältnisse der Teilchen (Atome, Ionen, Moleküle), die als Edukte eingesetzt und als Produkte aus der Reaktion hervorgegangen sind. Da jedes Teilchen eine Masse hat und die Summen der Massen links und rechts übereinstimmen müssen, kann man, von der Reaktionsgleichung ausgehend, *Massen* und *Volumina* der beteiligten Stoffe ausrechnen. Die für die Quantifizierung wichtigste Rechengröße ist die **Stoffmenge *n*** mit der Bezeichnung Mol (Einheitszeichen mol) (☞ Kap. 1.5, 3.3.6 und 3.4.2): Gleiche Stoffmengen verschiedener Stoffe enthalten die gleiche Anzahl Teilchen. Bei Flüssigkeiten kann man die Masse mit Hilfe der Dichte ins Volumen, bei Gasen mit Hilfe des Molvolumens (22,4 L; ☞ Kap. 4.2.2) ins Gasvolumen umrechnen.

Stoffmenge

Beispiel Knallgasreaktion. An der Knallgasreaktion wollen wir **stöchiometrische Berechnungen** *(= chemisches Rechnen)* üben. Wie viel Mole der Edukte und Produkte beteiligt sind, ergibt sich aus den Koeffizienten in der Reaktionsgleichung. Die molaren Massen M_m (☞ Kap. 3.4.2) ergeben sich durch Addition der Atommassen (H = 1 g/mol, O = 16 g/mol), die Zahlenwerte entnehmen Sie dem Periodensystem. Die Edukte sind gasförmig (g), das Produkt ist flüssig (l).

Aufgabe: Wie viel Gramm bzw. Liter Wasserstoff sind nötig, um 1 g (= 1 mL) *Wasser* herzustellen?

Reaktionsgleichung:	$2\,H_2\,(g)$ +	$O_2\,(g)$	⟶	$2\,H_2O\,(l)$
Molangabe:	2 mol H_2	1 mol O_2	⟶	2 mol H_2O
Massenangabe:	4 g H_2	32 g O_2	⟶	36 g H_2O
Volumenangabe:	44,8 L H_2	22,4 L O_2	⟶	36 mL H_2O

Die Berechnung ist eine Dreisatzaufgabe, in der man das aus der Reaktionsgleichung gegebene Massenverhältnis $H_2:H_2O$ (4:36) mit dem gesuchten (x:1) vergleicht. Das Molvolumen eines Gases beträgt unter Normalbedingungen 22,4 L.

Rechenweg:

Massenberechnung: $$\frac{4\,g\,H_2}{36\,g\,H_2O} = \frac{x\,g\,H_2}{1\,g\,H_2O}; \qquad x = \frac{4\,g \cdot 1\,g}{36\,g} = 0{,}11\,g\,H_2$$

Volumenberechnung: $$2\,g\,H_2 = 22{,}4\,L\,H_2$$

$$0{,}11\,g\,H_2 = \frac{22{,}4\,L}{2\,g} \cdot 0{,}11\,g = 1{,}23\,L\,H_2$$

Ergebnis: Es werden 0,11 g H_2 (= 1,23 L H_2) benötigt.

Beispiel Säure-Base-Reaktion. Anhand folgender Säure-Base-Reaktion soll ausgerechnet werden, wie viel Gramm *NaOH* nötig sind, um 10 g *Kochsalz* (NaCl) herzustellen. Bei Salzen gibt es keine Molekülmasse im eigentlichen Sinn, verwendet wird die Formelmasse (☞ Kap. 3.3.6).

Reaktionsgleichung:	HCl	+ NaOH	⟶	NaCl	+ H_2O
Molangabe:	1 mol HCl	+ 1 mol NaOH	⟶	1 mol NaCl	+ 1 mol H_2O
Massenangabe:	36,5 g HCl	+ 40 g NaOH	⟶	58,5 g NaCl	+ 18 g H_2O

Für die Berechnung ist wichtig, dass 1 mol NaOH (40 g) zu 1 mol NaCl (58,5 g) führt. Durch Dreisatz lässt sich die für 10 g NaCl erforderliche Menge NaOH (x g) errechnen.

6

Berechnung: $\frac{40 \text{ g NaOH}}{58{,}5 \text{ g NaCl}} = \frac{\text{x g NaOH}}{10 \text{ g NaCl}}$; $\text{x} = \frac{40 \text{ g} \cdot 10 \text{ g}}{58{,}5 \text{ g}} = 6{,}84 \text{ g NaOH}$

Ergebnis: Es werden 6,84 g NaOH benötigt.

Berechnung einer Ausbeute. Nicht immer findet bei einer chemischen Reaktion eine vollständige Umsetzung statt, es wird dann weniger vom gewünschten Produkt gebildet als erwartet. Die Ursachen hierfür können vielfältig sein: Die Edukte werden nicht vollständig verbraucht (☞ Kap. 6.5, Gleichgewichtsreaktionen), Nebenreaktionen können zu anderen als den erwarteten Produkten führen oder das gewünschte Produkt verbraucht sich durch eine Folgereaktion. Die tatsächliche Ausbeute an gewünschtem Produkt ist also geringer als die theoretisch erwartete, maximal erzielbare **Ausbeute**. Das Verhältnis dieser beiden Größen multipliziert mit 100 ergibt die prozentuale Ausbeute in %. Die Prozentangabe für die tatsächlich erzielte Ausbeute an gewünschtem Produkt ist für einen Chemiker eine wichtige Kenngröße, die über die Effizienz einer Reaktion Auskunft gibt.

Aufgabe: Wie groß ist die prozentuale Ausbeute der Reaktion zwischen HCl und NaOH, wenn Sie mit 6,84 g NaOH aus obigem Beispiel anstelle der erwarteten 10 g NaCl tatsächlich nur 7,5 g NaCl erhalten?

Berechnung: $\frac{m_{\text{tatsächlich}}\,(\text{NaCl})}{m_{\text{theoretisch}}\,(\text{NaCl})} \cdot 100\% = \frac{7{,}5 \text{ g} \cdot 100}{10 \text{ g}} = 75\%$

Ergebnis: Die prozentuale Ausbeute beträgt 75%.

Konzentrationsangaben. Viele Stoffumwandlungen laufen in *homogener Lösung* ab. Wenn man wissen will, in welchem Mol-Verhältnis die Stoffe vorgelegen haben, muss man die eingesetzten Volumina der Lösungen und ihre jeweiligen *Konzentrationen* kennen. Zur Verständigung benötigt man ein Konzentrationsmaß, also eine Angabe dazu, welche Menge eines Stoffes pro Volumen gelöst ist. Man benutzt üblicherweise entweder die Stoffmengenkonzentration *(c)* oder die Massenkonzentration.

6

Stoffmengenkonzentration

Die **Stoffmengenkonzentration** (früher Molarität) einer Lösung gibt an, wie viel Mol eines Stoffes A in 1 L der fertigen Lösung enthalten sind. Die Konzentration, als [A] oder $c(\text{A})$ abgekürzt, wird in mol/L angegeben. Entsprechende kleinere Einheiten sind mmol/L [10^{-3} mol/L], µmol/L [10^{-6} mol/L], nmol/L [10^{-9} mol/L]). Es gilt: $c = n/V$ (n = Stoffmenge, V = Volumen).

Beispiele.

1. *Chlorwasserstoff* (HCl) hat eine Molekülmasse von 36,5 g/mol. 36,5 g HCl in so viel Wasser gelöst, dass genau 1 L Salzsäure entsteht, ergeben eine *1 molare* (Abkürzung: 1 M) Lösung : $c(\text{HCl}) = [\text{HCl}] = 1$ mol/L.
   Zu beachten ist hier, dass man weniger als 1 L Wasser zur Herstellung von 1 L Lösung benötigt, da die 36,5 g HCl auch einen Teil des Volumens einnehmen.
2. *Natriumhydroxid* (NaOH) hat eine Molekülmasse von 40 g/mol. Löst man 80 g NaOH in so viel Wasser, dass genau 1 L Natronlauge entsteht, erhält man eine *2 molare* (2 M) Lösung: $c(\text{NaOH}) = [\text{NaOH}] = 2$ mol/L.

Massenkonzentration

Die **Massenkonzentration** wird in g/L oder kleineren Einheiten (mg/L, µg/mL, ng/L) angegeben. Den *Massenanteil* in einer Lösung berechnet man häufig in **Gewichtsprozenten** (*w/w*). Bei zwei Flüssigkeiten verwendet man auch den *Volumenanteil* (x mL der Flüssigkeit A in 100 mL Lösung), die Angabe erfolgt dimensionslos (x/100). Häufiger findet man Angaben in Volumenprozent, d.h., man gibt den Wert x bezogen auf 100 mL in Prozent (Vol.-%) an und ergänzt die Angabe durch den Hinweis *v/v*.

Beispiele.

1. Eine 15%ige (*w/w*) Salzsäurelösung bedeutet, dass 15 g HCl in 100 g der Lösung enthalten sind. Da die Dichte dieser Lösung nicht 1 g/mL ist, liegen nicht genau 100 mL der fertigen Lösung vor.
2. 100 mL einer wässrigen Alkohollösung, die 3 mL reinen *Alkohol* (= Ethanol, C_2H_5OH) enthält, hat einen **Volumenanteil** von 0,03 bzw. 3% (*v/v*). Man kann auch sagen, die Lösung enthält 3 Vol.-% Alkohol. Ist die gleiche Menge in 1000 mL Lösung enthalten, so ist der Gehalt 3‰ (Promille).

Mithilfe der Dichte von Ethanol (0,79 g/mL) lässt sich der *Volumenanteil* in den *Massenanteil* und mit der Molekülmasse für Ethanol (M_m = 46 g/mol) in die *Stoffmenge* umrechnen. Die Angabe des Volumenanteils zur Standardisierung einer Lösung hängt stark von den äußeren Bedingungen (Druck, Temperatur) ab, bei Flüssigkeiten treten außerdem beim Mischen Kontraktionseffekte auf, so dass z. B. 30 mL Alkohol und 70 mL Wasser weniger als 100 mL Alkohollösung ergeben.

Massen- oder Volumenanteile werden häufig auch in *Promille* (‰), *parts per million* (ppm) oder *parts per billion* (ppb) angegeben.

- 1 ‰ bedeutet 1 g in 10^3 g oder 1 mL in 10^3 mL.
- 1 ppm bedeutet 1 g in 10^6 g oder 1 mL in 10^6 mL.
- 1 ppb bedeutet 1 g in 10^9 g oder 1 mL in 10^9 mL.

Umrechnung Masse/Stoffmenge. Die Masse *m* eines bekannten Stoffes in g lässt sich wie folgt in seine Stoffmenge *n* in mol umrechnen:

!

$$\text{Stoffmenge } n \text{ (mol)} = \frac{\text{Masse } m \text{ (g)}}{\text{molare Masse } M_m \text{ (g/mol)}}$$

Die Anwendung dieser wichtigen Formel soll anhand einiger Beispiele verdeutlicht werden.

Beispiel 1: Wie viel Mol sind 15 g *HCl*?
Atommassen: M_m (H) = 1 g/mol, M_m (Cl) = 35,5 g/mol
Molare Masse von HCl: M_m (HCl) = 36,5 g/mol

Berechnung: $n = \frac{m}{M_m}$; $n = \frac{15 \text{ g}}{36{,}5 \text{ g} \cdot \text{mol}^{-1}} = 0{,}41 \text{ mol}$

Ergebnis: 15 g HCl sind 0,41 mol HCl.

Beispiel 2: Wie viel Gramm *NaCl* enthält 1 Liter einer 0,3 M NaCl-Lösung?
Molare Formelmasse von NaCl: M_m (NaCl) = 58,5 g/mol

Berechnung: $0{,}3 \text{ mol} = \frac{m}{58{,}5 \text{ g} \cdot \text{mol}^{-1}}$; $m = 0{,}3 \text{ mol} \cdot 58{,}5 \text{ g/mol} = 17{,}55 \text{ g}$

Ergebnis: 1 Liter einer 0,3 M NaCl-Lösung enthält 17,55 g NaCl.

Beispiel 3: Wie viel Gramm *NaOH* enthalten 100 mL 0,25 M NaOH?
Molare Masse von NaOH: M_m (NaOH) = 40 g/mol
100 mL 0,25 M NaOH enthalten *n* = 0,025 mol NaOH

Berechnung: $m = 0{,}025 \text{ mol} \cdot 40 \text{ g/mol} = 1 \text{ g}$

Ergebnis: 100 mL 0,25 M NaOH enthalten 1 g NaOH.

Beispiel 4:	Wie viel Mol sind 30 mL Alkohol (= *Ethanol*)? Ethanol (C_2H_5OH): M_m (Ethanol) = 46 g/mol Dichte Ethanol: 0,79 g/mL 30 mL · 0,79 g/mL = 23,7 g Ethanol
Berechnung:	$n = \frac{23{,}7 \text{ g}}{46 \text{ g} \cdot \text{mol}^{-1}} = 0{,}52 \text{ mol}$
Ergebnis:	30 mL Ethanol sind 0,52 mol Ethanol.

6.4 Energetik chemischer Reaktionen

6.4.1 Allgemeines

Chemische Reaktionen sind Stoffumwandlungen. Dabei verändern sich nicht nur die Eigenschaften der Stoffe, sondern auch ihre Energieinhalte. Die Vorhersage, ob eine Stoffumwandlung in eine bestimmte Richtung ablaufen kann, ist nur möglich, wenn die Änderungen in der Energie der beteiligten Systeme Beachtung finden. Der Energieinhalt von Stoffen hängt von bestimmten physikalisch-chemischen Parametern wie Druck, Temperatur, Volumen etc. ab, unter denen eine Reaktion abläuft. Die Lehre von den Energieänderungen bei Stoffumwandlungen bezeichnet man als **Thermodynamik**. Gerade die Lebensprozesse mit ihren von der Natur in faszinierender Weise entwickelten Reaktionskaskaden, in denen die den Stoffen innewohnende Energie maximal ausgenutzt wird, sind ohne das Einbeziehen der Energetik chemischer Reaktionen nicht zu verstehen.

Thermodynamik

Erster Hauptsatz

! Energie kann weder aus dem Nichts erzeugt werden noch im Nichts verschwinden. Es sind lediglich Umwandlungen von einer Energieform in eine andere möglich (**Erster Hauptsatz der Thermodynamik**).

Energie

Energie geht niemals verloren. Verläuft eine Reaktion unter Abgabe von Energie, so wird diese entweder in einem Produkt „gespeichert" oder an die Umgebung abgegeben. Verbraucht eine Reaktion Energie, so muss diese der Umgebung entzogen werden. Unter Energie darf hier jedoch nicht nur die Reaktionswärme (Reaktionsenthalpie, ☞ Kap. 6.6.2) verstanden werden, es gibt auch andere Formen von Energie, z. B. potenzielle und kinetische Energie, Wärmeenergie, Lichtenergie, elektrische oder chemische Energie. Die Einheit der Energie ist das **Joule** (1 kJ = 1000 J). In älteren Lehrbüchern findet man auch die Einheit *Kalorien* (1 kcal = 1000 cal). Definitionsgemäß ist 1 cal der Energiebetrag, der benötigt wird, um 1 g Wasser von 14,5 °C auf 15,5 °C zu erwärmen. Joule und Kalorien lassen sich ohne Mühe ineinander umrechnen: 1 cal = 4,18 J. Hinsichtlich des Vorzeichens hat man festgelegt, dass die Freisetzung von Energie durch ein negatives Vorzeichen, die Aufnahme von Energie durch ein positives Vorzeichen markiert wird.

System
Umgebung
Zustandsgröße

In der Thermodynamik begrenzt man den Bereich, in dem man Vorgänge betrachtet. Alles, was sich innerhalb des Bereichs abspielt, bezeichnet man als **System**, alles, was außerhalb ist als **Umgebung**. Ein System ist z. B. eine Mischung verschiedener chemischer Verbindungen, die Umgebung ist das Reaktionsgefäß mit seinen Wänden und alles um diese herum. Der Zustand eines Systems lässt sich durch bestimmte Parameter, die sog. **Zustandsgrößen**, beschreiben. Dies sind z. B. Temperatur *(T)*, Druck *(p)*, Volumen *(V)* oder die Zusammensetzung der Stoffmischung. Man unterscheidet drei Arten von Systemen:

1. **Offenes System:** Es findet Energie- und Stoffaustausch mit der Umgebung statt. Diese Situation gilt für die meisten biologischen Systeme.
2. **Geschlossenes System:** Es findet Energieaustausch mit der Umgebung statt, aber kein Stoffaustausch. Die Situation gilt z. B. für einen Reaktionskolben, der außen erwärmt wird.
3. **Abgeschlossenes System:** Es findet weder Energie- noch Stoffaustausch mit der Umgebung statt. Diese Situation ist in der Praxis sehr selten.

Damit eine Reaktion freiwillig abläuft, muss Energie frei werden. In den meisten Fällen ist dies Wärme (**Reaktionswärme**), die unter Umständen direkt mit dem Thermometer gemessen werden kann. Reaktionsenergie kann aber auch in elektrische Energie übergehen und als solche genutzt werden (☞ Kap. 9.8, elektromotorische Kraft). Elektrische Energie wiederum kann chemische Reaktionen antreiben (☞ Kap. 7.4, Elektrolyse) oder zum Aufladen eines Akkus dienen. Eine dritte Möglichkeit besteht in der Freisetzung von Licht bei einer chemischen Reaktion (Chemilumineszenz) oder der Verwendung von Licht zum Antreiben einer chemischen Reaktion. Das bekannteste Beispiel für letzteres ist die **Photosynthese**, bei der mit Hilfe von Chlorophyll und Sonnenlicht aus Kohlendioxid und Wasser Kohlenhydrate aufgebaut werden (☞ Kap. 20.1).

Kann der Mensch leuchten?
Jeder Mensch kann durch seine geistige Tätigkeit oder sein Sozialverhalten „Licht" um sich verbreiten, man bezeichnet seine Äußerungen als „lichtvoll" oder stellt ihn als „leuchtendes" Vorbild hin. Auch das „Licht der Erkenntnis" kann ihm zuteil werden oder er ist einfach ein „heller" Kopf. Was in der Wahrnehmung der Menschen und im Sprachgebrauch längst verankert ist, findet nun auch seine materielle Ergänzung. Mit Instrumenten, die eine ultraschwache Lichtemission messen können, wurde nachgewiesen, dass Lebewesen und auch Lebensmittel eine direkte Eigenstrahlung *(Biophotonen)* aussenden. Das ausgesandte Licht ist kohärent und es gibt messbare Unterschiede in der Lichtqualität, die von der Vitalität dessen, was gemessen wird, abhängen. Man kann dies z. B. für die Qualitätskontrolle von Lebensmitteln verwenden. Ursache und Bedeutung dieser Eigenstrahlung für einen lebenden Organismus sind weitgehend unbekannt. Man vermutet, dass die DNA dabei eine Rolle spielt. Die Eigenstrahlung könnte u. a. der interzellulären Kommunikation dienen und so z. B. die Gestaltbildung eines Lebewesens oder das Konstanthalten der Temperatur bei Warmblütern beeinflussen. Licht wird direkt über Augen und Haut, indirekt über die Nahrung aufgenommen.

6.4.2 Reaktionswärme (= Reaktionsenthalpie)

Reaktionsenthalpie

Zustandsfunktion

Die bei einer chemischen Reaktion in einem offenen Gefäß, d. h. unter konstantem Druck (p = konstant) frei werdende oder aufgenommene Wärme nennt man **Reaktionsenthalpie** (Reaktionswärme) und gibt sie als ΔH (in kJ/mol) häufig zusammen mit der Reaktionsgleichung an. Reaktionen, in deren Verlauf Wärme abgegeben wird, bezeichnet man als **exotherm**. Findet eine Abkühlung statt, liegt eine **endotherme** Reaktion vor. Die Enthalpie ist eine **Zustandsfunktion**, d. h., sie ist nur vom gegenwärtigen Zustand eines Systems abhängig, nicht aber davon, auf welchem Weg dieser Zustand erreicht wurde. Da man die Enthalpie selbst nicht messen kann, wohl aber eine Enthalpieänderung (ΔH), beschreibt die Reaktionsenthalpie immer die Differenz der Enthalpien von Produkten und Edukten. Die Werte sind bei *isothermer* (Temperatur bleibt konstant) und *isobarer* (Druck bleibt konstant) Reaktionsführung reproduzierbar und vergleichbar.

exotherm
endotherm

Bei **exothermen** Reaktionen ist ΔH negativ ($\Delta H < 0$, = Wärmeabgabe),
bei **endothermen** Reaktionen ist ΔH positiv ($\Delta H > 0$, = Wärmezufuhr).

Die Enthalpie eines Stoffes ist temperatur- und druckabhängig. Führt man eine Reaktion unter **Standardbedingungen** durch, d. h. bei 25 °C (298 K), Normaldruck (1013 hPa = 1,013 bar) und ein Mol Stoffumsatz, so kennzeichnet man die Reaktionsenthalpie als ΔH^0 (sprich Delta H null) in kJ/mol. Für die schon bekannte Knallgasreaktion ergibt sich folgende Standardreaktionsenthalpie:

$$2\,H_2\,(g) + 1\,O_2\,(g) \longrightarrow 2\,H_2O\,(l) \qquad \Delta H^0 = -286\ \text{kJ/mol}$$

Die Energieangabe bezieht sich auf die Verbrennung von einem Mol Wasserstoff, d. h., beim Zusammenfügen von zwei Mol Wasserstoff und einem Mol Sauerstoff entsprechend der

Reaktionsgleichung werden insgesamt 572 kJ frei. Auch müssen die verschiedenen Aggregatzustände in der Reaktionsgleichung vermerkt werden: g = gasförmig (von engl. gaseous), l = flüssig (von engl. liquid), s = fest (von engl. solid), denn Wasser könnte auch als Wasserdampf entstehen. Die Reaktionsenthalpie würde sich dann um die Verdampfungswärme des Wassers (ΔH = 40,7 kJ/mol) erniedrigen.

Der Energiegehalt einer organischen Verbindung kann häufig durch Verbrennung mit Sauerstoff bestimmt werden. In einem speziellen Reaktionsgefäß *(Kalorimeter)* misst man den Temperaturanstieg, der aus der bei der Verbrennung freigesetzten Wärme resultiert, und berechnet daraus die Verbrennungsenthalpie.

Beispiel 1: $CH_4\,(g) + 2\,O_2\,(g) \longrightarrow CO_2\,(g) + 2\,H_2O\,(l)$ $\Delta H^0 = -891$ kJ/mol
Methan, Sauerstoff, Kohlendioxid, Wasser

Beispiel 2: $C_6H_{12}O_6\,(s) + 6\,O_2\,(g) \longrightarrow 6\,CO_2\,(g) + 6\,H_2O\,(l)$ $\Delta H^0 = -2815$ kJ/mol
Glucose, Sauerstoff, Kohlendioxid, Wasser

Im ersten Beispiel werden pro Mol Methan 891 kJ freigesetzt, mehr als das Doppelte der Knallgasreaktion. Glucose als Nahrungsbestandteil wird im Stoffwechsel zu Kohlendioxid und Wasser „verbrannt". Die Reaktionsenthalpie dokumentiert, dass in der Glucose beträchtliche Energievorräte „versteckt" sind.

Die experimentell bestimmte *Verbrennungsenthalpie* gibt darüber Auskunft, welche Reaktionsenthalpie bei dem analogen Vorgang im Stoffwechsel maximal zur Verfügung steht. Die Verbrennung erfolgt im Stoffwechsel jedoch nicht direkt, sondern auf Umwegen über Zwischenprodukte. Die Gesamtenergiebilanz wird dadurch nicht beeinflusst, da sich die Gesamtreaktionsenthalpie einer über Zwischenstufen verlaufenden Reaktion additiv aus den Reaktionsenthalpien der Einzelschritte zusammensetzt (**Satz von Heß**). Die ΔH^0-Werte dürfen bei aufeinanderfolgenden Reaktionen addiert bzw. voneinander subtrahiert werden. So lassen sich auch Reaktionsenthalpien ermitteln, die nicht direkt gemessen werden können. Dies ist häufig die einzige Möglichkeit, die Energiebilanz komplexer Reaktionsfolgen, die im Stoffwechsel eine Rolle spielen, aufzustellen.

Satz von Heß

6

Die Wärmeregulation – das A und O für Wohlbefinden und Gesundheit

Schon vom ersten Augenblick seines Werdens ist der Mensch von einer funktionierenden Wärmeregulation abhängig. Anfangs muss ihm das noch weitgehend abgenommen werden. Im Bauch der Mutter wird er vom gleichmäßig temperierten Fruchtwasser eingehüllt, nach der Geburt sofort in gewärmte Tücher eingewickelt. Im weiteren Heranwachsen erst entwickelt das Kind allmählich die Fähigkeit, seinen Wärmehaushalt selbst zu regulieren. Wärmeproduzierende biochemische Reaktionen finden in Ruhe zu 70% im Stoffwechsel des Körperkerns statt, der Rest in den Muskeln der Peripherie. Bei körperlicher Anstrengung kehrt sich das Verhältnis um. Bei niedrigen Außentemperaturen wird reflektorisch außerdem durch das „Kältezittern" für Wärme gesorgt. Unabhängig von körperlicher Bewegung können auch seelische Erlebnisse über den Sympathikus die Wärmebildung im Stoffwechsel innerer Organe und in der Muskulatur veranlassen.

Strukturen im Hypothalamus werden von den Thermorezeptoren über die IST-Temperatur im Körper informiert und versuchen dann über die Hypophyse, das hypothalamische Kreislaufzentrum, Herz, Nebennierenmark und quergestreifte Muskulatur den SOLL-Wert (Normwert rektal bis 37,4 °C) einzustellen und für eine konstante Kerntemperatur zu sorgen. Auch in der Wärmeregulation gibt es einen Tagesrhythmus: Morgens steigt die Kerntemperatur an, man fühlt sich wach und frisch, während sie abends wieder absinkt und ein Gefühl der Schläfrigkeit mit sich bringt. Bei Frauen wird der monatliche Verlauf der Kerntemperatur dazu genutzt, die Zeit des Eisprungs zu erkennen.

Dringt ein Krankheitserreger in den menschlichen Organismus ein, so gehört eine Erhöhung der Kerntemperatur (Fieber) zur Abwehrreaktion. Dabei werden in der Regel 41,4 °C nicht überschritten. Diese erhöhten Temperaturen, Ausdruck der Eigenaktivität, tragen wesentlich zur Zerstörung der Erreger und somit zur Überwindung der Krankheit bei.

Die Erfahrung lehrt, dass manche Therapien besser anschlagen, wenn der Arzt für einen ausgeglichenen Wärmehaushalt Sorge trägt. Der zirkadiane Rhythmus der Wärmeregulation wird bei manchen Erkrankungen aufgehoben, die Fähigkeit zur Temperaturerhöhung schwindet. Dieses Erscheinungsbild findet man z. B. bei Krebskranken. Therapeutisch wird durch eine artefizielle Hyperthermie versucht, dieses Defizit wieder auszugleichen.

6.4.3 Reaktionsentropie

Die Reaktionsenthalpie allein reicht nicht aus, um die Energiebilanz einer chemischen Reaktion aufzustellen. Es fehlt noch ein Faktor, der die innere Organisation eines Systems berücksichtigt. Diese wird durch eine weitere Zustandsfunktion, die *Entropie*, beschrieben.

Entropie

Die **Entropie** S ist ein Maß für die Unordnung eines Systems, d. h., je geringer die Ordnung in einem System ist, desto größer ist die Entropie. Es ist wie im täglichen Leben: Die Ordnung eines Schreibtisches löst sich beim Arbeiten ganz schnell auf und es bedarf eines erheblichen Aufwandes, die Ordnung am Ende wiederherzustellen. Ein System strebt in der Regel immer in einen Zustand möglichst großer Unordnung. Dieser Ordnungsfaktor hat auf chemische Reaktionen und physikalische Prozesse einen erheblichen Einfluss. Angegeben wird auch hier die Änderung der Entropie (ΔS), wenn man von einem Zustand eines Systems in einen anderen wechselt.

! **Die Entropie wächst mit zunehmender Unordnung.**
- $\Delta S > 0$ Unordnung nimmt zu, Ordnung nimmt ab,
- $\Delta S < 0$ Unordnung nimmt ab, Ordnung nimmt zu.

Beispiele für Entropieeinflüsse. Betrachtet man die verschiedenen Aggregatzustände, so hat ein Festkörper eine geringere Entropie als eine Flüssigkeit und diese eine geringere als ein Gas (☞ Kap. 4.1). Füllt man ein Gas unter Druck in eine Gasflasche, so nimmt die Entropie beim Füllen der Druckflasche ab. Eine gefüllte Pressluftflasche entspricht einem Zustand höherer Ordnung, ist also gewissermaßen ein „Entropieloch". Öffnet man die Flasche, so wird die komprimierte Luft so schnell wie möglich entweichen, denn das System strebt nach einem Ausgleich mit der Umgebung, d. h. nach einem Zuwachs an Entropie und damit nach größerer Unordnung. Dies ist z. B. auch die treibende Kraft bei der Diffusion von Teilchen aus einer konzentrierten Lösung in eine weniger konzentrierte bis zum Konzentrationsausgleich (☞ Kap. 5.5.2). Dieser Vorgang wird sich freiwillig niemals umkehren, *die Entropiezunahme steuert hier die Richtung eines spontanen Prozesses.*

Entropieänderungen. Die Entropie eines Systems ist ebenfalls eine Zustandsfunktion und hat unter definierten Bedingungen einen konstanten Wert. Bei einer chemischen Reaktion verändern die Ausgangsstoffe u. a. auch ihren Ordnungszustand. Im Verlauf der

Reaktionsentropie

Reaktion tritt fast immer eine Entropieänderung (ΔS) auf, die man auch als **Reaktionsentropie** bezeichnet. Begünstigt ist die Entropiezunahme ($\Delta S > 0$). Man kann also vorhersagen, dass die Reaktionsentropie (ΔS in $J \cdot mol^{-1} \cdot K^{-1}$) in die Energiebilanz einer Reaktion Eingang finden muss, um die eine Reaktion fördernden oder bremsenden Zustandsänderungen richtig zu beschreiben. ΔS^0 ist die Reaktionsentropie unter Standardbedingungen (☞ Kap. 6.4.2). Sie ist unabhängig von der Reaktionsenthalpie ΔH^0 einer Reaktion.

6.4.4 Gibbs-Energie – Triebkraft chemischer Reaktionen

Der Ablauf einer Reaktion wird durch zwei thermodynamische Größen bestimmt: die Enthalpie H und die Entropie S. Jedes System strebt einen Zustand möglichst geringer Energie (Abnahme der Enthalpie, $\Delta H < 0$) und möglichst großer Unordnung (Zunahme der Entro-

Gibbs-Helmholtz-Gleichung

pie, $\Delta S > 0$) an, d. h., in dieser Konstellation läuft eine Reaktion freiwillig ab. Die **Gibbs-Helmholtz-Gleichung** erfasst den Zusammenhang beider Größen und definiert eine dritte Zustandsfunktion G, die als **Gibbs-Energie** bezeichnet wird. Die Änderung von Gibbs-Energie (ΔG) bei konstantem Druck und konstanter Temperatur führt dann zu der zweiten

Gleichung. In älteren Lehrbüchern findet man für G und ΔG auch die Bezeichnungen *freie Reaktionsenthalpie*, *Gibbs freie Reaktionsenthalpie* oder einfach nur *Gibbs freie Energie*. ΔG ist ein Maß für die Triebkraft einer chemischen Reaktion und zeigt durch das Vorzeichen an, ob diese freiwillig abläuft ($\Delta G < 0$) oder nicht ($\Delta G > 0$).

Gibbs-Helmholtz-Gleichung: $G = H - T \cdot S$

Bei Änderung der Zustandsfunktionen erhält man: $\Delta G = \Delta H - T \cdot \Delta S$
ΔG = Gibbs-Energie (kJ/mol)
ΔH = Reaktionsenthalpie (kJ/mol)
T = Temperatur (K)
ΔS = Reaktionsentropie ($J \cdot mol^{-1} \cdot K^{-1}$)

exergon

endergon

! **ΔG ist ein Maß für die Triebkraft einer chemischen Reaktion.** Für eine in einem geschlossenen System bei konstanter Temperatur (isotherm) und konstantem Druck (isobar) geführte Reaktion gilt:
- bei $\Delta G < 0$ läuft die Reaktion freiwillig ab (sie ist **exergon**),
- bei $\Delta G = 0$ ist die Reaktion im Gleichgewicht,
- bei $\Delta G > 0$ läuft die Reaktion *nicht* freiwillig ab (sie ist **endergon**).

Anschaulich gibt ΔG die maximale Arbeit an, die von einer chemischen Reaktion geleistet werden kann bzw. die aufzuwenden ist, damit die Reaktion eintritt. Voraussetzung für die Gültigkeit der Gibbs-Helmholtz-Gleichung ist eine reversible, isotherm (konstante Temperatur) und isobar (konstanter Druck) geführte Reaktion in einem geschlossenen System, d. h., die umgebenden Wände sind für die Edukte und Produkte undurchlässig, für Energie jedoch durchlässig.

Zum Ablauf von Reaktionen. Aus der Gibbs-Helmholtz-Gleichung ergibt sich, dass eine negative Reaktionsenthalpie (ΔH –) und eine positive Reaktionsentropie (ΔS +) die Triebkraft erhöhen. Reaktionen, die diese thermodynamischen Merkmale aufweisen, laufen stets spontan (= freiwillig) ab. Bei umgekehrten Vorzeichen (ΔH +, ΔS –) läuft eine Reaktion niemals freiwillig ab. Haben ΔH und ΔS gleiche Vorzeichen (+ oder –), bestimmt die Reaktionstemperatur den Ablauf. Mit zunehmender Temperatur gewinnt das Entropieglied an Bedeutung. Eine Reaktion, die bei tiefer Temperatur endergon ist, kann bei hohen Temperaturen exergon werden. Auch der umgekehrte Fall ist möglich, mit abnehmender Temperatur wird das Entropieglied kleiner und ΔH bestimmt mit seinem Vorzeichen, ob die Reaktion ablaufen kann oder nicht. Ein Beispiel dafür, dass eine Reaktion Wärme verbraucht ($\Delta H > 0$), aber dennoch freiwillig abläuft, weil eine starke Abnahme der Ordnung eintritt, ist das Lösen von Salzen in Wasser (☞ Kap. 7.1). Es gibt noch einen ganz anderen Fall: Eine Reaktion ist exergon, verläuft jedoch derartig langsam, dass praktisch kein Umsatz zu beobachten ist. Solche Reaktionen unterliegen nicht der *thermodynamischen Kontrolle*, sondern werden in ihrem Ablauf von der Reaktionsgeschwindigkeit bestimmt. Man spricht hier von einer *kinetischen Kontrolle* (☞ Kap. 6.5.1 und 12.2.3).

Gibbs-Energie unter Standardbedingungen. Während sich ΔG auf beliebige Konzentrationen von Edukten und Produkten bezieht, ist ΔG^0 als die Änderung von Gibbs-Energie unter Standardbedingungen (298 K, 1013 hPa, molarer Umsatz; ☞ Kap. 6.5.4) definiert. In der Biochemie gibt es darüber hinaus noch ein $\Delta G^{0'}$, das bei pH-abhängigen Reaktionen eine Rolle spielt. Hier gilt der den physiologischen Verhältnissen entsprechende pH = 7,0 als Standard und nicht der für eine molare Säurekonzentration geltende pH = 0.

Beispiel Knallgasreaktion:

$$2\,H_2\,(g) + 1\,O_2\,(g) \rightleftharpoons 2\,H_2O\,(l) \qquad \Delta H^0 = -286\ kJ/mol \quad \Delta G^0 = -237\ kJ/mol$$

6

Die Knallgasreaktion ist – wie wir schon wissen – *exotherm* und läuft freiwillig ab, d. h., sie ist *exergon*. Aus den thermodynamischen Daten kann man ferner berechnen, dass die Reaktionsentropie bei dieser Reaktion negativ ist, der Ordnungszustand des Systems also im Verlauf zunimmt. Einsetzen der Werte in die Gibbs-Helmholtz-Gleichung ergibt:
-237 kJ/mol $= -286$ kJ/mol $- T \cdot \Delta S^0$. Der Entropieterm $T \cdot \Delta S^0$ wird positiv (+ 49 kJ/mol), was nur geht, wenn $\Delta S^0 < 0$. Obwohl die Zunahme der Ordnung dem Ablauf der Reaktion entgegenwirkt, ist die Knallgasreaktion exergon, da hier die Reaktionsenthalpie den Ausschlag gibt. Die Knallgasreaktion spielt im Energiestoffwechsel der Zelle eine wichtige Rolle (☞ Kap. 9.13). Die Energie dieser Reaktion wird jedoch nicht schlagartig frei, sondern in kleinen Teilbeträgen. Auch an einem Wasserfall baut man keine Mühle, während ein Fluss mit der gleichen Höhendifferenz viele Mühlräder antreibt.

6.5 Chemisches Gleichgewicht

6.5.1 Allgemeines

homogenes Gleichgewicht

Viele chemische Reaktionen, die in homogener Lösung ablaufen, kommen äußerlich zum Stillstand, obwohl die Ausgangsstoffe (= Edukte) noch nicht verbraucht sind. Das System befindet sich in einem *Gleichgewicht*, das als **homogenes Gleichgewicht** bezeichnet wird. Anders als bei den heterogenen Gleichgewichten erfahren die an einem homogenen Gleichgewicht beteiligten Stoffe eine chemische Umwandlung. Im folgenden Beispiel werden die homogenen Gleichgewichte genauer betrachtet.

reversible Reaktion

Eine Reaktion $A + B \rightleftharpoons C + D$ befindet sich im Gleichgewicht, wenn sich die Konzentrationen von A, B, C und D nicht mehr ändern. Trotzdem ist die Reaktion nicht zum Stillstand gekommen. In dem Maße, wie die Edukte A und B zu den Produkten C und D reagieren (**Hinreaktion**), zerfallen die Produkte C und D auch wieder in die Edukte A und B (**Rückreaktion**). Man bezeichnet eine derartige Reaktion als Gleichgewichtsreaktion und kennzeichnet dies in der Reaktionsgleichung durch den *Doppelpfeil*. Anders ausgedrückt, die Reaktion von A + B zu C + D ist umkehrbar (= **reversibel**).

Solange lediglich die Edukte A und B vorliegen, kann nur die Hinreaktion ablaufen. Mit zunehmendem Anteil der Produkte C und D gewinnt die Rückreaktion an Bedeutung. Ist der Gleichgewichtszustand erreicht, laufen Hin- und Rückreaktion *gleich schnell* ab, d. h., derselbe Anteil C und D, der entsteht, zerfällt auch wieder. Die Konzentrationen aller beteiligten Substanzen sind im Gleichgewicht also konstant. Man spricht von einem *dynamischen Gleichgewicht.*

Es gibt chemische Reaktionen, bei denen das Gleichgewicht weit auf der Seite der Produkte (Fall a) oder weit auf der Seite der Edukte (Fall b) liegt. Dies kann durch eine unterschiedliche Länge der Doppelpfeile gekennzeichnet werden.

(a) $A + B \; \overset{\longrightarrow}{\leftarrow} \; C + D$ (b) $A + B \; \overset{\rightarrow}{\longleftarrow} \; C + D$

Wo das Gleichgewicht bei einer bestimmten Reaktion genau liegt, muss in jedem Einzelfall *experimentell* bestimmt werden. Warum es zwischen den Reaktionen Unterschiede gibt, lässt sich erst verstehen, wenn man die zu einer Reaktion gehörenden *Energiegrößen* in die Betrachtung einbezieht.

thermodynamische Kontrolle

kinetische Kontrolle

Können aus denselben Ausgangsstoffen verschiedene Produkte entstehen, dann stellt sich im Gleichgewicht ein bestimmtes Produktverhältnis ein. Man bezeichnet die Reaktion als **thermodynamisch kontrolliert**, wenn bei einer reversiblen Reaktion die stabileren, energieärmeren Produkte bevorzugt entstehen. Im Gegensatz dazu gibt es Reaktionen, bei denen sich unter mehreren möglichen Produkten bevorzugt solche bilden, die weniger stabil, d. h. energiereicher, sind als andere. Dies ist von der Thermodynamik her nicht zu verstehen, findet aber seine Erklärung, wenn die weniger stabilen Produkte schneller entstehen als die anderen. Reaktionen, die in ihrem Produktverhältnis unterschiedliche Geschwindigkeiten bei der Stoffumwandlung widerspiegeln, bezeichnet man als **kinetisch kontrolliert** (☞ Kap. 12.2.3).

6.5.2 Massenwirkungsgesetz

Gleichgewichtskonstante

Im Gleichgewichtszustand der Reaktion A + B $\rightleftarrows$ C + D sind die Gleichgewichtskonzentrationen der beteiligten Stoffe konstant, da Hin- und Rückreaktion gleich schnell ablaufen. Das Verhältnis der Konzentrationen der Stoffe führt zu einer für die betrachtete Reaktion spezifischen Konstante, der **Gleichgewichtskonstanten** *K*, deren Wert von der Temperatur abhängt. Der mathematische Ausdruck hierfür lautet:

Massenwirkungsgesetz

! **Massenwirkungsgesetz (MWG):** $K = \frac{[C] \cdot [D]}{[A] \cdot [B]}$; oder $K = \frac{c(C) \cdot c(D)}{c(A) \cdot c(B)}$

C und D sind die Produkte, A und B die Edukte. Das Produkt der Konzentrationen der Produkte dividiert durch das Produkt der Konzentrationen der Edukte ist konstant. Die eckigen Klammern dokumentieren eine Konzentration (z. B. [A] in mol/L). Dasselbe besagt auch die Angabe *c*(A). *K* selbst ist dimensionslos.

Das MWG gibt Auskunft über die Lage eines Gleichgewichtes: Ein Zahlenwert $K > 1$ zeigt an, dass die Reaktion auf der Seite der Produkte liegt, die Hinreaktion also überwiegt. Bei einem Zahlenwert $K < 1$ überwiegen die Edukte im Gleichgewicht, die Rückreaktion ist bevorzugt.

Da die Konzentrationen im Zähler und Nenner multipliziert werden, führen stöchiometrische Zahlen in der Reaktionsgleichung dazu, dass diese als Exponenten im MWG erscheinen.

$$a \cdot A + b \cdot B \rightleftarrows c \cdot C + d \cdot D; \qquad K = \frac{[C]^c \cdot [D]^d}{[A]^a \cdot [B]^b}$$

Für eine Reaktion, die in mehreren Teilreaktionen (oder Reaktionsschritten) verläuft, lässt sich für jede Teilreaktion ein MWG mit eigener Gleichgewichtskonstanten K_i formulieren. Für die Gesamtreaktion ist die Gleichgewichtskonstante K_{gesamt} gleich dem Produkt der Gleichgewichtskonstanten für die Einzelreaktionen. $K_{gesamt} = K_1 \cdot K_2 \cdot K_3$ usw. (☞ Kap. 6.6, Beispiel: ☞ Kap. 8.10.6).

Das MWG erlaubt auch eine Voraussage darüber, in welche Richtung eine Reaktion ablaufen wird, die sich noch nicht im Gleichgewicht befindet. Setzt man die verwendeten Konzentrationen in den analogen Ausdruck für das MWG ein, erhält man den so genannten *Reaktionsquotienten Q* (mit $Q \neq K$). Die Reaktion wird so lange in eine bestimmte Richtung ablaufen, bis das Gleichgewicht erreicht ist (dann ist $Q = K$). Allgemein gilt:

$Q < K$	es werden bevorzugt die Produkte gebildet, es überwiegt die Hinreaktion.
$Q = K$	das System befindet sich im Gleichgewicht.
$Q > K$	es werden bevorzugt die Edukte gebildet, es überwiegt die Rückreaktion.

6.5.3 Prinzip des kleinsten Zwanges

Prinzip des kleinsten Zwanges

Die Abhängigkeit des chemischen Gleichgewichtes von äußeren Bedingungen wie Temperatur, Druck oder der Zusammensetzung des Systems wird qualitativ durch das **Prinzip des kleinsten Zwanges** *(Prinzip von Le Châtelier)* beschrieben. Wenn ein im Gleichgewicht befindliches System gestört wird, weicht es der Störung (dem Zwang) aus, indem es versucht, ein neues Gleichgewicht herzustellen.

Konzentrationsänderungen. Es bleibt nicht ohne Auswirkung auf die anderen Reaktionspartner, wenn man bei einem im Gleichgewicht befindlichen System die Konzentration einer der Substanzen verändert. Erhöht man im System A + B $\rightleftarrows$ C + D z. B. die Konzentration von Edukt A, so wird der Nenner im MWG größer. Das Gleichgewicht passt sich nun so an, dass mehr Produkt gebildet wird. Als Folge erniedrigt sich die Konzentration beider Edukte so lange, bis der Quotient Q wieder K entspricht. Umgekehrt führt eine Konzentrationserniedrigung z. B. von Produkt D zu einer Verschiebung des Gleichgewichts in Richtung auf Produkt C, d. h., dass dieser Stoff vermehrt gebildet wird zu Lasten der Edukte A und B. Dieser Effekt kann dazu genutzt werden, die Edukte vollständig in die Produkte zu überführen. Das kontinuierliche Entfernen eines der Produkte aus dem Gleichgewicht kann wie folgt realisiert werden: Produkt D entweicht als Gas aus dem System, es fällt als unlöslicher Feststoff aus oder es wird in einer Folgereaktion verbraucht.

Druckänderungen. Reaktionen von Gasen werden stark durch Druckänderungen beeinflusst, bei Flüssigkeiten oder Feststoffen sind die Effekte vernachlässigbar. Ist bei einer Gasreaktion das Volumen der Produkte kleiner als das der Edukte, wie z. B. bei der Ammoniaksynthese: $3\,H_2\,(g) + N_2\,(g) \rightleftharpoons 2\,NH_3\,(g)$, so wird durch eine Druckerhöhung das Gleichgewicht zugunsten des Produktes verschoben, der Wert der Gleichgewichtskonstanten K bleibt hierbei unverändert.

Temperaturänderungen. Auch die Temperatur hat einen Einfluss auf die Lage des Gleichgewichtes. Wird bei einer Reaktion Wärme frei, so wird durch Temperaturerhöhung (Zufuhr von Wärme) das Gleichgewicht zugunsten der Edukte verschoben. Temperaturerhöhung begünstigt also den endothermen Prozess, Temperaturerniedrigung begünstigt den exothermen, d. h. in diesem Fall die Produktbildung. Außerdem ist der Wert der Gleichgewichtskonstanten K selbst temperaturabhängig.

Katalysator. Ein Katalysator spielt bei Gleichgewichtsreaktionen eine völlig andere Rolle (☞ Kap. 12.3). Er beschleunigt die Einstellung des Gleichgewichtes, hat aber keinen Einfluss auf seine Lage, da Hin- und Rückreaktion gleichermaßen begünstigt werden.

6.5.4 Gibbs-Energie und chemisches Gleichgewicht

ΔG ist ein Maß für die Triebkraft einer Reaktion, die Zahlenwerte können positiv oder negativ sein (☞ Kap. 6.4.4). Betrachten wir ΔG für die Gleichgewichtsreaktion

$$a \cdot A + b \cdot B \rightleftharpoons c \cdot C + d \cdot D$$

Wenn wir von reinen Edukten A und B ausgehen ($a \cdot A + b \cdot B \longrightarrow c \cdot C + d \cdot D$, *Hinreaktion*), läuft die Reaktion freiwillig ab ($\Delta G_{Hin} < 0$), bis das Gleichgewicht erreicht ist. Nehmen wir die reinen Produkte C und D, so werden sich diese bis zum Erreichen des Gleichgewichtes in die Edukte A und B zurückverwandeln ($a \cdot A + b \cdot B \longleftarrow c \cdot C + d \cdot D$, *Rückreaktion*), d. h., dass am Anfang auch für die Rückreaktion $\Delta G_{Rück} < 0$ gilt. Bis zum Erreichen des Gleichgewichts nimmt das ΔG der Reaktion von beiden Seiten kommend fortlaufend ab und erreicht im Gleichgewicht ein Minimum, es gilt $\Delta G = 0$ (Abb. 6/1), was besagt, dass keine Triebkraft mehr besteht, das System zu verändern: $a \cdot A + b \cdot B \rightleftharpoons c \cdot C + d \cdot D$ ($\Delta G = 0$).

Gibbs-Energie unter Standardbedingungen. Es wird deutlich, dass die Ausgangsstoffe A + B nicht vollständig zu den Produkten C + D reagieren können. Die Reaktion erreicht das Gleichgewicht am Energieminimum. Hier ist $\Delta G = 0$, makroskopisch beobachtet man keine Veränderungen mehr. Nicht verwechseln darf man die hier aufgetragenen ΔG-Werte, die bis zur Einstellung eines Gleichgewichts tatsächlich auftreten, mit den ΔG^0-Werten einer Reaktion. ΔG^0 ist eine für jede Reaktion charakteristische Konstante und beschreibt die Energie, die frei wird oder aufzuwenden ist, wenn die Edukte unter Standardbedingungen vollständig in die Produkte im Standardzustand übergehen (100% Umsatz). ΔG dagegen ist eine Variable, die sich im Verlauf der Reaktion bis zum Erreichen des Gleichgewichts ändert und von den tatsächlichen Konzentrationsverhältnissen der an der Reaktion beteiligten Stoffe in der Reaktionslösung abhängt. Sie ist sozusagen die tatsächlich vorlie-

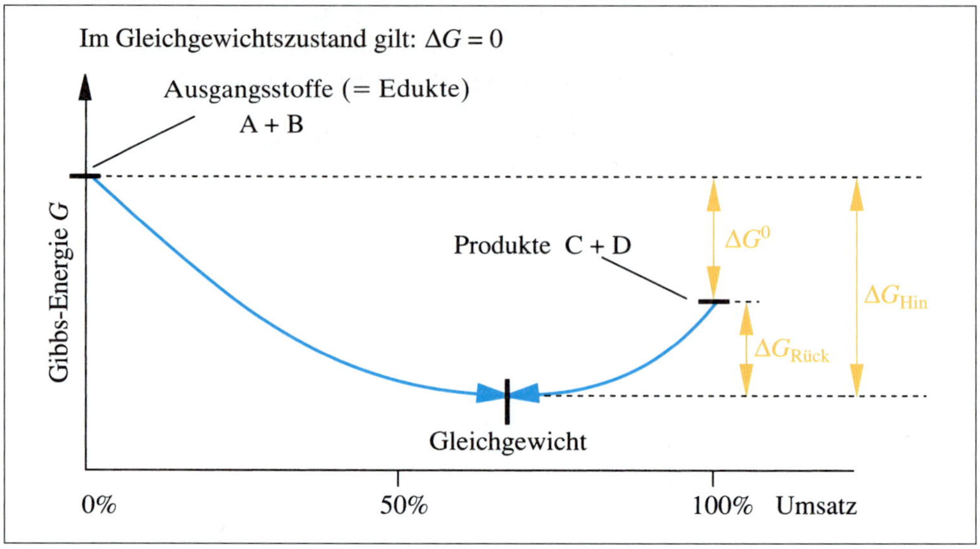

Abb. 6/1 Energiediagramm einer Gleichgewichtsreaktion, die unter Standardbedingungen exergon verläuft. Aufgetragen wird G gegen den Stoffumsatz. Es wird deutlich, dass die Ausgangsstoffe A + B nicht vollständig zu den Produkten C + D reagieren können. Die Reaktion erreicht am Energieminimum das Gleichgewicht ($\Delta G = 0$). ΔG^0 = Gibbs-Standardreaktionsenergie; ΔG_{Hin}, $\Delta G_{Rück}$ = Gibbs-Reaktionsenergien für die Reaktion, ausgehend von reinen Edukten A und B bzw. reinen Produkten C und D.

gende Triebkraft der Reaktion bei bestimmten Konzentrationen der Reaktionspartner. Zwischen beiden Größen gilt folgender Zusammenhang:

$$\Delta G = \Delta G^0 + R \cdot T \cdot \ln \frac{[C] \cdot [D]}{[A] \cdot [B]} = \Delta G^0 + R \cdot T \cdot \ln Q$$

ΔG und ΔG^0 in kJ/mol
R = allgemeine Gaskonstante (8,31 J · K^{-1} · mol^{-1})
T = Temperatur (K)

Im Gleichgewichtszustand ($\Delta G = 0$) entsprechen die dann vorliegenden Konzentrationen der Reaktionspartner denen im Gleichgewicht, so dass der Quotient der Gleichgewichtskonstanten K des MWG entspricht ($Q = K$). Es gilt demnach: $0 = \Delta G^0 + R \cdot T \cdot \ln K$, daraus folgt:

$$\Delta G^0 = -R \cdot T \cdot \ln K$$

Hier handelt es sich um die thermodynamische Ableitung des Massenwirkungsgesetzes, weil die Gibbs-Energie eine thermodynamische Größe ist. ΔG^0 ist für jede Reaktion eine konstante Größe. Wenn Produkte und Edukte im Standardzustand sind (1 M), so ist $K = 1$, $\Delta G^0 = 0$. Bei $\Delta G^0 < 0$ liegt das Gleichgewicht mehr auf der Seite der Produkte. Bei $\Delta G^0 > 0$ überwiegen die Edukte im Gleichgewicht (Tab. 6/1).

Tab. 6/1 Beziehungen zwischen ΔG^0 und K (bei 25 °C).

K	10^2	10^1	1	10^{-1}	10^{-2}
ΔG^0 (kJ/mol)	–11,4	–5,7	0	5,7	11,4

Man hat nun zwei Möglichkeiten: 1) die Gleichgewichtskonstante K einer Reaktion experimentell bestimmen und mit ihr das ΔG^0 der Reaktion berechnen oder 2) ΔG^0 aus den experimentell bestimmten, in Tabellen verfügbaren thermodynamischen Werten mit Hilfe der Gibbs-Helmholtz-Gleichung errechnen, um mit ΔG^0 zur Gleichgewichtskonstante K zu kommen. Da thermodynamische Größen additiv sind, kann man selbst bei unbekannten Reaktionen den Umsatz errechnen, sofern die thermodynamischen Standardgrößen der beteiligten Stoffe auf anderem Weg bekannt geworden sind.

6.6 Gekoppelte Reaktionen

Es gibt viele Beispiele für Reaktionen, bei denen ein Stoff A zu einem Stoff B umgesetzt wird und dieser sofort zu einem dritten Stoff C weiterreagiert.

Teilreaktion 1:	$A \rightleftharpoons B$
Teilreaktion 2:	$B \rightleftharpoons C$
Gesamtreaktion:	$A \rightleftharpoons C$

gekoppelte Reaktion

Die Teilreaktionen sind miteinander gekoppelt. Sofern Gleichgewichtsreaktionen vorliegen, kann man auf jede Teilreaktion das MWG anwenden. Löst man beide Ausdrücke nach [B] auf und setzt diese gleich, erhält man K_{ges}.

$$K_1 = \frac{[B]}{[A]};\ [B] = K_1 \cdot [A] \qquad K_2 = \frac{[C]}{[B]};\ [B] = \frac{[C]}{K_2} \qquad K_{ges} = K_1 \cdot K_2 = \frac{[C]}{[A]}$$

K_{ges} ist das Produkt der Gleichgewichtskonstanten der Teilreaktionen. Man kann die miteinander gekoppelten Teilreaktionen zur Gesamtreaktion zusammenziehen. Der Stoff B taucht dann in der Gleichung des MWG nicht mehr auf.

Die Kopplung von Systemen wird bedeutsam, wenn Teilreaktion 1 z. B. einen kleinen K_1-Wert hat, also wenig B bereitstellt. Hat nun Teilreaktion 2 einen großen K_2-Wert, so wird der Stoff B unter Bildung von C weitgehend aus dem Gleichgewicht entfernt. Entsprechend dem Prinzip des kleinsten Zwanges verschiebt sich das Gleichgewicht von Teilreaktion 1, B wird laufend nachgeliefert. Obwohl der K_1-Wert klein ist, läuft die Gesamtreaktion trotzdem von A nach C.

Ergänzen wir in dem Beispiel einer gekoppelten Reaktion jetzt die Gibbs-Standardenergien, dann ergibt sich folgendes Bild:

Teilreaktion 1:	$A \rightleftharpoons B$	$\Delta G_1^0 = +10$ kJ/mol
Teilreaktion 2:	$B \rightleftharpoons C$	$\Delta G_2^0 = -55$ kJ/mol
Gesamtreaktion:	$A \rightleftharpoons C$	$\Delta G_{ges}^0 = -45$ kJ/mol

Die Triebkraft der Gesamtreaktion $A \rightleftharpoons C$ ergibt sich aus der Summe der ΔG^0-Werte der Teilreaktionen, da G eine Zustandsgröße ist. Für den Ablauf der Reaktion bleibt entscheidend, dass die Summe der ΔG^0-Werte der Teilreaktionen negativ ist ($\Delta G_{ges}^0 < 0$). Letztlich wird die Energie von der Teilreaktion 2 auf die Teilreaktion 1 „übertragen“, d. h., die exergone Teilreaktion 2 zieht die moderat endergone Teilreaktion 1 mit. Diese Art der Reaktionskopplung ist einer der Tricks der Natur, um im Stoffwechsel der lebenden Zelle nicht an endergonen Reaktionsschritten zu scheitern (☞ Kap. 17.4).

! Durch Kopplung der endergonen Teilreaktion 1 mit der stark exergonen Teilreaktion 2 wird auch die Gesamtreaktion exergon.

6.7 Fließgleichgewichte

Das MWG und der mit ihm verbundene ΔG^0-Wert einer Gleichgewichtsreaktion gelten nur für **geschlossene Systeme** (☞ Kap. 6.4.1) und bei eingestelltem Gleichgewicht. Charakteristisch für ein geschlossenes System ist, dass zwar ein Energie-, aber kein Stoffaustausch mit der Umgebung stattfindet. Wenn sich für die Reaktion A $\rightleftharpoons$ B das Gleichgewicht eingestellt hat, wird dieses ohne Energieänderung ($\Delta G = 0$) aufrechterhalten.

> **!** Geschlossenes System
>
> A $\rightleftharpoons$ B
>
> Im Gleichgewicht gelten:
>
> $$K = \frac{[B]}{[A]}$$
>
> $\Delta G = 0$; $\Delta G^0 = -\mathrm{R} \cdot T \cdot \ln K$
>
> Hin- und Rückreaktion laufen gleich schnell ab.

Geschlossene Systeme kommen bei Lebewesen praktisch nicht vor, d. h., bei Gleichgewichtsreaktionen kommt es gar nicht zur Gleichgewichtseinstellung, die Systeme sind in komplexer Weise gekoppelt. Für den Stoffwechsel charakteristisch ist, dass **offene Systeme** vorliegen (☞ Kap. 6.4.1), d. h., dass die Zellen im Stoff- *und* Energieaustausch mit der Umgebung stehen.

Betrachten wir die Reaktionsfolge A $\longrightarrow$ B $\longrightarrow$ C. Dabei wird A aufgenommen und zu B umgewandelt, B wird in C überführt und ausgeschieden. Erfolgen die Teilreaktionen gleich schnell, wird die Konzentration von B konstant bleiben. Es liegt wiederum ein dynamisches Gleichgewicht vor, das jedoch nichts mit dem thermodynamischen Gleichgewicht des geschlossenen Systems zu tun hat: Es findet ständig eine Umsetzung von A nach C statt, es fließt also Substanz durch das System. Für [B] ist irgendwann ein *stationärer Zustand* (engl. *steady state*) erreicht, es wird ständig so viel B aufgebaut, wie auch wieder umgesetzt wird. Die Zusammensetzung der Reaktionsmischung ändert sich nicht mehr. Man bezeichnet ein solches System als **Fließgleichgewicht**. Als besonderes Merkmal mag gelten, dass das Fließgleichgewicht nur durch Zufuhr von Energie aufrechterhalten werden kann. Diese ist für das Aufrechterhalten von Konzentrationsgradienten (☞ Kap. 5.5) nötig, an die der Stofftransport gebunden ist. Ferner können solche Systeme Arbeit leisten und sind regulierbar.

Fließgleichgewicht

6

> **!** Offenes System
>
> A → [B] → C
>
> Im Fließgleichgewicht gelten:
>
> [B] = K
>
> $\Delta G < 0$
>
> Die Reaktionen A $\longrightarrow$ B und B $\longrightarrow$ C laufen gleich schnell ab.

> **Gleichgewicht oder Fließgleichgewicht: Was braucht der Mensch?**
>
> Offene Systeme, die Materie und Energie mit der Umgebung austauschen, charakterisieren Lebewesen, die *Nahrung* aufnehmen, *Stoffwechselprodukte* ausscheiden und dabei *Arbeit* leisten sowie *Wärme* erzeugen. *Gibbs-Energie* ist der Schlüssel für ein Verständnis des Energiehaushalts eines Lebewesens.
>
> Thermodynamisch betrachtet haben Nährstoffe eine hohe Enthalpie und niedrige Entropie, während Stoffwechselendprodukte niedrige Enthalpien und hohe Entropien aufweisen. Die aus den Umwandlungsprozessen der Nährstoffe verfügbare Energie ermöglicht die Lebensäußerungen eines Organismus und hält den für das Leben notwendigen hohen Ordnungszustand aufrecht. Charakteristisch ist, dass alle stofflichen Prozesse weit vom Gleichgewicht entfernt sind oder partiell irreversibel ablaufen. Gleichgewichtseinstellung bedeutet den Tod eines Lebewesens.

Nun folgt ein Gedankenschritt, der für das Verständnis lebender Systeme wichtig ist: Auch wenn sich ein System *nicht* im Gleichgewicht befindet und sich auch *nicht* auf dieses zu bewegt, unterliegt allein der Fluss von Materie und Energie den Gesetzen der Thermodynamik und kann Arbeit leisten. Das Schlüsselwort lautet: *Fließgleichgewicht.* Es bedeutet, dass die Stoffflüsse in einem System konstant sind, so dass sich das System im zeitlichen Verlauf äußerlich nicht verändert. Bei Lebewesen ist der Energiefluss immer *bergab* gerichtet ($\Delta G < 0$). Vergleichen Sie den Zustand mit einem Forellenteich, der einen bestimmten Wasserstand hat, weil genau so viel Wasser abfließt, wie an anderer Stelle zufließt. Stoppen Sie den Zufluss, sinkt der Wasserstand und für die Forellen wird der Platz knapp. Verstopfen Sie den Abfluss, läuft der Forellenteich über. Ähnliches gilt z. B. für die *Glucosekonzentration* im Blut, die nur in bestimmten Grenzen (4,4 – 6,6 mmol/L) schwanken darf. Bei Diabetes-Kranken wird der Glucosespiegel *ohne* Insulinbehandlung zu hoch, was andere Stoffwechselprozesse stört und Organschäden zur Folge hat. Wird *zu viel* Insulin verabreicht, sinkt der Blutzuckerspiegel sehr rasch, was zur Bewusstlosigkeit führen kann (☞ Kap. 19.2.6). Beim gesunden Menschen wird Glucose abgebaut oder in Glykogendepots eingelagert *(Abfluss)* und bei Bedarf aus der Nahrung, aus den Depots oder durch Gluconeogenese nachgeliefert *(Zufluss).*

Paradox ist, dass das *seelische Gleichgewicht* des Menschen kein stoffliches Äquivalent im Körper hat. Seelische und geistige Prozesse in ihren unterschiedlichen Qualitäten entziehen sich der thermodynamischen Kontrolle, hier gelten andere Gesetze.

Checkliste

Folgende Bezeichnungen/Begriffe sollten Sie erklären oder definieren (s. a. Glossar) und – wo möglich – Abkürzungen oder Beispiele angeben können:
chemische Gleichung – Edukt – Produkt – Erhaltung der Masse – Erhaltung der Ladung – Stoffmenge – Molarität – homogenes Gleichgewicht – reversible Reaktion – Massenwirkungsgesetz (MWG) – Gleichgewichtskonstante – Prinzip des kleinsten Zwanges – endotherm – exotherm – Reaktionsenthalpie – Reaktionsentropie – Gibbs-Energie – Gibbs-Helmholtz-Gleichung – exergon – endergon – gekoppelte Reaktion – Fließgleichgewicht – geschlossenes System – offenes System – Ausbeute – Thermodynamik – Zustandsfunktion.

6

Aufgaben

1. Worauf muss beim Aufstellen einer chemischen Gleichung geachtet werden?
2. Geben Sie für die folgende Reaktion die *Molekülzahlen* *x*, *y* und *z* an!

$$x\,CO_2 + y\,H_2O \longrightarrow C_3H_6O_3 + z\,O_2$$

3. Geben Sie für die folgende Reaktion die *Molekülzahlen* *x* und *y* an!

$$H_2SO_4 + x\,NaOH \longrightarrow Na_2SO_4 + y\,H_2O$$

4. Wie viel NaOH (in g) müssen Sie nach folgender Gleichung umsetzen, um 20 g NaBr zu erhalten?

$$HBr + NaOH \longrightarrow NaBr + H_2O$$

5. Wie viel Gramm H_2SO_4 enthält 1 L einer 0,5 M Lösung?
6. Wenn 1,3‰ (*w*/*v*) Ethanol (Molmasse 46 g/mol) im *Blut* gefunden werden, wie viel mL Ethanol (Dichte: 0,79 g/mL) sind in 1 L Blut enthalten? Wie viel Mol sind das?
7. Wenn Sie für eine Gleichgewichtsreaktion ($A + B \rightleftharpoons C + D$) bei 25 °C (298 K) eine Gleichgewichtskonstante $K = 10^{-5}$ finden, was bedeutet dies für die Konzentrationen der beteiligten Stoffe und den ΔG^0-Wert?

8. Beschreiben Sie anhand des Prinzips des kleinsten Zwanges, welchen Einfluss folgende Faktoren (= Zwänge) auf die Lage eines thermodynamischen Gleichgewichtes haben: Änderung der Konzentration einer der beteiligten Substanzen, von Druck oder Temperatur, durch die Anwesenheit eines Katalysators. Wie können Sie demnach ein *Gleichgewicht* zugunsten der *Produkte* verschieben?
9. Nennen Sie drei *Energieformen*, die bei chemischen Reaktionen eine Rolle spielen können!
10. Welches sind die Standardbedingungen für die Bestimmung von ΔH^0-Werten?
11. Wer hat bei 0 °C die größere *Entropie:* Eis oder flüssiges Wasser?
12. Nimmt die Entropie bei der *Ammoniaksynthese* ($N_2 + 3\ H_2 \rightleftharpoons 2\ NH_3$) zu oder ab?
13. Für die Reaktion von Ameisensäure (HCOOH):

$$HCOOH\ (l) \rightleftharpoons CO_2\ (g) + H_2\ (g)$$

gelten: $\Delta H^0 = 15{,}7$ kJ/mol; $\Delta S^0 = 0{,}215$ kJ · mol^{-1} · K^{-1}. Verläuft die Zersetzung von Ameisensäure bei 25 °C endergon oder exergon?
14. Ist es denkbar, dass eine Reaktion mit *positiver Reaktionsenthalpie* freiwillig abläuft?
15. Die Ammoniaksynthese (☞ Aufgabe 12) hat eine Reaktionsenthalpie $\Delta H^0 = -98$ kJ/mol. Formulieren Sie das MWG und erläutern Sie, wie man Druck und Temperatur wählen muss, um die Ausbeute an Ammoniak zu erhöhen!
16. Was gilt für K und ΔG, wenn sich bei folgender Reaktion das Gleichgewicht eingestellt hat?

$$2\ A + B_2 \rightleftharpoons 2\ AB$$

17. Geben Sie für folgende Teilreaktionen die *Gesamtreaktion* an! Formulieren Sie das MWG für die Teilreaktionen und geben Sie K_{ges} an!

$$A + B \rightleftharpoons C + D$$
$$D + B \rightleftharpoons C + E$$

18. Wie errechnet man bei gekoppelten Reaktionen $\Delta G^0{}_{ges}$?
19. Worin unterscheiden sich *offene* und *geschlossene* Systeme? Wo würden Sie den Menschen einordnen?
20. Worin unterscheiden sich Fließgleichgewichte von thermodynamischen Gleichgewichten?

011 Lösungen der Aufgaben
012 IMPP-Fragen

KAPITEL

7 Salzlösungen

Orientierung

Verbindungen, die im festen Zustand aus *Ionen* aufgebaut sind, heißen **Salze**. Salze unterscheiden sich durch Kristallformen, Farben, Festigkeit und in ihrer Löslichkeit in Wasser. Der Kalk ($CaCO_3$) der Alpen, der Marmor prächtiger Kunstwerke ($CaCO_3$ in Form des Minerals Calcit), Gips ($CaSO_4$), Salpeter ($NaNO_3$) oder Steinsalz (NaCl) in großen Lagerstätten gehören ebenso dazu wie die unterschiedlichsten Silicat-Gesteine. Beim Menschen kommen Salze in fester Form im Knochengerüst und in der Zahnsubstanz z. B. als Hydroxylapatit ($Ca_5(PO_4)_3OH$) vor. Für die Lebensprozesse bedeutsam sind Salze jedoch in wässriger Lösung. Sobald Salze im normalen Stoffwechselgeschehen auskristallisieren, führt dies z. B. zu Nierensteinen (Calciumoxalat) oder Gicht (Natriumurat), also zu Krankheitsbildern.

Die Zufuhr von bestimmten Salzen mit der Nahrung ist für den Menschen *essenziell*, denn im Gegensatz zu den organischen Bestandteilen der Nahrung werden die Ionen der Salze im menschlichen Körper nicht auf- oder abgebaut, sondern sie passieren ihn und werden z. B. über die Nieren im Harn und über die Haut im Schweiß wieder ausgeschieden. Menge und Art verschiedener Ionen im Salzangebot müssen dem Bedarf entsprechen. Ein Überangebot an Salzen oder eine falsche Zusammensetzung führt zu *Salzvergiftungen*. Mit Meerwasser als alleinigem Trinkwasser hat der Mensch keine Überlebenschance.

In den verschiedenen Körper- und Zellflüssigkeiten wird ein Fließgleichgewicht bezüglich der Salzanteile aufrechterhalten. Diese gelösten Salzanteile sind für die Lebensprozesse unentbehrlich.

Antwort erhalten Sie u. a. auf folgende Fragen:

- Welche Prozesse laufen beim Lösen von Salzen ab?
- Wie ist die Löslichkeit von Salzen definiert?
- Warum können schwer lösliche Salze für die chemische Analytik hilfreich sein?
- Was passiert bei der Elektrolyse von Salzen?
- Wie und warum unterscheiden Zellen zwischen $Na^{\oplus}$- und $K^{\oplus}$-Ionen?

7.1 Vorgänge beim Lösen von Salzen

7.1.1 Dissoziation

Beim Lösen eines Salzes werden durch den Dipolcharakter des Wassers (☞ Kap. 3.4.9) die elektrostatischen Anziehungskräfte zwischen den Ionen im Ionengitter an der Oberfläche des Kristalls abgeschwächt. Die Wassermoleküle schieben sich zwischen die Anionen und Kationen. Diese Trennung der Ionen beim Lösungsvorgang bezeichnet man als **Dissoziation**. Der Teil des Salzes, der vom Wasser gelöst wird, ist *vollständig* dissoziiert. Salze sind damit **starke Elektrolyte** (☞ Kap. 7.4). Die Auswirkung der Dissoziation auf den *osmotischen Druck* einer Lösung wurde schon besprochen (☞ Kap. 5.5.4).

Dissoziation

Starke Elektrolyte

Gitterenergie

Gitterenergie. Für das Aufbrechen eines Ionengitters wird Energie benötigt, die sog. **Gitterenergie** (ΔH_{Gitter}). Die Energie ist aufzuwenden ($\Delta H_{Gitter} > 0$), wenn aus dem festen (s) Salz die Ionen so herausgetrennt werden, dass sie ohne Wechselwirkung miteinander oder mit anderen Partnern sind. Die Ionen werden in diesem Prozess so gedacht, als seien sie am Ende gasförmig (g), also einzeln. Umgekehrt wird die Gitterenergie frei ($\Delta H_{Gitter} < 0$), wenn die Ionen aus dem gedachten völlig freien Zustand sich zum Gitter zusammenfügen. Entsprechend diesem Denkmodell lässt sich die Gitterenergie nicht direkt bestimmen, dies gelingt nur auf Umwegen mit Hilfe anderer thermodynamischer Daten.

Die Werte für die Gitterenergie einzelner Salze hängen von der Größe und Ladung der Ionen ab. Je größer die Ladung und je kleiner der Radius der Ionen ist, desto größer ist die Gitterenergie, die für die Trennung der Ionen aus dem Kristall aufzuwenden ist, die Beispiele verdeutlichen diesen Vorgang.

Natriumchlorid: $NaCl\,(s) \longrightarrow Na^{\oplus}\,(g) + Cl^{\ominus}\,(g)$ $\Delta H_{Gitter} = +\,788\ kJ/mol$

Kaliumchlorid: $KCl\,(s) \longrightarrow K^{\oplus}\,(g) + Cl^{\ominus}\,(g)$ $\Delta H_{Gitter} = +\,701\ kJ/mol$

Magnesium(II)-chlorid: $MgCl_2\,(s) \longrightarrow Mg^{2\oplus}\,(g) + 2\,Cl^{\ominus}\,(g)$ $\Delta H_{Gitter} = +\,2525\ kJ/mol$

Calcium(II)-chlorid: $CaCl_2\,(s) \longrightarrow Ca^{2\oplus}\,(g) + 2\,Cl^{\ominus}\,(g)$ $\Delta H_{Gitter} = +\,2146\ kJ/mol$

7.1.2 Hydratation von Ionen

Hydratation

Solvatation

Hydratation. Die Anionen und Kationen des Salzes liegen in wässriger Lösung nicht frei vor, sondern werden von Wassermolekülen, die sich entsprechend der Ladung des Ions ausrichten, eingehüllt. Es treten *Ion-Dipol-Wechselwirkungen* auf, die Ionen werden *hydratisiert*. Mit Wasser als Lösungsmittel heißt dieser Vorgang **Hydratation**. *Allgemein* bezeichnet man die Umhüllung eines Ions oder Moleküls durch Lösungsmittelmoleküle als **Solvatation.**

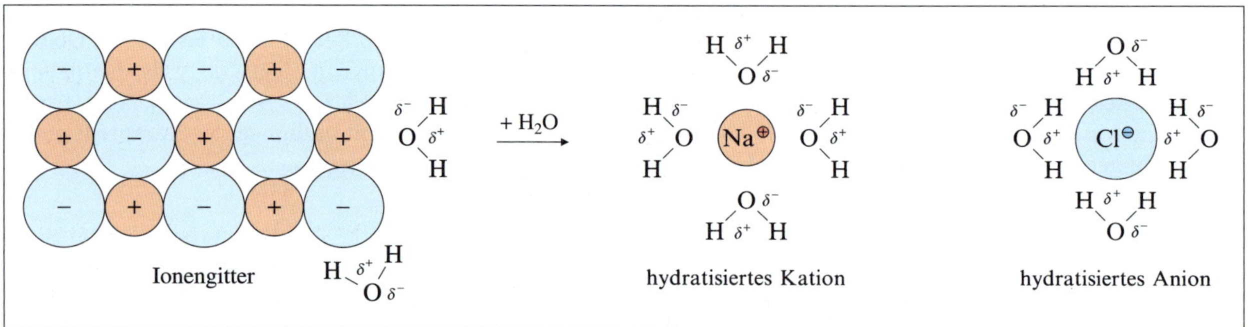

Die Zahl der Wassermoleküle, die sich um ein Ion herum anlagern, beträgt in der ersten Sphäre oft *vier* oder *sechs* und variiert mit der Größe und Ladung der Ionen sowie mit der Temperatur. Bei gleicher Ladung bauen kleinere Ionen eine ausgedehntere **Hydrathülle** auf als größere, denn sie bilden neben der festeren ersten Sphäre (☞ Kap. 10.4.1) eine lockere zweite Sphäre mit geordneten Wassermolekülen aus. Wegen dieser Schwankungen, die insbesondere auch von der Temperatur abhängen, ist es nicht sinnvoll, die Hydrathülle stöchiometrisch anzugeben. Man markiert lediglich durch den Index „***aq***" am Ion (lat. *aqua* = Wasser), dass es hydratisiert vorliegt. Oft wird auch auf die „*aq*"-Markierung verzichtet, man setzt die Tendenz zur Hydratation (Hydratisierung) als bekannt voraus.

$$KCl\,(s) \xrightarrow{H_2O} K^{\oplus}_{aq} + Cl_{aq}^{\ominus} \qquad CaCl_2\,(s) \xrightarrow{H_2O} Ca^{2\oplus}_{aq} + 2\,Cl^{\ominus}_{aq}$$

Hydratationsenthalpie

Hydratationsenthalpie. Bei der Hydratation von Ionen wird Energie frei, die *Hydratationsenthalpie* (ΔH_{Hyd}). Man stellt sich das so vor, dass aus den gasförmig gedachten Ionen (☞ Kap. 7.1.1) gelöste, hydratisierte Ionen werden.

$$K^{\oplus}\,(g) + Cl^{\ominus}\,(g) \longrightarrow K^{\oplus}_{aq} + Cl^{\ominus}_{aq} \qquad \Delta H_{Hyd} = -\,684\ kJ/mol$$

Der Energiegewinn hängt von der Größe und Ladung des jeweiligen Ions ab. Ist das Ion kleiner, wird die Hydrathülle größer, es steigt die Hydratationsenthalpie ausgehend vom nicht hydratisierten Ion. Entsprechend sind die Werte beim $Na^{\oplus}$ größer als beim $K^{\oplus}$ und beim $Mg^{2\oplus}$ größer als beim $Ca^{2\oplus}$ (☞ Tab. 7/1).

Tab. 7/1 Ionenradius und Hydratationsenthalpie (ΔH_{Hyd}).

Ion	Radius (nm = 10^{-9} m)	ΔH_{Hyd} (kJ/mol)
$Li^{\oplus}$	0,060	−508
$Na^{\oplus}$	0,095	−398
$K^{\oplus}$	0,133	−308
$Mg^{2\oplus}$	0,065	−1908
$Ca^{2\oplus}$	0,097	−1577
$Cl^{\ominus}$	0,181	−376

Ionenradius. Durch die Ausbildung einer Hydrathülle vergrößert sich der nach außen wirksame Radius der Teilchen. Während der Ionenradius bei den „nackten" Alkali-Ionen mit steigender Ordnungszahl zunimmt, zeigen die hydratisierten Ionen ein gegenläufiges Verhalten.

	Teilchenradius
Ionen:	$Li^{\oplus} < Na^{\oplus} < K^{\oplus}$
Hydratisierte Ionen:	$Li^{\oplus}_{aq} > Na^{\oplus}_{aq} > K^{\oplus}_{aq}$

Ionentransport durch die Zellmembran. Die Größe der Teilchen beeinflusst ihre Beweglichkeit im intra- und extrazellulären Raum, was insbesondere für die Diffusion oder beim Transport durch die Poren einer Membran Bedeutung hat. Zum Beispiel sind hydratisierte $Na^{\oplus}$-Ionen ($Na^{\oplus}_{aq}$) größer als hydratisierte $K^{\oplus}$-Ionen ($K^{\oplus}_{aq}$). Das hat zur Folge, dass $Na^{\oplus}_{aq}$ für bestimmte Membranporen zu groß ist und zurückgehalten wird, während $K^{\oplus}_{aq}$ noch passieren kann. Die Größenverhältnisse kehren sich um, wenn die Alkali-Ionen ihre Hydrathülle in einem Ionenkanal mithilfe von Proteinen abstreifen.

Selektiv arbeitende $Na^{\oplus}$- und $K^{\oplus}$-Ionen-Kanäle, z. B. bei den Nervenzellen, verfügen an der engsten Stelle des Proteinkanals über einen sog. *Selektivitätsfilter*. Diesen kann ein bestimmtes Ion nur passieren, wenn es nach Verlust seiner Hydrathülle durch die funktionellen Gruppen des Proteinkanals passend eingehüllt wird. Nur dann ist die Energiebilanz (Verlust der Hydrathülle vs. „Solvatation" durch das Protein) ausgeglichen. Ist das Ion zu groß, passt es nicht durch den Selektivitätsfilter, ist es zu klein, ist die Energiebilanz nicht ausgeglichen.

Das Aussalzen von Proteinen

Aus der starken Tendenz von Ionen, sich mit einer Hydrathülle zu umgeben, leitet sich ein Fällungsverfahren ab, das man als „**Aussalzen**" bezeichnet. Versetzt man z. B. Blutplasma mit einer gesättigten Ammoniumsulfatlösung, dann fällt „**Albumin**", ein Protein des Blutplasmas, aus. Die unvollständig hydratisierten Ionen des Ammoniumsulfats entziehen dem Albumin seine Hydrathülle, die vergleichsweise locker gebunden ist. Dadurch wird Albumin unlöslich und kann abgetrennt werden. Dieser Vorgang ist reversibel, d. h., das gefällte Albumin lässt sich bei Zugabe von Wasser wieder auflösen und besitzt dieselben Eigenschaften wie vorher. Aussalzen ist ein gängiges Verfahren zur Reinigung von Proteinen.

Salze als Abführmittel

Bittersalz ($MgSO_4$) und *Glaubersalz* ($Na_2SO_4 \cdot 10\ H_2O$) wirken abführend, wenn man z. B. 10 – 20 g in *gewebsisotoner* Lösung einnimmt. Die Salze sind schwer resorbierbar. Da der *osmotische Druck* ausgeglichen ist, bleibt das Wasser der Salzlösung weitgehend im Darm und spült diesen durch. Verwendet man die Salze in höherer Konzentrationen (hypertonische Lösung), wird Wasser aus dem Gewebe in den Darm abgegeben, der Effekt verstärkt sich. Beide Salze dürfen auf keinen Fall häufiger angewendet werden, weil es unerwünschte Nebenwirkungen geben kann.

7.1.3 Lösungsenthalpie

Lösungsenthalpie

Beim Lösen eines Salzes in Wasser kann sich die Lösung erwärmen (exothermer Vorgang) oder abkühlen (endothermer Vorgang). Dies hängt davon ab, ob die Gitterenergie (ΔH_{Gitter}) des Salzes größer oder kleiner ist als die Hydratationsenthalpien (ΔH_{Hyd}) der Ionen. Man definiert die **Lösungsenthalpie** (ΔH_L, Lösungswärme), indem man die Bilanz aus ΔH_{Gitter} und ΔH_{Hyd} aufstellt. In nachfolgenden Beispielen wird ein Mol festes Salz in Wasser gelöst und die Temperaturänderung während des Lösungsvorganges bestimmt.

Beispiel 1: $KCl \xrightarrow{H_2O} K^{\oplus}_{aq} + Cl^{\ominus}_{aq}$ **Beobachtung:** leichte Abkühlung

ΔH_{Gitter} (KCl)	=	+701 kJ/mol	Gitterenergie
ΔH_{Hyd} ($K^{\oplus}$)	=	−308 kJ/mol	Hydratationsenthalpie
ΔH_{Hyd} ($Cl^{\ominus}$)	=	−376 kJ/mol	Hydratationsenthalpie
ΔH_L (KCl)	=	+17 kJ/mol	Lösungsenthalpie

Beispiel 2: $CaCl_2 \xrightarrow{H_2O} Ca^{2\oplus}_{aq} + 2\ Cl^{\ominus}_{aq}$ **Beobachtung:** deutliche Erwärmung

ΔH_{Gitter} ($CaCl_2$)	=	+2146 kJ/mol	Gitterenergie
ΔH_{Hyd} ($Ca^{2\oplus}$)	=	−1577 kJ/mol	Hydratationsenthalpie
ΔH_{Hyd} ($2 \cdot Cl^{\ominus}$)	=	−752 kJ/mol	Hydratationsenthalpie
ΔH_L ($CaCl_2$)	=	−183 kJ/mol	Lösungsenthalpie

Geht man in Beispiel 2 nicht von wasserfreiem, sondern von *wasserhaltigem* Calciumchlorid ($CaCl_2 \cdot 6\ H_2O$) aus, tritt beim Lösen dieses Salzes in Wasser eine Abkühlung ein, weil die Hydratationsenthalpie jetzt kleiner als die Gitterenergie ist. Das Kristallwasser ist schon ein Teil der Hydrathülle.

Entropie. Bei der Beschreibung von Lösungsvorgängen gibt es zwei weitere Gesichtspunkte, deren Einfluss auf die Energiebilanz im Einzelfall geprüft werden muss, denn am Ende entscheidet die Gibbs-Energie (ΔG), ob ein Lösungsvorgang stattfindet oder nicht (☞ Kap. 6.4.4).

1. Es gibt einen Entropiegewinn, da die hohe Ordnung der Ionen im Gitter verlorengeht. Durch die Freisetzung der einzelnen Ionen bei der Dissoziation wächst der Grad der Unordnung ($\Delta S > 0$).
2. Gegenläufig ist der Effekt, dass Wassermoleküle ihre Wasserstoffbrücken zum Teil aufbrechen und um die Ionen des Salzes herum höher geordnete Hydrathüllen bilden, so dass die Ordnung der Wassermoleküle insgesamt zunimmt ($\Delta S < 0$).

Ionenverteilung im Körper

Die Salze (Elektrolyte), die der Mensch benötigt, werden gelöst aufgenommen, verteilt und am Ende ausgeschieden. Die Verteilung der verschiedenen Ionen auf zellulärer Ebene ist jedoch keineswegs gleich. Das *Blutplasma* z. B. enthält sehr viel mehr $Na^{\oplus}$ als $K^{\oplus}$ und mehr $Ca^{2\oplus}$ als $Mg^{2\oplus}$ im Vergleich zum Intrazellularraum. Bei den Anionen überwiegen $Cl^{\ominus}$ und $HCO_3^{\ominus}$ (Tab. 7/2). Der *osmotische Druck* innerhalb und außerhalb der Erythrozyten ist jedoch gleich und der *Elektrolythaushalt* der Zellen und Körperflüssigkeiten geht generell mit dem *Wasserhaushalt* des Körpers Hand in Hand.

Die Anteile der Ionen im Blutplasma entsprechen in etwa denen des Meerwassers, ein interessanter Befund, der Hinweise auf die Evolution des Lebens auf der Erde geben kann. Dass im Innern von Körperzellen $K^{\oplus}$ und $Mg^{2\oplus}$ überwiegen (☞ Tab. 7/2), ist zunächst überraschend. Die Unterschiede erfordern eine Ionenselektivität beim Transport der Ionen durch die Zellmembran und sie erfordern einen „aktiven" Transport, d. h. einen

Transport gegen einen Konzentrationsgradienten unter Energieverbrauch (Spaltung von ATP). Warum diese räumliche Trennung von $Na^{\oplus}$ und $K^{\oplus}$? Beobachtungen zeigen: $K^{\oplus}$ gibt bei den zentralen Stoffwechselprozessen den Ton an, unabhängig davon, ob es sich um Pflanze, Tier oder Mensch handelt. $Na^{\oplus}$ hingegen hat – anders als bei Pflanzen – für den Menschen eine ganz eigene Bedeutung. Es greift durch seine größere Hydrathülle stärker in den Wasserhaushalt ein, reguliert u. a. den Blutdruck und hat seinen festen Platz in der Nervenreizleitung. Das lat. Wort *sal* heißt nicht nur „Salz", sondern auch „scharfer Verstand, Bewusstsein", d. h., bei der Entwicklung von höherem Leben spielt $Na^{\oplus}$ eine wichtige Rolle. Es gibt ein Salzbedürfnis, d. h., der Mensch fügt seinen Speisen regelmäßig Salz (NaCl) zu, und es gab Zeiten, in denen Salz teurer als Gold war.

Tab. 7/2 Anteil von Ionen mineralischer Natur in Körperflüssigkeiten (Angaben in mmol/L).

			Blutplasma	Interzellularraum
Kationen:	$Na^{\oplus}$	Natrium-Ion	143	10
	$K^{\oplus}$	Kalium-Ion	5	155
	$Mg^{2\oplus}$	Magnesium(II)-Ion	0,8	15
	$Ca^{2\oplus}$	Calcium(II)-Ion	2,5	< 1
Anionen:	$Cl^{\ominus}$	Chlorid-Ion	103	8
	$HCO_3^{\ominus}$	Hydrogencarbonat-Ion	25	10
	$H_2PO_4^{\ominus}/HPO_4^{2\ominus}$	Hydrogenphosphat-Ionen	1	50
	$SO_4^{2\ominus}$	Sulfat-Ion	0,5	10

Lithiumsalze helfen bei manisch-depressiven Erkrankungen

Lithium (Li) steht im Periodensystem über dem Natrium. $Li^{\oplus}$-Ionen kommen u. a. im Meerwasser und in einigen Mineralwässern als Spurenelement vor. Für $Li^{\oplus}$ ist im normalen Stoffwechsel keine Funktion bekannt. In kleiner Menge sind Lithiumsalze unbedenklich, die Normwerte im Blutplasma betragen 0,4-6,3 µmol/L, in hohen Dosen wirken Lithiumsalze toxisch.

In der Hand des Arztes dienen Lithiumsalze (z. B. Li_2CO_3) zur Prophylaxe *affektiver Psychosen* und zur Therapie *manischer Phasen*. Bei einer individuellen Dosierung darf der Serumspiegel 1,0 – 1,2 mmol/L nicht übersteigen. Die Wirkung beruht darauf, dass $Li^{\oplus}$ zusammen mit $Na^{\oplus}$ durch die Zellmembran transportiert, aber schlechter als $Na^{\oplus}$ wieder herausgepumpt wird, d. h., es reichert sich z. B. in den Nervenzellen an und beeinflusst u. a. die Bildung von *Neurotransmittern*. Die Verdrängung von $Na^{\oplus}$-Ionen durch die ähnlichen, aber im normalen Stoffwechsel bedeutungslosen $Li^{\oplus}$-Ionen hilft dem Menschen, sein *psychisches Gleichgewicht* wiederherzustellen. Durch die Zufuhr gesteigerter Mengen Kochsalz lässt sich $Li^{\oplus}$ wieder „auswaschen".

7.2 Löslichkeitsprodukt

Beim Studieren des Lösungsverhaltens von Salzen stellt man fest, dass es *leicht lösliche* (z. B. Alkali- und Erdalkalihalogenide) und *schwer lösliche Salze* (z. B. Silberhalogenide, Schwermetallsulfate und -sulfide) gibt. Zur quantitativen Erfassung der Löslichkeit hat man das *Löslichkeitsprodukt* (Lp) definiert, auch Löslichkeitskonstante genannt. Es lässt sich aus dem Massenwirkungsgesetz (MWG) ableiten.

Eine gesättigte Salzlösung, die mit dem festen Bodenkörper des Salzes in Kontakt steht, ist ein typisches Beispiel für ein *dynamisches, heterogenes Gleichgewicht* (☞ Kap. 5.2). Ständig gehen aus dem Bodenkörper Ionen in Lösung und gleichzeitig scheiden sich Ionen aus der Lösung am Festkörper wieder ab (Abb. 7/1).

$$\underset{\text{Bariumsulfat}}{\color{red}{Ba}\color{blue}{SO_4}} \xrightleftharpoons{H_2O} \underset{\text{Barium-Ion}}{Ba^{2\oplus}_{aq}} + \underset{\text{Sulfat-Ion}}{SO^{2\ominus}_{4\,aq}}$$

$$\frac{[Ba^{2\oplus}] \cdot [SO_4^{2\ominus}]}{[BaSO_4]} = K$$

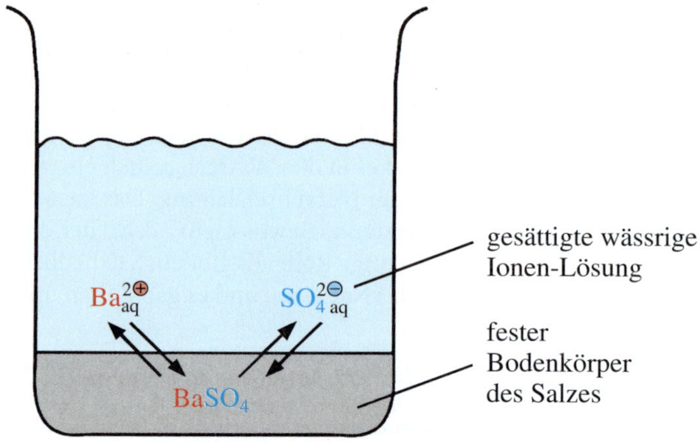

Abb. 7/1 Heterogenes Gleichgewicht zwischen gesättigter Salzlösung und festem Bodenkörper (Beispiel: Bariumsulfat).

Löslichkeitsprodukt

Da festes Salz als Bodenkörper vorhanden ist, bleibt seine Konzentration konstant und wird gleich 1 gesetzt. Übrig bleibt dann das Produkt der Konzentrationen der gelösten Ionen. Dieses ist für ein bestimmtes Salz bei gegebener Temperatur eine Konstante und wird als **Löslichkeitsprodukt** (Lp) bezeichnet. Die eckigen Klammern stehen für die Konzentration der Ionen in mol/L. Das Löslichkeitsprodukt für $BaSO_4$ beträgt 10^{-10} mol²/L². Je kleiner das Löslichkeitsprodukt Lp, desto geringer ist die Löslichkeit des Salzes. Die Lp-Werte für einzelne Salze können Tabellenwerken entnommen werden.

! Das Löslichkeitsprodukt (Lp) eines Salzes ist das Produkt der Konzentrationen der gelösten Ionen in einer gesättigten Lösung. Lp-Werte sind temperaturabhängig.

Bariumsulfat wird in der Medizin als **Röntgenkontrastmittel** für Untersuchungen des Verdauungstraktes genutzt *(Bariumbrei)*. $Ba^{2\oplus}$-Ionen sind zwar giftig (☞ Kap. 2.5), stellen wegen der geringen Löslichkeit des Salzes jedoch keine Gefahr dar.

Beispiel 1:
Wie groß ist die Konzentration an gelösten $Ba^{2\oplus}_{aq}$ in einer gesättigten Lösung von Bariumsulfat?

Reaktionsgleichung: $BaSO_4 \xrightleftharpoons{H_2O} Ba^{2\oplus}_{aq} + SO^{2\ominus}_{4\,aq}$

$Lp = [Ba^{2\oplus}] \cdot [SO_4^{2\ominus}] = 10^{-10}\ mol^2/L^2.$

Da $[Ba^{2\oplus}] = [SO_4^{2\ominus}]$, gilt: $[Ba^{2\oplus}]^2 = 10^{-10}\ mol^2/L^2$

Daraus ergibt sich: $[Ba^{2\oplus}] = 10^{-5}\ mol/L$

Antwort: In einer gesättigten Bariumsulfatlösung sind 10^{-5} mol/L Bariumsulfat gelöst.

Beispiel 2:
Wie viel mg $BaSO_4$ sind in 1 Liter Wasser löslich?

Mit Hilfe der Molmasse von $BaSO_4$ (233 g/mol) ergibt sich, dass in einem Liter 233 g/mol · 10^{-5} mol/L = 0,00233 g/L $BaSO_4$ gelöst sind, das entspricht 2,33 mg/L. Da eine gesättigte Lösung vorliegt, gibt dieser Wert die Löslichkeit von $BaSO_4$ an (☞ Kap. 5.1). Darüber hinausgehende Salzmengen liegen als fester Bodensatz vor.

Einheiten für Lp. Für Salze verschiedener Zusammensetzung ergeben sich für das Löslichkeitsprodukt verschiedene Einheiten, denn die Zahl der Ionen in der Salzformel findet sich als Hochzahl im Löslichkeitsprodukt (Lp) wieder.

Salz 1: AB (z. B. AgCl, Silber(I)-chlorid) — $Lp = [A^{\oplus}] \cdot [B^{\ominus}]\ mol^2/L^2$; $Lp(AgCl) = 2 \cdot 10^{-10}\ mol^2/L^2$

Salz 2: A_2B (z. B. Ag_2S, Silber(I)-sulfid) — $Lp = [A^{\oplus}]^2 \cdot [B^{2\ominus}]\ mol^3/L^3$; $Lp(Ag_2S) = 6 \cdot 10^{-51}\ mol^3/L^3$

Salz 3: AB_2 (z. B. CaF_2, Calciumfluorid) — $Lp = [A^{2\oplus}] \cdot [B^{\ominus}]^2\ mol^3/L^3$; $Lp(CaF_2) = 4 \cdot 10^{-11}\ mol^3/L^3$

Nierensteine
Der Elektrolythaushalt wird über die Niere reguliert, d. h., überschüssige Ionen werden im Harn ausgeschieden. In der Niere können vorübergehend höher konzentrierte Salzlösungen oder gar übersättigte Lösungen von Salzen entstehen. Schutzstoffe im Harn verhindern, dass Salze ausfallen oder auskristallisieren. Fehlen die Schutzstoffe, kommt es zur Nierensteinbildung (Konkrementbildung). Nierensteine können z. B. aus *Calciumoxalat* ($Ca^{2\oplus}$, $^{\ominus}OOC-COO^{\ominus}$), *Calciumphosphat* ($Ca_3(PO_4)_2$) oder *Magnesiumammoniumphosphat* ($MgNH_4PO_4$) bestehen. Therapeutisch beseitigt man Nierensteine durch Auflösen, Zertrümmerung oder Operation.

Knochen- und Zahnbildung
Den Einbau von schwer löslichen Salzen in das Körpergewebe bezeichnet man als Mineralisation. *Hydroxylapatit* ($Ca_5(PO_4)_3OH$), ein komplexes Salz aus Calciumphosphat und Calciumhydroxid, ist mit einem Anteil von über 50% am Aufbau des menschlichen Skeletts und der Zähne beteiligt und macht etwa 90% der Mineralsubstanzen des Körpers aus. Insbesondere im Zahnschmelz wird ein Teil der OH-Gruppen im Hydroxylapatit durch Fluorid-Ionen ($F^{\ominus}$) zum *Fluorapatit* ($Ca_5(PO_4)_3F$) ausgetauscht. Für diesen Prozess müssen kleinere $F^{\ominus}$-Mengen (3–4 mg täglich) mit der Nahrung aufgenommen werden (z. B. über das Trinkwasser, durch Verwendung von Meersalz oder durch angereichertes Speisesalz). Der Zahnschmelz ist die härteste Körpersubstanz.

7

7.3 Fällungs-Reaktionen

Fällungs-Reaktion

Niederschlag

Ein Salz fällt aus seiner Lösung aus, sobald das Produkt der Ionenkonzentrationen größer als das Löslichkeitsprodukt wird. Dies kann man in der analytischen Chemie gezielt für *Fällungs-Reaktionen* nutzen. Die unterschiedliche Löslichkeit von Salzen eröffnet die Möglichkeit, aus einer Salzlösung durch Zugabe geeigneter Fremdionen eine bestimmte Ionensorte selektiv auszufällen. Der auftretende *Niederschlag* dient als **qualitativer Nachweis** für eine Ionensorte oder kann durch Auswiegen häufig auch zur *quantitativen Bestimmung* einer Ionensorte herangezogen werden. Das Entfernen einer bestimmten Ionensorte durch Ausfällen gelingt nahezu vollständig, wenn man mit einem Überschuss an *Fällungsmittel* arbeitet.

Beispiel 1: Silberchlorid. Gibt man zu einer angesäuerten Lösung, die *$Cl^{\ominus}$-Ionen* enthält (z. B. NaCl), eine *Silbernitratlösung*, dann bildet sich ein farbloser, am Licht dunkler werdender Niederschlag, der aus *Silberchlorid* besteht.

Man vereinfacht die Reaktionsgleichung häufig, indem man nur die Ionen aufschreibt, auf die es bei der Bildung des Niederschlags ankommt, und verzichtet auf die nicht beteiligten Ionen, die sich weiterhin in Lösung befinden.

Fällungs-Reaktion:

$$NaCl + AgNO_3 \longrightarrow AgCl\downarrow + NaNO_3$$

Natriumchlorid Silbernitrat Silberchlorid Natriumnitrat

$$Ag^{\oplus} + Cl^{\ominus} \longrightarrow AgCl\downarrow \quad Lp = 1{,}8 \cdot 10^{-10}\ mol^2/L^2$$

Die Fällung von schwer löslichem Silberchlorid kann also wahlweise zum qualitativen Nachweis von $Ag^{\oplus}$- oder $Cl^{\ominus}$-Ionen in unbekannten Salzlösungen verwendet werden. Die Masse der Niederschläge gibt Auskunft darüber, wie viel $Ag^{\oplus}$ oder $Cl^{\ominus}$ in einer unbekannten Salzlösung enthalten ist (quantitative Bestimmung). Der gebildete Niederschlag gibt sich zweifelsfrei als AgCl zu erkennen, wenn er sich in verdünnter Ammoniaklösung unter Bildung eines farblosen Komplexsalzes wieder auflöst.

Nachweisreaktion für AgCl:

$$AgCl + 2\,NH_3 \longrightarrow [Ag(NH_3)_2]^{\oplus} + Cl^{\ominus}$$

Silberchlorid Ammoniak Diamminsilber(I)-Komplex

Beispiel 2: Bariumsulfat. $Ba^{2\oplus}$-Ionen lassen sich durch Zugabe einer Natriumsulfatlösung nachweisen, $SO_4^{2\ominus}$-Ionen durch Zugabe einer Bariumchloridlösung. In beiden Fällen entsteht schwer lösliches *Bariumsulfat* als farbloser Niederschlag. Dieser Bariumsulfatniederschlag löst sich *nicht* in Ammoniaklösung, was die Unterscheidung von AgCl ermöglicht.

Fällungs-Reaktion:

$$BaCl_2 + Na_2SO_4 \longrightarrow BaSO_4\downarrow + 2\,NaCl$$

Bariumchlorid Natriumsulfat Bariumsulfat Natriumchlorid

$$Ba^{2\oplus} + SO_4^{2\ominus} \longrightarrow BaSO_4\downarrow \quad Lp = 10^{-10}\ mol^2/L^2$$

Beispiel 3: Bleisulfid. Schwefelwasserstoff (H_2S) bildet mit vielen Schwermetallionen (z. B. $Ag^{\oplus}$, $Pb^{2\oplus}$, $Cu^{2\oplus}$) schwer lösliche, dunkel gefärbte *Sulfide*. Aus einer Bleisalzlösung lässt sich bei Zugabe von H_2S schwarzes *Bleisulfid* ausfällen.

Fällungs-Reaktion:

$$PbCl_2 + H_2S \longrightarrow PbS\downarrow + 2\,HCl$$

Bleichlorid Schwefelwasserstoff Bleisulfid Salzsäure

$$Pb^{2\oplus} + S^{2\ominus} \longrightarrow PbS\downarrow \quad Lp = 10^{-28}\ mol^2/L^2$$

047 Tabelle Löslichkeitsprodukte

7.4 Elektrolyse

Elektrolyte

Da Salzlösungen frei bewegliche Ionen enthalten, leiten sie den elektrischen Strom durch *Ionenwanderung*. Solche Systeme werden als **Elektrolyte** bezeichnet. Salze sind starke Elektrolyte, weil sie in gelöster Form vollständig in Ionen zerfallen (dissoziieren). Die Leitfähigkeit von Salzlösungen ist größer als die von reinem Wasser, jedoch kleiner als die von Metallen. Die elektrische Leitfähigkeit einer Salzlösung nimmt mit steigender Konzentration ab, da die freie Beweglichkeit der Ionen geringer wird. Auch *Salzschmelzen* leiten den elektrischen Strom, weil die Ionen nicht mehr im Ionengitter fixiert sind.

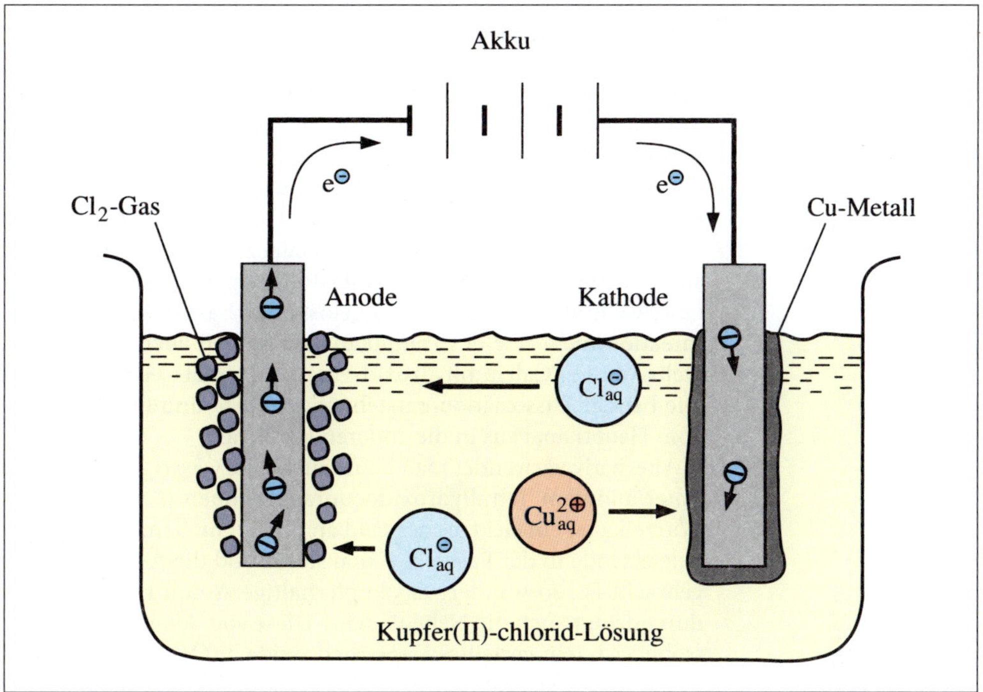

Abb. 7/2 Elektrolyse einer Kupfer(II)-chlorid-Lösung.

Ionenwanderung
Kathode
Anode

Taucht man in eine wässrige Kupfer(II)-chlorid-Lösung Elektroden, die aus einem Elektronen-leitenden Material (Edelmetall, Graphit) bestehen, und legt eine genügend hohe Gleichspannung an, so beobachtet man im äußeren Draht einen Stromfluss, der anzeigt, dass eine Redoxreaktion stattfindet (☞ Kap. 9.7). Der Stromkreis schließt sich durch eine *Ionenwanderung* in der Lösung (Abb. 7/2). Die Kationen ($Cu^{2\oplus}$) wandern zur *Kathode* und nehmen dort Elektronen auf, $Cu^{2\oplus}$ wird zu metallischem Kupfer reduziert, das sich an der Elektrode abscheidet. Die Anionen ($Cl^{\ominus}$) wandern zur *Anode* und geben dort Elektronen ab, $Cl^{\ominus}$ wird zum Chloratom oxidiert. Zwei Chloratome bilden ein Chlormolekül (Cl_2). Chlor entweicht an der Anode als Gas.

Die Elektrolyse erfordert Energie, die als *elektrische Energie* bereitgestellt wird. Es handelt sich um eine endergone Redoxreaktion (☞ Kap. 9).

Es gilt für die Elektrolyse:

Kathode: $Cu^{2\oplus}_{aq} + 2\,e^{\ominus} \longrightarrow Cu$ *(kathodische Reduktion, Elektronenaufnahme)*

Anode: $2\,Cl^{\ominus}_{aq} \longrightarrow Cl_2\uparrow + 2\,e^{\ominus}$ *(anodische Oxidation, Elektronenabgabe)*

In der Bilanz lautet die Elektrolysereaktion:

$Cu^{2\oplus}_{aq} + 2\,Cl^{\ominus}_{aq} \longrightarrow Cu + Cl_2\uparrow$ *(Redoxreaktion)*

Elektrolysen in der Chemietechnik

Elektrolysen haben große technische Bedeutung. Bei der *Chloralkali-Elektrolyse* z. B. werden aus einer NaCl-Lösung die Grundchemikalien *Chlor, Natriumhydroxid* und *Wasserstoff* gewonnen (☞ Kap. 13.5). In der *Schmelzflusselektrolyse* wird das Metall *Aluminium* aus Aluminiumoxid hergestellt, das in einer Mischung mit geschmolzenem *Kryolith* ($Na_3[AlF_6]$) bei 950 °C gelöst vorliegt. Ferner kann man Metalle durch eine Elektrolyse reinigen oder unedle Metalle z. B. mit einem Silberüberzug versehen (versilbern).

Ionenwanderung im Wurzelkanal

Eine Wurzelkanalbehandlung ist die Voraussetzung, um auch „tote" Zähne, d.h. solche, deren Nerv abgestorben ist, zu erhalten. Bei unsachgemäßer Behandlung können sich im Zahn oder an der Zahnwurzel Entzündungsherde bilden, die Toxine in den Körper abgeben und so chronische Schäden hervorrufen. Wichtig bei der Behandlung des Wurzelkanals *(Endodontie)* sind die Aufbereitung, die Desinfektion und die Füllung. Die Aufbereitung der Hauptwurzelkanäle erfolgt mechanisch bis ins Kanalende *(apikales Delta)*. Durch Spülung der aufbereiteten Kanäle z.B. mit 2- bis 5%iger Natriumhypochlorit-Lösung (NaOCl) oder 3%iger Wasserstoffperoxid-Lösung (H_2O_2) werden Dentinspäne ausgeschwemmt, Gewebereste aufgelöst und Bakterien eliminiert. Zur nachhaltigen Desinfektion nicht nur des Hauptkanals, sondern auch der Nebenkanäle bis in das apikale Delta werden Calciumhydroxid-Pasten ($Ca(OH)_2$, wässrig oder mit Glycerin) eingesetzt. Die bei der Dissoziation entstehenden $Ca^{2\oplus}$- und $OH^{\ominus}$-Ionen (pH = 12,5) diffundieren vom Hauptkanal aus in die anderen Bereiche.

Alternativ verwendet man heute auch eine wässrige Kupfer-Calciumhydroxid-Paste, die unter anderem Tetrahydroxidocuprat(II)-Ionen $[Cu(OH)_4]^{2\ominus}$ enthält. Legt man an den Wurzelkanal ein elektrisches Feld an (15 V/cm, 5 mA), indem die Kathode (– Pol) als Nadelelektrode in der Paste im Kanal steckt und die Anode (+ Pol) als Wangenelektrode angebracht ist, so wandert das kupferhaltige Anion rasch in Richtung apikales Delta und durchdringt auch die Nebenkanäle. Diese sog. *Ionophorese* wird mehrmals durchgeführt, wobei sich fein verteiltes Kupferhydroxid $Cu(OH)_2$ bildet, das etwa 100-fach stärker desinfiziert als Calciumhydroxid. Durch dieses Verfahren *(Depotphorese)* kann eine permanente Sterilität im gesamten apikalen Delta erreicht werden.

Checkliste

Folgende Bezeichnungen/Begriffe sollten Sie erklären oder definieren (s.a. Glossar) und – wo möglich – Abkürzungen oder Beispiele angeben können:

Anionen – Kationen – Anode – Kathode – Dissoziation – Gitterenergie – Hydratation – Solvatation – Hydratationsenthalpie – Entropie beim Lösevorgang – Lösungsenthalpie – Ionenradius von $Na^{\oplus}/Na^{\oplus}_{aq}$ und $K^{\oplus}/K^{\oplus}_{aq}$ im Vergleich – Ionenwanderung – Elektrolyt – Elektrolyse – Löslichkeitsprodukt – Fällungs-Reaktion – Niederschlag.

Aufgaben

1. Was ist ein Salz? Formulieren Sie die Dissoziationsgleichung beim Lösen von Kupfer(II)-sulfat, Calciumphosphat, Kaliumcarbonat und Natriumhydrogencarbonat in Wasser!
2. Vergleichen Sie die Salze KBr und CaF_2!
   Wie heißen die Salze? Wie lautet die *Dissoziationsgleichung* beim Lösen der Salze in Wasser? Welches der beiden Salze hat die größere *Gitterenergie* und warum? Vergleichen Sie die Größe der Ionen.
3. Welches Ion der folgenden Paare ist stärker hydratisiert: $Li^{\oplus}/Na^{\oplus}$, $K^{\oplus}/Ca^{2\oplus}$, $Mg^{2\oplus}/Ca^{2\oplus}$, $Fe^{2\oplus}/Fe^{3\oplus}$?
4. Welche Größe eines Ions ändert sich bei der *Hydratation*?
5. Was versteht man unter „*Aussalzen*"?
6. Wie viel NaCl enthält eine physiologische Kochsalzlösung?
7. Wann verläuft der Löseprozess eines Salzes in Wasser *exotherm*, wann *endotherm*?
8. Formulieren Sie das *Löslichkeitsprodukt* für CaF_2 und $Ca_3(PO_4)_2$!
9. Das Löslichkeitsprodukt von $CaCO_3$ (Kalk, Marmor) beträgt $Lp = 4{,}8 \cdot 10^{-9}\ mol^2/L^2$. Wie viel mol bzw. mg $CaCO_3$ lösen sich in 1 L Wasser?
10. Es gibt Salze, die sich unter Abkühlung auflösen. Warum findet ein derartiger Vorgang überhaupt statt?

11. In einer angesäuerten Lösung sind gleiche Mengen NaCl, NaBr und NaI enthalten (10^{-2} mol/L). Sie tropfen langsam eine Silbernitratlösung hinzu. Welches Salz fällt zuerst aus und warum? Formulieren Sie die *Fällungs-Reaktionen*!

	AgCl	AgBr	AgI
Lp (mol^2/L^2)	10^{-10}	10^{-13}	10^{-15}

12. Welche $Pb^{2\oplus}$-Konzentration bleibt übrig, wenn Sie aus einer 0,1 M Bleisalzlösung mit *Iodid-Ionen* PbI ausfällen? Lp (PbI_2) = 10^{-8} mol^3/L^3.
13. Warum löst sich $BaSO_4$ nicht in verdünnter Ammoniaklösung?
14. Welche Systeme zeigen *elektrische Leitfähigkeit*?
    a) Festes NaCl, b) Schmelze von NaCl bei 801 °C, c) 0,1 M NaCl-Lösung.
15. Welche Reaktionen laufen bei der *Chloralkali-Elektrolyse* an der *Anode* und *Kathode* ab?
16. Warum sollte man bei Gewitter nicht baden gehen?
17. Welche beiden Metallkationen findet man bevorzugt im Intrazellularraum?
18. Warum können beim gesunden Menschen in der Niere vorübergehend übersättigte Salzlösungen auftreten, ohne dass es zur Nierensteinbildung kommt?
19. Wie kann man Nierensteine beseitigen?
20. Was sollte ein Zahnarzt bei jeder Wurzelkanalbehandlung unbedingt erreichen und warum?

013 Lösungen der Aufgaben

Bedeutung für den Menschen

Salze, Salzlösungen

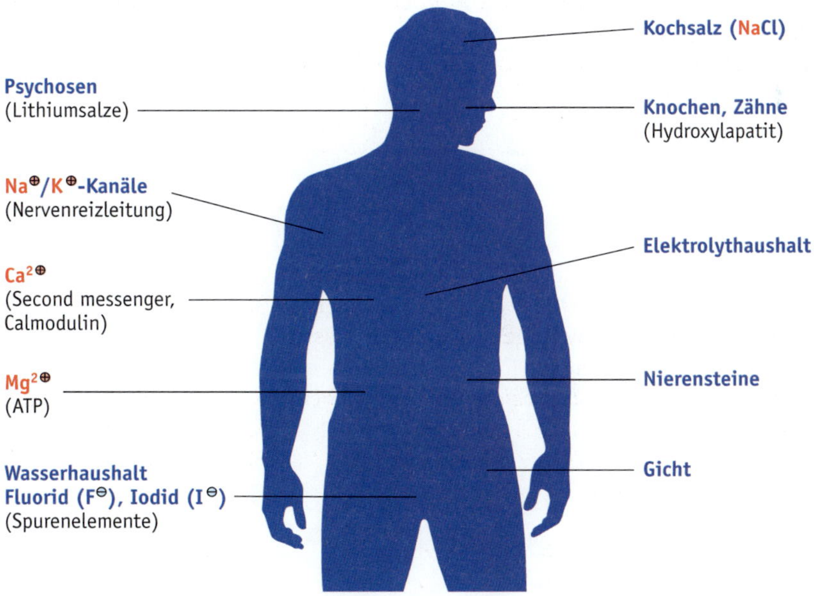

014 IMPP-Fragen
048 Kreuzworträtsel zu Kapitel 7

KAPITEL

8 Säuren und Basen

Orientierung

Ein ausgewogener *Säure-Base-Haushalt* ist für das körperliche und seelische Wohlbefinden des Menschen von großer Bedeutung, denn Säuren und Basen schaffen die Voraussetzung für den reibungslosen Ablauf verschiedener Körperfunktionen. Gerät der Säure-Base-Haushalt durch Stress, falsche Ernährung oder Krankheiten aus dem Gleichgewicht, dann führt ein Zuviel an Säuren zu einer *Azidose*, während man ein Überwiegen der Basen als *Alkalose* bezeichnet.

Die Begriffe „Säure" und „Base" (früher *Lauge*) sind aus Beobachtungen entstanden. Zitronen, Essig oder saure Milch schmecken *sauer*, was auf den Gehalt an *Citronensäure*, *Essigsäure* bzw. *Milchsäure* zurückzuführen ist. Dem gegenüber steht der bittere, seifige Geschmack von Seifenlaugen, die die Haut in charakteristischer Weise erweichen und quellen lassen. Da Pflanzenasche durch den hohen $K^{\oplus}$-Gehalt die *Basis* für die Laugengewinnung (KOH) war, wurde dieser Tatbestand später zu dem allgemeinen Begriff *Base* für die ganze Stoffklasse. Wässrige Lösungen von Basen reagieren *basisch* oder *alkalisch* (arab. *al-kaelie* = Lauge).

Säuren und *Basen* haben gegensätzliche Qualitäten. Den Säurebildnern liegen in der Regel *Nichtmetalle* zugrunde, den Basenbildnern *Metalle* (z. B. Alkalimetalle, Erdalkalimetalle). Schaut man auf das Wasser (H_2O), so kann dieses in einem Trennungsprozess $H^{\oplus}$ (Protonen) und $OH^{\ominus}$ (Hydroxid-Ionen) zur Verfügung stellen. Die Tendenz, Protonen abzugeben oder aufzunehmen, ist Gegenstand der heutigen Säure-Base-Theorie.

Antwort erhalten Sie u. a. auf folgende Fragen:

- An welchen Reaktionen mit dem Wasser erkennt man Säuren und Basen?
- Was sind konjugierte Säure-Base-Paare?
- Wie ist der pH-Wert definiert und wie lässt er sich berechnen bzw. messen?
- Was versteht man unter Neutralisation?
- Welche Bedeutung haben Pufferlösungen und wie funktioniert der Blutpuffer?

8.1 Säure-Base-Definitionen

Wässrige Lösungen von Säuren und Basen leiten den elektrischen Strom. Die gelösten Stoffe sind **Elektrolyte** (☞ Kap. 7.4), d. h., in der Lösung liegen **Ionen** vor. Säuren und Basen bilden die Ionen meist erst unter dem Einfluss des Wassers, man bezeichnet diesen Vorgang als **Dissoziation**.

Dissoziation

Chlorwasserstoff dissoziiert in wässriger Lösung formal in *Wasserstoff-Ionen* ($H^{\oplus}$ = Protonen) und *Chlorid-Ionen* ($Cl^{\ominus}$), die jeweils hydratisiert sind. Anders als bei den Salzen kommt es hier bei der Dissoziation zur heterolytischen Aufspaltung einer polarisierten, kovalenten Bindung, das bindende Elektronenpaar verbleibt bei *einem* Partner, dieser wird zum Anion.

$$HCl\ (\text{gasförmig}) \xrightarrow{H_2O} H^{\oplus}_{aq} + Cl^{\ominus}_{aq} \qquad (\text{Salzsäure})$$

Natriumhydroxid dissoziiert in *Natrium-Ionen* ($Na^{\oplus}$) und *Hydroxid-Ionen* ($OH^{\ominus}$), die jeweils hydratisiert sind:

$$NaOH\ (\text{fest}) \xrightarrow{H_2O} Na^{\oplus}_{aq} + OH^{\ominus}_{aq} \qquad (\text{Natronlauge})$$

Protonen
Hydroxid-Ionen

Aus den Dissoziationsvorgängen wird sichtbar, dass *Säuren* **Protonen** ($H^{\oplus}$) und *Basen* **Hydroxid-Ionen** ($OH^{\ominus}$) freisetzen. Diese Beschreibung reicht für eine Definition jedoch nicht aus. Eine wässrige Ammoniaklösung z. B. reagiert auch basisch, obwohl Ammoniak keine $OH^{\ominus}$-Ionen enthält:

$$\underset{\text{Ammoniak}}{NH_3} + \underset{\text{Wasser}}{H_2O} \rightleftharpoons \underset{\text{Ammonium-Ion}}{NH_4^{\oplus}} + \underset{\text{Hydroxid-Ion}}{OH^{\ominus}}$$

Brönsted-Definition

Der schwedische Chemiker *Brönsted* stellte fest, dass es für die Betrachtung von Säuren und Basen hilfreich ist, das Lösungsmittel (z. B. Wasser) einzubeziehen. Er erkannte, dass das Auftreten und die Weitergabe von Protonen ein wesentliches Merkmal dieser Vorgänge ist. Die **Brönsted-Definition** lautet:

! **Säuren** geben Protonen ab, sie sind **Protonendonatoren.**
Basen nehmen Protonen auf, sie sind **Protonenakzeptoren.**

Protolyse

Bei chemischen Reaktionen gibt es keine freien Protonen. Wenn ein Stoff Protonen abgibt, muss ein anderer zugegen sein, der diese Protonen aufnimmt. Säure-Base-Reaktionen sind **Protonenübertragungs-Reaktionen** *(= Protolyse-Reaktionen)*. In wässriger Lösung nehmen Wassermoleküle die Protonen auf.

Hydronium-Ion

$$H_2O + H^{\oplus} \longrightarrow H_3O^{\oplus} \qquad \textbf{(Hydronium-Ion)}$$

Im $H_3O^{\oplus}$-Ion ist der Sauerstoff dreibindig. Auch das Hydronium-Ion wird, wie alle Ionen, durch weitere Wassermoleküle hydratisiert ($H_3O^{\oplus}_{aq}$). Bevorzugt treten drei Wassermoleküle hinzu, so dass ein $H_9O_4^{\oplus}$-Ion entsteht. Wir verwenden im Folgenden nur das $H_3O^{\oplus}$-Ion und lassen die weitere Hydratisierung zur Vereinfachung unberücksichtigt.

Säure: rot
Base: blau

! Nachfolgend werden alle Moleküle, Molekülteile oder Ionen, die in einem Dissoziationsgleichgewicht oder in einer Säure-Base-Reaktion Protonen abgeben, also nach Brönsted **Säuren** sind, durch **rote** Schrift markiert, die **Basen** entsprechend durch **blaue** Schrift.

Gegensätzliche Qualitäten von Säuren und Basen

Die Beschreibung von Stoffumwandlungen auf der Basis von nachvollziehbaren Experimenten charakterisiert die Vorgehensweise in der Chemie. Durch eine Stoffumwandlung verändern sich die Stoffeigenschaften. Um hier Veränderungen und Unterschiede festzustellen, bedarf es der genauen Beobachtung und ggf. analytischer Messmethoden.

Bei der Verbrennung von Pflanzenmaterial (z. B. Holz) entsteht ein Gas, das u. a. *Kohlendioxid* (CO_2) enthält, zurück bleibt eine Asche, die u. a. aus *Dikaliumoxid* (K_2O) besteht. Leitet man das Gas in Wasser, so reagiert dieses sauer, weil sich *Kohlensäure* (H_2CO_3) bildet. Gibt man die Asche in Wasser, so reagiert dieses basisch, weil die Base *Kaliumhydroxid* (KOH) entstanden ist. Aus dem neutralen Holz sind bei der Verbrennung unter Verbrauch von *Luftsauerstoff* (O_2) Säure und Base freigesetzt worden und mit Wasser als Lösungsmittel in ihrer gegensätzlichen Qualität manifest geworden. Solche gegensätzlichen Qualitäten entstehen durch Verwandlung und tragen einen erneuten Verwandlungsimpuls in sich, wie das Experiment der Holzverbrennung im weiteren Verlauf zeigt.

Experiment „Holzverbrennung":

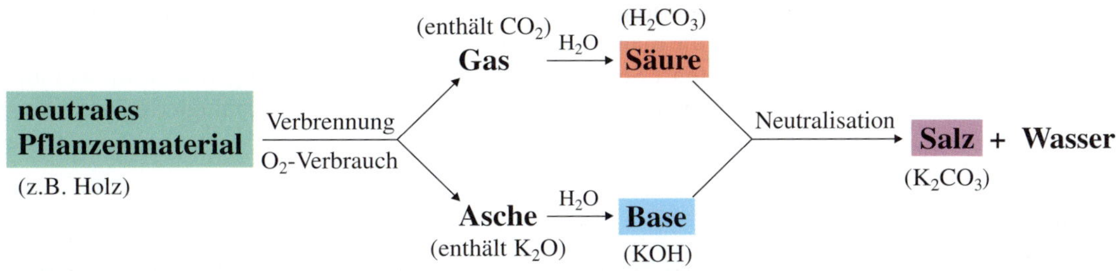

Vereinigt man Säure und Base wieder, erfolgt eine *Neutralisation*, bei der Salz (*Kaliumcarbonat*, K_2CO_3, Pottasche) und *Wasser* entstehen. Die Gegensätze werden aufgehoben, die typischen Eigenschaften von Säure und Base gehen verloren, das entstandene Salz birgt neue Qualitäten in sich und die Bausteine des Wassers haben sich wieder zusammengefunden. Die Schlussfolgerungen aus diesem Experiment gehen über das gewohnte kausalanalytische Denken hinaus. Durch das Wahrnehmen gegensätzlicher Qualitäten von Substanzen wird etwas Wesenhaftes in der Materie sichtbar: Die Möglichkeit zur Verwandlung der Stoffe führt nicht zwangsläufig an den Ausgangspunkt zurück, d.h., aus Säure und Base entsteht nicht wieder Pflanzenmaterial, sondern ein Salz. Der beschriebene Prozess führt durch die Trennung in die Substanzgegensätze, aus denen sich Neues entwickeln kann. Solche Verwandlungsprinzipien der Materie wirken in der Chemie, beleben aber auch den Stoffwechsel des Menschen.

8.2 Konjugierte Säure-Base-Paare und Ampholyte

Die Dissoziation einer Säure oder Base in Wasser ist eine *Protonenübertragungs-Reaktion*. Sowohl Protonenaufnahme wie -abgabe sind *reversibel* und verlaufen sehr schnell, es stellen sich *Gleichgewichte* ein *(Protolyse-Gleichgewichte)*.

Beispiel Salzsäure:

$$\underset{\text{Säure A}}{HCl} + \underset{\text{Base B}}{H_2O} \rightleftharpoons \underset{\text{Säure B}}{H_3O^{\oplus}} + \underset{\text{Base A}}{Cl^{\ominus}}$$

konjugierte Säure-Base-Paare

Der eine Reaktionspartner (HCl) ist der *Protonendonator* (Säure A), der andere (H_2O) zwangsläufig der *Protonenakzeptor* (= Base B). Auf der rechten Seite der Gleichung ist das $H_3O^{\oplus}$-Ion die Säure, es kann bei der Rückreaktion ein Proton abgeben (= Säure B), und das $Cl^{\ominus}$-Ion entsprechend eine Base (= Base A). Man bezeichnet $Cl^{\ominus}$ auch als *konjugierte* Base der Säure HCl, entsprechend ist $H_3O^{\oplus}$ die *konjugierte* Säure der Base H_2O. $HCl/Cl^{\ominus}$ und $H_3O^{\oplus}/H_2O$ sind **konjugierte** (= korrespondierende, einander zugeordnete) **Säure-Base-Paare** (lat. *conjugere* = verbinden).

Es gilt für Säuren der allgemeinen Formel HA:

Dissoziationsgleichgewicht	Die zwei an der Reaktion beteiligten konjugierten Säure-Base-Paare
$\underset{\text{Säure}}{HA} + \underset{\text{Wasser}}{H_2O} \rightleftharpoons H_3O^{\oplus} + \underset{\text{Anion}}{A^{\ominus}}$	$HA/A^{\ominus}$ und $H_3O^{\oplus}/H_2O$

8

mehrprotonige Säuren

Es gibt Säuren (Tab. 8/1), die bei der Dissoziation in Wasser mehr als ein Proton abgeben können und entsprechend **zweiprotonig** (z. B. Schwefelsäure und Kohlensäure) oder **dreiprotonig** (z. B. Phosphorsäure) sind. Bei mehrprotonigen Säuren existieren mehrere Dissoziationsstufen, die man nacheinander formuliert.

In der 1. Stufe ist Schwefelsäure die Säure und Hydrogensulfat die konjugierte Base. In der 2. Stufe ist Hydrogensulfat die Säure und Sulfat die konjugierte Base. Das Hydrogensulfat kann also sowohl Säure als auch Base sein.

Beispiel Schwefelsäure:

1. Stufe $$H_2SO_4 + H_2O \rightleftharpoons H_3O^{\oplus} + HSO_4^{\ominus}$$
Säure A — Base B — Säure B — Base A

konjugierte Säure-Base-Paare: $H_2SO_4/HSO_4^{\ominus}$ und $H_3O^{\oplus}/H_2O$

2. Stufe $$HSO_4^{\ominus} + H_2O \rightleftharpoons H_3O^{\oplus} + SO_4^{2\ominus}$$
Säure A — Base B — Säure B — Base A

konjugierte Säure-Base-Paare: $HSO_4^{\ominus}/SO_4^{2\ominus}$ und $H_3O^{\oplus}/H_2O$

Tab. 8/1 Namen und Formeln wichtiger Säuren und ihrer Anionen.

Säure	Summenformel	Strukturformel	Protonigkeit	Anionen	
Chlorwasserstoff (Salzsäure)	HCl	H−Cl	einprotonig	$Cl^{\ominus}$	Chlorid
Salpetersäure	HNO_3	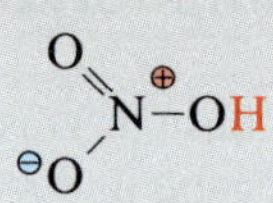		$NO_3^{\ominus}$	Nitrat
Essigsäure	$C_2H_4O_2$	$H_3C{-}COOH$		$H_3C{-}COO^{\ominus}$	Acetat
Blausäure	HCN	H−C≡N		$CN^{\ominus}$	Cyanid
Schwefelsäure	H_2SO_4	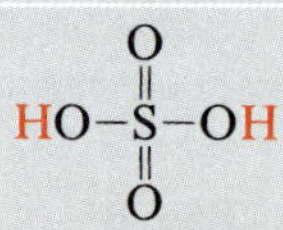	zweiprotonig	$HSO_4^{\ominus}$ $SO_4^{2\ominus}$	Hydrogensulfat Sulfat
Schwefelwasserstoff	H_2S	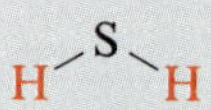		$HS^{\ominus}$ $S^{2\ominus}$	Hydrogensulfid Sulfid
Kohlensäure	H_2CO_3	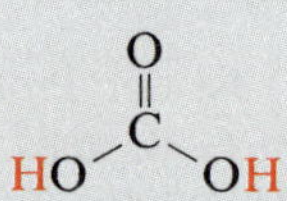		$HCO_3^{\ominus}$ $CO_3^{2\ominus}$	Hydrogencarbonat Carbonat
Oxalsäure	$C_2H_2O_4$	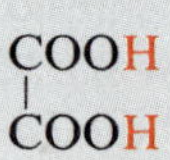		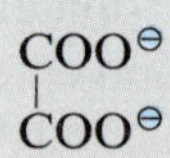	Oxalat
Phosphorsäure	H_3PO_4	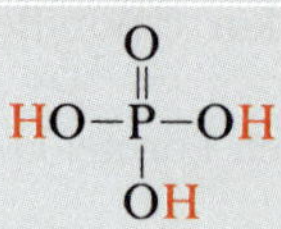	dreiprotonig	$H_2PO_4^{\ominus}$ $HPO_4^{2\ominus}$ $PO_4^{3\ominus}$	Dihydrogenphosphat (primäres Phosphat) Hydrogenphosphat (sekundäres Phosphat) Phosphat (tertiäres Phosphat)

Bei der Dissoziation von Säuren in Wasser reagiert das Wasser als Base, in Gegenwart der Base Ammoniak jedoch als Säure entsprechend dem bekannten Dissoziationsgleichgewicht.

Beispiel Ammoniak:

$$NH_3 + H_2O \rightleftharpoons OH^{\ominus} + NH_4^{\oplus}$$

Base B — Säure A — Base A — Säure B

konjugierte Säure-Base-Paare:
$NH_4^{\oplus}/NH_3$ und $H_2O/OH^{\ominus}$

Für **Basen der allg. Formel B**, wobei B mind. ein freies Elektronenpaar besitzen muss, gilt:

Dissoziationsgleichgewicht	konjugierte Säure-Base-Paare
$B + H_2O \rightleftharpoons BH^{\oplus} + OH^{\ominus}$	$BH^{\oplus}/B$ und $H_2O/OH^{\ominus}$

Alle Säureanionen, die durch Aufnahme von Protonen wieder zur Säure werden, sind Basen. Auch die Alkali- und Erdalkalioxide (z. B. K_2O), bei denen $O^{2\ominus}$ die Base ist und durch Aufnahme eines Protons aus dem Wasser zu $OH^{\ominus}$ wird, sind Basen. Hierbei handelt es sich nicht um eine Dissoziation des Oxids, sondern um eine Reaktion des Oxids mit dem Wasser, das ein Proton abgibt.

$$K_2O + H_2O \rightleftharpoons 2\,K^{\oplus} + 2\,OH^{\ominus} \qquad CaO + H_2O \rightleftharpoons Ca^{2\oplus} + 2\,OH^{\ominus}$$

Die basischen Alkali- und Erdalkalihydroxide lassen sich auch in fester Form isolieren. Sie dissoziieren in Wasser wie folgt. Die eigentliche Base ist hier das $OH^{\ominus}$-Ion, das als Protonenakzeptor zur Verfügung steht.

$$NaOH \xrightleftharpoons{H_2O} Na^{\oplus} + OH^{\ominus} \qquad Ca(OH)_2 \xrightleftharpoons{H_2O} Ca^{2\oplus} + 2\,OH^{\ominus}$$

Natriumhydroxid — Calciumhydroxid

Die Brönsted-Definition gilt nicht nur für wässrige Lösungen, sondern allg. für Säure-Base-Reaktionen. Voraussetzung ist, dass die Säure Protonen an eine Base abgeben kann. Die Base hingegen muss mind. ein freies Elektronenpaar besitzen, an das sich ein Proton anlagern kann.

$$HA + B \rightleftharpoons BH^{\oplus} + A^{\ominus}$$

Säure A — Base B — Säure B — Base A

amphoter

Ampholyte. Wir haben bei der Dissoziation von Säuren und Basen gesehen, dass Wasser gegenüber HCl als Base, gegenüber NH_3 als Säure reagiert: Es ist *amphoter*.

Ampholyt

! Stoffe mit amphoteren Eigenschaften heißen **Ampholyte**. Sie können **als Säure und als Base** reagieren.

Wie das Wasser im Einzelfall reagiert, hängt vom Reaktionspartner ab. Stößt Wasser auf einen Stoff, der eine größere *Protonendonator-Stärke* als es selbst hat, reagiert es als Base. Gegenüber der Base Ammoniak überwiegt jedoch seine eigene Protonendonator-Stärke: Wasser reagiert als Säure. Wenn man die Richtung von Säure-Base-Reaktionen vorhersagen möchte, muss man die Protonendonator-Stärke messen.

! Beispiele für Ampholyte: H_2O, $HSO_4^{\ominus}$, $HS^{\ominus}$, $HCO_3^{\ominus}$, $H_2PO_4^{\ominus}$, $HPO_4^{2\ominus}$

Beispiele. Der Ampholyt $H_2PO_4^{\ominus}$ kann als Base ein Proton aufnehmen, es entsteht H_3PO_4. Es kann aber auch ein Proton abgeben, also als Säure reagieren, es entsteht das zweifach negativ geladene Anion $HPO_4^{2\ominus}$.

$$\underset{\text{Dihydrogenphosphat (reagiert als Base)}}{H_2PO_4^{\ominus}} + H^{\oplus} \rightleftharpoons \underset{\text{Phosphorsäure}}{H_3PO_4} \qquad \underset{\text{Dihydrogenphosphat (reagiert als Säure)}}{H_2PO_4^{\ominus}} \rightleftharpoons \underset{\text{Hydrogenphosphat}}{HPO_4^{2\ominus}} + H^{\oplus}$$

Zwitter-Ion

Eine besondere Gruppe amphoterer Verbindungen sind die Aminosäuren, die im selben Molekül die saure COOH-Gruppe und die basische NH_2-Gruppe enthalten. Aminosäuren liegen nicht in der Neutralform vor, in wässriger Lösung bildet sich durch Protolyse überwiegend das **Zwitter-Ion**. Dieses ist der eigentliche *Ampholyt*. Das Zwitter-Ion kann Protonen aufnehmen und wird zum Kation, eine zweiprotonige Säure, oder es kann Protonen abgeben und wird so zum Anion (☞ Kap. 19).

Aminosäure (allgemeine Formel):

R = Organische Reste

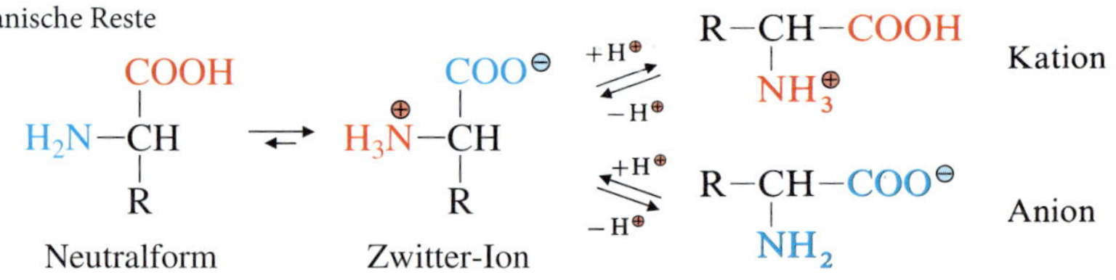

8.3 Autoprotolyse des Wassers, pH-Wert

Wasser ist ein Ampholyt. In geringem, aber durchaus messbarem Umfang reagiert es in folgender Weise mit sich selbst:

$$H_2O + H_2O \rightleftharpoons H_3O^{\oplus} + OH^{\ominus}$$

Diese **Autoprotolyse** *(Eigendissoziation)* bewirkt eine geringe Leitfähigkeit, die auch bei reinem Wasser beobachtet wird und die auf die Anwesenheit der Ionen $H_3O^{\oplus}$ und $OH^{\ominus}$ zurückzuführen ist. Einzelne Wassermoleküle reagieren als Säure, andere als Base, wobei das Gleichgewicht der Reaktion sehr weit auf der linken Seite liegt. Das Massenwirkungsgesetz (MWG, ☞ Kap. 6.5.2) lautet:

$$K = \frac{[H_3O]^{\oplus} \cdot [OH]^{\ominus}}{[H_2O]^2}$$

In Worten: Das Produkt der Konzentrationen der **Produkte** (steht im Zähler) dividiert durch das Produkt der Konzentrationen der **Edukte** (steht im Nenner) ist konstant (K = Gleichgewichtskonstante).

Da Wasser im Überschuss vorliegt, ist seine Konzentration (1 L = 55,6 mol) bei einer geringen Eigendissoziation praktisch konstant. Deshalb kann dieser Wert mit der Gleichgewichtskonstanten K zusammengezogen werden.

$$K \cdot [H_2O]^2 = K_w = [H_3O^{\oplus}] \cdot [OH^{\ominus}] = 10^{-14}\ mol^2/L^2 \qquad \text{(bei 22 °C)}$$

Ionenprodukt des Wassers

Die neue Konstante K_w nennt man das **Ionenprodukt des Wassers**. Sie ist temperaturabhängig. In neutraler Lösung liegen $H_3O^{\oplus}$ und $OH^{\ominus}$ in gleicher Konzentration vor. Es gilt:

$[H_3O^{\oplus}] \cdot [OH^{\ominus}] = K_w = 10^{-14}\ mol^2/L^2$; daraus ergibt sich für die Konzentrationen:

$$[H_3O^{\oplus}] = [OH^{\ominus}] = \sqrt{K_w} = 10^{-7}\ mol/L$$

In saurer Lösung überwiegt die Konzentration an $H_3O^{\oplus}$, in basischer die an $OH^{\ominus}$. Solange die Lösungen sehr verdünnt sind, gilt das Ionenprodukt des Wassers (K_w), d.h., wenn man $[H_3O^{\oplus}]$ kennt, lässt sich $[OH^{\ominus}]$ berechnen und umgekehrt.

Beispiel: $[OH^{\ominus}] = 10^{-5}$ mol/L. Es errechnet sich:

$$[H_3O]^{\oplus} \cdot 10^{-5} = 10^{-14}\ mol^2/L^2; \qquad [H_3O]^{\oplus} = \frac{10^{-14}}{10^{-5}} = 10^{-9}\ mol/L$$

pH-Wert

Die Konzentration an Hydronium-Ionen ($H_3O^{\oplus}$) oder Hydroxid-Ionen ($OH^{\ominus}$) lässt sich bei allen verdünnten wässrigen Lösungen als Maß für die **Azidität** bzw. **Basizität** einer Lösung verwenden. Da es unübersichtlich ist, Zehnerpotenzen mit negativer Hochzahl zu multiplizieren oder zu dividieren, wurde der negative dekadische Logarithmus der Hydroniumionen-Konzentration als **pH-Wert** definiert (lat. *pondus hydrogenii*).

! $\mathbf{pH = -\log_{10} [H_3O^{\oplus}] = -lg\ [H_3O^{\oplus}]}$; Beispiel: $[H_3O^{\oplus}] = 10^{-4}$ mol/L; pH = 4.

pOH-Wert

Dieser mathematische Trick ermöglicht es nun, einfache Zahlen zu addieren bzw. zu subtrahieren, wenn man quantitative Aussagen über die Azidität oder Basizität einer Lösung machen will und in analoger Weise den pOH-Wert definiert ($pOH = -\log_{10} [OH^{\ominus}]$).

Auf das Ionenprodukt des Wassers angewandt, ergibt sich:

! $K_w = [H_3O^{\oplus}] \cdot [OH^{\ominus}] = 10^{-14}\ mol^2/L^2$; daraus folgt: **pH + pOH = 14**

In dem Rechenbeispiel weiter oben war $[OH^{\ominus}] = 10^{-5}$ mol/L vorgegeben, was nun pOH = 5 entspricht. Der pH-Wert ergibt sich wie folgt: pH = 14 – pOH = 14 – 5 = 9.

! **Rechnen mit Logarithmen**

Bei der Quantifizierung von Säure-Base-Reaktionen rechnet man mit *Logarithmen*. Der Logarithmus zur Basis 10 wird üblicherweise mit lg abgekürzt. Durch die Anwendung von Logarithmen *vereinfachen* sich die Rechenoperationen: Aus dem Produkt zweier Zahlen wird die Summe ihrer Logarithmen, aus dem Quotienten die Differenz der Logarithmen. Bei einer Potenz wird die Hochzahl mit dem Logarithmus der Basis multipliziert.
Hier einige Umformungen:

Produkt: $x \cdot y$; $\lg(x \cdot y) = \lg x + \lg y$

Potenz: x^2; $\lg(x^2) = 2 \cdot \lg x$;

Quotient: $\frac{x}{y}$; $\lg(\frac{x}{y}) = \lg x - \lg y$

Umformung Quotient: $\frac{x}{y}$; $-\lg(\frac{x}{y}) = -(\lg x - \lg y) = \lg y - \lg x = \lg(\frac{y}{x})$

Negativer Logarithmus:

Beispiel: 10^{-2}; $\lg(10^{-2}) = -2 \cdot \lg 10 = -2$

Beispiel: 10^{-2}; $-\lg(10^{-2}) = 2 \cdot \lg 10 = 2$

Die Hydroniumionen-Konzentration $[H_3O^{\oplus}]$ oder $c(H_3O^{\oplus})$ wird in manchen Lehrbüchern auch als Wasserstoffionen-Konzentration ($[H^{\oplus}]$ oder $c(H^{\oplus})$) bezeichnet. Da in wässriger Lösung keine freien Protonen vorkommen, verwenden wir in diesem Buch durchgängig $[H_3O^{\oplus}]$.

pH-Skala. Auf der Basis der Hydroniumionen-Konzentration lässt sich nun die gängige **pH-Skala** aufstellen, die von pH = 0 ($[H_3O^{\oplus}] = 10^0$ mol/L = 1 mol/L) bis pH = 14 ($[H_3O^{\oplus}] = 10^{-14}$ mol/L) reicht. Über das Ionenprodukt des Wassers kommt man zur gegenläufigen **pOH-Skala** (Tab. 8/2). Am Neutralpunkt (neutrale Lösungen) gilt: pH = pOH = 7. Durch die logarithmische Beziehung, die dem pH-Wert zugrunde liegt, bedeutet eine pH-Änderung um 1,0, dass sich die Hydroniumionen-Konzentration um den Faktor 10 erhöht oder erniedrigt hat (Beispiel 1). Eine Konzentrationsänderung um den Faktor 2 (ausgehend von 10^{-7} mol/L) verändert den pH-Wert nur um 0,3 (Beispiel 2).

Tab. 8/2 pH- und pOH-Skalen.

$[H_3O^{\oplus}]$ in mol/L	pH-Wert		pOH-Wert	$[OH^{\ominus}]$ in mol/L
$10^0 = 1$	0		14	10^{-14}
		saure Lösungen		
10^{-4}	4		10	10^{-10}
10^{-7}	7	$[H_3O^{\oplus}] = [OH^{\ominus}]$	7	10^{-7}
10^{-10}	10		4	10^{-4}
		basische Lösungen		
10^{-14}	14		0	$10^0 = 1$

Beispiel 1: $[H_3O^{\oplus}] = 10^{-6}$ mol/L
pH $= 6$

Beispiel 2: $[H_3O^{\oplus}] = 2 \cdot 10^{-7}$ mol/L
pH $= -\lg 2 - \lg 10^{-7} = -0{,}3 + 7 = 6{,}7$

Auch negative pH-Werte haben real eine Bedeutung, und zwar sobald $[H_3O^{\oplus}] > 1$ mol/L wird.

Beispiel 3: $[H_3O^{\oplus}] = 10^2$ mol/L; pH $= -\lg 10^2 = -2 \cdot \lg 10 = -2$

Aktivitätskoeffizient. Die quantitativen Aussagen in diesem Kapitel beziehen sich immer auf verdünnte Lösungen ($[H_3O^{\oplus}] < 10^{-1}$ mol/L). Bei konzentrierten Lösungen ist $c(H_3O^{\oplus})$ durch die *Aktivitäten* $a(H_3O^{\oplus})$ zu ersetzen gemäß der Beziehung $a(H_3O^{\oplus}) = f \cdot c(H_3O^{\oplus})$, wobei für den *Aktivitätskoeffizienten* (f) gilt: $0 < f \leq 1$. Da wir hier nur verdünnte Lösungen betrachten, rechnen wir auch weiterhin nur mit den Konzentrationen. Aktivitätskoeffizienten kann man Tabellenwerken entnehmen.

8

8.4 Stärke von Säuren und Basen

Die *Protonendonator-Stärke* einer Säure dokumentiert sich in wässriger Lösung darin, wie vollständig die Protonenübertragung auf das Wasser abläuft. Bei Basen kommt es darauf an, wie stark diese Protonen, die vom Wasser kommen, binden. Um die **Stärke** einer Säure (HA) oder Base (B) zu definieren, wendet man das MWG auf die jeweiligen Dissoziationsgleichgewichte an.

$$HA + H_2O \rightleftharpoons H_3O^{\oplus} + A^{\ominus} \qquad B + H_2O \rightleftharpoons BH^{\oplus} + OH^{\ominus}$$

$$K = \frac{[H_3O^{\oplus}] \cdot [A^{\ominus}]}{[HA] \cdot [H_2O]} \qquad K = \frac{[BH^{\oplus}] \cdot [OH^{\ominus}]}{[B] \cdot [H_2O]}$$

Säurekonstante
Basenkonstante

Da sich die Konzentration an H_2O durch die Dissoziation in verdünnter Lösung kaum verändert, wird $[H_2O]$ in die Gleichgewichtskonstante einbezogen. Man erhält die **Säurekonstante** K_s bzw. die **Basenkonstante** K_b, jeweils mit der Einheit mol/L. Die Werte sind temperaturabhängig.

$$K_s = \frac{[H_3O^{\oplus}] \cdot [A^{\ominus}]}{[HA]} \qquad K_b = \frac{[BH^{\oplus}] \cdot [OH^{\ominus}]}{[B]}$$

K_s = Säurekonstante $\qquad$ K_b = Basenkonstante

Findet man für die Säurekonstante (K_s) einen *großen Wert*, so liegt das Dissoziationsgleichgewicht weit *rechts*, die Säure ist stark. Kleine Säurekonstanten (K_s-Werte) deuten auf eine schwache Säure hin. Bildet man den negativen dekadischen Logarithmus der K_s- und K_b-Werte, so ergibt sich:

pK_s-Wert, pK_b-Wert

$$pK_s = -\lg K_s \qquad pK_b = -\lg K_b$$

Der pK_s-Wert einer Säure und der pK_b-Wert ihrer konjugierten Base hängen in wässriger Lösung wie folgt zusammen:

! $pK_s + pK_b = 14$

Der pK_s- bzw. pK_b-Wert ist das übliche Maß für die Stärke von Säuren bzw. Basen. Kleine oder negative pK_s-Werte zeigen an, dass die Säure stark ist, große Werte, dass sie schwach ist (Tab. 8/3).

Tab. 8/3 pK_s-Werte einiger Säure-Base-Paare bei 15 °C.

Säurecharakter (↑ Zunahme der Säurestärke)	pK_s	Säure/konj. Base	
stark	− 6	$HCl/Cl^{\ominus}$	Chlorwasserstoff/Chlorid
	− 3	$H_2SO_4/HSO_4^{\ominus}$	Schwefelsäure/Hydrogensulfat
	− 1,7	$H_3O^{\oplus}/H_2O$	Hydronium-Ion/Wasser
	− 1,3	$HNO_3/NO_3^{\ominus}$	Salpetersäure/Nitrat
mittelstark	1,9	$HSO_4^{\ominus}/SO_4^{2\ominus}$	Hydrogensulfat/Sulfat
	2,0	$H_3PO_4/H_2PO_4^{\ominus}$	Phosphorsäure/Dihydrogenphosphat
schwach	4,8	$H_3CCOOH/H_3CCOO^{\ominus}$	Essigsäure/Acetat
	6,4	$CO_2/HCO_3^{\ominus}$	Kohlendioxid/Hydrogencarbonat
	7,1	$H_2S/SH^{\ominus}$	Schwefelwasserstoff/Hydrogensulfid
	7,2	$H_2PO_4^{\ominus}/HPO_4^{2\ominus}$	Dihydrogenphosphat/Hydrogenphosphat
sehr schwach	9,2	$NH_4^{\oplus}/NH_3$	Ammonium-Ion/Ammoniak
	9,4	$HCN/CN^{\ominus}$	Blausäure/Cyanid
	10,4	$HCO_3^{\ominus}/CO_3^{2\ominus}$	Hydrogencarbonat/Carbonat
	12,3	$HPO_4^{2\ominus}/PO_4^{3\ominus}$	Hydrogenphosphat/Phosphat
	15,7	$H_2O/OH^{\ominus}$	Wasser/Hydroxid-Ion

Beispiel 1:
*Ammonia*k als Base wurde oben schon vorgestellt.

$$NH_3 + H_2O \rightleftharpoons NH_4^{\oplus} + OH^{\ominus} \qquad K_b = \frac{[NH_4^{\oplus}] \cdot [OH^{\ominus}]}{[NH_3]} = 1{,}6 \cdot 10^{-5}\ \text{mol/L}; \qquad pK_b = 4{,}8$$

Geht man bei der Formulierung des Dissoziationsgleichgewichtes von der konjugierten Säure $NH_4^{\oplus}$ aus, ergeben sich folgende Gleichungen:

$$NH_4^{\oplus} + H_2O \rightleftharpoons H_3O^{\oplus} + NH_3 \qquad K_s = \frac{[H_3O^{\oplus}] \cdot [NH_3]}{[NH_4^{\oplus}]} = 6{,}3 \cdot 10^{-10}\ \text{mol/L}; \qquad pK_s = 9{,}2$$

Die Summe aus pK_s- und pK_b-Wert beträgt 14. Da dieser Zusammenhang zwischen den Werten besteht, können in Tabellenwerken (☞ Tab. 8/3) auch für Basen pK_s-Werte angegeben werden, die sich auf die konjugierte Säure beziehen, in unserem Beispiel $NH_4^{\oplus}$.

Beispiel 2:
Bei *mehrprotonigen Säuren* (Schwefelsäure, Kohlensäure, Phosphorsäure, ☞ Tab. 8/1) gibt es für jede Dissoziationsstufe einen pK_s-Wert. Dabei fällt auf, dass das erste Proton immer leichter als das zweite und dieses leichter als ein drittes abgegeben wird (pK_{s1} < pK_{s2} < pK_{s3}). Der Grund ist, dass sich aus einem ungeladenen Molekül das erste Proton wegen der geringeren elektrostatischen Anziehungskräfte leichter herauslösen lässt als aus einem Anion. Als Beispiel dient *Oxalsäure.*

1. Stufe $HOOC{-}COOH + H_2O \rightleftharpoons H_3O^{\oplus} + HOOC{-}COO^{\ominus}$ $\quad pK_{s1} = 1{,}3$

2. Stufe $HOOC{-}COO^{\ominus} + H_2O \rightleftharpoons H_3O^{\oplus} + {}^{\ominus}OOC{-}COO^{\ominus}$ $\quad pK_{s2} = 4{,}3$

Anmerkungen zu Tabelle 8/3:
1. Die Säuren sind von oben nach unten in abnehmender Protonendonator-Stärke angeordnet. Mineralsäuren wie Salzsäure (HCl in Wasser) oder Schwefelsäure sind *wesentlich stärker* als z. B. Essigsäure oder Blausäure.
2. Starke Säuren reagieren mit Wasser praktisch vollständig zu $H_3O^{\oplus}$ und der konjugierten Base. $H_3O^{\oplus}$ ist in solchen Lösungen die eigentliche Säure, d. h., es gibt in Wasser keine stärkere Säure als $H_3O^{\oplus}$. Die pK_s-Werte für HCl und H_2SO_4 wurden in einem anderen Lösungsmittel bestimmt. Umgekehrt gibt es in Wasser keine stärkere Base als $OH^{\ominus}$. Wasser nivelliert bei starken Säuren bzw. Basen die Werte.
3. Kombiniert man Säure-Base-Paare mit verschiedenen pK_s-Werten in einer Reaktionslösung, so gibt die stärkere Säure (kleinerer pK_s-Wert) Protonen an die konjugierte Base des Paares mit geringerer Protonendonator-Stärke ab. Wir betrachten die Umsetzung von Säuren mit Salzen. Im ersten Beispiel sind die Ionenladungen bei den Salzen angegeben, im zweiten nicht.

Beispiel 1: $HCl + H_3CCOO^{\ominus}Na^{\oplus} \longrightarrow Na^{\oplus}Cl^{\ominus} + H_3CCOOH$

Salzsäure, Natriumacetat, Natriumchlorid, **Essigsäure**

Beispiel 2: $H_2SO_4 + CaCO_3 \longrightarrow CaSO_4 + H_2CO_3$

Schwefelsäure, Calciumcarbonat, Calciumsulfat, **Kohlensäure**

$H_2CO_3 \rightleftharpoons CO_2\uparrow + H_2O$

In Beispiel 1 entsteht *Essigsäure*, in Beispiel 2 *Kohlensäure*. Letztere ist nicht stabil und zerfällt weiter zu Wasser und Kohlendioxid (Gasentwicklung). Die den Beispielen zugrunde liegende Regel lautet:

! Die stärkere Säure (kleinerer pK_s-Wert) verdrängt die schwächere aus ihrem Salz. Eine Protonenverschiebung erfolgt immer von der stärkeren Säure zum Anion der schwächeren Säure.

Säuren und Laugen rufen Verätzungen hervor
Konzentrierte Säuren und Basen rufen auf der Haut oder Schleimhaut *lokale Verätzungen* hervor. Die häufigsten Unfälle passieren mit Eisessig, Salzsäure, Schwefelsäure, Salpetersäure, Alkalilaugen und konzentrierter Ammoniaklösung. Die Verätzungen können zu *Nekrosen* und *Narben mit Keloidbildung* führen. Säuren bilden an den betroffenen Stellen *Ätzschorf*, eine sog. Koagulationsnekrose. Basen hingegen dringen in tiefere Hautschichten ein, verflüssigen das Gewebe und bilden eine Kolliquationsnekrose. Äußerliche Verätzungen mit Säuren und Basen (Haut, Augen) **müssen sofort mit viel Wasser ausgiebig gespült werden**. Die weitere Behandlung gleicht der bei Verbrennungen. Bei oraler Auf-

nahme von Säuren oder Basen darf man **kein** Erbrechen auslösen. Empfohlen werden das sofortige Trinken von 300 mL Wasser und eine Schockbekämpfung. Die sofortige klinische Weiterbehandlung ist in jedem Fall angeraten.

8.5 Berechnung von pH-Werten

8.5.1 Starke Säuren

Starke Säuren ($pK_s < -1$) sind in wässriger Lösung praktisch vollständig dissoziiert. Aus jedem Molekül einer Säure HA bildet sich ein Teil $H_3O^{\oplus}$ und ein Teil $A^{\ominus}$.

Starke Säure: $HA + H_2O \rightleftarrows H_3O^{\oplus} + A^{\ominus}$

Die Konzentration an Hydronium-Ionen, die den pH-Wert bestimmt, ist genauso groß wie die Konzentration an Säure, die zu Beginn der Reaktion vorlag: $[H_3O^{\oplus}] = c(\text{Säure})$.

starke Säure/Base

! **pH-Wert für starke Säuren und Basen:**
pH = – lg *c*(**Säure**); pOH = – lg *c*(**Base**); pH = 14 – pOH

Der pH-Wert der folgenden Lösungen berechnet sich wie folgt:

Beispiele:	0,1 M Salzsäure:	$c(HCl) = 0{,}1$ mol/L;	$pH = -\lg 10^{-1} = 1$
	0,2 M Salzsäure:	$c(HCl) = 0{,}2$ mol/L;	$pH = -\lg 0{,}2 = 0{,}7$
	10^{-3} M Salzsäure:	$c(HCl) = 10^{-3}$ mol/L;	$pH = -\lg 10^{-3} = 3$
	0,1 M Natronlauge:	$c(NaOH) = 0{,}1$ mol/L;	$pOH = -\lg 10^{-1} = 1; pH = 14 - 1 = 13$

Verdünnt man Salzsäure oder Natronlauge über 10^{-7} M (pH = 7) hinaus, dann greift beim weiteren Verdünnen die Eigendissoziation des Wassers: Einen pH-Wert *größer als 7* kann es beim Verdünnen einer Säure nicht geben, ebenso wenig kann beim Verdünnen einer Base der pH-Wert *kleiner als 7* werden. Mit anderen Worten: Für eine 10^{-9} M Salzsäure oder eine 10^{-8} M Natronlauge ergibt sich pH = 7.

8.5.2 Schwache Säuren

Schwache Säuren sind in Wasser nicht vollständig dissoziiert, es überwiegt im Gleichgewicht der *undissoziierte Anteil.* Dies bedeutet, dass die Hydroniumionen-Konzentration im Vergleich zu einer gleich konzentrierten starken Säure *kleiner*, der pH-Wert entsprechend *größer* ist.

Schwache Säure:

$$\underset{[s]-[x]}{HA} + H_2O \rightleftarrows \underset{[x]}{H_3O^{\oplus}} + \underset{[x]}{A^{\ominus}}$$

[s] = *c*(Säure) = Konzentration an Säure zu Beginn der Reaktion
[x] = Konzentration des dissoziierten Anteils

Da aus jedem Molekül HA ein Teil $H_3O^{\oplus}$ und ein Teil $A^{\ominus}$ hervorgehen, sind deren Konzentrationen gleich. Um den dissoziierten Anteil [x] reduziert sich jedoch die Ausgangskonzentration [s], es bleibt [s] – [x].

Für die Säurekonstante K_s einer schwachen Säure ergibt sich:

$$K_s = \frac{[H_3O^{\oplus}] \cdot [A^{\ominus}]}{[HA]} = \frac{[x] \cdot [x]}{[s]-[x]} = \frac{[x]^2}{[s]-[x]} = \frac{[H_3O^{\oplus}]^2}{[s]-[x]}$$

Bei einer *schwachen Säure* verändert sich die Ausgangskonzentration so wenig, dass man die Änderung vernachlässigen kann: [s] – [x] ≈ [s].

Es folgt:

$$K_s = \frac{[H_3O^{\oplus}]^2}{[s]} = \frac{[H_3O^{\oplus}]^2}{c\,(\textbf{Säure})}; \qquad [H_3O^{\oplus}] = \sqrt{K_s \cdot c\,(\textbf{Säure})} = [K_s \cdot c\,(\textbf{Säure})]^{1/2}$$

Von dieser Gleichung wird der negative dekadische Logarithmus gebildet.

schwache Säure/Base

pH-Wert für schwache Säuren: $\mathrm{pH} = \frac{1}{2}\,[\mathrm{p}K_s - \lg c(\textbf{Säure})]$

pH-Wert für schwache Basen: $\mathrm{pOH} = \frac{1}{2}\,[\mathrm{p}K_b - \lg c(\textbf{Base})]$; $\mathrm{pH} = 14 - \mathrm{pOH}$

Beispiel 1: Welchen pH-Wert hat eine 0,1 M Essigsäure ($\mathrm{p}K_s = 4{,}8$)?
Die Essigsäure hat eine Konzentration von 10^{-1} mol/L. Durch Einsetzen in die Gleichung für schwache Säuren ergibt sich:

$$\mathrm{pH} = \frac{1}{2}(4{,}8 - \lg 10^{-1}) = \frac{1}{2}(4{,}8 + 1) = 2{,}9$$

Antwort: pH = 2,9

Beispiel 2: Welchen pH-Wert hat 0,01 M Ammoniaklösung ($\mathrm{p}K_s = 9{,}2$)?
Da Ammoniak eine schwache Base ist, muss der angegebene $\mathrm{p}K_s$-Wert in den $\mathrm{p}K_b$-Wert umgerechnet werden: $\mathrm{p}K_b = 14 - \mathrm{p}K_s = 14 - 9{,}2 = 4{,}8$.
Die Ammoniaklösung hat eine Konzentration von 10^{-2} mol/L.
Durch Einsetzen in die Gleichung ergibt sich:

$$\mathrm{pOH} = \frac{1}{2}(4{,}8 - \lg 10^{-2}) = 3{,}4; \qquad \mathrm{pH} = 14 - 3{,}4 = 10{,}6$$

Antwort: pH = 10,6

Lebensmittel beeinflussen den Säure-Base-Haushalt

Bei Lebensmitteln entscheidet *nicht* der pH-Wert, den diese aufweisen, darüber, wie sie den *Säure-Base-Haushalt* des Menschen beeinflussen. Es kommt vielmehr darauf an, ob bei der Metabolisierung neben den üblichen Säuren des Stoffwechsels auch *Basenanteile* entstehen, die einer *Übersäuerung* vorbeugen. Man weiß heute, dass z. B. fast alle Gemüse, Obst, Milch und Kartoffeln in diesem Sinne *basenreich* sind. Auf der anderen Seite stehen Lebensmittel wie z. B. Fleisch, Wurst, Fisch, Getreideprodukte, Schokolade, Kaffee, Tee und Alkohol, die den Körper durch *Säurebildung* belasten und Auslöser für einige *chronische Erkrankungen* sein können (z. B. Nierensteine, Müdigkeit, Pilzinfektionen, Rheuma, Gicht). Die *Entmineralisierung* der Knochen droht, wenn ein ständiger Überschuss an Säuren im Gewebe fortlaufend abgefangen werden muss. Therapeutisch kommt z. B. eine *substituierende Infusionstherapie* oder eine spezielle *Diät* in Frage. Viel trinken und eine ausgewogene Ernährung sind wirkungsvolle Vorbeugemaßnahmen.

Der Stoffwechsel der Lebensmittel führt in dieselben gegensätzlichen Qualitäten (Säuren und Basen), wie auf S. 109 für die Verbrennung von Pflanzenmaterial erläutert wurde. Während bei der Verbrennung die frei werdenden Kräfte *(Licht und Wärme)* verpuffen, dienen sie im Stoffwechsel der *Erhaltung des Lebens* und fördern beim Menschen die *geistige Tätigkeit*. Für Letztere spielt gerade der **Salzbildungsprozess**, der eine Ausgewogenheit von Säuren und Basen im Stoffwechsel erfordert, eine große Rolle. Die Salzbildung hängt jedoch nicht nur vom *Säure-Base-Haushalt*, sondern auch vom *Wasserhaushalt* ab, und die Verdichtung der Salzkomponenten darf, bis auf die Knochen- und Zahnbildung, nicht so weit voranschreiten, dass es zur Kristallisation kommt.

049 Tabelle pKs-Werte

8.6 Messung von pH-Werten

Das Messen und Einstellen von pH-Werten ist in der Chemie, Biochemie und Medizin von großer Bedeutung. Die pH-Bereiche, die man bei einigen Nahrungsmitteln und Körperflüssigkeiten findet, sind in Tabelle 8/4 zusammengestellt.

Für die pH-Messung stehen zwei Methoden zur Verfügung:

1. Messung pH-abhängiger Potenziale mit Hilfe eines **pH-Meters**, das mit einer Glaselektrode oder einer pH-abhängigen Redoxelektrode verbunden ist (☞ Kap. 9.12.2).
2. Messung mit Hilfe von **Indikatoren**.

Tab. 8/4 pH-Bereiche in verschiedenen Nahrungsmitteln und Körperflüssigkeiten.*

Flüssigkeit	pH	Flüssigkeit	pH
0,1 M HCl	1	Speichel	6,4
Magensaft	0,8–1,5	Wasser	7,0
Zitronensaft	2,2–2,4	Gallensaft	7,0–7,2
Essig, Cola	2,4–3,4	Blut	7,37–7,43
Sauerkraut, Wein	3,8	Pankreassaft	7,7
Schweiß	4,0–6,8	Seifenlauge	8–10
Tomatensaft	4,0–4,4	Magnesiumhydroxid	9–10
Kaffee (schwarz)	5,0–5,1	0,1 M NH_3-Lösung	11,1
Urin	5,5–7,5	0,1 M NaOH	13
Milch	5,3–6,6		

* Die pH-Werte der Körperflüssigkeiten unterliegen natürlichen Schwankungen.

Indikator

Indikatoren (HInd) sind schwache organische Säuren oder Basen, die ihre Farbe ändern, wenn sie durch zugegebene Säuren oder Basen protoniert oder deprotoniert werden.

$$\underset{\text{Indikatorsäure}}{HInd} + H_2O \rightleftharpoons H_3O^{\oplus} + \underset{\text{Indikator-Anion}}{Ind^{\ominus}}$$

Anwendung des MWG: $K_{Ind} = \frac{[H_3O^{\oplus}] \cdot [Ind^{\ominus}]}{[HInd]}$ (K_{Ind} ist die Dissoziationskonstante für die Indikatorsäure)

aufgelöst nach $[H_3O^{\oplus}]$: $[H_3O^{\oplus}] = K_{Ind} \cdot \frac{[HInd]}{[Ind^{\ominus}]}$

Daraus der negative dekadische Logarithmus: $pH = pK_{Ind} - \lg \frac{[HInd]}{[Ind^{\ominus}]}$

Lackmus, ein Pflanzenfarbstoff, wird beispielsweise in Säuren rot und in Basen blau. Ist die Konzentration des roten Lackmus (= HInd) gleich der des blauen ($Ind^{\ominus}$), so gibt es eine Mischfarbe. In diesem Fall ist $pH = pK_{Ind}$, d. h., die Mischfarbe bildet sich bei einem pH-Wert, der vom pK_{Ind}-Wert des Indikators abhängt. pK_{Ind} bezeichnet man deshalb auch als *Umschlagspunkt*. Da Mischfarben mit dem Auge schlecht auszumachen sind, beschränkt man sich auf die optische Wahrnehmung der reinen Farben von HInd und $Ind^{\ominus}$. Jeder Indikator hat einen **Umschlagsbereich**, der sich wie folgt angeben lässt:

Indikator-Umschlagsbereich

! Umschlagsbereich von Indikatoren: $pH = pK_{Ind} \pm 1$

Der Grenzwert ±1 bedeutet, dass der Farbumschlag für das Auge erst dann deutlich ist, wenn die Konzentration von HInd 10-mal größer ist als für $Ind^{\ominus}$ und umgekehrt. In Tabelle 8/5 sind gebräuchliche Indikatoren aufgelistet. Man kann sich für bestimmte pH-Bereiche einen Indikator auswählen.

Tab. 8/5 Gebräuchliche pH-Indikatoren.

Indikator	Umschlagsbereich (pH)	Farbe im Sauren	Farbe im Basischen
Methylorange	3–5	rot	gelb
Methylrot	4–6	rot	gelb
Lackmus	5–7	rot	blau
Bromthymolblau	6–8	gelb	blau
Phenolphthalein	8–10	farblos	rot
Thymolphthalein	9,4–10,6	farblos	blau

pH-Papier

Indikatorpapier. Mit einem einzelnen Indikator gelingt die pH-Bestimmung nur sehr ungenau. Die Farbänderung von Lackmus zeigt lediglich an, dass die Lösung bei Rotfärbung pH < 5 hat und bei Blaufärbung > 7. In der Praxis werden mit Indikatormischungen imprägnierte Papierstreifen eingesetzt, die z. T. unterschiedliche Felder aufweisen. Dieses *Indikatorpapier* (auch Indikatorstreifen), das sog. *Universalindikatoren* enthält, taucht man in die zu messende Lösung. Das Papier oder einzelne Felder nehmen eine Farbe entsprechend dem pH-Wert an, den man an Hand einer mitgelieferten Farbskala ablesen kann. Die Bestimmungen sind bei großem Messbereich des Indikatorpapiers (pH = 0–14) nur auf eine pH-Einheit genau, bei Spezialpapieren auf 0,3 pH-Einheiten. Verwendet wird dieses Verfahren z. B., um bei Körperflüssigkeiten (Tab. 8/4) und in chemischen oder biochemischen Reaktionslösungen eine ungefähre Vorstellung vom pH-Wert zu gewinnen.

Pflanzenfarbstoffe als Indikatoren
Viele Pflanzenfarbstoffe sind pH-Indikatoren (Lackmus, Kornblume, Rotkohl). Der Farbstoff der Kornblume (Anthocyanidin) ist nur in alkalischem Milieu blau. Er ist jedoch auch in den Blütenblättern der Rosen enthalten. Da dort ein saures Milieu herrscht, sind rote Farben für Rosen typisch. Da der pH-Wert in den Blütenblättern äußerlich, d. h. über den pH-Wert im Boden, nicht beeinflussbar ist, gibt es keine roten Kornblumen und keine blauen Rosen, es sei denn, man verändert die Pflanzen genetisch in ihren Eigenschaften.

8.7 Neutralisation

Neutralisation

Bei der Reaktion äquimolarer Mengen *Salzsäure* und *Natronlauge* heben sich deren Säure-Base-Eigenschaften auf. Die Protonen der Säure werden von der Base aufgenommen. Den Vorgang bezeichnet man als **Neutralisation**.

Neutralisation:

$$\underset{\text{Säure}}{HCl} + \underset{\text{Base}}{NaOH} \longrightarrow \underset{\text{Salz}}{NaCl} + \underset{\text{Wasser}}{H_2O}$$

Da die Reaktion in Wasser abläuft, lässt sich auch die Ionengleichung formulieren:

$$H_3O^{\oplus} + Cl^{\ominus} + Na^{\oplus} + OH^{\ominus} \longrightarrow Na^{\oplus} + Cl^{\ominus} + 2\,H_2O$$

Aus dem Anion der Säure und dem Kation der Base entsteht formal *Kochsalz*, dessen Ionen in Wasser dissoziiert und hydratisiert vorliegen. Hieran hat sich während der Neutralisation nichts geändert. Erst wenn man das Wasser verdampft, bleibt das feste Salz zurück.

Die eigentliche Neutralisation, die das Zusammenführen von Säuren und Basen beschreibt, besteht darin, dass **Hydronium-Ionen** und **Hydroxid-Ionen** zu weitgehend undissoziiertem, neutralem **Wasser** zusammentreten.

$$H_3O^{\oplus} + OH^{\ominus} \rightleftharpoons 2\,H_2O \qquad \Delta H^0 = -57{,}3\ \text{kJ/mol}$$

Neutralisations-enthalpie

Bei der Neutralisation wird *Wärme* frei (**Neutralisationsenthalpie**). Der Enthalpiewert ist **unabhängig** davon, ob man eine starke oder schwache Säure mit Hydroxidlösung neutralisiert. Die tatsächliche Erwärmung der Neutralisationslösung ist jedoch unterschiedlich.

Allzu viel ist ungesund

Die Magendrüsen bilden pro Tag etwa 2–3 L *Magensaft*, eine nahezu blutisotone **Salzsäure** mit einem pH-Wert von 0,8–1,5. Die Salzsäure bereitet die Nahrungseiweiße für die Verdauung vor. Ihre Freisetzung ist ein metabolisches Meisterstück, weil ungewöhnlich hohe Konzentrationsgradienten aufrechterhalten werden müssen. Entsprechend aufwändig ist die Regulation dieses Prozesses. Durch *Stress* und *Ernährungseinflüsse* kommt es zu einer Übersäuerung des Magens *(Sodbrennen, Gastritis)*. **Antazida** sind Substanzen, die die Magensäure neutralisieren und/oder adsorbieren. Verwendet werden *Magnesium-* und *Aluminiumhydroxid*, die in Wasser schlecht löslich sind und langsam mit der Salzsäure reagieren, oder *Magnesium-Aluminium-Silikathydrat*, das zugleich neutralisiert und adsorbiert. Die Bedeutung von *Calciumcarbonat* und *Natriumhydrogencarbonat* ist wegen der raschen CO_2-Entwicklung und anderer Nebenwirkungen zurückgegangen. Andere Arzneimittel greifen direkt in die Salzsäurebildung ein. Alle Präparate haben jedoch Nebenwirkungen.

8.8 pH-Wert von Salzlösungen

Fügt man äquimolare Mengen Salzsäure und Natronlauge zusammen, hat die entstehende *Kochsalzlösung* am Ende einen pH-Wert von 7, sie reagiert *neutral.* Dies ist jedoch keine notwendige Bedingung für eine Neutralisationsreaktion. Eine Neutralisation kann auch zu sauren oder basischen Salzlösungen führen, d. h., der Begriff ist im Hinblick auf den pH-Wert eigentlich irreführend.

Salzlösungen, die aus der Neutralisation einer **starken Säure** mit einer **starken Base** entstanden sind, verhalten sich **neutral** (pH = 7).

Von pH = 7 abweichende pH-Werte zeigen Salzlösungen, die entweder durch Umsetzung einer *schwachen Säure* mit einer *starken Base* entstanden sind oder beim Zusammenfügen einer *starken Säure* mit einer *schwachen Base* (Tab. 8/6).

Tab. 8/6 pH-Reaktion der wässrigen Lösung einiger Salze.

	Salz	pH-Reaktion	
Ammoniumchlorid	NH_4Cl	sauer	pH < 7
Natriumchlorid	NaCl	neutral	pH = 7
Natriumbromid	NaBr	neutral	pH = 7
Natriumsulfat	Na_2SO_4	neutral	pH = 7
Natriumhydrogencarbonat	$NaHCO_3$	basisch	pH > 7
Natriumcarbonat	Na_2CO_3	basisch	pH > 7
Natriumacetat	$H_3CCOONa$	basisch	pH > 7

8

Beispiel 1: Äquimolare Mengen Essigsäure und Natronlauge reagieren zu Natriumacetat und Wasser. Der pH-Wert der Lösung ist jedoch **nicht neutral**, sondern schwach alkalisch (pH > 7). Dies hängt damit zusammen, dass die Acetat-Ionen als *schwache Base* in gewissem Umfang mit *undissoziierter Essigsäure* im Gleichgewicht stehen, d. h., Acetat-Ionen übernehmen in geringem Umfang Protonen vom Wasser, das Protolyse-Gleichgewicht führt zu einer Erhöhung der $OH^{\ominus}$-Konzentration gegenüber der für reines Wasser. Die hydratisierten $Na^{\oplus}$-Ionen der starken Base NaOH zeigen keine Reaktion mit dem Wasser.

Neutralisation: $H_3CCOOH + NaOH \longrightarrow H_3CCOO^{\ominus} + Na^{\oplus} + H_2O$
(Essigsäure, Natronlauge → Natriumacetat, Wasser)

Protolyse-Gleichgewicht: $H_3CCOO^{\ominus} + H_2O \rightleftharpoons H_3CCOOH + OH^{\ominus}$

Beispiel 2: Äquimolare Mengen Salzsäure und wässrige Ammoniak-Lösung (Ammoniumhydroxid) reagieren zu *Ammoniumchlorid* (NH_4Cl) und Wasser. Der pH-Wert dieser Salzlösung ist nicht neutral, sondern schwach sauer (pH < 7). Die hydratisierten $Cl^{\ominus}$-Ionen geben mit dem Wasser keine Protonenübertragungsreaktion, während $NH_4^{\oplus}$ als schwache Säure mit Wasser ein Protolyse-Gleichgewicht mit einem deutlichen Anteil an $H_3O^{\oplus}$ bildet.

Neutralisation: $HCl + NH_4OH \longrightarrow NH_4^{\oplus} + Cl^{\ominus} + H_2O$

Protolyse-Gleichgewicht: $NH_4^{\oplus} + H_2O \rightleftharpoons H_3O^{\oplus} + NH_3$

! Die genauere Definition für *Neutralisation* lautet: **Bei der Neutralisation werden äquivalente Mengen Säure und Base zur Reaktion gebracht.**

8.9 Säure-Base-Titration

8.9.1 Titrationskurven

! Die allmähliche Zugabe einer Base zu einer Säure *(Alkalimetrie)* oder umgekehrt einer Säure zu einer Base *(Azidimetrie)* bezeichnet man als **Titration.**

8

Titrationskurve

Äquivalenzpunkt
Neutralpunkt

Titration einer starken Säure. Man versetzt 10 mL einer 0,1 M HCl (*starke Säure:* Anfangs-pH-Wert = 1) nacheinander mit jeweils 1 mL 0,1 M NaOH und bestimmt nach jeder Zugabe den pH-Wert. Trägt man die gefundenen Werte gegen das Volumen (mL) der zugegebenen NaOH graphisch auf, so erhält man eine **Titrationskurve** (Abb. 8/1). Am Anfang liegt überwiegend Salzsäure vor, die Zugabe von NaOH wirkt sich zunächst nur wenig auf den pH-Wert der Lösung aus. Wenn 90% der vorgelegten Säure verbraucht sind, ist der pH-Wert erst von 1 auf 2 angestiegen, bei 99% von 1 auf 3. Es folgt ein Bereich, in dem die Zugabe sehr kleiner Mengen der Basenlösung (z. B. ein Tropfen) einen großen „pH-Sprung" verursacht (senkrechter Kurvenast). Sind genau 10 mL 0,1 M NaOH verbraucht worden, hat man den **Äquivalenzpunkt** erreicht, der in unserem Beispiel bei pH = 7 liegt (☞ Kap. 8.8), also mit dem **Neutralpunkt** (definitionsgemäß bei pH 7) zusammenfällt. Bei weiterer Zugabe von Natronlauge bestimmt diese den pH-Wert der Lösung.

Titration einer schwachen Säure. Wird eine *schwache Säure* (z. B. 10 mL 0,1 M Essigsäure, Anfangs-pH-Wert = 2,9) analog mit 0,1 M NaOH titriert, dann hat die Titrationskurve einen etwas anderen Verlauf (Abb. 8/2). Der Äquivalenzpunkt liegt im Bereich um pH = 9, fällt also *nicht* mit dem Neutralpunkt zusammen. Charakteristisch für schwache Säuren ist ferner, dass der „pH-Sprung" am Äquivalenzpunkt nicht so drastisch ausfällt.

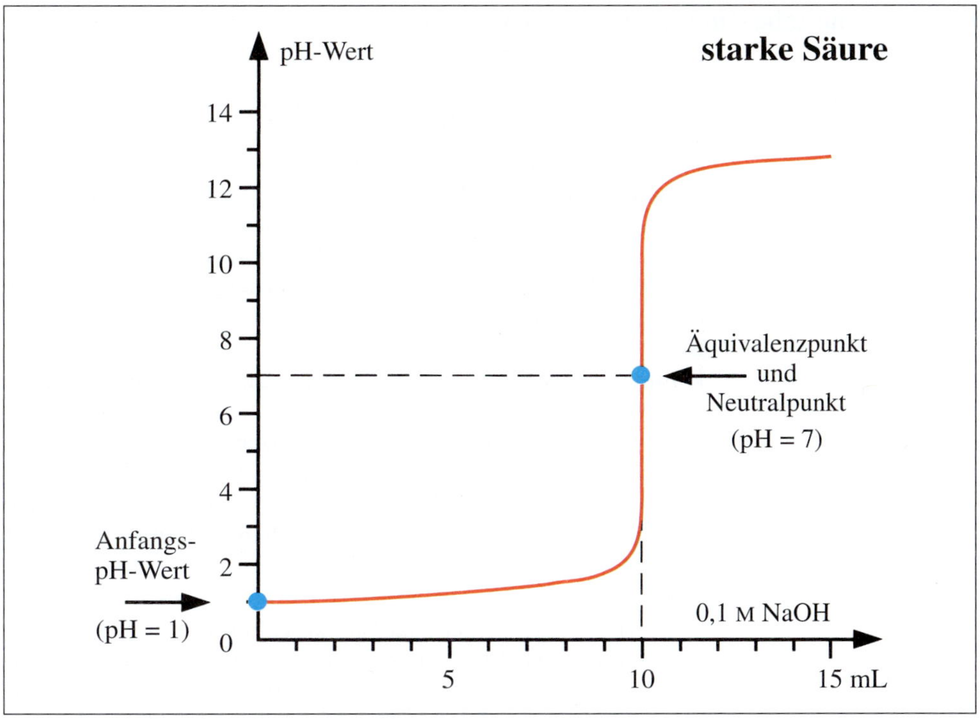

Abb. 8/1 Titrationskurve von Salzsäure (10 mL 0,1 M HCl mit 0,1 M NaOH).

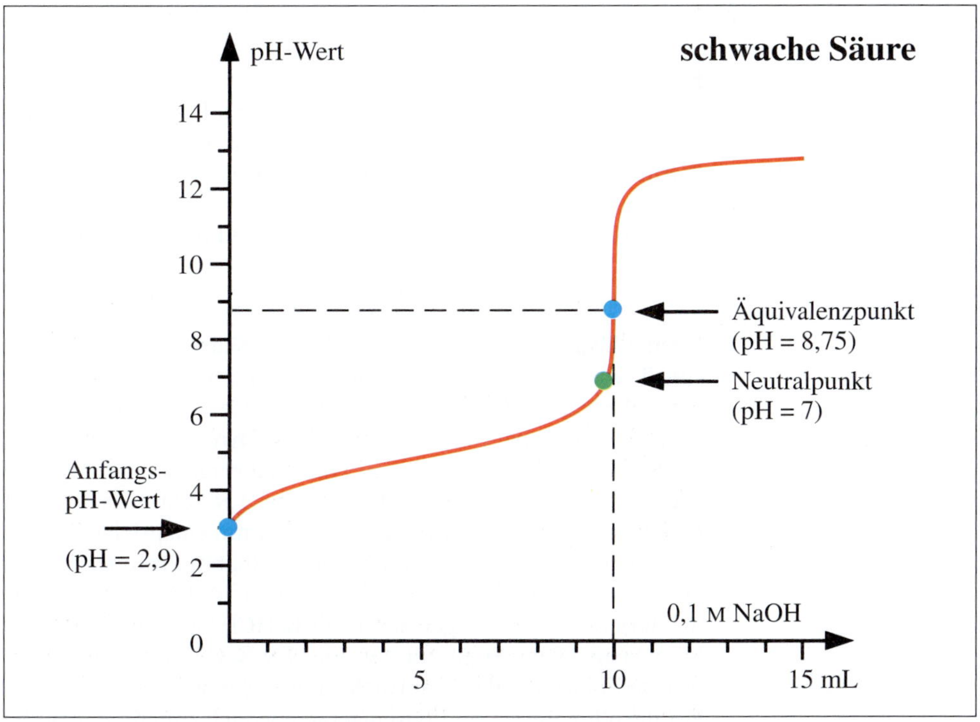

Abb. 8/2 Titrationskurve von Essigsäure (10 mL 0,1 M H_3CCOOH mit 0,1 M NaOH).

In analoger Weise kann man natürlich auch eine **schwache Base** mit einer starken Säure titrieren, z. B. Ammoniumhydroxid (Ammoniak in Wasser) mit 0,1 M HCl. Die Titrationskurve beginnt dann im alkalischen Bereich, am Äquivalenzpunkt ist der pH-Wert < 7, liegt also im sauren pH-Bereich (☞ Kap. 8.8).

8.9.2 Gehaltsbestimmung durch Titration

Titrationsmittel

Indikator

Bedeutung von Indikatoren. Die bei einer Titration zugegebene Säure oder Base bezeichnet man als **Titrationsmittel**, dessen Konzentration (z. B. in mol/L) bekannt sein muss. Wenn es gelingt, bei der ablaufenden Neutralisationsreaktion den Äquivalenzpunkt zu bestimmen, ist es möglich, aus der bis dahin verbrauchten Menge Titrationsmittel den **Gehalt an Säure bzw. Base** in einer vorgegebenen Lösung zu berechnen. Das Erreichen des Äquivalenzpunktes wird durch den Farbumschlag eines **Indikators** (☞ Tab. 8/5) sichtbar gemacht. Bei der Auswahl des Indikators muss man beachten, dass sein *Umschlagsbereich* in dem pH-Bereich des senkrecht aufsteigenden Kurvenastes der Titrationskurve liegt. Für die Titration einer starken Säure (z. B. HCl ☞ Abb. 8/1) mit NaOH sind mehrere Indikatoren geeignet (z. B. *Methylorange*), bei der schwachen Säure Essigsäure (☞ Abb. 8/2) kommt praktisch nur *Phenolphthalein* (Umschlagsbereich: pH 8,2 – 10) in Frage. Mit *Methylorange* (Umschlagsbereich: pH = 3 – 5) würde der Farbumschlag **vor** Erreichen des Äquivalenzpunktes eintreten, die Gehaltsbestimmung wäre fehlerhaft.

Titriert man die oben genannten Säuren (HCl oder Essigsäure) mit 0,1 M NaOH (Gehalt: 0,1 mol/L), dann braucht man bei der Titration lediglich das Volumen der zugegebenen Natronlauge zu messen und weiß zu jedem Zeitpunkt, welche Menge NaOH (in mol) verbraucht wurde.

Beispiel 1: Magensaft enthält *Salzsäure*. Verbraucht eine vorgelegte Menge Magensaft mit unbekanntem HCl-Gehalt bis zum Äquivalenzpunkt 20 mL 0,1 M NaOH, dann wurden 0,02 L · 0,1 mol/L = 0,002 mol (= 2 mmol) NaOH hinzugefügt. Da Säure und Base in äquivalenten Mengen reagieren, lagen folglich auch 0,002 mol (= 2 mmol) HCl in der Magensaftprobe vor.

Will man darüber hinaus wissen, wie viel mg HCl dies sind, benötigt man die Molmasse von HCl (36,5 g/mol). Für 2 mmol HCl errechnen sich 2 mmol · 36,5 mg/mmol = 73 mg HCl.

Beispiel 2: Die vorgegebene Lösung, deren Gehalt bestimmt werden soll, enthält jetzt *Schwefelsäure*, also eine zweiprotonige Säure. Für die quantitative Bestimmung muss man berücksichtigen, dass 1 mol H_2SO_4 in Wasser insgesamt 2 mol Hydronium-Ionen bildet. Werden bis zum Äquivalenzpunkt wiederum genau 20 mL 0,1 M NaOH verbraucht, dann müssen 2 mmol $H_3O^{\oplus}$-Ionen vorgelegen haben, die aus 1 mmol H_2SO_4 (Molmasse: 98 g/mol) entstanden sind. Die vorgegebene Lösung enthält somit 98 mg H_2SO_4.

$$H_2SO_4 + 2\,NaOH \longrightarrow Na_2SO_4 + 2\,H_2O$$

Normallösungen. Bei mehrprotonigen Säuren bzw. mehrbasigen Hydroxiden verläuft eine Titration analog zu einprotonigen Säuren oder Basen. Lediglich bei der Berechnung des Gehalts einer Lösung an Säure bzw. Base muss man einen Faktor berücksichtigen, der der Zahl der abspaltbaren Protonen bzw. Hydroxid-Ionen entspricht, z. B. den Faktor 2 bei der Schwefelsäure (s. o.). Um dies nicht zu vergessen oder zu verwechseln, verwendet man auch sog. *Normallösungen* (Abk. N). Eine 1 N Schwefelsäure enthält in einem Liter so viel H_2SO_4, wie ihrer **Äquivalentmasse** in Gramm entspricht. Die Äquivalentmasse ist die Molmasse geteilt durch die Anzahl der abspaltbaren Protonen. Für Schwefelsäure gilt $\frac{98}{2} = 49$ g. Der Gehalt dieser Lösung (49 g/L) entspricht der **Äquivalentkonzentration** (früher Normalität). Bei einprotonigen Säuren (z. B. HCl) haben molare und normale Lösungen denselben Gehalt. Gleiches gilt für 1 M oder 1 N NaOH. Der Vorteil der Normallösungen ist, dass gleiche Volumina gleich normaler Lösungen sich vollständig neutralisieren. Die Normallösungen für Säuren und Basen geraten jedoch zunehmend außer Gebrauch.

8.10 Pufferlösungen

Bedeutung für den Stoffwechsel. Betrag und Konstanz des pH-Wertes im Zytoplasma einer Zelle oder in bestimmten Körperflüssigkeiten wie z. B. dem Blut (pH = 7,4) sind lebenswichtig. Der pH-Wert beeinflusst z. B. die *Aktivität von Enzymen*, an deren Aufbau

Aminosäuren mit sauren und basischen Gruppen beteiligt sind (☞ Kap. 19). Im Stoffwechsel laufen viele Reaktionen ab, bei denen Protonen freigesetzt oder verbraucht werden. Dies birgt die Gefahr in sich, dass pH-Änderungen im jeweiligen Milieu eintreten. Zellflüssigkeiten müssen daher in der Lage sein, stoffwechselbedingte *pH-Stöße* abzufangen (= zu puffern).

8.10.1 Puffersubstanzen und ihre Wirkung

Pufferlösung

! **Pufferlösungen** enthalten Stoffe *(= Puffersubstanzen)*, die dafür sorgen, dass sich bei Zugabe von Säuren oder Basen der pH-Wert einer Lösung nur *wenig* verändert.

Bei dieser Betrachtung spielen das Volumen und die Konzentration der Pufferlösung und die Menge an zugegebener Säure oder Base natürlich eine wichtige Rolle.

Geeignete Puffersubstanzen sind:

1. Das Gemisch aus einer **schwachen Säure** und der konjugierten Base dieser Säure (z. B. Essigsäure/Natriumacetat).
2. Das Gemisch aus einer **schwachen Base** und der konjugierten Säure dieser Base (z. B. Ammoniak/Ammoniumchlorid).

Acetat-Puffer

Beispiel: Ein äquimolarer 0,2 M **Acetat-Puffer** liegt vor, wenn in 1 L einer wässrigen Pufferlösung 0,1 mol Essigsäure und 0,1 mol Natriumacetat enthalten sind. Was passiert nun, wenn diese Lösung „pH-Stößen" ausgesetzt wird?

Wirken $H_3O^{\oplus}$-Ionen auf den Acetat-Puffer ein (Gleichung 1), dann übernimmt die Base Acetat die überschüssigen Protonen und bildet undissoziierte Essigsäure. Treten $OH^{\ominus}$-Ionen hinzu (Gleichung 2), entziehen diese der Essigsäure Protonen, es bilden sich Acetat-Ionen.

Gleichung 1 (Zugabe von Säure): $H_3O^{\oplus} + H_3CCOO^{\ominus} \rightleftharpoons H_3CCOOH + H_2O$

Gleichung 2 (Zugabe von Base): $OH^{\ominus} + H_3CCOOH \rightleftharpoons H_3CCOO^{\ominus} + H_2O$

In beiden Fällen entsteht neutrales Wasser, daneben entweder Essigsäure oder deren Anion, die beide ohnehin schon in der Lösung vorhanden sind. Die Zunahme der Konzentration des einen oder anderen Bestandteils in der Pufferlösung wirkt sich auf den pH-Wert jedoch nur wenig aus.

Was hier für den Acetat-Puffer ausgeführt wurde, lässt sich auf alle Pufferlösungen anwenden. Man muss jeweils schauen, welcher Bestandteil in einem System Protonen aufnimmt und welcher Protonen abgibt.

8.10.2 Puffergleichung

Um die Pufferwirkung des Acetat-Puffers *quantitativ* zu erfassen, wenden wir das Massenwirkungsgesetz auf das Dissoziationsgleichgewicht der Essigsäure an.

$$H_3CCOOH + H_2O \rightleftharpoons H_3CCOO^{\ominus} + H_3O^{\oplus}$$

$$K_s = \frac{[H_3O^{\oplus}] \cdot [H_3CCOO^{\ominus}]}{[H_3CCOOH]}; \quad \text{umgestellt:} \quad [H_3O^{\oplus}] = K_s \cdot \frac{[H_3CCOOH]}{[H_3CCOO^{\ominus}]}$$

Nach Bildung des negativen dekadischen Logarithmus erhält man:

$$pH = pK_s - \lg \frac{[H_3CCOOH]}{[H_3CCOO^{\ominus}]}; \quad \text{umgestellt:} \quad pH = pK_s + \lg \frac{[H_3CCOO^{\ominus}]}{[H_3CCOOH]}$$

Aus der Gleichung wird deutlich, dass der pH-Wert der Pufferlösung vom pK_s-Wert der Essigsäure *und* von dem Verhältnis der Konzentration der Puffersubstanzen (Essigsäure/Acetat) abhängt.

Puffergleichung

Die für den Acetat-Puffer abgeleitete Gleichung lässt sich analog für jedes andere Puffersystem ($HA/A^{\ominus}$) anwenden. Im Zähler des Quotienten steht die Brönsted-Base, im Nenner die konjugierte Brönsted-Säure des Systems. Daraus ergibt sich die **Puffergleichung** nach Henderson-Hasselbalch in folgender allgemeiner Form:

> **!** **Henderson-Hasselbalch-Gleichung:** $pH = pK_s + \lg \frac{[\text{konjugierte Base}]}{[\text{Säure}]}$

Die Puffergleichung, auf den Ammoniak-Puffer angewendet, lautet: $pH = 9{,}2 + \lg \frac{[NH_3]}{[NH_4^{\oplus}]}$.

Die konjugierte Base ist NH_3, die Säure entspricht $NH_4^{\oplus}$, das aus der zugesetzten Puffersubstanz NH_4Cl stammt.

Zurück zum Acetat-Puffer (Essigsäure: $pK_s = 4{,}8$). Liegen konjugierte Base (= Acetat) und Säure (= Essigsäure) in gleicher Konzentration vor, so ist ihr Konzentrationsverhältnis gleich 1. Der Logarithmus von 1 ist gleich 0. In der Puffergleichung entfällt in diesem Fall der logarithmische Teil, es gilt $pH = pK_s = 4{,}8$. Ist das Konzentrationsverhältnis ungleich 1, bewirkt erst ein zehnfacher Überschuss des einen Partners über den anderen eine pH-Wert-Änderung um eine pH-Einheit.

> **!** Für äquimolare Pufferlösungen gilt: $pH = pK_s$

8.10.3 Pufferkapazität

Verdünnt man einen 0,2 M Acetat-Puffer (pH = 4,8) mit Wasser um den Faktor 10, dann liegt ein 0,02 M Acetat-Puffer vor. Das Konzentrationsverhältnis der Puffersubstanzen hat sich nicht geändert, auch die verdünnte Pufferlösung besitzt pH = 4,8. In dem genannten Konzentrationsbereich gilt:

> **!** Der pH-Wert einer Pufferlösung bleibt beim Verdünnen konstant.

Was hat sich beim Verdünnen geändert?

Dazu betrachten wir jeweils 1 L der 0,2 M bzw. der 0,02 M Acetat-Pufferlösung und geben zu jeder 10 mL 1 M HCl, was 0,01 mol HCl entspricht (0,01 L · 1 mol/L = 0,01 mol). Da die Protonen der Salzsäure vom Acetat abgefangen werden (☞ Kap. 8.10.1), verringert sich dessen Konzentration um 0,01 mol ([Acetat] = 0,1 – 0,01 = 0,09 mol). Entsprechend steigt die Konzentration der Essigsäure um 0,01 mol an ([Essigsäure] = 0,1 + 0,01 = 0,11 mol).

Für die 0,2 M Pufferlösung errechnet sich:

$$pH = pK_s + \lg \frac{[\text{Acetat}]}{[\text{Essigäure}]}; \qquad pH = 4{,}8 + \lg \frac{0{,}09}{0{,}11} = 4{,}8 + \lg 0{,}818 = 4{,}713$$

Der pH-Wert ändert sich somit nur sehr wenig (weniger als 0,1), die zugesetzte Salzsäure wird sehr gut gepuffert.

Bei der 0,02 M Acetat-Pufferlösung überführt die zugesetzte HCl das gesamte Acetat (0,01 mol) der Pufferlösung in Essigsäure, so dass am Ende eine ungefähr 0,02 M Essigsäure vorliegt, deren pH-Wert sich wie folgt errechnet:

$$pH = \tfrac{1}{2}(pK_s - \lg 0{,}02) = \tfrac{1}{2}(4{,}8 + 2 \cdot \lg 2) = 3{,}25$$

Mit anderen Worten: Diese Pufferlösung konnte die zugeführte HCl nicht abpuffern, die Pufferkapazität reichte nicht aus, die Säure hat den Puffer *„erschlagen"*.

Pufferkapazität

> **!** Gleiche Volumina verschieden konzentrierter Pufferlösungen unterscheiden sich in ihrer **Pufferkapazität**.

Wie ist die Pufferkapazität definiert?

Dazu geht man von 1 L einer Pufferlösung aus, deren Gehalt an Puffersubstanzen bekannt ist. Nun kann man diejenige Menge an Säure oder Base berechnen, die gebraucht wird, um den pH-Wert der Pufferlösung um eine pH-Einheit zu verändern.

8.10.4 pH-Optimum und Pufferbereich

pH-Optimum

Die Puffereigenschaften einer Pufferlösung sind optimal, wenn der Anteil der Puffersubstanzen äquimolar ist, wenn also pH = pK_s gilt. An diesem sog. **pH-Optimum** ist die Pufferkapazität gegenüber Säuren oder Basen gleich groß. Entfernt man sich von diesem pH-Wert, bleibt die Pufferwirkung eine Weile erhalten, ist jedoch entweder gegenüber Säuren oder gegenüber Basen nicht mehr optimal.

! Das **pH-Optimum** einer Pufferlösung liegt bei pH = pK_s.
Der **Einsatzbereich** von Pufferlösungen liegt bei pH = pK_s ± 1 (**Pufferbereich**).

In der Praxis muss man bei Pufferlösungen vorher wissen, welcher pH-Wert konstant gehalten werden soll. Dann kann man in Tabellenwerken nachsehen und anhand der pK_s-Werte von Säuren und Basen (☞ Tab. 8/3) geeignete Puffersubstanzen auswählen. Die benötigte Pufferkapazität bestimmt die Konzentration und das Volumen der Pufferlösung.

Pufferbereich. In der Titrationskurve der Essigsäure (Abb. 8/3) sind der **Äquivalenzpunkt** am senkrechten Kurvenast und der **Neutralpunkt** markiert. Nach Zugabe von 0,5 Äquivalenten NaOH (5 mL) ist die Hälfte der vorgelegten Essigsäure in Natriumacetat umgewandelt worden, d. h., die Konzentration der beiden ist zu dem Zeitpunkt gleich ([Essigsäure] = [Natriumacetat]). Gemäß der Puffergleichung entspricht der pH-Wert dem pK_s-Wert (4,8) der Essigsäure. Wir sehen, dass die Titrationskurve in diesem Bereich mehr waagerecht verläuft, d. h., bei Zugabe von NaOH ändert sich der pH-Wert der Lösung nur wenig. Genau dies zeichnet eine Pufferlösung aus. Man kann also ohne Mühe in der Titrationskurve den **Pufferbereich** (pK_s ± 1) markieren. Titrationskurven lassen sich experimentell ermitteln, pK_s-Wert und Pufferbereich können daraus abgelesen werden.

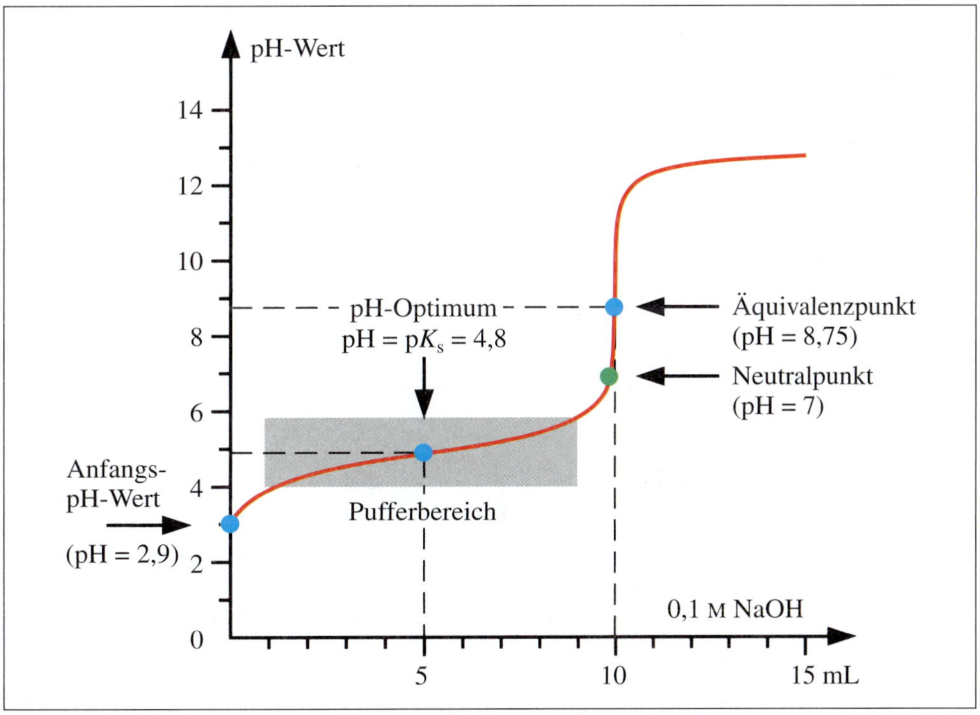

Abb. 8/3 Titrationskurve von 10 mL einer 0,1 M Essigsäure mit 0,1 M NaOH als Titrationsmittel (Markierung des Pufferbereichs).

8.10.5 Phosphat-Puffer

Für die dreiprotonige *Phosphorsäure* gibt es drei **Dissoziationsstufen:**

Phosphorsäure		Dihydrogenphosphat		Hydrogenphosphat		Phosphat
H_3PO_4	$\underset{-H^{\oplus}}{\overset{+H^{\oplus}}{\rightleftarrows}}$	$H_2PO_4^{\ominus}$	$\underset{-H^{\oplus}}{\overset{+H^{\oplus}}{\rightleftarrows}}$	$HPO_4^{2\ominus}$	$\underset{-H^{\oplus}}{\overset{+H^{\oplus}}{\rightleftarrows}}$	$PO_4^{3\ominus}$

Phosphat-Puffer

Die Titrationskurve der Phosphorsäure (Abb. 8/4) zeigt in ihrem Verlauf die drei Dissoziationsstufen deutlich an. Nach Zugabe von jeweils einem Äquivalent NaOH erreicht man einen Äquivalenzpunkt (senkrechter Kurvenast). Bei $Ä_1$ ist das erste Proton der Phosphorsäure neutralisiert, bei $Ä_2$ das zweite, bei der 3. Stufe ist der Verlauf nicht mehr so ausgeprägt, weil man in den pH-Bereich des Titrationsmittels 0,1 M NaOH (pH = 13) hineinkommt.

Im Hinblick auf die Pufferbereiche der Phosphorsäure gilt, dass H_3PO_4 selbst schon eine mittelstarke Säure und $PO_4^{3\ominus}$ eine starke Base ist, d. h., die Titrationskurve ist im Anfangs- und Endbereich eher mit der von starken Säuren bzw. Basen vergleichbar (pK_s-Werte, ☞ Tab. 8/3). Man findet deshalb nach Zugabe von 0,5 bzw. 2,5 Äquivalenten NaOH keine ausgeprägten Wendepunkte, die für einen Pufferbereich typisch sind. Anders liegt der Fall nach Zugabe von 1,5 Äquivalenten NaOH (pH = pK_{s2}). Um den pH-Wert von 7,2 herum befindet sich ein typischer *Pufferbereich*. Somit lässt sich in der Praxis aus den Puffersubstanzen $\mathbf{NaH_2PO_4/Na_2HPO_4}$ ein Puffersystem aufbauen, dessen pH-Optimum (pH = 7,2) im pH-Bereich von Zellflüssigkeiten liegt. Das Anion des ersten Salzes ($H_2PO_4^{\ominus}$, Dihydrogenphosphat) stellt die Säure, das des zweiten Salzes ($HPO_4^{2\ominus}$, Hydrogenphosphat) die konjugierte Base.

Puffergleichung des Phosphatpuffers: $$pH = 7{,}2 + \lg \frac{[HPO_4^{2\ominus}]}{[H_2PO_4^{\ominus}]}$$

Ein 0,1 M Natriumphosphat-Puffer (pH = 7,2) enthält in 1 L Pufferlösung je 0,05 mol Natrium-dihydrogenphosphat (primäres Natriumphosphat) und Dinatrium-hydrogenphosphat (= sekundäres Natriumphosphat).

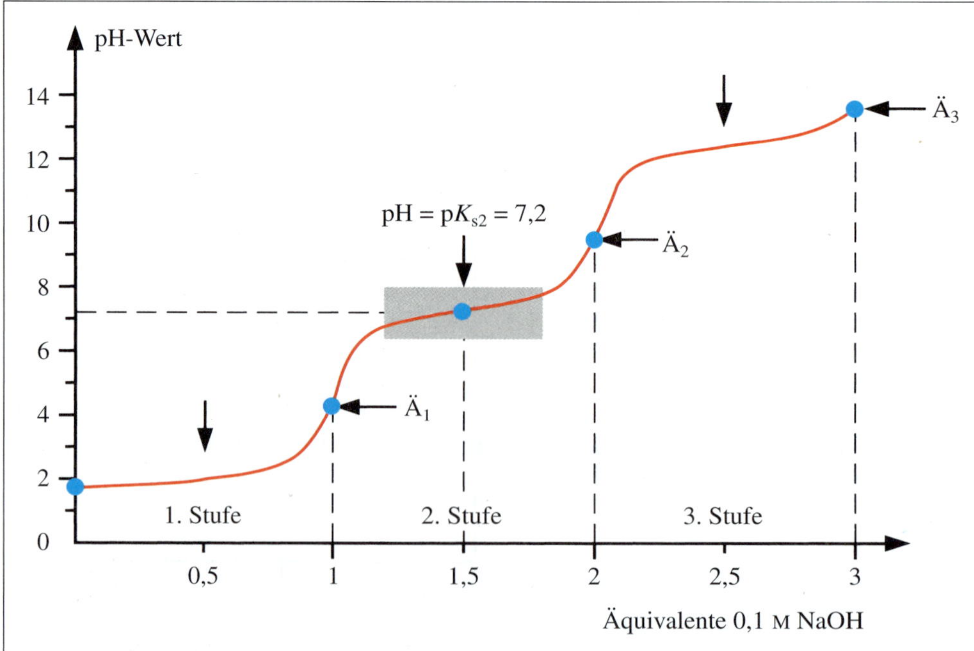

Abb. 8/4 Titrationskurve der Phosphorsäure (Ä = Äquivalenzpunkt).

8.10.6 Kohlensäure-Puffer

Das Gas **Kohlendioxid** (CO_2), das Endprodukt bei der Verbrennung organischer Verbindungen, löst sich recht gut in Wasser, das dann schwach sauer reagiert. In einer ersten Gleichgewichtsreaktion bildet sich die zweiprotonige **Kohlensäure** (H_2CO_3), die in einer zweiten Reaktion dissoziiert.

(1)	$CO_2 + H_2O \rightleftharpoons H_2CO_3$		$pK = 3{,}1$
(2)	$H_2CO_3 + H_2O \rightleftharpoons H_3O^{\oplus} + HCO_3^{\ominus}$		$pK_{s1} = 3{,}3$
(Gesamt)	$CO_2 + 2\,H_2O \rightleftharpoons H_3O^{\oplus} + HCO_3^{\ominus}$	Hydrogencarbonat	$pK_s = 6{,}4$

Der pK_s-Wert der ersten Reaktion zeigt an, dass das Gleichgewicht weit links liegt, d.h., CO_2 ist überwiegend physikalisch gelöst, es existieren nur wenige H_2CO_3-Moleküle. Die erste Reaktion ist mit der zweiten gekoppelt, man darf die Teilreaktionen zur Gesamtreaktion zusammenziehen und die pK-Werte addieren (☞ Kap. 6.6). Im Ergebnis erweist sich das CO_2/H_2O-System als **schwache Säure**.

Kohlensäure-Puffer

Aus CO_2 und Natriumhydrogencarbonat ($NaHCO_3$) lässt sich ein Puffersystem mit einem pH-Optimum bei pH = 6,4 (25 °C) aufbauen. Man spricht hier vom **Kohlensäure-Puffer**.

Puffergleichung des Kohlensäurepuffers: $$pH = 6{,}4 + \lg \frac{[HCO_3^{\ominus}]}{[CO_2]}$$

Im Blut ist der Kohlensäure-Puffer daran beteiligt, den pH-Wert bei 7,4 konstant zu halten. Bei diesem pH-Wert beträgt das Konzentrationsverhältnis der Puffersubstanzen 10 : 1.

$$\text{bei } 25\,°C: \quad \frac{[HCO_3^{\ominus}]}{[CO_2]} = \frac{10}{1}; \qquad pH = 6{,}4 + \lg \frac{10}{1} = 7{,}4$$

pK_s-Werte sind temperaturabhängig. Bei Körpertemperatur (37 °C) beträgt der pK_s-Wert für dieses System statt 6,4 nur 6,1. Um den Blut-pH-Wert (7,4) zu erreichen, beträgt das Konzentrationsverhältnis der Puffersubstanzen:

$$\text{bei } 37\,°C: \quad \frac{[HCO_3^{\ominus}]}{[CO_2]} = \frac{20}{1}; \qquad pH = 6{,}1 + \lg \frac{20}{1} = 7{,}4$$

Es liegt also ein Überschuss an Hydrogencarbonat vor, und der Puffer wirkt bevorzugt gegen $H_3O^{\oplus}$-Ionen, die im Stoffwechsel reichlich entstehen. Da CO_2 ein Gas ist, hängt seine Konzentration vom Partialdruck (p_{CO_2}) ab (☞ Kap. 5.3). Das gebildete CO_2 wird in der Lunge mit der Atemluft abgegeben. Der Partialdruck und damit auch das Puffersystem werden durch die Atmung rasch und wirkungsvoll reguliert. Überschüssiges CO_2 kann abgeatmet werden. Dadurch werden letztendlich $H_3O^{\oplus}$-Ionen beseitigt.

Offenes Puffersystem

Der Kohlensäure-Puffer ist ein **„offenes Puffersystem"**, weil eine Komponente über die Gasphase entfernt werden kann. Auf der anderen Seite wird CO_2, ein Stoffwechsel-Endprodukt, von den Zellen im Austausch gegen Sauerstoff an das Blut abgegeben, so dass die Konzentrationen von $HCO_3^{\ominus}$ und CO_2 im Blut weitgehend konstant bleiben.

$$H_3O^{\oplus} + HCO_3^{\ominus} \longrightarrow CO_2\uparrow + 2\,H_2O$$

Hydronium-Ion + Hydrogencarbonat → Kohlendioxid + Wasser

Pufferkapazität des Blutes

Der pH-Wert des Blutes beträgt pH = 7,4 mit einer natürlichen Schwankungsbreite von ± 0,03. Größere Schwankungen führen zu Krankheitsbildern, mehr als ± 0,3 sind letal. Im Blut sind drei Puffersysteme wirksam, deren Kapazität und Regulation eine Rolle spielen. Den Hauptanteil an der Pufferkapazität hat der **Proteinpuffer**, der im Wesentlichen durch das *Albumin* im Blutplasma und das *Hämoglobin* der Erythrozyten bestimmt wird. Das für die Regulation wichtigste System ist der **Kohlensäure-Puffer** ($CO_2/HCO_3^{\ominus}$). Er wird als offenes System über die Atmung geregelt. Einen dritten, kleineren Anteil bildet der **Phosphat-Puffer**. Die genannten Proteine liegen bei pH = 7,4 als Anionen vor (**Proteinat**), sind also Pufferbasen, ebenso wie **Hydrogencarbonat**, das die sog. *Alkalireserve* bildet. Es sind insbesondere die aus dem Stoffwechsel kommenden *Säureäquivalente*, denen der Blutpuffer gewachsen sein muss. Ist die Regulation gestört, kommt es rasch zu *metabolischen Azidosen* (pH < 7,37), z. B. bei *Diabetes mellitus*.

Im Notfall hilft eine Plastiktüte

Eine über den Bedarf hinaus gesteigerte Atemtätigkeit (**Hyperventilation**), ausgelöst z. B. durch Angst-, Schmerz- oder Erregungszustände, hat eine Senkung des CO_2-Partialdrucks in den *Lungenalveolen* und im *arteriellen Blut* unter den Normwert von 5,3 kPa zur Folge. Dies führt zu einem Anstieg des pH-Wertes im arteriellen Blut, was man als **respiratorische Alkalose** (pH > 7,43) bezeichnet. Symptome dafür sind z. B. Schwindel, Angstzustände und Muskelkrämpfe. Im akuten Fall kann durch *Vorhalten einer Plastiktüte* die Rückatmung von CO_2 erreicht und damit dem Patienten rasch geholfen werden.

Checkliste

Folgende Bezeichnungen/Begriffe sollten Sie erklären oder definieren (s. a. Glossar) und – wo möglich – Abkürzungen oder Beispiele angeben können:
Säure/Base-Definition (Brönsted) – starke Säure/Base – schwache Säure/Base – Dissoziation – Hydronium-Ion – Hydroxid-Ion – konjugiertes Säure-Base-Paar – mehrprotonige Säure – pH-Wert – pOH-Wert – pK_s-Wert – pK_b-Wert – Neutralisation – pH-Papier – Neutralisationsenthalpie – Ampholyt – amphoter – Autoprotolyse – Titrationskurve – Titrationsmittel – Äquivalenzpunkt – Neutralpunkt – Indikator – Indikator-Umschlagsbereich – Pufferlösung – Puffergleichung – pH-Optimum – Pufferkapazität – Pufferbereich – Acetat-Puffer – Phosphat-Puffer – Kohlensäure-Puffer.

Aufgaben

1. Nennen Sie je zwei Beispiele für Brönsted-*Säuren* und -*Basen*!
2. Was versteht man unter „*Protolyse*"?
3. Schreiben Sie die drei *Dissoziationsstufen* der *Phosphorsäure* auf und kennzeichnen Sie für jedes Dissoziationsgleichgewicht die *konjugierten Säure-Base-Paare*! Welche Gleichung gilt für die Säurekonstante K_{s2} der zweiten Dissoziationsstufe?
4. Nennen Sie drei *Ampholyte* und formulieren Sie deren Reaktion mit Säure und mit Base!
5. Was ist das *Ionenprodukt* des Wassers, welchen Wert hat es und wie lautet es bei Verwendung von pH und pOH?
6. Für eine wässrige Lösung findet man: $[H_3O^{\oplus}] = 10^{-5}$ mol/L. Welchen pH- bzw. pOH-Wert hat die Lösung?
7. Was bedeutet pH = 0? Nennen Sie eine Säure, mit der dieser Wert erreichbar ist!
8. Wie sind der pK_s- bzw. pK_b-Wert beim $NH_4^{\oplus}/NH_3$ definiert? Wie hängen sie zusammen?
9. Geben Sie die Reaktionsgleichung für die Umsetzung von Na_2S mit HCl bzw. KCN mit H_2SO_4 an! Benennen Sie die Edukte und Produkte. Warum laufen die Reaktionen ab?
10. Welches ist die konjugierte Säure von a) H_2O, b) $HCO_3^{\ominus}$, c) $H_2PO_4^{\ominus}$?

11. Rechenaufgaben:
    a) Welchen *pH-Wert* haben 0,01 M HCl bzw. 0,05 M H_2SO_4?
    b) Wie viel *molar* ist eine *Salzsäure* mit pH = 4 bzw. eine *Natronlauge* mit pH = 12?
    c) Welchen *pH-Wert* hat 0,1 M *Ameisensäure* (HCOOH, $pK_s = 3{,}8$) bzw. eine 0,1 M *Ammoniaklösung* (pK_b = 4,8)?
    d) Wie viel *molar* ist eine *Essigsäure* mit pH = 3,4 ($pK_s = 4{,}8$)?
12. Was ist ein *Indikator*? Wie ist sein *Umschlagsbereich* definiert? Nennen Sie ein Beispiel!
13. Formulieren Sie die Reaktionsgleichung für die vollständige *Neutralisation* von Phosphorsäure mit Kaliumhydroxid!
14. Bei der *Neutralisation* von 1 M HCl mit 1 M NaOH *erwärmt* sich die Lösung fühl- und messbar. Nimmt man statt HCl 1 M Essigsäure, ist die Erwärmung sehr gering. Begründen Sie den Unterschied!
15. Warum reagiert die wässrige Lösung von *Kaliumcarbonat* basisch?
16. Worin unterscheiden sich die *Titrationskurven* von Salzsäure und Essigsäure, wenn mit einer starken Base (z. B. NaOH) titriert wird?
17. Welche Konzentration haben 25 mL *Salpetersäure* (HNO_3), wenn für die Neutralisation 32 mL einer 0,018 M KOH-Lösung verbraucht wurden?
18. Wie viel Gramm *Schwefelsäure* enthalten 100 mL einer 0,1 M Lösung? Wie viel Gramm *Phosphorsäure* enthält 1 L 0,1 N Lösung?
19. Wie viel Gramm *Ammoniak* sind zur *Neutralisation* von 1 g *Schwefelsäure* notwendig?
20. Sie titrieren 100 mL 0,1 M *Ammoniaklösung* mit 0,1 M *Salzsäure*. Welchen pH-Wert hat die Lösung nach Zugabe von 20 mL, 50 mL und 100 mL Salzsäure?
21. Wenn Sie eine 0,1 M Pufferlösung (pH = 5,6) um den Faktor 10 verdünnen, wie groß ist der pH-Wert dann?
22. In 1 L eines *Acetat-Puffers* liegen 0,1 mol Natriumacetat und 0,5 mol Essigsäure ($pK_s = 4{,}8$) vor. Wie viel *molar* ist der Puffer? Welchen *pH-Wert* hat dieser Puffer? Welchen pH-Wert hat dieser Puffer nach Zugabe von 40 mL 0,1 M NaOH?
23. Bei einem *Ammoniak-Puffer* ($pK_b = 4{,}8$) beträgt das Konzentrationsverhältnis von Ammoniak zu Ammoniumchlorid 1 : 10. Welchen *pH-Wert* hat die Lösung?
24. Die zweite Dissoziationsstufe der Phosphorsäure ($pK_{s2} = 7{,}2$) erlaubt den Aufbau eines Puffersystems. Was müssen Sie tun, um 1 L eines 0,2 M äquimolaren Puffers zu erhalten?
25. Welche Puffersysteme enthält das Blut? Welcher pH-Wert muss wie genau konstant gehalten werden?
26. Sie benötigen einen etwa 0,2 M Puffer bei pH = 6,9. Welche *Puffersubstanzen* würden Sie nehmen? Welche Mengen (in Gramm) müssten Sie für 100 mL Pufferlösung einwiegen?
27. Warum ist der *Kohlensäure-Puffer* für den Menschen so bedeutsam?
28. Welches ist die *stärkste Säure* im Körper des Menschen und wo befindet sie sich?
29. Durch welche Organe wird der *Säure-Base-Haushalt* des Menschen reguliert?
30. Warum sollte der Mensch eine Übersäuerung seines Stoffwechsels vermeiden?

015 Lösungen der Aufgaben

Bedeutung für den Menschen

Säuren und Basen

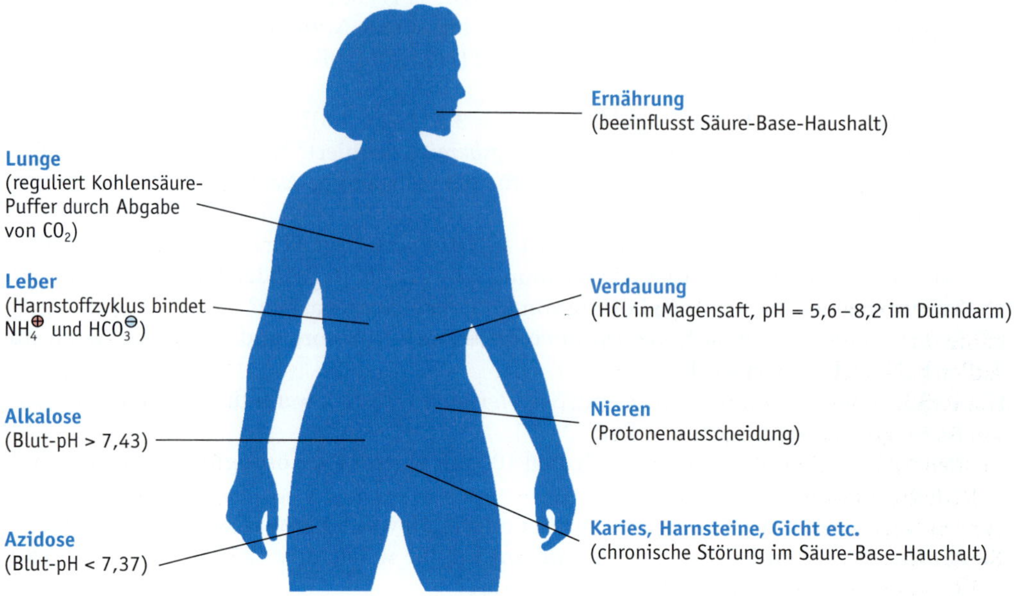

016 IMPP-Fragen

050 Kreuzworträtsel zu Kap. 8

KAPITEL

9 Oxidation und Reduktion

Orientierung

Redoxreaktionen sind entscheidend für den Erhalt des Lebens auf der Erde und für die technische Energiegewinnung. Sie können *freiwillig* (spontan), d. h. unter Energieabgabe, ablaufen, oder sie erfordern Energie, die von außen zugeführt werden muss. Beispiele für energieliefernde Prozesse sind der Abbau von Zuckern und Fetten im menschlichen Körper, die Verbrennung von Erdöl bzw. Erdgas oder die Zündung von Brennstoffen einer Rakete zur Erzeugung gewaltiger Schubkräfte. Energie in Form von Sonnenlicht benötigt z. B. die *Photosynthese* in der grünen Pflanze, Energie in Form von Wärme erfordert die Eisengewinnung im Hochofenprozess.

Redoxreaktionen beruhen auf der *Wanderung von Elektronen*. Dieser grundlegende Tatbestand ist der Schlüssel für das Verständnis und die Quantifizierung einer Vielzahl von Reaktionen, an denen sehr oft, aber nicht immer Sauerstoff und Wasserstoff beteiligt sind. Antwort erhalten Sie u. a. auf folgende Fragen:

- Was versteht man unter *Oxidation* und *Reduktion*?
- Von wem zu wem fließen die Elektronen bei bestimmten chemischen Reaktionen?
- Wie werden *Redoxgleichungen* aufgestellt?
- Was lässt sich mit den *Oxidationsstufen* bzw. den *Redoxpotenzialen* von Redoxpartnern anfangen?
- Wie viel *Energie* lässt sich aus freiwillig ablaufenden Redoxreaktionen gewinnen?
- Warum findet man die für den Energiestoffwechsel von Lebewesen bedeutsame *Atmungskette* bei den Redoxreaktionen?

9.1 Elektronenübergänge bei chemischen Reaktionen

Wenn Elektronen von einem Reaktionspartner auf einen anderen Reaktionspartner übergehen, entsteht ein *Elektronenfluss*, aus dem in geeigneter Anordnung Energie gewonnen werden kann. Nun weiß man aus Experimenten, dass die Elektronen in bestimmten Versuchsanordnungen freiwillig (spontan), d. h. unter Energieabgabe, wandern, in anderen Fällen aber nicht. Dazu einige Beispiele.

Beispiel 1:

$$\underset{\text{Natrium}}{2\,Na} + \underset{\text{Chlor}}{Cl_2} \longrightarrow \underset{\text{Natriumchlorid}}{NaCl} + \text{Energie}$$

Wir haben bei der Ionenbildung (☞ Kap. 3.3) gesehen, dass bei Elektronenabgabe aus den Atomen eines Elementes *Kationen* entstehen und bei Aufnahme von Elektronen *Anionen*. Der spontanen Reaktion der Elemente Natrium und Chlor zum *Kochsalz* (Natriumchlorid) liegt ein *Elektronenfluss* zugrunde, der von Wärmebildung und Lichterscheinungen begleitet wird. Die Wanderungstendenz von Elektronen zwischen den Atomen verschiedener Elemente hängt mit deren elektrochemischen Eigenschaften zusammen.

Beispiel 2:

$$\underset{\text{Eisen}}{4\,Fe} + \underset{\text{Sauerstoff}}{3\,O_2} \longrightarrow \underset{\text{Eisen(III)-oxid}}{2\,Fe_2O_3} + \text{Energie}$$

Elektronen sind etwas ganz und gar Unanschauliches. Wenn sie sich bewegen, lassen sich nur die Auswirkungen beobachten, der Elektronenfluss als solcher ist mit den Sinnen nicht wahrnehmbar. Wenn ein *Eisennagel* verrostet, dann sehen Sie am Anfang den blanken Nagel und am Ende den rotbraunen *Rost* auf seiner Oberfläche. Heute weiß man, dass bei dieser chemischen Reaktion Elektronenübergänge vom Eisen (Fe) zum Sauerstoff (O_2) stattfinden.

Beispiel 3: $2\,Fe_2O_3$ + 3 C + Energie ⟶ 4 Fe + $3\,CO_2$
Eisen(III)-oxid, Kohlenstoff, Eisen, Kohlendioxid

Um aus *Rost* (Eisen(III)-oxid) wieder reines *Eisen* (Fe) zu gewinnen, muss man den Sauerstoff im Fe_2O_3 mit Kohlenstoff (C) zu Kohlendioxid (CO_2) binden. Dabei fließen Elektronen vom Kohlenstoff zum Eisen(III)-Ion. Dieser Elektronenfluss erfordert Energie und wird technisch im *Hochofenprozess* realisiert. Rost verwandelt sich niemals von selbst in elementares Eisen und Sauerstoff zurück.

Beispiel 4: Pb + PbO_2 + $2\,H_2SO_4$ ⟶ $2\,PbSO_4$ + $2\,H_2O$ + Energie
Blei, Blei(IV)-oxid, Bleisulfat

Starten Sie mit einer Batterie *(Bleiakku)* Ihr Auto, dann beziehen Sie die Energie, die den Anlasser antreibt, aus einer chemischen Reaktion, bei der Elektronenübergänge stattfinden. Die Elektronen fließen freiwillig nur so lange, bis die elektronenliefernden Chemikalien verbraucht sind, dann muss der Akku wieder aufgeladen werden, was nichts anderes bedeutet, als dass die Richtung des Elektronenflusses unter Verbrauch von Energie aus dem Stromnetz umgedreht wird.

Beispiel 5: $C_6H_{12}O_6$ + $6\,O_2$ ⟶ $6\,CO_2$ + $6\,H_2O$ + Energie
Glucose, Sauerstoff, Kohlendioxid, Wasser

Wenn Sie *Sauerstoff* einatmen, dann wird dieser benötigt, um im Stoffwechsel Nahrungsbestandteile (z. B. *Glucose*) in Kohlendioxid und Wasser zu verwandeln. Auch diesem Prozess liegen Elektronenübergänge zu Grunde, die jedoch komplexer und mehrstufiger ablaufen als bei den Beispielen 1 bis 4. Aus dem Elektronenfluss gewinnt der Körper Energie. Bei der *Photosynthese* dreht sich diese Reaktion um, läuft also von rechts nach links ab. Die Umkehr des Elektronenflusses erfordert Energie, die aus dem Sonnenlicht kommt.

9.2 Definitionen

Reaktionen mit Sauerstoff. Ursprünglich bezeichnete man einen Prozess, bei dem ein Stoff mit Sauerstoff reagiert, als **Oxidation** (lat. *oxygenium* = Sauerstoff). Alle *Verbrennungen* gehören dazu, es entstehen Oxide. Magnesium reagiert mit Sauerstoff unter Licht- und Wärmeentwicklung zum Magnesiumoxid, das $Mg^{2\oplus}$- und $O^{2\ominus}$-Ionen enthält. Wird umgekehrt aus einem Metalloxid, z. B. beim Erhitzen, das Metall freigesetzt, so sprach man von **Reduktion** (lat. *reducere* = zurückführen).

! Die Reduktion ist die Umkehr der Oxidation.

Oxidation eines Metalls: 2 Mg + O_2 ⟶ 2 MgO + Energie
Magnesium, Sauerstoff, Magnesium(II)-oxid

Reduktion eines Metalloxids: 2 HgO + Energie $\xrightarrow{400\,°C}$ 2 Hg + O_2
Quecksilber(II)-oxid, Quecksilber, Sauerstoff

Elektronenfluss als Donator-Akzeptor-Reaktion. Die genaue Analyse der vorstehenden Prozesse ergab, dass dabei Elektronen fließen. Mit diesem Wissen kann die Verbrennung von Magnesium zu Magnesium(II)-oxid in zwei Teilreaktionen zerlegt werden. Man erkannte, dass es viele ähnliche Vorgänge gibt, bei denen gar kein Sauerstoff beteiligt ist, wie z. B. bei der Kochsalzbildung. Dazu zwei Beispiele:

Teilreaktion Oxidation:	$2\,Mg \longrightarrow 2\,Mg^{2\oplus} + 4\,e^{\ominus}$	
Teilreaktion Reduktion:	$O_2 + 4\,e^{\ominus} \longrightarrow 2\,O^{2\ominus}$	
Redoxreaktion:	$2\,Mg + O_2 \longrightarrow 2\,MgO$	

Magnesium geht unter Abgabe von Elektronen in $Mg^{2\oplus}$ über, d. h. Magnesium wird **oxidiert.**

Sauerstoff geht unter Aufnahme von Elektronen in $O^{2\ominus}$ über, d. h. Sauerstoff wird **reduziert.**

Teilreaktion Oxidation:	$2\,Na \longrightarrow 2\,Na^{\oplus} + 2\,e^{\ominus}$	
Teilreaktion Reduktion:	$Cl_2 + 2\,e^{\ominus} \longrightarrow 2\,Cl^{\ominus}$	
Redoxreaktion:	$2\,Na + Cl_2 \longrightarrow 2\,NaCl$	

Natrium geht unter Abgabe von Elektronen in $Na^{\oplus}$ über, Natrium wird **oxidiert.**
Chlor geht unter Aufnahme von Elektronen in $Cl^{\ominus}$ über, Chlor wird **reduziert.**

Aus den beiden Beispielen lassen sich die Definitionen für die betrachteten Vorgänge ableiten:

> **!** Für Redoxreaktionen (Elektronentransfer-Reaktionen) gilt:
> **Oxidation = Abgabe von Elektronen.**
> **Reduktion = Aufnahme von Elektronen.**

Oxidation/Reduktion

Ein Oxidations- oder Reduktionsprozess tritt niemals allein auf. Wenn ein Partner da ist, der Elektronen abgibt, muss ein anderer Partner Elektronen aufnehmen. Beide Partner verändern sich entsprechend, es tritt eine Stoffumwandlung ein. Wegen der notwendigen Kopplung bezeichnet man einen Vorgang, der unter Elektronenübertragung verläuft, als **Redoxreaktion**. Zu jeder Redoxreaktion gehören korrespondierende **Redoxpaare** (z. B. $Mg^{2\oplus}/Mg$ oder $Cl_2/2\,Cl^{\ominus}$).

Redoxpaar

Wie bei allen chemischen Reaktionen müssen auch bei Redoxreaktionen die Ladungs- und die Massenbilanz zwischen Edukten und Produkten ausgeglichen sein.

> **!** Für die Gleichung einer Redoxreaktion gilt:
> **Summe der abgegebenen Elektronen = Summe der aufgenommenen Elektronen.**

Dies wird deutlich, wenn man die Teilreaktionen der Oxidation und der Reduktion durch eine geeignete Schreibweise miteinander koppelt. Im Fall unserer Beispiele ergibt sich folgende *Schreibweise*, die häufig in der der Biochemie Anwendung findet:

Schreibweise Biochemie:

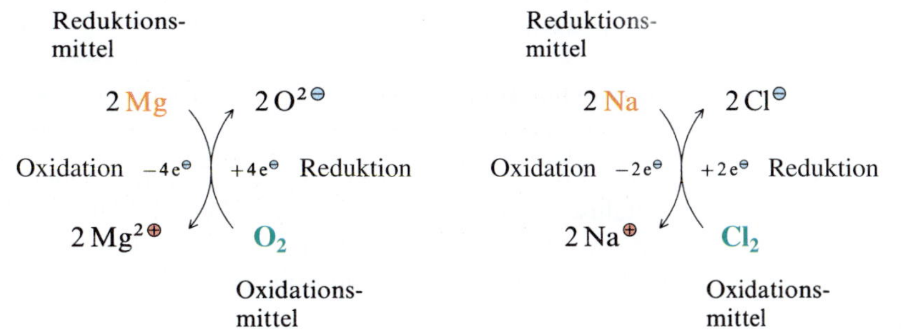

Oxidationsmittel

In unseren Beispielen sind Sauerstoff bzw. Chlor **Oxidationsmittel** (türkis gekennzeichnet). Es sind die Partner, die einen anderen Stoff oxidieren und dabei selbst reduziert werden.

Reduktionsmittel

Anders betrachtet, sind Magnesium bzw. Natrium **Reduktionsmittel** (orange gekennzeichnet), sie reduzieren einen anderen Stoff und werden dabei selbst oxidiert.

! **Oxidationsmittel = Elektronenakzeptor, wird selbst reduziert (türkisgrün markiert).**
Reduktionsmittel = Elektronendonator, wird selbst oxidiert (orange markiert).

Desinfektion ist unverzichtbar

In Schwimmbädern ist die Gefahr besonders groß, dass Krankheitserreger übertragen werden. Um pathogene Bakterien, Viren, Pilze und Protozoen abzutöten, verwendet man Desinfektionsmittel, in vielen Fällen sind dies starke *Oxidationsmittel*. Eingesetzt werden z.B. **Chlor** (Cl_2) oder **Ozon** (O_3). Beide Gase sind in hoher Konzentration *Atemgifte*, wirken in für Menschen untoxischer Verdünnung jedoch immer noch zuverlässig *keimtötend*. Chlor löst sich in Wasser und bildet in einem Gleichgewicht geringe Anteile Salzsäure und hypochlorige Säure, es findet eine *Disproportionierung* statt. Hypochlorige Säure zerfällt in Salzsäure und aktiven Sauerstoff, der letztlich die Desinfektion bewirkt.

$$\underset{\text{Chlor}}{Cl_2} + H_2O \rightleftharpoons \underset{\text{Salzsäure}}{HCl} + \underset{\text{hypochlorige Säure}}{HClO}$$

$$HClO \longrightarrow HCl + \underset{\text{aktiver Sauerstoff}}{\boxed{O}}$$

$$\underset{\text{Ozon}}{O_3} \longrightarrow O_2 + \boxed{O}$$

Zur Desinfektion offener Wunden sind z.B. **Wasserstoffperoxid** (H_2O_2) oder violettes **Kaliumpermanganat** ($KMnO_4$) geeignet, die beide im Kontakt mit Blut oder Gewebe aktiven Sauerstoff bilden. Auch **Iod** (I_2) kommt zur Anwendung. Es desinfiziert durch Enzymhemmung. In alkoholischer Lösung (Iodtinktur) wird es äußerlich aufgebracht. Um Nebeneffekte wie die Braunfärbung des Gewebes zu vermeiden, nimmt man heute Polymere (Iodophore), die 0,5 – 3,0% komplex gebundenes Iod enthalten (z.B. PVP-Iod).

9.3 Redox-Teilreaktionen sind umkehrbar

Eisen und Rost. Wenn Eisen rostet, wird es durch Luftsauerstoff oxidiert. Der Luftsauerstoff ist das Oxidationsmittel. Weil die Reaktion sehr langsam abläuft, erwärmt sich der Nagel nicht, es findet eine *„kalte Verbrennung“* statt.

Teilreaktion Oxidation:	$4\,Fe \longrightarrow 4\,Fe^{3\oplus} + 12\,e^{\ominus}$
Teilreaktion Reduktion:	$3\,O_2 + 12\,e^{\ominus} \longrightarrow 6\,O^{2\ominus}$
Redoxreaktion:	$4\,Fe + 3\,O_2 \longrightarrow 2\,Fe_2O_3$

Wie wir oben in Beispiel 3 (☞ Kap. 9.1) gesehen haben, lässt sich Eisen(III)-oxid wieder zu metallischem Eisen reduzieren. Hier dient Kohlenstoff als Reduktionsmittel und wird dabei selbst oxidiert, d.h., bei hohen Temperaturen wandern Elektronen vom Kohlenstoff zum $Fe^{3\oplus}$. Es entstehen Eisen und Kohlendioxid.

Redoxreaktion: $2\,Fe_2O_3 + 3\,C \longrightarrow 4\,Fe + 3\,CO_2$

In beiden Redoxreaktionen kommt das korrespondierende Redoxpaar $Fe^{3\oplus}/Fe$ vor, das sich durch folgende Redox-Teilreaktion beschreiben lässt:

$$Fe^{3\oplus} + 3\,e^{\ominus} \rightleftharpoons Fe$$

Von links nach rechts wird $Fe^{3\oplus}$ zu Eisen reduziert, von rechts nach links wird Eisen zu $Fe^{3\oplus}$ oxidiert. In Abhängigkeit von den Redoxpartnern (hier: Kohlenstoff für die Reduktion bzw. Sauerstoff für die Oxidation) ist die Redox-Teilreaktion umkehrbar. Dies markiert der Doppelpfeil. Die Schreibweise ist so gewählt, dass links die **oxidierte Form** (= Ox) des Redoxpaares steht und rechts die **reduzierte Form** (= Red).

Wasserstoff, ein wichtiger Reaktionspartner. Ein anderes Beispiel für die Umkehrbarkeit von Redox-Teilreaktionen ergibt sich aus den zwei folgenden Redoxreaktionen:

$$Zn + 2\,HCl \longrightarrow ZnCl_2 + H_2\uparrow$$

Zink, Salzsäure, Zinkchlorid, Wasserstoff

$$2\,H_2 + O_2 \longrightarrow 2\,H_2O$$

Wasserstoff, Sauerstoff, Wasser

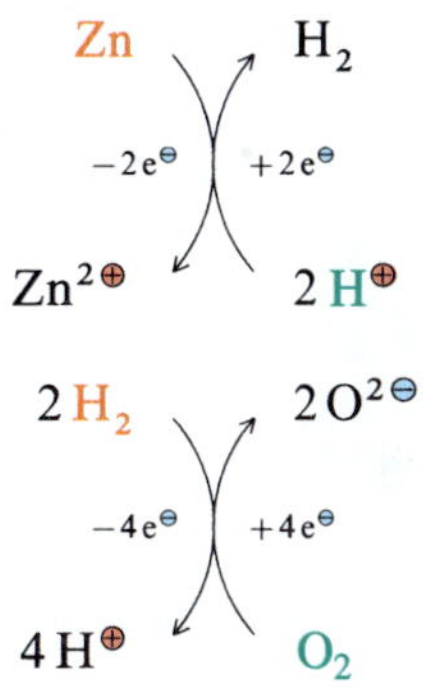

In der ersten Reaktion wird *Zink* unter dem Einfluss einer starken Säure oxidiert, während die *Protonen* der Säure zu Wasserstoff reduziert werden, der als Gas entweicht. Die Elektronen fließen vom Zink zu den $H^{\oplus}$-Ionen. Chlorid ist an der Redoxreaktion nicht beteiligt.

Knallgasreaktion

Bei der zweiten Reaktion, der **Knallgasreaktion**, wird *Wasserstoff* durch *Sauerstoff* zu Protonen ($H^{\oplus}$) oxidiert. Sauerstoff ist Oxidationsmittel. Die Elektronen fließen vom Wasserstoff zum Sauerstoff. Es entsteht am Ende Wasser. Das korrespondierende Redoxpaar $2\,H^{\oplus}/H_2$ verbindet diese Beispiele und führt zu der entsprechenden Redox-Teilreaktion. Die oxidierte Form des Redoxpaares ist $H^{\oplus}$, die reduzierte Form H_2.

$$2\,H^{\oplus} + 2\,e^{\ominus} \rightleftharpoons H_2$$

9.4 Spannungsreihe

In welche Richtung eine Redoxreaktion *freiwillig* abläuft, hängt von der Oxidations- bzw. Reduktionskraft des Partners ab. Wie groß die Reduktionskraft eines korrespondierenden

Spannungsreihe

Redoxpaares ist, lässt sich der **elektrochemischen Spannungsreihe** entnehmen. Hier werden die Redox-Teilreaktionen nach allgemeinen Regeln so aufgeschrieben, dass links die oxidierte Form (= **Ox**) und rechts die reduzierte Form (= **Red**) steht. Die Reihenfolge der Redoxpaare in der Spannungsreihe richtet sich nach dem *Normalpotenzial* E^0 jedes einzelnen Redoxpaares.

Für alle *korrespondierenden Redoxpaare*, d. h. nicht nur für Metallion/Metall-Redoxpaare, sondern auch für Systeme unter Beteiligung von Nichtmetallen (z. B. $2\,H^{\oplus}/H_2$ oder $Cl_2/2\,Cl^{\ominus}$) oder von organischen Verbindungen (z. B. Chinon/Hydrochinon), lassen sich die Normalpotenziale experimentell bestimmen (☞ Kap. 9.9). In der *elektrochemischen Spannungsreihe* steht das Redoxpaar mit dem negativsten E^0-Wert ganz oben. In Tabelle 9/1 ist dies das Redoxpaar $Na^{\oplus}/Na$, seine reduzierte Form, also das Metall Natrium hat die höchste Reduktionskraft. Nach unten hin werden die E^0-Werte immer positiver. Ganz unten in Tabelle 9/1 steht das Redoxpaar $F_2/2\,F^{\ominus}$, dessen oxidierte Form die höchste Oxidationskraft besitzt. Dies ist das Element Fluor (F_2).

9

Tab. 9/1 Elektrochemische Spannungsreihe für die im Text erwähnten Redoxpaare (Normalpotenziale E^0 bei 25 °C). (Ox = oxidierte Form, Red = reduzierte Form).

	Ox			Red		E^0 (Volt)
geringe Oxidationskraft					hohe Reduktionskraft	
	$Na^{\oplus}$	+ $e^{\ominus}$	$\rightleftarrows$	Na		–2,71
	$Mg^{2\oplus}$	+ 2 $e^{\ominus}$	$\rightleftarrows$	Mg		–2,40
	$Zn^{2\oplus}$	+ 2 $e^{\ominus}$	$\rightleftarrows$	Zn		–0,76
	$Fe^{2\oplus}$	+ 2 $e^{\ominus}$	$\rightleftarrows$	Fe		–0,44
	2 $H_3O^{\oplus}$	+ 2 $e^{\ominus}$	$\rightleftarrows$	H_2 + 2 H_2O		0,00
	$Cu^{2\oplus}$	+ 2 $e^{\ominus}$	$\rightleftarrows$	Cu		+0,35
	I_2	+ 2 $e^{\ominus}$	$\rightleftarrows$	2 $I^{\ominus}$		+0,58
	Chinon + 2 $H_3O^{\oplus}$	+ 2 $e^{\ominus}$	$\rightleftarrows$	Hydrochinon + 2 H_2O		+0,70
	$Fe^{3\oplus}$	+ $e^{\ominus}$	$\rightleftarrows$	$Fe^{2\oplus}$		+0,77
	$Ag^{\oplus}$	+ $e^{\ominus}$	$\rightleftarrows$	Ag		+0,81
	$Hg^{2\oplus}$	+ 2 $e^{\ominus}$	$\rightleftarrows$	Hg		+0,86
	O_2 + 4 $H_3O^{\oplus}$	+ 4 $e^{\ominus}$	$\rightleftarrows$	2 H_2O + 4 H_2O		+1,23
	Cl_2	+ 2 $e^{\ominus}$	$\rightleftarrows$	2 $Cl^{\ominus}$		+1,36
	F_2	+ 2 $e^{\ominus}$	$\rightleftarrows$	2 $F^{\ominus}$		+2,86
hohe Oxidationskraft					geringe Reduktionskraft	

Mit Hilfe der Spannungsreihe lassen sich *Vorhersagen* machen, welche Redoxreaktionen freiwillig ablaufen. Um dies zu verstehen, müssen wir allerdings noch tiefer in die Zusammenhänge vordringen.

9.5 Richtung des Elektronenflusses zwischen Redoxpaaren

Oxidierte/reduzierte Form

Die Richtung eines Elektronenüberganges wird in der folgenden Darstellung durch einen blauen Pfeil angezeigt. Bei jedem Redoxpaar steht links die oxidierte Form (= **Ox**), rechts die reduzierte Form (= **Red**) analog zur Schreibweise in der Spannungsreihe. Wenn nun die oben stehende Redox-Teilreaktion ein negativeres Normalpotenzial hat als das darunter stehende Redox-Teilsystem, dann fließen bei dieser Anordnung die Elektronen freiwillig von rechts oben nach links unten („**Bergab-Regel**"). Für einige der bereits besprochenen Redoxreaktionen ergibt sich folgendes Bild:

Ox			Red	E^0 (V)	Ox			Red	E^0 (V)
2 $Mg^{2\oplus}$	+ 4 $e^{\ominus}$	$\rightleftarrows$	2 Mg	–2,40	$Zn^{2\oplus}$	+ 2 $e^{\ominus}$	$\rightleftarrows$	Zn	–0,76
O_2	+ 4 $e^{\ominus}$	$\rightleftarrows$	2 $O^{2\ominus}$	+1,23	2 $H_3O^{\oplus}$	+ 2 $e^{\ominus}$	$\rightleftarrows$	H_2 + 2 H_2O	0,00
2 $Na^{\oplus}$	+ 2 $e^{\ominus}$	$\rightleftarrows$	2 Na	–2,71	4 $H^{\oplus}$	+ 4 $e^{\ominus}$	$\rightleftarrows$	2 H_2	0,00
Cl_2	+ 2 $e^{\ominus}$	$\rightleftarrows$	2 $Cl^{\ominus}$	+1,36	O_2	+ 4 $e^{\ominus}$	$\rightleftarrows$	2 $O^{2\ominus}$	+1,23

Links unten steht jeweils das *Oxidationsmittel* (türkis-grün), rechts oben das *Reduktionsmittel* (orange). Anders ausgedrückt: Die oxidierte Form *(Ox)* des unten stehenden Redoxpaares hat eine stärkere *Oxidationskraft*, zieht also die Elektronen vom oben stehenden Redoxpaar auf sich. Oder andersherum: Die reduzierte Form *(Red)* des oben stehenden

Redoxpaares hat eine stärkere *Reduktionskraft*, gibt also seine Elektronen an das untere Redoxpaar ab. Je größer die Differenz der Normalpotenziale ΔE^0 zwischen den Partnern einer Redoxreaktion ist, desto stärker ist die *Triebkraft* der Reaktion, desto mehr Energie wird unter Standardbedingungen beim markierten Elektronenfluss frei. Dies ist wie bei einem Wasserfall: Das Wasser fällt nur von oben nach unten und die Energie, die sich aus dem Fallen gewinnen lässt, hängt von der Höhendifferenz ab.

9.6 Aufstellen von Redoxgleichungen

9.6.1 Oxidationsstufen als Hilfsgröße

Wie wir bei der Reaktion von Natrium mit Chlor gesehen haben, ändern die Reaktionspartner ihren Ladungszustand. Mit anderen Worten: Bei jeder Redoxreaktion kann man bei den Reaktionspartnern eine Änderung der **Oxidationsstufe** feststellen. Die *Oxidationsstufe* (auch *Oxidationszahl* oder *Wertigkeit*) ist eine Hilfsgröße und wird als kleine Ziffer mit Plus oder Minus als Vorzeichen über dem Elementsymbol angegeben.

! Bei der *Oxidation* nimmt die Oxidationsstufe eines Atoms oder Ions zu (wird positiver).

Beispiel: $Na \longrightarrow Na^{\oplus} + e^{\ominus}$ Oxidationsstufe: $0 \longrightarrow +1$

Bei der *Reduktion* nimmt die Oxidationsstufe eines Atoms oder Ions ab (wird negativer).

Beispiel: $Cl_2 + 2\,e^{\ominus} \longrightarrow 2\,Cl^{\ominus}$ Oxidationsstufe: $0 \longrightarrow -1$

Oxidationsstufe

Regeln zur Ermittlung der Oxidationsstufe. Die *Atome von Elementen* haben die Oxidationsstufe *null*, bei einfachen *Ionen* entspricht die Oxidationsstufe der *Ladung* des Ions. Man setzt die Oxidationsstufe als kleine Ziffer mit entsprechendem Vorzeichen über das Elementsymbol. Da *Metalle* nur oxidiert werden können, haben sie auch in komplexen Verbindungen immer *positive* Oxidationsstufen.

Elemente:	$\overset{0}{Cl_2}$, $\overset{0}{Zn}$, $\overset{0}{H_2}$	Oxidationsstufe = 0
Einfache Ionen:	$\overset{-2}{S}{}^{2\ominus}$, $\overset{-1}{Cl}{}^{\ominus}$, $\overset{+2}{Zn}{}^{2\oplus}$, $\overset{+3}{Fe}{}^{3\oplus}$	Oxidationsstufe = Ladung

Bei *komplexen Ionen* müssen sich die Oxidationsstufen der enthaltenen Elemente zur Ladung des Ions ergänzen. Dabei besitzt Sauerstoff in der Regel die Oxidationsstufe –2, Wasserstoff +1. Mit diesen Festlegungen lässt sich die Oxidationsstufe des Elementes, das außerdem enthalten ist, angeben. Beispiel *Sulfat*: Es enthält vier O-Atome mit je –2, was zusammen –8 ergibt. Da Sulfat zweifach negativ geladen ist, errechnet sich für Schwefel die Oxidationsstufe +6.

Komplexe Ionen:	$\overset{+5}{N}O_3^{\ominus}$ Nitrat	$\overset{+6}{S}O_4^{2\ominus}$ Sulfat	$H\overset{+5}{P}O_4^{2\ominus}$ Hydrogenphosphat

Bei *Molekülen*, die aus Atomen verschiedener Elemente bestehen, setzt man für Sauerstoff und Wasserstoff wieder die Werte –2 bzw. +1 und kann die Oxidationsstufe des zusätzlich enthaltenen Elementes berechnen, denn die Ladung muss insgesamt ausgeglichen sein.

Moleküle:	$\overset{-3}{N}H_3$	$\overset{+2}{N}O$	$\overset{-4}{C}H_4$	$\overset{+2}{C}O$	$\overset{+4}{C}O_2$

Elemente mit verschiedenen Oxidationsstufen. Die in Tabelle 9/2 zusammengetragenen Beispiele zeigen, dass einzelne Elemente in ihren Verbindungen *verschiedene Oxidations-*

stufen haben können. Dies gilt vornehmlich für *Übergangsmetalle* mit verschiedenen positiven Zahlenwerten (z. B. $Fe^{2\oplus}/Fe^{3\oplus}$), insbesondere aber für *Nichtmetalle*. Stickstoff z. B. hat die Oxidationsstufe −3 im Ammoniak, +2 im Stichstoffmonoxid oder +5 im Nitrat. Beim Kohlenstoff reichen die Oxidationsstufen von −4 im Methan bis +4 im Kohlendioxid. Für Kohlenmonoxid gilt +2.

Hydrid-Ion

Anzumerken ist ferner, dass es vom Element Wasserstoff nicht nur eine oxidierte Form gibt ($H^{\oplus}$ = Proton, Oxidationsstufe +1), sondern auch eine reduzierte Form (**$H^{\ominus}$ = Hydrid-Ion**, Oxidationsstufe −1). Eine Verbindung mit Hydrid-Ionen ist z. B. das Natriumhydrid (NaH). Auch bei biochemischen Redoxreaktionen spielen Hydrid-Ionen eine Rolle ($NAD^{\oplus}$/NADH, ☞ S. 386). In **Peroxiden**, wie z. B. Wasserstoffperoxid (H_2O_2), liegt das $O_2^{2\ominus}$-Ion vor. Hier hat Sauerstoff die Oxidationsstufe −1.

Tab. 9/2 Oxidationsstufen biochemisch wichtiger Elemente. Bei Molekülen und komplexen Ionen bezieht sich die Angabe *nicht* auf H (+1) oder O (−2), sondern auf das jeweilig andere Atom.

Oxidationsstufe	Ionen oder Moleküle
−4	CH_4
−3	NH_3
−2	$O^{2\ominus}$, $S^{2\ominus}$
−1	$F^{\ominus}$, $Cl^{\ominus}$, $I^{\ominus}$, $H^{\ominus}$ (Hydrid-Ion), $O_2^{2\ominus}$ (Peroxid-Ion)
+1	$H^{\oplus}$, $Na^{\oplus}$, $K^{\oplus}$, N_2O
+2	$Mg^{2\oplus}$, $Ca^{2\oplus}$, $Cu^{2\oplus}$, $Zn^{2\oplus}$, $Co^{2\oplus}$, $Fe^{2\oplus}$, CO, NO
+3	$Fe^{3\oplus}$, $Co^{3\oplus}$, $NO_2^{\ominus}$ (Nitrit)
+4	CO_2, SO_2
+5	$NO_3^{\ominus}$, $PO_4^{3\ominus}$, $HPO_4^{2\ominus}$
+6	$SO_4^{2\ominus}$, $CrO_4^{2\ominus}$ (Chromat)
+7	$MnO_4^{\ominus}$ (Permanganat)

Anwendungen. Wollen Sie z. B. Nitrat ($NO_3^{\ominus}$) in Ammoniak umwandeln, dann ändert sich die Oxidationsstufe des Stickstoffs von +5 nach −3, sie wird negativer, d. h., der Stickstoff nimmt acht Elektronen auf, er wird reduziert. Umgekehrt kommen Sie vom Methan (CH_4) zum Kohlendioxid (CO_2) durch eine Änderung der Oxidationsstufe des Kohlenstoffs von −4 nach +4. Kohlenstoff gibt acht Elektronen ab, er wird oxidiert. Die Elektronen übernimmt in diesem Beispiel der Sauerstoff, er wird reduziert. Da jedes Sauerstoffmolekül nur vier Elektronen aufnehmen kann ($O_2 + 4\,e^{\ominus} \longrightarrow 2\,O^{2\ominus}$), benötigen Sie in der Gleichung der Redoxreaktion zwei Sauerstoffmoleküle.

Redox-Teilreaktion (Reduktion): $\overset{+5}{N}O_3^{\ominus} + 6\,H_2O + 8\,e^{\ominus} \longrightarrow \overset{-3}{N}H_3 + 9\,OH^{\ominus}$

Redoxreaktion: $\overset{-4}{C}H_4 + 2\,O_2 \rightleftharpoons \overset{+4}{C}O_2 + 2\,H_2O$

Mit Hilfe der Oxidationsstufen können Sie sich bei vorgegebenen Redoxreaktionen rascher orientieren, welcher Partner oxidiert bzw. reduziert wird, was für die *Aufstellung von Redoxgleichungen* hilfreich ist, wenn man bedenkt, dass die Zahl der abgegebenen immer gleich der Zahl der aufgenommenen Elektronen sein muss.

9.6.2 Beispiele für Redoxgleichungen

Bei jedem Beispiel aus der Redox-Chemie steht am Anfang die Angabe, welche Stoffe miteinander reagieren und welche Produkte dabei entstehen. Sie wollen jetzt eine vollständige Reaktionsgleichung aufstellen, wie gehen Sie vor?

Schritt A: Sie schreiben die Formeln der *Edukte* und *Produkte* auf und geben für alle Partner die **Oxidationsstufen** an.

Schritt B: Sie entnehmen den *Änderungen der Oxidationsstufen* zwischen Edukten und Produkten, welches Edukt oxidiert und welches reduziert wurde. Sie schreiben jetzt die **Teilreaktionen** für die *Oxidation* und die *Reduktion* auf. Falls erforderlich, wählen Sie Faktoren, damit die Zahl der abgegebenen Elektronen gleich der Zahl der aufgenommenen ist.

Schritt C: Bilden Sie aus den Teilreaktionen die gesamte **Redoxreaktion**.

Schritt D: Ergänzen Sie weitere Bestandteile der Reaktionslösung, die nicht an der Redoxreaktion teilgenommen haben, aber zum Ladungsausgleich oder für die Gesamt-Bilanz erforderlich sind, zur **vollständigen Reaktionsgleichung**.

Beispiel 1: Zink reagiert mit HCl zu Zink(II)-chlorid und Wasserstoff.

			E^0 (Volt)
A:	$\overset{0}{\mathrm{Zn}},\ \overset{+1}{\mathrm{H}}\overset{-1}{\mathrm{Cl}},\ \overset{+2}{\mathrm{Zn}}\overset{-1}{\mathrm{Cl_2}},\ \overset{0}{\mathrm{H_2}}$		
B:	$Zn \longrightarrow Zn^{2\oplus} + 2\,e^{\ominus}$	(Oxidation)	–0,76
	$2\,H^{\oplus} + 2\,e^{\ominus} \longrightarrow H_2$	(Reduktion)	0,00
C:	$Zn + 2\,H^{\oplus} \longrightarrow Zn^{2\oplus} + H_2\uparrow$	(Redoxreaktion)	
D:	$Zn + 2\,HCl \longrightarrow ZnCl_2 + H_2\uparrow$	(vollständige Reaktionsgleichung)	

Beispiel 2: Kaliumiodid reagiert mit Chlor zu Kaliumchlorid und Iod.

			E^0 (Volt)
A:	$\overset{+1}{\mathrm{K}}\overset{-1}{\mathrm{I}},\ \overset{0}{\mathrm{Cl_2}},\ \overset{+1}{\mathrm{K}}\overset{-1}{\mathrm{Cl}},\ \overset{0}{\mathrm{I_2}}$		
B:	$2\,I^{\ominus} \longrightarrow I_2 + 2\,e^{\ominus}$	(Oxidation)	+0,58
	$Cl_2 + 2\,e^{\ominus} \longrightarrow 2\,Cl^{\ominus}$	(Reduktion)	+1,36
C:	$2\,I^{\ominus} + Cl_2 \longrightarrow I_2 + 2\,Cl^{\ominus}$	(Redoxreaktion)	
D:	$2\,KI + Cl_2 \longrightarrow I_2 + 2\,KCl$	(vollständige Reaktionsgleichung)	

Chlor hat eine stärkere Oxidationskraft als Iod (☞ Tab. 9/1). Diese Eigenschaft verläuft bei den Halogenen parallel zur *Elektronegativität* (☞ Kap. 3.3.3), Chlor ist elektronegativer als Iod und entreißt $I^{\ominus}$ die Elektronen. Demzufolge ist *Fluor* das stärkste Oxidationsmittel in der Reihe der Halogene und eines der stärksten Oxidationsmittel überhaupt.

Beispiel 3: Eisen(III)-chlorid und Kaliumiodid reagieren zu Eisen(II)-chlorid und Iod.

			E^0 (Volt)
A:	$\overset{+3}{\mathrm{Fe}}\overset{-1}{\mathrm{Cl_3}},\ \overset{+1}{\mathrm{K}}\overset{-1}{\mathrm{I}},\ \overset{+2}{\mathrm{Fe}}\overset{-1}{\mathrm{Cl_2}},\ \overset{0}{\mathrm{I_2}}$		
	$2\,I^{\ominus} \longrightarrow I_2 + 2\,e^{\ominus}$	(Oxidation)	+0,58
B:	$Fe^{3\oplus} + e^{\ominus} \longrightarrow Fe^{2\oplus}\ \vert \cdot 2$	(Reduktion)	+0,77
C:	$2\,Fe^{3\oplus} + 2\,I^{\ominus} \rightleftarrows I_2 + 2\,Fe^{2\oplus}$	(Redoxreaktion)	
D:	$2\,FeCl_3 + 2\,KI \rightleftarrows I_2 + 2\,FeCl_2 + 2\,KCl$	(vollständige Reaktionsgleichung)	

Bei dieser Reaktion stellt sich ein Gleichgewicht ein, was in den unteren beiden Gleichungen berücksichtigt wird. Die Umsetzung läuft nicht vollständig von links nach rechts. Beide Redoxpartner befinden sich in Lösung und zeigen eine kleine Differenz der Normalpotenziale. Entfernt man das entstehende **Iod** aus dem Gleichgewicht, z. B. durch *Extraktion* mit organischen Lösungsmitteln, so gelingt es, alles $Fe^{3\oplus}$ zu $Fe^{2\oplus}$ zu reduzieren. Dies ist ein Beispiel dafür, dass bei Redoxreaktionen wie bei allen Gleichgewichtsreaktionen die Konzentrationen der Redoxpartner eine Rolle spielen.

Stickstoffoxide machen Karriere

Lachgas (N_2O, Distickstoffoxid) wird im Gemisch mit Sauerstoff als Inhalationsnarkotikum eingesetzt. Es wirkt stark analgetisch, schwach narkotisch und nicht muskelrelaxierend. Es flutet rasch an und ab und hat kaum Nebenwirkungen. Leider hat Lachgas, das als Folge starker Stickstoffdüngung in die Atmosphäre abgegeben wird, inzwischen sowohl als Treibhausgas als auch als „Ozonkiller" an Bedeutung gewonnen.

Bei der Suche nach einem zellulären Signalgeber für die *Vasodilatation* (Gefäßerweiterung) z. B. der Arterien entdeckte man **Stickstoffmonoxid** (NO). Es erwies sich als universeller, kurzlebiger *Botenstoff*, der in verschiedenen Geweben mit Hilfe des Enzyms *NO-Synthase* (NOS) aus der Aminosäure Arginin in Gegenwart von Luftsauerstoff und unter Beteiligung verschiedener, z. T. eisenhaltiger Coenzyme bereitgestellt wird. Das *Gehirn* enthält mehr NOS als jedes andere Gewebe, d. h., NO ist für die Funktion des zentralen Nervensystems essenziell. *Leukozyten* produzieren NO als Bestandteil ihres toxischen Arsenals zur Abwehr bakterieller Infektionen, und bei *Angina pectoris* lässt sich mit NO-bildenden Medikamenten (z. B. *Nitroglycerin*) der Blutfluss durch den Herzmuskel steigern.

9.7 Elektrochemische Zelle

Daniell-Element. Taucht man einen Zinkstab in eine *Kupfer(II)-sulfatlösung*, so scheidet sich auf der Zinkoberfläche metallisches Kupfer als dunkler Niederschlag ab. Außerdem stellt man bei einer Analyse der Lösung fest, dass *Zn^{2+}-Ionen* in Lösung gegangen sind. Es hat eine Redoxreaktion stattgefunden. Das Sulfat nimmt an der Reaktion nicht teil, es besorgt den Ladungsausgleich in der Lösung.

Zn^{2+}/Zn-Halbzelle: $Zn^{2+} + 2\,e^- \longleftarrow Zn \qquad E^0 = -0{,}76\ V$

Cu^{2+}/Cu-Halbzelle: $Cu^{2+} + 2\,e^- \longrightarrow Cu \qquad E^0 = +0{,}35\ V$

Redoxreaktion: $\overset{0}{Zn} + \overset{+2}{Cu^{2+}} \longrightarrow \overset{+2}{Zn^{2+}} + \overset{0}{Cu} \qquad \Delta E = 1{,}11\ V$

$Zn + CuSO_4 \longrightarrow ZnSO_4 + Cu$ (vollständige Reaktionsgleichung)

Die Elektronen fließen gemäß der „Bergab-Regel" vom Zink zum Cu^{2+}: Zink wird oxidiert, Cu^{2+} reduziert. Die Elektronen fließen „bergab" von oben rechts (Zn) nach unten links (Cu^{2+}). Die Redoxreaktion läuft zwischen einem *Metall* und einem *Metallion* ab, und zwar nur in der angegebenen Richtung freiwillig. Taucht man umgekehrt einen Kupferstab in eine Zinksulfatlösung, tritt keine Reaktion ein.

Aufbau einer elektrochemischen Zelle. Wir wollen die Redox-Teilsysteme nun räumlich voneinander trennen. Dazu tauchen wir ein Metallblech *(Elektrode)* in eine Lösung der *zugehörigen Metallionen*, es entsteht eine *Halbzelle*.

Halbzelle

In Abbildung 9/1 enthält ein Becherglas eine 1 M $ZnSO_4$-Lösung, in die ein Zinkblech als Elektrode eintaucht. In einem zweiten Becherglas taucht ein Kupferblech in eine 1 M $CuSO_4$-Lösung. Verbindet man die Elektroden der beiden Halbzellen mit einem Draht, erfolgt **keine** Reaktion. Jede Elektronenverschiebung nach rechts würde bedeuten, dass die rechte Halbzelle sich gegenüber der linken negativ aufladen würde. Dies ist wegen der Elektroneutralität, die für alle chemischen Systeme gilt, nicht möglich.

Salzbrücke

Jetzt bringen wir die beiden Halbzellen über eine *„Salzbrücke"* (Salzschlüssel) in Kontakt (Abb. 9/2). Dabei handelt es sich um ein U-Rohr, das z. B. eine K_2SO_4-Lösung enthält und an den Enden durch Watte (für Ionen durchlässig) vor dem Auslaufen geschützt ist. Sofort setzt im äußeren Draht ein Stromfluss ein, *es wandern Elektronen von der Zinkelektrode zur Kupferelektrode*. Der *äußere Ladungstransport* wird in der Lösung durch *Ionenwanderung* ausgeglichen, die über Salzbrücken erfolgt. Jetzt liegt eine **elektrochemische Zelle** vor.

Elektrode

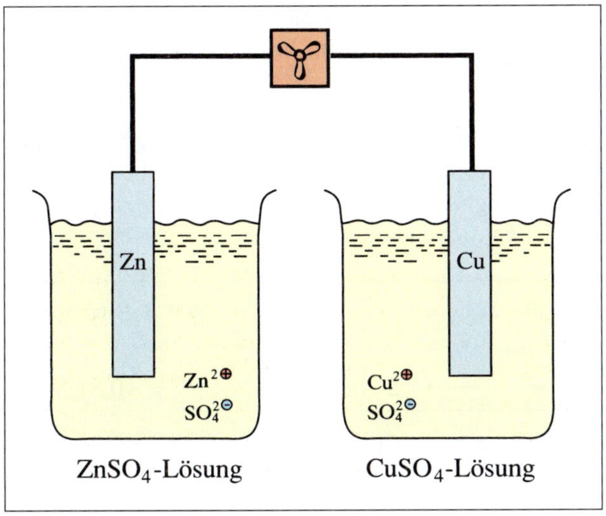

Abb. 9/1 Zwei getrennte Halbzellen sind außen durch einen Draht verbunden. Es fließen keine Elektronen. Der Elektromotor steht.

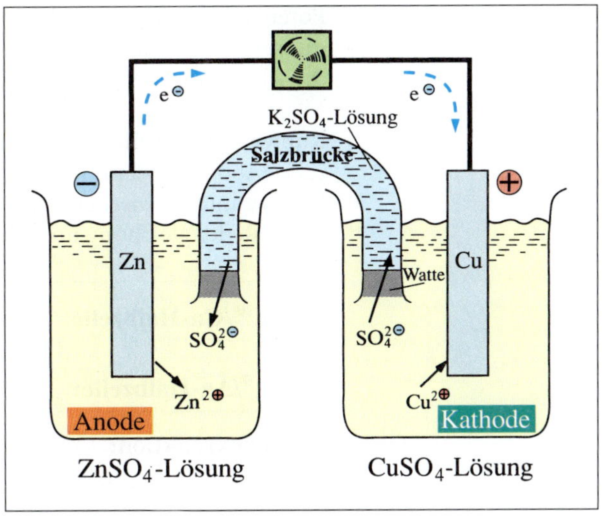

Abb. 9/2 Elektrochemische Zelle: Zwei Halbzellen haben über eine Salzbrücke Kontakt. Im äußeren Draht setzt ein Elektronenfluss ein. Der Elektromotor läuft.

An der *Zinkelektrode* werden unter Abgabe von Elektronen Zn^{2+}-Ionen frei, deren Ladung durch Anionen (SO_4^{2-}) ausgeglichen wird, die über die Salzbrücke zuwandern. An der *Kupferelektrode* scheiden sich Cu^{2+}-Ionen unter Aufnahme von Elektronen als Kupfer ab. Der Verlust von Kationen in dieser Halbzelle muss durch Abwanderung von Anionen (SO_4^{2-}) über die Salzbrücke ausgeglichen werden.

In diesem System aus zwei Halbzellen ist die Zinkelektrode die Anode (*Ort der Oxidation*, Überschuss an e^-, Minuspol). Sie setzt Zn^{2+}-Ionen frei, an ihr läuft eine Elektronenabgabe ab. Die Kupferelektrode ist die Kathode (*Ort der Reduktion*, Mangel an e^-, Pluspol). Sie zieht in der Halbzelle Cu^{2+}-Kationen an, an ihr läuft eine Elektronenaufnahme ab. Die Zinkelektrode wird dabei leichter, weil Zn^{2+} in die Lösung übergeht. Die Kupferelektrode wird schwerer, weil sich Kupfer niederschlägt.

!
Anode = Elektrode, an der die Oxidation stattfindet.
Kathode = Elektrode, an der die Reduktion stattfindet.

elektrochemische Zelle

Die Halbzellen bilden eine *elektrochemische Zelle*, die sich dadurch auszeichnet, dass der im äußeren Draht fließende Strom elektrische Arbeit leisten kann (*Energie liefern*, z. B. einen Elektromotor antreiben). Der Elektronenfluss in der angegebenen Richtung verläuft freiwillig, d. h. unter Abgabe von Energie. Die elektrochemische Zelle $Zn/Zn^{2+}//Cu^{2+}/Cu$ wird auch **Daniell-Element** genannt. Der Aufbau kann wie in Abbildung 9/2 sein oder auch in *einem* Gefäß, in dem man die Halbzellen durch eine poröse Trennwand *(Diaphragma)* voneinander trennt (Abb. 9/3).

Daniell-Element

Beachten Sie bei der Verwendung der Begriffe Anode und Kathode, ob Sie das Innere der Stromquelle betrachten, wo Elektronen abgegeben (Anode, Minuspol) oder aufgenommen werden (Kathode, Pluspol) wie in den Abbildungen 9/2 und 9/3, oder ob Sie die Stromquelle nutzen, z. B. bei der Elektrolyse (☞ Kap. 7.4, ☞ Abb. 7/2). Der Minuspol der Stromquelle wird dann zur Kathode (zieht Kationen an, Ort der Reduktion), der Pluspol zur Anode (zieht Anionen an, Ort der Oxidation).

9.8 Elektromotorische Kraft (EMK)

Voraussetzung dafür, dass zwischen zwei Halbzellen im äußeren Draht Elektronen fließen, die elektrische Arbeit leisten, ist ein „Niveau-Unterschied“ zwischen den Halbzellen. Die „Bergab-Regel“ zeigt den Unterschied als „oben“ und „unten“. Dieser drückt sich in einer

Potenzialdifferenz

Potenzialdifferenz aus, die in elektrochemischen Zellen als *Spannungsdifferenz* (ΔE) gemessen werden kann, die zwischen den Elektroden herrscht. In der Versuchsanordnung der Abbildungen 9/2 und 9/3 beträgt die Spannungsdifferenz $\Delta E = 1{,}11$ Volt.

Kupfer-Silber-Zelle. Kombiniert man die $Cu^{2\oplus}/Cu$-Halbzelle mit einer $Ag^{\oplus}/Ag$-Halbzelle (Abb. 9/4), dann fließen die Elektronen von der Kupferelektrode zur Silberelektrode. Die Spannung zwischen den Elektroden beträgt $\Delta E = 0{,}46$ Volt.

Die Redoxgleichung und die Redox-Teilreaktionen lauten:

$Cu^{2\oplus}/Cu$-Halbzelle:	$Cu^{2\oplus} + 2\,e^{\ominus} \longleftarrow Cu$	$E^0 = +0{,}35$ V
$Ag^{\oplus}/Ag$-Halbzelle:	$2\,Ag^{\oplus} + 2\,e^{\ominus} \longrightarrow 2\,Ag$	$E^0 = +0{,}81$ V
Redoxreaktion:	$Cu + 2\,Ag^{\oplus} \rightleftharpoons Cu^{2\oplus} + 2\,Ag$	$\Delta E = 0{,}46$ V

Im Daniell-Element (Abb. 9/3) wandern die Elektronen vom Zink zum $Cu^{2\oplus}$, in der Kupfer/Silber-Zelle (Abb. 9/4) vom Kupfer zum $Ag^{\oplus}$. In Gegenwart von Zink ist $Cu^{2\oplus}$ das Oxidationsmittel (wird selbst reduziert), in Gegenwart von $Ag^{\oplus}$ ist Kupfer das Reduktionsmittel (wird selbst oxidiert). Ob die *Oxidationskraft* oder die *Reduktionskraft* einer Halbzelle zum Tragen kommt, hängt von dem Partnersystem (Redoxpaar) in der anderen Halbzelle ab. Es gilt:

> **!** **Metalle** unterscheiden sich in der Donatorstärke (Reduktionskraft), sie werden oxidiert. **Metallionen** unterscheiden sich in der Akzeptorstärke (Oxidationskraft), sie werden reduziert.

Die Spannung ΔE zwischen den beiden Elektroden einer elektrochemischen Zelle entspricht der **elektromotorischen Kraft (EMK)** der Zelle (Abb. 9/3 und 9/4). Für freiwillig ablaufende Redoxreaktionen muss die EMK positiv sein ($\Delta E > 0$). Dies ist nur realisiert, wenn die Halbzelle, die Elektronen aufnimmt, ein *positiveres* Reduktionspotenzial hat ($E_{Kathode}$) als die, die Elektronen abgibt (E_{Anode}). Die Differenz der Reduktionspotenziale der Halbzellen (☞ Kap. 9.9) beträgt $\Delta E_{Zelle} = E_{Kathode} - E_{Anode}$.

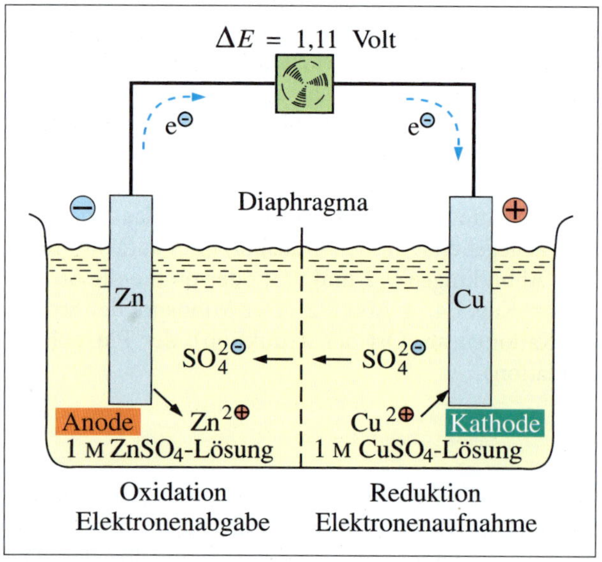

Abb. 9/3 Daniell-Element ($Zn/Zn^{2\oplus}//Cu^{2\oplus}/Cu$).

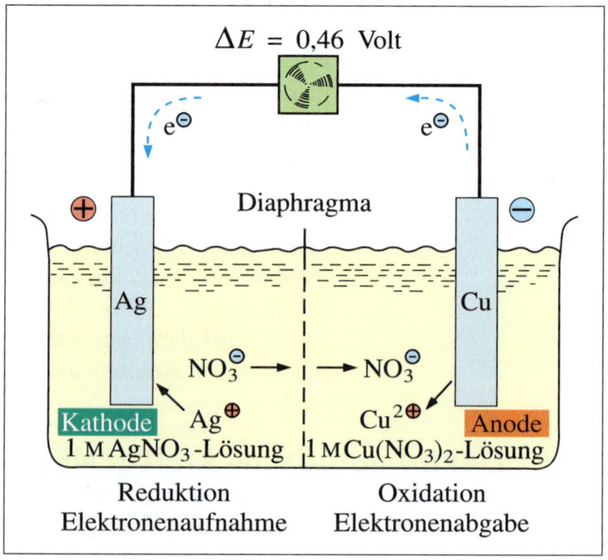

Abb. 9/4 Kupfer/Silber-Zelle ($Cu/Cu^{2\oplus}//Ag^{\oplus}/Ag$).

Das Maß für die Triebkraft einer Redoxreaktion ist die Änderung der *Gibbs-Energie* (ΔG, ☞ Kap. 6.4.4). Nur bei negativen ΔG-Werten ($\Delta G < 0$) ist eine Reaktion *exergon* und läuft freiwillig (spontan) ab. Hierzu muss die *Potenzialdifferenz* ΔE positiv sein ($\Delta E > 0$). Der Zusammenhang zwischen ΔG und ΔE ist nachfolgend angegeben.

$\Delta E = E_{\text{Kathode}} - E_{\text{Anode}}$	Freiwillige Reaktion: $\Delta E > 0$	E_{Kathode}, E_{Anode} = Reduktionspotenziale
$\Delta G = -z \cdot F \cdot \Delta E$	Freiwillige Reaktion: $\Delta G < 0$	z = Zahl der übertragenen Elektronen F = 96 485 C/mol (Faraday-Konstante) ΔE in Volt, ΔG in J/mol

Stoffwechselenergie als Stromquelle

In jüngster Zeit ist eine Mini-Batterie entwickelt worden, die nur mit Körperflüssigkeiten läuft, d. h. im Körper permanent einsatzbereit ist. Der erzeugte Strom kann Sensoren betreiben, die den Gesundheitszustand überwachen, z. B. bei der Diabetes-Kontrolle. Die Biokraftstoffzelle muss in Kontakt mit Glucose-haltiger Körperflüssigkeit stehen und produziert den Strom aus der Glucose-Sauerstoff-Reaktion. Die Zelle besteht aus zwei Kohlenstoff-Fasern, die beide über Enzym-Polymerschichten mit **Glucoseoxidase** ummantelt sind. Auf einer Seite entzieht das Enzym der Glucose Elektronen *(Oxidation)*, die über die äußere Verbindung zur anderen Elektrode wandern, wo die Elektronen durch das Enzym an den gelösten Sauerstoff angelagert werden *(Reduktion)*. Solche Zellen müssen klein sein und bei der Temperatur, dem Säuregehalt und der Salzkonzentration des Blutes arbeiten.

9.9 Elektrodenpotenziale

Halbzellen. Halbzellen verschiedener Metalle unterscheiden sich in ihrem Potenzial. Dies hängt u. a. ab von der *Elektronenkonfiguration* der Metallatome, vom Aufbau des Metallgitters und von der Hydratation der Ionen in der wässrigen Lösung, die die Elektrode umgibt, d. h., jedes Metall verhält sich etwas anders. An der Metalloberfläche (Grenzfläche), wo Metall und Metallionen in Kontakt stehen, spielen sich lokale Elementarprozesse ab, die zu einem für jedes Metall charakteristischen **Elektrodenpotenzial** führen. Dies kann partiell *positiv* sein, wenn sich an der Metalloberfläche Metallionen aus der Lösung an das Metallgitter anlagern (Reduktionsreaktion). Oder das Elektrodenpotenzial ist partiell *negativ*, wenn Metallionen das Metallgitter verlassen (Oxidationsreaktion).

Elektrodenpotenzial

Das absolute Potenzial einer Halbzelle lässt sich jedoch nicht bestimmen, weil man nur *Potenzialdifferenzen* messen kann. Aus diesem Grund wurde eine *Referenz-Halbzelle als* **Bezugselektrode** definiert, deren Potenzial man willkürlich gleich null setzt. Dieser Kniff erlaubt es, für sämtliche Halbzellen ein Potenzial anzugeben, das letztlich die Potenzialdifferenz $\Delta E = E_{\text{Kathode}} - E_{\text{Anode}}$ zur Bezugselektrode beschreibt.

Normalwasserstoffelektrode

Die Referenz-Halbzelle ist die **Normalwasserstoffelektrode**. Sie besteht aus einer Platinelektrode, die bei 25 °C (= 298 K) in eine Säurelösung mit $c(H_3O^{\oplus})$ = 1 mol/L (pH = 0) eintaucht und von Wasserstoffgas bei 1013 hPa Druck umspült wird (Abb. 9/5 und 9/6). Die Redox-Teilreaktion, deren Gleichgewicht sich an der Platinoberfläche einstellt, lautet:

$$2\,H_3O^{\oplus} + 2\,e^{\ominus} \rightleftharpoons H_2 + 2\,H_2O \qquad E^0 = 0{,}00\text{ V } (2\,H^{\oplus}/H_2\text{-Halbzelle als Bezugelektrode})$$

Bringt man diese Referenz-Halbzelle mit anderen Halbzellen in Kontakt, dann kann der Elektronenfluss im äußeren Draht in Abhängigkeit vom anderen Redoxpaar in zwei Richtungen erfolgen.

Negatives Potenzial (Abb. 9/5): Die Elektronen fließen von der anderen Halbzelle *zur* Normalwasserstoffelektrode gemäß der „Bergab-Regel" (z. B. vom Zn zum $H_3O^{\oplus}$), das Potenzial erhält ein **negatives** Vorzeichen. Es entstehen $Zn^{2\oplus}$-Ionen und Wasserstoff.

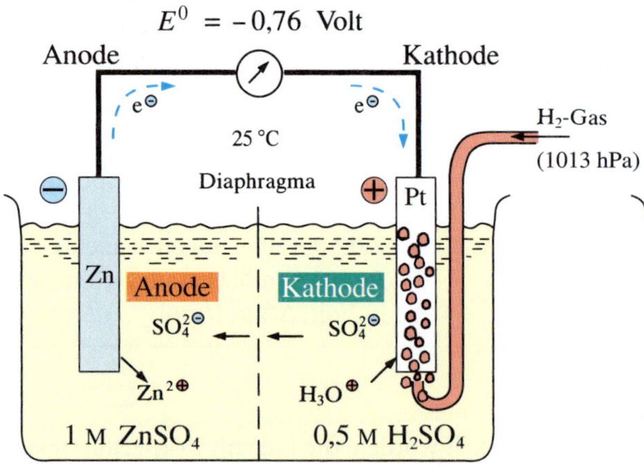

Abb. 9/5 Normalwasserstoffelektrode in Verbindung mit einer Standard-Zinkelektrode.

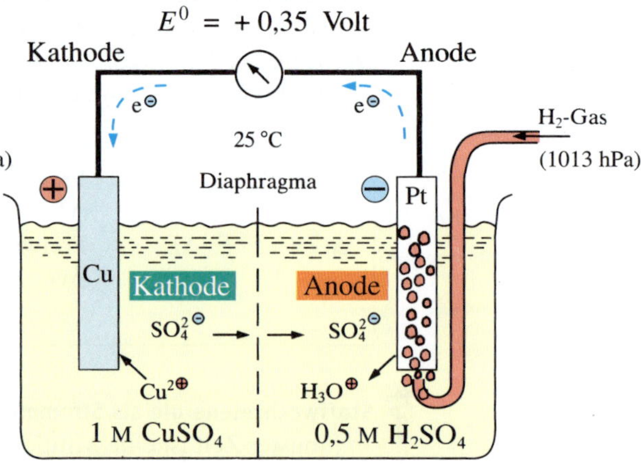

Abb. 9/6 Normalwasserstoffelektrode in Verbindung mit einer Standard-Kupferelektrode.

$Zn^{2\oplus}$/Zn-Halbzelle:	$Zn^{2\oplus} + 2\,e^{\ominus} \rightleftharpoons Zn$	$E^0 = -0{,}76$ V
$2H^{\oplus}/H_2$-Referenz-Halbzelle:	$2\,H_3O^{\oplus} + 2\,e^{\ominus} \rightleftharpoons H_2 + 2\,H_2O$	$E^0 = 0{,}00$ V
Redoxreaktion (freiwillig):	$2\,H_3O^{\oplus} + Zn \longrightarrow Zn^{2\oplus} + 2\,H_2O + H_2\uparrow$	$\Delta E = 0{,}76$ V

Positives Potenzial (Abb. 9/6): Die Elektronen fließen *von* der Normalwasserstoffelektrode zur anderen Halbzelle (z. B. vom H_2 zum $Cu^{2\oplus}$), das gemessene Potenzial erhält ein **positives** Vorzeichen. Es entstehen metallisches Kupfer und $H_3O^{\oplus}$-Ionen.

$2H^{\oplus}/H_2$-Referenz-Halbzelle:	$2\,H_3O^{\oplus} + 2\,e^{\ominus} \rightleftharpoons H_2 + 2\,H_2O$	$E^0 = 0{,}00$ V
$Cu^{2\oplus}$/Cu-Halbzelle:	$Cu^{2\oplus} + 2\,e^{\ominus} \rightleftharpoons Cu$	$E^0 = +0{,}35$ V
Redoxreaktion (freiwillig):	$Cu^{2\oplus} + 2\,H_2O + H_2 \rightleftharpoons 2\,H_3O^{\oplus} + Cu$	$\Delta E = 0{,}35$ V

Normalpotenzial

Das gemessene Potenzial E einer beliebigen Halbzelle ist u. a. auch von der Konzentration der Metallionen in der Elektrodenlösung abhängig. Will man verschiedene Halbzellen vergleichen, ist es nötig, für jede Halbzelle das **Normalpotenzial** (E^0) zu definieren. Dazu muss die Metallelektrode unter Standardbedingungen (1013 hPa, 25 °C) in eine 1 molare (1 M) Metallsalzlösung eintauchen und man bestimmt die Potenzialdifferenz zur Normalwasserstoffelektrode.

Die E^0-Werte sind charakteristische Konstanten für ein Redoxpaar und zugleich ein Maß für die Oxidations- bzw. Reduktionskraft eines Redoxpaares. Bei den oben genannten Beispielen wurden die E^0-Werte schon angegeben und Sie verstehen jetzt, wie es zur elektrochemischen Spannungsreihe (☞ Tab. 9/1) kommt.

! Standardbedingungen für das Normalpotenzial E^0 einer Halbzelle:
Druck: 1013 hPa, Temperatur: 25 °C, Konzentration: 1 mol/L

Leistung einer elektrochemischen Zelle. Die elektromotorische Kraft (EMK) eines Redoxsystems entspricht der Spannungsdifferenz (Potenzialdifferenz) ΔE, die zwischen Elektroden herrscht, und führt zu Aussagen über die maximal leistbare Arbeit einer elektrochemischen Zelle ($\Delta G = -z \cdot F \cdot \Delta E$).

In welche Richtung läuft eine Redoxreaktion bei der Kombination zweier Halbzellen freiwillig? Wir wollen dies an Hand der schon besprochenen elektrochemischen Zellen (Abb. 9/3 und 9/4) exemplarisch beantworten. Die drei genannten Redoxpaare reihen sich in der Spannungsreihe wie folgt untereinander.

Schreibweise „Bergab-Regel":

Ox			**Red**	E^0
$Zn^{2\oplus}$ +	$2\,e^{\ominus}$	$\rightleftharpoons$	Zn	–0,76 V
$Cu^{2\oplus}$ +	$2\,e^{\ominus}$	$\rightleftharpoons$	Cu	+0,35 V
$Ag^{\oplus}$ +	$e^{\ominus}$	$\rightleftharpoons$	Ag	+0,81 V

Das angegebene Potenzial E^0 mit seinen Vorzeichen bezieht sich immer auf den **Reduktionsprozess** einer Teilreaktion:

$$\text{oxidierte Form (Ox)} + z\,e^{\ominus} \longrightarrow \text{reduzierte Form (Red).}$$

In der Spannungsreihe (☞ Tab. 9/1) findet man stets das **Reduktionspotenzial**. Man muss die reversiblen Teilreaktionen von links nach rechts lesen, damit das Vorzeichen für E^0 stimmt.

Die Elektronen fließen freiwillig von oben rechts nach unten links (Bergab-Regel), d. h. von der reduzierten Form *(Red)* des Redoxpaares mit negativerem E^0-Wert zur oxidierten Form *(Ox)* des Redoxpaares mit positiverem E^0-Wert. Für eine freiwillig ablaufende Reaktion muss die Potenzialdifferenz ΔE immer positiv sein.

Daniell-Element: $Zn/Zn^{2\oplus}//Cu^{2\oplus}/Cu$ (Abb. 9/3)

Die Potenzialdifferenz für das Daniell-Element ergibt sich aus der Differenz der E^0-Werte:

$$\Delta E = E_{Kathode} - E_{Anode} = E^0{}_{Cu} - E^0{}_{Zn} = 0{,}35 - (-0{,}76) = 1{,}11\ \text{V}$$

Kathode bedeutet, beim Redoxpaar $Cu^{2\oplus}/Cu$ wird reduziert ($Cu^{2\oplus}$ zu Kupfer).
Anode bedeutet, beim Redoxpaar $Zn^{2\oplus}/Zn$ wird oxidiert (Zink zu $Zn^{2\oplus}$).

Kupfer/Silber-Zelle: $Cu/Cu^{2\oplus}//Ag^{\oplus}/Ag$ (Abb. 9/4)

$$\Delta E^0 = E^0{}_{Kathode} - E^0{}_{Anode} = E_{Ag} - E_{Cu} = 0{,}81 - 0{,}35 = 0{,}46\ \text{V}$$

Kathode bedeutet, beim Redoxpaar $Ag^{\oplus}/Ag$ wird reduziert ($Ag^{\oplus}$ zu Silber).
Anode bedeutet, beim Redoxpaar $Cu^{2\oplus}/Cu$ wird oxidiert (Kupfer zu $Cu^{2\oplus}$).

Vergleich der elektrochemischen Zellen: Aus der Kupfer/Silber-Zelle gewinnt man unter Standardbedingungen weniger Energie als beim Daniell-Element.

Beispiel 1:
Reagiert Magnesium mit 1 M Salzsäure?
(Die Normalpotenziale entnehmen Sie bitte Tabelle 9/1.)

$$\Delta E^0 = E^0{}_{Kathode} - E^0{}_{Anode} = E^0{}_{H_2} - E^0{}_{Mg} = 0{,}00 - (-2{,}40\ \text{V}) = 2{,}40\ \text{V}$$

Kathode bedeutet, beim Redoxpaar $2\,H^{\oplus}/H_2$ wird reduziert ($H^{\oplus}$ zu Wasserstoff).
Anode bedeutet, beim Redoxpaar $Mg^{2\oplus}/Mg$ wird oxidiert (Magnesium zu $Mg^{2\oplus}$).

Die Potenzialdifferenz ΔE^0 ist positiv (+ 2,40 V).

Antwort: Ja. Magnesium reagiert mit 1 M Salzsäure unter Wasserstoffentwicklung.

Beispiel 2:
Reagiert Kupfer mit 1 M Salzsäure?

$$\Delta E^0 = E^0_{Kathode} - E^0_{Anode} = E^0_{H_2} - E^0_{Cu} = 0{,}00 - 0{,}35 = -0{,}35\ V$$

Die Potenzialdifferenz ist negativ.
Antwort: Nein. Kupfer reagiert *nicht* mit 1 M Salzsäure.

Unedle Metalle stehen in der Spannungsreihe (☞ Tab. 9/1) oberhalb des Wasserstoffs. Sie haben ein *negatives* Normalpotenzial. Sie können Elektronen an $H_3O^{\oplus}$-Ionen (bzw. $H^{\oplus}$) abgeben und sich somit in starken Säuren unter Wasserstoffentwicklung lösen. Beispiele sind *Magnesium, Zink* oder *Eisen*. Mit anderen Worten:

> **!** **Unedle Metalle** haben eine starke Reduktionskraft, sie werden leicht oxidiert.

Halbedel- und Edelmetalle stehen in der Spannungsreihe (☞ Tab. 9/1) unterhalb des Wasserstoffs. Sie haben ein *positives* Normalpotenzial und besitzen eine schwächere Reduktionskraft, ihre Kationen hingegen sind eher Oxidationsmittel. Je nach E^0-Wert sind Metalle *halbedel* (z. B. Cu), weil sie noch mit Sauerstoff reagieren können, oder man spricht von *Edelmetallen* (z. B. Ag, Au).

051 Übersicht Redoxpotenziale

9.10 Nernst-Gleichung

Halbzellen, die nicht den Standardbedingungen entsprechen, haben ein wirksames Potenzial *E*, das von E^0 verschieden ist. *E* hängt u. a. von der Konzentration an oxidierter Form *(Ox)* und reduzierter Form *(Red)* des Redoxpaares (Ox + z $e^{\ominus}$ $\rightleftharpoons$ Red) in den Elektrodenlösungen ab. Die mathematische Beziehung, die dies beschreibt, ist die *Nernst-Gleichung.*

$$E = E^0 + \frac{R \cdot T}{z \cdot F} \ln \frac{[Ox]}{[Red]} \text{Volt}$$

R = Gaskonstante
T = Temperatur (in K)
z = Zahl der übertragenen $e^{\ominus}$
F = Faraday-Konstante

Arbeitet man bei 25 °C, zieht man die Gaskonstante R und die Faraday-Konstante F zusammen und wandelt den natürlichen in den dekadischen Logarithmus um, dann erhält man den Faktor 0,06, der die Einheit Volt hat. Die Gleichung vereinfacht sich zu:

Nernst-Gleichung

Nernst-Gleichung $$E = E^0 + \frac{0{,}06\ V}{z} \lg \frac{[Ox]}{[Red]}$$

E (in Volt: wirksames Potenzial)
E^0 (in Volt: Normalpotenzial)

Die **Nernst-Gleichung** ermöglicht also, den Einfluss der Konzentrationen der Partner eines Redoxpaares auf das Redoxpotenzial einer Halbzelle anzugeben. Wie ändert sich das Potenzial *E*, wenn *keine* Standardbedingungen vorliegen?

Kombiniert man zwei Halbzellen, die von den Standardbedingungen abweichen, berechnet man zunächst das Potenzial *E* der Halbzellen mit Hilfe der Nernst-Gleichung und dann die Potenzialdifferenz ΔE.

Beispiel 1:
Welches Redoxpotenzial hat eine $Zn^{2\oplus}$/Zn-Halbzelle mit einer 0,1 M Zinksulfatlösung?
Das **wirksame Potenzial** *E* dieser Halbzelle errechnet sich wie folgt:

$$E_{Zn^{2\oplus}/Zn} = -0{,}76\ \text{V} + \frac{0{,}06\ \text{V}}{z}\ \lg \frac{[Zn^{2\oplus}]}{[Zn]}$$

Bei Metallen setzt man die Konzentration der reduzierten Form immer gleich 1, also gilt für die Gleichung [Zn] = 1. Da zwei Elektronen vom Zink abgegeben werden, ergibt sich:

$$E_{Zn^{2\oplus}/Zn} = -0{,}76 + 0{,}03\ \lg\ [Zn^{2\oplus}] = -0{,}76 - 0{,}03 = -0{,}79\ \text{V}$$

Durch Verdünnen der Metallsalzlösung (1 mol auf 0,1 mol) wird das wirksame Potenzial der Halbzelle im Vergleich zum Normalpotenzial ($E^0 = -0{,}76$ V) *negativer*, die Reduktionskraft des Zinks nimmt *zu*.

Dies führt zu folgender Situation: Bringt man zwei Halbzellen desselben Redoxpaares in Kontakt, die sich lediglich in der Konzentration der Metallsalzlösungen im jeweiligen Elektronenraum unterscheiden (z. B. 1 M/0,1 M), dann bildet sich zwischen den Halbzellen ein Potenzial aus und es fließen Elektronen, bis sich die Metallsalzkonzentrationen in den beiden Halbzellen ausgeglichen haben und ΔE zu null wird.

Beispiel 2:
Wie wandern die Elektronen zwischen $Ag^{\oplus}$/Ag-Halbzellen mit verschiedener $Ag^{\oplus}$-Konzentration in den Elektrodenräumen bei 25 °C?

Werden zwei $Ag^{\oplus}$/Ag-Halbzellen zu einer elektrochemischen Zelle verbunden, in der die Halbzellen sich in der $Ag^{\oplus}$-Konzentration unterscheiden (z. B. **A**: 1 M; **B**: 0,002 M), so kann diese Zelle Arbeit leisten, weil es einen freiwilligen Elektronenfluss gibt. Man spricht von einer **Konzentrationskette**.

Die wirksamen Potenziale der Halbzellen bei 25 °C sind:

$$E = E^0 = +0{,}81\ \text{V (für Halbzelle \textbf{A})}$$

$$E = 0{,}81 + \frac{0{,}06\ \text{V}}{1}\ \lg \frac{0{,}002}{1} = 0{,}81 - 0{,}22 = +0{,}59\ \text{V (für Halbzelle \textbf{B})}$$

Die Elektronen fließen hier von Halbzelle **B** mit der niedrigeren $Ag^{\oplus}$-Konzentration zu Halbzelle **A**, d. h., in Halbzelle **A** findet vornehmlich die *Reduktion* (= Kathode) statt, in Halbzelle **B** die *Oxidation* (= Anode). Das Anfangspotenzial bei dieser Konzentrationskette beträgt:

$$\Delta E = E_{Kathode} - E_{Anode} = E_A - E_B = 0{,}81 - 0{,}59 = 0{,}22\ \text{V}$$

Es wird deutlich, dass das Normalpotenzial des für die Konzentrationskette gewählten Redoxpaares herausfällt und sich die Berechnung von ΔE wie folgt vereinfacht:

$$\Delta E = E_A - E_B = \frac{0{,}06\ \text{V}}{1}\ \lg \frac{[Ag^{\oplus}]_{größer}}{[Ag^{\oplus}]_{kleiner}} = 0{,}06\ \lg \frac{1}{0{,}002} = +0{,}22\ \text{V}$$

Sobald der Elektronenfluss einsetzt, vermindert sich die $Ag^{\oplus}$-Konzentration in Halbzelle **A**, während sie in Halbzelle **B** ansteigt. Die Potenzialdifferenz ΔE wird mit der Zeit kleiner. Sobald $\Delta E = 0$ erreicht ist, fließen keine Elektronen mehr. Die elektrochemische Zelle hat sich entladen.

Aufladen. Legt man an eine elektrochemische Zelle, die sich entladen hat ($\Delta E = 0$), einen Gleichstrom mit ausreichender Spannung an, so kann man die Umkehr des vorher freiwillig abgelaufenen Elektronenflusses erzwingen und das ursprüngliche Potenzial der Konzentrationskette wieder aufbauen. Man bezeichnet diesen Vorgang als das *Aufladen einer elektrochemischen Zelle* (z. B. eines Akkus). Die Energie für das Aufladen stammt von der verwendeten Gleichstromquelle.

9.11 Redox- und Säure-Base-Reaktionen im Vergleich

Es gibt eine auffällige *Parallelität* zwischen Redox- und Säure-Base-Reaktionen (Tab. 9/3). Bei beiden werden *Elementarteilchen* übertragen, einmal **Elektronen**, einmal **Protonen**.

Die Elektronen bei den Redoxreaktionen entstammen den Valenzelektronen des einen Redoxpartners (Donator) und gehen in die Elektronenhülle des anderen Redoxpartners (Akzeptor) über. Ein Proton bei einer Säure-Base-Reaktion wird frei, indem es die bindenden Elektronen in der Valenzschale des Donators (der Säure) zurücklässt. Das Proton lagert sich an ein Valenzelektronenpaar des Akzeptors (der Base) an.

In beiden Fällen wird das *Prinzip chemischer Reaktionen* deutlich: Die Eigenschaften der Stoffe ändern sich aufgrund von Umordnungen in der *Elektronenhülle* der Reaktionspartner.

Tab. 9/3 Vergleich zwischen Redox- und Säure-Base-Reaktionen.

Redoxreaktion		Säure-Base-Reaktion
$e^{\ominus}$	übertragene Elementarteilchen	$H^{\oplus}$
Reduktionsmittel	Donator	Säure
Oxidationsmittel	Akzeptor	Base
E, E^0	Donatorstärke	pH, pK_s
$E = E^0 + \frac{0{,}06\ \text{V}}{z} \lg \frac{[Ox]}{[Red]}$ (Nernst-Gleichung)	Konzentrations-abhängigkeit der Donatorstärke	$\text{pH} = \text{p}K_s + \lg \frac{[\text{Base}]}{[\text{Säure}]}$ (Puffergleichung)

9.12 pH-Abhängigkeit von Redoxpotenzialen

9.12.1 Normalpotenziale bei pH = 7

Es gibt Redoxpaare, bei denen die Bildung der oxidierten Form mit der Freisetzung von Protonen einhergeht, die sich an Wasser zum $H_3O^{\oplus}$ anlagern. In diesen Fällen ist das Potenzial der Halbzelle u. a. auch von der Hydroniumionen-Konzentration $[H_3O^{\oplus}]$, d. h. vom pH-Wert der Lösung, abhängig.

Die **Wasserstoffelektrode** selbst zeigt das besonders deutlich:

$$2\,H_3O^{\oplus} + 2\,e^{\ominus} \rightleftharpoons H_2 + 2\,H_2O$$

Bei Anwendung der Nernst-Gleichung ergibt sich für das Potenzial E:

$$E_{2H^{\oplus}/H_2} = 0 + \frac{0{,}06\ \text{V}}{2} \lg \frac{[H_3O^{\oplus}]^2}{[H_2O]^2\,[H_2]}$$

Die Konzentration von H_2O ist praktisch konstant und in E^0 enthalten, formal wird sie gleich 1 gesetzt. Die Konzentration des Wasserstoffs, sofern man bei Normaldruck (1013 hPa) und bei 25 °C arbeitet, ist wie definitionsgemäß für die reinen Elemente gleich 1, also $[H_2] = 1$. Es bleibt

pH-Abhängigkeit der Wasserstoffelektrode

$$E_{2H^{\oplus}/H_2} = 0 + \frac{0{,}06\ \text{V}}{2} \lg [H_3O^{\oplus}]^2 = 0{,}06 \lg [H_3O^{\oplus}]\ \text{Volt.}$$

Da $\text{pH} = -\lg [H_3O^{\oplus}]$, gilt für das wirksame Potenzial der Normalwasserstoff-Elektrode:

! $E_{2H^{\oplus}/H_2} = -0{,}06$ pH Volt. Bei pH = 7 gilt dann: $E_{2H^{\oplus}/H_2} = -0{,}42$ Volt.

Bei pH = 0 liegt die Normalwasserstoffelektrode vor (E^0 = 0 V), bei den üblichen pH-Werten in der lebenden Zelle (pH = 7) errechnen sich – 0,42 V. Die Reduktionskraft des Wasserstoffs ist bei pH = 7 stärker als in einem sauren Milieu.

In der Biochemie ist es sinnvoll, die Redoxpotenziale generell auf pH = 7 zu beziehen. Die Normalpotenziale werden umgerechnet und als $E^{0'}$-Werte tabelliert ($E^{0'} = E^0 - 0{,}42$ V). Dies ist natürlich nur korrekt, wenn $H_3O^{\oplus}$-Ionen in die Gleichung für das Redoxpaar eingehen.

Die **Sauerstoff-Halbzelle** in wässriger Lösung ist ein zweites Beispiel (E^0 = + 1,23 V).

$$O_2 + 4\,H_3O^{\oplus} + 4\,e^{\ominus} \rightleftarrows 2\,H_2O + 4\,H_2O$$

$$E_{O_2/O_2^{\ominus}} = 1{,}23\text{ V} + \frac{0{,}06\text{ V}}{4}\lg\frac{[O_2][H_3O^{\oplus}]^4}{[H_2O]^6}$$

Die Trennung der sechs Wassermoleküle auf der rechten Seite soll kenntlich machen, dass nur zwei Wassermoleküle bei der Reduktion entstehen. Aus O_2 werden durch Elektronenaufnahme 2 $O^{2\ominus}$, deren Ladung durch vier Protonen aus dem $H_3O^{\oplus}$-Pool ausgeglichen wird. Von rechts nach links, d. h. bei der Oxidation des Wassers, entsteht Sauerstoff durch Elektronenabgabe aus 2 $O^{2\ominus}$. Die vier frei werdenden Protonen lagern sich an Wasser zu 4 $H_3O^{\oplus}$ an. Arbeitet man bei Normaldruck ($[O_2] = 1$]) und setzt die Wasserkonzentration gleich 1, so gilt

$$E_{O_2/O_2^{\ominus}} = 1{,}23\text{ V} + \frac{0{,}06\text{ V}}{4}\lg[H_3O^{\oplus}]^4 = 1{,}23 + 0{,}06\lg[H_3O^{\oplus}]\text{ Volt}$$

$$E_{O_2/O_2^{\ominus}} = 1{,}23 - 0{,}06\text{ pH Volt}; \qquad E^{0'}\text{ (bei pH = 7)} = +0{,}81\text{ V}$$

! Die Oxidationskraft des „klassischen“ Oxidationsmittels Sauerstoff ist bei pH = 7 schwächer als in einem sauren Milieu (pH < 7).

9.12.2 pH-Bestimmung durch Potenzialmessung

Die pH-Abhängigkeit von Redoxpotenzialen kann zur Messung von pH-Werten benutzt werden. Im einfachsten Fall müsste man die Lösung mit einer *Wasserstoffelektrode* gegen das Potenzial einer Normalwasserstoffelektrode vermessen.

Chinhydron-Elektrode. Das verwendete Redoxpaar Chinon/Hydrochinon stammt aus der organischen Chemie, wir verwenden es hier ohne Strukturformel (☞ Kap. 15). Wenn Chinon (oxidierte Form) und Hydrochinon (reduzierte Form) in gleicher Konzentration vorliegen, spricht man von **Chinhydron.**

$$\text{Chinon} + 2\,H_3O^{\oplus} + 2\,e^{\ominus} \rightleftarrows \text{Hydrochinon} + 2\,H_2O \qquad E^0 = +0{,}70\text{ V}$$

Die Anwendung der Nernst-Gleichung führt zu folgendem Potenzial:

$$E = E^0 + \frac{0{,}06\text{ V}}{2}\lg\frac{[\text{Chinon}][H_3O^{\oplus}]^2}{[\text{Hydrochinon}]}$$

$$E = E^0 + 0{,}03\lg\frac{[\text{Chinon}]}{[\text{Hydrochinon}]} + 0{,}06\lg[H_3O^{\oplus}]$$

$$E = E^0 + 0{,}03\lg\frac{[\text{Chinon}]}{[\text{Hydrochinon}]} - 0{,}06\text{ pH (in Volt)}$$

Taucht eine inerte Platinelektrode in eine Messlösung, die Chinon und Hydrochinon in gleicher Konzentration enthält, dann ist das Potenzial der Halbzelle nur noch vom pH-Wert der Messlösung abhängig. Bringt man diese Halbzelle mit einer Bezugselektrode in Kontakt, deren Potenzial bekannt ist, ergibt sich aus der Potenzialdifferenz der pH-Wert.

Glaselektrode

Glaselektrode. Heute werden pH-Messungen überwiegend mit der *Glaselektrode* ausgeführt. Hier wird nicht auf ein pH-abhängiges Redoxpaar zurückgegriffen, sondern auf dünne Membranen *spezieller Glassorten*, an denen ein Potenzial entsteht, wenn die Membran innen und außen von Lösungen mit unterschiedlichem pH-Wert benetzt wird. Innen hält man den pH-Wert durch eine Pufferlösung konstant und bringt dort eine geeignete *Ableitelektrode* (z. B. Ag/AgCl) in Membrannähe an. Nun kann man mit Hilfe einer äußeren *Bezugselektrode*, die mit in die Messlösung eintaucht und deren Potenzial nicht pH-abhängig ist, das Potenzial an der Glasmembran abgreifen.

Die innere Ableitelektrode reagiert also auf die pH-Änderung an der äußeren Membranseite und leitet das entstehende Potenzial weiter. Nach Eichung ist die gemessene *Potenzialdifferenz* dem pH-Wert der Messlösung proportional. Die heute verwendeten **Einstabmessketten** enthalten die eigentliche Glaselektrode und die Bezugselektrode (Kalomel-Elektrode: Hg/Hg_2Cl_2 in KCl-Lösung) in einem Bauelement (Abb. 9/7). Sie stehen über ein seitliches Diaphragma (poröse Keramikscheibe) mit der Lösung, deren pH-Wert zu messen ist, in Kontakt.

pH-Bestimmungen, die auf der elektrochemischen Messung von Potenzialdifferenzen beruhen, sind sehr viel genauer (± 0,01 pH-Einheiten) als solche mit Hilfe von Indikatoren (☞ Kap. 8.6).

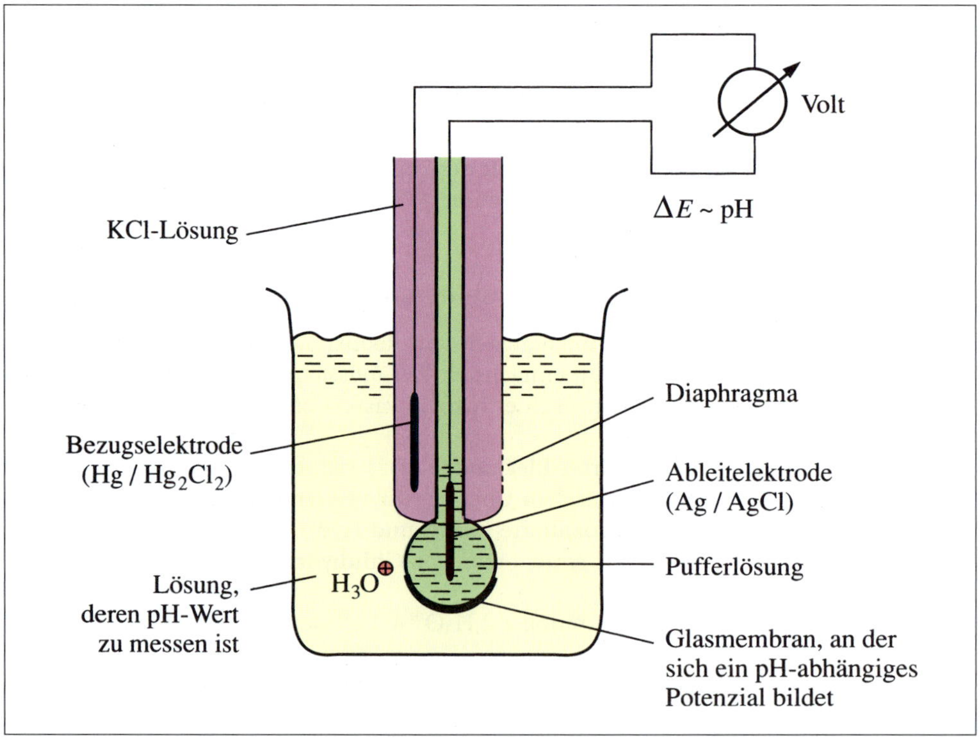

Abb. 9/7 Glaselektrode zur Messung von pH-Werten (Einstabmesskette).

9.13 Knallgasreaktion und Atmungskette

Knallgasreaktion

Bei allen Lebewesen, die Sauerstoff aufnehmen, wird die Stoffwechselenergie aus der **Knallgasreaktion** gewonnen.

		E^0	$E^{0'}$
Wasserstoff-Halbzelle:	$4\ H_3O^{\oplus} + 4\ e^{\ominus} \longleftarrow 2\ H_2 + 4\ H_2O$	0,00 V	−0,42 V
Sauerstoff-Halbzelle:	$O_2 + 4\ H_3O^{\oplus} + 4\ e^{\ominus} \longrightarrow 2\ H_2O + 4\ H_2O$	+1,23 V	+0,81 V
Redoxreaktion: (Knallgasreaktion)	$\overset{0}{2\ H_2} + \overset{0}{O_2} \longrightarrow 2\ \overset{+1\,-2}{H_2O}$	$\Delta E^0 = \Delta E^{0'} = +1{,}23$ V	

Die Potenzialdifferenz zwischen den Halbzellen bei 25 °C und 1013 hPa Druck beträgt $\Delta E = +1{,}23$ V. Mit diesem Wert lässt sich die Energie berechnen, die bei der Bildung von 1 mol Wasser frei wird:

$$\Delta G^{0'} = -z \cdot \mathrm{F} \cdot \Delta E^{0'} = -4 \cdot 96{,}5 \cdot 1{,}23 = -475 \text{ kJ für 2 mol Wasser, es folgt: } \mathbf{-237{,}5\ kJ/mol}.$$

Die Knallgasreaktion hat eine große Triebkraft, erkennbar daran, dass eine Mischung der Gase Wasserstoff und Sauerstoff im Verhältnis 2 : 1 beim Zünden explodiert. Bei pH = 7 findet der Elektronenfluss vom Wasserstoff zum Sauerstoff zwischen den Potenzialen −0,42 V und +0,81 V ab. $\Delta E^{0'}$ beträgt ebenfalls 1,23 V.

Klimaschützer im Auto und im Keller

Die Energie, die in der Knallgasreaktion steckt, irgendwie zu nutzen ist eine naheliegende Idee. Es entstehen *keine* umweltschädlichen Verbrennungsgase, nur Wasserdampf entweicht aus dem Schornstein oder Auspuff. Bei der technischen Umsetzung der Idee gibt es zwei Probleme:

Es muss *Wasserstoff* verfügbar sein. Der einfachste Weg dafür ist die *Elektrolyse des Wassers,* also die Umkehr der Knallgasreaktion. Dies aber macht ökonomisch und ökologisch nur Sinn, wenn die für die Wasserspaltung benötigte Energie günstig bereitgestellt werden kann (Sonne, Wind, Wasserkraft). Der Anteil *erneuerbarer Energien* an der Stromerzeugung ist dafür heute jedoch noch zu klein.

Die Knallgasreaktion muss in ihrem Ablauf „gebändigt" werden, d. h., die freigesetzte Energie sollte nicht als Wärme anfallen, sondern besser als Gleichstrom, der im Auto einen Elektromotor antreibt oder im Haushalt für Licht und Heizung sorgt. Eine gesteuerte Verbrennung des Wasserstoffs mit Sauerstoff ermöglichen *Katalysatoren,* die zugleich den Strom leiten. Einen entsprechend konstruierten Reaktor bezeichnet man als **Brennstoffzelle.** In der Regel erfordern Brennstoffzellen eine höhere Betriebstemperatur für die chemischen Prozesse, was problematisch ist. Die technischen Lösungen für eine gefahrlose, ökonomisch sinnvolle Nutzung von Brennstoffzellen sind noch nicht ausgereift.

Wasserstoff kommt in der Zelle zum Glück nicht frei vor, sondern ist an NADH (reduziertes **N**icotinamid-**A**denin-**D**inucleotid) gebunden. NADH ist der zelluläre Elektronendonator (☞ S. 386 und 393). Der Elektronenfluss geht jedoch nicht direkt zum Sauerstoff, die Elektronen werden in der so genannten *Atmungskette* **stufenweise** unter Einschaltung mehrerer Redoxpaare und Enzyme dorthin gelenkt. Dieser Prozess läuft in den Mitochondrien, den „Kraftwerken" der Zelle, ab (Abb. 9/8). Die Reaktionsgleichung für die Redoxreaktion lautet:

$$\mathrm{NADH} + H^{\oplus} + {}^1/_2\ O_2 \longrightarrow \mathrm{NAD}^{\oplus} + H_2O$$

Das Redoxpaar $\mathrm{NAD}^{\oplus}$/NADH hat bei pH = 7 das Potenzial $E^{0'} = -0{,}32$ V. Die Potenzialdifferenz, die die Elektronen auf dem Weg zum Sauerstoff durchlaufen, beträgt somit $\Delta E^{0'} = 1{,}13$ V. Daraus ergibt sich für zwei Elektronen, die aus jedem Molekül NADH abgegeben werden, die Triebkraft der Reaktion pro mol Wasser:

$$\Delta G^{0'} = -2 \cdot 96{,}5 \cdot 1{,}13 \text{ kJ/mol} = -218 \text{ kJ/mol}.$$

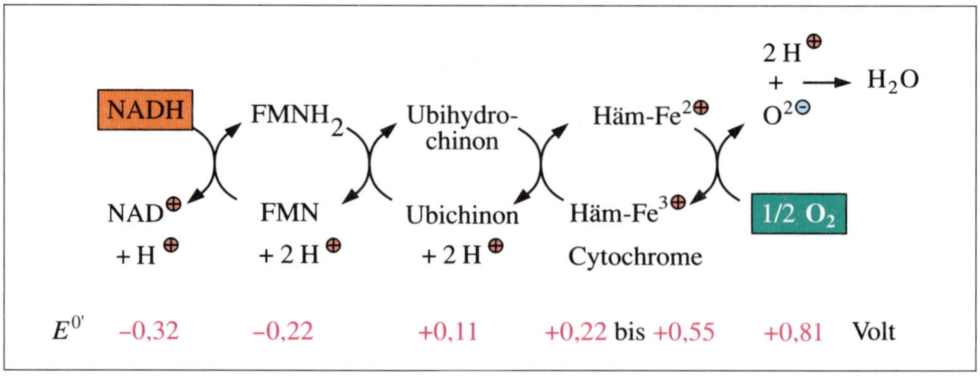

Abb. 9/8 Schema des Elektronenflusses in der Atmungskette vom NADH zum Sauerstoff. Bei einzelnen Redoxreaktionen werden zwei Elektronen übertragen, bei anderen nur eines ($Fe^{2\oplus}/Fe^{3\oplus}$). Im zweiten Fall werden natürlich 2 mol des Redoxpaares benötigt, um 1 mol NADH zu oxidieren. $E^{0'}$ = Normalpotenzial des Systems bei pH = 7, FMN = Flavinmononucleotid.

Der „Trick" der Natur besteht darin, dass es nirgends in der Zelle knallt, sondern dass die Schritt für Schritt frei werdende Energie zwischengelagert wird in Form eines *Protonengradienten* an der inneren Mitochondrienmembran, um dann durch den Rückfluss der Protonen durch das membrangebundene Enzym ATPase für die Bildung von **ATP** (**A**denosin**t**ri**p**hosphat) genutzt zu werden. ATP ist die universelle „Energiewährung" aller Lebewesen. Für seine Bildung aus ADP werden 30,5 kJ/mol benötigt, die im ATP dann gespeichert sind und an anderer Stelle im Stoffwechsel wieder zur Verfügung stehen.

$$\underset{\text{Adenosindiphosphat}}{\text{ADP}} + \underset{\text{Phosphat}}{P_i} + H^{\oplus} \longrightarrow \underset{\text{Adenosintriphosphat}}{\text{ATP}} + H_2O \qquad \Delta G^{0'} = +30{,}5\ \text{kJ/mol}$$

Die Atmungskette im Energiestoffwechsel von Lebewesen ist eine Folge von gekoppelten Redoxreaktionen, die durch spezifische Enzyme katalysiert werden und in deren Verlauf NADH (gebundener Wasserstoff) durch Luftsauerstoff oxidiert wird. Die dabei frei werdende Energie wird als ATP gespeichert.

Unseren Berechnungen nach könnten bei der Oxidation von 1 mol *NADH* in der *Atmungskette* ungefähr 7 mol ATP entstehen (218 : 30,5 = 7,1). Real entstehen in der Zelle jedoch nur ca. 3 mol ATP. Wenn Sie jetzt den Schluss ziehen, dass der **Wirkungsgrad** bei der zellulären Energiegewinnung unter 50% liege, dann ist dies etwas voreilig. Abgesehen davon, dass *kein* Verbrennungsmotor diesen Wirkungsgrad erreicht, müssen Sie in Betracht ziehen, dass die *Atmungskette* nicht unter Standardbedingungen abläuft. Kein Redoxpartner wird in den Mitochondrien je in 1 molarer Lösung vorliegen und die Konzentrationsverhältnisse für [Ox] und [Red] der beteiligten Redoxpaare können sehr verschieden sein. Da diese Daten nicht exakt bestimmbar sind, ist man auf Schätzungen angewiesen. Diese führen dazu, dass der Wirkungsgrad bei der Energiegewinnung der Zelle bei über 70% liegen sollte.

Power für die Zellen

Die Mitochondrien, halbautonome Zellorganellen mit eigener DNA und RNA, sind die Kraftwerke der Zelle. Man vermutet heute, dass die Mitochondrien ehemals *Bakterien* waren, die in frühe einzellige Lebensformen einwanderten und ihre Fähigkeiten zur Verfügung stellten *(Endosymbionten-Hypothese)*. In den Mitochondrien wird das aus Kohlenhydraten und Fettsäuren gebildete *Acetyl-Coenzym A* zu CO_2 und Wasser oxidiert und die frei werdende Reduktionskraft (NADH) genutzt, um ATP zu bilden, den universellen Energieträger der Zellen. Die Mitochondrien „bändigen" gewissermaßen die stark exergone *Knallgasreaktion*.

Die Elektronen des im *NADH* gebundenen Wasserstoffs wandern über die *Elektronentransportkette* zum Sauerstoff, wobei die stufenweise frei werdende Energie zum Aufbau eines *Protonengradienten* an der inneren Mitochondrienmembran genutzt wird. Dieser Protonengradient treibt dann die ATP-Synthese. Tritt ein Mangel an Sauerstoff (Hypoxie) auf, so ist dies an funktionellen und morphologischen Veränderungen der Mitochondrien rasch zu erkennen. Solche Beeinträchtigungen verursachen einen *ATP-Mangel*, der zu *Myopathien* (z. B. am Herzen) führen kann.

Verschiedene degenerative Erkrankungen (z. B. *Parkinson-Syndrom, Alzheimer-Krankheit*) gehen mit oxidativen Schädigungen der Mitochondrien einher. Man macht hierfür reaktive Sauerstoffspezies (z. B. $O_2^{\ominus}\bullet$) verantwortlich, die bei einer unvollständigen Reduktion des Sauerstoffs in der mitochondrialen Atmungskette entstehen. Die *freien Radikale*, die nur unzureichend durch körpereigene *Antioxidanzien* abgefangen werden, lösen Degenerations- und Alterungsprozesse aus.

Checkliste

Folgende Bezeichnungen/Begriffe sollten Sie erklären oder definieren (s. a. Glossar) und – wo möglich – Abkürzungen oder Beispiele angeben können:
Oxidation – Reduktion – Oxidationsmittel – Reduktionsmittel – oxidierte Form – reduzierte Form – Redoxpaar – Oxidationsstufe – „Bergab-Regel" – elektrochemische Zelle – Salzbrücke – Halbzelle – Elektrode – elektromotorische Kraft – Potenzialdifferenz – Elektrodenpotenzial – Normalwasserstoffelektrode – Normalpotenzial – Spannungsreihe – Reduktionspotenzial – Nernst-Gleichung – Konzentrationszelle – Zusammenhang von ΔG und ΔE – Glaselektrode – Einstabmesskette – Knallgasreaktion – Energie der Knallgasreaktion – Atmungskette – Verbrennung – Hydrid-Ion.

Aufgaben

1. Formulieren Sie die Umsetzung von *Eisen* mit *Schwefelsäure* zu $FeSO_4$ und markieren Sie das *Oxidations-* und das *Reduktionsmittel*!
2. Welche *Redoxpaare* spielen bei der Umsetzung von *Natrium* mit *Chlor* eine Rolle? Markieren Sie die Richtung der Elektronenübertragung sowie jeweils *oxidierte* und *reduzierte* Form der Redoxpaare!
3. Schreiben Sie die *Knallgasreaktion* in der gekoppelten Schreibweise!
4. Geben Sie ein Beispiel dafür an, dass Redox-Teilreaktionen *umkehrbar* sind!
5. Geben Sie die Oxidationsstufen des Chlors im Hypochlorit ($ClO^{\ominus}$) und Perchlorat ($ClO_4^{\ominus}$) an!
6. Verdünnte Salpetersäure (HNO_3) reagiert mit Kupfer zu $Cu^{2\oplus}$ und Stickstoffoxid (NO). Stellen Sie die vollständige Reaktionsgleichung für die Redoxreaktion auf!
7. Zwischen getrennten Halbzellen können Sie *keine* Potenzialdifferenz messen. Dies gelingt erst, wenn Sie die Halbzellen mit einer „*Salzbrücke*" verbinden. Warum?
8. Wie fließen die Elektronen im *Daniell-Element*?
9. Wie sind *Gibbs-Energie* und ΔE einer elektrochemischen Zelle verknüpft?
10. Wie bestimmt man das *Normalpotenzial* einer $Cu^{2\oplus}/Cu$-Elektrode (Betrag und Vorzeichen)?
11. Wie kann man *Metalle* aufgrund ihrer E^0-Werte einteilen?
12. Was würden Sie erwarten, wenn ein Patient in seinem Mund direkt neben einer Amalgamfüllung eine Goldkrone trägt?
13. Wie kann man mit Hilfe der Spannungsreihe vorhersagen, ob eine Redoxreaktion *spontan* (= freiwillig) abläuft oder nicht? Erklären Sie außerdem:
    a) Was passiert, wenn ein Kupferblech in eine Magnesiumchlorid-Lösung eintaucht?
    b) Reagieren $Zn^{2\oplus}$-Ionen und $Fe^{3\oplus}$-Ionen miteinander?
    c) Kann man Magnesium in Chlorgas „verbrennen"?
14. Prüfen Sie, ob folgende Ausgangsstoffe miteinander reagieren (Spannungsreihe ☞ Tab. 9/1), und formulieren Sie ggf. die Reaktionsgleichung: a) Natrium und Wasser, b) Eisen und Kupfer(II)-sulfatlösung, c) Silber und Iod. Wählen Sie für alle Reaktionen eine Schreibweise, mit der Sie die „Bergab-Regel" anwenden können!

15. Wofür benötigt man die *Nernst-Gleichung*? Welches Potenzial hat eine Kupfer/Silber-Halbzelle mit Konzentrationsverhältnissen $Ag^{\oplus}/Cu^{2\oplus}$ 500 : 1?
16. Gibt es bei gleichartigen Halbzellen ein Potenzial, wenn sich die Elektrodenlösungen in ihrer *Konzentration* unterscheiden? Falls ja, mit welcher Gleichung kann man das Potenzial berechnen? Falls nein, warum nicht?
17. Welches Potenzial hat eine *Silberelektrode*, die in eine 0,01 M Silbernitratlösung eintaucht? Wird die Oxidationskraft von $Ag^{\oplus}$-Ionen größer oder kleiner gegenüber einer Standard-Silberelektrode?
18. Welches Potenzial hat das Daniell-Element, wenn die Konzentration von $Zn^{2\oplus}$- und $Cu^{2\oplus}$-Ionen im Verhältnis 100 : 1 vorliegen?
19. Wann kommt eine zunächst spontan ablaufende Redoxreaktion zum Stillstand?
20. Welches Potenzial hat eine *Wasserstoffelektrode* bei pH = 4?
21. Bei welchen Redoxpaaren unterscheidet sich der $E^{0'}$-Wert vom E^0-Wert? Geben Sie Beispielreaktionen an!
22. Wie lässt sich der *pH-Wert* einer Lösung bestimmen?
23. Was ist eine *Glaselektrode*?
24. Welche Energie steht zur Verfügung, wenn 1 mol Elektronen eine *Potenzialdifferenz* von $\Delta E = 1$ Volt durchlaufen?
25. Welches ist die Energiequelle für die ATP-Bildung? Wie groß ist der Wirkungsgrad der Atmungskette?

017 Lösungen der Aufgaben

Bedeutung für den Menschen

Oxidation – Reduktion

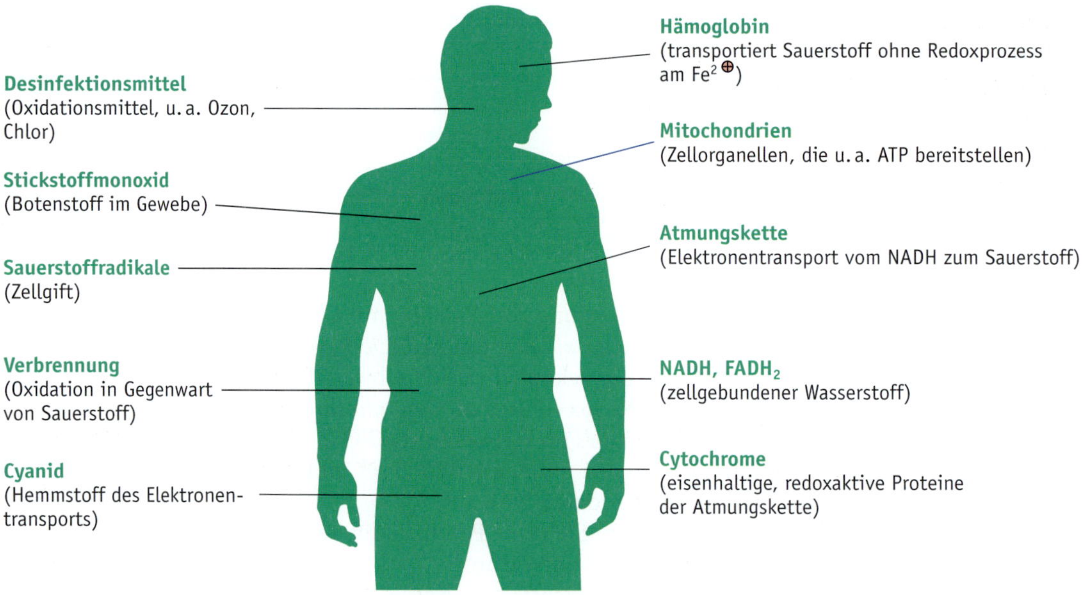

018 IMPP-Fragen

9

KAPITEL

10 Metallkomplexe

Orientierung

Im Körper des Menschen beträgt der Massenanteil der Nichtmetallverbindungen aus den Elementen Kohlenstoff, Wasserstoff, Sauerstoff und Stickstoff mehr als 90 % (☞ Kap. 2.5). Bei den vergleichsweise wenigen Verbindungen unter Beteiligung von Metallen fällt zunächst der Viererblock der Hauptgruppenelemente Natrium, Kalium, Magnesium und Calcium ins Auge. Ferner sind die Übergangsmetalle der 4. Periode (Chrom, Mangan, Eisen, Cobalt, Kupfer und Zink) bedeutsam. Letztere gehören zu den *Spurenelementen* (☞ Kap. 2.5).

Bei den Gerüstsubstanzen und im Stoffwechsel des Menschen spielen nicht die Metalle selbst, sondern immer nur ihre positiv geladenen Ionen eine Rolle, z. B. als Bestandteil von Salzen (☞ Kap. 3.3 und Kap. 7). Um die besondere Bedeutung der o. g. Übergangsmetalle zu verstehen, reicht der Salzbegriff jedoch nicht aus. Die Ionen dieser Nebengruppenlemente sind Bestandteil von sog. **Metallkomplexen.** Jedes Metallion umgibt sich mit bestimmten Partnern aus der Welt der Nichtmetallverbindungen, gestaltet auf diese Weise seine Umgebung und übernimmt in dieser Struktur-Komposition einzigartige Funktionen. Dabei wird zwischen Metallion und Umgebung eine Art chemischer Bindung wirksam, die sich von den bisher besprochenen (☞ Kap. 3) in mancherlei Hinsicht unterscheidet.

Antwort erhalten Sie u. a. auf folgende Fragen:

- Wie kommt die koordinative Bindung zustande?
- Wie sind Metallkomplexe aufgebaut und wie ist ihre Stabilität definiert?
- Was zeichnet Chelatkomplexe aus?
- Welche Eigenschaften der Metallionen ändern sich durch Komplexbildung?
- Wo spielen Metallkomplexe im Stoffwechsel eine Rolle?

10.1 Koordinative Bindung

Lewis-Säure
Lewis-Base

Lewis-Konzept. Moleküle oder Ionen, deren Elektronenschalen nicht vollständig aufgefüllt sind und denen zum Erreichen einer Edelgaskonfiguration z. B. ein Elektronenpaar fehlt, haben eine *Elektronenlücke.* Auf der anderen Seite gibt es Moleküle oder Ionen, deren Elektronenschalen voll besetzt sind und die über *freie Elektronenpaare* verfügen. Nähert sich ein Molekül mit einer Elektronenlücke, ein *Akzeptor,* einem Molekül mit einem freien Elektronenpaar, einem *Donator,* so bildet sich zwischen ihnen eine Elektronenpaarbindung (kovalente Bindung) aus. Dieses Bindungsprinzip wurde von *Lewis* erkannt, man bezeichnet den *Akzeptor* als **Lewis-Säure,** den *Donator* als **Lewis-Base.** Das bindende Elektronenpaar stammt in diesem Fall nur von einem Partner, vom Donator. Ein Beispiel ist die Reaktion von Bortrifluorid mit Ammoniak.

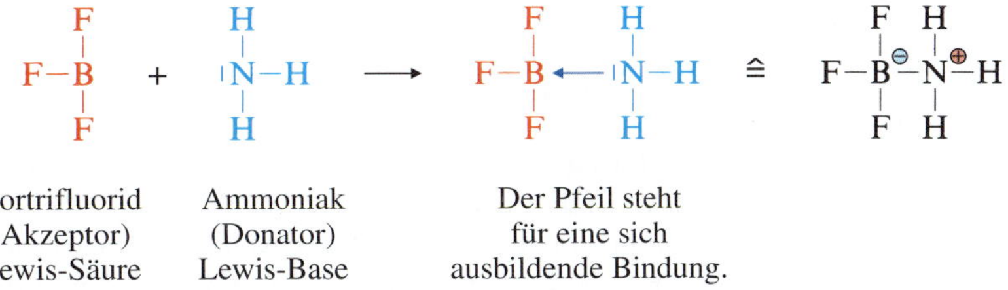

Nach dem gleichen Schema erfolgt auch die Anlagerung eines Protons an Ammoniak oder Wasser. Das Proton ist die *Lewis-Säure,* es weist eine Elektronenlücke auf. Ammoniak und

Wasser sind *Lewis-Basen*, sie verfügen über ein freies Elektronenpaar. Diese Beispiele zeigen, dass das *Lewis-Konzept* auch die Säure-Base-Definition nach *Brönsted* (☞ Kap. 8.2) integrieren kann, was hier nicht weiter ausgearbeitet wird.

$$H^{\oplus} + |NH_3 \longrightarrow NH_4^{\oplus} \qquad H^{\oplus} + H_2\bar{O}| \longrightarrow H_3O^{\oplus}$$

Ammonium-Ion — Hydronium-Ion

Zentral-Ion
Liganden
koordinative Bindung

Metallkomplexe durch koordinative Bindungen. Wir verwenden das Lewis-Konzept jetzt, um die Bildung von Metallkomplexen zu beschreiben. Metallkomplexe enthalten im Zentrum ein Metall-Kation (**Zentral-Ion**) und darum herum eine unterschiedliche Anzahl Moleküle und/oder Anionen, die sog. **Liganden**. Das Zentral-Ion weist *Elektronenlücken* auf, es ist die *Lewis-Säure* (Akzeptor). Die Liganden tragen mit freien Elektronenpaaren zur Auffüllung der Elektronenlücken bei. Die Liganden sind somit *Lewis-Basen* (Donatoren). Die entstehende Bindung wird durch einen *Pfeil* vom freien Elektronenpaar des Liganden (Donator) zum Zentral-Ion (Akzeptor) markiert und als **koordinative Bindung** bezeichnet.

Komplexbildung mit vier Liganden:

$$Me^{n\oplus} + 4\,|L \longrightarrow [Me(L)_4]^{n\oplus}$$

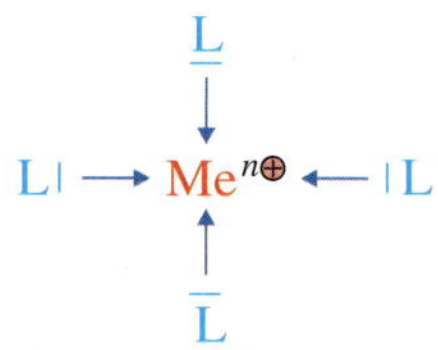

! Bei der **koordinativen Bindung** stammen beide Bindungselektronen vom Liganden.

Die eckige Klammer dokumentiert, dass der Metallkomplex in unserem Beispiel aus vier ungeladenen Ligandenmolekülen (L, blau markiert) und einem Zentral-Ion (rot markiert) besteht. Der hier entstandene Metallkomplex ist selbst wieder ein Kation, seine Ladung muss durch Anionen in der Lösung ausgeglichen werden.

Die Qualität der koordinativen Bindung ist schwierig zu beschreiben, weil sie *elektrostatische* und *kovalente* Anteile aufweist und es verschiedene theoretische Ansätze dazu gibt. Eine Hypothese ist, dass die von den Liganden zur Verfügung gestellten Bindungselektronen neben freien *s*- und *p*-Orbitalen auch freie *d*-Orbitale der Übergangsmetallionen besetzen. Die für die Aufnahme von Elektronen verfügbaren Orbitale der Metallionen sind hybridisiert (☞ Kap. 3.4.5), so dass die am Zentral-Ion ausgebildeten koordinativen Bindungen gleichwertig sind. In solchen Fällen hat die koordinative Bindung einen starken kovalenten Anteil. Dennoch unterscheiden sich die Metallkomplexe in ihrer Stabilität erheblich, weil die koordinative Bindung in Abhängigkeit vom Zentral-Ion *und* von der Art der Liganden unterschiedlich fest ist.

10.2 Aufbau von Metallkomplexen

Zentral-Ionen. Metallionen sind Lewis-Säuren (Akzeptoren) und somit im Prinzip zur Komplexbildung befähigt. Wie ausgeprägt diese Tendenz ist und wie stabil die Komplexe sind, hängt von der Stellung des Metalls im Periodensystem, d. h. von der Elektronenkonfiguration des betrachteten Metallions, und von der Elektronenpaar-Donatorfähigkeit der Liganden ab. Besonders gute Akzeptoren sind Kationen von Nebengruppenelementen, weil diese häufig Elektronenlücken nicht nur in der äußeren, sondern auch in einer inneren Elektronenschale aufweisen. In der 4. Periode sind dies unbesetzte 3*d*-Orbitale

(☞ Kap. 2.4), z. B. bei folgenden Metallionen: $Fe^{2\oplus}/Fe^{3\oplus}$, $Co^{2\oplus}/Co^{3\oplus}$, $Zn^{2\oplus}$, $Cu^{2\oplus}$, $Mn^{2\oplus}$ oder $Cr^{3\oplus}$.

Liganden

Liganden. Als *Liganden* treten *Anionen* oder *Moleküle* auf, die über ein freies Elektronenpaar verfügen. Beispiele sind in Tabelle 10/1 aufgeführt. Den Liganden liegen Nichtmetalle zugrunde, somit können auch organische Moleküle Liganden sein, sofern sie z. B. einen polaren Rest mit einem Stickstoff-, Sauerstoff- oder Schwefelatom enthalten. Die koordinative Bindung geht bei größeren Molekülen dann von dem Atom aus, das gegenüber einem bestimmten Zentral-Ion der stärkste Elektronendonator ist. Bei den Liganden *Cyanid* und *Kohlenmonoxid* wird die koordinative Bindung, die einer σ-Bindung ähnelt, durch Anteile einer π-Bindung ergänzt, deren Elektronen vom Zentral-Ion stammen. Dieser Effekt erklärt, warum diese Liganden besonders stark an Übergangsmetallionen wie $Fe^{2\oplus}/Fe^{3\oplus}$ gebunden werden und deshalb eine Sonderstellung einnehmen.

Tab. 10/1 Beispiele von Anionen oder Molekülen, die Liganden in Metallkomplexen sein können, und ihre Benennung in Komplexen (hinter der Strukturformel in Klammern angegeben).

Anionen:	Fluorid	$|\overline{\underline{F}}|^{\ominus}$	(Fluorido)	Cyanid	$^{\ominus}|C\equiv N|$	(Cyanido)
	Chlorid	$|\overline{\underline{Cl}}|^{\ominus}$	(Chlorido)	Thiocyanat	$^{\ominus}|\overline{\underline{S}}-C\equiv N|$	(Thiocyanato)
	Iodid	$|\overline{\underline{I}}|^{\ominus}$	(Iodido)	Thiolat	$R\overline{\underline{S}}|^{\ominus}$	(Thiolato)
	Hydroxid	$|\overline{\underline{O}}H^{\ominus}$	(Hydroxido)	Carboxylat	$R-C(=O)-O^{\ominus}$	(Carboxylato)
Moleküle:	Ammoniak	$|NH_3$	(Ammin)	Sauerstoff	O_2	
	Amin	$R-\overline{N}H_2$	(Amino)	Wasser	$H_2\overline{O}\rangle$	(Aqua)
	Stickstoffmonoxid	$|\dot{N}=O\rangle$	(Nitrosyl)	Alkohol	$R-\overline{\underline{O}}H$	
	Kohlenmonoxid	$^{\ominus}|C\equiv O|^{\oplus}$	(Carbonyl)	Ether	$R-\overline{\underline{O}}-R$	

Koordinationszahl

Koordinationszahl. Die Zahl der Liganden-Bindungsplätze am Zentral-Ion wird *Koordinationszahl* genannt. Sie ist u. a. von der Größe der Liganden sowie von der Elektronenkonfiguration des Zentral-Ions abhängig. Es sind Metallkomplexe mit Koordinationszahlen von 2 bis 12 bekannt. Am häufigsten kommen die Koordinationszahlen 2, 4 und 6 vor. Die Koordinationszahl steht in *keinem* Zusammenhang mit der Ladung des Zentral-Ions.

Wenn ein Zentral-Ion und eine bestimmte Anzahl Liganden zusammentreten, entsteht ein definierter Komplex, der sich in seinen Eigenschaften von denen der Bausteine unterscheidet, z. B. in der Farbe oder auch darin, dass sich die Bausteine zuweilen nicht mehr direkt nachweisen lassen. Um das Neue zu dokumentieren, setzt man den Metallkomplex in eckige Klammern. Diese eckige Klammer dient hier **nicht** der Kennzeichnung einer Konzentration, wie wir es z. B. bei der Hydroniumionen-Konzentration $[H_3O^{\oplus}]$ kennen gelernt haben (☞ Kap. 8.4).

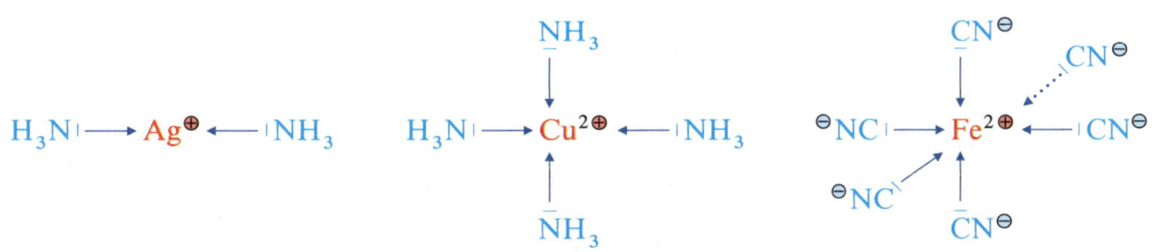

$[Ag(NH_3)_2]^{\oplus}$ Diamminsilber(I)-Ion — $[Cu(NH_3)_4]^{2\oplus}$ Tetramminkupfer(II)-Ion — $[Fe(CN)_6]^{4\ominus}$ Hexacyanidoferrat(II)-Ion

10

Gesamtladung

Gesamtladung. Die *Gesamtladung* eines Metallkomplexes errechnet sich aus den Ladungen der Bausteine. Sind die Liganden neutral, entspricht die Gesamtladung der positiven Ladung des Zentral-Ions. Anionen als Liganden können die Ladung des Zentral-Ions kompensieren oder übertreffen. Es gibt daher auch ungeladene Komplexe oder Komplex-Anionen, letztere bilden mit normalen Kationen Salze. Als Beispiele sind die verschiedenen Metallkomplexe aufgeführt, die *Eisen(II)-* oder *Eisen(III)-salze* mit *Kaliumcyanid* bilden.

$$FeCl_2 + 6\,KCN \longrightarrow K_4[Fe(CN)_6] + 2\,KCl$$

Kaliumhexacyanoferrat(II) (= gelbes Blutlaugensalz)

$$FeCl_3 + 6\,KCN \longrightarrow K_3[Fe(CN)_6] + 3\,KCl$$

Kaliumhexacyanoferrat(III) (= rotes Blutlaugensalz)

Durch Kombination von $Fe^{2\oplus}$ und $Fe^{3\oplus}$ im Komplex erhält man lösliches *Berliner Blau:* $K[Fe^{II}(Fe^{III}\,(CN)_6)]$

Nomenklatur. Die systematische Benennung von Metallkomplexen in allen Details zu erläutern übersteigt den Rahmen dieses Lehrbuchs. Wir beschränken uns auf die nachfolgend verwendeten Beispiele. Hier sind bei den Bezeichnungen der Liganden jüngst Änderungen international vereinbart worden, die wir berücksichtigen.

1. Bei einem Komplex mit einem Metallion als Baustein werden zuerst die Liganden in alphabetischer Reihenfolge genannt.
2. Die Anzahl einer Liganden-Art wird durch ein vorangestelltes griechisches Zahlwort markiert, also „*di*“ (= zwei), „*tetra*“ (= vier) oder „*hexa*“ (= sechs).
3. Anionische Liganden tragen folgende Bezeichnungen: *Chlorido* ($Cl^{\ominus}$), *Hydroxido* ($OH^{\ominus}$), *Cyanido* ($CN^{\ominus}$), *Thiocyanato* ($NCS^{\ominus}$) usw. (☞ Tab. 10/1).
4. Neutrale Liganden haben folgende Namen: *Aqua* (H_2O), *Ammin* (NH_3), *Carbonyl* (CO) und *Nitrosyl* (NO) (☞ Tab. 10/1).
5. Am Ende der Bezeichnung steht der Metallname und dahinter in Klammern die Wertigkeit des Kations als römische Zahl.
6. Wenn der Komplex ein Anion ist, erhält er die Endsilbe „*-at*“ und das Metall erhält den lateinischen Namen mit nachgestellter Wertigkeit. Beispiel: „*-ferrat(II)*“.
7. Je nach Gesamtladung des Metallkomplexes wird das zugehörige Anion dem Komplexnamen nachgestellt, z. B. Diamminsilber(I)-chlorid, das Kation jedoch vorangestellt, z. B. Kaliumhexacyanidoferrat(II).

Platin in der Krebstherapie

Diammindichloridoplatin(II) ist ein neutraler, quadratisch planarer Metallkomplex mit $Pt^{2\oplus}$als Zentral-Ion. Von diesem Platinkomplex gibt es *cis*/*trans*-Isomere entsprechend der Anordnung der Liganden zueinander.

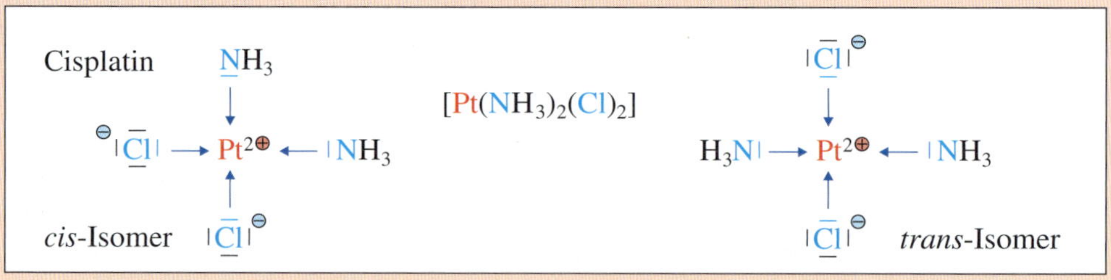

Cisplatin wird als *Zytostatikum* bei verschiedenen Krebserkrankungen klinisch eingesetzt. Das neutrale Molekül diffundiert in das Zytoplasma der Zellen und hydrolysiert dort (Ligandenaustausch) partiell zu $[Pt(NH_3)_2(H_2O)Cl]^{\oplus}$ und $[Pt(NH_3)_2(H_2O)_2]^{2\oplus}$. Die entstandenen Kationen binden an die DNA und reagieren mit Guanin am N-7 (Ligandenaustausch). Cisplatin hat erhebliche Nebenwirkungen wie z. B. Nierenversagen, Gehörschäden und starkes Erbrechen.

10.3 Chelatkomplexe

In den bisherigen Beispielen hatte jeder Ligand nur ein Donator-Atom. Nun gibt es organische Moleküle, die *mehrere* Donator-Atome in ihrer Struktur aufweisen und mit diesen an dasselbe Zentral-Ion herantreten können. Der Ligand ist dann *„mehrzähnig"* und heißt

Chelator

Chelator (griech. *chele* = Krebsschere), das entstehende Teilchen ist ein **Chelatkomplex**. Im nachfolgenden Beispiel bindet ein Zentral-Ion mit der Koordinationszahl 4 einen zweizähnigen Chelator (links) und einen vierzähnigen Chelator (rechts). Bei letzterem erkennt man, dass das Metallion vom Chelator weitgehend eingehüllt wird.

Allgemeines Bauprinzip von Chelatkomplexen:

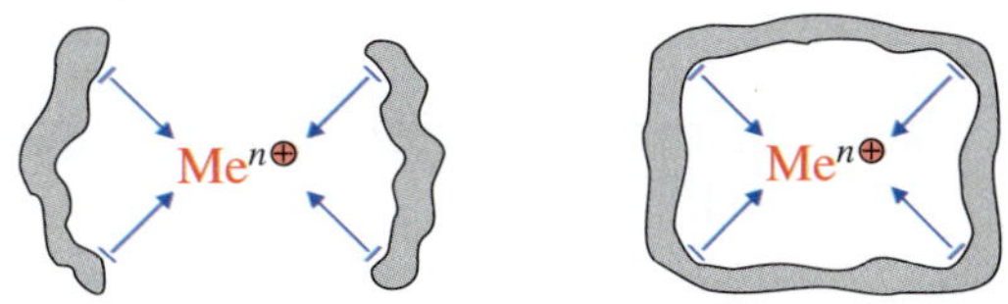

zweizähniger Ligand — vierzähniger Ligand

Zweizähnige Chelatoren sind z. B. *Ethylendiamin* (Abkürzung „en") oder das Anion *(Glycinat)* der Aminosäure *Glycin*. Mit $Cu^{2\oplus}$ bilden sie die folgenden Chelatkomplexe, deren Gesamtladung im ersten Beispiel + 2, im zweiten 0 beträgt.

Der Abstand der Donator-Atome in einem Chelator ist dann für die Bildung eines Chelatkomplexes günstig, wenn der Ring, den das Zentral-Ion mit dem Chelator bildet, *5- oder 6-gliedrig* wird. Solche Ringe sind nicht gespannt und damit energetisch bevorzugt. In den beiden Beispielen liegen 5-gliedrige Ringe vor.

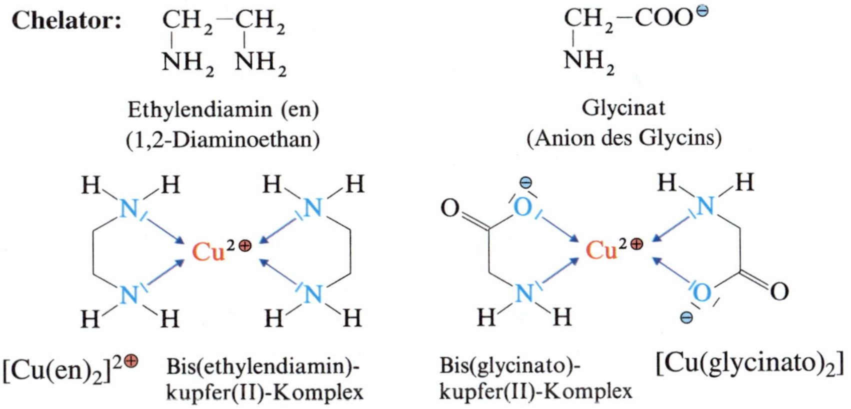

EDTA

Ein auch in der Medizin vielfältig verwendeter Chelator (☞ Kap. 10.6) für zweiwertige Metallionen in wässriger Lösung ist **EDTA** *(= Ethylendiamintetraacetat)*. EDTA wird als Dinatriumsalz eingesetzt. Bei pH = 7 liegt es als *Dianion* vor ($EDTA^{2\ominus}$). Unter dem Einfluss des Metallions geht $EDTA^{2\ominus}$ unter Abgabe von zwei Protonen in das *Tetraanion* ($EDTA^{4\ominus}$), einen sechszähnigen Chelator, über. Mit $Ca^{2\oplus}$ z. B. bildet $EDTA^{4\ominus}$ einen Chelatkomplex (Abb. 10/1), dessen Gesamtladung − 2 ist. Beim Übergang von $EDTA^{2\ominus}$ in $EDTA^{4\ominus}$ werden Protonen frei, die den pH-Wert der Lösung ins Saure verschieben und damit der Komplexbildung entgegenwirken. Um die Metallionen vollständig mit EDTA zu komplexieren, verwendet man deshalb zweckmäßigerweise eine schwach alkalische Pufferlösung.

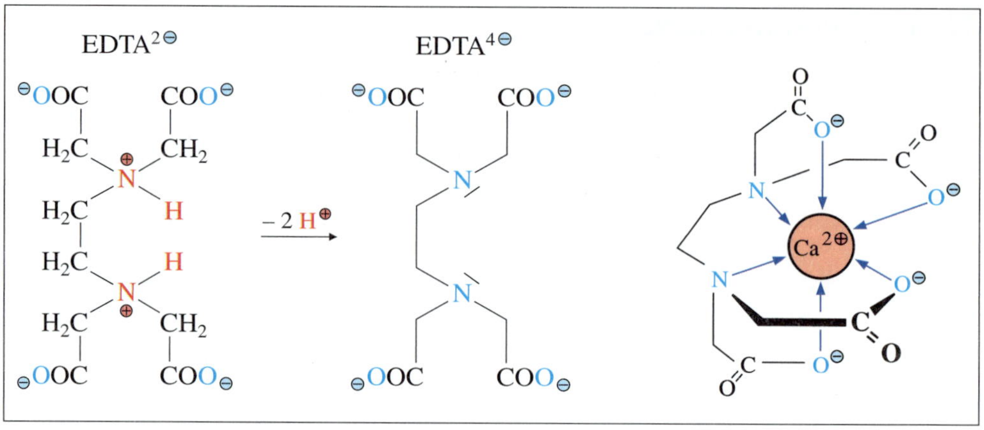

Abb. 10/1 EDTA$^{2\ominus}$ und EDTA$^{4\ominus}$ sowie die oktaedrische Form des Chelatkomplexes mit $Ca^{2\oplus}$ $[Ca(EDTA)]^{2\ominus}$.

10.4 Reaktionen mit Metallkomplexen

10.4.1 Ligandenaustausch-Reaktionen

Metallionen in wässriger Lösung sind hydratisiert. Zwischen dem Kation und den Wassermolekülen tritt eine Ion-Dipol-Wechselwirkung auf (☞ Kap. 7.1.2). Bei vielen Metallionen, insbesondere denen der Erdalkali- und Übergangsmetalle, kann man die Wassermoleküle aufgrund eines Anteils an koordinativer Bindung auch als Liganden ansehen und dementsprechend **Aquakomplexe** formulieren. Aquakomplexe sind hydratisierte Metallionen mit einer festgelegten Anzahl von Wassermolekülen in der ersten Hydratationssphäre (☞ Kap. 7).

Aquakomplex

Aquakomplexe: $[Co(H_2O)_6]^{2\oplus}$ $[Cu(H_2O)_4]^{2\oplus}$ $[Fe(H_2O)_6]^{3\oplus}$

Lässt man Metallionen in wässriger Lösung $[Me(H_2O)_x]^{n\oplus}$ mit geeigneten Liganden reagieren, so werden in den Aquakomplexen die Wasser-Liganden ganz oder teilweise gegen andere Liganden (L) ausgetauscht. Bei vielen Metallionen der Übergangsmetalle ist dieser **Ligandenaustausch** mit einer auffälligen Farbänderung verbunden.

Ligandenaustausch

Allgemeine Reaktionsgleichung: $[Me(H_2O)_x]^{n\oplus} + x\,L \longrightarrow [Me(L)_x]^{n\oplus} + x\,H_2O$

Beispiele für eine *Ligandenaustausch-Reaktion* (= Metallkomplex-Reaktion):

$[Cu(H_2O)_4]^{2\oplus} + 4\,NH_3 \longrightarrow [Cu(NH_3)_4]^{2\oplus} + 4\,H_2O$
blassblau → tiefblau *Tetramminkupfer(II)-Ion*

$[Fe(H_2O)_6]^{3\oplus} + 2\,SCN^{\ominus} \longrightarrow [Fe(H_2O)_4(SCN)_2]^{\oplus} + 2\,H_2O$
gelb → rot *Tetraaquadithiocyanatoeisen(III)-Ion*

Alle Metallkomplexe, also auch die Aquakomplexe, sind ihrerseits in wässriger Lösung zusätzlich hydratisiert. Man kann im Umfeld der Kationen koordinativ gebundene Wassermoleküle und Hydratwasser unterscheiden. Blaues Kupfer(II)-sulfat ($CuSO_4 \cdot 5\,H_2O$) oder grünes Eisen(II)-sulfat ($FeSO_4 \cdot 7\,H_2O$) enthalten 4 bzw. 6 koordinierte Wassermoleküle und eines zusätzlich (sog. Hydratwasser), wenn sie auskristallisieren.

Auch die Reaktion von Chelatoren mit Metallionen sind Ligandenaustausch-Reaktionen, der Chelator EDTA$^{4\ominus}$ setzt 6 Moleküle eines anderen Liganden (hier Wasser) frei:

$$[Ca(H_2O)_6]^{2\oplus} + EDTA^{4\ominus} \longrightarrow [Ca(EDTA)]^{2\ominus} + 6\,H_2O$$

10.4.2 Stabilität von Metallkomplexen

Bildungskonstante
Zerfallskonstante

Reaktionen, die zu Metallkomplexen führen, sind Gleichgewichtsreaktionen, auf die sich das Massenwirkungsgesetz anwenden lässt. Man unterscheidet die **Bildungskonstante** K_f oder die **Zerfallskonstante** K_d ($K_d = 1/K_f$) („f" steht für engl. *formation*, „d" für engl. *dissoziation*). Aus Übersichtsgründen werden die folgenden Gleichgewichte ohne Einbeziehung von Wassermolekülen formuliert. Beachten Sie, dass die eckigen Klammern zum einen die Konzentration der Ionen/Moleküle meinen, zum andern die Struktur des Metallkomplexes dokumentieren.

$$Cu^{2\oplus} + 4\,NH_3 \rightleftharpoons [Cu(NH_3)_4]^{2\oplus} \qquad K_f = \frac{[[Cu(NH_3)_4]^{2\oplus}]}{[Cu^{2\oplus}]\,[NH_3]^4} = 0{,}2 \cdot 10^{14}$$

Tetrammin-
kupfer(II)-Ion

$$Fe^{2\oplus} + 6\,CN^{\ominus} \rightleftharpoons [Fe(CN)_6]^{4\ominus} \qquad K_f = \frac{[[Fe(CN)_6]^{4\ominus}]}{[Fe^{2\oplus}]\,[CN^{\ominus}]^6} = 10^{33}$$

Hexacyano-
ferrat(II)-Ion

Labile und inerte Komplexe. An der Größe der Gleichgewichtskonstanten erkennt man, dass in ammoniakalischer Lösung eine große Tendenz besteht, den **Tetramminkupfer(II)**-Komplex zu bilden; der Komplex ist thermodynamisch stabil, d. h., es liegt nur noch sehr wenig vom Tetraaquakupfer(II)-Ion im Gleichgewicht vor. Säuert man die Lösung des Tetramminkupfer(II)-Komplexes z. B. mit Schwefelsäure an, so wird NH_3 unter Bildung von $NH_4^{\oplus}$ aus dem Gleichgewicht entfernt, der Kupferkomplex zerfällt wieder (Rückreaktion), er wird thermodynamisch instabil. Gleiches geschieht bei Zugabe von Na_2S, hier wird das wenige freie $Cu^{2\oplus}$ aus dem Gleichgewicht entfernt, weil sich schwer lösliches CuS (Lp = 10^{-36} mol²/L²) bildet. In beiden Fällen stellt sich rasch ein neues Gleichgewicht ein. Der Komplex insgesamt wird als **labil** eingestuft, d. h., je nach K_f bzw. K_d tauschen die Liganden am Zentral-Ion rasch in der einen oder anderen Richtung aus gemäß den jeweiligen Gleichgewichtskonstanten.

Die Komplexbildung von $Fe^{2\oplus}$ mit Cyanid liegt entsprechend der Gleichgewichtskonstanten weit auf der rechten Seite. Dieser Eisenkomplex zerfällt beim Ansäuern oder bei Sulfid-Zugabe jedoch nicht wieder. Dies liegt nicht an der Zerfallskonstanten K_d, diese sollte wie beim Kupferkomplex den Zerfall thermodynamisch eigentlich begünstigen (FeS, Lp = 10^{-19}), sondern an der Tatsache, dass dieser Eisenkomplex nur sehr, sehr langsam zerfällt. Solche Metallkomplexe bezeichnet man als **kinetisch stabil** oder **inert**. Ein anderes Beispiel dafür ist folgende Reaktion:

$$[Co(NH_3)_6]^{3\oplus} + 6\,H_3O^{\oplus} \rightleftharpoons [Co(H_2O)_6]^{3\oplus} + 6\,NH_4^{\oplus} \qquad K_d = 10^{22}$$

Hexammin-
cobalt(III)-Ion

Obwohl der Hexammincobalt(III)-Komplex in saurer Lösung nicht existieren dürfte, bleibt er in verdünnter Säure wochenlang bestehen. Dieser Komplex ist unter den gewählten Bedingungen zwar thermodynamisch instabil, aber in der Praxis *inert*, also kinetisch stabil.

Stabilität

Stabilität. Inerte Metallkomplexe sind eher die Ausnahme und nur für einige Metallionen typisch (z. B. $Co^{3\oplus}$ und $Cr^{3\oplus}$). Bei vielen Komplexreaktionen stellt sich bei einem Ligandenaustausch das Gleichgewicht sofort ein, so dass die Kenntnis der Bildungskonstante K_f ausreicht, um vorherzusagen, welcher Komplex bevorzugt entsteht, wenn z. B. verschiedene Liganden um ein Metallion konkurrieren. Der in diesem Zusammenhang verwendete Begriff der **„Stabilität eines Komplexes"** ist eine *thermodynamische Größe* (☞ Kap. 6.5). Wenn ein Metallkomplex stabiler ist als ein anderer, bedeutet dies, dass seine Bildungskonstante K_f im Vergleich größer bzw. seine Zerfallskonstante K_d kleiner ist.

Metallkomplexe sind einzigartig. Unabhängig davon, ob man labile oder inerte Metallkomplexe vorliegen hat, wird eines deutlich: Unter geeigneten Bedingungen lassen sich aus jedem Metallkomplex die Bausteine (Metallionen und Liganden) wieder „befreien", d. h. unverändert zurückgewinnen. Metallkomplexe haben andere Eigenschaften als die einzelnen Bausteine, das ist für eine chemische Reaktion typisch. Die Bausteine sind im Metallkomplex zwar neu geordnet, aber als solche wenig verändert, d. h., die koordinativen Bindungen garantieren dem neuen System nur eine vorübergehende Existenz. Dies ist ein bedeutsamer Unterschied zur typischen kovalenten Bindung (☞ Kap. 3.4) und u. a. der Grund dafür, warum wir in diesem Buch jede koordinative Bindung durch einen *Pfeil* markieren und somit von einer normalen kovalenten Bindung deutlich unterscheidbar machen. In anderen Lehrbüchern werden für die koordinativen Bindungen einfache Bindungsstriche verwendet, die den Nachteil haben, dass die ursprüngliche Ladung (Wertigkeit) des Zentralions nicht mehr sichtbar ist.

Chelat-Effekt

Chelat-Effekt. Chelatkomplexe haben im Vergleich zu Komplexen mit einzähnigen Liganden eine *größere Bildungskonstante* und sind damit **stabiler**. Diese Tatsache ist auf die bei der Komplexbildung mit einem Chelator verbundene *Entropiezunahme* ($\Delta S > 0$) zurückzuführen und wird als „**Chelat-Effekt**" bezeichnet.

$$[Ni(H_2O)_6]^{2\oplus} + 6\ NH_3 \longrightarrow [Ni(NH_3)_6]^{2\oplus} + 6\ H_2O \qquad K_f = 2 \cdot 10^9$$

$$[Ni(H_2O)_6]^{2\oplus} + 3\ en \longrightarrow [Ni(en)_3]^{2\oplus} + 6\ H_2O \qquad K_f = 3{,}8 \cdot 10^{17}$$

Vom Hexaaquakomplex ausgehend, werden im ersten Beispiel sechs gleichartige Ligandenmoleküle gegeneinander ausgetauscht, weil Ammoniak für $Ni^{2\oplus}$ ein besserer Ligand ist als Wasser. Am Ordnungszustand des Systems ändert sich dabei wenig. Im zweiten Beispiel werden 6 Wassermoleküle frei und 3 Ethylendiamin-Moleküle gebunden. Zu der Tatsache, dass Stickstoffatome mit ihrem freien Elektronenpaar besser als Wasser an $Ni^{2\oplus}$ binden, fällt nun ins Gewicht, dass die Zahl der *frei beweglichen* Teilchen und damit die *Unordnung* (Entropie) des Systems zunehmen. Eine Reaktion wird bei Entropiezunahme (ΔS^0 positiv) stärker *exergon*, weil Gibbs-Energie (ΔG^0), die Auskunft über die Triebkraft gibt, einen Entropieterm hat. Größere Triebkraft ist gleichbedeutend mit einer Verschiebung des Gleichgewichtes nach rechts (☞ Kap. 6.5.4). Die Reaktionsenthalpie (ΔH^0) ist in beiden Fällen etwa gleich.

$$\Delta G^0 = \Delta H^0 - T \cdot \Delta S^0; \qquad \Delta G^0 = -RT \cdot \ln K_f \qquad (K_f = \text{Bildungskonstante})$$

Der Chelat-Effekt wird umso größer, je mehr Donator-Atome ein Chelator hat. Dies erklärt die hohe Stabilität vieler EDTA-Komplexe, denn der Chelator $EDTA^{4\ominus}$ hat sechs Donator-Atome, die sechs Koordinationsstellen am Metallion besetzen (☞ Abb. 10/1). *Ein* $EDTA^{4\ominus}$ verdrängt also *sechs* Wassermoleküle aus der Hydrathülle von $Ca^{2\oplus}$.

10.5 Durch Komplexbildung beeinflusste Eigenschaften von Metallionen

Farbe

Farbe. Besonders auffällig ist, dass viele Metallionen der Übergangsmetalle, die in Wasser als Aquakomplexe vorliegen, nach einem Ligandenaustausch ihre *Farbe* charakteristisch verändern. Die Liganden besetzen mit ihren freien Elektronenpaaren freie Orbitale des Zentral-Ions und die bindenden und antibindenden Molekülorbitale im Metallkomplex gruppieren sich energetisch neu. Die Farbe hängt mit der Energie zusammen, die benötigt wird, um Elektronen anzuregen, d. h. vorübergehend in höher liegende, unbesetzte Molekülorbitale anzuheben. Reicht für diese Anregung die Energie des sichtbaren Lichts aus, so erscheint die Verbindung dem Auge als farbig (☞ Kap. 22.2). Durch den Ligandenaustausch verschieben sich bei Übergangsmetall-Kationen die Wellenlängen für die Anregung in den sichtbaren Bereich des Lichtspektrums, die Farbe verändert sich, z. B. von gelb nach rot wie beim $Fe^{3\oplus}$ oder sie wird einfach nur tiefer. $Cu^{2\oplus}$ ist in wässriger Lösung blassblau, nach Zugabe von Ammoniak entsteht der tiefblaue Tetramminkupfer(II)-Komplex (☞ Kap. 10.4.1).

Löslichkeit

Kronenether

Löslichkeit. Durch die Komplexbildung erhält das Zentral-Ion eine Hülle, durch die sich der Teilchenradius gegenüber dem „nackten" Ion vergrößert. Die Hülle beeinflusst u. a. die *Löslichkeit* des Zentral-Ions und seine *Wanderungsgeschwindigkeit* bei der Diffusion. Es gibt Liganden oder Chelatoren, die so groß sind, dass sie die Löslichkeitseigenschaften des Zentral-Ions vollständig maskieren und mit ihren Eigenschaften dominieren. Ein Beispiel dafür sind die **Kronenether** (☞ Kap. 13.2.3), die dafür sorgen, dass Alkalisalze sich in unpolaren organischen Lösungsmitteln (z. B. Chloroform oder Benzol) besser lösen als in Wasser. Das Kation $K^{\oplus}$ wird von dem Chelator eingehüllt (Abb. 10/2), geht in die organische Phase über und zieht das Anion $Cl^{\ominus}$ zum Ladungsausgleich mit (☞ Kap. 13.2.3). Beide Ionen besitzen dann keine Hydrathülle mehr. Durch Anionen-Liganden in Metallkomplexen wird die Ladung des Zentral-Ions überdeckt. Dies beeinflusst ebenfalls die Löslichkeit, insbesondere dann, wenn die Gesamtladung des Komplexes null beträgt wie beim Bis(glycinato)kupfer(II)-Komplex (☞ Kap. 10.3), der sich weniger gut in Wasser löst als die Bausteine $Cu^{2\oplus}_{aq}$ und Glycin.

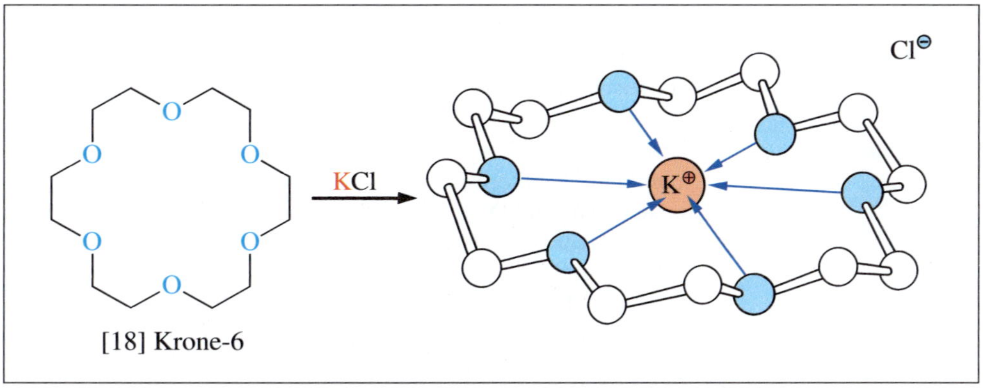

Abb. 10/2 Chelatkomplex von [18]Krone-6 mit $K^{\oplus}$.

Redoxpotenzial

Redoxpotenzial. Durch die Komplexbildung kann sich auch das *Redoxpotenzial* des Zentral-Ions verändern. Geht man vom $Co^{2\oplus}$-Ion im Hexaaquakomplex mit einem Redoxpotenzial von $E^0 = +1.81$ V aus und gibt Ammoniak in die wässrige Lösung, so wird Wasser gegen Ammoniak ausgetauscht. Das Redoxpotenzial des entstehenden *Hexammincobalt(II)*-Komplexes beträgt nur noch $E^0 = +0{,}11$ V, d. h., es ist so viel negativer geworden, dass der Komplex leicht durch Luftsauerstoff ($E^0 = +1{,}23$ V) zum *Hexammincobalt(III)*-Komplex aufoxidiert wird. Anders ausgedrückt: In wässriger Lösung ist Kobalt in Gegenwart von Luftsauerstoff zweiwertig ($Co^{2\oplus}$), in Gegenwart geeigneter Liganden wie z. B. Ammoniak wird es jedoch zum $Co^{3\oplus}$ aufoxidiert.

$[Co(NH_3)_6]^{3\oplus} + e^{\ominus}$ Hexammin- cobalt(III)-Ion	$\rightleftharpoons$	$[Co(NH_3)_6]^{2\oplus}$ Hexammin- cobalt(II)-Ion	$E^0 = +0{,}11$ Volt
$O_2 + 4\,H_3O^{\oplus} + 4\,e^{\ominus}$	$\rightleftharpoons$	$4\,H_2O + 2\,H_2O$	$E^0 = +1{,}23$ Volt
$[Co(H_2O)_6]^{3\oplus} + e^{\ominus}$ Hexaaquo- cobalt(III)-Ion	$\rightleftharpoons$	$[Co(H_2O)_6]^{2\oplus}$ Hexaaquo- cobalt(II)-Ion	$E^0 = +1{,}81$ Volt

10.6 Bedeutung von Chelatkomplexen

Die Ionen der biochemisch wichtigen *Übergangsmetalle* (☞ Tab. 2/4) werden wegen ihrer Fähigkeit benötigt, im Stoffwechsel *Metallkomplexe*, häufig Chelatkomplexe, zu bilden. Dabei gibt es für jedes Metallion eigene (= passende) Chelatoren, die einen *Hohlraum* geeigneter Größe aufweisen. Insbesondere auch Proteine mit ihren funktionellen Gruppen können als Liganden auftreten. Die Wertigkeitsstufen und Koordinationszahlen einiger wichtiger Ionen sind:

$Mn^{2\oplus}/Mn^{3\oplus}/Mn^{4\oplus}$ (4 – 6)	$Fe^{2\oplus}/Fe^{3\oplus}$ (6)	$Co^{2\oplus}/Co^{3\oplus}$ (6)	$Cu^{2\oplus}$ (4)	$Zn^{2\oplus}$(4)

Metalloenzyme

Beinahe ein Drittel aller Enzyme erfordern die Anwesenheit von Metallionen, um katalytische Aktivität zu entfalten. Zu den sog. **Metalloenzymen** gehören z. B. die Peptidasen, die $Zn^{2\oplus}$ benötigen, um das Enzym in eine bestimmte reaktionsfähige Konformation zu bringen und um zugleich eine zu hydrolysierende Peptidgruppe für den Angriff des Wassers zu aktivieren.

Metalloproteine

Ein anderes Beispiel sind die *Zinkfinger-Proteine*, die unter Mitwirkung von $Zn^{2\oplus}$ bestimmte Proteine so in ihrer Struktur verändern, dass sie an die DNA binden und das Ablesen des genetischen Codes regulieren können. Hier wirkt das Metallion nur an der Ausbildung einer bindungsfähigen Struktur des **Metalloproteins** mit, nicht an einem katalytischen Prozess.

Hämoglobin

Hämoglobin. Von großer Bedeutung für den Sauerstofftransport im Blut ist das *Hämoglobin*, ein Metalloprotein, das den roten Blutzellen ihre Farbe verleiht. Es hat eine Molmasse von 64 500 Da und besteht aus vier Proteinketten mit je einer *Häm*-Gruppe. Häm ist ein Chelatkomplex eines vierzähnigen Tetrapyrrol-Ringsystems *(= Porphyrin)* mit einem $Fe^{2\oplus}$-Ion im Zentrum. Vier Koordinationsstellen des Zentral-Ions werden von den vier N-Atomen der *Pyrrolringe* besetzt. Da zwei Pyrrolringe jeweils ein Proton abgegeben haben und als Anion vorliegen, wird die Gesamtladung des Häms zu null. Das Ringsystem ist über die Doppelbindungen konjugiert, damit sind die vier koordinativen Bindungen zum Zentral-Ion des Häms gleichwertig.

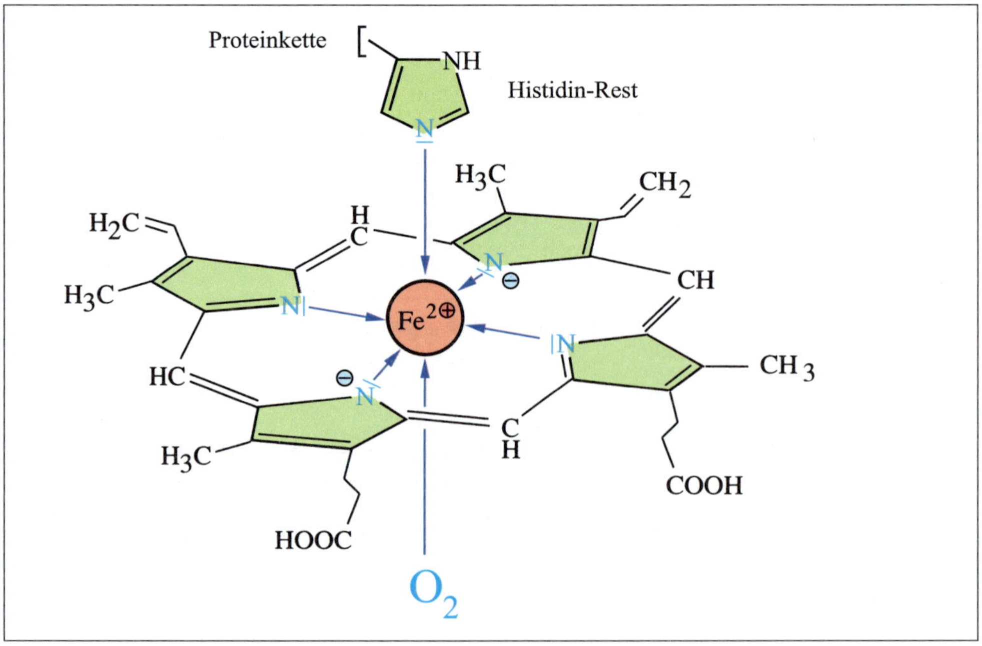

Abb. 10/3 Struktur des Häms mit den zusätzlichen Liganden im Hämoglobin (Histidin der Proteinkette und Sauerstoff).

Die fünfte Koordinationsstelle am $Fe^{2\oplus}$ nimmt das freie Elektronenpaar eines Histidin-N-Atoms ein und bindet damit die Häm-Gruppe an das Protein-Molekül. An die sechste Koordinationsstelle lagert sich reversibel **Sauerstoff** an (Abb. 10/3). Da Hämoglobin in jeder der vier Proteinketten eine Häm-Gruppe trägt, kann es vier Moleküle Sauerstoff (O_2) in den Alveolen der Lunge aufnehmen und im Gewebe wieder abgeben.

Durch die Beladung mit Sauerstoff verändert das Hämoglobin seine Farbe, das venöse Blut ist purpurrot, das arterielle, mit Sauerstoff beladene dagegen scharlachrot. Außerdem ändert das Hämoglobin seine Raumstruktur und es gibt kooperative Effekte hinsichtlich der Sauerstoffbeladung, d. h., die Tendenz zur Aufnahme des vierten O_2-Moleküls ist stärker als die für das erste. Trotz der direkten Berührung von $Fe^{2\oplus}$ mit Sauerstoff tritt *kein* Wechsel in der Wertigkeit des Eisens ein, dieses bleibt *zweiwertig*, d. h., während des Sauerstofftransportes findet keine Redoxreaktion statt. Wird das Zentral-Ion im Hämoglobin unter anderen Bedingungen zu $Fe^{3\oplus}$ aufoxidiert, entsteht **Methämoglobin**, das keinen Sauerstoff mehr transportieren kann.

Atemgift

Kohlenmonoxid (CO, ☞ Tab. 10/1) ist ein starkes **Atemgift**, weil es mit einer etwa 200-fach höheren Affinität als Sauerstoff an das $Fe^{2\oplus}$-Ion des Häms bindet und damit den Sauerstofftransport stört. Die Bindung von Kohlenmonoxid an das Zentral-Ion ist bevorzugt, weil Elektronen des Zentral-Ions über diesen Liganden delokalisiert werden. Neben der σ-Bindung entsteht zusätzlich eine partielle π-Bindung zwischen Zentral-Ion und Ligand.

Weitere Beispiele für biologisch wichtige Chelatkomplexe finden Sie in Kapitel 21.2.

Chelatoren in der Anwendung.

1. Behandelt man lebende Organismen mit geeigneten Chelatoren, so binden diese mehr oder weniger stark die in der Umgebung vorhandenen Metallionen. Dies kann zum Absterben der Organismen führen, weil die Ionen wichtiger Spurenelemente nicht mehr verfügbar sind.
2. Bei *Metallvergiftungen* können giftige Schwermetallionen (z. B. $Pb^{2\oplus}$, $Hg^{2\oplus}$, $Cd^{2\oplus}$) durch geeignete Chelatoren, z. B. EDTA, zur Ausscheidung gebracht werden (**Entgiftung**).

Entgiftung

3. Die *Blutgerinnung*, die nur in Gegenwart von *freien $Ca^{2\oplus}$-Ionen* abläuft, kann außerhalb des Körpers durch Zugabe von *Citrat* oder *EDTA* unterbunden werden. Bei der Blutabnahme verwendet man je nach Untersuchungsziel spezielle Röhrchen, z. B. eine *EDTA-Monovette* (rot) oder eine *Citrat-Monovette* (grün), die den jeweiligen Chelator schon enthalten.
4. Der Gehalt von Metallionen in einer Lösung kann durch *Titration* mit einer definierten, z. B. 0,1 M EDTA-Lösung quantitativ bestimmt werden. Der Äquivalenzpunkt wird mit Hilfe eines Komplex-Indikators angezeigt. Dieser hat mit Metallion eine andere Farbe als ohne. Der K_f-Wert des Indikators für ein bestimmtes Metallion muss allerdings größer sein als der von EDTA für dieses Metallion, damit es zum Farbumschlag kommt. Durch Titration *(Komplexometrie)* kann man z. B. die Härte des Wasser, die vom Gehalt an $Ca^{2\oplus}$-Ionen abhängt, bestimmen.

Gift oder Botenstoff

Überraschenderweise übernimmt **Kohlenmonoxid** trotz seiner Toxizität ähnlich wie *Stickstoffmonoxid* (NO) Aufgaben als Botenstoff und bewirkt eine Vasodilatation. Der Mensch produziert täglich etwa 3 – 6 mL CO. Diese endogene Produktion kann unter pathologischen Bedingungen noch erheblich ansteigen. Erhöhte CO-Werte sind im Atem messbar und geben Hinweise auf Krankheiten (z. B. Asthma, zystische Fibrose, Diabetes). Die Hauptquelle für CO im Körper ist der Abbau des Häms aus dem Blutfarbstoff Hämoglobin durch die Häm-Oxygenase, ein Enzym, dessen Wirkung man bei der Verfärbung eines Hämatoms von blaurot über grün nach gelb sehen kann. Der Hauptwirkungsbereich von CO ist das Herz-Kreislauf-System, es reguliert u. a. den Blutdruck unter Stressbedingungen und die Abstoßung von Organtransplantaten. Die Untersuchungen von CO als Botenstoff stehen erst ganz am Anfang.

Morbus Wilson

Diese vererbbare Kupferspeicherkrankheit fällt vor allem durch eine fortschreitende *Leberzirrhose*, aber auch durch *psychische Veränderungen* infolge von Kupferablagerungen im Zentralnervensystem (Stammganglien) auf. Bei Erstmanifestation der Krankheit sind die Patienten zwischen 5 und 24 Jahre alt. Der primäre Defekt liegt in den Leberzellen, die normale Kupferausscheidung über die Galle ist gestört. Bei fast allen Patienten ist außerdem das Kupfer bindende α_2-Globulin *Coeruloplasmin* im Serum vermindert, wodurch sich die intrazelluläre Kupferkonzentration erhöht, was zu Zellschädigungen führt. Im Auge der Patienten ist charakteristischerweise ein gelbbrauner *Kornealring* zu sehen, der Kayser-Fleischer-Ring. Unbehandelt sterben die Patienten an dieser Erkrankung. Die Therapie besteht in lebenslanger Gabe von *Kupfer bindenden Chelatoren* (z. B. Penicillamin) oder in einer *Lebertransplantation*.

Checkliste

Folgende Bezeichnungen/Begriffe sollten Sie erklären oder definieren (s. a. Glossar) und – wo möglich – Abkürzungen oder Beispiele angeben können:

Koordinative Bindung – Metallkomplex – Zentral-Ion – Ligand – Koordinationszahl – Gesamtladung – Chelator – Chelatkomplex – EDTA – Ligandenaustausch-Reaktion – Aquakomplex – Zerfallskonstante – Bildungskonstante – Komplex-Stabilität – inerte Metallkomplexe – Chelat-Effekt.

Aufgaben

1. Nennen Sie drei Anionen und drei Moleküle, die als *Liganden* in einem *Metallkomplex* in Frage kommen!
2. Geben Sie für die Komplexe $[Fe(H_2O)_4(SCN)_2]^{\oplus}$ und $[Au(CN)_4]^{\ominus}$ die *Koordinationszahl*, die *Ladung* des Zentral-Ions und den Namen an!
3. Geben Sie ein Beispiel für einen *Chelator*!
4. Formulieren Sie die allgemeine Strukturformel für einen 1 : 2-Chelatkomplex mit einem *zweizähnigen Chelator*!
5. Welche *Koordinationszahl* haben $Fe^{2\oplus}$, $Co^{3\oplus}$, $Cu^{2\oplus}$ und $Zn^{2\oplus}$ vorzugsweise?
6. Um $Ca^{2\oplus}$ mit EDTA zu komplexieren, muss man auf den pH-Wert der Lösung achten. Arbeitet man in saurem oder schwach alkalischem Milieu? Begründen Sie die Antwort!
7. Silberchlorid löst sich in Ammoniaklösung. Dabei entsteht der *Diamminsilber(I)-Komplex*. Formulieren Sie die Reaktionsgleichung!
8. $[Zn(NH_3)_4]^{2\oplus}$ und $[Zn(CN)_4]^{2\ominus}$ haben folgende Bildungskonstanten: $K_f = 10^{10}$ bzw. 10^{18}. Wenn Sie zu einer ammoniakalischen Zinksulfatlösung Kaliumcyanid geben, welcher Komplex entsteht bevorzugt? Formulieren Sie die Reaktionsgleichung!
9. Formulieren Sie das chemische Gleichgewicht und das Massenwirkungsgesetz für den *Zerfall* der in Aufgabe 8 genannten Metallkomplexe. Welchen Wert hat die *Zerfallskonstante*?
10. Warum kann ein thermodynamisch instabiler Komplex trotzdem beständig sein?
11. Suchen Sie in diesem Buch die Formel für *Penicillamin* und formulieren Sie den Chelatkomplex mit $Cu^{2\oplus}$. Der Chelator ist zweizähnig, die Ligandenatome sind Stickstoff und Schwefel, die SH-Gruppe wird vorher deprotoniert.
12. Nennen Sie drei *Eigenschaften* eines Metallions, die sich durch Komplexbildung ändern können, und geben Sie je ein Beispiel!
13. Lesen Sie nochmals die Angaben zum *Hämoglobin* auf S. 166 und berechnen Sie den *Eisengehalt im Hämoglobin* in % (Atommasse Fe: 56 g/mol).
14. Warum ist *Kohlenmonoxid* giftig?
15. *Natriumpentacyanidonitrosylferrat(III)* (Trivialname: Nitroprussid-Natrium) wird zur Entlastung des Herzens bei akutem Herzversagen verwendet, weil es kurzfristig NO freisetzt (☞ S. 142). Geben Sie die Struktur dieser Verbindung an. Beachten Sie, dass NO ein Radikal ist und im Zuge der Komplexbildung ein Elektron an $Fe^{3\oplus}$ abgibt, dieses also reduziert.

019 Lösungen der Aufgaben
020 IMPP-Fragen

Organische Chemie

KAPITEL

11 Einführung und Kohlenwasserstoffe

Orientierung

Die Organische Chemie ist die Chemie der Kohlenstoffverbindungen und eröffnet den Blick auf die Chemie des Lebens. Egal, ob man Schmerzmittel oder Antibiotika, den Kater nach durchzechter Nacht, die Entstehungsweise des Ozonlochs oder den Aufbau uns allseits umgebender Kunststoffe betrachtet, die beteiligten organischen Verbindungen sind nach den gleichen Prinzipien aufgebaut und durch ähnlich ablaufende Reaktionen miteinander verbunden. Diese Zusammenhänge, die für das Verständnis der Biochemie und Pharmakologie benötigt werden, wollen wir anhand einfach gebauter Moleküle, den Kohlenwasserstoffen, exemplarisch kennen lernen.
Antwort erhalten Sie u. a. auf folgende Fragen:

- Warum ist gerade der Kohlenstoff als Baustein für lebende Organismen so geeignet?
- Wie gelingt es, aus nur vier Elementen die Vielfalt der biochemischen Verbindungen aufzubauen?
- Wie lässt sich die Vielfalt organischer Verbindungen ordnen?
- Wie ist es möglich, dass zwei Verbindungen dieselbe Summenformel haben und dennoch ganz verschieden sind?
- Welche Strukturteile organischer Verbindungen sind welchen chemischen Reaktionen besonders zugänglich?

11.1 Grundlagen

11.1.1 Organische Chemie – die chemische Brücke in die Welt des Lebens

Bisher standen Gesetzmäßigkeiten, Strukturen und Eigenschaften von verschiedenen chemischen Elementen und von überwiegend mineralischen Stoffen im Mittelpunkt. Nun wenden wir uns gezielt der Organischen Chemie zu. Das bedeutet, wir studieren Verbindungen, die sich vom Element **Kohlenstoff** ableiten und die zusätzlich die Elemente **Wasserstoff**, **Sauerstoff** und/oder **Stickstoff** zu ihrem Aufbau benötigen. 98% der organischen Substanz heutiger Lebewesen bestehen aus diesen vier Elementen. Mit weitem Abstand folgen Phosphor, Schwefel und verschiedene Spurenelemente (☞ Kap. 2.5).

Grundelemente

! Die vier Grundelemente biochemischer Verbindungen sind **Kohlenstoff** (C), **Wasserstoff** (H), **Sauerstoff** (O) und **Stickstoff** (N).

Die aus den vier **Grundelementen** aufgebauten organischen Verbindungen bilden die Bausteine der Organismen und sind Träger der Lebensfunktionen nach erstaunlich allgemein gültigen Prinzipien, die für Mikroorganismen, Pflanzen und Tiere bis hin zum Menschen gleichermaßen gelten. Zum Beispiel speichert das von allen Lebewesen benötigte ATP (**Adenosintriphosphat**) Energie in Form von Phosphorsäureanhydrid-Bindungen (rot markiert) und gibt die Energie durch Spaltung z. B. der endständigen Bindung wieder ab.

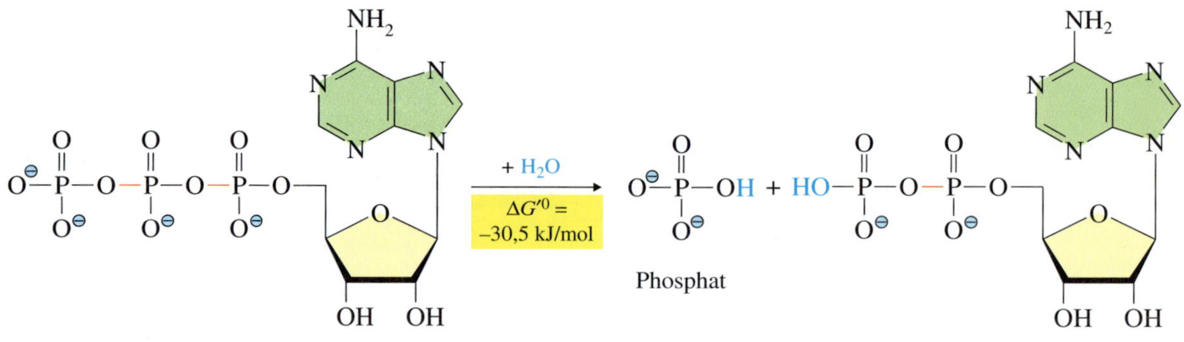

Die Umwandlung organischer Verbindungen reduziert sich im Wesentlichen auf eine *Chemie des Kohlenstoffs*. Die Vielzahl organischer Verbindungen zeigt deutlich, dass Kohlenstoff *strukturbildend* ist. Wie bei keinem anderen Element des Periodensystems können Kohlenstoffatome untereinander und zu anderen Elementen wie Wasserstoff, Stickstoff, Sauerstoff oder Schwefel kovalente Bindungen ausbilden. Diese Vielfalt aufzuschlüsseln ist Aufgabe der nachfolgenden Kapitel. Dabei werden wir insbesondere organische Moleküle mit biochemischer Bedeutung besprechen und medizinische Zusammenhänge herstellen.

Geburtsstunde der Organischen Chemie. Ende des 18. Jahrhunderts bezeichnete man Verbindungen mineralischer Natur als **anorganisch** und solche, die nur in lebenden Organismen entstehen bzw. vorkommen, als **organisch**. Die Grenze war wie ein Dogma und es schien ausgeschlossen, dass sich anorganische Verbindungen außerhalb von Lebewesen, z. B. im Reagenzglas eines Chemikers, in organische umwandeln. Vor diesem Hintergrund muss man die bahnbrechende Arbeit *Friedrich Wöhlers* sehen. Beim Erhitzen von Ammoniumcyanat, einer anorganischen Verbindung, entsteht etwas Neues. Wöhler wies 1828 nach, dass es sich hierbei um **Harnstoff** handelt, der mit Harnstoff aus natürlichen Quellen identisch ist.

Harnstoff

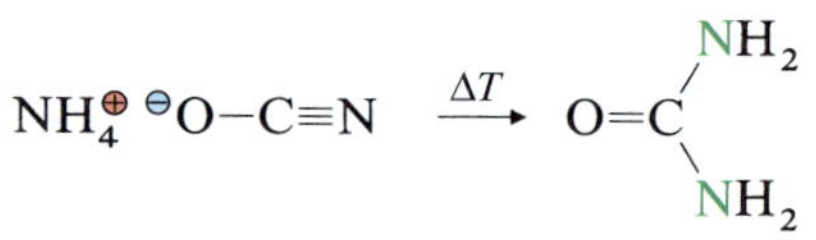

Diese Entdeckung wirkte wie eine Befreiung im Denken und kann als Geburtsstunde der *Organischen Chemie* und der *Biochemie* bezeichnet werden. Seitdem sind viele Millionen organischer Verbindungen synthetisch im Reagenzglas hergestellt worden, darunter solche, die auch in der Natur vorkommen, wie *Aminosäuren* und *Peptide*, *Kohlenhydrate*, *Fette*, *Nucleotide* als Bausteine der Erbsubstanz, *Vitamine* oder *Hormone*, und solche, die es in der Natur nicht gibt, wie z. B. die Arzneistoffe *Aspirin*, die *Sulfonamide* oder *Aciclovir*.

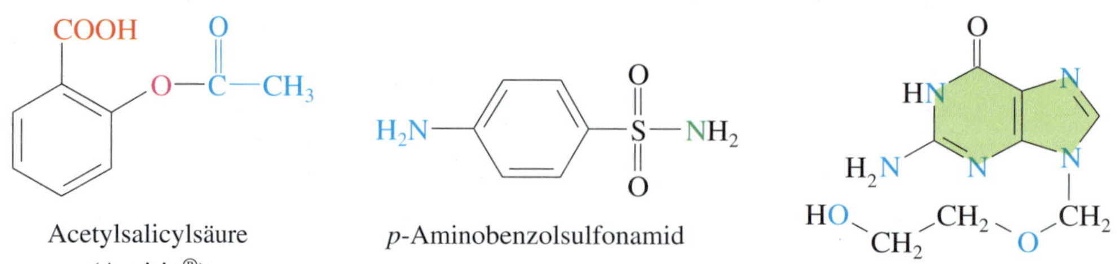

11.1.2 Bindungsverhältnisse am Kohlenstoff

Für den Einstieg in die Organische Chemie benötigen wir *Kenntnisse über die chemische Bindung*. Es wird daher empfohlen, vor der weiteren Lektüre das Kapitel 3.4 zu wiederholen.

Bindungen am Kohlenstoff. Der vierbindige Kohlenstoff, z. B. im Methan (CH_4), ist *sp^3-hybridisiert*: Die vier von ihm ausgehenden Atombindungen weisen in die Ecken eines *Tetraeders*. Die sp^3-hybridisierten C-Atome können untereinander **einfache Atombindungen (σ-Bindungen)** bilden. C-Atome sind um die C–C-Einfachbindung frei drehbar.

σ-Bindung

π-Bindung

Zwischen zwei C-Atomen kann sich auch eine **Doppelbindung** ausbilden, die sich aus einer **σ**- und einer **π-Bindung** zusammensetzt. Die Orbitale der π-Bindung sind räumlich so angeordnet, dass die beteiligten *sp^2-hybridisierten* C-Atome sich nicht mehr frei gegeneinander drehen können (Aufhebung der freien Drehbarkeit, ☞ Abb. 3/10). Die π-Bindung ist nicht ganz so fest und leichter polarisierbar, d. h. reaktionsfähiger als eine σ-Bindung.

Heteroatome

Ausgehend von den einfachsten organischen Verbindungen, die nur Kohlenstoff und Wasserstoff enthalten, bezeichnet man alle anderen Elemente als **Heteroatome**. Dazu gehören im Bereich der Biomoleküle insbesondere **Sauerstoff** und **Stickstoff**, aber auch Schwefel und Phosphor. Normalerweise bilden C-Atome zu den Heteroatomen Einfachbindungen, zum Sauerstoff und Stickstoff können es auch Doppelbindungen sein. Beim Stickstoff sind sogar Dreifachbindungen (z. B. Blausäure: H–C≡N) möglich. Die freien Bindungen an den Kohlenstoffatomen deuten jeweils an, dass dort beliebige Reste stehen können, z. B. Wasserstoffatome oder Alkylgruppen.

sp^3-hybridisiertes C-Atom:

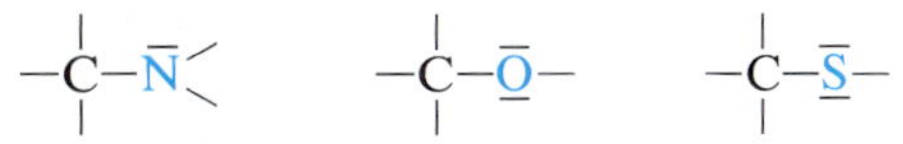

sp^2-hybridisiertes C-Atom:

Polarisierte Atombindungen. Verglichen mit den C–C-Bindungen unterscheiden sich Atombindungen unter Beteiligung von Heteroatomen deutlich. C–C-Bindungen sind wie C–H-Bindungen nicht polarisiert, da die aneinander gebundenen Atome gleiche oder sehr ähnliche Elektronegativität besitzen. Sauerstoff und Stickstoff sind jedoch elektronegativer als Kohlenstoff. Dies bedeutet, dass die Bindungselektronen nicht mehr symmetrisch zwischen den Atomen verteilt sind, sondern stärker zum Heteroatom hingezogen werden. Die Polarisierung der Atombindung wird durch die Zeichen δ^+ und δ^- an den entsprechenden Atomen markiert. Auch die C=O-Doppelbindung ist polarisiert.

Polarisierte Atombindung:

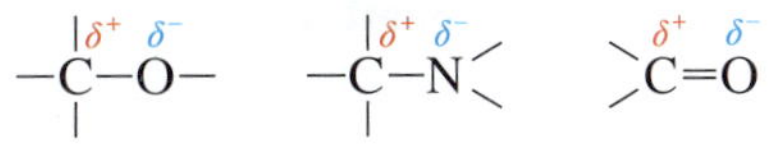

Bei *Reaktionen* an organischen Molekülen spielt die *polarisierte Atombindung* eine wichtige Rolle. Immer dort, wo eine Polarisierung auftritt, können entgegengesetzt geladene, polarisierte oder polarisierbare Teilchen reagieren und eine bestehende Bindung verändern. Es findet eine chemische Reaktion statt. Der gebogene Pfeil in den Formelbildern kennzeichnet den Angriff bzw. die Verschiebung eines Elektronenpaares bei einer Reaktion. Mit anderen Worten: Es gibt Elektronenpaardonatoren und Elektronenpaarakzeptoren, die im chemischen Prozess aufeinanderstoßen und eine Neuordnung der Atombindungen, d. h. eine Stoffumwandlung, induzieren. Die senkrechten und waagerechten Striche am $OH^{\ominus}$-Ion kennzeichnen die freien Elektronenpaare, wobei jeder Strich für ein Elektronenpaar steht.

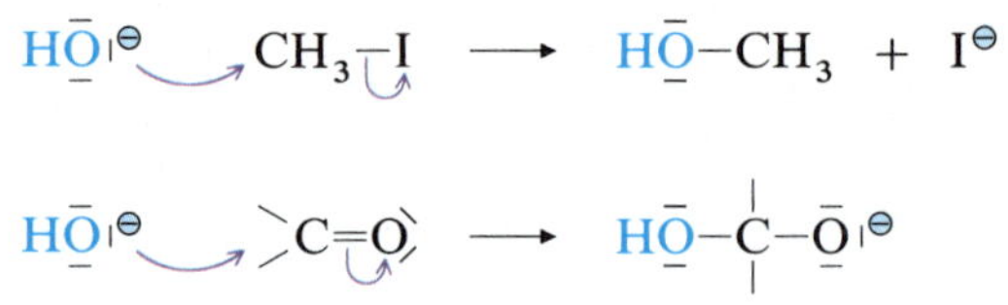

Radikale

Radikale. Alternativ kann eine Atombindung auch so getrennt werden, dass beide Bindungspartner nach der Trennung je ein einzelnes, ungepaartes Elektron tragen. In diesem Fall entstehen **Radikale**, die häufig sehr reaktiv sind, weil dem Kohlenstoff am stabilen Elektronenoktett ein Elektron fehlt (☞ Kap. 11.4).

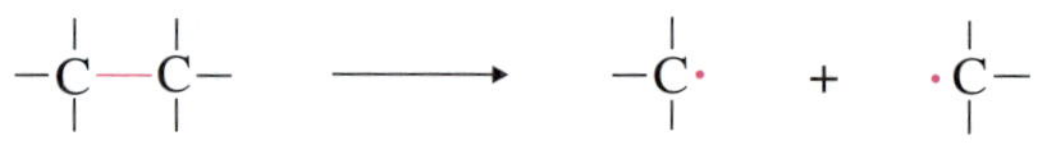

Radikale

11.1.3 Funktionelle Gruppen am Kohlenstoff

Organische Verbindungen, deren Kohlenstoffatome andere Bindungspartner als Wasserstoff tragen, können formal so entstehen, dass eines oder mehrere H-Atome durch andere Atome oder Atomgruppen *substituiert* (ersetzt) werden (Tab. 11/1). So veränderte Kohlenstoffatome beeinflussen die physikalischen Eigenschaften einer Verbindung sehr stark und sind Zentren erhöhter chemischer Reaktivität. Bei den Alkanen (☞ Kap. 11.2) fehlen in diesem Sinne funktionelle Gruppen, sie sind entsprechend reaktionsträge. Ganz anders verhalten sich die Alkene (☞ Kap. 11.5), die eine oder mehrere olefinische Doppelbindungen aufweisen.

funktionelle Gruppen

! Spezielle Gruppen, die den Charakter einer organischen Verbindung prägen, bezeichnet man als **funktionelle Gruppen**. Sie geben einer Substanzfamilie den Namen und bestimmen die chemische Reaktivität.

Tab. 11/1 Beispiele für funktionelle Gruppen und die zugehörigen Substanzfamilien. An den freien Bindungen können H-Atome oder beliebige organische Reste hängen.

C-Atom, an dem substituiert wird	Beispiele für funktionelle Gruppen				
—C—H	—C—OH Alkohole	—C—NH_2 Amine	—C—O—C— Ether		
H—C—H (—C(H)—H)	>C=C< Alkene (olefinische Doppelbindung)	>C=O Carbonylverbindungen	>C=NH Imine		
H—C(H)—H	—C≡C— Alkine	—C(=O)—OH Carbonsäuren	—C(=O)—NH_2 Amide	—C(=O)—O—C— Ester	—C≡N Nitrile

Durch die funktionellen Gruppen lassen sich viele organische Verbindungen systematisch erfassen; diese Systematik erleichtert die Übersicht und vereinfacht das Lernen, auch sind Voraussagen auf die Eigenschaften unbekannter Verbindungen möglich. Die Organische Chemie erhält ihre Dynamik aus der Chemie der funktionellen Gruppen, die an einem Kohlenstoffgerüst stehen. Deshalb sind die nachfolgenden Kapitel dieses Buches nach funktionellen Gruppen geordnet, die den verschiedenen Familien organischer Verbindungen zugrunde liegen. Wichtige biochemische Verbindungen weisen zwei und mehr verschiedene funktionelle Gruppen auf, wodurch sich erstaunliche Eigenschaften ergeben.

Beispiele:

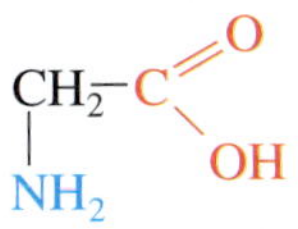

Aminosäure
Glycin

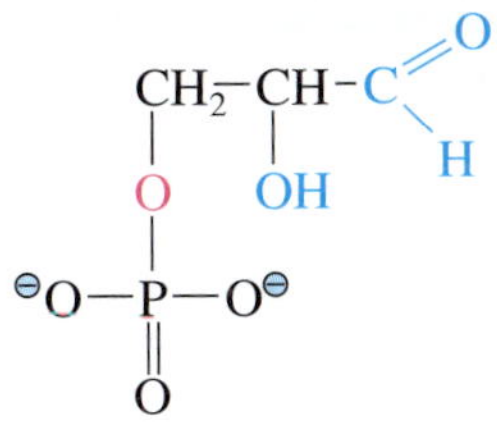

Glycerinaldehyd-
3-phosphat

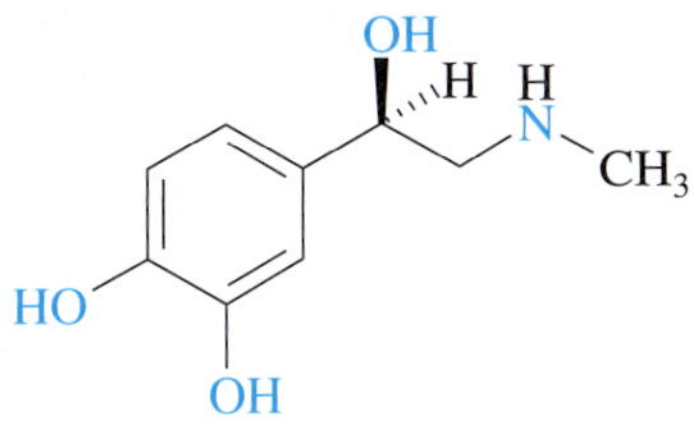

Adrenalin

Es gibt für solche multifunktionellen Verbindungen Bezeichnungen, die im Namen keine oder unvollständige Hinweise auf bestimmte funktionelle Gruppen enthalten (z. B. Peptide, Kohlenhydrate, Lipide, Catecholamine). Wir entwickeln nachfolgend die Strukturzusammenhänge in steigender Komplexität. Wenn Sie die Kapitel in der vorgegebenen Reihenfolge bearbeiten, erhalten Sie eine gut geordnete Übersicht und können so am Ende komplexe Moleküle wie das Vitamin B_{12} (☞ S. 384) mit „chemischen Augen lesen".

11.1.4 Elementare Reaktionstypen am Kohlenstoff

Die funktionellen Gruppen bestimmen das Reaktionsverhalten organischer Moleküle. Überraschend ist nun, dass es im Prinzip nur vier elementare Reaktionstypen für die Vielzahl von chemischen Reaktionen gibt, die den Stoffumwandlungen zugrunde liegen. Diese werden nachfolgend zunächst allgemein benannt und beschrieben. Die Beispiele dazu finden Sie in den nachfolgenden Kapiteln. Trotz vielfältiger Verbindungsklassen mit verschiedenen funktionellen Gruppen gibt es bei den chemischen Reaktionen einen durchgehenden „roten Faden", der Ihnen das Verständnis erleichtert. Sie sind nicht gezwungen, etwas auswendig zu lernen, was sich leicht verstehen und einordnen lässt.

Tab. 11/2 Elementare Reaktionstypen in der Organischen Chemie.

Reaktionstyp	Reaktion	Beschreibung
Substitution	A—B + X ⟶ A—X + B	Ersatz eines Substituenten durch einen anderen in einem Molekül
Addition (Hinreaktion)	A=B + X—Y ⇄ A—B (mit X an A, Y an B)	Anlagerung eines Moleküls X–Y an eine Doppelbindung eines anderen Moleküls
Eliminierung (Rückreaktion)		Abspaltung eines Moleküls X–Y aus einer Verbindung unter Bildung einer Doppelbindung
Umlagerung	A—B (X an A, Y an B) ⟶ A—B (Y an A, X an B) A=B—C—D ⟶ A—B—C=D	Umwandlung eines Moleküls unter Erhalt der Summenformel (Isomerisierung)

Elektrophil, Nucleophil

Elektrophil und Nucleophil. Aus Tabelle 11/2 ergibt sich, dass verschiedene Partner miteinander reagieren *(Substitution, Addition)*, Moleküle abgespalten werden *(Eliminierung)* oder ein Molekül sich unter den gewählten Reaktionsbedingungen unter Erhalt der Summenformel verwandelt *(Umlagerung)*. Neben der Kenntnis des Reaktionstyps benötigt man ein grundlegendes Verständnis für die Art der Teilchen und die Polarisierung der Atome, die unmittelbar an der Reaktion beteiligt sind (Tab. 11/3). Entscheidend ist das Teilchen oder die Gruppe, die ein Molekül primär angreift und damit die chemische Reaktion auslöst. Die angreifende Gruppe bestimmt, ob eine Substitution z. B. als *radikalisch*, *nucleophil* oder *elektrophil* einzuordnen ist.

Tab. 11/3 Klassifizierung miteinander reagierender Partner bei organisch-chemischen Reaktionen.

Reaktionspartner	Abk.	Beschreibung	Beispiele
Radikal	R·	Teilchen mit einem oder zwei ungepaarten Elektronen	Alkylradikale R•, NO, O_2 Halogenatome X•
Nucleophil (= „Kern-liebend")	|Nu, |$Nu^{\ominus}$	Elektronenpaardonator; Anion oder Gruppe mit freiem Elektronenpaar oder elektronenreicher π-Bindung	Sauerstoffatom in $OH^{\ominus}$, H_2O oder Alkoholen ROH Halogenid-Ionen $X^{\ominus}$, Stickstoffatom in Ammoniak (NH_3) oder Aminen ($R-NH_2$)
Elektrophil (= „Elektronen-liebend")	E, $E^{\oplus}$	Elektronenpaarakzeptor; Kation mit einer Elektronenlücke oder Gruppe mit positiver Polarisierung	$H^{\oplus}$, $Br^{\oplus}$, SO_3 $>\overset{\delta^+}{C}=O$ (C-Atom in Carbonylgruppen) $-\overset{\vert}{\underset{\vert}{C}}{}^{\oplus}$ (Carbenium-Ion)

Ein **Radikal** enthält ein oder zwei ungepaarte Elektronen und ist ein sehr reaktives Teilchen (☞ Kap. 11.1.2).

Ein **Nucleophil** ist ein Elektronenpaardonator. Dies können elektronenreiche π-Bindungen sein oder freie Elektronenpaare eines Anions oder eines Dipolmoleküls.

Ein **Elektrophil** ist ein Kation oder eine Gruppe mit positiver Polarisierung (elektrophiles Zentrum). Es besitzt eine Elektronenlücke, die ein Partner mit seinen Elektronen auffüllen kann, es ist ein Elektronenpaarakzeptor.

Ein Nucleophil greift mit seinem freien Elektronenpaar ein Elektrophil an und bildet eine neue chemische Bindung. $OH^{\ominus}$ ist so ein Nucleophil und reagiert entsprechend, wie die beiden Beispiele in Kap. 11.1.2 zeigen. Der Angriff wird durch einen gebogenen Pfeil markiert. Sobald klar ist, welches Atom einer Gruppe als Nucleophil in Frage kommt und wo eine andere Gruppe ein elektrophiles Zentrum aufweist, lässt sich der Verlauf einer chemischen Reaktion vorhersagen bzw. abschätzen.

! Bei organisch-chemischen Reaktionen im Umfeld von C-Atomen führt das Zusammentreffen von **Nucleophil** und **Elektrophil** zu einer **kovalenten Bindung** zwischen den Reaktionspartnern.

11.1.5 Kohlenstoff ist einzigartig

Bedeutung der kovalenten Bindung. Eine interessante Frage ist, warum gerade das Element Kohlenstoff zum Träger des Lebens wurde. Welches sind die besonderen Eigenschaften, die ihn dazu befähigen? Die Antwort ergibt sich u. a. aus seiner zentralen Stellung im Periodensystem. Als erstes Element in Gruppe 14 verfügt er über vier Valenzelektronen, ihm fehlen also gemäß der *Oktettregel* vier Elektronen für eine vollständige Valenzschale. In chemischen Reaktionen zeigt der Kohlenstoff deshalb anders als z. B. die Alkali-/Erdalkalimetalle oder die Halogene keine Tendenz, durch Abgabe bzw. Aufnahme von Elektronen Ionen zu bilden. Vielmehr wird über die Bildung von vier kovalenten Bindungen ein stabiles **Elektronenoktett** erreicht (☞ Kap. 3.4.5). Besonders eindrucksvoll zeigt sich dies im Kristallgitter der Kohlenstoffmodifikation *Diamant* (☞ Abb. 4/5 in Kap. 4.3). Dort ist jedes

Elektronenoktett

Kohlenstoffatom tetraedrisch von vier weiteren Kohlenstoffatomen umgeben. Dieser Aufbau führt zum Diamantgitter und bedingt die außerordentliche Härte von Diamant. In den Modifikationen Graphit oder Fulleren verändert sich die Hybridisierung des Kohlenstoffs, er verliert an Härte und wird sogar flüssig.

Für den Aufbau komplexer organischer Moleküle ist diese Fähigkeit, gerichtete, kovalente Bindungen auszubilden, von entscheidender Bedeutung. Denn die ungerichtete Ionenbindung kann keine stabilen Strukturen garantieren und hat nicht die Qualität, um bewegliche, anpassungsfähige Systeme aufzubauen.

Warum nicht Silicium? Das in Gruppe 14 des Periodensystems unter dem Kohlenstoff stehende Element *Silicium* (Si) weist ebenfalls vier Valenzelektronen auf und kommt sehr viel häufiger in der Erdrinde vor als Kohlenstoff (Massenanteile: Si ca. 26 %, C ca. 0,1 %), ist aber bei höheren Lebewesen nur Spurenelement. Die Antwort ergibt sich aus der Tatsache, dass Siliciumatome größer sind als Kohlenstoffatome und damit die Bindung von Siliciumatomen untereinander wesentlich schwächer ist als die C–C-Bindung. Außerdem sind die Bindungsenergien von Silicium mit anderen Elementen (H, O, N) so unterschiedlich, dass keine stabilen Strukturen zustande kommen. Zum Beispiel ist die Si-H-Bindung um etwa 100 kJ/mol schwächer als die C–H-Bindung, hingegen die Si-O-Bindung deutlich stärker als die C–O-Bindung, d. h., Silicium ist in der Natur einseitig auf die Si–O-Bindungen (Quarz, Silikate) orientiert. Es fehlen die Vielfalt und Dynamik für das komplexe molekulare Geschehen des Lebens. Als Folge der Unterschiede in den Bindungsenergien reagieren Siliciumwasserstoffe spontan mit Luftsauerstoff, während es bei den Kohlenwasserstoffen erst einer „Zündung" bedarf, bevor diese verbrennen. Dieser Umstand macht die Bindung zwischen Kohlenstoff und Wasserstoff vor unkontrollierten Reaktionen weitgehend „sicher".

Kohlenstoff erlaubt Vielfalt. Die Bindungsenergien von kovalenten Bindungen am Kohlenstoff sind unabhängig von den Bindungspartnern C, H, O oder N sehr ähnlich. So kann der Kohlenstoff von den anderen drei Elementen „vereinnahmt" und auch wieder „freigegeben" werden. Es gibt keine einseitige Ausrichtung auf einen Partner. Dieses vielfältige Zusammenspiel ist einzigartig, weil es sich unter den Bedingungen, die auf der Erde herrschen, regulieren und stetig neu gestalten lässt. Nur der Kohlenstoff kann die Strukturvielfalt und die Umwandlungen gewährleisten, die den Stoffwechsel lebender Zellen prägen. Stofflicher Ausgangspunkt für die Entwicklung des Lebens auf der Erde waren nach heutigem Wissen u. a. die Kohlenstoffverbindungen Methan (CH_4), Kohlendioxid (CO_2) und Blausäure (HCN). Ein weiter Weg, wenn man sich klarmacht, dass der Mensch auf der Basis der heute existierenden Substanzen des Körpers und der biochemischen Umwandlungsprozesse sein Ich-Bewusstsein und seine Denkkraft entfaltet. Im Element Kohlenstoff steckt ein Geheimnis, das in besonderer Weise motiviert, sich mit ihm zu beschäftigen.

Aufgaben

1. Welches sind die vier Grundelemente biochemischer Verbindungen?
2. Welcher Chemiker hat in welchem Jahr Harnstoff erstmals im Reagenzglas synthetisiert?
3. Warum kann Kohlenstoff in organischen Verbindungen nicht durch Silicium ersetzt werden?
4. Welche Raumstruktur hat das Methan mit seinem sp^3-hybridisierten C-Atom?
5. Warum kann zwischen zwei sp^2-hybridisierten C-Atomen eine π-Bindung entstehen? Welche räumliche Anordnung herrscht in diesem System?
6. Markieren Sie die Polarisierung einer C–O- und einer C–N-Bindung! Wie kommt es dazu?
7. Was ist ein Radikal?
8. Zeichnen Sie drei funktionelle Gruppen und nennen Sie die zugehörige Substanzfamilie!
9. Nennen Sie die vier elementaren Reaktionstypen!
10. Nennen Sie ein Elektrophil und ein Nucleophil! Welche Verbindung besteht zum Lewis-Konzept (☞ Kap. 10.1)? Wie reagieren Elektrophil und Nucleophil miteinander?

053 Lösungen der Aufgaben

11.2 Alkane

11.2.1 Summenformel und Struktur

Kohlenwasserstoffe

Man nennt Verbindungen, die nur aus Kohlenstoff- und Wasserstoffatomen aufgebaut sind, **Kohlenwasserstoffe.** Sie werden aus Erdöl und Erdgas gewonnen, dienen als Energiequelle und haben als Rohstoff für die Synthese organischer Verbindungen große wirtschaftliche Bedeutung, z. B. als Lösungsmittel oder zur Herstellung von Kunststoffen, Detergenzien oder Arzneimitteln. An diesen einfachen Verbindungen werden im Folgenden wichtige Begriffe, Definitionen und Schreibweisen erläutert.

Alkane

Alkane. *Gesättigte oder aliphatische Kohlenwasserstoffe* werden als *Alkane* bezeichnet. Sie enthalten ausschließlich C–C- und C–H-Einfachbindungen (σ-Bindungen). Jedes Kohlenstoffatom ist mit vier anderen Atomen verbunden, die Molekülorbitale (sp^3-Orbitale) zeigen in die Ecken eines Tetraeders und bilden einen Winkel von 109,5° (☞ Kap. 3.4).

Summenformel

Die drei einfachsten Alkane sind **Methan** (CH_4), **Ethan** (C_2H_6) und **Propan** (C_3H_8). Mit weiteren Alkanen bilden sie eine *homologe Reihe*, für die die **allgemeine Summenformel** $\mathbf{C_nH_{2n+2}}$ gilt (Tab. 11/4).

homologe Reihe

! Eine homologe Reihe liegt vor, wenn chemisch nahe verwandte Verbindungen sich durch ein gleich bleibendes Strukturelement in der Summenformel unterscheiden.

Bei den Alkanen handelt es sich dabei um eine CH_2-Gruppe *(Methylengruppe)*, die vom Methan ausgehend jeweils dazukommt. *n* entspricht der Gesamtzahl der C-Atome, die ein Kohlenwasserstoff enthält.

Tab. 11/4 Name, Summenformel und Siedepunkt der *n*-Alkane bis C_8 sowie Zahl der Isomeren.

Name	Summenformel	Zahl der Isomeren	Siedepunkt (°C) bei 1,013 bar
Methan	CH_4	–	-162
Ethan	C_2H_6	–	-89
Propan	C_3H_8	–	-42
n-Butan	C_4H_{10}	2	0
n-Pentan	C_5H_{12}	3	36
n-Hexan	C_6H_{14}	5	69
n-Heptan	C_7H_{16}	9	98
n-Octan	C_8H_{18}	18	126
Allgemein:	C_nH_{2n+2}		

Strukturformel

Strukturformel. Die bisher benutzte Summenformel reicht bei organischen Verbindungen nicht aus, um eine Substanz eindeutig zu charakterisieren. Mehr Informationen liefert die *Strukturformel.* Hier steht für jedes bindende Elektronenpaar zwischen zwei Atomen ein Bindestrich. Häufig werden die C–H-Bindungen nicht mitgeschrieben, sondern nur die C–C-Bindungen durch einen Bindestrich markiert. Die Strukturformel wird dadurch vereinfacht.

Für Methan, Ethan und Propan ist die Summenformel eindeutig; es gibt nur eine Strukturformel, auf die die Summenformel passt. Ein Winkel in der Kette verändert die Struktur nicht. Wegen der tetraedrischen Symmetrie der sp^3-C-Atome beschreiben die nachfolgenden Formeln ein und dasselbe Molekül.

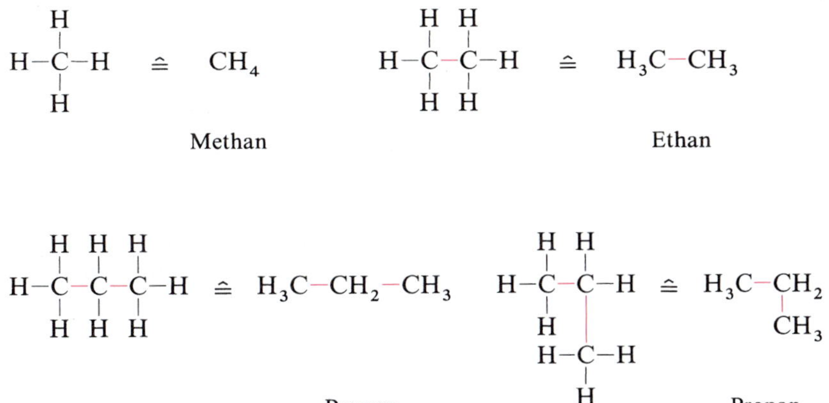

Methan · Ethan · Propan · Propan

Konstitutionsformel

Beim Butan existieren zu der Summenformel C_4H_{10} zwei Strukturformeln, die man auch als **Konstitutionsformeln** bezeichnet: das geradkettige *n*-Butan und das verzweigte Isobutan (= 2-Methyl-propan). Durch die Verzweigung unterscheiden sich die Formeln in Art und Zahl der Strukturbausteine. Isobutan enthält z. B. keine CH_2-Gruppe, dafür jedoch drei CH_3- und eine CH-Gruppe.

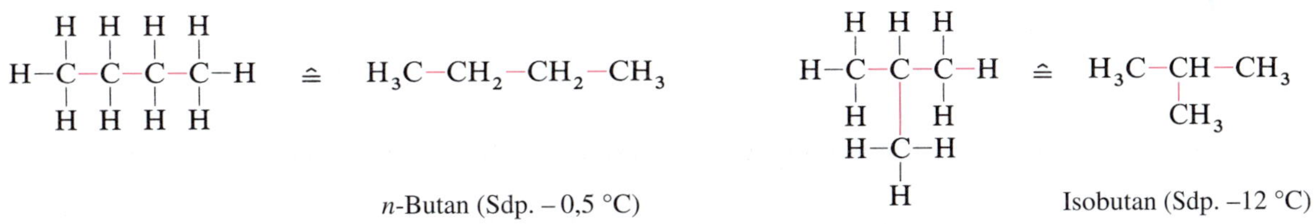

n-Butan (Sdp. – 0,5 °C) · Isobutan (Sdp. –12 °C)

Konstitutionsisomere

> **!** Man bezeichnet Verbindungen, die die *gleiche* Summenformel, aber unterschiedliche Strukturformeln besitzen, als **Konstitutionsisomere**.

Konstitutionsisomere unterscheiden sich in ihren physikalischen Eigenschaften, wie z. B. dem Siedepunkt. Mit zunehmender C-Atom-Zahl der Alkane wächst die Zahl der Konstitutionsisomeren sehr rasch (Tab. 11/4).

Beim Vergleich von zwei vorgegebenen Strukturformeln können leicht Zweifel auftreten, ob es sich um Konstitutionsisomere handelt. Man sucht daher in der Formel zuerst die längste Kette von C-Atomen und vergleicht Zahl, Art und Stellung einzelner Bausteine (z. B. CH_3-, CH_2-, CH-Gruppen).

11.2.2 Nomenklatur

Organische Verbindungen sollten systematisch benannt werden. Nach den Regeln der *International Union of Pure and Applied Chemistry* (IUPAC) geht man von den unverzweigten Alkanen aus (Tab. 11/4). Bei verzweigten Alkanen gibt der Kohlenwasserstoff, der die *längste unverzweigte* Kette bildet, der Verbindung den Stammnamen. Dieser wird durch die Benennung der *Substituenten*, also der Reste, die statt eines H-Atoms an der Kette stehen, ergänzt. Kohlenwasserstoffreste heißen allgemein *Alkylsubstituenten*, ihr Name leitet sich vom zugrunde liegenden Kohlenwasserstoff ab, indem die Endung „**-an**“ durch „**-yl**“ ersetzt wird. Aus Methan (CH_4) wird *Methyl* ($-CH_3$), aus Ethan (C_2H_6) entsprechend *Ethyl* ($-C_2H_5$) usw.

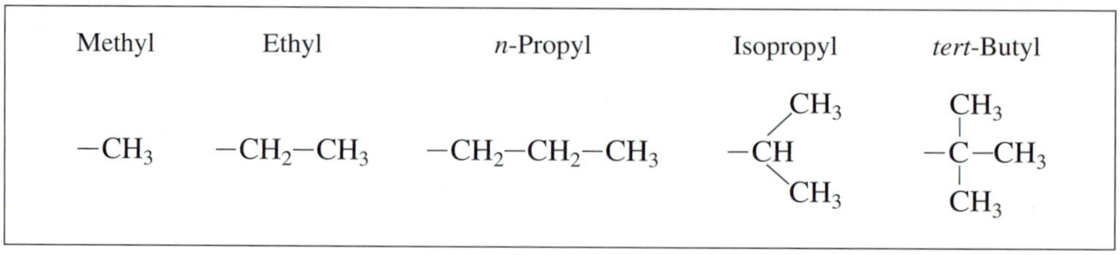

Ein Kohlenstoffatom wird je nach Anzahl der C-Atome, mit denen es direkt verbunden ist, als **primär**, **sekundär**, **tertiär** oder **quartär** bezeichnet.

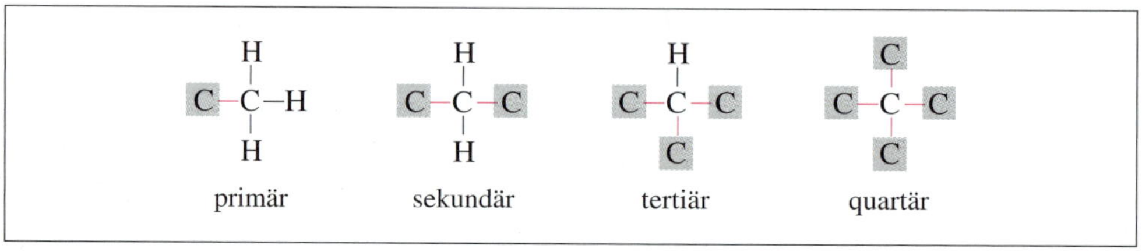

Nomenklatur

Bei der Benennung eines Kohlenwasserstoffs folgt man den Regeln für die **Nomenklatur** organischer Verbindungen. Zur Vereinfachung werden in dem folgenden Beispiel die H-Atome nicht mitgezeichnet.

Schritt 1: Suchen Sie die längste durchgehende Kette von Kohlenstoffatomen heraus und geben Sie der Verbindung den Stammnamen nach der Zahl der C-Atome dieser Kette.

Schritt 2: Nummerieren Sie die Kette so, dass die alkylsubstituierten C-Atome die niedrigsten Zahlen erhalten.

Schritt 3: Die Position des Substituenten wird durch die Zahl des betreffenden C-Atoms der Hauptkette bezeichnet.

Schritt 4: Kommt die gleiche Alkylgruppe mehrfach als Seitenkette vor, wird durch die Vorsilbe di-, tri-, tetra- usw. angezeigt, wie oft die Alkylgruppe im Molekül vorhanden ist.

Schritt 5: Unterschiedliche Alkylsubstituenten werden in alphabetischer Reihenfolge genannt.

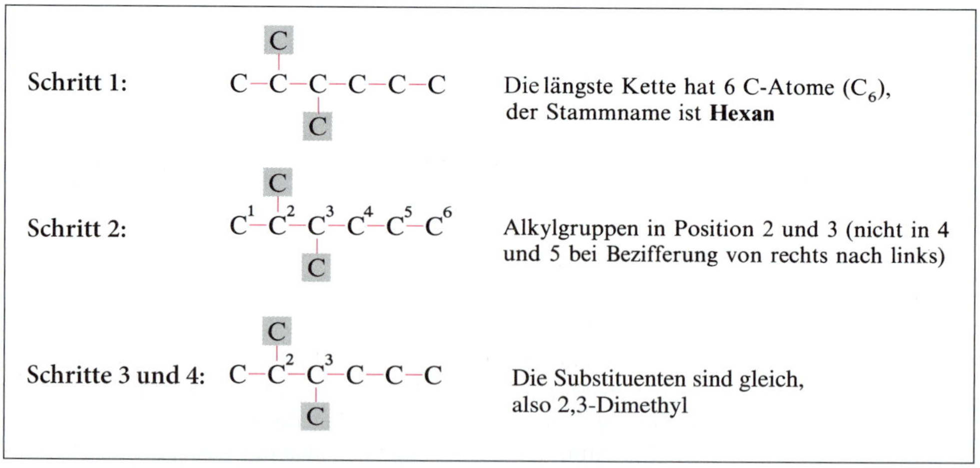

Die als Beispiel gewählte Verbindung hat den systematischen Namen **2,3-Dimethylhexan** und ist eines der 18 möglichen Konstitutionsisomeren des Octans (Summenformel C_8H_{18}).

Weitere Nomenklaturbeispiele sollen helfen, die Regeln anzuwenden und verschiedene Schreibweisen kennen zu lernen. Häufig wird bei der Darstellung einer Kohlenwasserstoffkette auf die explizite Darstellung der C- und H-Atome verzichtet. Bei dieser **Skelettschreibweise** muss man wissen, dass Linienenden und Winkelecken jeweils ein C-Atom symbolisieren, das die bis zur Vierbindigkeit notwendige Zahl H-Atome trägt.

Beispiel 1:

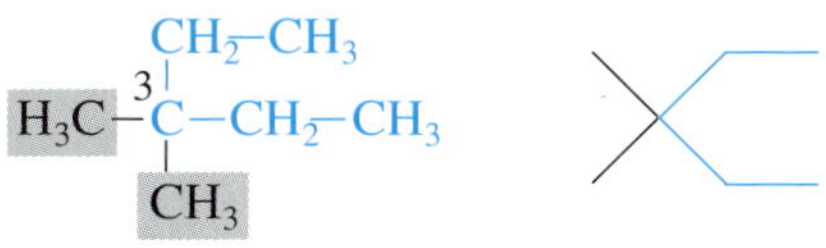

3,3-Dimethylpentan

Beispiel 2:

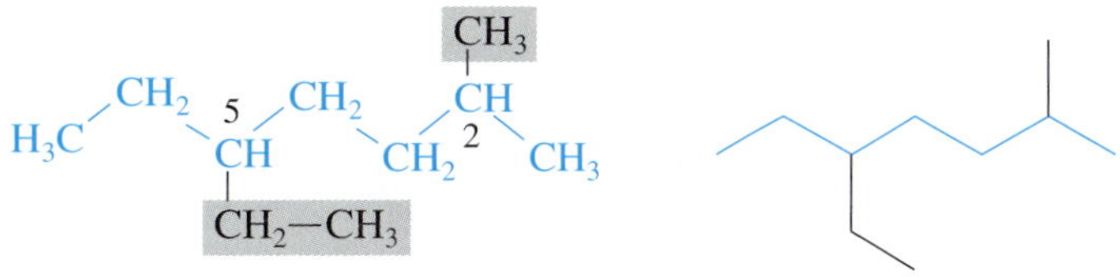

5-Ethyl-2-methylheptan

11.2.3 Molekülmodelle

Die Strukturformeln, die wir benutzen, lassen sich relativ rasch zu Papier bringen (Abb. 11/1a). Sie haben aber den Nachteil, dass sie nicht die *dreidimensionale* (raumerfüllende) Struktur der Moleküle wiedergeben. Eine erste Alternative ist die **Keilstrich-Formel** (Abb. 11/1b), die versucht, die räumliche Anordnung auf dem Papier darzustellen. Dabei stellen ausgefüllte Keile Bindungen dar, die aus der Papierebene nach vorne ragen, gestrichelte Linien weisen hinter die Papierebene. Zum Lesen und Zeichnen braucht man ein gutes räumliches Vorstellungsvermögen. Gerade für Anfänger und im Fall komplexer Moleküle ist es vorteilhaft, auf Molekülmodelle zurückzugreifen. Dazu gibt es Bausätze, die sich im Konzept der Modellbildung sowie in Größe, Material und Preis unterscheiden. Die Modelle haben je nach Fragestellung Vor- und Nachteile:

1. **Kugelstab-Modelle** (Abb. 11/1c) machen die räumliche Lage der Atome, die Anordnung der Bindungen und die Bindungswinkel deutlich.
2. **Kalotten-Modelle** (Abb. 11/1d) deuten die räumliche Lage der Atome an, die Raumerfüllung der einzelnen Gruppen sowie die Ausdehnung der Bindungsorbitale.

Modelle sollten im Unterricht zur Verfügung stehen, weil sie das räumliche „Lesen“ von Strukturformeln schulen und Sie den richtigen Eindruck mitnehmen, dass es schon bei einfachen organischen Molekülen auf die dreidimensionale Struktur ankommt, um Wechselwirkungen mit der Umgebung zu verstehen.

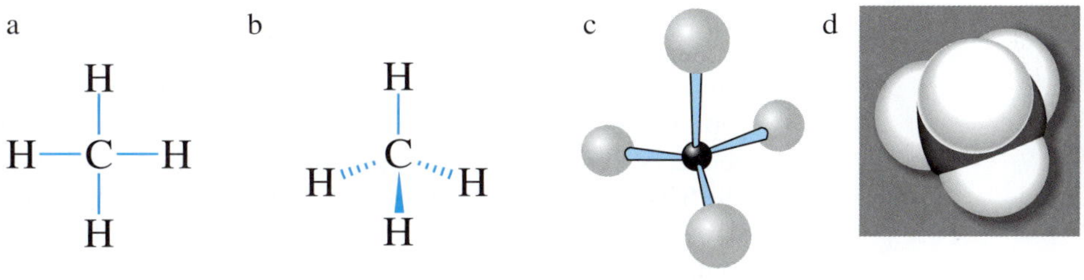

Abb. 11/1 Verschiedene Formeln und Modelle für das Methan.

11.2.4 Konformationsisomere

Betrachten wir erneut das *Ethan* (C_2H_6). Es leitet sich vom Methan formal dadurch ab, dass ein H-Atom durch eine Methylgruppe ersetzt ist. Die C–C-Bindung (σ-Bindung) ist jedoch rotationssymmetrisch, wir können in Gedanken eine Methylgruppe festhalten und die andere drehen. Die Rotation erfordert sehr wenig Energie und erfolgt bei Raumtemperatur sehr rasch. Es existieren verschiedene *rotationsisomere* Anordnungen für das Ethan-Molekül. Jedes einzelne *Rotationsisomer*, auch **Konformer** genannt, spiegelt eine bestimmte räumliche Anordnung der H-Atome an den beiden C-Atomen wider. Mit Hilfe von Molekülmodellen wird dies sichtbar. Will man Konformationsisomere auf dem Papier darstellen, bedient man sich verschiedener Schreibweisen (Abb. 11/2).

Konformere

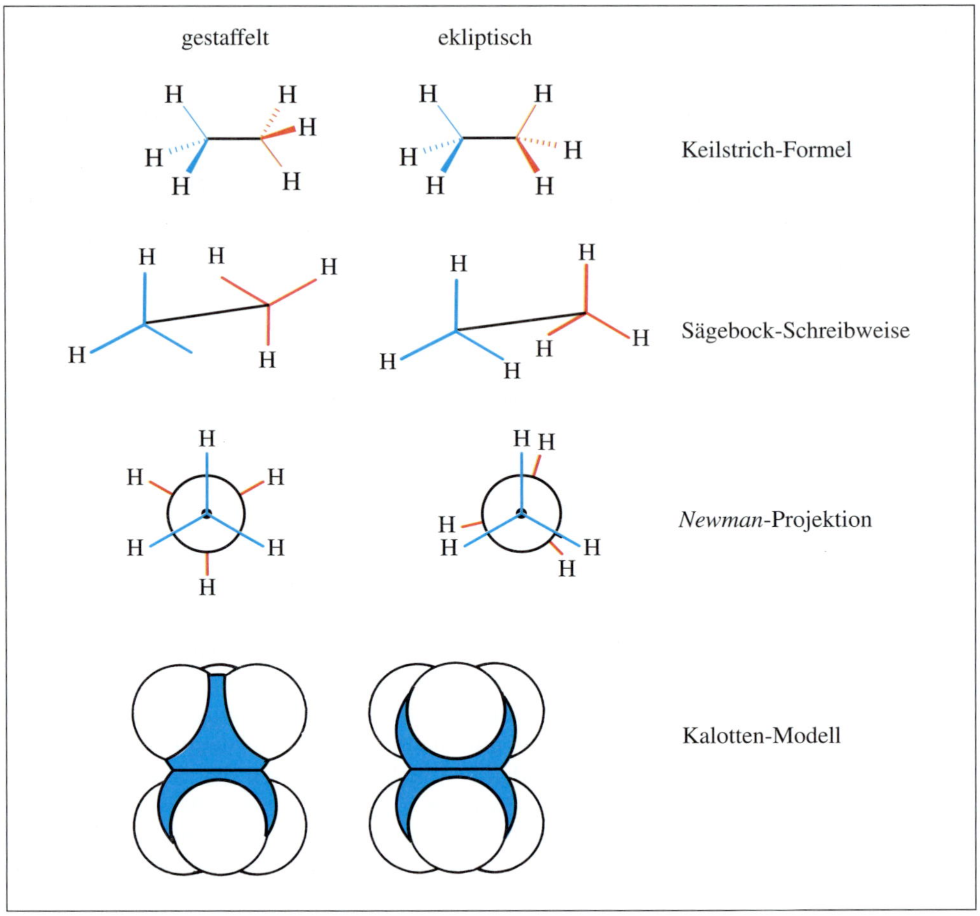

Abb. 11/2 Konformere des Ethans in verschiedenen Schreibweisen und als Kalotten-Modelle.

1. In der **Keilstrich-Formel** bedeuten durchgezogene Linien, dass die Bindung in der Papierebene liegt. Keilförmige Linien markieren Bindungen oberhalb der Papierebene, gepunktete oder gestrichelte Bindungslinien führen in den Raum hinter der Papierebene. Ist eine Linie geschlängelt, dann ist keine Festlegung der Richtung erfolgt.
2. Die **Sägebock-Schreibweise** ist eine vereinfachte perspektivische Darstellung des Kugelstab-Modells. Man schaut schräg auf die C–C-Bindungsachse, das C-Atom links liegt weiter vorn. Beim Betrachten braucht man eine gewisse Raumvorstellung.
3. Bei der **Newman-Projektion** blickt man von vorn auf ein C-Atom des Moleküls in Richtung der C–C-Achse. Die C–H-Bindungen des vorderen C-Atoms sind bis zur Mitte eines Kreises gezeichnet, die C–H-Bindungen des hinteren, verdeckten C-Atoms nur bis zum Rand des Kreises.

Im *Kalotten-Modell* ganz unten in Abbildung 11/2 kann man noch einmal deutlich erkennen, was die drei Schreibweisen abzubilden versuchen, um die Konformation des Moleküls angemessen zu beschreiben.

Wegen der freien Drehbarkeit um die C–C-Bindungsachse sind streng genommen alle Einstellungen der H-Atome zueinander möglich. Man weiß heute jedoch, dass es Einstellungen gibt, die energiereicher bzw. energieärmer sind. Es gibt bei der Rotation kleine **Energiebarrieren** zwischen den Konformeren.

Energiebarriere

Konformation

Die *gestaffelte* Konformation ist etwas energieärmer und damit stabiler als die *ekliptische* Konformation. Das rührt hauptsächlich daher, dass die H-Atome des vorderen und hinteren C-Atoms sich so weit wie möglich voneinander entfernen. Der Grund dafür ist eine quantenmechanische Wechselwirkung, die Theoretiker als *Hyperkonjugation* bezeichnen. Sie wirkt zwischen besetzten und unbesetzten σ-Orbitalen der benachbarten C–H-Bindungen. In der ekliptischen Konformation sind sich die H-Atome näher, die Wechselwirkung ist schwächer als in der gestaffelten Konformation. Es ist eine Besonderheit der Konformere, dass man sie nicht voneinander trennen und als Einzelsubstanzen fassen kann. Bei jeder Rotation der C–C-Bindung, die mehrere tausend Mal pro Sekunde erfolgt, treten fortlaufend alle denkbaren Konformationen auf, wobei die gestaffelte Konformation im zeitlichen Mittel überwiegt (Anteil > 99%).

Bei größeren Molekülen, wie z. B. dem *n-Butan* ($H_3C–CH_2–CH_2–CH_3$) können weitere Konformere auftreten. In der Newman-Projektion blicken wir auf die beiden mittleren C-Atome und erkennen zwei gestaffelte und eine ekliptische Konformation. Die Größe der Substituenten (hier CH_3 und H) spielt bei der Stabilisierung einzelner Konformere eine wichtige Rolle. Die gestaffelte *anti*-Konformation ist am energieärmsten und überwiegt damit im Gleichgewicht.

Beispiel *n*-Butan:

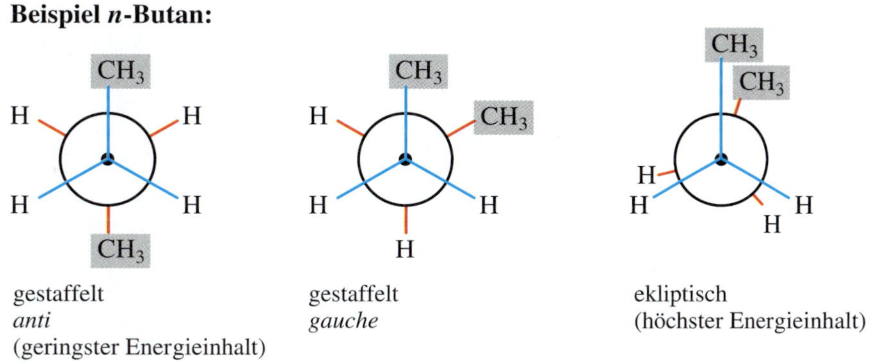

Von der Seite gesehen, sieht die C-Atom-Kette des *n*-Butans in der *anti*-Konformation gewinkelt aus. Da sich diese Konformation aus energetischen Gründen in einer längeren Kohlenwasserstoffkette für jede C–C-Bindung bevorzugt einstellt, bildet sich die sog. **Zickzack-Kette** aus. Dies hat zur Folge, dass längere Kohlenwasserstoffreste sich nicht aufknäulen, sondern eine gestreckte räumliche Anordnung aufweisen, z. B. bei den Lipiden in der Bilayer-Membran.

Zickzack-Kette

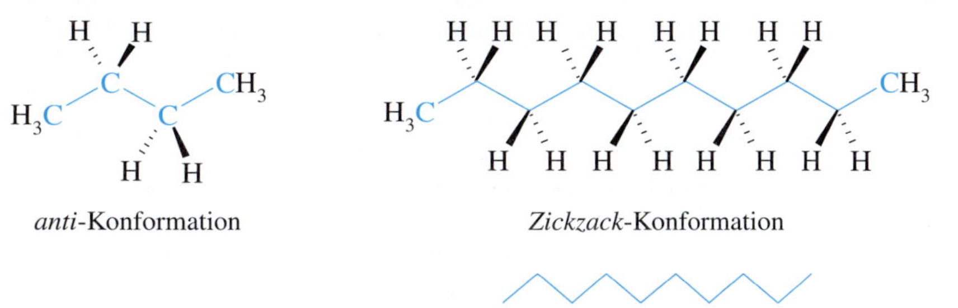

11.2.5 Physikalische Eigenschaften

Löslichkeit. In Kohlenwasserstoffen sind nur *unpolare* Atombindungen wirksam, dies beeinflusst die *Löslichkeit* der Stoffe. Allgemein gilt, dass sich organische Verbindungen in verschiedenen Lösungsmitteln umso besser lösen, je mehr sich Eigenschaften und Struktur von Substanz und Lösungsmittel (= Solvens) gleichen (☞ Kap. 5.1). Bringt man Flüssigkeiten zusammen, gilt dasselbe Prinzip, man spricht dann jedoch davon, dass die Flüssigkeiten miteinander mischbar *(homogenes System)* oder nicht mischbar sind *(heterogenes System)*. Kohlenwasserstoffe lösen sich in unpolaren organischen Lösungsmitteln wie z. B. Tetrachlorkohlenstoff, Diethylether, Benzol oder Cyclohexan, nicht aber in Wasser. Man bezeichnet Kohlenwasserstoffe deshalb auch als **lipophil** oder **hydrophob**. Umgekehrt wer-

lipophil/hydrophob

den Verbindungen, die sich gut in Wasser lösen, **hydrophil** oder **lipophob** genannt (☞ Kap. 5.1).

Van-der-Waals-Kräfte

Siedepunkt. Die Wechselwirkungen zwischen unpolaren Kohlenwasserstoffmolekülen sind schwach und von kurzer Reichweite. Man bezeichnet sie als **Van-der-Waals-Kräfte**. Sie wirken nur dort, wo Moleküle einander berühren, also an ihrer Oberfläche. Innerhalb einer homologen Reihe sind die zwischenmolekularen Kräfte deshalb umso größer, je größer ein Molekül und damit seine Oberfläche ist. Erwartungsgemäß steigt der *Siedepunkt* mit der Anzahl der Kohlenstoffatome, da beim Sieden die zwischenmolekularen Kräfte in einer Flüssigkeit überwunden werden müssen (☞ Kap. 4.5). Die vier kleinsten *n*-Alkane sind bei Raumtemperatur Gase (☞ Tab. 11/4), bis C_{20} sind sie flüssig, oberhalb C_{20} sind sie fest.

Bedeutung der Alkane

Hauptquellen für die Alkane sind **Erdgas** ($C_1 - C_4$) und **Erdöl**. Aus Letzterem werden die Kohlenwasserstoffe nach ihren Siedepunkten durch stufenweise (fraktionierte) Destillation in den Raffinerien abgetrennt. Petrolether ($C_5 - C_7$), Benzin ($C_7 - C_{12}$), Dieselöl ($C_{15} - C_{18}$) und Paraffin ($C_{20} - C_{30}$) sind Mischungen aus Alkanen.

Kohlenwasserstoffe sind *leichter* als Wasser (Dichte < 1 g/cm^3), schwimmen also z. B. bei Tankerunfällen auf der Wasseroberfläche. In die Umwelt gelangt, sind sie für die Natur eine extreme Belastung und werden nur langsam von Mikroorganismen abgebaut.

Das **Methan** selbst ist nicht nur Hauptbestandteil des Erdgases, es entsteht auch beim Wachstum anaerober Bakterien z. B. in Reisfeldern und Sümpfen (Sumpfgas) sowie im Verdauungstrakt von Wiederkäuern. Jede Kuh gibt täglich bis zu 300 L Methan in die Atmosphäre ab. Durch Reisanbau und Rinderhaltung steigt der Methangehalt der Atmosphäre und trägt erheblich zum **Treibhauseffekt** auf der Erde bei.

Ein anderes Phänomen ist hinsichtlich der Energievorräte der Erde und des Weltklimas von großer Bedeutung. Methan wird unter Druck und bei tiefen Temperaturen (< 5 °C) in ein Gitter von Wassermolekülen eingelagert. Es entsteht ein farbloser Festkörper, das sog. **Methanhydrat**. Dieses zerfällt unter Normalbedingungen in Methan und Wasser. Das beim Schmelzen gebildete Methan lässt sich an der Oberfläche eines Methanhydrat-Blocks entzünden („brennendes Eis"). 1 m^3 festes Methanhydrat setzt unter Normalbedingungen erstaunliche Mengen (168 m^3) Methangas frei, das von Methan bildenden Archaebakterien stammt. Man findet Methanhydrate in dicken Schichten z. B. in Permafrostregionen der Erde und auf dem Meeresgrund (ab 500 m Tiefe). Ob und wie sich diese riesigen Methan-Lagerstätten nutzen lassen, bleibt zu klären. Durch Erwärmung der Erde freigesetzt, würde sich der Treibhauseffekt der Erdatmosphäre dramatisch verstärken.

Paraffine

Ein Gemisch langkettiger, gesättigter Kohlenwasserstoffe wird in Form von **Paraffinöl** *(Paraffinum subliquidum)* als Darmgleitmittel *(Lubrikans)* eingesetzt. Paraffine sind unverdaulich, können aber in geringer Menge resorbiert werden und Paraffingranulome verursachen. Außerdem vermindern sie die Aufnahme fettlöslicher Vitamine aus dem Darm. Äußerlich kommen Paraffine als Bestandteil von Salben und Cremes zur Anwendung. Sie tragen zum Hautschutz bei und erleichtern die Aufnahme von Wirkstoffen durch die Haut. **Vaseline** z. B., eine hautverträgliche Salbengrundlage, besteht aus einem Paraffingemisch.

Checkliste

Folgende Bezeichnungen/Begriffe sollten Sie erklären oder definieren (s. a. Glossar) und – wo möglich – Beispiele, Gleichungen oder Formeln angeben können:
Kohlenwasserstoffe – Alkane – Summenformel – homologe Reihe – Strukturformel – Konstitutionsformel – Konstitutionsisomere – Nomenklatur – Konformation – Konformere – lipophil/hydrophob – Van-der-Waals-Kräfte – Keilstrichformel – Paraffin.

Aufgaben

1. Geben Sie die Strukturformeln der drei Konstitutionsisomere des *Pentans* (C_5H_{12}) an und benennen Sie diese nach den IUPAC-Nomenklatur-Regeln!
2. Welche Struktur hat der Kohlenwasserstoff 2,2,4-Trimethylpentan *(Isooctan)*, der als Standard für die *„Klopffestigkeit"* des Benzins dient (reines Isooctan hat die *Oktanzahl* 100)? Markieren Sie, welche C-Atome der Verbindung primär, sekundär, tertiär bzw. quartär sind!
3. Geben Sie drei weitere Konstitutionsisomere des *Octans* an und benennen Sie diese nach den IUPAC-Nomenklatur-Regeln!
4. Siedet *Isooctan* höher oder tiefer als *n*-Octan? Begründen Sie Ihre Antwort!
5. Lassen sich einzelne Konformationsisomere des *n*-Butans isolieren? Begründen Sie Ihre Antwort!
6. Warum bilden *n*-Alkane (ab C_4) Ketten in der *Zickzack-Konformation*?
7. Warum hängt der Siedepunkt einer Verbindung vom äußeren Luftdruck ab?
8. *n-Hexan* und *Wasser* sind bei Raumtemperatur Flüssigkeiten. Mischt man beide, bilden sich zwei Phasen. Warum?
9. Wie unterscheiden sich Benzin und Dieselöl?
10. Was ist *Methanhydrat*?

054 Lösungen der Aufgaben

11.3 Cycloalkane

11.3.1 Struktur

Cycloalkane

Cycloalkane leiten sich formal von den *n*-Alkanen ab, indem an den Kettenenden ein H-Atom entfernt wird und die beiden Enden über eine neue C–C-Bindung einen Ring schließen. Man benennt cyclische Kohlenwasserstoffe nach der Zahl der C-Atome im Ring und setzt vor den Namen des Alkans die Vorsilbe „**cyclo**". Auch Cycloalkane bilden eine homologe Reihe, deren *allgemeine Summenformel* C_nH_{2n} lautet. In der vereinfachten Skelett-Schreibweise entspricht jede Ecke im Ring einer CH_2-Gruppe.

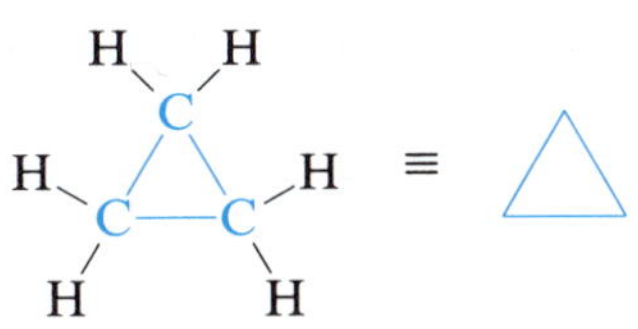

Cyclopropan (C_3H_6)

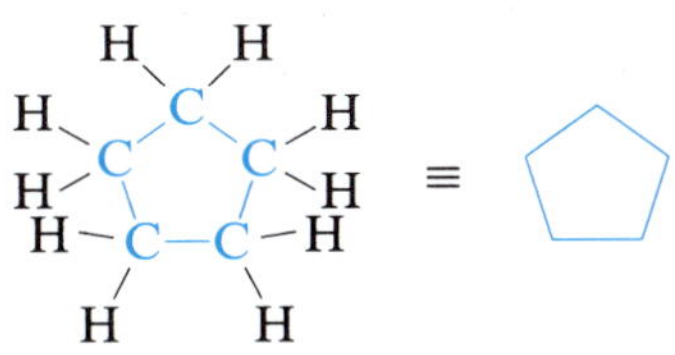

Cyclopentan (C_5H_{10})

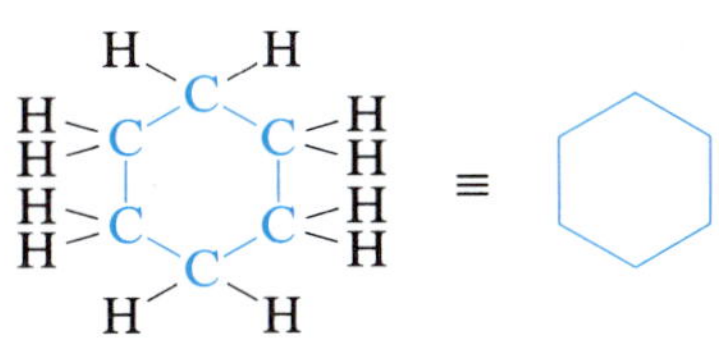

Cyclohexan (C_6H_{12})

Im **Cyclopropan** weichen die Bindungswinkel der σ-Bindungen stark vom Tetraederwinkel ab. Der Ring ist stark gespannt, weil die normale *sp*[3]-Hybridisierung der C-Atome gestört ist. Mit zunehmender Ringgröße nähern sich die Bindungswinkel dem normalen Tetraederwinkel von 109,5° an. Beim **Cyclohexan**, dem wichtigsten Cycloalkan, ist dies verwirklicht. Der Sechsring ist spannungsfrei, allerdings ist das Molekül nicht eben gebaut, wie es die Skelett-Schreibweise suggeriert. Sobald Sie im Unterricht ein Molekülmodell gesehen haben, wird dies deutlich.

11.3.2 Konformationen des Cyclohexans

Konformation
Sesselform,
Wannenform

Der Sechsring des Cyclohexans kann durch Drehung um die C–C-Einfachbindungen im Ring unterschiedliche Raumstrukturen *(Konformationen)* einnehmen, ohne dass sich die Größe der Bindungswinkel verändert. Die energetisch günstigste Konformation ist die *Sesselform* (**A**), weniger günstig ist die *Wannenform* (**B**). Zwischen diesen Konformeren gibt es zahlreiche Übergänge.

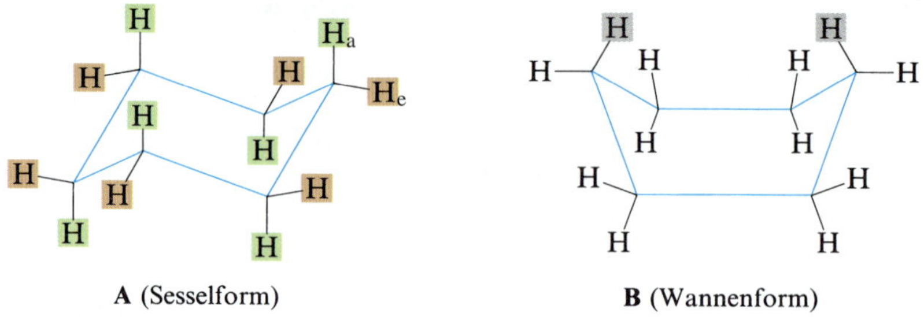

Konformere des Cyclohexans

axial/äquatorial

In der Sesselform trägt jedes C-Atom ein senkrecht nach oben bzw. unten zeigendes H-Atom. Man bezeichnet diese H-Atome als **axial** *(a)* und die an jedem C-Atom seitlich am Ring stehenden als **äquatorial** *(e)*. Am Molekülmodell wird deutlich, warum die Sesselform energetisch günstiger ist als die Wannenform: In der Sesselform haben C- und H-Atome den größtmöglichen Abstand, während sich in der Wannenform einige H-Atome so nahe kommen, dass Abstoßungskräfte wirksam werden. Der Energieunterschied beträgt etwa 25 kJ/mol.

Eine Besonderheit des Cyclohexanringes liegt darin, dass die Energiebarriere bei der Drehung um die C–C-Einfachbindungen so klein ist, dass bei Raumtemperatur eine Sesselform in eine andere Sesselform *„umklappen"* kann. Drehen Sie z. B. bei einem Molekülmodell zunächst ein Ende des Ringes herunter, so erhalten Sie eine Wanne, anschließend die andere Ecke hoch, so entsteht wieder ein Sessel. Der Cyclohexanring ist also in sich beweglich. Nach dem Umklappen von einer Sesselform in die andere sind aus allen axialen H-Atomen äquatoriale und umgekehrt aus allen äquatorialen H-Atomen axiale geworden.

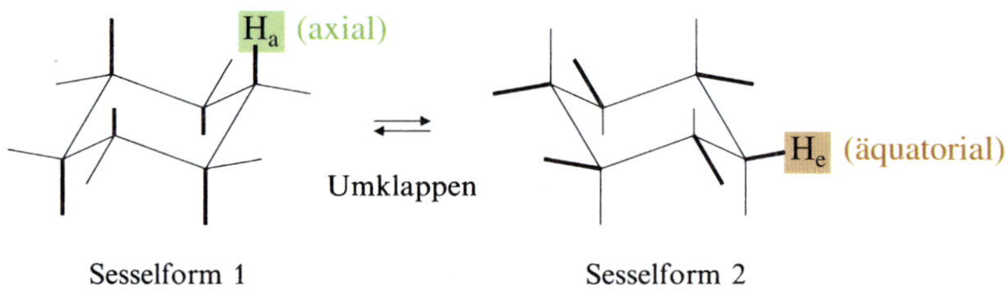

11.3.3 Cyclohexanderivate

Trägt ein C-Atom des Cyclohexans einen Substituenten, z. B. eine Methylgruppe, so überwiegt im Gleichgewicht das Konformer mit äquatorialer Methylgruppe. Nur so lassen sich zwischen den axialen H-Atomen und dem axialen Methylrest abstoßende Wechselwirkungen minimieren.

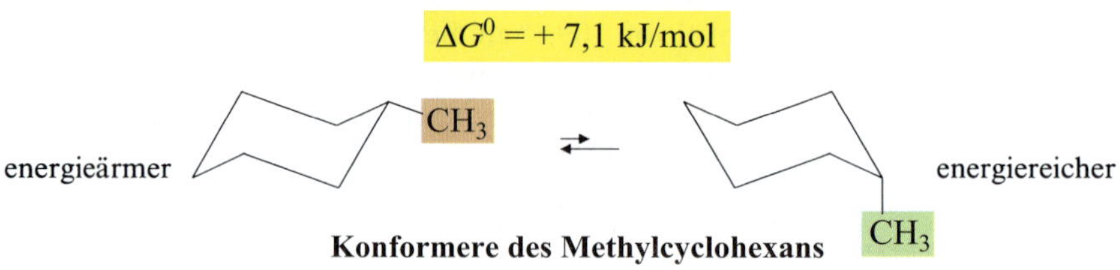

Konformere des Methylcyclohexans

cis/trans-Isomerie (Cycloalkane)

Vom 1,2-Dimethylcyclohexan existieren zwei Isomere, die sich in ihren physikalischen Eigenschaften unterscheiden. Da die Summenformel für beide Isomeren gleich ist, begegnet uns hier eine neue Art der Isomerie, die ***cis/trans*-Isomerie der Cycloalkanderivate**. Im *trans*-Isomer liegt ein Substituent oberhalb und einer unterhalb einer hypothetischen Ringebene. Man erkennt dies an den beiden äquatorial stehenden Methylgruppen *(1e, 2e)* und besser noch im anderen Konformer, wo beide Methylgruppen axial sind *(1a, 2a)*. Beim *cis*-Isomer weisen die Methylgruppen auf dieselbe Ringseite, jeweils eine der Methylgruppen steht äquatorial, die andere axial *(1a, 2e* bzw. *1e, 2a)*.

Von den *cis*/*trans*-Stereoisomeren existieren wiederum zahlreiche Konformere. Im Gleichgewicht überwiegt auch hier die Sesselform. Beim *trans*-1,2-Dimethylcyclohexan ist diejenige Sesselform bevorzugt (am energieärmsten), bei der beide Methylgruppen äquatorial stehen. Für die Umwandlung vom 1*e*/2*e*-Konformer in das 1*a*/2*a*-Konformer resultiert ein ΔG^0-Wert (☞ Kap. 6.5). Beim *cis*-Isomer sind beide Sesselformen energetisch gleichwertig ($\Delta G^0 = 0$). Allgemein gilt, dass bei einem mehrfach substituierten Cyclohexanring dasjenige Konformer am energieärmsten ist, das die *maximale* Anzahl äquatorialer Substituenten aufweist. Sind die Substituenten verschieden, steht der größte in der Regel äquatorial.

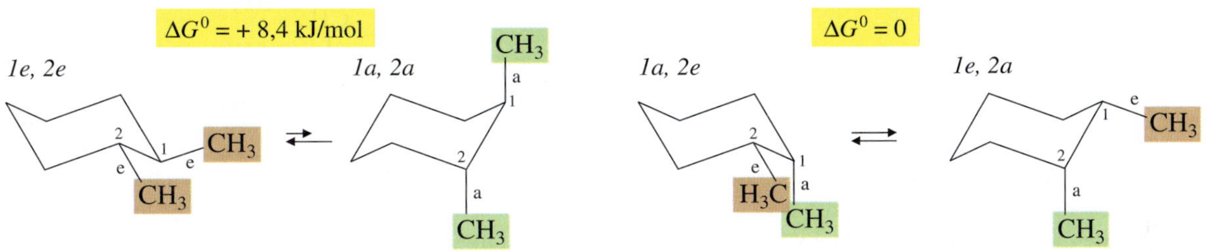

trans-1,2-Dimethylcyclohexan *cis*-1,2-Dimethylcyclohexan

Decalin

Decalin. Die beiden sechsgliedrigen Ringe des *Decalins* bevorzugen wie das Cyclohexan die Sessel-Konformation. Aufgrund der *cis*/*trans*-Isomerie bei Cyclohexanderivaten gibt es jedoch zwei Möglichkeiten, die beiden Ringe zu verknüpfen.

trans: Beide Bindungen (rot hervorgehoben) vom rechten Sechsring ausgehend stehen äquatorial (*e*/*e*-Anordnung); entsprechend sind die H-Atome an der Verknüpfungsstelle axial, also auch *trans* orientiert.

cis: Eine Bindung an der Ringverknüpfung steht axial, die andere äquatorial (*a*/*e*-Anordnung); entsprechend sind die H-Atome an der Verknüpfungsstelle auch *cis*-ständig. Das Molekül bildet einen Winkel.

cis- und *trans*-Decalin kommen im Erdöl vor, sie unterscheiden sich deutlich in ihren physikalischen Eigenschaften.

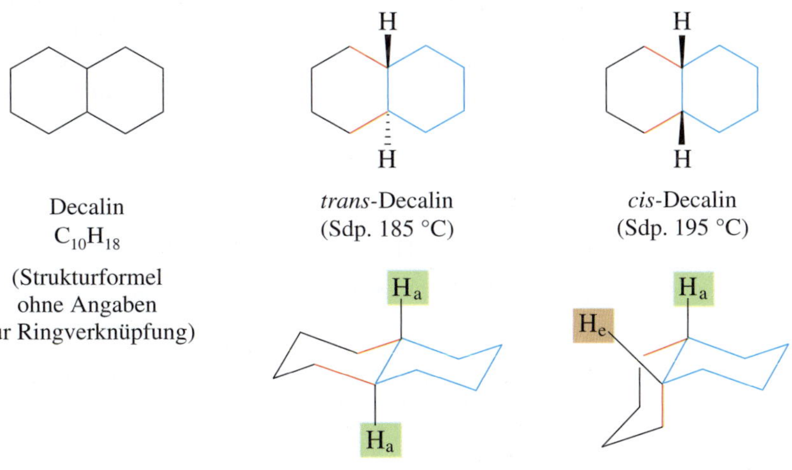

Decalin
$C_{10}H_{18}$
(Strukturformel ohne Angaben zur Ringverknüpfung)

trans-Decalin (Sdp. 185 °C)

cis-Decalin (Sdp. 195 °C)

Checkliste

Folgende Bezeichnungen/Begriffe sollten Sie erklären oder definieren (s. a. Glossar) und – wo möglich – Beispiele, Gleichungen oder Formeln angeben können:
Cycloalkane – Konstitution – Konformation – Sesselform/Wannenform (Cyclohexan) – axial/äquatorial – *cis*/*trans*-Isomerie (Cycloalkane).

Aufgaben

1. Welche Summenformel und Konstitution haben *Cyclobutan* und *Cyclooctan*?
2. Klappen Sie die abgebildeten Cyclohexanderivate in die andere Sesselform um und zeichnen Sie das entstehende Konformer. Welches Konformer ist *energieärmer*? Kennzeichnen Sie am Molekül b primäre, sekundäre und tertiäre C-Atome.

a) 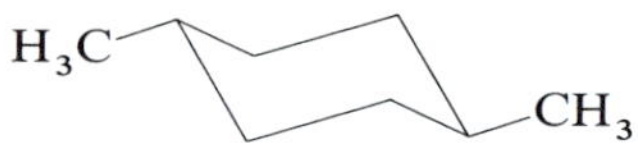

b) 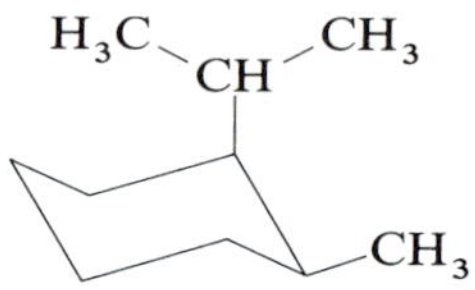

3. Ist der ΔG^0-Wert für die Konformeren-Gleichgewichte in Aufgabe 2 größer, kleiner oder gleich null?
4. Beim Mischen von Cyclohexan mit Wasser bilden sich zwei Phasen. Warum? Welches ist die Oberphase?
5. Geben Sie die Konstitutionsformel von 1,2-Dimethylcyclopentan an. Gibt es von dieser Verbindung *cis*/*trans*-Isomere? Wenn ja, bitte zeichnen!
6. Welche Verbindung nachfolgender Verbindungspaare hat den höheren Siedepunkt: a) Cyclopentan/Cyclohexan, b) Cyclohexan/2-Methylcyclohexan, c) *n*-Hexan/2-Methylpentan? Begründen Sie Ihre Antwort!

055 Lösungen der Aufgaben

11.4 Reaktionen der Alkane

11.4.1 Homolytischer/heterolytischer Bindungsbruch

Alkane verhalten sich gegenüber den meisten chemischen Reagenzien sehr *reaktionsträge*. Eine Ausnahme ist, dass niedere Alkane, die im Erdgas oder Benzin enthalten sind, sich an der Luft leicht entzünden lassen und dass Alkan/Luft-Gemische explodieren können.

Die wichtigsten Reaktionen der Alkane werden leichter verständlich, wenn man sich klarmacht, dass die unpolaren C–C- bzw. C–H-Bindungen vorwiegend *homolytisch* brechen. Ein **homolytischer Bindungsbruch** bedeutet, dass bei jedem Partner ein Elektron aus dem ehemals bindenden Elektronenpaar verbleibt. Die Teilchen, die dabei auftreten, haben ein ungepaartes Valenzelektron, das man durch einen Punkt am zugehörigen Atom markiert. Solche Teilchen bezeichnet man als **Radikale**, die häufig sehr reaktiv sind. In diesem Sinn sind das Wasserstoffatom und das Chloratom Radikale. Das Sauerstoff-Molekül der Luft reagiert als Biradikal.

Radikal

Im Gegensatz zum homolytischen steht der **heterolytische Bindungsbruch**. Hier verbleibt das bindende Elektronenpaar bei einem der Bindungspartner, als Folge treten *Ionen* auf. Wir werden diesen Reaktionstyp später genau kennen lernen.

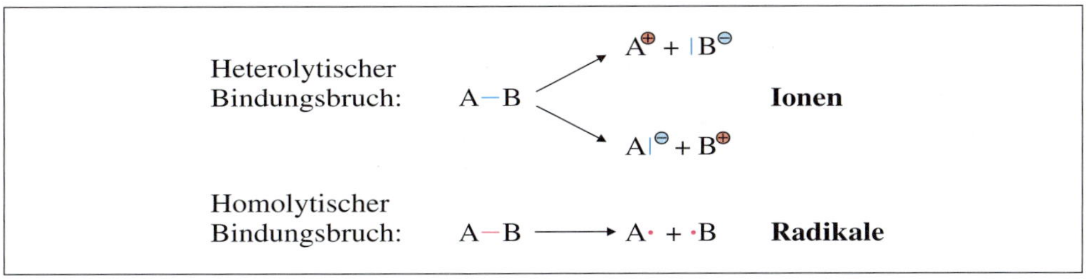

11.4.2 Radikalische Substitution

Methan reagiert mit Chlor. Alkane und Chlor (Cl_2) sind nebeneinander beständig. Beim Belichten mit UV-Licht oder Erhitzen findet hingegen eine explosionsartige Umsetzung statt. Als Produkte werden einfach und mehrfach chlorierte Kohlenwasserstoffe gefunden. So entsteht z. B. aus *Methan* zunächst *Chlormethan* und daraus über zwei weitere Zwischenstufen schließlich *Tetrachlormethan*.

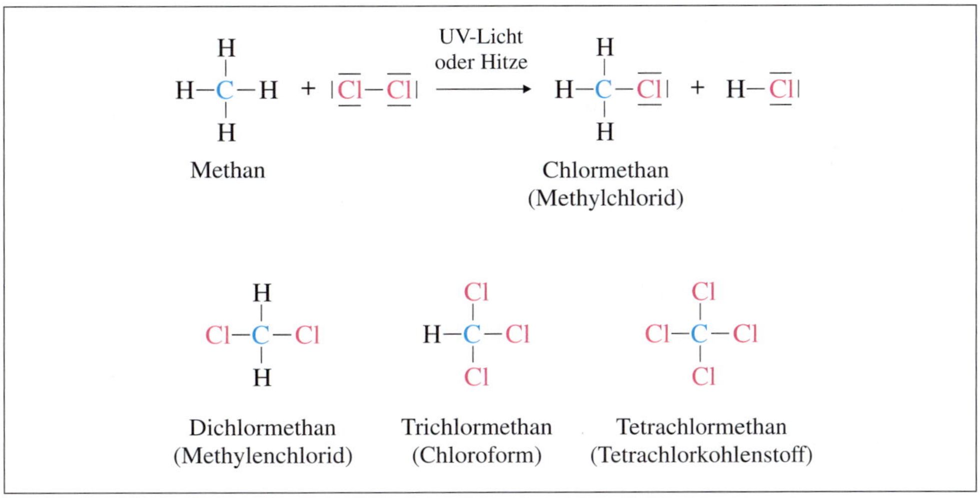

Substitution

Allgemein ausgedrückt wird ein H-Atom im Kohlenwasserstoff durch ein Chloratom *ersetzt*, es entsteht ein *Chloralkan*. Die Chlorierung ist vom Typ her eine radikalische **Substitution** (lat. *substituere* = ersetzen), deren Ablauf (**Reaktionsmechanismus**) wir genauer ansehen wollen.

Ablauf der Chlorierung. Im UV-Licht *dissoziieren* einige Chlor-Moleküle durch homolytischen Bindungsbruch in Chloratome (**Schritt 1**), die als Radikale sehr reaktiv sind. Man bezeichnet dies als *Kettenstart*. Ein Chlorradikal greift das Kohlenwasserstoffmolekül an, entreißt ihm ein H-Atom und bildet stabilen Chlorwasserstoff (HCl) sowie ein Alkylradikal (**Schritt 2**). Das Alkylradikal kann nun mit einem weiteren Chlor-Molekül (Cl_2) reagieren, d. h. ein Chloratom binden und das zweite Chloratom als Radikal freisetzen (**Schritt 3**).

Ein einmal gebildetes Cl-Radikal kann die Bildung vieler Chloralkan-Moleküle bewirken. Durch die Schritte **2** und **3** wird das Cl-Radikal stets wieder regeneriert. Man sagt, dass diese Schritte der *Kettenfortpflanzung* dienen. Ein *Kettenabbruch* tritt ein, wenn zwei Radikale miteinander reagieren. Hierfür gibt es in unserem Beispiel drei Möglichkeiten. Das Vereinigen von zwei Radikalen unter Ausbildung einer Atombindung wird als **Rekombination** bezeichnet.

Rekombination

Radikalische Chlorierung als Beispiel einer Radikalketten-Reaktion:

Schritt 1:	|Cl–Cl| $\xrightarrow{\text{UV-Licht}}$ 2 |Cl·		Kettenstart
Schritt 2:	R–H + |Cl· ⟶ R· + H–Cl|	Kettenfort- pflanzung
Schritt 3:	R· + |Cl–Cl| ⟶ R–Cl| + |Cl·	
	R· + Cl· ⟶ R–Cl R· + R· ⟶ R–R Cl· + Cl· ⟶ Cl–Cl	Kettenabbruch durch Rekombination

radikalische Halogenierung

Die **radikalische Halogenierung** von Alkanen läuft für die Halogene Fluor, Chlor, Brom und Iod unterschiedlich ab. Wir können dies besser verstehen, wenn wir ein *Energiediagramm* für den **Schritt 2** aufzeichnen (Abb. 11/3). Die Ordinate erfasst Gibbs-Energie *G*. Die Abszisse wird als *Reaktionskoordinate* bezeichnet und meint das Fortschreiten einer Reaktion im zeitlichen Nacheinander. Für Schritt 2 der Alkan-Chlorierung gibt die Reaktionskoordinate an, wie weit die H–Cl-Bindung ausgebildet ist.

Übergangszustand

Aktivierungsenergie

Aktivierungsenergie. Ausgangsverbindungen (Edukte) und Produkte unterscheiden sich im Energiehaushalt ($\Delta G < 0$). Im Verlauf der Reaktion wird ein energiereicher **Übergangszustand** (ÜZ) durchlaufen, in dem die R–H-Bindung teilweise gelöst und die H–Cl-Bindung teilweise ausgebildet ist. Die Energie, die zum Erreichen des Übergangszustands benötigt wird, bezeichnet man als **Gibbs-Aktivierungsenergie** $\Delta G^{\#}$ (Abb. 11/3).

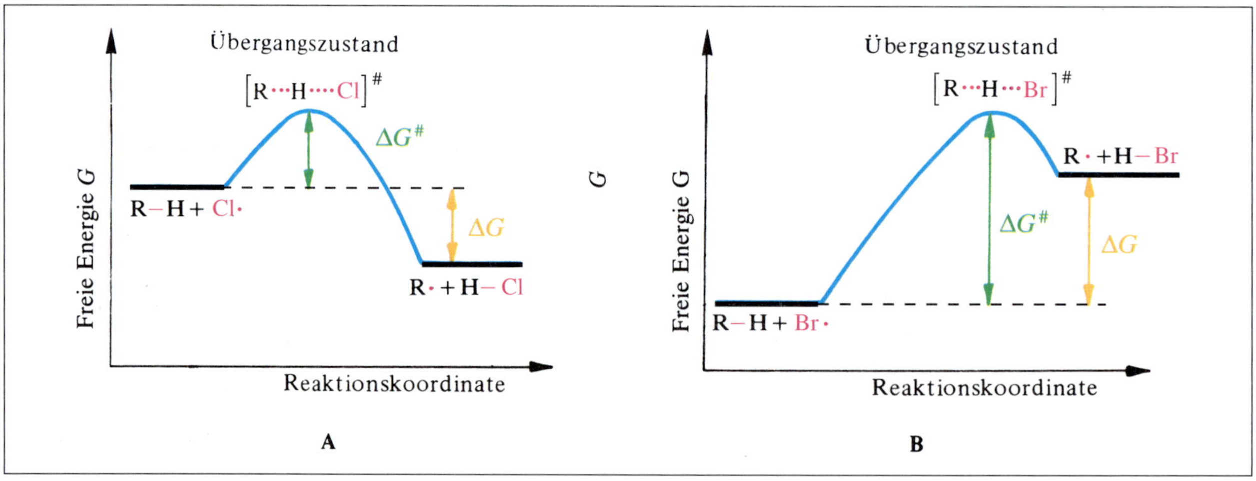

Abb. 11/3 Energiediagramm für die Freisetzung eines Alkylradikals unter der Einwirkung eines Chloratoms (A) bzw. eines Bromatoms (B).

Im Fall der **radikalischen Chlorierung** von Alkanen ist die Aktivierungsenergie $\Delta G^{\#}$ für die Bildung verschiedener Radikale sehr ähnlich. Bei der Reaktion von Propan zu Chlorpropan entscheidet zunächst der *statistische* Effekt über das Produktverhältnis bei der Erstchlorierung. Im Propan z. B. gibt es sechs H-Atome an primären C-Atomen und zwei an einem sekundären. Folglich bildet sich etwa dreimal mehr 1-Chlorpropan als 2-Chlorpropan. Dieses Produktverhältnis wird bei 600 °C erreicht. Bei Raumtemperatur entsteht mehr 2-Chlorpropan, weil die Reaktivität der H-Atome am sekundären C-Atom etwas größer ist als an den primären C-Atomen, die Radikalbildung dort also leichter erfolgt. Die *Selektivität* der Produktbildung ist jedoch nicht sehr hoch.

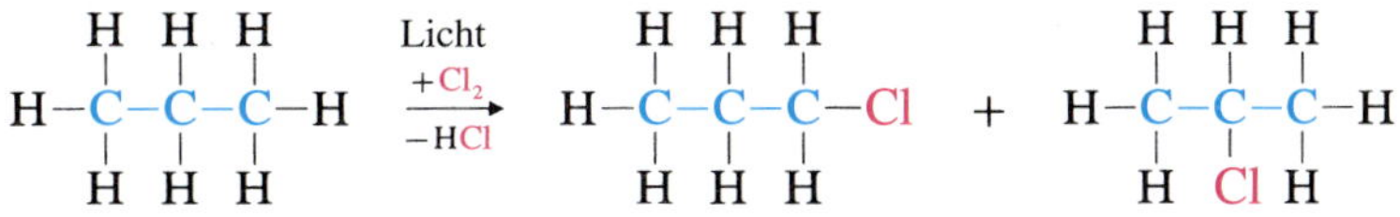

1-Chlorpropan 2-Chlorpropan

Produktverhältnis bei 25 °C: 43 : 57
bei 600 °C: 3 : 1

Anders liegt der Fall bei der **radikalischen Bromierung** von Alkanen. Hier ist **Schritt 2** meist stark endergon, da die gebildete H–Br-Bindung schwächer als die gelöste C–H Bindung (Abb. 11/3B) ist und die freie Aktivierungsenergie $\Delta G^{\#}$ wesentlich zunimmt. Dies bedeutet, dass Unterschiede bei der Bildung verschiedener Alkylradikale, die bei **Schritt 2** entstehen, deutlich hervortreten. Wenn es H-Atome an verschiedenen C-Atomen gibt, bilden sich bevorzugt die stabileren tertiären Radikale, es folgen sekundäre, primäre bzw. Methylradikale. Ein Bromatom substituiert damit *selektiv* zuerst H-Atome an tertiären Kohlenstoffatomen, aus Isobutan entsteht 2-Brom-2-methylpropan (*tert*-Butylbromid).

Bildungstendenz und Stabilität von Kohlenstoff-Radikalen:

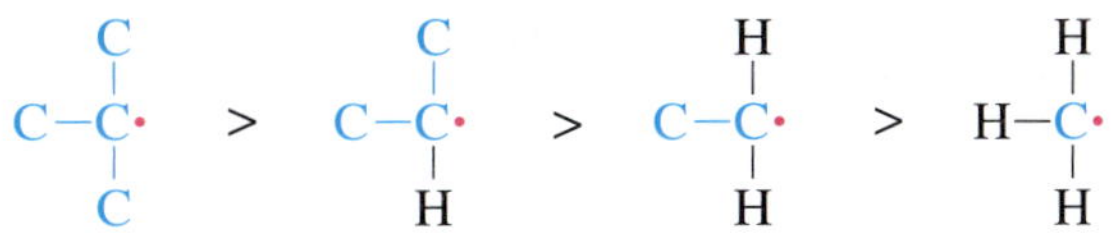

tertiär (am stabilsten) — sekundär — primär — Methylradikal (am instabilsten)

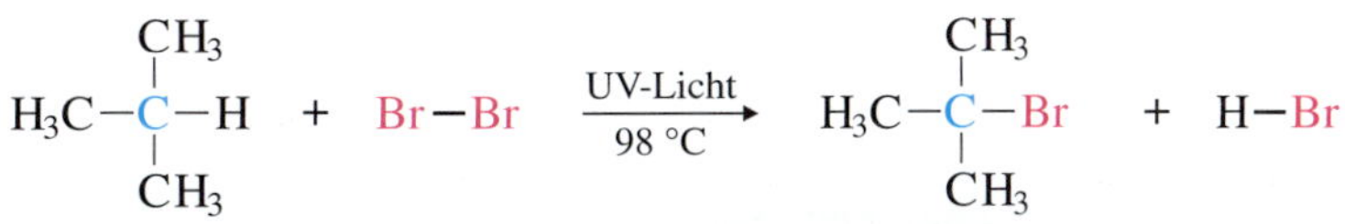

Radikalfänger

Eine Radikalbildung durch ein Iodatom entsprechend Schritt 2 der Kettenreaktion ist energetisch so ungünstig, dass es eine radikalische Iodierung nicht gibt. Iod kann deshalb als **Radikalfänger** auftreten, in unserem Beispiel wird ein Chloratom eingefangen. Einmal entstandene Iodatome können nur rekombinieren. Es gibt jedoch andere Wege, auch Iodalkane herzustellen (☞ Kap. 13.6.1).

Iod als Radikalfänger:	$Cl\cdot + I{-}I \longrightarrow Cl{-}I + I\cdot$
Rekombination:	$I\cdot + I\cdot \longrightarrow I{-}I$

Chlorethan und Halothan

Halogenierte Kohlenwasserstoffe kommen in der Natur nicht vor. Dennoch werden diese synthetisch hergestellten Verbindungen vielfältig genutzt. **Chlorethan** (Sdp. 12 °C) dient als Vereisungsmittel, z. B. bei Sportverletzungen oder kleinen chirurgischen Eingriffen, und **Halothan** (2-Brom-2-chlor-1,1,1-trifluorethan, Sdp. 50 °C) wirkt bei 0,5 Vol.-% in der Atemluft stark narkotisch und war bis vor kurzem als Inhalationsnarkotikum häufig im Einsatz. Bis zu 20% des eingeatmeten Halothans werden resorbiert und in der Leber metabolisiert. Dabei entstehen z. T. sehr reaktive Abbauprodukte, die unter ungünstigen Umständen zu einem akuten Leberversagen führen können. Wegen dieser Problematik wird Halothan nur noch selten angewandt.

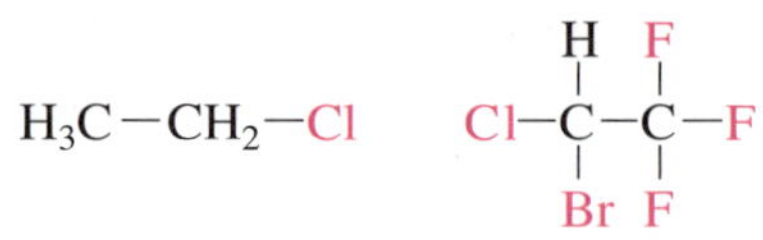

Chlorethan Halothan

11.4.3 Oxidation der Alkane

Verbrennung

Eine wichtige Reaktion der Alkane ist ihre **Verbrennung** mit einem Überschuss an Sauerstoff zu Kohlendioxid (CO_2) und Wasser. Auch diese Reaktion läuft radikalisch ab. Es werden erhebliche Mengen Energie als Wärme frei (Verbrennungswärme), die man direkt verwendet (Heizung) oder in andere Energieformen umwandelt. Wärmeträger ist letztlich der an Kohlenstoff gebundene Wasserstoff, der bei der Reaktion mit Sauerstoff besonders viel Energie freisetzen kann. Die Reaktionsenthalpie ΔH^0 ist stark negativ.

Die Verbrennung von *Methan* als Hauptbestandteil des Erdgases lässt sich wie folgt formulieren:

$$CH_4 + 2\,O_2 \longrightarrow CO_2 + 2\,H_2O \qquad \Delta H^0 = -891\ \text{kJ/mol}$$

Der Kohlenstoff wechselt dabei seine Oxidationsstufe von –4 (vollständig reduziert) nach +4 (vollständig oxidiert).

Die Verbrennung von *n-Hexan* lautet:

$$2\,C_6H_{14} + 19\,O_2 \longrightarrow 12\,CO_2 + 14\,H_2O \qquad \Delta H^0 = -4166\ \text{kJ/mol}$$

Daraus ergibt sich für die Verbrennung der Alkane eine allgemeine Formel:

$$2\,C_nH_{2n+2} + (3n+1)\,O_2 \longrightarrow 2n\,CO_2 + (2n+2)\,H_2O + \text{Wärme}$$

Ottomotor und Radikale

Die Tendenz zur Radikalbildung ist für den Verbrennungsprozess wichtig. Beim Ottomotor sieht man, dass diese bei verzweigten Kohlenwasserstoffen (z. B. Isooctan, Oktanzahl 100) größer ist als bei geradkettigen (z. B. *n*-Heptan, Oktanzahl 0). Dies drückt sich in der sog. „Klopffestigkeit" aus. Zusatzstoffe, welche die Radikalbildung begünstigen, fördern den Prozess in den Verbrennungskammern des Motors, d. h., sie erhöhen die Klopffestigkeit. Durch solche Zusatzstoffe lässt sich die Oktanzahl eines Kohlenwasserstoffgemisches erhöhen.

Autoxidation
Antioxidanz

Autoxidation und Antioxidanzien

Ein weniger heftig radikalisch ablaufender Oxidationsprozess ist die **Autoxidation**, durch die z. B. Fett an der Luft ranzig wird. Im Verlauf bilden sich Hydroperoxide, die radikalisch zerfallen und so eine Kettenreaktion auslösen.

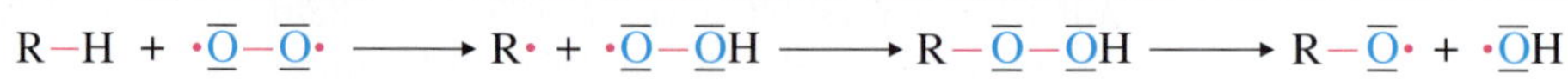

Radikale Alkylhydroperoxid Radikale

Um die unkontrollierte Radikalbildung in Nahrungsmitteln zu vermeiden, setzt man Antioxidanzien zu (z. B. Vitamin C oder E), die hoch reaktive Radikale in weniger reaktive umwandeln. Auch im menschlichen Körper gibt es entsprechende Schutzmechanismen durch diese Vitamine. Reaktive Radikale sind gefährlich, weil sie u. a. an der Erbsubstanz angreifen und dort Mutationen und als Folge Krebs auslösen können.

Fossile Brennstoffe und Treibhauseffekt

Die fossilen Brennstoffe (Erdgas, Erdöl, Kohle) sind aus organischem Material entstanden. Die in diesen Rohstoffen „gebundene“ Energie ist über Jahrmillionen gespeicherte *Sonnenenergie*, die im Assimilationsprozess der grünen Pflanzen für den Aufbau organischer Substanzen nutzbar gemacht wurde und auch bei der Umwandlung in die heutige Form der Rohstoffe erhalten blieb. Die vollständige Verbrennung dieser Energieträger würde so viel CO_2 freisetzen, dass der Treibhauseffekt der Erdatmosphäre stark zunehmen müsste. Dies würde eine globale Erwärmung bewirken mit nicht kalkulierbaren Folgen für das Leben auf der Erde.

Checkliste

Folgende Bezeichnungen/Begriffe sollten Sie erklären oder definieren (s. a. Glossar) und – wo möglich – Beispiele, Gleichungen oder Formeln angeben können:
Substitution – Radikal – homolytischer Bindungsbruch – radikalische Halogenierung – Kettenreaktion – Rekombination – Radikalfänger – Übergangszustand – Aktivierungsenergie – Verbrennung – Autoxidation – Antioxidans.

Aufgaben

1. Welche Strukturformel hat das *Ethylradikal*?
2. Bei der einfachen Chlorierung von *2-Methylbutan* können mehrere Konstitutionsisomere des Monochlorderivates entstehen. Welche? Welches der Konstitutionsisomere wird bei 25 °C bevorzugt gebildet?
3. Wie viele *Konstitutionsisomere* des Chlorcyclohexans gibt es? Welche Konformation überwiegt?
4. Das Insektizid *Lindan* ist ein Hexachlorcyclohexan mit einem Chlorrest an jedem C-Atom. Zeichnen Sie das Molekül in der Sesselform, in der jeweils drei benachbarte Chlorreste axial bzw. äquatorial stehen.
5. Zeichnen Sie für die *Bromierung* des Methans die Startreaktion, die Reaktionen der Kettenfortpflanzung und alle Möglichkeiten für den Kettenabbruch!
6. Warum sind Kohlenstoff- oder Sauerstoffradikale für Lebewesen gefährlich?
7. Warum ist *Iod* ein Radikalfänger?
8. Formulieren Sie die Reaktionsgleichung für die *Verbrennung von Cyclohexan*. Ist die Verbrennungswärme größer oder kleiner als beim *n*-Hexan? Begründen Sie Ihre Entscheidung.
9. Warum ist *Sauerstoff* so reaktiv?
10. Worüber gibt die *Oktanzahl* an den Benzin-Zapfsäulen Auskunft?

056 Lösungen der Aufgaben

11.5 Alkene

11.5.1 Konstitution und Nomenklatur

Alkene
Olefine

Alkene (**Olefine**) sind Kohlenwasserstoffe, die mindestens eine C=C-Doppelbindung enthalten. Es liegen **ungesättigte Kohlenwasserstoffe** vor, deren **allgemeine Summenformel** $\mathbf{C_nH_{2n}}$ ist. Beim Buten gibt es erstmals zwei Möglichkeiten, die Doppelbindung zu positionieren. 1-Buten und 2-Buten sind Konstitutionsisomere. Die Konstitutionsisomere des Pentens sind in der Skelettschreibweise dargestellt. Für Cycloalkene gilt die allgemeine Summenformel C_nH_{2n-2}.

$CH_2{=}CH_2$	$H_3C{-}CH{=}CH_2$	$H_3C{-}CH_2{-}CH{=}CH_2$	$H_3C{-}CH{=}CH{-}CH_3$
C_2H_4 Ethen (Ethylen)	C_3H_6 Propen (Propylen)	C_4H_8 1-Buten	C_4H_8 2-Buten

C_5H_8 Cyclopenten	C_6H_{10} Cyclohexen	C_5H_{10} 1-Penten	C_5H_{10} 2-Penten

Nomenklatur. Bei der *Benennung der Alkene* geht man vom Namen des entsprechenden Alkans aus und ersetzt die Endsilbe „*-an*“ durch „*-en*“. Die Position der Doppelbindung in der Kette wird durch eine Ziffer vor dem **Stammnamen** markiert, indem man die C-Atome der Kette von einem Ende her durchnummeriert. Dabei soll das C-Atom, von dem die Doppelbindung ausgeht, eine möglichst *kleine* Ziffer erhalten. Bei verzweigten Ketten verfährt man wie bei den Alkanen. Als ältere Trivialnamen tauchen auch Bezeichnungen wie *Ethylen* oder *Propylen* auf.

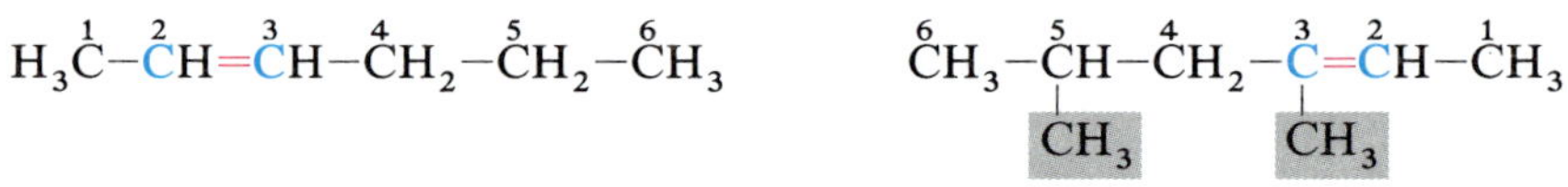

2-Hexen

3,5-Dimethyl-2-hexen

Olefine

Ethen ist ein Pflanzenhormon
Die Bezeichnung **Olefine** bedeutet „Ölbildner“, da Ethen, das kleinste Alken, eine ölige Substanz bildet, wenn es mit Chlor reagiert. Ethen ist ein Pflanzenhormon, das die Samenkeimung, die Blütenentwicklung und das Reifen der Früchte beeinflusst. So sorgt Ethen dafür, dass Bananen oder Tomaten reifen. In der Tierwelt spielen Alkene als Pheromone eine bedeutende Rolle. Sie tragen bei Insekten zur Signalübermittlung zwischen einzelnen Tieren einer Population bei.

11.5.2 Geometrische Isomerie

Die **C=C-Doppelbindung** (☞ Kap. 3.4.7) besteht aus einer *σ-Bindung*, deren Orbital sich rotationssymmetrisch um die Kernverbindungslinie erstreckt, und einer *π-Bindung*, die durch Überlappen der beiden einfach besetzten *p*-Orbitale der beteiligten C-Atome entsteht und die freie Drehbarkeit um diese verhindert. Die *π-Bindung* müsste für eine Drehung vorübergehend aufgehoben werden. Aus diesem Grund gibt es, sobald die C-Atome der Doppelbindung verschiedene Substituenten tragen, zwei verschiedene Moleküle, die auch **geometrische Isomere** genannt werden (Abb. 11/4).

geometrische Isomere
cis/trans-Isomerie (Alkene)

2-Buten ($H_3C{-}CH{=}CH{-}CH_3$) existiert in der ***cis*-Form** und in der ***trans*-Form**, die sich in ihren Eigenschaften unterscheiden. Eine Umwandlung der *cis*/*trans*-Isomere ineinander gelingt nur unter Energiezufuhr (z. B. Licht oder Wärme). Das *trans*-Isomer ist wegen der geringeren abstoßenden Wechselwirkung der Substituenten etwas energieärmer als das *cis*-Isomer. Um auch bei komplizierten Molekülen zu einer eindeutigen Bezeichnung zu kommen, hat man die älteren Begriffe „*cis*“ und „*trans*“ durch „*Z*“ (zusammen) und „*E*“ (entgegen) ersetzt und Regeln für die Anwendung aufgestellt, auf deren Darstellung wir hier verzichten. Die geometrische Isomerie ist eine Form der **Konfigurationsisomerie** (☞ Kap. 18). Die Molekülstruktur im Bereich der C=C-Doppelbindung ist planar, H und

Z/E-Isomere

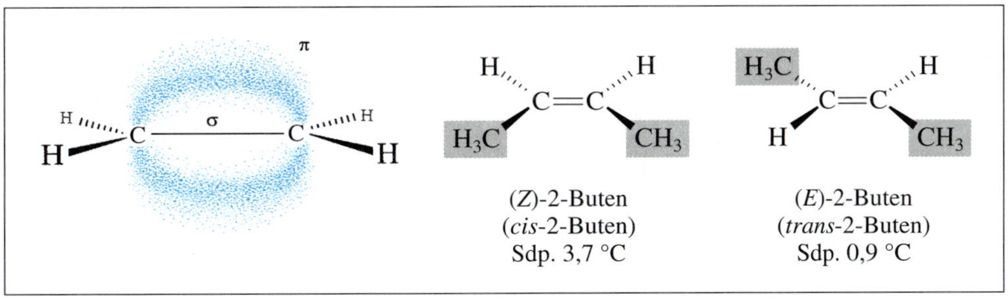

Abb. 11/4 Darstellung der Geometrie einer C=C-Doppelbindung sowie der *Z*- und *E*-Isomere von 2-Buten.

CH_3 stehen vor bzw. hinter der Papierebene, was durch die Keilstrich-Schreibweise verdeutlicht wird. Die π-Bindung steht senkrecht zur trigonalen Bindungsebene.

11.5.3 Additions-Reaktionen

Addition

Für die Reaktivität der Alkene ist die π-Bindung der C=C-Doppelbindung verantwortlich. Die bevorzugte Reaktion ist die **Addition**, d.h., ein Reagenz (X–Y) lagert sich unter Aufhebung der π-Bindung an die C-Atome der Doppelbindung an und überführt die **ungesättigte** in eine **gesättigte** Verbindung. Die Umkehrreaktion einer Addition ist die *Eliminierung*.

Addition: 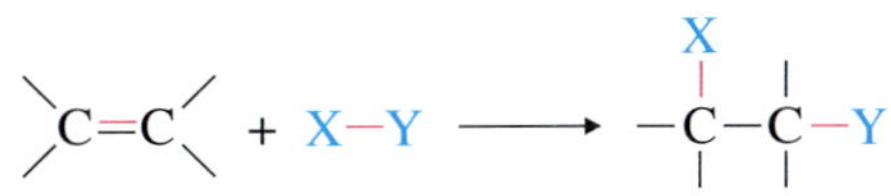

Von der Energiebilanz her werden eine σ-Bindung (im Reagenz) und eine π-Bindung (vom Alken) gespalten, neu entstehen zwei σ-Bindungen (im Produkt). Da die π-Bindung schwächer ist als die σ-Bindung, ergibt sich in der Regel ein Energiegewinn, der die Reaktion begünstigt. Beispiele für wichtige Additions-Reaktionen an der C=C-Doppelbindung enthält Tabelle 11/5. Die Reaktionen werden nachfolgend erläutert.

Tab. 11/5 Additions-Reaktionen an Alkenen.

Alken	Reagenz	(Katalysator)	Produkt	Substanzklasse (Produkt)	Reaktionstyp
>C=C< +	H–X Halogen-wasserstoff (X = I, Br, Cl)	⟶	H–C–C–X	Halogenalkan	Hydrohalogenierung
>C=C< +	H–OH Wasser	$(H^{\oplus})$ ⟶	H–C–C–OH	Alkohol	Hydratisierung
>C=C< +	Br–Br Brom	⟶	Br–C–C–Br	1,2-Dibromalkan	Bromierung
>C=C< +	H–H Wasserstoff	(Pd) ⟶	H–C–C–H	Alkan	Hydrierung

Addition von Chlorwasserstoff. Betrachten wir die Addition von Chlorwasserstoff (HCl) an Alkene. Im Alken ist durch die Form der π-Orbitale die Elektronendichte in bestimmten Raumbezirken vergleichsweise hoch. Das doppelt besetzte π-Orbital kann sich einem Elektronen suchenden Reaktionspartner (Elektrophil) zuwenden und diesen locker an sich binden (**π-Komplex**). Im ersten (langsamen) Schritt der Addition werden die Elektronen der Doppelbindung dann für die neue Bindung zum Elektrophil zur Verfügung gestellt. Es entsteht ein positiv geladenes Intermediat, ein *Carbenium-Ion*.

π-Komplex

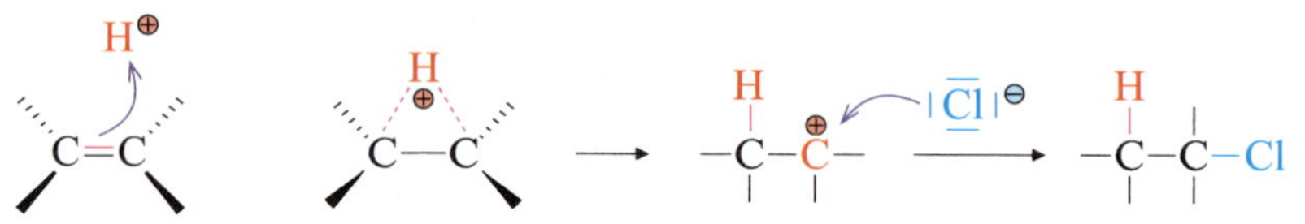

π-Komplex aus einem Alken mit einem Proton — Carbenium-Ion — Additionsprodukt (Chloralkan)

Chlorwasserstoff dissoziiert in Wasser in Protonen und Chlorid-Ionen. Das Proton als Elektrophil wird kovalent an eines der beiden C-Atome gebunden, als Folge trägt das andere C-Atom nun die Elektronenlücke und die positive Ladung. Ein Teilchen mit positiv geladenem C-Atom heißt **Carbenium-Ion**. Das protonierte Alken (Carbenium-Ion) ist auf dieser Stufe nun seinerseits ein Elektrophil, nimmt ein Elektronenpaar vom Nucleophil $Cl^{\ominus}$ auf und bildet eine kovalente Bindung aus. Das entstandene Additionsprodukt ist ein Chloralkan.

Carbenium-Ion

Addition von Wasser. Die Addition von Wasser an eine C=C-Doppelbindung wird auch als **Hydratisierung** bezeichnet und ist biochemisch wichtig. Die Reaktion läuft im Reagenzglas nicht freiwillig ab, die Acidität des Wassers reicht nicht aus, um ein Alken zu protonieren. Fügt man jedoch geringe Mengen einer starken Säure (z. B. Schwefelsäure) als *Katalysator* hinzu, so protonieren die freigesetzten Protonen einige Alken-Moleküle. Das gebildete Carbenium-Ion wird vom Nucleophil Wasser angegriffen und bildet einen protonierten Alkohol, der im letzten Schritt ein Proton verliert. In der Bilanz wird deutlich, dass sich die Protonen nicht verbrauchen. Die Reaktion kann sich wiederholen, bis alle Alken-Moleküle umgesetzt sind. Es entsteht ein Alkohol.

Hydratisierung

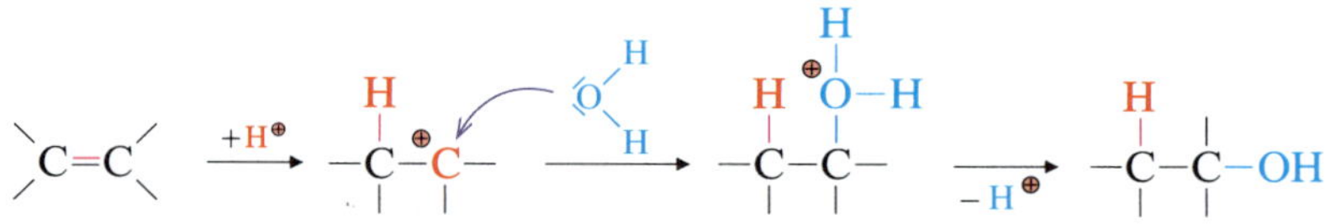

Alken — Carbenium-Ion — protonierter Alkohol — Alkohol

Regioselektivität. Bei *unsymmetrischen* Alkenen sind zwei Richtungen für die Addition unsymmetrischer Reagenzien wie HCl oder H_2O denkbar. Welche Richtung bevorzugt wird, hängt davon ab, welches der als Zwischenprodukt gebildeten Carbenium-Ionen energieärmer und damit stabiler ist.

Stabilität von Carbenium-Ionen:

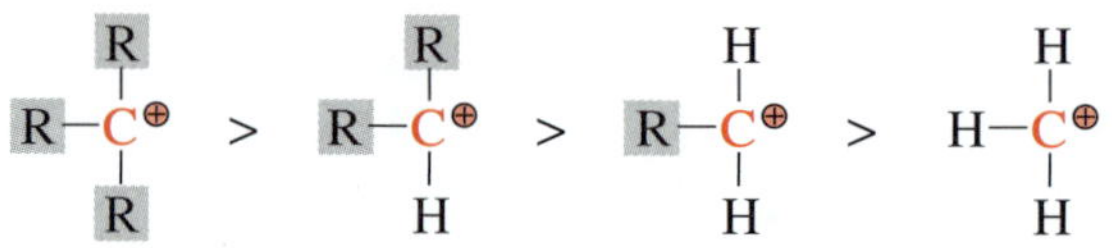

tertiär — sekundär — primär — Methylkation

11

Man beobachtet, dass Alkylreste an einem positiv geladenen C-Atom die Ladung besser stabilisieren als H-Atome. Folglich bilden sich Kationen an tertiären C-Atomen leichter als an sekundären oder primären. Als eine Ursache hierfür wird die leichtere Polarisierbarkeit der C–C- im Vergleich zur C–H-Bindung verantwortlich gemacht. Der Elektronenmangel am C-Atom mit der positiven Ladung wird teilweise dadurch ausgeglichen, dass die Bindungselektronen der C–C-Bindung stärker zu diesem C-Atom hingezogen werden (induktiver oder I-Effekt). In unserem Beispiel entsteht aus 2-Methyl-1-propen bevorzugt *tert-Butanol.* Mit anderen Worten, das Nucleophil greift (im zweiten Reaktionsschritt) das höher substituierte C-Atom der Doppelbindung an *(Markovnikov-Regel).* Reaktionen, in denen von mehreren möglichen konstitutionsisomeren Produkten nur eines bevorzugt gebildet wird, bezeichnet man als *regioselektiv.*

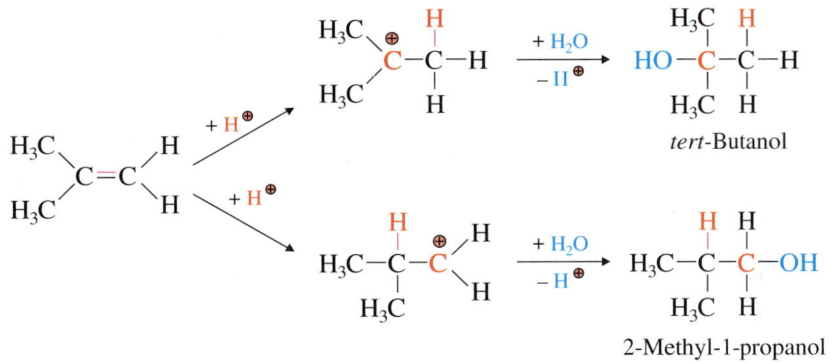

***trans*-Addition von Brom.** Die Addition *symmetrischer* Reagenzien an eine C=C-Doppelbindung ist zunächst weniger einsichtig. Man beobachtet jedoch, dass rotbraunes Brom (Br_2) in einem inerten Lösungsmittel (z. B. CH_2Cl_2) mit Alkenen sehr rasch zu farblosen 1,2-Dibromalkanen reagiert. Die Entfärbung der Reaktionslösung dient zum analytischen Nachweis von Alkenen. Was passiert im Einzelnen?

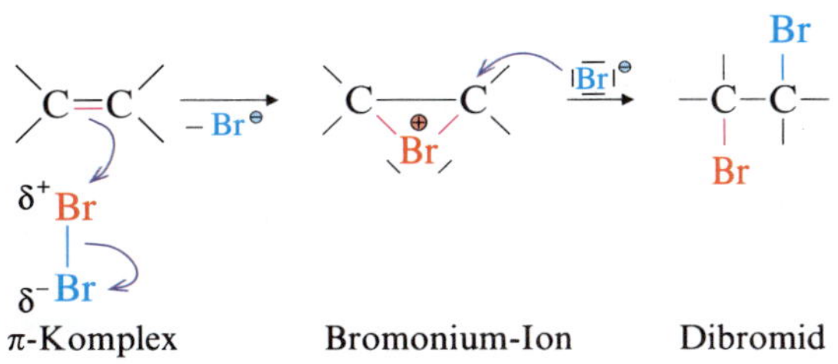

Unter der Einwirkung der π-Elektronen des Alkens wird das Brom-Molekül polarisiert und heterolytisch gespalten. Das $Br^{\oplus}$ bildet mit den C-Atomen einen Dreiring, der als *Bromonium-Ion* bezeichnet wird. $Br^{\ominus}$ greift diesen Dreiring von der Rückseite her an einem der C-Atome nucleophil an und verdrängt das $Br^{\oplus}$ mit seinem Elektronenpaar von diesem C-Atom. Es entsteht das farblose Dibromid.

trans-Addition

Die Brom-Addition ist eine ***trans*-Addition**, denn die beiden eintretenden Brom-Substituenten kommen räumlich gesehen von entgegengesetzten Seiten an die C-Atome heran. Dies spielt bei unsymmetrisch substituierten Alkenen und bei Cycloalkenen eine Rolle, weil von zwei bei der Addition denkbaren Isomeren nur eines entsteht; im Fall des Cyclohexens das *trans*-1,2-Dibromcyclohexan. Nach der Addition stehen die Bromatome zunächst beide axial, der Cyclohexanring klappt dann jedoch in das energieärmere Konformer (beide Bromatome äquatorial) um.

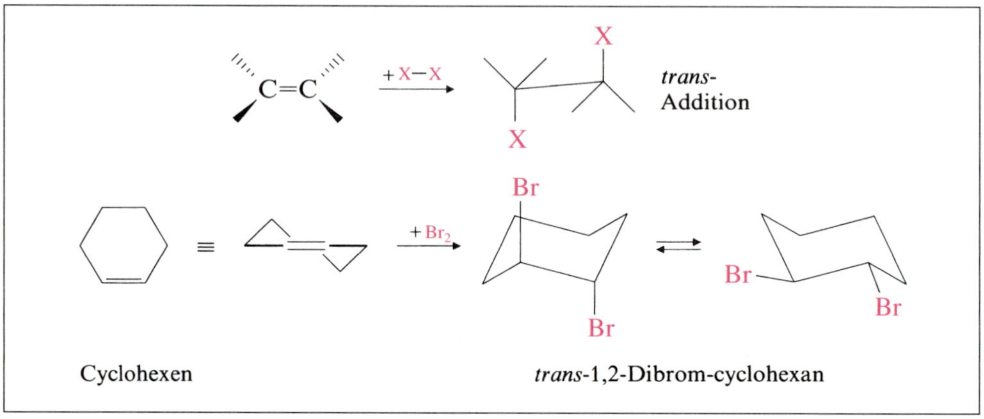

Hydrierung

***cis*-Addition von Wasserstoff.** Die Anlagerung von Wasserstoff (H_2) an eine C=C-Doppelbindung heißt **Hydrierung** und ist eine stark exotherme Reaktion, deren Reaktionsenthalpie ΔH^0 man als **Hydrierwärme** bezeichnet. Mechanistisch läuft die Hydrierung anders als die Addition von Brom.

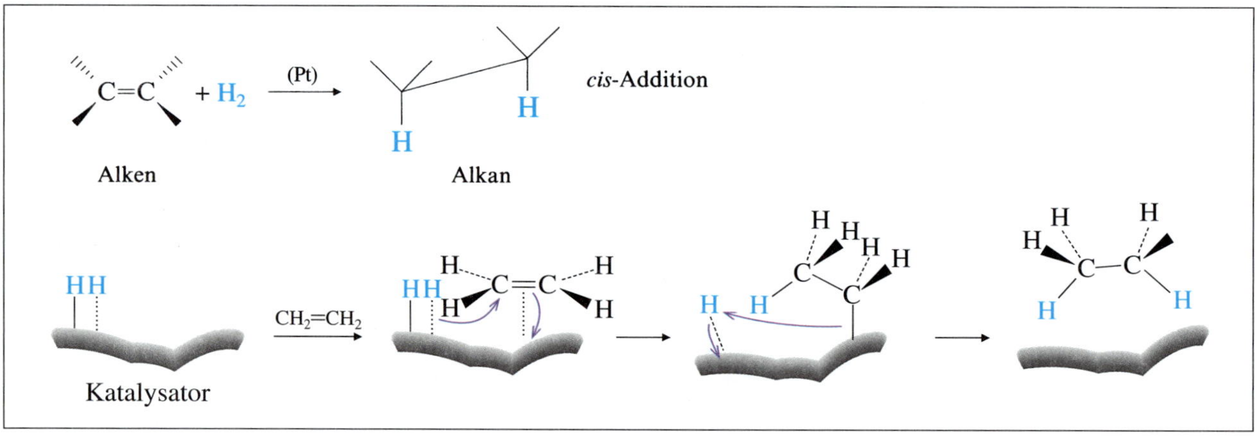

Obwohl thermodynamisch begünstigt, laufen Hydrierungen nicht von allein ab, die erforderliche Gibbs-Aktivierungsenergie $\Delta G^{\#}$ ist zu groß. Man verwendet fein verteilte Edelmetall-Katalysatoren z. B. aus *Platin* (Pt), *Palladium* (Pd) oder *Nickel* (Ni), die sich in der Reaktionslösung nicht lösen; man spricht von einer heterogen katalysierten Hydrierung. Diese verläuft an der Oberfläche des Katalysators, und zwar umso schneller, je größer die Oberfläche ist. Durch den Katalysator wird der Wasserstoff aktiviert, d. h. unter Aufspaltung der H–H-Bindung auf der Metalloberfläche gebunden. Von dort werden beide H-Atome auf *derselben Seite* der Doppelbindung angelagert, es ist eine ***cis*-Addition** erfolgt. Zum Beispiel erhält man aus 1,2-Dimethylcyclohexen das *cis*-1,2-Dimethylcyclohexan.

cis-Addition

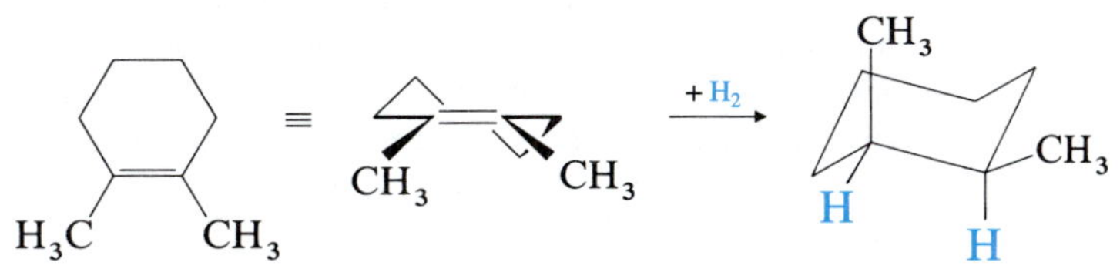

1,2-Dimethylcyclohexen — *cis*-1,2-Dimethylcyclohexan

Synthetische Polymere
Synthetische Polymere wie Polyethylen (PE), Polyvinylchlorid (PVC) oder Teflon werden allgemein als **Kunststoffe** bezeichnet. Sie sind der Schlüssel für die technische Entwicklung in den Industriestaaten. Der Grund dafür liegt in den geringen Kosten, in der leichten Herstellbarkeit und in der Möglichkeit, die Eigenschaften der Polymere gezielt zu variieren. Man gewinnt Kunststoffe durch **Polymerisation** einfacher Alkene (z. B. Ethen, Vinylchlorid, Tetrafluorethen). Die Bausteine (Monomere) werden in Gegenwart von Polymerisationskatalysatoren z. B. durch wiederholte Addition aneinandergeknüpft, wobei die Kettenlänge des entstehenden Polymers gesteuert werden kann.

$n\ H_2C{=}CH_2 \longrightarrow -[CH_2-CH_2]_n-$
Ethen — Polyethylen (PE)

$n\ H_2C{=}CH(Cl) \longrightarrow -[CH_2-CH(Cl)]_n-$
Vinylchlorid — Polyvinylchlorid (PVC)

$n\ F_2C{=}CF_2 \longrightarrow -[CF_2-CF_2]_n-$
Tetrafluorethen — Teflon

11.5.4 Diene und Polyene

Diene

Verbindungen mit zwei Doppelbindungen heißen *Alkadiene* oder auch kurz *Diene*. Vor den Stammnamen gesetzte Ziffern geben die Lage der Doppelbindungen in der Kette an; auch hier ist die Bezifferung so zu beginnen, dass die Ziffern möglichst niedrig sind.

$CH_2{=}CH-CH{=}CH_2$
1,3-Butadien

$CH_2{=}CH-CH_2-CH{=}CH_2$
1,4-Pentadien

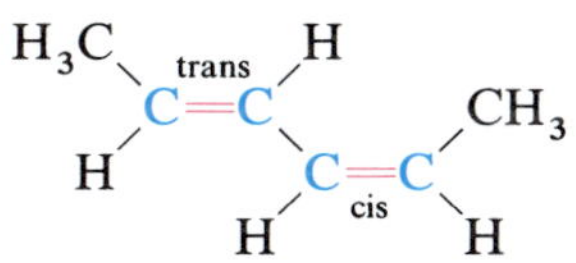

2,4-Hexadien

1,4-Cyclohexadien

konjugierte Doppelbindungen

Konjugierte Doppelbindungen. Verbindungen wie das 1,3-Butadien enthalten Doppelbindungen, die mit Einfachbindungen abwechseln. Man spricht von *konjugierten Doppelbindungen*. Sind hingegen Doppelbindungen durch mehrere Einfachbindungen voneinander getrennt, so handelt es sich um *isolierte Doppelbindungen*. Ein Beispiel dafür ist das 1,4-Pentadien.

Bei Verbindungen mit konjugierten Doppelbindungen (Beispiel: 1,3-Butadien) wird auch zwischen den sp^2-C-Atomen, die nur einfach verbunden sind, ein zusätzlicher Bindungsanteil wirksam, so dass die π-Elektronen der Molekülorbitale im Prinzip über alle vier C-Atome *delokalisiert* (mesomeriestabilisiert) sind. Solche Systeme sind *energieärmer*, also stabiler, als solche mit zwei isolierten Doppelbindungen.

Diese π-Elektronen-Wechselwirkung innerhalb konjugierter Diene drückt sich z. B. darin aus, dass Brom sich nicht nur an eine der beiden Doppelbindungen addiert (1,2-Addition, *kinetische Kontrolle*, ☞ Kap. 12.2.3), sondern auch eine **1,4-Addition** stattfindet (*thermodynamische Kontrolle*, ☞ Kap. 6.4.4). Es entstehen Konstitutionsisomere des Dibrombutens.

1,4-Addition

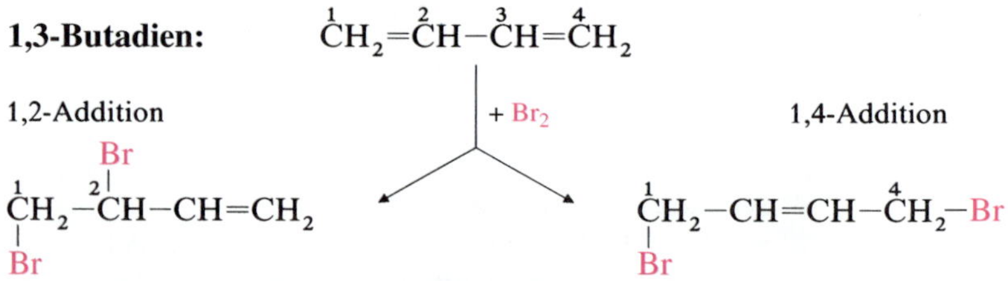

Eine 1,4-Addition findet auch beim Aufbau des *Polyisoprens* aus Isopren (= 2-Methyl-1,3-butadien) statt. Bei der **Polymerisation** werden wiederholt die 1,4-Enden der Bausteine verknüpft. Eine Doppelbindung verschiebt sich zwischen die mittleren C-Atome. Diese Doppelbindung kann *trans*- oder *cis*-konfiguriert sein.

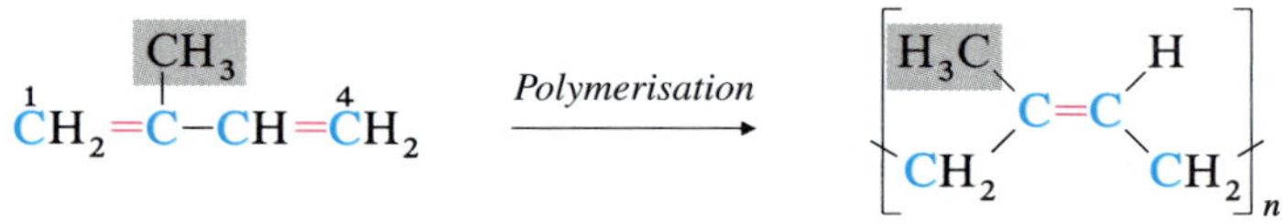

Natürlicher **Kautschuk** (= *cis*-Polyisopren) enthält fast ausschließlich *cis(= Z)*-Doppelbindungen. Synthetisches Polyisopren, das z. T. *trans*-konfigurierte Doppelbindungen enthält, unterscheidet sich in wesentlichen Eigenschaften vom Kautschuk. Erst seit 1955 gelingt eine technische Synthese von *cis*-Polyisopren aus Isopren. Die Produkte sind mit dem Naturkautschuk identisch.

Terpene

Isopren wird Ihnen als Baustein vieler anderer Naturstoffe, z. B. der Steroide und Terpene, wiederbegegnen. Als Beispiel sei hier das in Pflanzen (Möhre, Aprikose) weit verbreitete, gelbrote **β-Carotin** genannt, das als Vorstufe des Vitamins A Bedeutung hat. Es ist ein Polyen mit elf konjugierten Doppelbindungen, die alle *trans*-konfiguriert sind *(all-trans)*. In der Formel sind die Isopren-Bausteine markiert. β-Carotin ist als Kohlenwasserstoff sehr lipophil. Durch oxidative Spaltung der durch einen Pfeil markierten olefinischen Doppelbindung entsteht Vitamin A.

Polyen

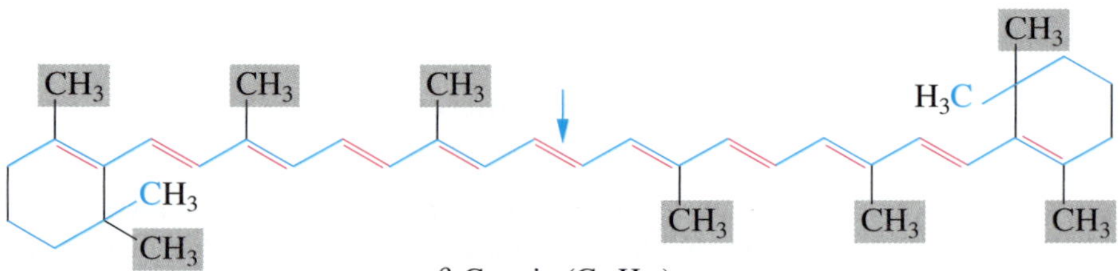

β-Carotin ($C_{40}H_{56}$)

Checkliste

Folgende Bezeichnungen/Begriffe sollten Sie erklären oder definieren (s. a. Glossar) und – wo möglich – Beispiele, Gleichungen oder Formeln angeben können:
Alkene – Nucleophil/Elektrophil – Diene – Olefine – Carbenium-Ion – geometrische Isomere – konjugierte Doppelbindungen – *cis*/*trans*-Isomerie (Alkene) – Polyene – *Z*/*E*-Isomere – Additionsreaktion – Hydrierung – Hydratisierung – *trans*-Addition – *cis*-Addition – Terpene – Polymerisation.

Aufgaben

1. Zeichnen Sie folgende Moleküle: 2-Methyl-1-buten, 3-Ethyl-2-penten, 1,3-Dimethylcyclohexen, 5-Methyl-1,4-hexadien!
2. Zeichnen und benennen Sie alle Isomere, die vom Kohlenwasserstoff mit der Summenformel C_5H_{10} denkbar sind!
3. Formulieren Sie die *cis*/*trans*-Isomere von 3-Hexen!
4. Von welcher der beiden Verbindungen 1-Chlorpropen und 1-Chlor-2-methylpropen sind *cis*/*trans*-Isomere möglich?
5. Warum lassen sich die *cis*/*trans*-Isomere des 2-Butens, nicht aber die Konformere des *n*-Butans isolieren?
6. Was entsteht bei der säurekatalysierten Addition von Wasser an a) Ethen, b) Propen und c) Cyclohexen?
7. Was entsteht bei der Hydrierung von Cyclohexen?
8. Welche Formel hat 1,3,5-Hexatrien? Sind seine Doppelbindungen konjugiert?
9. Was versteht man unter *Hydrierwärme*?
10. Warum ist die Addition von Wasserstoff an eine Doppelbindung eine *cis*- und keine *trans*-Addition?
11. Formulieren Sie die Reaktionsgleichung der Verbrennung von 2-Buten!
12. *Squalen* ist eine Biosynthese-Vorstufe der Steroide und wird aus Isopren aufgebaut. Wie viele Isopren-Einheiten enthält das abgebildete Squalen? Welche Summenformel hat Squalen? Markieren Sie in der Formel die enthaltenen *Isopren-Einheiten*! Beziffern Sie dazu die C-Atome der Isopren-Einheiten jeweils von 1 bis 4! Fällt Ihnen etwas auf?

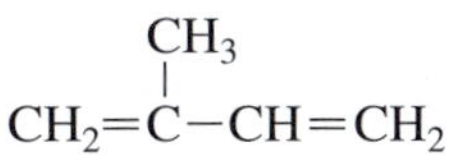

Isopropen

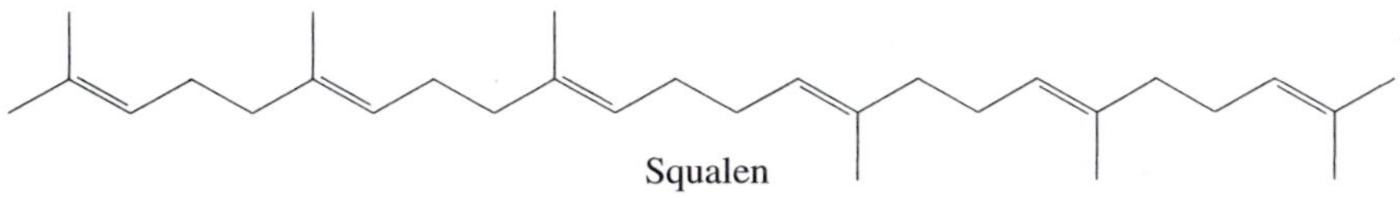

Squalen

057 Lösungen der Aufgaben

Bedeutung für den Menschen

Verbindungen mit olefinischen Doppelbindungen

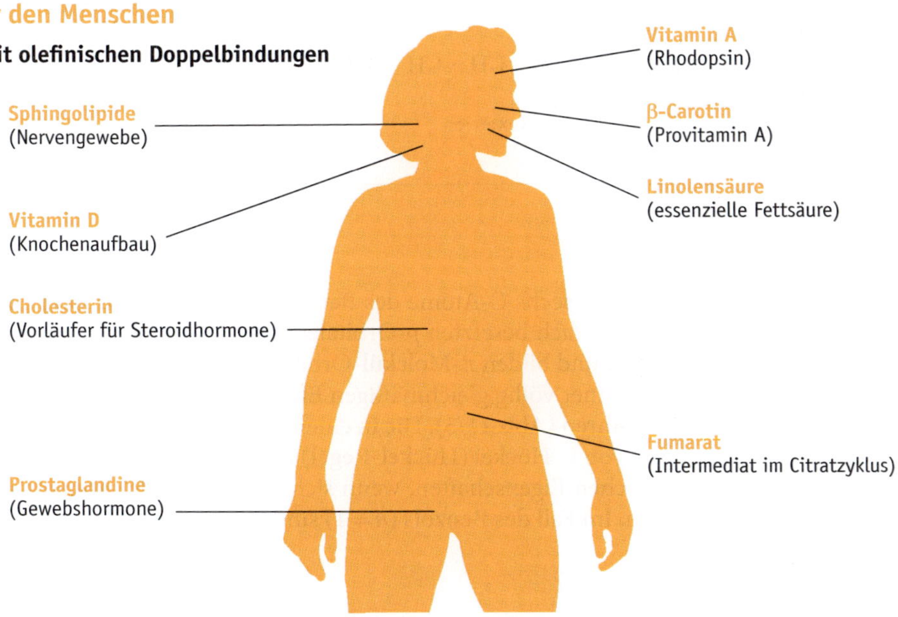

11.6 Alkine

Alkine sind ungesättigte Kohlenwasserstoffe, die als funktionelle Gruppe eine C≡C-**Dreifachbindung** enthalten. Dies wird im Namen der Verbindung durch die Endung „**-in**“ dokumentiert. Der einfachste Vertreter ist das **Ethin** (Acetylen). Es folgen Propin, Butin usw., die allgemeine Summenformel lautet $\mathbf{C_nH_{2n-2}}$.

$$\underset{\text{Ethin}}{H{-}C{\equiv}C{-}H} + 2\,H_2 \xrightarrow{(Pt)} \underset{\text{Ethan}}{C_2H_6}$$

Die C≡C-Dreifachbindung setzt sich aus einer σ-Bindung und zwei π-Bindungen zusammen, die von den *sp*-hybridisierten C-Atomen ausgehen. Das Ethin ist linear gebaut. Alkine reagieren mit Elektrophilen ähnlich wie die Alkene im Zuge von Additions-Reaktionen, die zweifach erfolgen können, z. B. entsteht durch vollständige Hydrierung aus Ethin das Ethan. Ethin wird als Schweißgas genutzt, weil es beim Verbrennen mit reinem Sauerstoff Flammentemperaturen bis 3000 °C erzeugen kann. In der Natur gibt es nur wenige Beispiele für Verbindungen mit C≡C-Dreifachbindungen, einige gegen Krebs wirksame Naturstoffe sind bekannt.

11.7 Aromaten (Arene)

In der Chemie ist es zweckmäßig, die organischen Verbindungen in zwei große Klassen einzuteilen, in *aliphatische* und *aromatische* Verbindungen. Die Bezeichnungen aliphatisch (fettartig) und aromatisch (wohlriechend) haben allerdings ihre ursprüngliche Bedeutung eingebüßt. Aromaten leiten sich vom Benzol ab.

Benzol

Benzol (Benzen, engl. *benzene*) ist seit 1825 bekannt, doch erst 1865 konnte *A. Kekulé* die richtige Formel vorschlagen. Benzol sieht wie ein cyclisches Hexatrien aus. Beim Vergleich der Hydrierwärmen von offenkettigem 1,3,5-Hexatrien und Benzol stellt man jedoch fest, dass Benzol wesentlich weniger Wärme freisetzt, als für die Hydrierung von drei Doppelbindungen zu erwarten wäre. Dies bedeutet, dass das Benzol energieärmer ist als das offenkettige Trien.

$$CH_2{=}CH{-}CH{=}CH{-}CH{=}CH_2$$

1,3,5-Hexatrien

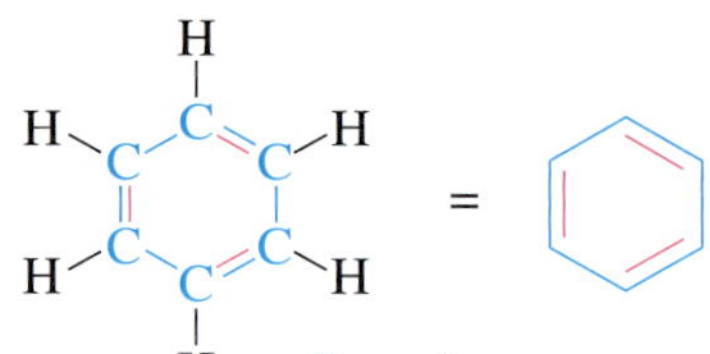

Benzol

11.7.1 Molekülbau und Mesomerie des Benzols

Hückel-Regel

Hückel-Regel. Alle sechs C-Atome des Benzols sind sp^2-hybridisiert und liegen in einer Ebene. Die sechs einfach besetzten *p*-Orbitale dieser C-Atome stehen senkrecht zu dieser Ebene, überlappen und bilden π-Molekül-Orbitale, die mit insgesamt sechs Elektronen besetzt sind und zu einer völlig gleichmäßigen Elektronenverteilung oberhalb und unterhalb des Sechsringes führen (Abb. 11/5). Die in einem Ring delokalisierten **π-Elektronen** führen nach einer Regel von E. Hückel (**Hückel-Regel**) immer dann zu einem energiearmen Molekül mit aromatischen Eigenschaften, wenn sich $(4n + 2)$ π-Elektronen auf alle Ringatome verteilen können. Im Fall des Benzols ($n = 1$) sind dies sechs π-Elektronen.

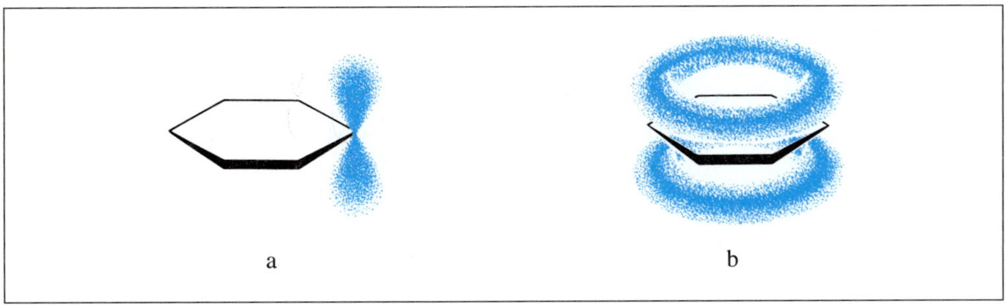

Abb. 11/5 Benzolring mit *p*-Atom-Orbital eines sp^2-C-Atoms (a) und mit den π-Molekül-Orbitalen (b), die aus den *p* Atom-Orbitalen aller C-Atome gebildet werden.

! Ein Ringsystem ist aromatisch, wenn es durchgehend konjugierte Doppelbindungen und $(4n + 2)$ π-Elektronen enthält.

Mesomerie. Als Folge der Delokalisierung der π-Elektronen gibt es im Benzol keine Doppel- und Einfachbindungen mehr. Der Sechsring ist *symmetrisch* und alle C–C-Bindungen sind *gleich lang* (0,139 nm) und damit kürzer als C–C-Einfachbindungen (0,154 nm) und länger als normale C=C-Doppelbindungen (0,133 nm). Man erfasst die Besonderheit des Benzols, indem man zwei Formeln aufschreibt, die sich lediglich in der Verteilung der Doppelbindungen unterscheiden. Demnach sind beide nur unvollständige Beschreibungen des tatsächlichen Bindungszustandes. Die Elektronenverteilung liegt *zwischen* dem, was die Formeln ausdrücken; dies wird durch den Pfeil markiert, der auf beiden Seiten eine Spitze hat und *kein* Gleichgewicht zwischen zwei existierenden Molekülarten ausdrückt. Oft wird der Einfachheit halber nur eine der Formeln gezeichnet. Eine ebenfalls gebräuchliche Schreibweise für das Benzol ist ein Sechsring mit einem Kreis in der Mitte. Ein Sechsring ohne zusätzliche Angaben ist die Formel für das Cyclohexan.

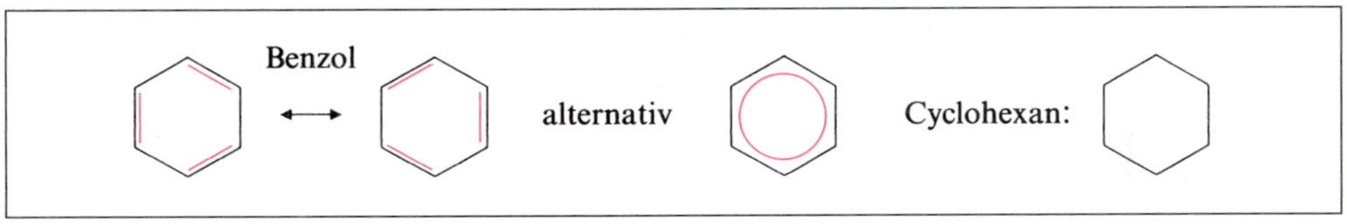

Mesomerie

Man hat für Systeme mit delokalisierten π-Elektronen den Begriff „**Mesomerie**" bzw. „**Resonanz**" geprägt und bezeichnet die Strukturformeln, die dies ausdrücken sollen, als **mesomere Grenzformeln** (= Resonanzstrukturen). Zur Mesomerie befähigte Systeme sind aufgrund von Besonderheiten ihrer Molekülorbitale energieärmer als Verbindungen, bei denen keine Mesomerie möglich ist. Aromaten nehmen durch die cyclische Konjugation dabei eine Sonderstellung ein. Der Energiebetrag, der das Benzol vom offenkettigen Trien unterscheidet, heißt *Mesomerieenergie* (= Resonanzenergie) und macht etwa 150 kJ/mol aus.

Benzol ist toxisch

Benzol (Sdp. 80,1 °C) wird bei der Kohle- und Erdölverarbeitung gewonnen. Es wurde früher häufig als Lösungs- und Reinigungsmittel verwendet. Seine Toxizität entfaltet es beim Einatmen der Dämpfe oder wenn es als Flüssigkeit auf die Haut gebracht wird. Durch Zusatz von Benzol (bis zu 3%) wird die Qualität von bleifreiem Benzin verbessert. Zigarettenrauch ist eine wichtige Benzolquelle. Dadurch werden nicht nur Raucher gefährdet, sondern auch Nichtraucher, die sich in belasteten Innenräumen aufhalten. **Benzol ist krebserzeugend** und wirkt auf das blutbildende System. Therapeutische Maßnahmen, eine chronische Benzolvergiftung aufzuheben, sind nicht bekannt.

11.7.2 Reaktionen des Benzols

elektrophile aromatische Substitution

Die typische Reaktion der Aromaten ist die **elektrophile aromatische Substitution**. Ein H-Atom wird durch ein anderes Atom oder einen Rest ersetzt, dabei bleibt der aromatische Charakter des Ringes erhalten. Das angreifende Reagenz ist ein *Elektrophil* ($E^{\oplus}$), aus dem Aromaten wird ein *Proton* ($H^{\oplus}$) abgespalten.

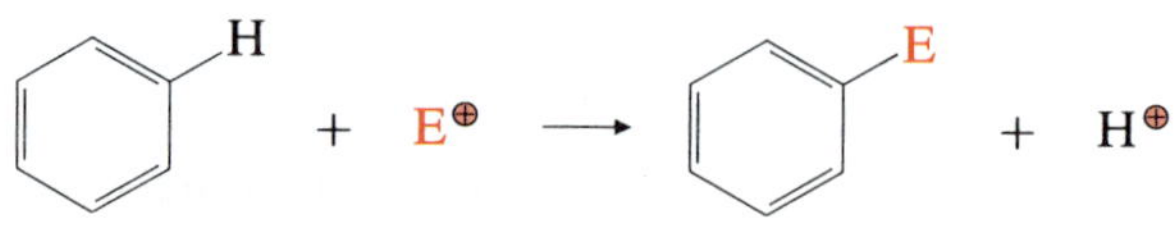

elektrophile aromatische Substitution am Benzol

Sulfonierung

Auf diese Weise können ganz verschiedene Reste *(funktionelle Gruppen)* in das Benzol eingeführt werden, wie nachfolgende Beispiele zeigen. Das jeweils angreifende Elektrophil steht unter dem Reagenz in Klammern, zu seiner Freisetzung bedarf es der Hilfe eines Katalysators. Bei der **Sulfonierung** ist das Elektrophil SO_3 (Anhydrid der Schwefelsäure) neutral und übernimmt nach der Bindung an den Aromaten das abgespaltene Proton. Diese Reaktion ist reversibel. **Sulfonsäuren** sind Derivate der Schwefelsäure und wie diese stark sauer und wasserlöslich.

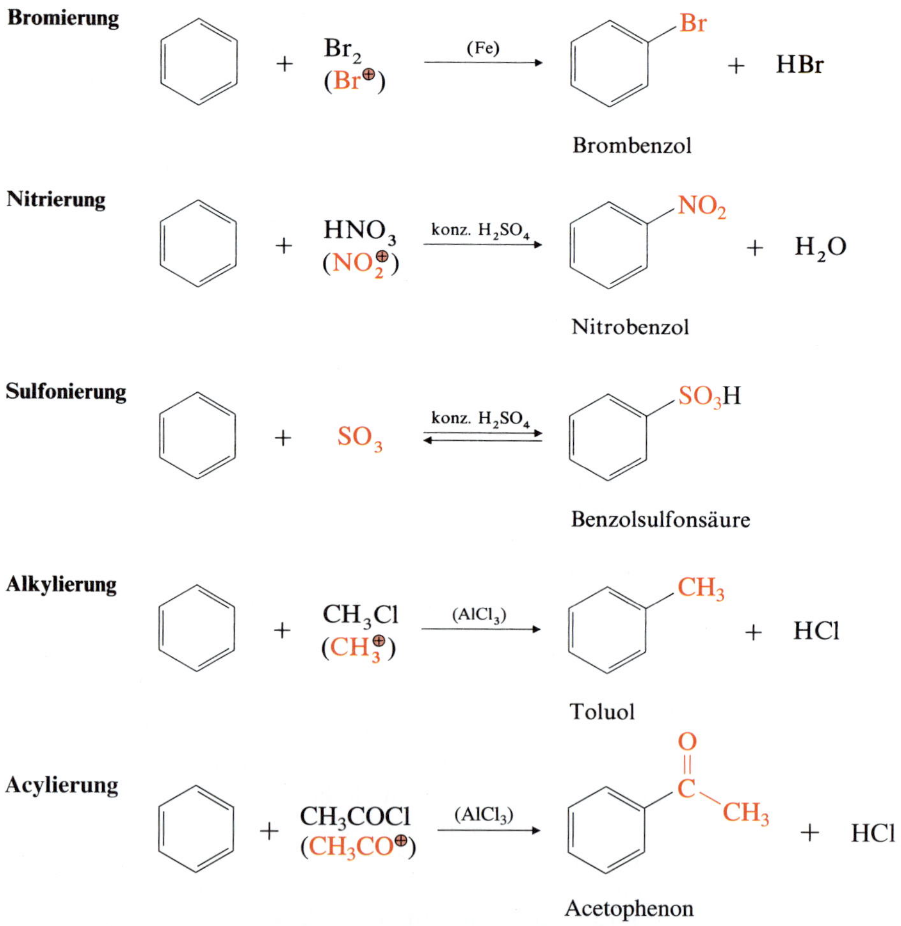

Naphthalin

Vom zweikernigen Aromat **Naphthalin** ausgehend entstehen bei der Sulfonierung Konstitutionsisomere (α- und β-Naphthalinsulfonsäure). Die Regioselektivität der Sulfonierung lässt sich durch die Temperatur steuern. Bei tieferen Temperaturen entsteht überwiegend das α-Derivat, das sich bei höheren Temperaturen in das β-Derivat umwandelt.

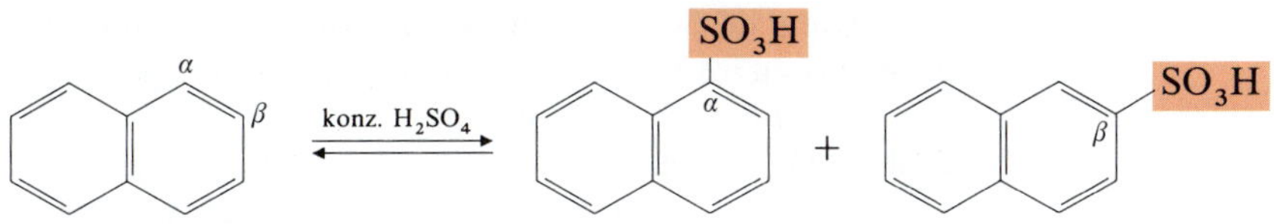

Naphthalin — α- und β-Naphthalinsulfonsäure

ortho-, meta- und para-Stellung

Befindet sich schon ein Substituent am Benzolring, dann wird die Stellung des zweiten Substituenten relativ zum ersten als *ortho (o)*, *meta (m)* oder *para (p)* bezeichnet. Alternativ beziffert man die C-Atome im Ring, wobei man mit möglichst niedriger Ziffer zum zweiten Substituenten kommen muss.

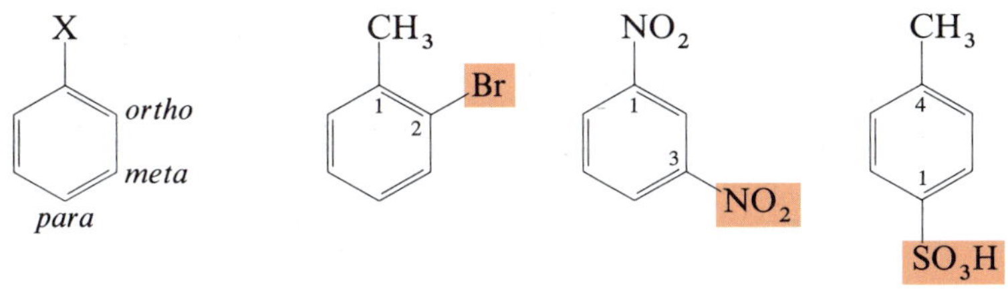

o-Bromtoluol (2-Brom-1-methylbenzol) — *m*-Dinitrobenzol (1,3-Dinitrobenzol) — *p*-Toluolsulfonsäure (4-Methylbenzolsulfonsäure)

Phenylrest
Benzylrest

Wird der Benzolring selbst als Substituent aufgefasst, bezeichnet man die C_6H_5-Einheit als „**Phenyl**" bzw. aromatische Reste allgemein als „**Arylreste**" (im Gegensatz zu Alkylresten). Geht man vom gemischten Kohlenwasserstoff Toluol aus, kann dieses als *Arylrest* auftreten (Substitution am Ring) oder als *Alkylrest* (Substitution an der aliphatischen Methylgruppe). Ist der zweite Fall realisiert, trägt der ganze Rest die Bezeichnung „**Benzyl**".

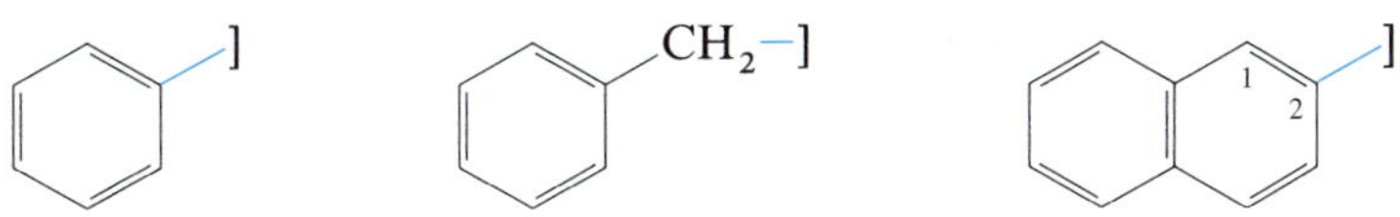

Phenylrest — Benzylrest — 2-Naphthylrest

Nachfolgend sind beispielhaft noch einige andere Benzolderivate aufgeführt. Es gibt auch aromatische Verbindungen, in denen ein oder mehr Ring-C-Atome durch Heteroatome (z. B. Stickstoff) ersetzt sind. Man spricht dann von aromatischen Heterocyclen (☞ Kap. 21).

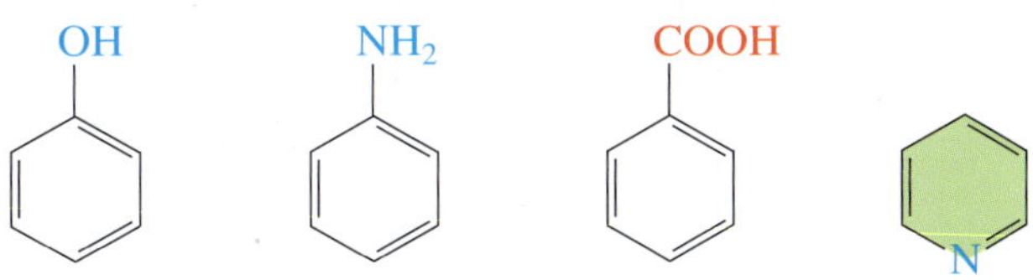

Phenol — Anilin — Benzoesäure — Pyridin

DDT

DDT, ein chlorierter Kohlenwasserstoff, der u. a. zwei Phenylringe enthält, ist ein wirksames Kontaktinsektizid und gehört damit zu den **Pestiziden**. Es wirkt auf den Menschen als Nervengift. Sein Einsatz ist in Deutschland untersagt, es wird aber für die Malariabekämpfung immer noch verwendet, weil es von Flugzeugen aus großflächig ausgebracht werden kann. DDT ist sehr lipophil und in der Umwelt äußerst stabil. Letzteres ist das Problem: DDT gelangt über verschiedene Nahrungsketten bis in das Fettgewebe des Menschen und reichert sich z. B. in der Muttermilch an. Die Halbwertszeit für den Abbau liegt bei mehr als 10 Jahren.

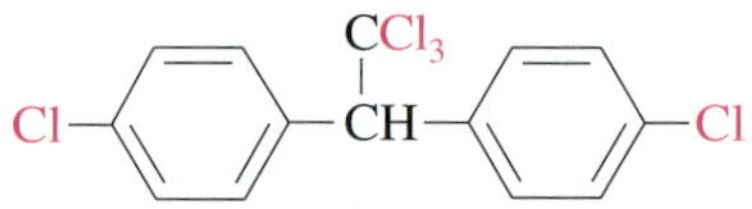

DDT (Dichlor-diphenyl-trichlorethan)

Benzol als Baustein

Der substituierte Benzolring kommt als Baustein in verschiedenen Biomolekülen und Arzneimitteln vor. Beim Menschen wird der aromatische Sechsring nicht eigenständig aufgebaut, sondern gelangt mit den essenziellen aromatischen Aminosäuren (z. B. Phenylalanin) über die Nahrung in den Körper. Lediglich die **Östrogene**, Steroidhormone mit einem substituierten Benzolring im Gerüst, entstehen im Körper aus Testosteron durch das Enzym *Aromatase*.

Benzolringe können Träger bestimmter funktioneller Gruppen sein (wie z. B. im **Adrenalin**, **Dopamin**, **Vitamin E**) und werden dadurch rezeptorwirksam oder tragen durch hydrophobe Wechselwirkungen zwischen aromatischen Ringen zur Stabilisierung komplexer Proteinstrukturen bei. **Benzolsulfonsäuren** sind die Basis für die als **Sulfonamide** bezeichneten Chemotherapeutika. **2,4,6-Trinitrotoluol** (TNT) dient als Sprengstoff. **Benzpyren** ist ein pentacyclischer aromatischer Kohlenwasserstoff, der sehr stark krebserzeugend (karzinogen) wirkt (☞ Kap. 13.2.2). Er entsteht in kleinen Spuren, wenn organische Verbindungen unvollständig verbrennen, z. B. findet man Benzpyren auch im Zigarettenrauch, in Autoabgasen und in auf Holzkohle gegrilltem Fleisch.

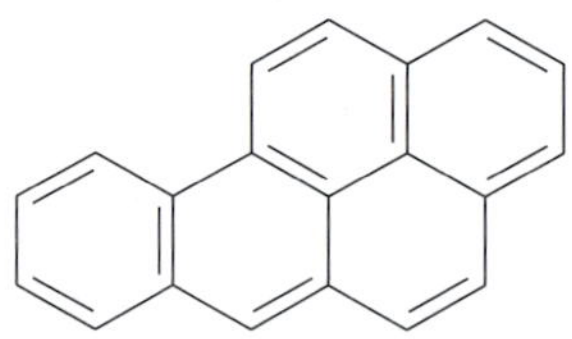

Benzpyren

11.7.3 Einzelschritte der elektrophilen aromatischen Substitution

Bromierung

Den Mechanismus der *elektrophilen aromatischen Substitution* wollen wir am Beispiel der **Bromierung** in Gegenwart von Eisen genauer ansehen. Dabei sollen zwei Fragen beantwortet werden: Welche Rolle spielt das Eisen und warum findet am Aromaten eine Substitution und keine Addition statt? Die Reaktion läuft in folgenden Teilschritten ab.

Schritt 1: Bildung des eigentlichen Katalysators *Eisen(III)-bromid* durch Redoxreaktion von Eisen und Brom.

$$2\,Fe + 3\,Br_2 \longrightarrow 2\,FeBr_3$$

Schritt 2: Bildung des *Elektrophils* $Br^{\oplus}$ durch heterolytische Spaltung des Brom-Moleküls in Gegenwart von $FeBr_3$. $FeBr_3$ weist am Eisen eine Elektronenlücke auf (Lewis-Säure) und kann deshalb ein Nucleophil (in unserer Reaktion $Br^{\ominus}$) übernehmen.

$$Br - Br + FeBr_3 \longrightarrow Br^{\oplus} + FeBr_4^{\ominus}$$

Schritt 3: Angriff des Elektrophils $Br^{\oplus}$ auf das π-System des Benzols und Ausbildung einer *σ-Bindung* mit einem Ring-C-Atom unter Aufhebung der Aromatizität. Das entstehende Kation wird als *σ-Komplex* bezeichnet und ist mesomeriestabilisiert, d. h., die positive Ladung ist auf die übrigen fünf Ring-C-Atome wie angegeben verteilt. Der *σ-Komplex* ist bei dieser Reaktion eine nachweisbare *Zwischenstufe*.

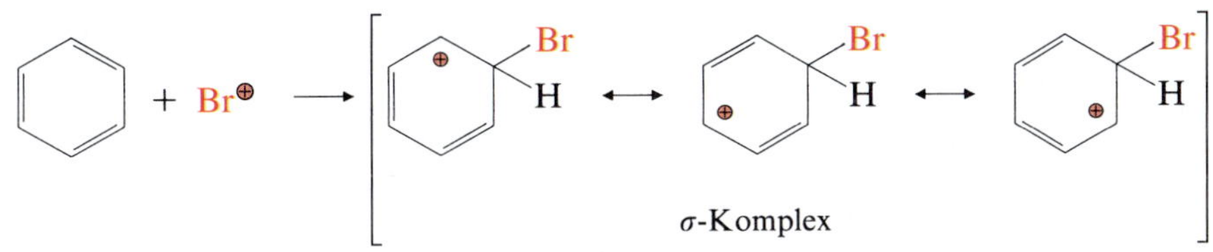

Schritt 4: Abspaltung eines Protons vom einzigen tetraedrischen C-Atom im σ-Komplex unter Rückbildung des aromatischen Systems. Damit ist das H-Atom der Ausgangsverbindung durch ein Br-Atom substituiert worden.

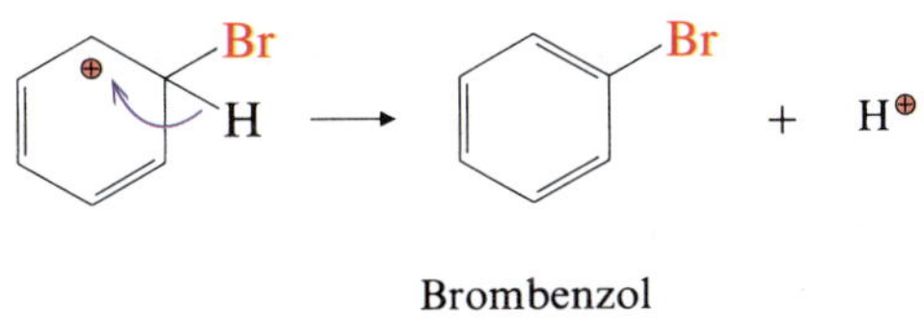

Die Elektronen der C–H-Bindung im σ-Komplex werden gebraucht, um den Aromaten zurückzubilden. Dieser Teilschritt verläuft unter erheblichem Energiegewinn und ist deshalb gegenüber dem nucleophilen Angriff eines $Br^{\ominus}$ auf den σ-Komplex bevorzugt.

Schritt 5: Freisetzung von *Bromwasserstoff*, Rückbildung des Katalysators:

$$H^{\oplus} + FeBr_4^{\ominus} \longrightarrow HBr + FeBr_3$$

Vergleich mit der Brom-Addition. Im Verlauf der Bromierung entsteht HBr, eine starke Säure, die sich in Wasser gelöst durch pH-Messung und Titration nachweisen lässt. Dadurch kann man die aromatische *Substitution* von der Brom-*Addition* an ein Alken experimentell unterscheiden. Üblicherweise verläuft die Substitution langsamer, d. h., die Reaktionslösung muss erwärmt werden.

Checkliste

Folgende Bezeichnungen/Begriffe sollten Sie erklären oder definieren (s. a. Glossar) und – wo möglich – Beispiele, Gleichungen oder Formeln angeben können:
Aromaten – Mesomerie – Hückel-Regel – elektrophile aromatische Substitution – Elektrophil – Katalysator – Sulfonierung – Alkylierung – *ortho-*, *meta-*, *para-*Stellung – Phenyl- und Benzylrest – Naphthalin.

Aufgaben

1. Ordnen Sie folgende Verbindungen nach ihrem *Energieinhalt*:
   a) Hexatrien mit konjugierten Doppelbindungen, b) Decatrien mit isolierten Doppelbindungen, c) Benzol. Begründen Sie die Reihenfolge!
2. Ist die Verbrennungswärme (ΔH^0) von Hexatrien oder Benzol größer? Begründen Sie Ihre Antwort!
3. Zeichnen Sie *Cyclooctatetraen*! Sind die Doppelbindungen konjugiert? Ist die Verbindung aromatisch? Ist das Ringsystem planar wie beim Benzol? Begründen Sie Ihre Antworten!
4. Ist *Cyclopentadien* ein Aromat? Begründen Sie Ihre Antwort!
5. Welche Voraussetzungen müssen erfüllt sein, damit ein Kohlenwasserstoff mesomeriestabilisiert ist?
6. Zeichnen Sie die Formel aller möglichen Konstitutionsisomere von a) 1-Brom-4-Chlorbenzol, b) *m*-Chlortoluol und c) Xylol (= Dimethylbenzol)!
7. Wie kann man die Brom-Addition an ein Alken von der Brom-Substitution am Aromaten anhand der Reaktionsprodukte unterscheiden?
8. Formulieren Sie die Reaktionsgleichung für die Sulfonierung von Naphthalin! Bedenken Sie, dass Konstitutionsisomere entstehen können.
9. Welche Formel haben
   a) 2,4-Dinitro-fluorbenzol
   b) 2,4,6-Trinitrotoluol (TNT)
   c) Benzylchlorid
   d) Vinylbenzol (= Styrol)?
10. Welchen *Substitutionstyp* haben die Benzolringe im DDT? Welches Problem besteht bei seinem Einsatz?
11. Was ist ein *Elektrophil*? Nennen Sie Beispiele!
12. Bei der elektrophilen aromatischen Substitution wird als Zwischenstufe ein *σ-Komplex* gebildet. Ist er energiereicher oder energieärmer als das Ausgangsprodukt?
13. Nennen Sie eine aromatische Aminosäure!
14. Wie verhält sich Benzol, wenn Sie es mit Wasser vermischen?

021 Lösungen der Aufgaben
067 Übersicht Kohlenwasserstoff-Verbindungen

Bedeutung für den Menschen

Aromatische Verbindungen

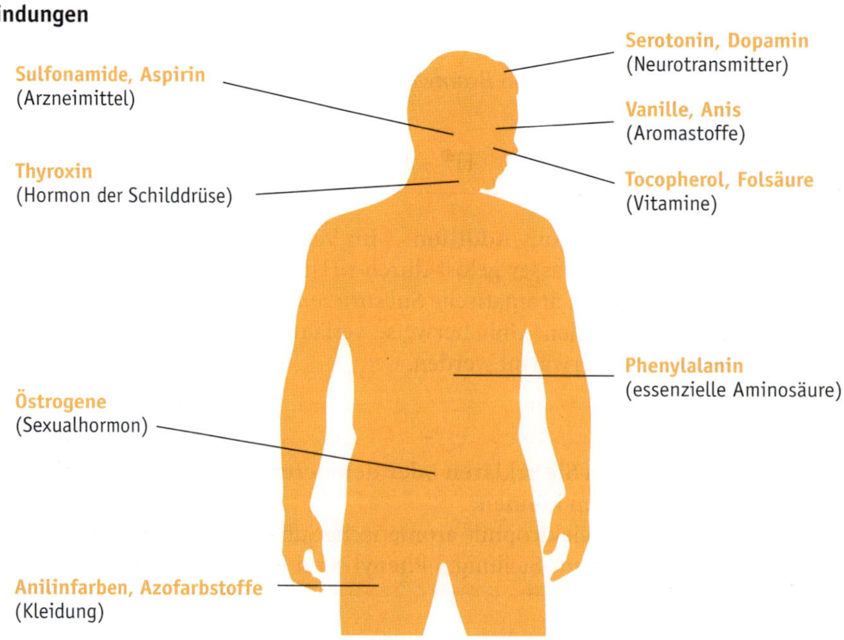

022 IMPP-Fragen

KAPITEL

12 Kinetik chemischer Reaktionen

Orientierung

Wer mit dem Auto ein entferntes Ziel erreichen will, muss vor Antritt der Fahrt zunächst überprüfen, ob genügend Treibstoff (Energie) im Tank ist. Als Zweites interessiert, wie schnell sich das Ziel erreichen lässt, d. h., mit welcher Geschwindigkeit und auf welcher Strecke man fahren muss. Während sich die Treibstofffrage rasch und eindeutig kalkulieren lässt (z. B. 6,5 L/100 km), hängt die Geschwindigkeit von mehreren Faktoren ab: Wie schnell kann das Auto überhaupt fahren? Gibt es auf der Strecke Umleitungen oder gar einen Stau? Ist letzteres der Fall, kann noch so viel Treibstoff im Tank sein, die Geschwindigkeit geht gegen null und es dauert lange, bis man ankommt.

Das Zusammenspiel von Energie und Geschwindigkeit gilt auch für chemische Reaktionen. Der Weg der Edukte zu den Produkten, dem Ziel, muss energetisch möglich sein und die Stoffumwandlung sollte mit angemessener Geschwindigkeit ablaufen. Während die Energie unter Standardbedingungen eine feste Größe ist, hängt die Reaktionsgeschwindigkeit von verschiedenen Faktoren ab und lässt sich beeinflussen.

Auch Arzneimittel unterliegen diesem Zusammenspiel. Sie sollten möglichst optimal an bestimmte Rezeptoren/Enzyme binden und dabei nur die gewünschte Wirkung auslösen *(Pharmakodynamik)*. Das reicht aber nicht aus. Der Patient, der ein Arzneimittel einnimmt, möchte wissen, nach welcher Zeit die Wirkung eintritt, wie lange sie anhält und in welcher Zeit das Arzneimittel ohne Nach- und Nebenwirkungen abgebaut und wieder ausgeschieden wird *(Pharmakokinetik)*.

Antwort erhalten Sie u. a. auf folgende Fragen:

- Welche Gesetze gelten für die Geschwindigkeit chemischer Reaktionen?
- Welche äußeren Faktoren beeinflussen die Reaktionsgeschwindigkeit?
- Wie kann man von der Geschwindigkeit auf den Mechanismus einer chemischen Reaktion schließen?
- Warum laufen manche Reaktionen, die energetisch möglich sind, nicht ab?
- Warum sind Enzyme für die biochemischen Reaktionen von so großer Bedeutung?

12.1 Von der Thermodynamik zur Kinetik

Die Frage, ob eine chemische Reaktion überhaupt ablaufen kann, ergibt sich aus ihren Energiedaten. Die Beschreibung von Energieänderungen bei chemischen Reaktionen bezeichnet man als **Thermodynamik** (☞ Kap. 6.4). Reaktionen, bei denen Energie frei wird, ($\Delta G < 0$) laufen freiwillig ab. Die Thermodynamik kann keine Auskunft darüber geben, wie schnell und auf welchem Weg eine chemische Reaktion abläuft. Hierzu benötigt man Angaben zur **chemischen Kinetik**. Sie beschreibt den genauen zeitlichen Reaktionsablauf auf molekularer Ebene. Hier interessiert u. a., wie sich die Konzentration der Edukte und der Produkte zeitabhängig verändert, ob und welche Zwischenprodukte durchlaufen werden und welche Faktoren den Reaktionsablauf beeinflussen.

chemische Kinetik

Die detaillierte Beschreibung, wie und auf welchem Weg eine Reaktion genau abläuft, führt zum **Reaktionsmechanismus**. Er beschreibt u. a., wann welche chemischen Bindungen in den Edukten gelöst und bei der Produktbildung neu geknüpft werden und wie die Reaktionspartner räumlich zueinander angeordnet sein müssen, damit die Stoffumwandlung eintritt. Mit Hilfe kinetischer Untersuchungen erhält man eine Vorstellung über den Reaktionsablauf. Ob der reale Ablauf diesen Vorstellungen dann entspricht, lässt sich mit Gewissheit nicht sagen. Gerade an dieser Stelle stößt man an die Grenzen der Naturerkenntnis.

Reaktionsmechanismus

Nehmen wir als Beispiel nochmals die *Knallgasreaktion* ($2\ H_2 + O_2 \longrightarrow 2\ H_2O$). In ihr steckt viel Energie ($\Delta G^0 = -237$ kJ/mol, ☞ Kap. 9.13), sie läuft also freiwillig ab. Mischt man die Gase Wasserstoff und Sauerstoff im Verhältnis 2:1 z. B. in einem Luftballon, so erfolgt keine Reaktion. Der Ballon schwebt im Raum, weil er durch den Wasserstoffanteil leichter als Luft ist. Der Reaktion geht es wie einem Auto im Stau: Obwohl genügend Energie im System steckt, geht es nicht voran. Sobald man das System jedoch mit einem Streichholz zündet, explodiert der Luftballon mit einem lauten Knall. Was ist passiert?

Der Blick auf die Edukte und das Produkt zeigt, dass Wasserstoff- und Sauerstoff-Moleküle miteinander unter Aufbrechen und Neubildung von kovalenten Bindungen zu Wasser reagieren. Dazu müssen Wasserstoff- und Sauerstoff-Moleküle in geeigneter Weise zusammenstoßen. Um die Reaktion zu starten, reicht die Bewegungsenergie (kinetische Energie) der Moleküle bei Raumtemperatur nicht aus. Durch die Hitze des Streichholzes wird die Bewegungsenergie einzelner Moleküle drastisch erhöht, diese reagieren jetzt erfolgreich. Dabei wird viel Energie frei, die die Umgebung „aufheizt". Die Reaktion breitet sich sehr rasch aus, es kommt zur Explosion. Die Schlussfolgerung lautet: Das System bedurfte einer **Aktivierung**.

Aktivierung

12.2 Reaktionsgeschwindigkeit

12.2.1 Geschwindigkeitsgesetz und Reaktionsordnung

Reaktionsgeschwindigkeit

Die Geschwindigkeit einer Reaktion definiert sich über die Konzentrationsänderungen der beteiligten Reaktionspartner in einem bestimmten Zeitintervall (d*t*). Für die Reaktion A ⟶ B z. B. ergibt sich die **Reaktionsgeschwindigkeit** (abgekürzt *v* oder RG) aus der Abnahme der Konzentration des Ausgangsstoffes A (= –d[A]) oder aus der Zunahme der Konzentration von B (= d[B]) pro Zeiteinheit (d*t*). Die Abnahme der Konzentration drückt ein negatives, die Zunahme ein positives Vorzeichen aus.

$$v = -\frac{d[A]}{dt} \quad \text{bzw.} \quad v = \frac{d[B]}{dt} \ (\text{mol} \cdot L^{-1} \cdot s^{-1})$$

Geschwindigkeitsgesetz

Geschwindigkeitskonstante

Die Reaktionsgeschwindigkeit hängt in der Regel von den Konzentrationen der beteiligten Reaktionspartner ab, d. h., wenn mehr Moleküle da sind, kommt es häufiger zu Zusammenstößen, die zur Reaktion führen. Dies wird mathematisch im **Geschwindigkeitsgesetz** erfasst. Für die genannte Reaktion lautet es $v = k\,[A]$.

Der Proportionalitätsfaktor *k* heißt **Geschwindigkeitskonstante** und ist für eine bestimmte Reaktion bei einer bestimmten Temperatur charakteristisch. Die exakte Abhängigkeit der Reaktionsgeschwindigkeit von den Konzentrationen der beteiligten Stoffe *muss experimentell bestimmt werden.*

! Die **Geschwindigkeitskonstante *k*** hängt von der Temperatur ab und hat für jede Reaktion einen charakteristischen Wert.

Bei einer Reaktion vom Typ A + B ⟶ C + D sei die Reaktionsgeschwindigkeit dem Produkt der Konzentrationen beider Edukte proportional. Aus dem Geschwindigkeitsgesetz kann man ableiten, dass sich die Reaktionsgeschwindigkeit vervierfacht, wenn man die Konzentrationen von A und B verdoppelt. Für eine Reaktion vom Typ 2 A + B ⟶ C + 2 D kann sich z. B. der zweite Ausdruck ergeben. Das allgemeine Zeitgesetz für eine Reaktion a A + b B ⟶ c C + d D liefert der dritte Ausdruck.

$$v = k \cdot [A] \cdot [B] \qquad v = k \cdot [A]^2 \cdot [B] \qquad v = k \cdot [A]^x \cdot [B]^y$$

Hier ist anzumerken, dass das Geschwindigkeitsgesetz nicht zwingend aus der Reaktionsgleichung folgt, d. h., die Exponenten im Geschwindigkeitsgesetz müssen in jedem Einzelfall experimentell bestimmt werden und dabei ergeben sich nicht immer ganze Zahlen. Das bedeutet, dass der wirkliche Reaktionsablauf häufig viel komplexer ist, als es die Reaktionsgleichung allein erwarten lässt.

Reaktionsordnung

Reaktionsordnung. Die Summe der Exponenten aus dem Geschwindigkeitsgesetz führt zur *Reaktionsordnung*. Im ersten Beispiel (A ⟶ B) liegt eine Reaktion *erster Ordnung* vor, weil der Exponent 1 ist. Im *zweiten Beispiel* ist die Reaktion zweiter Ordnung, weil die Summe der Exponenten 2 ergibt, usw. Betrachtet man im zweiten Beispiel nur den Exponenten der Komponente A, so kann man auch davon sprechen, dass die Reaktion hinsichtlich A erster Ordnung ist. In der Regel wendet man den Begriff der Reaktionsordnung nur auf Reaktionen an, bei denen ganze Zahlen als Exponenten auftreten. Interessanterweise gibt es auch Beispiele für Reaktionen *nullter Ordnung* und – wie schon erwähnt wurde – die Reaktionsordnung muss nicht zwangsläufig ganzzahlig sein.

Reaktion nullter Ordnung

Bei Reaktionen **nullter Ordnung** ist die Reaktionsgeschwindigkeit unabhängig von der Konzentration des Eduktes A. Trägt man die Konzentration von A gegen die Zeit *t* auf, erhält man eine Gerade (Abb. 12/1). Die Steigung der Geraden führt zur Geschwindigkeitskonstanten *k* (Einheit: $mol \cdot L^{-1} \cdot s^{-1}$). Reaktionen dieses Typs sind vergleichsweise selten. Man findet sie unter bestimmten Bedingungen bei enzymatischen Reaktionen und spricht dann von Reaktionen *pseudonullter Ordnung*. Ein Beispiel dafür ist der Ethanolabbau im menschlichen Körper. Man weiß, dass pro Stunde 0,15 Promille abgebaut werden. Sobald man die Blutalkoholkonzentration gemessen hat, kann man z. B. ausrechnen, wie hoch diese zwei Stunden vorher war oder wie hoch sie zwei Stunden später sein wird.

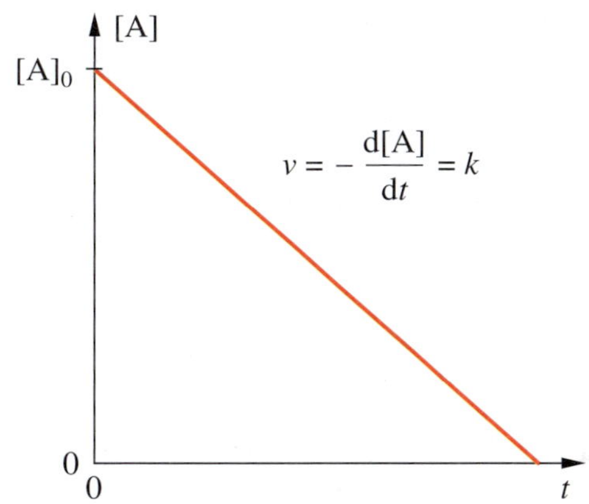

Abb. 12/1 Graphische Darstellung (Konzentration gegen Zeit) einer Reaktion nullter Ordnung. [A] = Konzentration von A in mol/L; $[A]_0$ = Anfangskonzentration von A; *t* = Zeit in Sekunden (s).

Reaktion erster Ordnung

Sehr viel häufiger sind Reaktionen **erster Ordnung**, bei denen die Reaktionsgeschwindigkeit von der Konzentration des Eduktes A abhängt. Trägt man hier die Konzentration von A gegen die Zeit *t* auf, so erhält man eine Kurve, die eine exponentielle Abnahme von [A] erkennen lässt (Abb. 12/2). Das klassische Beispiel hierfür ist der radioaktive Zerfall. Hier wie in anderen Fällen interessiert insbesondere die Frage, wie lange es dauert, bis die Konzentration von A auf die Hälfte der Ausgangkonzentration $[A]_0$ abgesunken ist. Diese sogenannte **Halbwertszeit** $t_{1/2}$ kann man aus dem Geschwindigkeitsgesetz durch Integration der Gleichung und Anwendung des natürlichen Logarithmus (ln) ausrechnen. Sobald die Geschwindigkeitskonstante *k* (Einheit: s^{-1}) für einen Abbau oder Zerfall experimentell bestimmt worden ist, ergibt sich für die Halbwertszeit ein *konstanter Wert*, der nicht mehr von der Konzentration von A abhängt.

Halbwertszeit

$$v = -\frac{d[A]}{dt} = k \cdot [A], \quad \text{daraus durch mathematische Umformung:} \quad t_{1/2} = \frac{\ln 2}{k} = \frac{0{,}693}{k}$$

! Eine **Reaktion erster Ordnung** hat eine **konstante Halbwertszeit** ($t_{1/2}$). Es ist diejenige Zeit, in der die Hälfte der ursprünglich vorhandenen Moleküle (beim Kernzerfall: Atome) reagiert hat.

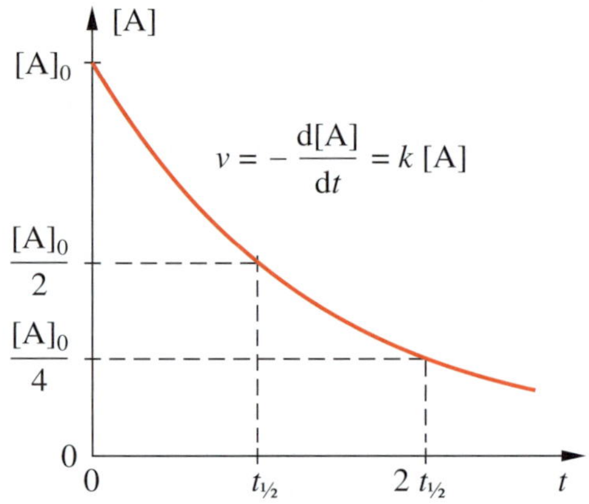

Abb 12/2 Graphische Darstellung (Konzentration gegen Zeit) einer Reaktion erster Ordnung. Die erste und die darauf folgende Halbwertszeit sind markiert.

Reaktion zweiter Ordnung

Reaktionen **zweiter Ordnung** vom Typ A + B ⟶ Produkte kommen vergleichsweise häufig vor. Die Reaktionsgeschwindigkeit hängt von der Konzentration beider Edukte ab ($v = k \cdot [A] \cdot [B]$). Die experimentelle Bestimmung der Geschwindigkeitskonstanten k (Einheit: $L \cdot mol^{-1} \cdot s^{-1}$) und die mathematische Behandlung des Geschwindigkeitsgesetzes sind deutlich komplizierter als in den ersten beiden Fällen.

12.2.2 Molekularität von Reaktionen

Elementarreaktion

Schon weiter oben wurde das Bild geprägt, dass Moleküle oder Atome unter bestimmten Bedingungen zusammenstoßen müssen, damit es zu einer chemischen Reaktion kommt. Aber nur selten verläuft eine Reaktion mechanistisch so, wie es einem die Reaktionsgleichung vermittelt. Meist erfolgt die Umwandlung der Edukte in die Produkte in einer Reihe von Schritten, den so genannten **Elementarreaktionen**. Dabei können auch Zwischenprodukte auftreten, die z. T. sehr kurzlebig sind.

geschwindigkeitsbestimmender Schritt

Ein Beispiel dafür ist die Reaktion vom Typ A + B ⟶ Produkte. Findet man hierfür ein Zeitgesetz erster Ordnung, darf dies nicht überraschen. Es kann z. B. sein, dass aus Edukt A sehr langsam eine Zwischenstufe A* entsteht und erst diese dann sehr schnell mit B zu den Produkten reagiert. Dies bedeutet in der Praxis, dass der langsamste Schritt einer Reaktionskette die Gesamtreaktionsgeschwindigkeit einer Reaktion bestimmt. Man spricht davon, dass es in der Reaktionskette einen **geschwindigkeitsbestimmenden Schritt** gibt.

Molekularität

Die **Molekularität** einer Reaktion definiert sich durch die Anzahl der Teilchen (Atome, Moleküle), die an einer Elementarreaktion beteiligt sind. Die meisten Elementarreaktionen sind **unimolekular** oder **bimolekular**. Ein Reaktionsschritt ist unimolekular, wenn nur ein Teilchen am Reaktionsgeschehen beteiligt ist. In der Regel liegt dann auch eine Reaktion erster Ordnung vor. Bimolekular ist das Reaktionsgeschehen, wenn zwei Teilchen am Prozess beteiligt sind. Die Teilchen können dabei gleich oder verschieden sein. Welche Reaktionsordnung aufgrund kinetischer Messungen daraus folgt, muss völlig offen bleiben. Die *Molekularität* einer Reaktion, die sich aus mechanistischen Überlegungen ergibt, darf also nicht mit der *Reaktionsordnung* vermischt oder verwechselt werden.

12.2.3 Temperaturabhängigkeit

Aktivierungsenergie. Die Geschwindigkeitskonstante k und damit auch die Reaktionsgeschwindigkeit sind **temperaturabhängig**. Höhere Temperaturen *beschleunigen* eine Reaktion, weil die kinetische Energie der Moleküle zunimmt. Nur diejenigen Teilchen, die einen bestimmten Mehrbetrag an Energie besitzen, können reagieren. Normalerweise verfügt nur ein Bruchteil aller Moleküle über diesen Mehrbetrag. Diesen Energiemehrbetrag

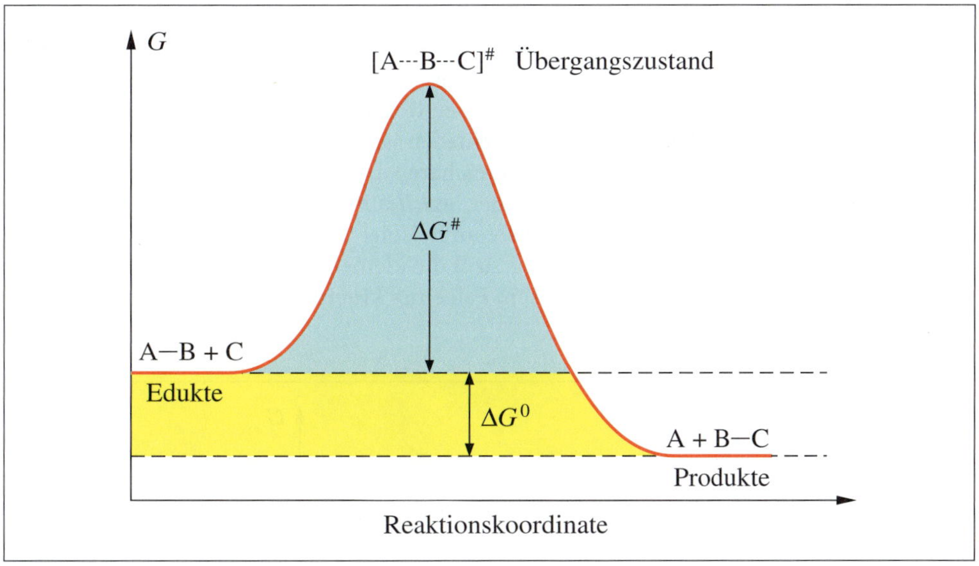

Abb. 12/3 Energiediagramm der Reaktion A–B + C ⟶ A + B–C ($\Delta G^{\#}$ = Gibbs-Aktivierungsenergie, ΔG^0 = Gibbs-Reaktionsenergie).

Aktivierungsenergie

Arrhenius-Gleichung

bezeichnet man als **Aktivierungsenergie** (☞ Abb. 12/3). Je größer die Aktivierungsenergie bei einer Reaktion ist, desto langsamer verläuft sie. Eine Erfahrungsregel lautet, dass eine Temperaturerhöhung um 10 °C eine Zunahme der Reaktionsgeschwindigkeit um den Faktor 2 – 4 bewirkt (RGT-Regel; Reaktionsgeschwindigkeit-Temperatur-Regel). Die empirisch gefundene **Arrhenius-Gleichung** beschreibt den Zusammenhang zwischen Geschwindigkeitskonstante k, Aktivierungsenergie E_a und der absoluten Temperatur T. A ist hier eine reaktionsspezifische Konstante, R die allgemeine Gaskonstante. Der Exponent $(-E_a/RT)$ entspricht dem Anteil der Teilchen, deren Energie größer ist als die Aktivierungsenergie.

$$k = \mathrm{A} \cdot \mathrm{e}^{-\frac{E_a}{\mathrm{R}T}} \qquad \text{(Arrhenius-Gleichung)}$$

Energiediagramm

Energiediagramm. Abbildung 12/3 zeigt das *Energiediagramm* (oder Energieprofil) einer Reaktion. Aufgetragen ist die Energie (Gibbs-Energie *G*) gegen die sogenannte *Reaktionskoordinate*, die ein Maß für das Fortschreiten einer Reaktion ist. Dem Energiediagramm kann man wertvolle Informationen über die Reaktion entnehmen. Betrachtet man z. B. die Energiedifferenz zwischen den Edukten und Produkten, so sieht man, dass obige Beispielreaktion exergon ist ($\Delta G^0 < 0$). Diese Aussage betrifft die *Thermodynamik* der Reaktion, der Bereich ist gelb unterlegt.

Übergangszustand

Ferner sieht man, dass die Edukte nicht direkt in die Produkte übergehen, sondern dass erst ein energiereicherer **Übergangszustand** (ÜZ) durchlaufen wird. Um diesen zu erreichen, muss zunächst Energie aufgewandt werden, eben die Aktivierungsenergie, die wir nicht mehr als E_a sondern als $\Delta G^{\#}$ bezeichnen. Der ÜZ ist kein isolierbares Molekül, sondern ein aktivierter Molekülkomplex, in dem die A–B-Bindung schon etwas geschwächt und die B–C-Bindung partiell vorgebildet wurde. Der ÜZ wird in eckigen Klammern angegeben und mit dem Zeichen „#“ gekennzeichnet. Alle Angaben, die die Aktivierungsenergie und mögliche Übergangszustände betreffen, gehören zur *chemischen Kinetik*, dieser Bereich ist in Abbildung 12/3 blaugrün markiert.

Das Energiediagramm verdeutlicht auch, warum eine exergone Reaktion nicht zwangsläufig spontan verläuft. Wenn die Aktivierungsenergie zu hoch ist, läuft die Reaktion gar nicht oder sehr langsam ab. Die Reaktion steckt bildlich gesprochen im „Stau“. Dies haben wir bei der Knallgasreaktion kennen gelernt und dies gilt für viele Reaktionen unter Beteiligung organischer Moleküle, d. h. immer dann, wenn kovalente Bindungen gelöst werden müssen, bevor neue entstehen können.

Kinetische Kontrolle. Auf einen anderen Zusammenhang soll Abbildung 12/4 hinweisen. Die Reaktion A ⟶ B verläuft über einen ÜZ mit einer bestimmten Aktivierungsenergie. Die Reaktion insgesamt ist schwach exergon (Abb. 12/4, links). Das Edukt A kann nun unter den gegebenen Reaktionsbedingungen auch in ein Produkt C umgewandelt werden, das von B verschieden ist (A ⟶ C). Diese Reaktion ist stärker exergon, führt aber über einen energiereicheren ÜZ (Abb. 12/4, rechts). Hier entscheidet allein die Aktivierungsenergie darüber, *welches Produkt bevorzugt entsteht, d. h. schneller* als das andere gebildet wird. In unserem Beispiel wird z. B. bei Raumtemperatur bevorzugt B entstehen, weil der Reaktionsweg zu B die kleinere Aktivierungsenergie $\Delta G^{\#}$ benötigt. Man sagt, dass die Reaktion in diesem Fall einer **kinetischen Kontrolle** unterliegt.

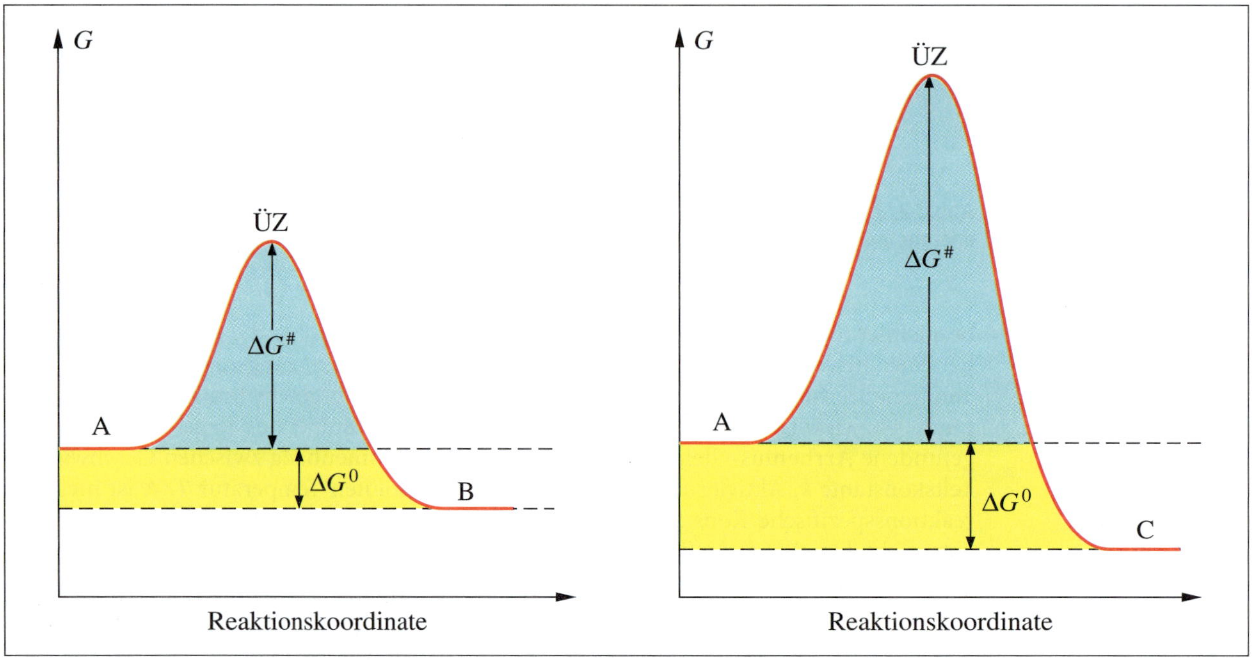

Abb. 12/4 Energiediagramme der Reaktionen A ⟶ B und A ⟶ C (ÜZ = Übergangszustand, $\Delta G^{\#}$ = Gibbs-Aktivierungsenergie, ΔG^{0} = Gibbs-Reaktionsenergie).

12.3 Katalyse

Den Ablauf jeder Reaktion bestimmen zwei Größen: eine *thermodynamische*, die sich in der Änderung von Gibbs-Energie (ΔG^{0}) niederschlägt, und eine *kinetische*, die u. a. von der Aktivierungsenergie ($\Delta G^{\#}$) abhängig ist. Es gibt nun Reaktionen, die zwar thermodynamisch möglich sind ($\Delta G^{0} < 0$), aber selbst beim Erhitzen nur sehr langsam oder gar nicht ablaufen, weil $\Delta G^{\#}$ zu groß ist. Hier hilft ein **Katalysator**. Beispiele hierfür wurden schon erwähnt, z. B. die katalytische Hydrierung von Alkenen, die säurekatalysierte Addition von Wasser an ein Alken oder die elektrophile aromatische Substitution. Welche Rolle spielt ein *Katalysator*?

Katalysator

Ein **Katalysator** *erniedrigt* die Gibbs-Aktivierungsenergie $\Delta G^{\#}$ und *beschleunigt* so die Reaktion. Bei Gleichgewichtsreaktionen gilt dies für die Hin- und Rückreaktion *gleichermaßen*. *Unbeeinflusst* bleiben Gibbs-Energie ΔG^{0} und damit verbunden die Gleichgewichtslage. Der Gleichgewichtszustand wird lediglich rascher erreicht. Der Katalysator selbst wird in der Reaktion nicht verbraucht. Unter seinem Einfluss ändert sich jedoch häufig der Reaktionsmechanismus, was das Energiediagramm (Abb. 12/5) schematisch verdeutlicht. In unserem Beispiel verläuft die vorher einstufige Reaktion mit einem Katalysator zweistufig. Der für die Kinetik entscheidende erste ÜZ wird mit deutlich niedrigerer Aktivierungsenergie durchlaufen als bei der Reaktion ohne Katalysator.

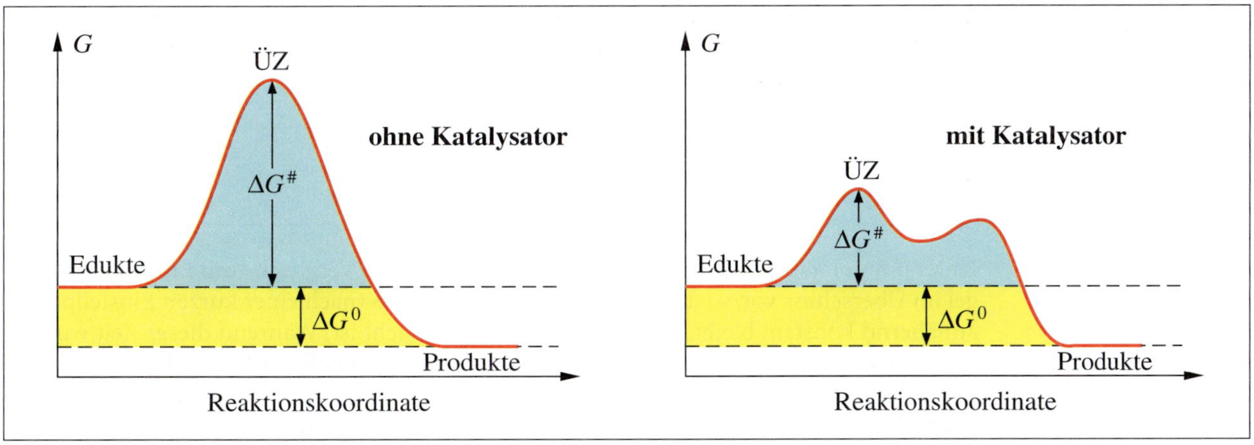

Abb. 12/5 Energiediagramm einer Reaktion ohne und mit Katalysator.

homogene Katalyse
heterogene Katalyse

Man unterscheidet zwischen **homogener** und **heterogener Katalyse**, je nachdem, ob der Katalysator in derselben Phase vorliegt wie das Reaktionssystem (homogene Katalyse), z. B. gelöst in einem flüssigen Reaktionsmedium, oder ob ein fester Katalysator in einem flüssigen Reaktionsmedium suspendiert wird (heterogene Katalyse). Bei der heterogenen Katalyse ist der Katalysator meistens ein Feststoff.

! Ein **Katalysator** beschleunigt eine chemische Reaktion durch Absenkung der Aktivierungsenergie. Er beeinflusst weder die Gleichgewichtslage noch die Gibbs-Energie (ΔG^0) der Reaktion.

Abgaskatalysatoren

Ein Beispiel für die *heterogene Katalyse* ist die Beseitigung von Schadstoffen in Automobilabgasen. Zu nennen sind hier Kohlenwasserstoffe und Kohlenmonoxid (CO), die durch unvollständige Verbrennung des Benzins entstehen, sowie Stickstoffoxide (NO_x), die aus Luftstickstoff bei den hohen Verbrennungstemperaturen im Otto-Motor hervorgehen. Die belasteten Abgase strömen durch wabenförmige Keramikträger, die mit Edelmetallkatalysatoren aus *Palladium* (Pd), *Platin* (Pt) oder *Rhodium* (Rh) beschichtet sind. Eine möglichst große Oberfläche und die optimale Betriebstemperatur steigern die Effizienz eines Abgaskatalysators. Dieser ermöglicht u. a. folgende Reaktion:

$$2\,CO + 2\,NO \xrightarrow{Pd} 2\,CO_2 + N_2$$

Das optimale CO/NO-Verhältnis wird über die Sauerstoffzufuhr beim Verbrennungsprozess mit Hilfe einer λ-Sonde geregelt.

Die Katalysatoren selbst erfordern bleifreies Benzin, weil Blei sie unwirksam macht (vergiftet). An der Entwicklung verbesserter Abgaskatalysatoren wird intensiv gearbeitet.

12.4 Enzymkinetik

Enzyme sind Biokatalysatoren. Sie beschleunigen biochemische Reaktionen und spielen bei allen Lebensprozessen eine wichtige Rolle. Die Geschwindigkeit (v) enzymatisch katalysierter Reaktionen ist z. T. erstaunlich hoch. Kenntnisse in der **Enzymkinetik** spielen bei der Beurteilung von Stoffwechselleistungen eine Rolle und können auch bei der Diagnose von Krankheiten wichtige Hinweise liefern.

In einem einfachen Modell für Enzymreaktionen *(Michaelis-Menten-Modell)* geht man davon aus, dass ein Enzym (E) reversibel ein Substrat (S) unter Bildung eines Enzym/Substrat-Komplexes (ES) bindet. Im katalytischen Zentrum des Enzyms wird das Substrat in das Produkt (P) umgewandelt, das sich vom Enzym ablöst.

$$E + S \underset{k_{-1}}{\overset{k_1}{\rightleftarrows}} ES \xrightarrow{k_{cat}} P + E$$

Fließgleichgewicht

Unter physiologischen Bedingungen liegt das Substrat im Vergleich zum Enzym in der Regel im Überschuss vor, so dass die Konzentration von ES (nach einer kurzen Einstellphase) annähernd konstant bleibt, bis das Substrat aufgebraucht ist. Während dieser Zeit wird ES genauso schnell gebildet, wie es abreagiert. Es liegt ein **Fließgleichgewicht** (engl. *steady state*) vor (☞ Kap. 6.7). In erster Näherung gilt $d[ES]/dt = 0$. Durch Umformen von Gleichung (1), die die zeitabhängige Änderung der Konzentration von ES angibt, erhält man Gleichung (2) als Ausdruck für die Konzentration an Enzym/Substrat-Komplex.

Gleichung (1):

$$\frac{d[ES]}{dt} = k_1\,[E] \cdot [S] - k_{-1}\,[ES] - k_{cat}\,[ES]$$

$$0 = k_1\,[E] \cdot [S] - k_{-1}\,[ES] - k_{cat}\,[ES]$$

$$k_1\,[E] \cdot [S] = [ES]\,(k_{-1} + k_{cat}) \qquad \text{daraus folgt:}$$

Gleichung (2):

$$\frac{[E] \cdot [S]}{[ES]} = \frac{k_{-1} + k_{cat}}{k_1} = K_M \qquad \text{(Einheit: mol/L)}$$

Michaelis-Konstante K_M

In Gleichung (2) bedeutet K_M die sog. **Michaelis-Konstante.** K_M entspricht unter bestimmten Bedingungen der Gleichgewichtskonstanten für die Dissoziation des Enzym/Substrat-Komplexes. Je kleiner der K_M-Wert ist, desto mehr Enzym/Substrat-Komplex liegt vor, d. h., desto fester wird das Substrat an das Enzym gebunden. K_M ist also ein Maß für die Substrataffinität eines Enzyms. *Acetylcholinesterase* mit $K_M = 9{,}5 \cdot 10^{-5}$ mol/L hat eine hohe Affinität zum Substrat Acetylcholin, während *Katalase* mit $K_M = 1{,}1$ mol/L eine geringe Affinität für das Substrat H_2O_2 besitzt.

Michaelis-Menten-Gleichung

Geht man davon aus, dass der Zerfall von ES in Produkt und Enzym der geschwindigkeitsbestimmende Schritt ist, erhält man die **Michaelis-Menten-Gleichung** als Ausdruck für die Reaktionsgeschwindigkeit v in Abhängigkeit von der Substratkonzentration.

> **!** $$v = k_{cat}\,[ES] = \frac{v_{max} \cdot [S]}{K_M + [S]} \qquad \textbf{(Michaelis-Menten-Gleichung)}$$

Hier wie in Abbildung 12/6 ist v_{max} die maximale Geschwindigkeit der enzymatischen Reaktion ($v_{max} = k_{cat}\,[E]_0$), wobei $[E]_0$ die Gesamtkonzentration an Enzym ist ($[E]_0 = [E] + [ES]$). Da das Substrat im Überschuss vorliegt, liegt das Enzym praktisch vollständig als ES-Komplex vor. Dies führt zu einer Kinetik *pseudonullter Ordnung*, die Geschwindigkeit ist unabhängig von der Substratkonzentration (☞ Kap. 12.2.1). K_M entspricht der Substratkonzentration, bei der die Reaktionsgeschwindigkeit die Hälfte von der maximalen Reaktionsgeschwindigkeit v_{max} erreicht hat.

Wechselzahl

K_M und v_{max} sind für ein Enzym unter definierten Bedingungen wie z. B. pH-Wert, Temperatur oder gegebener Enzymkonzentration charakteristisch und können experimentell bestimmt werden. Die kinetischen Parameter eines Enzyms sind ein Maß für seine katalytische Aktivität. Die Geschwindigkeitskonstante k_{cat}, die auch als **Wechselzahl** (engl. *turnover number*) bezeichnet wird, gibt an, wie oft ein Enzym eine bestimmte Reaktion pro Sekunde ermöglicht, wenn das Enzym mit Substrat gesättigt ist. Für die *Acetylcholinesterase* gilt z. B. $k_{cat} = 1{,}4 \cdot 10^4\ s^{-1}$.

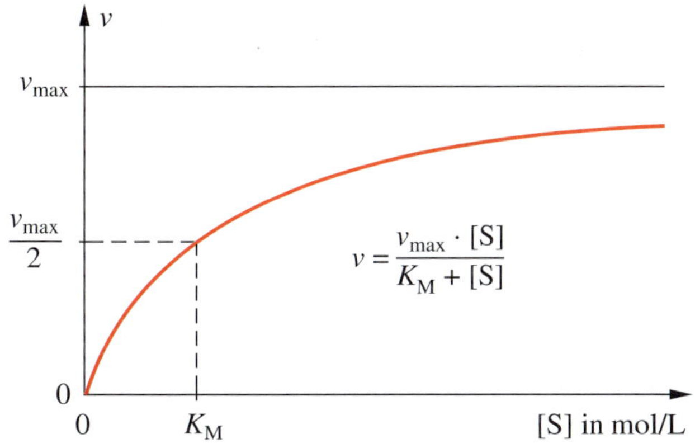

Abb. 12/6 Michaelis-Menten-Kinetik eines Modellenzyms. K_M = Michaelis-Konstante, [S] = Substratkonzentration, v_{max} = maximal mögliche Reaktionsgeschwindigkeit des Modellenzyms.

Jedes Enzym hat seine eigene Kinetik

Durch die kinetischen Daten erhält jedes Enzym ein eigenes „Gesicht". Es ist ein Merkmal der Lebensprozesse, dass die Kinetik der Enzyme über äußere Parameter regulierbar ist und dem Bedarf angepasst werden kann. Viele Krankheiten finden ihren Ausdruck in veränderten kinetischen Daten von sog. Schlüsselenzymen oder darin, dass die verfügbare Menge solcher Enzyme vom Normwert abweicht.

Unterschiedliche Alkoholwirkungen

Bei manchen Asiaten führt der Genuss selbst kleiner Mengen Alkohol (Ethanol) u. a. zu Gesichtsrötungen, Kopfschmerzen, gesteigertem Puls, Übelkeit und Erbrechen (Flush-Syndrom). Normalerweise wird der Alkohol im Körper (hauptsächlich in der Leber) durch Umwandlung in Essigsäure „entschärft" (☞ Kap. 13.1.4). Dabei tritt Acetaldehyd als Zwischenprodukt auf und ruft viele der Alkoholsymptome hervor. Die mitochondriale *Aldehyddehydrogenase* (ALDH 2), die für Acetaldehyd einen kleinen K_M-Wert hat, hält die Acetaldehyd-Konzentration niedrig. Dieses Enzym fehlt bei etwa 50% der Asiaten. Sie verfügen nur über die zytosolische *Aldehyddehydrogenase* (ALDH 1) mit hohem K_M-Wert, was nach Alkoholgenuss relativ rasch zu einer erhöhten Acetaldehyd-Konzentration im Blut und den genannten Nebenwirkungen führt. Bei diesen Menschen liegt eine *Alkoholintoleranz* vor.

Checkliste

Folgende Bezeichnungen/Begriffe sollten Sie erklären oder definieren (s. a. Glossar) und – wo möglich – Beispiele, Gleichungen oder Formeln angeben können:
Kinetik – Geschwindigkeitskonstante – Geschwindigkeitsgesetz – Reaktionsmechanismus – Reaktionsordnung – Gibbs-Aktivierungsenergie – Übergangszustand – geschwindigkeitsbestimmender Schritt – kinetische Kontrolle – Katalysator – Enzym – Fließgleichgewicht – Michaelis-Menten-Gleichung – Michaelis-Konstante K_M.

Aufgaben

1. Ordnen Sie nachfolgende Angaben den Bereichen *Kinetik* und *Thermodynamik* zu!
   a) Gibbs-Energie, b) Aktivierungsenergie c) Reaktion zweiter Ordnung, d) Geschwindigkeitskonstante, e) Übergangszustand, f) exergon.
2. Bei der *Sulfonierung* von Naphthalin entstehen α- und β-Naphthalinsulfonsäure (☞ Kap. 11.7.2). Es ergeben sich folgende Produktverhältnisse:
   Reaktionstemperatur 40 °C: $\alpha:\beta = 96:4$; 160 °C: $\alpha:\beta = 15:85$.
   Erwärmt man reine α-Naphthalinsulfonsäure in Schwefelsäure auf 160 °C, findet man nach einiger Zeit wiederum $\alpha:\beta = 15:85$. Bei welcher Temperatur ist die Sulfonierung *thermodynamisch kontrolliert*, bei welcher *kinetisch kontrolliert*? Ist die Sulfonierung *reversibel* (Begründung)?
3. Warum werden verderbliche Lebensmittel und Arzneien im Kühlschrank aufbewahrt?
4. Die Umwandlung von *cis*-2-Buten in *trans*-2-Buten durch Erwärmen ist eine Reaktion erster Ordnung. Formulieren Sie das *Zeitgesetz*!
5. Wodurch lässt sich die *Reaktionsgeschwindigkeit* erhöhen?
6. Bei der Reaktionskette $A \xrightarrow{k_1} B \xrightarrow{k_2} C \xrightarrow{k_3} D$ gilt $k_1 < k_2 < k_3$. Welches ist der *geschwindigkeitsbestimmende* Schritt der Reaktionskette?
7. Woran erkennen Sie, ob ein Stoff, den Sie einem Reaktionsgemisch zusetzen, ein *Katalysator* ist?
8. Wie beeinflusst ein *Katalysator* die *Gleichgewichtskonstante* einer Gleichgewichtsreaktion?
9. Gibbs-Energie einer Reaktion beträgt $\Delta G^0 = -21$ kJ/mol und Gibbs-Aktivierungsenergie der Hinreaktion $\Delta G^{\#} = +37$ kJ/mol. Wie groß ist die Aktivierungsenergie der Rückreaktion? Zeichnen Sie zur Beantwortung der Frage ein Energiediagramm!
10. Die Gibbs-Aktivierungsenergien zweier Reaktionen betragen 23 bzw. 70 kJ/mol. Wenn unter gleichen Bedingungen gemessen wird: Bei welcher Reaktion ist die Reaktionsgeschwindigkeit höher?
11. Lassen sich Übergangszustand und Zwischenprodukte einer enzymatischen Reaktion isolieren?

023 Lösungen der Aufgaben
024 IMPP-Fragen

KAPITEL

13 Verbindungen mit einfachen funktionellen Gruppen

Orientierung

Sobald Kohlenwasserstoffe mit einfachen funktionellen Gruppen, z. B. –OH, –SH oder $-NH_2$, ausgestattet sind, verändern sich die chemischen und physikalischen Eigenschaften der Moleküle. Man stößt auf die Verbindungsklassen der Alkohole, Thioalkohole und Amine. Die funktionellen Gruppen sind dabei das „Einfallstor" für chemische Reaktionen. Auch die Enzyme des Stoffwechsels greifen hier an, um Moleküle zu verändern oder nutzbar zu machen. Außerdem tragen einfache funktionelle Gruppen, wenn sie in der richtigen Umgebung stehen, zu den pharmakologischen Eigenschaften der Moleküle bei oder sie beeinflussen ein vorhandenes Wirkprofil. Die typischen Wirkungen des Ethanols z. B. sind im Diethylether abgeschwächt, Etherdämpfe wirken vornehmlich narkotisierend. *Morphin* aus dem Schlafmohn (Opium) ist ein starkes Schmerzmittel und macht süchtig, während *Codein*, der Methylether des Morphins, als Antitussivum eingesetzt wird.

Um bei organischen Molekülen mit verschiedenen funktionellen Gruppen, wie sie in der Biochemie üblich sind, nicht die Übersicht zu verlieren, werden diese Gruppen zunächst einzeln besprochen. Es fällt später dann leichter, mit komplexen Molekülen umzugehen und deren Reaktionsverhalten einzuschätzen.
Antwort erhalten Sie u. a. auf folgende Fragen:

- Was sind Alkohole und wie unterscheiden sie sich in ihren Strukturen und Eigenschaften?
- Worin unterscheiden sich Thioalkohole von den Alkoholen?
- Was haben Amine mit Ammoniak gemeinsam und welche Qualität bringt der Stickstoff in ein Molekül?
- Welche Reaktionen sind für bestimmte funktionelle Gruppen typisch?
- Wie kann man durch Variation der Reaktionsbedingungen Einfluss auf den Verlauf einer Reaktion nehmen?

13.1 Alkanole und Phenole

13.1.1 Klassifizierung und Nomenklatur

Hydroxygruppe
Alkanol

Ersetzt man in einem gesättigten Kohlenwasserstoff (Alkan) ein H-Atom durch eine OH-Gruppe (= **Hydroxygruppe**), erhält man ein **Alkanol**, ausgehend von einem aromatischen Kohlenwasserstoff ein *Phenol*. Zur Benennung der Alkanole fügt man an den Namen des Stammalkans die Endsilbe „**-ol**". Die Bezeichnungen *Alkanol* und *Alkohol* werden synonym verwendet und tauchen in Lehrbüchern auch nebeneinander auf.

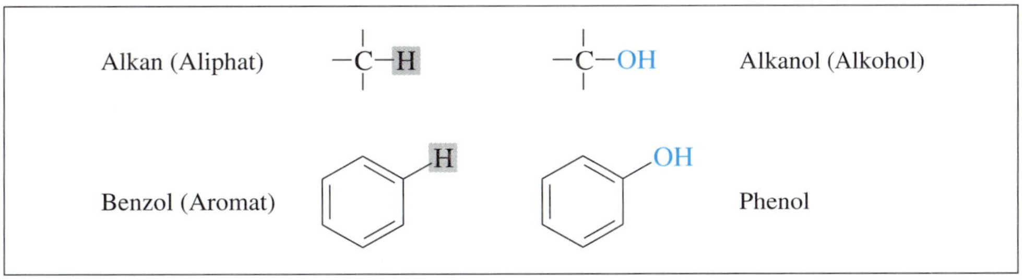

Alkanole und *Phenole* kann man sich auch so entstanden denken, dass im Wassermolekül ein H-Atom durch einen organischen Rest ersetzt wurde. Gewinkelter Bau und Dipolcharakter gelten entsprechend auch im Bereich der *Hydroxygruppe*. Das O-Atom trägt zwei freie Elektronenpaare, es ist gegenüber dem benachbarten H-Atom und dem organischen Rest negativ polarisiert (☞ Kap. 4.6). Entsprechend verleiht die Hydroxygruppe den Verbindungen im Vergleich zu den Kohlenwasserstoffen andere physikalische und chemische

Eigenschaften. Je nach Anzahl der Hydroxygruppen im Molekül unterscheidet man ein-, zwei-, drei- oder mehrwertige Alkanole (☞ Kap. 13.1.3).

Das einfachste Alkanol ist **Methanol** (= Methylalkohol, CH_3OH), es folgt **Ethanol** (= Ethylalkohol, C_2H_5OH), das als Endprodukt der alkoholischen Gärung allgemein bekannt ist. Beim Propan mit drei C-Atomen gibt es zwei Positionen, an denen die Hydroxygruppe gebunden sein kann: am Ende (***n*-Propanol**, 1-Propanol) oder in der Mitte (**Isopropanol**, 2-Propanol). Diese Alkanole besitzen dieselbe Summenformel (C_3H_8O), jedoch unterschiedliche Strukturformeln, es sind Konstitutionsisomere (☞ Kap. 11.2.1). Beim Butanol erhöht sich die Zahl der Konstitutionsisomere auf vier, drei sind in der Tabelle 13/1 angegeben. Aus Tabelle 13/1 ergibt sich ferner, dass auch die Alkanole, deren allgemeine Summenformel $C_nH_{2n+2}O$ lautet, eine homologe Reihe bilden (☞ Kap. 11.2.1).

primärer, sekundärer, tertiärer Alkanol

Primäre, sekundäre und tertiäre Alkanole. Je nachdem, wie viele Alkylreste (= R) das *sp*³-hybridisierte Kohlenstoffatom trägt, an dem die Hydroxygruppe gebunden ist, unterscheidet man **primäre**, **sekundäre** und **tertiäre Alkanole**. Nehmen wir als Beispiel die in Tabelle 13/1 angegebenen Konstitutionsisomere des Butanols: 1-Butanol (*n*-Butanol) ist ein

Tab. 13/1 Einfache Alkanole (Alkohole).

Summenformel	Struktur	Vereinfachte Struktur	Name
CH_4O	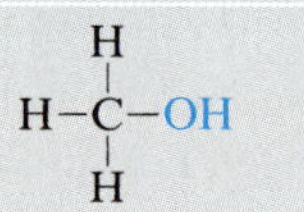	$H_3C{-}OH$	Methanol
C_2H_6O	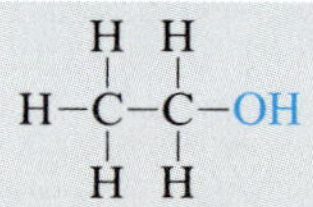	$H_3C{-}CH_2{-}OH$	Ethanol
C_3H_8O	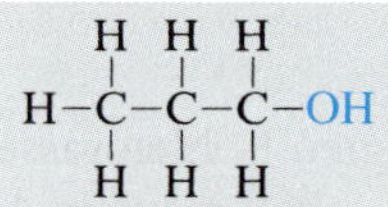	$H_3C{-}CH_2{-}CH_2{-}OH$	*n*-Propanol (= 1-Propanol)
C_3H_8O	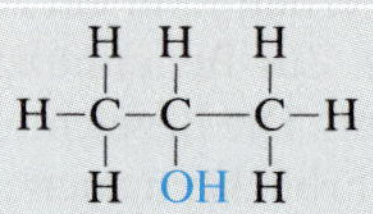	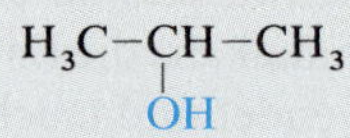	Isopropanol (= 2-Propanol)
$C_4H_{10}O$	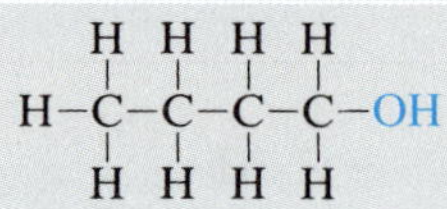	$H_3C{-}CH_2{-}CH_2{-}CH_2{-}OH$	*n*-Butanol (= 1-Butanol)
$C_4H_{10}O$	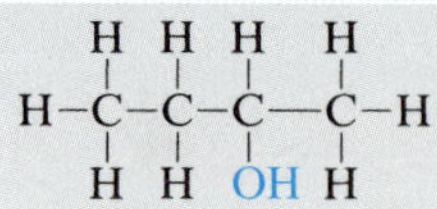	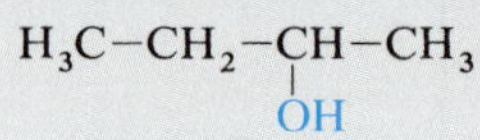	*sek*-Butanol (= 2-Butanol)
$C_4H_{10}O$	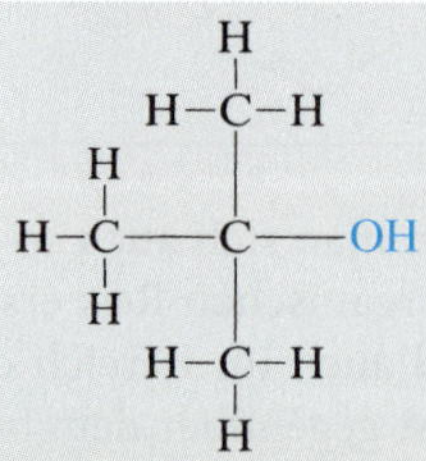	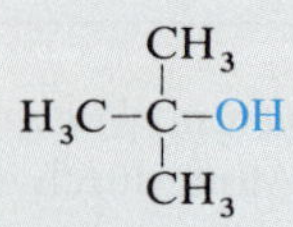	*tert*-Butanol (= 2-Methyl-2-propanol)

$C_nH_{2n+2}O$ (allgemeine Summenformel der Alkanole)

primäres, 2-Butanol (*sek*-Butanol) ein sekundäres und 2-Methyl-2-propanol (*tert*-Butanol) ein tertiäres Alkanol.

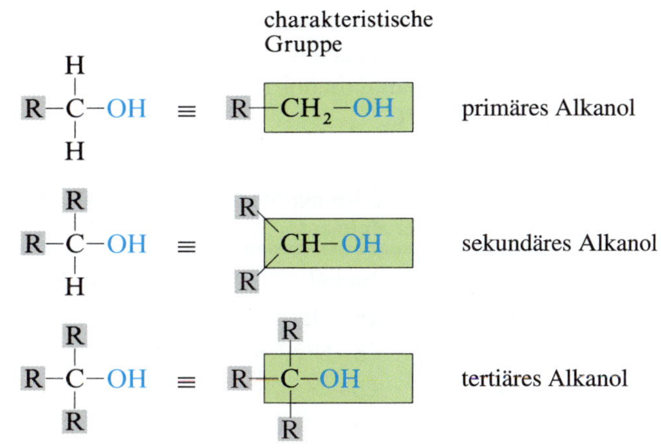

Nomenklatur. Die Stellung der Hydroxygruppe in einer aliphatischen C-Atom-Kette wird nach der IUPAC-Nomenklatur durch eine vor den Namen gesetzte Ziffer angegeben. Die Bezifferung der Kette (rechts oder links beginnend) ist so vorzunehmen, dass das C-Atom mit der OH-Gruppe eine möglichst kleine Zahl erhält. Liegt eine verzweigte C-Atom-Kette vor, verfährt man wie bei den Kohlenwasserstoffen. Die längste Kette gibt der Verbindung den Namen, hinzugefügt wird die Endsilbe „-**ol**". Verzweigungen der Kette werden unter Angabe der Ziffer des C-Atoms, von dem die Verzweigung ausgeht, vor den Stammnamen gesetzt. *tert*-Butanol erhält somit den systematischen Namen *2-Methyl-2-propanol*. Sind im Molekül mehrere Hydroxygruppen enthalten, ändert sich die Endsilbe entsprechend in -diol, -triol usw.

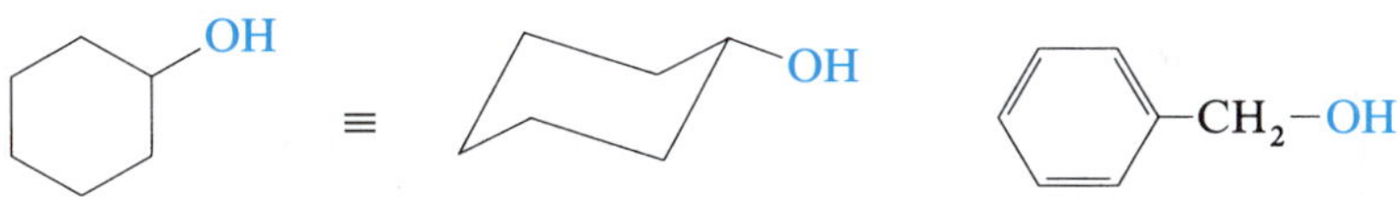

Cyclohexanol
(sekundärer Alkohol)

Benzylalkohol
(primärer Alkohol)

Die Reste R der primären, sekundären und tertiären Alkanole (Alkohole) können auch Teile eines Ringsystems sein. **Cyclohexanol** z. B. ist ein typisches sekundäres Alkanol, ein Cycloalkanol. **Benzylalkohol** ist ein typisches primäres Alkanol, auch wenn ein Aromat als Substituent am sp^3-C-Atom hängt. Die Bezeichnung Phenol trifft nur dann zu, wenn die Hydroxygruppe *unmittelbar am aromatischen Kern* steht. Die einfachste Verbindung, das **Phenol** (= Hydroxybenzol), gibt der Reihe den Namen. Vom *Naphthalin* kommt man zum **Naphthol** (= Hydroxynaphthalin), wobei man die beiden möglichen Isomere mit dem Präfix α bzw. β kennzeichnet oder die Stellung der OH-Gruppe am Ringsystem beziffert (1-Hydroxynaphthalin = 1-Naphthol bzw. 2-Hydroxynaphthalin = 2-Naphthol). Bei den Phenolen ist es nicht erlaubt, von Alkoholen zu sprechen.

Phenol

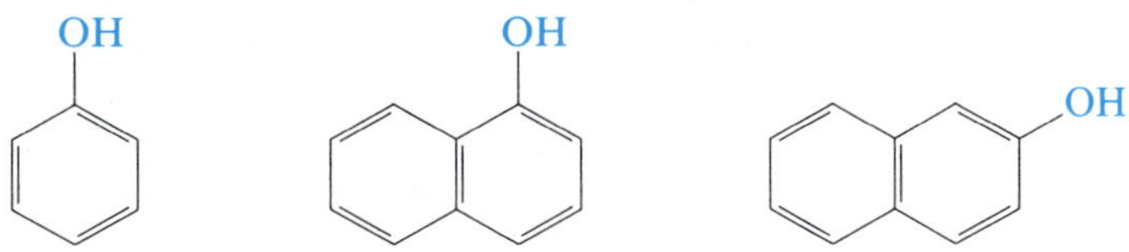

Phenol α-Naphthol β-Naphthol

13.1.2 Eigenschaften und Reaktionen

Siedepunkte. Die niederen Alkanole (mit bis zu 10 C-Atomen) sind bei Raumtemperatur Flüssigkeiten, die eine geringere Dichte als Wasser aufweisen. Vergleicht man die *Siedepunkte* von Methanol oder Ethanol mit dem eines Kohlenwasserstoffs vergleichbarer Molmasse, dann ergeben sich erhebliche Unterschiede (Tab. 13/2). Methanol siedet 154 °C höher als Ethan, Ethanol 120 °C höher als Propan. Zwischen Phenol und Toluol beträgt die Differenz 71 °C.

Tab. 13/2 Vergleich der Siedepunkte von Alkanolen bzw. Phenol und Kohlenwasserstoffen mit ähnlicher Molmasse.

Verbindung	Formel	Molmasse (g/mol)	Siedepunkt (°C)	
Methanol	CH_3–OH	32	65	154 °C Differenz
Ethan	CH_3–CH_3	30	–89	
Ethanol	CH_3–CH_2–OH	46	78	120 °C Differenz
Propan	CH_3–CH_2–CH_3	44	–42	
Phenol	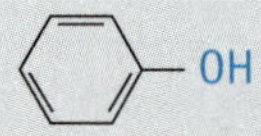	94	182	71 °C Differenz
Toluol	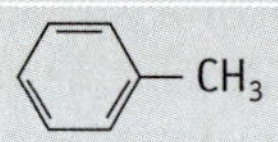	92	111	

Wasserstoffbrücken-bindung

Die Unterschiede erklären sich aus der Tatsache, dass Alkanol- bzw. Phenol-Moleküle untereinander **Wasserstoffbrücken** ausbilden und sich dadurch zu höhermolekularen Assoziaten zusammenlagern, wie es beim Wasser besprochen wurde (☞ Kap. 4.6). Je höher der Siedepunkt, umso mehr Energie muss für den Verdampfungsvorgang aufgewendet werden. Innerhalb der homologen Reihe der *n*-Alkanole ($C_nH_{2n+2}O$) nimmt der Siedepunkt mit jeder hinzukommenden CH_2-Gruppe gleichmäßig um etwa 20 °C zu, entsprechend dem Anstieg der Molmasse.

Wasserstoffbrückenbindungen:

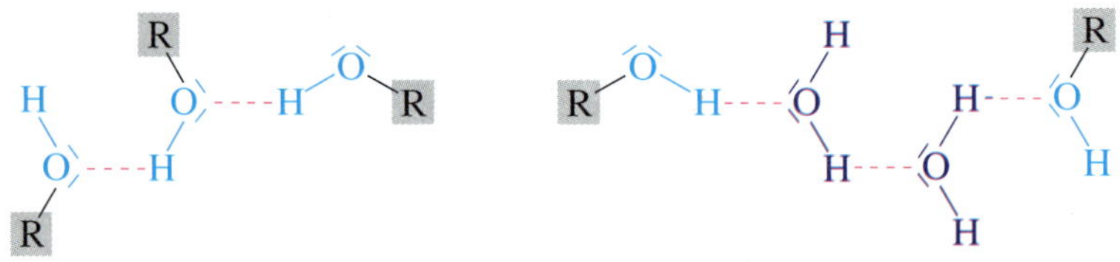

Alkanole — Alkanole in Wasser

lipophil/hydrophob

Löslichkeit. Wasserstoffbrückenbindungen sind nicht nur zwischen Alkanol- oder Phenol-Molekülen möglich, sondern auch von diesen zu Wassermolekülen. Beim Methanol, Ethanol und bei den Propanolen bestimmt die *hydrophile OH-Gruppe* das Lösungsverhalten der Moleküle, man findet vollständige Mischbarkeit mit Wasser. Bei längerer C-Atom-Kette gewinnt der *lipophile (= hydrophobe) Kohlenwasserstoffrest* an Bedeutung, das Lösungsverhalten der Moleküle ändert sich. *n*-Butanol löst sich nur noch begrenzt in Wasser (8,0 g/100 mL) und bildet, sobald die wässrige Lösung gesättigt ist, zwei Phasen; die höheren Alkanole, d. h. solche mit längerer C-Atom-Kette, werden zunehmend schlechter wasserlöslich. Man kann dennoch sagen, dass jede OH-Gruppe einer Verbindung einen Kontakt zur wässrigen Umgebung ermöglicht und außerdem für polare Wechselwirkungen, z. B. bei Enzymen oder Rezeptoren, genutzt werden kann.

amphoter

Alkanole sind Säuren und Basen. Auch für die Alkanole gilt im Prinzip der **amphotere Charakter** des Wassers (☞ Kap. 8.2). In Gegenwart starker Säuren lagert sich ein Proton an eines der freien Elektronenpaare an. Es entsteht ein *Alkyloxonium-Ion*, das Alkanol hat als Base reagiert. Alkanole sind allerdings sehr schwache Basen. Umgekehrt ist auch die Abspaltung eines Protons aus der Hydroxygruppe eines Alkanols möglich. Die *Acidität* von Methanol ($pK_s = 15{,}5$) entspricht etwa der des Wassers, Alkanole sind also sehr schwache Säuren. Das Anion der Alkanole wird als Alkoxid, Alkanolat oder auch allgemein als Alkoholat bezeichnet.

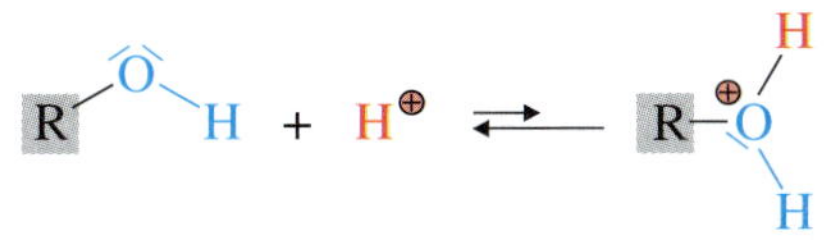

Alkanol als Base — Alkyloxonium-Ion

$$ROH + H_2O \rightleftharpoons RO^{\ominus} + H_3O^{\oplus}$$

Alkanol als Säure — Alkoxid (Alkoholat-Ion)

Versetzt man Methanol mit metallischem Natrium, dann reduziert dies die abgespaltenen Protonen zu Wasserstoff (H_2), der als Gas entweicht. Zurück bleibt das Salz *Natriummethoxid (= Natriummethanolat)*. In dieser Umsetzung ist die Säure/Base-Reaktion (1) mit einer Redoxreaktion (2) gekoppelt. Alkoxide sind ihrerseits starke Basen.

(1)	$2\,CH_3OH$	$\longrightarrow$	$2\,CH_3O^{\ominus} + 2\,H^{\oplus}$	(Säure/Base-Reaktion)
(2)	$2\,H^{\oplus} + 2\,Na$	$\longrightarrow$	$2\,Na^{\oplus} + H_2\uparrow$	(Redoxreaktion)
	$2\,CH_3OH + 2\,Na$	$\longrightarrow$	$2\,Na^{\oplus} + 2\,CH_3O^{\ominus} + H_2\uparrow$	(Gesamtprozess)

Phenol ist eine Säure. Während Cyclohexanol wie Methanol eine sehr schwache Säure ist, besitzt Phenol eine deutlich höhere Acidität ($pK_s = 10$) und lässt sich mit wässriger Natronlauge neutralisieren. Das gebildete Salz heißt *Natriumphenolat* und ist wie viele Salze gut wasserlöslich, während sich Phenol selbst weniger gut löst (9,3 g in 100 mL H_2O). Aufgrund seines pK_s-Wertes kann Phenol als schwache Säure eingeordnet werden.

Neutralisation von Phenol:

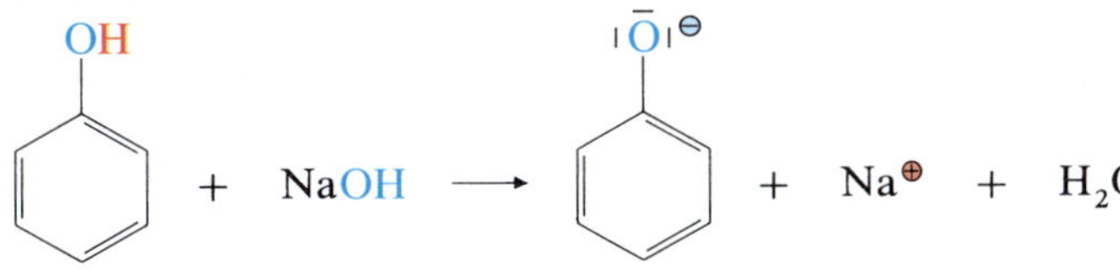

Phenolat-Ion

Im Phenolat-Ion ist die negative Ladung nicht nur am Sauerstoffatom lokalisiert, sondern verteilt sich auch über den Phenylrest. Das Anion ist *mesomeriestabilisiert* (☞ Kap. 11.7.1). Die vier für das Phenolat-Ion angegebenen **Grenzformeln** besitzen als Einzelmoleküle *keine* Realität, sondern sind nur eine unvollständige Beschreibung der vorliegenden Bindungsverhältnisse. Die tatsächliche Elektronenverteilung liegt zwischen dem, was die Formeln ausdrücken. Der Gewinn an Mesomerieenergie begünstigt die Anion-Bildung, Phenol ist acider als eine vergleichbare Verbindung, deren Anion keine Möglichkeit zur *Mesomerie* hat.

Mesomerie

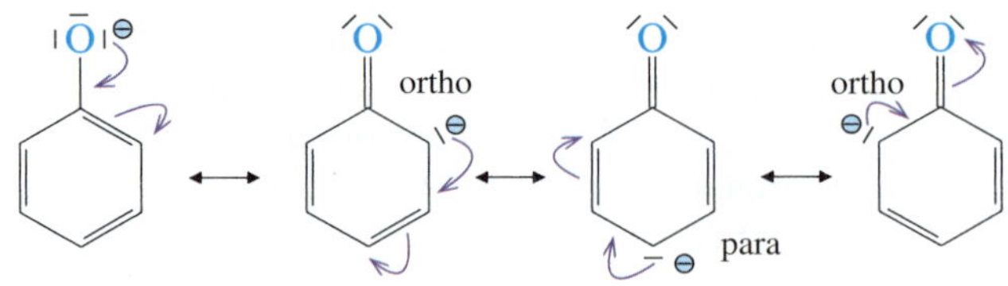

Mesomerie des Phenolat-Ions

! Moleküle, in denen sich die Ladung auf mehrere Atome verteilen kann *(Mesomerie)*, sind **energieärmer** als solche, in denen die Ladung an einem Atom lokalisiert ist.

mesomerer Effekt

Elektrophile aromatische Substitution des Phenols. Ähnlich wie das Phenolat-Ion ist das Phenol selbst auch mesomeriestabilisiert. Ein freies Elektronenpaar des Sauerstoffatoms verschiebt sich in den Phenylrest, dadurch erhält man Grenzformeln, bei denen die C-Atome in *ortho*- bzw. *para*-Stellung zur OH-Gruppe ein freies Elektronenpaar und damit eine negative Ladung tragen, während das O-Atom in diesen Formeln positiv geladen ist. Man sagt, dass die OH-Gruppe einen positiven **mesomeren Effekt** (+M-Effekt) ausübt, durch den die C-Atome in *ortho*- und *para*-Stellungen bevorzugt von einem Elektrophil angegriffen werden können.

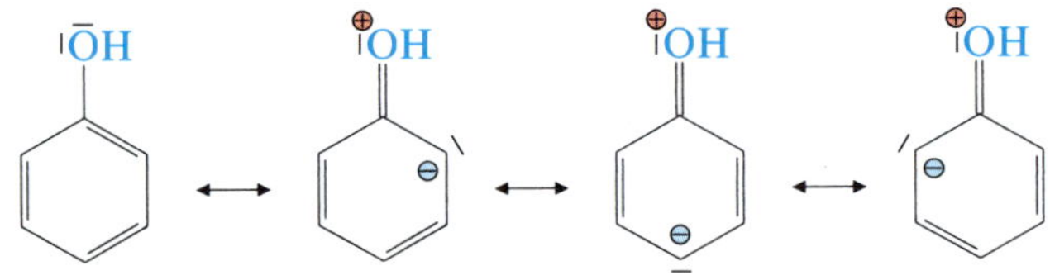

Mesomerie des Phenols

elektrophile Substitution

Durch die höhere Ladungsdichte in *ortho*- und *para*-Stellung wird Gibbs-Aktivierungsenergie $\Delta G^{\#}$ (☞ Kap. 12.2.3) der Reaktion für den Angriff eines Elektrophils herabgesetzt. Deshalb ist die *elektrophile Substitution* (vgl. Kap. 11.7.3) am Phenol gegenüber der Reaktion am Benzol *erleichtert*. Als Beispiel sei die Bromierung genannt, die beim Phenol *ohne Katalysator* abläuft und alle drei möglichen Positionen erreicht. Die OH-Gruppe *dirigiert* die neuen Substituenten in die *ortho*- bzw. *para*-Stellung am Phenylrest, es entsteht 2,4,6-Tribromphenol.

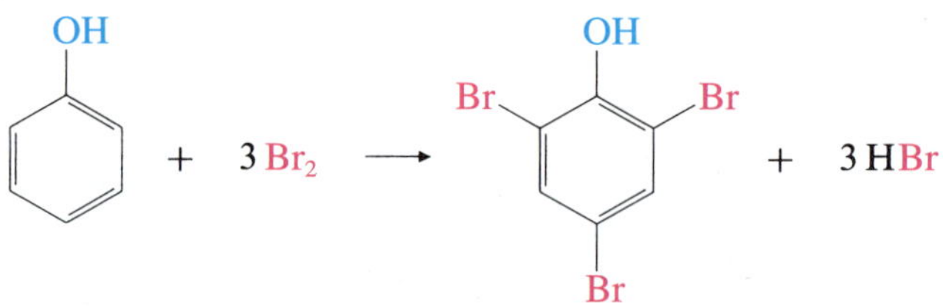

Phenol **2,4,6-Tribromphenol**

Oxidation von Alkanolen. Primäre und sekundäre Alkanole können mit geeigneten Oxidationsmitteln (chemisch oder enzymatisch) zu **Aldehyden** bzw. **Ketonen** oxidiert werden. Durch diese Reaktion wird die ursprüngliche funktionelle Gruppe verändert, die entstehenden Verbindungen haben andere Eigenschaften (☞ Kap. 14.3). Generell ist die milde Oxidation eines Alkanols nur möglich, wenn das C-Atom, an dem die OH-Gruppe steht, noch mindestens ein H-Atom trägt. Bei *tertiären* Alkanolen ist dies nicht der Fall, sie sind unter vergleichbaren Bedingungen *nicht* oxidierbar.

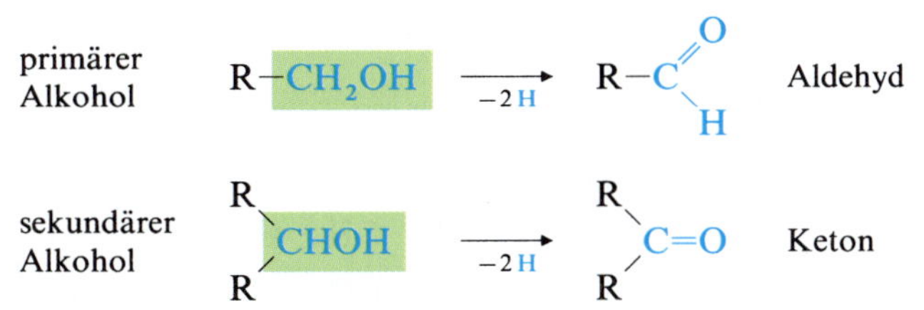

Dehydratisierung

Dehydratisierung von Alkanolen. Die Reaktion von Alkanolen mit Mineralsäuren führt bei erhöhter Temperatur zur Abspaltung von Wasser. Dieser Prozess ist eine *Eliminierung* (☞ Kap. 13.7), die in diesem Fall als **Dehydratisierung** bezeichnet wird. Aus dem Alkanol entsteht ein **Alken**. Diese Reaktion ist reversibel, die Rückreaktion ist die Addition von Wasser an ein Alken, die *Hydratisierung* (☞ Kap. 11.5.3). Die Mineralsäure ist bei beiden Reaktionen der *Katalysator*.

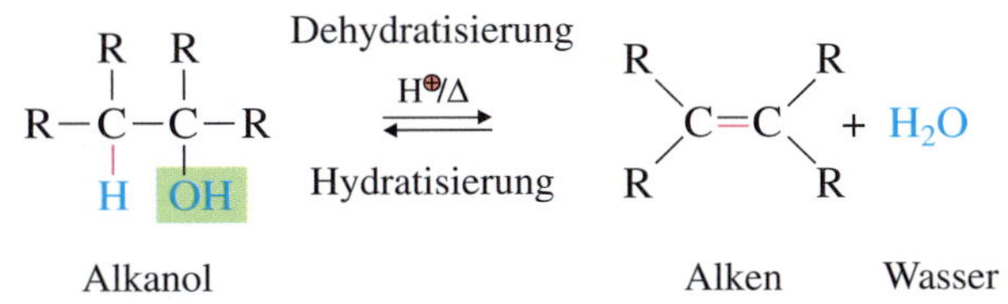

Reaktionsmechanismus

Den **Reaktionsmechanismus** der Dehydratisierung zeigt das folgende Schema. Die Reaktion beginnt mit der Protonierung der OH-Gruppe zum *Alkyloxonium-Ion*. Aus diesem wird im nächsten Schritt Wasser abgespalten, es entsteht ein Carbenium-Ion. Dieses stabilisiert sich unter Abgabe eines Protons vom benachbarten C-Atom, das dort zurückbleibende Elektronenpaar bildet die Doppelbindung im Propen (☞ Kap. 13.7).

Mechanismus der Dehydratisierung:

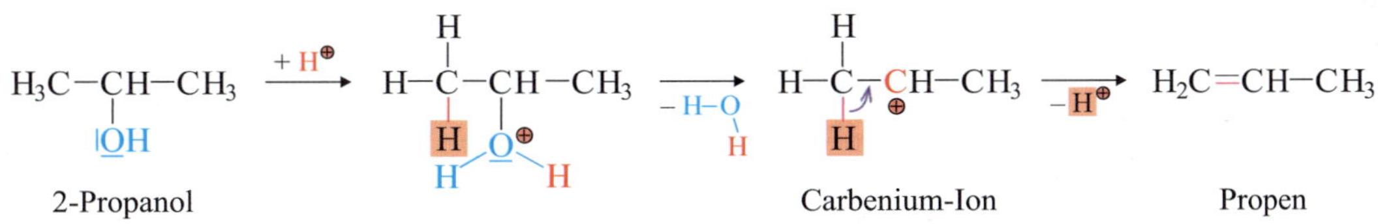

13.1.3 Mehrwertige Alkanole und Phenole

mehrwertige Alkohole

In einer Kohlenwasserstoffkette kann im Prinzip an jedem C-Atom ein H-Atom durch eine Hydroxygruppe substituiert sein. Die Zahl der OH-Gruppen im Molekül bestimmt die *Wertigkeit* des Alkohols, was nicht mit der Wertigkeit (= Oxidationsstufe) der Elemente in verschiedenen Verbindungen verwechselt werden darf. **Ethylenglycol** (1,2-Ethandiol, Glycol) ist der einfachste *zweiwertige* Alkohol und wird z. B. als Frostschutzmittel verwendet. **Glycerin** (engl. *glycerol*, 1,2,3-Propantriol), der einfachste *dreiwertige* Alkohol, ist Bestandteil der Neutralfette im Gewebe und der Glycerophospholipide der Zellmembran (☞ Kap. 17.2).

Bei längeren C-Ketten entstehen *Polyole*, die wie alle Verbindungen dieser Reihe durch die Häufung hydrophiler Gruppen gut wasserlöslich sind. Als Beispiele zu nennen sind **D-Sorbit**, das als Zuckerersatzstoff Verwendung findet (☞ Kap. 20), und ***myo*-Inosit** (= Inositol), dessen Triphosphat (IP_3) bei der zellulären Signalübermittlung eine wichtige Rolle spielt. Beides sind *sechswertige* Alkohole, denen ein Hexan- bzw. Cyclohexangerüst zugrunde liegt. Beim *myo*-Inosit stehen fünf der OH-Gruppen äquatorial und nur die an C-2 axial.

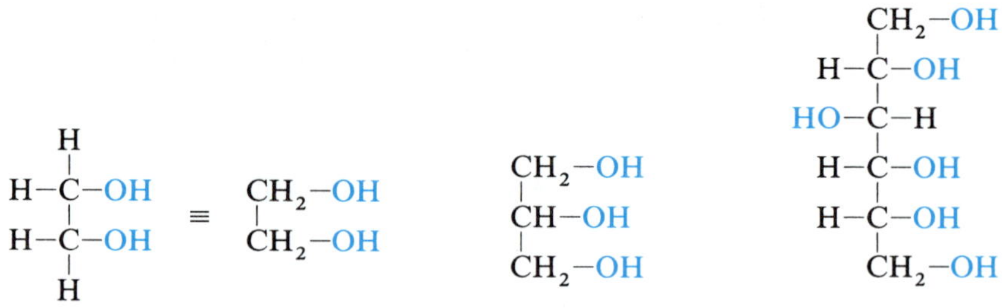

Ethylenglycol (= Glycol) — Glycerin (= Glycerol) — D-Sorbit (= Sorbitol)

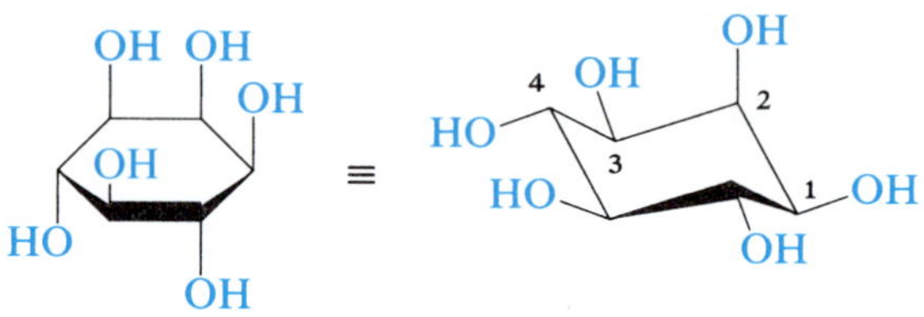

myo-Inosit (= Inositol)

Ganz entsprechend existieren auch zwei- bzw. mehrwertige Phenole. Vom Phenol ausgehend, kann eine zweite OH-Gruppe die *ortho-*, *meta-* oder *para*-Stellung einnehmen. Die zugehörigen Verbindungen sind *Brenzkatechin* (engl. *catechol*), *Resorcin* und *Hydrochinon*.

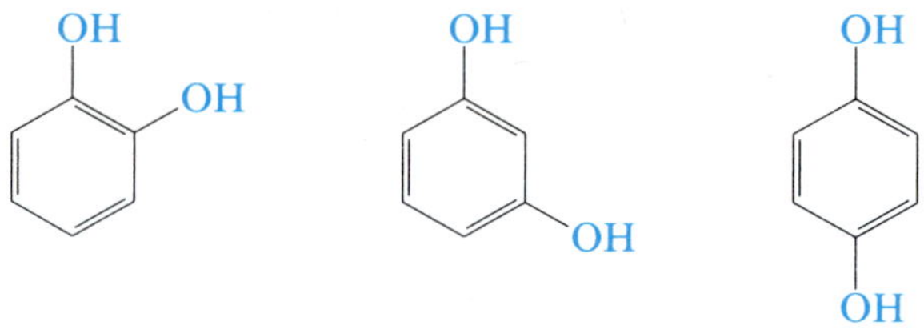

1,2-Dihydroxybenzol (Brenzkatechin) — 1,3-Dihydroxybenzol (Resorcin) — 1,4-Dihydroxybenzol (Hydrochinon)

13.1.4 Wo spielen Alkanole eine Rolle?

Niedere Alkanole. Der einfachste Alkohol, **Methanol** (Holzgeist), entsteht bei der Destillation von Holz in Abwesenheit von Luftsauerstoff. Heute gewinnt man Methanol großtechnisch durch katalytische Hydrierung von Kohlenmonoxid unter Druck. Methanol wird als Lösungsmittel (Lacke, Polituren) und für die Gewinnung von Formaldehyd zur Kunststoffherstellung verwendet. Es ist eine leicht brennbare Flüssigkeit und kommt auch als Benzinersatz für Verbrennungsmotoren in Frage *(Methanol-Auto)*.

$$CO + 2\,H_2 \xrightarrow[(Cu/ZnO/Cr_2O_3)]{250\,°C,\ 5\text{–}10\ MPa} CH_3OH$$

Methanol ist ein starkes Gift

Methanol führt schon in geringer Menge zu Vergiftungen, ca. 30 mL sind tödlich. Neben Rauscherscheinungen tritt eine Beeinträchtigung der Sehfähigkeit bis hin zur *Erblindung* ein. Ursache für die Degeneration des Sehnervs sind *Formaldehyd* und *Ameisensäure*, die durch metabolische Oxidation entstehen. Ameisensäure führt außerdem zu einer *Azidose*. Zur Therapie einer Methanolvergiftung setzt man eine hohe Dosis Ethanol ein. Es hat eine höhere Affinität zum Enzym *Alkoholdehydrogenase* (ADH) und hemmt die Oxidation von Methanol kompetitiv, so dass mehr Zeit verbleibt, das Methanol über die Lunge oder den Urin auszuscheiden.

$$\underset{\text{Methanol}}{H{-}CH_2OH} \xrightarrow[-2\,H]{ADH} \underset{\text{Formaldehyd}}{HCHO} \xrightarrow[-2\,H]{+H_2O} \underset{\text{Ameisensäure}}{HCOOH}$$

Ethanol (Weingeist) entsteht als Endprodukt bei der *alkoholischen Gärung* von Glucose durch Mikroorganismen (Hefen). Dieser Prozess ist dem Menschen seit Jahrtausenden bekannt, die Aufklärung der *Glykolyse* und der Einzelschritte, die zur Ethanolbildung führen, gehört zu den großen Leistungen der Biochemie im 20. Jahrhundert.

$$\underset{\text{Glucose}}{C_6H_{12}O_6} \xrightarrow{\text{Hefe}} \underset{\text{Ethanol}}{2\,C_2H_5OH} + \underset{\text{Kohlendioxid}}{2\,CO_2}$$

absoluter Alkohol

Durch *Gärprozesse* kann man Ethanol nur bis zu einem Gehalt von 15 Vol.-% anreichern, die produzierenden Organismen bringen sich durch das gebildete Ethanol selbst um. Ein höherer Ethanolgehalt lässt sich erreichen, wenn man die Gärlösung destilliert, was in der Spirituosenindustrie *„brennen"* heißt. Das so gewonnene Ethanol enthält auch bei sorgfältigem Arbeiten immer noch ca. 4% Wasser, da 96%iges Ethanol niedriger siedet (78,15 °C, *azeotropes Gemisch*) als reines Ethanol (78,30 °C). Will man wasserfreies Ethanol (**absoluten Alkohol**) erhalten, muss man das Restwasser mit Trockenmitteln (z. B. CaO) binden. Ethanol für Genusszwecke wird mit einer hohen Steuer belegt. Um Missbrauch auszuschließen, wird das technische Ethanol durch schwer abtrennbare Zusätze (z. B. Pyridin oder Kohlenwasserstoffe) ungenießbar gemacht (*„vergällt"*). Auch Ethanol versucht man als Benzinersatz zu nutzen.

Ethanol ist giftig und macht süchtig

Die letale Ethanolkonzentration liegt bei ca. 4‰ (4 mg/mL im Blut). Die Giftwirkung äußert sich in zunehmender Euphorie, Enthemmung, Desorientierung, Sprachstörungen sowie verminderter Urteilskraft und führt im fortgeschrittenen Stadium zum Koma („Komasaufen"). Ethanol erweitert die Blutgefäße und erzeugt deshalb ein Wärmegefühl, obwohl die Körpertemperatur eher absinkt. Die Zufuhr von ca. 60 g Ethanol pro Tag über einen längeren Zeitraum führt zur Abhängigkeit (Alkoholismus) mit der Folge erheblicher Schäden der Leber und des Nerven-/Sinnessystems. Eine Flasche Wein, 2 L Bier oder 2 – 3 Gläser Whisky entsprechen dieser Menge. Schon ein Viertel der Menge reicht, um den Alkoholspiegel des Bluts auf über 0,5‰ zu bringen. Ethanol wird schnell aus dem Magen und oberen Dünndarm resorbiert und in der Leber enzymatisch über *Acetaldehyd* in *Essigsäure (Acetat)* umgewandelt. Der Ethanolabbau erfolgt linear (ca. 7 – 10 g pro Stunde, ☞ Kap. 12.2.1 und 12.4), weil er durch die erforderliche Nachlieferung des Coenzyms $NAD^{\oplus}$ für das Enzym Alkoholdehydrogenase (ADH) limitiert ist. Die eigentliche toxische Wirkung geht vom primär entstehenden Acetaldehyd aus. Ethanol kann außerdem zur Krebsentstehung beitragen, es ist ein *Kokarzinogen*.

$$\underset{\text{Ethanol}}{CH_3{-}CH_2OH} \xrightarrow[-2\,H]{ADH} \underset{\text{Acetaldehyd}}{CH_3{-}CHO} \xrightarrow[-2\,H]{+H_2O} \underset{\text{Essigsäure}}{CH_3{-}COOH}$$

Ethanol wirkt als 70%ige wässrige Lösung keimtötend, es ist somit ein gutes Desinfektionsmittel und wird auch zur Konservierung z. B. von Früchten (Rumtopf) verwendet.

Steroide

Gonan

13

Cholesterin und Östradiol. *Steroide* sind eine umfangreiche Gruppe natürlich vorkommender Verbindungen, die eine große Wirkungsvielfalt aufweisen. Zu den **Steroiden** gehören z. B. Herzglykoside, Sexualhormone, Gallensäuren, Nebennierenhormone.

Das Grundgerüst der Steroide leitet sich vom tetracyclischen Kohlenwasserstoff **Gonan** ab. Die Sechsringe werden durch die Buchstaben A, B und C gekennzeichnet, der Fünfring durch D. Die Bezifferung der C-Atome zeigt die Formel. Die Ringe können, wie beim Decalin gezeigt (☞ Kap. 11.3.3), *cis* oder *trans* verknüpft sein. In den natürlichen *Steroiden* sind die Ringe B/C und C/D immer *trans* verknüpft. Für die Verknüpfung der Ringe A/B findet man beide Möglichkeiten. Auch kann Ring A aromatisch sein (Östradiol) oder Ring B eine Doppelbindung enthalten (Cholesterin).

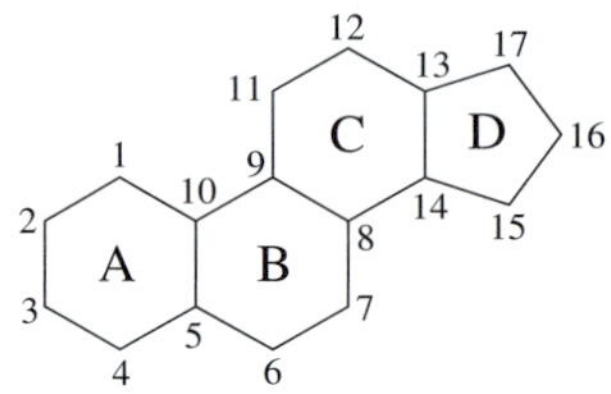

Gonan (Steran) $C_{17}H_{28}$

Unter Anfügen von Methylgruppen an C-10 und C-13 des Gonans und einer Kohlenwasserstoffkette R an C-17 ergeben sich typische Steroid-Grundgerüste, die als Keilstrichformel und in der Sesselform-Schreibweise angegeben sind. Letztere verdeutlicht den Molekülbau besser und zeigt, dass das Molekül bei der A/B-*trans*-Verknüpfung gestreckt gebaut ist, bei der A/B-*cis*-Verknüpfung hingegen einen Winkel bildet. Substituenten oder H-Atome, die bei dieser Schreibweise oberhalb der Ebene der Ringe liegen, werden als *β-Substituenten* bezeichnet, die unterhalb als *α-Substituenten*. Beide Grundgerüste enthalten zwei β-Methylgruppen, die sog. angularen Methylgruppen (lat. *angulus* = Winkel). Das Wasserstoffatom an C-5 ist in der linken Formel 5*α*- (orange) und in der rechten 5*β*- (grün) orientiert. Dieser kleine Unterschied definiert zwei Familien von Steroiden mit völlig unterschiedlichen Eigenschaften. Zur 5*α*-Reihe gehören viele *Steroidhormone*, zur 5*β*-Reihe die *Gallensäuren*, die in der Lage sind, Fette zu emulgieren.

Steroid-Grundgerüste:

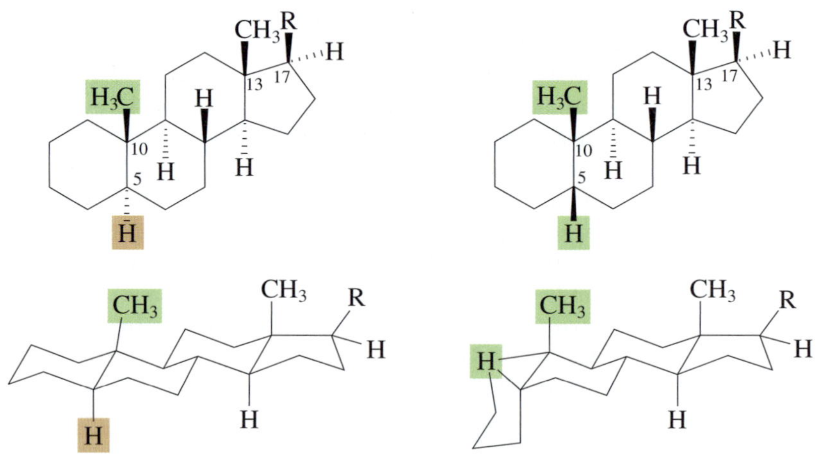

Ringe A/B-*trans*-verknüpft
(5*α*-Reihe)

Ringe A/B-*cis*-verknüpft
(5*β*-Reihe)

Cholesterin

Cholesterin (engl. *cholesterol*) ist das bekannteste Steroid und am weitesten verbreitet. Es kommt in fast allen Geweben vor. Cholesterin ist ein sekundärer Alkohol mit einer *β*-ständigen OH-Gruppe an C-3, zusätzlich enthält es an C-5/C-6 eine olefinische Doppelbindung, die leicht mit Brom reagiert (Additions-Reaktion, ☞ Kap. 11.5.3). Durch die Doppelbindung gibt es bei den Ringen A/B keine *cis/trans*-Isomerie mehr. Für die C_8-Seitenkette an C-17 ist die Zickzack-Konformation angegeben. Hinsichtlich der Löslichkeit muss man das Cholesterin als *lipophil* einstufen, es gehört zur Substanzklasse der **Lipide**.

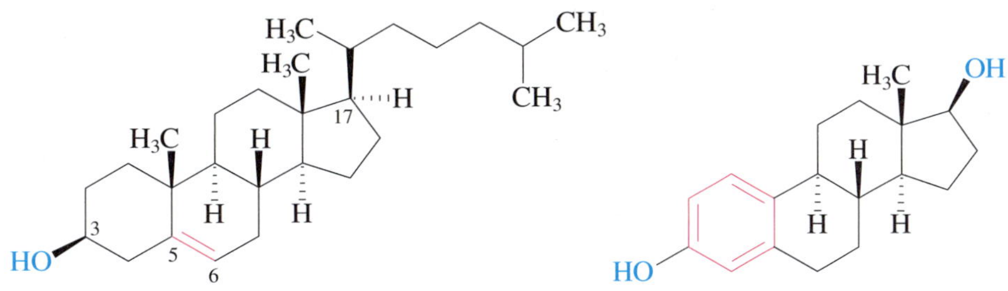

Cholesterin (Cholesterol) Östradiol (Estradiol)

Östradiol

Östradiol (engl. *estradiol*) gehört zu den Steroidhormonen und ist u. a. an der Ausprägung der sekundären weiblichen Geschlechtsmerkmale und an der Steuerung des weiblichen Zyklus beteiligt. Es leitet sich wie alle Steroidhormone vom Cholesterin ab. Ring A im Cholesterin wurde unter Abspaltung der angularen Methylgruppe an C-10 aromatisiert, entsprechend ist die OH-Gruppe an C-3 jetzt phenolisch. Ferner fehlt die C_8-Seitenkette, stattdessen findet man eine sekundäre β-OH-Gruppe an C-17.

Cholesterin und Arteriosklerose

Cholesterin ist deshalb so bekannt, weil seine Ablagerung in den Blutgefäßen zu Arteriosklerose und als Folge zu Herz-Kreislauf-Erkrankungen (z. B. Herzinfarkt) führen kann. Cholesterin ist in vielen Nahrungsmitteln enthalten (z. B. Eigelb), so dass es leicht zu einem Überangebot kommt. Der menschliche Körper enthält 200 – 300 g Cholesterin in verschiedenen Geweben. Cholesterin zirkuliert im Blut und wird durch *Lipoproteine* in Lösung gehalten. **LDL** (engl. *low density lipoprotein*) transportiert Cholesterin von der Leber, dem Hauptort der Biosynthese, in andere Gewebe, wo es z. B. in Steroidhormone oder Gallensäuren umgewandelt oder als Membranbaustein gebraucht wird. LDL gibt Cholesterin an der Membran der Zellen ab. HDL (engl. *high density lipoprotein*) ist ein „Cholesterinfänger", es transportiert überschüssiges Cholesterin z. B. von Membranoberflächen zurück in die Leber. Höhere HDL-Werte gehen mit einem niedrigeren Risiko einher, eine koronare Herzerkrankung auszubilden. Dagegen sind hohe Konzentrationen von LDL im Blut unerwünscht, weil es zu Cholesterinablagerungen kommen kann, vor allem wenn die Cholesterinweitergabe von LDL an die Zellen gestört ist. Therapeutisch versucht man in solchen Fällen, den Serum-Cholesterinspiegel durch eine Diät oder durch Verabreichung von Hemmstoffen der Cholesterinbiosynthese zu senken.

075 Fallbeispiel Hypercholesterinämie

Vitamine mit OH-Gruppen

Vitamin D$_3$, ein sekundärer Alkohol, kommt im Fischleberöl reichlich vor und gehört zu den fettlöslichen Vitaminen, d. h., ein Überangebot kann Schaden anrichten. Vitamin D$_3$ entsteht beim Menschen aus 7-Dehydrocholesterin in der Haut im Zuge einer lichtabhängigen Reaktion. Die eigentliche Wirkform ist 1,25-Dihydroxycholecalciferol, ein dreiwertiger Alkohol, der in Niere und Leber aus Cholecalciferol hervorgeht. In seiner aktiven Form reguliert Vitamin D$_3$ den Blutcalciumspiegel und gewährleistet den Aufbau und Erhalt funktionstüchtiger Knochen.

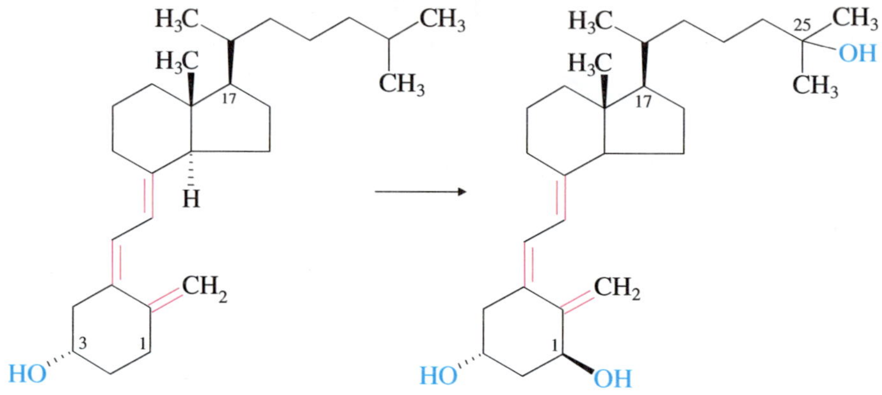

Cholecalciferol (Vitamin D$_3$) — 1,25-Dihydroxycholecalciferol (Calcitriol, „aktives D$_3$-Hormon“)

Vitamin E ist ein lipophiler Radikalfänger (Antioxidans) und schützt u. a. ungesättigte Fettsäuren in Membranlipiden oder Lipoproteinen (z. B. LDL) vor einer Peroxidbildung. Es enthält eine Hydrochinonstruktur, die auf einer Seite als Ether in eine Isopren-Seitenkette (☞ Kap. 11.5.4) eingebunden ist.

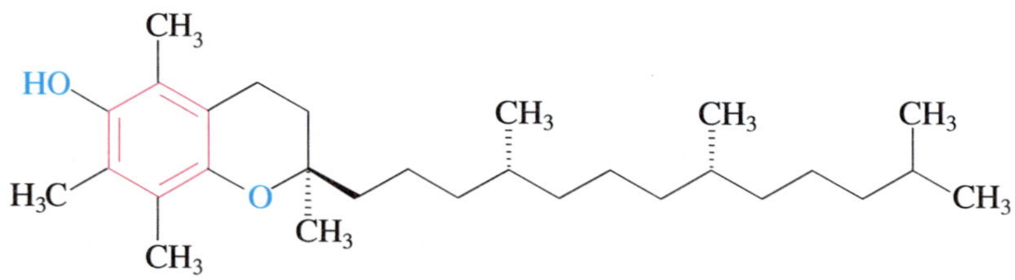

Vitamin E (α-Tocopherol)

072 Übersicht Vitamine

Checkliste

Folgende Bezeichnungen/Begriffe sollten Sie erklären oder definieren (s. a. Glossar) und – wo möglich – Beispiele, Gleichungen oder Formeln angeben können:
Alkanole (Alkohole) – amphoter – Hydroxygruppe – Wasserstoffbrückenbindung – primäre, sekundäre, tertiäre Alkanole – mehrwertige Alkohole – Dehydratisierung – Phenole – Phenolat – Mesomerie – elektrophile Substitution – Steran – Steroid – Antioxidans.

Aufgaben

1. Vom *Butanol* existiert ein viertes Konstitutionsisomer, das in Tabelle 13/1 fehlt. Geben Sie seine Struktur und seinen systematischen Namen an und formulieren Sie sein Oxidationsprodukt!
2. Welche Struktur hat *1-Octanol*? Wie schätzen Sie seine Wasserlöslichkeit ein?
3. Zeichnen Sie die Formeln und klassifizieren Sie folgende Alkanole als primär, sekundär oder tertiär:
   a) 5-Chlor-4-methyl-2-hexanol
   b) 2,2-Dimethylcyclobutanol
   c) 1,4-Butandiol
4. Ein Inhaltsstoff des Thymians ist *Thymol* (2-Isopropyl-5-methylphenol), und einer des Pfefferminzöls heißt *Menthol* (2-*trans*-Isopropyl-5-*cis*-methylcyclohexanol). Geben Sie die Strukturformeln an und zeichnen Sie für Menthol zusätzlich den Cyclohexanring in der Sesselform!
5. Formulieren Sie die Umsetzung von *Ethanol* mit *Natrium* und benennen Sie die Reaktionsprodukte!
6. Formulieren Sie die Umsetzung von *Hydrochinon* mit 2 Mol-Äquivalenten NaOH! Um was für einen Reaktionstyp handelt es sich hierbei?
7. Ordnen Sie folgende Verbindungen nach Acidität: *Phenol*, *Cyclohexanol*, *Salzsäure*, *Essigsäure*!
8. Warum ist Phenol acider als Cyclohexanol?
9. Siedet *n-Butanol* höher oder niedriger als *tert-Butanol*? Begründen Sie die Antwort!
10. Formulieren Sie die Dehydratisierung des *Cyclohexanols*! Wie heißt das Reaktionsprodukt?
11. Warum ist *Methanol* giftig?
12. Wie sind die Ringe B/C und C/D im *Cholesterin* verknüpft?
13. Formulieren Sie das Reaktionsprodukt von Cholesterin mit Brom (zwei Isomere)!
14. Welche der folgenden Verbindungen löst sich am besten in Wasser, welche am schlechtesten: *Cholesterin*, *Vitamin E*, *Steran*, *Glycerin*?
15. Die Kinetik des Ethanolabbaus im Blut ist pseudonullter Ordnung (☞ Kap. 12.2.1). Was bedeutet dies in der Praxis und was ist der Grund dafür?

058 Lösungen der Aufgaben

Bedeutung für den Menschen

Alkohole

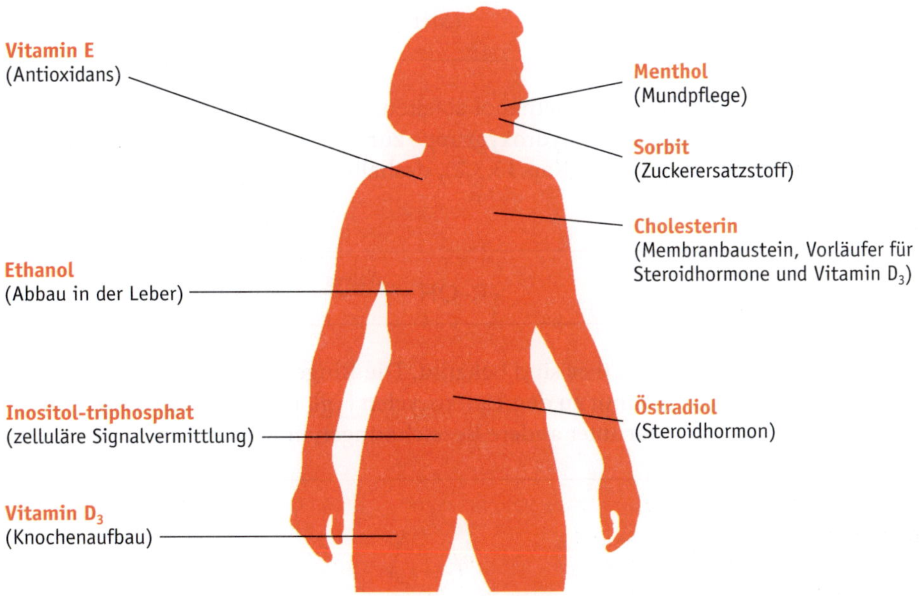

13.2 Ether

13.2.1 Nomenklatur und Eigenschaften

Sind beide H-Atome des Wassers durch Kohlenwasserstoffreste ersetzt, so gelangt man zur Substanzklasse der *Ether*.

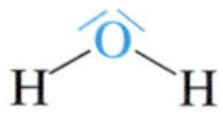
Wasser

Alkanol

Ether

Alkoxyalkane

symmetrische, unsymmetrische Ether

Nomenklatur. Aliphatische Ether werden bei der Namensgebung als Alkane mit einem Alkoxy-Substituenten behandelt (**Alkoxyalkane**). In der älteren Literatur werden Ether nach den am O-Atom hängenden Resten bezeichnet oder tragen Trivialnamen. Das Sauerstoffatom bildet mit Einfachbindungen eine Brücke zwischen zwei C-Atomen, die zu aliphatischen oder aromatischen Resten gehören können. Ferner gibt es symmetrische und unsymmetrische Ether. Ether haben die allgemeine Summenformel $C_nH_{2n+2}O$ und sind daher Konstitutionsisomere der Alkanole mit entsprechender Anzahl C-Atome (z. B. 1-Butanol/Ethoxyethan).

symmetrische Ether

$H_3C-\overline{O}-CH_3$

Methoxymethan
(Dimethylether)

$H_3C-CH_2-\overline{O}-CH_2-CH_3$

Ethoxyethan
(Diethylether = „Äther“)

unsymmetrische Ether

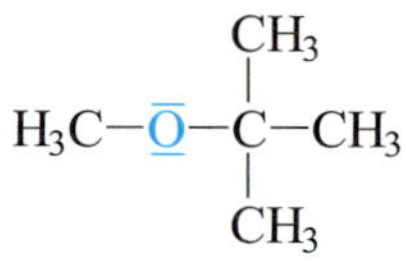
2-Methoxy-2-methylpropan
(Methyl-*tert*-butylether)

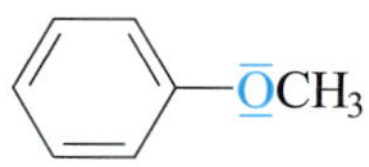
Methoxybenzol
(Anisol)

Methoxygruppe

Ether, die sich vom Methanol ableiten, enthalten den Rest $-OCH_3$ (**Methoxygruppe**). Die Methylierung einer Hydroxygruppe zur Methoxygruppe ist enzymatisch durch ein *„aktives Methyl“* möglich (☞ Kap. 13.3.2), deshalb besitzen manche Naturstoffe dieses Strukturelement.

$$R\text{-}OH \xrightarrow{\text{„aktives Methyl“}} R\text{-}OCH_3$$

Auch cyclische Ether sind bekannt. Die Ringe enthalten außer C-Atomen auch Sauerstoff und gehören damit zu den Heterocyclen (vgl. Kap. 21). Angegeben sind die systematischen Namen und darunter andere Bezeichnungen in Klammern.

Oxacyclopropan
(Oxiran, Epoxid,
Ethylenoxid)

Oxacyclopentan
(Tetrahydrofuran)

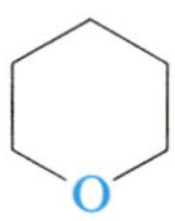
Oxacyclohexan
(Tetrahydropyran)

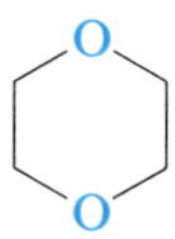
Dioxan

Siedepunkte. Da Ether untereinander keine Wasserstoffbrückenbindungen ausbilden, liegen ihre Siedepunkte *unter* denen isomerer Alkanole und ähnlich denen von Alkanen mit vergleichbarer Molmasse (Tab. 13/3). Ether sind meist *nicht* mit Wasser mischbar, so bilden Diethylether und alle höheren Ether mit Wasser zwei Phasen. Lediglich Dimethylether oder Dioxan sind hier Ausnahmen.

Tab. 13/3 Vergleich der Siedepunkte.

Name	Formel	Molmasse (g/mol)	Siedepunkt (°C)
n-Butanol	$CH_3CH_2CH_2CH_2{-}OH$	74	118
Diethylether	$CH_3CH_2{-}O{-}CH_2CH_3$	74	35
n-Pentan	$CH_3CH_2CH_2CH_2CH_3$	72	36

Inhalationsnarkotika

Äther (= Diethylether) wurde früher als Narkosemittel verwendet, weil eine Äthernarkose ohne großen apparativen Aufwand zu erreichen ist und Äther eine große Narkosebreite besitzt, d. h. der Patient bei einer Überdosierung nicht unmittelbar gefährdet wird. Entdeckt wurden seine Eigenschaften 1846 von einem Zahnarzt in den USA.

3–4 Vol.-% Ether in der Atemluft sind erforderlich, um die narkotische und muskelrelaxierende Wirkung zu erreichen und aufrechtzuerhalten. Wegen der Explosionsgefahr von Äther/Luft-Mischungen und postnarkotischem Erbrechen verwendet man heute nicht brennbare halogenierte Äther wie z. B. **Isofluran** oder, um den Chloranteil zu vermeiden, **Sevofluran**. Beides sind farblose Flüssigkeiten mit hohem Dampfdruck, die sich durch rasches An- und Abfluten auszeichnen.

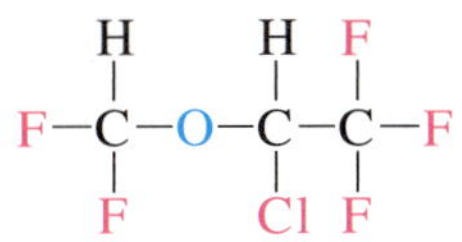

Isofluran

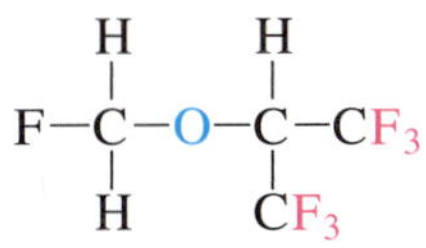

Sevofluran

Weitere Narkosemittel im klinischen Einsatz sind **Halothan** (☞ Kap. 11.4.2), **Lachgas** (N_2O) und **Xenon**. Oft werden mehrere der Substanzen gemeinsam eingesetzt. Die Verbindungen verteilen sich zwischen Atemluft und Blut, werden wegen ihrer Lipophilie an neuronale Membranen angelagert und ändern deren physikalisch-chemische Eigenschaften. Xenon bietet viele Vorteile und ist sehr umweltfreundlich. Weil eine Xenon-Narkose über die Atemluft zu teuer ist, wird es in gelöster Form (Fettemulsion) neuerdings intravenös appliziert.

13.2.2 Reaktionen

Säure-Base-Verhalten. Ether sind schwache Basen. In Gegenwart starker Säuren lagert sich ein Proton an das negativ polarisierte O-Atom an. Das gebildete *Dialkyloxonium-Ion* ist eine starke Säure.

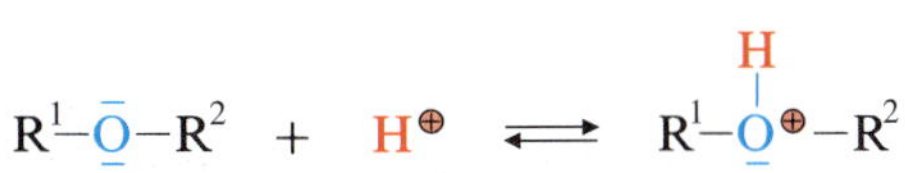

Ether — Dialkyloxonium-Ion

Darstellung. Die Darstellung von Ethern gelingt durch Abspaltung von Wasser (Kondensation) aus zwei Molekülen eines primären oder sekundären Alkanols in Gegenwart katalytischer Mengen von Schwefelsäure. Im Fall von Ethanol muss man bis auf 130 °C erhitzen. Mit dieser Methode lassen sich nur *symmetrische Ether* darstellen. Bei höherer Temperatur (> 180 °C) wird Wasser eliminiert, es entsteht Ethen (☞ Kap. 13.7).

Will man *unsymmetrische Ether* aufbauen, so gelingt dies durch Umsetzung eines *Alkoxids* mit einem *Iodalkan*, hierbei handelt es sich um eine nucleophile Substitutionsreaktion (☞ Kap. 13.6).

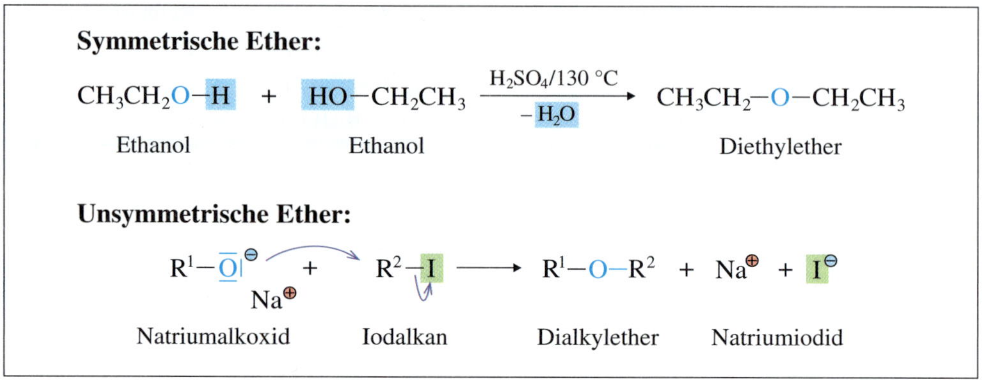

Reaktivität. Ether sind vergleichsweise reaktionsträge. Einige reagieren jedoch nach einem radikalischen Mechanismus mit Luftsauerstoff zu **Hydroperoxiden** und **Peroxiden**, die in fester Form explosiv sind. Zur Vermeidung der Peroxidbildung werden Ether in braunen Flaschen aufbewahrt und mit *Antioxidanzien* versetzt.

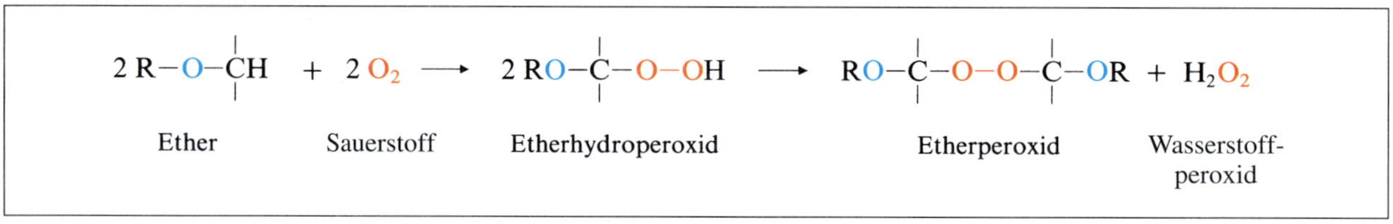

Nucleophil

Epoxide. *Oxacyclopropane (Oxirane, Epoxide)* sind wegen des gespannten Dreirings sehr reaktiv und werden unter Säurekatalyse leicht von einem *Nucleophil* angegriffen. Nucleophile sind Teilchen, die mit einem freien Elektronenpaar ein Kohlenstoffatom angreifen können (☞ Kap. 11.1.4). Ist Wasser das Nucleophil, entsteht ein 1,2-Diol. Da der Angriff des Wassers von der Rückseite erfolgt, ist das Diol *trans*-konfiguriert. Epoxide haben alkylierende Eigenschaften, sie wirken kanzerogen.

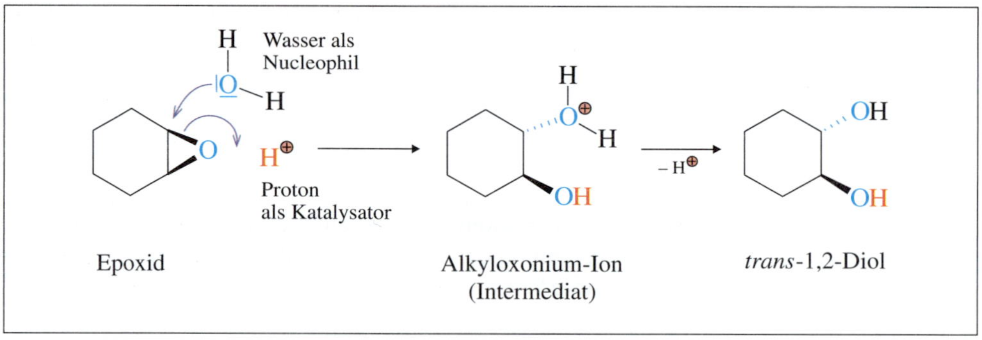

Benzpyren und Krebs

Die Reaktion an einem reaktiven Epoxid spielt beim krebserzeugenden Benzpyren eine Rolle (☞ Kap. 11.7.2), das z. B. im Zigarettenrauch enthalten ist. Es wird durch Oxygenasen zu einem Diolepoxid „aktiviert", das von einer nucleophilen Aminogruppe (–NH_2) der DNA (Desoxyribonucleinsäure) am Epoxid angegriffen und kovalent mit ihr verknüpft wird. Die DNA ist dann alkyliert, als Folge kann eine gesunde Zelle zu einer Krebszelle entarten.

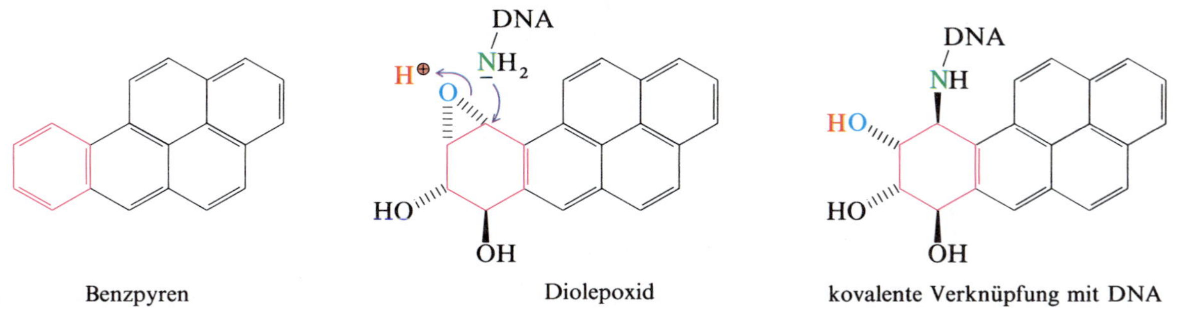

13

13.2.3 Kronenether

Es gibt cyclische Ether mit mehreren Ethergruppen im Molekül. Die sog. **Kronenether** bauen sich aus 1,2-Ethandiol-Einheiten auf und werden synthetisch hergestellt. Sie besitzen ungewöhnliche Lösungseigenschaften für Alkalisalze. Ihren Namen verdanken sie ihrer kronenähnlichen dreidimensionalen Struktur. Sie werden als [X]Krone-Y bezeichnet, wobei X die Gesamtzahl der Atome im Ring und Y die Zahl der Sauerstoffatome im Ring angibt.

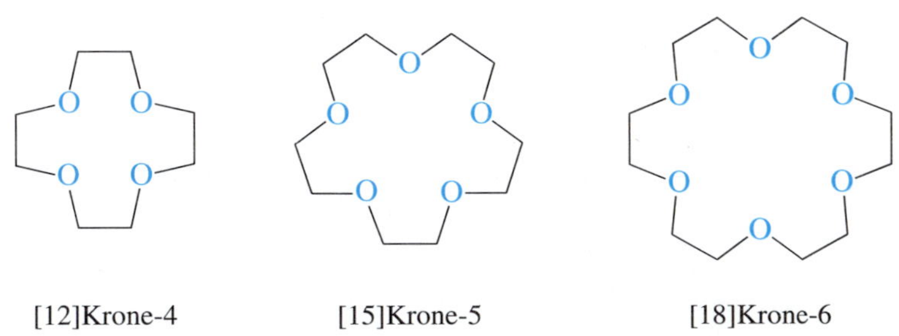

Kronenether sind lipophile Verbindungen, d. h., sie lösen sich vornehmlich in organischen Lösungsmitteln und nur wenig in Wasser. Sie haben die Fähigkeit, Alkali-Ionen wie z. B. $Li^{\oplus}$, $Na^{\oplus}$ oder $K^{\oplus}$ zu komplexieren. Diese Kationen werden wie in einem Käfig fixiert, die Bindung ist eine Ion-Dipol-Wechselwirkung zwischen dem Kation und den negativ polarisierten Sauerstoffatomen. Die nach innen gerichteten Sauerstoffatome des Kronenethers hüllen das Kation ein, der Gesamtkomplex ist einfach positiv geladen und extrem lipophil. Welcher Kronenether welches Kation komplexiert, hängt vom Durchmesser des Kations und von der Größe des Hohlraums im Kronenether ab. [12]Krone-4 bindet $Li^{\oplus}$, [15]Krone-5 bindet $Na^{\oplus}$ und [18]Krone-6 bindet $K^{\oplus}$ bevorzugt.

Die hydrophilen Eigenschaften eines Kations werden durch die Komplexbildung „maskiert" (☞ Kap. 10.5). Man kann so z. B. das violette Kaliumpermanganat ($KMnO_4$) mit [18]Krone-6 in Benzol auflösen, was ohne den Kronenether nicht gelingt. Der Kronenether greift als sog. **Phasentransfer-Katalysator** in ein Reaktionsgeschehen ein. Er ermöglicht in unserem Beispiel, dass Kaliumpermanganat als Oxidationsmittel in benzolischer Lösung reagieren kann, weil das Anion $MnO_4^{\ominus}$ dem Kation $K^{\oplus}$ wegen des Verbots einer Ladungstrennung in die organische Phase folgt. Ohne [18]Krone-6 läuft die Oxidation gar nicht

Phasentransfer-Katalysator

oder sehr langsam ab, d.h., durch den Kronenether wird die Reaktion in der organischen Phase beschleunigt.

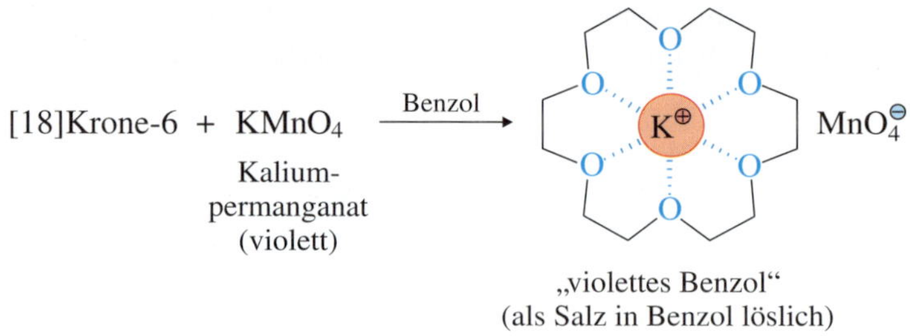

Wirt-Gast-Beziehung
Kronenether sind ein einfaches Modell für die *molekulare Erkennung*, die es sonst nur bei den wesentlich komplexer gebauten Enzymen gibt. Ein Wirt (hier Kronenether) erkennt einen zu ihm passenden Gast (hier Alkali-Ion), es bildet sich ein **Wirt-Gast-Komplex**, der z.B. für Studien zum Ionentransport durch Zellmembranen genutzt werden kann. Dieses Prinzip haben Chemiker der Natur abgeschaut. Es gibt sog. *Polyether-Antibiotika* (z.B. Nonactin, Monensin), deren Wirkung auf einer Störung des Ionentransportes beruht.

Checkliste

Folgende Bezeichnungen/Begriffe sollten Sie erklären oder definieren (s.a. Glossar) und – wo möglich – Beispiele, Gleichungen oder Formeln angeben können:
Alkoxyalkane – Dialkylether – symmetrische, unsymmetrische Ether – Methoxygruppe – Peroxid – cyclische Ether – Nucleophil – Kronenether.

Aufgaben

1. Zeichnen Sie die Strukturformeln für *4-Ethoxyphenol*, *2-Propoxybutan*, *Dibutylether*!
2. Aus welchen Alkanolen ist der nachfolgende Ether (Diethylenglycol-dimethylether) aufgebaut?
   $H_3C–O–CH_2–CH_2–O–CH_2–CH_2–O–CH_3$
3. Welche *Strukturisomere* mit der Summenformel C_2H_6O gibt es?
4. Formulieren Sie den Ether, der unter Wasserabspaltung aus *2-Propanol* in Gegenwart von Schwefelsäure (130 °C) entsteht! Was passiert bei 180 °C?
5. Formulieren Sie die Reaktion von Natriumphenolat und Iodmethan! Wie heißt das Reaktionsprodukt?
6. Formulieren Sie das Etherperoxid des *Diethylethers*!
7. *2-Methoxy-2-methylpropan* ist ein Ether, den man dem Benzin zusetzt, um die Klopffestigkeit von Ottomotoren zu erhöhen. Warum bringt das Vorteile?
8. Wenn Sie auf einem Labortisch eine offene Flasche mit *Diethylether* stehen haben und 3 m entfernt auf demselben Tisch eine Kerze brennt, entzündet sich der Ether nach einigen Minuten. Warum?
9. Nennen Sie bitte mindestens drei Inhalationsnarkotika!

059 Lösungen der Aufgaben

13.3 Thiole und Thioether

13.3.1 Nomenklatur und Eigenschaften

Schwefel (griech. *theion*) steht in der 16. Gruppe des Periodensystems direkt unter dem Sauerstoff und ist in der Oxidationsstufe –2 wie dieser zweibindig. Das S-Atom ist jedoch größer und weniger elektronegativ. Dem Wasser (H_2O) entspricht der Schwefelwasserstoff (H_2S) (☞ Kap. 4.6). Ersetzt man im H_2S die H-Atome durch organische Reste, erhält man **Thiole** (auch *Mercaptane* genannt) bzw. **Thioether** (auch *Sulfide* genannt). Konkrete Beispiele sind **Ethanthiol** bzw. **Dimethylsulfid**.

Thiole, Thioether

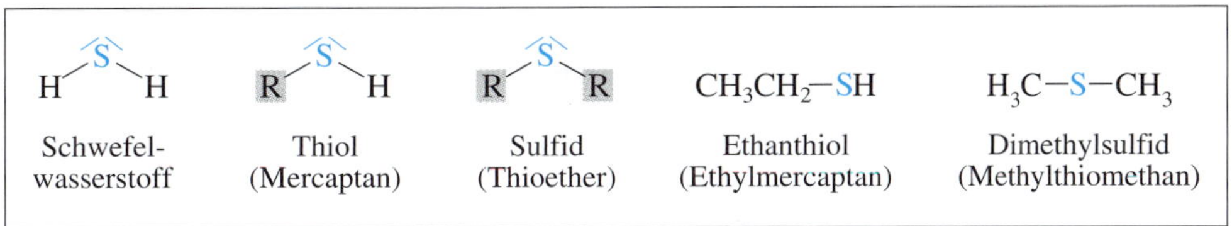

Zur Benennung der *Thiole* wird an den Namen des Stammalkans die Endsilbe „**-thiol**" angehängt. Die SH-Gruppe heißt auch Mercapto-Gruppe, weil sie das Quecksilber (lat. *Mercurius*) einfängt (lat. *capere*), d. h. chemisch gesehen, dass Thiole mit Quecksilberionen ($Hg^{2\oplus}$) feste Komplexe bilden. Die Bezeichnung Sulfid für die *Thioether* ist irreführend, weil die Salze des Schwefelwasserstoffs auch Sulfide heißen, z. B. Na_2S = Natriumsulfid.

$$2\ CH_3CH_2S{-}H + Hg^{2\oplus} \longrightarrow [CH_3CH_2\overline{S}|^{\ominus} \rightarrow Hg^{2\oplus} \leftarrow {}^{\ominus}|\overline{S}CH_2CH_3] + 2\,H^{\oplus}$$

Ethanthiol — Quecksilberkomplex

Die S–H-Bindung der Thiole ist schwächer als die O–H-Bindung der Alkanole und außerdem nur wenig polarisiert. Thiole bilden deshalb nur schwache Wasserstoffbrückenbindungen aus und sieden deutlich niedriger als vergleichbare Alkanole (Ethanthiol/Ethanol: 37 °C/78 °C). Die SH-Gruppe ist auf der anderen Seite acider als die alkoholische OH-Gruppe und in dieser Eigenschaft etwa den Phenolen vergleichbar (R–SH: $pK_s = 9-12$, abhängig vom Rest R). Als Erklärung kann dienen, dass im **Thiolat** die negative Ladung auf dem Schwefelatom wegen der unbesetzten *d*-Orbitale in der 3. Schale besser delokalisiert ist als auf dem kleineren Sauerstoffatom im entsprechenden Alkoholat.

$$CH_3CH_2CH_2{-}\overline{S}H + NaOH \longrightarrow CH_3CH_2CH_2{-}\overline{S}|^{\ominus}\ Na^{\oplus} + H{-}OH$$

Propanthiol — Natriumpropanthiolat

Schwefelverbindungen berühren den Geruchssinn

Niedermolekulare Thiole und Thioether besitzen wie Schwefelwasserstoff selbst einen widerwärtigen Geruch. Der nordamerikanische Skunk z. B. versprüht bei Gefahr u. a. 3-Methyl-1-butanthiol, um sich gegen Feinde zu wehren. Mischt man dem geruchlosen Erdgas 1 ppb Ethanthiol oder 2-Methyl-2-propanthiol bei (1 Molekül auf 10^9 Methan-Moleküle), so kann man das unerwünschte Austreten von Gas sofort riechen und ein Leck in der Gasleitung lokalisieren. Auch der Geruch, der beim Schneiden von Zwiebeln oder Knoblauch auftritt, ist auf niedere Thiole und Thioether zurückzuführen. Schwarzer Tee und Kaffee geben sich durch schwefelhaltige Aromastoffe zu erkennen. Allerdings ist ihr Anteil sehr gering und es liegen Gemische vor, so dass der Geruchssinn in diesem Fall angenehm berührt wird. Der unangenehme Geruch einer Substanz kann bei hoher Verdünnung angenehm werden.

13.3.2 Reaktionen

Disulfid

Oxidation von Thiolen. Ein wesentlicher Unterschied zwischen Thiolen und Alkanolen liegt in ihrem Verhalten gegenüber *Oxidationsmitteln*. Bei Alkanolen wird das Kohlenstoffatom oxidiert. Bei Thiolen wird das S-Atom oxidiert, die Reaktion beginnt mit der Entfernung des H-Atoms aus der SH-Gruppe. Milde Oxidationsmittel (z. B. Iod) überführen zwei Moleküle des Thiols unter *Dehydrierung* (= Abspaltung von Wasserstoff) in ein **Disulfid.** Diese Reaktion ist wie alle Redoxreaktionen reversibel. Stärkere Oxidationsmittel wie z. B. Kaliumpermanganat ($KMnO_4$) oxidieren Methanthiol zur **Methansulfonsäure,** d. h., das Schwefelatom nimmt zusätzlichen Sauerstoff auf und erreicht die Oxidationsstufe +6.

Oxidation (Dehydrierung)

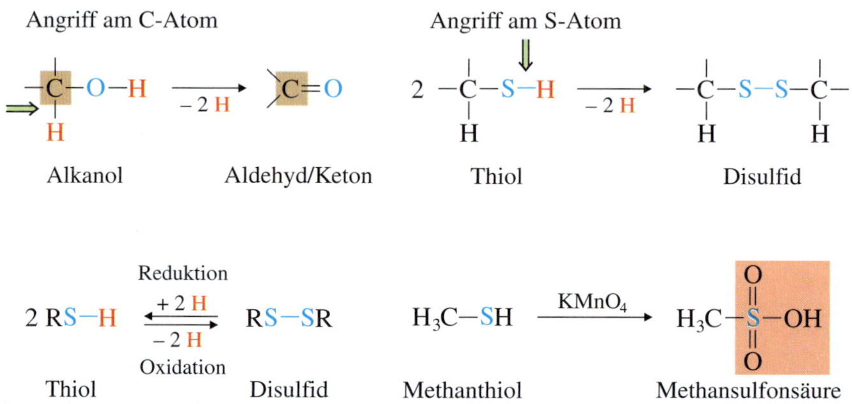

Disulfidbrücken

Viele Peptide enthalten freie SH-Gruppen. Durch Oxidation können sich **Disulfidbrücken** innerhalb einer Peptidkette oder zwischen zwei Peptidketten bilden. Eine intramolekulare Disulfidbrücke stabilisiert eine bestimmte Raumstruktur der Peptidkette (Tertiärstruktur, ☞ Kap. 19.2.5) und ist für die richtige Funktion z. B. eines Enzyms essenziell. Man kann sagen, dass der Schwefel bei Peptiden und Proteinen für eine höher geordnete Struktur verantwortlich ist. Er organisiert diese Strukturen und ist selbst relativ locker in die Moleküle eingebunden.

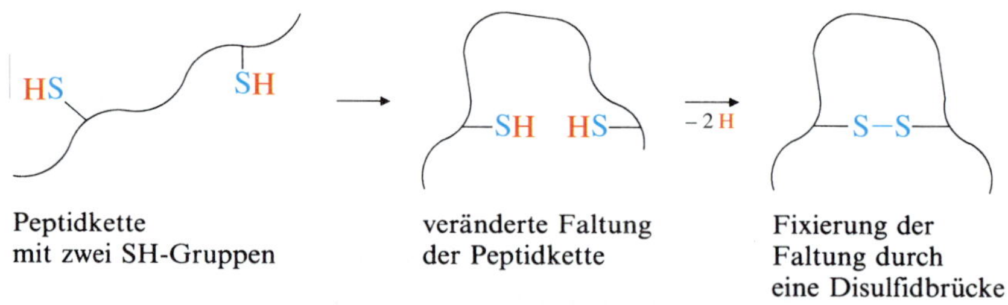

Radikalfänger. Thiole sind gute *Radikalfänger.* Die entstehenden Thiylradikale sind vergleichsweise wenig reaktiv und rekombinieren zu Disulfiden. Zur Zytoprotektion bei der Strahlentherapie werden SH-Gruppen-haltige Substanzen eingesetzt oder solche, die im gesunden Gewebe ein Thiol freisetzen (z. B. Amifostin). Dabei werden für den Körper gefährliche, reaktive Radikale „entschärft", bevor sie durch unkontrollierte Reaktionen an der DNA Mutationen auslösen können.

$$R^{1}\cdot + R^{2}{-}\overline{S}H \longrightarrow R^{1}{-}H + R^{2}{-}\overline{S}\cdot$$

Alkylradikal (reaktiv) — Thiol — Thiylradikal (wenig reaktiv)

Dimethylsulfoxid

Oxidation von Thioethern. Thioether (Sulfide) sind – im Gegensatz zu den Ethern – oxidierbar. Das Schwefelatom nimmt ein oder zwei Sauerstoffatome auf und verändert seine Oxidationsstufe. **Dimethylsulfoxid** z. B. ist ein wenig toxisches Lösungsmittel, das gleichermaßen hydrophile und lipophile Substanzen löst.

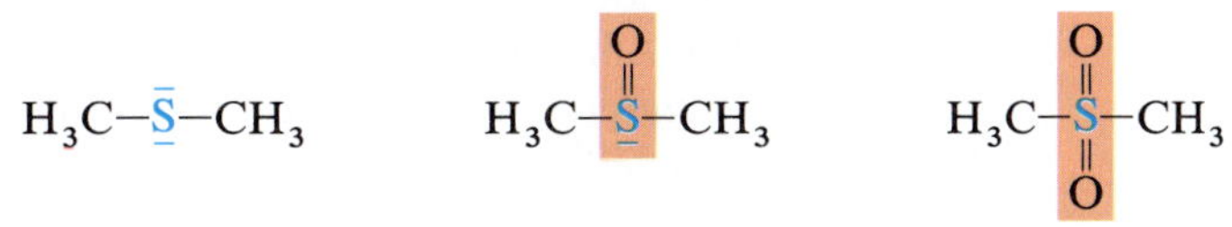

Dimethyl*sulfid* — Dimethyl*sulfoxid* (DMSO) — Dimethyl*sulfon*

Sulfoniumsalze. Durch Behandlung eines Thioethers mit Iodmethan entsteht ein Sulfoniumsalz. In diesem ist die Methylgruppe am Schwefel aktiviert (*„aktives Methyl"*) und kann andere funktionelle Gruppen als *Elektrophil* ($CH_3^{\oplus}$) angreifen und methylieren. Sulfoniumsalze spielen bei enzymatischen Methylierungen eine Rolle. Wichtiger Methyldonator im Stoffwechsel ist *S*-Adenosylmethionin (SAM), das eine Methylgruppe auf ein Nucleophil übertragen kann und dabei selbst in ein Sulfid übergeht.

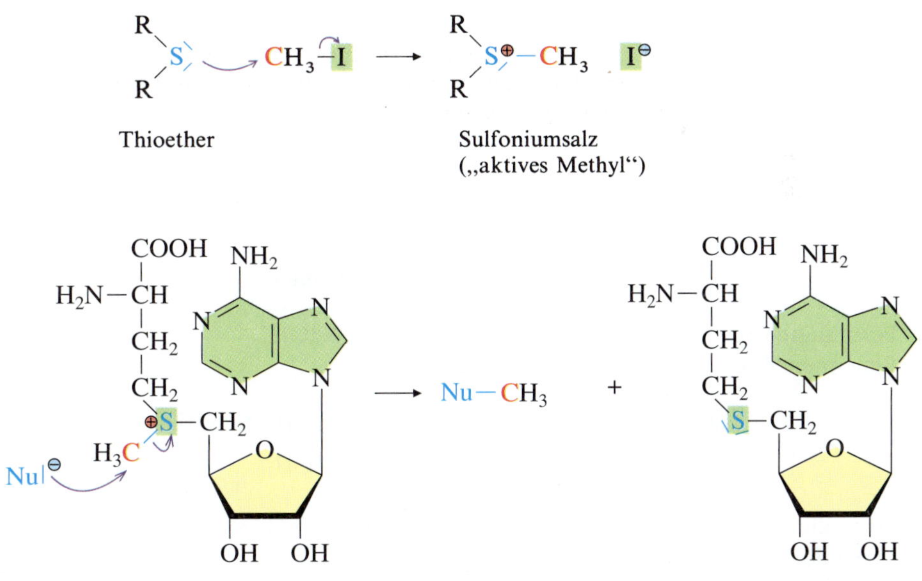

***S*-Adenosylmethionin (SAM)** — ***S*-Adenosylhomocystein**

Schwefel hat viele Funktionen

Neben den vier Grundelementen (C, H, O, N) kommt auch dem Schwefel im Stoffwechsel große Bedeutung zu. Der reduzierte Schwefel ist zwar kovalent, aber vergleichsweise locker gebunden, z. B. im Eiweiß, das durch ihn „organisiert" wird (Disulfidbrücken). Bei der Denaturierung von Eiweiß (Hitze, Fäulnis) entstehen rasch übel riechende Produkte bis hin zum Schwefelwasserstoff, der nach faulen Eiern stinkt.

Wichtige schwefelhaltige Moleküle bzw. Bausteine im menschlichen Körper sind:

- **Coenzym A** (enthält eine SH-Gruppe, verbindet sich an dieser mit Essigsäure zu Acetyl-Coenzym A),
- **Liponsäure** (enthält ein cyclisches Disulfid, ist an Redoxprozessen im Citratzyklus beteiligt),
- **Cystein** (ist Aminosäurebaustein vieler Peptide und Proteine, bildet Disulfidbrücken, um Proteinstrukturen zu stabilisieren, ☞ Kap. 19.2.5),
- **Methionin** (ist Aminosäurebaustein von Proteinen, als *S*-Adenosylmethionin überträgt es Methylgruppen).

Andere Wirkungen des Schwefels kann man bei bestimmten Pflanzeninhaltsstoffen sehen. Knoblauch z. B. setzt beim Pressen Enzyme frei, die aus schwefelhaltigen Vorstufen z. B. das **Allicin** bilden. Im Allicin ist ein Schwefelatom der Disulfidbrücke zum Sulfoxid oxidiert worden. Allicin hat antibakterielle Wirkungen, d. h., es schützt vor Infektionskrankheiten. Außerdem werden durch die schwefelhaltigen Inhaltsstoffe des Knoblauchs altersbedingte Gefäßkrankheiten günstig beeinflusst und der Körper gleichmäßiger durchwärmt.

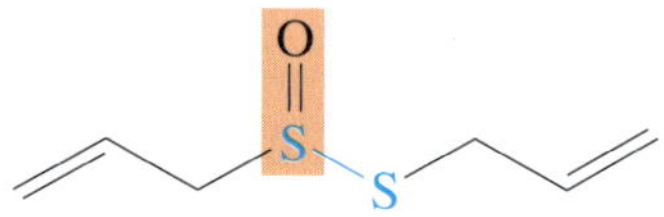
Allicin

Alle schwefelhaltigen Systeme sind bei Schwermetallbelastungen durch Umwelteinflüsse (z. B. Salze von Cadmium, Quecksilber oder Blei in der Nahrungskette) in ihrer Funktion besonders gefährdet.

Checkliste

Folgende Bezeichnungen/Begriffe sollten Sie erklären oder definieren (s. a. Glossar) und – wo möglich – Beispiele, Gleichungen oder Formeln angeben können:
Thiol (Mercaptan) – Thioether (Sulfid) – Thiolat – Radikalfänger – Disulfid – Disulfidbrücke – Sulfonium-Ion – „aktives“ Methyl.

Aufgaben

1. Formulieren Sie die Umsetzung von *Thiophenol* mit NaOH!
2. Benennen Sie die folgenden Verbindungen:

$$H_3C-CH_2-\underset{\displaystyle CH_3}{\underset{|}{CH}}-SH \qquad H_3C-CH_2-\underset{\displaystyle CH_3}{\underset{|}{CH}}-S-CH_3 \qquad H_3C-CH_2-SO_3H$$

3. Formulieren Sie die folgenden Reaktionsgleichungen:
   a) Milde Oxidation von 2-Propanthiol
   b) Reduktion von Diethyldisulfid
   c) Reaktion von 1-Propanthiol mit $Hg^{2\oplus}$
4. 2,3-Dimercaptopropanol *(Dimercaprol)* ist ein Gegengift (Antidot) bei Quecksilber- und anderen Schwermetallvergiftungen. Formulieren Sie den Komplex, der mit $Hg^{2\oplus}$ entsteht!

$$\underset{\displaystyle SH}{\underset{|}{CH_2}}-\underset{\displaystyle SH}{\underset{|}{CH}}-CH_2OH$$

5. Das wichtigste Antidot bei Metallvergiftungen ist 2,3-Dimercaptopropansulfonsäure (DMPS). Geben Sie seine Struktur an!

6. Formulieren Sie das im Zellmilieu entstehende Reduktionsprodukt der *Liponsäure*, die als Amid an ein Enzym gebunden vorliegt!

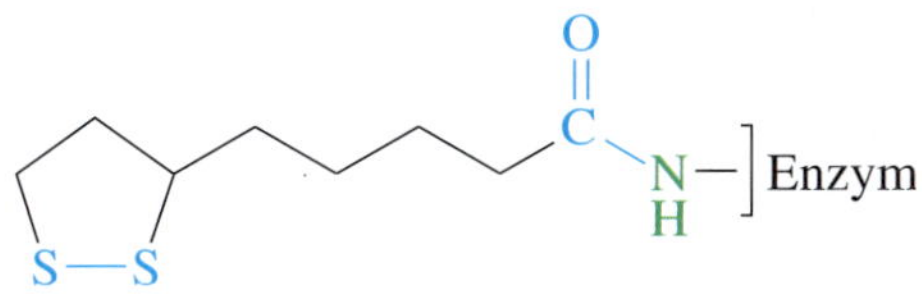

7. *Senfgas* wurde im Ersten Weltkrieg als Kampfgas eingesetzt. Es bildet durch intramolekulare Substitution ein Sulfoniumsalz, das leicht von einem Nucleophil ($Nu^{\ominus}$) angegriffen wird. Formulieren Sie die Reaktion!

$$Cl{-}CH_2{-}CH_2{-}S{-}CH_2{-}CH_2{-}Cl$$

8. *Cysteamin* (2-Mercaptoethylamin, MEA) ist ein guter Radikalfänger. Formulieren Sie, wie Cysteamin mit Radikalen reagiert, und benennen Sie das Reaktionsprodukt!

$$HS{-}CH_2{-}CH_2{-}NH_2$$

9. Bestimmen Sie die Oxidationsstufe des S-Atoms in folgenden Verbindungen:
Schwefelwasserstoff H_2S, *Methanthiol* CH_3SH, *Dimethylsulfid* $H_3C{-}S{-}CH_3$, *Dimethyldisulfid* $H_3C{-}S{-}S{-}CH_3$, *Methansulfonsäure* $H_3C{-}SO_2{-}OH$, *Dimethylsulfoxid* $H_3C{-}SO{-}CH_3$, *Dimethylsulfon* $H_3C{-}SO_2{-}CH_3$!

060 Lösungen der Aufgaben

13.4 Amine

Wir wenden unsere Aufmerksamkeit nun organischen Verbindungen zu, die **Stickstoff** als *Heteroatom* enthalten. Dies sind zunächst die Amine, später kommen die Säureamide und die N-Heterocyclen dazu. Schon bei den Aminen fällt auf, dass diese vergleichsweise einfachen Moleküle physiologisch z. T. hoch wirksam sind. Amine tragen als Hormone zur Regulation bei (*Adrenalin* z. B. erhöht den Blutdruck), steuern Vorgänge im Nerven-/Sinnessystem (*Dopamin* ist ein Neurotransmitter) oder wirken als Psychopharmaka.

13.4.1 Klassifizierung und Nomenklatur

primäres, sekundäres, tertiäres Amin

Im gewinkelt gebauten Ammoniak bilden die H-Atome die Basis einer Pyramide, in deren Spitze das N-Atom mit seinem freien Elektronenpaar steht. Ersetzt man die H-Atome im Ammoniak nacheinander durch organische Reste, kommt man von den *primären* über die *sekundären* zu den *tertiären* Aminen. Die Klassifizierung erfolgt hier anders als bei den Alkanolen. Bei den Aminen zählt man die Substituenten (Reste) am N-Atom, bei den Alkanolen betrachtet man den Substitutionstyp des zur OH-Gruppe benachbarten C-Atoms (☞ Kap. 13.1.1).

NH_3	$R{-}NH_2$	R_2NH	R_3N
Ammoniak	primäres Amin	sekundäres Amin	tertiäres Amin

Alkylamin

Arylamin

Die Reste am N-Atom können aliphatisch sein, dann liegen **Alkylamine** oder *Alkanamine* vor. Sind die Reste aromatisch, d. h., ist das N-Atom direkt an einen Aromaten gebunden, erhält man **Arylamine**. Bei den sekundären und tertiären Aminen gibt es natürlich auch Mischungen der Substituententypen.

Aminogruppe

Die Nomenklatur für die Amine ist nicht einheitlich. Viele Trivialnamen beruhen auf der Bezeichnung „**Alkylamin**". Systematischer wird es, wenn man die aliphatischen Amine als substituierte Alkane ansieht, also an den Namen des zugrunde liegenden Alkans die Endsilbe „*-amin*" anhängt und zum *Alkanamin* kommt. Die NH_2-Gruppe wird als **Aminogruppe** bezeichnet. *Piperidin* und *Nicotin* sind auch als Amine zu klassifizieren. Sie gehören durch die Ringbildung zu den N-Heterocyclen, die erst im Kapitel 21 genauer besprochen werden.

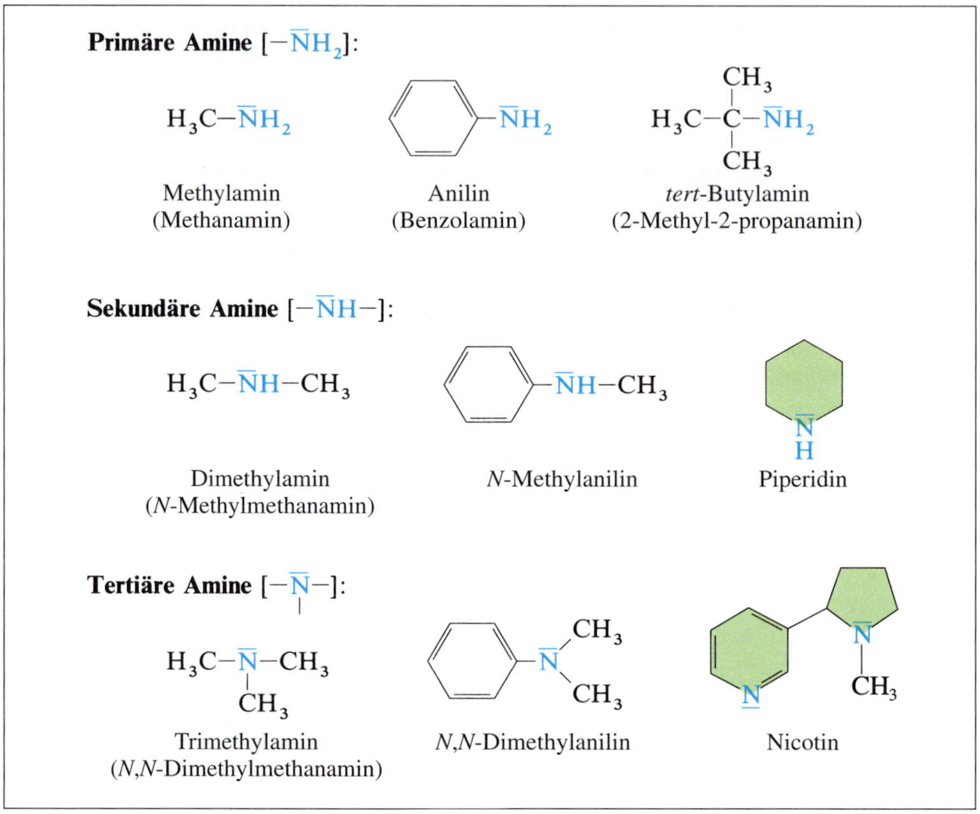

13.4.2 Basizität

Amine sind wie Ammoniak *Basen* und können ein Proton an das freie Elektronenpaar des Stickstoffs anlagern. Aus einem Alkylamin z. B. entsteht ein Alkylammonium-Ion mit einem vierbindigen N-Atom. In wässriger Lösung stellt sich ein Gleichgewicht ein, aus dem sich der K_b-Wert bzw. der pK_b-Wert (pK_b = −log K_b) für das Amin ableiten lässt.

$$R{-}NH_2 + H_2O \rightleftharpoons R{-}NH_3^{\oplus} + OH^{\ominus} \qquad K_b = \frac{[RNH_3^{\oplus}]\,[OH^{\ominus}]}{[RNH_2]}$$

Je kleiner der pK_b-Wert, desto größer ist die Basizität des Amins. Durch einfache Alkylsubstitution *verstärkt* sich die Basizität des Amins im Vergleich zum Ammoniak. Der Methylrest z. B. erhöht die Elektronendichte am N-Atom (+ I-Effekt), während ein Arylrest sie deutlich absenkt. *Anilin* ist eine vergleichsweise schwache Base.

Amin	K_b	pK_b	Ammonium-Ion	pK_s
$\overline{N}H_3$	$1{,}8 \cdot 10^{-5}$	4,76	$NH_4^{\oplus}$	9,24
$H_3C-\overline{N}H_2$	$4{,}6 \cdot 10^{-4}$	3,38	$H_3C-NH_3^{\oplus}$	10,62
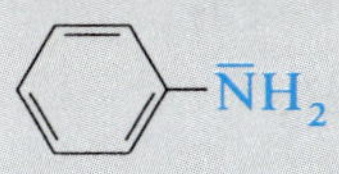	$4{,}3 \cdot 10^{-10}$	9,37	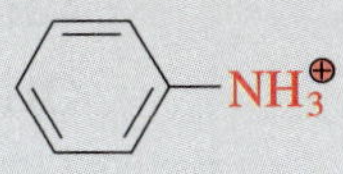	4,63

Grundsätzlich kann man statt der Basizität des Amins auch die Acidität der konjugierten Säure, des *Ammonium-Ions*, betrachten und für diese den K_s-Wert bzw. pK_s-Wert angeben. pK_s- und pK_b-Wert hängen in wässriger Lösung über die Beziehung $pK_s + pK_b = 14$ zusammen, d. h. $pK_s = 14 - pK_b$ (☞ Kap. 8.4).

$$R-NH_3^{\oplus} + H_2O \rightleftharpoons R-NH_2 + H_3O^{\oplus}; \qquad K_s = \frac{[RNH_2]\,[H_3O^{\oplus}]}{[RNH_3^{\oplus}]}$$

13.4.3 Salzbildung

Hydrochlorid

Neutralisiert man ein Amin, z. B. Methylamin mit Salzsäure, und verdampft das Wasser, dann erhält man als Rückstand das Salz *Methylammoniumchlorid*, das auch als **Hydrochlorid** des Methylamins bezeichnet wird.

$$\underset{\text{Methylamin}}{H_3C-\overline{N}H_2} + HCl \longrightarrow \underset{\text{Methylammoniumchlorid}}{H_3C-NH_3^{\oplus}Cl^{\ominus}}$$

Durch starke Basen (z. B. NaOH) lässt sich aus dem Hydrochlorid das Amin wieder freisetzen. Die Salzbildung gilt für primäre, sekundäre und tertiäre Amine in gleicher Weise.

$$H_3C-NH_3^{\oplus}Cl^{\ominus} + NaOH \longrightarrow H_3C-\overline{N}H_2 + Na^{\oplus}Cl^{\ominus} + H-O-H$$

quartäres Ammonium-Ion

Versetzt man ein tertiäres Amin mit Iodmethan, dann verdrängt das N-Atom mit seinem freien Elektronenpaar das Iod als $I^{\ominus}$ aus dem Iodmethan und bindet die Methylgruppe durch eine Atombindung. Es findet eine nucleophile Substitution statt (☞ Kap. 13.6). Es entsteht ein **quartäres Ammoniumsalz**, das gut wasserlöslich ist. Aus diesem lässt sich mit Basen (z. B. AgOH) kein freies Amin, sondern nur das ebenfalls hydrophile quartäre Ammoniumhydroxid gewinnen.

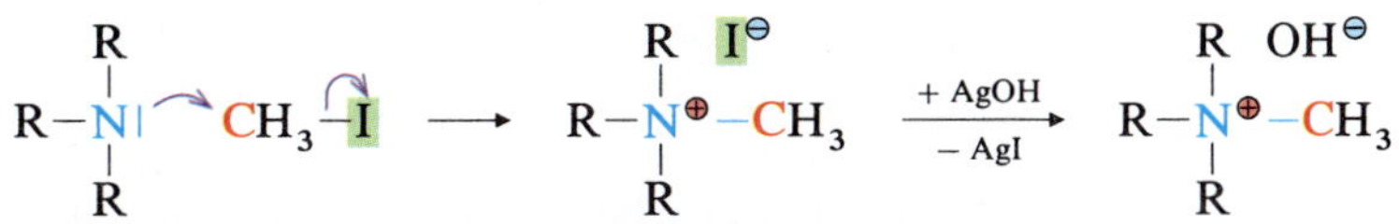

quartäres Ammoniumsalz

13.4.4 Beispiele für Amine

Viele physiologisch wichtige Amine enthalten verschiedene funktionelle Gruppen, von denen jede für sich zu den Eigenschaften einer Verbindung beiträgt. Die funktionellen Gruppen in den Beispielen haben Sie in den vorigen Kapiteln kennen gelernt. Die enzyma-

13

tische Methylierung am N-Atom des *Ethanolamins* führt in drei Schritten zum **Cholin**, das Baustein des *Lecithins* der Zellmembran und des Neurotransmitters *Acetylcholin* ist.

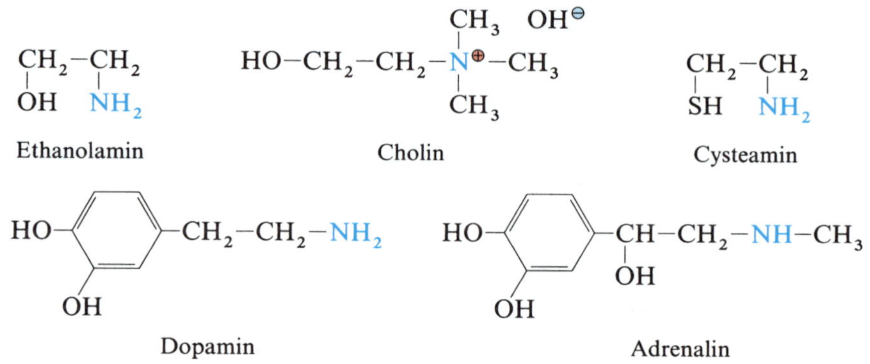

Catecholamine
Dopamin und Adrenalin gehören zu den Catecholaminen. Die Bezeichnung leitet sich vom 1,2-Dihydroxyphenylrest ab (☞ Kap. 13.1.3, Brenzkatechin, engl. *catechol*). Die Catecholamine sind Neurotransmitter im sympathischen System und werden außerdem als Hormone vom Nebennierenmark ins Blut freigesetzt.

Dopamin

Dopamin wird in der Notfallmedizin häufig bei Schockzuständen mit Nierenversagen eingesetzt. Bei niedriger Dosierung werden die Nierengefäße erweitert, während eine höhere Dosierung positiv inotrop und vasokonstriktorisch wirkt. Beim Parkinson-Syndrom ist Dopamin im Striatum, einem Teil des extrapyramidal-motorischen Systems des Großhirns, vermindert.

Adrenalin

Adrenalin findet als Notfallmedikament bei Kammerflimmern und Asystolie Verwendung. Es bewirkt über adrenerge Rezeptoren des Sympathikus z. B. eine Erhöhung des Blutdrucks und der Herzfrequenz/-kontraktilität (positiv chrono-/inotrop). Seine vasokonstriktorische Wirkung wird z. B. in Verbindung mit einem Lokalanästhetikum genutzt, damit das Anästhetikum länger am Applikationsort verbleibt.

Auf die Psyche einwirkende, d. h., psychotrope Substanzen können als Psychopharmaka genutzt werden, führen aber bei Missbrauch in die Abhängigkeit. Viele dieser Substanzen enthalten Stickstoff (Ausnahmen sind *Alkohol* und *Cannabis*) und kommen als Inhaltsstoffe von Pflanzen in der Natur vor (z. B. *Morphin*, *Cocain*, *Mescalin*) oder leiten sich von Naturstoffen ab (z. B. *Amphetamine*, *Heroin*, Designerdrogen). Die *Benzodiazepine* (z. B. Valium) oder *Barbiturate* (z. B. Schlafmittel) hingegen haben kein natürliches Vorbild, sie stammen aus der Hand von Chemikern

Nutzen und Schaden liegen dicht beieinander
Amphetamine *(Psychostimulanzien)* zählen zu den indirekt wirkenden Sympathomimetika, d. h., sie lösen eine Freisetzung von Catecholaminen (z. B. Dopamin, Adrenalin) aus und wirken dadurch anregend. In der Drogenszene oder als Dopingmittel geht von ihnen wegen einer möglichen Abhängigkeit eine große Gefahr aus. Die Designerdroge **Ecstasy**, dem Amphetamin nachempfunden, steigert die Leistungsbereitschaft sowie das Harmoniegefühl und führt bei Überdosierung zu Krämpfen bis zum Schock mit Nierenversagen. Bei wiederholtem Gebrauch wird das serotonerge System im Gehirn irreversibel geschädigt, d. h., Ecstasy wirkt neurotoxisch. Das Rauschgift **Mescalin** gehört zu den Halluzinogenen und wird aus einem mexikanischen Kaktus gewonnen.

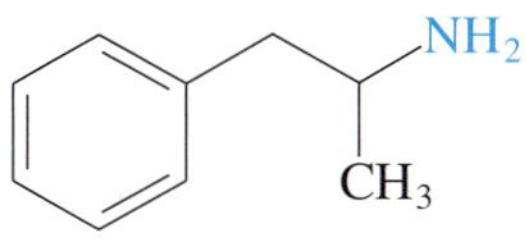

Amphetamin

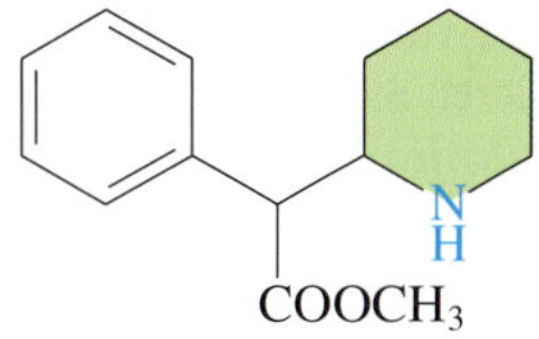

Methylphenidat

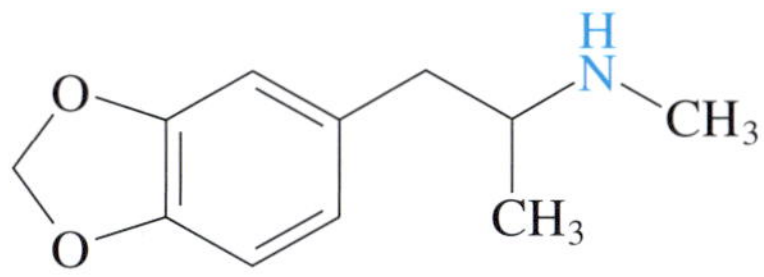

Ecstasy

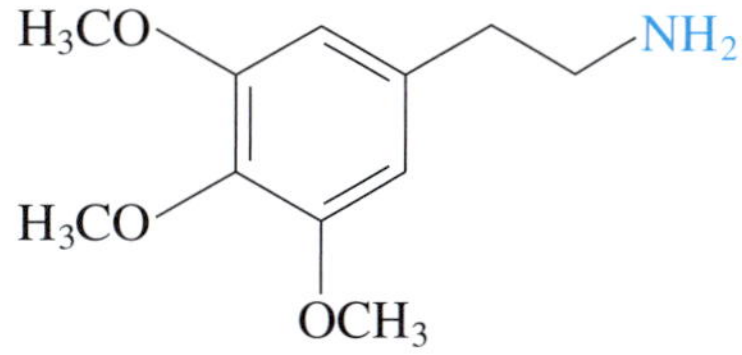

Mescalin

Ein gegenüber den Amphetaminen abgewandeltes Derivat, das **Methylphenidat** (Ritalin®), wird in großem Umfang bei Schulkindern (ab 6 Jahre, überwiegend Jungen) eingesetzt, die eine *Aufmerksamkeits-Defizit-Hyperaktivitäts-Störung* (ADHS, „Zappelphilipp-Syndrom“) aufweisen. Das Arzneimittel fällt unter das Betäubungsmittelgesetz, macht aber offenbar nicht süchtig, weil es nur die präsynaptische Wiederaufnahme von Dopamin hemmt, nicht dessen sprunghafte Freisetzung aus dem Speicher. Die chemische Disziplinierung von Kindern, die eigentlich andere Hilfen benötigen, ist umstritten, denn die Behandlung ist nicht kausal, sondern nur symptomatisch und es müssen viele Nebenwirkungen (z. B. Appetitlosigkeit) in Kauf genommen werden. Auch kann niemand ausschließen, dass bei längerer Einnahme Langzeitschäden auftreten, die schwer zu objektivieren sind, weil sie ggf. Gehirnfunktionen betreffen, die in Verhaltensmuster einmünden.

Checkliste

Folgende Bezeichnungen/Begriffe sollten Sie erklären oder definieren (s. a. Glossar) und – wo möglich – Beispiele, Gleichungen oder Formeln angeben können:
primäre, sekundäre, tertiäre Amine – Alkylamin – Arylamin – quartäres Ammonium-Ion – Hydrochlorid – Catecholamin.

Aufgaben

1. Bezeichnen Sie die funktionellen Gruppen des *Adrenalins*!
2. Klassifizieren Sie folgende Verbindungen:

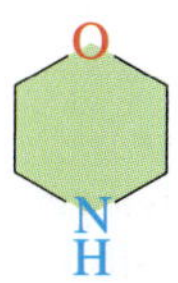

Morpholin

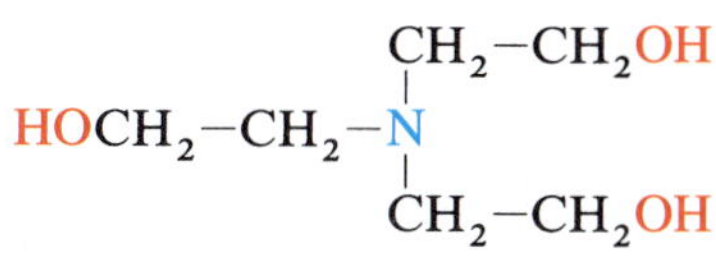

Triethanolamin

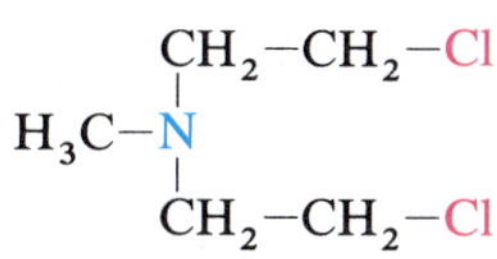

Stickstoff-Lost
(N-Lost)

3. Formulieren Sie alle denkbaren Konstitutionsisomere mit der Summenformel C_3H_9N und benennen Sie die Verbindungen!

4. Lösen Sie *Ethylamin* ($pK_s = 10{,}8$) bei pH = 12 und bei pH = 2 in Wasser. Wie liegt es jeweils vor?
5. Welchen Grundkörper haben *Dopamin*, *Adrenalin* und *Ecstasy* gemeinsam?
6. Formulieren Sie die Salzbildung von *Triethanolamin* mit Salzsäure!
7. Für *Tris(hydroxymethyl)-methanamin* (Abk. *Tris*) gilt $pK_b = 6$. Ist das Amin stärker oder schwächer basisch als Ammoniak?

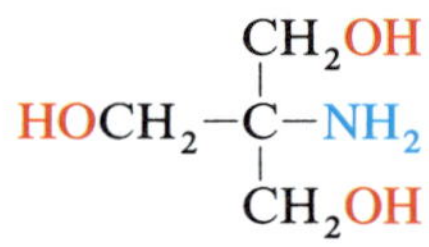

8. Vorstehende Verbindung findet als Puffersubstanz in Verbindung mit ihrem Hydrochlorid Verwendung (*„Tris"-Puffer)*. Bei welchem pH-Wert liegt das pH-Optimum des Puffers? Welches Konzentrationsverhältnis haben die Pufferbestandteile bei diesem pH-Wert?
9. Warum ist *Anilin* schwächer basisch als Ammoniak? (Hinweis: Die Mesomerie-Stabilisierung erfolgt ähnlich dem Phenol.)
10. Trotz ähnlicher Molmasse hat *Propylamin* einen höheren Siedepunkt (47 °C) als Butan (– 1 °C), aber einen niedrigeren als 1-Propanol (97 °C). Wie erklären Sie die Unterschiede?

061 Lösungen der Aufgaben

Bedeutung für den Menschen

Amine

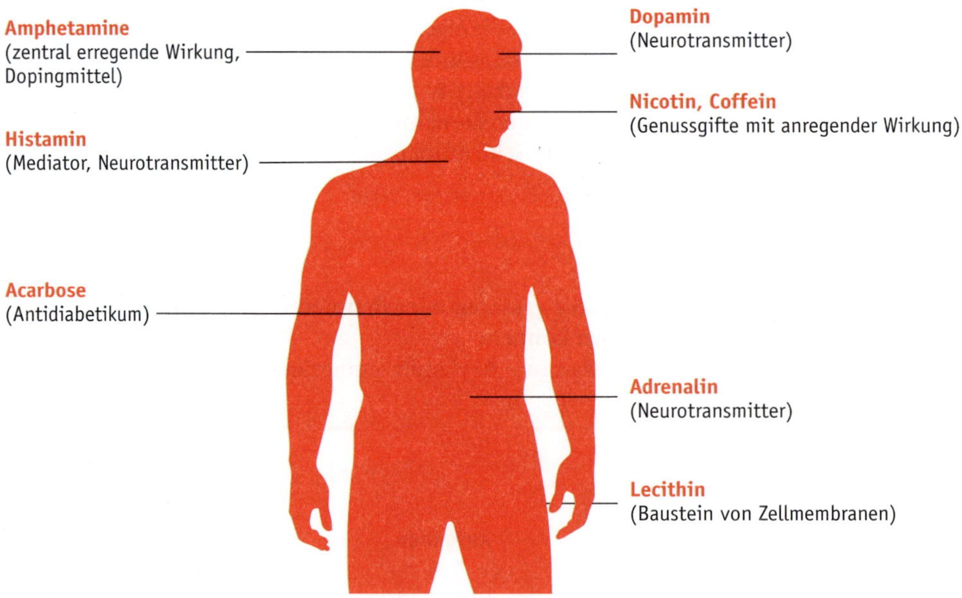

13.5 Halogenalkane und Halogenaromaten

Halogenalkane

Ersetzt man in einem Alkan ein oder mehrere H-Atome gegen Halogenatome, so gelangt man zur Substanzklasse der **Halogenalkane**. Diese Verbindungen sind in ☞ Kapitel 11.4.2 schon einmal aufgetaucht, als medizinisch bedeutsam erwähnt wurden dort u. a. *Chlorethan* und *Halothan*. Halogenierte aliphatische und aromatische Kohlenwasserstoffe kommen in der Natur in der Regel nicht vor, sie müssen synthetisch hergestellt werden, z. B. durch radikalische Substitution von Alkanen (☞ Kap. 11.4.2), durch Halogenaddition an Alkene (☞ Kap. 11.5.3) oder durch elektrophile Halogensubstitution von Aromaten (☞ Kap. 11.7.3).

Die Halogenatome in den Halogenalkanen sind negativ polarisiert und können relativ leicht in einer nucleophilen Substitutionsreaktion durch andere Substituenten (z. B. OH, NH_2, SH) ersetzt werden (☞ Kap. 13.6). Auf diesem Weg lassen sich neue funktionelle Gruppen in ein Molekül einführen. Die Halogenalkane sind dadurch zu wichtigen Ausgangsverbindungen und Intermediaten in der organischen Synthese geworden. Daneben finden sie selbst vielfältige Anwendung z. B. als Lösungsmittel, Löschmittel, Kühlmittel, Inhalationsnarkotika (☞ Kap. 13.2.1) oder Polymere (z. B. PVC, Teflon, ☞ Kap. 11.5.3). Halogenaromaten, insbesondere solche auf der Basis von Chlorphenol, sind Bestandteil vieler Pestizide.

Chlorierte Kohlenwasserstoffe gefährden die Umwelt und die Ozonschicht

Chlorierte Kohlenwasserstoffe (CKW) finden z. B. als Lösungsmittel Verwendung (Dichlormethan CH_2Cl_2, Trichlormethan $CHCl_3$) oder als Insektizide (Lindan, DDT). Viele dieser Verbindungen sind toxisch oder haben wegen ihrer schlechten Abbaubarkeit Langzeit-Nebenwirkungen. Der Einsatz von DDT ist z. B. in Deutschland untersagt, da diese lipophile Verbindung über verschiedene Nahrungsketten ins Fettgewebe des Menschen gelangt und sich z. B. in der Muttermilch anreichert.

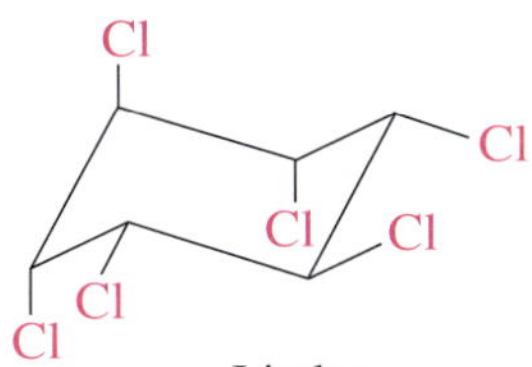

Lindan

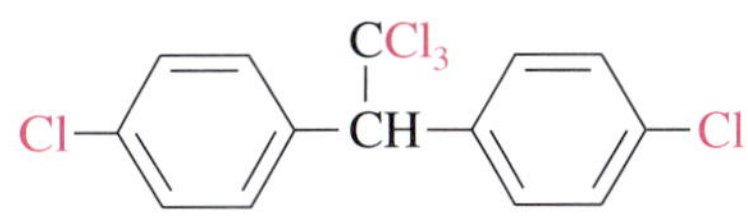

DDT
(Dichlor-diphenyl-trichlorethan)

FCKW

Besonderes Aufsehen haben Fluorchlorkohlenwasserstoffe (FCKWs) erregt. Substanzen wie z. B. Frigen (CF_2Cl_2, Sdp. –30 °C) wurden lange Jahre als Treibgase bei Spraydosen, zur Herstellung geschäumter Kunststoffe oder als Kältemittel in Kühlaggregaten eingesetzt, bis man erkannte, dass sie zur Zerstörung der Ozonschicht in der Stratosphäre beitragen. FCKWs sind sehr reaktionsträge; sie steigen langsam in der Atmosphäre auf, bis sie in den oberen Schichten unter der Einwirkung von Sonnenlicht Chlorradikale freisetzen, die in einer Kettenreaktion das Ozon (O_3) in Luftsauerstoff (O_2) verwandeln.

$$Cl\cdot + O_3 \longrightarrow ClO\cdot + O_2$$
$$ClO\cdot + O_3 \longrightarrow Cl\cdot + 2\,O_2$$

Durch den Abbau der Ozonschicht gelangt das kürzerwellige Sonnenlicht (UV-B, 280 – 320 nm) verstärkt bis zur Erdoberfläche. Beim Aufenthalt im Freien steigt das Hautkrebsrisiko sehr stark an und es ist ein erhöhter Sonnenschutz für die Haut erforderlich. Seit 1991 ist in Deutschland die Produktion von FCKWs verboten – trotzdem sind immer noch große Mengen dieser Verbindungen in älteren Kühlaggregaten enthalten.

Es gibt vergleichsweise viele organische Chlorverbindungen, die sowohl hinsichtlich ihrer Belastungen für die Umwelt als auch hinsichtlich ihrer gesundheitsschädlichen Wirkungen von zweifelhaftem Wert sind. Warum steht gerade das Chlor im Brennpunkt? Dies hat einen einfachen Grund. Die chemische Industrie benötigt für viele Prozesse Natronlauge (NaOH). Diese wird aus dem billig verfügbaren Kochsalz freigesetzt, in dem man NaCl-Lösungen der Elektrolyse unterwirft *(Chloralkali-Elektrolyse)*. Dabei entstehen große Mengen Chlor (Cl_2), für das es nur bedingt Verwendung gab. Also hatten die Industriechemiker seit Beginn des 20. Jahrhunderts die Aufgabe, nach einer sinnvollen Verwendung des Chlors zu suchen. Diese Suche führte u. a. zu den hier genannten Verbindungen, die durch chemische Synthese unter Verwendung chlorhaltiger Vorstufen entstanden sind. Ein trauriges Kapitel in der Geschichte des Ersten Weltkrieges war die Idee, das reichlich vorhandene Chlor wegen seiner Reizwirkung auf die Atmungsorgane als Kampfgas einzusetzen.

Pestizide

Pestizide sind chemische Substanzen, die zur Vernichtung unerwünschter Pflanzen oder tierischer Schädlinge eingesetzt werden, z. B. gehören die oben erwähnten *Insektizide* Lindan und DDT dazu. Ihr Gefährdungspotenzial wurde erkannt, was aber keineswegs zu einem Verbot in allen Teilen der Erde führte. Nutzen und Gefährdung liegen bei allen Pestiziden eng zusammen und die Pestizidanalysen von Obst und Gemüse zeigen, dass trotz festliegender Grenzwerte immer wieder Überschreitungen zu Lasten des Verbrauchers festzustellen sind.

Unter den *Herbiziden* befinden sich Verbindungen wie 2,4,5-Trichlorphenoxyessigsäure und Nitrofen. Ersteres ist Bestandteil von *Agent Orange*, das im Vietnamkrieg als Entlaubungsmittel eingesetzt wurde und bei den Soldaten bleibende Gesundheitsschäden verursachte. Letzteres ist ein Kontaktherbizid für den Einsatz im Gemüse- und Blumenanbau. Nitrofen darf heute jedoch wegen seiner Krebs erzeugenden Wirkung nicht mehr verwendet werden. Beide Verbindungen leiten sich vom *Chlorphenol* ab und enthalten ein Ether-Strukturelement.

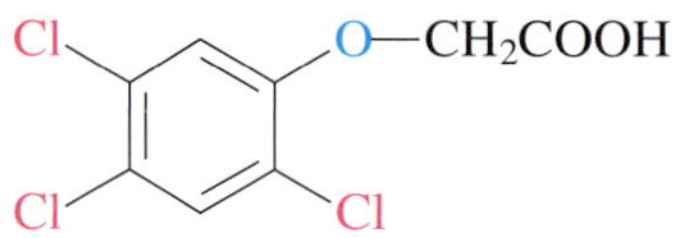

„Agent Orange"
(2,4,5-Trichlorphenoxyessigsäure)

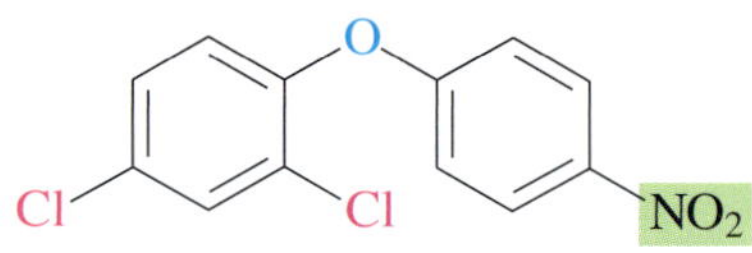

Nitrofen

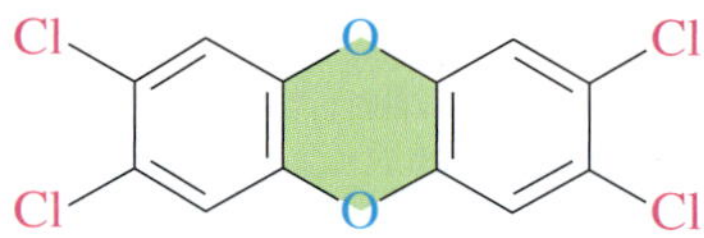

Dioxin („Seveso-Gift")

Dioxin

Besonders tückisch ist das Umweltgift Dioxin (2,3,7,8-Tetrachlordioxin, TCD), das bei Verbrennungsvorgängen von organischem Material in Gegenwart von Chlorverbindungen oder bei der technischen Synthese von Chlorphenolen entsteht. Das lipophile Dioxin ist im Ökosystem der Erde heute schon häufig anzutreffen und kann wie DDT über Nahrungsketten verbreitet werden und sich punktuell anreichern. Dioxin ist für den Menschen nicht akut toxisch, verursacht jedoch nach einiger Zeit u. a. schwere Haut- und Leberschäden. Heute weiß man, dass Dioxin u. a. Oberflächenrezeptoren besetzt, die den Steroidhormon-Stoffwechsel des endokrinen Systems betreffen und zur Entgleisung dieser Regelbahn führen. Mögliche Folgen können Unfruchtbarkeit, fetale Fehlbildungen und Krebs sein. Gefährlich daran ist, dass niemand weiß, welche Auswirkungen eine Dioxin-Dauerbelastung unterhalb von Konzentrationen hat, die zu sichtbaren Vergiftungssymptomen führen.

13.6 Nucleophile Substitution

13.6.1 Allgemeines

Die nucleophile Substitution ist ein wichtiger Reaktionstyp bei der Umsetzung organischer Moleküle. Reaktionen dieses Typs sind in den vorhergehenden Kapiteln schon mehrfach aufgetaucht, z. B. bei der Bildung eines quartären Ammoniumsalzes aus einem tertiären Amin und Iodmethan (☞ Kap. 13.4.3).

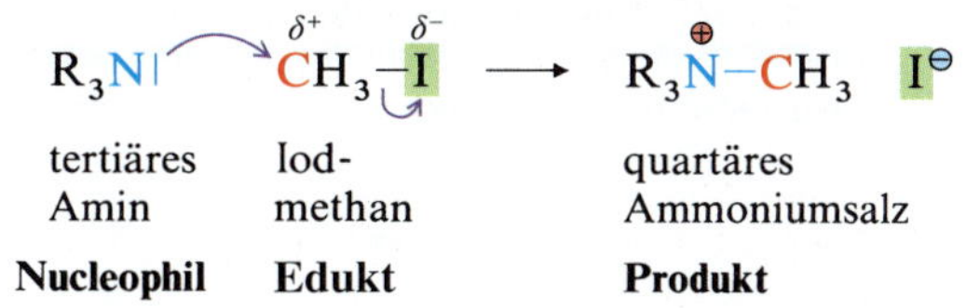

nucleophile Substitution

Bei einer **nucleophilen Substitution** verdrängt ein Nucleophil Nu (blau markiert) einen Substituenten X mit dem bindenden Elektronenpaar von einem positiv polarisierten sp^3-C-Atom (Elektrophil, rot markiert). Nucleophile sind Teilchen, die mit einem freien Elektronenpaar ein Kohlenstoffatom angreifen können (☞ Kap.11.1.4). Die neue Bindung (C–Nu) wird durch das freie Elektronenpaar des **Nucleophils** gebildet. Die C-X-Bindung wird heterolytisch gespalten, d.h., die so genannte **Abgangsgruppe** $X^{\ominus}$ nimmt ihr bindendes Elektronenpaar bei der Ablösung mit.

Nucleophil

Abgangsgruppe

Die Richtung des Elektronenangriffs bzw. der Elektronenverschiebung wird durch gebogene Pfeile markiert. Die Pfeilspitze weist auf das Atom, das angegriffen wird bzw. ein Elektronenpaar aufnimmt. Die *Pfeil*-Schreibweise ist ein nützliches Instrument, um ohne lange Worte einen Reaktionsverlauf zu verdeutlichen.

$$\overline{Nu}^{\ominus} + R_3C{-}X \longrightarrow R_3C{-}Nu + |X^{\ominus}$$

Wir verallgemeinern obige Reaktion nun und geben das Edukt als R_3C–X vor (R = H und/oder Alkyl- bzw. Arylreste, X = Abgangsgruppe). Ist das Nucleophil ein Anion ($Nu^{\ominus}$) und wird die Abgangsgruppe als Anion ($X^{\ominus}$) abgespalten, dann sind Edukt wie Produkt ungeladen (Tab. 13/4).

Tab. 13/4 Nucleophile Substitution mit Anion-Nucleophilen ($Nu^{\ominus}$).

Nucleophil	Edukt	Produkt	Substanzklasse
$H\overline{O}|^{\ominus}$	+ $R_3C{-}X$ $\xrightarrow[-X^{\ominus}]{}$	$R_3C{-}OH$	Alkanol
$R'\overline{O}|^{\ominus}$	+ $R_3C{-}X$ $\xrightarrow[-X^{\ominus}]{}$	$R_3C{-}OR'$	Ether
$H\overline{S}|^{\ominus}$	+ $R_3C{-}X$ $\xrightarrow[-X^{\ominus}]{}$	$R_3C{-}SH$	Thiol
$|\overline{I}|^{\ominus}$	+ $R_3C{-}X$ $\xrightarrow[-X^{\ominus}]{}$	$R_3C{-}I$	Iodalkan

Treten ungeladene Moleküle als Nucleophil auf, so sind dies in der Regel Dipolmoleküle, die ein Proton abspalten können (Nu–H). Verdrängt Nu–H die Abgangsgruppe als Anion ($X^{\ominus}$) aus dem Edukt, dann ist das zunächst gebildete Zwischenprodukt ein Kation, das unter Abgabe eines Protons das ungeladene Produkt liefert (Tab. 13/5).

$$\overline{Nu}{-}H + R_3C{-}X \xrightarrow[-X^{\ominus}]{} R_3C{-}\overset{\oplus}{Nu}{-}H \xrightarrow[-H^{\oplus}]{} R_3C{-}Nu$$

Die Bedeutung der nucleophilen Substitution liegt darin, dass, je nachdem welches Nucleophil bzw. Edukt eingesetzt wird, eine Vielzahl verschiedener funktioneller Gruppen in ein Molekül eingeführt werden kann. Aus den Tabellen 13/4 und 13/5 ergibt sich, mit welchen nucleophilen Reagenzien Produkte welcher Substanzklassen entstehen.

Bei nucleophilen Substitutionsreaktionen unterscheidet man zwei Mechanismen. Bei S_N2-Reaktionen erfolgen C-X-Bindungsbruch und C-Nu-Bindungsbildung gleichzeitig (☞ Kap. 13.6.3). Wird erst die C-X-Bindung gespalten, bevor die neue C-Nu-Bindung geknüpft wird, liegt eine S_N1-Reaktion vor (☞ Kap. 13.6.4).

Tab. 13/5 Nucleophile Substitution mit ungeladenem Nucleophil (Nu-H).

Nucleophil	Edukt	Zwischenprodukt	Produkt	Substanzklasse
$H_2\overline{O}$	$+ \; R_3C{-}X \xrightarrow{-X^{\ominus}}$	$R_3C{-}\overset{\oplus}{O}(H)_2 \xrightarrow{-H^{\oplus}}$	$R_3C{-}OH$	Alkanol
$R\overline{O}H$	$+ \; R_3C{-}X \xrightarrow{-X^{\ominus}}$	$R_3C{-}\overset{\oplus}{O}(H)R \xrightarrow{-H^{\oplus}}$	$R_3C{-}O{-}R$	Ether
$R\overline{N}H_2$	$+ \; R_3C{-}X \xrightarrow{-X^{\ominus}}$	$R_3C{-}\overset{\oplus}{N}(H)_2{-}R \xrightarrow{-H^{\oplus}}$	$R_3C{-}N(H)R$	sek. Amin
$R_2\overline{N}H$	$+ \; R_3C{-}X \xrightarrow{-X^{\ominus}}$	$R_3C{-}\overset{\oplus}{N}(H)R_2 \xrightarrow{-H^{\oplus}}$	$R_3C{-}N(R)R$	tert. Amin

13.6.2 Eigenschaften der Reaktionspartner

Nucleophilie

Nucleophilie. Was ein Nucleophil ist, wissen Sie jetzt. Was aber versteht man unter Nucleophilie? Sie beschreibt die Tendenz eines Nucleophils zu einem nucleophilen Angriff. Diese Tendenz ist bei einzelnen Nucleophilen unterschiedlich. Man erhält relative Größen, indem man prüft, welches von mehreren Nucleophilen unter gleich bleibenden Versuchsbedingungen schneller mit einem Edukt reagiert als die anderen. Die Reaktionsgeschwindigkeit spielt bei der Definition also eine Rolle, damit ist die *Nucleophilie* eine *kinetische Größe* (☞ Kap. 12).

> **!** Die **Nucleophilie** ist eine kinetische Größe. Sie beschreibt die Tendenz eines Nucleophils zu einem nucleophilen Angriff im Vergleich mit anderen Nucleophilen.

Die Nucleophilie eines Teilchens ist u. a. abhängig von seiner Ladung und Polarisierbarkeit. Je elektronenreicher und leichter polarisierbar eine Spezies, umso reaktiver ist sie als Nucleophil. Vor allem für negativ geladene Nucleophile ist zudem in protischen ($H^{\oplus}$-abgebenden) Lösungsmitteln der Solvatationseffekt groß, wodurch die Nucleophilie abgeschwächt wird. Für die Beispiele der Tabellen 13/4 und 13/5 ergibt sich folgende Reihenfolge, d. h., links steht jeweils das stärkste Nucleophil:

$$HS^{\ominus} > I^{\ominus} > RO^{\ominus} > OH^{\ominus} \qquad \text{bzw.} \qquad RNH_2 > ROH > H_2O$$

Basizität

Basizität. Die Basizität ist eine *thermodynamische Größe* und beschreibt die Fähigkeit eines Teilchens, Protonen aufzunehmen (☞ Kap. 8). Hierfür ist wie bei der Nucleophilie ein freies Elektronenpaar erforderlich. Daraus folgt, dass jede Base auch ein Nucleophil ist (und umgekehrt). Nun gehen jedoch die Basizität und die Nucleophilie eines Teilchens keineswegs Hand in Hand. Es kann durchaus sein, dass beim Vergleich zweier Teilchen die schwächere Base das stärkere Nucleophil ist. Ein Beispiel dafür sind $HS^{\ominus}$ und $OH^{\ominus}$. Umgekehrt kann bei einer starken Base die Nucleophilie durch sperrige Reste in der Umgebung des Atoms, von dem der nucleophile Angriff ausgeht, erniedrigt sein (z. B. im *tert*-Butoxid). Außerdem spielen die Solvatationseffekte eine große Rolle, d. h., das verwendete Lösungsmittel beeinflusst sowohl die Basizität als auch die Nucleophilie eines Teilchens.

> **!** Die **Basizität** ist eine thermodynamische Größe. Sie beschreibt die Tendenz eines Teilchens, Protonen aus der Umgebung aufzunehmen. Protolysereaktionen sind Gleichgewichtsreaktionen.

Abgangsgruppe

Abgangsgruppe. Die Reaktionsgeschwindigkeit einer nucleophilen Substitution wird auch von der *Abgangsgruppe* beeinflusst. Sie verlässt das C-Atom mit ihrem Elektronenpaar umso leichter, je besser dieses bzw. eine resultierende negative Ladung stabilisiert werden kann. Gute Abgangsgruppen sind z. B. Halogenide ($I^{\ominus}$, $Br^{\ominus}$, $Cl^{\ominus}$), Sulfate ($ROSO_3^{\ominus}$), Sulfonate ($RSO_3^{\ominus}$) oder Wasser. Eine schlechte Abgangsgruppe ist z. B. $OH^{\ominus}$. Durch Protonierung lässt sich die Hydroxygruppe eines Alkanols in $R\text{–}OH_2^{\oplus}$ überführen, diese Gruppe kann dann als Wasser leichter abgespalten werden.

13.6.3 S_N2-Reaktion

S_N2-Reaktion

Übergangszustand

Bei einer **S_N2-Reaktion** nähert sich das Nucleophil mit seinem freien Elektronenpaar dem sp^3-C-Atom des Eduktes von der Rückseite her, d. h. der der Abgangsgruppe gegenüberliegenden Seite. Bei dieser Annäherung wird ein *Übergangszustand* (ÜZ) durchlaufen, bei dem Nucleophil und Abgangsgruppe *gleichermaßen* am C-Atom hängen. In dem Maße, wie die Abgangsgruppe mit ihrem Bindungselektronenpaar das C-Atom verlässt, entsteht die neue Atombindung.

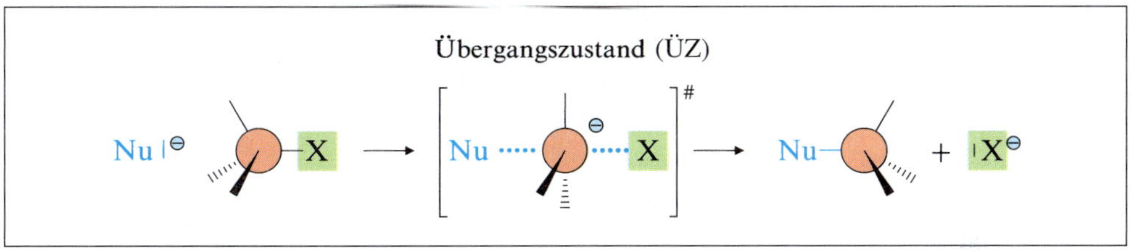

Die sp^3-Orbitale am Edukt lassen sich mit einem Regenschirm vergleichen, der im Wind umklappt. Es liegt am Ende wieder die Tetraedergeometrie eines sp^3-C-Atoms vor. Setzt man als Edukt eine chirale Verbindung ein (☞ Kap. 18), so bleibt die optische Aktivität im Produkt zwar erhalten, es erfolgt jedoch durch den Rückseitenangriff eine **Umkehr der Konfiguration** (*Inversion*, Walden-Umkehr).

Inversion

Das Energiediagramm macht deutlich, dass bei dieser Reaktion *keine* stabile Zwischenstufe entsteht (Abb. 13/1 A). Die Reaktion ist 2. Ordnung, d. h., ihre Reaktionsgeschwindigkeit hängt sowohl von der Konzentration des Eduktes als auch der des Nucleophils ab (☞ Kap. 12.2). Der ganze Prozess läuft in einem Schritt (konzertiert) unter Beteiligung zweier Teilchen ab. Man spricht von einer **bimolekularen nucleophilen Substitution** (S_N2-Reaktion). S steht für Substitution, N für nucleophil und 2 für bimolekular.

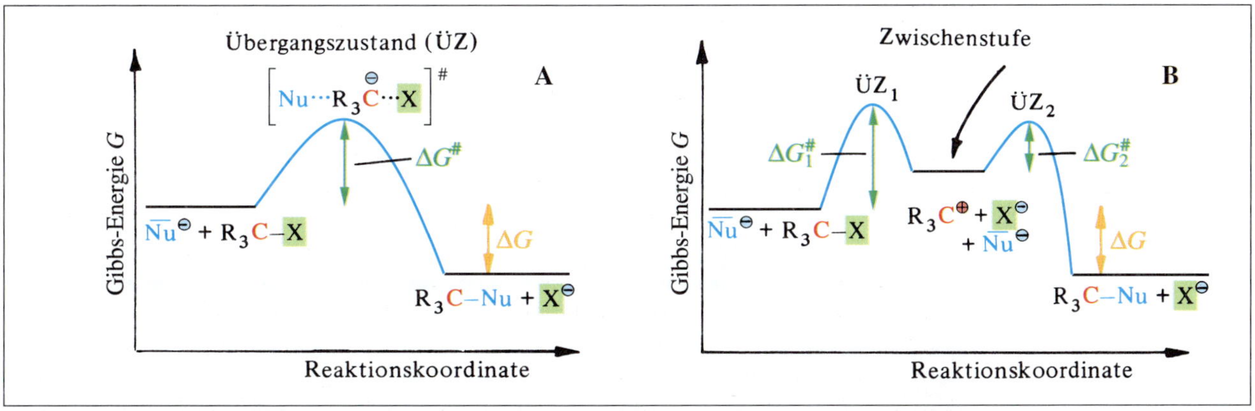

Abb. 13/1 Energiediagramm einer S_N2-Reaktion (A) und einer S_N1-Reaktion (B).

13.6.4 S_N1-Reaktion

Unimolekulare nucleophile Substitutionen (S_N1-Reaktionen) verlaufen zweistufig. Im ersten (langsamen) Schritt wird die C–X-Bindung heterolytisch gespalten, die Abgangsgruppe $X^{\ominus}$ verlässt das sp^3-C-Atom unter Mitnahme der Bindungselektronen. Zurück bleibt ein Carbenium-Ion als kurzlebige **Zwischenstufe** *(Intermediat)*, sein C-Atom ist wegen der

Zwischenstufe

Dreibindigkeit sp^2-hybridisiert, d. h. trigonal. Die Elektronenlücke des Carbenium-Ions wird im erheblich schneller verlaufenden zweiten Reaktionsschritt aufgefüllt, indem es sich mit dem in der Lösung gleichzeitig vorhandenen Nucleophil zum Substitutionsprodukt $R_3C{-}Nu$ verbindet. Das Nucleophil greift das Edukt also nicht aktiv an. Erst wenn das Carbenium-Ion vorliegt, kommt das Nucleophil zum Einsatz und fängt das Carbenium-Ion zum Substitutionsprodukt ab.

$$R_3C{-}X \xrightarrow{\text{langsam}} R_3C^{\oplus} + |X^{\ominus} \quad \text{(Dissoziation)}$$

$$R_3C^{\oplus} + \overline{Nu}^{\ominus} \xrightarrow{\text{schnell}} R_3C{-}Nu$$

S_N1-Reaktion

Das Energiediagramm dieser Reaktion macht deutlich, dass die *Zwischenstufe* real existiert (Abb. 13/1 **B**). Sie kann z. B. spektroskopisch oder über andere Abfangreaktionen nachgewiesen werden. Der geschwindigkeitsbestimmende Schritt bei S_N1-Reaktionen ist die anfängliche Bildung des *Carbenium-Ions*, alles andere hat auf die Geschwindigkeit keinen Einfluss mehr. Damit läuft die **S_N1-Reaktion** nach 1. Ordnung ab und sie ist **unimolekular** (☞ Kap. 12.2), weil nur ein Teilchen am geschwindigkeitsbestimmenden Elementarprozess beteiligt ist.

Das C-Atom im Carbenium-Ion ist sp^2-hybridisiert. Die Bindungsorbitale für die drei Substituenten liegen in einer Ebene. Das unbesetzte *p*-Orbital steht senkrecht auf dieser Ebene und ist nach oben und unten ausgerichtet. Der Angriff des Nucleophils kann deshalb von beiden Seiten des trigonalen Carbenium-Ions erfolgen. Wenn das sp^3-C-Atom im Edukt chiral war, führt eine S_N1-Reaktion zu einer **Racemisierung** an diesem C-Atom (☞ Kap. 18).

Racemisierung

13.6.5 Vergleich der S_N1- und S_N2-Reaktion

Ob eine nucleophile Substitution nach S_N2 oder S_N1 abläuft, hängt u. a. auch von der Struktur des Eduktes und vom Lösungsmittel ab (Tab. 13/6).

S_N2-Reaktionen laufen bevorzugt bei Verbindungen ab, die am elektrophilen C-Atom noch mindestens ein H-Atom tragen. Dies sind Methylverbindungen (CH_3X), primäre (RCH_2X) und sekundäre (R_2CHX) Edukte. Diese Strukturvorgabe folgt aus dem mechanistisch notwendigen Rückseitenangriff des Nucleophils, der Platz am sp^3-C-Atom des Eduktes erfordert. Je höher substituiert dieses ist, desto weniger Platz ist für das Nucleophil vorhanden. Durch die räumliche Ausdehnung der Substituenten kommt es zu einer **sterischen Hinderung**.

Dagegen reagieren die höher substituierten tertiären (R_3CX) und z. T. auch die sekundären Edukte (R_2CHX) bevorzugt nach S_N1. Dies liegt in der Stabilität des jeweiligen Carbenium-Ions begründet. Je höher substituiert das Carbenium-Ion ist, umso stabiler ist es aufgrund der +I-Effekte der Alkylsubstituenten (☞ Kap. 11.5.3).

Tab. 13/6 Vergleich S_N1- und S_N2-Reaktion.

	S_N1-Reaktion	S_N2-Reaktion
geschwindigkeitsbestimmender Schritt	unimolekular	bimolekular
Verlauf	zweistufig; erst Spaltung der C–X-Bindung, dann Bildung der C–Nu-Bindung	einstufig; Spaltung der C–X-Bindung und Bildung der C–Nu-Bindung erfolgen gleichzeitig
Zwischenstufe	Carbenium-Ion	keine
stereochemischer Verlauf	Racemisierung	Inversion der Konfiguration
Strukturvorgabe für das sp^3-C-Atom im Edukt	tertiär, sekundär	Methylverbindungen, primär, sekundär
bevorzugtes Lösungsmittel	polar protisch	polar aprotisch

Polare, protische ($H^{\oplus}$-abgebende) Lösungsmittel wie z. B. Methanol oder Wasser begünstigen eine S_N1-Reaktion, weil sie die Ionen der Zwischenstufe besser solvatisieren können. Polare, aprotische Lösungsmittel wie z. B. Aceton, Acetonitril ($H_3C–CN$) oder Dimethylsulfoxid ($H_3C–SO–CH_3$) begünstigen dagegen S_N2-Reaktionen, weil sie die Nucleophilie des angreifenden Teilchens nicht durch starke Solvatation erniedrigen. Bei sekundären Edukten kann man den Verlauf nach S_N2 oder S_N1 zuweilen allein über das Lösungsmittel steuern.

Checkliste

Folgende Bezeichnungen/Begriffe sollten Sie erklären oder definieren (s. a. Glossar) und – wo möglich – Beispiele, Gleichungen oder Formeln angeben können:
nucleophile Substitution – Nucleophil – Nucleophilie – Abgangsgruppe – S_N2-Reaktion – Übergangszustand – Carbenium-Ion – S_N1-Reaktion – Zwischenstufe.

Aufgaben

1. Formulieren Sie die Umsetzung von Natrium-ethoxid (Natriumethanolat) mit Iodethan! Wie heißt das Reaktionsprodukt? Welches ist hier das Nucleophil, welches die Abgangsgruppe?
2. Wie könnte man experimentell feststellen, ob eine nucleophile Substitution nach S_N2 oder S_N1 abläuft?
3. Welche Produkte entstehen bei der erschöpfenden *Methylierung* von Ammoniak mit Iodmethan?
4. Welches der beiden *Halogenalkane* wird mit $OH^{\ominus}$ bevorzugt nach S_N1 reagieren? Welches Lösungsmittel würden Sie nehmen? Wie heißt das Reaktionsprodukt?

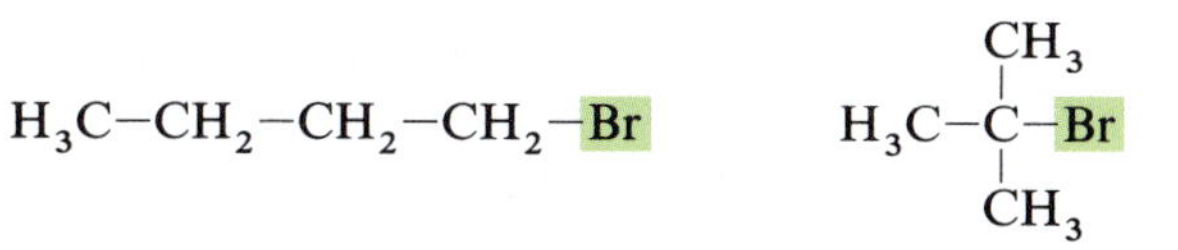

5. Nucleophile sind auch Basen. Warum erlaubt die Basizität eines Nucleophils keine zuverlässige Aussage über dessen Nucleophilie?
6. Nennen Sie zwei protische und zwei aprotische Lösungsmittel!
7. Wie unterscheiden sich S_N1- und S_N2-Reaktion in der Stereokontrolle am sp^3-C-Atom des Eduktes? (Lesen Sie dazu vorher Kap. 18.)

062 Lösungen der Aufgaben

13.7 Eliminierungen

13.7.1 Allgemeines

Der Reaktionstyp, der jetzt besprochen wird, ist auch schon erwähnt worden. Die sog. **Eliminierung** kann man als Umkehrreaktion der *Addition* eines Moleküls X–Y an ein Alken auffassen (☞ Kap. 11.5.3). Durch Austritt der beiden Teilchen X und Y von benachbarten C-Atomen aus einem Molekül entstehen Alkene. Man spricht in diesem Fall von einer *1,2-Eliminierung* oder *β-Eliminierung*.

β-Eliminierung:

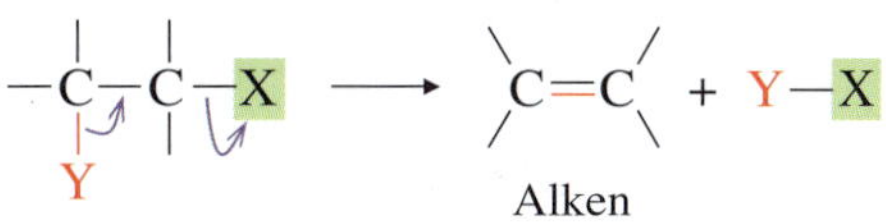

Dehydrohalogenierung
Dehydratisierung

Bei vielen Eliminierungen wird aus einem Halogenalkan Halogenwasserstoff (HX) abgespalten, man spricht von einer **Dehydrohalogenierung**, oder ein Alkanol verliert Wasser, was man als **Dehydratisierung** bezeichnet. Die Dehydratisierung haben wir in ☞ Kapitel

13.1.2 schon kennen gelernt, auch die Tatsache, dass die OH-Gruppe des Alkanols protoniert werden muss, damit sie als Wasser abspaltbar wird.

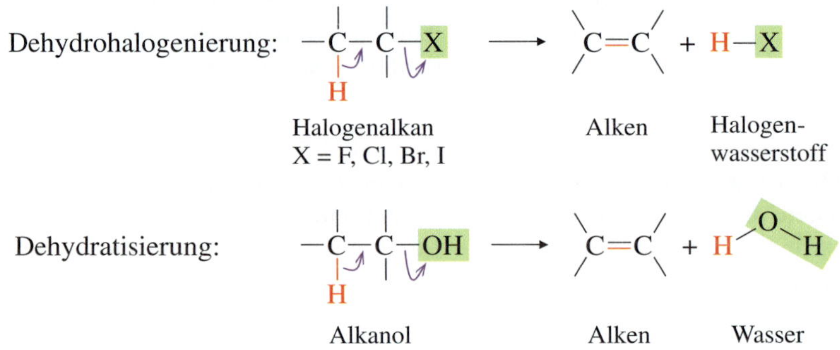

Wie bei der nucleophilen Substitution unterscheidet man auch bei der Eliminierung zwei verschiedene Mechanismen, je nachdem ob die beiden Bindungen an den benachbarten C-Atomen gleichzeitig (E2-Reaktion) oder nacheinander gespalten werden (E1-Reaktion).

13.7.2 E2-Reaktionen

E2-Reaktion

Der **E2-Reaktion** liegt ein bimolekularer Mechanismus zu Grunde (E steht für Eliminierung, 2 für bimolekular). Es laufen folgende, durch Pfeile markierte Elektronenpaarverschiebungen gleichzeitig (konzertiert) ab: Abspaltung eines Protons durch die Base ($B^{\ominus}$), Veränderung der Hybridisierung der benachbarten C-Atome von sp^3 zu sp^2 und Bildung der Doppelbindung, Spaltung der C–X-Bindung unter Bildung von $X^{\ominus}$. Im Übergangszustand sind alle beteiligten Bindungen schon gelockert bzw. vorgeprägt. Die Reaktion ist einstufig. Das Proton wird bevorzugt in *anti*-Stellung zur Abgangsgruppe X abgespalten (☞ Kap. 11.2.4), da hier die Überlappung der beiden entstehenden *p*-Orbitale, die zur Bildung der π-Bindung führt, am größten ist.

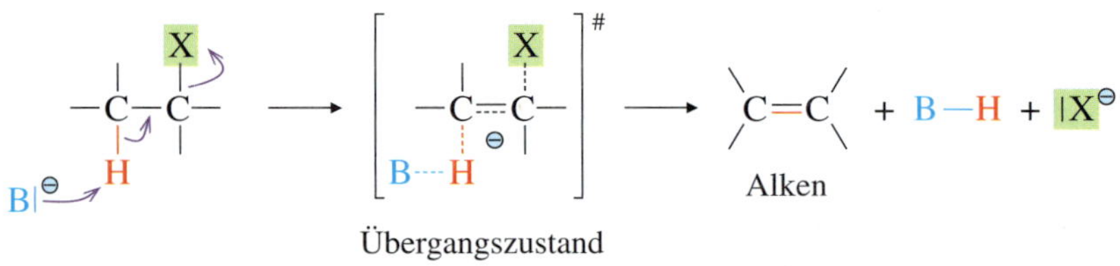

Verfügt ein Edukt links und rechts vom C-Atom, das die Abgangsgruppe X trägt, über β-H-Atome, dann kann die Eliminierung in die eine oder andere Richtung erfolgen. Oft verlaufen derartige Reaktionen *regioselektiv*, d. h., es wird bevorzugt das höher substituierte Alken gebildet *(Regel von Saytzev)*. Ist die verwendete Base sterisch sehr sperrig gebaut (z. B. *tert*-Butoxid), kann sich die Richtung der Eliminierung auch umdrehen, weil die Base an ein H-Atom der Methylgruppe leichter herankommt.

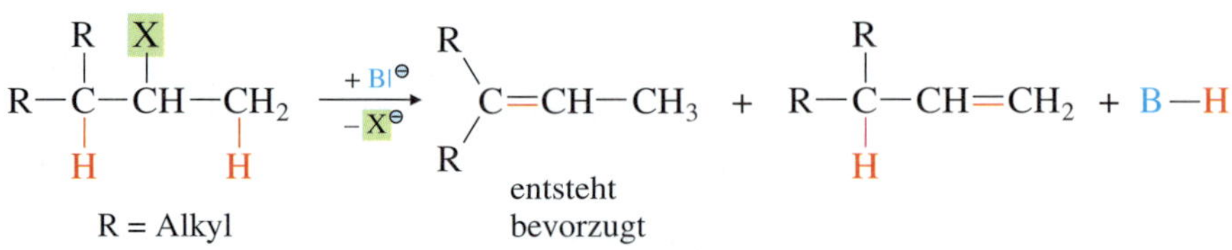

Viele Nucleophile sind Basen und umgekehrt (☞ Kap. 13.6.2). Diese Dualität führt dazu, dass die E2-Reaktion mit einer S_N2-Reaktion am X-tragenden sp^3-C-Atom oft in *Konkur-*

renz steht. Basizität bzw. Nucleophilie der Teilchen und Strukturvorgaben bei den Edukten bestimmen den Reaktionsablauf.

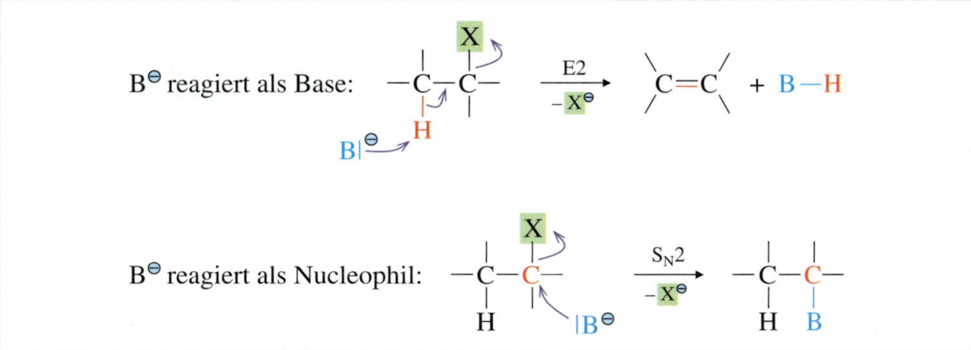

13.7.3 E1-Reaktionen

E1-Reaktion

Die **unimolekulare Eliminierung** (E1-Reaktion) ist ein zweistufiger Prozess. Im geschwindigkeitsbestimmenden ersten Schritt verlässt die Abgangsgruppe X unter Mitnahme des bindenden Elektronenpaares das sp^3-C-Atom. Neben $X^\ominus$ bildet sich als Zwischenstufe ein Carbenium-Ion mit einem sp^2-C-Atom, der Prozess bis hierhin entspricht einer Dissoziation. Durch Abspaltung eines Protons von einem der benachbarten C-Atome entsteht das Alken.

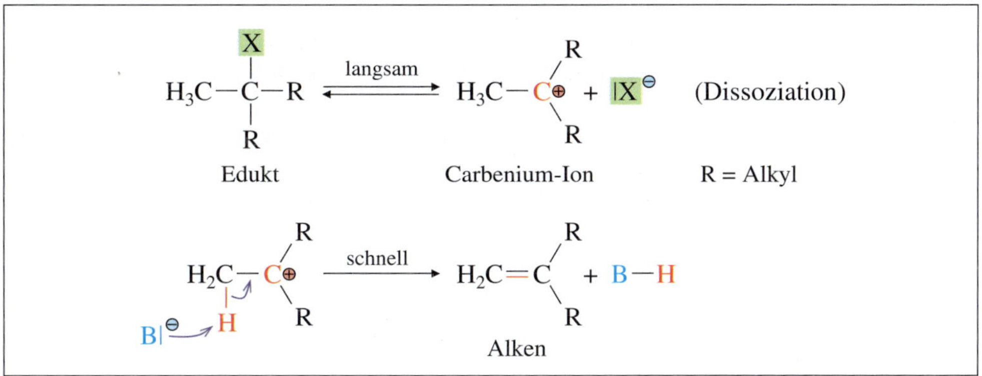

Bis zur Stufe des Carbenium-Ions entspricht der Verlauf der E1-Reaktion dem der S_N1-Reaktion. Von dieser Zwischenstufe ausgehend, stehen die rasch ablaufenden Folgereaktionen in Konkurrenz zueinander. Je nach Basizität bzw. Nucleophilie des angreifenden Teilchens erfolgt entweder die Deprotonierung eines β-H-Atoms zum Alken (E1-Produkt) oder der nucleophile Angriff am positiv geladenen C-Atom zum Substitutionsprodukt (S_N1-Produkt). Dies wird am Beispiel von *tert*-Butylbromid (2-Brom-2-methylpropan) erläutert, das mit $OH^\ominus$ als Base bzw. Nucleophil reagiert.

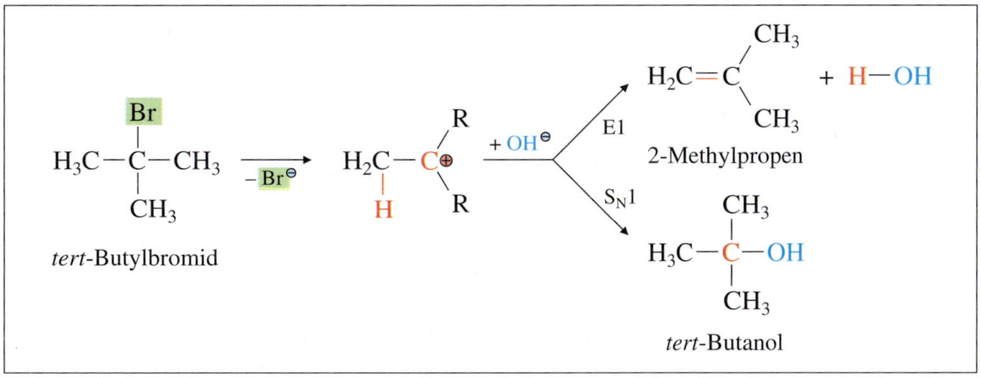

13

Worauf es ankommt
Die Kunst der Chemiker besteht darin, für Reaktionen, die in verschiedene Richtungen und nach verschiedenen Mechanismen ablaufen können, die Bedingungen so auszuarbeiten, dass eine vorhersagbare Reaktionslenkung möglich wird. Eine chemische Synthese entspricht erst dann den Anforderungen, wenn nur das gewünschte Produkt in möglichst hoher Ausbeute entsteht. Dies bedeutet, dass neben einem spezifischen Reaktionsablauf auch die Regio- und Stereoselektivität gewährleistet sein müssen. Die Herstellung von Produktgemischen erfordert im Nachhinein deren Trennung in die Einzelkomponenten, was zeitraubend und teuer ist.

Checkliste

Folgende Bezeichnungen/Begriffe sollten Sie erklären oder definieren (s. a. Glossar) und – wo möglich – Beispiele, Gleichungen oder Formeln angeben können:
Eliminierung – Base – Abgangsgruppe – E2-Reaktion – E1-Reaktion – Carbenium-Ion – Stabilität von Alkenen – Übergangszustand – Zwischenstufe – Konkurrenzreaktion.

Aufgaben

1. Formulieren die die β-Eliminierung von *Bromethan mit NaOH*! Welche Konkurrenzreaktion ist möglich?
2. Wenn Sie *Ethanol mit Säure* behandeln, welche Produkte können sich bilden?
3. Formulieren Sie die Reaktion von *2-Brom-2-methylpropan in Methanol*. Welche Produkte können entstehen und nach welchem Mechanismus wurden sie jeweils gebildet?
4. Sie möchten das Produktverhältnis obiger Reaktion zugunsten des Eliminierungsproduktes verschieben. Wie würden Sie das machen?
5. Wenn Sie *1-Methyl-cyclohexan-1-ol* mit Schwefelsäure dehydratisieren, welche beiden Produkte sind möglich und welches wird bevorzugt entstehen?
6. Warum können Edukte mit einem *tertiären C-Atom* im Edukt eine E2-Reaktion eingehen, obwohl eine S_N2-Reaktion hier nicht möglich ist?
7. Die Unterschiede von S_N1- und S_N2-Reaktionen sind in Tabelle 13/6 vergleichend zusammengestellt. Versuchen Sie eine ähnliche Tabelle für *E1- und E2-Reaktionen* zu entwerfen!

\+ 025 Lösungen der Aufgaben
\+ 026 IMPP-Fragen
\+ 052 Kreuzworträtsel zu Kapitel 13

KAPITEL

14 Aldehyde und Ketone

Orientierung

Wenn Sie einen Kuchen backen wollen, greifen Sie u. a. zu Mehl, Zucker, Hefe, Vanille, Zimt, Bittermandelöl und Butteraroma; ohne es zu realisieren, befinden Sie sich mitten in der „Werkstatt" der Aldehyde und Ketone. Die für diese Substanzklasse charakteristische Carbonylgruppe enthält eine C=O-Doppelbindung, die leicht mit anderen Stoffen reagiert. Neben den Kohlenhydraten wie z. B. Glucose, Fructose und deren Umwandlungsprodukten im Energiestoffwechsel (☞ Kap. 20) gehören zahlreiche Aromastoffe, Vitamine und Hormone hierher. Die Reaktivität der Carbonylgruppe verleiht organischen Molekülen Flexibilität, d. h., insbesondere Aldehyde sind bei Stoffumwandlungen häufig nur Zwischenstufen.
Antwort erhalten Sie u. a. auf folgende Fragen:

- Wie erkennt man Aldehyde und Ketone, was haben sie gemeinsam, was unterscheidet sie?
- Wie laufen Reaktionen an der Carbonylgruppe ab und wozu führen sie?
- Was ist die Keto-Enol-Tautomerie?
- Wie beeinflusst die Carbonylgruppe das Reaktionsverhalten benachbarter C-Atome?
- Durch welche Reaktionen werden Retinal (Sehprozess) und Pyridoxal (Transaminierung) in den Stoffwechsel eingebunden?

14.1 Bau und Reaktionsverhalten der Carbonylgruppe

Aldehyd

Keton

Das charakteristische Strukturmerkmal von Aldehyden und Ketonen ist die *Carbonylgruppe* mit einer Kohlenstoff-Sauerstoff-Doppelbindung. Bei **Aldehyden** trägt das Kohlenstoffatom der Carbonylgruppe ein H-Atom und einen organischen Rest (Ausnahme: Formaldehyd mit zwei H-Atomen), bei **Ketonen** zwei organische Reste, die über Kohlenstoffatome an das Carbonyl-C-Atom gebunden sind.

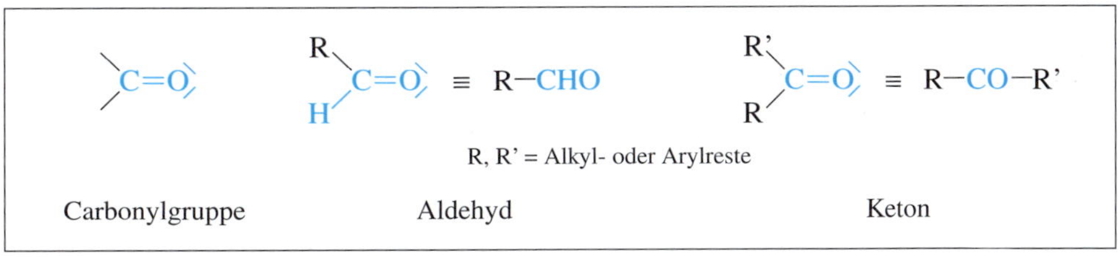

Carbonylgruppe

In der **Carbonylgruppe** (CO-Gruppe) ist ein sp^2-hybridisiertes C-Atom mit einem Sauerstoffatom durch eine Doppelbindung verbunden, die sich wie bei der C=C-Doppelbindung aus einer σ-Bindung und einer π-Bindung zusammensetzt. Das O-Atom trägt zwei freie Elektronenpaare, die als Striche markiert sind. Alle direkt am Carbonyl-C-Atom gebundenen Atome liegen in einer Ebene, der Bindungswinkel beträgt 120°.

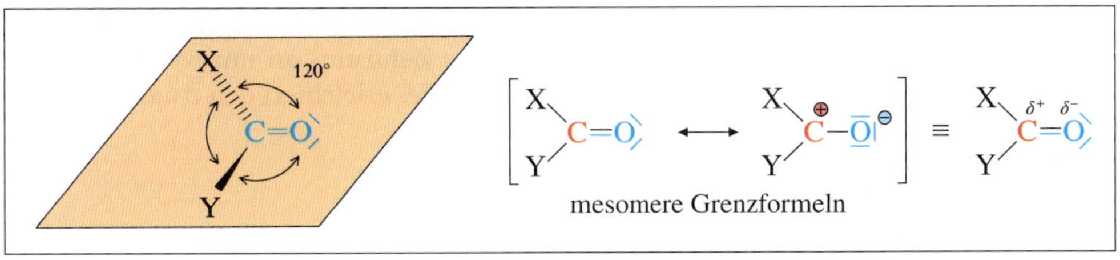

Polarisierung und Reaktivität. Anders als bei C=C-Doppelbindungen ist die *C=O-Doppelbindung* stark polarisiert: Das elektronegativere Sauerstoffatom trägt eine negative (δ^-), das Kohlenstoffatom eine positive (δ^+) Partialladung. Die Polarisierung wirkt sich stärker auf die π- als auf die σ-Bindung aus, sie ist deshalb ausgeprägter als z. B. bei den Alkoholen. Die Carbonylgruppe ist mesomeriestabilisiert, d. h., es existiert eine zweite Grenzformel, in der das Elektronenpaar der π-Bindung ganz zum O-Atom verschoben ist.

Elektrophil
Nucleophil

Aus der zweiten Grenzformel wird deutlich, dass das Sauerstoffatom der CO-Gruppe leicht ein *Elektrophil* ($E^{\oplus}$, elektronenliebend) anlagern kann, während das Carbonyl-C-Atom bevorzugt mit einem *Nucleophil* ($Nu|^{\ominus}$, kernliebend) reagiert. Die Polarität, die den Bezeichnungen Nucleophil (= Elektronendonator) und Elektrophil (= Elektronenakzeptor) zugrunde liegt (☞ Kap. 11.1.4), führt dazu, dass man das Carbonyl-C-Atom auch als *elektrophiles Zentrum* und das Carbonyl-O-Atom als *nucleophiles Zentrum* bezeichnet. Ein dritter Reaktionsweg eröffnet sich durch die Abstraktion eines H-Atoms vom α-C-Atom, d. h. von einem C-Atom, das der Carbonylgruppe unmittelbar benachbart steht. Dies gelingt durch eine starke Base (☞ Kap. 14.4).

Damit entsteht um die Carbonylgruppe herum ein einzigartiger Reaktionsraum, in dem selektive Stoffumwandlungen möglich sind. Es ist der elektronegativere Sauerstoff, der innerhalb der C=O-Doppelbindungen den Kohlenstoff „belebt", d. h. seine Reaktivität steigert.

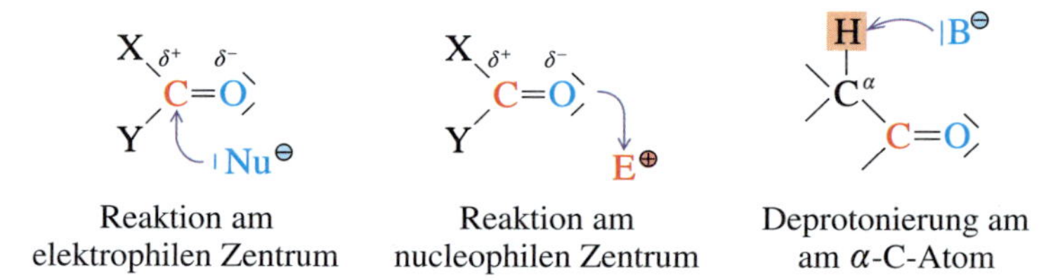

! Die Reaktionsmöglichkeiten der Carbonylgruppe ergeben sich aus ihrer Polarisierung:
1. Angriff eines Nucleophils am Carbonyl-C-Atom (elektrophiles Zentrum),
2. Angriff eines Elektrophils am Carbonyl-O-Atom (nucleophiles Zentrum),
3. Deprotonierung am α-C-Atom durch starke Basen (Enolat-Bildung).

Reaktionsschritte im Detail. Greift ein Nucleophil am Carbonyl-C-Atom (elektrophiles Zentrum) an, dann verschiebt sich das π-Elektronenpaar zum O-Atom hin, das im zweiten Schritt ein Proton (Elektrophil) anlagert. Das C-Atom geht dabei vom sp^2- in den sp^3-hybridisierten Zustand über, es bildet sich eine sogenannte tetraedrische Zwischenstufe. Die Gesamtreaktion ist also eine *Addition* eines Nucleophils an die C=O-Bindung. In dieser Reaktion sind Aldehyde etwas reaktiver als Ketone, da Aldehyde nur eine, Ketone aber zwei Alkylgruppen enthalten, die jeweils einen elektronenschiebenden Effekt (+ I-Effekt) ausüben.

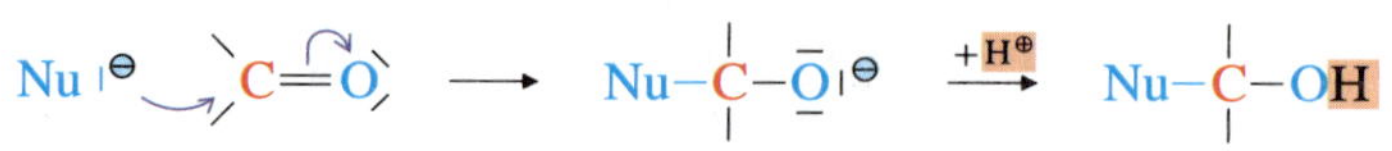

Reicht die Nucleophilie (☞ Kap. 13.6.2) des angreifenden Teilchens nicht aus, dann können starke Säuren *katalytisch* wirken. Ein Proton lagert sich als Elektrophil an das basische Carbonyl-O-Atom (nucleophiles Zentrum) an und verstärkt dadurch die positive Polarisierung am Carbonyl-C-Atom. Dies erleichtert den Angriff des Nucleophils.

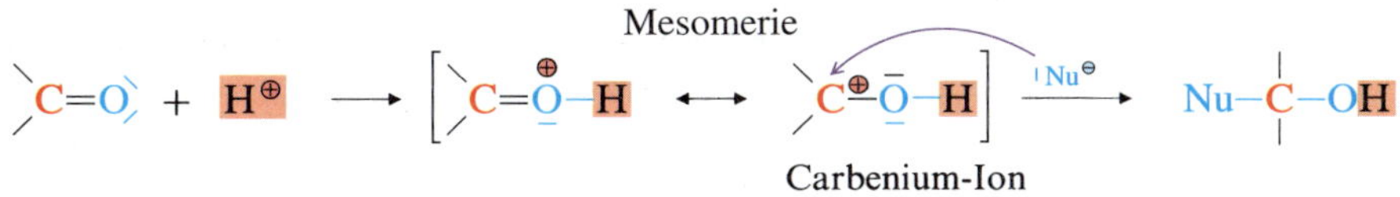

14.2 Struktur und Nomenklatur

Aldehyde. Der einfachste Aldehyd ist **Formaldehyd** (= Methanal), an seinem Carbonyl-C-Atom hängen zwei H-Atome. In allen anderen Aldehyden trägt die CO-Gruppe ein H-Atom und einen Alkyl- oder Arylrest. Die Kurzschreibweise für Aldehyde lautet immer R–CHO.

Beispiele für Aldehyde:

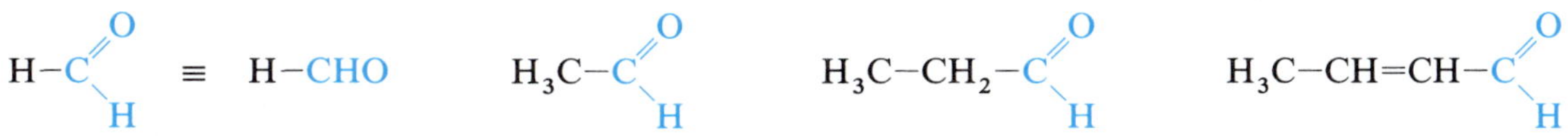

Formaldehyd (Methanal) — Acetaldehyd (Ethanal) — Propionaldehyd (Propanal) — Crotonaldehyd (2-Butenal)

Für eine systematische Bezeichnung der aliphatischen Aldehyde geht man vom zugrunde liegenden Kohlenwasserstoff aus und fügt die Endsilbe „**-al**" an. Bei den niederen Aldehyden existieren Trivialname und systematischer Name nebeneinander. Die höheren Homologen des Formaldehyds heißen **Acetaldehyd** (= Ethanal) und **Propionaldehyd** (= Propanal). Der einfachste Aldehyd mit einem Arylrest ist der **Benzaldehyd**, weitere Beispiele sind *Salicylaldehyd* und *Vanillin*.

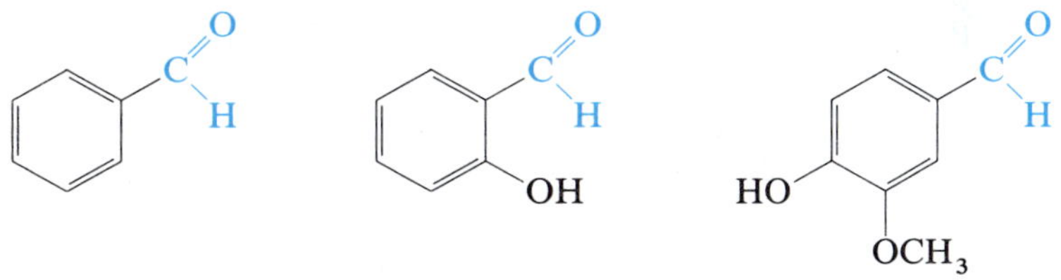

Benzaldehyd (Benzolcarbaldehyd) — Salicylaldehyd (2-Hydroxybenzaldehyd) — Vanillin (4-Hydroxy-3-methoxy-benzaldehyd)

Formalin in der Anatomie

Formaldehyd (= Methanal) ist bei Raumtemperatur ein Gas (Sdp. −21 °C), das stechend riecht. Es denaturiert Eiweißkörper, hemmt Enzyme und tötet Bakterien und Viren ab. Die 35- bis 37%ige wässrige Lösung von Formaldehyd heißt **Formalin.** Es dient in Verbindung mit anderen Stoffen zur Konservierung und Fixierung anatomischer Präparate. Formaldehyd kann durch die Haut eindringen und wirkt u. a. haut- und schleimhautreizend, evtl. auch kanzerogen, weshalb größte Vorsicht am Seziertisch angezeigt ist.

Ketone. Trägt die Carbonylgruppe zwei organische Reste, liegen **Ketone** vor. Der einfachste Vertreter ist das **Aceton** (= 2-Propanon), bei dem diese Reste gleich sind. Die Reste können jedoch wie beim **Ethylmethylketon** (= 2-Butanon) oder **Acetophenon** auch verschieden und gemischt aliphatisch/aromatisch sein. In der systematischen Nomenklatur kennzeichnet die Endsilbe „**-on**" ein Keton und eine vorgesetzte Ziffer die Position der CO-Gruppe in einer aliphatischen Kette.

Beispiele für Ketone:

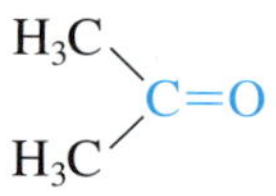

Aceton (Propanon)

Ethylmethylketon (Butanon)

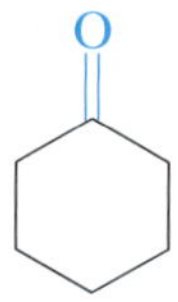

Cyclohexanon

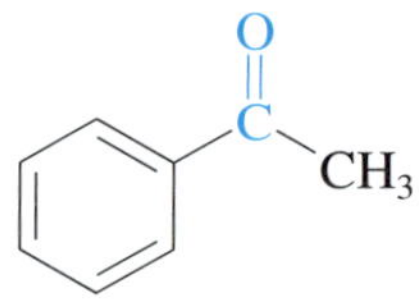

Acetophenon (Methylphenylketon)

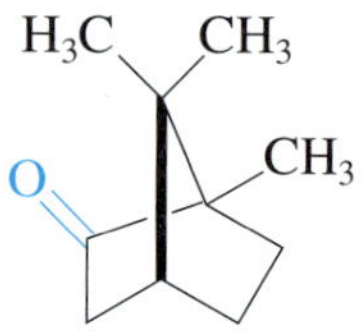

(+)-Campfer (aus etherischen Pflanzenölen)

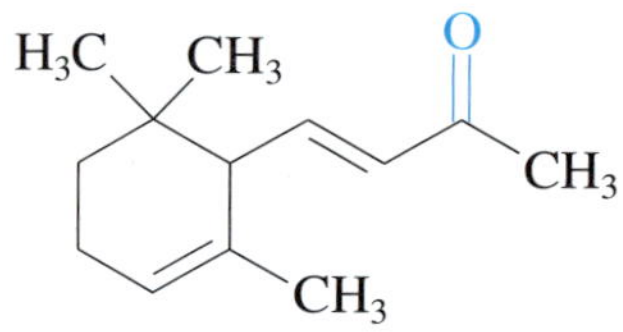

α-Ionon (Veilchenduftstoff)

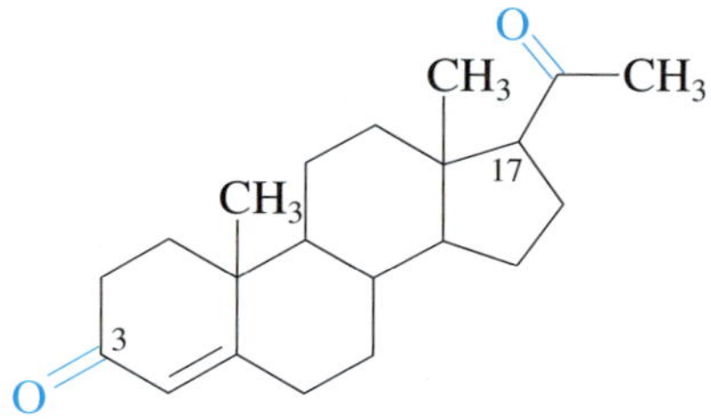

Progesteron (weibl. Sexualhormon)

Aceton in der Atemluft

Aceton (= Propanon) in der ausgeatmeten Atemluft riecht sehr charakteristisch (süßlich) und ist ein Indiz für die Zuckerkrankheit (**Diabetes mellitus**). Es entsteht bei Zuckerkranken durch den verstärkten Abbau von Fettsäuren, dabei reichert sich *Acetoacetyl-Coenzym A* an, das zu *Acetessigsäure* hydrolysiert wird, die ihrerseits durch Abspaltung von Kohlendioxid (Decarboxylierung) *Aceton* freisetzt. Aceton wird z. T. ausgeatmet oder zusammen mit Acetessigsäure und der daraus gebildeten *β-Hydroxybuttersäure* im Harn ausgeschieden *(Acetonurie, Ketonurie)*.

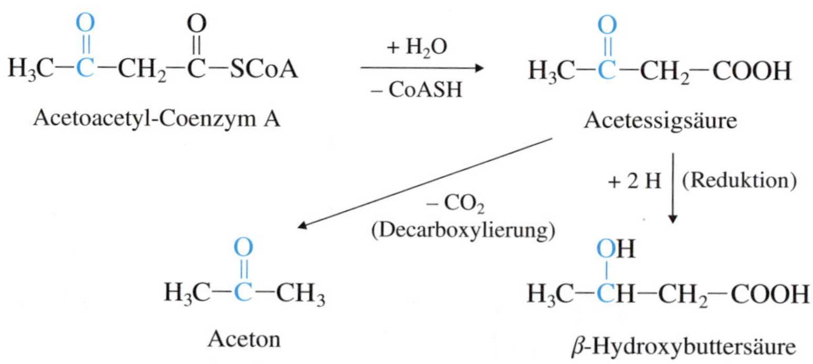

Progesteron im weiblichen Zyklus
Die erste Hälfte des weiblichen Zyklus wird von den *Östrogenen* bestimmt. Beim Eisprung verlässt die Eizelle das Eibläschen. Teile des geplatzten Eifollikels wandeln sich zum sog. Gelbkörper um, der für die Bildung des Hormons Progesteron verantwortlich ist. **Progesteron** bereitet u. a. die Einnistung der befruchteten Eizelle vor, indem es die Gebärmutterschleimhaut auflockert. Darüber hinaus hat es im Körper noch viele andere Aufgaben, beispielsweise wirkt es antidepressiv und schützt vor Brust- und Gebärmutterkrebs.

Findet kein Eisprung mehr statt, so unterbleibt auch die Progesteronproduktion des Gelbkörpers. Fazit ist ein hormonelles Ungleichgewicht mit einem Östrogenüberschuss. Dieser führt u. a. zu Depressivität, Angst, Kopfschmerzen und Schlaflosigkeit. Therapeutisch kommt eine Hormonsubstitution in Frage. Dabei sollte bevorzugt körperidentisches Progesteron eingesetzt werden, da bei abgewandelten Präparaten in einer amerikanischen Studie 2002 u. a. ein erhöhtes Krebs- und Schlaganfallrisiko festgestellt wurde.

14

14.3 Herstellung und Eigenschaften

Herstellung. Aldehyde (lat. *al**coholus** **dehyd**rogenatus*) und Ketone entstehen bei der milden Oxidation von Alkoholen: **Primäre Alkohole** bilden *Aldehyde*, **sekundäre Alkohole** bilden *Ketone* (☞ Kap. 13.1.2). Der Vorgang ist eine Wasserstoffabspaltung (Dehydrierung), die sich formal als Abgabe von zwei Protonen und zwei Elektronen aus dem Alkohol erweist. Die *Dehydrierung* ist somit eine *Oxidation* (☞ Kap. 9.2). Umgekehrt lassen sich Aldehyde in die entsprechenden primären, Ketone in die sekundären Alkohole reduzieren (☞ Kap. 14.7).

Oxidation:
(= Dehydrierung)

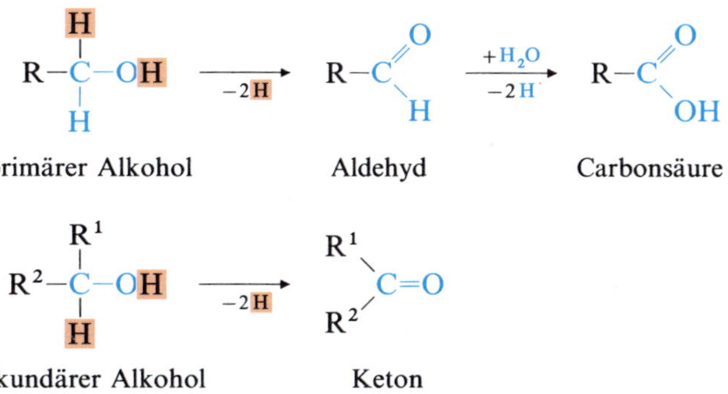

Tollens-Reagenz
Fehling-Lösung

Nachweisreaktionen. Während sich Ketone nicht weiter oxidieren lassen, reagieren Aldehyde in Gegenwart von Oxidationsmitteln leicht zu Carbonsäuren (☞ Kap. 16.1.1). Selektive Oxidationsmittel sind z. B. $[Ag(NH_3)_2]^{\oplus}$ (Tollens-Reagenz) oder $[Cu(tartrat)_2]^{2\ominus}$ (Fehling-Lösung). Aldehyde wirken auf diese Reagenzien *reduzierend* und können über diese Reaktionen nachgewiesen werden. Im ersten Fall entsteht ein Silberspiegel (Ag), im zweiten rotes Kupfer(I)-oxid (Cu_2O). Ketone reagieren nicht mit diesen Reagenzien.

Siedepunkte. Die Carbonylgruppe ist polar, weshalb Aldehyde und Ketone höher sieden als Kohlenwasserstoffe vergleichbarer Molmasse. Da sich zwischen den Molekülen jedoch keine Wasserstoffbrückenbindungen ausbilden, sieden Aldehyde und Ketone niedriger als vergleichbare Alkohole (☞ Tabelle 14.1).

Löslichkeit. Das negativ polarisierte Carbonyl-O-Atom bildet mit Wasser Wasserstoffbrückenbindungen aus, dementsprechend lösen sich niedere Aldehyde gut in Wasser, auch Aceton ist mit Wasser in jedem Verhältnis mischbar. Mit zunehmender Größe der Kohlenwasserstoffreste überwiegen jedoch die hydrophoben Eigenschaften, die die Wasserlöslichkeit einschränken.

Tab. 14/1 Vergleich der Siedepunkte.

Verbindung	Siedepunkt (°C)	Molmasse (g/mol)
Propan	-44	44
n-Butan	0	58
Propanal (Propionaldehyd)	49	58
2-Propanon (Aceton)	56	58
2-Propanol (Isopropanol)	82	60
n-Propanol	97	60

14.4 Keto-Enol-Tautomerie

CH-Acidität

Carbanion/ Enolat-Ion

Deprotonierung am α-C-Atom. Die starke Polarisierung der Carbonylgruppe strahlt auch auf das benachbarte C-Atom aus. Am sog. **α-C-Atom** gebundene H-Atome (α-ständige H-Atome) zeigen eine für C–H-Bindungen ungewöhnlich deutliche *Acidität* ($pK_s = 19-21$ für Aldehyde und Ketone) und können durch starke Basen (z. B. Natriummethylat) abgelöst werden. Ursache ist die *Mesomeriestabilisierung* des gebildeten Anions, d. h., das Elektronenpaar, das durch die Abspaltung des Protons frei wird, und die verbleibende negative Ladung verteilen sich zwischen dem α-C-Atom (**Carbanion**) und dem Carbonyl-O-Atom (**Enolat-Ion**). Die tatsächliche Elektronen- und Ladungsverteilung liegt zwischen diesen Grenzformeln, tendiert aber wegen der Elektronegativität des Sauerstoffs deutlich zum Enolat.

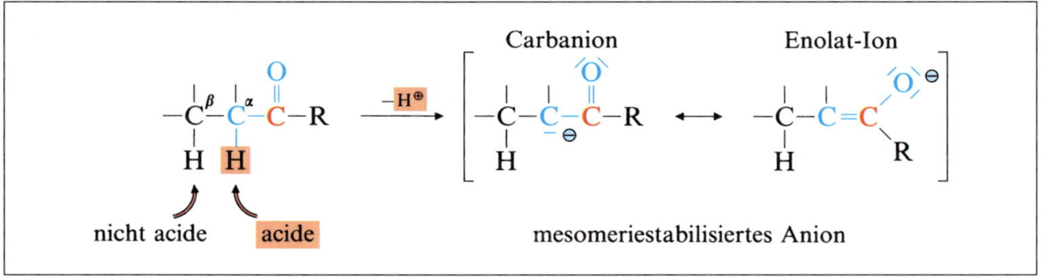

Wiederanlagerung eines Protons. Je nach Reaktionspartner kann dieses System als Carbanion oder als Enolat-Ion reagieren. Säuert man die alkalische Lösung z. B. an, dann hat das Anion zwei Möglichkeiten, ein Proton aufzunehmen. Anlagerung an das α-C-Atom führt zur ursprünglichen **Ketoform**, Protonierung am Enolat-O-Atom zur **Enolform**. Den Begriff „Ketoform" benutzt man in diesem Fall sowohl für Aldehyde als auch für Ketone. Der Name „*Enol*" weist auf die C=C-Doppelbindung („*-en*") mit anhängender OH-Gruppe („*-ol*") hin.

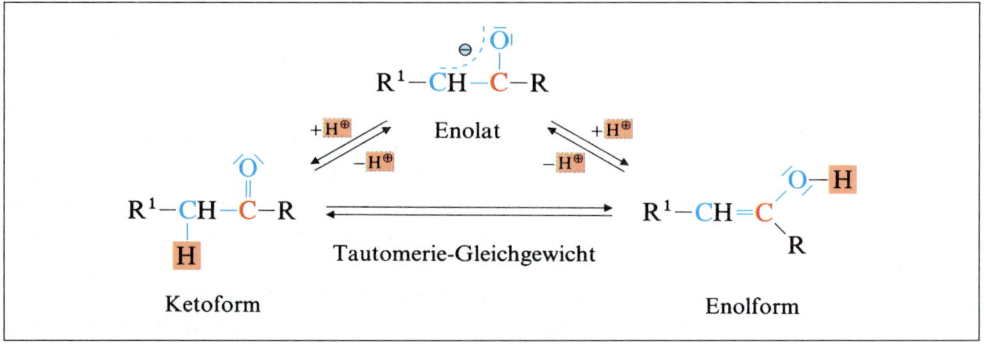

Tautomerie-Gleichgewicht. Sind Aldehyde oder Ketone Flüssigkeiten oder liegen sie gelöst vor, so existieren bei jeder Verbindung mit einem α-H-Atom Keto- und Enolform nebeneinander, es stellt sich ein Gleichgewicht ein. Bei der Keto- und Enolform einer Verbindung handelt es sich um Konstitutionsisomere, die in diesem speziellen Fall **Tautomere** genannt werden. In der Folge spricht man von einem *Tautomerie-Gleichgewicht*. Dieses stellt sich normalerweise langsam ein, Säuren oder Basen können den Prozess katalysieren (beschleunigen). In der Bilanz wandert ein Proton von einem α-C-Atom zum O-Atom der Carbonylgruppe (bzw. in umgekehrter Richtung, wenn man vom Enol ausgeht), dabei ändert sich die Lage der Doppelbindung. Der Energiegehalt der einzelnen Tautomere bestimmt ihren Anteil am Gleichgewicht. Normalerweise überwiegt die Ketoform, es gibt jedoch auch Ausnahmen.

Tautomere

Keto-Enol-Tautomerie

! Als **Keto-Enol-Tautomerie** bezeichnet man das chemische Gleichgewicht zwischen zwei konstitutionsisomeren Formen eines Aldehyds oder Ketons. Keto- und Enolform unterscheiden sich in der Position eines H-Atoms und einer Doppelbindung.

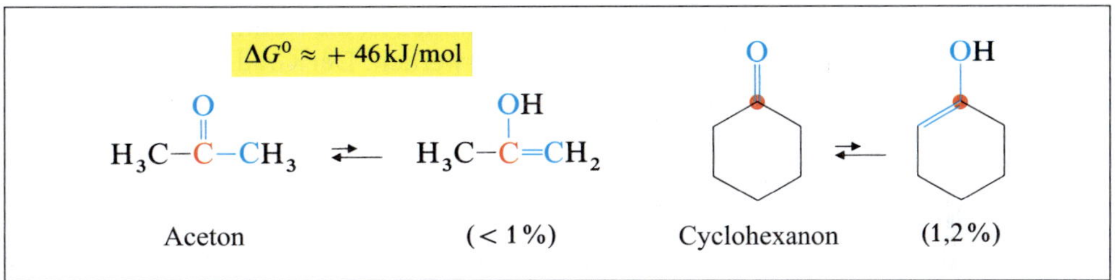

Beispiel Acetylaceton. Die Enolform kann durch geeignete Substituenten stabilisiert werden, wodurch sich ihr Anteil im Gleichgewicht erhöht. Dies ist bei 1,3-Dicarbonylverbindungen der Fall. Hier befindet sich eine zweite Carbonylgruppe am übernächsten C-Atom (in β-Position) von der ersten aus gesehen, d. h., das α-C-Atom wird auf beiden Seiten von einer CO-Gruppe flankiert. Ein Beispiel ist das β-Diketon **Acetylaceton** (Pentan-2,4-dion). Seine Enolform wird durch eine *intramolekulare Wasserstoffbrückenbindung* stabilisiert. Außerdem ist die C=C-Doppelbindung des Enols zur zweiten Carbonylgruppe konjugiert, d. h., an der Mesomerie dieses Systems sind sechs Atome beteiligt, was die Enolform energetisch gegenüber der Ketoform begünstigt.

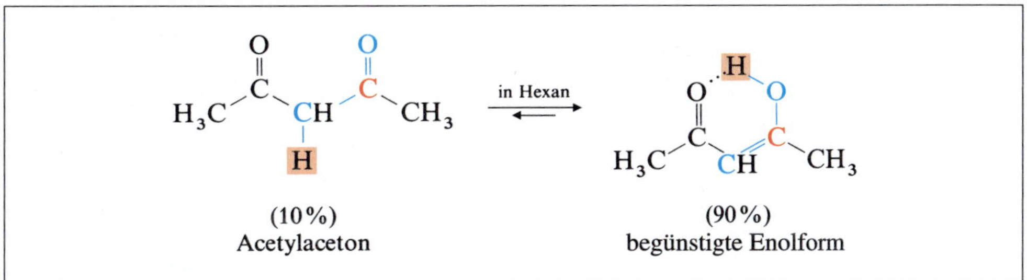

Energie aus der Enolform. Gelingt es, die weniger begünstigte, d. h. energiereichere Enolform einer Verbindung zu stabilisieren, so liegt eine *„energiereiche Verbindung"* vor. Dies bedeutet, dass beim Übergang von der Enolform in die Ketoform Energie gewonnen werden kann. Dies ist ein „Trick" der Natur, um Energie zu speichern und bei Bedarf zu nutzen. Ein Beispiel dafür ist **Phosphoenolpyruvat** (PEP). Nach der Hydrolyse des Phosphatrestes (Ⓟ) wird die Enolform des Pyruvats, das **Enolpyruvat**, frei und wandelt sich rasch in die stabilere Ketoform, das **Pyruvat**, um. Der ganze Prozess ist stark exergon, d. h., die Gibbs-Energie, die bei der Hydrolyse und bei der Umwandlung von Enolpyruvat in Pyruvat insgesamt frei wird, ist deutlich negativ und reicht z. B. aus, um ATP zu bilden. Ⓟ steht hier als Abkürzung für einen Phosphatrest (☞ Kap. 17.2), Ⓟ–OH entspricht der Phosphorsäure (H_3PO_4).

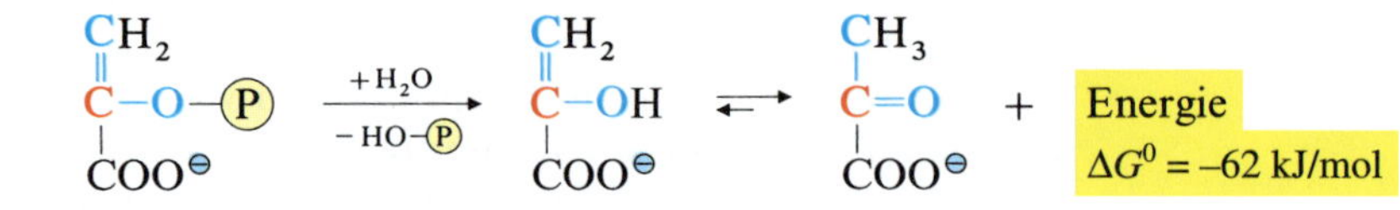

Phosphoenolpyruvat (PEP) Pyruvat

14.5 Addition von Wasser und Alkoholen

Hydrat

Addition von Wasser. Aldehyde und Ketone reagieren in einer reversiblen Gleichgewichtsreaktion mit Wasser unter Bildung von **Hydraten**. Die Reaktion folgt dem weiter oben formulierten Mechanismus: Wasser greift das Carbonyl-C-Atom *nucleophil* an und gibt ein Proton an das Carbonyl-O-Atom ab. Formal *addiert* sich Wasser an die C=O-Doppelbindung. In neutralem Milieu ist die Reaktion relativ langsam und kann z. B. durch Zugabe von Säure katalysiert werden. Der Grad der Hydratisierung schwankt bei einzelnen Verbindungen und ist beim Formaldehyd (99%) und Acetaldehyd (50%) höher als beim Aceton (< 1%).

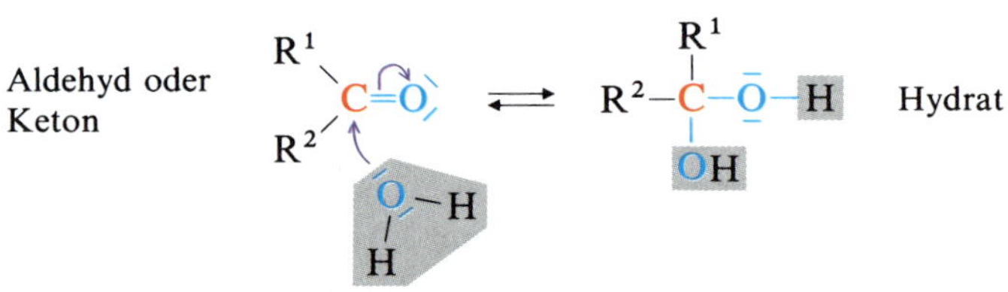

Chloralhydrat

Trichlorethanal (Chloral) liegt in wässriger Lösung wegen der elektronenziehenden Chloratome praktisch vollständig als Hydrat vor. *Chloralhydrat* ist eines der ältesten Schlafmittel. Es wird wegen seines bitteren Geschmacks und lokaler Reizwirkungen rektal verabreicht. Nach Resorption wird Chloralhydrat im Körper zum *Trichlorethanol* reduziert, das der eigentliche Wirkstoff ist. Die Dosierung ist vergleichsweise hoch (0,5 – 1,5 g), die therapeutische Breite jedoch sehr gering und es gibt Nebenwirkungen, weshalb Chloralhydrat trotz günstiger Wirkung (keine Beeinflussung der REM-Schlaf-Phase) an Bedeutung verloren hat.

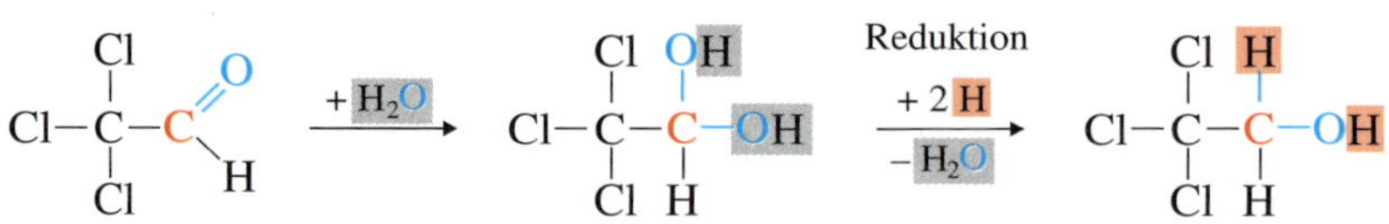

Chloral Chloralhydrat Trichlorethanol

Halbacetal

Reaktion mit Alkoholen. Analog dem Wasser addieren sich auch Alkohole an die Carbonylgruppe. Dabei entstehen aus Aldehyden bzw. Ketonen **Halbacetale.** Die Substituenten R, R^1, R^2 oder R^3 in vorstehenden oder nachfolgenden Formeln stehen für beliebige Alkyl- oder Arylreste.

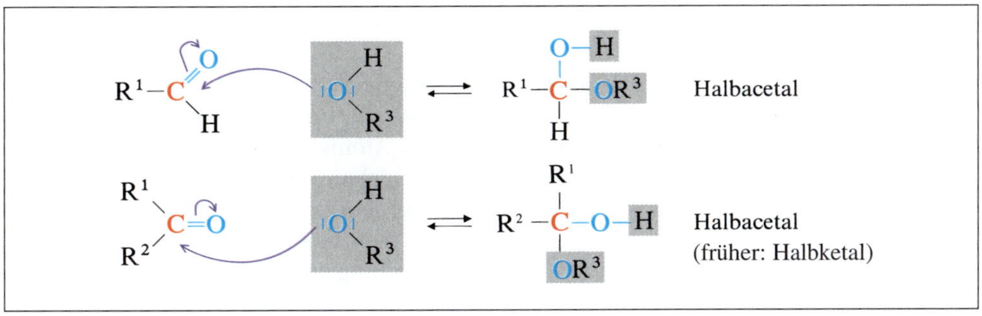

Eine Besonderheit dieser Reaktion ist, dass sich auch eine Alkoholgruppe *desselben* Moleküls an die CO-Gruppe addieren kann, sofern der Abstand der reagierenden Gruppen günstig ist. Dabei bilden sich *cyclische Halbacetale*, bevorzugt mit 5- oder 6-gliedrigen Ringen.

14

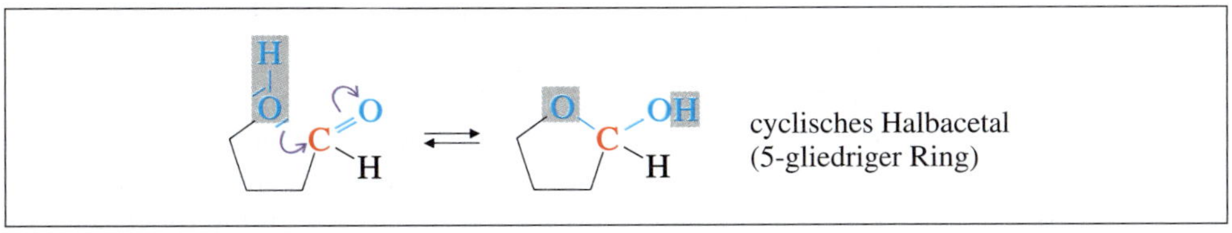

Durch Zugabe starker Säuren (HCl, H_2SO_4) zur Mischung aus Aldehyd (Keton) und Alkohol wird einerseits die Halbacetalbildung katalysiert, im Anschluss daran jedoch auch eine Folgereaktion. Unter Wasserabspaltung entsteht aus dem Halbacetal ein *Carbenium-Ion*, das von einem weiteren Alkohol-Molekül nucleophil angegriffen wird und nach Verlust eines Protons zum **Acetal** wird.

Acetal

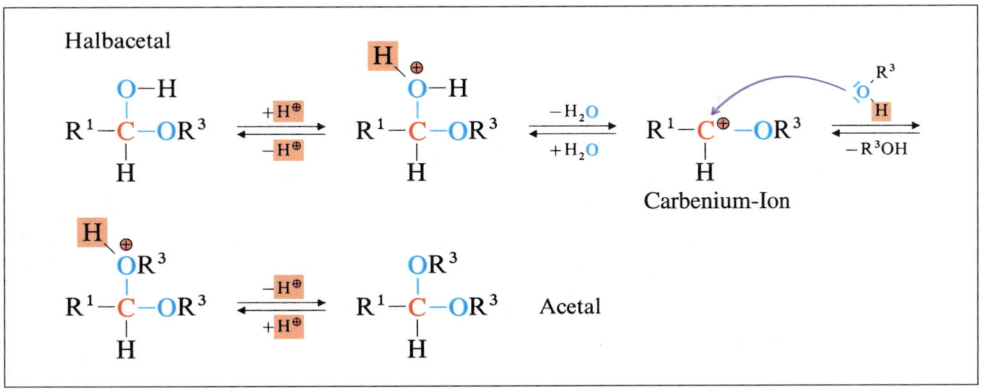

Diese Reaktion ist *reversibel*, d. h., Acetale werden in wässriger Lösung säurekatalysiert zum Aldehyd (Keton) und Alkohol hydrolysiert. Wir werden dieser Reaktion in der Zuckerchemie (☞ Kap. 20) wieder begegnen. Im basischen Milieu sind Acetale dagegen stabil. Das nachfolgende Beispiel zeigt die Bildung des Dimethylacetals des Acetons. Früher wurden die Acetale von Ketonen als Ketale bezeichnet.

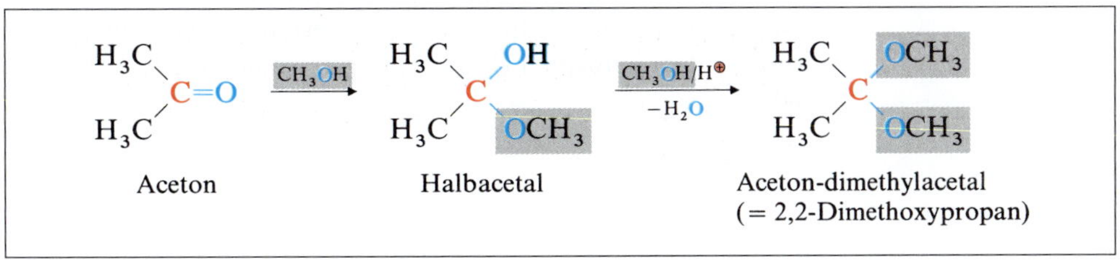

14.6 Addition primärer Amine

Imin

Aldehyde und Ketone reagieren mit primären Aminen oder Ammoniak unter Wasserabspaltung zum **Imin** (Schiff-Base). Im gewählten Beispiel greift ein primäres Amin mit dem freien Elektronenpaar des N-Atoms das Carbonyl-C-Atom **nucleophil** an. Das entstandene Zwitterion geht durch Verschiebung eines Protons vom N- zum O-Atom in das Additionsprodukt (= Halbaminal) über. Dieses ist nicht stabil, sondern eliminiert leicht Wasser. Den ganzen Vorgang bezeichnet man als **Kondensation**, ein Begriff, der die Verbindung zweier Moleküle unter Wasserabspaltung kennzeichnet.

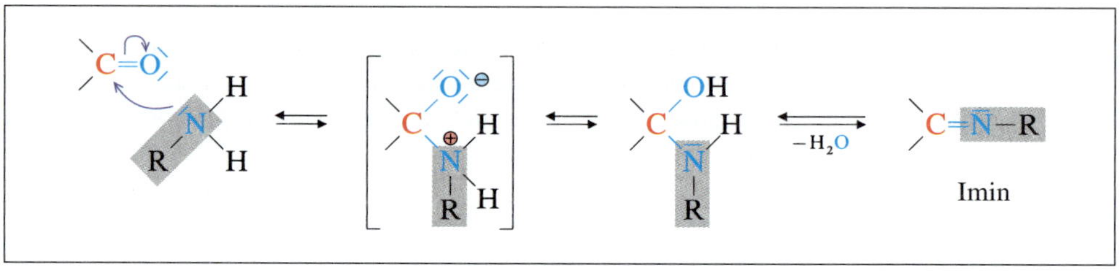

Oxim
Hydrazon

Je nach eingesetztem primärem Amin tragen die Kondensationsprodukte spezielle Namen, z. B. Oxim oder Hydrazon. Die hier abgebildeten Imine kristallisieren sehr gut und dienen z. B. zur Charakterisierung von Aldehyden und Ketonen durch Bestimmung des Schmelzpunktes und Vergleich mit Literaturwerten.

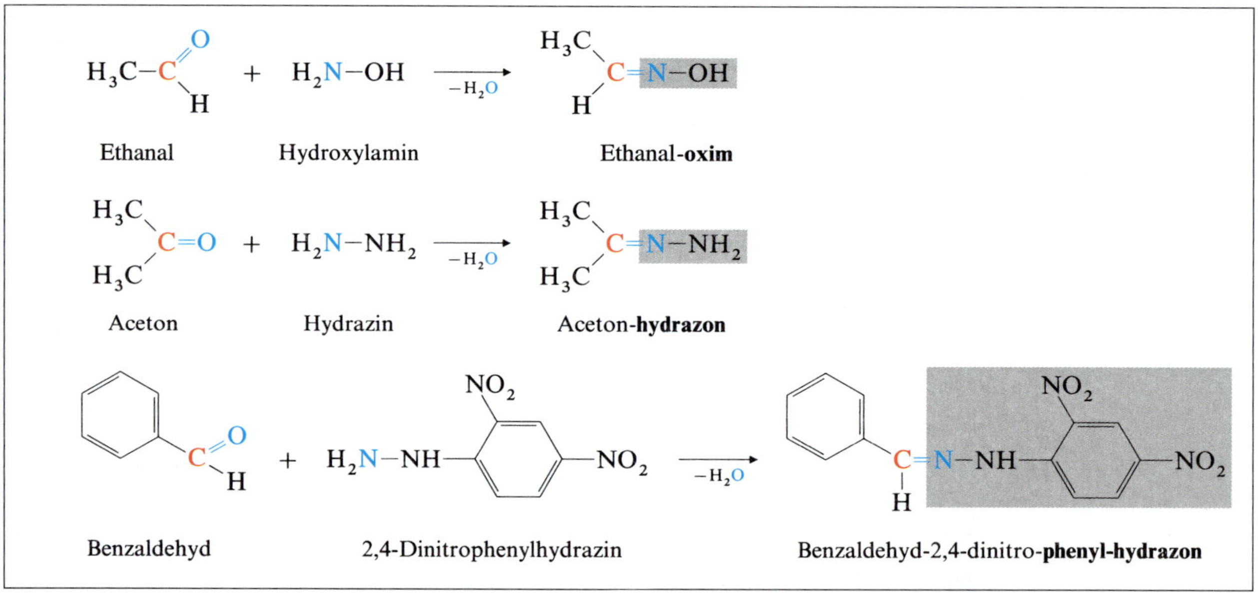

Transaminierung

Transaminierung. Im Stoffwechsel kommen Imine als Intermediate vergleichsweise häufig vor und entstehen z. B., wenn Aminogruppen von Aminosäuren mit Aldehydgruppen von Coenzymen reagieren. Der Stoffwechselprozess der **Transaminierung** beruht auf der Umwandlung einer *Aminosäure* in eine *α-Ketocarbonsäure* und umgekehrt. Diese Umwandlung wird durch Enzyme katalysiert, die sog *Aminotransferasen* bzw. *Transaminasen*, die **Pyridoxalphosphat** (PLP) als Coenzym benötigen. Letzteres leitet sich vom *Vitamin B_6* ab.

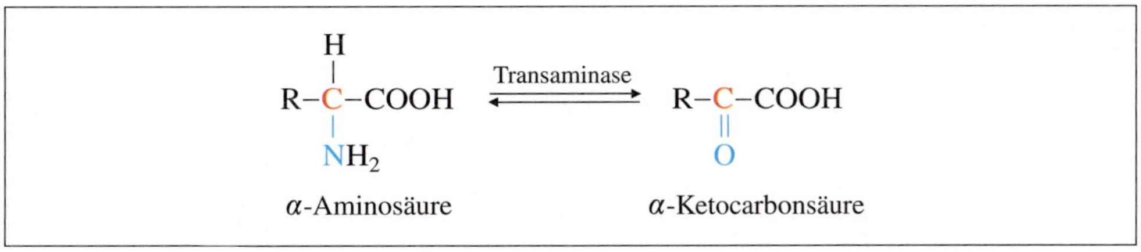

Wo bleibt bei diesem Prozess der Stickstoff und wie stellt man sich den Ablauf vor? Von der Aminosäure ausgehend, bildet die Aminogruppe mit dem am Enzym gebundenen *Pyridoxalphosphat* ein Imin (Abb. 14/1, **A**). Dieses kann sich in ein Konstitutionsisomer (**B**) umwandeln. **A** und **B** sind Tautomere und stehen miteinander im Gleichgewicht (Tautomerie-Gleichgewicht), die Umwandlung geschieht durch die Verlagerung eines H-Atoms als Proton zwischen zwei C-Atomen, die dabei ihre Hybridisierung ändern. Je nachdem, welches der Tautomere hydrolysiert wird, erhält man die Ausgangsverbindung *(Aminosäure)* zurück oder eine *α-Ketocarbonsäure*. Im zweiten Fall befindet sich der Stickstoff dann im Pyridoxaminphosphat. Formal sind zwischen der Aminosäure und der Ketocarbonsäure die NH_2-Gruppe und der Carbonylsauerstoff vertauscht worden.

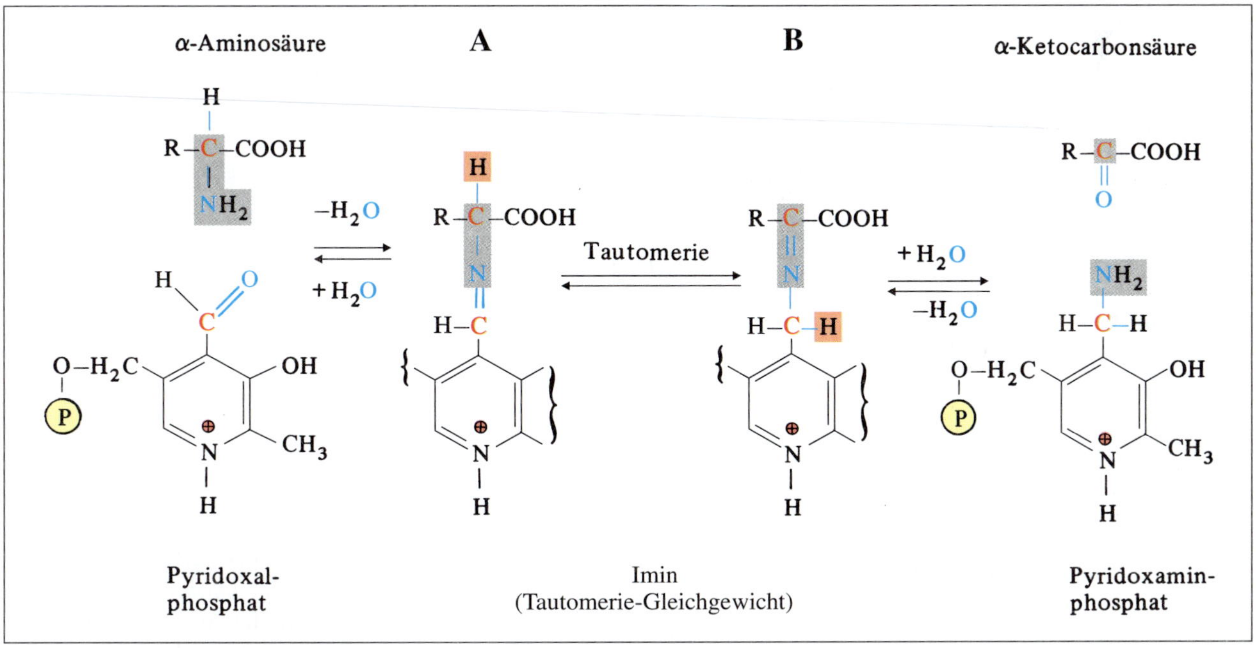

Abb. 14/1 Ablauf der Transaminierung.

Chemie des Sehens

Die Tatsache, dass der Mensch auf der Netzhaut des Auges Lichteindrücke empfangen und verarbeiten kann, beruht auf der *cis/trans*-Isomerisierung eines ungesättigten Aldehyds, der als Imin in ein Protein eingebettet ist. *(11Z)*-**Retinal** (*cis*-Retinal), das aus *Vitamin A* (Retinol) hervorgeht, reagiert mit der freien Aminogruppe am Lysin-216 des Proteins **Opsin** zum **Rhodopsin**, einem Imin. Durch sichtbares Licht (h·ν) isomerisiert im Retinalteil des Rhodopsins die *11Z*-Doppelbindung zur *11E*-Doppelbindung, dadurch destabilisiert sich das Imin und *(11E)*-Retinal (*trans*-Retinal) wird durch Hydrolyse freigesetzt. *(11E)*-Retinal wird dann enzymatisch wieder in *(11Z)*-Retinal umgewandelt und der Kreislauf kann sich wiederholen. Durch die lichtinduzierte *cis/trans*-Isomerisierung im Rhodopsin, durch die sich die molekulare Geometrie im Lichtzentrum des Moleküls stark verändert, wird ein Nervenimpuls ausgelöst.

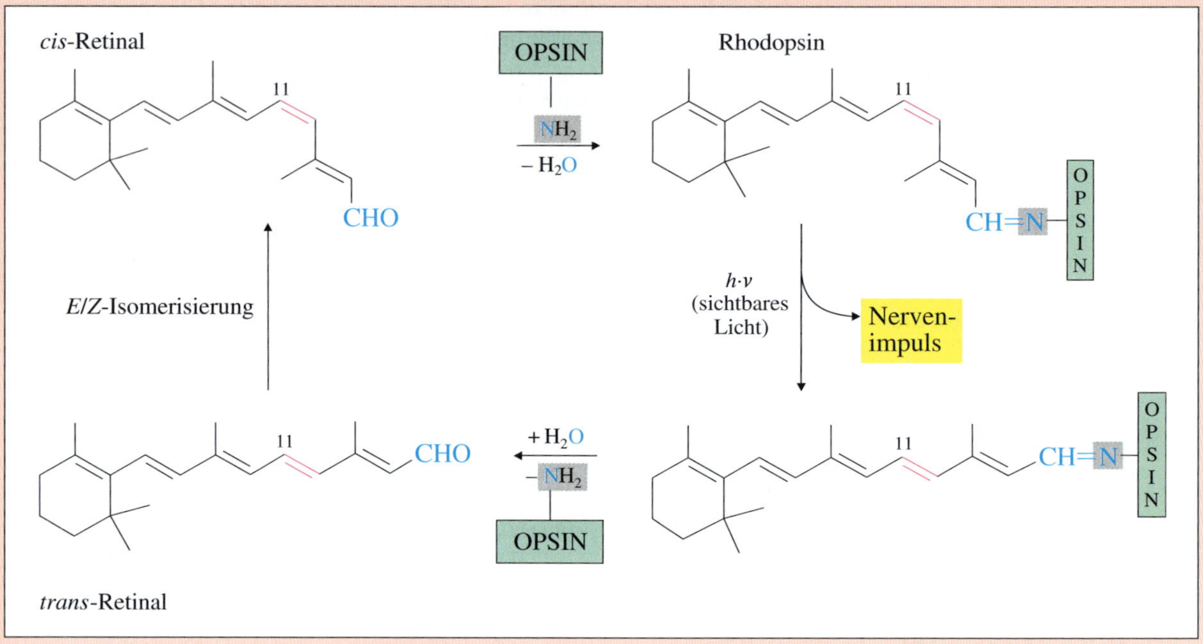

14.7 Reduktion der Carbonylgruppe

In Umkehr ihrer Bildung können Aldehyde und Ketone zu Alkoholen reduziert werden. Als Reduktionsmittel sind *Hydrid übertragende* Reagenzien am besten geeignet. Dies können **Metallhydride** sein, wie z. B. *Natriumborhydrid* ($NaBH_4$) oder *Lithiumaluminiumhydrid* ($LiAlH_4$). Die ionische Addition von $|H^{\ominus}$ und $H^{\oplus}$ entspricht der Addition eines Wasserstoff-Moleküls ($H_2 = H\text{–}H = 2\,H^{\oplus} + 2\,e^{\ominus}$), somit ist die Reduktion eine **Hydrierung** und es wird erkennbar, dass der Prozess formal unter Elektronenaufnahme abläuft (☞ Kap. 9.2).

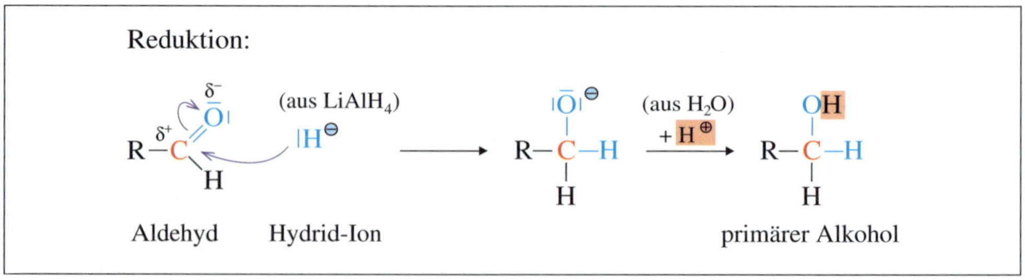

NADH

Für die lebende Zelle sind *enzymatische Reduktionen* bedeutsam. Hier ist häufig **NADH** (reduziertes **N**icotinamid-**A**denin-**D**inucleotid) das Reduktionsmittel, das in Gegenwart geeigneter Enzyme ein *Hydrid-Ion* abspalten kann. NADH enthält in einem Heterocyclus eine Methylengruppe ($-CH_2-$), aus der ein Wasserstoffatom *mit* seinem Elektronenpaar

Hydrid-Ion

(**Hydrid-Ion**) übertragen wird. Das Hydrid-Ion greift ein Carbonyl-C-Atom als *Nucleophil* an. Im Heterocyclus verbleibt eine positive Ladung, die mesomeriestabilisiert ist, da sich das freie Elektronenpaar vom Stickstoff am Aufbau eines aromatischen Systems beteiligt. Die negative Ladung am Carbonyl-O-Atom gleicht ein Proton des Lösungsmittels (z. B. Wasser) aus.

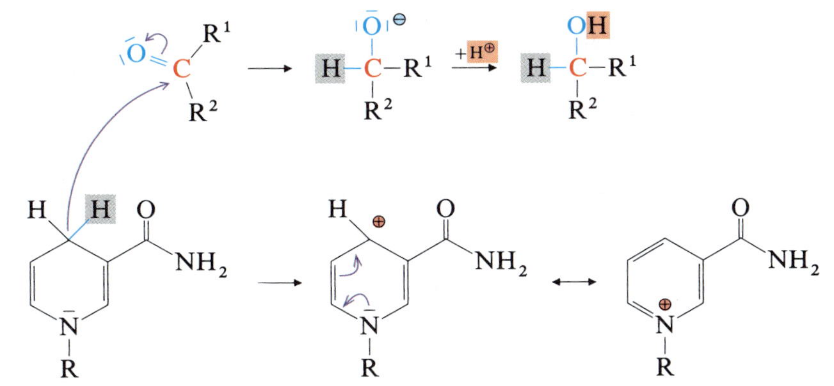

14.8 Aldol-Kondensation (C–C-Verknüpfung)

In stark alkalischer Lösung dimerisiert (griech. *dimer* = zwei Teile) Ethanal (= Acetaldehyd) zum **Aldol**, einer Verbindung, die je eine *Aldehyd-* („*-ald*") und *Hydroxygruppe* („*-ol*") enthält. Formal ist ein Ethanal-Molekül an die CO-Gruppe eines zweiten Moleküls Ethanal *addiert* worden. Deshalb heißt dieser Teilschritt auch **Aldol-Addition**, an den sich eine Wasserabspaltung anschließen kann (**Aldol-Kondensation**). Wie kommt es zu dieser Reaktion, die ähnlich auch mit anderen Aldehyden und Ketonen ablaufen kann?

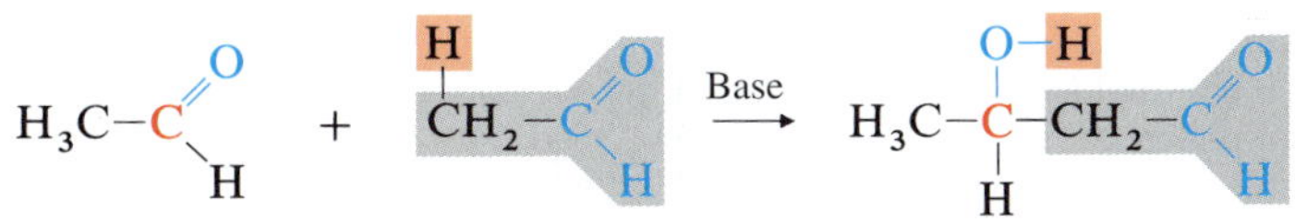

(1) Eines der aciden α-ständigen H-Atome des Ethanals wird an die Base (z. B. $OH^{\ominus}$) abgegeben (Enolat-Bildung). Der deprotonierte Anteil ist in diesem Säure/Base-Gleichgewicht gering.

(2) Das mesomeriestabilisierte Enolat-Ion ist ein besonders reaktives *Nucleophil*. Es reagiert mit dem α-C-Atom an der Carbonylgruppe eines unveränderten Ethanal-Moleküls.

Aldol-Addition

(3) Die negative Ladung wird durch Protonierung der Alkoxidgruppe ausgeglichen. Damit ist die **Aldol-Addition** abgeschlossen. Bis hierhin sind alle Schritte reversibel, die Base wirkt als Katalysator.

Aldol-Kondensation

(4) Das **Aldol** ist häufig instabil und eliminiert beim Erhitzen der Reaktionslösung Wasser (**Aldol-Kondensation**). Die entstehende C=C-Doppelbindung ist zur Aldehydgruppe konjugiert, wie man im Crotonaldehyd erkennen kann. Es ist eine α,β-ungesättigte Carbonylverbindung entstanden.

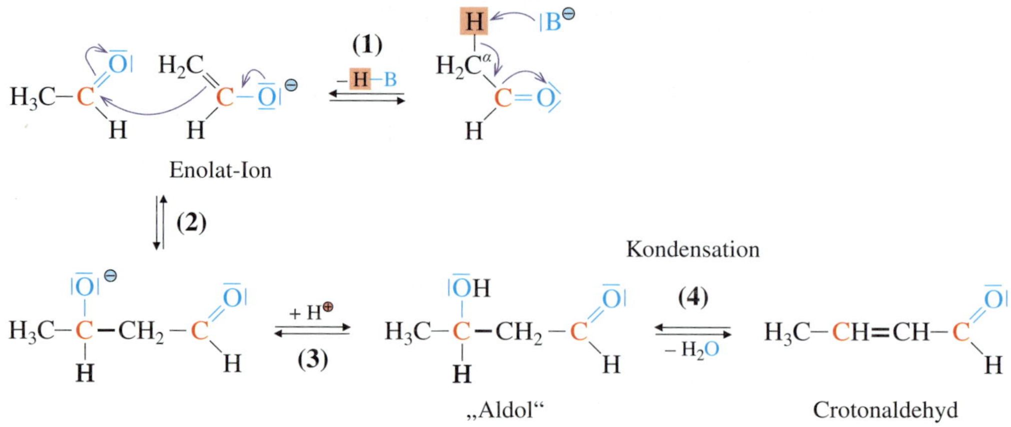

Bedeutsam an dieser Reaktion ist, dass mit ihrer Hilfe eine neue Kohlenstoff-Kohlenstoff-Bindung geknüpft wird, die in der Aldol-Formel hervorgehoben wurde. So ist eine längere C-Atom-Kette entstanden, in unserem Beispiel: $C_2 + C_2 \longrightarrow C_4$. Dies ist für die chemische Synthese größerer Verbindungen bedeutsam. Auch die Natur bedient sich dieses Syntheseprinzips, z. B. ist der Aufbau von Fructose-1,6-bisphosphat aus Glycerinaldehyd- und Dihydroxyaceton-phosphat eine *Aldol-Addition*, die in Gegenwart des Enzyms *Aldolase* abläuft.

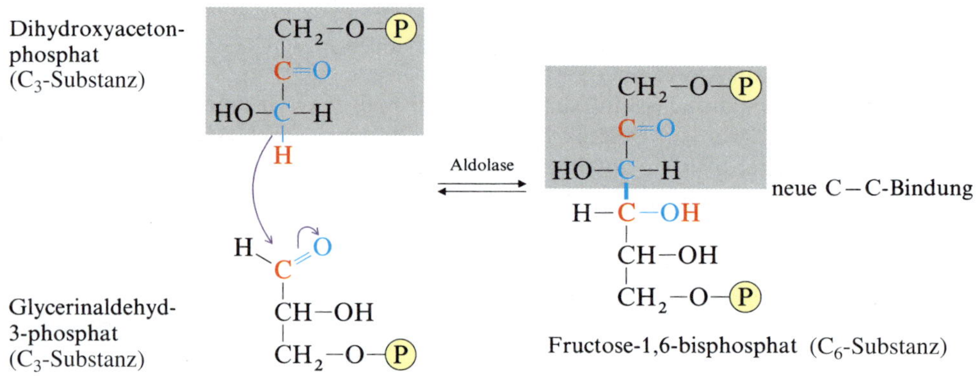

Checkliste

Folgende Bezeichnungen/Begriffe sollten Sie erklären oder definieren (s. a. Glossar) und – wo möglich – Beispiele, Gleichungen oder Formeln angeben können:
Carbonylgruppe – Aldehyd – Keton – Nucleophil – Elektrophil – Keto-Enol-Tautomerie – Tautomere – Acetal – Halbacetal – Kondensationsreaktion – Imin – Hydrid-Ion – NADH – CH-Acidität – Transaminierung – Aldol-Addition – Aldol-Kondensation.

Aufgaben

1. Welche Struktur haben Pentanal, 2,3-Dimethylhexanal, 2-Phenylcyclohexanon, 3,3-Dimethyl-pentan-2-on und 4-Hydroxy-3-methoxy-benzaldehyd?
2. Erklären Sie die katalytische Wirkung von Säuren bei Reaktionen an der Carbonylgruppe!

3. Geben Sie, soweit möglich, je eine Enolform für folgende Verbindungen an!

(a)

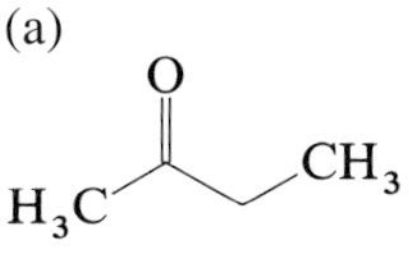

(b)

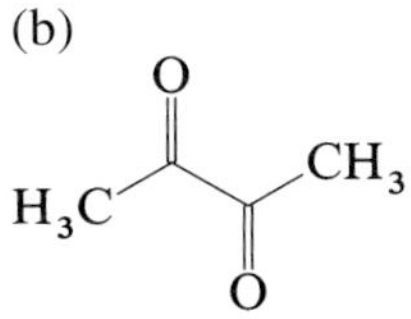

(c)

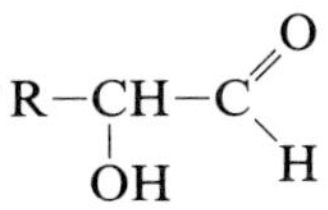

(d)

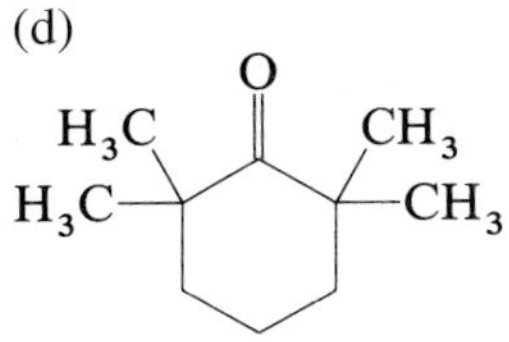

4. Welche funktionellen Gruppen finden Sie in folgenden Molekülen?

(a)

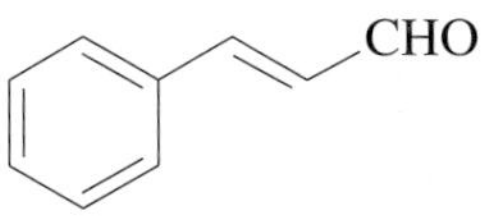

Zimtaldehyd

(b)

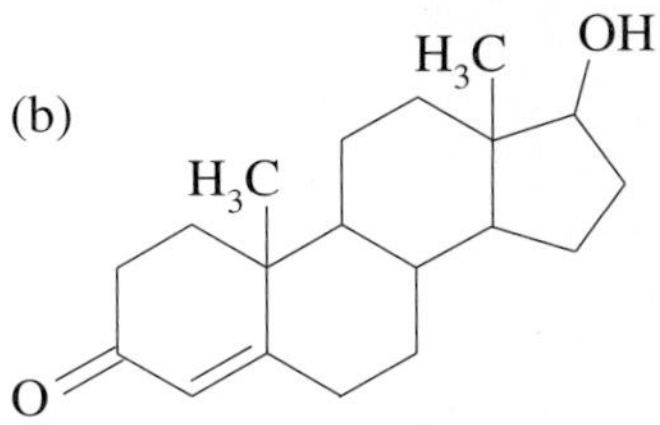

Testosteron

(c)

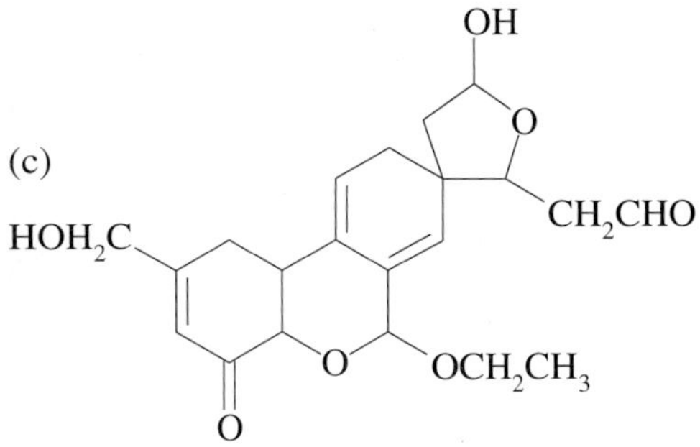

5. Vergleichen Sie die C=C- und C=O-Bindungen unter folgendem Blickwinkel:
   a) Hybridisierung der Atome, b) Bindungswinkel, c) Polarisierung, d) Angriff eines Protons und e) Unterscheidbarkeit bei chemischen Reaktionen!
6. Wie reagieren *2-Butanon* und *Methanol* unter Säurekatalyse miteinander?
7. Warum darf das Reaktionsmedium für die Iminbildung nicht zu sauer sein?
8. Formulieren Sie *Cyclohexanonoxim*!
9. Welches Imin entsteht aus *Aceton* und *Anilin*?
10. Welches Produkt entsteht, wenn *Hydrazin* ($H_2N{-}NH_2$) mit *Benzaldehyd* unter Wasserabspaltung reagiert? Geben Sie die Strukturformel und den Verbindungsnamen an!
11. In welchem Zusammenhang haben Sie ein *Carbanion* kennen gelernt und worin liegt seine Bedeutung in der chemischen Synthese?
12. Geben Sie alle möglichen Reaktionsprodukte für folgende *Aldol-Kondensationen* an:
    a) Gemisch aus *Ethanal* und *Propanal*, b) Gemisch aus *Benzaldehyd* und *Aceton*.
13. Durch welche Reaktion können Sie zwischen folgenden Substanzen unterscheiden? Welche Beobachtungen kann man machen?

a) $H_3C{-}CH_2{-}CHO$ und $H_3C{-}CH_2{-}C({=}O){-}CH_3$

b) $H_3C{-}O{-}CH_2{-}CH_2{-}O{-}CH_3$ und $H_3C{-}CH(OCH_3)_2$

14. Welche Reaktion löst beim Sehprozess durch Belichtung einen Nervenimpuls aus?
15. Nennen Sie die Edukte, aus denen folgende Produkte durch Aldolkondensation entstanden sind!

(a) $H_3C{-}C(CH_3)_2{-}CH{=}C(CH_3){-}CHO$ (b)

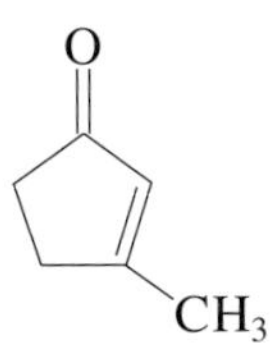

027 Lösungen der Aufgaben

Bedeutung für den Menschen

Aldehyde und Ketone

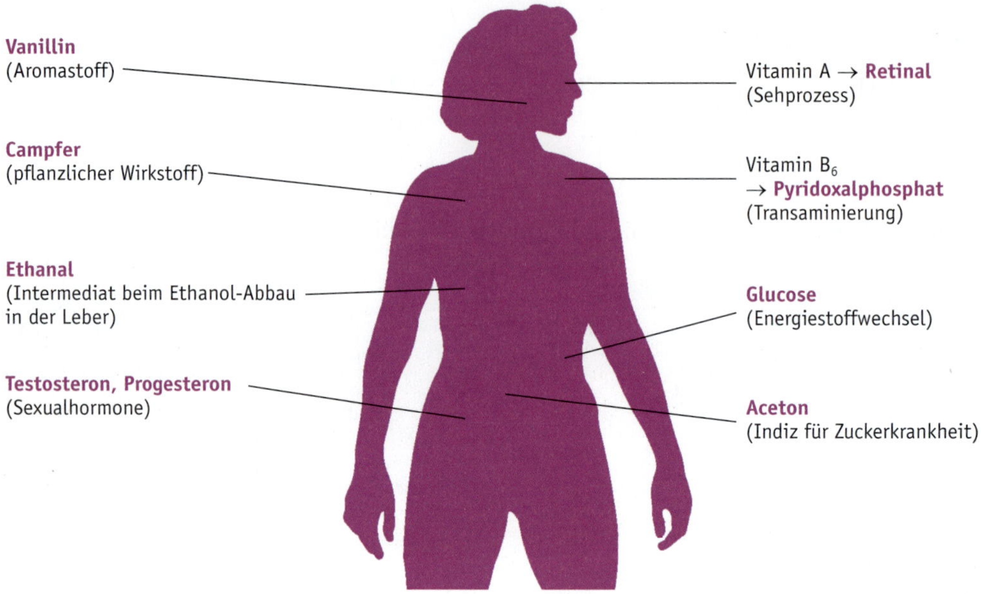

028 IMPP-Fragen
072 Übersicht Vitamine

KAPITEL

15 Chinone

Orientierung

Chinon klingt wie ein Zauberwort. Es steht für eine Klasse von Carbonylverbindungen, die sich in ihrem Redoxverhalten von den Aldehyden und Ketonen auffällig unterscheiden. Ubichinon (Coenzym Q_{10}) ist z. B. in der Atmungskette bei der zellulären Knallgasreaktion (☞ Kap. 9.13) ein notwendiges Bindeglied bei der Elektronenübertragung von Wasserstoff (NADH) zum Sauerstoff. Außerdem unterstützt es als Antioxidans die Hautfunktionen, weshalb man Coenzym Q_{10} z. B. in vielen kosmetischen Präparaten findet, als Vitalitätsfaktor und für gutes Aussehen. Wie Sie sehen werden, erschöpft sich die Bedeutung der Chinone jedoch nicht in dieser einen Verbindung.
Antwort erhalten Sie u. a. auf folgende Fragen:
- An welchen Strukturmerkmalen erkennt man ein Chinon?
- Wie funktioniert das Redoxsystem Chinon/Hydrochinon?
- Wo kommen Chinone vor?
- Welche Aufgaben übernehmen Chinone im menschlichen Organismus?

15.1 Strukturen der Chinone

Benzochinon

Wir beginnen mit dem einfachsten Chinon, dem gelben **1,4-Benzochinon**. Es wurde erstmals aus der Chinasäure, einem Bestandteil der Chinarinde, gewonnen. Daher stammt die Bezeichnung Chinon.

Hydrochinon

Benzochinon kann leicht zu einer farblosen Verbindung reduziert werden, dem **Hydrochinon** (= 1,4-Dihydroxybenzol), das wir als zweiwertiges Phenol schon kennen gelernt haben (☞ Kap. 13.1.3). Diese Umwandlung erfolgt unter Aufnahme von zwei Protonen und zwei Elektronen, was der Aufnahme von zwei H-Atomen entspricht ($2\ H^{\oplus} + 2\ e^{\ominus} = 2\ H$). Somit hat eine Reduktion stattgefunden. Dieser Prozess ist reversibel, d. h., Hydrochinon kann unter geeigneten Bedingungen wieder zum 1,4-Benzochinon oxidiert werden. Die Oxidation organischer Moleküle ist in der Regel eine **Dehydrierung**, die Reduktion entsprechend eine **Hydrierung**. Unser Beispiel beschreibt das Redoxpaar 1,4-Benzochinon/Hydrochinon.

Dehydrierung
Hydrierung

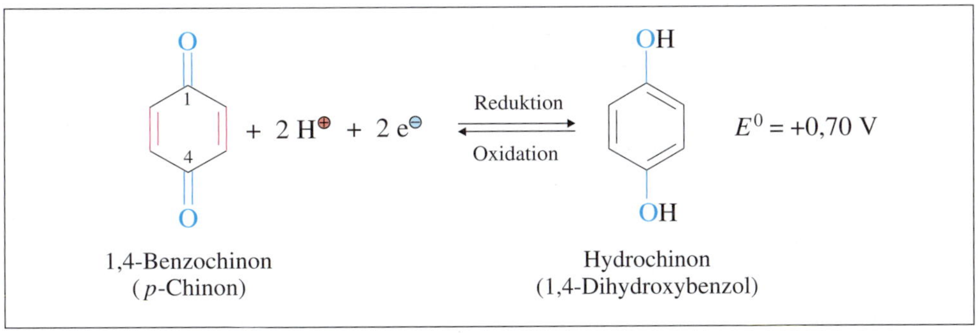

Die Strukturmerkmale für ein Chinon sind zwei Carbonylgruppen, die in einem Sechsring durch konjugierte C=C-Doppelbindungen verknüpft sind. Im 1,4-Benzochinon stehen die Carbonylgruppen sich im Sechsring gegenüber, es liegt ein *para*-Chinon (*p*-Chinon) vor. Sind die Carbonylgruppen im Sechsring nebeneinander angeordnet, liegt ein *ortho*-Chinon (*o*-Chinon, z. B. *1,2-Benzochinon*) vor.

Die im Sechsring konjugierten Carbonylgruppen verleihen dem System Stabilität und ein besonderes Redoxverhalten. Im Hydrochinon ist der Sechsring aromatisch mit zwei phenolischen OH-Gruppen. Hydrochinon ist also kein Chinon mehr, es ist das Produkt der Hydrierung von 1,4-Benzochinon. Fehlen die konjugierten C=C-Doppelbindungen im Sechsring oder ist der Ring kleiner, liegen keine Chinone vor, sondern Diketone, die sich ganz normal zu sekundären Alkoholen reduzieren lassen (☞ Kap. 14.7).

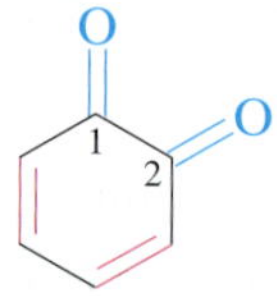

1,2-Benzochinon
(*o*-Chinon)

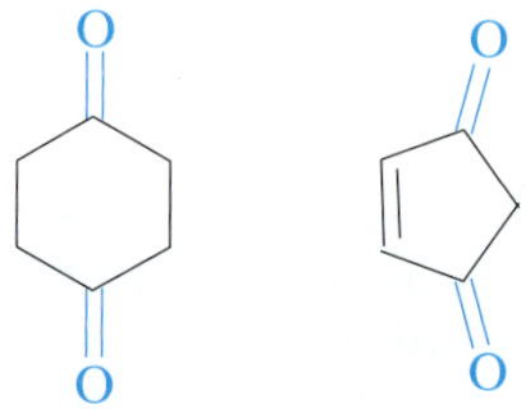

Diketone
(keine Chinone)

Naphthochinon

Anthrachinon

Weitere aromatische Ringe am 1,4-Benzochinon verändern das Redoxpotenzial des Chinonsystems, Gleiches gilt für Substituenten an den Ringen. Das abgebildete *Juglon* z. B. weist ein **1,4-Naphthochinon**-Gerüst auf. Es kommt in den Fruchtschalen von Walnüssen vor und dient als gelber Pflanzenfarbstoff. Das tiefrote *Shikonin* war in den 1980er Jahren das erste kommerzielle Produkt aus pflanzlichen Zellkulturen und wird in Japan in Lippenstiften verwendet, außerdem wirkt es gegen Tumoren, Viren und bei Entzündungen. **9,10-Anthrachinone** sind tricyclisch, das Chinonsystem steht in der Mitte. Dieses Grundgerüst findet man z. B. im synthetischen *Mitoxantron*, das in die DNA interkaliert und deshalb in der Krebstherapie von Bedeutung ist. Aloe-Emodin ist ein Hydroxyanthrachinon-Farbstoff aus Aloe und wirkt abführend.

1,4-Naphthochinon-Gerüste:

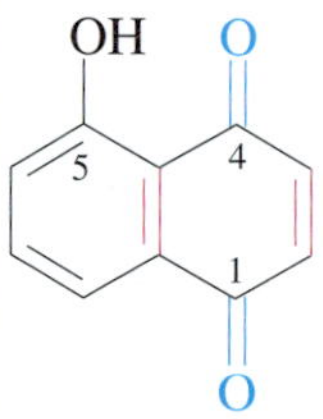

Juglon

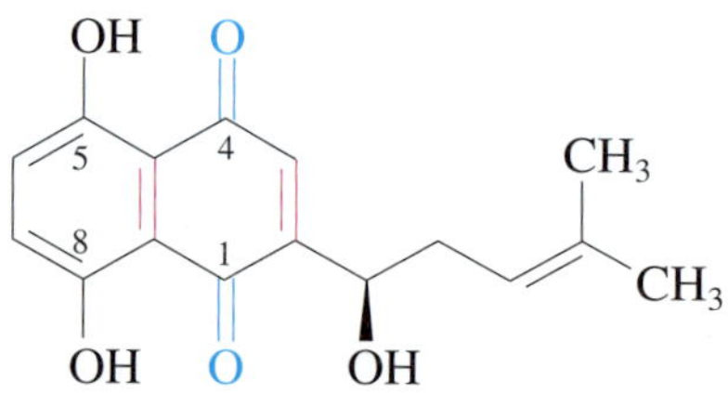

Shikonin (rot)

9,10-Anthrachinon-Gerüste:

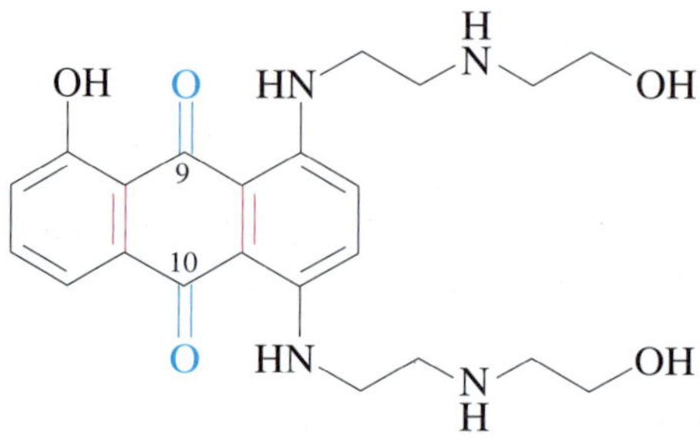

Mitoxantron

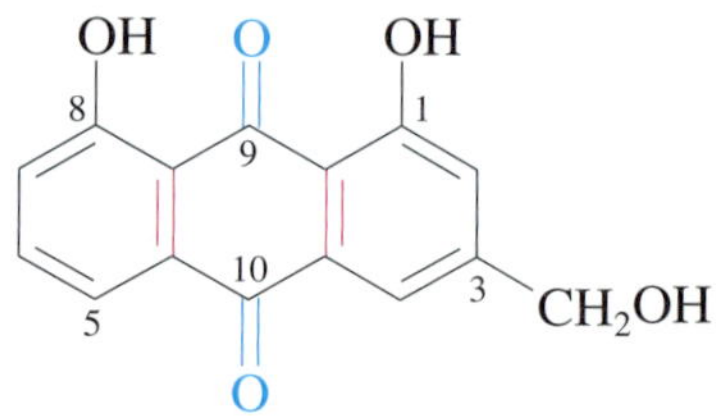

Aloe-Emodin

15.2 Redoxreaktionen

Die wichtigste Eigenschaft der Chinone ist ihre Reduzierbarkeit zum entsprechenden Hydrochinon. Reduktionsmittel kann z. B. Wasserstoff sein, mit Edelmetall-Katalysatoren oder enzymatisch aktiviert. Ein Maß für die Redoxeigenschaften ist das Normalpotenzial E^0 in Volt. Das tatsächlich wirksame *Redoxpotenzial E* eines Chinon/Hydrochinon-Systems ergibt sich aus der **Nernst-Gleichung** (☞ Kap. 9.10). E ist konzentrationsabhängig. Es spielen die Konzentration von Chinon (oxidierte Form) und Hydrochinon (reduzierte Form) eine Rolle, zusätzlich aber auch die Konzentration der $H_3O^{\oplus}$-Ionen, da am Redoxgleichgewicht Protonen beteiligt sind.

Nernst-Gleichung

Auf das Redoxgleichgewicht Chinon + 2 $H^{\oplus}$ + 2 $e^{\ominus}$ $\rightleftarrows$ Hydrochinon angewandt, gilt:

$$E = E^0 + \frac{0{,}06\ \text{V}}{2} \cdot \log \frac{[\text{Chinon}][\text{H}^{\oplus}]^2}{[\text{Hydrochinon}]} = E^0 + \frac{0{,}06\ \text{V}}{2} \cdot \log \frac{[\text{Chinon}]}{[\text{Hydrochinon}]} + \frac{0{,}06\ \text{V}}{2} \cdot \log[\text{H}^{\oplus}]^2$$

Der letzte Term der Gleichung wird weiter umgewandelt:

$$\ldots + 2 \cdot \frac{0{,}06\ \text{V}}{2} \cdot \log\,[\text{H}^{\oplus}], \qquad \ldots -0{,}06\ \text{V} \cdot (-\log\,[\text{H}^{\oplus}])$$

Für die ganze Gleichung ergibt sich dann:

$$E = E^0 + \frac{0{,}06}{2} \cdot \log \frac{[\text{Chinon}]}{[\text{Hydrochinon}]} - 0{,}06\ \text{pH}\ \ (\text{in Volt})$$

Der pH-Wert der Reaktionslösung spielt also bei der Bestimmung des Potenzials eine Rolle. Liegen die Konzentrationen von Chinon und Hydrochinon fest, hängt das Potenzial nur noch vom pH-Wert ab, d. h., man kann eine entsprechende Halbzelle, die gegen eine Referenzelektrode geschaltet ist, zur pH-Messung verwenden (☞ Kap. 9.12.2).

Betrachtet man Redoxreaktionen unter physiologischen Bedingungen, so gibt man statt des Normalpotenzials E^0 (bezogen auf pH = 0) das physiologische Normalpotenzial $E^{0'}$ an (bezogen auf pH = 7) und lässt kleine pH-Änderungen unberücksichtigt: $E^{0'} = E^0 - 0{,}06 \cdot 7 = E^0 - 0{,}42$ V. Für das Normalpotenzial des Hydrochinon/Benzochinon-Systems z. B. ergibt sich dann $E^{0'} = +\ 0{,}70\ \text{V} - 0.42\ \text{V} = +\ 0{,}28$ V. Die Nernst-Gleichung für solche Redoxsysteme vereinfacht sich und lautet allgemein

Normalpotenzial

$$E = E^{0'} + 0{,}03 \cdot \log \frac{[\text{Chinon}]}{[\text{Hydrochinon}]}\ \ (\text{in Volt})$$

Redoxpotenzial

Die Kenntnis des Redoxpotenzials von Hydrochinon/Chinon-Systemen ist wichtig, weil auch hier gilt, dass Elektronen freiwillig nur von der reduzierten Form des Teilsystems mit negativerem Redoxpotenzial zur oxidierten Form des Teilsystems mit positiverem Redoxpotenzial wandern. Bei diesem Potenzialausgleich wird Energie *frei*. In der umgekehrten Richtung müsste Energie *aufgewandt* werden. Der Zusammenhang zwischen der Potenzialdifferenz (ΔE) und der Änderung von Gibbs-Energie (ΔG) lautet: $\Delta G = -z \cdot F \cdot \Delta E$ (☞ Kap. 9.12.2).

Ubichinon (Coenzym Q_{10}). Ubichinon wird u. a. in der inneren Mitochondrienmembran gefunden und ist dort am Elektronentransport in der sog. Atmungskette beteiligt. Die Mitochondrien sind die Kraftwerke der Zelle und z. B. für die Bereitstellung des universellen Energieträgers ATP verantwortlich (☞ Kap. 9.13). Ubichinon ist mit dem langen hydrophoben Isopren-Rest in der Mitochondrienmembran verankert. Der mehr hydrophile

Benzochinonteil des Moleküls kann Elektronen und Protonen, die von vorgeschalteten Redoxsystemen stammen, aufnehmen und gibt die Elektronen in einem Folgeschritt **einzeln** an die Cytochrome weiter.

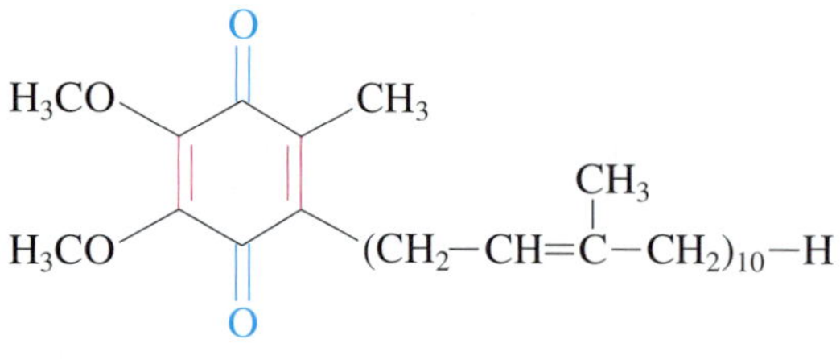

Ubichinon (Coenzym Q_{10})

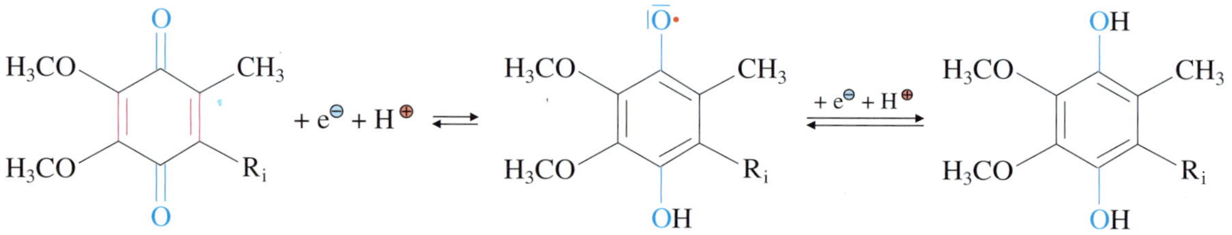

Ubichinon (= oxidierte Form) | Semichinon (Radikal) | Ubichinol (QH_2) (= reduzierte Form)

Semichinon

Die Möglichkeit, einzelne Elektronen und Protonen aufzunehmen, ist eine Besonderheit der Chinone. Dies führt im ersten Schritt vom Ubichinon zum **Semichinon** mit einem ungepaarten Elektron, d. h., das Semichinon ist ein Radikal. Erst im zweiten Schritt entsteht dann durch Aufnahme je eines weiteren Elektrons und Protons das Ubihydrochinon (Ubichinol, QH_2). Dieser Prozess ist reversibel, d. h., Ubihydrochinon kann zwei Elektronen nacheinander an die Cytochrome abgeben und wird wieder zum Ubichinon. Die dabei freigesetzten Protonen werden aus der Membran ausgeschleust. Ubihydrochinon ist also sowohl Protonendonator (Säure) als auch Elektronendonator (Reduktionsmittel). Das einzigartige an diesem System ist, dass die Protonen und Elektronen in der Mitochondrienmembran getrennte Wege gehen können.

Ubichinon (Coenzym Q_{10}) ist in seiner Hydrochinonform ein Radikalfänger (Antioxidans). Ein aus dem Stoffwechsel kommendes Radikal spaltet aus dem Hydrochinon ein H-Atom ab. Das entstandene Semichinon kann ein weiteres Radikal unter Abgabe eines H-Atoms abfangen. Der Radikalzustand besteht danach nicht mehr.

Ubichinol als Radikalfänger:

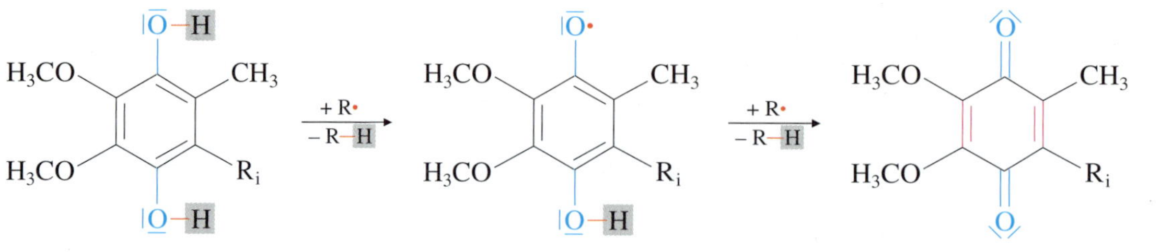

Ubichinol | Semichinon | Ubichinon

Das Auftreten von Radikalen hat verschiedene Ursachen; als reaktive Teilchen verändern sie biologische Moleküle unkontrolliert, was zu Zellschäden führen kann. Wenn genügend Radikalfänger zugegen sind, besteht keine Gefahr. Da Stress, überhöhter Alkoholgenuss und zunehmendes Alter den Q_{10}-Gehalt im Körper vermindern, versucht man den Bedarf durch Zufuhr von außen auszugleichen und verspricht sich für Haut und Körper erhöhte Vitalität. Coenzym Q_{10} ist jedoch nicht der einzige Radikalfänger auf zellulärer Ebene, Vitamine E und C haben größere Bedeutung.

Vitamin K, ein Chinon der Blutgerinnung

Vitamin K wird für die Blutgerinnung benötigt (K kommt von Koagulation). Dazu müssen die Blutgerinnungsproteine Calcium ($Ca^{2\oplus}$) binden, dies gelingt durch Veränderung von Glutamat-Seitenketten unter Mitwirkung von Vitamin K. Dazu wird das Naphthochinon-System enzymatisch zunächst zum Hydrochinon (KH_2) reduziert. Dieses wird dann durch Luftsauerstoff für die Veränderung der Proteine aktiviert. Das aktivierte Intermediat ist Vitamin-K-Epoxid, das enzymatisch in Vitamin K zurückverwandelt wird.

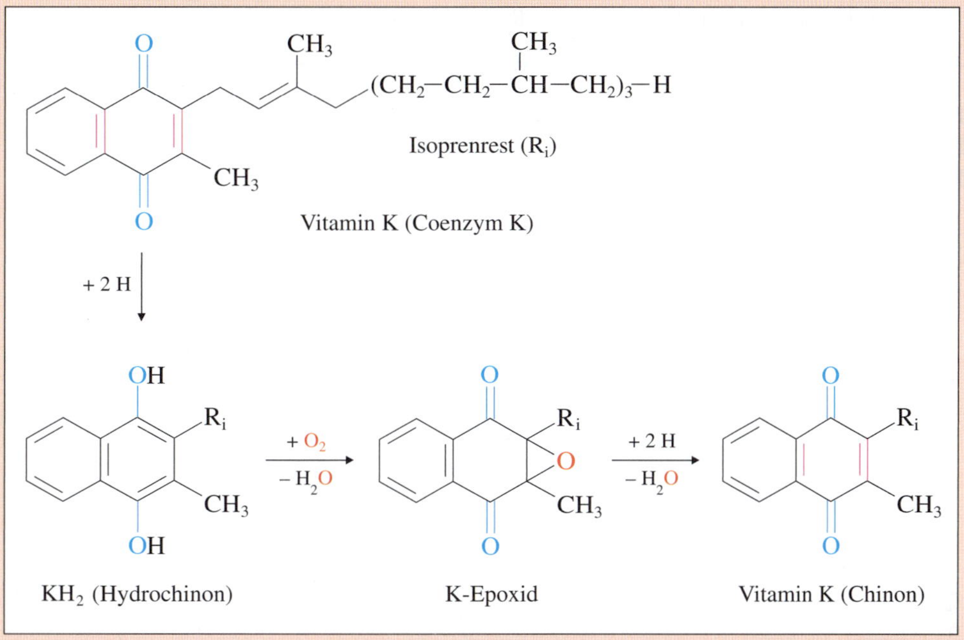

Ein Mangel an Vitamin K (Phyllochinon, Coenzym K) ist selten, solange dessen Resorption aus der Nahrung im Darm ungestört abläuft. Es wird auch von körpereigenen Darmbakterien hergestellt, was bei einer Antibiotikatherapie zu Mangelerscheinungen führen kann. Es gibt Stoffe, die die Blutgerinnung verhindern (z. B. Marcumar®, Warfarin), indem sie die Vitamin-K-vermittelte Reaktion an den Glutamatresten hemmen. Diese Pharmaka bezeichnend man als **Vitamin-K-Antagonisten**.

Checkliste

Folgende Bezeichnungen/Begriffe sollten Sie erklären oder definieren (s. a. Glossar) und – wo möglich – Beispiele, Gleichungen oder Formeln angeben können:
Benzochinon – Hydrochinon – Semichinon – Dehydrierung – Hydrierung – Nernst-Gleichung – Normalpotenziale E^0 und $E^{0'}$ – Radikalfänger.

Aufgaben

1. *Hydrochinon* wird durch $Ag^{\oplus}$-Ionen oxidiert. Formulieren Sie die Teilgleichungen der Oxidation und der Reduktion und die gesamte Reaktionsgleichung!
2. *1,4-Benzochinon* wird durch Zink (Zn) in Eisessig reduziert. Formulieren Sie die Teilgleichungen und die gesamte Reaktionsgleichung!
3. Welches Redoxpotenzial hat das *1,4-Benzochinon/Hydrochinon-System* ($E^0 = +\,0{,}70$ V) bei pH = 7, welches bei pH = 3, sofern die Redoxpartner in gleicher Konzentration vorliegen?
4. Für das Redoxsystem $I_2 + 2\,e^{\ominus} \rightleftharpoons 2\,I^{\ominus}$ beträgt $E^0 = +\,0{,}58$ V. In neutraler Lösung wird *Hydrochinon mit Iod* versetzt. Findet eine Reaktion statt? Begründung!
5. Welche Strukturelemente trägt *Coenzym Q* am *p*-Chinon-System? Wie groß ist $E^{0'}$ ($E^0 = +\,0{,}53$ V)?
6. Zu typischen *Antioxidanzien* gehören neben *Coenzym Q_{10}* auch *Vitamin C* und *Vitamin E*. Ziehen Sie aus den Strukturformeln, die Sie in anderen Kapiteln finden, Schlussfolgerungen hinsichtlich der Wasserlöslichkeit und den unterschiedlichen Wirkorten der Radikalfänger.

029 Lösungen der Aufgaben
030 IMPP-Fragen
072 Übersicht Vitamine

KAPITEL

16 Carbonsäuren und Carbonsäurederivate

Orientierung

Um einem Herzinfarkt vorzubeugen, nehmen manche Patienten ASS 100 ein. Das Präparat enthält 100 mg *Acetylsalicylsäure*. Dabei handelt es sich um eine Carbonsäure, die zugleich ein Carbonsäureester ist. Wie lässt sich das verstehen?

Carbonsäuren und von ihnen abgeleitete Verbindungen (Derivate) findet man als Strukturelemente nicht nur in Arzneimitteln, sie sind auch in der Natur weit verbreitet und umgeben uns im Alltag. Beispiele sind die *Essigsäure* im Haushaltsessig, die *Milchsäure* in der Sauermilch, die *Citronensäure* der Zitronen oder Konservierungsstoffe wie *Benzoesäure* und *Sorbinsäure*. Ferner lässt sich das Aroma vieler Früchte auf Carbonsäureester zurückführen, ebenso wie Fette und manche Textilfasern (Polyester). Noch bunter wird das Bild, wenn Sie in der Biochemie wichtige Stoffwechselwege kennen lernen, z. B. den Citratzyklus, oder Schlüsselverbindungen wie den Neurotransmitter *Acetylcholin* oder *Acetyl-Coenzym A*.

In diesem Kapitel wird hinsichtlich der Bedeutung und der Funktion der besprochenen Verbindungen ein großes Fenster aufgemacht, durch das Sie wahlweise in Richtung Alltag, Umwelt, Biochemie oder Wirkstoffe hinausschauen können. Dabei soll Ihr Blick auf die chemischen Zusammenhänge gelenkt werden, damit Sie in der Biochemie und Pharmakologie davon profitieren können.

Antwort erhalten Sie u. a. auf folgende Fragen:

- Was sind Carbonsäuren und wie verhalten sie sich gegenüber Basen?
- Wieso bezeichnet man die Salze bestimmter Carbonsäuren als Seifen?
- Wie entstehen Carbonsäurederivate aus Carbonsäuren?
- Wie unterscheiden sich Carbonsäurederivate in ihrem Reaktionsverhalten?
- Wie laufen die Esterbildung und Esterverseifung ab?
- Was haben Prostaglandine, Mykotoxine und Penicillin in diesem Kapitel zu suchen?

16.1 Carbonsäuren

16.1.1 Struktur und Nomenklatur

Carboxylgruppe

Durch Bindung einer Hydroxygruppe an das Kohlenstoffatom einer Carbonylgruppe entsteht eine neue funktionelle Gruppe, die **Carboxylgruppe** (–COOH oder $-CO_2H$). Sie enthält ein sp^2-hybridisiertes C-Atom, ist eben gebaut und stark polarisiert. An der freien Bindung können ein Alkylrest, ein Arylrest oder ein H-Atom stehen. Beide Sauerstoffatome sind negativ polarisiert (δ^-) und tragen zwei freie Elektronenpaare, sie sind nucleophil. Das Carboxyl-C-Atom ist positiv polarisiert (δ^+) und damit elektrophil. Auch die O–H-Bindung ist polarisiert, dadurch wird das Wasserstoffatom der Carboxylgruppe *acide*. Verbindungen mit einer Carboxylgruppe bezeichnet man deshalb als **Carbonsäuren**.

Carbonsäuren

Carboxylgruppe: –COOH oder $-CO_2H$; **Polarisierung:**

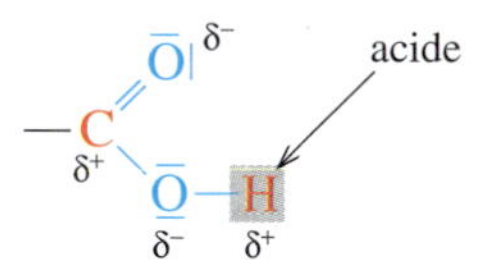

Herstellen kann man Carbonsäuren durch Oxidation von Aldehyden (R–CHO). Formal liegt der Umwandlung eine *Dehydrierung (= Oxidation)* des Aldehydhydrats zugrunde. Im Vergleich zum Aldehyd-C-Atom ist das Carboxyl-C-Atom sauerstoffreicher. Die Nachbarschaft der unterschiedlich gebundenen Sauerstoffatome sorgt dafür, dass diese funktionelle Gruppe ihre eigene Chemie hat und es insbesondere im Vergleich mit den Aldehyden und Ketonen große Unterschiede im Reaktionsverhalten gibt.

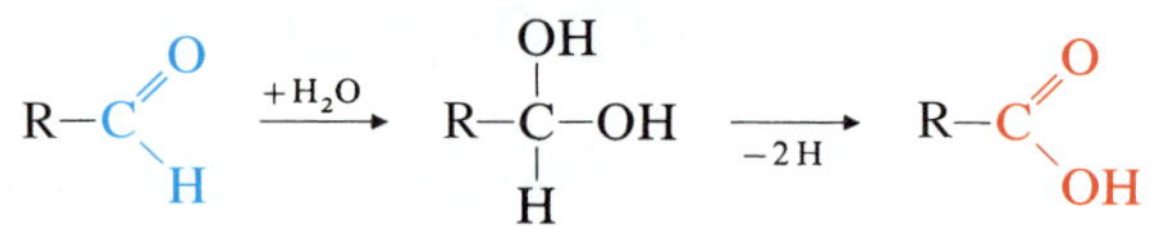

Aldehyd — Aldehydhydrat — Carbonsäure

Monocarbonsäuren. Die einfachste Carbonsäure mit einer Carboxylgruppe im Molekül *(Monocarbonsäure)* ist die **Ameisensäure**, die im Sekret einiger Ameisenarten und in der Brennnessel vorkommt. Es folgt **Essigsäure**, die von Essigsäurebakterien aus Ethanol gebildet wird und in reiner Form Eisessig heißt. **Propionsäure** und **Buttersäure** (Tab. 16/1) sind ebenfalls mikrobielle Gärungsprodukte. Bedeutung haben ferner **Palmitinsäure** (C_{16}) und **Stearinsäure** (C_{18}) als Bestandteile der *Triacylglycerine* und *Phospholipide*. Für die homologe Reihe der unverzweigten, aliphatischen Monocarbonsäuren gilt die allgemeine Formel $C_nH_{2n+1}COOH$. Die höheren Homologen ab C_{10} ($n = 9$) nennt man auch *Fettsäuren*, da sie in Fetten vorkommen (☞ Kap. 16.2.4).

Tab. 16/1 Aliphatische Monocarbonsäuren (Alkansäuren).

Trivialname	Formel	Kettenlänge	Siedepunkt (°C)	pK_s
Ameisensäure	H–COOH	C_1	101	3,8
Essigsäure	H_3C–COOH	C_2	118	4,8
Propionsäure	H_3C–CH_2–COOH	C_3	141	4,9
Buttersäure	H_3C–$(CH_2)_2$–COOH	C_4	164	4,8
			Schmelzpunkt (°C)	
Palmitinsäure	H_3C–$(CH_2)_{14}$–COOH	C_{16}	63	
Stearinsäure	H_3C–$(CH_2)_{16}$–COOH	C_{18}	70	
	C_nH_{2n+1}–COOH	C_n		

Der systematische Name der Carbonsäuren nach den IUPAC-Regeln ergibt sich aus dem Namen des zugrunde liegenden Alkans durch Anhängen des Wortes „**-säure**" (Beispiele: Methansäure, Ethansäure, Propansäure usw.). Diese Namen werden in der Biochemie noch wenig verwendet.

Die Bezifferung der C-Atome beginnt beim Carboxyl-C-Atom (C-1) und schreitet in der Kette fort. Alternativ bezeichnet man die C-Atome auch mit kleinen griechischen Buchstaben, beginnend mit dem C-Atom, das der Carboxylgruppe benachbart ist (α-C-Atom). Das letzte C-Atom in der Kette trägt die Bezeichnung „Omega" (ω-C-Atom).

		5	4	3	2	1	Bezifferung
H_3C –	$(CH_2)_n$ –	CH_2 –	CH_2 –	CH_2 –	CH_2 –	COOH	
ω		δ	γ	β	α		griechische Buchstaben

Di- und Tricarbonsäuren. Enthält ein Molekül zwei Carboxylgruppen spricht man von *Dicarbonsäuren*, bei drei Carboxylgruppen von *Tricarbonsäuren* usw.

Dicarbonsäuren

Die einfachste **Dicarbonsäure** (Tab. 16/2) ist die *Oxalsäure*, die beiden Carboxylgruppen sind direkt miteinander verbunden. In der homologen Reihe folgen (mit jeweils einer CH_2-Gruppe mehr zwischen den Carboxylgruppen) *Malonsäure*, *Bernsteinsäure* und *Glutarsäure*. Wird Bernsteinsäure an den beiden CH_2-Gruppen dehydriert, entstehen ungesättigte Dicarbonsäuren, die sich als *cis*/*trans*-Isomere unterscheiden.

Tab. 16/2 Aliphatische Dicarbonsäuren (Alkandisäuren).

Name	Systemat. Name	Formel	Kettenlänge	pK_{s1}	pK_{s2}
Oxalsäure	Ethandisäure	HOOC–COOH	C_2	1,3	4,3
Malonsäure	Propandisäure	$HOOC–CH_2–COOH$	C_3	2,8	5,7
Bernsteinsäure	Butandisäure	$HOOC–CH_2–CH_2–COOH$	C_4	4,2	5,6
Glutarsäure	Pentandisäure	$HOOC–(CH_2)_3–COOH$	C_5	4,3	5,3

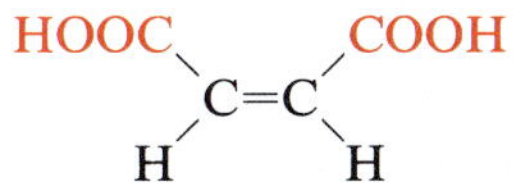

Maleinsäure (*cis*-Isomer)

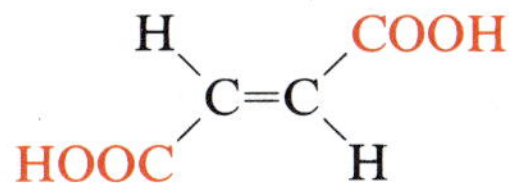

Fumarsäure (*trans*-Isomer)

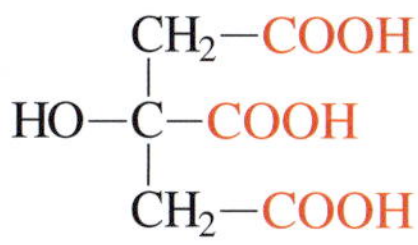

Citronensäure

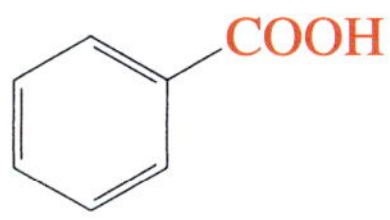

Benzoesäure

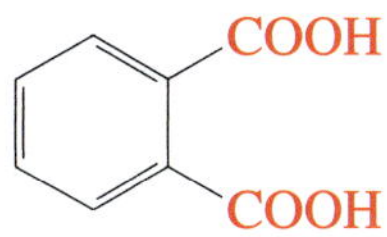

Phthalsäure

Tricarbonsäure

Von der einfachsten aromatischen Carbonsäure *(Benzoesäure)* kommt man zur aromatischen Dicarbonsäure *Phthalsäure* mit den beiden Carboxylgruppen in *ortho*-Stellung. Zu den **Tricarbonsäuren** gehört *Citronensäure*, die bis zu 5% im Saft von Zitrusfrüchten enthalten ist. Die C-Atom-Kette weist in der Mitte eine Verzweigung auf.

16.1.2 Eigenschaften

Löslichkeit. Die niederen Monocarbonsäuren (bis C_4) sind bei Raumtemperatur Flüssigkeiten und in jedem Verhältnis mit Wasser mischbar. Die Carboxylgruppe ist *hydrophil* und bestimmt die *Löslichkeit*. Mit zunehmender Länge der aliphatischen Kohlenwasserstoffkette sinkt die Wasserlöslichkeit rapide, so löst sich *Stearinsäure* (C_{18}) z. B. kaum noch in Wasser, dafür aber in lipophilen Lösungsmitteln wie Methylenchlorid.

Dimerisierung

Siedepunkt. Der *Siedepunkt* z. B. für Ameisensäure und Essigsäure ist relativ hoch (☞ Tab. 16/1), weil Carbonsäuren untereinander Wasserstoffbrückenbindungen ausbilden, bevorzugt ist eine **Dimerisierung**.

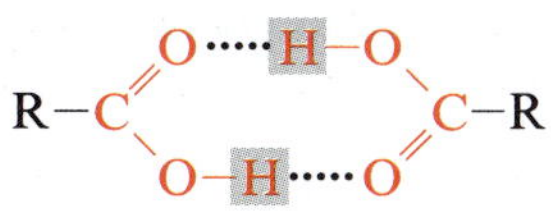

Geruch. Ameisensäure und Essigsäure riechen stechend und wirken hautreizend. Buttersäure und höhere Homologe (C_4–C_6) riechen äußerst widerwärtig (ranzige Butter, Schweiß).

Acidität. Carbonsäuren reagieren in wässriger Lösung merklich sauer. Das H-Atom der Carboxylgruppe ist acide. Die Alkansäuren (☞ Tab. 16/1) sind schwache Säuren, ihr pK_s-Wert liegt zwischen 3,8 und 4,9. Es stellt sich folgendes Dissoziationsgleichgewicht ein:

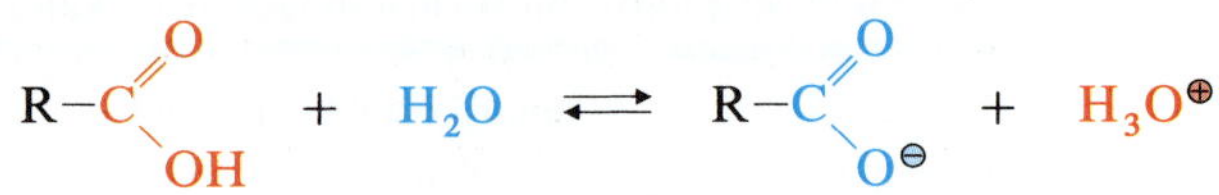

Aus der Carbonsäure (rot) wird das Carboxylat-Ion (blau), das basisch reagiert. Umgekehrt ist das Wasser in diesem Gleichgewicht die Base (blau), das Hydronium-Ion die Säure (rot).

Acidität

> **!** Die **Acidität** einer organischen Verbindung hängt von zwei Faktoren ab:
> a) von der Elektronegativität des Atoms, an dem der acide Wasserstoff gebunden ist, und
> b) von Einflüssen, die das entstehende Anion stabilisieren.

Carboxylat

Wir erkennen den Einfluss der Elektronegativität z. B. im Vergleich von Methanol $H_3CO–H$ (pK_s 16) und Methan $H_3C–H$ (pK_s 43). Der Grund für die relativ große Acidität der Carbonsäuren (pK_s < 5) ist darin zu suchen, dass die negative Ladung im entstehenden **Carboxylat-Ion** durch **Mesomerie** stabilisiert wird. Beim Phenolat-Ion hatten wir Ähnliches kennen gelernt (☞ Kap. 13.1.2).

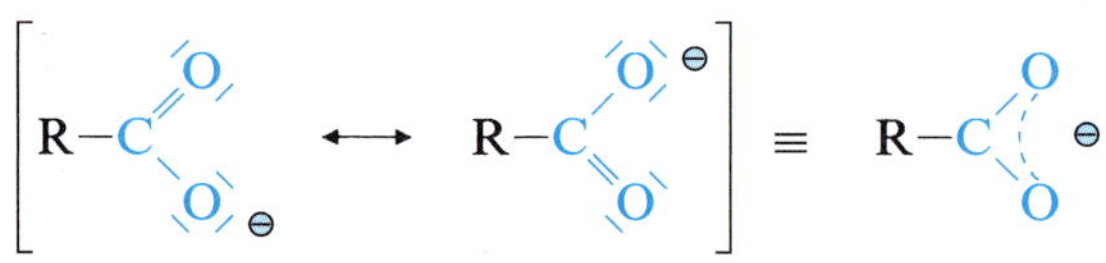

Mesomerie des Carboxylat-Ions
(Die Blaufärbung zeigt an, dass das Carboxylat-Ion basisch reagiert.)

Elektronenziehende Substituenten (z. B. Chloratome) in Nachbarschaft zur Carboxylgruppe steigern deren Acidität. Die größte Wirkung geht von α-ständigen Substituenten aus, außerdem spielt die Zahl der Substituenten eine Rolle. Bei den Chlorderivaten der Essigsäure und Propionsäure lassen sich die Gesetzmäßigkeiten am besten erkennen (Tab. 16/3). **Trichloressigsäure** ist eine **starke Säure**. Die Halogene F, Cl, Br und I unterscheiden sich in ihrem Einfluss nur wenig, wie ein Vergleich von Fluoressigsäure (pK_s = 2,6) und Iodessigsäure (pK_s = 3,1) zeigt.

Induktiver Effekt

Einflüsse, die über Einfachbindungen hinweg die Elektronendichte an einzelnen Atomen und damit die Polarisierung einzelner Bindungen beeinflussen, bezeichnet man als *induktiven Effekt.* Elektronen ziehende Substituenten (z. B. Cl, OH, COOH; pinkfarben) bewir-

Tab. 16/3 Abhängigkeit der Acidität ausgewählter Carbonsäuren von Substituenten in der Nachbarschaft.

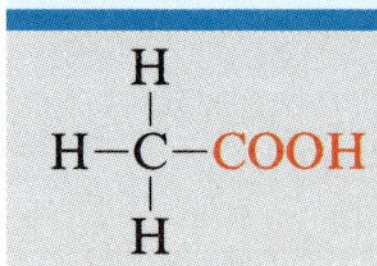	Essigsäure	pK_s = 4,8	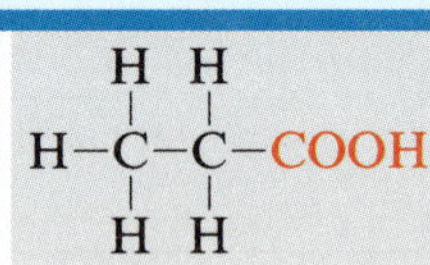	Propionsäure	pK_s = 4,9
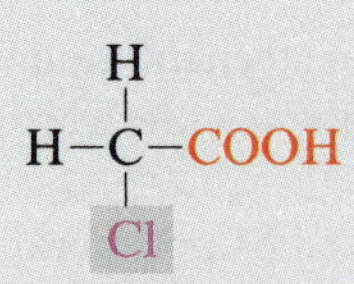	Chloressigsäure	pK_s = 2,9	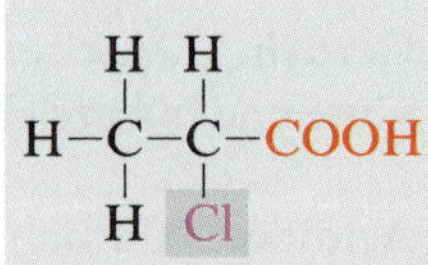	α-Chlorpropionsäure	pK_s = 2,8
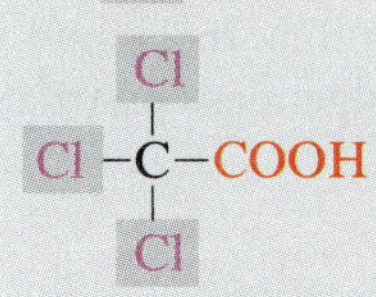	Trichloressigsäure	pK_s = 0,7	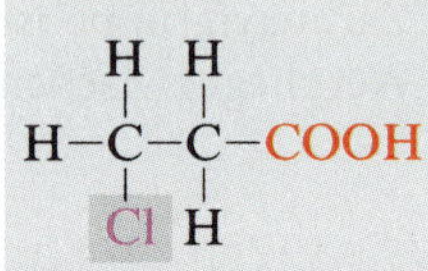	β-Chlorpropionsäure	pK_s = 4,1

ken einen – I-Effekt, Elektronen abstoßende einen + I-Effekt (z. B. Alkyl). Die Pfeile in der Formel geben die Richtung des Elektronenzugs an.

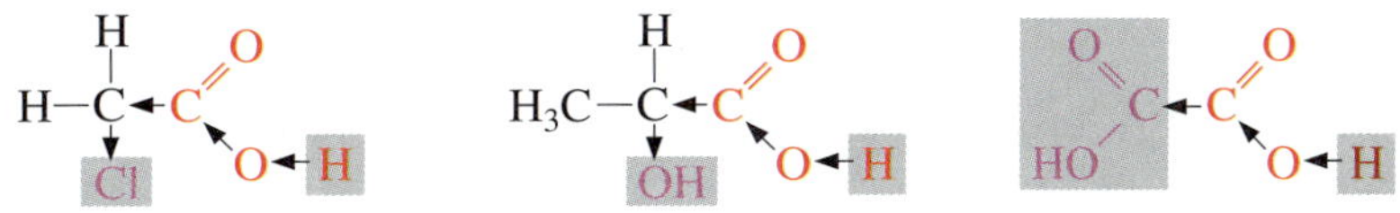

Chloressigsäure Milchsäure Oxalsäure

Ähnlich einem Halogenatom wirkt sich eine α-ständige Hydroxygruppe oder eine zweite Carboxylgruppe aus. In der Oxalsäure sorgt der – I-Effekt der zweiten Carboxylgruppe, dass das Proton aus der ersten leicht abgespalten ($pK_{s1} = 1{,}3$) wird. Das zweite Proton einer Dicarbonsäure wird dann deutlich schwerer abgegeben als das erste, d. h., es gilt $pK_{s1} < pK_{s2}$. Hier behindert der negativ geladene Substituent die Abgabe des zweiten Protons. Je größer der Abstand zwischen den Carboxylgruppen ist, desto kleiner wird der Unterschied in der Acidität (☞ Tab.16/2).

Carbonsäuren als Konservierungsmittel

Fischerzeugnisse, Mayonnaisen, Gemüsekonserven und Marmeladen dürfen durch Konservierungsmittel haltbar gemacht, d. h. vor einem Verderb durch Mikroorganismen geschützt werden. Solche Zusatzstoffe müssen in niedriger Konzentration (unter 0,5%) wirken, gesundheitlich unbedenklich sein und dürfen den Geschmack eines Lebensmittels nicht verfälschen. Als Konservierungsstoffe zugelassen sind u. a. **Sorbinsäure**, **Benzoesäure** und **Ameisensäure**. Da nur undissoziierte Säuremoleküle wirken, weil nur sie die Zellmembran von Bakterien, Hefen und Pilzen passieren können, ist die Anwendung dieser Konservierungsstoffe auf stärker saure Lebensmittel beschränkt. Bei pH = 3 liegen z. B. 95% der Sorbinsäure undissoziiert vor, bei pH = 7 nur 0,6%. Die Säuren verhindern das Auskeimen von Bakteriensporen und das Wachstum von Schimmelpilzen. Im Gegensatz zu den meist giftigen Desinfektionsmitteln werden Mikroorganismen durch Konservierungsmittel nicht abgetötet. Auch *Essigsäure* macht Lebensmittel haltbar, aber erst in Konzentrationen weit höher als 0,5%.

wirksam gegen Schimmelpilze unwirksam

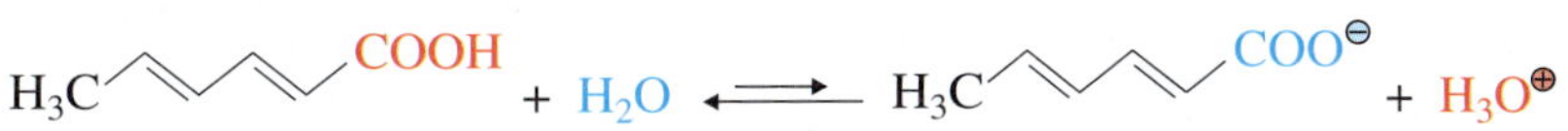

Sorbinsäure (2*E*,4*E*-Hexadiensäure) $pK_s = 4{,}76$ Anion der Sorbinsäure

16.1.3 Salzbildung

Carbonsäuren reagieren mit Basen zu Salz und Wasser *(Neutralisation)*. Die Salze sind in wässriger Lösung vollständig dissoziiert, die Ionen sind hydratisiert. Beim Verdampfen des Wassers kristallisieren die Salze und bilden Ionengitter wie das Kochsalz (☞ Kap. 3.3.5).

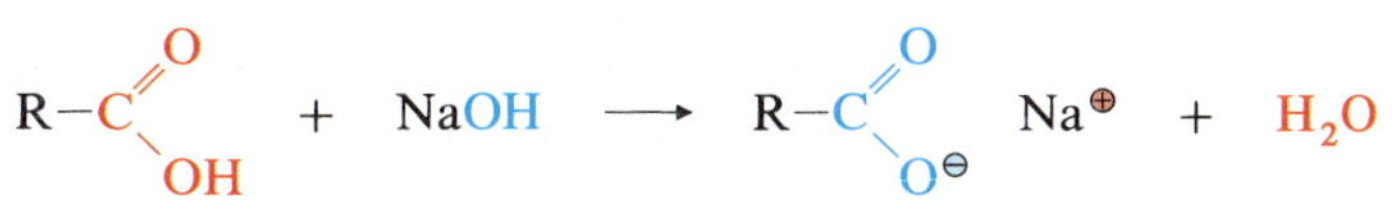

Säure (rot) Base (blau) Natriumsalz Wasser

Das **Carboxylat-Ion** ist extrem hydrophil, deshalb lösen sich Salze von Carbonsäuren gut in Wasser, und es gelingt durch Salzbildung, auch schlecht wasserlösliche Carbonsäuren in die wässrige Phase zu überführen. Umgekehrt kann man aus den Salzen die Carbonsäure durch Zugabe einer starken Säure (z. B. Schwefelsäure) wieder freisetzen, weil die stärkere Säure die schwächere aus ihren Salzen verdrängt.

Der physiologische pH-Wert liegt im Bereich pH = 6 – 8. Die pK_s-Werte der meisten Carbonsäuren sind kleiner als 5. Dies bedeutet, dass die Carbonsäuren in den Zellen und Körperflüssigkeiten (z. B. Blut) als Anionen bzw. Salze vorliegen. Die Biochemiker verwenden deshalb nicht die Namen der freien Säuren, sondern schreiben und benennen deren Anionen. Unglücklicherweise gibt es auch hier Trivialnamen, die z. T. in keinem erkennbaren Zusammenhang zu den Namen der Säuren stehen (Tab. 16/4). Allen Anionen gemeinsam ist die Endsilbe „**-at**".

Tab. 16/4 Ausgewählte Carbonsäuren mit den Namen der zugehörigen Anionen.

Säure	Anion	Säure	Anion
Ameisensäure	Formiat	Oxalsäure	Oxalat
Essigsäure	Acetat	Malonsäure	Malonat
Propionsäure	Propionat	Bernsteinsäure	Succinat
Buttersäure	Butyrat	Brenztraubensäure	Pyruvat
Palmitinsäure	Palmitat	Benzoesäure	Benzoat
Stearinsäure	Stearat	Citronensäure	Citrat

16

Seifen

Seifen. Eine besondere Eigenschaft zeigen die Salze langkettiger Monocarbonsäuren wie z. B. *Natriumstearat.* Man spricht hier von **Seifen**. Die Salze lösen sich dem Augenschein nach gut in Wasser. Die wässrigen Lösungen verhalten sich jedoch ganz anders als übliche Salzlösungen, die Lösungen schäumen und sind in der Lage, lipophile Substanzen aufzunehmen (zu emulgieren), d. h. als Waschmittel zu wirken. Was spielt sich hier ab?

amphipathisch

Das Stearat enthält ein hydrophiles Ende und einen langkettigen, lipophilen Kohlenwasserstoffrest in der *Zickzack*-Konformation. Man bezeichnet solche Moleküle als **amphipathisch** (amphiphil).

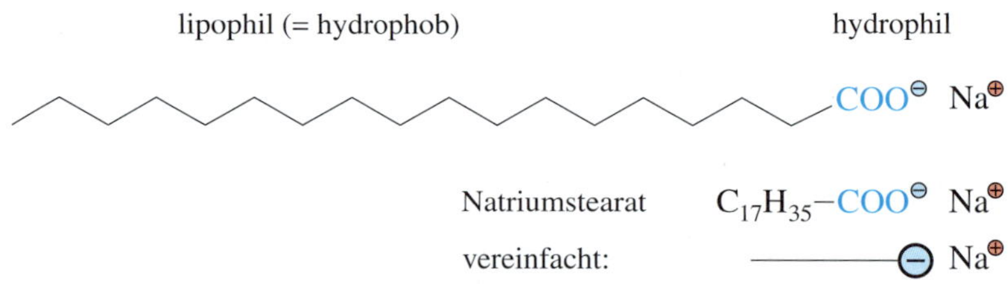

hydrophil
Mizelle

Mizellen. Wasser hydratisiert nur das hydrophile Ende, das lipophile Ende wird wie Öl aus dem Wasser herausgedrängt. An der Oberfläche bildet sich zunächst eine *monomolekulare Schicht* des Stearats, was die *Oberflächenspannung* stark erniedrigt. Weitere Stearat-Ionen lagern sich so zusammen, dass die lipophilen Enden miteinander in Kontakt stehen *(hydrophobe Wechselwirkung)* und das Wasser aus ihrer Mitte verdrängen, während die negativ geladenen Enden eine hydrophile Hülle um den lipophilen Kern bilden. Solche Aggregate heißen **Mizellen** (Abb. 16/1). Durch die negative Ladung an ihrer Oberfläche wird einerseits ein guter Kontakt zum Wasser hergestellt (Hydratisierung), andererseits stoßen die Mizellen sich untereinander ab, so dass immer Zwischenräume für das Wasser und die hydratisierten Natrium-Ionen (zum Ladungsausgleich) bleiben.

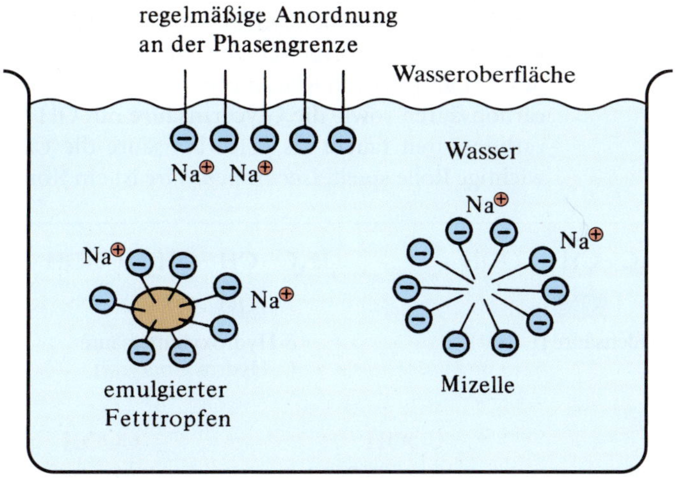

Abb. 16/1 Schematische Darstellung des Verhaltens von Natriumstearat in Wasser.

Man sagt, dass die Mizellen aufgrund von hydrophoben Wechselwirkungen der lipophilen Ketten untereinander stabil sind. Die zwischen den Ketten wirksamen Van-der-Waals-Kräfte sind jedoch vergleichsweise schwach, so dass die Mizellen ihre Form verlieren, wenn man statt Wasser beispielsweise Ethanol als Lösungsmittel nimmt. Das Wasser hat für die hydrophobe Wechselwirkung (2 – 4 kJ/mol pro Kettenkontakt) eine besondere Bedeutung: Durch den Kontakt der lipophilen Ketten untereinander wird die Hydratisierung, die zu einer größeren, geordneten Hydrathülle um jedes einzelne Seifenmolekül herum führen würde, vermieden. Somit besitzt die Hydrathülle einer mizellaren Lösung einen geringeren Ordnungsgrad als eine Lösung, in der jedes einzelne Seifenmolekül vollständig hydratisiert wäre. Die Bildung von Mizellen in Wasser bringt einen Entropiegewinn ($\Delta S > 0$), der Gesamtvorgang wird gemäß der Gleichung $\Delta G = \Delta H - T \cdot \Delta S$ exergon ($\Delta G < 0$). Bildlich gesprochen legt das Wasser eine Klammer um die ausgerichteten Seifenmoleküle, das System ist thermodynamisch begünstigt.

Tensidwirkung. Kommen *Seifenlösungen* mit Fett oder Schmutz in Berührung (z. B. auf Stoffgewebe oder auf der Haut), dann benetzen sie wegen der geringen Oberflächenspannung zunächst die Unterlage (Stoff, Haut). Am dort anhaftenden Fett ordnen sich einzelne Mizellen so um, dass die lipophilen Enden der Seifen in die Fettschicht hineinragen, einzelne Partikel ablösen und durch die hydrophile Oberfläche, die die Seife ausbildet, in Lösung halten. Die Fette werden *emulgiert* und mit der Seifenlösung fortgespült. Als waschaktive Substanzen (Tenside) finden heutzutage nicht nur Fettsäuresalze Verwendung, sondern auch eine Vielzahl anderer organischer Verbindungen mit einem entsprechenden amphiphilen Aufbau.

16.1.4 Carbonsäuren mit zusätzlichen funktionellen Gruppen

Die Hydroxygruppe (–OH) sowie die Aminogruppe (–NH_2) sind die funktionellen Gruppen der Alkohole bzw. Amine (☞ Kap. 13). Kommt eine der Gruppen neben einer Carboxylgruppe vor, erhält man *bifunktionelle* Moleküle.

Hydroxycarbonsäuren

Hydroxycarbonsäuren. Während die Aminosäuren Kapitel 19 vorbehalten bleiben, besprechen wir hier die Hydroxy- und Ketocarbonsäuren. Wichtige **Hydroxycarbonsäuren** können Sie dem Formelschema entnehmen, dort ist neben dem Namen der Säure auch der des Anions (blau) in Klammern vermerkt. Sie erkennen dort α-Hydroxy- und β-Hydroxycarbonsäuren sowie die **Glycerinsäure** mit OH-Gruppen in beiden Positionen. Neben Dicarbonsäuren taucht als Tricarbonsäure die *Citronensäure* auf, die im Citratzyklus eine wichtige Rolle spielt. *Isocitronensäure* ist ein Konstitutionsisomer der Citronensäure.

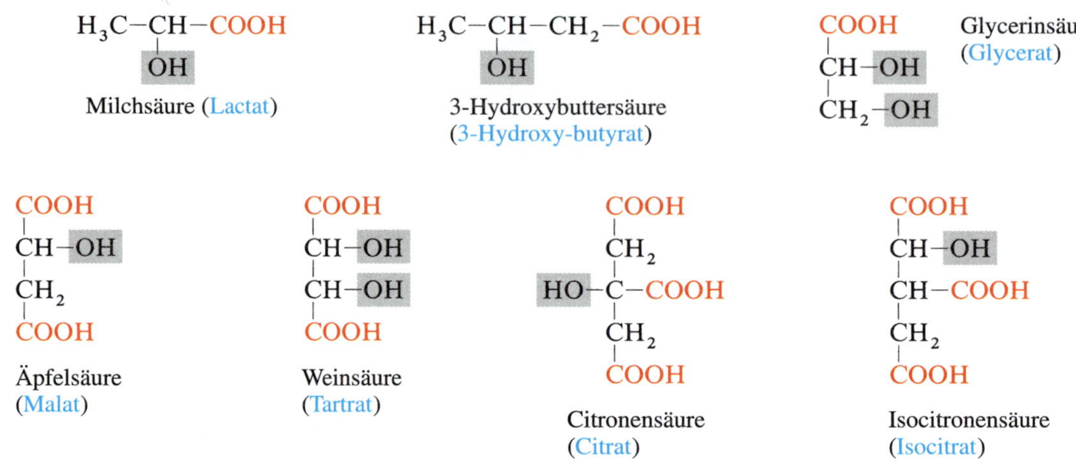

Ursodeoxycholsäure, eine bärenstarke Gallensäure

Gallensäuren sind physiologisch wichtige C_{24}-Steroid-Carbonsäuren, die, mit Taurin ($H_2N–CH_2–CH_2–SO_3H$) oder Glycin ($H_2N–CH_2–COOH$) konjugiert, in Form von Salzen die verdauungsfördernden Bestandteile der Galle darstellen. Im Steroid-Gerüst sind die Ringe A/B *cis-*, alle anderen Ringe *trans*-verknüpft.

Ursodeoxycholsäure:

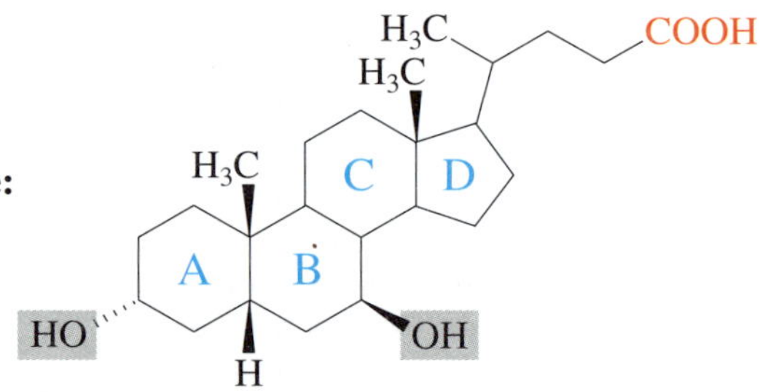

Die **Ursodeoxycholsäure** (UDCA) kommt in der Galle des Menschen nur zu 1 – 5% vor, ist jedoch in der Bärengalle bis zu 40% enthalten. In der Traditionellen Chinesischen Medizin (TCM) wird getrocknete Bärengalle z. B. bei Leberschäden verordnet. Überprüfung der Befunde führte dazu, dass UDCA heute auch in der klinischen Medizin zum Auflösen von Cholesterin-Gallensteinen, bei Cholestase, bei primär biliärer Zirrhose oder bei chronischer Virushepatitis erfolgreich eingesetzt wird. UDCA kommt allerdings nicht aus der Bärengalle, sondern wird aus Cholsäure, dem Hauptbestandteil der Rindergalle, synthetisch hergestellt. Es gibt erste Hinweise, dass Tauroursodeoxycholsäure (TUDCA) als nicht toxische Verbindung zur Behandlung neurologischer Erkrankungen (z. B. Parkinson oder Alzheimer) eingesetzt werden könnte.

Ketocarbonsäuren. Die sekundäre Hydroxygruppe der Hydroxycarbonsäuren kann, wie bei den sekundären Alkoholen beschrieben, zu einer Ketogruppe oxidiert (= dehydriert)

Ketocarbonsäure

werden. Je nach Stellung der OH-Gruppe in der Kette erhält man α- oder **β-Ketocarbonsäuren**. Die Oxidation ist natürlich umkehrbar. Hydroxy- und Ketocarbonsäuren sind Partner bei Redoxreaktionen in der Zelle.

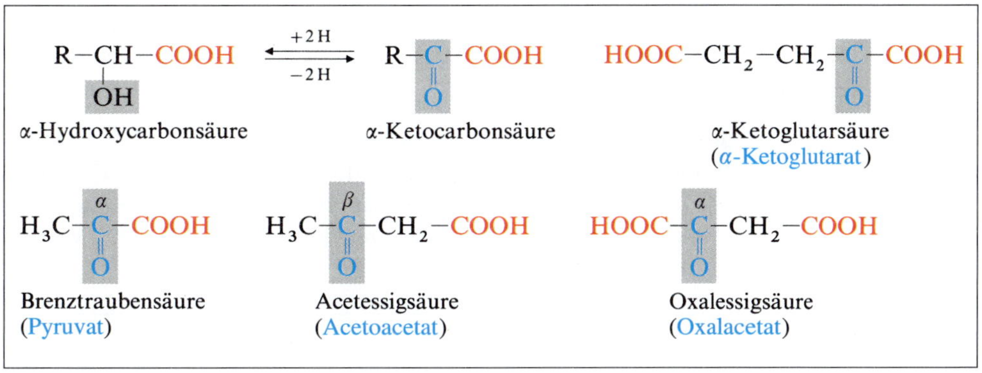

Zwei Eigenschaften der Ketocarbonsäuren sind für die Biochemie wichtig:

1. Wenn zur Carbonylgruppe des Ketons α-ständige H-Atome vorhanden sind, kann sich ein **Keto-Enol-Gleichgewicht** einstellen (☞ Kap. 14.4). Das energiereichere Enol-Tautomer kann als Phosphorsäureester *(Phosphoenolpyruvat)* stabilisiert werden. Bei dessen Hydrolyse wird mehr Energie frei als bei der Hydrolyse gewöhnlicher Phosphorsäureester (☞ Kap. 14.4, 17.4), da der Energiegewinn der Tautomerisierung des Enols zum Keton hinzukommt. Dies wird von der Natur ausgenutzt, um Phosphatgruppen zu übertragen.

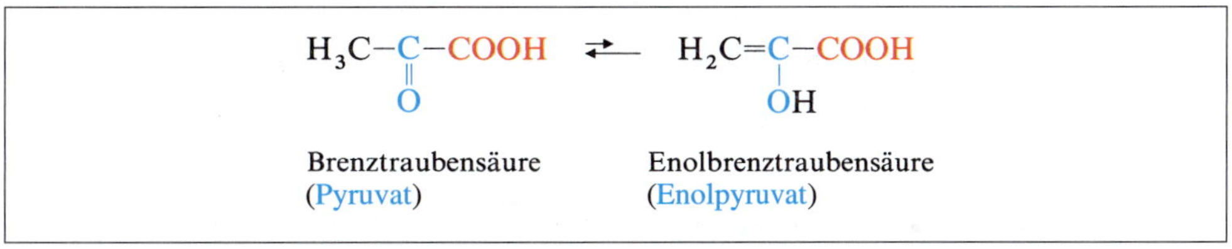

16

Decarboxylierung

2. Die Carboxylgruppe kann unter Abgabe von CO_2 aus dem Molekül einer Ketocarbonsäure entfernt werden. Die **Decarboxylierung** ist die Schlüsselreaktion, um beim Abbau von Nahrungsstoffen CO_2 freizusetzen. Formal läuft die Reaktion so, dass die C–C-Bindung zwischen der Carboxylgruppe und dem α-C-Atom gespalten wird und das Proton der Carboxylgruppe den Platz einnimmt, den die Carboxylgruppe innehatte. Aus α-Ketocarbonsäuren entstehen bei der Decarboxylierung Aldehyde, der dort gebundene Wasserstoff ist allerdings nicht mehr acide. Aus β-Ketocarbonsäuren, deren Decarboxylierung leichter abläuft, bilden sich Ketone.

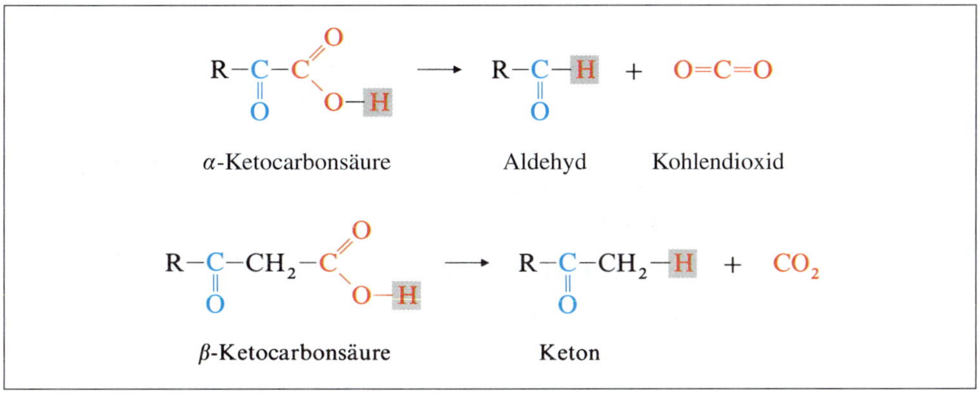

Beim Oxalacetat stehen zwei Carboxylgruppen für die Decarboxylierung zur Auswahl. Nur die zum Pyruvat führende Reaktion ist biochemisch wichtig, sie ist energetisch begünstigt.

$$^{\ominus}OOC-CH_2-\underset{\underset{O}{\|}}{C}-COO^{\ominus} \xrightarrow{+H^{\oplus}} H_3C-\underset{\underset{O}{\|}}{C}-COO^{\ominus} + CO_2$$

Oxalacetat — Pyruvat

Prostaglandine sind Gewebshormone

Prostaglandine (z. B. Prostaglandin E_2, PGE_2) sind C_{20}-Carbonsäuren, die sich u. a. in der Zahl und in der Position der Sauerstoffatome in den Ketten und am Ring unterscheiden. Sie entstehen im Körper aus *Arachidonsäure* (20:4), einer vierfach ungesättigten Fettsäure mit 20 C-Atomen.

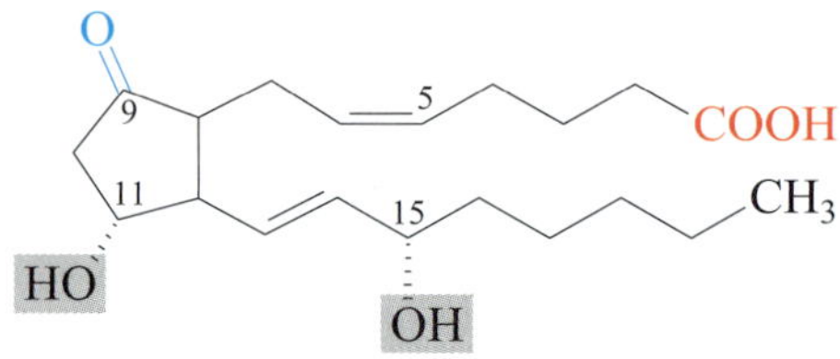

Prostaglandin E_2 (PGE_2)

Die Prostaglandine wurden ursprünglich im Sekret der Prostata gefunden, kommen jedoch in allen Organen und Geweben vor. Sie sind z. B. an Schmerz- und Entzündungsprozessen beteiligt, haben Effekte auf die Säure- und Schleimproduktion des Magens und können Uteruskontraktionen auslösen (Geburtseinleitung, Schwangerschaftsabbruch). Arzneistoffe auf Prostaglandinbasis sind in der Anwendung.

Checkliste

Folgende Bezeichnungen/Begriffe sollten Sie erklären oder definieren (s. a. Glossar) und – wo möglich – Beispiele, Gleichungen oder Formeln angeben können:

Carboxylgruppe – Carboxylat – Carbonsäuren – induktiver Effekt – hydrophob, hydrophil – amphiphil (amphipathisch) – Dimerisierung – Acidität – Seifen – Mizellen – Hydroxycarbonsäure – Ketocarbonsäure – Decarboxylierung.

Aufgaben

1. Geben Sie Formeln und Namen der *Monocarbonsäuren* bis C_4 und der *Dicarbonsäuren* C_2 bis C_5 an!
2. Welche Struktur haben 2,4-Dihydroxy-3,3-dimethylbuttersäure und 3,5-Dihydroxy-3-methyl-pentansäure (= Mevalonsäure)?
3. Warum siedet *Essigsäure* höher als Ethanol?
4. Löst sich *Bernsteinsäure* besser oder schlechter in Wasser als Buttersäure? Begründen Sie Ihre Antwort!
5. Warum ist *Trifluoressigsäure* acider als Essigsäure?
6. Welchen Namen haben folgende Verbindungen?

$$H_3C-\underset{\underset{OH}{|}}{CH}-COO^{\ominus}\,Na^{\oplus} \qquad H-COO^{\ominus}\,NH_4^{\oplus}$$

7. Warum ist der pK_{s1}-Wert der Oxalsäure kleiner als der der Bernsteinsäure?
8. Was passiert, wenn Sie *Benzoesäure* mit wässriger Ammoniaklösung versetzen? Reaktionsgleichung angeben!
9. Wie ist der Anteil von *Acetat* zu *Essigsäure* ($pK_s = 4{,}8$) einer wässrigen Lösung bei pH = 4,8 und pH = 7?

10. *Ölsäure*, $C_{17}H_{33}COOH$, ist eine einfach ungesättigte Fettsäure (18:1). Sie unterscheidet sich von der Stearinsäure (18 : 0) durch eine *cis*-Doppelbindung zwischen C-9 und C-10 der Kette. Geben Sie die Struktur an!
11. *Arachidonsäure* (20:4) ist im menschlichen Körper Vorläufer für viele wichtige Signal- und Wirkstoffe (Prostaglandine, Thromboxane, Leukotriene).

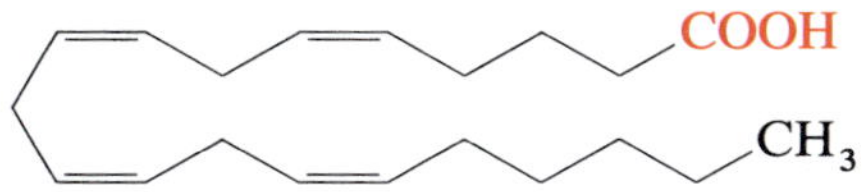

Wie viele C-Atome enthält die Verbindung? In welcher Position der Kette stehen die Doppelbindungen und wie sind sie konfiguriert? Sind die Doppelbindungen konjugiert?
12. Was entsteht bei der Decarboxylierung von Brenztraubensäure?
13. Warum wird die Oberflächenspannung des Wassers durch Zugabe einer Seife erniedrigt?
14. Bezeichnen Sie alle funktionellen Gruppen von Prostaglandin E_2!

063 Lösungen der Aufgaben

16.2 Carbonsäurederivate

16.2.1 Allgemeines

Die Carbonsäuren sind der Stamm einer großen Familie von Verbindungen, die entstehen, wenn die OH-Gruppe der Carboxylgruppe durch andere polare Reste ersetzt wird, Dadurch ändern sich die chemischen und physikalischen Eigenschaften im Vergleich zu den Carbonsäuren z. T. dramatisch. Man bezeichnet die im Schema (Abb. 16/2) abgebildeten Abkömmlinge der Carbonsäuren als Carbonsäurederivate, weil sie sich bei der Reaktion mit Wasser (Hydrolyse) wieder in die zugehörige Carbonsäure rückverwandeln lassen. Der R–CO-Rest in einem Carbonsäurederivat wird als Acylrest bezeichnet, von der Essigsäure ausgehend, ist das der Acetylrest (CH_3CO-Rest). Trotz der unterschiedlichen Substituenten reagieren alle Carbonsäurederivate in ähnlicher Weise.

Carbonsäurederivate

Acylrest

1. **Reaktivität gegenüber Nucleophilen.** Ein *Nucleophil* greift das positiv polarisierte Carbonyl-C-Atom (jetzt rot markiert) unter Bildung eines tetraedrischen Zwischenproduktes an, das dann weiterreagieren kann. Die Reaktivität des Carbonyl-C-Atoms ge-

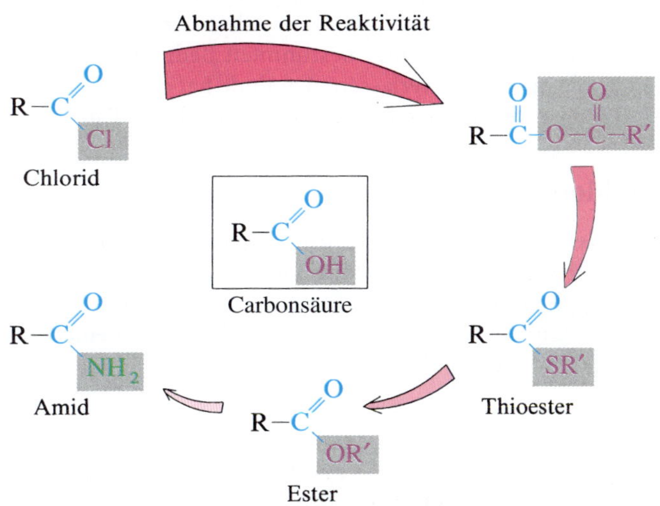

Abb. 16/2 Abnahme der Reaktivität der Carbonylgruppe (blau markiert) verschiedener Carbonsäurederivate gegenüber Nucleophilen. Die Reste R, R' können gleich oder verschieden sein.

genüber Nucleophilen nimmt, ausgehend vom Chlorid, im Uhrzeigersinn des Schemas (Abb. 16/2) ab, also Chlorid > Anhydrid > Thioester > Ester > Amid. Das Carboxylat-Ion (R–COO$^\ominus$) ist keinem derartigen Angriff mehr zugänglich.

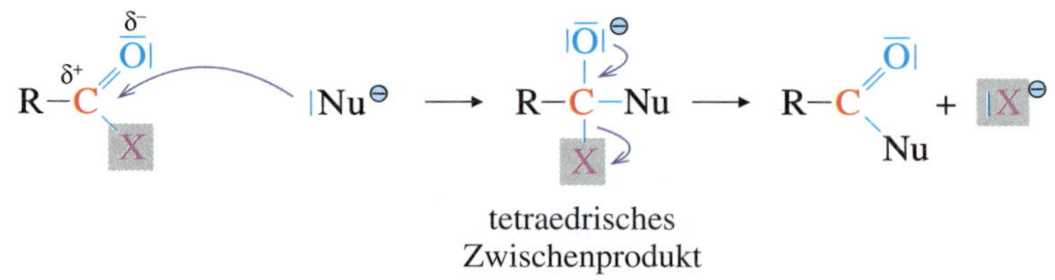

2. **Säurekatalyse.** Starke Säuren protonieren das Carbonyl-O-Atom, der Angriff eines ungeladenen Nucleophils auf das Carbonyl-C-Atom wird dadurch erleichtert. Auch hier entsteht ein tetraedrisches Zwischenprodukt, das weiterreagieren kann.

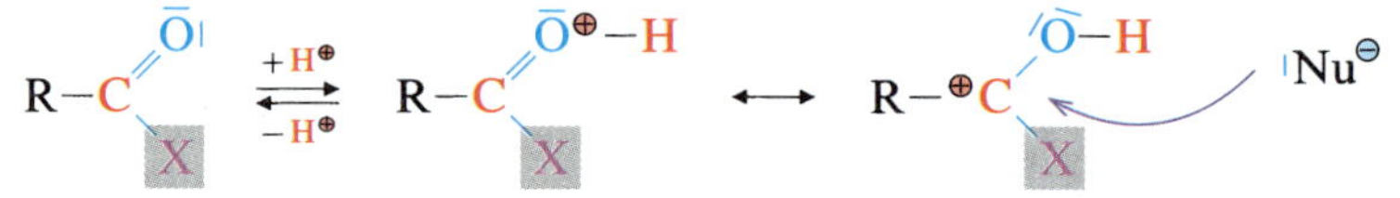

3. **Enolat-Bildung.** Starke Basen entfernen ein α-ständiges H-Atom, es entsteht ein Enolat-System (☞ Kap. 14.8). Damit wird das Carbonsäurederivat selbst zum *Nucleophil* und reagiert mit elektrophilen Partnern z. B. am α-C-Atom.

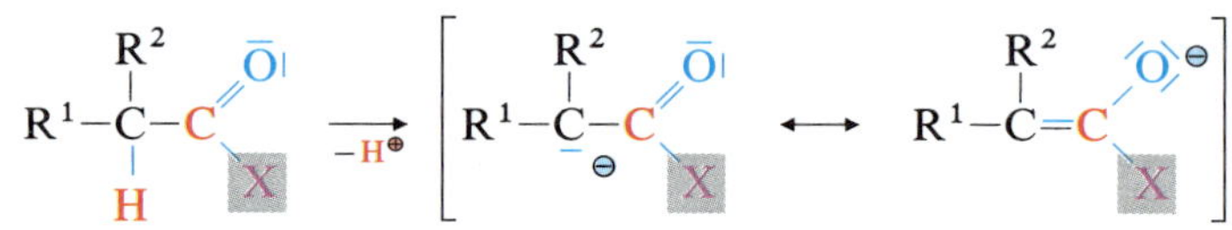

Alle drei Schritte, die am Anfang einer Reaktion stehen können, haben wir schon bei den Aldehyden und Ketonen kennen gelernt. Die Reaktivität an der Carbonylgruppe gegenüber Nucleophilen ist beim Aldehyd größer als beim Keton. Beide stehen mit ihrer Carbonylreaktivität in Abbildung 16/2 zwischen Anhydrid und Thioester. Der Unterschied im Reaktionsverhalten liegt darin, dass die negativ polarisierten Reste X der Carbonsäurederivate gute *Abgangsgruppen* sind und den Acylrest verlassen können, während Wasserstoff (Aldehyd) bzw. Alkyl-/Arylreste (Keton) dies nicht tun. Wie im Fall 1 gezeigt, kann X unter bestimmten Bedingungen die tetraedrische Zwischenstufe als Abgangsgruppe verlassen. Am Ende hat das Nucleophil den Substituenten X am Carbonyl-C-Atom substituiert (☞ Reaktionsfolge in Fall 1).

16.2.2 Carbonsäurechloride

Herstellung. Bei der Umsetzung einer Carbonsäure mit anorganischen *Chlorierungsmitteln* wie z. B. Thionylchlorid ($SOCl_2$) entsteht ein **Carbonsäurechlorid.** Die Nebenprodukte bei dieser Reaktion sind Gase und entweichen aus der Reaktionslösung, so dass gemäß dem Prinzip des kleinsten Zwanges (☞ Kap. 6.5.3) eine vollständige Umsetzung erzielt werden kann.

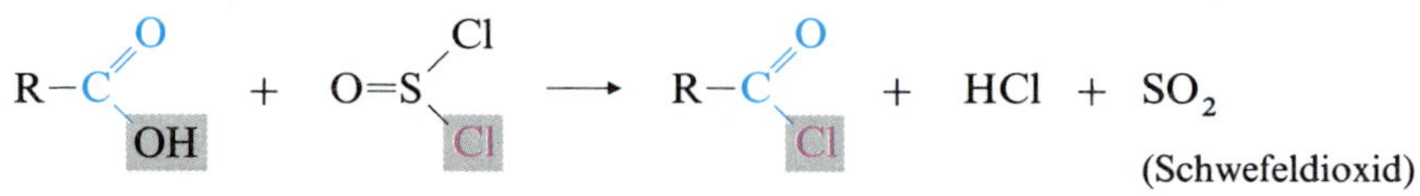

Aus Essigsäure erhält man **Acetylchlorid**, aus Benzoesäure **Benzoylchlorid**, aus Oxalsäure **Oxalylchlorid**. Bei der systematischen Bezeichnung wird z. B. aus Hexansäure **Hexanoylchlorid** (allgemein: *Alkanoylchlorid*).

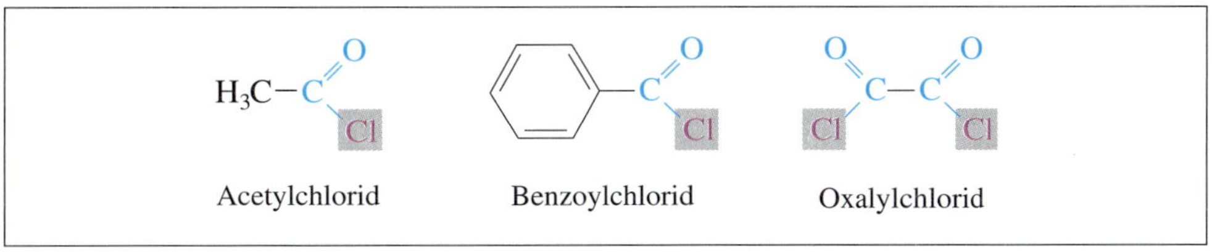

Carbonsäurechloride

Reaktivität. *Carbonsäurechloride* riechen stechend und reizen zu Tränen. Sie reagieren sehr leicht z. T. in heftiger Reaktion mit unterschiedlichen Nucleophilen: Mit Wasser entsteht eine *Carbonsäure* (Hydrolyse), mit Alkoholen ein *Carbonsäureester* (Alkoholyse), mit Ammoniak oder Aminen ein *Carbonsäureamid* (Aminolyse) und mit Salzen von Carbonsäuren (Carboxylat-Ionen) ein *Carbonsäureanhydrid*. Die Reaktivität beruht auf der hohen Elektronegativität des Chloratoms, wodurch das Carbonyl-C-Atom extrem elektrophil wird. Außerdem ist das Chloratom eine gute Abgangsgruppe (Abspaltung als $Cl^{\ominus}$). Da Säurechloride mit vielen Nucleophilen reagieren, sind sie unentbehrliche Zwischenprodukte bei der Synthese organischer Verbindungen.

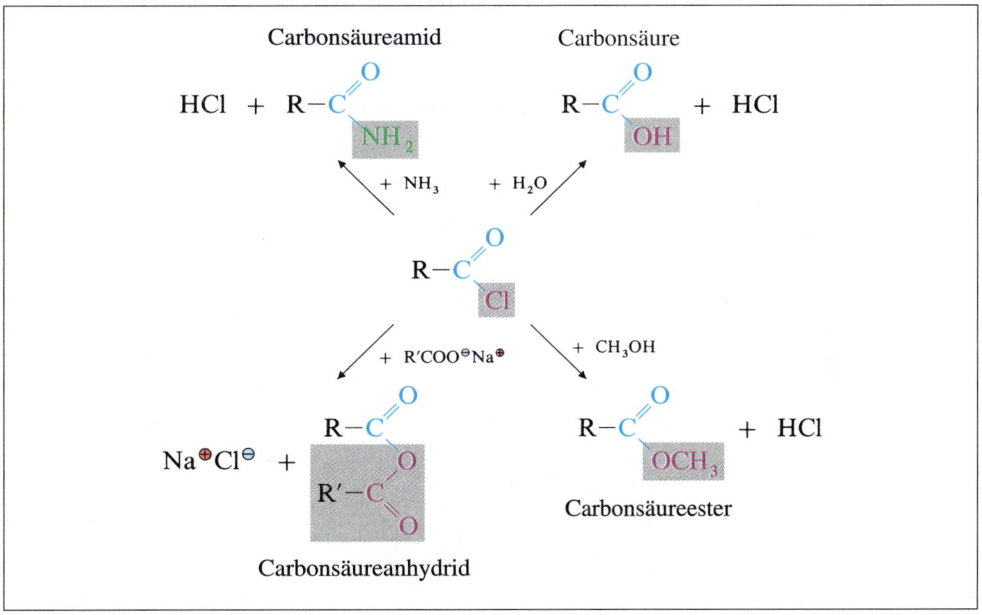

Säurechloride können auch mit Aromaten reagieren, und zwar im Zuge einer elektrophilen Substitution (☞ Kap. 11.7.2). Das Carbonyl-C-Atom wird durch den Katalysator $AlCl_3$, eine Lewis-Säure, so stark positiv polarisiert, dass Benzol mit einem π-Elektronenpaar als Nucleophil angreifen kann. Das Intermediat verliert ein Proton, so dass am Ende ein Arylketon und HCl entstehen.

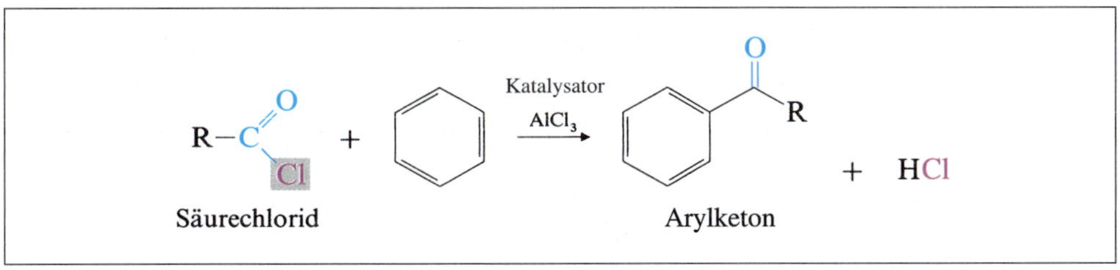

16.2.3 Carbonsäureanhydride

Herstellung. Aus Carbonsäuren entstehen formal unter Wasserabspaltung *Carbonsäureanhydride.*

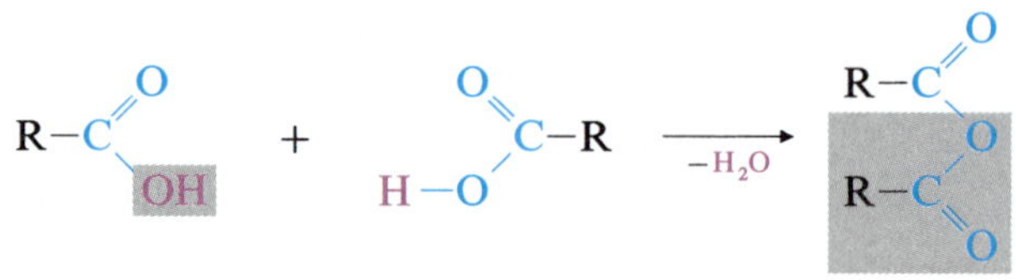

Bei der Synthese aus Säurechlorid und Natriumsalz einer Carbonsäure können symmetrische und gemischte Anhydride gewonnen werden (☞ Kap. 16.2.2). Ausgehend von Dicarbonsäuren, kann die O-Brücke zwischen zwei Acylgruppen auch intramolekular gebildet werden, wobei bevorzugt 5- oder 6-gliedrige Ringe entstehen.

Acetanhydrid

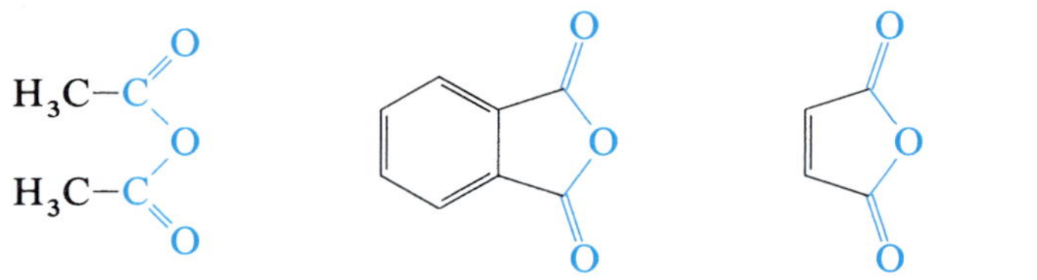

Acetanhydrid Phthalsäureanhydrid Maleinsäureanhydrid

Reaktivität. *Carbonsäureanhydride* sind ebenfalls sehr reaktiv. Sie reagieren mit Wasser zurück zu den Carbonsäuren, mit Aminen und Alkoholen zu den entsprechenden Amiden bzw. Estern, wobei immer nur die eine Hälfte des Moleküls an das Reagenz bindet, während die andere Hälfte als Carbonsäure frei wird. Spuren von Schwefelsäure katalysieren die Reaktion. Mit **Acetanhydrid** kann man einen *Acetylrest* ($CH_3CO^{\oplus}$) auf OH- oder NH_2-Gruppen übertragen. Hier ist Acetat ($CH_3COO^{\ominus}$) die Abgangsgruppe, mit einem Proton aus dem Amin bzw. Alkohol entsteht Essigsäure.

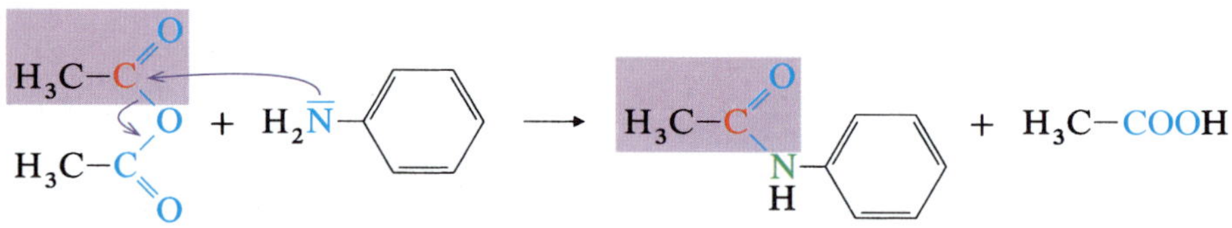

Acetanhydrid Anilin (Nucleophil) Acetanilid Essigsäure

Acetylsalicylsäure

Acetylsalicylsäure (ASS) wird aus der aromatischen Hydroxycarbonsäure *Salicylsäure* und *Acetanhydrid* hergestellt. Hierbei reagiert das Phenol-OH als Nucleophil und übernimmt den Acetylrest. ASS ist somit Carbonsäure und Carbonsäureester zugleich.

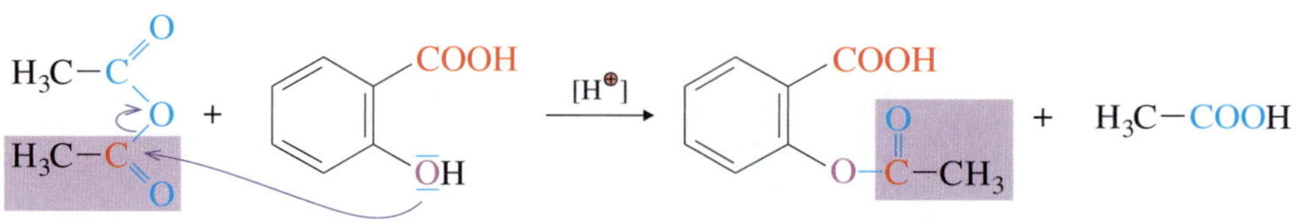

Acetanhydrid Salicylsäure Acetylsalicylsäure (= Aspirin®) Essigsäure

Aspirin® ist schon über 100 Jahre alt
Schon *Hippokrates* wusste, dass Präparate der Weidenrinde fiebersenkend (antipyretisch) und schmerzlindernd (analgetisch) wirken. Aus dem *Salicin* der Weidenrinde lässt sich Salicylsäure gewinnen, die entsprechend wirkt, aber die Magen- und Darmschleimhaut stark schädigen kann. Mit der 1899 vollsynthetisch gewonnenen Acetylsalicylsäure (ASS) wurden die Wirkung und die lokale Verträglichkeit verbessert. Heute werden etwa 40 000 t ASS jährlich benötigt.

Aspirin® hilft in Tagesdosen von 1 – 3 g bei Schmerzen, Entzündungen und Fieber aller Art. Später entdeckte man, dass an den genannten Körperreaktionen die *Prostaglandine* (☞ Kap. 16.1.4) beteiligt sind und ASS deren Biosynthese hemmt. Der Wirkort ist das Enzym *Cyclooxygenase* (COX), das zugleich auch die Bildung des Botenstoffs *Thromboxan* ermöglicht. Thromboxan fördert die *Thrombozytenaggregation* im Blut, d. h., ASS hemmt diese Aggregation und dient in Tagesdosen von 30 – 100 mg der *Herzinfarktprophylaxe*.

16.2.4 Carbonsäureester

Herstellung. Durch *Alkoholyse* der reaktiven Säurechloride oder Säureanhydride kann man, wie bereits erwähnt, **Carbonsäureester** gewinnen. Sie bilden sich jedoch auch direkt aus Carbonsäure und Alkohol gemäß folgender Gleichung:

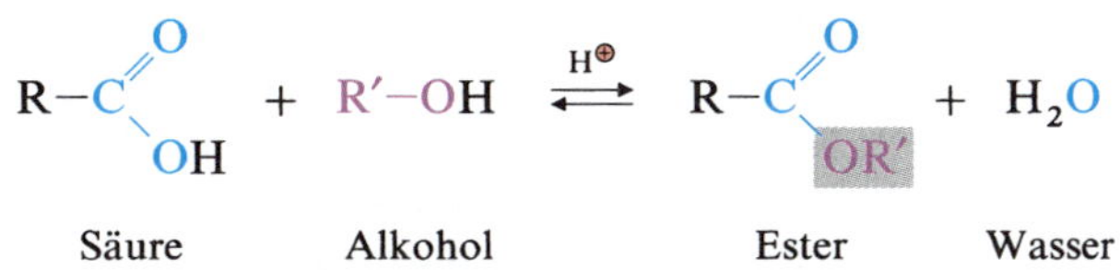

Diese Reaktion läuft nur sehr langsam ab und führt zu einem Gleichgewicht. Zur Beschleunigung der Gleichgewichtseinstellung verwendet man eine starke Säure (HCl, H_2SO_4) als Katalysator und erhitzt das Reaktionsgemisch. Die Gleichgewichtslage, ausgedrückt durch die Gleichgewichtskonstante *K*, ändert sich dabei *nicht* (☞ Kap. 12.3). Die *Ausbeute an Ester* lässt sich erhöhen, wenn das bei der Reaktion gebildete Wasser gebunden oder abdestilliert wird. Umgekehrt nutzt man diese säurekatalysierte Reaktion nicht nur für die **Esterbildung** *(Hinreaktion)*, sondern auch zur **Esterhydrolyse** *(Rückreaktion)*. Mit einem Überschuss an Wasser hydrolysiert ein Ester säurekatalysiert zur Säure und zum Alkohol.

Esterbildung
Esterhydrolyse

Anwendung des Massenwirkungsgesetzes (MWG) auf die Esterbildung $\frac{[\text{Ester}] \cdot [\text{Wasser}]}{[\text{Säure}] \cdot [\text{Alkohol}]} = K$

Mechanismus der Reaktion. Der Mechanismus der säurekatalysierten Veresterung führt über mehrere Zwischenstufen, die z. T. nur sehr kurzlebig sind. Alle Reaktionsschritte sind *reversibel*. Wir betrachten im Folgenden nur die Hinreaktion:

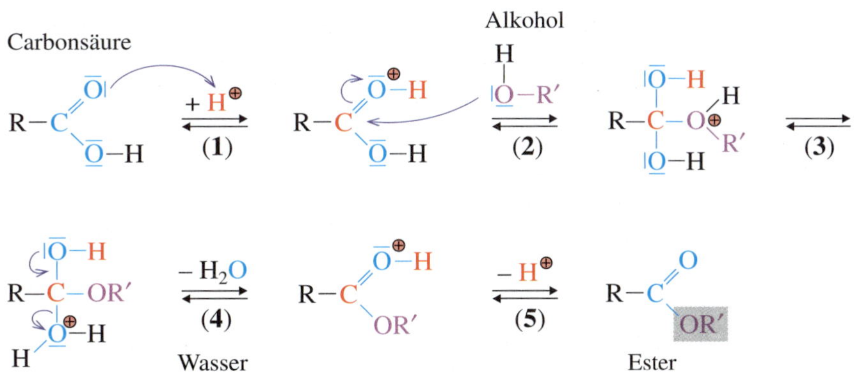

(1) Die Carbonsäure wird am Carbonyl-O-Atom vom Katalysator protoniert.
(2) Der Alkohol greift das nunmehr stark positiv polarisierte Carbonyl-C-Atom nucleophil an. Die π-Elektronen verschieben sich zum Carbonyl-O-Atom, es entsteht ein *tetraedrisches* Zwischenprodukt. Im Ergebnis hat eine *Addition* des Alkohols an die Carbonyl-Doppelbindung stattgefunden.
(3) Ein Proton wird vom Alkohol-O-Atom auf das O-Atom der Carboxyl-OH-Gruppe verlagert.
(4) Ein Wassermolekül wird vom C-Atom unter Mitnahme des bindenden Elektronenpaares abgespalten, die Carbonyl-Doppelbindung bildet sich wieder aus. Im Ergebnis hat eine *Eliminierung* stattgefunden.
(5) Der protonierte Ester verliert sein Proton.

Aus der genauen Beschreibung der Hinreaktion lässt sich dreierlei erkennen:
a) Der Katalysator $H^{\oplus}$ wird nicht verbraucht und nicht verändert, was für einen Katalysator typisch ist.
b) Das O-Atom des gebildeten Wassers stammt aus der Carboxylgruppe der Carbonsäure.
c) Der Gesamtreaktion liegt ein **Additions-Eliminierungs-Mechanismus** zugrunde, der über ein *tetraedrisches* Zwischenprodukt läuft. Letztendlich ist die OH-Gruppe der Carbonsäure durch die OR-Gruppe des Alkohols substituiert worden. Es hat eine *Substitution* am Carboxyl-C-Atom stattgefunden.

16

Carbonsäureester

Beispiele. Der einfachste Ester, gebildet aus Ameisensäure und Methanol, heißt *Ameisensäuremethylester* (= Methylformiat, Methylmethanoat). Aus Essigsäure und Ethanol entsteht *Essigsäureethylester* (= Ethylacetat, Ethylethanoat). Estergruppen fehlt die Möglichkeit, untereinander Wasserstoffbrückenbindungen auszubilden. Daher sind Ethylester niederer Carbonsäuren flüchtiger als die freien Säuren. Die Ethylester riechen angenehm fruchtig, Buttersäureethylester z. B. nach Ananas. Auch bilden sie sich z. B. beim Lagern des Weins aus den enthaltenen Säuren und tragen zur Aromaverbesserung bei.

Esterverseifung

Esterhydrolyse. *Irreversibel* und damit quantitativ werden Carbonsäureester von wässrigem Natriumhydroxid gespalten (**alkalische Esterhydrolyse, Esterverseifung**). Das $OH^{\ominus}$-Ion ist ein starkes Nucleophil. Es greift das Ester-Carbonyl-C-Atom an und bildet ein tetraedrisches Zwischenprodukt, aus dem das *Alkoholat-Ion* verdrängt wird (Additions-Eliminierungs-Mechanismus). Bis hierhin ist die Reaktion reversibel. Das Alkoholat-Ion deprotoniert jedoch als starke Base sofort die gebildete Carboxylgruppe. Als Reaktionsprodukte entstehen das *Natriumsalz der Carbonsäure* und der *Alkohol*. Diese können nicht miteinander reagieren, weil das Carboxylat-Ion kein Elektrophil ist und dem nucleophilen Alkohol keinen Angriffspunkt mehr bietet. Deshalb lässt sich diese Reaktion nicht umkehren. Bei der alkalischen Esterhydrolyse ist das $OH^{\ominus}$-Ion **kein** Katalysator, sondern wird als Reaktionspartner verbraucht. Auch Enzyme können Ester hydrolysieren, man bezeichnet sie als *Esterasen*.

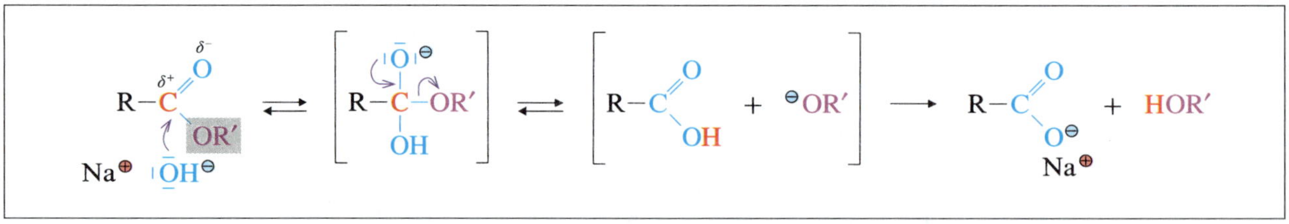

Eine schon alte Anwendung hat die alkalische Esterhydrolyse bei der Gewinnung von Seife aus Fetten gefunden. Es gab einmal den Beruf des „Seifensieders". Noch heute wird der Ausdruck *Verseifung* für Hydrolysen jeder Art verwendet.

Triacylglycerin

Triacylglycerine. Die Depot- oder Speicherfette pflanzlicher und tierischer Zellen enthalten als Hauptkomponenten *Triacylglycerine* (früher als *Triglyceride* bezeichnet). Sie sind aus *Glycerin* aufgebaut, dessen drei Hydroxygruppen mit *langkettigen Monocarbonsäuren* (= höhere Fettsäuren) verestert sind.

Alkalische Hydrolyse der Triacylglycerine:

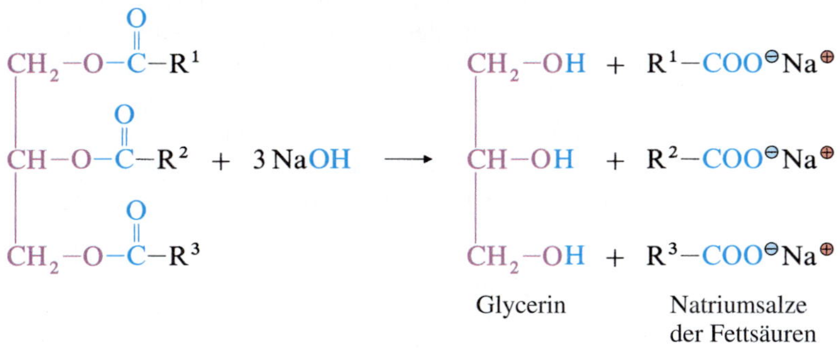

Mit einem Überschuss an Natriumhydroxid gekocht, entstehen aus Triacylglycerinen *Glycerin* (engl. = *glycerol*) und die *Natriumsalze der Fettsäuren*, die sog. Seifen (☞ Kap. 16.1.3). Die wichtigsten Fettsäuren, die am selben Glycerin-Molekül häufig nebeneinander vorkommen, sind **gesättigt** wie *Palmitinsäure* (16 : 0) und *Stearinsäure* (18 : 0) oder **ungesättigt** wie *Ölsäure* (18 : 1), *Linolsäure* (18 : 2) und *Linolensäure* (18 : 3). Die Zahlen in Klammern geben die Gesamtzahl der C-Atome und hinter dem Doppelpunkt die Zahl der Doppelbindungen an.

ungesättigte Fettsäuren

Im *Tristearoylglycerin* (= Tristearin) sind die drei Fettsäurereste gleich und leiten sich von der Stearinsäure ab. Bei den ungesättigten Fettsäuren wird im Unterschied zu den gesättigten die Zickzack-Kette des Kohlenwasserstoffrests (☞ Kap. 16.1.3) an der *Z*(*cis*)-Doppelbindung abgeknickt, was eine dramatische Konformationsänderung bedeutet. Je nach Anteil ungesättigter Fettsäuren in den Triacylglycerinen werden diese flüssig.

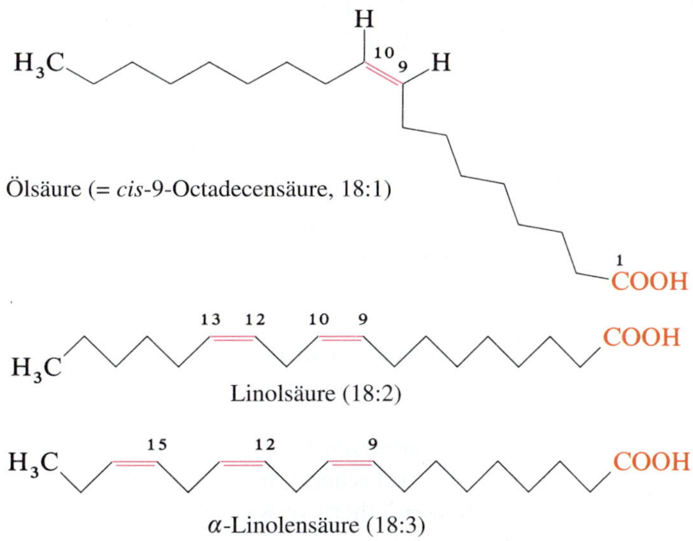

Essenzielle Fettsäuren
Im menschlichen Organismus fehlen die Enzyme, um Ölsäure (18 : 1) in Linolsäure (18 : 2, ω6-Fettsäure) und diese in die α-Linolensäure (18 : 3, ω3-Fettsäure) umzuwandeln. ω3 (Omega-3) bedeutet, dass eine Doppelbindung am dritten C-Atom, vom Methylende der Kette her gezählt, steht. Diese Fettsäuren mit zwei bzw. drei *cis*-konfigurierten Doppelbindungen sind für den Menschen *essenziell*, d. h., sie müssen mit der Nahrung zugeführt werden. Die Quelle für diese Fettsäuren sind pflanzliche Keimöle.

Die Bedeutung der mehrfach ungesättigten Fettsäuren liegt darin, dass sie
1) am Aufbau von *Phospholipiden* beteiligt sind und die Eigenschaften der daraus entstehenden biologischen Membranen beeinflussen,
2) für den Aufbau der *Arachidonsäure* (20:4) benötigt werden, die Ausgangspunkt für die Biosynthese verschiedener *Gewebshormone* (Prostaglandine, Thromboxane) ist, und
3) im Fall von ω3-Fettsäuren das *Herzinfarktrisiko* senken.

Ester von Hydroxycarbonsäuren. Bei der Esterbildung können *Hydroxycarbonsäuren* als Säuren und Alkohol zugleich auftreten. Ausgehend von der Salicylsäure, entsteht durch Veresterung der phenolischen OH-Gruppe Acetylsalicylsäure (ASS, ☞ Kap. 16.2.3). Diese kann zusätzlich an der Carboxylgruppe z. B. mit Methanol verestert werden. Es entsteht dann Acetylsalicylsäure-methylester mit zwei Estergruppen im Molekül.

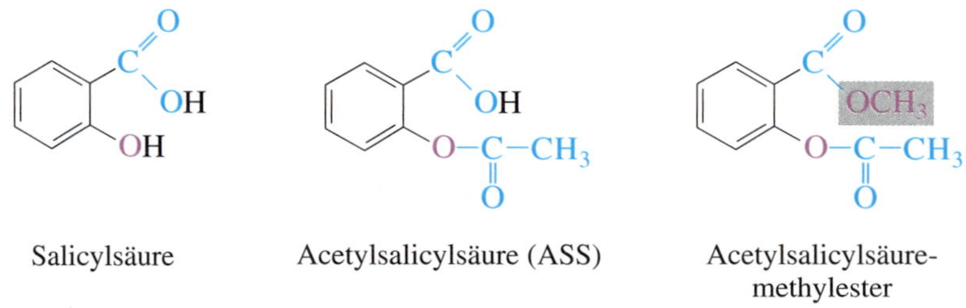

Lacton

Ein besonderer Fall liegt vor, wenn Carboxyl- und Hydroxygruppe desselben Moleküls einen Ester bilden. Dabei entsteht ein Ring, der als **Lacton** (= cyclischer Ester) bezeichnet wird. Bevorzugt bilden sich spannungsfreie 5- oder 6-gliedrige Ringe. Aus einer γ-Hydroxycarbonsäure entsteht ein γ-Lacton, auch δ-Lactone und Lactone mit größeren Ringen sind existent.

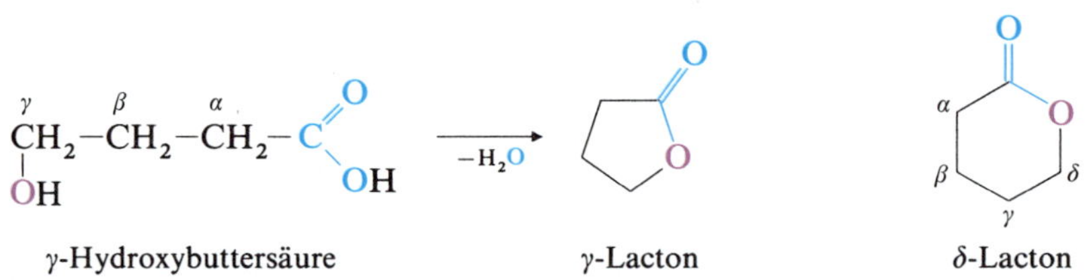

Lactone in komplexen Molekülen zu erkennen erfordert etwas Übung, vor allem darf man sie nicht mit cyclischen Carbonsäureanhydriden (☞ Kap. 16.2.3), cyclischen Halbacetalen oder cyclischen Ethern verwechseln.

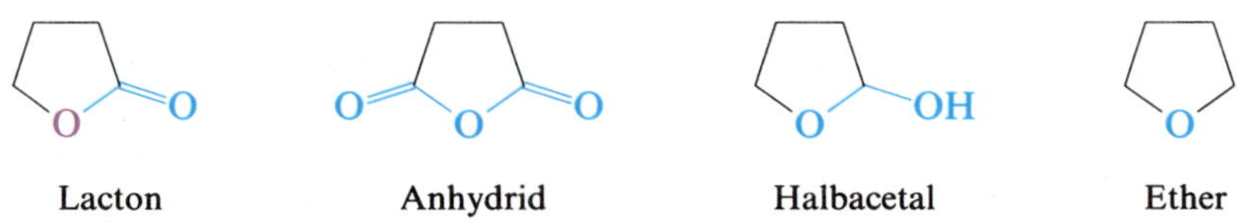

Mykotoxine sind weit verbreitet und gefährlich

Nahrungs- und Futtermittel können mit Schimmelpilzen kontaminiert sein, die für Mensch und Tier giftige niedermolekulare Substanzen bilden. Diese sog. **Mykotoxine** gelangen z. B. über das Tierfutter in Eier, Fleisch oder Milch, oder der Mensch nimmt belastete Nahrungsmittel direkt auf, wie z. B. Getreide, Nüsse oder Fruchtsäfte. In beiden Fällen ist die Mykotoxin-Belastung oftmals über den Geschmack nicht ohne weiteres feststellbar.

Über 400 Mykotoxine sind weltweit bekannt und lassen sich analytisch nachweisen. Sie stammen von Schimmelpilzen, die schon auf der Pflanze wachsen (Gattung: *Fusarium* oder *Alternaria*) oder die z. B. Getreide erst während der Lagerung befallen (Gattung: *Aspergillus* oder *Penicillium*). Hohe Luftfeuchtigkeit und Temperaturen über 20 °C begünstigen das Pilzwachstum. Nur ein kleiner Teil der Mykotoxine ist von Bedeutung, z. B. die Aflatoxine, Zearalenon oder Patulin. Die drei genannten Verbindungen enthalten Lactonringe unterschiedlicher Größe.

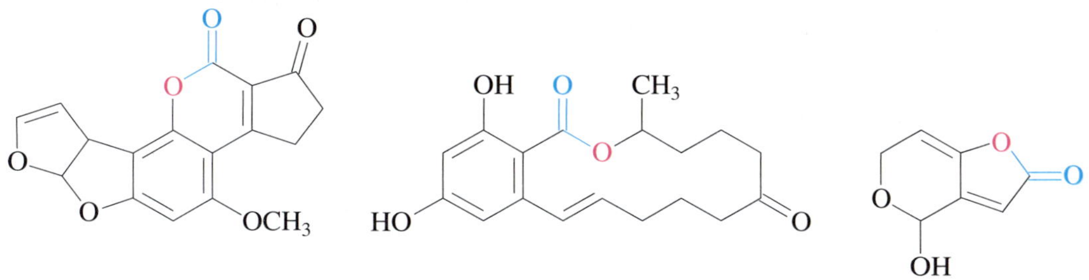

Aflatoxin B_1 (δ-Lacton) — Zearalenon (14-Ring-Lacton) — Patulin (γ-Lacton)

Mykotoxine rufen je nach Konzentration akute oder chronische Vergiftungserscheinungen hervor. Zu nennen sind kanzerogene, mutagene, teratogene, allergene und lebertoxische Wirkungen. Aflatoxin B_1 z. B. ist eines der stärksten chemischen Kanzerogene überhaupt. Es gibt für die Mykotoxin-Belastung in Nahrungsmitteln Grenzwerte, die nicht überschritten werden dürfen.

Esterkondensation. *Essigsäureethylester* (= Ethylacetat) besitzt α-ständige H-Atome, von denen eines durch starke Basen abgelöst werden kann, da die Carbonylgruppe des Esters die Acidität dieser H-Atome erhöht, vergleichbar der Carbonylgruppe in Aldehyden und Ketonen (☞ Kap. 14.4 und 14.8).

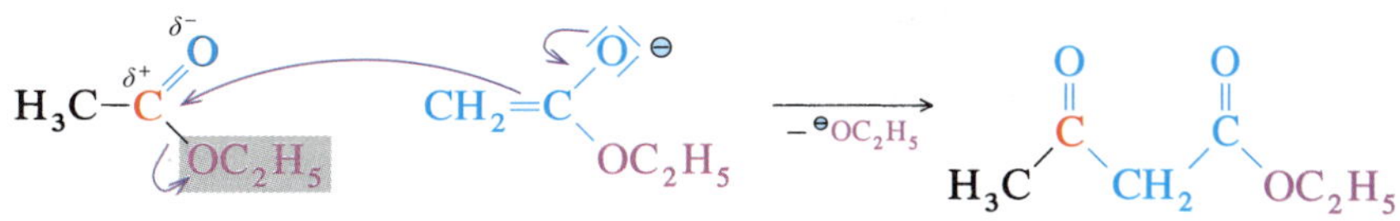

Essigsäureethylester — Enolat — Acetessigsäureethylester

Die Reaktion, die jetzt eintreten kann, hat Ähnlichkeit mit der *Aldol-Addition* (☞ Kap. 14.8). Das Enolat greift mit dem α-C-Atom nucleophil das Carbonyl-C-Atom eines zweiten Ester-Moleküls an und verdrängt in einem Additions-Eliminierungs-Mechanismus die Abgangsgruppe $C_2H_5O^{\ominus}$, es entsteht ein β-Ketoester. Diesen Typ von Reaktion bezeichnet man als **Esterkondensation** (auch *Claisen-Kondensation*), wobei hier kein Wasser, sondern ein Alkohol abgespalten wird.

Esterkondensation

Voraussetzungen für eine Esterkondensation sind α-ständige H-Atome im Ester sowie ein *alkalisches, nichtwässriges Milieu.* In wässrigem Milieu läuft die Verseifung der Estergruppe rascher ab als die Kondensation der Moleküle. Die Esterkondensation ermöglicht den Aufbau längerer C-Atom-Ketten. Auch die Natur bedient sich dieses Prinzips bei der Fettsäurebiosynthese mit Acetyl-Coenzym A und Malonyl-Coenzym A als Bausteinen. Malonsäurederivate besitzen eine erhöhte CH-Acidität.

16.2.5 Thioester

Thiole (= Mercaptane, ☞ Kap. 13.3) können wie Alkohole mit Carbonsäuren Ester bilden, die **Thioester** heißen. Bei der chemischen Synthese kann man vom reaktiven Säurechlorid ausgehen.

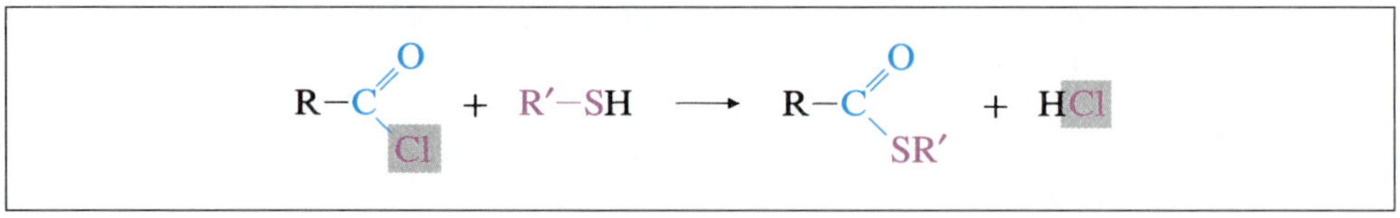

Thioester sind dem nucleophilen Angriff des Wassers (Hydrolyse) oder anderer Nucleophile am Carbonyl-C-Atom leichter zugänglich als normale Ester, sie sind „*energiereicher*". Alle Lebewesen nutzen dies in ihrem Stoffwechsel, um Säurereste (Acylgruppen) aus einem Thioester auf Hydroxy- oder Aminogruppen in anderen Verbindungen zu übertragen, was vom normalen Ester ausgehend energetisch ungünstig ist. Die reaktiven Carbonsäurechloride und -anhydride kommen unter physiologischen Bedingungen nicht vor, da sie mit Wasser schnell zu den Carbonsäuren hydrolysiert werden. Trägersubstanz für Acylgruppen ist das *Coenzym A*, das an seiner endständigen Thiolgruppe unter Energieverbrauch (ATP-Hydrolyse) *acyliert* wird. Im Beispiel ist die Bildung von Acetyl-Coenzym A gezeigt.

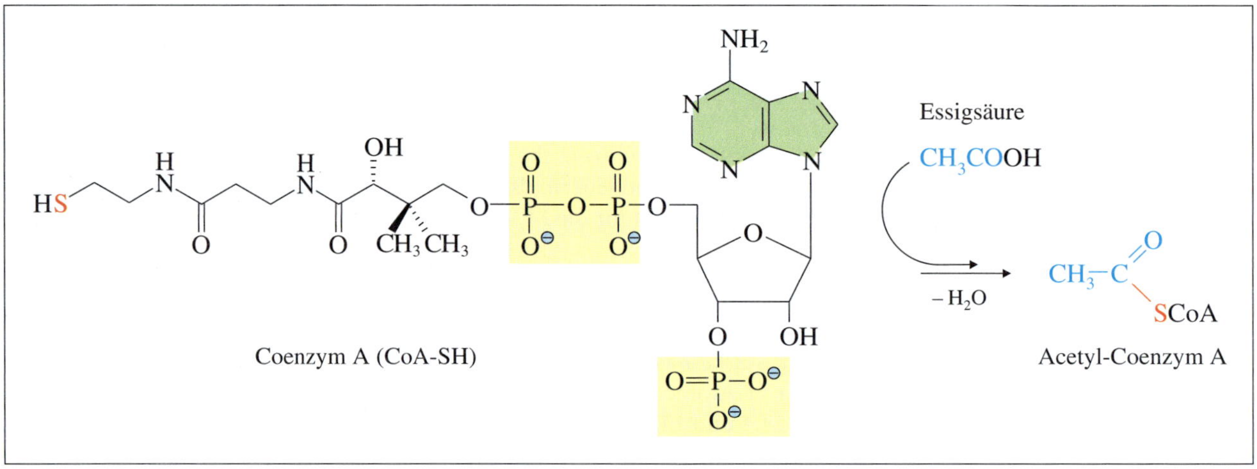

Acetylcholin – ein wichtiger Neurotransmitter

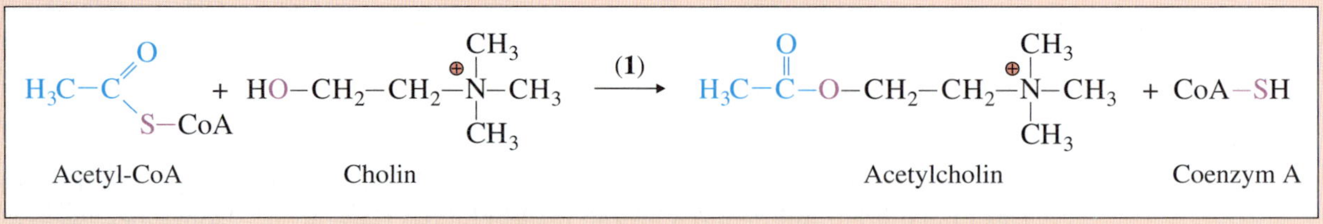

Acetyl-Coenzym A (= Acetyl-CoA) ist eine Schlüsselsubstanz im Stoffwechsel und kann Alkohole (z. B. *Cholin*) enzymatisch acetylieren, ähnlich wie es mit Acetanhydrid im Reagenzglas geht. **Acetylcholin** wird im präsynaptischen Teil von Nervenfasern mit Hilfe des Enzyms *Cholin-Acetyltransferase* (1) synthetisiert und in Vesikeln (intrazelluläre, von einer Biomembran umgebene Kügelchen) aufgenommen, aus denen es bei einer Erregung der Nervenfasern in den synaptischen Spalt freigesetzt wird. Es stimuliert durch Anlagerung an *Rezeptoren* die Folgereaktionen der Nervenreizleistung, z. B. Gedächtnis- und Lernvorgänge im Gehirn, Kontraktionen der glatten Muskulatur, Sekretion exokriner Drüsen oder Erniedrigung der Herzfrequenz. Acetylcholin wird an prä- und postsynaptischen Membranen durch das Enzym *Acetylcholin-Esterase* rasch zu Cholin und Essigsäure hydrolysiert, was für die Regulation der Acetylcholin-Wirkung von großer Bedeutung ist.

16.2.6 Carbonsäureamide

Herstellung. Ausgehend von den reaktiven Carbonsäurechloriden oder -anhydriden lassen sich mit Ammoniak oder Aminen **Carbonsäureamide** herstellen. Im gewählten Beispiel wird Ammoniak im Überschuss benötigt, weil der entstehende Chlorwasserstoff Ammoniak verbraucht (Bildung von NH_4Cl).

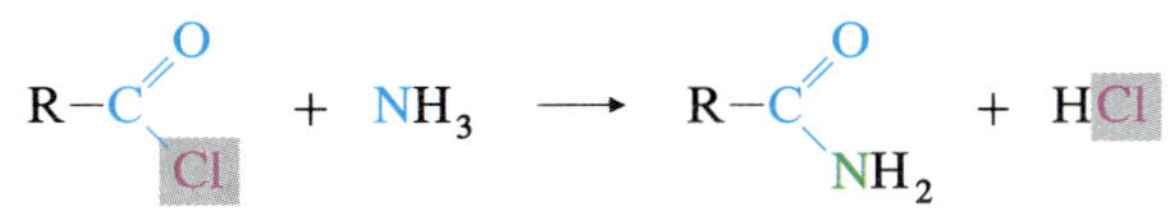

Carbonsäureamide

Verwendet man in gleicher Weise primäre oder sekundäre Amine, entstehen ebenfalls Carbonsäureamide, die jedoch am N-Atom substituiert sind. Als Beispiele dienen Derivate der Ameisensäure.

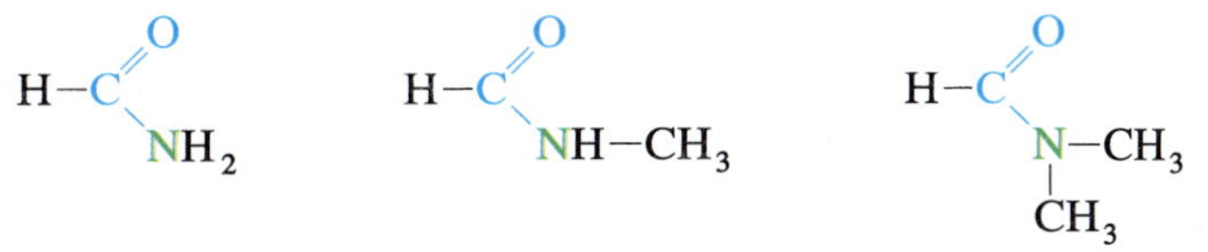

Formamid — Methylformamid — Dimethylformamid (DMF)

Reaktivität. Die NH_2-Gruppe hat durch die Nachbarschaft der elektronenziehenden CO-Gruppe andere Eigenschaften als Ammoniak. Die Amidgruppe ist mesomeriestabilisiert, die C–N-Bindung hat partiellen Doppelbindungscharakter. Daran ist das freie Elektronenpaar des N-Atoms beteiligt, was dessen Basizität senkt. Amide sind *neutrale* Verbindungen.

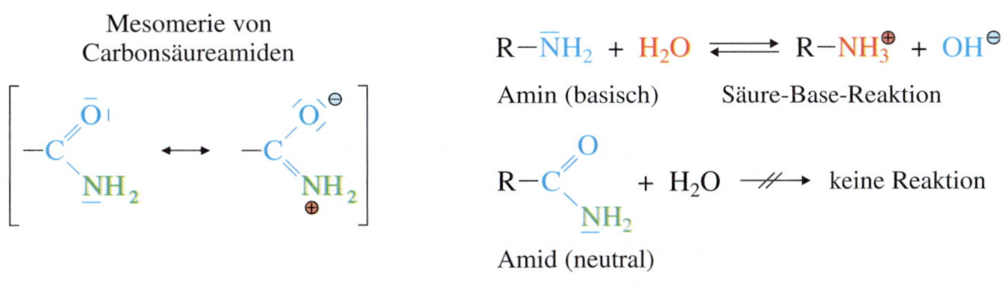

> **!** Carbonsäureamide reagieren in wässriger Lösung **neutral**.

Versetzt man Carbonsäuren einfach nur mit Ammoniak oder Aminen, dann bildet sich das jeweilige Ammoniumsalz, jedoch **kein** Carbonsäureamid. Da helfen auch keine Katalysatoren, wie z. B. Säuren oder Basen, denn um den Stickstoff an das Carboxyl-C-Atom heranzubringen, dürfen weder Ammonium-Ionen (NH_4^+ ist kein Nucleophil) noch Carboxylat-Ionen (reagieren nicht mit Nucleophilen) vorliegen. Man benötigt für die Amidsynthese, wie oben gezeigt, *aktivierte Carbonsäurederivate*.

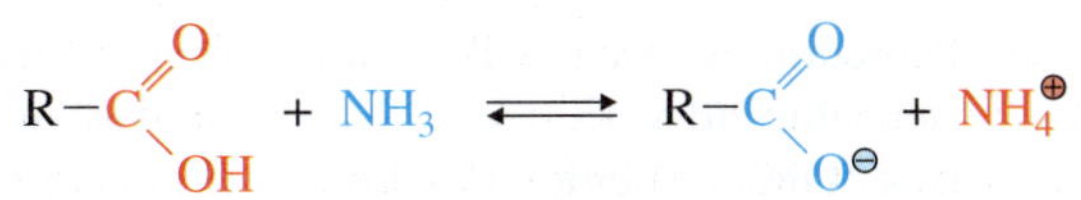

Lactame

Lactame. Aus Aminocarbonsäuren können sich cyclische Amide (**Lactame**) bilden. Je nach Ringgröße unterscheidet man β-Lactame, γ-Lactame oder δ-Lactame. Ist eine NH-Gruppe von zwei CO-Gruppen flankiert, spricht man von *Imiden*. Lactame und Imide spielen bei vielen heterocyclischen Naturstoffen eine Rolle.

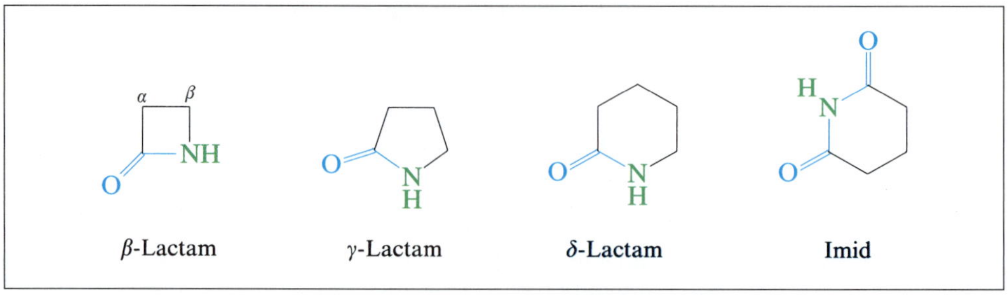

Hydrolyse

Hydrolyse. In Gegenwart starker Säuren oder Basen oder durch Enzyme *(Amidasen)* gelingt die *Hydrolyse von Amiden*. Da Amide weniger reaktiv sind als Ester, müssen die Bedingungen drastischer sein. Beide Reaktionen sind *irreversibel*. Für die Rückreaktion wird in Gegenwart von Säure die Aminkomponente durch die Bildung des Ammonium-Ions desaktiviert. In Gegenwart von Basen entsteht das Carboxylat-Ion. Die weitere Besprechung von Amiden erfolgt in Kapitel 19.

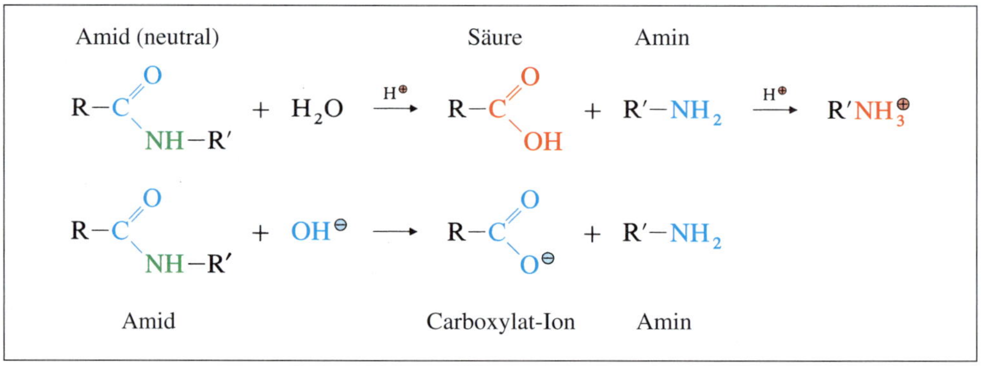

16

Penicillin, ein β-Lactam-Antibiotikum

Penicillin G, ein Stoffwechselprodukt von Schimmelpilzen, wurde 1929 von A. Fleming entdeckt und während des Zweiten Weltkrieges für die klinische Anwendung zur Behandlung bakterieller Infektionskrankheiten entwickelt. Es enthält einen gespannten β-Lactam-Ring sowie eine Carbonsäureamid-Seitenkette. Der Acylrest in der Seitenkette von Penicillin G leitet sich von der Phenylessigsäure ab.

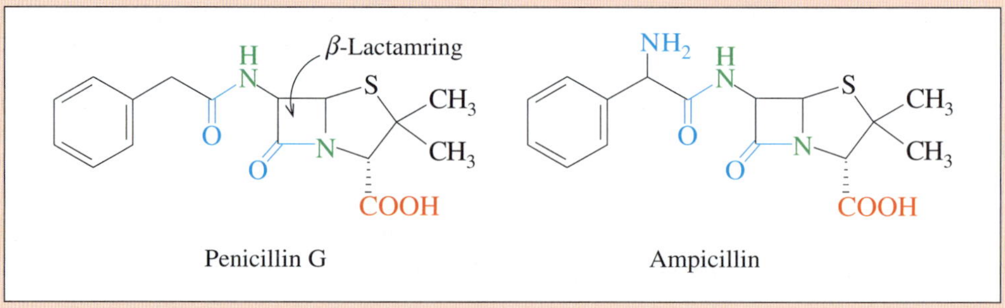

Penicillin hemmt das Wachstum *grampositiver* Bakterien, indem es den Aufbau der Bakterienzellwand verhindert. Es gibt inzwischen Bakterien, die gegen Penicillin G *resistent* sind. Diese scheiden das Enzym *β-Lactamase* aus, das den β-Lactam-Ring hydrolysiert und dadurch das Molekül unwirksam macht. Durch Variation des Acylrestes in der Seitenkette versucht man, die Resistenz zu überwinden und die Säureempfindlichkeit herabzusetzen. *Ampicillin* z. B. kann im Gegensatz zu Penicillin G oral verabreicht werden. Da die Körperzellen des Menschen keine Zellwand haben, sind die Penicilline praktisch nicht toxisch. Allerdings entwickelt etwa $^1/_5$ der Bevölkerung nach der Einnahme von Penicillin eine *Penicillin-Allergie*.

Checkliste

Folgende Bezeichnungen/Begriffe sollten Sie erklären oder definieren (s. a. Glossar) und – wo möglich – Beispiele, Gleichungen oder Formeln angeben können:
Carbonsäurederivat – Carbonsäurechlorid – Carbonsäureanhydrid – Carbonsäureester – Carbonsäurethioester – Carbonsäureamid – Hydrolyse von Carbonsäurederivaten – Acylrest – Alkoholyse – Aminolyse – Acetylsalicylsäure – Esterbildung – Esterverseifung – Esterkondensation – Triacylglycerin – ungesättigte Fettsäuren – Lacton – Lactam.

Aufgaben

1. Warum ist die basische Veresterung einer Carbonsäure nicht möglich?
2. Woher stammt das Sauerstoffatom des Wassers, das bei der säurekatalysierten Veresterung entsteht?
3. Formulieren Sie die Reaktion von *Acetylchlorid* mit Ethanol. Wie heißt das Reaktionsprodukt?
4. Was entsteht aus *Benzoylchlorid* und *Anilin*?
5. *Bernsteinsäure* (= Butandisäure) wird mit einem großen Überschuss an Methanol in Gegenwart von etwas konzentrierter Schwefelsäure gekocht. Was entsteht?
6. Formulieren Sie Bernsteinsäureanhydrid! Welches Produkt entsteht bei der Umsetzung mit Ammoniak?
7. *Paracetamol* wirkt fiebersenkend und schmerzlindernd. Chemisch wird es als *N*-Acetyl-*p*-aminophenol (oder *p*-Acetaminophenol) bezeichnet. Geben Sie die Strukturformel an und benennen Sie die funktionellen Gruppen!
8. Formulieren Sie den Mechanismus der säurekatalysierten Hydrolyse eines Carbonsäureamids! Welches ist das tetraedrische Zwischenprodukt?
9. Sie lesen folgende Versuchsvorschrift: 5 mL Essigsäure werden mit 20 mL 33%iger Ammoniaklösung und etwas konzentrierter Schwefelsäure versetzt. Was würden Sie hier erwarten und warum?
10. Warum sind Carbonsäureamide neutral und nicht basisch wie die Amine?
11. Die Carbonsäurederivate lassen sich hinsichtlich der Reaktivität des Carbonyl-C-Atoms gegenüber Nucleophilen ordnen. Wo stehen Carbonsäurethioester, wo Aldehyde und Ketone in dieser Reihe?
12. Geben Sie die vollständige Formel für *Tristearin* an und formulieren Sie seine alkalische Verseifung!
13. *Elaidinsäure* ist das *trans*-Isomer der Ölsäure. Geben Sie die Summenformel und die Strukturformel an!
14. Klassifizieren Sie nachfolgende Verbindung und geben Sie Formel und Name der Hydrolyseprodukte an!

$$H_3C-\overset{O}{\overset{\|}{C}}-S-CH_2-CH_2-NH_2$$

S-Acetyl-cysteamin

15. Geben Sie alle funktionellen Gruppen an, die im Mykotoxin Aflatoxin B_1 enthalten sind!
16. Welche funktionellen Gruppen enthält Acetylcholin? Was bewirkt eine Esterase bei diesem Molekül? Benennen Sie die Reaktionsprodukte.
17. Formulieren Sie die Strukturformel der Verbindung, die bei der Reaktion von Penicillin G mit einer β-Lactamase entsteht!
18. Welche funktionellen Gruppen enthält Ampicillin?
19. Was versteht man unter „Antibiotikaresistenz“?
20. Aus welchen Bausteinen wurde nachfolgende Verbindung durch Esterkondensation gebildet? Geben Sie die Reaktionsgleichung an und benennen Sie die Edukte!

$$H_3C-\overset{O}{\overset{\|}{C}}-CH_2-\overset{O}{\overset{\|}{C}}-OC_2H_5$$

031 Lösungen der Aufgaben

Bedeutung für den Menschen

Carbonsäuren und ihre Derivate

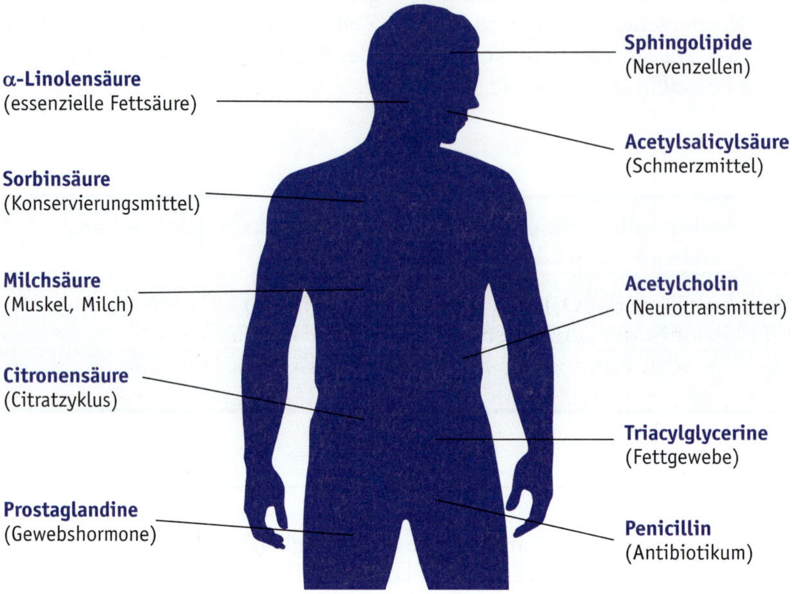

032 IMPP-Fragen

KAPITEL

17 Derivate anorganischer Säuren

Orientierung

Kohlensäure (H_2CO_3), *Phosphorsäure* (H_3PO_4) und *Schwefelsäure* (H_2SO_4) bzw. deren Anionen spielen im Stoffwechsel eine Rolle. Die OH-Gruppen der genannten Säuren gleichen der Carboxyl-OH-Gruppe von Carbonsäuren. Durch den elektronenziehenden Einfluss der Nachbargruppe sind die Wasserstoffatome *acide*. Man erhält mit Basen die entsprechenden Anionen. Andererseits können die OH-Gruppen formal gegen andere Substituenten ausgetauscht werden. Man erhält Derivate dieser Säuren.

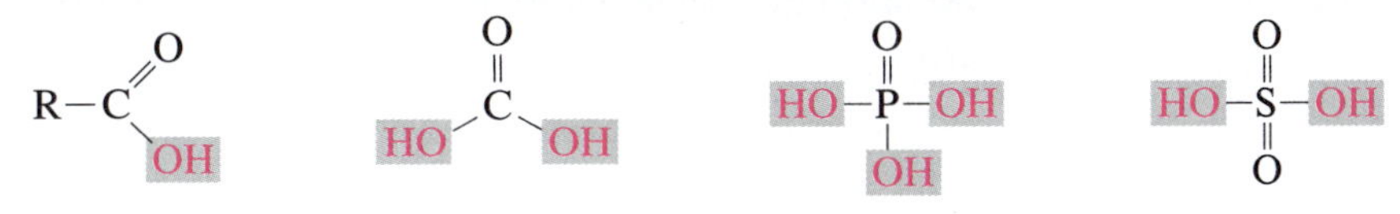

Während die **Kohlensäure** sich bei der Derivatisierung bevorzugt des Stickstoffs annimmt, insbesondere des Ammoniaks, spielt die **Phosphorsäure** an der Grenze zwischen anorganischer und organischer Chemie eine besondere Rolle. Man findet sie als Baustein z. B. in der Zellmembran (Phospholipide), in der Erbsubstanz (DNA) oder in einigen Coenzymen (NADH, Coenzym A, Pyridoxalphosphat). Außerdem dreht sich im Energiestoffwechsel alles um die Phosphorsäure sowie ihre Ester und Anhydride. Hinzuweisen ist auf den universellen Energieträger *Adenosintriphosphat* (ATP) und den Auf- und Abbau von Zuckern (Kohlenhydraten). Dagegen ist **Schwefelsäure** ein seltener Baustein. Sie vermittelt die Wasserlöslichkeit organischer Verbindungen und kommt in den Sulfonamiden vor.

Antwort erhalten Sie u. a. auf folgende Fragen:

- Wie schützen wir uns vor dem Zellgift Ammoniak?
- Wie unterscheiden sich Phosphorsäureester von Phosphorsäureanhydriden?
- Was sind „energiereiche Verbindungen" und wie kann die gespeicherte Energie im Stoffwechsel genutzt werden?
- Was sind Phospholipide und wie entsteht eine Zellmembran?
- Was sind Sulfonamide und welche Bedeutung haben sie?

17.1 Kohlensäure und Harnstoff

Kohlensäurederivate. Kohlensäure selbst ist wenig stabil und zerfällt leicht in CO_2 und Wasser. Aus der Strukturformel geht hervor, dass zwei saure OH-Gruppen an einer Carbonylgruppe gebunden sind (☞ Kap. 8.10.7). Kohlensäurederivate sind denen der Carbonsäuren z. T. sehr ähnlich. **Kohlensäuredichlorid** (Phosgen) ist sehr reaktiv und hydrolysiert mit Wasser zu Kohlensäure und Salzsäure. Phosgen wurde im Ersten Weltkrieg als Kampfgas eingesetzt, nach dem Einatmen wirkt die in der Lunge gebildete Salzsäure stark ätzend. Reagiert Phosgen mit einem Überschuss an Ammoniak, dann ändert der Stickstoff seine Qualität (blau = basisch, grün = neutral). Es entsteht das *Diamid der Kohlensäure,* der **Harnstoff**.

Harnstoff

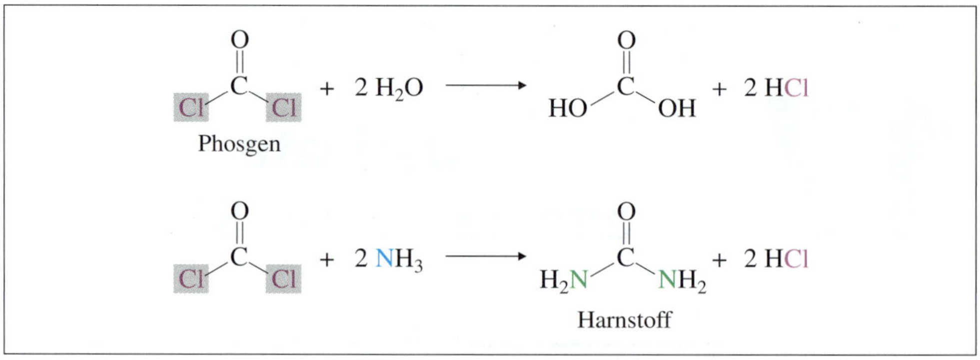

Harnstoff. Harnstoff ist farblos, wasserlöslich und reagiert wie alle Säureamide in wässriger Lösung neutral. Seine Hydrolyse zu Kohlensäure und Ammoniak gelingt in Gegenwart starker Säuren oder Basen oder durch das Enzym *Urease*, das z. B. bei Darmbakterien vorkommt. 20 – 50 g Harnstoff werden innerhalb von 24 Stunden im Harn des Menschen ausgeschieden. Harnstoff findet z. B. in der Kosmetik Verwendung und ist Baustein der

Harnsäure, Barbiturate

Harnsäure, der **Barbiturate** (Schlafmittel, Narkotika) und von *Kunststoffen* (Harnstoff/Formaldehyd-Harze).

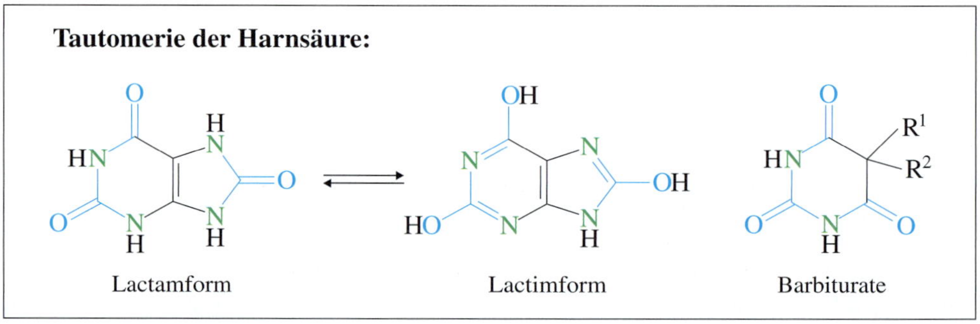

Dem Harnstoff verwandt ist das **Guanidin**, es ist ein Iminoderivat des Harnstoffs. Es reagiert wie alle Verbindungen, die Guanidylreste enthalten, stark basisch, beim Anlagern eines Protons entsteht ein mesomeriestabilisiertes Kation. Eine Guanidylgruppe ist in der Aminosäure *Arginin* enthalten (☞ Kap. 19).

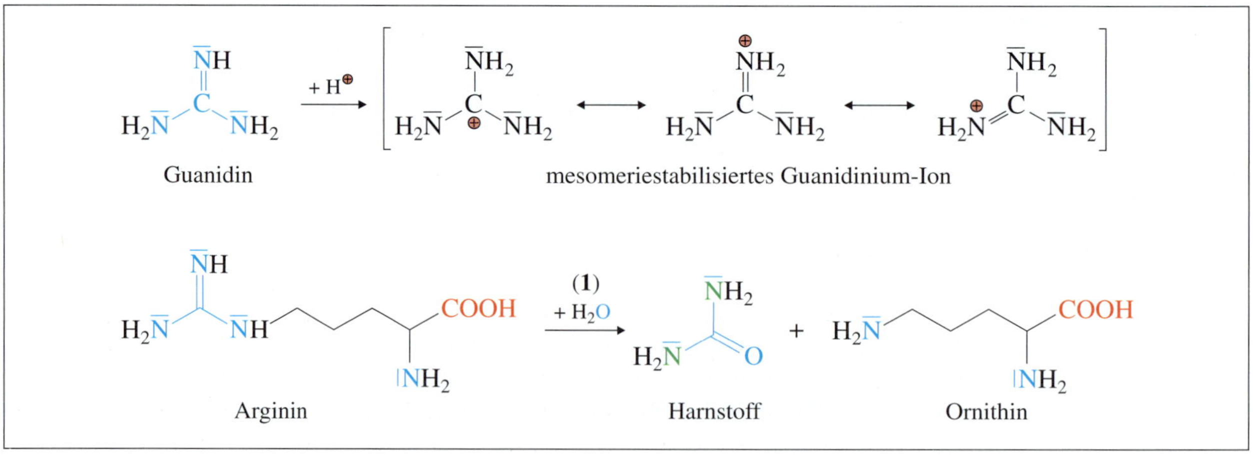

Bei der *Hydrolyse* von Verbindungen, die Guanidylgruppen enthalten, entsteht Harnstoff. Im Stoffwechsel des Menschen ist die Hydrolyse des **Arginins** zu *Harnstoff* und *Ornithin* durch das Enzym *Arginase* **(1)** der letzte Schritt bei der Umwandlung stickstoffhaltiger Verbindungen im **Harnstoffzyklus**. Hierbei greift Wasser das C-Atom der Guanidylgruppe *nucleophil* an und im zweiten Schritt wird die Aminosäure Ornithin eliminiert. Vögel und

Reptilien scheiden überschüssigen Stickstoff als **Harnsäure** aus, die Harnstoff als Strukturelement enthält, jedoch im Stoffwechsel nicht aus ihm hervorgeht.

Der Mensch scheidet pro Tag ca. 0,8 g Harnsäure im Urin aus. Sie stammt aus den Purinnucleotiden Adenosin und Guanosin (☞ Kap. 21.5), die beim Abbau von DNA und RNA entstehen. Harnsäure bzw. deren Salze (Urat) sind schlecht wasserlöslich (ca. 70 mg/L), d. h. bei übermäßiger Anhäufung im Stoffwechsel bilden sich leicht Ablagerungen (Uratkristalle), die z.B. Gicht oder Nierensteine verursachen.

074 Fallbeispiel Hyperurikämie

Ammoniak ist ein Zellgift

Würde sich beim Abbau stickstoffhaltiger Verbindungen im menschlichen Körper freies Ammoniak bilden, hätte das eine empfindliche Störung des Säure-Base-Haushaltes der Zellen zur Folge. Die Umwandlung des überschüssigen Stickstoffs, z. B. aus eiweißreicher Nahrung, in wasserlöslichen, neutralen *Harnstoff* ist somit ein überaus sinnvoller Umweg, obwohl er mehrere enzymatische Schritte umfasst und dabei Energie verbraucht wird. Kommt es z. B. infolge einer Störung des Harnstoffzyklus in der Leber zu einer erhöhten Ammoniakbildung im Blut *(Hyperammonämie)*, führt dies rasch zu Veränderungen des Bewusstseinszustandes *(Leberkoma)*.

17.2 Phosphorsäure

Phosphorsäureester

Phosphorsäureester. Wie Carbonsäuren bildet Phosphorsäure mit Alkoholen Ester (violett markiert). Die Veresterung kann stufenweise erfolgen, in der Natur spielen die Mono- und Diester eine Rolle.

Ester der Phosphorsäure:

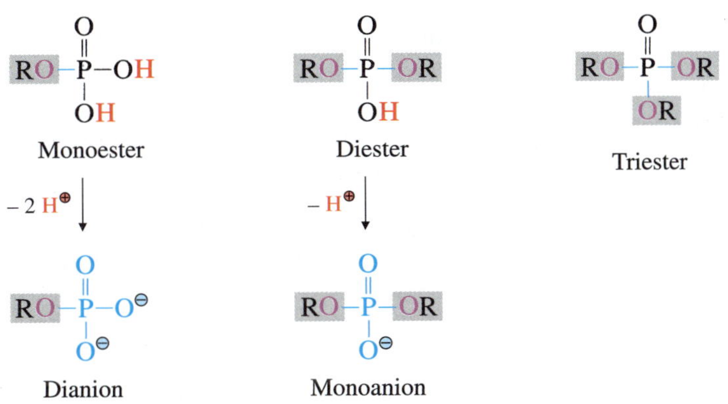

Bei den üblichen pH-Werten der Zelle liegen die Mono- und Diester der Phosphorsäure als Anionen vor (blau markiert). Aus diesem Grund werden die Ester auch als **Phosphate** bezeichnet. Bei pH = 7,2 ist das erste Proton des Phosphorsäurerestes vollständig und das zweite nur bei der Hälfte der Moleküle dissoziiert (☞ Kap. 8.10.5). Man formuliert die Monoester in der Regel als *Dianion* und die Diester als *Monoanion*.

Die negative Ladung am Phosphorsäurerest verhindert die rasche nichtenzymatische Hydrolyse der Phosphorsäureester. Nucleophile wie H_2O oder $OH^{\ominus}$ können gegen die vorhandene negative Ladung schwer angreifen. Die Ladung trägt somit erheblich zur Stabilität der Ester in wässriger Lösung bei. Erst Enzyme *(Phosphatasen, Phosphodiesterasen)* hydrolysieren Phosphorsäureester wirkungsvoll.

Beispiele für Phosphorsäuremonoester sind **Glycerin-3-phosphat**, **Glycerinaldehyd-3-phosphat** und **Phosphoenolpyruvat** (PEP), wobei letzteres ein „energiereicher" Enolester ist (☞ Kap. 14.4).

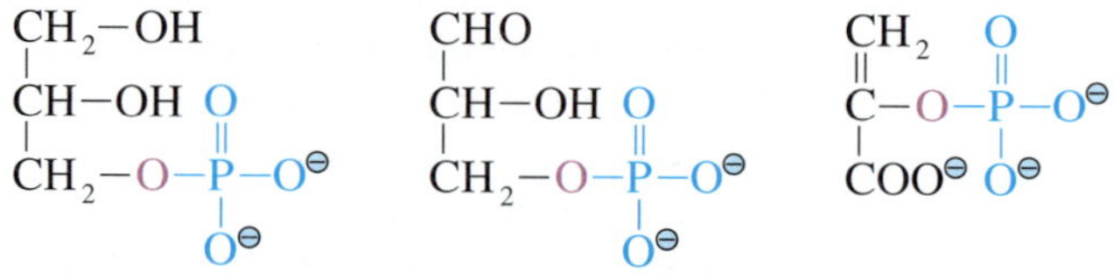

Glycerin-3-phosphat — Glycerinaldehyd-3-phosphat — Phosphoenol-pyruvat (PEP)

Ein Phosphorsäurediester verbirgt sich im **Lecithin**, das *Glycerin* und *Cholin* als Alkoholkomponenten enthält. Glycerin ist außerdem mit höheren Fettsäuren verestert, analog wie bei den Triacylglycerinen (☞ Kap. 16.2.4). Bei der vollständigen Hydrolyse aller Esterbindungen erhält man Glycerin, zwei Moleküle Fettsäure, Phosphorsäure und Cholin. Auch *cyclische Phosphorsäurediester* existieren (*cyclo*-AMP), im Beispiel sind zwei Hydroxygruppen eines Zuckerbausteins verestert. Auch das Rückgrat der DNA besteht aus Phosphorsäurediestern, durch die Phosphatreste werden die Zuckerbausteine verbrückt (☞ Kap. 21.4).

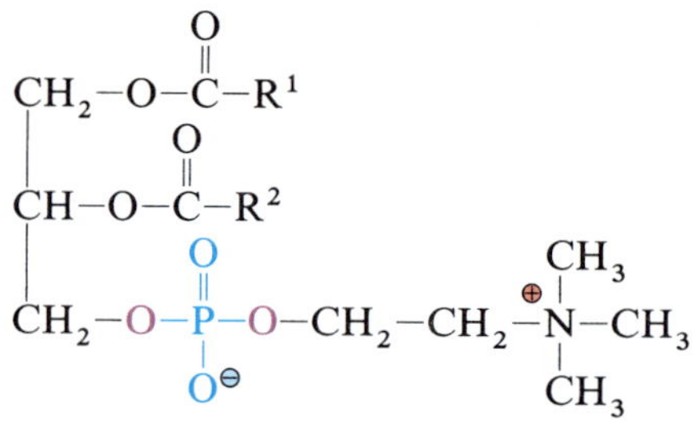

Lecithin

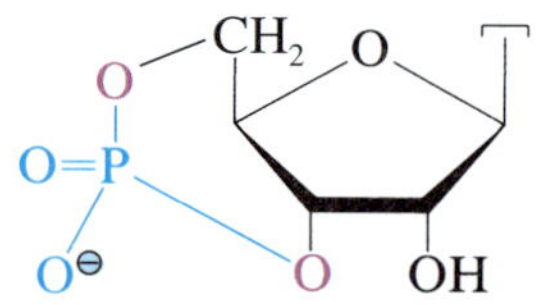

cyclischer Phosphorsäureester

17

Lipid-Doppelschicht

Phospholipide. Lecithin gehört zu den *Phospholipiden*, die für den Aufbau und die Funktion von **Zellmembranen** wichtig sind. Diese Moleküle haben einen hydrophilen Kopf, bestehend aus der quartären Ammoniumgruppe und dem negativ geladenen Phosphatrest sowie zwei hydrophoben Kohlenwasserstoffketten (a). Man bezeichnet solche Moleküle als **amphipathisch** (amphiphil). In wässriger Lösung bildet Lecithin in der Regel keine *Mizellen* (Abb. 17/1b) wie die Seifen (☞ Kap. 16.1.3), sondern **Lipid-Doppelschichten** (Bilayer), die einen Innenraum gegen einen Außenraum als *Membran* abgrenzen können (Abb. 17/1c).

Die Fähigkeit zur Membranbildung hängt mit der Struktur der Phospholipide zusammen. Die Triebkraft dafür ist die *hydrophobe Wechselwirkung* zwischen den Fettsäureketten.

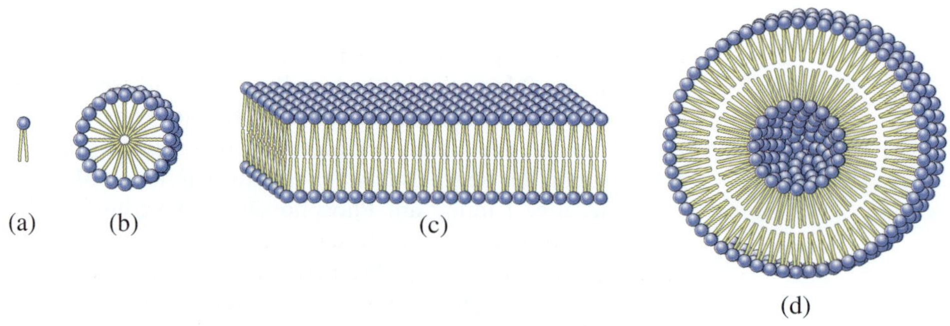

Abb. 17/1 Aggregation von Phospholipiden in wässriger Umgebung. a: Vereinfachte Darstellung eines Phospholipids (zwei Fettsäureketten und ein polarer Kopf); b: Mizelle; c: Lipid-Doppelschicht (Bilayer); d: Liposom.

Die Fluidität (Beweglichkeit) einer Membran hängt von der Temperatur und dem Anteil ungesättigter, *cis*-konfigurierter Fettsäuren in den Phospholipiden ab. Je tiefer die mittlere Umgebungstemperatur, desto mehr ungesättigte Fettsäuren sind erforderlich, um eine normale Membranfunktion zu gewährleisten.

Liposom

Ein von einer Doppelschicht umgebenes Bläschen (kugelförmige Doppelschichten) mit einem wassergefüllten Innenraum nennt man *Liposom* (Abb. 17/1d). Liposomen dienen u. a. als Modellsysteme für Membranenstudien oder als Transportvehikel für Arzneistoffe.

Phosphorsäure-anhydride

Phosphorsäureanhydride. Neben den Phosphorsäureestern spielen die Phosphorsäureanhydride eine wichtige Rolle. Sie sind die eigentlichen Energielieferanten im Stoffwechsel (☞ Kap. 17.4).

Die Phosphorsäure ist entweder mit sich selbst verbunden (**Pyrophosphat**, Diphosphat, PP_i) oder mit einer Carbonsäure in einem gemischten Anhydrid (z. B. **Acetylphosphat**). **Glycerinsäure-1,3-bisphosphat** trägt den unteren Phosphatrest als Monoester, den oberen als gemischtes Anhydrid. Die Anhydridbindung ist lila markiert. In der Biochemie wird die geladene Phosphatgruppe zur Vereinfachung der Formelbilder auch durch Ⓟ abgekürzt.

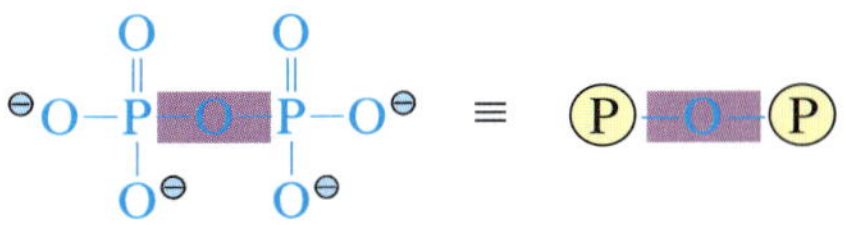

Phosphorsäureanhydrid
(Pyrophosphat)

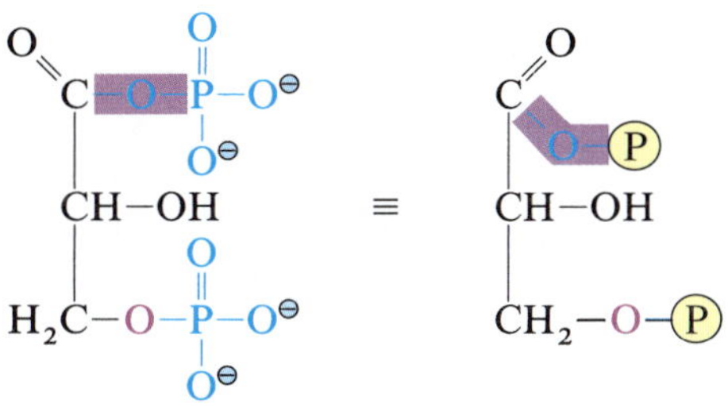

Glycerinsäure-1,3-bisphosphat

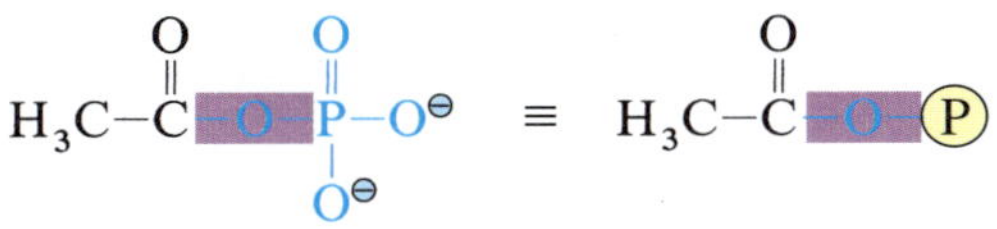

Acetylphosphat
(gemischtes Anhydrid)

Neben den vollständigen Strukturformeln steht jeweils die abgekürzte Schreibweise.

Phosphorsäureanhydride auf Pyrophosphatbasis findet man in der Natur häufig angekoppelt an Zuckerbausteine, z. B. Ribose. Vom Zucker ausgehend, ist der erste Phosphatrest als Ester gebunden, der zweite als Anhydrid, es entsteht ein **Diphosphat**. Wird ein dritter Phosphatrest als Anhydrid angehängt, kommt man zum **Triphosphat** (z. B. Adenosintriphosphat, ATP, ☞ Kap. 11.1 und 17.4). Auch Di- und Triphosphate sind durch ihre negativen Ladungen vor einer raschen nichtenzymatischen Hydrolyse geschützt.

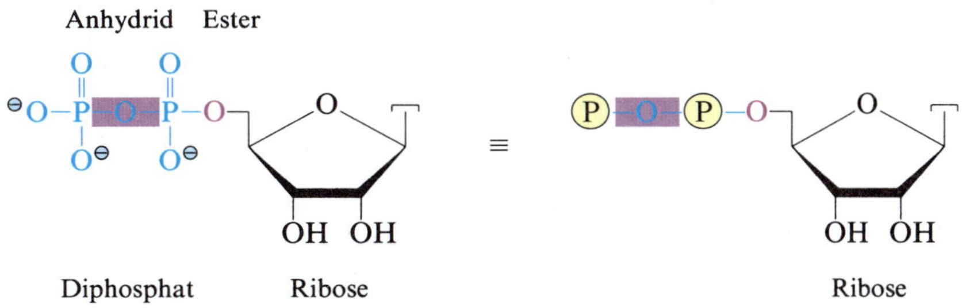

17.3 Schwefelsäure

Schwefelsäureester

Schwefelsäureester. Schwefelsäure bildet Mono- und Diester. Monoester reagieren sauer und können, wenn ein lipophiler Alkohol umgesetzt wurde, diesen wasserlöslich machen. Im Stoffwechsel des Menschen spielt dies eine Rolle, um nicht abbaubare Phenole und Alkohole über die Nieren ausscheiden zu können. Der Sulfatrest wird in einer Anhydridbindung aktiviert (**PAPS** = 3'-Phospho-adenosin-5'-phosphosulfat) und von dort auf die OH-Gruppe eines Alkohols übertragen. Es bildet sich ein Schwefelsäuremonoester.

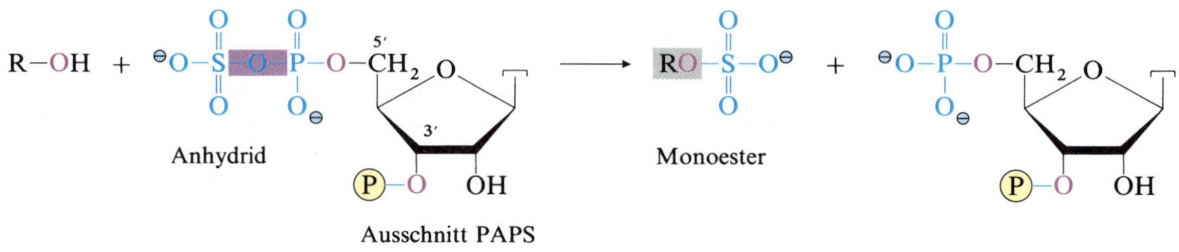

Sulfonsäuren. Eine andere Substanzklasse, die sich von der Schwefelsäure ableitet, sind die *Sulfonsäuren* (☞ Kap. 11.7.2), bei denen der organische Rest durch eine C–S-Bindung direkt mit dem Schwefel verbunden ist. Es bleibt nur noch eine OH-Gruppe der Schwefelsäure übrig, die stark acide ist und analog zur OH-Gruppe in Carbonsäuren reagiert. Mit einem Chlorierungsmittel (PCl_5) entsteht das *Sulfonsäurechlorid*, das mit Ammoniak in das *Sulfonsäureamid* übergeht.

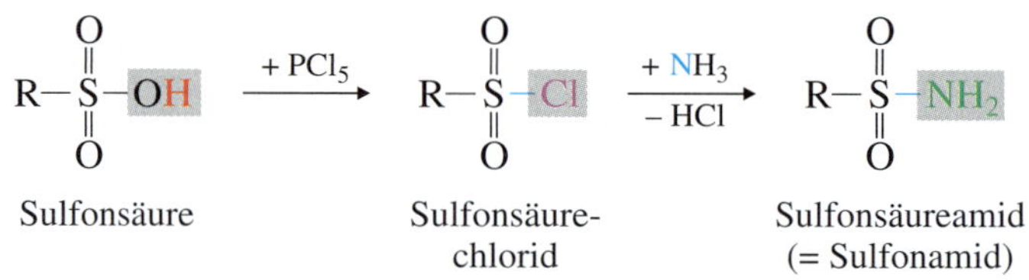

Sulfonamide

Sulfonamide. Zu den antibakteriell wirksamen *Chemotherapeutika*, die bei Infektionskrankheiten eingesetzt werden, gehören die sog. *Sulfonamide* (= Sulfonsäureamide). Die wirksame Grundstruktur ist das *p-Amino-benzolsulfonsäureamid*. Die einzelnen Verbindungen unterscheiden sich durch die Substituenten am Amid-N-Atom. Beispiele sind *Sulfamethoxazol* und *Sulfadiazin*.

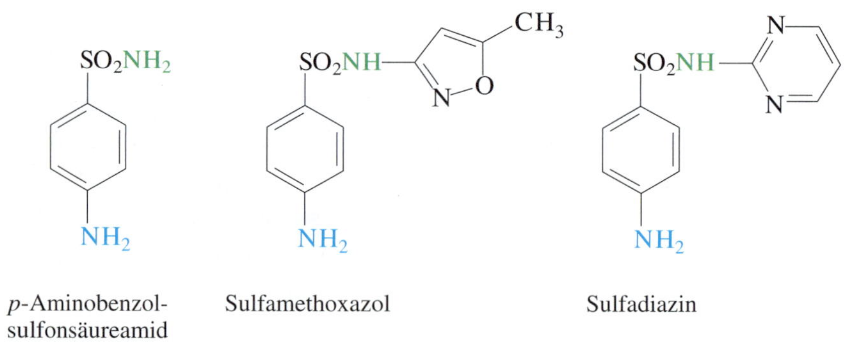

Sulfonamide sind Chemotherapeutika bei Infektionskrankheiten
Die Sulfonamide, 1935 entdeckt, waren die ersten Verbindungen, die bei Infektionskrankheiten erfolgreich eingesetzt wurden. Wegen fortschreitender Resistenzentwicklung bei Bakterien und unerwünschter Nebenwirkungen wurden die Sulfonamide nach dem Zweiten Weltkrieg zunehmend von besser wirksamen Antibiotika (z. B. *Penicillin*, *Erythromycin*) ersetzt. Heute werden nur noch solche Sulfonamide therapeutisch genutzt, die sich zur Kombination mit anderen Wirkstoffen (z. B. *Pyrimethamin*) eignen. Das Wirkungsspektrum solcher Präparate beschränkt sich auf einige Bakterien (z. B. *Streptokokken*, *Pneumokokken*, *Nocardien*) und Protozoen (z. B. die Erreger der *Toxoplasmose* und *Malaria*). Sulfonamide wirken **bakteriostatisch** (nicht bakterizid), indem sie bei Bakterien ***p*-Aminobenzoesäure** kompetitiv verdrängen und damit die bakterielle *Folsäure-Biosynthese* hemmen (☞ Kap. 21.5). Der Mensch muss **Folsäure** als Vitamin mit der Nahrung aufnehmen, ist also von dem beschriebenen *Antagonismus* nicht betroffen. Die Dosierung der Sulfonamide liegt bei 0,5 – 4,0 g täglich. Sie werden bei oraler Gabe vollständig resorbiert und über die Nieren ausgeschieden. Die Stärke der Rückresorption in den Nierentubuli beeinflusst die Dauer der Wirkung.

17.4 Gibbs-Energie der Hydrolyse

Gibbs-Energie der Hydrolyse

In Kapitel 6.4.4 hatten wir gesehen, dass die Änderung der Gibbs-Energie (ΔG) eine wichtige *thermodynamische Größe* ist, die über die *Triebkraft* einer chemischen Reaktion Auskunft gibt. Nur wenn ΔG unter den gegebenen Bedingungen negativ ist, läuft eine Reaktion freiwillig ab.

Für eine Reaktion unter Standardbedingungen wird ΔG^0 angegeben. In der Biochemie hat es sich eingebürgert, die Änderung von Gibbs-Energie unter Standardbedingungen auf pH = 7 zu beziehen, was eher den physiologischen Gegebenheiten entspricht. Auf die biochemischen Standardbedingungen bezogen, definiert man $\Delta G^{0'}$-Werte.

Für einige wichtige Hydrolyse-Reaktionen sind in Tabelle 17/1 die $\Delta G^{0'}$-Werte angegeben. Die Werte sind ein Maß für die Reaktivität eines bestimmten Eduktes gegenüber Wasser. Man sieht, dass alle Hydrolysen *exergon* sind, besonders bei den Anhydriden, dem Phosphoenolpyruvat und Acetyl-SCoA. Die meisten Reaktionen laufen jedoch ohne Katalysator nicht ab, d. h., die Edukte sind *kinetisch stabil*. Dies ist insbesondere bei den Phosphaten von Bedeutung und hängt mit deren negativer Ladung zusammen, die einen nucleophilen Angriff des Wassers verhindert.

Gekoppelte Reaktionen. In der Natur ist die Stabilität der „energiereichen" Phosphatverbindungen von großem Nutzen, da die „gespeicherte" Energie durch *Kopplung von Reaktionen* dort eingesetzt werden kann, wo sie für den Aufbau von Biomolekülen benötigt wird. Das Leben auf der Erde hätte sich nicht so entwickeln können, wenn die in den Ver-

Tab. 17/1 Gibbs-Energie ($\Delta G^{0'}$) der Hydrolyse für einige Säurederivate.

Ausgangsstoff (Edukt)	Produkte	$\Delta G^{0'}$ (kJ/mol)
Acetanhydrid	2 Acetat	−91
Phosphoenolpyruvat	Pyruvat + Phosphat	−62
Acetylphosphat	Acetat + Phosphat	−42
Acetyl-SCoA	Acetat + Thiol (Coenzym A)	−33
Pyrophosphat	2 Phosphat	−33
ATP	ADP + Phosphat	−30
ATP	AMP + Pyrophosphat	−30
Essigsäureethylester	Acetat + Ethanol	−20
Glycerin-3-phosphat	Glycerin + Phosphat	−9

bindungen enthaltene Energie unkontrolliert durch Hydrolyse freigesetzt und damit vergeudet würde.

Verwendet man die Werte aus Tabelle 17/1, so ergibt sich, dass *Acetylphosphat* mit ADP zu *ATP* und Acetat reagieren kann:

Acetylphosphat	⟶	Acetat + Phosphat	$\Delta G^{0'} = -42$ kJ/mol
ADP + Phosphat	⟶	ATP	$\Delta G^{0'} = +30$ kJ/mol
Acetylphosphat + ADP	⟶	Acetat + ATP	$\Delta G^{0'} = -12$ kJ/mol

Die Gesamtreaktion ist exergon, kann also in Anwesenheit geeigneter Enzyme stattfinden. Ein Teil der Energie, die im Acetylphosphat steckt, ist dann im ATP gespeichert. In der ATP-Formel ist nur die neu entstandene Anhydridbindung markiert.

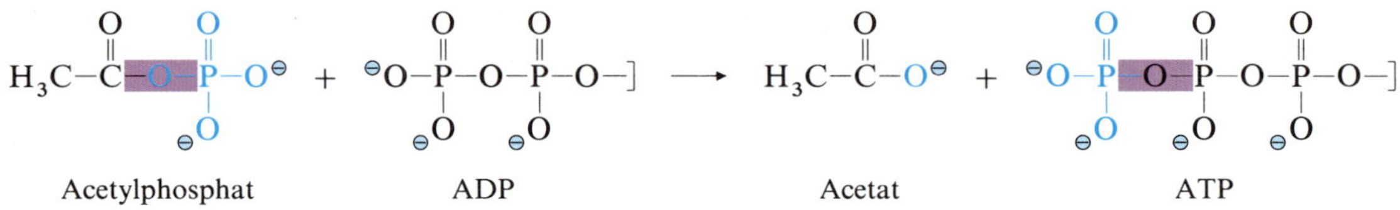

Da die Übertragung von Phosphatresten von einer zur anderen Verbindung im Stoffwechsel eine große Rolle spielt, schreibt man den Phosphaten ein „**Phosphatgruppen-Übertragungspotenzial**" zu. Dieses ist umso größer, je höher die Gibbs-Energie der Hydrolyse ist. Phosphoenolpyruvat hat ein hohes Übertragungspotenzial, gefolgt von den Phosphorsäureanhydriden (z. B. ATP). Bei den normalen Phosphorsäureestern (z. B. Glycerin-3-phosphat) ist das Übertragungspotenzial klein. Die Richtung der Übertragung lässt sich anhand der thermodynamischen Daten vorhersagen.

17

Phosphor ist ein „anfeuerndes Element"

Organische und anorganische Phosphate sind ein wesentlicher Bestandteil aller Organismen. Phosphorreich sind *Gehirn*, *Nervenzellen*, *Muskeln*, *Sperma* und *Blut*. Die Hauptmenge des Körperphosphats (80 – 85%) befindet sich im *Knochen* (Hydroxyapatit). Es gibt einen Phosphatstoffwechsel, d. h., es muss täglich etwa 1 g Phosphat aufgenommen werden, eine entsprechende Menge wird über Darm und Nieren ausgeschieden.

Der Phosphor als Element wurde ausgangs des 17. Jahrhunderts aus Urin hergestellt (später aus Knochen). Der weiße Phosphor leuchtet (Phosphoreszenz) und ist giftig. Er wird unter Wasser aufbewahrt, weil er sich an der Luft entzündet. Der Name „Phosphor" (vom griechischen *Lichtträger*) charakterisiert das Element. Phosphor und seine Verbindungen lenken die Aktivität des Stoffwechsels. ATP ist der universelle *Energieträger*, ohne Phosphat gäbe es keinen *Zuckerstoffwechsel*, für die Funktion von Gehirn- und Nervenzellen spielen *Phospholipidmembranen* eine wichtige Rolle, *Enzyme* werden über angehängte Phosphatreste reguliert und alle Nucleinsäuren (DNA, RNA) benötigen Phosphat als *Gerüstbaustein*.

Der Phosphatrest zeigt im Zellstoffwechsel größte Beweglichkeit, ohne sich selbst dabei zu verwandeln. Verändert werden der Ladungszustand und die Bindungsenergie in unmittelbarer Nähe. Der Phosphatrest wird zwischen Molekülen verschiedener Substanzklassen hin- und hergereicht in Prozessen des Knüpfens und Lösens kovalenter Bindungen am Phosphatrest. Dieser Tatbestand im Materiellen spiegelt sich in der Aktivität des Menschen, seiner Beweglichkeit und Tatkraft wider. Zu viel Phosphor fördert Überaktivität, zu wenig Phosphor *(Hypophosphatämie)* ruft rasch schwere klinische Symptome hervor durch Veränderungen im Zentralnervensystem, im Blut und in den Muskeln – alles Bereiche, die mit der inneren und äußeren Aktivität des Menschen verbunden sind. Der Phosphor greift wie kein anderes Element in das Menschsein ein.

Checkliste

Folgende Bezeichnungen/Begriffe sollten Sie erklären oder definieren (s. a. Glossar) und – wo möglich – Beispiele, Gleichungen oder Formeln angeben können:
Harnstoff – Harnsäure – Phosphorsäureester – Lipid-Doppelschicht – Phosphorsäureanhydride – ATP – Phosphatgruppen-Übertragungspotenzial – Schwefelsäureester – Sulfonamide – Gibbs-Energie der Hydrolyse – gekoppelte Reaktionen.

Aufgaben

1. Was hat *Phosgen* mit Phosphor zu tun?
2. Welche Verbindung entsteht bei der Umsetzung von *Phosgen* mit a) Ethanol und b) Cyclohexylamin?
3. *Harnstoff* reagiert mit *Malonsäurediethylester* in Gegenwart von Natriumethanolat unter Abspaltung von zwei Molekülen Ethanol zu einer cyclischen Verbindung. Formulieren Sie diese!
4. Warum ist Harnstoff in wässriger Lösung neutral?
5. Benennen Sie die Strukturelemente eines *Phospholipids* am Beispiel des Lecithins! Warum sind Phospholipide *amphiphil?*
6. Welche Strukturen haben a) Cholinphosphat, b) Glycerinaldehyd-3-phosphat (GAP) und c) Dihydroxyacetonphosphat (DHAP)?
7. Formulieren Sie, ausgehend von einem primären Alkohol (R–CH_2OH), ein *Triphosphat*!
8. Warum werden *Phosphorsäureester* und *-anhydride* in den Zellen nicht durch das anwesende Wasser hydrolysiert?
9. Warum ist Gibbs-Energie der Hydrolyse ($\Delta G^{0'}$) beim *Phosphoenolpyruvat* (PEP) größer als beim *ATP*, obwohl im ersten Fall nur ein Phosphorsäureester, im zweiten ein Phosphorsäureanhydrid gespalten wird?
10. Der Thioester Acetyl-Coenzym A (☞ Kap.16.2.5) ist etwa so energiereich wie ATP. Vergleichen Sie die $\Delta G^{0'}$-Werte aus Tabelle 17/1. Was könnte der Grund sein?
11. Ist die Reaktion von Acetyl-CoA mit Cholin (☞ Kap. 16.2.5) endergon oder exergon?
12. Formulieren Sie den Schwefelsäuremonoester des *Cholesterins*! Wie beurteilen Sie seine Löslichkeit im Vergleich zum Cholesterin?
13. Schreiben Sie *p-Aminobenzoesäure* und *p-Amino-benzolsulfonsäureamid* nebeneinander auf und formulieren Sie jeweils das Anion! Dazu müssen Sie wissen, dass die NH_2-Gruppe des Sulfonamids acide ist. Vergleichen Sie die Anionen!
14. Wie viel Phosphat muss der Mensch täglich aufnehmen? Wo befindet sich die Hauptmenge im Körper?

+ 033 Lösungen der Aufgaben
+ 034 IMPP-Fragen

KAPITEL

18 Stereochemie

Orientierung

Von vielen dreidimensionalen Körpern existiert ein Spiegelbild, das sich mit dem ursprünglichen Bild nicht zur Deckung bringen lässt. Die beiden Fotos in Abbildung 18/1 zeigen solche Situationen: Die Porzellankatzen sind ebenso wie die abgebildeten Hände nicht gleich, es stehen sich **Bild** und **Spiegelbild** gegenüber. Ähnliche Situationen gibt es in der *Natur* z. B. bei Schneckenhäusern oder Kletterpflanzen, in der *Technik* z. B. bei Gewindeschrauben oder in der *Architektur* z. B. bei Wendeltreppen, die links oder rechts herum hochgehen. Die zugrunde liegende *Spiegelsymmetrie* bestimmt auch den Körperbau und die Umgebung des Menschen. Es ist keineswegs gleichgültig, wie herum Sie im Winter Ihre Handschuhe anziehen. Nur einer der Handschuhe passt auf die rechte Hand.

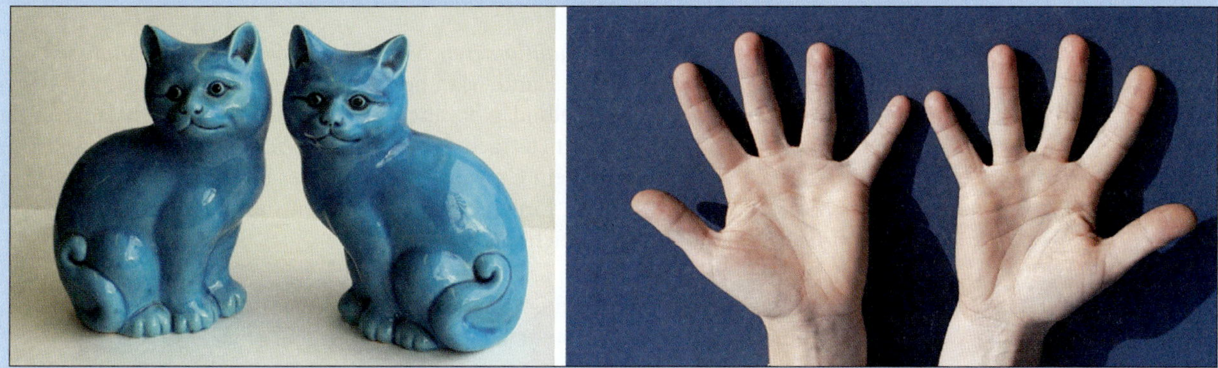

Abb. 18/1 Darstellungen von Bild und Spiegelbild.

Spiegelsymmetrie ist nicht allein eine Eigenschaft makroskopischer Gebilde, sie existiert auch auf der Ebene der Moleküle, z. B. dort, wo sich tetraedrische Kohlenstoffatome ihre Umgebung schaffen. Dies kann man mit den Augen nicht unmittelbar sehen, es lassen sich jedoch die Eigenschaften von Substanzen, die aus spiegelsymmetrischen Molekülen aufgebaut sind, und deren Wechselwirkungen z. B. mit Enzymen studieren. Wir schauen dies aus dem Blickwinkel der Chemie an, indem wir Molekülmodelle verwenden und uns auf diesem Weg die molekularen Grundlagen für das erarbeiten, was man als **Chiralität** (= *Händigkeit*, von griech. *cheir* = Hand) bezeichnet. Antwort erhalten Sie u. a. auf folgende Fragen:

- Wann ist ein Molekül chiral?
- Was bedeutet es, wenn eine Substanz als optisch aktiv bezeichnet wird?
- Was sind Enantiomere und Diastereomere?
- Wie kennzeichnet man Chiralität im Namen einer Substanz?
- Was bedeutet das Schlüssel-Schloss-Prinzip im Wechselspiel zwischen chiralen Substanzen und Enzymen?

18.1 Verbindungen mit einem Chiralitätszentrum

18.1.1 Grundbegriffe

Enantiomere. Moleküle erstrecken sich in alle drei Raumrichtungen, sie werden am besten durch raumerfüllende *Molekülmodelle* dargestellt (☞ Kap. 11.2.3). Von einigen der bisher besprochenen Verbindungen wollen wir solche Modelle genauer betrachten. Dabei können wir Entdeckungen mit weitreichenden Konsequenzen machen. So lassen sich z. B.

von der *Milchsäure* zwei verschiedene Formen aufbauen, wenn man von der Konstitutionsformel ausgeht. Die eine Form ist das *Spiegelbild* der anderen, und wir können beide durch Drehen und Wenden nicht zur Deckung bringen. Man bezeichnet die beiden Formen als **Enantiomere.**

Enantiomere

Konstitutionsformel: $H_3\overset{3}{C}-\overset{2}{C}H(OH)-\overset{1}{C}OOH$ Milchsäure

Stereoformeln der enantiomeren Milchsäure-Moleküle:

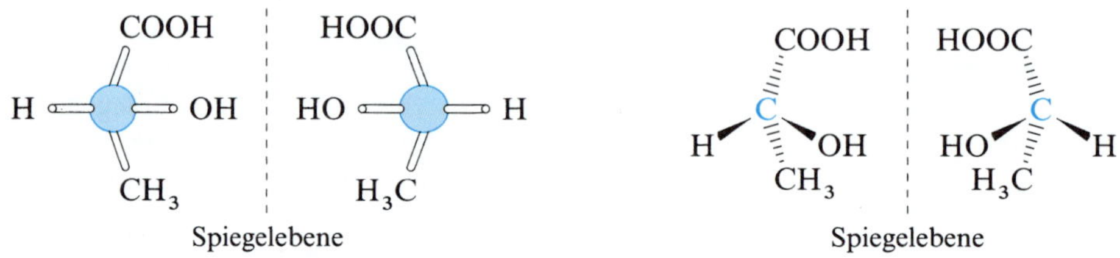

(Darstellung vom Molekülmodell abgeleitet) (Keilstrich-Darstellung)

Chiralitätszentrum. Die beiden *enantiomeren* Milchsäure-Moleküle verhalten sich zueinander wie unsere linke und rechte Hand. Man bezeichnet deshalb Moleküle, von denen es ein nicht deckungsgleiches Spiegelbild gibt, auch als **chiral**. In der Milchsäure ist das C-Atom in Position 2 sp^3-hybridisiert (tetraedrisch) und mit vier verschiedenen Substituenten verbunden. Dieses C-Atom ist ein **Chiralitätszentrum,** es ist für die Chiralität (Händigkeit) des Moleküls verantwortlich. Ein vierfach verschieden substituiertes C-Atom wird auch als *asymmetrisches C-Atom* bezeichnet.

chiral

Chiralitätszentrum

! Ein ***sp*^{3}-C-Atom mit vier verschiedenen Substituenten** bezeichnet man als **Chiralitätszentrum** (asymmetrisches C-Atom, stereogenes Zentrum).

Prochiralität. Betrachten wir als Nächstes ein Modell der *Brenztraubensäure.* Hier stehen drei verschiedene Substituenten an einem trigonalen sp^2-C-Atom. Es gibt **kein** Chiralitätszentrum, das Molekül ist *achiral,* d. h., Bild und Spiegelbild des Moleküls sind deckungsgleich. Das Molekül hat aber zwei verschiedene Seiten, denn wenn wir uns von rechts dem Carbonyl-C-Atom nähern, haben wir ein anderes Bild vor uns (CH_3 rechts, COOH links), als wenn wir uns von links nähern (CH_3 links, COOH rechts). Ein geeigneter Reaktionspartner (z. B. ein Enzym) kann die beiden Seiten unterscheiden.

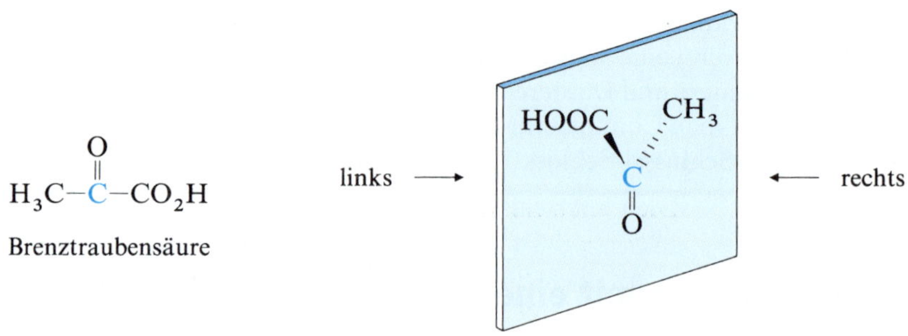

Ähnlich sind die Verhältnisse bei der *Propionsäure.* In Position 2 befindet sich ein tetraedrisches sp^3-C-Atom, das nur drei verschiedene Substituenten trägt (die H-Atome sind doppelt vorhanden). Damit ist Propionsäure *achiral.* Dennoch können wir die beiden H-Atome der CH_2-Gruppe in Position 2 unterscheiden. Je nachdem, ob wir das Molekül

18

von rechts oder von links anschauen, ist die räumliche Anordnung des jeweils vorderen H-Atoms zu den Substituenten COOH und CH_3 verschieden.

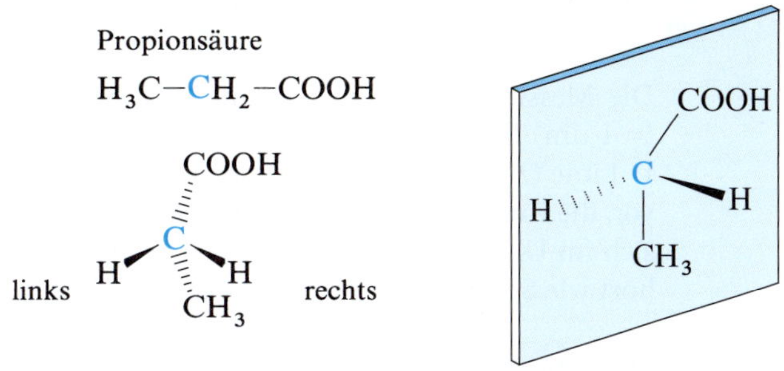

Brenztraubensäure und Propionsäure sind Beispiele für achirale Verbindungen, bei denen man jedoch eine rechte und linke Molekülseite unterscheiden kann. Bei der CH_2-Gruppe der Propionsäure genügt es, ein H-Atom z. B. gegen OH auszutauschen, um ein Chiralitätszentrum zu erhalten, bei der Carbonylgruppe der Brenztraubensäure genügt die Addition von Wasserstoff. Man bezeichnet das tetraedrische C-Atom der CH_2-Gruppe bzw. das trigonale C-Atom der Carbonylgruppe als **prochiral** oder spricht von einem *Prochiralitätszentrum*. Der Begriff „prochiral" bezieht sich vornehmlich auf einzelne C-Atome, nicht auf ganze Moleküle.

prochiral

Das Aceton-Molekül ist wie Brenztraubensäure *achiral*, hat jedoch eine höhere Symmetrie als diese. Neben einer Symmetrieebene durch die drei C-Atome verfügt es zusätzlich über eine zweizählige Drehachse, d. h., durch Drehung um 180° um die angegebene Achse erhält man ein deckungsgleiches Molekül. Im Aceton lassen sich die rechte und linke Molekülseite nicht mehr unterscheiden, deshalb ist das Carbonyl-C-Atom – anders als in der Brenztraubensäure – nicht mehr prochiral.

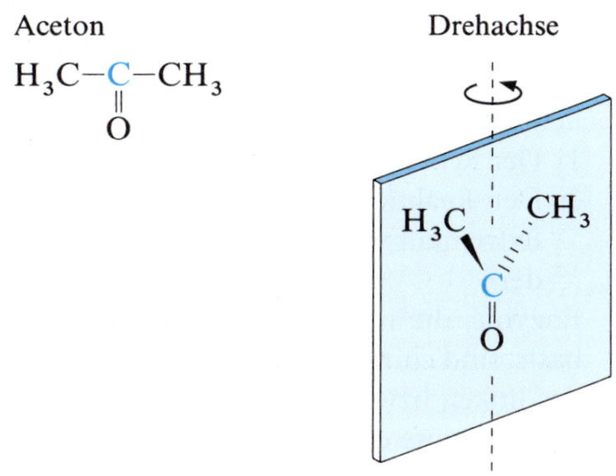

18.1.2 Optische Aktivität

Die reinen Enantiomere einer Verbindung (z. B. der Milchsäure) haben dieselben *physikalischen Eigenschaften* wie z. B. Schmelzpunkt, Siedepunkt, Löslichkeit, IR-Spektrum oder NMR-Spektrum. Unterscheiden kann man sie nur mit Hilfe einer *chiralen* physikalischen Messmethode. Solche Methoden bauen auf polarisiertem Licht auf.

Polarimeter. In einem Polarimeter wird der Winkel α gemessen, um den die Schwingungsebene des linear polarisierten Lichts beim Durchtritt durch die Lösung einer chiralen Substanz gedreht wird. Der Wert hängt von der Konzentration der Lösung *(c)* und der Struktur der Substanz ab. Aber auch die Länge der Messzelle, die Wellenlänge des Lichts sowie Temperatur und Lösungsmittel spielen eine Rolle. Um vergleichen zu können, hat

spezifische Drehung

man die **spezifische Drehung**, den sog. Drehwert, als Standard für die optische Aktivität einer Verbindung eingeführt. Eine Drehwertangabe sieht z. B. wie folgt aus:

> **!** Angabe einer spezifischen Drehung: $[\alpha]_D^{25} = +155{,}5$ ($c = 0{,}75$, Wasser)

Die Messlösung, die zu diesem Wert führte, befand sich in einer Messzelle von 10 cm (= 1 dm) Länge, hatte eine Temperatur von 25 °C und wurde mit polarisiertem Licht der D-Linie ($\lambda = 589$ nm) einer Natriumlampe durchstrahlt. Die Substanz lag in Wasser gelöst vor, die Konzentration betrug 0,75 g in 100 mL. Die Ebene des polarisierten Lichtes drehte sich im Uhrzeigersinn (+, rechts). Die spezifische Drehung einer chiralen Verbindung gehört wie Schmelz- und Siedepunkt zu den physikalischen Konstanten.

Optische Aktivität. Eine Substanz, die eine spezifische Drehung aufweist, wird als *optisch aktiv* bezeichnet. Die Enantiomere einer Verbindung, z. B. der Milchsäure, sind beide optisch aktiv. Ihre Lösungen drehen die Ebene des polarisierten Lichts um denselben Betrag, jedoch in verschiedener Richtung, d. h., die Drehwerte tragen einmal „+" und einmal „–" als Vorzeichen. Sie sind optische **Antipoden.** Zur genauen Charakterisierung von Enantiomeren wird häufig das Vorzeichen ihrer spezifischen Drehung vor den Namen gesetzt, z. B. (+)-Milchsäure oder (–)-Glycerinaldehyd.

Antipoden

Neben der spezifischen Drehung wird auch der *Circulardichroismus* (CD) herangezogen, bei dem das Licht zusätzliche Auskünfte über die Chiralität eines Moleküls geben kann. Das Licht enthält chirale Elemente, die im Polarimeter oder CD-Spektrometer die Basis für die Messung sind. Wie chirale Lichtanteile mit chiralen Molekülen wechselwirken, ist unklar. Umgekehrt kann man fragen, ob die Bevorzugung einer bestimmten molekularen Chiralität auf der Erde (z. B. bei Aminosäuren und Zuckern) nicht Auswirkungen des Lichtes sein könnten. Man weiß heute, dass ohne Einwirkung von Chiralität aus der Umgebung beim Aufbau von Molekülen immer nur Racemate (☞ Kap. 18.2.2) entstehen.

18.1.3 Chirale Erkennung und Stereoselektivität

Ob die Enantiomere einer chiralen Verbindung sich bei einer chemischen Reaktion gleich oder verschieden verhalten, hängt allein vom Reaktionspartner ab. Dabei gibt es zwei Möglichkeiten:

1. Der Reaktionspartner ist *achiral*, die Enantiomere reagieren *gleich*.
2. Der Reaktionspartner ist *chiral*, die Enantiomere reagieren sehr *unterschiedlich*. Im Extremfall wird nur eines der Enantiomeren umgewandelt, das andere bleibt unverändert.

Enzyme, die in allen Lebenszusammenhängen wirksamen Biokatalysatoren auf Proteinbasis, sind chirale Moleküle, die zwischen den Enantiomeren eines chiralen Substrates oder der linken bzw. rechten Seite prochiraler C-Atome in einem Molekül unterscheiden können. Enzyme ermöglichen eine **chirale Erkennung**. Dieser Vorgang ist für das Leben auf der Erde von größter Bedeutung, damit nur das zueinanderfindet, was auch zueinander passt. So können die biochemischen Prozesse geordnet ablaufen und in der „Molekülsuppe" einer lebenden Zelle wird kein chemisches Reaktionschaos angerichtet.

chirale Erkennung

Stereoselektivität. Die Tatsache, dass eine Verbindung wie Pyruvat ein Prochiralitätszentrum enthält, spielt erst dann eine Rolle, wenn dieses Molekül auf ein Enzym trifft. Für die Reduktion des Pyruvats an der Ketogruppe bedeutet das: Die *Lactatdehydrogenase* (LDH) im *Muskel* gibt nur von der rechten Seite (oben) Wasserstoff (als Hydrid-Ion $H^{\ominus}$) an das Carbonyl-C-Atom ab, es entsteht (+)-Milchsäure (Fleischmilchsäure) (Abb. 18/2). Das entsprechende Enzym der *Milchsäurebakterien* lagert nur von links (unten) Wasserstoff an das Carbonyl-C-Atom des Pyruvats an, man erhält (–)-Milchsäure (Gärungsmilchsäure). Beide *Lactatdehydrogenasen* arbeiten somit **stereoselektiv**, da sie nur eines der beiden enantiomeren Milchsäure-Moleküle aufbauen. Die Selektivität beträgt jeweils 100%. Reduziert man die Ketogruppe der Brenztraubensäure dagegen mit einem achiralen chemischen Reagenz (z. B. $NaBH_4$), so entsteht ein 1 : 1-Gemisch der Enantiomere der Milch-

stereoselektiv

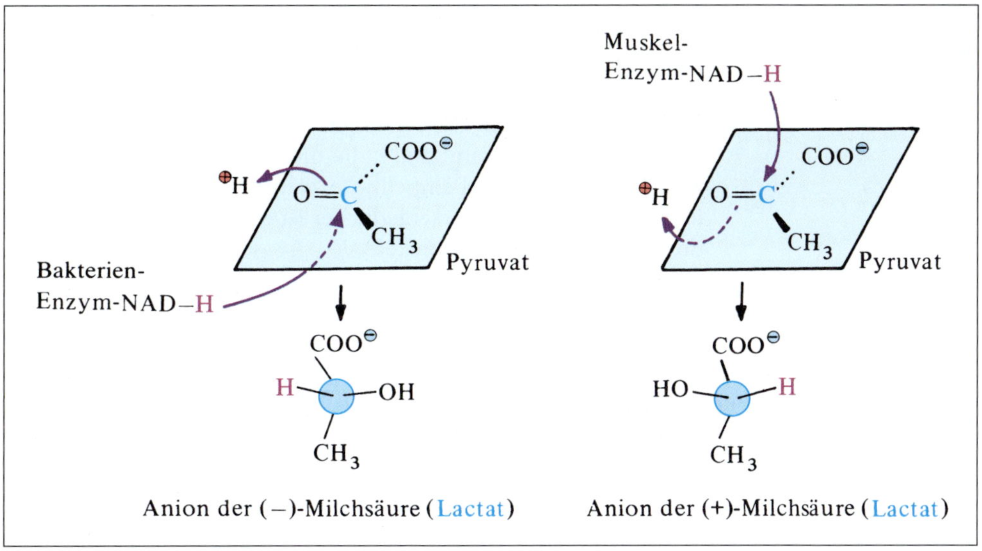

Abb. 18/2 Stereoselektive Reduktion von Brenztraubensäure (Pyruvat) mit dem Enzym-NADH-Komplex. Angriff des Hydrid-Ions von unten liefert (–)-Milchsäure (Lactat), Angriff von oben (+)-Milchsäure (Lactat).

säure, ein *Racemat*. Für achirale Reagenzien hat die Brenztraubensäure keine Vorzugsrichtung.

Man kann beide *Lactatdehydrogenasen* auch nehmen, um Milchsäure wieder zu Brenztraubensäure zu oxidieren (= dehydrieren). Wie Sie vielleicht schon vermuten, setzt das Enzym aus dem Muskel nur die (+)-Milchsäure um, das Enzym aus Milchsäurebakterien nur die (–)-Milchsäure. Milchsäure ist in beiden Fällen das Substrat der Enzyme. Um genau zu sein, muss man also angeben oder wissen, für welches der Enantiomere ein bestimmtes Enzym zuständig ist.

Eine Reaktion verläuft **stereoselektiv**, wenn von den beiden möglichen Enantiomeren nur eines entsteht, z. B. bei der Reduktion der Brenztraubensäure zur Milchsäure. Enzyme arbeiten im doppelten Sinn stereoselektiv, sowohl bei der Produktbildung als auch bei der Substratauswahl, wie die Rückreaktion von der Milchsäure zum Pyruvat zeigt. Nun gibt es für chemische Reaktionen zusätzlich noch den Begriff „stereospezifisch". Eine Reaktion verläuft **stereospezifisch**, wenn ein stereochemisch einheitliches Edukt in ein stereochemisch einheitliches Produkt umgewandelt wird. Diesen Fall haben wir bei der S_N2-Reaktion (☞ Kap. 13.6.3) kennen gelernt. Ein Nucleophil sorgt durch den Rückseitenangriff an einem Chiralitätszentrum für eine Umkehr der Konfiguration (Inversion), d. h., ein enantiomerenreines Edukt liefert ein enantiomerenreines Produkt. Die Reaktion ist somit auch stereoselektiv. Hier bestimmt jedoch ein in geregelten Bahnen ablaufender Reaktionsmechanismus die Produktbildung, was durch den Begriff „stereospezifisch" zum Ausdruck gebracht wird. Eine stereospezifische Reaktion ist somit auch stereoselektiv. Aber nicht umgekehrt.

stereospezifisch

Kinetische Kontrolle. Zunächst ist es vielleicht überraschend, dass von den beiden Formen (Bild und Spiegelbild) der Milchsäure immer nur eine in Abhängigkeit vom Enzym oxidiert wird. Es treffen zwei *chirale Partner* zusammen, was im Alltag der Erfahrung entspricht, dass nur der rechte Fuß in den rechten Schuh passt und eben nicht in den linken. Mit anderen Worten: Wenn die Lactatdehydrogenase des Muskels mit (+)-Milchsäure reagiert, dann ist Gibbs-Aktivierungsenergie $\Delta G^{\#}$ für den Übergangszustand sehr viel geringer als mit (–)-Milchsäure. Das bedeutet, wenn Enzym und Substrat zueinander passen, läuft die Reaktion sehr schnell ab, im anderen Fall so langsam, dass praktisch keine Umsetzung eintritt. Die bevorzugte Bildung oder Umsetzung eines Enantiomers in Gegenwart von Enzymen unterliegt somit einer *kinetischen Kontrolle* (☞ Kap. 12.2.3).

Chirale Erkennung mit der Nase

Der Mensch kann mit seiner Nase Gerüche und Düfte aus verschiedenen Quellen wahrnehmen und unterscheiden. Auch bei geschlossenen Augen lassen sich viele Früchte und Pflanzenöle an ihrem Geruch erkennen. Häufig sind es die sog. Terpene, aus Isopren-Einheiten aufgebaute Naturstoffe, die die Geruchswahrnehmung bestimmen. (–)-Limonen z. B. riecht herb nach Pampelmuse, während (+)-Limonen fein süßlich an Orangenschalen erinnert. Noch unterschiedlicher ist es beim Carvon, die (–)-Form riecht nach Minze, die (+)-Form nach Kümmel.

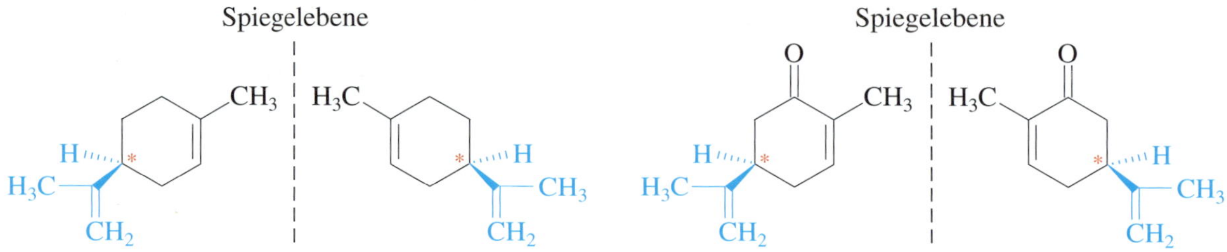

(–)-Limonen (+)-Limonen (+)-Carvon (–)-Carvon

Im Fall der Pampelmuse und Orange signalisiert die Nase, dass zwei verschiedene Substanzen da sein müssen, die den Geruch bestimmen. Überraschenderweise findet man jedoch in beiden Fällen nur *Limonen*, d. h., Summenformel, Konstitutionsformel und physikalische Eigenschaften des geruchsaktiven Naturstoffs sind gleich, egal aus welcher Frucht man es isoliert. Der einzige Unterschied wird bei der Bestimmung der optischen Aktivität sichtbar, es liegen die Enantiomere des Limonens vor, zum einen die linksdrehende Form (Pampelmuse) zum andern die rechtsdrehende (Orange). Auch beim Carvon basieren die Unterschiede auf der entgegengesetzten Chiralität der Moleküle.

Die Geruchsrezeptoren in der Nase können Enantiomere einer Verbindung unterscheiden, d. h., erst wenn diese Rezeptoren eine passende Substanz in der eingeatmeten Luft „entdecken", wird diese gebunden und löst dadurch ein Signal aus, das vom Nervensystem als Geruchseindruck verarbeitet und mit Geruchserinnerungen verglichen wird. Die Geruchsrezeptoren haben unterschiedliche Empfangsantennen, die selbst *chiral* sind. Wie die beiden Beispiele zeigen, kommt es zur *chiralen Erkennung*. Es ist ein erstaunliches Phänomen, dass einzelne Substanzen durch ihre Chiralität Sinneseindrücke modellieren können und dadurch zur Orientierung des Menschen in der Natur beitragen.

18.1.4 Schreibweise und Nomenklatur chiraler Verbindungen

Konfiguration. Um sich in der Chemie über den Aufbau von Molekülen zu verständigen, bedarf es bestimmter Abmachungen, die zur *chemischen Formelsprache* führen. Nicht jedem Formelbild lassen sich alle Informationen entnehmen, die für die exakte Beschreibung eines Moleküls notwendig sind. Man muss wissen, welcher Darstellung welche Information entnommen werden kann. In der Chemie wird zunächst die *Konstitutionsformel* verwendet, die deutlich macht, welche Atome durch welchen Typ von Bindung wie miteinander verbunden sind. Bei der Milchsäure hatten wir gesehen, dass diese Formel nicht ausreicht, um Enantiomere zu beschreiben. Dazu haben wir auf Molekülmodelle zurückgegriffen, in denen die räumliche Anordnung der vier Substituenten um ein sp^3-C-Atom herum festgelegt ist, man beschreibt die **Konfiguration** an diesem C-Atom. Perspektivische oder Keilstrich-Formeln dienen der Darstellung der Konfiguration von chiralen Verbindungen.

Konfiguration

! Die Konfiguration an einem Chiralitätszentrum gibt über die **räumliche Anordnung** der vier verschiedenen Substituenten Auskunft.

Fischer-Projektion

Fischer-Projektion. Bei größeren Molekülen ist die Zeichnung von Keilstrich-Formeln manchmal schwierig. Eine Vereinfachung bringt die **Fischer-Projektion.** Diese Schreibweise wurde von dem deutschen Chemiker *Emil Fischer* etwa um 1900 eingeführt, um die Chiralitätszentren von Zuckermolekülen leichter und übersichtlicher erfassen zu können.

Folgende Regeln sind bei der Aufstellung einer Formel in der *Fischer-Projektion* einzuhalten:

1. Die längste C-Atom-Kette des Moleküls wird senkrecht angeordnet.
2. Das am höchsten oxidierte C-Atom der Kette steht oben (COOH > CHO > CH_2OH > CH_3).
3. Die senkrecht stehende Kette wird so gedreht, dass vom betrachteten Chiralitätszentrum aus die C-Atome der Kette nach hinten weisen (vom Betrachter weg); die beiden anderen Substituenten nach vorn (zum Betrachter hin). Ebnet man das Molekül in Gedanken ein, entsteht die Projektionsformel, in der die C-Atom-Kette *senkrecht* und die ehemals *nach vorn* weisenden Substituenten *waagerecht* angeordnet sind.

Für die enantiomeren Milchsäuren, deren vereinfachte Molekülmodelle nochmals angegeben sind, ergeben sich in der Fischer-Projektion die untenstehenden Formeln. Dort, wo senkrechte und waagerechte Bindungslinien sich kreuzen, ist das Chiralitätszentrum zu denken.

Fischer-Projektion | Stereoformeln | Fischer-Projektion

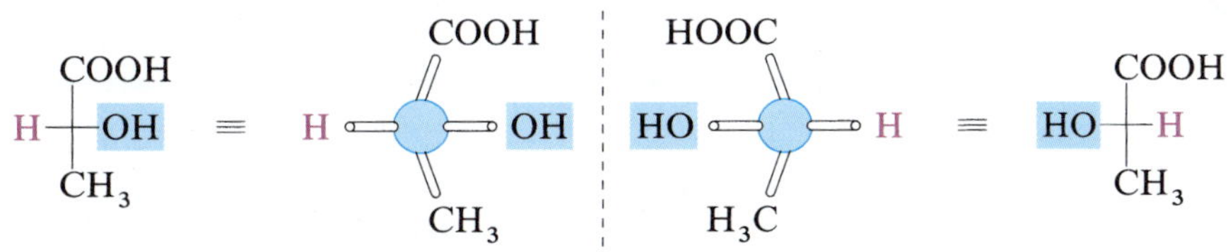

D-(−)-Milchsäure | L-(+)-Milchsäure

D,L-Nomenklatur

D,L-Nomenklatur. Für die Unterscheidung von Enantiomeren bedarf es einer Nomenklatur, aus der die räumliche Anordnung der Substituenten, die *Konfiguration* am Chiralitätszentrum, hervorgeht. Hierzu verwendete man früher die Buchstaben D und L. Bezugspunkt war der (+)-**Glycerinaldehyd**. Alle chiralen Verbindungen, die sich auf ihn zurückführen ließen, gehörten zur *D-Reihe*, die anderen zur *L-Reihe*. Bei diesem Verfahren konnte man die chiralen Moleküle nur relativ einander zuordnen, weil nicht bekannt war, welche Konfiguration das Chiralitätszentrum im (+)-Glycerinaldehyd tatsächlich hatte. Die exakte Zuordnung wurde erst möglich, als mit Hilfe der Röntgenstrukturanalyse für eine Verbindung dieser Reihe die tatsächliche *(= absolute) Konfiguration* bestimmt werden konnte. Glücklicherweise stimmte die von *E. Fischer* willkürlich in seinen Formeln festgelegte Konfiguration mit der Realität überein.

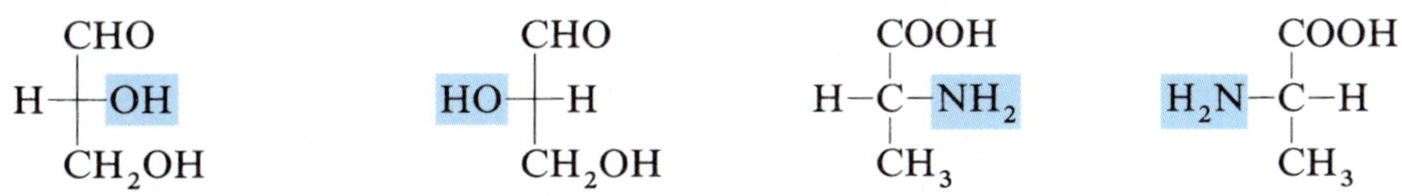

D-(+)-Glycerinaldehyd | L-(−)-Glycerinaldehyd | D-Alanin | L-Alanin

Beim Aufschreiben der Fischer-Projektion von Glycerinaldehyd, Milchsäure oder Alanin kommt man in die D-Reihe, wenn die OH- bzw. NH_2-Gruppe am Chiralitätszentrum nach *rechts* weist. Die Konfigurationsbezeichnung D oder L hat *nichts* mit dem Vorzeichen der spezifischen Drehung einer Verbindung zu tun, z. B. ist D-Milchsäure linksdrehend und D-Glycerinaldehyd rechtsdrehend. Voraussagen zur Drehrichtung sind nicht ohne weiteres möglich. Vorzeichenwechsel kann es bei ein und derselben Verbindung allein durch Wechsel des Lösungsmittels geben.

R,S-Nomenklatur

R,S-Nomenklatur. Die D,L-Nomenklatur ist insbesondere für die Zucker und Aminosäure eingeführt worden und wird bis heute in der Biochemie beibehalten. Diese Nomenklatur hat sich für kompliziertere chirale Moleküle jedoch als unbrauchbar erwiesen und wurde durch die ***R,S*-Nomenklatur** ersetzt, die heute in der Chemie verwendet wird.

Wir betrachten zunächst die oben erwähnten Verbindungen Milchsäure, Glycerinaldehyd und Alanin. Man gibt den Substituenten am jeweiligen Chiralitätszentrum eine *Priorität* (**1** > **2** > **3** > **4**), die wie folgt bestimmt wird (Tab. 18/1):

1. Bei den direkt am Chiralitätszentrum stehenden Atomen wächst die Priorität mit der Ordnungszahl ($_8O > _7N > _6C > _1H$).
2. Bei gleichen Atomen in erster Nachbarschaft entscheidet die Ordnungszahl der Atome, die als zweite kommen, wobei doppelt gebundene Atome zweimal zählen und mehr Gewicht haben als ein gleichartiges, einfach gebundenes Atom (CHO > CH_2OH).

Diese Prioritätsregeln gelten auch für die *E*/*Z*-Nomenklatur der Olefine und zur Festlegung der Seiten (rechts = *Re*, links = *Si*) in prochiralen Molekülen.

Tab. 18/1 Beispiel für die Priorität von Substituenten.

Verbindung	höchste 1 >	2 >	3 >	niedrigste Priorität 4
Milchsäure	OH	COOH	CH_3	H
Glycerinaldehyd	OH	CHO	CH_2OH	H
Alanin	NH_2	COOH	CH_3	H

Nach dieser Vorarbeit wird das Molekül so gedreht, dass man vom chiralen C-Atom auf den Substituenten mit der niedrigsten Priorität (**4**) blickt. In den drei genannten Beispielen ist dies das H-Atom. Die anderen Substituenten werden dann in Richtung fallender Priorität (**1** → **3**) betrachtet, dabei ergibt sich eine Kreisbewegung im Uhrzeigersinn *(R)* oder entgegen *(S)*.

Die Buchstaben *R* und *S* kennzeichnen die Konfiguration eindeutig. Aufgrund der unterschiedlichen Regeln ist es jedoch keineswegs zwangsläufig, dass ein D-konfiguriertes Chiralitätszentrum in der anderen Nomenklatur *R*-Konfiguration hat. In unserem Beispiel entsprechen sich D- und *R*-Glycerinaldehyd. Dies muss jedoch in jedem Einzelfall genau geprüft werden. Das Nebeneinander von zwei Nomenklatursystemen ist zuweilen etwas verwirrend.

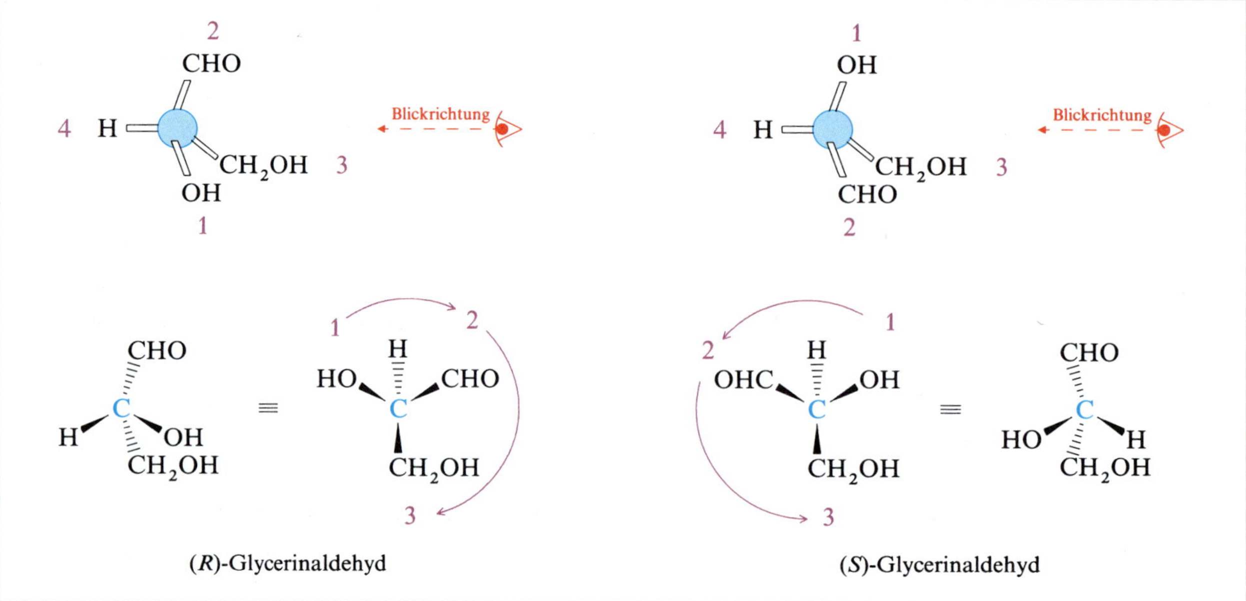

18.2 Verbindungen mit zwei Chiralitätszentren

18.2.1 Enantiomere und Diastereomere

Chiralitätszentren im Threonin. Eine einfache Verbindung mit zwei chiralen C-Atomen ist die Aminosäure **Threonin** (vgl. Kap. 19.1). C-2 und C-3 können jeweils *R*- oder *S*-Konfiguration besitzen. Um die möglichen Stereoisomere in der Fischer-Projektion zu erfassen, betrachten wir die beiden Chiralitätszentren zunächst getrennt.

Das am höchsten oxidierte C-Atom, die Carboxylgruppe, steht oben. Wenn C-2 in der Zeichenebene liegt, weisen die beiden C-Atome der Kette nach hinten, die beiden anderen Substituenten (–H und –NH_2) nach vorn. Die *Priorität* der Substituenten ist NH_2 > COOH > CHOH > H. Analog verfahren wir bei C-3. Jetzt stehen C-2 und C-4 hinten, die Substituenten –H und –OH davor. Die *Priorität* der Substituenten ist OH > $CHNH_2$ > CH_3 > H.

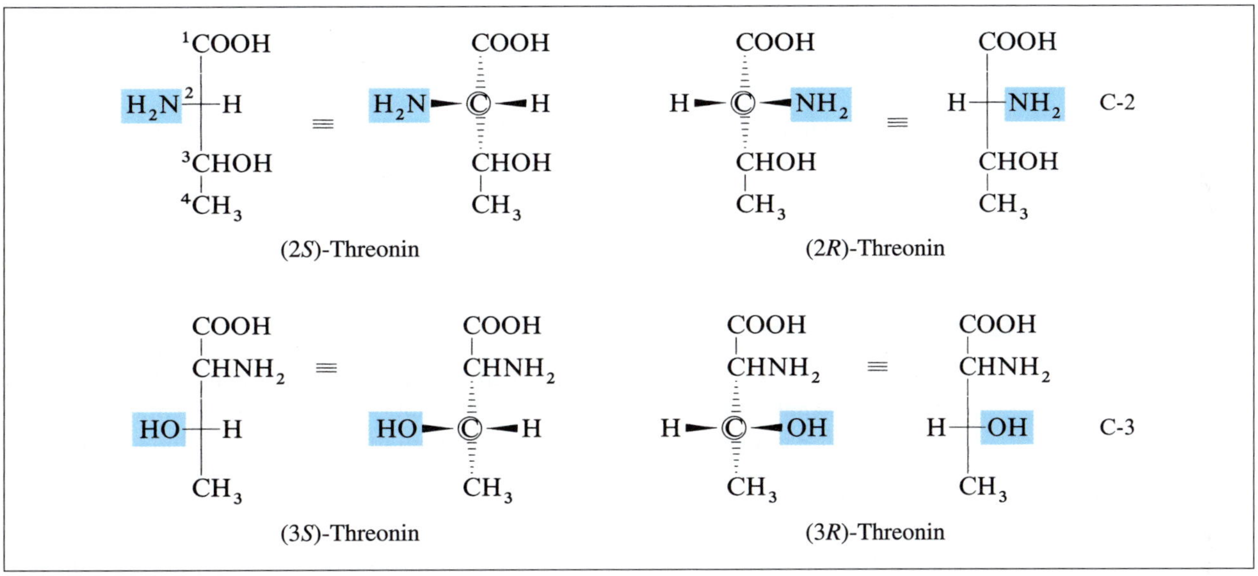

Konfigurationsisomere

Konfigurationsisomere. Fügen wir die Formeln zusammen, ergeben sich für Threonin vier Moleküle mit jeweils gleicher Konstitution, aber verschiedener Konfiguration, denn keines der Moleküle kann mit einem der anderen durch Drehen und Klappen zur Deckung gebracht werden. Es existieren vier **Konfigurationsisomere**, die allgemein auch als *Stereoisomere* bezeichnet werden. Die *R,S*- bzw. D,L-Bezeichnung ist unter den Formeln jeweils angegeben. Dem natürlich vorkommenden (–)-Threonin entspricht Formel **1**. Hier handelt es sich um das *L-Threonin*. C-2 wird mit den anderen Aminosäuren, wie z. B. L-Serin oder L-Alanin, konfigurativ in Beziehung gebracht. Bei den Aminosäuren bestimmt die Konfiguration von C-2, welche Reihe vorliegt (☞ Kap. 19.1.2).

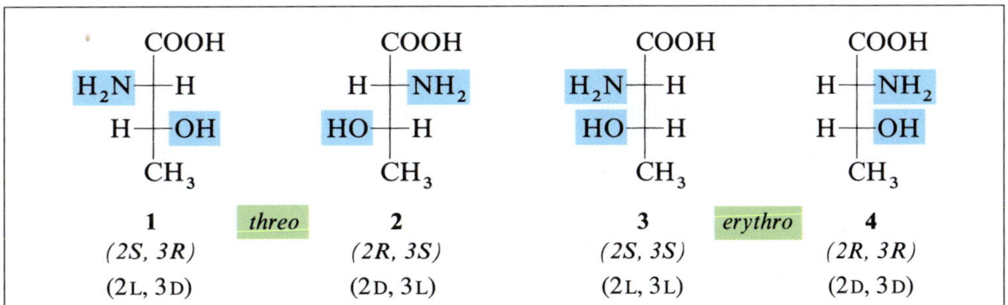

Konfigurationsisomere des Threonins (in der Fischer-Projektion)

threo-/erythro-Form

Betrachten wir die vier Konfigurationsisomere des Threonins genauer, so erkennen wir, dass **1/2** und **3/4** Enantiomerenpaare sind. **1** ist das Spiegelbild von **2**, **3** das von **4**, weil beide Chiralitätszentren jeweils entgegengesetzte Konfiguration haben. Physikalisch unterscheidet sich **1** von **2** bzw. **3** von **4** nur im Verhalten gegenüber linear polarisiertem Licht, analog wie die Enantiomere der Milchsäuren. Die Enantiomere **1/2** mit entgegengesetzter Konfiguration von C-2 und C-3 bezeichnet man als ***threo*-Form**, das Paar **3/4** mit jeweils gleicher Konfiguration als ***erythro*-Form**.

Vergleicht man Verbindung **1** mit **3** oder **2** mit **3**, so ergibt sich, dass diese Verbindungen keine Enantiomere sind, sie unterscheiden sich in der spezifischen Drehung sowie in allen anderen physikalischen Eigenschaften (z. B. Schmelzpunkt, Löslichkeit, Spektren) und zusätzlich bei chemischen Reaktionen. Der Grund dafür ist die verschiedene räumliche Umgebung der OH-Gruppe und der NH_2-Gruppe. Die Moleküle lassen sich durch Drehen und Klappen nicht zur Deckung bringen und sie verhalten sich auch *nicht* wie Bild und Spiegelbild zueinander. Solche Konfigurationsisomere (Stereoisomere) heißen **Diastereomere**.

Diastereomere

! Konfigurationsisomere, die keine Enantiomere sind, werden als **Diastereomere** bezeichnet.

Diastereomere treten auf, wenn eine Verbindung zwei oder mehr Chiralitätszentren besitzt. Die Gesamtzahl der möglichen Konfigurationsisomere einer Verbindung beträgt 2^n, wobei n die Zahl der Chiralitätszentren angibt. Von einer Verbindung mit fünf Chiralitätszentren gibt es 32 Stereoisomere, bei zehn Chiralitätszentren sind es schon 1024. Durch die Chiralität wird die Strukturvielfalt der Kohlenstoffverbindungen nochmals erheblich gesteigert.

18.2.2 Racemat und Racematspaltung

Racemat
Racematspaltung

Ein 1:1-Gemisch der Enantiomere einer Verbindung bezeichnet man als **Racemat**. Will man eine **Racematspaltung** erreichen, d. h. die Enantiomeren trennen, geht dies nicht so einfach, weil ihre physikalischen Eigenschaften bis auf die spezifische Drehung gleich sind. Man muss erst eine chirale Umgebung schaffen, um eine Racemattrennung zu realisieren. Nun gibt es einen alten „Trick", um das Ziel mit einfachen Mitteln zu erreichen: Man derivatisiert die im Gemisch vorliegenden Enantiomere vorübergehend mit einer chiralen Verbindung einheitlicher Konfiguration. Das Reaktionsprodukt der Enantiomere mit dem Hilfsreagenz ist dann ein Diastereomerenpaar, das sich z. B. durch Kristallisation oder Chromatographie leicht trennen lässt. Ist dies erreicht, wird die Stammverbindung wieder freigesetzt und liegt nun optisch einheitlich vor, das jeweils andere Enantiomere ist nicht mehr beigemengt.

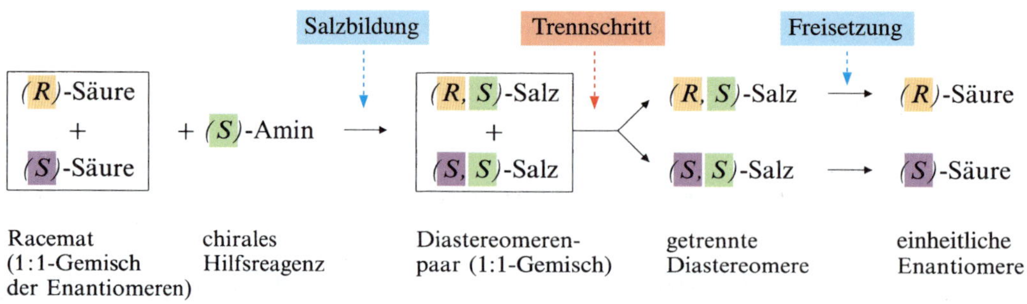

Prinzip der klassischen Racematspaltung

Die *Racematspaltung* einer Carbonsäure mit Hilfe eines chiralen Amins ist oben schematisch dargestellt. In Analogie kann man natürlich ein racemisches Amin mit Hilfe einer chiralen Carbonsäure trennen. Aber auch alle anderen Umsetzungen sind erlaubt, sofern das **chirale Hilfsreagenz** problemlos wieder entfernt werden kann. Als Hilfsreagenz kann auch ein chirales Trägermaterial bei der Chromatographie dienen.

Eine Alternative zur klassischen Racematspaltung wurde im Prinzip schon in Kapitel 18.1.3 erwähnt. Man macht sich die Fähigkeit von Enzymen zur chiralen Erkennung zunutze. *Enzyme* arbeiten in der Regel stereoselektiv, d. h., sie setzen nur ein Enantiomer einer Verbindung um, das andere bleibt unverändert und kann in optisch einheitlicher Form isoliert werden. Die Stereoselektivität hängt mit der räumlichen Anordnung der Substituenten in den Enantiomeren *(= Substrat)* und mit der Chiralität im Reaktionszentrum *(= aktives Zentrum)* des Enzyms zusammen. Nur wenn die Anordnung passt, wird das Substrat gebunden und rasch umgewandelt. Hier wird häufig auch das Bild von **Schlüssel** (Substrat) und **Schloss** (Enzym) verwendet. Nachteil der enzymatischen Racematspaltung ist, dass man immer nur das Stereoisomer erhält, welches das Enzym *nicht* umsetzt. Außerdem geht die Hälfte der Substanz durch die enzymatische Reaktion verloren.

Schlüssel-Schloss-Prinzip

18.2.3 *meso*-Weinsäure

Ein Sonderfall tritt bei den Konfigurationsisomeren der *Weinsäure* auf. Hier sind C-2 und C-3 chiral, tragen aber die gleichen Substituenten (Priorität: OH > COOH > CHOH > H).

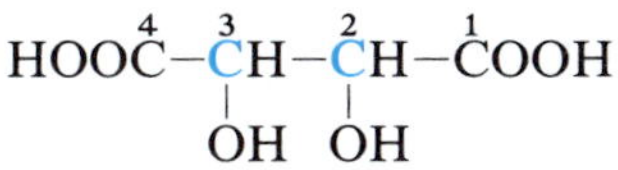

Weinsäure
(die Salze heißen *Tartrate*)

meso-Form

In Anlehnung an das Threonin erwarten wir zunächst vier Konfigurationsisomere (**1**–**4**) mit der angegebenen Konfiguration der Chiralitätszentren. Beim genauen Vergleich zeigt sich, dass die Formeln **3** und **4** durch einfaches Drehen zur Deckung gebracht werden können, also übereinstimmen. **3** und **4** verhalten sich also nur auf dem Papier wie Bild und Spiegelbild. Sie besitzen zwei Chiralitätszentren mit identischen Substituenten, aber entgegengesetzter Konfiguration. Es liegt gewissermaßen ein „inneres Racemat" vor. Solche Verbindungen sind *nicht* chiral und werden als ***meso*-Form** bezeichnet.

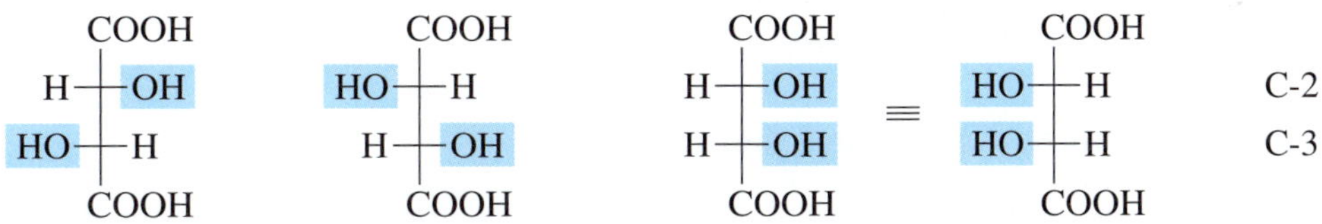

1 (2*R*, 3*R*) — L-(+)-Weinsäure
2 (2*S*, 3*S*) — D-(–)-Weinsäure
3 (2*R*, 3*S*), **4** (2*S*, 3*R*) — *meso*-Weinsäure

L-(+)-Weinsäure, D-(–)-Weinsäure: Schmp. 168–170 °C; $[\alpha]_D^{20} = +12\ (H_2O)$, $[\alpha]_D^{20} = -12\ (H_2O)$

meso-Weinsäure: Schmp. 159–160 °C; $[\alpha]_D^{20} = 0\ (H_2O)$

Somit gibt es von der Weinsäure nur drei Konfigurationsisomere: ein Enantiomerenpaar (**1**/**2**) und eine *meso*-Form (**3** = **4**). Die *meso*-Form ist ihrerseits diastereomer zu den Enantiomeren der Weinsäure. Die 2^n-Regel gilt also nicht, wenn von Molekülen mit zwei oder mehr Chiralitätszentren *meso*-Formen existieren. Die *meso*-Weinsäure ist hinsichtlich der optischen Aktivität von *racemischer* Weinsäure zu unterscheiden. Erstere ist optisch inaktiv, weil das Molekül *nicht chiral* ist; letztere, weil im Racemat gleiche Mengen der optischen Antipoden vorliegen. Das Racemat könnte man in die Enantiomere spalten, was bei der *meso*-Form natürlich nicht geht.

18.3 Zur Struktur organischer Moleküle

18.3.1 Arten der Isomerie

Bei der Besprechung organischer Verbindungen sind wir wiederholt auf Isomere gestoßen. Das bisher Gesagte soll nochmals zusammengefasst werden.

Konstitutionsisomere

Konstitutionsisomerie. Ein organisches Molekül wird zunächst durch seine *Konstitution* charakterisiert, durch die ein ganz bestimmtes Bindungsmuster für die beteiligten Atome festgelegt wird. *Konstitutionsisomere* treten auf, wenn Verbindungen dieselbe Summenformel haben, sich im Bindungsmuster jedoch unterscheiden.

Beispiel: $H_3C–CH_2–OH$ (Ethanol) und $H_3C–O–CH_3$ (Dimethylether) (Summenformel C_2H_6O)

Stereoisomere

Stereoisomerie. Isomere, bei denen das Bindungsmuster *gleich* ist, aber andere Unterschiede zu Tage treten, die die räumliche Anordnung der Atome betreffen, heißen ganz allgemein **Stereoisomere** (Abb. 18/3). Es gibt Stereoisomere, die sich durch Rotation um C–C-Einfachbindungen ineinander umwandeln, das sind z. B. die *Konformere* eines Cyclohexanderivates (☞ Kap. 11.3). Allgemein spricht man von *Konformationsisomeren*. Kennzeichen dieser Verbindungen ist, dass sich die Konformere bei Raumtemperatur nicht getrennt isolieren lassen, weil sie sich rasch ineinander umwandeln.

Konfigurationsisomere

Stereoisomere, bei denen eine Umwandlung ineinander durch Rotation um C–C-Einfachbindungen *nicht* möglich ist, heißen **Konfigurationsisomere.** Zu ihnen gehören die geometrischen Isomere (z. B. *cis*/*trans*-2-Buten), die *cis*/*trans*-Isomere von Cyclohexanderivaten (z. B. *cis*/*trans*-Decalin, ☞ Kap. 11.3.3) und die oben besprochenen Verbindungen mit Chiralitätszentren (Enantiomere, Diastereomere).

Wer sich genauer mit Cyclohexanderivaten beschäftigt, wird feststellen, dass diese auch chiral sein können und es Enantiomere und *meso*-Formen gibt. Auch existieren chirale Moleküle ohne Chiralitätszentren, realisiert ist dies z. B. in einer Helix, die links- oder rechtsgängig sein kann.

18

18.3.2 Konstitution, Konfiguration und Konformation

Die Konstitutionsformel einer komplizierten organischen Verbindung reicht nicht aus, um das Molekül vollständig zu beschreiben. Sind Chiralitätszentren vorhanden, sollte auch deren *Konfiguration* angegeben werden. Enthält ein Molekül außerdem z. B. Cyclohexanringe, so sollte aus der Strukturformel auch deren *Konformation* erkennbar sein. Erst wenn alle

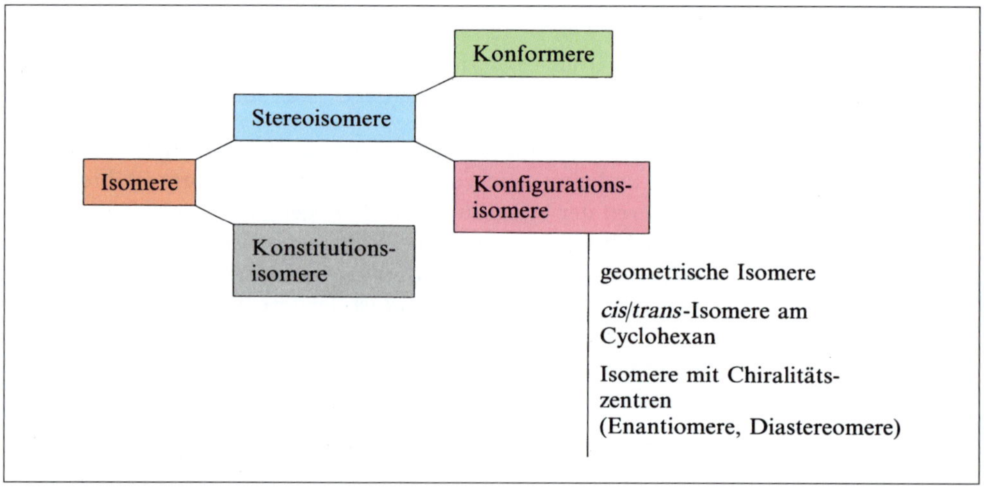

Abb. 18/3 Isomerie organischer Moleküle.

Informationen vorliegen, ist die Beschreibung des Moleküls umfassend und man verwendet den Begriff *Struktur*. In einer planar gezeichneten Verbindung deutet die unterbrochene Bindung an, dass der Substituent hinter der Papierebene steht, der verstärkte Keilstrich, dass er davor steht. H-Atome am Chiralitätszentrum werden in Keilstrichformeln häufig weggelassen, sie sind sinngemäß zu ergänzen, d. h., sie weisen auf die jeweils andere Molekülseite.

Struktur

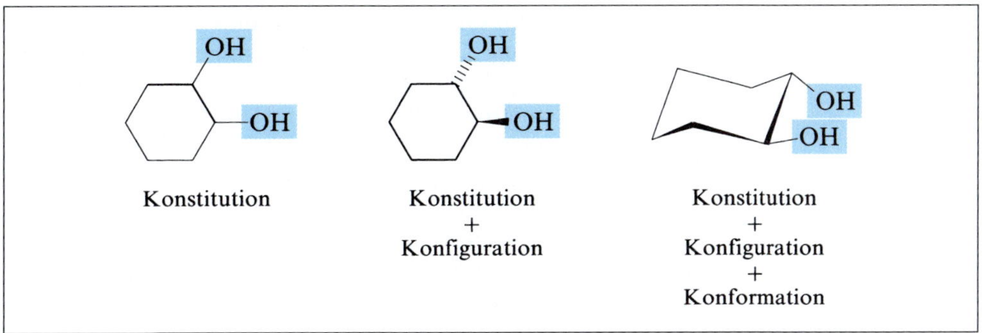

Ein anspruchsvolles Beispiel für eine vollständige Strukturbeschreibung ist das *Cholesterin* (☞ Kap. 13.1.4), das im Ringgerüst sieben Chiralitätszentren enthält (mit Stern markiert) und außerhalb noch ein achtes. Von dem Molekül gibt es theoretisch 256 (2^8) Stereoisomere, von denen nur ein einziges die Funktionen im Stoffwechsel erfüllt. Die drei angegebenen Formeln entwickeln die Struktur des Moleküls wie im vorigen Beispiel. *Konstitution, Konfiguration* und *Konformation* (**3K-Regel**) lassen sich für das Ringsystem nur aus der letzten Formel entnehmen. Für die Seitenkette, die ein weiteres Chiralitätszentrum aufweist, ist die Zickzack-Konformation angegeben.

3K-Regel

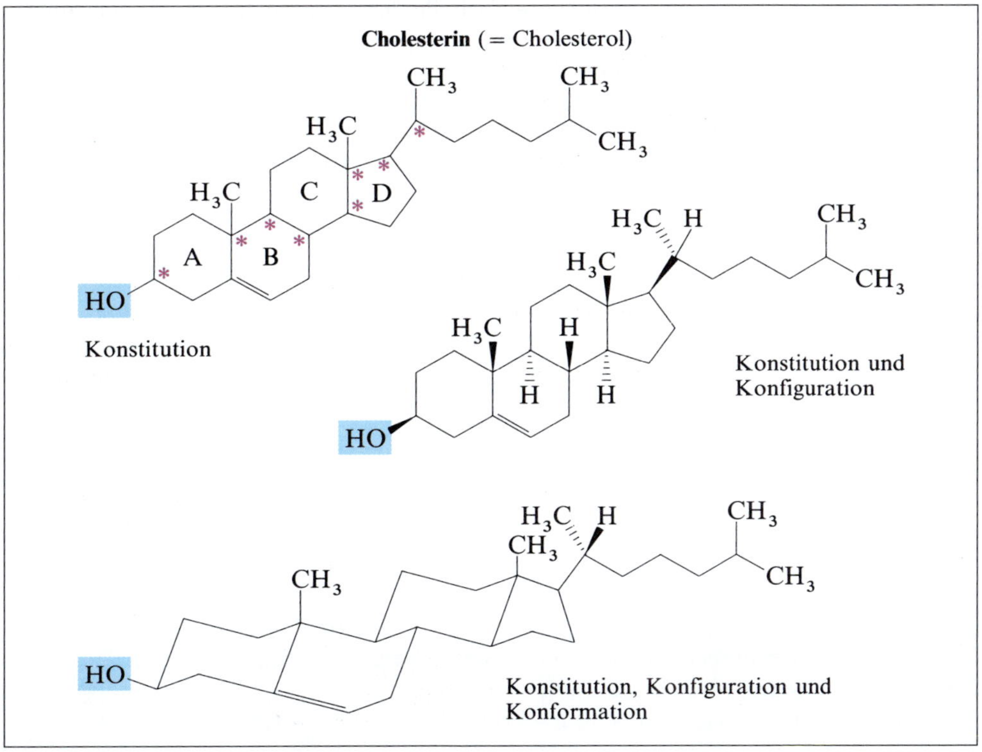

18.3.3 Chiralität bei Arzneimitteln

Viele Arzneimittel sind organische Verbindungen mit einem oder mehreren Chiralitätszentren. Betrachten wir eine bestimmte Verbindung, so existieren von dieser **Konfigurationsisomere** entsprechend der 2^n-Regel. Man weiß heute, dass häufig nur eines der

Konfigurationsisomere die gewünschte Wirkung entfaltet. Im günstigsten Fall sind die anderen Konfigurationsisomere unwirksam, im ungünstigsten Fall haben sie Nebenwirkungen. *Chirale Arzneistoffe* wirken durch Anlagerung z. B. an ein *Enzym* oder einen *Rezeptor*, deren Bindungsstelle ebenfalls chiral ist. Eine Bindung am Wirkort findet nur statt, wenn *Konstitution*, *Konfiguration* und *Konformation* des Arzneistoffs dem Wirkort angepasst sind (**Schlüssel-Schloss-Prinzip**). Da die anderen Stereoisomere unter Umständen an anderen Stellen im Organismus binden und Ursache für unerwünschte Wirkungen sein können, folgt zwingend, dass Arzneistoffe nur **enantiomerenrein** eingesetzt werden sollten. Die Realität sieht jedoch so aus, dass weit mehr als die Hälfte der synthetischen Arzneistoffe mit Chiralitätszentren als Racemate im Handel sind, lediglich bei den von chiralen Naturstoffen abgeleiteten Pharmaka sind es weniger als 5%.

Schlüssel-Schloss

Kennt man die räumlichen Gegebenheiten am Wirkort (Enzym, Rezeptor), kann man den Bindungsraum dreidimensional auf dem Bildschirm darstellen und einen potenziellen Wirkstoff rechnerunterstützt dort einpassen *(„molecular modelling“)*. Daraus ergeben sich Anregungen, ein gegebenes Molekül z. B. durch chemische Synthese gezielt abzuwandeln und damit die Wirkung zu optimieren *(„drug design“)*.

Die Contergan©-Katastrophe

Thalidomid *(= Contergan®)* ist ein hervorragendes Beruhigungs- und Einschlafmittel. Es wurde 1957 eingeführt. Im Verlauf der Anwendung stellte sich heraus, dass es während der ersten Schwangerschaftsmonate u. a. Fehlbildungen an den Gliedmaßen der Kinder hervorruft, also **teratogen** wirkt. Thalidomid enthält ein Chiralitätszentrum und wurde als *Racemat* in den Handel gebracht. Die genauere Prüfung ergab, dass *nur* das *R-(+)-Enantiomer* die gewünschte Wirkung besaß, das *S-(–)-Enantiomer* hingegen die verheerenden Nebenwirkungen. Bei dieser Sachlage würden Sie vom Arzneimittelhersteller jetzt sicher fordern, er solle eine *Racematspaltung* durchführen. Richtig! Dies hätte hier jedoch keinen Erfolg, weil sich die Enantiomere des Thalidomids im Körper ineinander umwandeln, die teratogene Komponente also immer wieder nachgebildet wird. Thalidomid wurde 1961 vom Markt genommen. Inzwischen weiß man, dass es ein hochwirksames Präparat gegen **Lepra** ist und in der Therapie gute Dienste leistet, wenn ausgeschlossen wird, dass schwangere Frauen dieses Mittel erhalten. Ferner wurde entdeckt, dass es immunmodulatorische Wirkungen hat und auch zur Behandlung einer bestimmten Art von Blutkrebs (multiples Myelom) eingesetzt werden kann.

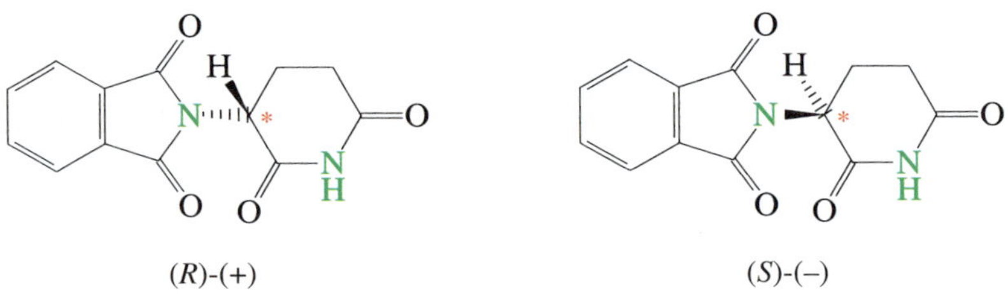

Enantiomere des Thalidomids

Checkliste

Folgende Bezeichnungen/Begriffe sollten Sie erklären oder definieren (s. a. Glossar) und – wo möglich – Beispiele, Gleichungen oder Formeln angeben können:
Chiralitätszentrum – chiral/prochiral – optische Aktivität – spezifische Drehung – chirale Erkennung – Konfiguration – Konfigurationsisomere – Stereoisomere – Enantiomere – Diastereomere – *meso*-Form – Racemat – Racematspaltung – D,L-Nomenklatur – *R*,S-Nomenklatur – Schlüssel-Schloss-Prinzip.

Aufgaben

1. Welche der folgenden Gegenstände des täglichen Lebens sind *chiral*?
   Fußball – ein Schuh – Gabel – Messer – Schöpfkelle mit Ausfluss – Gewindeschraube – Schiffspropeller – Dosenöffner – Auto.
2. Die Wasserlöslichkeit von L-*Alanin* bei 25 °C beträgt 127 g/L. Welche Wasserlöslichkeit hat D-*Alanin*?
3. Welche Konfiguration (D,L- und *R*,S-Nomenklatur) haben

a) 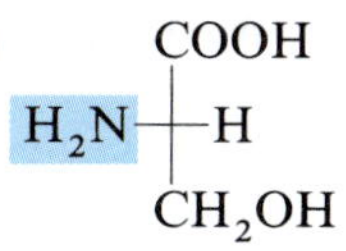

(Serin)

b) 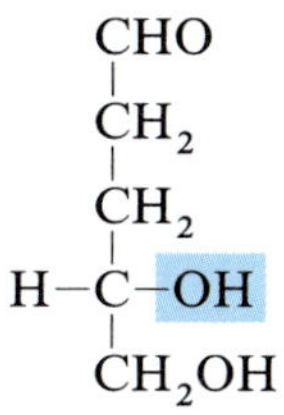

c) 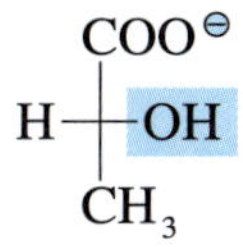

d) 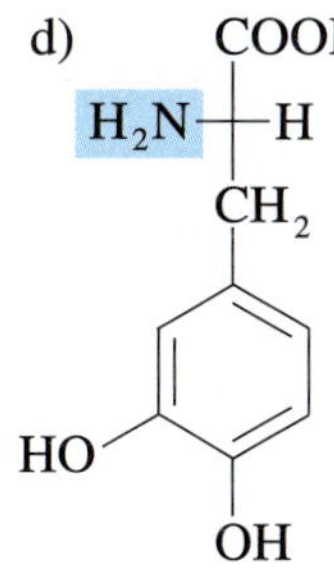

(Dopa)

4. Zeichnen Sie in der *Fischer-Projektion*:
   D-Glycerinaldehyd
   (*S*)-2-Hydroxy-bernsteinsäure (= Äpfelsäure; die Salze heißen Malate)
   meso-2,3-Dibrom-bernsteinsäure
   threo-2,3-Dihydroxy-buttersäure (beide Enantiomere)
5. Der Neurotransmitter *Adrenalin* (Konstitutionsformel ☞ Kap. 13.4.4) wirkt nur als R-(–)-Enantiomer. Geben Sie die Formel unter Berücksichtigung der *Konfiguration* an!
6. Die Biosynthese der Steroide läuft über die *Mevalonsäure*. Aus ihr entsteht als Baustein die Isopren-Einheit (☞ Kap. 11.5.4).
   Ist das abgebildete Molekül *chiral*? Welche Konfiguration hat C-3? Sind C-2 und C-4 prochiral?

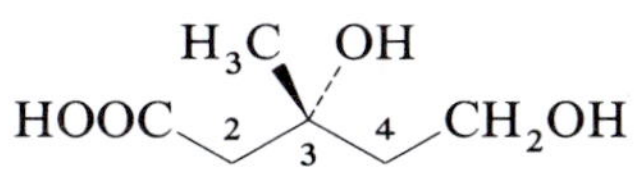

7. Ein C-Atom der nachfolgenden abgebildeten Verbindungen wurde beziffert. Bei welchem der Beispiele ist dieses C-Atom *prochiral*?

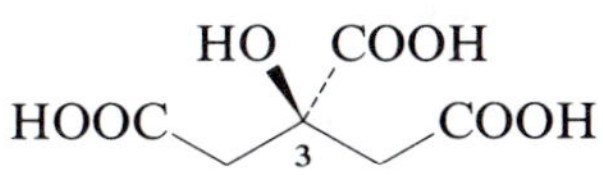

Citronensäure

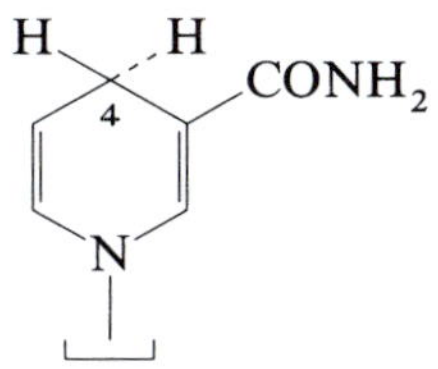

NADH
(s. Kap. 21.3)

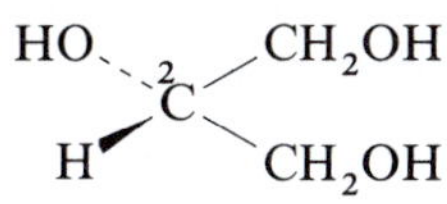

Glycerin

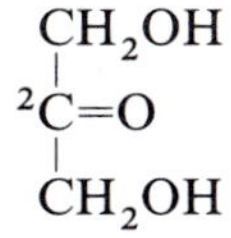

Dihydroxy-
aceton

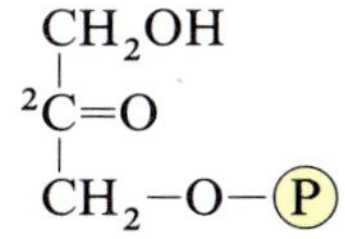

Dihydroxyaceton-
phosphat

8. *(R)-Glycerin-3-phosphat* ist Vorstufe bei der Biosynthese der *Phospholipide*. Schreiben Sie die Verbindung so auf, dass man die angegebene *Konfiguration* erkennt. Wie sieht das Molekül in der *Fischer-Projektion* (Phosphatester unten) aus (L oder D)?
9. *(R)-Glycerin-3-phosphat* entsteht durch enzymatische Reduktion von *Dihydroxyacetonphosphat*. Wie würden Sie die Reaktion hinsichtlich der Stereokontrolle bezeichnen?
10. Wiederholen Sie nochmals, was *Konstitutionsisomere, Konformere* und *Konfigurationsisomere* sind!

11. Hat das Produkt einen Drehwert, wenn Sie *Brenztraubensäure* mit $NaBH_4$ reduzieren? Begründen Sie die Antwort!
12. Sie lesen in der Apotheke die Beipackzettel zweier Arzneimittel. Sie stellen fest, dass beide den gleichen Wirkstoff enthalten, einmal *enantiomerenrein*, einmal als *Racemat*. Die Dosierung ist im ersten Fall halb so hoch wie im zweiten. Das racemische Präparat kostet nur 20% vom anderen. Wie würden Sie sich entscheiden und warum?
13. *Morphin* ist ein Beispiel dafür, dass im menschlichen Organismus häufig nur ein Enantiomer einer chiralen Verbindung eine Wirkung zeigt. (+)-Morphin ist u.a. ein starkes Schmerzmittel (Analgetikum) und macht süchtig, (–)-Morphin ist unwirksam.

    Wie viele *Chiralitätszentren* enthält das abgebildete (+)-Morphin? Welche Angaben zur Struktur lassen sich der Formel entnehmen?

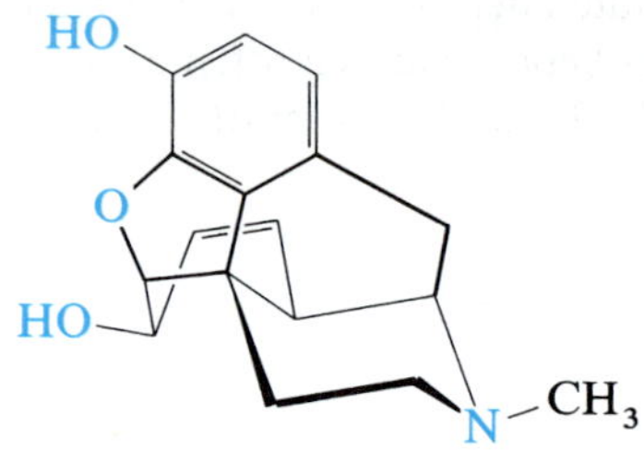

14. Wie viele *Konfigurationsisomere* sind vom *Morphin* denkbar? Da in der Natur nur eines vorkommt, ist hinsichtlich der Biosynthese des Morphins im Schlafmohn eine Schlussfolgerung möglich. Welche?
15. Zwei Stereoisomere (**1** und **2**) der Verbindung 2-Methyl-1,3-butandiol sind abgebildet. Wie viele Stereoisomere sind noch denkbar? Zeichnen Sie diese daneben!

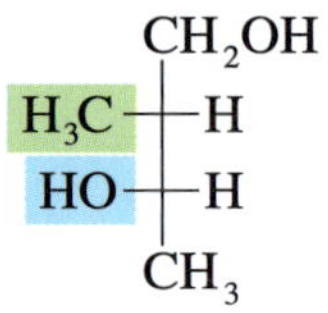

1

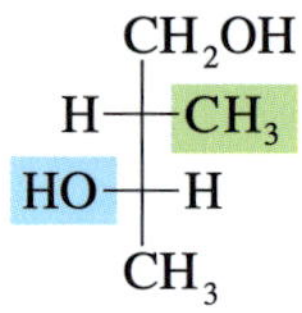

2

Stereoisomer **1** hat eine spezifische Drehung von $[\alpha]_D = +15$ und siedet bei 180 – 182 °C. Für Stereoisomer **2** betragen die Werte $[\alpha]_D = +26$ und 163 – 165 °C. Geben Sie an, welche Werte für die anderen, von Ihnen gezeichneten Stereoisomere gelten!

035 Lösungen der Aufgaben
036 IMPP-Fragen

KAPITEL

19 Aminosäuren und Peptide

Orientierung

Proteine (Eiweiße) sind der Hauptbestandteil der organischen Körpersubstanz, sie bestimmen die Körpergestalt und die Körperfunktionen und tragen das Leben. Muskelproteine z. B. ermöglichen die aktive Bewegung, Hämoglobin sorgt für den Sauerstofftransport im Blut, Membranproteine regulieren den Stofftransport und dienen der Signalvermittlung. Aber auch die Enzyme (Biokatalysatoren) und Immunglobuline gehören in diese Substanzklasse.

Erstaunlicherweise basiert die große Vielfalt der Proteine auf wenigen Bausteinen, den sog. proteinogenen Aminosäuren, die sich zu Aminosäureketten (Peptide) zusammenlagern und noch größere Molekülverbände (Proteine) bilden. Die Aminosäuren sind wie die Buchstaben eines Alphabets, sie dienen dazu, einem größeren „Text" Sinn zu geben, der sich z. B. in der Funktion des Proteins ausdrückt. Da man, ohne die Buchstaben zu kennen, keinen Text lesen kann, widmen wir uns zunächst den Aminosäuren mit ihren Strukturen, Eigenschaften und Reaktionen bis hin zu den Peptiden und bereiten den Übergang in die Welt der Proteine vor.

Antwort erhalten Sie u. a. auf folgende Fragen:

- Worin gleichen und worin unterscheiden sich die Aminosäuren?
- Wie kommt man von den Aminosäuren zu den Peptiden?
- Nach welchen Prinzipien ordnen sich Peptidketten im Raum?
- Was sind biogene Amine und was ist Insulin?

19.1 Einfache Aminosäuren

19.1.1 Struktur

α-Aminocarbonsäuren sind in der Natur sehr häufig, sie sind gemeint, wenn allgemein von „Aminosäuren" die Rede ist. Sie enthalten die vier wichtigsten Elemente der organischen Welt (C, H, O, N), in einigen Fällen kommt noch Schwefel dazu. Dem gleich bleibenden Molekülteil wird in den verschiedenen Aminosäuren ein unterschiedlicher Rest R angehängt.

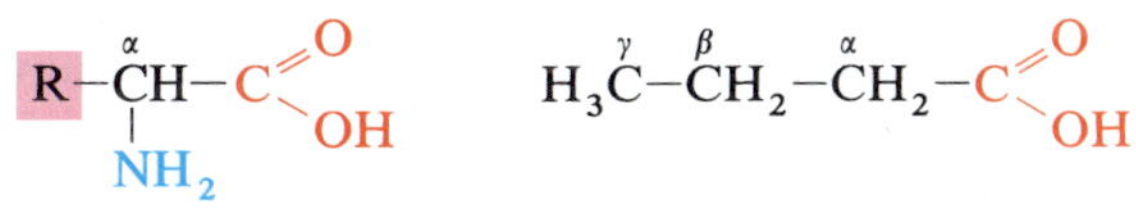

Carboxylgruppe

Wir werfen zunächst einen Blick zurück auf die *Buttersäure* (Butansäure). Wir erkennen als funktionelle Gruppe die **Carboxylgruppe**, die an einer Alkylkette aus drei C-Atomen hängt. Für die Kennzeichnung der C-Atome kann man die Kette – beginnend beim C-Atom der Carboxylgruppe – durchnummerieren oder man benennt die C-Atome der Alkylkette mit kleinen griechischen Buchstaben. Das α-Atom ist dann das der Carboxylgruppe unmittelbar *benachbarte* C-Atom.

Aminogruppe

Substituieren wir in der Buttersäure jeweils ein H-Atom an jedem C-Atom der Alkylkette durch eine **Aminogruppe**, dann ergeben sich die abgebildeten *Aminocarbonsäuren*. Alle drei Verbindungen haben dieselbe Summenformel, aber verschiedene Strukturformeln: Es handelt sich um *Konstitutionsisomere* (☞ Kap. 18.3.1).

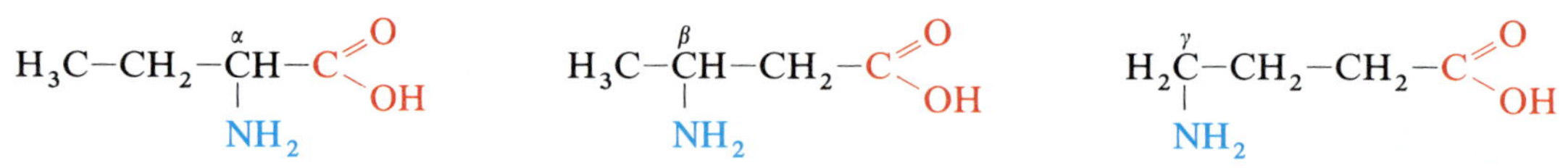

α-Aminobuttersäure β-Aminobuttersäure γ-Aminobuttersäure

α-Aminosäuren

Unter den denkbaren Aminocarbonsäuren sind die **α-Aminocarbonsäuren** am häufigsten. Verallgemeinert ergibt sich die Formel R–CH(NH_2)–COOH, die weiter oben schon farblich markiert zu sehen war. Die natürlich vorkommenden Aminosäuren unterscheiden sich lediglich in dem Rest R, den Sie sich für einige Aminosäuren einprägen müssen (Tab. 19/1).

Tab. 19/1 Name, Abkürzung (Drei-Buchstaben- und Ein-Buchstaben-Code) und Formeln von zehn proteinogenen α-Aminosäuren.

Name	Glycin	Alanin	Phenylalanin	Serin	Cystein
Abkürzung	Gly (G)	Ala (A)	Phe (F)	Ser (S)	Cys (C)
Formel	COOH H_2N-C-H H	COOH H_2N-C-H CH_3	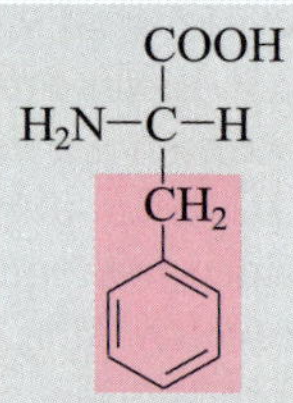	COOH H_2N-C-H CH_2 OH	COOH H_2N-C-H CH_2 SH
Name	Asparaginsäure	Glutaminsäure	Glutamin	Lysin	Histidin
Abkürzung	Asp (D)	Glu (E)	Gln (Q)	Lys (K)	His (H)
Formel	COOH H_2N-C-H CH_2 COOH	COOH H_2N-C-H CH_2 CH_2 COOH	COOH H_2N-C-H CH_2 CH_2 $O=C-NH_2$	COOH H_2N-C-H CH_2 CH_2 CH_2 CH_2 NH_2	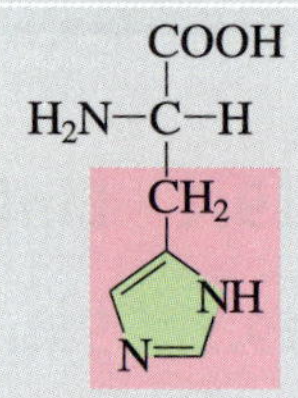

proteinogene Aminosäuren

In Tabelle 19/1 sind nur zehn von insgesamt 21 bekannten **proteinogenen Aminosäuren** aufgeführt, die Ihnen als Bausteine der Proteine von Lebewesen begegnen werden. Wir beschränken uns auf diese, weil sie genügen, um alle grundlegenden chemischen Zusammenhänge zu verstehen. Hervorzuheben ist, dass die Aminosäuren **Cystein** (Cys) und **Methionin** (Met) schwefelhaltig sind. Interessanterweise kann sogar Selen an die Stelle von Schwefel treten. Das **Selenocystein** (Sec) wird heute als die 21. proteinogene Aminosäure gesehen.

Alle anderen der über 200 in der Natur vorkommenden Aminosäuren werden als nicht proteinogen bezeichnet, dazu gehören vor allem D-Aminosäuren, die bei Bakterien häufig sind, oder solche, die keine α-Aminogruppe enthalten. Beispiele sind das **β-Alanin** als Baustein von Coenzym A (☞ Kap. 16.2.5) oder die oben genannte **γ-Aminobuttersäure** (Abk. GABA von engl. ***g**amma-**a**mino**b**utyric **a**cid*) als inhibitorischer Neurotransmitter. Ein Sonderfall ist das nicht proteinogene **Ornithin**, das dem Lysin ähnlich ist, aber nur im Harnstoffzyklus eine Rolle spielt (☞ Kap. 17.1).

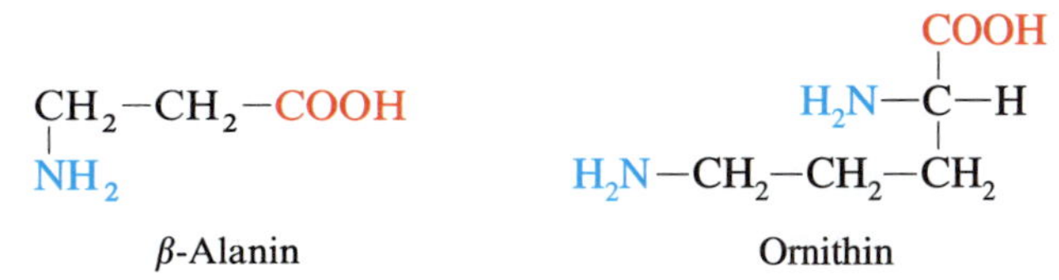

Was bedeuten essenzielle Aminosäuren für den Menschen?

Molekularer *Stickstoff* ist Hauptbestandteil der Erdatmosphäre. Bevor er vom Menschen genutzt werden kann, muss er von Mikroorganismen *fixiert* und von Pflanzen als *Ammoniak* aufgenommen bzw. in *Aminosäuren* eingebaut werden. Aus den Aminosäuren werden dann die *Proteine* gebildet und kommen so in die Nahrungskette von Tier und Mensch. Der Mensch ist von dieser Nahrungskette unmittelbar abhängig, denn er kann nur 10 von den 21 für die Proteinbildung benötigten *(proteinogenen)* Aminosäuren im Stoffwechsel selbst aufbauen, die anderen 11 müssen mit der Nahrung aufgenommen werden, sie sind essenziell. Diese essenziellen Aminosäuren werden aus dem Proteinanteil der Nahrung freigesetzt und dann in die *körpereigenen Proteine* eingebaut.

essenzielle Aminosäuren

Bei der Ernährung ist auf eine ausgewogene Zusammensetzung der Nahrungsproteine zu achten. Wenn nur eine der essenziellen Aminosäuren fehlt oder in zu geringer Menge angeboten wird, steht die Gesundheit auf dem Spiel. Essenzielle Aminosäuren sind: Histidin (His), Isoleucin (Ile), Leucin (Leu), Lysin (Lys), Methionin (Met), Phenylalanin (Phe), Threonin (Thr), Tryptophan (Trp) und Valin (Val). Zusätzlich sind Arginin (Arg) und evtl. auch Tyrosin (Tyr) nur für den heranwachsenden Menschen essenziell.

19.1.2 Chiralität

Mit Ausnahme des *Glycins* (R = H) sind die in der Tabelle 19/1 aufgeführten Aminosäuren *chiral*, d. h., das tetraedrische α-C-Atom trägt vier verschiedene Substituenten. Es existieren *Enantiomere*, deren Konfiguration durch die Buchstaben D oder L gekennzeichnet wird (☞ Kap. 18.1.4). Für die Enantiomere ergeben sich folgende *Stereoformeln* und jeweils daneben die *Fischer-Projektion* (R sind z. B. die Reste der Aminosäuren aus ☞ Tabelle 19/1).

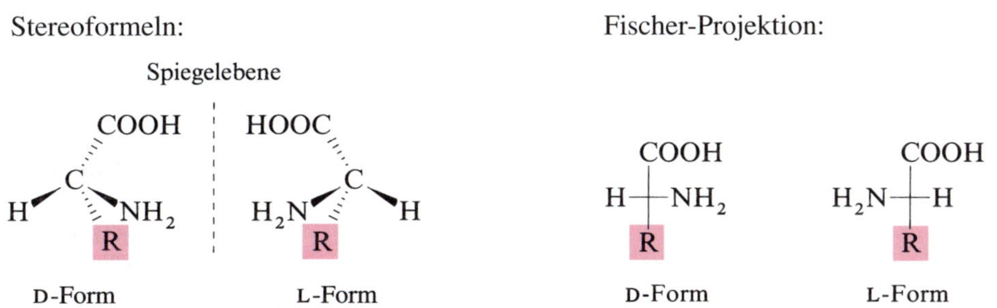

Das α-C-Atom ist so gedreht, dass die C-Atom-Kette vertikal und das am höchsten oxidierte C-Atom (Carboxylgruppe) oben steht. So lässt sich aus der Stereoformel die zugehörige **Fischer-Projektion** ableiten (☞ Kap. 18.1.4). Der Schnittpunkt von waagerechter und senkrechter Bindungslinie symbolisiert das α-C-Atom. Die natürlich vorkommenden proteinogenen Aminosäuren haben die **L-Konfiguration**, was der *S*-Konfiguration in der *R,S*-Nomenklatur entspricht (☞ Kap. 18.1.4) mit Ausnahme des Cysteins, das *R*-konfiguriert ist, weil sich durch den Schwefel die Priorität der Substituenten am Chiralitätszentrum ändert.

Fischer-Projektion

Wenn wir uns im Verlauf dieses Kapitels mit den Eigenschaften und Reaktionen der Aminosäuren beschäftigen, verzichten wir auf Schreibweisen, die die Stereochemie der Moleküle berücksichtigen.

19.1.3 Zwitterion

Zwitterion

Ampholyt

Aminosäuren enthalten im selben Molekül eine funktionelle Gruppe mit *sauren* (rot) und eine mit *basischen* (blau) Eigenschaften, sie sind *amphoter*. Aus der ungeladenen Form gibt die Carboxylgruppe in wässriger Lösung ein Proton ab, das sich an das freie Elektronenpaar der Aminogruppe anlagern kann. Aus der Carboxylgruppe (Säure) wird jetzt die konjugierte Base (Carboxylat-Ion, blau), entsprechend aus der Aminogruppe (Base) die konjugierte Säure (Ammonium-Ion, rot). Die ungeladene Form steht mit dem **Zwitterion**, das man auch als „inneres Salz" *(Ammoniumcarboxylat)* ansehen kann, im Gleichgewicht. In diesem überwiegt allerdings das Zwitterion, das wie die ungeladene Form ein **Ampholyt** ist.

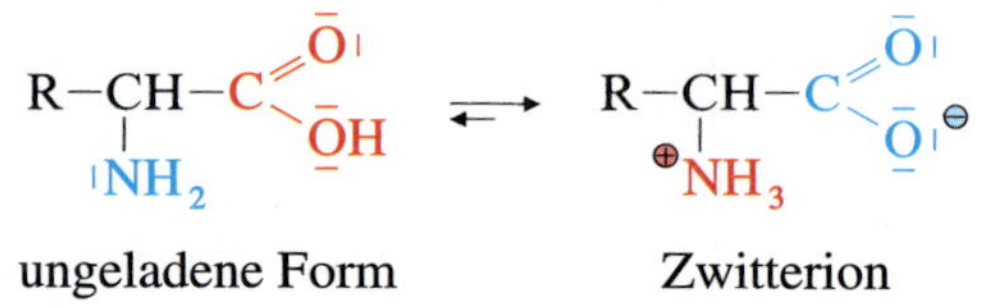

An dieser Protonenverschiebung ist das Lösungsmittel Wasser beteiligt, d.h., das aus der Carboxylgruppe stammende Proton bindet nicht direkt an die Aminogruppe desselben Aminosäuremoleküls. Die Wassermoleküle nehmen Protonen auf und geben sie an anderer Stelle weiter. Es pendelt sich eine bestimmte $H_3O^{\oplus}$-Konzentration ein, d.h., die wässrige Aminosäurelösung hat einen bestimmten pH-Wert, der von der *Acidität* bzw. *Basizität* der funktionellen Gruppe abhängt. Nach außen hin sind die Ladungen ausgeglichen.

Das Zwitterion einer Aminosäure bleibt auch dann existent, wenn das Wasser verdampft wird. In festem Zustand werden elektrostatische Kräfte zwischen den Molekülen wirksam (wie bei Salzen), was verständlich macht, dass Aminosäuren bei Raumtemperatur *fest* sind und einen *hohen* Schmelzpunkt haben. Weil polare Gruppen im Molekül überwiegen, sind Aminosäuren in der Regel *wasserlöslich*, vor allem, wenn der Rest auch noch *hydrophil* ist (z.B. bei Glu, Asp, Ser). Bei *hydrophoben* Resten (z.B. Phe) ist die Wasserlöslichkeit geringer. Man kann eine Klassifizierung in *hydrophobe* und *hydrophile* Aminosäuren vornehmen.

hydrophil
hydrophob

19.1.4 Molekülform in Abhängigkeit vom pH-Wert

Für die einzelnen funktionellen Gruppen einer Aminosäure existieren aufgrund der Wechselwirkung mit dem Wasser verschiedene Dissoziationsgleichgewichte.

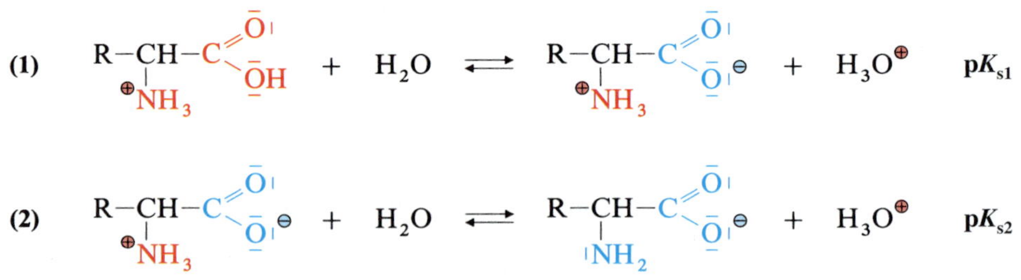

Für jede der funktionellen Gruppen ergibt sich mit Hilfe des Massenwirkungsgesetzes der K_s-Wert und daraus der *pK_s-Wert* (pK_s = – $^{10}\log K_s$). Die funktionellen Gruppen werden nach abnehmender Acidität durchnummeriert. pK_{s1} beträgt für neutrale α-Aminosäuren 2 – 3 und pK_{s2} etwa 10. Es fällt auf, dass die Carboxylgruppe *acider* ist als in einer normalen Monocarbonsäure (Essigsäure pK_s = 4,76). Die Ursache dafür ist bei der positiv geladenen, α-ständigen Ammoniumgruppe zu suchen, die die Abspaltung eines positiv geladenen Teilchens (hier Proton) aus dem Molekül erleichtert. Die $NH_3^{\oplus}$-Gruppe wirkt damit auf den pK_s-Wert einer Carboxylgruppe wie ein elektronegativer Substituent (z. B. –Cl) in gleicher Position (☞ Kap. 16.1.2).

Hydrochlorid

Salzbildung. Geht man von der wässrigen Lösung des Zwitterions aus und gibt eine starke Säure (z. B. HCl) dazu, dann wird das Carboxylat-Ion protoniert. Am Ende liegt das Aminosäure-Molekül als *Kation* vor, dessen positive Ladung durch das $Cl^{\ominus}$-Ion ausgeglichen wird. Entstanden ist ein Salz der Aminosäure, in unserem Fall das **Hydrochlorid**.

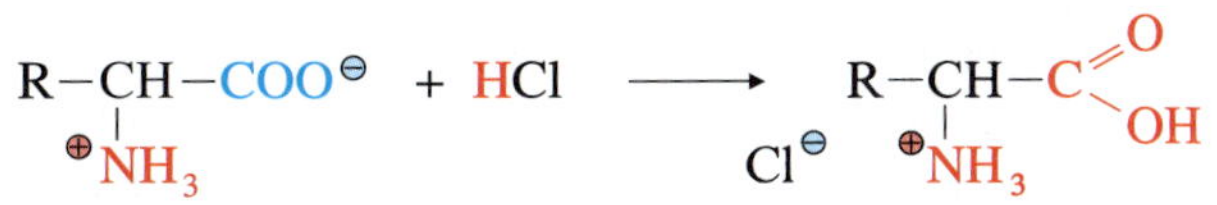

Zwitterion Hydrochlorid

Gibt man umgekehrt zur wässrigen Aminosäurelösung eine Base (z. B. NaOH), so geben die $NH_3^{\oplus}$-Gruppen des Zwitterions Protonen an die $OH^{\ominus}$-Ionen ab. Aus dem Zwitterion wird ein Anion, dessen negative Ladung ein $Na^{\oplus}$-Ion ausgleicht. Entstanden ist das **Natriumsalz** der Aminosäure.

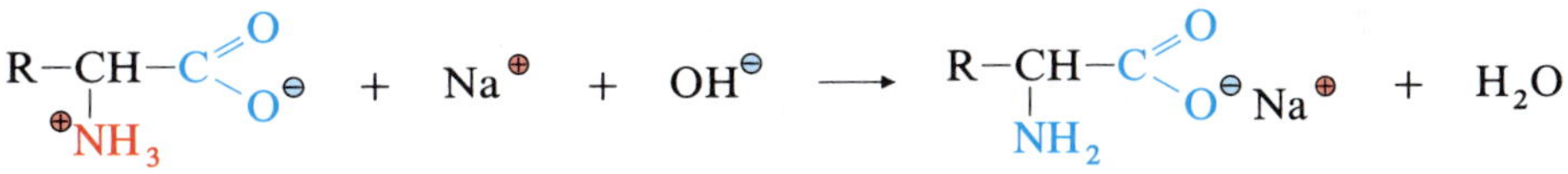

Natriumsalz

19.1.5 Chelatkomplexe

Chelatkomplex

Die Anionen einer α-Aminosäure bilden mit $Cu^{2\oplus}$-Ionen blaue, gut kristallisierende *Chelatkomplexe* (☞ Kap. 10.3). Als Liganden treten das N-Atom der NH_2-Gruppe und ein Sauerstoffatom der Carboxylatgruppe auf. Unter Einbeziehung des Metallions entsteht ein Fünfring. Da $Cu^{2\oplus}$ die Koordinationszahl 4 hat, treten zwei Aminosäure-Moleküle an das *Zentral-Ion*. Sofern der Rest R keine weiteren geladenen Gruppen enthält, ist der gesamte Chelatkomplex neutral und löst sich deshalb nur noch *schwer* in Wasser. Ein überraschender Effekt, da die einzelnen Bestandteile des Chelatkomplexes ($Cu^{2\oplus}$ und das Aminosäure-Anion) gut in Wasser löslich sind. Verständlich wird dies, weil die *hydrophilen* Gruppen der Liganden-Moleküle in das Innere des Chelatkomplexes weisen und dort das $Cu^{2\oplus}$-Ion einhüllen.

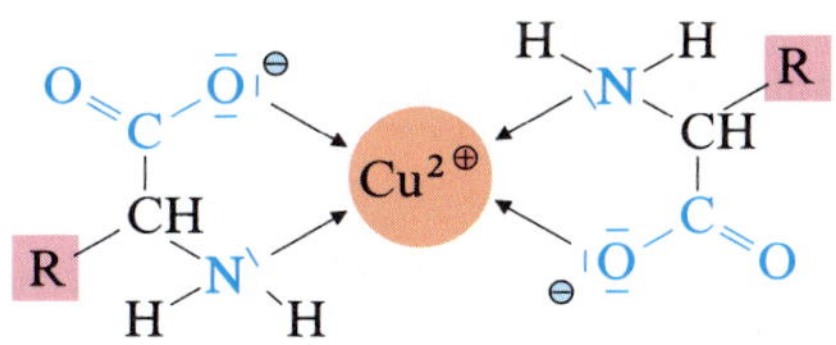

Chelatkomplex einer α-Aminosäure

Stabilisierung von Raumstrukturen. In einem *Chelatkomplex* werden Aminosäuren in bestimmter Weise *räumlich* fixiert, entsprechend auch die Reste R am α-C-Atom. Auf diese Weise können Metallionen die Struktur komplizierter Moleküle beeinflussen, an deren Aufbau Aminosäuren beteiligt sind. Neben $Cu^{2\oplus}$ kommen in der Zelle z. B. $Zn^{2\oplus}$, $Mn^{2\oplus}$ oder $Fe^{2\oplus}$ vor, deren Bedeutung für biochemische Vorgänge verständlich wird (☞ Kap. 2.5 und 10.6). Die katalytische Wirkung der *Enzyme* ist von der Bildung des Reaktionszentrums *(= aktives Zentrum)* abhängig, dessen Raumstruktur dem Substrat angepasst sein muss. Metallionen, die Chelatkomplexe bilden, stabilisieren Raumstrukturen z. B. von Enzymen, die aufgrund der Chiralität der Aminosäure-Bausteine selbst chiral sind. Die Metallionen können zuweilen auch selbst an der enzymatischen Reaktion beteiligt sein.

19.1.6 Titrationskurve und Puffereigenschaften

Kation
Zwitterion
Anion

Wir haben gesehen, dass es vom pH-Wert einer Lösung abhängt, welche Molekülform einer Aminosäure überwiegt. Kation, Zwitterion oder Anion stehen miteinander im Gleichgewicht, d. h., die Formen existieren in unterschiedlicher Konzentration auch nebeneinander. Der ungeladenen Form kommt die *geringste* Bedeutung zu, obwohl Aminosäuren häufig so geschrieben werden. Solange es nur um die Struktur geht (Konstitution und Konfiguration), spielt das keine Rolle. Will man jedoch die Eigenschaften der Aminosäuren verstehen, darf man bei dieser Formel nicht stehen bleiben, sie ist dann sogar *falsch*.

Beispiel: Wir wollen jetzt 10 mL einer 0,1 M Lösung von Glycin-hydrochlorid mit 0,1 M NaOH titrieren. Die Änderung des pH-Wertes bei Zugabe der Base wird mit einem pH-Meter gemessen und als *Titrationskurve* (Abb. 19/1) aufgezeichnet.

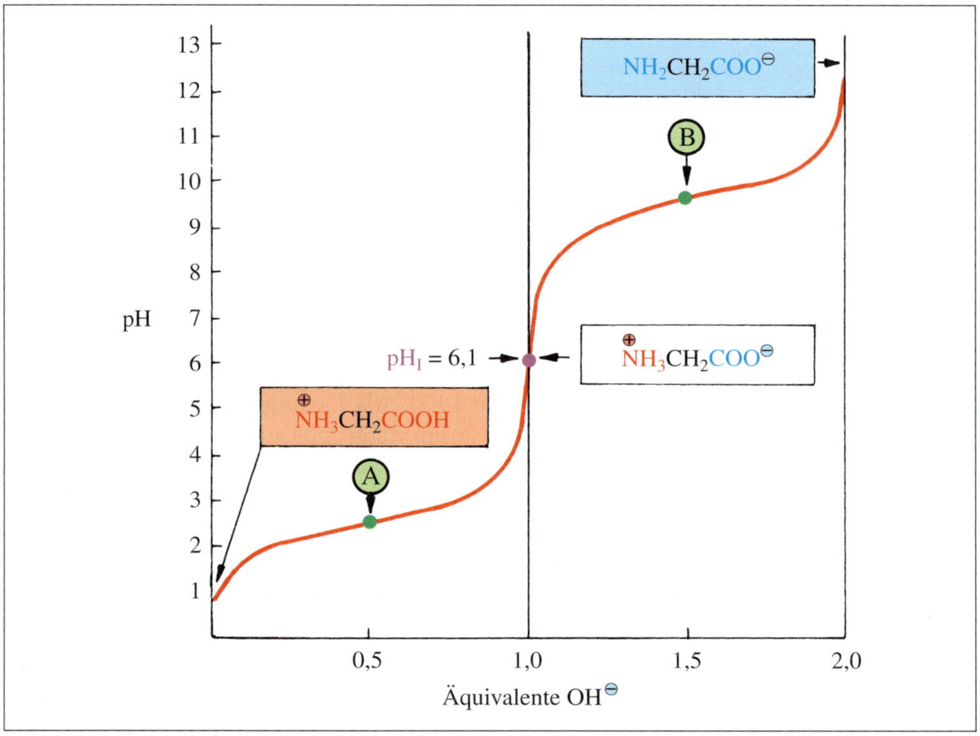

Abb. 19/1 Titrationskurve von Glycin-hydrochlorid mit NaOH (pH_I = isoelektrischer Punkt)

Die zweistufige Kurve ist für eine *zweiprotonige* Säure typisch. Den Äquivalenzpunkt für die 1. Stufe (Kation ⟶ Zwitterion) erreicht man nach Zugabe von 10 mL (ein Äquivalent) der Lauge, den für die 2. Stufe (Zwitterion ⟶ Anion) nach 20 mL. Der pH-Wert am Wendepunkt (**A**) des ersten Kurvenastes (nach Zugabe von 5 mL) entspricht $pK_{s1} = 2{,}4$, der Wendepunkt (**B**) im zweiten Kurvenast führt zu $pK_{s2} = 9{,}8$.

pH-Optimum
Glycin-Puffer

Außer den pK_s-Werten und dem pH-Wert am Äquivalenzpunkt der beiden Stufen lässt sich aus der Titrationskurve ablesen, dass es für Glycin und seine Salze zwei Pufferbereiche gibt, die ihr *pH-Optimum* entsprechend den pK_s-Werten bei 2,4 (Punkt **A**) und 9,8 (Punkt **B**) haben. **Glycin-Puffer** im alkalischen Bereich werden häufig verwendet; man geht von einer Glycinlösung mit vorgegebener Konzentration (z. B. 0,2 M) aus und stellt mit NaOH den gewünschten pH-Wert ein. Aus der *Puffergleichung* ergibt sich, dass beim pH-Optimum (pH = 9,8) folgende Puffersubstanzen in gleicher Konzentration nebeneinander vorliegen.

$$\text{pH} = 9{,}8 \qquad [^{\oplus}NH_3-CH_2-COO^{\ominus}] = [NH_2-CH_2-COO^{\ominus}]$$

pH-Optimum — Zwitter-Ion — Anion

19.1.7 Isoelektrischer Punkt

Welchen Anteil die verschieden geladenen Molekülformen einer Aminosäure in einer wässrigen Lösung haben, hängt vom pH-Wert ab. Wir führen folgendes Experiment aus: Ein Filterpapierstreifen wird mit einer Pufferlösung angefeuchtet, die einen bestimmten pH-Wert hat. In der Mitte des Papiers markiert man einen Startpunkt, trägt dort einen Tropfen Aminosäurelösung (z. B. Glycin) auf und legt an die Enden des Streifens über geeignete Kontakte eine Gleichspannung. Diese Versuchsanordnung nennt man *„Papierelektrophorese“* (Abb. 19/2). Nach einiger Zeit entfernt man die Elektroden, trocknet den Papierstreifen und besprüht ihn mit einer *Ninhydrinlösung* (Reagenz auf Aminosäuren). Kurzes Erwärmen macht die Aminosäure als *violetten* Fleck sichtbar.

Elektrophorese

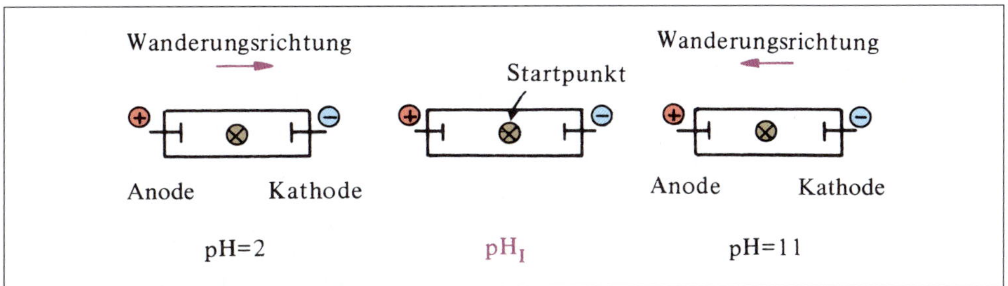

Abb. 19/2 Prinzip der Papierelektrophorese für Glycin.

Folgendes lässt sich bei der **Elektrophorese** beobachten (Abb. 19/2): Bei pH = 2 wandert die Aminosäure zur Kathode (–), denn die Kationen überwiegen. Bei pH = 11 liegen vor allem Anionen vor, die in der Pufferlösung zur Anode (+) wandern. Bei einem bestimmten pH-Wert entfernt sich die Aminosäure nicht vom Startfleck. In dem Fall herrscht ein *isoelektrischer* Zustand, d. h., die Zahl der negativen Ladungen kompensiert gerade die der positiven. Die Aminosäure liegt überwiegend als Zwitterion vor, das nach außen elektrisch neutral ist. Es kommt keine Bewegung zu einer der Elektroden zustande. Am isoelektrischen Punkt hat jede Aminosäure die geringste Wasserlöslichkeit.

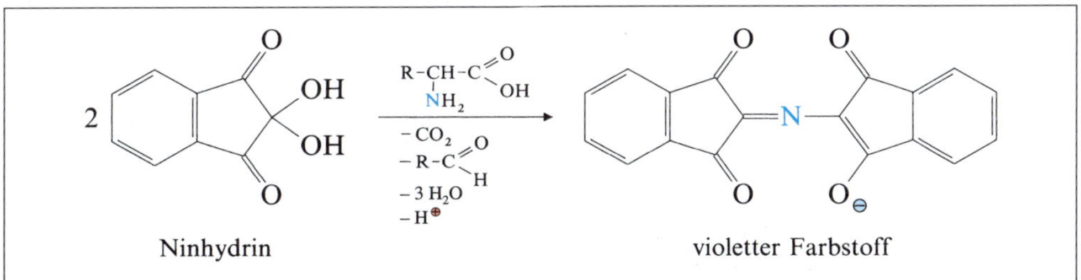

isoelektrischer Punkt

! Der pH-Wert, bei dem der isoelektrische Zustand erreicht wird, heißt **isoelektrischer Punkt** (pH_I; auch IEP, pI oder iP). Er ist eine für jede Aminosäure charakteristische Konstante, die von den pK_s-Werten der funktionellen Gruppen abhängt. Auch Peptide und Proteine besitzen *einen* isoelektrischen Punkt.

Für das *Glycin* lässt sich der dem isoelektrischen Punkt entsprechende pH-Wert aus dem *arithmetischen* Mittel der beiden pK_s-Werte berechnen.

Glycin 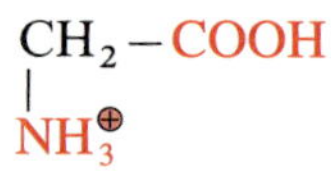

$pK_{s1} = 2{,}4$

$pK_{s2} = 9{,}8$

$$pH_I = \frac{pK_{s1} + pK_{s2}}{2} = 6{,}1$$

Enthält eine Aminosäure noch weitere saure oder basische Gruppen im Rest R, so werden zur Berechnung des isoelektrischen Punktes aus den pK_s-Werten im ersten Fall nur die pK_s-Werte der sauren und im zweiten Fall die der basischen Gruppen berücksichtigt.

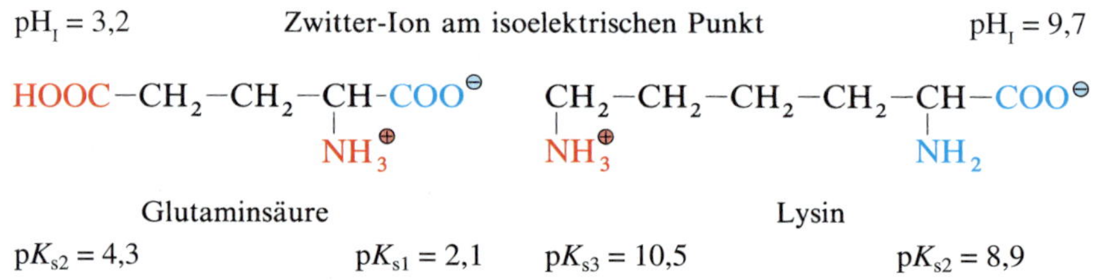

saure/basische/ neutrale Aminosäure

Bei der *Glutaminsäure* verschiebt sich der isoelektrische Punkt in den sauren Bereich ($pH_I = 3{,}2$), man zählt diese Verbindung – ebenso wie die Asparaginsäure – zu den „**sauren**" Aminosäuren. Beim *Lysin* erfolgt die Verschiebung in den alkalischen Bereich ($pH_I = 9{,}7$), man spricht von einer „**basischen**" Aminosäure. Demgegenüber werden Aminosäuren mit einem isoelektrischen Punkt zwischen $pH_I = 5 - 6{,}5$ als „**neutral**" bezeichnet (z. B. Glycin, Alanin, Phenylalanin und Glutamin). *Histidin* nimmt eine Mittelstellung ein. Der isoelektrische Punkt liegt im schwach basischen ($pH_I = 7{,}6$), d. h. im physiologischen pH-Bereich. Das Stickstoffatom im Ring, das keinen Wasserstoffatom trägt, ist schwach basisch ($pK_s = 6{,}0$), d. h., im Bereich pH = 4 – 8 kann dieses N-Atom protoniert oder deprotoniert werden, was bei vielen Enzymreaktionen genutzt wird.

Molekülformen des Histidins in Abhängigkeit vom pH-Wert:

$pK_{s1} = 1{,}8$

$pK_{s2} = 9{,}2$

$pK_{s3} = 6{,}0$

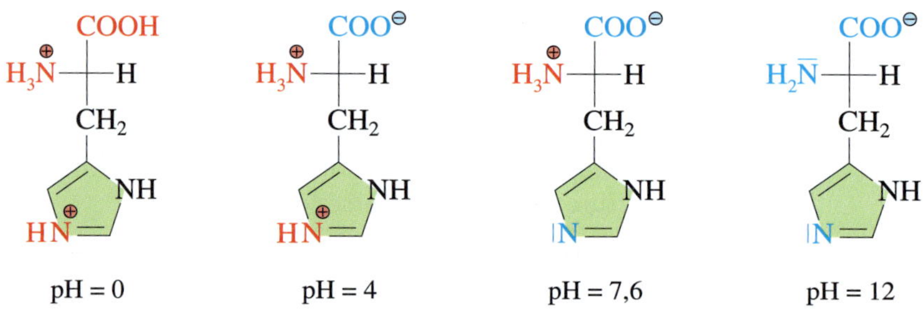

19

! Aminosäuren werden anhand ihrer pH_I-Werte als **sauer**, **neutral** oder **basisch** klassifiziert. Anhand ihrer Reste R unterscheidet man ferner **hydrophobe** und **hydrophile** (polare) Aminosäuren.

Aus der analytischen Trickkiste. Sie erhalten die Aufgabe, den Gehalt einer Glycinlösung durch Titration mit 0,1 M Natronlauge zu bestimmen. Als Indikator steht Phenolphthalein zur Verfügung (☞ Kap. 8.6, 8.9). Ein Blick auf die Titrationskurve des Glycins (☞ Abb. 19/1) zeigt Ihnen, dass der Äquivalenzpunkt bei etwa pH = 12 liegt. Der Farbumschlag des Phenolphthaleins (farblos nach rot) erfolgt aber schon bei pH = 8 – 10, d. h., so können Sie den Äquivalenzpunkt der Titration nicht bestimmen.

Nun kommt der Trick (Bestimmung nach *Sörensen*): Sie titrieren die Glycinlösung in Gegenwart von Phenolphthalein bis zum Farbumschlag und notieren sich die mL 0,1 M NaOH, die sie bis dahin verbraucht haben. Die nunmehr schwach alkalische Lösung versetzen Sie mit einem Überschuss an Formaldehyd, der natürlich keine Ameisensäure enthalten darf (vorher prüfen). Formaldehyd addiert sich zweifach an die freie Aminogruppe des Glycins.

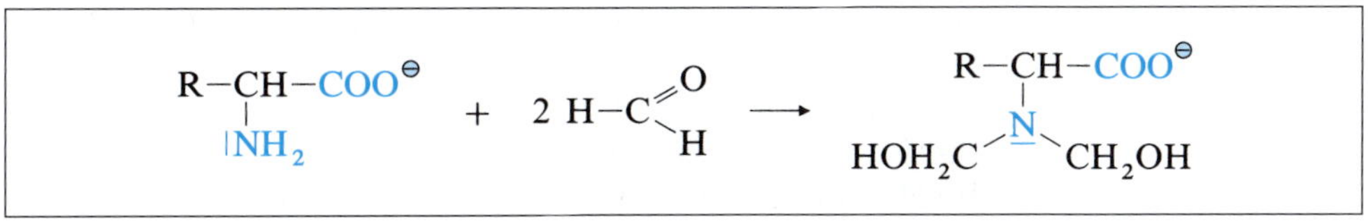

Durch die beiden Hydroxymethylengruppen am N-Atom wird dieses schwächer basisch, d. h., der pK_{s2}-Wert verschiebt sich von 9,8 auf ca. 6,8. Die noch nicht vollständig titrierten Protonen des Glycins verschieben den pH-Wert der Lösung von pH = 8 vor der Formaldehyd-Zugabe auf etwa pH = 5 nach der Zugabe. So kann mit 0,1 M NaOH bis zum erneuten Farbumschlag titriert werden, der jetzt ziemlich genau am Äquivalenzpunkt erfolgt. Die bis dahin verbrauchten mL 0,1 M NaOH werden mit dem ersten Wert zum Gesamtverbrauch addiert. Daraus lässt sich der Gehalt der Glycinlösung dann berechnen.

19.1.8 Decarboxylierung zu biogenen Aminen

Von den Aminosäuren leiten sich einige wichtige Amine ab, die man als **biogene Amine** bezeichnet. Formal ist bei ihnen die Carboxylgruppe (–COOH) durch ein H-Atom ersetzt. Biogene Amine entstehen enzymkatalysiert. Zur Aktivierung wird mit Pyridoxalphosphat ein Imin gebildet (☞ Kap. 14.6). In Gegenwart entsprechender Enzyme kommt es dann nicht zur Transaminierung, sondern zur *Decarboxylierung*. Im nachfolgenden Formelbild finden Sie einige Beispiele für diese Reaktion.

! Die Abspaltung von CO_2, die zum Verlust einer Carboxylgruppe führt, bezeichnet man als **Decarboxylierung**.

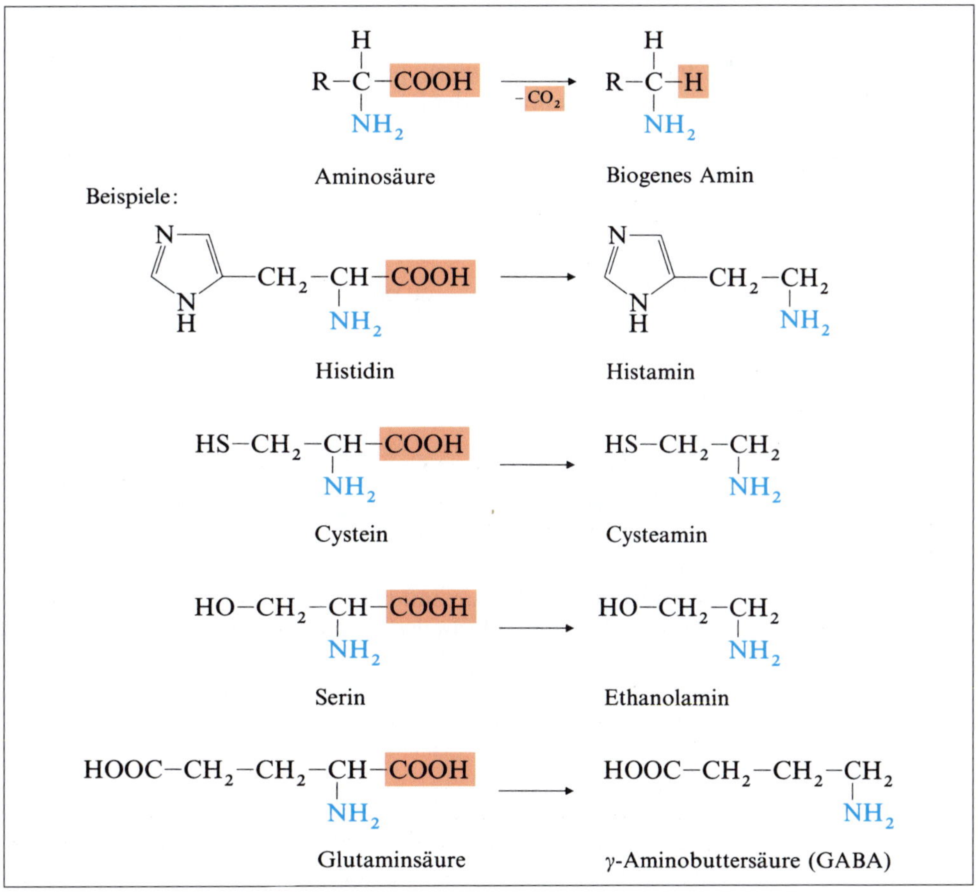

Histamin – ein Mediator bei Allergien

Histamin entsteht bei der Decarboxylierung von Histidin. Es kommt beim Menschen in allen Geweben vor und wird in *Mastzellen* (Haut, Lunge, Darm u.a.) oder *basophilen Granulozyten* (Blut, Knochenmark) gespeichert. Die Freisetzung erfolgt u.a. durch eine *Immunglobulin(Ig)-E-vermittelte Überempfindlichkeitsreaktion*, die durch bestimmte Substanzen *(Allergene)* ausgelöst werden kann. Freies Histamin stimuliert **Histamin-Rezeptoren**, die Stoffwechselreaktionen auslösen, an deren Ende verschiedene Wirkungen eintreten. Histamin ist also weder ein Allergen, noch ist es für die Allergiesymptome direkt verantwortlich; es ist in diesem Geschehen ein Vermittler (**Mediator**). Zu den auftretenden Wirkungen gehören z.B. Blutdruckabfall, Erhöhung der Kapillarpermeabilität und Herzfrequenz, Kontraktion der glatten Muskulatur in Bronchien und Darm, Juckreiz. Die Reaktionen des Körpers können sehr heftig sein, wenn eine besondere Sensibilisierung für bestimmte Allergene (z.B. Penicillin, Bienengift, Pollen, Erdbeeren) besteht, es kann dann im Extremfall zum **anaphylaktischen Schock** kommen. Für die Behandlung der allergischen Reaktionen verwendet man **Antihistaminika**. Dies sind Arzneistoffe, die Histamin *kompetitiv* von seinen Rezeptoren verdrängen.

19.1.9 Veresterung und Acylierung

Jede Aminosäure hat zwei Gesichter, das der sauren Carboxylgruppe und das der basischen Aminogruppe. Will man an einem solchen System chemische Reaktionen durchführen, muss man sich entscheiden, welches der Gesichter verändert werden soll. Zum einen muss man sich in der Carbonsäure-Chemie auskennen (☞ Kap. 16), zum anderen sich an der Chemie der primären Amine orientieren (☞ Kap. 13.4). Dies soll an zwei einfachen Beispielen verdeutlicht werden.

Esterbildung. Im *Glycin* z.B. lässt sich die *Carboxylgruppe* mit Methanol in Gegenwart von HCl verestern. Wir wollen die einzelnen Schritte dieser Reaktion ansehen: Glycin liegt als Zwitterion (**a**) vor. In Methanol/HCl bildet sich zunächst das Kation des Glycins (**b**), dessen freie Carboxylgruppe dann ganz normal verestert wird. Der gebildete Glycinmethylester kann aus der Lösung als Hydrochlorid (**c**) isoliert werden. Durch Zugabe einer äquivalenten Menge Base (z.B. NaOH) lässt sich der Ester statt als Hydrochlorid auch als freie Base (**d**) gewinnen. **Glycin-methylester** hat die Eigenschaften eines primären aliphatischen Amins.

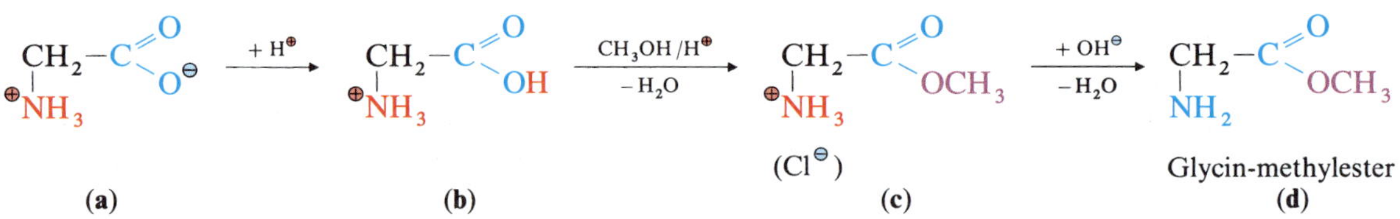

N-Acylierung. Soll die Aminogruppe des Glycins zur Reaktion gebracht werden, muss sie als freie NH_2-Gruppe vorliegen, was durch Zugabe der äquivalenten Menge Base zum Zwitterion (**a**) erreicht wird. Das Anion (**e**) reagiert nun an der NH_2-Gruppe z.B. mit einem Säurechlorid zum Säureamid, das je nach pH-Wert als Salz (**f**) oder als freie Säure (**g**) isoliert wird. ***N*-Acyl-glycin** verhält sich wie eine aliphatische Carbonsäure.

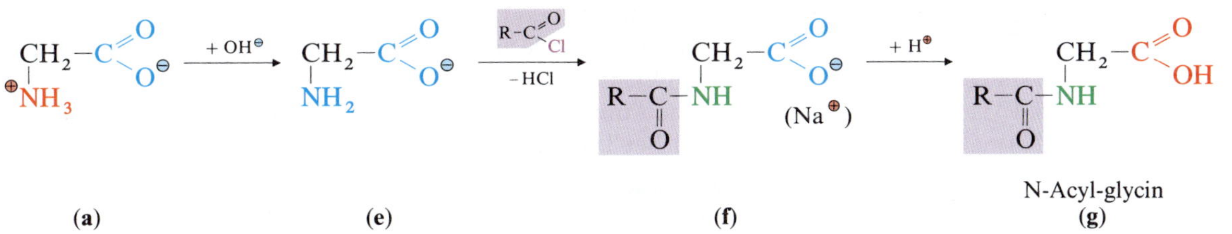

Der Umgang mit Aminosäuren wird häufig deshalb als schwierig empfunden, weil nicht nur die Reagenzien, sondern auch der **pH-Wert der Lösung** eine Rolle spielen. Er entscheidet, ob eine Reaktion an einer der beiden funktionellen Gruppen stattfindet und in welcher Form das Reaktionsprodukt (Salz oder neutrales Molekül) isoliert wird. Sobald Ihnen dieser Zusammenhang an einfachen Molekülen einleuchtet, brauchen Sie vor größeren Molekülen nicht mehr zurückzuschrecken.

Checkliste

Folgende Bezeichnungen/Begriffe sollten Sie erklären oder definieren (s. a. Glossar) und – wo möglich – Beispiele, Gleichungen oder Formeln angeben können:
α-Aminosäuren – proteinogene Aminosäuren – essenzielle Aminosäuren – hydrophobe und hydrophile Reste – D,L-Nomenklatur – Zwitterion – Hydrochlorid – Chelatkomplex – Glycin-Puffer – isoelektrischer Punkt – Elektrophorese – saure/basische/neutrale Aminosäuren – Decarboxylierung – biogene Amine.

Aufgaben

1. Formulieren Sie das L-*Cystein*, L-*Glutaminsäure* und D-*Alanin* in der Fischer-Projektion.
2. Gibt es vom Glycin *Enantiomere?* Begründen Sie die Antwort.
3. Formulieren Sie das *Zwitterion* des Phenylalanins und des Lysins.
4. Wie liegt *Lysin* in 1 M Salzsäure vor?
5. Welche der Carboxylgruppen der *Glutaminsäure* ist acider? Warum?
6. Gehört *Glutamin* zu den sauren, neutralen oder basischen Aminosäuren?
7. Welche der Aminosäuren in Tabelle 19/1 ist hydrophob?
8. Für Histidin gilt $pH_I = 7{,}6$. Warum verschiebt sich der Wert im Vergleich zu Alanin ($pH_I = 6{,}0$) ins Basische?
9. Bei welchem pH-Wert würden Sie Alanin und Glutaminsäure in der *Papierelektrophorese* trennen?
10. Ist es denkbar, dass eine Aminosäure *zwei* isoelektrische Punkte besitzt?
11. Nennen Sie vier *Übergangsmetalle*, deren Ionen biochemisch wichtige *Chelatkomplexe* bilden!
12. *Cysteamin* ist Bestandteil von *Coenzym A* (Formel ☞ Kap. 16.2.5). Woher stammt es? Wie ist es im Coenzym A eingebunden? Welche Bedeutung hat es im Coenzym A?
13. Die abgebildete Aminosäure trägt den Trivialnamen *Penicillamin*, weil sie bei der sauren Hydrolyse des *Penicillins* (☞ Kap. 16.2.6) entsteht. Wie viele *Chiralitätszentren* enthält das Molekül? Ist die D- oder L-Form abgebildet?

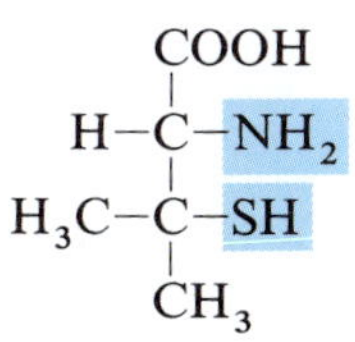

(Penicillamin)

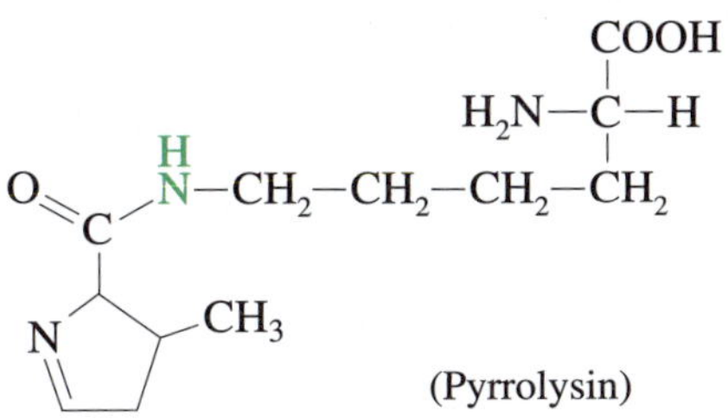

(Pyrrolysin)

14. D-*Penicillamin* wird zur Behandlung von Kupferspeicherkrankheiten und bei Schwermetallvergiftungen eingesetzt. Mit $Cu^{2\oplus}$ bildet sich ein stabiler Chelatkomplex, wie sieht er aus (Ligandenatome: N und S). Die Nebenwirkungen sind beim L-*Penicillamin* um ein Vielfaches höher. Welchen Grund könnte dies haben?
15. *Pyrrolysin* (Pyl, P) ist jüngst als 22. proteinogene Aminosäure bei Archaebakterien entdeckt worden. Markieren Sie in der Formel das enthaltene Lysin. Welcher Typ Derivat liegt hier vor?

064 Lösungen der Aufgaben
071 Übersicht Aminosäuren

19.2 Peptide

19.2.1 Peptidbindung und Primärstruktur (Sequenz)

Biochemisch bedeutsam ist, dass sich Aminosäuren zu langen Ketten verknüpfen lassen. Betrachten wir zunächst wieder das *Glycin*. Reagiert die Carboxylgruppe des ersten Moleküls mit der Aminogruppe eines zweiten, so wird formal Wasser abgespalten und es entsteht ein *Säureamid*. Die Säureamidbindung, die die CO-Gruppe der linken Molekülhälfte mit der NH-Gruppe der rechten Molekülhälfte verknüpft, heißt in diesem Fall **Peptidbindung**. Der charakteristische Molekülteil ist violett markiert.

Peptidbindung

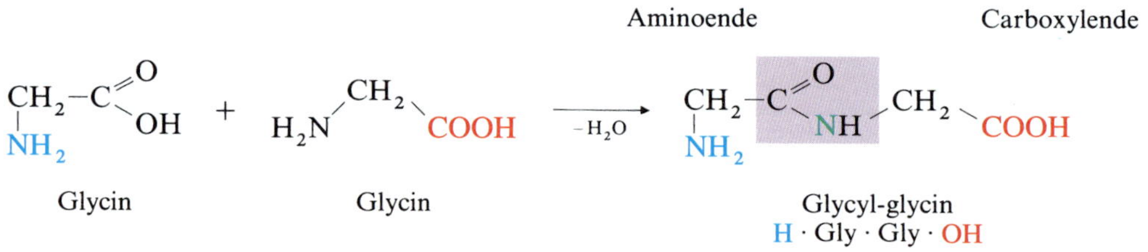

N-Terminus
C-Terminus

Aus zwei Aminosäuren entsteht ein **Dipeptid**, in unserem Beispiel *Glycyl-glycin*. Bei den Peptiden verzichtet man aus Übersichtsgründen häufig auf die Strukturformel und verwendet stattdessen die üblichen Abkürzungen der Aminosäuren (☞ Tab. 19/1). Jede Peptidkette hat ein **Aminoende** (N-Terminus) und ein **Carboxylende** (C-Terminus), die in der abgekürzten Schreibweise durch H bzw. OH gekennzeichnet sind. Die Konvention ist, dass in der Kette links das Aminoende steht und rechts das Carboxylende. Die Proteinbiosynthese beginnt immer am Aminoende, d. h., wenn weitere Aminosäuren dazukommen, wächst die Kette von links nach rechts.

Oligopeptid
Polypeptid
Protein

Das **Tripeptid** aus Glycin-Bausteinen enthält *zwei* Peptidbindungen. Kleine Peptide (bis zu 20 Aminosäuren) bezeichnet man als **Oligopeptide**, größere als **Polypeptide**. Ist die Molmasse größer als 10 kDa (☞ Kap. 3.4.2), spricht man von **Proteinen**. Polypeptide und Proteine gehören zu den *Biopolymeren*. Die „zwei Gesichter" der Aminosäuren findet man bei den Peptiden und Proteinen in gleicher Weise, d. h., jede Verbindung hat ihren eigenen, charakteristischen *isoelektrischen Punkt*. Nur der Abstand zwischen Aminogruppe und Carboxylgruppe hat sich verändert. Die Peptidbindung selbst ist neutral, insbesondere der Stickstoff hat seine basischen Eigenschaften verloren, er wird deshalb grün markiert (☞ Kap. 16.2.6).

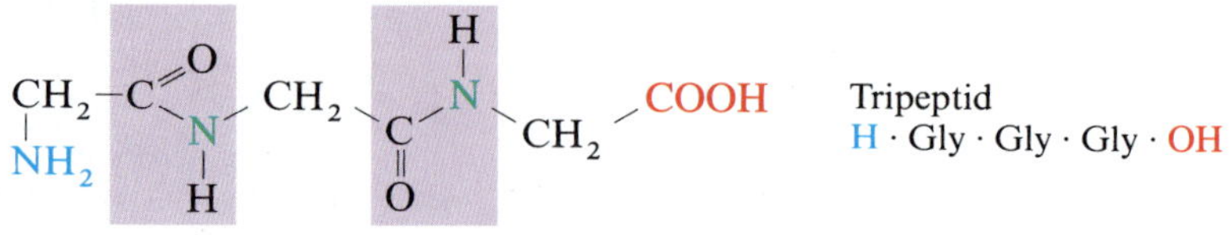

Sequenz. Aus zwei verschiedenen Aminosäuren (z. B. Glycin und Alanin im Gemisch) können formal neben den Dipeptiden Gly · Gly und Ala · Ala *zwei* weitere, gemischte Dipeptide entstehen, bei denen einmal Alanin und einmal Glycin das Carboxylende bildet.

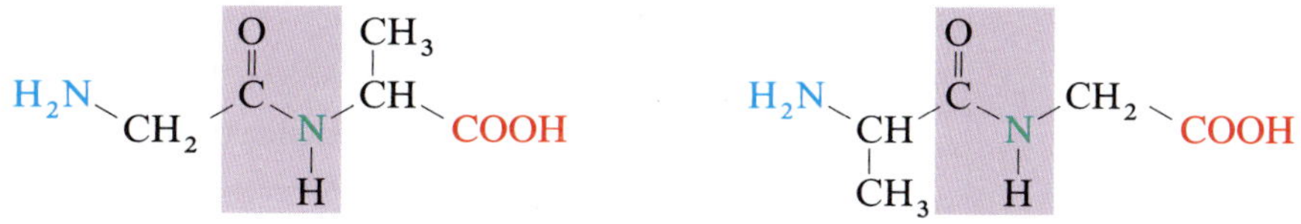

H · Gly · Ala · OH   H · Ala · Gly · OH

Gehen wir von drei verschiedenen Aminosäuren aus (z. B. Glycin, Alanin und Phenylalanin), so sind *sechs* Tripeptide möglich, sofern jede Aminosäure einmal im Molekül vertreten ist.

Isomere Tripeptide:	H · Gly · Ala · Phe · OH	H · Phe · Ala · Gly · OH
	H · Gly · Phe · Ala · OH	H · Ala · Phe · Gly · OH
	H · Phe · Gly · Ala · OH	H · Ala · Gly · Phe · OH

Diese *Tripeptide* besitzen dieselbe Summenformel, unterscheiden sich jedoch, trotz der gleichen Bausteine, in ihrem Bindungsmuster. Es handelt sich um *Konstitutionsisomere* (☞ Kap. 18.3.1). Wenn man vom Aminoende zum Carboxylende der Tripeptide fortschreitet, erkennt man die unterschiedliche Reihenfolge der Aminosäuren. Man sagt, dass sich die Tripeptide in ihrer **Sequenz** unterscheiden.

Sequenz

Primärstruktur

! Die Aminosäuresequenz einer Polypeptidkette wird als **Primärstruktur** bezeichnet.

Enthält ein Peptid Glutaminsäure oder Lysin als Bausteine, so sind in den Proteinen in der Regel nur die α-ständig benachbarten funktionellen Gruppen an den Peptidbindungen zu anderen Aminosäuren beteiligt. Die freien Carboxyl- bzw. Aminogruppen der Seitenketten beeinflussen die *Säure/Base*-Eigenschaften des Peptids und damit die Lage des isoelektrischen Punktes. Entsprechend gibt es saure, neutrale oder basische Peptide bzw. Proteine.

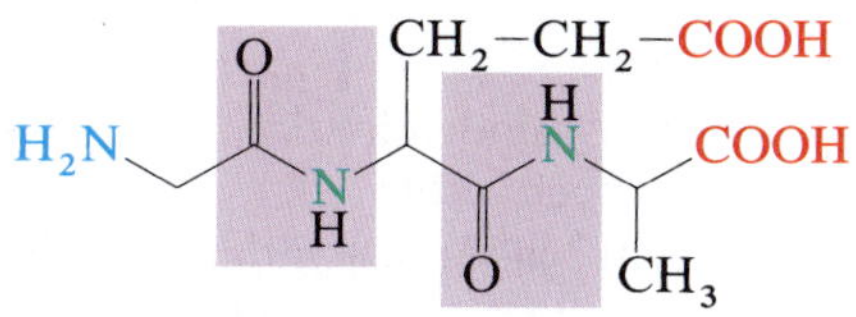

= H · Gly · Glu · Ala · OH

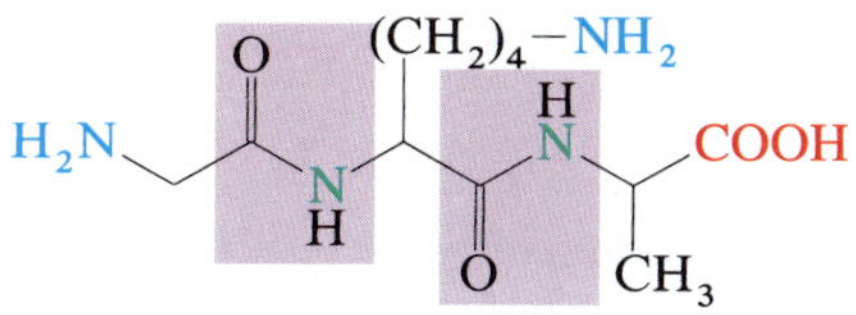

= H · Gly · Lys · Ala · OH

Glutathion

Glutathion. Eine strukturelle Ausnahme findet man beim Peptid *Glutathion* (GSH). Es besteht aus den Aminosäuren Glutaminsäure, Cystein und Glycin. Die Glutaminsäure hängt jedoch nicht mit der α-Carboxyl-Gruppe an der Aminogruppe des Cysteins, sondern mit der γ-Carboxyl-Gruppe (H · γGlu · Cys · Gly · OH). Glutathion kommt in fast allen Zellen vor und steht im Gleichgewicht mit seiner am Schwefel oxidierten Form (2 GSH ⟶ GS-SG + 2 H). Es sorgt für die Aufrechterhaltung eines definierten Redoxpotenzials in den Zellen und kann reaktive Sauerstoffspezies (H_2O_2, Peroxide) abfangen.

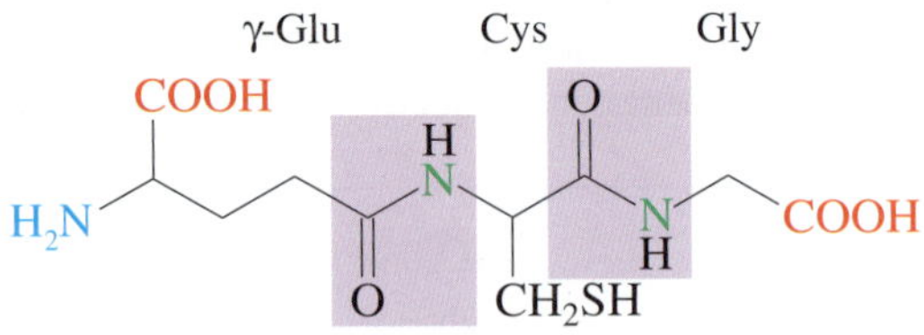

Glutathion (GSH)

Nicht nur Zucker schmeckt süß

Zum Süßen von Speisen und Getränken verwendet man normalerweise Zucker (Saccharose, Rohrzucker). Vor einigen Jahren hat man entdeckt, dass auch der Methylester des Dipeptids aus Asparaginsäure und Phenylalanin (H–Asp–Phe–OCH_3) süß schmeckt, wobei die Süßkraft 200-mal größer ist als die von Saccharose. Das sog. Aspartam ist mit seiner Raumstruktur wie Zucker an die Rezeptoren der Geschmacksnerven der Zunge optimal angepasst. Nimmt man z. B. den Ethylester, geht die Süßkraft ganz verloren, verändert man die Konfiguration der Chiralitätszentren, schmeckt die Verbindung plötzlich bitter.

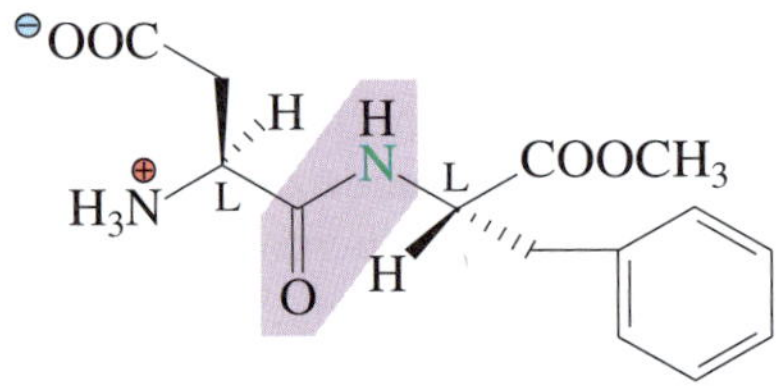

Aspartam
(L-Aspartyl-L-phenylalaninmethylester)

Ob dieser Süßstoff bei längerer Anwendung unbedenklich ist, wird kontrovers beurteilt. Bei Patienten, die durch einen erblichen Enzymdefekt Phenylalanin nicht in Tyrosin umwandeln können und stattdessen Phenylbrenztraubensäure anreichern (Phenylketonurie, PKU), ist die Verwendung von Aspartam auf gar keinen Fall angezeigt, da hier eine strenge phenylalaninarme Diät vorgeschrieben ist.

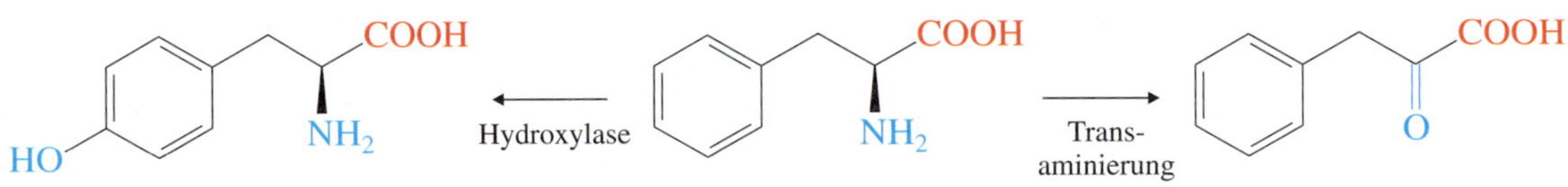

19.2.2 Aufbau von Peptidketten

In der Natur haben Peptide *spezifische Funktionen*, die sie nur erfüllen können, wenn die Kette eine *bestimmte Sequenz* besitzt. Aus den Buchstaben (21 Aminosäuren) werden kurze Worte (Oligopeptide) oder lange (Polypeptide) bzw. sehr lange Texte (Proteine). Nur wenn die Buchstaben an der richtigen Stelle stehen, ergibt das Ganze einen Sinn. Der Aufbau von Peptiden in der Zelle *(in vivo)* wie im Reagenzglas *(in vitro)* darf also nicht dem Zufall überlassen bleiben. Es ist erforderlich, jede einzelne Aminosäure für eine gezielte Umsetzung vorzubereiten und die Verknüpfung nach einem festen Bauplan vorzunehmen.

Peptidsynthese

Chemische Synthese. Im einfachsten Fall, bei der chemischen Synthese eines *Dipeptids*, derivatisiert (schützt) man die erste Aminosäure an der Aminogruppe (**a**), die zweite an der Carboxylgruppe (**b**), damit sich diese Gruppen nicht an der Reaktion beteiligen. Zwischen den freien Gruppen wird die Peptidbindung geknüpft (**a** + **b** ⟶ **c**).

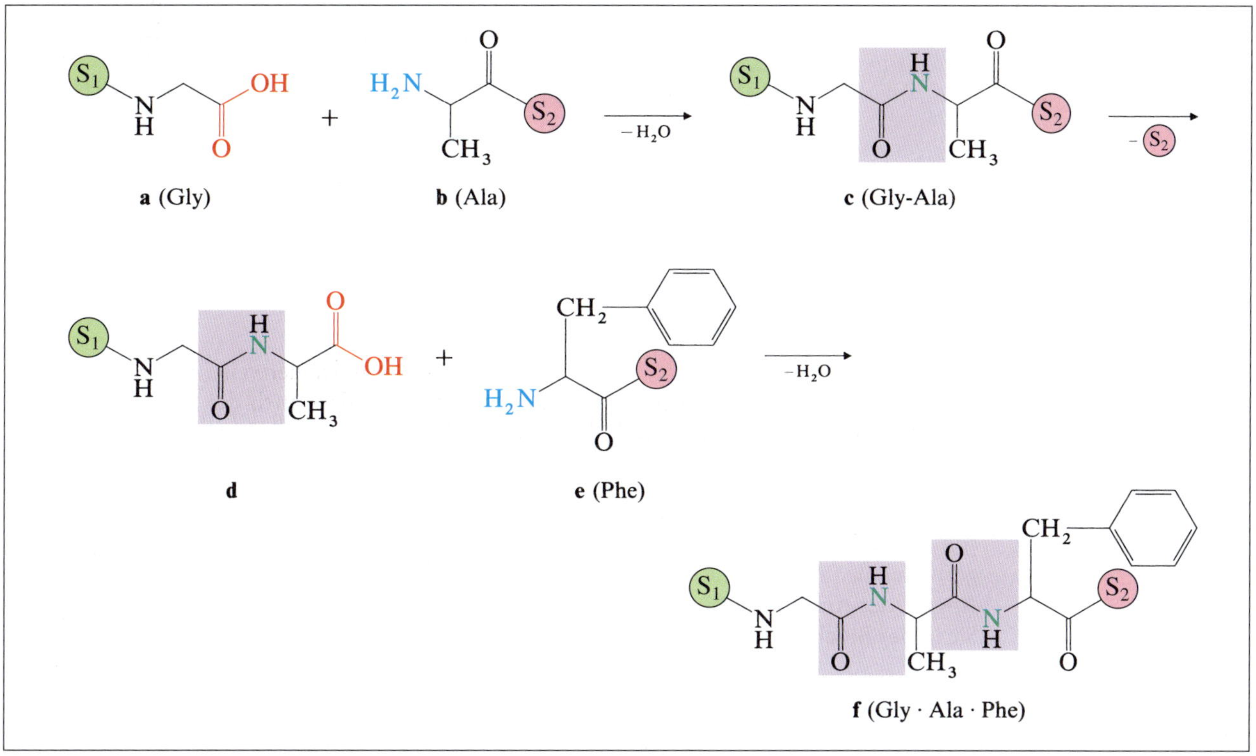

Spaltet man vom Dipeptid nur die Schutzgruppe S_2 ab (**c** ⟶ **d**), so kann **d** an der Carboxylgruppe verlängert werden, indem die im Bauplan nächstfolgende Aminosäure mit freier Aminogruppe und geschützter Carboxylgruppe (**e**) zur Reaktion gebracht wird (**d** + **e** ⟶ **f**). Der Schritt der Kettenverlängerung kann beliebig oft wiederholt werden. Die **Schutzgruppen** S_1 und S_2 sind in der Regel Acyl- (S_1) und Estergruppen (S_2), auf deren Chemie wir hier nicht näher eingehen.

Schutzgruppen

Hervorzuheben ist, dass eine Peptidbindung nicht direkt durch Wasserabspaltung zwischen der Carboxylgruppe und der Aminogruppe entsteht. Diese Gruppen reagieren in einer Säure-Base-Reaktion miteinander (Protonenübertragung), so dass sich Anion und Kation ohne eine Möglichkeit zur kovalenten Verknüpfung gegenüberstehen. Die Ausbildung einer Peptidbindung ist Energie verbrauchend ($\Delta G > 0$). Man verwendet geeignete **Kondensationsmittel**, die zwischenzeitlich die Carboxylgruppe für den nucleophilen Angriff der Aminogruppe aktivieren und im Endeffekt das Wasser binden. *Dicyclohexylcarbodiimid* ist ein derartiges Reagenz, es wird zum energieärmeren Dicyclohexylharnstoff.

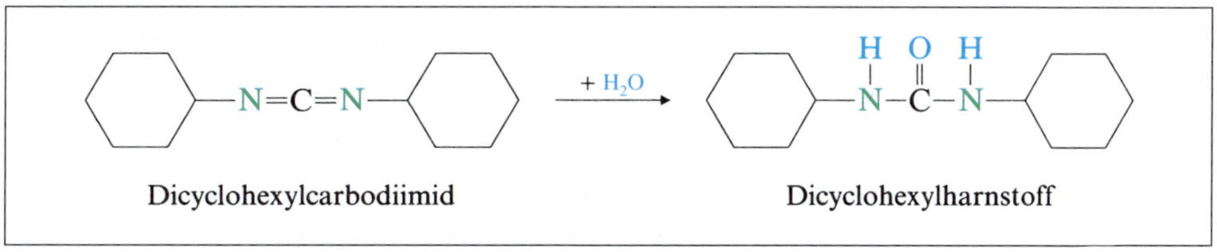

Durch *chemische Synthese*, die sich heute an festen Trägern durchführen und automatisieren lässt *(Merrifield-Festphasen-Peptidsynthese)*, können nur kleinere und mittlere Peptide aufgebaut werden. Immerhin ist man bis zum *Insulin* (zwei Ketten mit 21 bzw. 30 Aminosäuren) und zur *Ribonuclease* (124 Aminosäuren) vorgestoßen.

Biologische Synthese. Die *Biosynthese* der Oligo- und Polypeptide folgt ganz konsequent dem geschilderten schrittweisen Aufbau. Die wachsende Peptidkette wird immer am *Carboxylende* mit der nächsten Aminosäure verbunden, indem die neue Aminosäure mit der freien Aminogruppe die aktivierte C=O-Gruppe am Ende der Kette nucleophil angreift. In

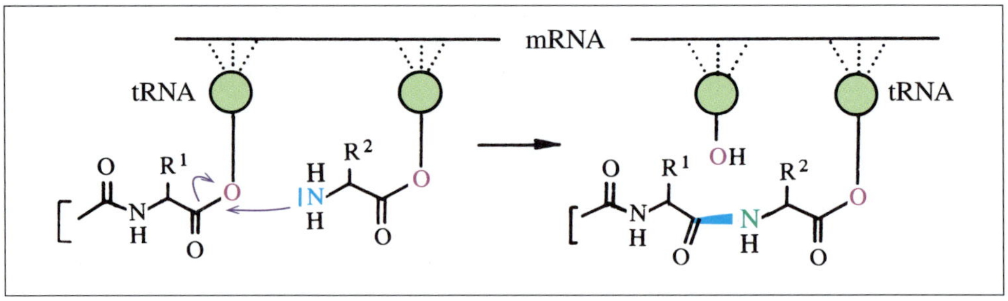

Abb. 19/3 Prinzip der Biosynthese einer Peptidbindung.

der Zelle findet diese Reaktion an den *Ribosomen* unter Kontrolle der mRNA (Messenger-Ribonucleinsäure) statt. Die Aktivierung der Carboxylgruppe erfolgt durch eine Esterbindung an der sog. tRNA (Transfer-Ribonucleinsäure). Jede Aminosäure hat ihre eigene tRNA. Die „Buchstaben" werden entsprechend dem Code der mRNA aufgerufen. Die Ribosomen dienen als Werkbank, sie sind der Ort der Proteinbiosynthese. Die beteiligten Trägermoleküle und Enzyme bringen die entscheidenden Gruppen räumlich so nahe, dass der Angriff der Aminogruppe auf das Ester-CO möglich wird (Abb. 19/3). Mehr dazu erfahren Sie in der Biochemie.

19.2.3 Abbau von Peptidketten

Der Abbau von Polypeptiden zu den einzelnen Aminosäuren geschieht durch *Hydrolyse* und gelingt unter Mitwirkung von Enzymen *(Proteasen, Peptidasen)* oder chemisch in Gegenwart starker Säuren (☞ Kap. 16.2.6). Pro Peptidbindung wird ein Molekül Wasser verbraucht. Der Abbau spielt im Stoffwechsel eine große Rolle, weil körperfremdes Protein aus der Nahrung bis zu den Aminosäuren (Buchstaben) abgebaut wird, um daraus dann die körpereigenen Proteine aufzubauen. In der Chemie geht es darum, durch den gezielten Abbau die *Primärstruktur* (Sequenz) eines Peptids aufzuklären.

Totalhydrolyse

Die chemische **Totalhydrolyse** eines Peptids führt man in *6 M Salzsäure* aus und erhitzt 24 Stunden auf 105 °C im geschlossenen Rohr. Im Hydrolysat lässt sich bestimmen, welche Aminosäuren in welcher Menge enthalten sind, was mit Hilfe eines *Aminosäure-Analysators* weitgehend automatisch gelingt. Die Aminosäuren können z. B. durch *Ionenaustauschchromatographie* getrennt, im Eluat mit *Ninhydrin* angefärbt und durch Vergleich der Intensität der Färbung quantitativ erfasst werden. Solche Analysen erfordern nicht mehr als 25 nmol ($25 \cdot 10^{-9}$ mol) des Peptids.

Sequenzanalyse

Für die **Sequenzanalyse** wird in Umkehr der Synthese ein stufenweiser Abbau von einem Ende der Kette (meistens dem Aminoende) her durchgeführt. Dafür sind spezielle Reagenzien und Verfahren entwickelt worden, z. B. der *Edmann-Abbau* oder die Massenspektrometrie nach den Methoden *MALDI* oder *ESI* mit *MS-MS*-Fragmentierungen (☞ Kap. 22.5). Bei längeren Ketten müssen sog. **Partialhydrolysen** vorgeschaltet werden oder man greift auf peptidspaltende Enzyme (z. B. *Endo-* oder *Exopeptidasen*) zurück, die eine Peptidkette nur vor oder nach bestimmten Aminosäuren hydrolysieren (Beispiele: *Trypsin* oder *Chymotrypsin*). Später sind die Daten der Bruchstücke wie bei einem Puzzle zur Gesamtkette zusammenzufügen. Für die *Sequenzanalyse* stehen heute Automaten zur Verfügung, auch gibt es ergänzend noch genetische Methoden.

19.2.4 Sekundärstruktur von Peptiden

Große Moleküle mit vielen Einfachbindungen sind in ihrer Raumstruktur flexibel, da sie verschiedene Konformationen einnehmen können. Auf den ersten Blick könnte dies auch für Peptide gelten. Ihre genaue Untersuchung mit Hilfe der *Röntgenstrukturanalyse* hat jedoch ergeben, dass Peptidketten sich lokal ordnen und stabile Raumstrukturen ausbilden,

Sekundärstruktur

die man als **Sekundärstruktur** bezeichnet. Die Stabilisierung der Sekundärstruktur erfolgt durch *Wasserstoffbrückenbindungen*, die zwischen dem Carbonyl-O-Atom einer und der

NH-Gruppe einer anderen Amidgruppe ausgebildet werden. Die NH-Gruppe ist der *Donator*, die CO-Gruppe der *Akzeptor*.

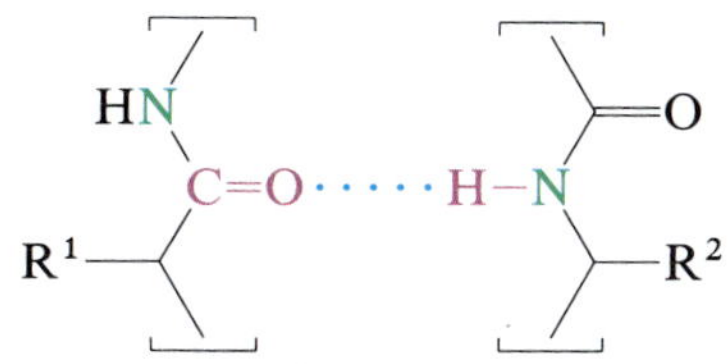

! Die lokale räumliche Anordnung einer Peptidkette bezeichnet man als **Sekundärstruktur**, die durch Wasserstoffbrückenbindungen stabilisiert wird.

Um die Sekundärstruktur besser verstehen zu können, werfen wir zunächst einen Blick auf die Eigenschaften und die räumliche Anordnung der Atome einer **Peptidgruppe**. Säureamide sind unter Einbeziehung des freien Elektronenpaars vom Stickstoffatom mesomeriestabilisiert (☞ Kap. 16.2.6). Die mesomeren Grenzformeln zeigen, dass die C–N-Bindung partiellen Doppelbindungscharakter besitzt.

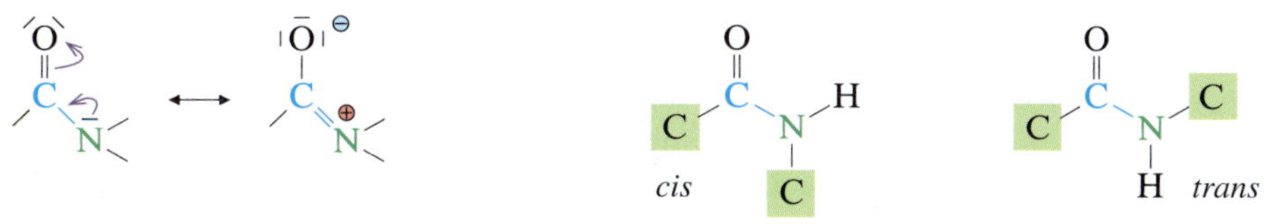

Die Mesomerie hat drei Konsequenzen:

1. Das Amid-N-Atom zeigt nur geringe Tendenz, ein Proton anzulagern, im Vergleich zu Aminen ist seine Basizität gering. Amide sind in wässriger Lösung *neutral.*
2. Durch den partiellen Doppelbindungscharakter der C–N-Bindung ist die Rotation um diese Bindung eingeschränkt (ähnlich einer C=C-Doppelbindung, ☞ Kap. 11.5.2). Für das Peptid lässt sich eine *cis*- oder *trans*-Konfiguration formulieren, von denen Letztere normalerweise vorkommt (☞ Abb. 19/4).
3. Alle Atome, die an das Amid-C-Atom und an das Amid-N-Atom gebunden sind, liegen in einer Ebene. Dies bedeutet, dass in einer Peptidkette jeweils immer vier benachbarte Atome der Kette (α-C, CO, N, α-C) *koplanar* sind. Die Ebenen verschiedener Peptidgruppen bilden an ihrer Nahtstelle, am tetraedrischen α-Atom, einen Winkel zueinander aus.

β-Faltblattstruktur

β-Faltblattstruktur. Aufgrund der vorgenannten Daten kann sich eine Peptidkette in einer *Zickzack*-Konformation als sog. β-Strang orientieren. Benachbarte Ketten werden über Wasserstoffbrückenbindungen verknüpft. Die Natur realisiert diese Art Molekülverband mit *intermolekularen* H-Brücken beim *β-Keratin* und *Seiden-Fibroin*. Die maximal gestreckten Peptidketten sind aus sterischen Gründen jedoch nicht koplanar, sondern bilden eine **β-Faltblattstruktur** aus, d. h., die Ebenen der Peptidgruppen sind gegeneinander gewinkelt (Abb. 19/4). Die Reste R am α-C-Atom stehen senkrecht zur Laufrichtung der Ketten. Proteinfasern, denen eine β-Faltblattstruktur zugrunde liegt, wie z. B. der Spinnenseide, sind besonders reißfest und damit ein interessanter Werkstoff, wenn es gelingt, der Natur den Bildeprozess der Faserbildung abzulauschen.

α-Helix

α-Helix. Ebenfalls große Bedeutung besitzt die Sekundärstruktur, die als **α-Helix** bezeichnet wird. Die Peptidkette windet sich zu einer rechtsgängigen Spirale auf, die durch

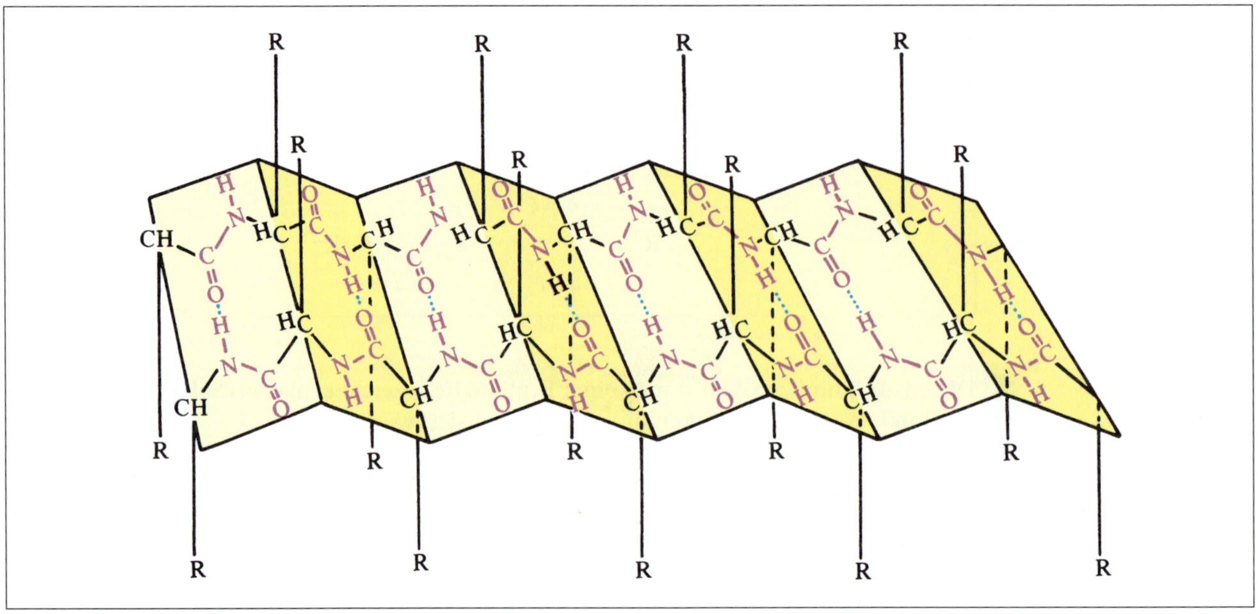

Abb. 19/4 Schematisierte Darstellung der β-Faltblattstruktur zweier Polypeptidketten

intramolekulare Wasserstoffbrücken stabilisiert wird. Dabei stehen sich die CO-Gruppe in einer Windung und die NH-Gruppe der *vierten* darauf folgenden Aminosäure in der nächsten Windung gegenüber. Das Gerüst der α-Helix bilden die C- und die N-Atome der fortlaufenden Kette (Abb. 19/5).

Die räumlichen Abmessungen der α-Helix werden durch die gegeneinander gewinkelten Ebenen der Peptidgruppen bestimmt und sind unabhängig von der Sequenz weitgehend

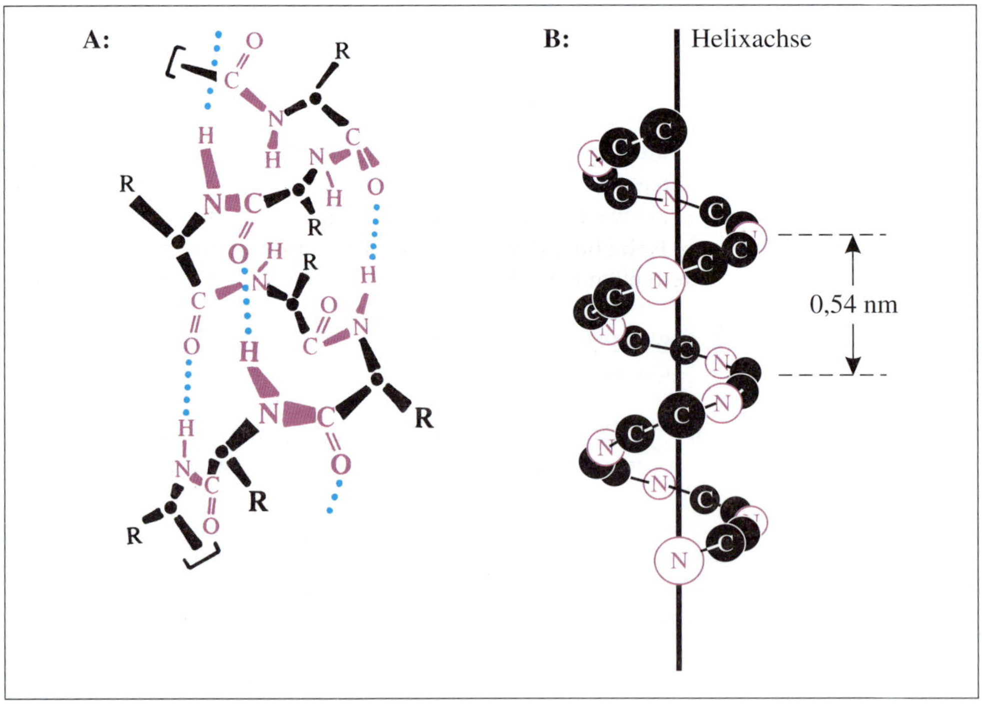

Abb. 19/5 Ausschnitt einer Peptid-α-Helix.
A: Vereinfachte Darstellung, Wasserstoffbrückenbindungen als ... markiert.
B: Schema einer rechtsgängigen α-Helix (Ganghöhe: 0,54 nm) mit den Atomen, die das Rückgrat der Peptidkette bilden.

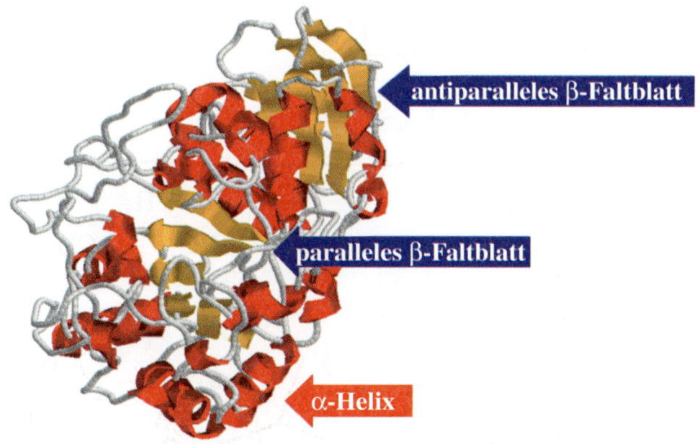

Abb. 19/6 Raumstruktur der α-Amylase, wie sie sich aus einer Röntgenstrukturanalyse des kristallisierten Enzyms ergibt. Gelb: Faltblatt-Bereiche; Rot: α-Helix-Bereiche; Grau: Peptidketten-Bereiche ohne Sekundärstruktur (mit freundlicher Genehmigung von Prof. Dr. J. Gasteiger, Dr. A. Schunk, Erlangen).

konstant (3,6 Aminosäuren pro Windung). Die oft sperrigen Reste R am α-C-Atom der Peptidkette zeigen nach außen und stehen wie Stacheln senkrecht zur Helixachse (Abb. 19/5).

Wichtig zu wissen ist, dass in einer längeren Peptidkette aus z. B. 100 Aminosäuren bestimmte Bereiche als α-Helix und andere Bereiche als Faltblatt nebeneinander vorliegen können und zur gesamten Raumstruktur eines Enzyms beitragen. Als Beispiel ist die *α-Amylase* gezeigt (Abb. 19/6), die Polysaccharide (z. B. Stärke) in kleinere Bausteine (Maltose) hydrolysiert.

19.2.5 Zur Raumstruktur von Peptiden und Proteinen

Raumgestalt der Proteine

Tertiärstruktur

Tertiärstruktur. Enzyme, auch Biokatalysatoren genannt, sind hochmolekulare Proteine, die sich aus einer oder aus mehreren Polypeptidketten aufbauen. Die *Art* der Aminosäuren und ihre *Sequenz* bestimmen die räumliche Struktur eines Enzyms. Ein Buchstabenfehler beim Aufbau der Peptidkette kann somit schwerwiegende Folgen haben, weil die Aktivität eines Enzyms von einer bestimmten räumlichen Anordnung der funktionellen Gruppen abhängt. Die Raumgestalt, zu der eine lange Peptidkette z. B. mit 250 Aminosäuren führt, bezeichnet man als **Tertiärstruktur**. Sie wird dadurch stabil, dass Teile der Peptidkette als **α-Helix** oder **β-Faltblattstruktur** vorliegen und die hydrophilen und hydrophoben Seitenketten am Peptidgerüst untereinander und mit der Umgebung Kontakt haben (Abb. 19/6).

! Die dreidimensionale Struktur der gesamten Peptidkette bezeichnet man als **Tertiärstruktur**.

Quartärstruktur

Quartärstruktur. Besteht ein Enzym aus mehreren Untereinheiten, die gleich oder verschieden sein können und nicht kovalent verknüpft sind, kommt man zur **Quartärstruktur**. Auch die Untereinheiten müssen wiederum zusammengehalten werden, damit komplexe Enzyme aktiv bleiben, wie z. B. das Hämoglobin, das tetramer aufgebaut ist

! Die räumliche Anordnung aller Untereinheiten eines Enzyms bezeichnet man als **Quartärstruktur**.

Stabilisierung von Protein-Raumstrukturen

Wir gehen an dieser Stelle der Frage nach, welche Bindekräfte außer den schon genannten *Wasserstoffbrückenbindungen* bei der Ausbildung der Raumstruktur eines Enzyms oder von

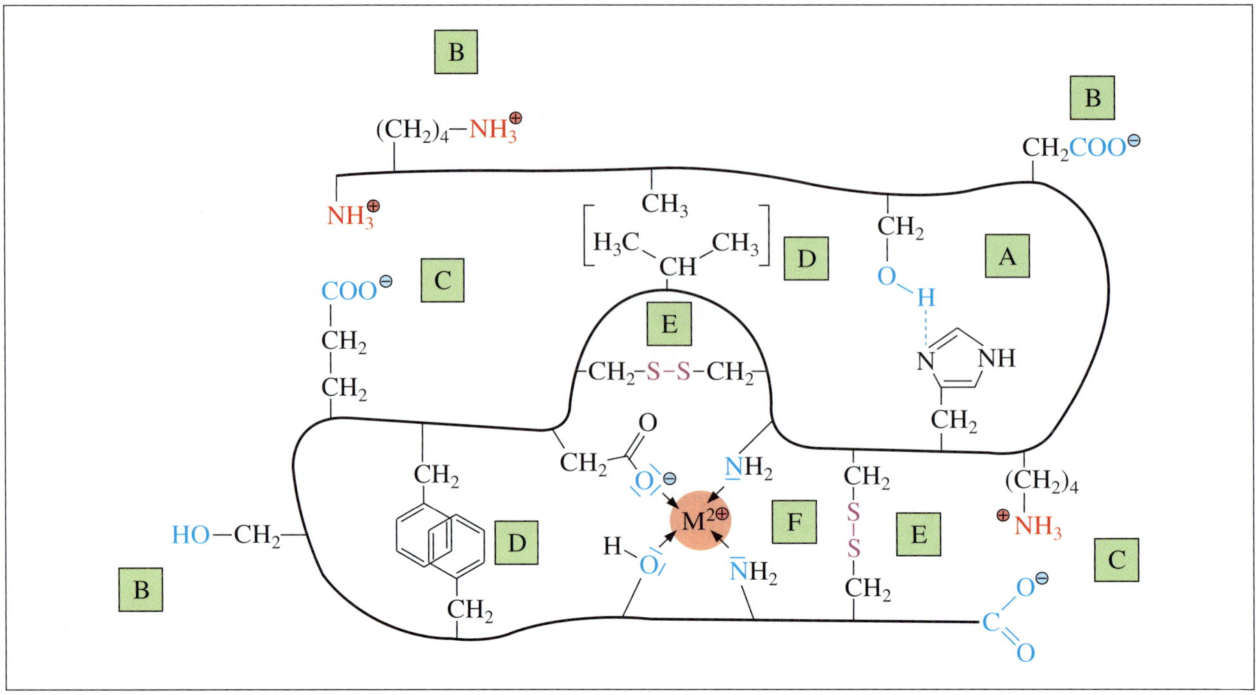

Abb. 19/7 Bindekräfte, die die Raumstruktur (Tertiärstruktur) einer Polypeptidkette stabilisieren.
A: Wasserstoffbrücken
B: polare Gruppen, die hydratisiert werden
C: elektrostatische Anziehung
D: hydrophobe Wechselwirkung
E: Disulfidbrücken
F: Chelatkomplex.

Proteinen mit anderer Funktion eine Rolle spielen (Abb. 19/7), und bereiten damit Strukturfragen der Biochemie vor.

Hydratisierung und Denaturierung. Enzyme lösen sich in Wasser. Solche Lösungen haben wegen der Größe der gelösten Moleküle (Molmasse bis 10^6 Da) andere Eigenschaften als z. B. eine Kochsalzlösung. Wasser *hydratisiert* eine Peptid-α-Helix dort, wo *hydrophile* Gruppen in den Seitenketten, die von den α-C-Atomen ausgehen, vorkommen. Dies gilt auch für die CO- und NH-Gruppen der Peptidkette, die nicht durch Wasserstoffbrückenbindungen untereinander belegt sind.

Wie wichtig die *Hydrathülle* zur Aufrechterhaltung einer *Enzymstruktur* ist, erkennt man daran, dass Wasserentzug rasch zum Verlust der biologischen Aktivität führt. Beim Erhitzen, durch Gefriertrocknung oder durch Zugabe von organischen Lösungsmitteln, die Wasser aufnehmen (z. B. Ethanol oder Aceton), flockt ein Protein aus (**Denaturierung**). Ein ähnlicher Effekt kann oft durch Zugabe größerer Mengen eines Salzes (z. B. wasserfreies Ammoniumsulfat) erreicht werden. Hier konkurrieren die Ionen des Salzes mit dem Protein um die Wassermoleküle. Das *„ausgesalzte"* Protein geht jedoch beim Verdünnen mit Wasser häufig wieder in Lösung, d. h., der Vorgang ist *reversibel* und deshalb zur schonenden Abtrennung von Proteinen geeignet.

Denaturierung

SDS-Gele. Das Anion-Detergens *Natriumdodecylsulfat* (engl. *sodium dodecyl sulfate*, SDS) lagert sich an Proteine an. Im Überschuss zugesetzt, bringen SDS-Moleküle viele negativ geladene Gruppen ein, die mit polaren Gruppen des Proteins in Kontakt treten. Außerdem hüllt SDS mit seinen Kohlenwasserstoffketten durch hydrophobe Wechselwirkungen entsprechende Molekülteile des Proteins ein. Durch beide Effekte werden nahezu alle *nicht kovalenten* Wechselwirkungen aufgehoben.

Dies ist der Grund, warum man an einem *SDS-Polyacrylamidgel* (kurz **SDS-Gel**) die *Molmasse* von Proteinen in der **Elektrophorese** (Abk. PAGE = **P**oly**a**crylamid-**G**el**e**lektropho-

Elektrophorese

rese) bestimmen kann. Das an ein Protein gebundene SDS verleiht dem Molekül eine große negative Nettoladung, die Eigenladung des Proteins spielt keine Rolle mehr. Da die verschieden großen Proteine durch das SDS ein vergleichbares *Massen-Ladungs-Verhältnis* aufweisen, kommt es im elektrischen Feld zur Trennung nach Molmassen. Kleine Proteine wandern im SDS-Gel rascher zur *Anode* als große.

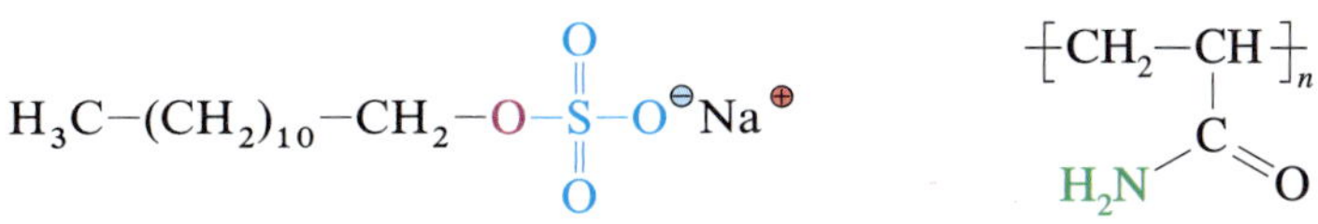

Natriumdodecylsulfat (SDS) Polyacrylamid

Elektrostatische Anziehung. Die *sauren* und *basischen* Gruppen der Aminosäure-Seitenketten in Proteinen (z. B. –COOH der Glutaminsäure, $-NH_2$ des Lysins) unterliegen bezüglich der Säure/Base-Eigenschaften in wässriger Lösung den gleichen Gesetzmäßigkeiten wie einfache Aminosäuren. Dies bedeutet, dass diese Gruppen überwiegend als Anion ($-COO^{\ominus}$) und Kation ($-NH_3^{\oplus}$) vorliegen und das Protein – je nach pH-Wert – eine mehr negative oder mehr positive Ladung besitzt und einen *isoelektrischen Punkt* hat, der von Protein zu Protein verschieden ist. Die *Elektrophorese* findet somit auch bei der Charakterisierung und Trennung von Proteinen Verwendung, weil es saure, neutrale oder basische Proteine gibt.

In einem größeren Molekül kommt es zwischen gegensinnig geladenen Gruppen zu einer *elektrostatischen Anziehung*, während Reste mit gleichem Vorzeichen der Ladung sich abstoßen. Diese Kräfte hängen vom pH-Wert des Milieus ab, d. h., starke pH-Änderungen beeinflussen die Proteinstruktur. Für jedes Enzym z. B. gibt es einen pH-Wert, bei dem ein Optimum an katalytischer Aktivität erreicht wird.

Hydrophobe Wechselwirkung. Die Seitenketten am α-C-Atom der Aminosäure-Bausteine einer Peptidkette tragen nicht nur hydrophile Gruppen, sondern auch reine Kohlenwasserstoffreste mit *hydrophoben* Eigenschaften (☞ Tab. 19/1). Solche Reste meiden den Kontakt mit dem Wasser, treten lieber mit ihresgleichen in Wechselwirkung (☞ Kap. 16.1.3 und 17.2). Als Folge faltet sich eine Peptidkette so, dass sich die *hydrophoben Reste* untereinander nahe kommen und das Wasser in ihrer Umgebung verdrängen. Dabei wird zwischen diesen Resten außer schwachen *Van-der-Waals-Kräften* keine eigentliche Bindung wirksam. Im Grunde ist es das Wasser, das die Gruppen zusammendrängt und eine Klammer um sie legt. Die Hydratationssphäre des Moleküls weist dadurch eine *geringere* Ordnung auf. Dies entspricht einer Zunahme der Entropie eines Systems (ΔS positiv), was thermodynamisch günstig ist, weil ΔG negativ wird (☞ Kap. 6.4.4).

Disulfidbrücken. Thioalkohole lassen sich zu *Disulfiden* oxidieren (☞ Kap. 13.3.2). Dies gelingt auch bei der Aminosäure *Cystein*, die zum Disulfid *Cystin* wird. Durch ein Reduktionsmittel wird aus Cystin wieder Cystein.

Cystein Cystin

Cysteinreste in Peptidketten können bei geeigneter Anordnung ebenso reagieren und durch eine kovalente S–S-Bindung Molekülteile verbrücken (☞ Abb. 19/7). Verglichen mit der elektrostatischen bzw. hydrophoben Wechselwirkung ist die kovalente Bindung der *Disulfidbrücke* sehr stabil. Meist sind in einem größeren Protein mehrere Disulfidbrücken vorhanden, zuweilen auch zwischen verschiedenen Peptidketten. Ein Beispiel dafür ist das

Disulfidbrücke

Insulin. Durch milde Reduktionsmittel wie *Mercaptoethanol* oder *Dithiothreitol* (DTT) kann man Disulfidbrücken in Proteinen reduktiv spalten.

Mercaptoethanol Dithiothreitol

Der Friseur modelliert Proteine
Haare bestehen u. a. aus α-Keratin-Fasern. α-Keratine sind helicale Strukturproteine mit einem hohen Cystein-Anteil in den Peptidketten. Diese Ketten werden durch Disulfidbrücken quervernetzt und so in ihrer Faserstruktur stabilisiert. Um eine Frisur mit Dauerwellen oder Locken zu gestalten, greift der Friseur zur Chemie. Mit einem Reduktionsmittel werden die Disulfidbrücken der Faser gespalten, dann gestaltet der „Haarkünstler" die Frisur und sorgt am Ende mit einem Oxidationsmittel für die Rückbildung der Disulfidbrücken in der neuen Anordnung der Fasern. Diese Anordnung ist jetzt stabil und kann durch Waschen und Trocknen nicht wieder aufgelöst werden, sie verliert sich jedoch mit der Zeit, weil das normale Haar nachwächst.

Chelatkomplexe. Mit ihren polaren Gruppen in den Seitenketten (z. B. von Serin, Asparaginsäure, Lysin) können Proteine auch *Chelatkomplexe* mit Metallionen ausbilden, in denen diese Gruppen, und damit das ganze Molekül, in einer bestimmten räumlichen Struktur fixiert sind (☞ Kap. 10.6 und 19.1.5). Nicht immer sind alle Ligandenplätze des Zentralions mit Gruppen der Aminosäure-Seitenketten besetzt, sondern auch mit kleineren *Hilfsmolekülen* oder Wasser. In manchen Enzymen ist ein Metallion (z. B. $Zn^{2\oplus}$, $Cu^{2\oplus}$) für die katalytische Funktion unentbehrlich, um die „*aktive*" Konformation zu stabilisieren oder um im *aktiven Zentrum* die gewünschte Reaktion zu katalysieren.

19.2.6 Insulin

Insulin wird in den Inselzellen der Bauchspeicheldrüse (Pankreas) produziert und dort in Vesikeln gespeichert. Es ist ein endokrines Peptidhormon, das sich aus zwei Peptidketten zusammensetzt, der *A-Kette* mit 21 Aminosäuren und der *B-Kette* mit 30 Aminosäuren (Molmasse 5 700 Da). Die Sequenz der beiden Ketten ergibt sich aus Abbildung 19/8 und die Tertiärstruktur aus Abbildung 19/9. Aminoende (Position 1) und Carboxylende (Posi-

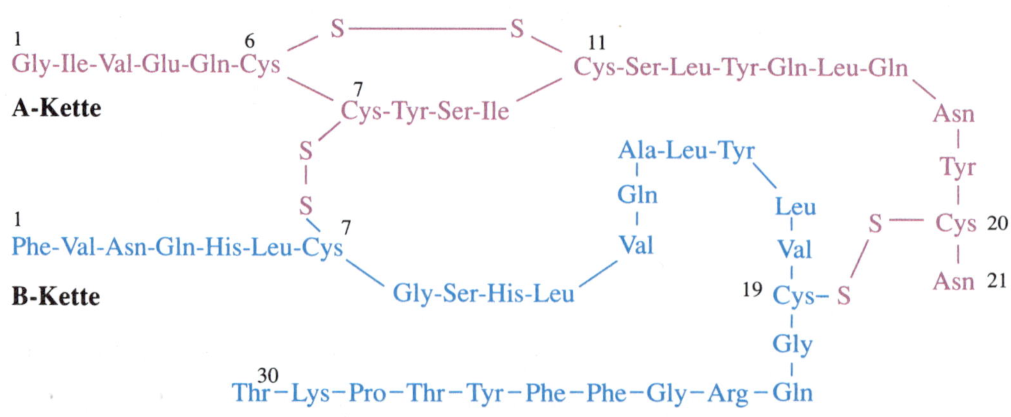

Abb. 19/8 Aminosäuresequenz und schematische Struktur des Humaninsulins.

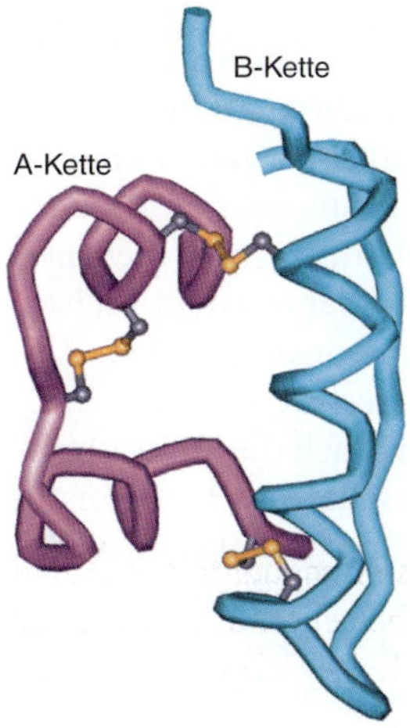

Abb. 19/9 Tertiärstruktur von Insulin (aus Schartl, M., Gessler, M., von Eckardstein, A., Biochemie und Molekularbiologie des Menschen. 1. Aufl., Elsevier, München 2009).

tion 21 bzw. 30) werden nicht mehr durch H bzw. OH markiert. Die Peptidketten sind miteinander über zwei Disulfidbrücken vernetzt. Eine dritte Disulfidbindung sorgt für eine Schleife innerhalb der A-Kette. Der Raumstruktur (Abb. 19/9) ist zu entnehmen, dass die Peptidketten auch helicale Bereiche aufweisen. In Gegenwart von $Zn^{2\oplus}$-Ionen bildet Insulin leicht Dimere, die sich zu Hexameren als Depotform zusammenlagern.

Das hier vorgestellte **Humaninsulin** wird heute zur Behandlung von Diabetes eingesetzt. Für seine Herstellung gibt es zwei Wege:

1. Im Schweineinsulin, das in Position 30 der B-Kette Alanin enthält, wird diese Aminosäure chemisch-enzymatisch gegen Threonin ausgetauscht.
2. Die Biosynthese-Gene für das Humaninsulin werden in das Genom eines Bakterienstammes integriert. Das Bakterium ist dann in der Lage, mit seinem Stoffwechsel Peptidvorstufen zu bilden, die sich in das Humaninsulin umwandeln lassen.

Da der Prozentsatz an Diabetikern in der Bevölkerung der Industrieländer kontinuierlich ansteigt, ist der Bedarf an Humaninsulin weltweit steigend, d. h., die gentechnischen Methoden zur Insulingewinnung werden ständig weiterentwickelt.

Insulin-Analoga. Aus der gentechnischen Forschung sind Insulin-Analoga hervorgegangen, die nach s. c. Applikation rascher wirken als Humaninsulin. Dieser Effekt wird erreicht, wenn man z. B. Prolin (Pro) und Lysin (Lys) in Position 28 und 29 der B-Kette vertauscht (Insulin *lispro*) oder in Position 28 Prolin gegen Asparaginsäure (Asp) austauscht (Insulin *aspart*). Den umgekehrten Effekt einer langsamen, kontinuierlichen Freisetzung von der Injektionsstelle aus erreicht man z. B. mit dem Insulin-Analogon *glargin*. Hier sind unter Anwendung gentechnischer Methoden am Carboxylende der A-Kette Asparagin (Asn) gegen Glycin (Gly) ausgetauscht und am Carboxylende der B-Kette zweimal die stark basische Aminosäure Arginin angehängt worden (Verlängerung der B-Kette). Dadurch verändert sich der isoelektrische Punkt des Insulins und es vermindert sich die Löslichkeit im subcutanen Gewebe bei pH = 7,4. Die Beispiele zeigen, dass kleine Änderungen in der Aminosäuresequenz eines Peptids dessen ursprüngliche Eigenschaften deutlich beeinflussen.

Ein Peptid reguliert den Zuckerstoffwechsel
Die Glucose-Konzentration im Blut (Blutzuckerspiegel) sollte beim gesunden Menschen < 100 mg/dL sein. Die Erhöhung, die nach einer Mahlzeit eintritt, wird durch die Freisetzung von Insulin aus dem Pankreas gesenkt. Dies gelingt durch den Eingriff in den Stoffwechsel an verschiedenen Stellen. Insulin ist z. B. der Schlüssel für die Aufnahme von Glucose in die Zellen der meisten Gewebe, es fördert u. a. die Glykogenbildung in der Leber

und hemmt sowohl die Gluconeogenese als auch die Lipolyse. Die Wirkung von Insulin erfolgt über Rezeptoren an den Zielzellen.

Das Syndrom **Diabetes mellitus** (= süßer Harnfluss, Zuckerkrankheit) basiert auf unterschiedlichen genetischen Voraussetzungen, die *Hyperglykämie* als Folge einer reduzierten Insulinsekretion und/oder einer gestörten Insulinwirkung haben. Sowohl ein zu hoher als auch ein zu niedriger Blutzuckerspiegel können zur Bewusstlosigkeit führen.

Typ-1-Diabetes tritt meist im jugendlichen Alter auf und basiert häufig auf einer immunologisch vermittelten Zerstörung der β-Zellen im Pankreas. Bei manchen Patienten manifestiert sich der Typ-1-Diabetes erst im Erwachsenenalter. Der Insulinmangel muss lebenslänglich durch Insulininjektionen (s. c.) ausgeglichen werden.

Typ-2-Diabetes tritt meist jenseits des 50. Lebensjahres auf und basiert auf einer Insulinresistenz (relativer Insulinmangel) und im Verlauf zunehmend auf Insulinsekretionsstörungen. Therapeutisch kann anfangs durch Ernährung, Bewegung und orale Antidiabetika geholfen werden. Im Verlauf dieser Krankheit ist oft ein Wechsel zu einer intensivierten Therapie mit Insulinen notwendig. Immer mehr Kinder und Jugendliche haben Übergewicht, dadurch nimmt leider der Anteil der Diabetiker unter 50 J. stetig zu.

Der Tagesbedarf an Insulin beträgt 0,3 – 0,5 IE pro kg Körpergewicht. Je nach Reinheit entspricht 1 mg Insulin 25 – 30 IE.

073 Fallbeispiel Diabetes

Checkliste

Folgende Bezeichnungen/Begriffe sollten Sie erklären oder definieren (s. a. Glossar) und – wo möglich – Beispiele, Gleichungen oder Formeln angeben können:
Primärstruktur – Sequenz – Peptidbindung – Oligopeptide – Polypeptide – Proteine – N-Terminus, C-Terminus – Biopolymere – Peptidsynthese – Totalhydrolyse – Sequenzanalyse – Sekundärstruktur – Tertiärstruktur – Quartärstruktur – Enzym – Disulfidbrücke – Denaturierung – SDS – hydrophobe Wechselwirkung.

Aufgaben

1. Welche *Dipeptide* können entstehen, wenn zwei verschiedene Aminosäuren in einer Reaktionslösung einem Kondensationsmittel ausgesetzt sind? Geben Sie die vollständige *Strukturformel* an (Reste am α-C-Atom mit R^1 und R^2 unterscheiden).
2. Geben Sie für das Tripeptid H · Glu · Cys · Gly · OH die Strukturformel an! Markieren Sie das *Amino- und Carboxylende*! Vergleichen Sie dieses Tripeptid mit *Glutathion*, wo liegt der Unterschied?
3. Hat vorstehende Verbindung einen *isoelektrischen Punkt*?
4. Wie viele Konstitutionsisomere gibt es von vorstehendem *Tripeptid*? Formulieren Sie eines davon.
5. Warum benötigt man bei der chemischen Synthese von Peptidketten *Schutzgruppen?*
6. Warum reagieren Carboxylgruppe und Aminogruppe nicht direkt zum Säureamid?
7. Wie viele Moleküle Wasser verbraucht ein *Hexapeptid* bei der Totalhydrolyse? Formulieren Sie die Reaktionsgleichung für die Hydrolyse von Glu-Cys-Ala-Ala-Ser-Gly-Phe.
8. Wie werden die Aminosäuren eines Totalhydrolysates im *Aminosäure-Analysator* getrennt?
9. Was versteht man unter *Sequenzanalyse*?
10. Bei der Hydrolyse eines Tripeptids entstehen äquimolare Mengen Alanin, Glycin und Lysin. Welche *Sequenz* hat das Tripeptid?
11. Wie wird bei Peptiden die *Sekundärstuktur* stabilisiert?
12. Wie groß ist die Bindungsenergie (kJ/mol) einer *Wasserstoffbrückenbindung* ungefähr?
13. Bezüglich der Peptidbindung existieren *cis/trans*-Isomere. Geben Sie für das Glycyl-glycin beide Formen an!
14. Die *Tertiärstruktur* eines Polypeptids wird durch kovalente und nicht-kovalente Wechselwirkungen stabilisiert. Nennen Sie je ein Beispiel!
15. Wozu dient das *SDS-Gel* in der Proteinanalytik? Was versteht man unter PAGE?
16. Haben Proteine einen *isoelektrischen Punkt*? Begründen Sie die Antwort!

17. Gibt es einen Zusammenhang zwischen der Zahl der Aminosäuren, die ein Enzym aufbauen, und seiner katalytischen Aktivität?
18. Nennen Sie drei Methoden zur *Denaturierung* von Proteinen. Welche davon ist reversibel?
19. Wie würden Sie beim *Insulin* die A-Kette von der B-Kette trennen?
20. Kann man Insulin oral verabreichen? Begründen Sie die Antwort!

037 Lösungen der Aufgaben
038 IMPP-Fragen

Bedeutung für den Menschen

Aminosäuren und Peptide

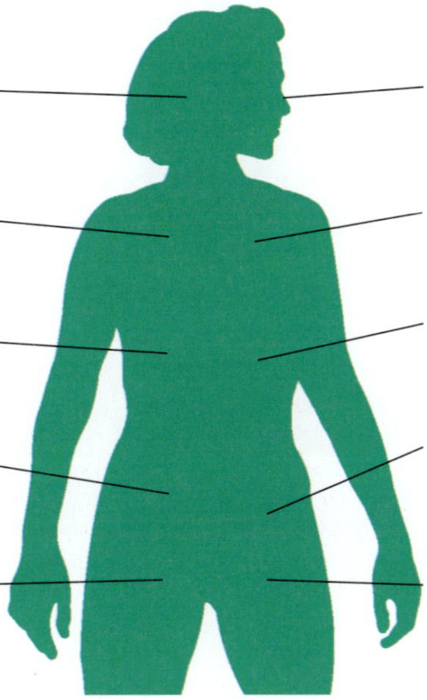

KAPITEL

20 Kohlenhydrate

Orientierung

Kohlenhydrate spielen für das Leben auf der Erde eine zentrale Rolle. Mit Hilfe von *Sonnenlicht* als Energiequelle werden Kohlenhydrate von den grünen Pflanzen aus *Kohlendioxid* und *Wasser* jährlich in unvorstellbaren Mengen gebildet (**Photosynthese**). So wird Sonnenenergie als chemische Energie in den Kohlenhydraten „eingelagert“ und steht in dieser Form allen Lebewesen zur Verfügung. Auch für den Menschen sind Kohlenhydrate unverzichtbarer *Nahrungsbestandteil (Stärke, Zucker)*. Beim oxidativen Abbau zu Kohlendioxid und Wasser wird die gespeicherte Sonnenenergie – inzwischen mehrfach gewandelt – im Stoffwechsel wieder frei und kann für die Lebensvorgänge genutzt werden.

Aufbau und Reaktionen der Kohlenhydrate liegen einfache Prinzipien zugrunde, und dennoch haben diese Verbindungen ganz unterschiedliche Funktionen: Sie dienen als **Gerüstbaustein**, als **Energiequelle**, als **Edukte für Biosynthesen** anderer wichtiger Zellbausteine und als **Informationsträger**. Kohlenhydrate spielen z. B. bei der Ausbildung der immunologischen Identität einer Zelle eine wichtige Rolle. Glykoproteine des Immunsystems prägen die Oberflächen der Körperzellen, aber genauso die humanpathogener Bakterien. Der Kohlenhydratanteil ermöglicht eine Zell-Zell-Erkennung und damit die Abgrenzung zwischen selbst und nicht-selbst, was die Voraussetzung für die Ausbildung der Individualität des Menschen ist.

Die Funktion der Biomoleküle basiert auf deren chemischer Struktur, den physikalischen Eigenschaften und den typischen Reaktionen. Kenntnisse dieser mehr chemischen Aspekte der Kohlenhydrate erleichtern den Einstieg in die Biochemie.

Antwort erhalten Sie u. a. auf folgende Fragen:

- Was sind Monosaccharide und worin unterscheiden sie sich?
- Wie entsteht die cyclische Halbacetalform der Glucose und welche Folgen hat dies für die Struktur des Moleküls?
- Warum findet man Vitamin C in diesem Kapitel?
- Was versteht man unter der glykosidischen Bindung und Glykosiden?
- Was sind Di- und Polysaccharide und wie ist der Haushaltszucker einzuordnen?

20.1 Bausteine und Biopolymere

Kohlenhydrat

Der Name „**Kohlenhydrat**“ ist schon früh entstanden und drückt aus, dass eine Reihe verwandter Naturstoffe die allgemeine **Summenformel** $C_n(H_2O)_n$ haben. Formal verbindet sich der Kohlenstoff mit Wasser, im übertragenen Sinn strukturiert er das Wasser.

Aldosen, Ketosen

In der Natur gibt es Kohlenhydrat-Bausteine mit 3 – 9 C-Atomen, die sog. Monosaccharide, die durch ihre funktionellen Gruppen als Polyhydroxy-aldehyde (**Aldosen**) oder Polyhydroxy-ketone (**Ketosen**) einzuordnen sind. Diese Verbindungen und alle anderen, die diese Bausteine enthalten oder durch einfache Umwandlung aus ihnen hervorgehen, rechnen zu den Kohlenhydraten. Im Namen geben sich viele Kohlenhydrate durch die Endsilbe „**-ose**“ zu erkennen. Die größte Bedeutung haben die Bausteine mit sechs C-Atomen. Tabelle 20/1 gibt eine Übersicht über die Klassifizierung der Kohlenhydrate nach der Zahl der Bausteine.

! Monosaccharide mit einer Aldehydgruppe bezeichnet man als **Aldosen**, solche mit einer Ketogruppe als **Ketosen**.

Tab. 20/1 Allgemeine Klassifizierung.

Substanzklasse	Zahl der Bausteine	Beispiel
Monosaccharid	1	D-Glucose, D-Fructose
Disaccharid	2	Saccharose, Maltose
Trisaccharid	3	Streptomycin (Pseudotrisaccharid)
Oligosaccharid	4–10	Blutgruppen-Determinanten
Polysaccharid	> 10	Cellulose, Stärke, Glykogen (Biopolymere)

Kohlenhydrate entstehen in der grünen Pflanze durch **Photosynthese**. Neben Kohlendioxid und Wasser wird die Energie des Sonnenlichts benötigt, bei der sog. Lichtreaktion ist Chlorophyll der Katalysator. Die Photosynthese stellt eine Reduktion des Kohlendioxids dar und wird für den Fall von $n = 6$ formuliert. Glucose mit sechs C-Atomen (Hexose) ist das Zielmolekül der Photosynthese. Der Prozess läuft jedoch über mehrere Zwischenstufen.

Photosynthese: $$n\,CO_2 + n\,H_2O + \text{Sonnenlicht} \xrightarrow{\text{Chlorophyll}} C_n(H_2O)_n + n\,O_2$$

Cellulose

Beispiele für Biopolymere. Insbesondere **Cellulose,** ein Biopolymer aus Glucose-Bausteinen, macht den weitaus größten Teil organischen Materials auf der Erdoberfläche aus und wird jährlich in großen Mengen von den grünen Pflanzen produziert. Cellulose ist das Kohlenhydrat, das Pflanzen Festigkeit und Form gibt. Andere strukturbildende Kohlenhydrat-Biopolymere sind z. B. **Chitin,** das die feste Hülle von Insekten und Krebstieren ausmacht, oder **Murein** (Peptidoglykan), aus dem sich u. a. die Zellwände von Bakterien aufbauen. Ferner gibt es typische Speicherformen von Kohlenhydraten, z. B. **Stärke** (bei Pflanzen) und **Glykogen** (beim Menschen). Beide Biopolymere sind wie Cellulose nur aus Glucose-Bausteinen aufgebaut.

Chitin, Murein

Stärke,Glykogen

Verwertung von Kohlenhydraten. Durch Oxidation wird die in den Kohlenhydraten gespeicherte Energie wieder freigesetzt. Dies kann im Stoffwechsel von Tier und Mensch geschehen oder durch Verbrennung.

Oxidation (Verbrennung): $$C_n(H_2O)_n + n\,O_2 \longrightarrow n\,CO_2 + n\,H_2O + \text{Energie}$$

CO_2-Kreislauf

Kohlenhydrate sollten nicht nur unter dem Blickwinkel „Energie“ gesehen werden, gleichermaßen muss man den **CO_2-Kreislauf** im Auge haben. Die Zunahme von CO_2 als *Treibhausgas* in der Erdatmosphäre hängt mit der Verbrennung fossiler Rohstoffe (Kohle, Erdöl) zusammen, deren Bildung auf Kohlenhydrate zurückgeht, die im Verlauf der Erdgeschichte zu Kohlenstoff bzw. Kohlenwasserstoffen verwandelt worden sind. Die Brandrodung tropischer Regenwälder leistet einen doppelten Beitrag, einmal wird CO_2 freigesetzt, gleichzeitig aber die „grüne Erdoberfläche“ reduziert, die CO_2 binden kann. Fossile Brennstoffe und Wälder sind gewissermaßen eine CO_2-Senke, d. h., überschüssiges CO_2 wurde und wird sicher verpackt und gelagert. Wenn der Mensch diese Senken in wenigen Jahrzehnten auflöst und die Möglichkeiten zur Regeneration zerstört, kann dies der Erde und dem Leben auf ihr nicht dienlich sein.

Kohlenhydrate sind **nachwachsende Rohstoffe**. Ihre Nutzung, ohne zur direkten Verbrennung zu greifen, ist Gegenstand aktueller Forschung in der **Biotechnologie**. Unverdauliches *Stroh* in Treibstoff (z. B. Ethanol), Biogas oder verwertbare Futtermittel umzuwandeln hieße, aus Stroh „Gold“ zu machen. Dies ist heute mehr als nur ein Märchenbild.

068 D-Aldosen
069 D-Ketosen

20.2 Monosaccharide

Die Monosaccharide werden nach der Zahl der C-Atome klassifiziert (Tab. 20/2). Die einzelnen Monosaccharide besitzen Trivialnamen. Der systematische Name einer Aldohexose ohne Angabe der Konfiguration der Chiralitätszentren lautet: *2,3,4,5,6-Pentahydroxy-hexanal.* Im Namen *D-Glucose* hingegen ist mehr enthalten, sowohl die Konstitution als auch die Konfiguration der Chiralitätszentren. Man benötigt ein spezielles Zucker-Vokabular, um sich zurechtzufinden. Alle *Aldohexosen* sind optisch aktiv; es gibt eine große Strukturvarianz, weil so viele Stereoisomere existieren.

Für Reaktionen im Zellstoffwechsel liegen die meisten Monosaccharide als Phosphatester vor, z. B. Glucose-6-phosphat oder Fructose-2,6-bisphosphat.

Monosaccharide

Tab. 20/2 Klassifikation der Monosaccharide.

Zahl der C-Atome	Klassifizierung	Beispiel
3	Triose	D-Glycerinaldehyd
4	Tetrose	D-Threose
5	Pentose	D-Ribose
6	Hexose	D-Glucose
7	Heptose	Sedoheptulose

20.2.1 Triosen

Die einfachsten Monosaccharide enthalten nur drei C-Atome *(Triosen)*, es sind **Glycerinaldehyd** und **Dihydroxyaceton**. Sie stehen als 3-Phosphate (Phosphatester in Position 3) unter Beteiligung eines Enzyms *(Isomerase)* miteinander im Gleichgewicht. In alkalischer Lösung stellt sich dieses Gleichgewicht auch zwischen den Triosen selbst ein. Zwischenprodukt ist das tautomere *Endiol*. Die CO-Gruppe kann also formal zwischen C-1 und C-2 ihren Platz wechseln.

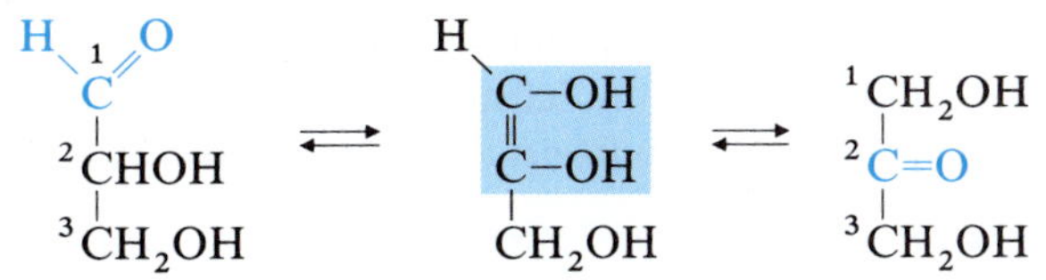
Glycerinaldehyd (Aldo-triose) Endiol Dihydroxyaceton (Keto-triose)

Dihydroxyaceton besitzt kein *Chiralitätszentrum*. Beim Glycerinaldehyd haben wir die Enantiomere (D und L) schon kennen gelernt. Für die Darstellung der Konfiguration wurde die Fischer-Projektion eingeführt (☞ Kap. 18.1.4), in der D-Form weist die OH-Gruppe an C-2 nach rechts. (+) und (–) weisen auf die Drehung von polarisiertem Licht hin (☞ Kap. 18.1.2).

(+)-D-Glycerinaldehyd (–)-L-Glycerinaldehyd

20.2.2 Tetrosen

Aldotetrosen wie die **Threose** und **Erythrose** besitzen zwei Chiralitätszentren, es gibt $2^2 = 4$ Stereoisomere. Sie erkennen zwei Enantiomerenpaare, anders kombiniert sind die Verbindungen zueinander diastereomer. Das „D" vor dem Trivialnamen gibt an, dass das **Chiralitätszentrum**, das von der CO-Gruppe *am weitesten* entfernt ist (also C-3), in seiner Konfiguration mit C-2 des D-Glycerinaldehyds übereinstimmt (OH grau unterlegt). Entsprechend gleichen Verbindungen der L-Reihe an diesem C-Atom dem L-Glycerinaldehyd.

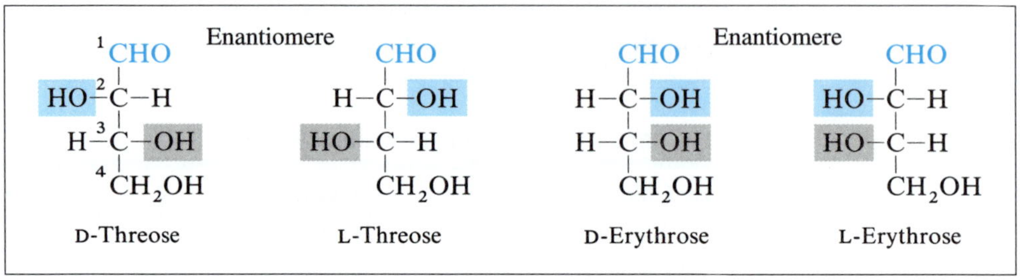

D/L-Reihe

Die Konfiguration am anderen Chiralitätszentrum der Tetrosen (in diesem Fall das C-Atom in Position 2) ist durch den Trivialnamen der Verbindungen festgelegt. Man muss sich also einprägen, dass in der *Erythrose* die Hydroxygruppen in der Fischer-Projektion auf derselben Seite, in der *Threose* entgegengesetzt stehen. D- und L-Erythrose sind *Enantiomere*. Dies bedeutet, dass nicht nur C-3, das die Einordnung in die D- oder L-Reihe bestimmt, entgegengesetzt konfiguriert ist, sondern *auch C-2*, damit Bild und Spiegelbild der Tetrosen entstehen. Die Begriffe *„threo"* und *„erythro"* kennzeichnen die Stereochemie zweier benachbarter C-Atome und leiten sich von den Tetrosen ab (☞ Kap. 18.2.1).

20.2.3 Pentosen

Von den Aldopentosen mit drei Chiralitätszentren existieren schon $2^3 = 8$ Stereoisomere. Die **D-Ribose**, ein Baustein der Ribonucleinsäuren (RNA, engl. ***ribo**nucleic **a**cid*), ist eines von diesen. Fehlt die OH-Gruppe an C-2, erhält man die **2-Desoxy-D-ribose**, den Baustein der Desoxyribonucleinsäuren (DNA). Die zur D-Ribose gehörige Ketose ist die **D-Ribulose** (als Phosphat im Zellstoffwechsel vorkommend), die wie alle Ketosen ein Chiralitätszentrum weniger aufweist als Aldosen gleicher C-Atom-Zahl.

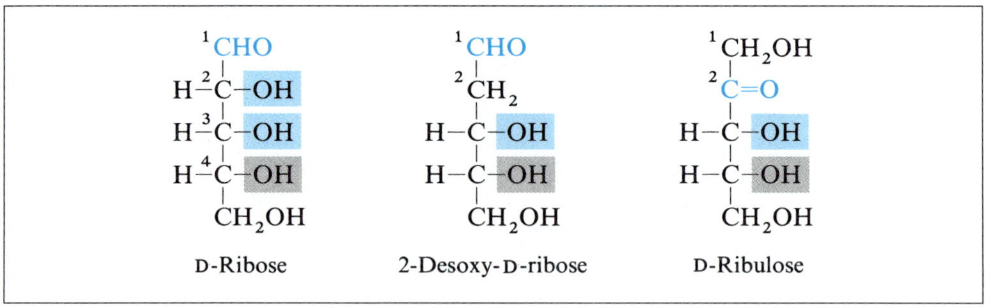

An C-2 von *Ribulose-1,5-bisphosphat* lagert sich bei der Photosynthese in Gegenwart des Enzyms *Ribulose-1,5-bisphosphat-carboxylase (Rubisco)* das Kohlendioxid aus der Luft an. Das instabile Primärprodukt zerfällt in zwei Moleküle *3-Phospho-glycerinsäure*, von der aus der Aufbau der Monosaccharide unter Rückbildung der Ribulose beginnt.

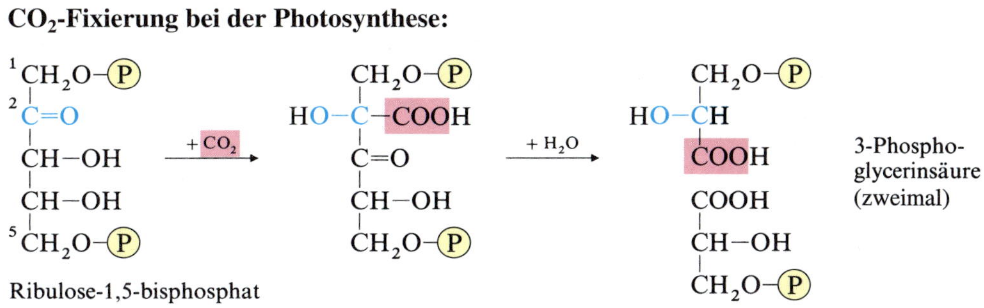

20.2.4 Hexosen

Die wichtigsten Monosaccharide, die **Hexosen**, haben die Summenformel $C_6H_{12}O_6$. Von den Aldohexosen gibt es $2^4 = 16$ Stereoisomere, eines von diesen ist die weit verbreitete **D-Glucose** (= Dextrose, Traubenzucker). Die Konfiguration an C-5 bestimmt ihre Zugehörigkeit zur D-Reihe. Die Angabe *„gluco"* im Namen Glucose legt die Konfiguration der anderen Chiralitätszentren fest. Hier darf beim Aufschreiben nichts verwechselt werden, sonst erhält man einen anderen Zucker. Um sich die Anordnung der OH-Gruppen von C-1 kommend (rechts, links, rechts, rechts) zu merken, kann das *„ta, tü, ta, ta"* der Feuerwehr helfen.

Aldose

! **D-Glucose** enthält sechs C-Atome *(Hexose)*, eine Aldehydgruppe *(Aldose)*, vier sekundäre Alkoholgruppen, deren C-Atome *chiral* sind, und eine primäre Alkoholgruppe. Die D-Reihe ergibt sich, weil die OH-Gruppe an C-5 in der Fischer-Projektion *rechts* steht.

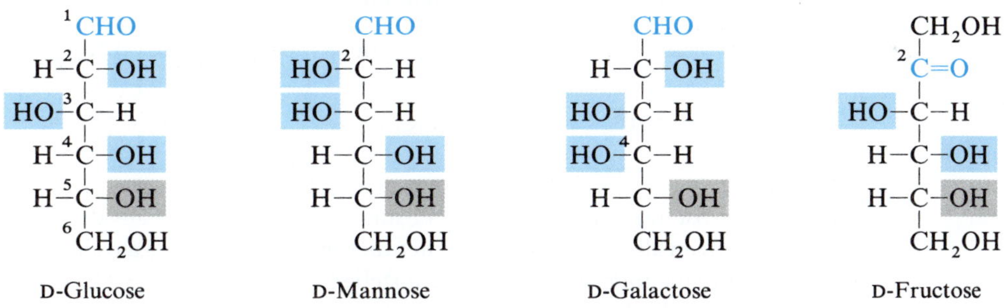

Zwei andere Aldohexosen, die **D-Mannose** und **D-Galactose,** haben außerdem im Stoffwechsel Bedeutung. Sie unterscheiden sich von der *D-Glucose* jeweils nur in der Konfiguration an einem C-Atom, Mannose an *C-2*, Galactose an *C-4*. Man sagt, D-Glucose und D-Galactose sind an C-4, D-Glucose und D-Mannose an C-2 epimer. Alle drei Verbindungen sind *diastereomer* zueinander.

Epimere

! Monosaccharide, die sich nur an einem Chiralitätszentrum unterscheiden, bezeichnet man als **Epimere**.

Ketose

D-Fructose (= Lävulose, Fruchtzucker) ist eine Ketohexose und enthält ein Chiralitätszentrum weniger als D-Glucose. In der Konfiguration der anderen drei Zentren stimmen beide jedoch überein. Der biologische Abbau von D-Glucose, die Glykolyse, ist universell für alle Lebewesen und stellt Energie bereit. Entscheidend ist hierbei das Eingreifen des Phosphors, denn die Glykolyse startet mit *Glucose-6-phosphat*, der nächste Schritt ist eine Isomerisierung zu *Fructose-6-phosphat*.

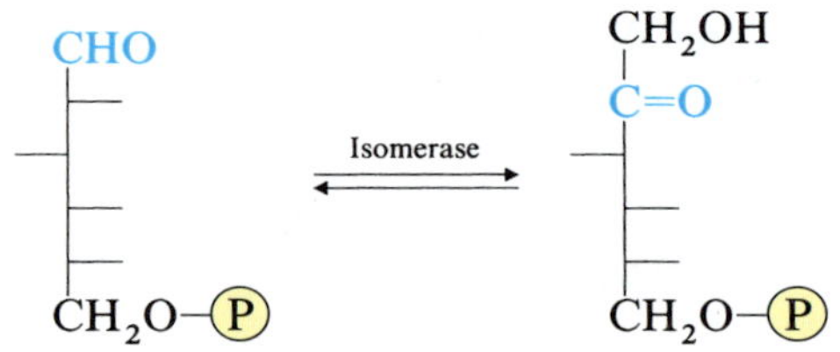

Glucose-6-phosphat | Fructose-6-phosphat

Darstellung in der vereinfachten Fischer-Projektion für Monosaccharide. Jeder waagrechte Strich markiert eine OH-Gruppe. C-Atome stehen im Schnittpunkt von waagrechter und senkrechter Linie. Diese Vereinfachung darf **nicht** mit anderen Schreibweisen, z. B. bei Kohlenwasserstoffketten, verwechselt werden.

20.2.5 Eigenschaften und Reaktionen der Monosaccharide

Monosaccharide sind farblos und durch die hydrophilen Hydroxygruppen im Molekül gut **wasserlöslich**. Die wässrigen Lösungen schmecken mehr oder weniger *süß*. Beim Erhitzen werden die Verbindungen ohne zu schmelzen braun (karamellfarben). Konzentrierte Schwefelsäure entzieht den Verbindungen das Wasser, zurück bleibt schwarzer Kohlenstoff.

Zuckersäuren

Aldosen sind an der **Aldehydgruppe oxidierbar** (☞ Kap. 14.3), aus D-Glucose entsteht dabei **D-Gluconsäure** (Anion: Gluconat). Diese Reaktion lässt sich mit *Tollens-Reagenz* ($[Ag(NH_3)_2]^{\oplus}$) durchführen, es entsteht metallisches Silber (Ag). Auch *Fehling-Lösung* (tiefblauer Tartrat-Komplex von $Cu^{2\oplus}$) als Oxidationsmittel ist ein geeignetes Reagenz; die Probe ist positiv, wenn sich rotes Kupfer(I)-oxid (Cu_2O) abscheidet. Man weist so *reduzierende* Kohlenhydrate nach, die durch die Reagenzien oxidiert werden.

***Tollens*-Probe in biochemischer Schreibweise:**

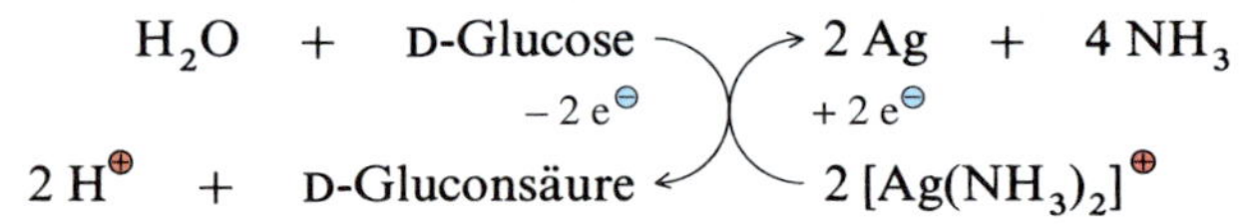

Auch D-Fructose reagiert mit Fehling-Lösung. Dies erklärt sich aus der Tatsache, dass die Reagenzlösungen alkalisch sind und unter diesen Bedingungen Ketosen und Aldosen über ein Endiol miteinander im Gleichgewicht stehen (☞ Kap. 20.2.1).

Im Zellstoffwechsel gibt es die Variante, dass die primäre Alkoholgruppe unter Erhalt der Aldehydgruppe oxidiert wird. Es entstehen die *Uronsäuren*, aus D-Glucose die **D-Glucuronsäure** (Anion: Glucuronat). Man behält hier die Fischer-Projektion der D-Glucose bei, obwohl das am höchsten oxidierte C-Atom jetzt unten steht.

Zuckeralkohole

Die *Reduktion* der Aldehydgruppe liefert **Zuckeralkohole**, aus D-Glucose wird *D-Glucitol* (= *D-Sorbit*), das als *Zuckerersatzstoff* Verwendung findet. Entsprechend entsteht aus D-Mannose das *Mannitol* (= Mannit), das als *meso*-Form optisch inaktiv ist.

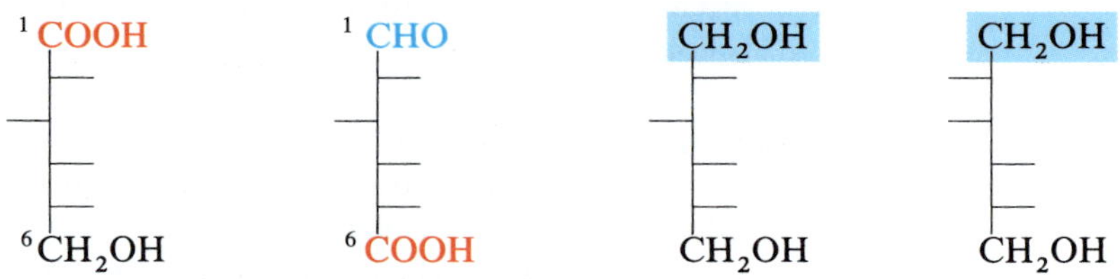

D-Gluconsäure | D-Glucuronsäure | D-Glucitol | Mannitol

20.2.6 Bildung cyclischer Halbacetale, Haworth-Formel

Aldehyde und Ketone bilden mit Alkoholen *Halbacetale* (☞ Kap. 14.5). Aus günstiger Position heraus kann sich auch eine Hydroxygruppe desselben Moleküls an die CO-Gruppe addieren. Dies beobachtet man bei den Pentosen und Hexosen, die in wässriger Lösung ganz überwiegend als **cyclische Halbacetale** vorliegen. Die offenkettige Schreibweise entspricht also *nicht* der Realität.

cyclisches Halbacetal

Um beim Aufschreiben der Ringe die Stereochemie der Monosaccharide richtig zu erfassen, gehen wir am Beispiel der D-Glucose von der offenkettigen Formel in der Fischer-Projektion aus und falten die Kette ringförmig. Die durch Striche markierten OH-Gruppen in gerader und gefalteter Kette entsprechen sich. Durch Drehung um die C-4/C-5-Bindung bringen wir die OH-Gruppe an C-5 (blau markiert) in die Position, die eine Addition dieser OH-Gruppe an die Aldehyd-CO-Gruppe erlaubt. Die Halbacetalbildung führt zu einem *Sechsring*, der ein Sauerstoffatom enthält und sich damit vom Heterocyclus „*Pyran*" ableitet. Monosaccharide in dieser Form bezeichnet man als **Pyranosen**.

Pyranose

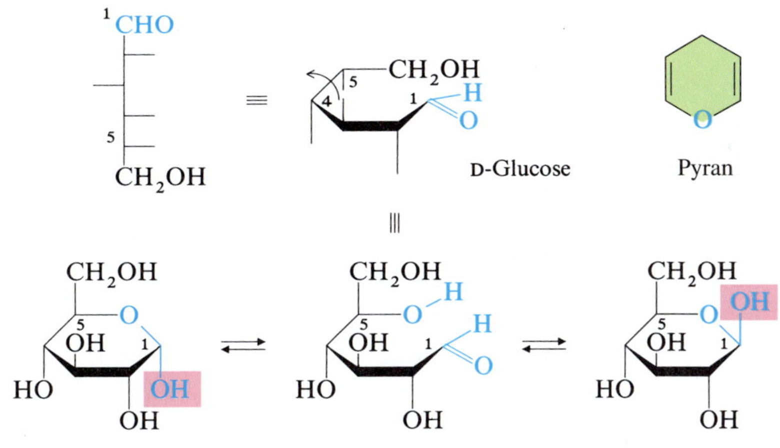

Haworth-Formel

Die cyclischen Halbacetale sind jetzt in der sog. **Haworth-Formel** dargestellt. Die Ringatome legt man in eine Ebene, auf die man perspektivisch von schräg oben blickt. Das Sauerstoffatom liegt bei den *Pyranosen* rechts hinten. Die Substituenten stehen oberhalb und unterhalb der Ringebene und legen damit die Konfiguration der Chiralitätszentren im Ring fest. Es gilt die *Floh-Regel*: Was bei „**F**ischer **l**inks", ist „**o**ben bei **H**aworth". Das Halbacetal-Strukturelement ist in den Formeln farbig markiert.

Anomere. Beim Ringschluss zum cyclischen Halbacetal entsteht ein neues Chiralitätszentrum, weil das C-Atom der Aldehydgruppe vierbindig (tetraedrisch) wird und vier verschiedene Substituenten trägt. In der Haworth-Formel kann die neue OH-Gruppe (in Magenta hinterlegt) oberhalb der Ringebene liegen und in die gleiche Richtung weisen wie die CH_2OH-Gruppe an C-5. Man spricht von der ***β*-Form**. Weist die OH-Gruppe nach unten, liegt die ***α*-Form** vor. Aus der offenkettigen D-Glucose bilden sich *β-D-Glucopyranose* und *α-D-Glucopyranose* (s. Formeln). Beide stehen in wässriger Lösung über die offenkettige Form (< 1%) miteinander im Gleichgewicht (Verhältnis $\alpha/\beta = 36/64$).

α/β-Form

Anomere

> **!** Stereoisomere Kohlenhydrate in der cyclischen Halbacetalform, die sich in der Konfiguration am ehemaligen Carbonyl-C-Atom unterscheiden, heißen **Anomere**.

Löst man das *α-Anomer* ($[\alpha]_D = +112°$) in Wasser auf, dann nimmt der Drehwert langsam ab und erreicht nach einiger Zeit einen konstanten Wert ($[\alpha]_D = +53°$). Bis zu diesem Betrag steigt der Drehwert, wenn man vom reinen *β-Anomeren* ausgeht ($[\alpha]_D = +19°$). Den Vorgang bezeichnet man als **Mutarotation**. Sie tritt auf, weil sich das Gleichgewicht zwi-

Mutarotation

schen den Anomeren einstellt. Die Anomere der D-Glucopyranose sind Diastereomere und haben verschiedene physikalische Eigenschaften.

Die *Haworth-Formel* für jeden Zucker anzugeben erfordert ein gutes Gedächtnis. Bei der **D-Glucose** geht man entweder von der Fischer-Projektion aus oder man baut sich folgende Gedächtnisbrücke:

! Haworth-Formel für D-Glucose:

1. Pyranosering zeichnen (O-Atom rechts hinten).
2. CH_2OH-Gruppe an C-5 (links hinten) zeigt nach oben. Dies gilt für alle Zucker der D-Reihe.
3. Von C-5 ausgehend, sind die OH-Gruppen am Ring alternierend nach unten (C-4), oben (C-3), unten (C-2) angeordnet (Floh-Regel).
4. Im β-Anomer weist die OH-Gruppe an C-1 nach oben (in dieselbe Richtung wie die CH_2OH-Gruppe); beim α-Anomer nach unten.

Von D-Mannose und D-Galactose wissen wir, dass sie Epimere der Glucose sind. Wir schreiben die Verbindungen in der Haworth-Formel nebeneinander und lassen an C-1 durch die gewellte Bindung offen, welches der Anomere vorliegt. Am Gleichgewicht sind beide beteiligt.

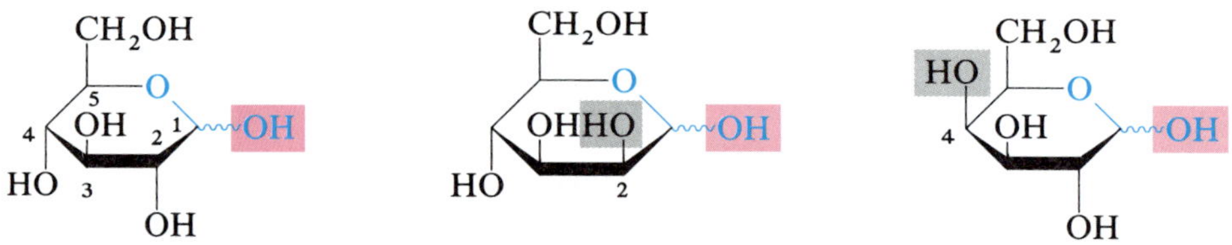

D-Glucopyranose | D-Mannopyranose (epimer an C-2) | D-Galactopyranose (epimer an C-4)

Furanose

Furanosen. Bei der **D-Ribose** bildet sich ebenfalls der Sechsring (Addition von 5-OH an die CO-Gruppe); in merklicher Menge (20%) addiert sich jedoch auch 4-OH und schließt ein Fünfring-Halbacetal. Der gebildete Heterocyclus leitet sich vom *Furan* ab. Monosaccharide dieser Form heißen **Furanosen**. Pyranosen, Furanosen und offenkettige Form der D-*Ribose* stehen miteinander im Gleichgewicht.

Pyranose- und Furanose-Form der D-Ribose:

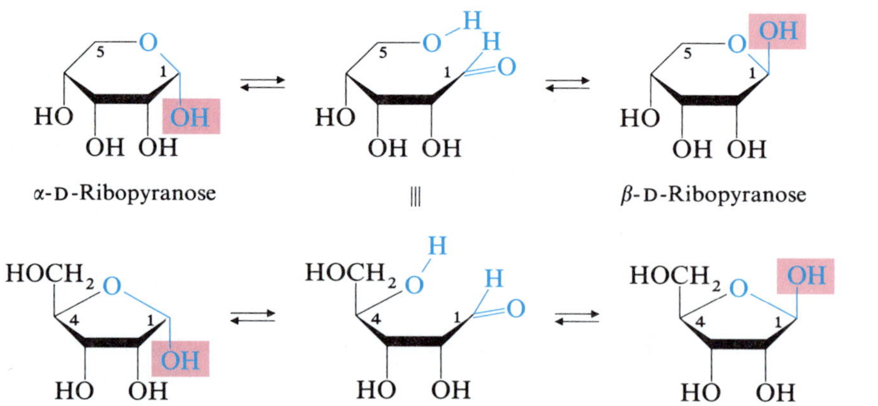

α-D-Ribopyranose | ≡ | β-D-Ribopyranose

α-D-Ribofuranose | offenkettig | β-D-Ribofuranose

D-**Fructose** bildet cyclische *Halbacetale* entweder durch Addition von 6-OH *(Pyranosen)* oder von 5-OH *(Furanosen)* an die Ketogruppe. In beiden Fällen entstehen die Anomere. Bei den Furanosen hängen zwei CH_2OH-Gruppen am Ring; man muss genau hinschauen, um die C-Atome richtig zu beziffern.

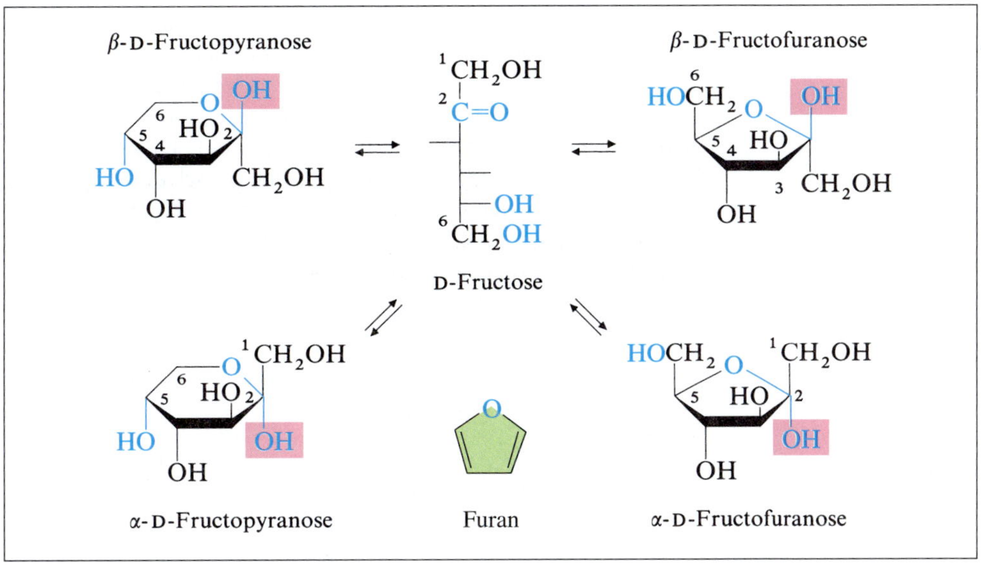

20.2.7 Sesselform-Schreibweise der Pyranosen

Haworth-Formeln beschreiben Pyranosen nicht vollständig. *Konstitution* und *Konfiguration* lassen sich erkennen, nicht jedoch die **Konformation** des Sechsringes. Es fehlt somit die Information über die räumliche Anordnung der Substituenten. Diese wird zugänglich, wenn man die Pyranosen in der **Sesselform** aufschreibt.

Sesselform

Aus Röntgenstrukturdaten geht hervor, dass sich der Sechsring mit dem Sauerstoffatom wie ein Cyclohexanring verhält und in der Regel die energetisch günstigere Sesselform einnimmt (☞ Kap. 11.3).

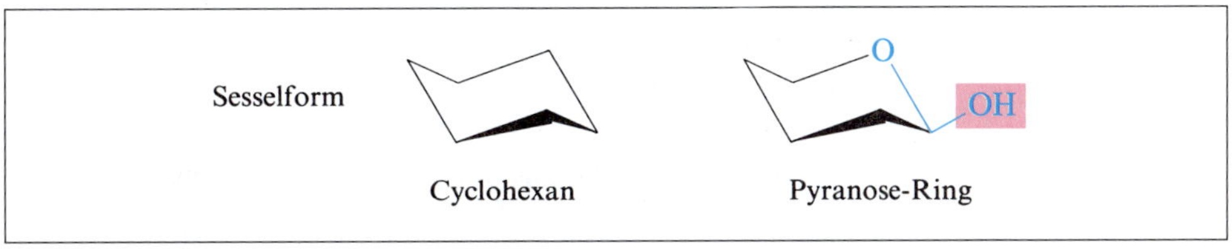

Der Sessel ist so geklappt, dass **möglichst viele Substituenten äquatorial stehen**, insbesondere die sperrige CH_2OH-Gruppe an C-5. *β-D-Glucopyranose* weist *nur äquatoriale* (*e*, engl. *equatorial*) Substituenten auf, beim α-Anomer steht die anomere OH-Gruppe an C-1 *axial (a)*.

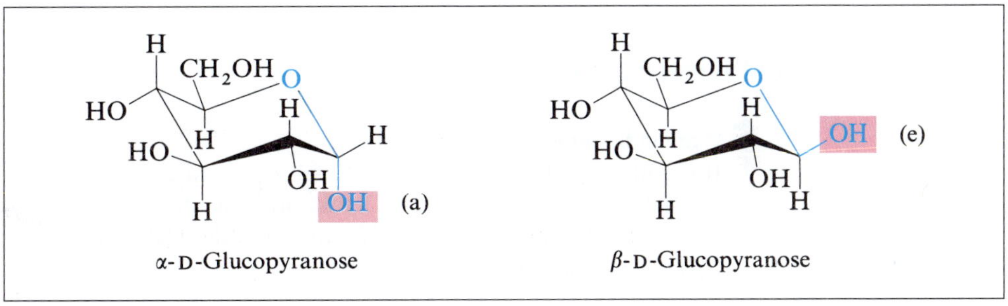

In der Sesselform-Schreibweise der *β*-D-Glucopyranose erkennt man, dass *alle* Substituenten am Ring äquatorial *(e)* und damit benachbarte OH-Gruppen jeweils „*trans*" zueinander stehen (*e*,*e*-Anordnung = *trans*). Die Glucose ist damit das energieärmste Molekül aus der Reihe der Aldohexosen, was ein Grund für ihre bedeutende Rolle in der Natur ist. Für das anomere C-Atom beobachtet man bei anderen Monosacchariden häufig, dass ein axiales OH (*α*-Form) die Konformation besser stabilisiert als eine äquatoriale OH-Gruppe (*β*-Form). Dies wird als *anomerer Effekt* bezeichnet.

$^4C_1$-Konformation

Allgemein wird der Pyranosering so aufzeichnet, dass das Ring-O-Atom rechts hinten steht. Bei den wichtigen Monosacchariden der D-Reihe ist der Pyranose-Sessel dann so geklappt, dass C-4 oben und C-1 unten steht. Diese Konformation wird durch die Abkürzung **$^4C_1$** gekennzeichnet. Klappt der Sessel um, liegt die $^1C_4$-Konformation vor. So schreibt man in der Regel die Monosaccharide der L-Reihe. Abgebildet sind *β*-D- und *β*-L-Glucopyranose, die zueinander enantiomer sind, d. h., **alle** Chiralitätszentren sind entgegengesetzt konfiguriert. Die *β*-Form erkennt man daran, dass die anomere OH-Gruppe auf derselben Seite steht wie die CH_2OH-Gruppe, in der D-Reihe weisen sie nach oben, in der L-Reihe nach unten.

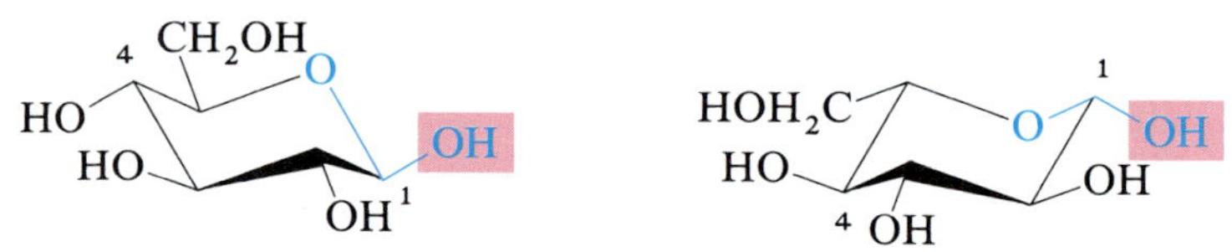

$^4C_1$-Konformation (D-Reihe) *β*-D-Glucopyranose

$^1C_4$-Konformation (L-Reihe) *β*-L-Glucopyranose

In den Biochemie-Lehrbüchern kommen sowohl Haworth-Formeln als auch die Sesselform-Schreibweise zur Anwendung. Es bleibt also nichts anderes übrig, als sich mit beiden vertraut zu machen. Sie sollten jedoch wissen, dass die Sesselform-Schreibweise einer *Pyranose* über die Molekülform und die Bindungswinkel sehr viel besser Auskunft gibt. Bei den *Furanosen* dagegen existiert keine sinnvolle Alternative zu den Haworth-Formeln, weil sich die verschiedenen Konformationen des Fünfrings energetisch kaum unterscheiden. Eine Konformations-Schreibweise würde somit eine mehr willkürliche Festlegung bedeuten.

Für *β-D-Galactopyranose* sind nochmals beide Schreibweisen nebeneinander angegeben. Bitte achten Sie auf die axiale Position der OH-Gruppe an C-4, sie ist ein wichtiges Erkennungsmerkmal für die Galactose.

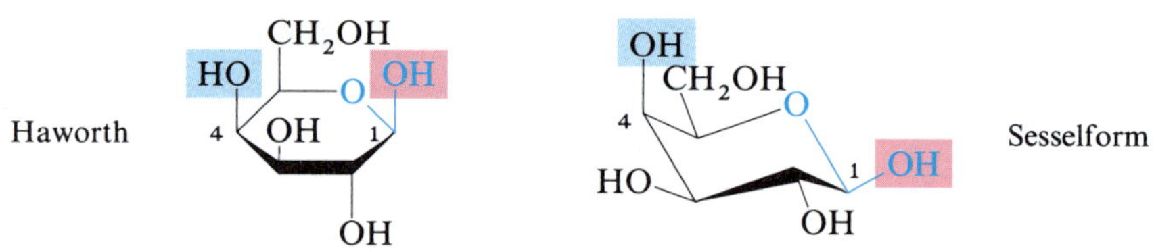

***β*-D-Galactopyranose**

20.2.8 Abgewandelte Monosaccharide

Vitamin C – ein Zuckerderivat

Im Stoffwechsel der Pflanzen gibt es Enzyme, die D-Glucose in **Vitamin C** umwandeln. Beim Menschen fehlt in dieser Reaktionskaskade ein Enzym. Da er jedoch auf das Endprodukt angewiesen ist, muss Vitamin C mit der Nahrung zugeführt werden; es ist für den Menschen essenziell.

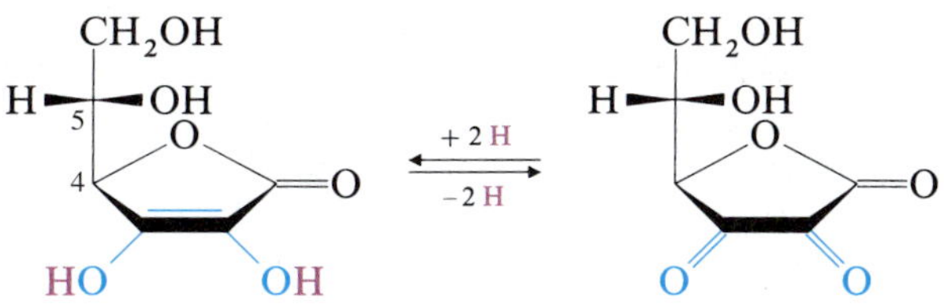

L-Ascorbinsäure (Vitamin C)

Dehydroascorbinsäure

Vitamin C (= L-*Ascorbinsäure*) enthält alle sechs C-Atome der Glucose, jedoch nur noch zwei Chiralitätszentren (C-4 und C-5, die C-2/C-3 der D-Glucose entsprechen). Der γ-Lacton-Ring weist eine Endiol-Gruppe auf, die für die *Acidität* ($pK_s = 4{,}2$) und die *reduzierenden Eigenschaften* verantwortlich ist. Bei der milden Oxidation (= Dehydrierung) entsteht *Dehydroascorbinsäure*. Dieser Prozess ist reversibel. Vitamin C löst sich gut in Wasser, wird beim Kochen jedoch durch Hydrolyse des Lactons zerstört.

Die Funktionen von Vitamin C im Stoffwechsel sind nicht alle bekannt. Es ist ein typisches **Antioxidans**, d. h., es fängt insbesondere reaktive **Sauerstoffradikale** ab, die sich in wässriger Lösung bilden und ungesteuerte Oxidationen oder unerwünschte Mutationen auslösen können. Beim Aufbau des *Kollagens*, eines Strukturproteins von Knochen, Sehnen, Haut und Blutgefäßen, wird es gezielt benötigt. Bei einem Mangel an Vitamin C entsteht **Skorbut**. Der Tagesbedarf liegt bei 100 mg.

072 Übersicht Vitamine

Aus der Vielzahl der Monosaccharide, die in der Natur – häufig in Verbindung mit anderen Bausteinen – vorkommen, sollen die 6-Desoxy-aldohexosen **D-Rhamnose** und **L-Fucose** sowie der Aminozucker **D-Glucosamin** genannt werden. Das *N-Acetylderivat* des D-Glucosamin ist Baustein des strukturbildenden *Chitins*. Das Exoskelett vieler Gliedertiere enthält Chitin, das sehr hart und in Wasser und organischen Lösungsmitteln unlöslich ist.

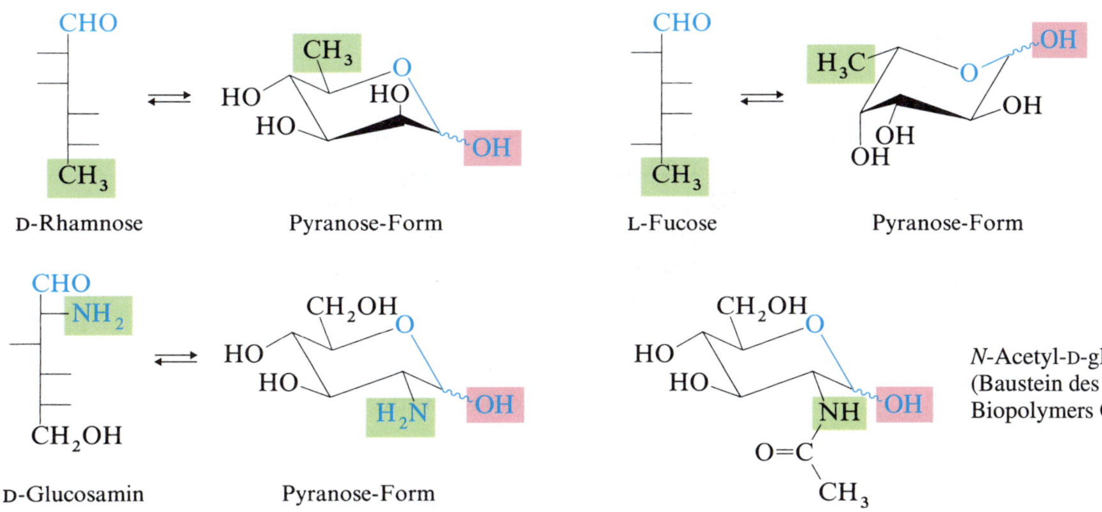

D-Rhamnose — Pyranose-Form — L-Fucose — Pyranose-Form

D-Glucosamin — Pyranose-Form — *N*-Acetyl-D-glucosamin (Baustein des Biopolymers Chitin)

Als Baustein von Glykoproteinen (Plasmamembran) und Gangliosiden (Nervenzellen) ist die ***N*-Acetyl-D-neuraminsäure** (= Sialinsäure) erwähnenswert. Sie enthält neun C-Atome, die durch Zusammenfügen von *N*-Acetyl-D-mannosamin (C-4 bis C-9) und Pyruvat (C-1 bis C-3) entstehen.

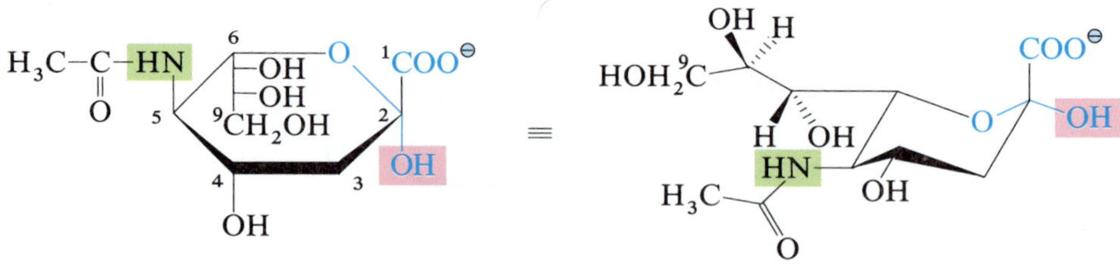

N-Acetyl-D-neuraminsäure (als Anion)

Die **Strukturvarianz** *der Monosaccharide*, und damit der Kohlenhydrate, ist im niedermolekularen Bereich viel weitgehender als bei den Aminosäuren (Peptiden) und Fettsäuren (Lipiden). Variiert werden die funktionellen Gruppen und die Konfiguration der Chiralitätszentren. Allein von den Aldohexosen gibt es unter Einbeziehung der Pyranosen und Furanosen der D- und L-Reihe schon 64 Isomere, von einer einfachen Aminosäure hingegen nur zwei (D/L).

20.2.9 Glykoside

Glykosid

Wie die Halbacetale von Aldehyden und Ketonen (☞ Kap. 14.5) können auch die cyclischen Halbacetale der Monosaccharide (Pyranosen oder Furanosen) mit Alkoholen zu den *Acetalen* weiterreagieren. Man nennt die Acetale der Monosaccharide **Glykoside** (genauer: *O*-Glykoside). Bei der Bildung der Glykoside wird Wasser frei, man arbeitet daher bei ihrer Darstellung unter wasserfreien Bedingungen und benötigt eine starke Säure als Katalysator. Mit Methanol und einer Spur konzentrierter Schwefelsäure erhält man *Methylglykoside*. Diese Reaktion ist reversibel, d. h., Glykoside lassen sich mit wässriger Säure zu Monosaccharid und Alkoholkomponente hydrolysieren.

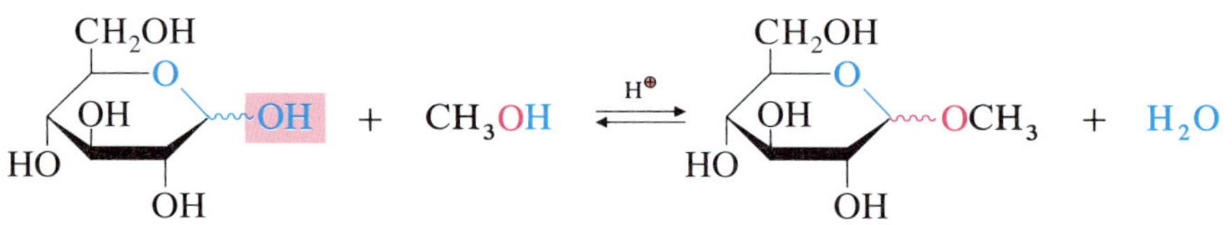

Von der D-Glucose ausgehend, entstehen die anomeren *Methyl-D-glucopyranoside. Glucoside* sind also die Glykoside der Glucose. Der Anteil der Anomeren im Reaktionsgemisch entspricht nicht dem Anteil der Anomere bei der D-Glucose selbst. Das α-Methylglucosid bildet sich wegen des anomeren Effektes bevorzugt.

Anomere Methyl-D-glucopyranoside:

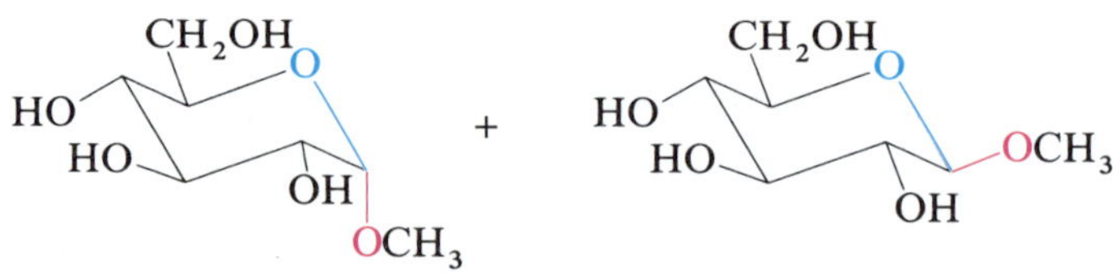

Methyl-α-D-glucopyranosid Methyl-β-D-glucopyranosid

glykosidische Bindung

> **!** Die Bindung vom Sauerstoffatom eines Alkohols oder Phenols zum anomeren C-Atom eines Monosaccharids heißt **glykosidische Bindung**. Sie ist in den Formeln in Magenta markiert.

Eigenschaften. *Glykoside* unterscheiden sich deutlich von den freien Monosacchariden. Es stellt sich in wässriger Lösung *kein* Anomeren-Gleichgewicht mehr ein, da eine Ringöffnung des Acetals sehr viel mehr Energie erfordert als bei einem Halbacetal. Sie reagieren daher nicht mehr mit Fehling-Lösung oder Tollens-Reagenz. Sie sind **nichtreduzierend**.

Aglykon

Vorkommen. Glykoside verschiedener Monosaccharide sind in der Natur weit verbreitet und werden häufig gebildet, um einen Alkohol oder ein Phenol wasserlöslich zu machen (Glykokonjugate). Insbesondere bei den sekundären Metaboliten aus Pflanzen und Mikroorganismen kann man dies beobachten. Ist die Alkoholkomponente ein größeres Molekül, bezeichnet man diese als **Aglykon**. Ein Glykosid der genannten Art ist z. B. das von Mikroorganismen produzierte *Adriamycin*, das in der Krebstherapie Anwendung findet. Es enthält als Aglykon ein Chinonsystem, das mit dem Aminozucker L-Daunosamin in α-glykosidischer Bindung verknüpft ist.

Für die biliäre oder renale Ausscheidung von Arzneimitteln werden häufig auch die Glykoside der Glucuronsäure (☞ Kap. 20.2.5) verwendet. In einer sog. *Glucuronidierungs-Reaktionen* wird z. B. Morphin (☞ Kap. 18, Aufgabe 13) an der phenolischen OH-Gruppe enzymatisch in das pharmakologisch inaktive Morphin-3-glucuronid umgewandelt und dann ausgeschieden. Glucoronide sind besser wasserlöslich als z. B. Glucoside.

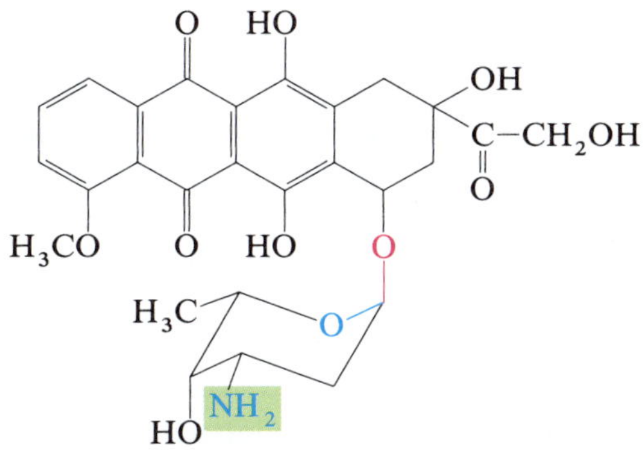

Adriamycin (= Doxorubicin)

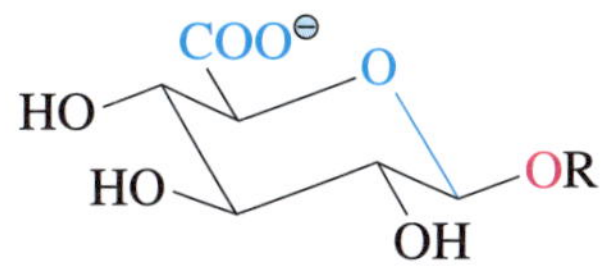

β-D-Glucuronid
(R = Aglykon, z. B. Morphin)

N-Glykoside. Monosaccharide können auch über Stickstoffatome glykosidisch gebunden sein. In Analogie zu den O-Glykosiden spricht man dann von **N-Glykosiden**, für die Kennzeichnung der Anomere gelten die oben besprochenen Regeln.

Im ersten Beispiel ist die Aminosäure *Serin* als Bestandteil einer Peptidkette β-*O*-glykosidisch mit *N-Acetyl-glucosamin* (GlcNAc) verbunden, im zweiten Beispiel hängt *N*-Acetylgalactosamin (GalNAc) β-*N*-glykosidisch am amidischen Stickstoffatom der Aminosäure *Asparagin*. Beide Strukturelemente kommen in Glykoproteinen vor.

O-Glykosid

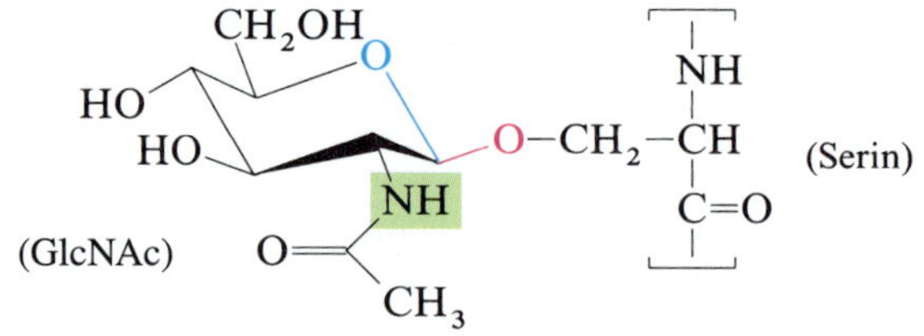

O-Glykosid

N-Glykosid

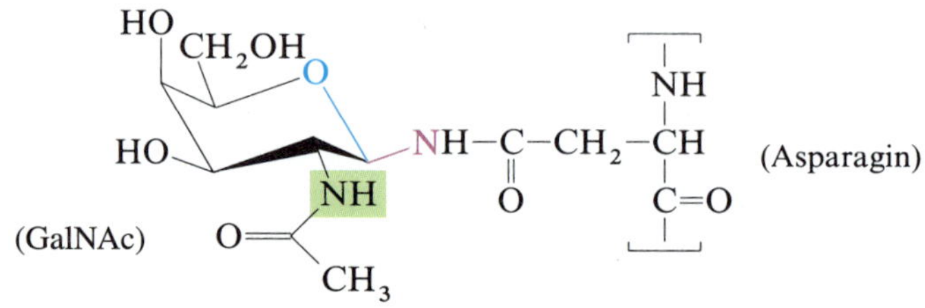

N-Glykosid

Bei den Bausteinen der Nucleinsäuren, den *Nucleosiden,* findet man, dass die Pentosen D-Ribose (in RNA) und 2-Desoxy-D-ribose (in DNA) als Furanoside mit den Nucleinbasen *β-N*-glykosidisch verbunden sind (☞ Kap. 21.4).

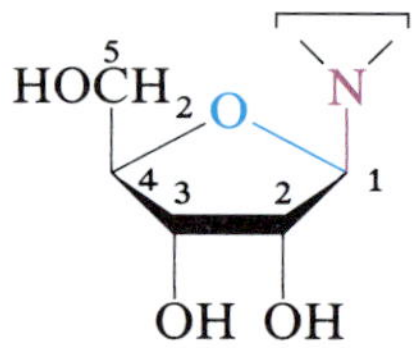

β-N-Ribofuranosid

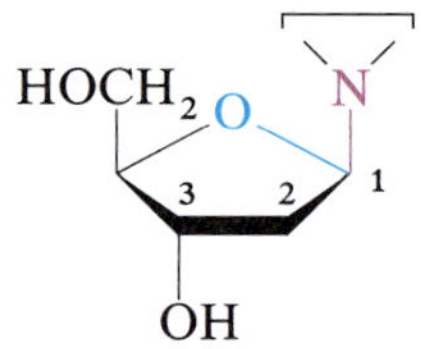

β-N-2-Desoxyribofuranosid

Checkliste

Folgende Bezeichnungen/Begriffe sollten Sie erklären oder definieren (s. a. Glossar) und – wo möglich – Formeln, Gleichungen oder Beispiele angeben können:
Kohlenhydrat – Monosaccharid – Pentose – Hexose – Aldose – Ketose – D-Reihe – Epimere – Zuckersäuren – Zuckeralkohole – cyclisches Halbacetal – Pyranose – Furanose – Haworth-Formel – Anomere – *α*-/*β*-Form – $^4C_1$-Konformation – Glykosid/Glucosid – glykosidische Bindung – Aglykon – *O*-Glykosid – *N*-Glykosid.

Aufgaben

1. Schreiben Sie die *D-Glucose* in der offenkettigen Form (Fischer-Projektion), als *α*- und *β*-Pyranose mit Haworth-Formeln und in der Sesselform aus dem Kopf auf. Üben Sie es so lange, bis Sie es wirklich können!
2. Warum ist D-Glucose die in der Natur am häufigsten vorkommende Aldohexose?
3. Welche Formel (offenkettig) hat *L-Glucose*?
4. Sind *D-Mannose* und *D-Galactose* Epimere?
5. Sind *α*-D-Ribopyranose und *β*-D-Ribopyranose Anomere?
6. Welche Formeln haben *α-D-Mannopyranose* und *β-D-Galactopyranose* (Haworth- und Sesselform-Schreibweisen)? Reduzieren sie Fehling-Lösung?
7. Vitamin C wirkt reduzierend. Warum?
8. Schreiben Sie das Monoanion der *L-Ascorbinsäure* auf! Ist die negative Ladung mesomeriestabilisiert?
9. Wie kann man experimentell eine *glykosidische Bindung* von einer Etherbindung unterscheiden?
10. Welche Formel hat das *Methyl-β-D-fructofuranosid*? Reagiert es mit Tollens-Reagenz?
11. Die Reaktion von *D-Ribose* mit Methanol/HCl führt zu vier Produkten. Geben Sie Namen und Strukturen an!

12. Sie sollen D-*Fructose* an der Ketogruppe reduzieren. Welche Produkte erwarten Sie?
13. Was müssen Sie tun, um einen lipophilen Alkohol (z. B. Cholesterin, ☞ Kap. 13.1.4) wasserlöslich zu machen?
14. Das Zytostatikum *Adriamycin* darf nicht oral verabreicht werden. Was passiert, wenn es mit wässriger Säure (Magensaft) in Berührung kommt?
15. Was sind *Glucuronide*? Setzen Sie aus den Angaben im Text (S. 367) die Formel von Morphin-3-glucuronid zusammen!

066 Lösungen der Aufgaben

20.3 Disaccharide

20.3.1 Allgemeines

Disaccharid

Monosaccharide bilden mit Alkoholen unter Wasserabspaltung Glykoside. Ist der Alkohol selbst ein Monosaccharid, führt die Kondensation zu einem **Disaccharid**. Da ein Monosaccharid in der Halbacetalform zwei Arten von OH-Gruppen aufweist, einerseits die alkoholischen und andererseits eine anomere, sind zwei Typen von Disacchariden möglich. Beide Arten kommen in der Natur vor.

1,4-Verknüpfung
reduzierend

Typ I: Die Aldose **A** reagiert als Pyranose am anomeren C-Atom (C-1) mit einer der alkoholischen Gruppen des Moleküls **B**, z. B. der sekundären OH-Gruppe C-4. Das Disaccharid vom Typ I ist **1,4-verknüpft** und enthält den Baustein **A** als Acetal, während **B** ein Halbacetal bleibt. Somit hat dieses Disaccharid **reduzierende Eigenschaften.**

1,1-Verknüpfung
nichtreduzierend

Typ II: Zwei Aldosen reagieren aus der Pyranose-Form heraus an den anomeren OH-Gruppen miteinander (**1,1-Verknüpfung**). Im Disaccharid vom Typ II sind die anomeren C-Atome beider Bausteine über eine Glykosidbindung verbunden. Die ehemaligen Monosaccharide **A** und **B** werden beide zu Acetalen. Dieses Disaccharid gleicht damit in seinen Eigenschaften den o. g. Methylglykosiden, d. h., es zeigt die charakteristischen Reaktionen der Aldehydgruppe *nicht* mehr, es ist **nichtreduzierend**. Erst durch säurekatalysierte Hydrolyse werden die Monosaccharide wieder freigesetzt, und in der Reaktionslösung lassen sich die dann reduzierenden Komponenten nachweisen.

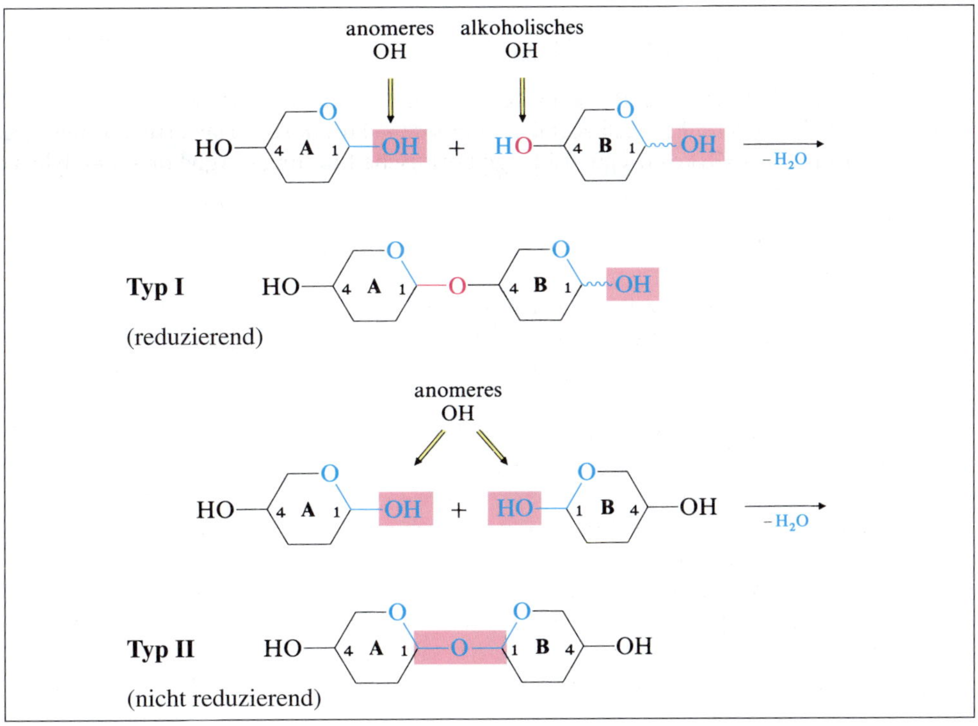

! Disaccharide vom **Typ I** (reduzierend) sind *Maltose, Cellobiose, Lactose.*
Disaccharide vom **Typ II** (nicht reduzierend) sind *Saccharose, Trehalose.*

Für die Molekülform und Eigenschaften der Disaccharide spielt es eine große Rolle, ob α-oder β-glykosidische Bindungen vorliegen. Bei der Darstellung der Struktur führen die Haworth-Formeln zu sehr skurrilen Formen der Glykosidbindung. Die Sesselform-Schreibweise spiegelt die Realität in jedem Fall besser wieder. Für beide Arten der Darstellung ist es jedoch erforderlich, einzelne Ringe aus der gewohnten Anordnung herauszudrehen, damit die C-Atome, die über die Glykosidbindung verknüpft werden, auch räumlich richtig liegen.

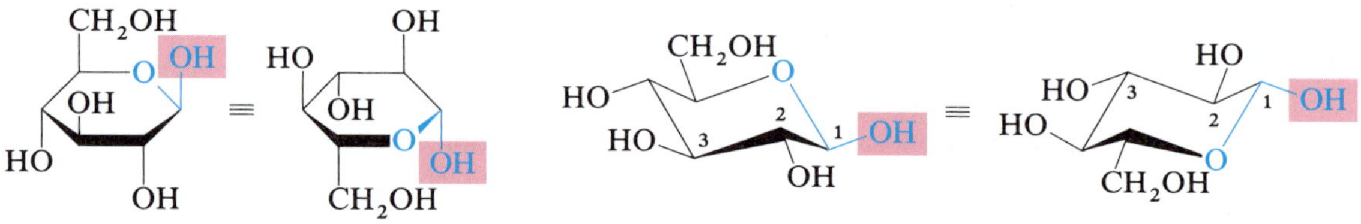

β-D-Glucopyranose in verschiedener Schreibweise

20.3.2 Beispiele wichtiger Disaccharide

Bei den nachfolgenden Disacchariden sind verschiedene Formelbilder nebeneinander angegeben, damit Sie sich in den Biochemie-Büchern besser zurechtfinden. Ferner werden die bei der säurekatalysierten *Hydrolyse* entstehenden Monosaccharide genannt, und Sie finden Synonyma der jeweiligen Verbindung, Angaben zu ihrer Herkunft und Informationen darüber, ob das jeweilige Disaccharid reduzierende Eigenschaften besitzt. Außerdem finden Sie die systematische Bezeichnung der Disaccharide einmal ausgeschrieben und in abgekürzter Form (in eckigen Klammern).

Maltose $\xrightarrow{H_2O/H^{\oplus}}$ 2 Moleküle D-Glucose

Malzzucker
Baustein in Stärke und Glykogen, **reduzierend**

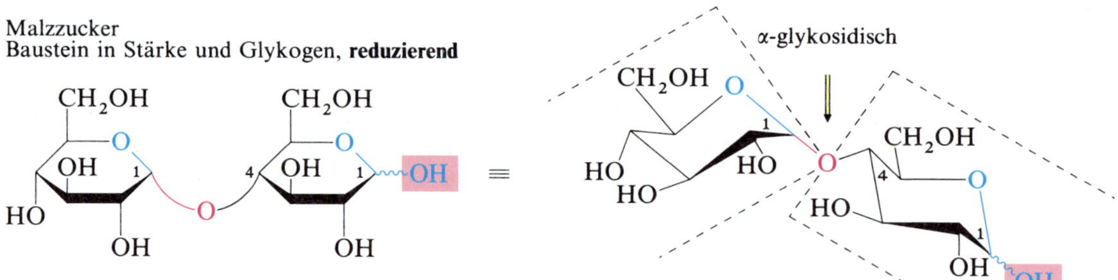

α-D-Glucopyranosyl-(1 → 4)-D-glucopyranose [α-Glc(1 → 4)Glc]
Die Pyranosesessel bilden einen Winkel, den die α-glykosidische Bindung verursacht.

070 Strukturformeln wichtiger Disaccharide

Cellobiose $\xrightarrow{H_2O/H^{\oplus}}$ 2 Moleküle D-Glucose

Baustein der Cellulose, **reduzierend**

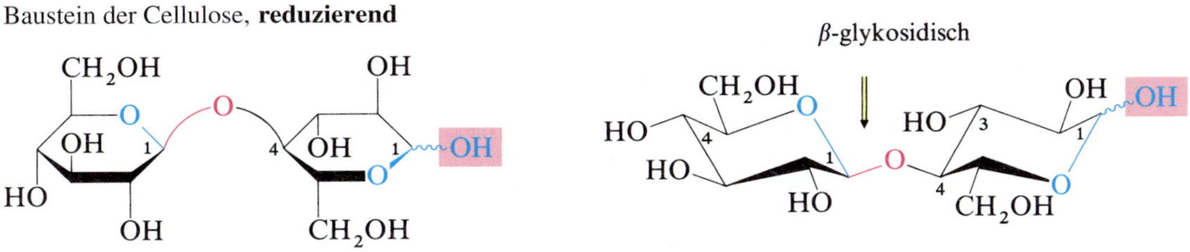

β-D-Glucopyranosyl-(1 ⟶ 4)-D-glucopyranose [β-Glc(1 ⟶ 4)Glc]
Die Pyranosesessel liegen in einer Ebene. Das Molekül ist gestreckt gebaut.

Lactose $\xrightarrow{H_2O/H^{\oplus}}$ D-Galactose + D-Glucose

Milchzucker, **reduzierend**

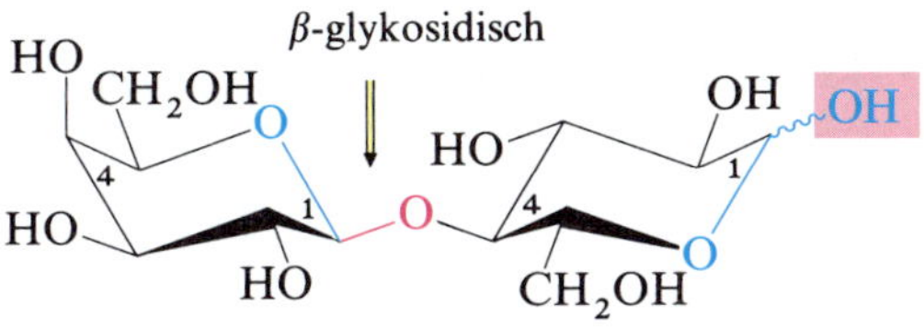

alternativ:

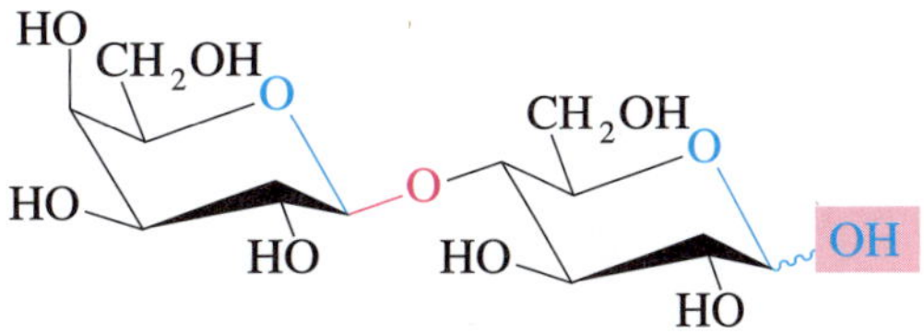

β-D-Galactopyranosyl-(1 ⟶ 4)-D-glucopyranose
[β-Gal(1 ⟶ 4)Glc]

Die **Saccharose** ist der allen bekannte *Haushaltszucker*, den man aus Zuckerrohr oder Zuckerrüben gewinnt und der in der Pflanzenwelt weit verbreitet ist. Saccharose ist ein **Typ-II**-Disaccharid, d. h. *nichtreduzierend*. Der hohe Pro-Kopf-Verbrauch an Saccharose (35 – 40 kg pro Jahr) in den Industrieländern wird als ein Grund für das Auftreten von *Zivilisationskrankheiten* angesehen. Saccharose ist eines der wenigen Nahrungsmittel, das große Kristalle bildet und durch Kristallisation gereinigt in den Handel kommt. Es ist somit eine interessante Frage, ob Saccharose durch den Kristallisationsprozess entscheidende Qualitäten als Lebensmittel einbüßt und nur noch Energielieferant bzw. Genussmittel ist.

Beim Behandeln von Rohrzuckerlösungen mit dem Enzym *Invertase* entsteht der sog. **Invertzucker**, ein 1:1-Gemisch aus D-Glucose und D-Fructose. Bei dieser enzymatischen Hydrolyse der Glykosidbindung ändert der Drehwert der Lösung sein Vorzeichen (von + nach –), daher rührt der Name. Invertzucker ist im Honig enthalten.

Saccharose $\xrightarrow{H_2O/H^{\oplus}}$ D-Glucose (Traubenzucker) + D-Fructose (Fruchtzucker)

Rohrzucker
Rübenzucker
Sucrose, **nicht reduzierend**

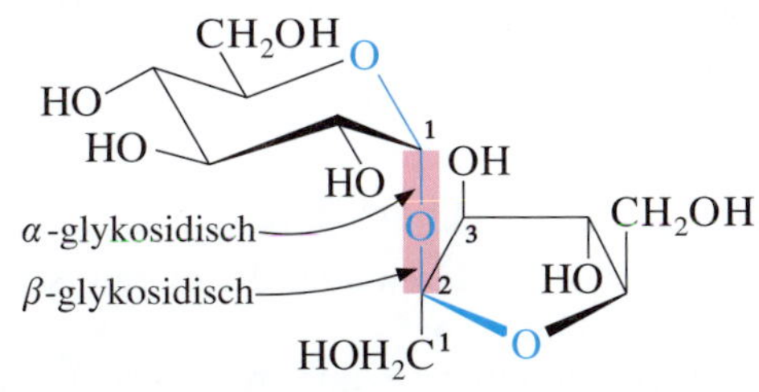

α-D-Glucopyranosyl-(1 ⟶ 2)β-D-fructofuranosid [α-Glc(1 ⟶ 2)β-Fru]

Das **Typ-II**-Disaccharid **Trehalose** ist in Pilzen, Hefen und der Hämolymphe von Insekten enthalten. Die Trehalose wird in der Biotechnologie zum Schutz von Zellen bei der Kryokonservierung verwendet. Das Enzym *Trehalase* kann die 1,1-glykosidische Bindung spalten, es entstehen wie bei der säurekatalysierten Hydrolyse zwei Moleküle D-Glucose.

Trehalose $\xrightarrow{H_2O/H^{\oplus}}$ 2 Moleküle D-Glucose

Insektenzucker, auch aus Mikroorganismen, **nicht reduzierend**

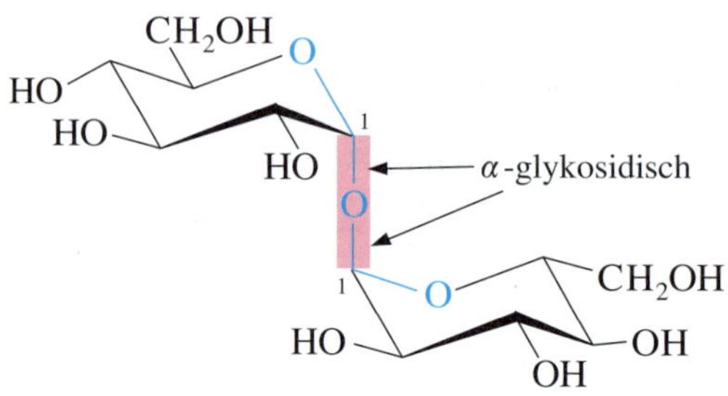

α-D-Glucopyranosyl-(1 ⟶ 1)-α-D-glucopyranosid [α-Glc(1 ⟶ 1)α-Glc]

Karies und Saccharose

Wenn die Zähne fortschreitend unter Bildung von Löchern zerfallen, spricht man von **Karies** *(Zahnfäule)*. Verantwortlich dafür sind Speichelbakterien (z. B. *Streptococcus mutans*), die auf den Zähnen Beläge (Plaques) bilden und durch die Ausscheidung von Milchsäure eine Entkalkung der Zahnsubstanz herbeiführen. Bei der Belagbildung spielen *Dextrane* (Polysaccharid aus D-Glucose-Bausteinen) eine Rolle, die von den Bakterien ebenso wie die Milchsäure aus *Saccharose* gebildet werden. Mit Hilfe des Dextrans haften die Bakterien am Zahn. **Zuckerkonsum fördert Karies.** Vorbeugende Maßnahmen zielen auf eine Hemmung der Belagbildung durch die Verwendung von Zuckeraustauschstoffen (z. B. D-Xylit) und eine gesunde Mineralisation der Zähne.

Lactoseintoleranz und Galaktosämie

Bei Säuglingen wird Lactose *(= Milchzucker)* durch das im Darm verfügbare *Enzym β-Galactosidase (= Lactase)* in die Monosaccharide gespalten. Die gebildete Galactose wird enzymatisch durch eine *Epimerase* in Glucose umgewandelt und im Stoffwechsel genutzt. Störungen in diesem Verwertungsablauf führen zu zwei Krankheitsbildern:

1. Beim heranwachsenden Menschen kann die Bereitstellung von *β-Galactosidase* verloren gehen. Wird Lactose mit der Nahrung aufgenommen, gelangt sie unverändert bis in den Dickdarm und wird auf ihrem Weg von den Darmbakterien unter starker Gas- und Säurebildung verstoffwechselt. Dies führt zu Verdauungsstörungen, die man als **Lactoseintoleranz** bezeichnet.
2. Fehlt die *Epimerase*, die Galactose in Glucose umwandelt, führt dies zu einem Anstieg des Galactosespiegels im Blut (**Galaktosämie**), was bei Säuglingen Entwicklungsstörungen verursacht und Intelligenzdefekte zur Folge hat. Eine milchfreie Diät ist hier die einzige Rettung.

Checkliste

Folgende Bezeichnungen/Begriffe sollten Sie erklären oder definieren (s. a. Glossar) und – wo möglich – Formeln, Gleichungen oder Beispiele angeben können:
Disaccharid – 1,4-Verknüpfung – 1,1-Verknüpfung – reduzierende Disaccharide – nichtreduzierende Disaccharide – α/β-glykosidische Bindung.

Aufgaben

1. Sie erhalten zwei Substanzen, die *Lactose* oder *Saccharose* sein können. Wie treffen Sie durch ein Experiment die Entscheidung, welche der Substanzen welches Disaccharid ist?
2. Existieren von der Lactose Anomere?
3. Sind *Maltose* und *Cellobiose* Enantiomere oder Diastereomere?
4. Nachfolgend ist das *Amygdalin* abgebildet, das Bestandteil der bitteren Mandeln ist und bei der Hydrolyse u. a. giftige Blausäure freisetzt.

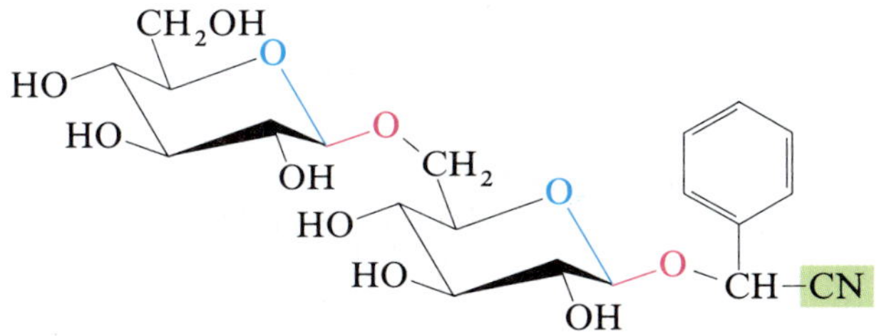

   Welche Monosaccharide sind enthalten? Welcher Art sind die Glykosidbindungen? Formulieren Sie Aglykon und Disaccharid, die bei der Hydrolyse entstehen!
5. Wozu führt die enzymatische Hydrolyse von *Saccharose*?
6. Wie viel verschiedene Disaccharide kann man aus zwei Molekülen D-Glucose theoretisch herstellen?
7. Womit könnte es zusammenhängen, dass in Dänemark nur 3% der Erwachsenen *Lactoseintoleranz* aufweisen, in Thailand hingegen 97%?
8. *D-Galactose* ist am Aufbau der Gehirnsubstanz beteiligt (Ganglioside, Cerebroside). Warum ist es so wichtig, dass Säuglinge Muttermilch bekommen, die 7% Lactose enthält (Kuhmilch nur 4%)?
9. *D-Fructose* kann von Diabetikern leichter verwertet werden als D-Glucose. Was könnte der Grund hierfür sein?
10. Bakterienzellwände enthalten das Biopolymer *Murein*. Die Bausteine sind *β-N*-Acetyl-glucosamin (GlcNAc) und *β-N*-Acetyl-muraminsäure (MurNAc, 3-O-Milchsäureether von GlcNAc). Wie lautet die Strukturformel eines Disaccharids GlcNAc(1⟶4)MurNAc?

065 Lösungen der Aufgaben

20.4 Polysaccharide

Polysaccharide

Monosaccharide können durch glykosidische Bindungen auch über die besprochenen Disaccharide hinaus miteinander verknüpft werden. Die entstehenden **Polysaccharide** *(= Glykane)* gehören wie die Polypeptide und Nucleinsäuren zu den **Biopolymeren**, die durch *Polykondensation* der Monomere (= Polymerisation unter Wasserabspaltung) entstehen. Die wichtigsten Polysaccharide sind **Cellulose**, **Stärke** und **Glykogen**. Sie gehören zu den *Homoglykanen*, weil sie nur aus einer Sorte Monosaccharid (D-Glucose) bestehen. Es gibt auch *Heteroglykane*, die aus zwei oder mehr verschiedenen Monosacchariden aufgebaut sind, dazu gehören z. B. *Heparin, Hyaluronsäuren* und das *Murein* von Bakterienzellwänden.

Homoglykan
Heteroglykan

20.4.1 Cellulose

1,4-Verknüpfung
β-glykosidisch

Cellulose ist das Strukturmaterial der Pflanzen. Auf der Erde werden jährlich etwa 10^{12} Tonnen auf- und abgebaut. Cellulose enthält D-Glucopyranosid-Bausteine, die **β(1⟶4)-glykosidisch** verknüpft sind. Das Disaccharid *Cellobiose* spiegelt den ersten Schritt des Aufbaus wider, formal wird es nach beiden Seiten verlängert. Die lineare unverzweigte Polysaccharidkette enthält einige Tausend Glucose-Moleküle.

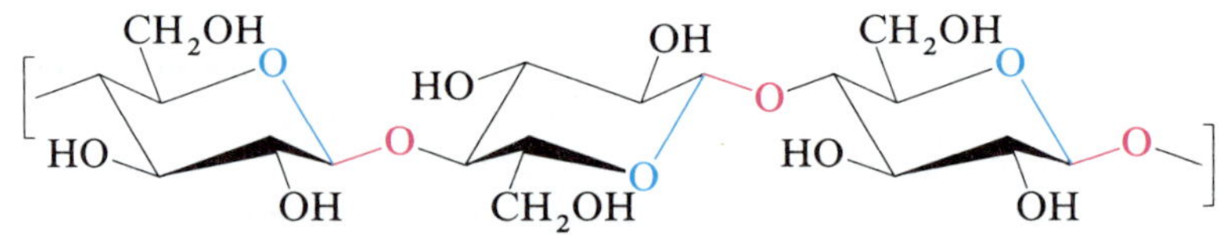

Cellulose (Ausschnitt der Polysaccharidkette)

Benachbarte Ketten lagern sich über Wasserstoffbrückenbindungen der seitlichen OH-Gruppen aneinander und bilden z. T. mikrokristalline Bereiche. Dadurch entsteht ein unlösliches, festes und faseriges Material. *Baumwolle* ist nahezu reine Cellulose, *Holz* enthält etwa zur Hälfte Cellulose. Der Mensch kann Cellulose nicht verdauen, weil die Enzyme zur Spaltung der β-Glucosid-Bindungen (*Cellulasen*, β-Glucosidasen) fehlen. Wiederkäuer können Cellulose verwerten, weil symbiontische Bakterien im Verdauungstrakt den Abbau vornehmen.

20.4.2 Stärke

Stärke kommt in allen Pflanzen als Speicherstoff (Reservekohlenhydrat) vor. Sie enthält ebenfalls nur D-Glucopyranose-Einheiten, die hier jedoch ausschließlich **α-glykosidisch** verknüpft sind.

Stärke ist kein einheitlicher Stoff. Mit heißem Wasser löst sich ein Teil (ca. 25 %) heraus und wird als **Amylose** bezeichnet. Der unlösliche Rückstand ist das **Amylopektin**.

1,4-Verknüpfung
α-glykosidisch

In der **Amylose** sind die D-Glucose-Moleküle **α(1→4)-glykosidisch** verknüpft. Durch die α-Glykosid-Bindungen entstehen keine gestreckten Ketten. Die Pyranosidringe bilden einen Winkel, wie man es schon beim Disaccharid Maltose sehen kann. Eine Kette mit 200 – 5000 Glucose-Molekülen windet sich zu einer Schraube (Helix) mit einem *Hohlraum* (Abb. 20/1 A). In diesen kann sich *Iod* einlagern, dessen Farbe von braun (in wässriger Lösung) nach *tiefblau* umschlägt. Diese Farbreaktion dient zum Nachweis von Iod, aber auch von Amylose. Hydrolysiert man Amylose mit wässriger Säure, lässt sich in Abhängigkeit von der Hydrolysedauer beobachten, wie die Fähigkeit zur Iodfärbung verloren geht. Die Kette wird letztlich zu D-Glucose abgebaut.

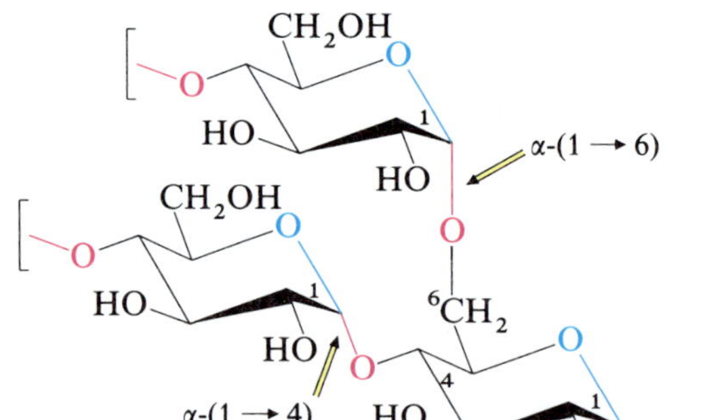

Amylopektin
(Verzweigungsstelle der Ketten)

verzweigtes
Polysaccharid
1,6-Verknüpfung

Amylopektin enthält ebenfalls α(1→4)-glykosidisch verknüpfte Ketten, die sich jedoch nach 24 – 30 Glucopyranosid-Einheiten verzweigen, so dass ein Netzwerk entsteht. Die Verzweigung erfolgt, indem an OH-Gruppen in Position 6 der 1,4-verknüpften Kette eine **α(1→6)-Verknüpfung** stattfindet. Eine derartige Verzweigungsstelle zeigt der Formelausschnitt des Amylopektins (s. o.). Durch die Verzweigung kann sich keine Helix mehr ausbilden, die Blaufärbung mit Iod bleibt aus. Amylopektin enthält einige Tausend Glucose-Bausteine.

Der Abbau von Stärke bei der Verdauung erfolgt durch *Amylasen* (α-Glucosidasen) und beginnt beim Einspeicheln der Nahrung. Stärke ist damit als Nahrungsbestandteil für den

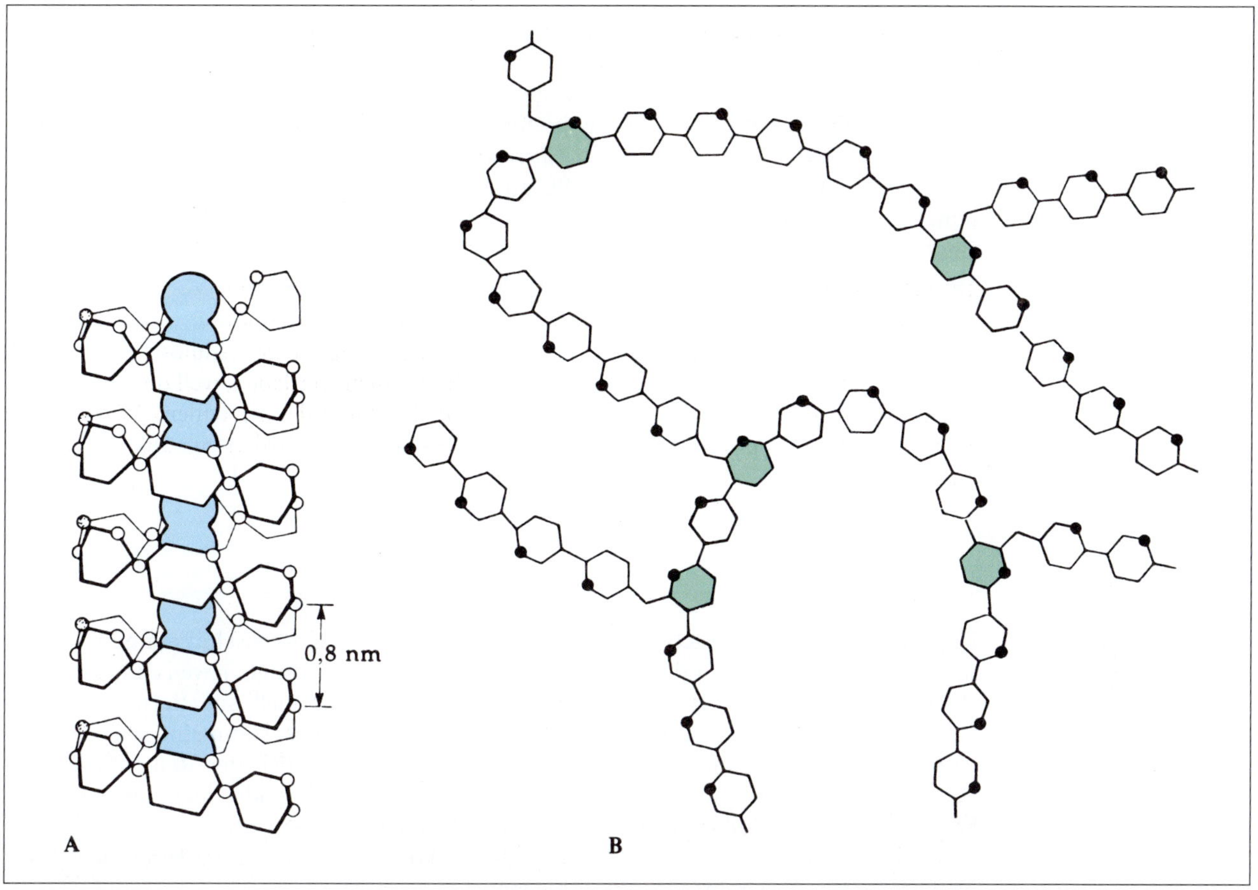

Abb. 20/1 (A) Helix der Amylose mit Iod-Molekülen (I_2, blau markiert) im Hohlraum. (B) Ausschnitt eines Glykogen-Moleküls. Jeder Sechsring stellt eine α-D-Glucopyranosid dar mit durchgehender $\alpha(1 \rightarrow 4)$-Verknüpfung. An jeder grün markierten Einheit erfolgt eine Verzweigung durch $\alpha(1 \rightarrow 6)$-Verknüpfung (nach Metzler, Biochemistry. Academic Press New York 2000 [A], O'Leary, Contemporary Organic Chemistry. McGraw-Hill New York 1981 [B]).

Menschen geeignet, Cellulose hingegen nicht, obwohl beide Biopolymere nichts anderes als D-Glucose enthalten. Hier wird einmal mehr deutlich, dass die Enzyme stereoselektiv arbeiten (☞ Kap. 18.1.3) und der Mensch nur einen Bruchteil der Enzyme verfügbar hat, die für den Auf- und Abbau von Biomolekülen in der Lebenssphäre existieren.

20.4.3 Glykogen

Reservekohlenhydrat

Glykogen ist dem Amylopektin sehr ähnlich, die $\alpha(1 \rightarrow 4)$-verknüpften Ketten sind jedoch durch häufigere $\alpha(1 \rightarrow 6)$-Verknüpfungen stärker verzweigt (Abb. 20/1 B). Uns begegnet hier das *Reserve*-Polysaccharid der Säugetiere und des Menschen, das in der Leber und im Muskel gespeichert wird. Dort kann aus Glykogen bei Bedarf D-Glucose als α-D-Glucopyranose-1-phosphat durch enzymatische Spaltung der $\alpha(1 \rightarrow 4)$-Glucopyranosid-Bindungen vom Ende der Ketten her freigesetzt werden.

Glykogen wird aus einigen Hunderttausend Glucose-Molekülen aufgebaut. Die starke Verzweigung der Ketten im Vergleich zum Amylopektin hat ihren Sinn darin, dass D-Glucose häufig rasch und in großer Menge für den Energiestoffwechsel benötigt wird. Dieser Stoßbedarf besteht bei den Pflanzen nicht, also wird keine so starke Verzweigung der D-Glucose-liefernden Ketten benötigt. Hier wird sichtbar, dass sich der Bauplan der Biopolymere nach der Funktion im Organismus richtet.

Glykosamino-
glykane

Hyaluronsäure und Heparin – Glykosaminoglykane mit besonderen Eigenschaften

Glykosaminoglykane sind *unverzweigte Polysaccharide*, die abwechselnd aus einer Uronsäure- und einer Hexosamin-Einheit bestehen. **Hyaluronsäure** ist ein wichtiger Bestandteil z. B. des Bindegewebes, der Gelenkschmiere und des Glaskörpers im Auge. Die Disaccharid-Grundeinheit besteht aus D-*Glucuronsäure* und *N-Acetyl-glucosamin* (GlcNAc) in $\beta(1\rightarrow 3)$-glykosidischer Bindung. Bis zu 25 000 solcher Einheiten können verknüpft sein. Die zahlreichen Carboxylatgruppen, die im Zellmilieu geladen vorliegen, sorgen für ein starkes Quellverhalten des Biopolymers. Die Lösungen zeigen ein viskoelastisches Verhalten und sind u. a. biologische Stoßdämpfer und Gleitsubstanzen.

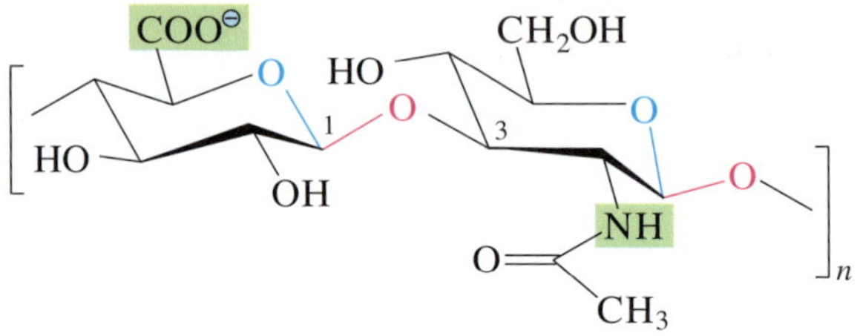

Heparin liegt eine Tetrasaccharid-Einheit zugrunde, in der abwechselnd auf eine *Uronsäure* (D-Glucuronsäure oder L-Iduronsäure) D-*Glucosamin* folgt, jeweils in α- bzw. $\beta(1\rightarrow 4)$-glykosidischer Bindung. Das Polysaccharid ist partiell sulfatiert, es liegen Schwefelsäurehalbester bzw. Schwefelsäureamide vor. Heparin ist somit eine starke Säure und bildet ein Polyanion. Seine Zusammensetzung ist bezüglich der Reihenfolge der Bausteine, der Gesamtzahl der Bausteine und des Sulfatierungsgrades nicht konstant. Es kommt in den Mastzellen entlang der Arterienwände vor und verhindert die *Blutgerinnung*. Aus Tierorganen gewonnen, wird es als Antikoagulans, z. B. für die Thromboseprophylaxe bei einem Herzinfarkt, klinisch genutzt.

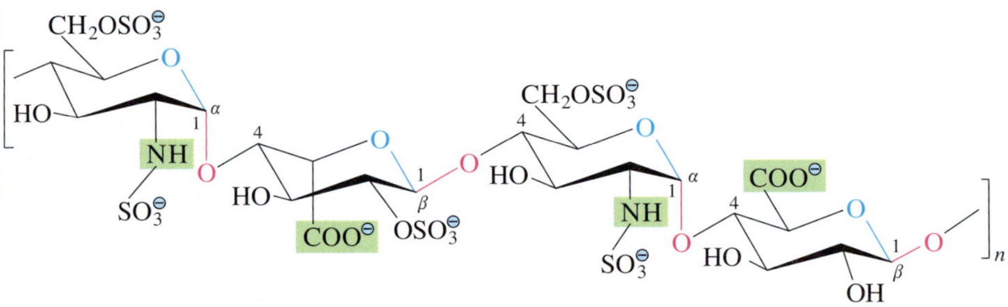

Checkliste

Folgende Bezeichnungen/Begriffe sollten Sie erklären oder definieren (s. a. Glossar) und – wo möglich – Formeln, Gleichungen oder Beispiele angeben können:
Polysaccharid – Stärke – Cellulose – Glykogen – Homoglykan – Heteroglykan – verzweigte Polysaccharide – 1,4-Verknüpfung – 1,6-Verknüpfung – Reservekohlenhydrat – Glykosaminoglykane.

Aufgaben

1. Es gibt Enzyme, die *Stärke* bis zum Disaccharid abbauen. Welche beiden Disaccharide entstehen? Formeln angeben!
2. Nachfolgend ist ein Ausschnitt der Polysaccharid-Kette des *Chitins* angegeben. Wie viele verschiedene Bausteine können Sie erkennen und wie heißen sie? Welche Verknüpfung liegt vor? Ist Chitin ein Homo- oder Heteroglykan?

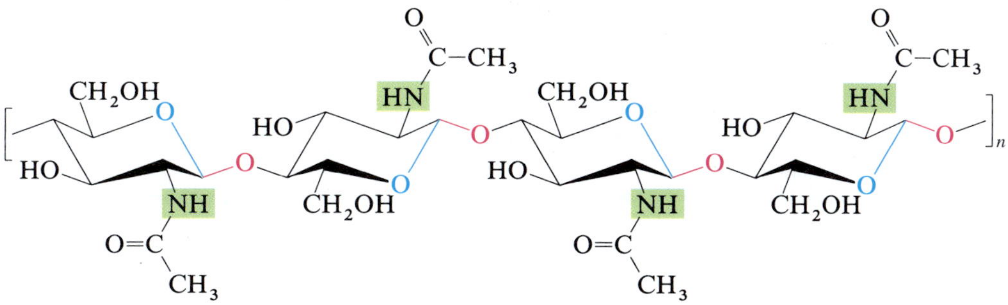

3. Wenn Sie die Polysaccharide Stärke und Glykogen mit einem *Polypeptid* vergleichen, welche Unterschiede fallen Ihnen auf?
4. Bei der Freisetzung von Glucose-1-phosphat aus *Glykogen* im Muskel gibt es eine rasche und eine langsamere Phase. Welchen Grund könnte das haben?
5. Spaltet man im *Chitin* partiell die Acetylgruppe vom Stickstoff ab, dann erhält man *Chitosan*, ein zu Fäden und Folien verarbeitbares Biopolymer. Wie könnte man die Acetylgruppen abspalten? Was entsteht?
6. Der menschliche Organismus kann Stärke verwerten, nicht jedoch Cellulose. Was sagt das über die Stereoselektivität der beteiligten Enzyme aus?

039 Lösungen der Aufgaben

20.5 Glykolipide und Glykoproteine

Glykolipide sind zuckerhaltige Lipide, die z. B. im Gehirn und im Nervengewebe vorkommen. Alkoholbaustein ist das **Sphingosin**, das an der primären Aminogruppe mit einer höheren Fettsäure ($C_{16}-C_{24}$) zum **Ceramid** acyliert werden kann. Nachfolgende Glykosylierung mit D-Galactose an der primären Alkoholgruppe liefert **Cerebrosid**.

Bei den **Gangliosiden** hängt D-Glucose am Ceramid; sie wird mit weiteren Zuckerbausteinen (u. a. D-Galaktose, *N*-Acetyl-D-muraminsäure) zu einem Oligosaccharid ergänzt. Es offenbart sich, dass im Nervensystem die D-Galactose vorrangig genutzt wird, während im Stoffwechsel D-Glucose und D-Fructose die Hauptrolle spielen. Glykolipide sind z. B. in die Plasmamembran von Neuronen integriert und beeinflussen deren Eigenschaften und Funktionen.

Um Oligosaccharid-Strukturen zu beschreiben, bedient man sich wie bei den Aminosäuren geläufiger Abkürzungen (Tab. 20/3). Zwischen den Zuckern markiert man die Art der glykosidischen Bindung (α oder β) sowie die Verknüpfungsstellen. So bedeutet z. B. die Angabe **β1,3**, dass eine β-glykosidische Bindung (in Magenta markiert) von C-1 des links stehenden Zuckers nach C-3 des rechts stehenden Zuckers führt, wobei zwischen diesen C-Atomen ein Sauerstoffatom steht, das in den schematischen Bildern weggelassen wurde.

Tab. 20/3 Namen und Abkürzungen von acht Monosacchariden, die in Glykolipiden und Glykoproteinen eine Rolle spielen.

Monosaccharid	Abkürzung
D-Glucose	Glc
N-Acetyl-D-glucosamin	GlcNAc
D-Galactose	Gal
N-Acetyl-D-galactosamin	GalNAc
D-Mannose	Man
L-Fucose	Fuc
N-Acetyl-neuraminsäure (Sialinsäure)	NeuNAc (Sia, auch NANA)
D-Xylose (Pentose)	Xyl

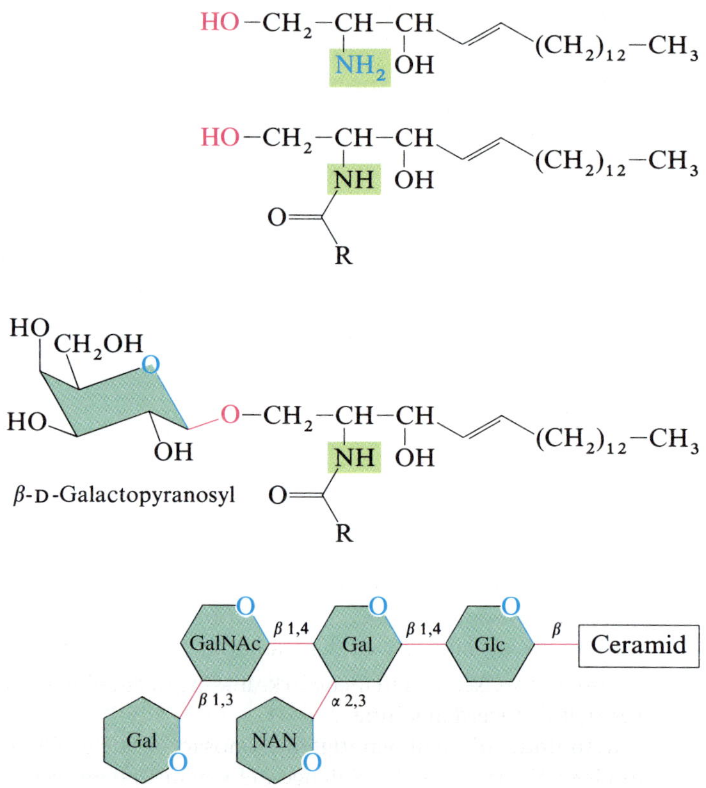

Glykoproteine sind als Bestandteil von Zellmembranen weit verbreitet. Die Zuckerbausteine, z. B. *O*-glykosidisch an Serin oder *N*-glykosidisch an Asparagin eines Proteins gebunden (☞ Kap. 20.2.9), ragen aus der Oberfläche der Membran nach außen (Abb. 20/2).

Das Oligosaccharid stabilisiert ein Protein in seiner Position in der Membran und hat für die interzelluläre Zell-Zell-Erkennung große Bedeutung. Jeder Mensch hat seine eigenen Zellerkennungsmerkmale, die an der Oberfläche der Zellen sitzen und die ihn von allen anderen Menschen unterscheiden. Die erforderliche Variabilität kann durch vergleichsweise wenige Zuckerbausteine erreicht werden. Dies hat folgende Gründe:

1. Für die Verknüpfung der Monosaccharide untereinander gibt es mehrere Positionen (z. B. 1→2, 1→3, 1→4, 1→6).
2. Die glykosidische Bindung kann α oder β sein.
3. Es kommen unterschiedliche funktionellen Gruppen (z. B. OH, *N*-Acetyl) vor.
4. Es gibt Variationen in der Aufeinanderfolge und Verzweigung der Monosaccharide.

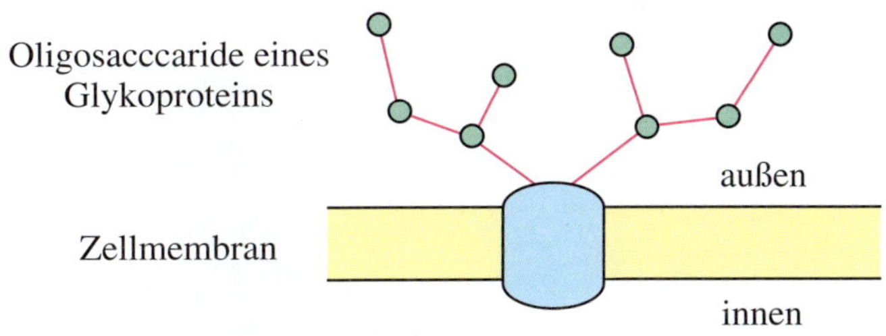

Abb. 20/2 Oligosaccharide als Baustein eines Glykoproteins auf der Außenseite einer Membran.

Antigene sind spezifische chemische Oberflächenstrukturen, die die Bildung von Antikörpern auslösen, wenn die Antigene durch das Immunsystem als körperfremd erkannt werden. Die Antikörper binden an die „fremde" Oberflächenstruktur, das *Immunsystem* ist bestrebt, solche Fremdkörper zu beseitigen. Fremdes Blut z. B., das nicht der eigenen Blutgruppe entspricht, führt zur Verklumpung der Erythrozyten.

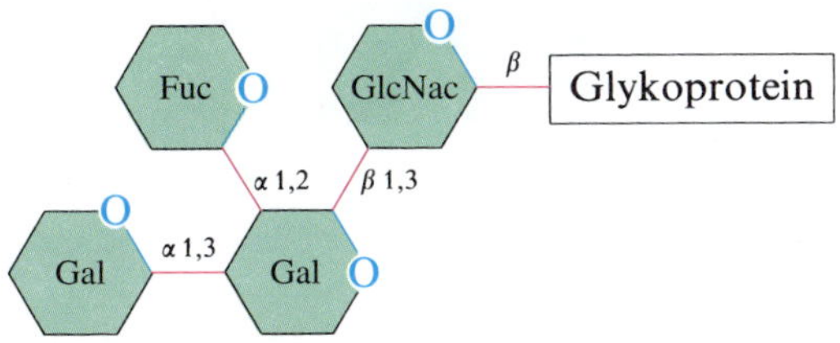

antigene Determinante der Blutgruppe B (Typ 1)

Gibt es essenzielle Monosaccharide?
Bei den Aminosäuren und Fettsäuren sind einige essenziell, d. h., sie müssen mit der Nahrung aufgenommen werden, damit der Mensch gesund bleibt. Wie steht es da mit den Monosacchariden?

Glykolipide und Glykoproteine benötigen *acht Monosaccharide* (Tab. 20/3), um die gesamte Varianz z. B. der Zelloberflächen zu gestalten. Die Feinheiten der Zell-Zell-Kommunikation und des Immunsystems hinsichtlich des Kohlenhydratanteils aufzuklären ist Forschungsthema in der **Glykobiologie**. Für jede Zelle, die sich im Körper neu bildet, müssen die benötigten Monosaccharide zur rechten Zeit am richtigen Ort verfügbar sein. Es gibt Hinweise, dass manche Erkrankungen auf einen Mangel an **Glykonährstoffen** zurückgeführt werden können.

Man findet die acht benötigten Monosaccharide in Pflanzen und Pilzen, aber nicht alle in einer Nahrungsquelle. Solange die Ernährung ausgewogen ist, wird der Mangel nicht sichtbar. Eine Ursache für die Zunahme der Zivilisationskrankheiten (z. B. Asthma, Allergien, Krebs, Diabetes) sind ungesunde Essgewohnheiten. Da es für eine kausale Therapie dieser Erkrankungen bislang kaum Ansätze gibt, erscheint es sinnvoll, die Kohlenhydratzufuhr und die Verfügbarkeit der acht Monosaccharide in den Blick zu nehmen. Es könnte z. B. sein, dass bei bestimmten Erkrankungen einzelne der „Achterbande" essenziell sind.

Bedeutung für den Menschen

Kohlenhydrate

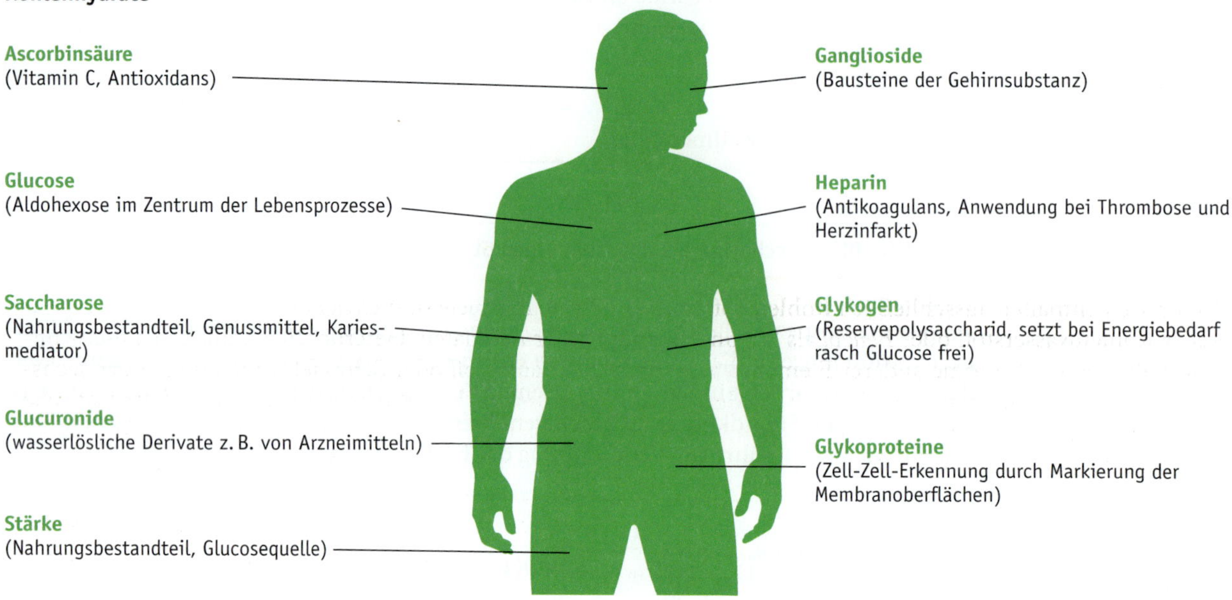

040 IMPP-Fragen

KAPITEL

21 Heterocyclen

Orientierung

Carbocyclen enthalten ausschließlich Kohlenstoffatome im Ring. Beispiele sind *Cyclohexan* als gesättigter, aliphatischer Kohlenwasserstoff oder *Benzol* als Stammverbindung der Aromaten. **Heterocyclen** enthalten außer Kohlenstoffatomen noch Atome anderer Elemente, z. B. Stickstoff, Sauerstoff oder Schwefel, wobei fünf- oder sechsgliedrige Ringe am häufigsten sind. Auch bei den Heterocyclen unterscheidet man aliphatische und aromatische Ringsysteme. Letztere stehen in diesem Kapitel im Mittelpunkt, weil sich mit ihrer Hilfe Strukturen und Funktionen realisieren lassen, die z. B. bei der Vererbung, im Stoffwechsel, im Nerven-Sinnes-System und für den Herzrhythmus eine Rolle spielen. So verwundert es nicht, dass Heterocyclen als Bausteine komplexer Moleküle in der Natur weit verbreitet sind. Man findet sie z. B. bei den *Nucleinsäuren* (DNA, RNA), bei *Vitaminen* und *Coenzymen* (z. B. Häm, Thiamin, Riboflavin, NADH), *Alkaloiden* (z. B. Nicotin) und *Neurotransmittern* (z. B. Serotonin). Durch die Heteroatome, die elektronegativer sind als Kohlenstoff, erhalten die Ringsysteme eine Orientierung und Polarisierung, die Wechselwirkungen mit der Umgebung ermöglichen.
Antwort erhalten Sie u. a. auf folgende Fragen:

- Warum ist Pyrrol ein Heteroaromat?
- Wo kommen Tetrapyrrol-Systeme in der Natur vor?
- Wie unterscheiden sich Pyrimidin- und Purinbasen?
- Aus welchen Bausteinen setzen sich die Nucleinsäuren zusammen?
- Was sind Alkaloide?

21.1 Fünfgliedrige Heterocyclen

Heteroaromat

Mit den Verbindungen **Pyrrol**, **Furan** und **Thiophen** lernen wir die drei kleinsten **Heteroaromaten** mit einem Heteroatom im Ring kennen. Die zwei Doppelbindungen im Ring sind jeweils mit einem freien Elektronenpaar am Heteroatom konjugiert. So entsteht das für die Aromatizität notwendige *6π-Elektronen-System*. Die π-Elektronen sind wie im Benzol über alle Ringatome *delokalisiert*, die deshalb alle in einer Ebene liegen. Da sich 6π-Elektronen auf nur fünf Atome verteilen, ist der Fünfring *elektronenreicher* als das Benzol und damit der elektrophilen aromatischen Substitution leicht zugänglich (☞ Kap. 11.7.2). Das N-Atom im Pyrrol ist durch die Delokalisierung der Elektronen nur noch *sehr schwach basisch*, eher reagiert die NH-Gruppe als Säure, wobei Pyrrol dann zum Anion wird. Im Folgenden beschäftigen wir uns zunächst mit den Pyrrolderivaten.

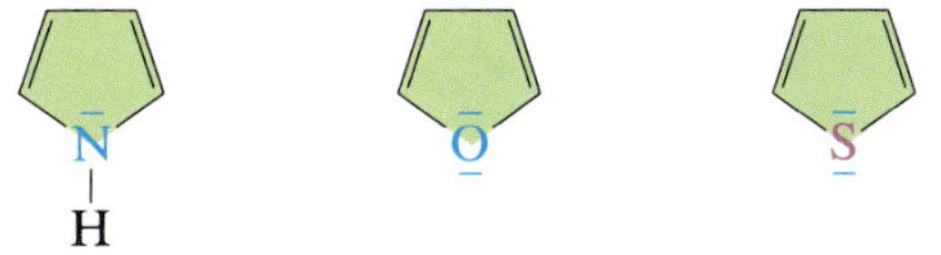

Pyrrol Furan Thiophen

Fügt man vier Pyrrolringe, die mit Essigsäure- und Propionsäureketten substituiert sind, über CH_2-Gruppen zu einem Ring zusammen, dann erhält man das **Uroporphyrinogen-III** (Urogen-III). Die Pyrrolringe tragen die Säureketten alternierend, im Ring D ändert sich

Tetrapyrrolsystem

die Reihenfolge jedoch, dadurch verliert das *Tetrapyrrolsystem* seine Symmetrie. Urogen-III ist der Biosynthesevorläufer von **Häm** (roter Blutfarbstoff), **Chlorophyll** (grüner Blattfarbstoff), den **Cytochromen** der Atmungskette und **Vitamin B_{12}**.

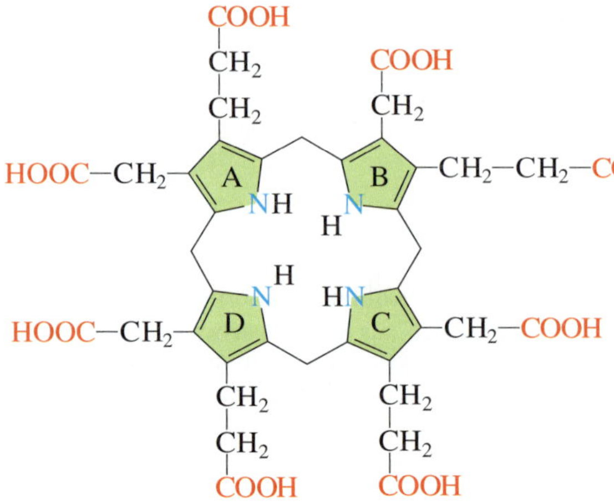

Uroporphyrinogen-III
(Urogen-III)

Hämoglobin und Cytochrom c: Was macht hier das Eisen?

Häm entsteht aus dem Urogen-III durch Veränderungen in den Seitenketten und durch Dehydrierung. Das Tetrapyrrolsystem enthält nach dieser Umwandlung konjugierte Doppelbindungen und ist ein hervorragender *Chelator* für $Fe^{2\oplus}$-Ionen. Die vier Stickstoffatome (davon zwei als Anionen) besetzen mit ihren freien Elektronenpaaren vier Ligandenplätze am $Fe^{2\oplus}$-Ion, der entstehende **Chelatkomplex** ist das *Häm*. Da $Fe^{2\oplus}$ die Koordinationszahl 6 hat, können noch zwei weitere Liganden gebunden werden. Dies sind im **Hämoglobin** (Häm + Protein) das N-Atom der Aminosäure *Histidin* aus dem Protein und ein *Sauerstoffmolekül* (O_2). Hämoglobin ist für den Sauerstofftransport im Blut verantwortlich. Der Komplex ist in Kapitel 10.6 (☞ Abb. 10/3) gezeigt. Mit Sauerstoff im Komplex ist Hämoglobin *scharlachrot* gefärbt (UV-Spektrum: ☞ Kap. 22.2), ohne Sauerstoff (venöses Blut) *dunkel-purpur.* **Kohlenmonoxid** (CO) hat eine 200-fach größere Affinität zum Hämoglobin als Sauerstoff, es ist ein Atemgift. Fazit: Das Eisen(II)-Ion im Hämoglobin akzeptiert molekularen Sauerstoff als Liganden, es ist in dieser Umgebung jedoch nicht redoxaktiv.

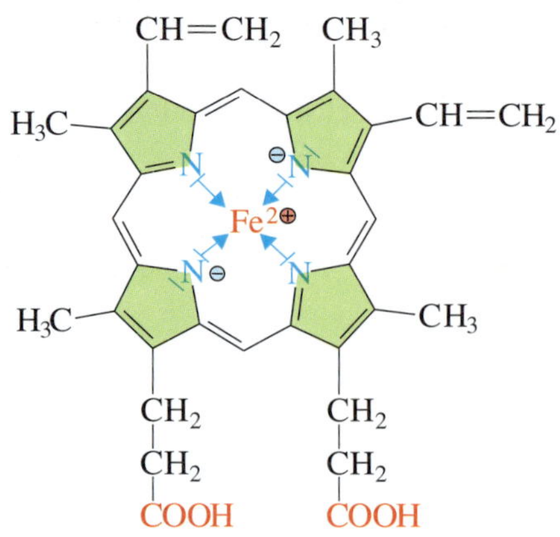

Häm

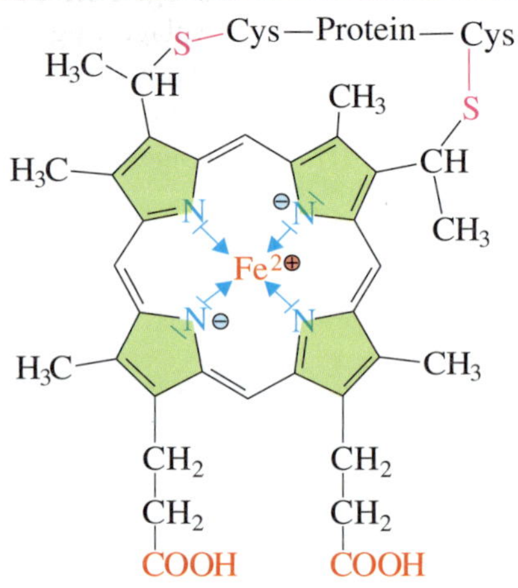

Cytochrom c

Im **Cytochrom c** wird an die beiden Doppelbindungen in den Seitenketten des Häms je ein *Cystein* des Proteins addiert. Die beiden freien Ligandenplätze am $Fe^{2\oplus}$ sind durch das N-Atom eines Histidins und das Schwefelatom eines Methionins besetzt. Cytochrom c bindet keinen Sauerstoff, das komplexierte $Fe^{2\oplus}$ ist jedoch *redoxaktiv*, d. h., es geht unter Abgabe eines Elektrons (Oxidation) in $Fe^{3\oplus}$ über. Dieser Prozess ist reversibel. Aufgrund ihres Redoxverhaltens sind die Cytochrome am *Elektronentransport in der Atmungskette* beteiligt. Bei einer Blausäurevergiftung wird der Elektronentransport gehemmt, weil das Cyanid-Ion ($CN^{\ominus}$) mit $Fe^{3\oplus}$ komplexiert und dessen Reduktion zurück zum $Fe^{2\oplus}$ verhindert.

Chlorophyll

Chlorophyll. Beim **Chlorophyll a** ist die Peripherie von Urogen-III stärker als beim Häm verändert. Als Zentral-Ion im Chelatkomplex dient $Mg^{2\oplus}$, dadurch wird das System grün. Der lipophile Alkohol Phytol, mit dem die Carboxylgruppe am Ring D des Tetrapyrrolsystems verestert ist, wird benötigt, um das Chlorophyll in der Thylakoidmembran der Chloroplasten zu verankern. Chlorophyllmoleküle absorbieren sichtbares Licht (s. Kap. 22.2), sammeln die Energie (Photonen) und leiten sie in das Photosynthese-Reaktionszentrum.

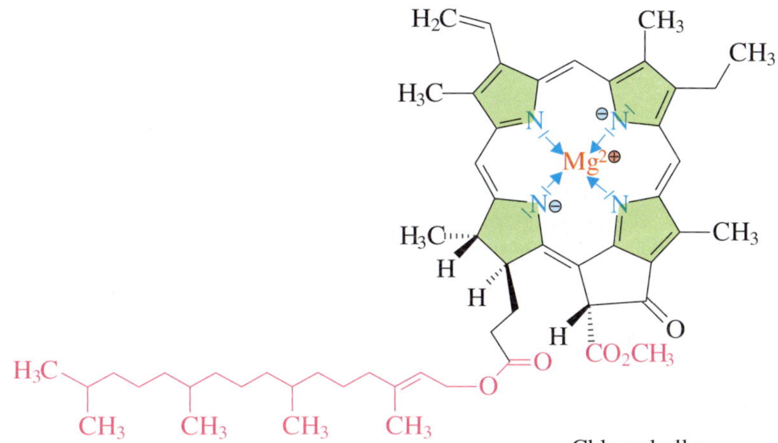

Vitamin B_{12}

Vitamin B_{12}. Ein stark verändertes Tetrapyrrolsystem enthält **Vitamin B_{12}**, das u. a. als Schutzfaktor gegen *perniziöse Anämie* (gefährliche Blutarmut) erkannt wurde. Auch hier ist Urogen-III der Vorläufer. Allerdings wurden einige der Pyrrol-Doppelbindungen durch Anlagerung von Methylgruppen und H-Atomen aufgehoben. Dadurch ist das System konjugierter Doppelbindungen im Tetrapyrrol kleiner als beim Häm und auf die Innenseite des Moleküls begrenzt. Außerdem fehlt zwischen Ring A und D ein C-Atom. Durch diese Veränderungen passt nur noch $Co^{3\oplus}$ als Zentral-Ion in den Chelator. Die beiden restlichen Ligandenplätze am $Co^{3\oplus}$ (Koordinationszahl 6) werden durch das N-Atom eines Heteroaromaten am Ende einer Seitenkette und durch ein Cyanid-Ion besetzt (Cyanocobalamin), das bei der Isolierung von Vitamin B_{12} in Gegenwart von KCN die natürlichen Liganden (z. B. OH, CH_3 oder 5'-Desoxyadenosyl) von ihrem Platz verdrängt.

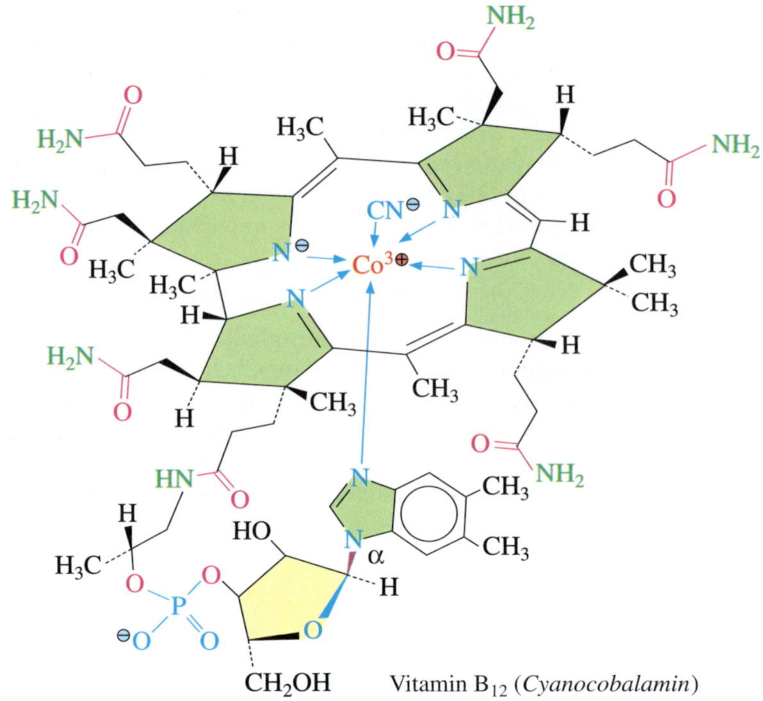

Vitamin B_{12} (*Cyanocobalamin*)

Prolin

Nicotin

Alkaloide

Prolin und Nicotin. Die Hydrierung der beiden Doppelbindungen im Pyrrol führt zum gesättigten, aliphatischen Heterocyclus *Pyrrolidin*, der sich wie ein sekundäres Amin verhält. Die Pyrrolidin-2-carbonsäure ist das **Prolin** (Pro), die einzige der proteinogenen Aminosäuren mit einer sekundären Aminogruppe. In Peptiden steht am Stickstoffatom des Prolins kein Wasserstoff mehr, d. h., von diesem N-Atom kann *keine Wasserstoffbrückenbindung* ausgehen. Prolin stört daher bei Peptiden die Ausbildung einer α-Helix. **Nicotin** enthält neben dem noch zu besprechenden Pyridin- einen Pyrrolidinring. Es gehört zu den pharmakologisch wirksamen basischen Pflanzenstoffen, die man als **Alkaloide** bezeichnet.

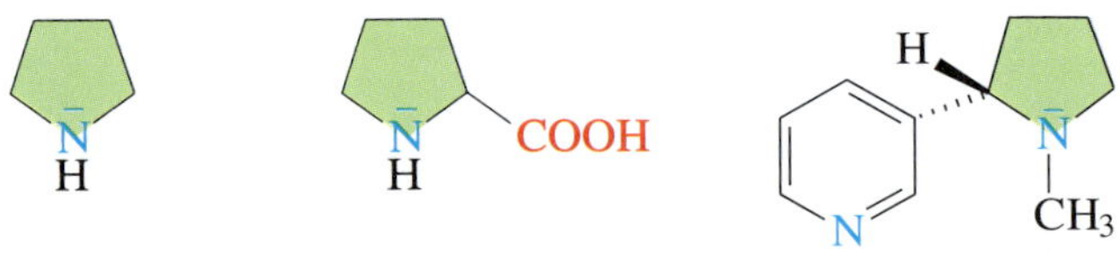

Pyrrolidin Prolin Nicotin

Nicotin – zwischen Pflanzenschutz und Krebs
Columbus hatte bei den Indianern in Amerika den Gebrauch von Tabakpflanzen bei verschiedenen Riten beobachtet und die Pflanze nach Europa mitgebracht, wo dann *Jean Nicot* am Hofe der *Katharina von Medici* ihren Anbau und ihre Verwendung vorantrieb. Die Tabakpflanze ist nur eine von vielen Pflanzen (z. B. Bärlapp- und Schachtelhalmarten), die **Nicotin** enthalten. Schon im 18. Jh. wurde Nicotin wegen seiner Giftwirkung auf bestimmte Schädlinge als Pflanzenschutzmittel eingesetzt.

Im Tabakrauch sind neben Nicotin, Kohlenmonoxid und Teer ca. 3000 – 4000 Substanzen enthalten, von denen ca. 40 **kanzerogen** wirken. Der Nicotingehalt einer Zigarette beträgt bis zu 20 mg, von denen aber nur ein Teil in den Rauch gelangt (etwa 0,4 – 1,2 mg). In der Glutzone der Zigarette (ca. 900 °C) kommt es zur Pyrolyse und zum Verdampfen der Inhaltsstoffe des Tabaks. Es gelangen etwa 90% des im Rauch enthaltenen Nicotins über die Lunge ins Blut und von dort ins Gehirn, ohne vorher die Leber passiert zu haben. Alternativ kann Nicotin auch perkutan oder intestinal aufgenommen werden.

Nicotin wirkt über *Nicotinrezeptoren* erregend, in höheren Dosen lähmend auf die *vegetativen Ganglien*. Folgen der akuten Giftwirkung sind z. B. Blässe, Schwindel, Kopfschmerzen, Koliken, Brady- bis Tachykardie sowie Hyper- oder Hypotonie mit Sehstörungen. Für den Erwachsenen ist eine Dosis von 40–60 mg Nicotin tödlich, für einen Säugling oder ein Kleinkind ist schon der Verzehr einer Zigarettenkippe bedrohlich. Krebserzeugend (kanzerogen) sind vor allem die aus dem Nicotin gebildeten **Nitrosamine.** Die Abhängigkeit vom Tabakrauchen hat eine stoffliche (Nicotin) und eine psychische Komponente, deren Anteile unterschiedlich bewertet werden.

Histidin

Histidin. *Imidazol* ist ein Beispiel für einen fünfgliedrigen aromatischen Heterocyclus mit zwei N-Atomen im Ring. Die NH-Gruppe des Imidazols ist sauer, während das andere N-Atom als Base fungieren kann. Genutzt wird dieser *amphotere Charakter* bei Proteinen, die die Aminosäure **Histidin** (His) im aktiven Zentrum enthalten und Reaktionen katalysieren, bei denen die Protonierung/Deprotonierung eine Rolle spielt (☞ Kap. 19.1.7). Auch das Thyreostatikum *Thiamazol*, das die Hormonbildung der Schilddrüse unterdrückt, ist ein Imidazolderivat.

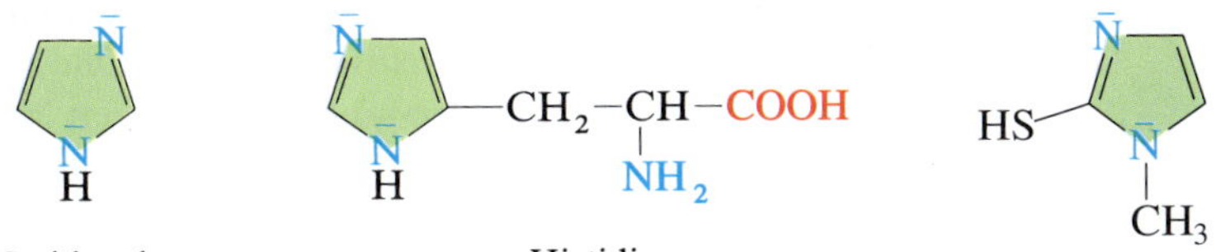

Imidazol Histidin Thiamazol

Vitamin B_1 (Thiamin)

Vitamin B_1. *Thiazol* ist zusammen mit dem noch zu besprechenden Pyrimidinring im **Vitamin B_1** (Thiamin) enthalten. Das durch Pfeil markierte C-Atom 2 wird nach Deprotonierung nucleophil und kann dann z. B. das elektrophile Zentrum einer Carbonylgruppe angreifen. Als *Thiaminpyrophosphat* (TPP) ist es Coenzym bei der *oxidativen Decarboxylierung*, z. B. durch die *Pyruvat-Dehydrogenase* (Pyruvat zu Acetyl-CoA).

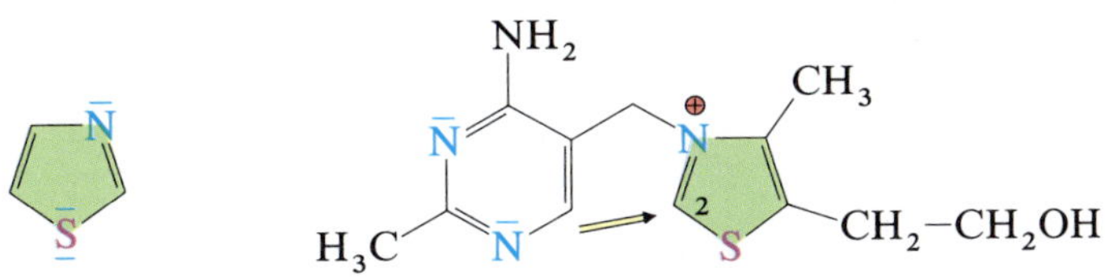

Thiazol Thiamin

21.2 Sechsgliedrige Heterocyclen

Pyridin

Pyridin. Ersetzt man im Benzol eine CH-Gruppe durch Stickstoff, bleibt die Aromatizität des Ringes erhalten, es ist das Stickstoffanalogon des Benzols entstanden, das **Pyridin** (Azabenzol). Da das N-Atom noch über ein freies Elektronenpaar verfügt, reagiert Pyridin basisch. Der Aromat ist aufgrund der Elektronegativität des N-Atoms elektronenärmer als Benzol.

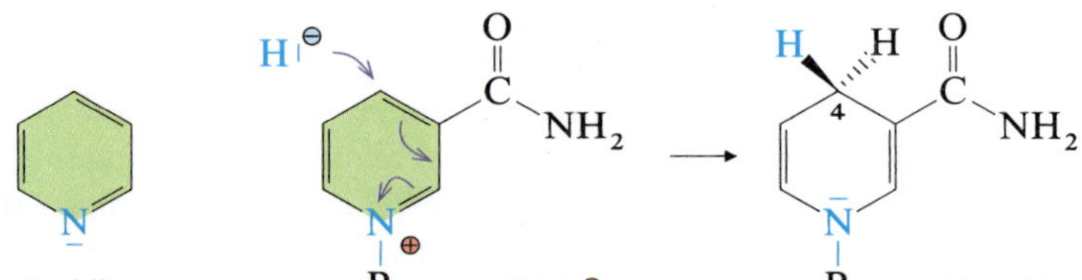

Pyridin NAD⊕ NADH

Nicotinamid

Nicotinamid. Das Amid der Pyridin-3-carbonsäure, das sog. **Nicotinamid**, ist das wichtigste Pyridinderivat im Stoffwechsel. Es ist Baustein des Coenzyms **NAD⊕** (vollständige Formel ☞ Aufgabe 15), das bei Redoxreaktionen eine Rolle spielt, die mit einer Wasserstoffübertragung einhergehen. Im NAD⊕ ist der Pyridin-Stickstoff quarternisiert, d. h., der Aromat ist noch elektronenärmer als das Pyridin selbst und kann mit einem Nucleophil reagieren. Als Nucleophil tritt im aktiven Zentrum der *Dehydrogenasen* das **Hydrid-Ion** ($H^{\ominus}$) auf, das sich wie angegeben anlagert. Die katalysierte Reaktion, eine Dehydrierung, verläuft formal unter Abspaltung von zwei Wasserstoffatomen, z. B. aus dem Ethanol. Dies bedeutet, dass der Übertragung eines Hydrid-Ions die Freisetzung eines Protons folgt (NAD⊕ + 2 H ⟶ NADH + $H^{\oplus}$).

Pyrimidin

Pyrimidin enthält zwei Stickstoffatome im aromatischen Sechsring. Es ist wie Pyridin giftig. Die wichtigsten Derivate dieser Base sind **Cytosin** (C), **Thymin** (T) und **Uracil** (U), die als Bausteine in den *Nucleinsäuren* eine Rolle spielen. Die Carbonylgruppe zwischen den beiden Verbindungen verwandelt den linken Molekülteil in ein Harnstoffderivat, wodurch die Toxizität des Pyrimidins aufgehoben wird. Auch die als Schlafmittel und Narkotika verwendeten **Barbiturate** (☞ Kap. 17.1) sind Pyrimidinderivate.

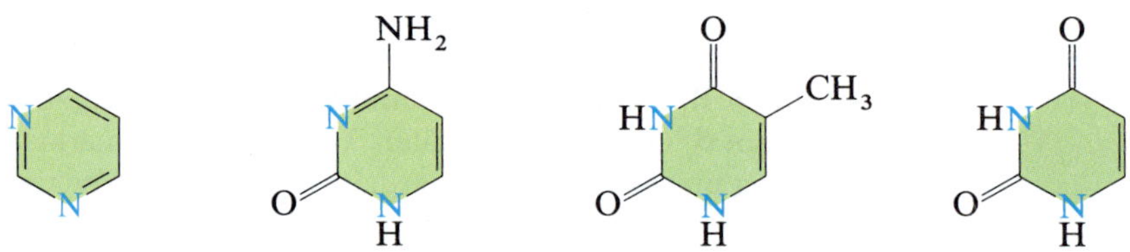

Pyrimidin Cytosin Thymin Uracil

21.3 Mehrkernige Heterocyclen

Indol. Viele heterocyclische Verbindungen enthalten mehrere Ringe, man spricht von *mehrkernigen Heterocyclen*. Im **Indol** z. B. sind *Pyrrol* und *Benzol* durch eine gemeinsame Seite miteinander verbunden, es liegt ein *anelliertes Ringsystem* vor. Das Indolsystem ist in

Tryptophan

der proteinogenen Aminosäure **Tryptophan** (Trp) enthalten. Die meisten Indolderivate findet man bei den **Alkaloiden**, den basischen Pflanzen- und Pilzinhaltsstoffen, die durch vielfältige pharmakologische Wirkungen auffallen. Indol-Alkaloide entstehen im Sekundärstoffwechsel der Organismen aus Tryptophan. Beispiele sind das extrem bitter schmeckende, giftige *Strychnin* aus der Brechnuss und die *Mutterkorn-Alkaloide* aus einem Pilz, die z. B. gefäßkontrahierend wirken (Bsp.: *Ergotamin*) und bei deren Hydrolyse *Lysergsäure* entsteht. Das Diethylamid der Lysergsäure ist das *Halluzinogen* **LSD**.

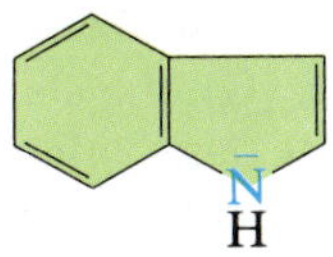

Indol

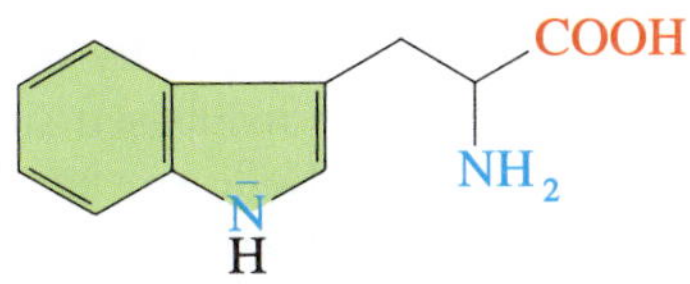

Tryptophan

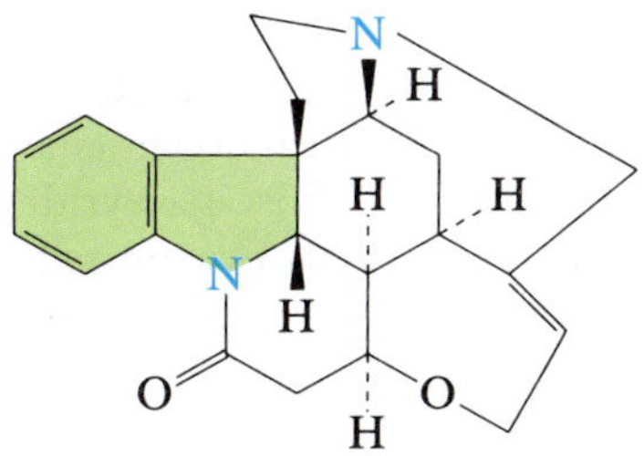

Strychnin

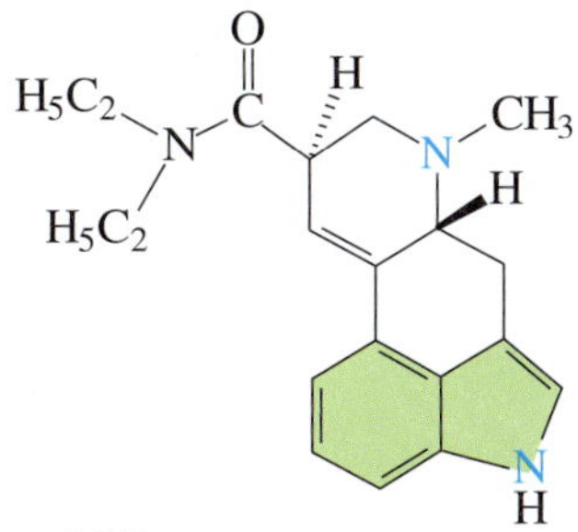

LSD
(Lysergsäure-diethylamid)

Serotonin und Melatonin, Nachtarbeit als Diabetes-Risiko?

Serotonin (5-Hydroxytryptamin, 5-HT) greift als Gewebshormon und Neurotransmitter über verschiedene 5-HT-Rezeptoren an mehreren Stellen in den Stoffwechsel ein und führt dosisabhängig zu Vasodilatation bzw. Vasokonstriktion, regt die Peristaltik an und wird beim Dünndarmkarzinoid verstärkt freigesetzt. Die Pathogenese der Migräne wird auf eine unausgewogene Regulation der 5-HT-Rezeptoren im ZNS zurückgeführt. Nicht-tricyclische Antidepressiva sind als Serotonin-Wiederaufnahmehemmer im synaptischen Spalt im Einsatz.

Serotonin entsteht aus der essenziellen Aminosäure Tryptophan durch Hydroxylierung an C-5 und Decarboxylierung. In der Epiphyse des ZNS kann Serotonin durch N-Acetylierung und anschließende O-Methylierung in **Melatonin** verwandelt werden. Diese Reaktion ist lichtabhängig, d.h., sie läuft bevorzugt nachts ab, Tageslicht blockiert sie. Man vermutet schon lange, dass Melatonin den zirkadianen Rhythmus, d.h. die innere „biologische Uhr", des Menschen steuert. Als Medikament verabreicht, hilft es z.B. bei Schlafstörungen und um den „Jet Lag" nach Flugreisen abzumildern.

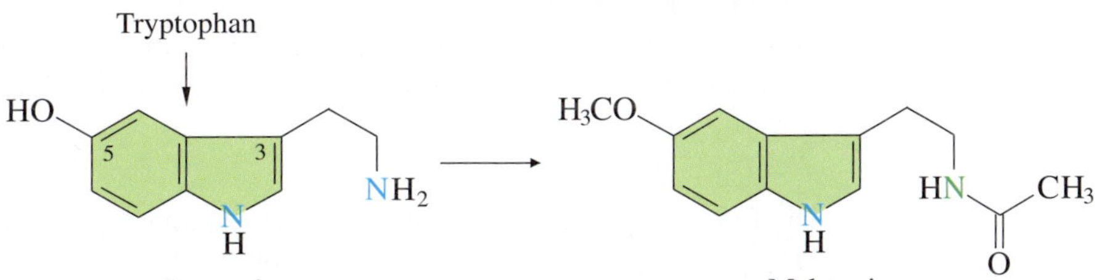

Serotonin Melatonin

Wie vielfältig Gewebshormone und Neurotransmitter im menschlichen Körper vernetzt sind und wie wenig die Zusammenhänge bisher durchschaut werden, zeigt ein neueres Forschungsergebnis. Das Gen für einen bestimmten Melatonin-Rezeptor ist im Genom dicht an einer Punktmutation lokalisiert, die ein erhöhtes Risiko für Typ-2-Diabetes (☞ Kap. 19.2.6) darstellt. Da dieses Rezeptorgen in den β-Zellen des Pankreas exprimiert wird, vermutet man, dass Melatonin in die Regulation der Insulin-Biosynthese eingreifen kann. Eine reduzierte Melatoninbildung als Folge von Nachtarbeit unter Licht könnte bei entsprechend genetischer Disposition das Diabetes-Risiko erhöhen.

Purin

Purin. Jetzt lernen wir ein Ringsystem kennen, das zwei anellierte aromatische Heterocyclen (Pyrimidin und Imidazol) enthält. Diese Base trägt den Namen **Purin**. Wichtige Purinbasen sind **Adenin (A)** und **Guanin (G)**, die als Bausteine der Nucleinsäuren eine Rolle spielen. Ein anderes Purinderivat ist das **Coffein**, ein Alkaloid aus der Reihe der Methylxanthine. Beim Coffein sind drei der Stickstoffatome methyliert und der Pyrimidinring trägt zwei Sauerstoffatome, die Teil eines Säureamid-Systems sind. Auch die *Harnsäure* (☞ Kap. 17.1) ist ein Purinderivat.

Purin

Adenin

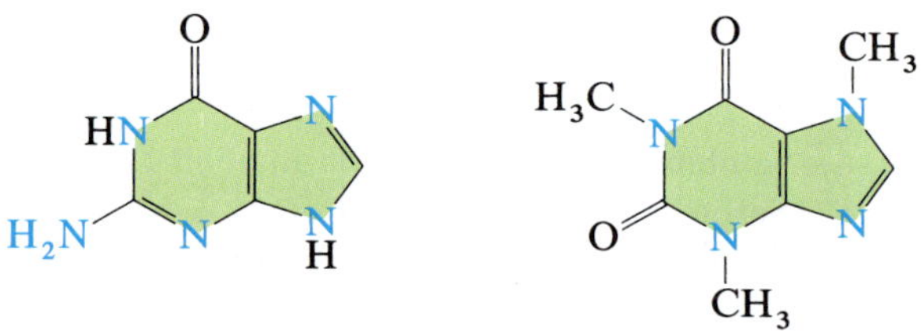

Guanin

Coffein

Coffein macht munter

Coffein, eine in Kaffeebohnen, Teeblättern, Kolanüssen und Mateblättern enthaltene Purinbase, wirkt u.a. anregend auf die Großhirnrinde. Dort blockiert Coffein Adenosinrezeptoren, die sonst von Adenosin besetzt werden. *Adenosin* sammelt sich normalerweise während der Wachphasen an und bewirkt durch Bindung an die Rezeptoren, dass wir uns zunehmend müde fühlen. Auch Baldrian ist in der Lage, sich an diese Rezeptoren zu binden, und wirkt synergistisch zum Adenosin. Der Gegenspieler Coffein macht wach und kann bei Überdosierung, dem „Coffeinismus", zu zentraler Erregung mit Tachykardie und Schlaflosigkeit führen.

21.4 Nucleinsäuren

DNA, RNA

Nucleinbasen

Polynucleotide

Die Information für Wachstum und Vermehrung sowie viele andere Eigenschaften eines Lebewesens werden durch zwei Typen von Nucleinsäuren vermittelt: **Desoxyribonucleinsäure** (DNA) als eigentliche Erbsubstanz im Zellkern und **Ribonucleinsäure** (RNA), die benötigt wird, um die Information der Erbsubstanz in die Proteinbiosynthese einzubringen. Wir haben inzwischen alle Bausteine kennen gelernt, die in den Nucleinsäuren vorkommen: **Nucleinbasen** vom Purin- und Pyrimidintyp, **Zucker** aus der Reihe der Pentosen (D-Ribose, 2-Desoxy-D-ribose) und **Phosphorsäure,** die als Phosphorsäurediester die Zucker verbindet. Das Aufbauprinzip der **Polynucleotide** verdeutlicht folgendes Schema:

Nucleinbasen + Pentose → Nucleoside + Phosphorsäure → Nucleotide —Polykondensation→ Polynucleotide (Nucleinsäuren)

Aus *Adenin* wird mit D-Ribose Adenosin (Nucleosid) und durch Phosphorylierung an 5'-OH *Adenosinmonophosphat* (AMP, Nucleotid). Beim *Cytosin* lautet die Reihe: *Cytosin* → *Cytidin* → *Cytidinmonophosphat* (CMP). *Thymin* verbindet sich nur mit 2-Desoxy-D-ribose und wird zum *Desoxythymidin* (dT) und weiter zum *Desoxythymidinmonophosphat* (dTMP). Verbinden sich die anderen Nucleinbasen der DNA mit 2-Desoxy-D-ribose, lauten die Abkürzungen der Nucleoside dG, dA und dC.

DNA

Polynucleotide. In der **DNA** (engl. *deoxyribonucleic acid*, Abb. 21/1) liegt *2-Desoxy-D-ribose* als Furanose vor, und viele dieser Bausteine sind in 3'- und 5'-Stellung über *Phosphorsäurediester*-Gruppen zu langen Ketten verknüpft. Ausgangspunkt für die Verknüpfung der Nucleoside sind die jeweiligen Nucleosidtriphosphate, die unter Abspaltung von Pyrophosphat die Verknüpfung zur 3'-OH-Gruppe herstellen. So entsteht das Rückgrat der DNA. Am anomeren C-1' der Zucker sind die vier Nucleinbasen **Adenin** (A), **Cytosin** (C), **Guanin** (G) und **Thymin** (T) *β-N-glykosidisch* gebunden (violett markiert). Die Basen verankern durch ihre Aufeinanderfolge (Sequenz) an der Zuckerphosphatkette die genetische Information, die bei Bedarf abgerufen werden kann.

RNA

Die **RNA** (engl. *ribonucleic acid*, Abb. 21/1) ist analog gebaut. Der Zuckerbaustein ist hier jedoch **D-Ribose**, d. h., im Vergleich zur DNA kommt die OH-Gruppe an C-2' dazu, und bei den *Nucleinbasen* ist Thymin durch **Uracil** (U) ersetzt. Die Messenger-RNA (mRNA) z. B. dient als Matrize bei der Proteinbiosynthese, immer drei aufeinander folgende Basen (Triplett-Code) liefern die Information für eine bestimmte Aminosäure im Protein.

Die Basen zweier DNA-Ketten bilden untereinander Wasserstoffbrückenbindungen aus, und zwar treten *Adenin* mit *Thymin* und *Guanin* mit *Cytosin* in Wechselwirkung. Die Basen erkennen sich gegenseitig. Eine optimale Zahl von H-Brücken gibt es, wenn die zweite

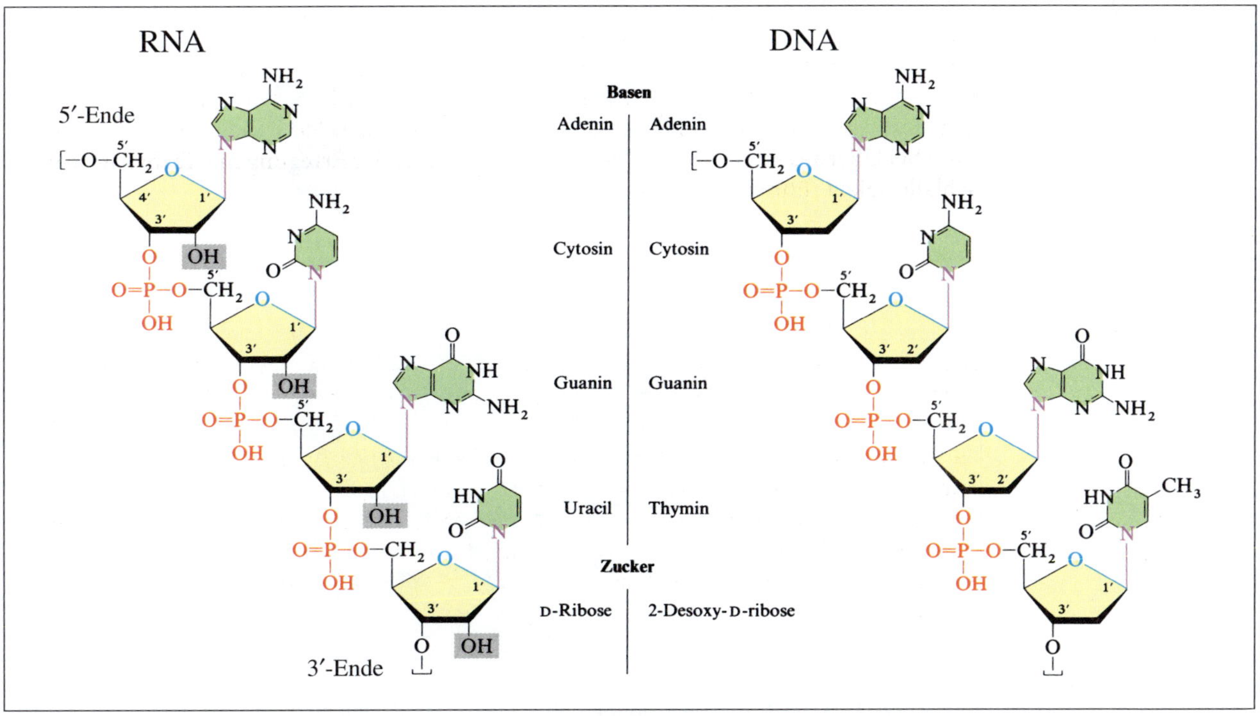

Abb. 21/1 Ausschnitt aus der Kette einer Ribonucleinsäure (RNA) und Desoxyribonucleinsäure (DNA).

Kette zur ersten **komplementär** ist, dass also jeder Base in Kette 1 der passende Partner in Kette 2 gegenübersteht.

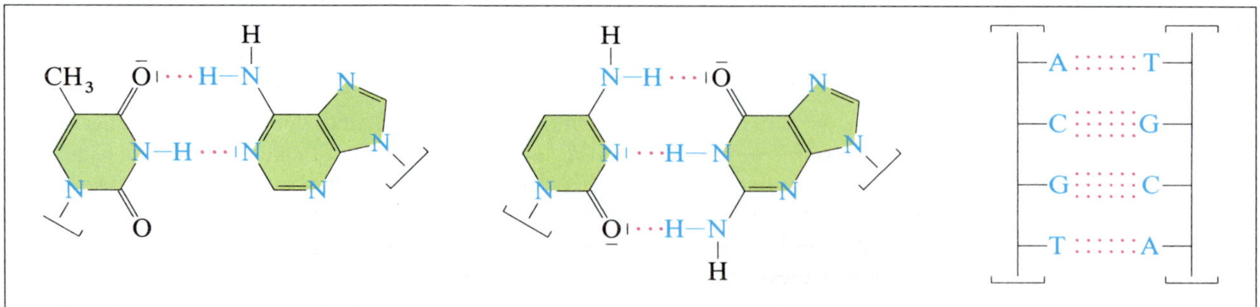

Basenpaarung
Doppelhelix

Solchermaßen „gepaarte", doppelsträngige DNA-Ketten sind ineinander verdreht und bilden die sog. **Doppelhelix** (Abb. 21/2), in deren Inneren die Basen stehen und durch die hydrophilen, bei pH = 7 negativ geladenen Phosphorsäurediester-Gruppen gegen das Lösungsmittel Wasser abgeschirmt werden. Die Masse der gesamten DNA des Menschen beträgt etwa 10^{10} Da, was $3{,}2 \cdot 10^9$ Basenpaaren entspricht. Das größte Chromosom des Menschen als Einzelmolekül besteht nur aus 247 199 719 Basenpaaren (= 247 Mbp = $2{,}47\,10^8$ bp). Die RNA-Ketten sind überwiegend *einzelsträngig*, können aber mit Basen derselben Kette oder anderen Ketten in Wechselwirkung treten.

Genetischer Code. Die *Nucleinbasen* sind wie die Buchstaben einer Sprache, die die Natur zur Informationsübertragung entwickelt hat. Der **genetische Code** bedeutet, dass drei aufeinander folgende Basen (**Triplett**) für eine bestimmte Aminosäure (z. B. GCA = Alanin) eines Proteins stehen. Es gibt auch Tripletts, die als *Start-* oder *Stopp-Codon* dienen.

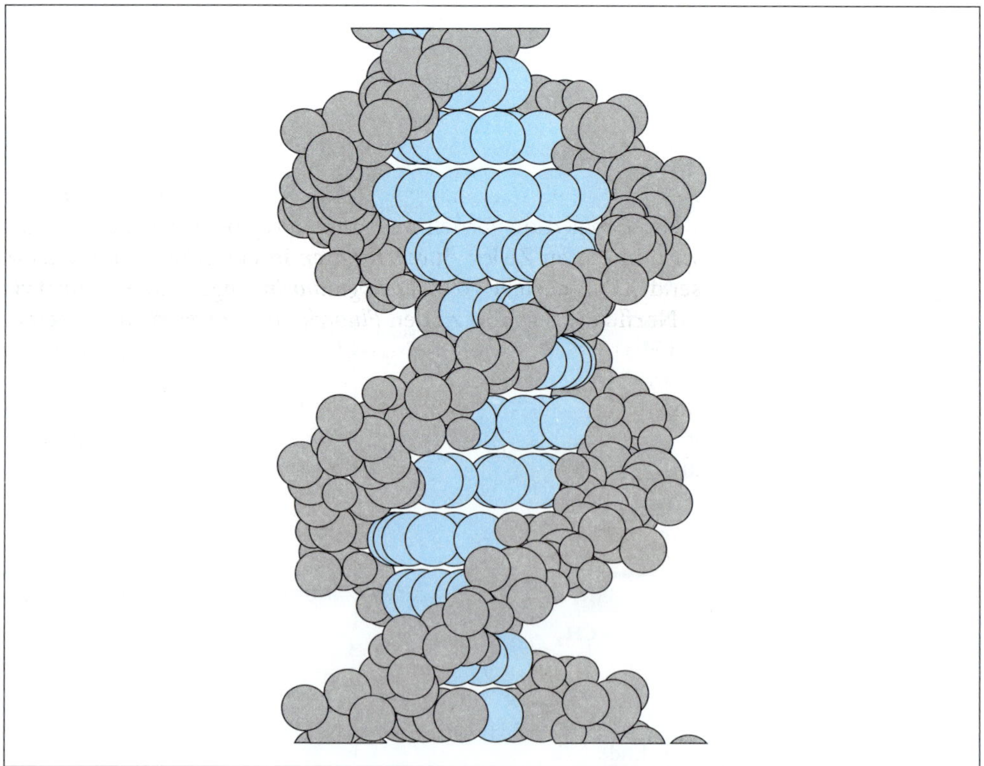

Abb. 21/2 Ausschnitt der DNA-Doppelhelix. Die blauen Kugeln markieren die Basen, die grauen das Zuckerphosphat-Rückgrat der beiden Stränge.

Die Sequenzierung des Humangenoms mit $3{,}2 \cdot 10^9$ Basenpaaren war ein Meilenstein der Genomforschung im Jahre 2001. Die eigentliche Arbeit beginnt nun jedoch erst, weil die 20 000 – 40 000 Gene des Menschen bisher auch nicht annähernd in ihrer Funktion zugeordnet sind und auch keineswegs verstanden wird, wie sie reguliert werden oder wie aus einer linearen Informationskette die dreidimensionale Gestalt eines Menschen mit den unterschiedlichen individuellen Zügen, der Intelligenz und des Charakters entstehen kann.

Nucleinsäuren als Angriffsorte für Arzneimittel

Die Neusynthese der DNA bei der Zellteilung *(Replikation)* bzw. die Umsetzung von DNA in mRNA *(Transkription)* auf dem Weg zu den Proteinen sind zwei wichtige Prozesse, die dem Erhalt eines Lebewesens dienen und die keine Störung vertragen. Es gibt Arzneimittel, mit denen diese Störung gezielt angestrebt wird, um bei Krankheiten zu helfen. Es handelt sich hier häufig um heterocyclische Verbindungen.

5-Fluorouracil (5-FU) verhindert den Einbau von Thymidin in die DNA und wird als „falscher Baustein" in die RNA aufgenommen. Dies wird in der Krebs-*Chemotherapie* genutzt, um Tumorzellen zum Absterben zu bringen. Da auch gesunde Zellen beeinträchtigt werden, treten erhebliche Nebenwirkungen auf.

Azidothymidin (AZT) verhindert bei *Retroviren* (z. B. HIV = Human-Immundefizienz-Virus) das Umschreiben von RNA in DNA (reverse Transkription). Es verzögert die Ausbreitung von HIV nach der Infektion, wirkt jedoch weder vorbeugend, noch kann es die einmal eingetretene HIV-Infektion heilen. AZT hat als Thymidin-Analogon erhebliche Nebenwirkungen.

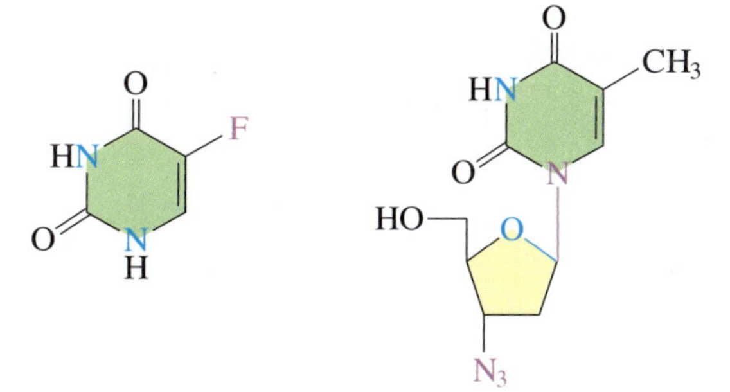

5-Fluorouracil   Azidothymidin

Aciclovir, ein Guaninderivat, wirkt auf *Herpes-simplex-Viren* (HSV). Es verhindert die DNA-Replikation vornehmlich in den Körperzellen, die von HSV infiziert sind. Aciclovir wird in diesen Zellen durch *Kinasen* in ein *Triphosphat* umgewandelt und in die wachsende DNA anstelle von *Desoxyguanosin* eingebaut, dies führt zum Kettenabbruch.

Norfloxacin gehört zu den *Fluorchinolonen*, es ist antibakteriell wirksam und wird z. B. bei Harnwegsinfektionen eingesetzt. Das Antibiotikum ist ein Hemmstoff der *bakteriellen DNA-Gyrase* (Gyrasehemmer). Gyrasen können die Zuckerphosphatbindungen öffnen und wieder schließen, um durch Verdrillung der DNA eine kompaktere Packung im Chromosom zu ermöglichen. Da dieser Vorgang beim Menschen keine Rolle spielt, ist Norfloxacin meist gut verträglich.

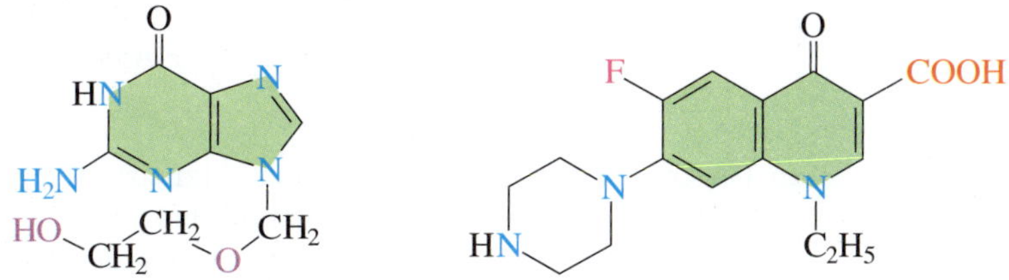

Aciclovir   Norfloxacin

21.5 Riboflavin und Folsäure

Jetzt sollen noch zwei Vitamine vorgestellt werden, die sich aus Heterocyclen aufbauen, die bisher nicht beschrieben worden sind.

Riboflavin. Das gelbe *Riboflavin* (Vitamin B_2) enthält ein tricyclisches Ringsystem, das *Flavin*, das am mittleren Ring einen N-Ribityl-Rest (reduzierte D-Ribose) trägt. In der Formel ist R = H, d. h., am Ende steht eine primäre OH-Gruppe. Zum Coenzym der *Flavoproteine* wird Riboflavin, wenn die endständige OH-Gruppe entweder mit *Phosphorsäure* zum **FMN** (= Flavin-mononucleotid) verestert oder mit *Adenosindiphosphat* (ADP) zum **FAD** (Flavin-adenin-dinucleotid) verknüpft wird. Das Flavin ist ein Redoxsystem, das bei vielen *Dehydrogenasen* ähnlich $NAD^{\oplus}$/NADH und in der *Atmungskette* eine wichtige Rolle spielt.

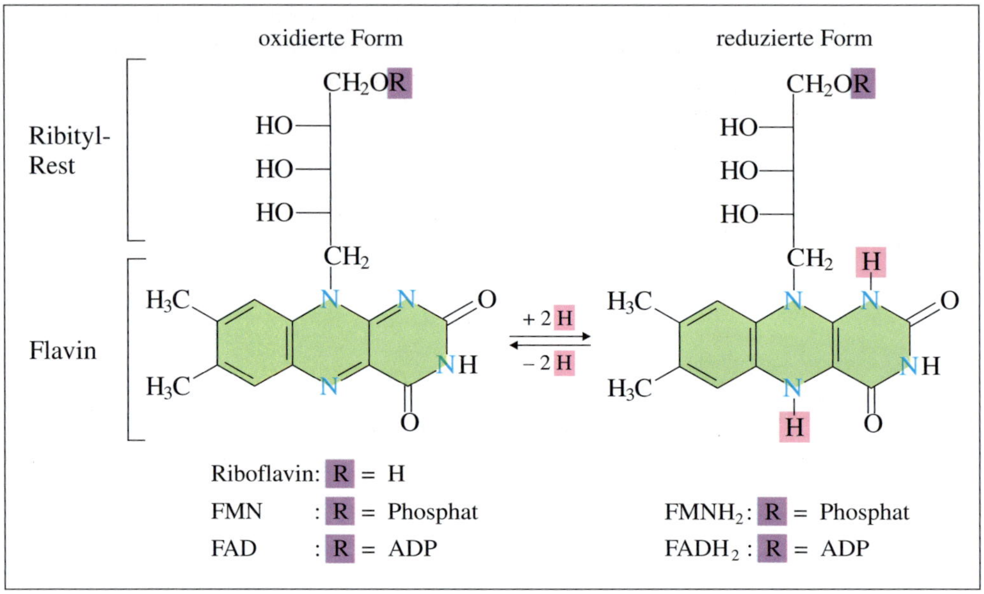

Folsäure. Die *Folsäure* ist Vorstufe des Coenzyms *Tetrahydrofolsäure* (FH_4). Sie ist an der Übertragung von C_1-Resten im Stoffwechsel beteiligt. Folsäure gehört zu den Vitaminen und wird von Bakterien und Pflanzen gebildet. Unter den in der Formel angegebenen Bausteinen ist die ***p*-Aminobenzoesäure** (PAB) von besonderem Interesse, sie wird von vielen Bakterien als Wuchsstoff benötigt.

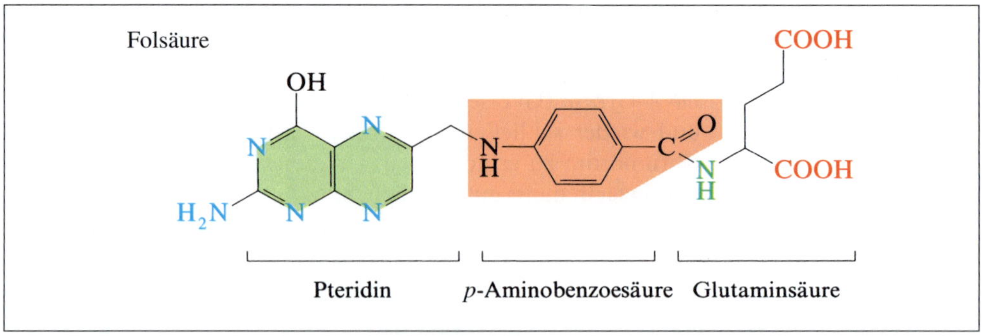

In Gegenwart von Sulfonamiden als Arzneistoffen (☞ Kap. 17.3) wird der Einbau der *p*-Aminobenzoesäure in die Folsäure der Bakterien gehemmt, die Bakterien wachsen nicht weiter. Falls es sich um Krankheitserreger handelt, wird deren Ausbreitung gestoppt. Der Patient gewinnt Zeit, körpereigene Abwehrstoffe zu bilden.

Checkliste

Folgende Bezeichnungen/Begriffe sollten Sie erklären oder definieren (s. a. Glossar) und – wo möglich – Formeln, Gleichungen oder Beispiele angeben können:
Heterocyclen – aliphatische/aromatische Heterocyclen – Tetrapyrrolsystem – Alkaloide – mehrkernige Heterocyclen – Nucleinbasen – Nucleosid – Nucleotid – Polynucleotid – Purin – Pyrimidin – DNA – RNA – Basenpaarung – Doppelhelix.

Aufgaben

1. Welche Struktur haben a) *Tetrahydrofuran*, b) *Imidazol*, c) *Pyridin-3-carbonsäure*? Welche der Heterocyclen sind aromatisch?
2. Welche Konstitutionsisomere des *Pyrimidins* sind denkbar? (Anordnung der N-Atome im Ring ändern!)
3. Worin unterscheiden sich *Prolin* und *Pyrrol-2-carbonsäure*?
4. Erklären Sie, warum *Prolin* in einer Peptidkette die Ausbildung einer α-Helix stört!
5. Vergleichen Sie *Pyrrol* und *Pyridin*! Welche Verbindung ist die stärkere Base?
6. Wie viele Chiralitätszentren enthält *Strychnin* (Formel S. 387)?
7. Welche Heterocyclen enthält *Nicotin*? Warum ist es toxisch?
8. Welche Rolle spielt das Eisen beim *Cytochrom c*? Wird es in seiner Funktion durch Kohlenmonoxid beeinträchtigt?
9. Geben Sie die Summenformel von *Adenin* an und in der Formel des Adenins alle freien Elektronenpaare!
10. Geben Sie die vollständige Formel für die Nucleotide *AMP* und *dCMP* an!
11. *Cyclo-AMP* entsteht, wenn der Phosphorsäurerest im AMP mit der 3'-OH-Gruppe zum Phosphorsäurediester reagiert. Geben Sie die Formel an!
12. Was ist der genetische Code?
13. Was könnte der Grund sein, warum DNA 2-Desoxy-D-ribose und nicht D-Ribose als Zuckerbaustein enthält?
14. Geben Sie die vollständige Formel für *FAD* an!
15. Nachfolgende Verbindung ist das $NAD^{\oplus}$ (Nicotinamid-adenin-dinucleotid), das an der durch Pfeil markierten Stelle ein Hydrid-Ion übernehmen kann und als Coenzym bei Redoxreaktionen eine Rolle spielt (s. Kap. 21.3). Geben Sie die *Strukturelemente* des Moleküls vollständig an!

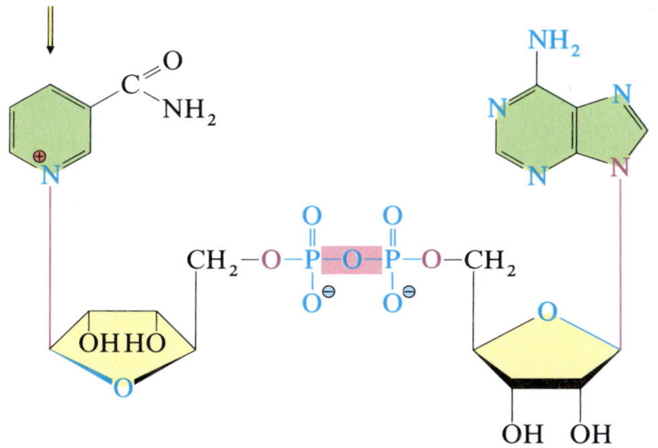

041 Lösungen der Aufgaben

21

Bedeutung für den Menschen

Heterocyclen

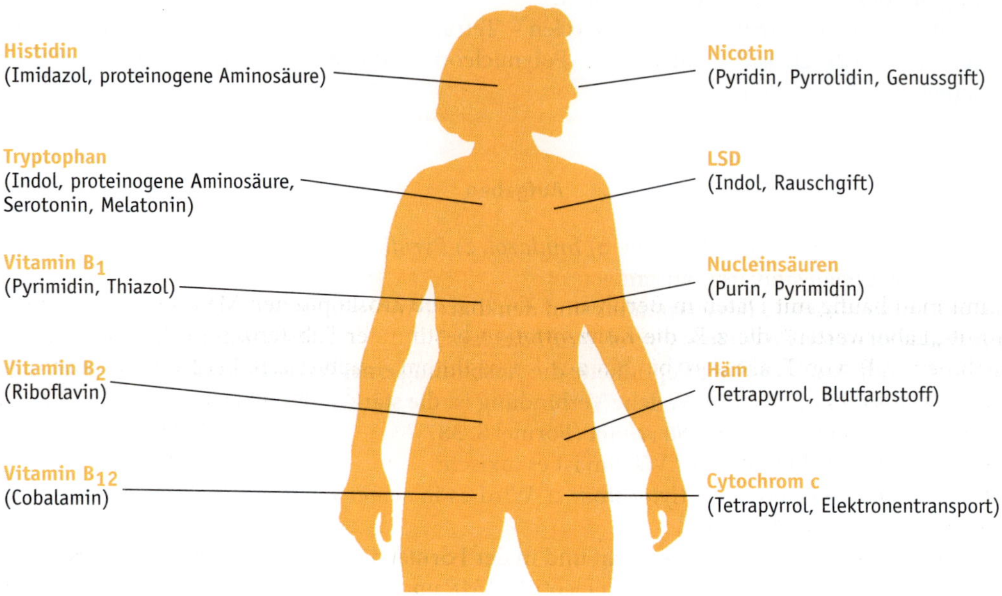

042 IMPP-Fragen

KAPITEL

22 Spektroskopie in Chemie und Medizin

Orientierung

Als Arzt kommt man häufig mit Daten in Berührung, die mit spektroskopischen Methoden gewonnen wurden. Angefangen mit „Laborwerten", die z. B. die Konzentration bestimmter Substanzen im Blut wiedergeben, über Röntgenaufnahmen, z. B. von Frakturen, bis hin zur Kernspintomographie, z. B. bei Krebserkrankungen. Aber nicht nur in der medizinischen Diagnostik haben spektroskopische Methoden Bedeutung, sie durchziehen heute den Alltag von der Beurteilung der Pestizidbelastung unserer Lebensmittel bis zur Flughafenkontrolle für das Aufspüren von Metallgegenständen. Außerdem gehören sie in der medizinisch-naturwissenschaftlichen Forschung zu den wichtigsten Hilfsmitteln und liefern z. B. über Enzymstrukturen oder Stoffwechselwege Informationen, die anders nicht zu erhalten sind.

Niemand verlangt, dass Sie als Arzt die Methoden selbst anwenden können, dafür bedarf es jeweils einer speziellen Ausbildung an z. T. sehr teuren Geräten. Erwartet wird jedoch von Ihnen, dass Sie den Einsatzbereich und die Grenzen der Methoden kennen und die gewonnenen Ergebnisse beurteilen können, damit Sie auf einer gesicherten Diagnose eine für den Patienten hilfreiche Therapie aufbauen können. Somit dient dieses Kapitel mehr Ihrer Information und der Vorbereitung auf spätere Ausbildungsabschnitte. Die Inhalte berühren jedoch auch die Chemie, weil spektrale Daten auf bestimmten Eigenschaften der Substanzen basieren, die nur aus der Chemie heraus zu verstehen sind.

Antwort erhalten Sie u. a. auf folgende Fragen:

- Welche Informationen können mit sichtbarem oder infrarotem Licht gewonnen werden?
- Worauf basiert die NMR-Spektroskopie und was wird angezeigt?
- Worin unterscheiden sich die Diagnostikmethoden MRT und CT?
- Wie lassen sich von kleinen und großen Molekülen die Molekülmassen genau bestimmen?
- Welche Möglichkeiten eröffnen Röntgenstrahlen?

22.1 Allgemeines

Die spektroskopischen Eigenschaften gehören zu den physikalischen Eigenschaften einer chemischen Substanz. Sie dienen der Identifizierung einer Verbindung, ermöglichen Reinheitsbestimmungen oder erlauben die Strukturaufklärung unbekannter Verbindungen.

In der Spektroskopie nutzt man *charakteristische Wechselwirkungen* einer Substanz mit *elektromagnetischer Strahlung* verschiedener Wellenlänge. Man beobachtet z. B. **Absorption** (Aufnahme von Strahlung), **Emission** (Abgabe) oder **Streuung** der Strahlung. Die hierbei auftretenden Phänomene können mit Hilfe der Quantenmechanik erklärt werden. Die vom menschlichen Auge wahrnehmbare Strahlung (zwischen 400 und 780 nm) stellt nur einen sehr kleinen Ausschnitt aus dem elektromagnetischen Spektrum dar, das von sehr *energiereicher* kosmischer γ-Strahlung mit kurzer Wellenlänge bis zu *energiearmen* Radiowellen großer Wellenlänge reicht (Abb. 22/1). Für die verschiedenen Spektroskopiearten wird Strahlung unterschiedlicher Wellenlänge verwendet, woraus sich spezifische Wechselwirkungen mit der Materie ergeben.

Wir betrachten im Folgenden eine kleine Auswahl an Methoden (UV-, IR-, NMR-Spektroskopie, Massenspektrometrie und Röntgentechnik), bedienen damit jedoch nur ein erstes Verständnis, das an anderer Stelle vertieft werden kann.

elektromagnetisches Spektrum

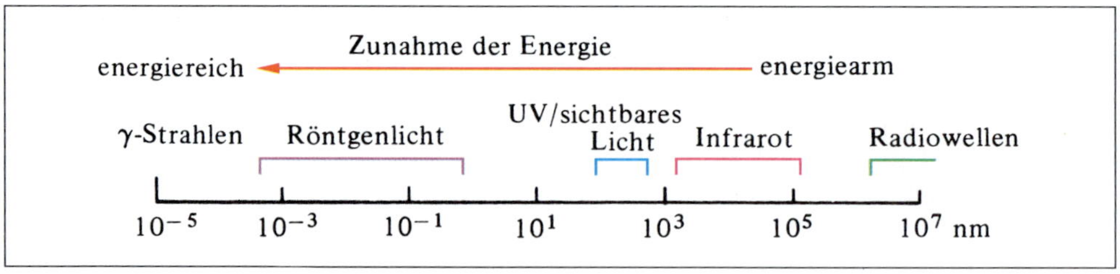

Abb. 22/1 Elektromagnetisches Spektrum.

22.2 UV-Spektroskopie

UV-Spektroskopie

Die UV-Spektroskopie findet breite Anwendung in der qualitativen und quantitativen Analyse, in der Medizin z. B. zur Bestimmung der Konzentration verschiedener Stoffe im Blut. Dazu wird ultraviolettes oder sichtbares Licht mit der Wellenlänge λ durch eine Lösung des zu vermessenden Stoffes geschickt und die Intensitätsänderung des Lichtstrahles gemessen. Eine Abnahme der Lichtintensität bedeutet, dass die Moleküle in der Probenlösung Licht absorbieren, d. h. Energie aufnehmen. Entspricht die aufgenommene Energie genau dem Abstand des höchsten besetzten Molekülorbitals (HOMO, **h**ighest **o**ccupied **m**olecular **o**rbital) zum niedrigsten unbesetzten (LUMO, **l**owest **u**noccupied **m**olecular **o**rbital), so kann der *Übergang eines Elektrons vom HOMO ins LUMO* angeregt werden. Die absorbierte Energie verliert sich wieder durch Aussendung von Licht oder Wärme.

Mathematisch wird die Intensitätsabnahme des Lichtstrahls durch das **Lambert-Beer-Gesetz** ausgedrückt, wobei I_0 die Intensität vor und I die Intensität nach Durchtritt durch die Lösung wiedergeben.

Lambert-Beer-Gesetz

$$E = {}^{10}\log \frac{I_0}{I} = \varepsilon \cdot c \cdot d$$

molarer Extinktionskoeffizient

Man definiert die Extinktion E (= optische Dichte), die demnach abhängig ist von der Konzentration c der Probe (in mol/L), der Schichtdicke d der Messzelle (in cm) und vom **molaren Extinktionskoeffizienten ε**. Dieser ist eine stoffspezifische Konstante.

Absorptionsmaxima

Absorptionsmaxima. Variiert man die Wellenlänge λ innerhalb eines bestimmten Bereiches (meist 200 – 800 nm) und zeichnet die zu jeder Wellenlänge gehörende Extinktion E als Messpunkte auf, so erhält man das charakteristische **UV-Spektrum** einer Verbindung, das für die *qualitative* Analyse eines Stoffes von Bedeutung ist. Die UV-Spektren weisen sog. **Absorptionsmaxima** bei der Wellenlänge λ_{max} auf, die für bestimmte im Molekül enthaltene Teilstrukturen charakteristisch sind, z. B. deutet λ_{max} = 413 nm auf das Häm im Hämoglobin (Abb. 22/2a) hin. Die Absorptionsmaxima erscheinen nicht als scharfe Banden, sondern sind immer verbreitert. Dies liegt darin begründet, dass neben den Übergängen der Elektronen auch die Schwingungen einzelner Bindungen im Molekül und dessen Rotation angeregt werden (☞ Kap. 22.3). Weil die Grundlage der UV-Spektren jedoch die Anregung von Elektronen ist, spricht man auch von *Elektronenspektren.*

Da je nach eingestrahlter Wellenlänge immer nur Übergänge bestimmter Elektronen innerhalb des Moleküls angeregt werden, lässt sich durch UV-Spektroskopie nicht die komplette Struktur einer unbekannten Verbindung bestimmen. Möglich ist es jedoch, einzelne Strukturelemente und somit die Zugehörigkeit zu bestimmten Verbindungsklassen zu erkennen. Die für das Auftreten der Absorptionsmaxima verantwortlichen Teilstrukturen bezeichnet man als **Chromophore**. Diese enthalten oft konjugierte Doppelbindungen und zeigen *charakteristische Absorptionsmaxima.* Liegt das Absorptionsmaximum eines Chromophors bei einer Wellenlänge im sichtbaren Bereich (400 – 780 nm), so erscheint die Verbindung farbig. Dem weißen Sonnenlicht fehlt dann eine Farbe, das Auge nimmt nur die Farbe wahr, die übrig bleibt. Dies ist die Komplementärfarbe zur Farbe des absorbierten Lichts. Absorbiert ein Chromophor blaues Licht (380 – 460 nm), erscheint die Verbindung

Chromophor

dem Auge gelb/orange, wird gelb/orangefarbenes Licht absorbiert (540 – 640 nm), erscheint die Verbindung blau. Häufig absorbieren Chromophore jedoch bei mehreren Wellenlängen.

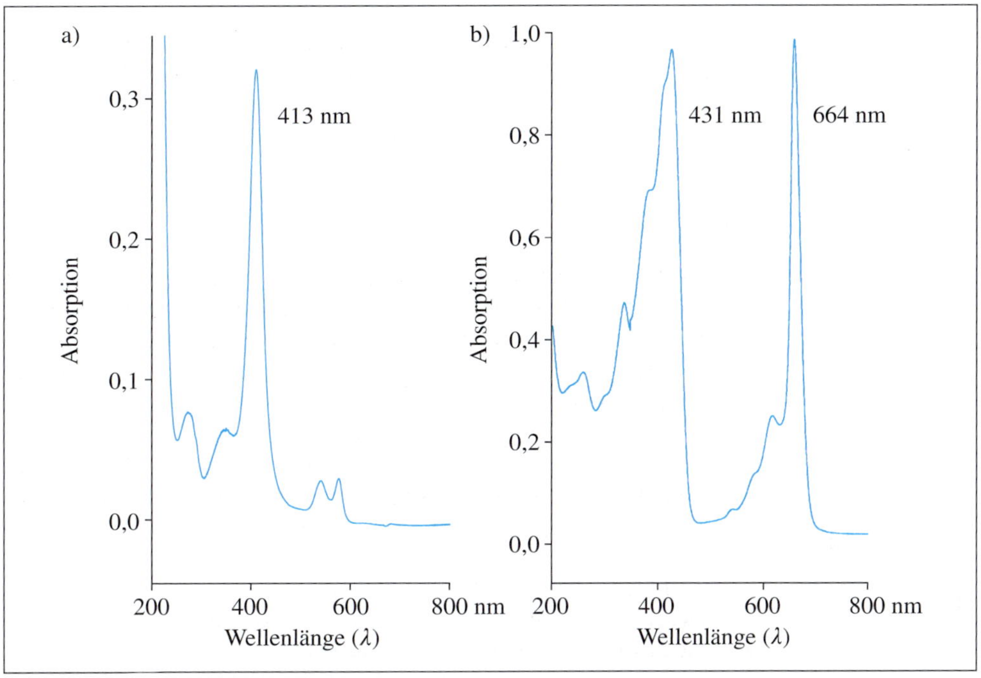

Abb. 22/2 UV-Spektren von Hämoglobin in Wasser (a) und von Chlorophyll in Methanol (b).

Das Hämoglobin z. B. wäre mit der Absorptionsbande bei 413 nm (Abb. 22/2a) nur gelb, erst in Verbindung mit den kleineren Absorptionsbanden zwischen 500 und 600 nm tritt die typische rote Farbe hervor. Ähnlich ist es beim Chlorophyll (Abb. 22/2b). Es absorbiert bei 431 und 664 nm. Das hindurchtretende Licht erscheint dem Auge grün. Farbstoffe sind in der Natur weit verbreitet. Ergänzend zu nennen sind z. B. **Indigo**, das Jeans-Blau aus dem Indigostrauch (*Indigofera tinctoria* L.), oder *Alizarin* aus Krappwurzeln (*Rubia tinctorium* L.), ein Dihydroxyanthrachinon.

Indigo

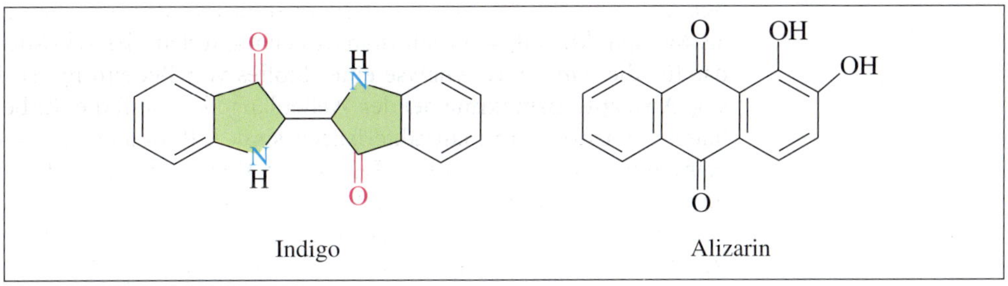

Photometrie

Photometrie. Wird die UV-Spektroskopie für die quantitative Analyse von Stoffen genutzt, spricht man von **Photometrie**. Die oft farblose Probe wird hierbei gegebenenfalls durch Umsetzung mit geeigneten Reagenzien in eine farbige Verbindung überführt, um deren spezifische Lichtabsorption bei der Wellenlänge λ_{max} zu messen. Die Bestimmung vieler „Blutwerte" (z. B. Hämoglobin, Glucose) beruht auf diesem Verfahren. Weitere Anwendungen sind die Konzentrationsbestimmung bekannter Verbindungen, wie z. B. von aromatischen Aminosäuren aus Proteinen oder von Oligonucleotiden der DNA bzw. RNA mit ihren aromatischen Basen.

In Abbildung 22/3 sind als ein weiteres Beispiel die UV-Spektren des von vielen *Dehydrogenasen* benötigten Coenzyms NADH bzw. $NAD^{\oplus}$ (☞ Kap. 21.3) gezeigt. Da NADH ein deutliches Absorptionsmaximum bei λ = 340 nm besitzt, während $NAD^{\oplus}$ bei dieser Wel-

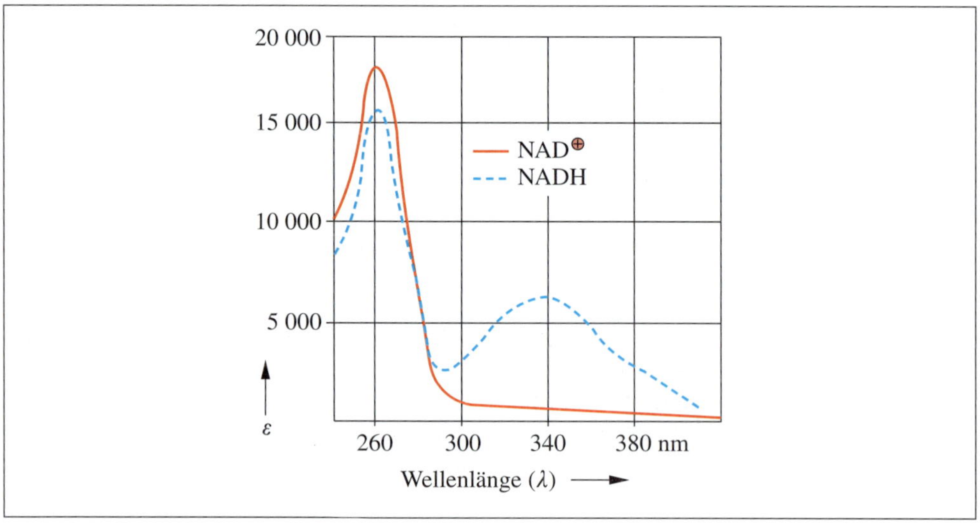

Abb. 22/3 UV-Spektren von NAD⊕ und NADH in Wasser bei pH = 7.

lenlänge keine nennenswerte Absorption zeigt, ergibt sich die Möglichkeit, die Zunahme oder Abnahme von NADH zu messen, wenn dieses Redoxsystem Teil eines Enzymtests ist.

Photometrische Blutuntersuchungen

Von diagnostischer Bedeutung für Lebererkrankungen wie *Hepatitis* sowie für *Myokardinfarkt* ist u. a. die Bestimmung der Aktivität des Enzyms *Glutamat-Oxalacetat-Transaminase* (GOT). Transaminasen katalysieren die Umwandlung von Aminosäuren in die entsprechenden α-Ketosäuren. GOT ist in den Zellen des Gewebes weit verbreitet und liegt *innerhalb* der Zellen im Zytoplasma und in den Mitochondrien vor. Bei Zellschädigung wird GOT freigesetzt, d. h., der GOT-Spiegel im Blut deutet auf den Grad einer Zellschädigung hin.

Die Bestimmung des GOT-Spiegels im Blutplasma wird vollautomatisch durchgeführt und erfolgt in einem gekoppelten Enzymtest. In einer ersten Reaktion werden aus α-Ketoglutarat und L-Aspartat durch GOT L-Glutamat und Oxalacetat gebildet. Diese Reaktion lässt sich photometrisch nicht direkt verfolgen. Daher wird in einer zweiten Reaktion das Reaktionsprodukt Oxalacetat durch Malatdehydrogenase (MDH) zu Malat reduziert. Das NADH wird hierbei zu NAD⊕ oxidiert. Die Abnahme der NADH-Konzentration wird bei der Wellenlänge 340 nm photometrisch verfolgt. Eine starke Abnahme von NADH ist auf eine hohe Konzentration an Oxalacetat zurückzuführen, was einer hohen Konzentration an GOT entspricht. Der Messwert kann für die Diagnose genutzt werden.

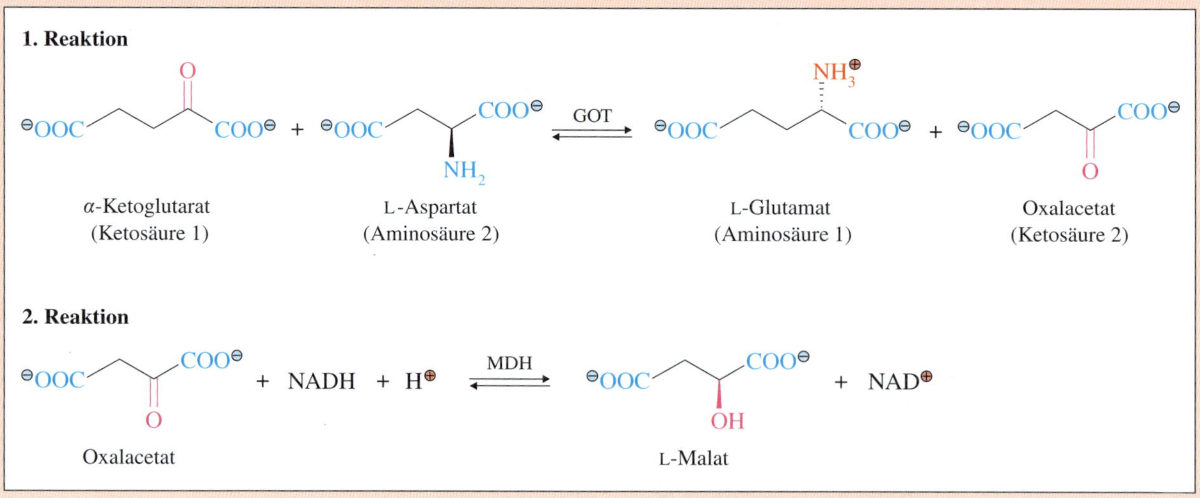

22.3 IR-Spektroskopie

IR-Spektroskopie wird hauptsächlich bei der Identifizierung und Strukturaufklärung organischer Verbindungen angewandt. Sie erlaubt die Unterscheidung einzelner funktioneller Gruppen und dient damit der Zuordnung einer Substanz zu einer Verbindungsklasse. Infrarote (IR) Strahlung hat eine größere Wellenlänge als UV-Strahlung und ist somit energieärmer als diese (☞ Abb. 22/1). Sie wird auch als Wärmestrahlung bezeichnet, Infrarotlicht durchwärmt z. B. bestrahlte Körperteile.

Schwingungsanregung

Schwingungsanregung. Bei der **IR-Spektroskopie** werden durch Absorption von infrarotem Licht Schwingungen innerhalb des Moleküls angeregt. Bedingung für die Detektion dieser **Schwingungsanregung** ist eine Änderung des Dipolmoments während der Schwingung, d. h., nicht jede Schwingung ist IR-aktiv (Abb. 22/4). Das vermessene Molekül muss kein permanentes Dipolmoment besitzen. Es gibt verschiedene Arten von Schwingungen. Bei *Streckschwingungen* ändert sich der Abstand der schwingenden Atome, bei einer *Beugeschwingung* ändert sich der Bindungswinkel. Je nachdem, ob die Molekülsymmetrie im Verlauf der Schwingung erhalten bleibt, unterteilt man in symmetrische und asymmetrische Schwingungen.

Das Messprinzip ähnelt dem bei der UV-Spektroskopie beschriebenen, d. h., man variiert die Wellenlänge der eingestrahlten Strahlung und misst die Abnahme der Strahlungsintensität beim Durchtritt durch die Probe. Als **IR-Spektrum** (auch Schwingungsspektrum genannt) erhält man eine Auftragung Transmission (in %) gegen die Wellenzahl $\tilde{\nu}$ (cm^{-1}), die dem reziproken Wert der eingestrahlten Wellenlänge entspricht (Abb. 22/5). Unter Transmission *(T)* versteht man den von der Probe nicht absorbierten Anteil der eingedrungenen Strahlung.

Fingerprint-Bereich

Spektrenauswertung. Zur Auswertung betrachtet man im Spektrum zwei große Bereiche. Oberhalb 1500 cm^{-1} befinden sich Absorptionsbanden, die einzelnen funktionellen Gruppen zugeordnet werden können. Die Valenzschwingungen von z. B. C–H-, O–H-, C=O-, C=C-Bindungen werden in diesem Bereich bei verschiedenen Wellenlängen angeregt (Tab. 22/1). Unterhalb 1500 cm^{-1}, im sog. *Fingerprint-Bereich*, finden sich viele Banden, die vorwiegend von Deformationsschwingungen herrühren und charakteristisch für das Molekül als Ganzes sind und weniger für einzelne funktionelle Gruppen. Wie ein Fingerabdruck beim Menschen charakterisiert ein IR-Spektrum ein Molekül. Wenn zwei IR-Spektren in allen Banden übereinstimmen, ist der Schluss erlaubt, dass die vermessenen Verbindungen identisch sind.

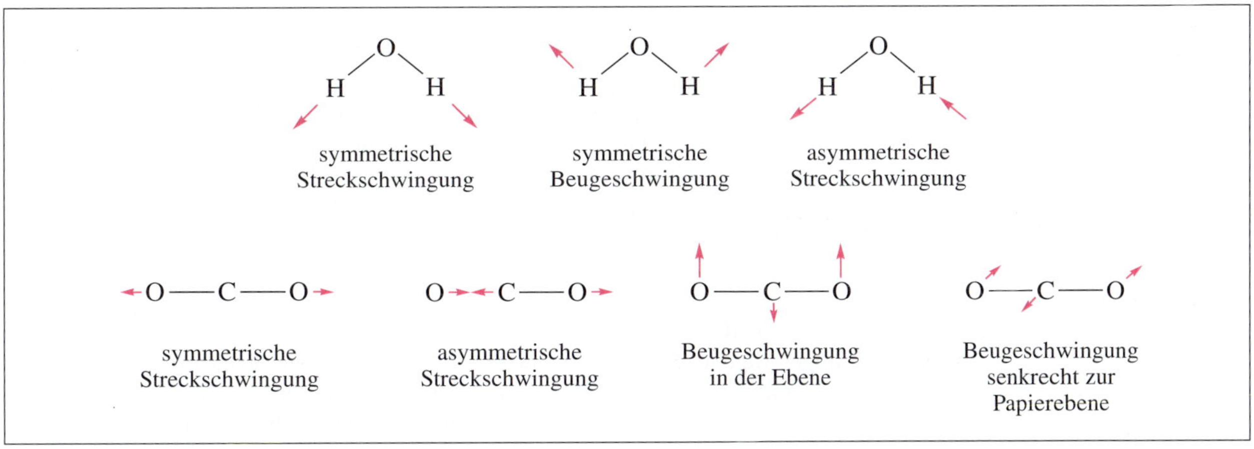

Abb. 22/4 Schwingungsfreiheitsgrade des H_2O- und CO_2-Moleküls.

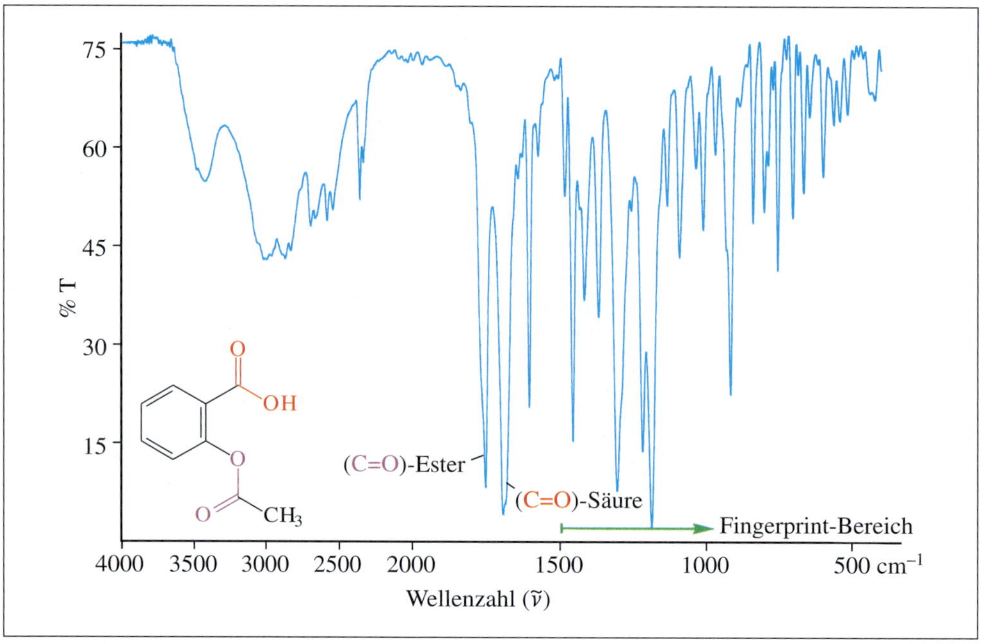

Abb. 22/5 IR-Spektrum von Acetylsalicylsäure in KBr.

Tab. 22/1 Valenzschwingungen ausgewählter funktioneller Gruppen.

Bindung	**funktionelle Gruppe**	**Wellenzahl**
C–H	aliphatische CH_3-Gruppe	2850–2960 cm^{-1}
O–H	Alkohol (nicht assoziiert)	3590–3600 cm^{-1}
C=O	aliphatischer Ester	1735–1750 cm^{-1}
	Keton	1705–1725 cm^{-1}
	aromatische Carbonsäure	1680–1700 cm^{-1}
C=C	Alken	1620–1680 cm^{-1}
C–O	Alkohol	1040–1150 cm^{-1}

22.4 NMR-Spektroskopie

Die NMR-Spektroskopie *(**n**uclear **m**agnetic **r**esonance, kernmagnetische Resonanz)* wird vornehmlich zur Identifizierung und Strukturaufklärung organischer Verbindungen benutzt und gehört heute zu den wichtigsten spektroskopischen Methoden der Chemie. Andere Anwendungen zielen in der Biochemie z. B. auf die Klärung der 3-D-Struktur von Proteinen, auf die Untersuchung von Ligand-Protein-Wechselwirkungen oder auf den Ablauf von Stoffwechsel- bzw. Biosyntheseprozessen. In der Medizin findet die **NMR-Tomographie** *(Kernspintomographie)* als bildgebendes Verfahren in der Diagnostik breite Anwendung.

Kernspin

Kernspin. Mit Hilfe der NMR-Spektroskopie erhält man Informationen über Atomkerne und deren Umgebung, so dass Rückschlüsse auf die chemische Struktur eines Moleküls möglich sind. Voraussetzung für NMR-Messungen ist das Vorliegen eines sog. **Kernspins** bei einzelnen Atomen einer Verbindung. Diesen kann man sich anschaulich, aber nicht ganz zutreffend als Rotation des Atomkerns um die eigene Achse vorstellen. Der Kernspin wird durch die Kernspinquantenzahl *I* charakterisiert, die halb- und ganzzahlige Werte ($I = {}^1/_2, 1, 1\,{}^1/_2, \ldots 6$) annehmen kann. Ist $I = 0$, so besitzt der Kern keinen Kernspin. Dies ist der Fall für die Isotope ^{12}C, ^{16}O und ^{14}N, die mit größter Häufigkeit in organischen Molekülen anzutreffen sind. Für NMR-spektroskopische Untersuchungen geeignete Isotope sind ^{1}H, ^{13}C, ^{31}P und ^{19}F, die alle einen Kernspin $I = {}^{1}/_{2}$ besitzen, und ^{2}H mit einem Kernspin $I = 1$.

Kernresonanz. Die NMR-Spektroskopie beruht auf der *Wechselwirkung von Radiowellen* mit den *Atomkernen* einer Verbindung, die sich hierzu in einem starken Magnetfeld befinden muss. Atomkerne mit einem Kernspin besitzen ein Drehmoment und, da sie positiv geladen sind, auch ein *magnetisches Moment*. Sie verhalten sich wie kleine Stabmagneten. Ohne weitere äußere Einflüsse sind diese magnetischen Momente statistisch verteilt. Bringt man die Probe jedoch in ein starkes homogenes Magnetfeld, so sind bei ^{1}H und ^{13}C z. B. nur zwei Einstellungen dieses magnetischen Momentes zum äußeren Magnetfeld erlaubt, die kleinen Stabmagneten richten sich parallel oder entgegengesetzt zum Magnetfeld aus. Die Einstellungen unterscheiden sich geringfügig in ihrem Energiegehalt.

Kernresonanz

Bei der ^{1}H-NMR-Spektroskopie werden nun durch Einstrahlen von Radiowellen Übergänge zwischen beiden Energieniveaus angeregt, was zu einer Energieaufnahme führt, die man messen kann. Diese bezeichnet man als **Kernresonanz**. Nach dem Abstellen der Strahlung kehren die angeregten Kerne unter Abgabe von Wärme wieder ins tiefere Niveau zurück *(Relaxation)*. Dieser Prozess wird in einem alternativen Messverfahren neuerer Spektrometer als Funktion der Zeit aufgezeichnet und mathematisch in ein frequenzabhängiges Signal transformiert *(Fourier-Transformation)*. Durch Variation der eingestrahlten Frequenz oder, wie in modernen NMR-Spektrometern praktiziert, durch Einstrahlung eines Frequenzbandes lassen sich so sämtliche Kerne einer Atomsorte, z. B. ^{1}H, anregen. Aus der Lage (= **chemische Verschiebung**) eines Resonanzsignals im Spektrum erhält man Auskunft über die Art der chemischen Umgebung der einzelnen Kerne und damit über die Struktur der gemessenen Verbindung.

chemische Verschiebung

Wie viel Energie ist nötig, um eine ^{1}H-Anregung in einer Verbindung zu erreichen? Diese Frage lässt sich nur beantworten, wenn man die Stärke des externen Magnetfeldes kennt. Bei den heute verfügbaren supraleitenden Magneten (2,35 – 21,14 T) liegen die Frequenzen zwischen 100 und 900 MHz. 100 MHz entsprechen einer Radiowelle mit $\lambda = 3$ m. Die bei der Kernresonanz absorbierte Energie beträgt nur 10^{-4} bis 10^{-5} kJ/mol, ist also sehr gering.

Auswertung von NMR-Spektren. Für die Anwendung der NMR-Spektroskopie ist es wesentlich, dass das angelegte äußere Magnetfeld durch die Induktionswirkung der Elektronen und durch die Felder benachbarter Kerne abgeschwächt wird, d. h., die „effektive Feldstärke“ am einzelnen Atomkern ist geringer als die angelegte. Man bezeichnet diesen Effekt auch als *Abschirmung*. Atomkerne gleicher Sorte, aber *unterschiedlicher chemischer Umgebung* zeigen daher Kernresonanz bei geringfügig *unterschiedlicher Frequenz*, was ihre Unterscheidung möglich macht (Abb. 22/6). Diese Unterschiede misst man in ppm (parts per million = millionster Teil) der eingestrahlten Frequenz. Relativ zu einer Eichsubstanz (für ^{1}H-NMR: Tetramethylsilan, TMS = $[CH_3]_4Si$), die mit dem Signal der H-Atome der Methylgruppen den Nullpunkt festlegt, lässt sich nun eine frequenzunabhängige Größe, die *chemische Verschiebung* δ (in ppm), definieren.

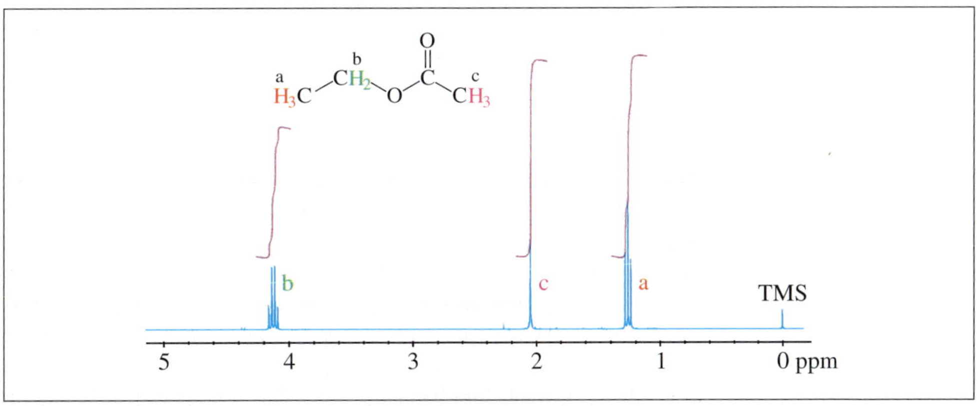

Abb. 22/6 ^{1}H-NMR-Spektrum von Essigsäureethylester in $CDCl_3$ bei 300 MHz.

^{1}H-NMR-Spektrum

Abbildung 22/6 zeigt das **^{1}H-NMR-Spektrum** von Essigsäureethylester. Die Anzahl der Signale spiegelt die Zahl unterschiedlicher Protonen im Molekül wider (hier drei), deren unterschiedliche chemische Verschiebung Rückschlüsse auf deren Umgebung zulässt.

Das ^{1}H-NMR-Spektrum liefert außer der chemischen Verschiebung noch weitere Informationen. Die Fläche unter einem Signal wird integriert (in Abb. 22/6 violett markiert) und zeigt die Anzahl der Protonen an, die dieses Signal hervorrufen (hier: $CH_3 : CH_3 : CH_2 = 3:3:2$). Die Integrale führen zu relativen Zahlenverhältnissen. Außerdem gibt die Feinstruktur des Signals Auskunft über Anzahl und Geometrie benachbarter Protonen. Ähnlich, wie aneinandergereihte Stabmagneten sich gegenseitig beeinflussen, wechselwirken *(koppeln)* benachbarte Kerne über ihre Bindungselektronen miteinander, wodurch eine *Aufspaltung der Signale* eintritt. Die Anzahl der Linien eines Signals (= Multiplizität) und deren Abstände zueinander (= Kopplungskonstanten) werden zur Interpretation herangezogen. Tritt ein ^{1}H-Kern mit *n* äquivalenten benachbarten Kernen in Wechselwirkung, so erfolgt die Aufspaltung des Signals in $(n + 1)$ Linien. In unserem Beispiel (Abb. 22/6) sind die Signale für die Protonen der Ethylgruppe aufgespalten: das Signal der Methylgruppe besteht aus drei Linien (Triplett), da zwei Protonen am benachbarten Kohlenstoffatom gebunden sind, das der Methylengruppe aus vier Linien (Quartett) wegen der drei Protonen am benachbarten Kohlenstoffatom. Die Methylgruppe der Essigsäure hat keine Kopplungspartner, so dass das Signal als eine Linie (Singulett) erscheint.

Protonenkopplung

^{13}C-NMR-Spektren. In ähnlicher Weise wie bei der ^{1}H-NMR-Spektroskopie kann man auch die Signale beobachten und aufzeichnen, die vom Kohlenstoffisotop ^{13}C hervorgerufen werden. Da dieses Isotop in einer natürlichen Häufigkeit von nur 1,1% vorliegt, bedarf es für seine Beobachtung besonders empfindlicher Messgeräte und spezieller Messtechniken. ^{13}C-NMR-Spektren liefern Informationen über das Kohlenstoffgerüst einer organischen Verbindung und sind damit für die Strukturaufklärung besonders wertvoll.

Im Allgemeinen unterdrückt man bei der Aufnahme dieser Spektren die Kopplung einzelner Kohlenstoffatome mit benachbarten Protonen durch simultane Bestrahlung der Protonen (Protonen-Breitband-Entkopplung). Dadurch erscheinen die Signale der Kohlenstoffatome als einzelne Linien, deren Intensität im Vergleich zu den sonst aufgespaltenen Signalen größer ist. Wegen der geringen natürlichen Häufigkeit des ^{13}C-Isotops beobachtet man keine ^{13}C-^{13}C-Kopplung. Die chemische Verschiebung der einzelnen Signale im **^{13}C-NMR-Spektrum** erlaubt in Analogie zum ^{1}H-NMR-Spektrum Rückschlüsse auf die Struktur des Moleküls (Abb. 22/7).

^{13}C-NMR-Spektrum

2D und 3D-Techniken. Neuere Entwicklungen führten zur zweidimensionalen NMR-Spektroskopie (**2D-NMR-Spektroskopie**), die vor allem für die Strukturaufklärung größerer Verbindungen und für die Bestimmung der Struktur kleinerer Proteine wertvoll ist. Es gibt eine Fülle unterschiedlicher Experimente, durch die man Informationen über Nachbarschaftsverhältnisse von Atomen (z. B. ^{1}H-^{13}C, oder ^{1}H-^{1}H) durch die Kopplung einzel-

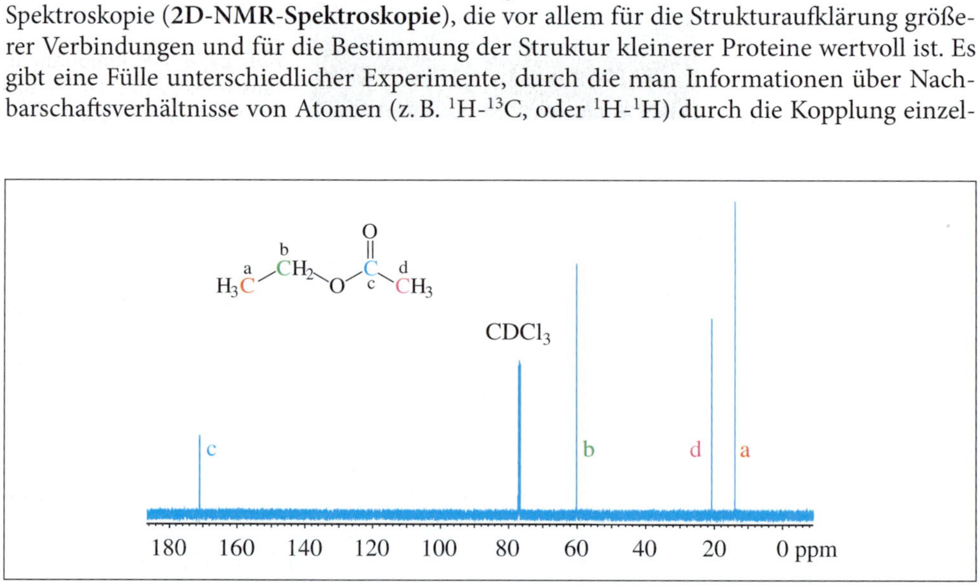

Abb. 22/7 ^{13}C-NMR-Spektrum von Essigsäureethylester in Deuterochloroform ($CDCl_3$) bei 125,7 MHz.

ner Kerne über Bindungen oder aber über den Raum hinweg erhält. Neuere Entwicklungen führen zur **3D-NMR-Technik**, die es erlaubt, z. B. Proteine und deren Wechselwirkungen genauer zu studieren.

Kernspintomographie

NMR-Spektroskopie lässt sich auch am Menschen durchführen, in der medizinischen Diagnostik spricht man dann von (N)MR-Tomographie (MRT). Messsignale liefern hier die Protonen, die im Körper hauptsächlich als Bausteine des Wassers oder der Fettbestandteile gehäuft vorkommen. Wasserreiche Gewebe geben ein starkes Signal und werden im Bild hell, wasserarme (wie z. B. Knochen) ein schwaches Signal und werden im Bild dunkel (Abb. 22/8) dargestellt. Hinzu kommt, dass die erhaltenen Bilder in charakteristischer Weise davon abhängen, wie das Wasser im Gewebe gebunden ist. Auch bei gleicher Wasserdichte lassen sich also verschiedene Gewebearten oder gesundes und krankes Gewebe unterscheiden (Hell-Dunkel-Kontraste), wodurch sich Tumoren, Gefäßerweiterungen oder andere pathologische Veränderungen erkennen und lokalisieren lassen. Abbildung 22/9 zeigt den schematischen Aufbau eines MR-Tomographen. Die Aufnahme eines MR-Tomogramms (MRT) dauert mehrere Minuten, dazu muss der zu vermessende Körperteil (z. B. der Kopf) ruhig in der Öffnung des Magneten liegen. Jede Messung erfasst nur kleine Volumenelemente oder Schichten des Körperteils. Viele Messungen werden dann zu einem Gesamtbild zusammengefügt. Ein großer Vorteil dieses Verfahrens im Vergleich zu Röntgenaufnahmen und der Computertomographie ist, dass der Organismus des Patienten nicht mit energiereicher Strahlung belastet wird. Magnetfelder können sogar positiv aus das Gehirn Einfluss nehmen, z. B. nach einem Schlaganfall.

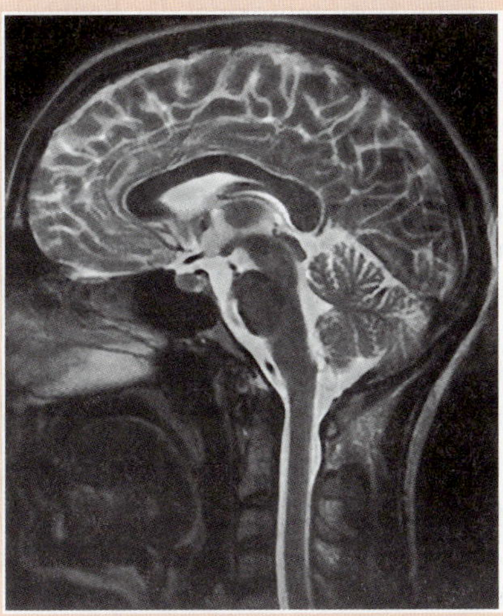

Abb. 22/8 MR-Tomogramm eines Kopfes (aus Wicke, Atlas der Röntgenanatomie, 7. Aufl. Elsevier 2005).

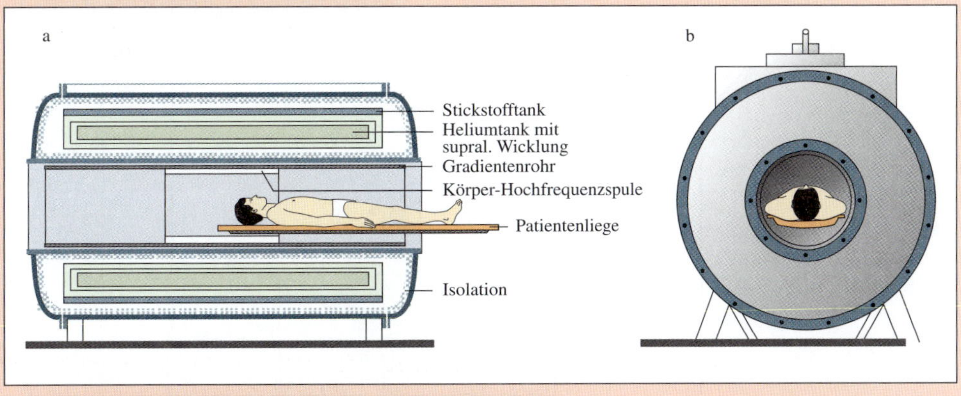

Abb. 22/9 Schematische Darstellung eines MR-Tomographen:
a) Längsschnitt, b) Querschnitt
(aus Kauffmann, G., E. Moser, R. Sauer. Radiologie. Urban & Fischer, 3. Aufl., 2006).

22

22.5 Massenspektrometrie

Mit Hilfe der **Massenspektrometrie** (MS) lassen sich neben der Molekülmasse und Summenformel einer Verbindung auch Strukturinformationen gewinnen. Ihre hohe Empfindlichkeit, die Vielfalt der zur Verfügung stehenden Methoden und die mögliche Kopplung mit chromatographischen Verfahren wie z. B. HPLC (**h**igh **p**erformance **l**iquid **c**hromatography) machen sie zu einem sehr wertvollen und weit verbreiteten Hilfsmittel in der Analytik.

Messvorgang. Um ein Massenspektrum zu erhalten, überführt man eine Substanzprobe in einen Strahl gasförmiger Ionen, die dann nach ihrem Masse-Ladungs-Verhältnis *(m/z)* aufgetrennt werden. Damit gehört die MS streng genommen nicht zu den spektroskopischen Methoden, da sie nicht auf der Absorption oder Emission elektromagnetischer Strahlung beruht. Sie ist eine spektrometrische Analysenmethode. Ein Massenspektrometer besteht aus drei Einheiten: der *Ionenquelle*, in der die Substanz ionisiert wird; dem *Analysator*, durch den die Auftrennung entsprechend dem *m/z*-Verhältnis im Vakuum erfolgt, und einem *Detektor*, der die eintreffenden Ionen registriert und als Signale aufzeichnet. Das so erhaltene Massenspektrum ist eine Auftragung der detektierten Ionen gegen die Signalintensität. Je höher das Signal ist, desto stabiler ist das zugehörige Ion (Abb. 22/10). Bei der Analyse des Massenspektrums muss man das mögliche Auftreten von *Isotopenmustern* berücksichtigen.

Mit Hilfe verbesserter Methoden zur Beschleunigung und Ablenkung von Ionenstrahlen gelingt eine sehr genaue Massenbestimmung der Ionen. Durch Korrelation mit Referenzsubstanzen bekannter Masse und Summenformel lässt sich die exakte Molekülmasse so genau bestimmen, dass daraus die Summenformel des beobachteten Ions berechnet werden kann. Man spricht dann von *hochauflösender* Massenspektrometrie (HRMS, **h**igh **r**esolution **m**ass **s**pectrometry).

hochauflösende Massenspektrometrie

Ionisierungsmethoden. Der Schlüsselschritt für die Aufnahme eines Massenspektrums ist die Ionisation der zu vermessenden Substanz. Heute steht eine Vielzahl an *Ionisierungsmethoden* zur Verfügung. Eine häufig benutzte Methode ist die **Elektronenstoß-Ionisation** (EI, electron impact), bei der die Probe mit energiereichen Elektronen beschossen wird. Formal verläuft die Ionisierung gemäß $M + e^{\ominus} \longrightarrow M^{\oplus} + 2\,e^{\ominus}$ unter Bildung des sog. **Molekül-Ions $M^{\oplus}$**. Dieses ist ein Radikal-Kation, weil unter dem Beschuss mit Elektronen ein Elektron aus dem Molekül entfernt wird. Zur Erzeugung des Elektronenstrahls be-

Elektronenstoß-Ionisation

Molekül-Ion

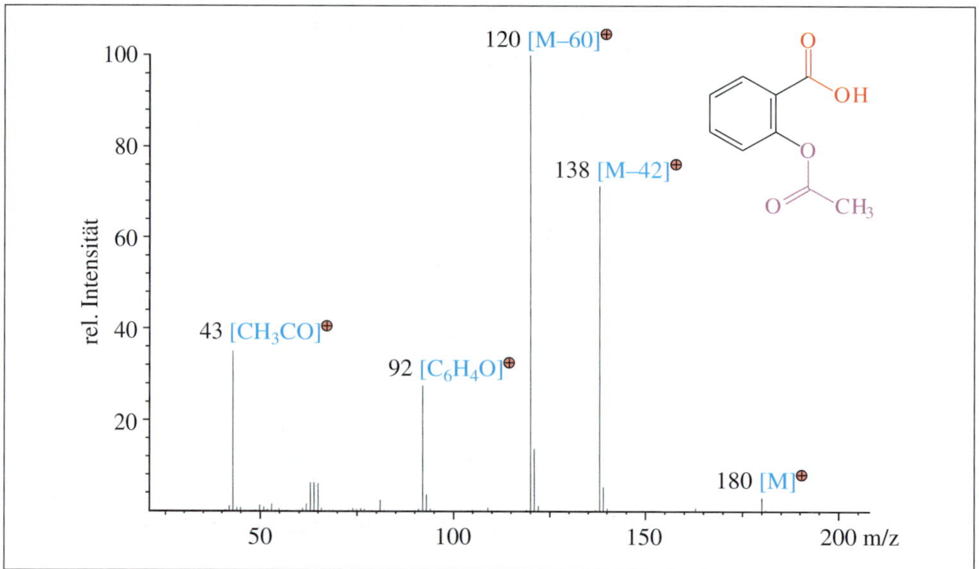

Abb. 22/10 EI-Massenspektrum von Acetylsalicylsäure ($C_9H_8O_4$, Molmasse 180).

schleunigt man Elektronen aus einer Glühkathode mit einer Spannung von 70 – 100 V (70 – 100 eV). Diese Energie übersteigt die Ionisierungsenergie organischer Moleküle um ein Vielfaches, so dass sich an die Bildung des Molekül-Ions meist Zerfallsprozesse anschließen, bei denen für einzelne Substanzen charakteristische Fragmente (Fragment-Ionen und Neutralbruchstücke) gebildet werden. Für die **Fragmentierung** organischer Verbindungen gibt es verschiedene Regeln, die eine detaillierte Interpretation eines Massenspektrums erlauben (Abb. 22/10).

Fragmentierung

chemische Ionisation

FAB

Bei der **chemischen Ionisation** (CI) erfolgt die Molekül-Ionen-Bildung durch Ion-Molekül-Reaktionen mit Reaktandgas-Ionen (z. B. $XH^{\oplus}$, wobei $X = CH_4$ oder NH_3) gemäß $M + XH^{\oplus} \longrightarrow MH^{\oplus} + X$. Eine weitere, sehr schonende Methode ist das sog. **FAB** (**f**ast **a**tom **b**ombardment). Hier wird die zu untersuchende Substanz in einer schwer flüchtigen, aber flüssigen Matrix (meist Glycerin, *p*-Nitrobenzylalkohol) gelöst und mit einem Strahl schneller Atome oder Ionen (z. B. Ar, $Cs^{\oplus}$) beschossen und als Ionen aus der Matrix herausgelöst. Makromoleküle wie Proteine werden heute durch **MALDI** (**m**atrix-**a**ssisted **l**aser **d**esorption **i**onization) ionisiert, wobei die benötigte Substanzmenge im fmol-Bereich ($f = femto = 10^{-15}$) liegt. Als Energiequelle dient hierbei ein gepulster Laser im UV-Bereich, die Probe wird mit einer in diesem Wellenlängenbereich absorbierenden Matrix kristallisiert (z. B. Nicotinsäure). Man detektiert Quasi-Molekül-Ionen und Ionen, die durch Zusammenlagerung mehrerer Moleküle entstanden sind.

MALDI

ESI

Ergänzt wird MALDI durch die **Elektrospray-Ionisation** (ESI), deren Anwendung ebenfalls in der schonenden Ionisation von Makromolekülen wie Proteinen liegt. Hierbei wird die Lösung einer Probe durch Anlegen eines elektrischen Potenzials und mit Hilfe eines Spraygases (z. B. N_2) in kleine Nebeltröpfchen zerstäubt (Elektrospray). Durch Anlagerung von Protonen oder anderen Ionen aus dem Lösungsmittel sind die Probenmoleküle je nach Zahl der enthaltenen basischen Gruppen einfach oder mehrfach geladen. Im Zuge der Entfernung des Lösungsmittels treten die Quasi-Molekül-Ionen (z. B. $[M + H]^{\oplus}$, $[M + Na]^{\oplus}$) in die Gasphase über. Ein Vorteil dieses Verfahrens ist die mögliche Kopplung mit chromatographischen Methoden (z. B. HPLC/MS).

22.6 Röntgenstrukturanalyse

Durch **Röntgenstrukturanalyse** *(Diffraktometrie)* lässt sich die Anordnung von Atomen vornehmlich in kristallinen Festkörpern bestimmen. Man erhält dabei Informationen über die Bindungslängen und Bindungswinkel in einem Molekül. Hierbei wird monochromatische Röntgenstrahlung (☞ Abb. 22/1), deren Wellenlänge etwa den Atomabständen im Kristallgitter (ca. 10^{-10} m) entspricht, an den Elektronen der Gitteratome gebeugt. Durch die Röntgenstrahlung führen die Elektronen eine erzwungene Schwingung aus und werden so selbst zum Emitter von Kugelwellen. Im Raum hinter dem Kristall beobachtet man Interferenzerscheinungen, die auf einer Fotoplatte aufgezeichnet werden. Die Beugungsmaxima enthalten Informationen zur Gestalt der dem Kristall zugrunde liegenden **Elementarzelle,** aus ihnen lassen sich Elektronendichteverteilungen und damit die Schwerpunkte der Atome berechnen. Je mehr Elektronen ein Atom besitzt, umso genauer lässt sich dessen Lage im Kristall bestimmen.

Elementarzelle

Anwendung zur Strukturbestimmung. Damit eine Substanz untersucht werden kann, muss sie kristallin als so genannter Einkristall (Kantenlänge ca. 0,5 mm) vorliegen, in dem das Kristallgitter überall dieselbe Orientierung aufweist. Für die Züchtung derartiger Kristalle muss Zeit und Geduld aufgebracht werden. Mit Hilfe der Röntgenstrukturanalyse werden heute auch komplexe Makromoleküle wie Proteine, DNA oder sogar Viren untersucht. Viele biologisch wirksame Moleküle entfalten ihre Wirkung jedoch nur in Lösung. Man muss also berücksichtigen, dass die in Lösung vorherrschende Raumstruktur anders aussehen kann als die im Kristall, dies gilt besonders für konformativ bewegliche Verbindungen.

Abbildung 22/11 zeigt die Struktur von Acetylsalicylsäure im Kristall. Die Kreise entsprechen berechneten Aufenthaltswahrscheinlichkeiten für die Elektronen der einzelnen

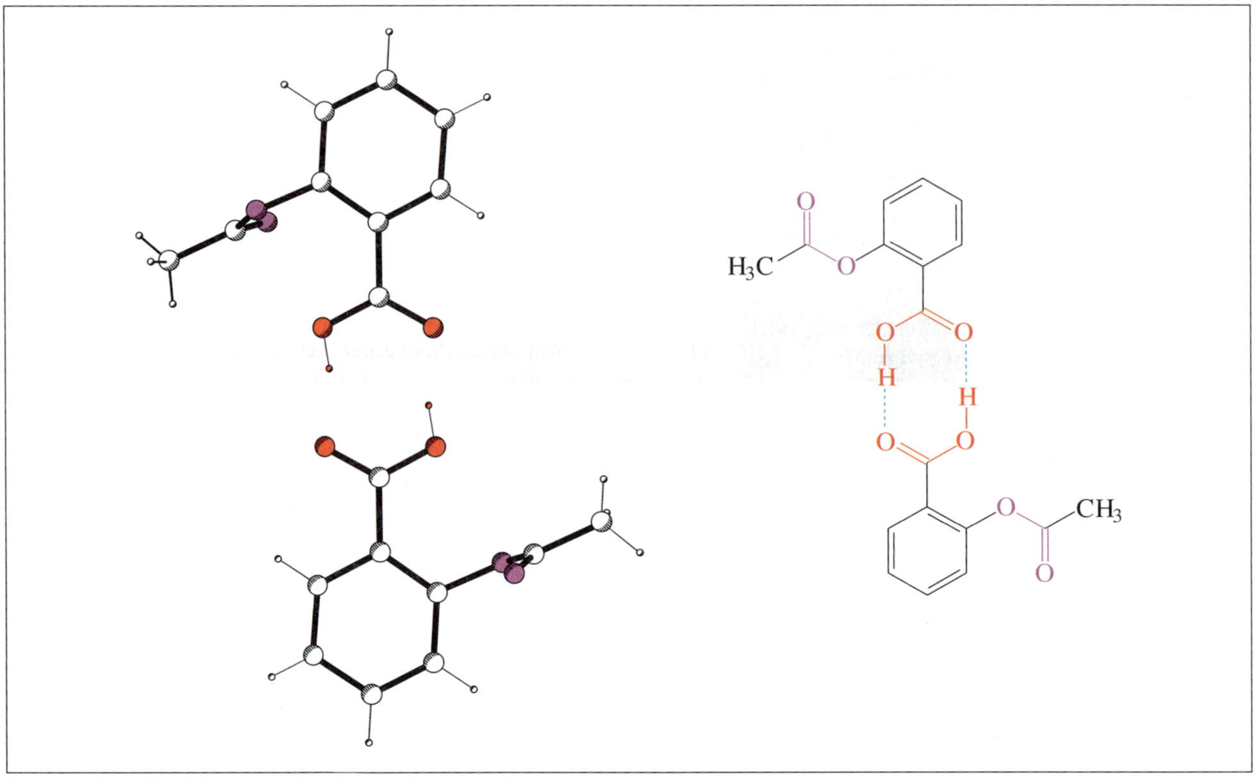

Abb. 22/11 Struktur der Acetylsalicylsäure im Kristall
(Kim, Y. et al. Chem. Pharm. Bull. 1985, 33, 2641–2647).

Atome. Acetylsalicylsäure kristallisiert in Schichten, die aus zentrosymmetrischen Dimeren bestehen, die über zwei Wasserstoffbrückenbindungen zwischen den Carboxygruppen verbunden sind. Die Ebene der Acetoxygruppe steht senkrecht zu der des Benzolrings. Deutlich zu erkennen ist auch, dass die C–C-Bindungen im aromatischen Benzolring mesomeriebedingt gleich lang und deutlich kürzer als die C–C-Einfachbindungen sind.

Röntgendiagnostik

Computertomographie

In der Medizin wird Röntgenstrahlung hauptsächlich in der Röntgendiagnostik zur Abbildung von Organen und Leitungssystemen oder für Schichtaufnahmen in der Computertomographie (CT) verwendet. Das Röntgenbild wird hier, im Gegensatz zur oben beschriebenen Röntgenstrukturanalyse, durch den Teil der Strahlung erhalten, die den Körper ohne Wechselwirkung durch Absorption oder Streuung passiert hat. Je größer die Elektronendichte auf dem Strahlenweg durch den Körper, umso höher ist der Anteil der Strahlung, der durch Wechselwirkung mit den Elektronen den Film nicht erreicht, und umso heller erscheint dieser Teil des Körpers auf dem Röntgenbild. Die Elektronendichte wird durch die Dicke des Objektes und die Anzahl der Elektronen darin bestimmt: Knochen sind aus Atomen mit einer hohen Atommasse, d. h. vielen Elektronen, aufgebaut, sie erscheinen im Röntgenbild weiß. Luft dagegen besteht aus Gasen mit niedriger Molmasse und besitzt somit eine geringe Elektronendichte, sie erscheint schwarz. Die erhaltenen Grauabstufungen lassen sich nach zunehmender Elektronendichte auf Luft (schwarz), Fett, Wasser, Knochen und Metall (weiß) zurückführen (Abb. 22/12).

Röntgenstrahlung ist aufgrund ihrer kurzen Wellenlänge sehr energiereich. Weil sie im Körper unkontrolliert Ionen und Radikale bilden kann, schädigt Röntgenstrahlung den Organismus in unterschiedlicher Weise, wobei proliferierendes Gewebe (auch Krebszellen) stärker beeinträchtigt wird. Dieser Unterschied ist die Grundlage für die Strahlentherapie.

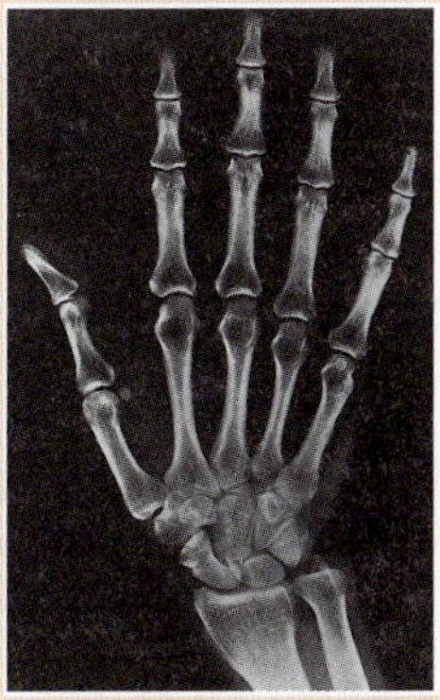

Abb. 22/12 Röntgenaufnahme einer rechten Hand
(aus Wicke, L. Röntgenanatomie. Urban & Fischer, 7. Aufl., 2005).

Checkliste

Folgende Bezeichnungen/Begriffe sollten Sie erklären oder definieren (s. a. Glossar) und – wo möglich – Formeln, Gleichungen oder Beispiele angeben können:
Elektromagnetisches Spektrum – UV-Spektroskopie – Lambert-Beer-Gesetz – molarer Extinktionskoeffizient – Absorptionsmaximum – Chromophor – Photometrie – IR-Spektroskopie – Schwingungsanregung – Fingerprint-Bereich – NMR-Spektroskopie – Kernspin – Kernresonanz – chemische Verschiebung – Protonenkopplung – Kernspintomographie – Massenspektrometrie – Elektronenstoß-Ionisation – Fragmentierung – hochauflösende Massenspektrometrie – chemische Ionisation – MALDI – Elektrospray-Ionisation – Röntgenstrukturanalyse – Elementarzelle – Computertomographie.

Aufgaben

1. Was sind *Farbstoffe*? Nennen Sie drei Beispiele!
2. Sie erhalten eine Lösung, die eine bekannte UV-aktive Substanz enthält. Wie können Sie mit Hilfe der *UV-Spektroskopie* die Konzentration der Substanz in der Lösung bestimmen?
3. Warum lässt sich bei biochemischen Experimenten die *NADH-Konzentration* neben vorhandenem $NAD^{\oplus}$ bestimmen?
4. In Abbildung 22/5 ist das IR-Spektrum von *Acetylsalicylsäure* abgebildet. Welche Absorptionsbanden sind markiert? Worauf beruhen sie?
5. Wie hängen Wellenzahl und Wellenlänge zusammen?
6. Warum gibt es kein ^{12}C-NMR-Spektrum?
7. Wie viele ^{1}H- und ^{13}C-NMR-Signale erwarten Sie für
   a) Aceton, b) Milchsäure und c) Acetylsalicylsäure?
8. Warum kann man in der *Kernspintomographie* (MR-Tomographie) verschiedene Gewebe des menschlichen Körpers unterscheiden?
9. Warum ist ein MRT für den Patienten schonender als ein CT?
10. Was liegt den Signalen (Peaks) im Massenspektrum zugrunde?
11. Nennen Sie drei verschiedene Ionisationsmethoden, die in der *Massenspektrometrie* Anwendung finden! Welche sind insbesondere für Proteine geeignet?
12. Was leistet die *Röntgenstrukturanalyse*? Welche Bedingung muss eine Substanz, die man untersuchen will, erfüllen?
13. Wie kommt es zum Röntgenbild von Körperteilen des Menschen?

043 Lösungen der Aufgaben
044 IMPP-Fragen

Glossar

Abgangsgruppe Der Teil (Atom oder Gruppe) eines Moleküls, der bei einer ↗ Substitutionsreaktion formal durch eine andere Gruppe ersetzt wird.
absoluter Nullpunkt Nicht erreichbare Temperatur, bei der keine Wärmeenergie in der Materie mehr vorhanden ist (0 K, – 273,15 °C).
Absorptionsmaximum (λ_{max}) Wellenlänge, bei der ein Stoff im ↗ UV-Spektrum charakteristisch absorbiert.
Acetal Organische Verbindung, die zwei O-Alkyl- oder O-Aryl-Gruppen an einem C-Atom trägt, leitet sich von einem ↗ Aldehyd oder ↗ Keton ab.
Acetat-Puffer Pufferlösung, die als ↗ Elektrolyte Essigsäure und Natriumacetat enthält.
Acetylcholin Neurotransmitter mit quartärer Ammoniumgruppe, ist ein Ester aus Essigsäure und Cholin.
Acidität Maß für die Fähigkeit eines Stoffes, Protonen an die Umgebung abzugeben (Säurestärke); quantitativ drückt sie sich im ↗ pK_s-Wert der Säure aus: Je kleiner dieser ist, desto größer ist die Acidität der Säure.
Acylrest Von einer ↗ Carbonsäure durch Verlust der OH-Gruppe am Carbonyl-C-Atom abgeleiteter Rest (R–CO).
Additionsreaktion Anlagerung von zwei Atomen oder Gruppen an eine Doppelbindung unter Bildung neuer ↗ kovalenter Bindungen.
Adrenalin (Epinephrin) Neurotransmitter, biogenes ↗ Amin, ↗ Catecholamin.
Adsorbens Fein verteilter, durch eine große Oberfläche ausgezeichneter Feststoff, der andere Stoffe selektiv bindet (adsorbiert).
Adsorption Festhalten eines Stoffes durch zwischenmolekulare Kräfte an der Oberfläche eines Feststoffes (↗ Adsorbens).
Aerosol Bezeichnung für ein ↗ heterogenes System aus einem Gas mit darin fein verteilten festen oder flüssigen Teilchen.
Aggregatzustand Erscheinungsform der Materie unter definierten äußeren Bedingungen. Man unterscheidet zwischen gasförmig (g), flüssig (l) und fest (s).
Aglykon Zuckerfreie Alkoholkomponente von ↗ Glykosiden.
aktives Methyl Bezeichnung für das universelle biologische Methylierungsreagenz S-Adenosyl-methionin (SAM).
Aktivierungsenergie ($\Delta G^{\neq}$) Notwendige Energie (in kJ/mol), durch die Reaktionspartner so aktiviert werden, dass eine bestimmte Reaktion ablaufen kann.
Aldehyd Organische Verbindung mit typischer ↗ funktioneller Gruppe (R–CHO).
Aldol-Kondensation Reaktion von ↗ Aldehyden oder ↗ Ketonen mit einer CH-aciden Verbindung unter Wasserabspaltung (Bildung einer C=C-Doppelbindung, Kettenverlängerung).
Aldose ↗ Monosaccharid mit einer endständigen ↗ Aldehydgruppe.
Aliphat Offenkettige, gesättigte oder ungesättigte organische Verbindung ohne aromatische Molekülteile.
Alkaloid Aus Pflanzen isolierbare stickstoffhaltige, heterocyclische Base mit physiologischer Wirkung beim Menschen.
Alkan Gesättigter, offenkettiger ↗ Kohlenwasserstoff (allgemeine Summenformel: C_nH_{2n+2}).
Alkanol (Alkohol) Organische Verbindung mit einer OH-Gruppe an einem Alkylrest.
Alken (Olefin) Ungesättigter, aliphatischer ↗ Kohlenwasserstoff, mit olefinischer C = C-Doppelbindung (allgemeine Summenformel: C_nH_{2n} für offenkettige Alkene).
Alkin Ungesättigter ↗ Kohlenwasserstoff mit einer C≡C-Dreifachbindung.
Alkohol ↗ Alkanol.
Alkoholyse Spaltung einer organischen Verbindung in kleinere Bausteine durch Reaktion mit einem Alkohol, vergleichbar mit der ↗ Hydrolyse.
Alkoxyalkan (Dialkylether) ↗ Ether.
Alkylhalogenid ↗ Halogenalkan.
Alkylrest Von einem Alkan durch Verlust eines H-Atoms abgeleiteter Rest (Beispiel: Methyl-).
allgemeines Gasgesetz Zustandsgleichung für ideale Gase: $pV = nRT$.
Amid Carbonsäurederivat, das an einem Carbonyl-C-Atom Stickstoff trägt (R–CO–NH–R).
Amin Basisch reagierende organische Verbindung, in der eine Aminogruppe an ein C-Atom gebunden ist.
α-Aminosäure (α-Aminocarbonsäure) Trägt am α-Atom eine ↗ Carboxyl- (– COOH) und eine Aminogruppe ($-NH_2$). Im engeren Sinne sind die proteinogenen Aminosäuren gemeint.
Aminosäure, essenziell Proteinogene ↗ Aminosäure, die nicht vom menschlichen Organismus hergestellt wird und daher mit der Nahrung aufgenommen werden muss.
Aminosäure, proteinogen Aminosäuren, die die Bausteine der Proteine sind. Beim Menschen sind 21 bekannt.
Ammoniak-Puffer Pufferlösung, die als ↗ Elektrolyte Ammoniak und Ammoniumchlorid enthält.
Ammonium-Ion Kation mit vierbindigem Stickstoff ($NH_4^{\oplus}$, $NR_4^{\oplus}$).
amorph Bezeichnung für Festkörper, deren Bausteine (Moleküle, Ionen, Atome) keine regelmäßige Anordnung wie in einem Kristall aufweisen.
amphiphil (amphipathisch) Bezeichnung für eine Verbindung mit ↗ hydrophilen und ↗ hydrophoben Eigenschaften, z. B. grenzflächenaktive Stoffe.
Ampholyt Verbindung, die sich in wässriger Lösung sowohl wie eine Säure als auch wie eine Base verhalten kann.
Anion Ein- oder mehrfach negativ geladenes Teilchen, das im elektrischen Feld zur ↗ Anode (Pluspol) wandert.
Anode Pluspol einer Gleichstromquelle. In Salzlösungen wandern die Anionen zur Anode und können dort oxidiert werden.

Anomere Bei ↗ Monosacchariden in der cyclischen Halbacetalform Bezeichnung für Stereoisomere, die sich in der ↗ Konfiguration am ehemaligen Carbonyl-C-Atom unterscheiden (α- und β-Anomer).
anomerer Effekt Bevorzugung der axialen Position von OH-Gruppen oder Glykosidrest am anomeren C-Atom einer Pyranose.
Antioxidans Als ↗ Radikalfänger wirkende Verbindung, die die ↗ Autoxidation leicht oxidierbarer Stoffe verlangsamt oder verhindert. Im Körper wird die unerwünschte Radikalbildung, die molekularer Sauerstoff verursacht, z. B. durch Vitamin C oder E verhindert.
Äquivalenzpunkt Endpunkt bei der ↗ Titration, die Menge des zugefügten ↗ Titrationsmittels ist der Menge der Substanz in der Testlösung äquivalent.
Aquakomplex Metallkomplex mit einer definierten Zahl an Wassermolekülen als Liganden.
Aromat (Aren) Cyclischer Kohlenwasserstoff mit (4n + 2) π-Elektronen im Ring (Beispiel: ↗ Benzol).
Arylrest Von einem aromatischen Kohlenwasserstoff durch Verlust eines H-Atoms abgeleiteter Rest (Beispiel: Phenylrest).
Atmungskette Folge von gekoppelten Redoxreaktionen im Energiestoffwechsel von Organismen. Im Verlauf wird Wasserstoff mit Sauerstoff zu Wasser oxidiert, die frei werdende Energie dient der Bildung von ATP.
Atom Kleinstes, elektrisch neutrales Teilchen eines chemischen Elementes, das mit chemischen Mitteln nicht weiter zerteilt werden kann.
Atombindung ↗ Kovalente Bindung.
Atomkern Positiv geladenes Zentrum der ↗ Atome, in dem nahezu die gesamte Masse eines Atoms konzentriert ist.
ATP Abk. für Adenosintriphosphat. Universelle energiereiche Verbindung in biologischen Systemen.
Autoxidation Radikalische Oxidation chemischer Verbindungen mit Luftsauerstoff unter Bildung von Peroxiden oder Hydroperoxiden, sie kann durch Zugabe von ↗ Antioxidanzien verhindert oder verzögert werden.
Autoprotolyse Eigendissoziation des Wassers, es dissoziiert in geringem Maße in ↗ Hydroxid- und ↗ Hydronium-Ionen durch Protonenübertragung.
Avogadro-Konstante Anzahl der Teilchen (Atome, Moleküle) in 1 ↗ Mol eines Stoffes, $N_A = 6{,}02214 \cdot 10^{23}$.
Barbiturate Cyclische Harnstoffderivate, die sich von der Barbitursäure ableiten, wirken sedativ und hypnotisch.
Base Protonenakzeptor (nach ↗ Brönsted).
Basenpaarung Ausbildung von ↗ Wasserstoffbrückenbindungen zwischen bestimmten Basen (Adenin und Thymin bzw. Cytosin und Guanin) komplementärer ↗ DNA-Stränge. Bei der ↗ RNA tritt Uracil an die Stelle von Thymin.
Benzol (Benzen) Aromatischer Kohlenwasserstoff (C_6H_6) mit sechs π-Elektronen in einem Sechsring.
Benzylrest Vom Toluol durch Verlust eines H-Atoms der Methylgruppe abgeleiteter Rest ($C_6H_5-CH_2-$).
Bilayer ↗ Lipid-Doppelschichtmembran.
Bildungskonstante Gleichgewichtskonstante *K* entsprechend dem ↗ Massenwirkungsgesetz bei der Bildung von ↗ Metallkomplexen.
Bindigkeit Zahl der von einem ↗ Atom ausgehenden ↗ kovalenten Bindungen.
π-Bindung Zu einer Einfachbindung (σ-Bindung) hinzukommende zweite oder dritte Bindung in ↗ Doppel- oder ↗ Dreifachbindungen.
σ-Bindung Einfachbindung; von zwei Elektronen eines σ-Molekül-Orbitals gebildete ↗ Atombindung.
Bindungsenergie Energie, die aufzuwenden ist, um eine ↗ kovalente Bindung zwischen zwei Atomen eines Moleküls zu spalten.
Bindungslänge Abstand zwischen zwei Atomkernen in einer chemischen Bindung.
Biopolymer Natürlich vorkommende Makromoleküle (z. B. ↗ Proteine, ↗ Nucleinsäuren, ↗ Polysaccharide), die bei Lebensvorgängen eine Rolle spielen.
Brom-Addition Anlagerung von Brom (Br_2) an eine C=C-Doppelbindung.
Brom-Substitution Ersatz eines H-Atoms eines Kohlenwasserstoffs durch ein Bromatom, z. B. bei der Bromierung eines ↗ Aromaten.
Brönsted-Definition Säuren sind Protonendonatoren, Basen Protonenakzeptoren.
Carbeniumion (Carbokation) Dreibindiges C-Atom, das eine positive Ladung trägt, da es ein Elektronensextett aufweist. Es reagiert als Elektrophil.
Carbonsäure Sauer reagierende organische Verbindung, mit einer typischen funktionellen Gruppe (R–COOH), die man als ↗ Carboxylgruppe bezeichnet.
Carbonsäureamid Carbonsäurederivat, das am Carbonyl-C-Atom Stickstoff anstelle der OH-Gruppe trägt.
Carbonsäureanhydrid Carbonsäurederivat, entsteht durch Wasserabspaltung aus zwei ↗ Carboxylgruppen.
Carbonsäurechlorid Carbonsäurederivat, in dem die OH-Gruppe einer Carboxylgruppe durch ein Chloratom ersetzt ist (R–COCl).
Carbonsäureester (Ester) Carbonsäurederivat, in dem die OH-Gruppe der Carboxylgruppe durch einen O-Alkyl- oder O-Aryl-Rest ersetzt ist. Entstehen aus Carbonsäuren und Alkoholen bzw. Phenolen unter Wasserabspaltung.
Carbonsäurethioester Carbonsäurederivat, in dem die OH-Gruppe der Carboxylgruppe durch einen S-Alkyl- oder S-Aryl-Rest ersetzt ist.
Carbonylgruppe ↗ Funktionelle Gruppe mit einer Kohlenstoff-Sauerstoff-Doppelbindung (C=O), typisch z. B. für ↗ Aldehyde, ↗ Ketone, ↗ Chinone, ↗ Carbonsäuren und ↗ Carbonsäurederivate.
Carboxylat Anion der Carboxylgruppe nach Abspaltung eines Protons ($R–COO^{\ominus}$).
Carboxylgruppe Funktionelle Gruppe der Carbonsäuren (R–COOH).
Catecholamine Sammelbezeichnung für biologisch aktive Amine mit einem Brenzkatechin-Rest (1,2-Dihydroxybenzol), z. B. ↗ Adrenalin.
Cellulose ↗ Polysaccharid aus β-(1,4)-verknüpften D-Glucose-Einheiten, ↗ Biopolymer pflanzlicher Zellwände.
CH-Acidität Abspaltungstendenz eines Protons aus einer C–H-Bindung, wird durch eine benachbarte Carbonylgruppe verstärkt.
Chelat-Effekt Beschreibt die höhere Stabilität von ↗ Chelatkomplexen im Vergleich zu Komplexen mit normalen ↗ Liganden bei gleichem ↗ Zentral-Ion. Ursache ist eine Entropiezunahme bei der Bildung eines Chelatkomplexes.
Chelatkomplex Metallkomplex mit mehrzähnigen ↗ Liganden, es entstehen Ringverbindungen.
Chelator Mehrzähniger ↗ Ligand.
chemische Gleichung (Reaktionsgleichung) Dient der Beschreibung einer chemischen Reaktion einschließlich ihrer ↗

Stöchiometrie unter Verwendung der chemischen Zeichensprache für die an der Reaktion beteiligten Verbindungen und Elemente; die Ausgangsstoffe stehen links, die Reaktionsprodukte rechts des Reaktionspfeils.

chiral Bezeichnung für ein Molekül, das durch keine Symmetrieoperation mit seinem Spiegelbild zur Deckung gebracht werden kann.

Chiralitätszentrum (↗ Stereozentrum) Atom mit vier verschiedenen Substituenten.

Cholesterin (Cholesterol) Bedeutendes ↗ Lipid aus der Substanzklasse der ↗ Steroide.

Chromatographie Sammelbezeichnung für Trennverfahren, die auf ↗ Adsorption an festen Trägern oder auf Verteilungsgleichgewichten zwischen Flüssigkeiten oder Flüssigkeiten und Gasen beruhen.

Chromophor Bezeichnung für die Teilstruktur eines Moleküls, das typische ↗ Absorptionsmaxima im ↗ UV/VIS-Spektrum zeigt, verleiht einem Stoff seine Farbigkeit.

***cis*-Addition** Die bei einer ↗ Additionsreaktion neu eintretenden Substituenten binden von derselben Seite an eine Doppelbindung.

***cis*-Isomer (Z-Isomer)** Bezeichnung für Konfigurationsisomere an der C = C-Doppelbindung. Die Substituenten höherer Priorität stehen auf derselben Seite der Doppelbindung.

cyclo Präfix, das anzeigt, dass die nachfolgend genannte Verbindung ringförmig ist (Bsp.: Cyclohexan).

Cycloalkan ↗ Alkan mit ringförmiger Molekülstruktur (allgemeine Summenformel C_nH_{2n}).

D/L-Nomenklatur Symbole zur Kennzeichnung von Stereoisomeren bei ↗ Aminosäuren und ↗ Zuckern.

Decarboxylierung Abspaltung von CO_2 aus ↗ Carbonsäuren.

Dehydratisierung Wasserabspaltung aus einem Molekül.

Dehydrierung Abspaltung von Wasserstoff (2 H) aus einem Molekül, entspricht einer ↗ Oxidation.

Denaturierung Zerstörung biochemischer Eigenschaften von Makromolekülen, z. B. durch Erhitzen, geht mit einer Konformationsänderung einher.

Destillation Verfahren, um Flüssigkeiten durch Verdampfen und anschließende ↗ Kondensation in einem anderen Gefäß zu reinigen oder um Flüssigkeiten in Abhängigkeit vom Siedepunkt zu trennen.

Dialyse Verfahren zur Abtrennung kleiner Moleküle aus Lösungen durch Diffusion an einer semipermeablen Membran in das reine Lösungsmittel; große Moleküle werden zurückgehalten. Verfahren zur Entgiftung des Blutes bei Nierenschäden.

Diastereomere ↗ Stereoisomere, die sich nicht wie Bild und Spiegelbild verhalten; besitzen unterschiedliche physikalische und chemische Eigenschaften.

Dien Organische Verbindung mit zwei olefinischen C = C-Doppelbindungen.

Diffusion, einfache (passive, freie Diffusion) Spontaner, irreversibler Vorgang des Konzentrationsausgleichs eines Stoffes, z. B. in Flüssigkeiten, durch die Eigenbewegung der Teilchen.

Dimerisierung Zusammenfügen zweier Moleküle der gleichen Art (Monomere) zu einer neuen Verbindung.

Dipolmolekül Molekül, in dem durch eine oder mehrere ↗ polarisierte Atombindungen der Schwerpunkt positiver und negativer ↗ Partialladung räumlich getrennt ist, so dass ein permanentes Dipolmoment entsteht (z. B. H_2O).

Disaccharid ↗ Kohlenhydrat aus zwei glykosidisch verknüpften ↗ Monosacchariden.

Dissoziation (von Salzen) Freisetzung von Ionen aus dem ↗ Ionengitter von Salzen beim Lösen in Wasser.

Dissoziation (von Säuren) Freisetzung von Protonen und Säureanionen aus Säuremolekülen beim Lösen in Wasser. Protonen geben mit Wasser ↗ Hydronium-Ionen.

Disulfid Organische Verbindung mit einer ↗ Disulfidbrücke.

Disulfidbrücke In organischen Verbindungen anzutreffende –S–S-Bindung, die sich bei der Dehydrierung von Thiolen bildet. In ↗ Polypeptiden und ↗ Proteinen dient sie der Stabilisierung einer Raumstruktur.

DNA Abkürzung für Desoxyribonucleinsäure (deoxyribonucleic acid), ↗ Polynucleotid mit 2-Desoxy-D-ribose als Zuckerbaustein. Träger der Erbinformation.

Donnan-Gleichgewicht Lösungsgleichgewicht an einer ↗ semipermeablen Membran, das zum Aufbau eines ↗ osmotischen Drucks oder ↗ Membranpotenzials führt, z. B. wenn sich auf der einen Seite der Membran Protein-Anionen und auf der anderen Seite eine Salzlösung befindet und durch ↗ Diffusion ein Konzentrationsausgleich erfolgt.

Donnan-Potenzial ↗ Membranpotenzial.

Doppelbindung Ungesättigte chemische Bindung zwischen zwei benachbarten Atomen (z. B. C=C oder C=O), bestehend aus einer ↗ σ- und einer ↗ π-Bindung.

Doppelhelix Spiralförmige ↗ Konformation von zwei antiparallelen, gewendelten ↗ DNA-Strängen.

Dreifachbindung Ungesättigte chemische Bindung zwischen zwei benachbarten Atomen (z. B. C≡C oder C≡N), bestehend aus einer ↗ σ- und zwei ↗ π-Bindungen.

Edelgaskonfiguration Elektronenkonfiguration von Ionen oder Elementen mit vollständig aufgefüllter äußerer Schale (Valenzschale), ist energetisch begünstigt.

EDTA Ethylendiamintetraessigsäure, sechszähniger Ligand (↗ Chelator) z. B. für $Ca^{2\oplus}$.

Edukt Ausgangsverbindung bei einer chemischen Reaktion.

Einfachbindung Kovalente Bindung auf der Basis eines Elektronenpaares.

Einstabmesskette Die im Potenzial variable Messelektrode wird (aus praktischen Gründen) mit der Bezugselektrode in einem Glaskörper vereinigt.

***E*-Isomer** ↗ *trans*-Isomer

Elektronenaffinität Energie, die frei wird, wenn ein Atom oder Molekül ein Elektron aufnimmt und zum Anion wird.

elektrochemische Zelle (galvanisches Element) Eine Anordnung von ↗ Elektroden und geeigneten ↗ Elektrolytlösungen zur Gewinnung elektrischer Energie aus Redoxprozessen.

Elektrode Leitender, meist metallischer Festkörper, an dem der Übergang von Elektronen in einen oder aus einem ↗ Elektrolyten erfolgt.

Elektrodenpotenzial Elektrisches Potenzial eines Metalls oder eines elektronenleitenden Festkörpers in einer geeigneten ↗ Elektrolytlösung, wird gegen eine Bezugselektrode gemessen.

Elektrolyse Die Zerlegung von chemischen Verbindungen durch Gleichstrom, es kommt zur anodischen ↗ Oxidation und zur kathodischen ↗ Reduktion.

Elektrolyt Stoff, dessen wässrige Lösung den Strom durch Ionenwanderung leitet. Voraussetzung ist, dass der Stoff in Wasser dissoziiert bzw. Ionen aus einem Ionengitter freisetzt.

elektromagnetisches Spektrum Das über alle Wellenlängen bzw. Frequenzen reichende Spektrum elektromagnetischer Strahlung (Wellenstrahlung).

elektromotorische Kraft (EMK) Bezeichnung für die zwischen den ↗ Elektroden einer ↗ elektrochemischen Zelle herrschende Spannung.

Elektron Negativ geladenes Elementarteilchen, Baustein der ↗ Elektronenhülle der Atome, wird bei Redoxreaktionen übertragen.

Elektronegativität Dimensionslose Größe, charakterisiert die Fähigkeit eines Atoms in einem Molekül, Elektronen anzuziehen. Sie erklärt die Polarität einer ↗ Atombindung bzw. die Tendenz zur Ionenbildung.

Elektronenhülle Umgibt den Atomkern; enthält ↗ Elektronen, die gesetzmäßig angeordnet sind (Schalen, Orbitale).

Elektronenkonfiguration Zuordnung der ↗ Elektronen eines Atoms zu seinen ↗ Quantenzahlen unter Einhaltung des ↗ Pauli-Prinzips.

Elektronenschalen Gruppe von ↗ Orbitalen eines Atoms mit gleicher Hauptquantenzahl (z. B. K-, L-, M-Schale).

Elektrophil Teilchen oder Gruppe mit Elektronenlücke, benötigt ein Elektronenpaar eines ↗ Nucleophils zur Herstellung einer ↗ kovalenten Bindung.

Elektrophorese Methode zur Trennung von Substanzgemischen aufgrund unterschiedlicher Wanderungsgeschwindigkeiten von geladenen Molekülen im elektrischen Feld.

Elektrosmog Elektromagnetische Felder, die z. B. von Stromleitungen, Mobilfunkmasten oder Handys in die Umgebung wirken.

Element, chemisches Stoff, der nur aus Atomen mit gleicher ↗ Kernladungszahl (Ordnungszahl) besteht.

Eliminierung Abspaltung benachbarter ↗ Substituenten aus einem Molekül unter Ausbildung einer ↗ Doppelbindung.

Emulsion Bezeichnung für ein ↗ heterogenes System aus zwei oder mehr nicht miteinander mischbaren Flüssigkeiten, die fein miteinander verteilt sind.

Enantiomere (Antipoden) ↗ Stereoisomere mit mindestens einem ↗ Chiralitätszentrum, die sich zueinander wie Bild und Spiegelbild verhalten, also entgegengesetzte ↗ Konfiguration aufweisen.

endergon Bezeichnung für eine Reaktion, die für ihren Ablauf Energie von außen aufnehmen muss, also nicht freiwillig abläuft ($\Delta G > 0$).

endotherm Bezeichnung für eine chemische Reaktion, die unter Aufnahme von Wärme aus der Umgebung abläuft ($\Delta H > 0$).

Entropie *(S)* Thermodynamische Zustandsgröße. Ein Maß für die Unordnung eines Systems.

Enzym Biokatalysator, der eine chemische Reaktion durch Absenkung der ↗ Aktivierungsenergie ermöglicht.

Epimere ↗ Diastereomere, die an einem von zwei oder mehr ↗ Chiralitätszentren entgegengesetzte ↗ Konfiguration aufweisen.

Erhaltung der Ladung Bei chemischen Reaktionen ist die Summe der Ladungen der Edukte gleich der Summe der Ladungen der Produkte.

Erhaltung der Masse Bei chemischen Reaktionen ist die Summe der Massen der Edukte gleich der Summe der Massen der Produkte.

Esterbildung (Veresterung) Säurekatalysierte Reaktion zwischen Carbonsäure und Alkohol unter Wasserabspaltung.

Esterverseifung Spaltung eines ↗ Esters mit Wasser (säurekatalysiert) oder mit $OH^{\ominus}$ unter Freisetzung von ↗ Carbonsäure (bzw. Carboxylat) und ↗ Alkohol.

Ether (Alkoxyalkane) Organische Verbindung mit Sauerstoffbrücke zwischen zwei Alkyl- oder Arylresten (R–O–R).

exergon Bezeichnung für eine Reaktion, die Energie nach außen abgibt, also freiwillig abläuft ($\Delta G < 0$).

exotherm Bezeichnung für eine chemische Reaktion, die unter Abgabe von Wärme an die Umgebung abläuft ($\Delta H < 0$).

Fällungs-Reaktion Abscheidung eines gelösten Stoffes als Feststoff durch Zusatz geeigneter Substanzen, z. B. Bildung schwerlöslicher Salze durch Zugabe geeigneter Ionen.

FCKW Abk. für Fluorchlorkohlenwasserstoff. Ozonkiller in der Stratosphäre.

Fehling-Lösung Tiefblaue alkalische Lösung, die den $Cu^{2\oplus}$-Tartrat-Komplex enthält und beim Erwärmen mit ↗ Aldehyden oder reduzierenden Zuckern einen roten Niederschlag von Kupfer(I)-oxid gibt.

Fettsäure, essenziell Mehrfach ungesättigte Fettsäure, die der Mensch mit der Nahrung aufnehmen muss.

Fettsäure, gesättigt Langkettige, aliphatische ↗ Carbonsäure, deren Alkyl-Kette keine C=C-Doppelbindungen enthält.

Fettsäure, ungesättigt Langkettige, aliphatische ↗ Carbonsäure, mit einer oder mehreren C=C-Doppelbindungen in der Kette.

Fließgleichgewicht (stationärer Zustand, steady state) Bezeichnet den Zustand offener Systeme, in dem durch ständigen Stoff- und Energieaustausch mit der Umgebung die Konzentration bestimmter Intermediate einer Reaktionsfolge konstant gehalten wird.

freies Elektronenpaar ↗ Valenzelektronenpaar, das nicht an einer ↗ kovalenten Bindung beteiligt ist.

funktionelle Gruppe Bezeichnung für die Anordnung bestimmter Atome zu einer Gruppe, die sich durch ein typisches Reaktionsverhalten auszeichnet (z. B. $-NH_2$, –COOH, –CHO).

Furanose ↗ Monosaccharid, das als cyclisches Halbacetal vorliegt und dabei einen fünfgliedrigen Ring mit einem Sauerstoffatom ausbildet.

galvanisches Element ↗ elektrochemische Zelle.

Gefriertrocknung Verfahren zur schonenden Entfernung von Wasser aus einer Lösung. Wasser in gefrorenem Zustand ↗ sublimiert bei niedrigem Druck (< 10 Pa).

gekoppelte Reaktionen Chemische Reaktion, die durch eine gleichzeitig ablaufende zweite Reaktion ausgelöst wird, z. B. weil die zweite Reaktion die Energie für die erste liefert.

gemeinsames Elektronenpaar Elektronenpaar, das eine ↗ kovalente Bindung zwischen zwei Atomen vermittelt (bindendes Elektronenpaar).

geometrische Isomere Isomerie an einer C=C-Doppelbindung (*cis/trans*- oder *Z/E*-Isomere).

gesättigte Lösung Lösung, die bei gegebener Temperatur die maximale Menge an gelöster Substanz enthält.

geschlossenes System Bezeichnung für ein Reaktionssystem, bei dem ein Energieaustausch, aber kein Stoffaustausch mit der Umgebung stattfindet.

geschwindigkeitsbestimmender Schritt Der langsamste Schritt bei einer mehrstufigen Reaktion.

Geschwindigkeitsgesetz Mathematischer Ausdruck, der die Reaktionsgeschwindigkeit v mit der Konzentration der Edukte in Beziehung setzt.

Geschwindigkeitskonstante Proportionalitätsfaktor k in einem Geschwindigkeitsgesetz, hat für jede Reaktion einen charakteristischen Wert.

gewinkeltes Molekül Die ↗ kovalenten Bindungen eines Moleküls bilden einen Winkel, der die Form des Moleküls widerspiegelt (z. B. H_2O, NH_3).

Gibbs-Energie (ΔG in kJ/mol) Maß für die Triebkraft einer Reaktion (↗ exergon, ↗ endergon). Wird auch als „Gibb's freie Reaktionsenthalpie" oder „Gibb's freie Energie" bezeichnet.

Gibbs-Energie der Hydrolyse ($\Delta G^{0'}$ in kJ/mol) Energie, die unter physiologischen Bedingungen (pH = 7) bei der Reaktion einer Verbindung (z. B. ↗ ATP) mit Wasser freigesetzt werden kann.

Gibbs-Helmholtz-Gleichung Verknüpft bei chemischen Reaktionen unter konstantem Druck ↗ Gibbs-Energie ΔG mit der ↗ Reaktionsenthalpie ΔH und der ↗ Reaktionsentropie ΔS ($\Delta G = \Delta H - T\Delta S$).

Gitterenergie Energiebetrag, der aufgewandt werden muss, um ein ↗ Kristallgitter in seine Bausteine zu zerlegen.

Glaselektrode Bezeichnung für eine Messanordnung zur Messung von pH-Werten, es wird das pH-abhängige Potenzial einer Glasmembran gegenüber einer Bezugselektrode bestimmt.

Gleichgewichtskonstante (*K*) Dimensionslose Zahl, die die Lage eines chemischen Gleichgewichtes beschreibt (s. Massenwirkungsgesetz).

Glycerin (Glycerol) Dreiwertiger Alkohol, 1,2,3-Propantriol, Baustein von Triacylglycerinen.

Glycin (Aminoessigsäure) Einfachste ↗ Aminosäure, besitzt kein ↗ Chiralitätszentrum.

Glykogen Verzweigtes Polysaccharid aus D-Glucose-Bausteinen in α-glykosidischer Bindung. Reservekohlenhydrat in Leber und Muskeln.

Glykosaminoglykane Unverzweigte Polysaccharide aus Uronsäure- und Hexosamin-Bausteinen (z. B. Heparin).

Glykosid Bezeichnung für eine Verbindung, in der ein ↗ Monosaccharid am anomeren C-Atom mit einem Alkohol oder Phenol (↗-Aglykon) verbunden ist. Der Alkohol kann auch ein zweites Monosaccharid sein.

glykosidische Bindung Bindung zwischen einem ↗ Monosaccharid und einem Alkohol oder Phenol, die unter Wasserabspaltung entsteht und das anomere C-Atom über ein Sauerstoffatom (*O*-glykosidisch) mit dem Rest verbindet.

Halbacetal Organische Verbindung, die einen O-Alkyl-Rest und eine OH-Gruppe an einem C-Atom trägt, leitet sich von ↗ Aldehyden oder ↗ Ketonen ab.

Halbwertszeit Zeitspanne, in der die Hälfte eines Eduktes reagiert hat.

Halbzelle Eine in einen geeigneten ↗ Elektrolyten eintauchende ↗ Elektrode, die erst in Verbindung mit einer zweiten Halbzelle zu einer ↗ elektrochemischen Zelle wird.

Halogenalkan (Alkylhalogenid) Alkan, in dem ein oder mehrere H-Atome durch Halogenatome substituiert sind.

Halogenierung, radikalisch Reaktion von ↗ Alkanen mit Chlor oder Brom, die als ↗ Radikale angreifen, zu entsprechenden ↗ Halogenalkanen.

Harnstoff Diamid der Kohlensäure, entsteht im Harnstoffzyklus.

Hauptgruppen Gruppen von Elementen, deren Atome nur komplette oder leere *d*-Orbitale aufweisen. Stehen im Periodensystem senkrecht untereinander (Bezifferung im ↗ Periodensystem: 1, 2, 13–18).

Henry-Dalton-Gesetz Mathematische Beschreibung der Löslichkeit von Gasen in einer Flüssigkeit. Die Löslichkeit ist bei gegebener Temperatur proportional dem Partialdruck des betrachteten Gases.

Heteroatom In organischen Verbindungen Atome, die nicht C oder H sind (z. B. O, N, S).

Heterocyclus Aliphatische oder aromatische Ringverbindung, die ein ↗ Heteroatom im Ring enthält.

heterogenes Gleichgewicht Gleichgewicht, bei dem Komponenten in zwei oder mehr ↗ Phasen vorliegen.

Heteroglykan ↗ Polysaccharid, das aus verschiedenen ↗ Monosacchariden aufgebaut ist (z. B. Heparin, Murein).

Hexose ↗ Monosaccharid mit sechs C-Atomen.

homogenes Gleichgewicht Bezeichnung für Gleichgewichte, die sich innerhalb einer ↗ Phase einstellen.

homogenes System System, das nur aus einer ↗ Phase besteht.

Homoglykan ↗ Polysaccharid, das aus einer Sorte ↗ Monosaccharide aufgebaut ist (z. B. Stärke, Chitin).

homologe Reihe Bezeichnung für Reihen ähnlicher organischer Verbindungen, die sich von einer zur nächsten Verbindung durch eine CH_2-Gruppe unterscheiden.

Hückel-Regel Delokalisierte π-Bindungs-Systeme mit $(4n + 2)$ π-Elektronen in maximal ungesättigten cyclischen Kohlenwasserstoffen ($n = 0, 1, 2, 3 \ldots$). Verbindungen, die der Hückel-Regel folgen, werden als ↗ aromatisch bezeichnet (Bsp.: ↗ Benzol).

Hybridisierung Quantenmechanisch begründete Verschmelzung von Atom-Orbitalen derselben Hauptquantenzahl zu Hybrid-Molekül-Orbitalen (z. B. sp^3 beim Kohlenstoffatom).

Hydratation Die unter Bildung einer Hydrathülle erfolgende Anlagerung von Wassermolekülen an ein ↗ Ion oder ↗ Molekül.

Hydratationsenthalpie Bei der ↗ Hydratation von ↗ Ionen oder ↗ Molekülen frei werdender Energiebetrag.

Hydratisierung Addition von Wasser an eine ↗ Doppel- oder ↗ Dreifachbindung. Bezeichnet in wässriger Lösung auch die Anlagerung von Wasser an Ionen (Ausbildung einer Hydrathülle).

Hydrid-Ion Entsteht, wenn das Wasserstoffatom ein Elektron aufnimmt ($H^{\ominus}$-Ion). Geht unter Abgabe von zwei Elektronen in $H^{\oplus}$ über. Spielt bei Redoxprozessen eine Rolle.

Hydrierung Addition von Wasserstoff (2 H) an eine ↗ Doppel- oder ↗ Dreifachbindung, entspricht einer ↗ Reduktion.

Hydrochlorid Ionische Verbindung, die aus einem ↗ Amin mit Salzsäure entsteht ($R{-}NH_3^{\oplus}Cl^{\ominus}$).

Hydrolyse Spaltung von Verbindungen in kleinere Bausteine durch eine Reaktion mit Wasser.

Hydronium-Ion Bezeichnung für das $H_3O^{\oplus}$-Ion.

hydrophil Eigenschaft von Stoffen, die eine besondere Affinität zum Wasser haben. Hydrophile Stoffe sind ↗ lipophob.

hydrophob Eigenschaft von Stoffen, die sich von Wasser nicht benetzen lassen. Hydrophobe Stoffe sind ↗ lipophil.

Hydroxid-Ion Bezeichnung für das $OH^{\ominus}$-Ion.

Hydroxycarbonsäure ↗ Carbonsäure mit zusätzlicher OH-Gruppe im Rest (z. B. Milchsäure).

Hydroxygruppe OH-Gruppe in organischen oder anorganischen Verbindungen.

hypertonisch Bezeichnung für eine Lösung, deren ↗ osmotischer Druck höher ist als der einer Vergleichslösung.

Hyperkonjugation Delokalisierung eines bindenden Elektronenpaars von einem sp^3-C-Atom (z. B. einer Methylgruppe) mit einem unvollständig besetzten *p*-Orbital eines benachbarten sp^2-C-Atoms. So können ↗ Carbenium-Ionen oder ↗ Radikale stabilisiert werden.

hypotonisch Bezeichnung für eine Lösung, deren ↗ osmotischer Druck niedriger ist als der einer Vergleichslösung.

ideales Gas Gas, für das ein hypothetischer Idealzustand angenommen wird, d. h., die Atome oder Moleküle haben kein Eigenvolumen und üben keine Wechselwirkungen aufeinander aus.
Imin Bezeichnung für eine Verbindung mit einer C=N-Doppelbindung.
Indikator Substanz, die bei einer Titration durch einen Farbumschlag den ↗ Äquivalenzpunkt anzeigt.
induktiver Effekt (+I oder –I) Bezeichnung für die von einem Substituenten induzierte Ladungsverschiebung, die die Reaktivität organischer Moleküle verändert.
Intermediat Kurzlebiges, aber prinzipiell nachweisbares Zwischenprodukt chemischer und biochemischer Reaktionen.
Ionenbindung Ungerichtete Bindung zwischen den Ionen eines ↗ Salzes durch elektrostatische Anziehungskräfte im ↗ Kristallgitter.
Ionengitter Dreidimensionale Struktur in Salzkristallen.
Ionenradius Radius eines als starre Kugel betrachteten Ions im ↗ Kristallgitter von Salzen.
Ionenwanderung Salzlösungen leiten den elektrischen Strom, weil es in der Lösung im elektrischen Feld zur Ionenwanderung kommt (Anionen zur ↗ Anode, Kationen zur ↗ Kathode).
Ionisierungsenergie Energie, die aufzuwenden ist, um aus einem Atom oder Molekül ein Elektron herauszulösen.
IR-Spektroskopie Beobachtung der Absorption von gelösten Molekülen im Spektralbereich des infraroten Lichts (2500 – 20 000 nm entsprechend 4000 – 500 cm^{-1}) zur Identifizierung funktioneller Gruppen.
isoelektrischer Punkt Substanzspezifischer pH-Wert, bei dem ein gelöster ↗ Ampholyt (z. B. eine ↗ Aminosäure) keine Nettoladung zeigt und dementsprechend im elektrischen Feld nicht wandert.
Isomere Verbindungen mit gleicher ↗ Summenformel, aber unterschiedlicher ↗ Konstitution, ↗ Konfiguration oder ↗ Konformation.
isotonisch Bezeichnung für Lösungen, die den gleichen ↗ osmotischen Druck aufweisen.
Isotope Atome eines Elementes, die sich in der Massenzahl unterscheiden, weil die Anzahl der ↗ Neutronen im Atomkern unterschiedlich ist.
Katalysator Stoffe, die eine ↗ Katalyse bewirken (z. B. Enzyme). Sie beschleunigen eine chemische Reaktion durch Absenkung der ↗ Aktivierungsenergie, ohne sich dabei zu verändern.
Katalyse Beschleunigung einer langsam verlaufenden chemischen Reaktion durch die Gegenwart eines fremden Stoffes, der sich bei der Reaktion nicht verändert.
Kathode Minuspol einer Stromquelle. In Salzlösungen wandern die ↗ Kationen zur Kathode und können dort reduziert werden.
Kation Ein- oder mehrfach positiv geladenes Teilchen, das im elektrischen Feld zur ↗ Kathode (Minuspol) wandert.
Keilstrich-Formel Chemische Zeichensprache, die die räumliche Anordnung von Atomen oder Gruppen an einem ↗ Chiralitätszentrum sichtbar macht.
Kernladungszahl Ergibt sich aus der Zahl der ↗ Protonen im ↗ Atomkern, entspricht der ↗ Ordnungszahl eines Elementes.
Ketocarbonsäure ↗ Carbonsäure, die zusätzlich eine Ketogruppe aufweist (Beispiel: Brenztraubensäure).
Keto-Enol-Tautomerie Säure-Base-katalysiertes Gleichgewicht von Enol- und Ketoform in Verbindungen mit Carbonylgruppe und benachbarter Methylengruppe ($-CO-CH_2- \rightleftharpoons -C(OH)=CH-$; Beispiel: Acetessigsäure).
Keton Bezeichnung für Verbindungen der allgemeinen Formel R^1-CO-R^2, enthält eine ↗ Carbonylgruppe.
Ketose ↗ Monosaccharid mit einer Ketogruppe in der Kette (Beispiel: Fructose).
Kettenreaktion Folge sich wiederholender Reaktionen, bei denen ständig Kettenträger (z. B. ↗ Radikale) erzeugt werden (Beispiel: ↗ Verbrennung).
Knallgas Explosionsfähiges Gasgemisch aus zwei Teilen Wasserstoff (H_2) und einem Teil Sauerstoff (O_2).
Kinetik Betrachtung chemischer Reaktionen unter dem Gesichtspunkt der Reaktionsgeschwindigkeit und Reaktionsordnung.
kinetische Kontrolle Liegt vor, wenn bei einer Reaktion, die zu mehreren Produkten führen kann, vorwiegend dasjenige Produkt entsteht, das am schnellsten gebildet wird.
Kohlenhydrat Sammelbezeichnung für in der Natur weit verbreitete Verbindungen mit der Summenformel $C_n(H_2O)_n$, dazu gehören u. a. ↗ Monosaccharide wie Glucose oder ↗ Polysaccharide wie Stärke.
Kohlensäure-Puffer Pufferlösung, die als ↗ Elektrolyte Kohlensäure und Natriumhydrogencarbonat enthält. Erstere steht mit Kohlendioxid im Gleichgewicht (offenes Puffersystem).
Kohlenwasserstoff Verbindung, die nur aus Kohlenstoff und Wasserstoff besteht.
kolloidale Lösung Lösung, in der feste Teilchen (meist Makromoleküle) mit einem Durchmesser von 3 – 200 nm fein verteilt sind. In den Eigenschaften gibt es Unterschiede zur echten Lösung.
Komplex-Stabilität Maß für die thermodynamische Stabilität von ↗ Metallkomplexen, drückt sich in der ↗ Bildungs- bzw. ↗ Zerfallskonstanten aus. Die kinetische Stabilität von Metallkomplexen ist bestimmt durch die Austauschgeschwindigkeit der Liganden in ↗ Liganden-Austauschreaktionen.
Kondensation 1) Chemische Reaktion, bei der sich zwei Moleküle unter Abspaltung von Wasser miteinander verbinden.
2) Übergang eines Stoffsystems vom gasförmigen in den flüssigen ↗ Aggregatzustand.
kondensieren Übergang eines Stoffes vom gasförmigen in den flüssigen Zustand.
Konfiguration Dreidimensionale Struktur einer chiralen Verbindung, beschreibt auch die räumliche Anordnung der verschiedenen Substituenten an einem ↗ Chiralitätszentrum.
Konfigurationsisomere Verbindungen mit gleicher ↗ Summenformel und Konstitutionsformel, aber unterschiedlicher räumlicher Anordnung der Atome. Lassen sich mit chemischen, physikalischen und biologischen Methoden unterscheiden.
Konformation Bezeichnung für verschiedene Raumstrukturen eines Moleküls, die durch Drehbarkeit um Einfachbindung entstehen können (Beispiel: Sessel- und Wannenform beim Cyclohexan).
Konformere Bezeichnung für nicht isolierbare ↗ Stereoisomere, die sich in ihrer ↗ Konformation unterscheiden.
konjugierte Doppelbindungen Mehrere ↗ Doppelbindungen in ungesättigten Verbindungen, die nur durch eine Einfachbindung voneinander getrennt sind. In allen anderen Fällen spricht man von isolierten oder kumulierten Doppelbindungen.
konjugiertes Säure-Base-Paar Begriff aus der Definition nach ↗ Brönsted. Bezeichnung eines Paares aus einer Säure

und der zugehörigen (konjugierten) Base (z. B. $HCl/Cl^{\ominus}$, $H_3O^{\oplus}/H_2O$) oder einer Base und der zugehörigen Säure (z. B. $NH_3/NH_4^{\oplus}$, $OH^{\ominus}/H_2O$).

Konservierungsmittel Gruppe chemisch unterschiedlicher Verbindungen, die Nahrungsmittel haltbar machen.

Konstitution Der mit Hilfe der chemischen Zeichensprache darstellbare Aufbau eines Moleküls aus Atomen. Es entstehen Konstitutionsformeln.

Konstitutionsisomere Verbindungen, die dieselbe Summenformel, aber eine unterschiedliche Anordnung der Atome aufweisen, erkennbar an unterschiedlichen Bindungsverhältnissen.

Koordinationszahl Zahl, die angibt, wie viele ↗ Liganden sich um das ↗ Zentral-Ion in einem definierten ↗ Metallkomplex anordnen lassen.

koordinative Bindung Chemische Bindung mit elektrostatischen und kovalenten Anteilen zwischen einem ↗ Liganden mit einsamem Elektronenpaar (Donator, Lewis-Base) und einem Zentral-Ion mit Elektronenlücke (Akzeptor, Lewis-Säure).

kovalente Bindung Zusammenhalt von Atomen durch die Bildung gemeinsamer Elektronenpaare. Synonyma: Atombindung, Elektronenpaarbindung.

Kristallgitter Sich wiederholendes dreidimensionales Muster, nach dem die Bausteine (Moleküle, Ionen, Atome) in einem kristallinen Feststoff angeordnet sind.

kristallin Bezeichnung für Festkörper, die ein ↗ Kristallgitter bilden.

Kristallisation Bildung von Kristallen in Lösungen oder Schmelzen, ausgehend von Kristallkeimen.

Kronenether Cyclische ↗ Ether mit mehreren Ethergruppen, komplexieren z. B. Alkali-Ionen.

Lactam Cyclisches ↗ Amid, das entsteht, wenn Carboxyl- und NH_2-Gruppe desselben Moleküls unter Wasseraustritt reagieren.

Lacton Cyclischer ↗ Ester, der entsteht, wenn Carboxyl- und alkoholische OH-Gruppe desselben Moleküls und unter Wasseraustritt reagieren.

Lambert-Beer-Gesetz Beschreibt die Abnahme der Lichtintensität eines Lichtstrahls beim Durchqueren einer Probe in Abhängigkeit von der Schichtdicke und der Konzentration des absorbierenden Stoffes.

Legierung Sammelbezeichnung für kristalline Gemische aus zwei und mehr Metallen oder aus Metallen und Nichtmetallen. Besitzen andere Eigenschaften als die Einzelkomponenten.

Ligand Anion oder Molekül mit einem ↗ freien Elektronenpaar, mit dem es sich an ein ↗ Zentral-Ion bindet.

Liganden-Austauschreaktion Reaktion an ↗ Metallkomplexen durch Austausch eines ↗ Liganden durch einen anderen.

Lipid-Doppelschichtmembran (Bilayer) Typischer Aufbau biologischer Membranen in wässrigem Milieu aus ↗ amphiphilen Lipidmolekülen.

Lipide Sammelbezeichnung für Biomoleküle, die ↗ hydrophob sind (Beispiel: Triacylglycerine).

lipophil Eigenschaft von Stoffen, die sich in Fetten, Ölen oder apolaren Lösungsmitteln lösen. Lipophile Stoffe sind ↗ hydrophob.

lipophob Eigenschaft von Stoffen, die sich bevorzugt in hydrophilen Lösungsmitteln lösen.

Löslichkeit Menge eines Stoffes, die sich in einer bestimmten Menge Lösungsmittel bei gegebener Temperatur lösen lässt. Angabe z. B. in g/mL.

Löslichkeitsprodukt Aus dem ↗ Massenwirkungsgesetz abgeleitet, wird durch das Produkt der Konzentrationen der Ionen in einer ↗ gesättigten Salzlösung beschrieben.

Lösungsenthalpie Die beim Lösen eines Stoffes in einem Lösungsmittel freigesetzte oder verbrauchte Energie.

Massenspektrometrie Bestimmung der relativen Molekülmasse organischer Verbindungen nach deren Ionisation in der Gasphase und Auftrennung der gebildeten Ionen in elektromagnetischen Feldern nach Masse und Ladung.

Massenwirkungsgesetz (MWG) Gilt für ein im chemischen Gleichgewicht befindliches homogenes Reaktionssystem. Das Produkt der ↗ Stoffmengenkonzentration der Produkte dividiert durch das Produkt der Stoffmengenkonzentration der Edukte ist bei gegebener Temperatur und gegebenem Druck konstant (Gleichgewichtskonstante K).

mehrprotonige Säure Säure, die mehr als ein Proton abgeben kann.

mehrzähniger Ligand (Chelator) Ligand mit zwei oder mehr Donatoratomen, die Ligandenplätze am Zentral-Ion besetzen.

Membranpotenzial (Donnan-Potenzial) Elektrisches Potenzial an einer semipermeablen Membran, die für Wasser und kleine Ionen, nicht aber für Ionen der Proteine durchlässig ist. Der unterschiedliche ↗ osmotische Druck der Lösungen links und rechts der Membran bewirkt den Aufbau des Potenzials.

Mercaptan ↗ Thiol.

***meso*-Form** ↗ Diastereomer einer chiralen organischen Verbindung, die eine molekulare Symmetrie aufweist und deswegen optisch inaktiv ist (z. B. *meso*-Weinsäure).

Mesomerie (Resonanz) Begriff für die Erscheinung, dass sich Verbindungen mit Doppelbindungen oder Aromaten in einem energiearmen Zustand befinden, der sich nicht durch eine einzige Formel beschreiben lässt. Verschiedene sog. Grenzstrukturen beschreiben das Resonanzhybrid, es ist um die sog. Mesomerieenergie energieärmer als die Grenzstrukturen für sich.

Metall Elemente mit ↗ metallischer Bindung, erkennbar u. a. an Metallglanz, guter elektrischer Leitfähigkeit, Wärmeleitfähigkeit.

metallische Bindung Bindung zwischen Metallatomen im Metallgitter, bewirkt durch die delokalisierten Valenzelektronen („Elektronengas"), die sich relativ frei zwischen den positiv geladenen Atomrümpfen bewegen können.

Metallkomplex Chemische Verbindung, in der ein Metall-Kation (↗ Zentral-Ion) mit Molekülen oder Anionen (↗ Liganden) verknüpft ist.

Michaelis-Menten-Gleichung Beschreibt kinetische Eigenschaften eines Enzyms, wobei die Bildung des Enzym-Substrat-Komplexes und die Geschwindigkeit der Produktbildung eine Rolle spielen.

Mizelle Kugel-, scheiben- oder stabförmige Zusammenlagerung von Molekülen mit ↗ amphiphilen Eigenschaften in Wasser, Assoziationskolloid.

Modifikationen Unterschiedlich kristallisierende Zustandsformen mit unterschiedlichen Kristallstrukturen von Elementen oder Verbindungen. Modifikationen unterscheiden sich in ihren physikalischen Eigenschaften, nicht in den chemischen.

Mol Basiseinheit der Stoffmenge n; die Stoffmenge 1 mol eines Elementes/einer Verbindung enthält genauso viele Teilchen, wie Atome in 12 g Kohlenstoff (Nuclid $^{12}_{6}C$) enthalten sind.

Molarität ↗ Stoffmengenkonzentration.

Molekül Aus zwei oder mehr gleichartigen oder aus verschiedenen Atomen zusammengesetztes kleinstes Teilchen einer Substanz.
Molekülmasse Ergibt sich aus der Summe der Massen der in einem Molekül enthaltenen Atome (Einheit: $g \cdot mol^{-1}$ oder Da). Die relative Molekülmasse (M_r) ist dimensionslos.
Molekül-Orbital (MO) Wellenfunktion zur Beschreibung der Elektronen eines Moleküls. Ergibt sich durch Überlappen der Atom-Orbitale (AO) aller Atome eines Moleküls.
Molvolumen Volumen, das 1 Mol eines Gases bei 0 °C und 1013 hPa einnimmt, es beträgt für ein ideales Gas 22,414 L.
Monosaccharid ↗ Kohlenhydrat aus einem Zuckerbaustein (Beispiel: D-Glucose).
Mykotoxine Von Pilzen produzierte giftige Substanzen, die Nahrungsmittel und Tierfutter belasten können.
NADH Reduziertes Nicotinamid-adenin-dinucleotid, Reduktionsmittel im Stoffwechsel, überträgt Hydrid-Ionen auf die zu reduzierende Substanz.
Nebengruppen Enthalten die sog. ↗ Übergangsmetalle. Gruppen von Elementen, deren Atome eine inkomplette *d*-Schale aufweisen (Bezifferung im ↗ Periodensystem: 3 – 12).
Nernst-Gleichung Gleichung zur Berechnung des Elektrodenpotenzials einer elektrochemischen Halbzelle, die nicht den Standardbedingungen entspricht, insbesondere wenn die Elektrolytkonzentrationen von 1 mol/L abweichen.
Nernst-Verteilungsgesetz Mathematischer Ausdruck für die Verteilung eines Stoffes zwischen zwei nicht mischbaren ↗ Phasen.
Neutralisation Bezeichnung für die in wässriger Lösung vorgenommene Umsetzung gleicher Stoffmengen Säure und Base zu den Produkten Salz und Wasser. Die Neutralisation ist am ↗ Äquivalenzpunkt erreicht.
Neutralisationsenthalpie Bei der ↗ Neutralisation freigesetzter Energiebetrag.
Neutralpunkt Bei einer Säure-Base-Titration derjenige Punkt, bei dem die Testlösung pH = 7 erreicht.
Neutron Ungeladenes Elementarteilchen, Baustein des Atomkerns.
Nichtmetall Elemente, denen die typischen Metalleigenschaften fehlen.
Niederschlag Feststoff, der sich bei einer ↗ Fällungs-Reaktion aus der Lösung abscheidet.
NMR (engl. *nuclear magnetic resonance*) Methode zur Strukturaufklärung organischer Verbindungen durch Messung von Atomkernen (^{1}H, ^{13}C), die in starken Magnetfeldern zur Resonanz gebracht werden.
Nomenklatur International verbindliche Systematik für die Benennung chemischer Verbindungen (IUPAC-Nomenklatur).
Normaldruck Der bei 0 °C in Höhe des Meeresspiegels gemessene Luftdruck (1,013 bar oder 1013 hPa oder 760 Torr).
Normalpotenzial Potenzialdifferenz zwischen der Normalwasserstoffelektrode und einer standardisierten Halbzelle (z. B. Metallelektrode, die bei 25 °C in eine 1 M Salzlösung eintaucht).
Normalwasserstoffelektrode Standard-Bezugselektrode zur Bestimmung von Normalpotenzialen. Die ↗ Halbzelle besteht aus einer Platinelektrode, die in eine Säure (pH = 0) eintaucht und von Wasserstoff bei 25 °C und 1013 hPa Druck umspült wird.
Nucleinbasen Heterocyclische, aromatische ↗ Purin- und ↗ Pyrimidinbasen, die Bausteine der ↗ RNA und ↗ DNA sind (Adenin und Thymin/Uracil, Guanin und Cytosin).
Nucleinsäure Sammelbezeichnung für ↗ Biopolymere, die in allen Zellen vorkommen und für die Weitergabe von Erbmerkmalen verantwortlich sind (Beispiele: ↗ DNA, ↗ RNA)
Nucleophil Teilchen oder Gruppe mit einem freien ↗ Elektronenpaar, das mit diesem bei einer chemischen Reaktion die Bildung einer ↗ kovalenten Bindung bewirkt.
Nucleophilie Tendenz eines ↗ Nucleophils zu einem nucleophilen Angriff im Vergleich zu anderen Nucleophilen. Kinetische Größe.
Nucleosid Sammelbezeichnung für N-Glykoside aus ↗ Nucleinbasen und D-Ribose oder 2-Desoxy-D-ribose.
Nucleotid Phosphorsäureester eines ↗ Nucleosids (Beispiel: Adenosinmonophosphat, AMP).
Oberflächenspannung Maß für die auf eine Verkleinerung der Oberfläche einer Flüssigkeit zielenden Kräfte an der Grenze zwischen einer Flüssigkeit und einer Gasphase.
offenes System Bezeichnung für ein Reaktionssystem, das Energie und Materie mit der Umgebung austauschen kann.
Oktettregel Bestreben der Atome eines Elementes, durch die Ausbildung von Ionen oder von ↗ kovalenten Bindungen auf der Valenzschale die Elektronenkonfiguration s^2p^6 (Achterschale) zu erreichen.
Olefin ↗ Alkene.
Oligopeptid Niedermolekulares Peptid mit weniger als 20 ↗ Aminosäuren.
Orbital Wellenfunktion eines Elektrons in einem Atom oder Molekül. Auch als Ladungswolke bezeichnet oder als Raum, in dem die Aufenthaltswahrscheinlichkeit eines Elektrons zwischen 0 und 1 liegt.
Ordnungszahl Gibt die Stellung eines Elements im ↗ Periodensystem an, entspricht der ↗ Kernladungszahl.
Osmose Bezeichnung für Vorgänge an einer semipermeablen Membran. Die Diffusion von Lösungsmittelmolekülen erfolgt in Richtung der konzentrierteren Lösung; in einem geschlossenen System kommt es dort zur Druckerhöhung (osmotischer Druck).
Oxidation Bei einem Redoxprozess die Teilreaktion, bei der ein Stoff Elektronen abgibt.
Oxidationsmittel Verbindung, die im Verlauf einer Redoxreaktion Elektronen aufnimmt, d. h. reduziert wird, und dadurch die ↗ Oxidation eines Partners bewirkt.
Oxidationsstufe (Oxidationszahl) Hilfsgröße, durch deren Änderung man bei komplexen Systemen leichter erkennen kann, ob eine Oxidation oder Reduktion stattgefunden hat.
Oxim Organische Verbindung mit einer –C=N–OH-Gruppe. Entsteht bei der Reaktion von ↗ Aldehyden oder ↗ Ketonen mit Hydroxylamin.
Partialladung (δ^+, δ^-) Die bei einer ↗ polarisierten Atombindung wegen der unsymmetrischen Ladungsverteilung dem Bindungspartner mit der höheren (niedrigeren) ↗ Elektronegativität zugewiesene negative (positive) „Ladung".
Pauli-Prinzip Bei einem Atom dürfen niemals mehr als zwei ↗ Elektronen ein ↗ Orbital besetzen und diese beiden müssen sich in ihrem Spin unterscheiden. Anders ausgedrückt: Es gibt in einem Atom kein Elektron, das einem anderen in allen ↗ Quantenzahlen gleich ist.
Pentose ↗ Monosaccharid mit fünf C-Atomen.
Peptidbindung Amidbindung zwischen ↗ Aminosäuren.
Periode Bezeichnung für eine der sieben waagerechten Reihen im ↗ Periodensystem.
Periodensystem Systematische Einordnung aller chemischen Elemente in ein Raster aus Perioden und Gruppen.

Peroxide Gruppenbezeichnung für sehr reaktive Disauerstoff-Verbindungen (Beispiel: R – O – OH).

Pestizid Chemische Substanz (häufig chlorhaltig) zur Vernichtung unerwünschter Pflanzen oder tierischer Schädlinge.

Phase Bezeichnung für eine homogene Zustandsform der Materie.

Phasenumwandlung Übergang von einem ↗ Aggregatzustand (Phase) in einen anderen unter Verbrauch oder Freisetzung von Energie.

Phenylrest Vom Benzol durch Verlust eines H-Atoms abgeleiteter Rest (C_6H_5–).

Phosphatgruppe Von der Phosphorsäure (H_3PO_4) abgeleitete Anionen, in der Biochemie auch die als Ester oder Anhydrid gebundenen Phosphatreste.

Phosphat-Puffer Pufferlösung, die als ↗ Elektrolyte Natriumdihydrogenphosphat (NaH_2PO_4) und Dinatriumhydrogenphosphat (Na_2HPO_4) enthält.

Phospholipid Lipide, die mit Phosphorsäure verestert sind. Je nach Alkoholkomponente spricht man z. B. von Glycero- oder Sphingophospholipiden. Der lipophile Strukturteil kommt durch langkettige Kohlenwasserstoffreste (z. B. durch Veresterung mit ↗ Fettsäuren) ins Molekül.

Phosphorsäureanhydrid Verbindung, die durch Wasserabspaltung zwischen zwei Molekülen Phosphorsäure oder zwischen Phosphorsäure und einer ↗ Carbonsäure (gemischtes Anhydrid) entsteht.

Phosphorsäureester Sammelbezeichnung für Derivate der Phosphorsäure, wenn mindestens ein H-Atom durch eine ↗ Alkyl- oder ↗ Arylgruppe ersetzt ist.

Photometrie Methode der ↗ UV-Spektroskopie zur quantitativen Bestimmung der Konzentration eines gelösten Farbstoffs. Gemessen wird die Lichtabsorption bei konstanter Wellenlänge.

pH-Optimum Am pH-Optimum einer wässrigen ↗ Pufferlösung ist die ↗ Pufferkapazität gegenüber Säuren und Basen gleich gut, es wird durch den ↗ pK_s-Wert der schwachen Säure bestimmt (pH = pK_s ± 1). Bei Enzymen bezeichnet man den ↗ pH-Wert, bei dem die Aktivität des Enzyms am größten ist, als pH-Optimum.

pH-Papier Ein mit pH-Indikatoren versetztes Papier, das nach Eintauchen in eine Lösung durch Farbumschläge die schnelle pH-Wert-Bestimmung ermöglicht.

pH-Wert Maßzahl für die ↗ Acidität einer Lösung, definiert als negativer dekadischer Logarithmus der Wasserstoffionenkonzentration (pH = – lg [$H^{\oplus}$]), in wässriger Lösung ist es die Konzentration der ↗ Hydronium-Ionen.

pK_s-Wert Maßzahl für die Stärke einer Säure in verdünnter wässriger Lösung, definiert als negativer dekadischer Logarithmus der Gleichgewichtskonstanten K_s (pK_s = –lg K_s).

pOH-Wert Maßzahl für die Basizität einer Lösung, definiert als negativer dekadischer Logarithmus der Hydroxid-Ionenkonzentration (pOH = –lg [$OH^{\ominus}$]).

polarisierte Atombindung ↗ Kovalente Bindung zwischen zwei Atomen, die sich in ihrer Elektronegativität unterscheiden.

Polyen ↗ Alken mit drei oder mehr ↗ Doppelbindungen.

Polymerisation Sammelbezeichnung für Prozesse, in denen einfache Moleküle (Monomere) durch wiederholte Ausbildung ↗ kovalenter Bindungen zu größeren Molekülen (Polymeren) zusammentreten.

Polynucleotid Polymere aus mehr als zehn über 3',5'-Phosphodiesterbrücken verknüpften ↗ Nucleotiden.

Polypeptid Sammelbezeichnung für Peptide mit 20 – 50 ↗ Aminosäuren (Molmassen: 2000 – 5000 Da).

Polysaccharid Sammelbezeichnung für lineare oder verzweigte höhermolekulare ↗ Kohlenhydrate (↗ Biopolymere), die durch Kondensation von ↗ Monosacchariden entstehen.

primäres C-Atom C-Atom, das nur an ein weiteres C-Atom direkt gebunden ist.

Primärstruktur Aufeinanderfolge von Bausteinen in einem Polymer, bei Peptiden auch als ↗ Sequenz der Aminosäuren bezeichnet.

Prinzip des kleinsten Zwanges (Prinzip von Le Châtelier) Es beschreibt die Tatsache, dass ein im Gleichgewicht befindliches System auf äußeren Zwang (z. B. Druck- oder Temperaturerhöhung) so reagiert, dass es dem Zwang ausweicht und sich ein neues Gleichgewicht einstellt.

prochiral Bezeichnung für ein trigonales oder tetraedrisches C-Atom, das durch einen Reaktionsschritt chiral werden kann.

Produkt Stoffliches Ergebnis einer chemischen Reaktion.

Protein (Eiweiß) Sammelbezeichnung für ↗ Biopolymere, die aus mehr als 100 ↗ Aminosäuren durch Ausbildung von ↗ Peptidbindungen hervorgehen. Proteine haben verschiedene Funktionen (Beispiel: ↗ Enzyme).

Proton Positiv geladenes Elementarteilchen, Baustein des Atomkerns. Wird aus Säuren freigesetzt (Wasserstoffion $H^{\oplus}$).

Pufferbereich pH-Bereich, in dem ein Puffersystem am wirkungsvollsten eingesetzt werden kann (pH = pK_s + –1).

Puffer-Gleichung (Henderson-Hasselbalch) Gleichung zur Berechnung des pH-Wertes einer wässrigen ↗ Pufferlösung bei Vorgabe der Konzentrationen der ↗ Elektrolyte.

Pufferkapazität Gleiche Volumina verschieden konzentrierter ↗ Pufferlösungen unterscheiden sich in ihrer Pufferkapazität (nicht aber im pH-Wert). Die Pufferkapazität definiert die Menge Säure bzw. Base, die eine gegebene Pufferlösung abfangen kann, ohne dass sich der pH-Wert um mehr als ± 0,1 Einheiten ändert.

Pufferlösung Wässrige Lösung einer schwachen Säure oder Base und deren konjugierter Base bzw. Säure. Solche Lösungen ändern ihren pH-Wert bei Zugabe starker Basen oder Säuren nur wenig.

Purin-Base Stickstoffhaltige, bicyclische Base mit anelliertem ↗ Pyrimidin- und Imidazolring (Beispiele: Adenin und Guanin), Baustein von ↗ Nucleotiden und ↗ Nucleinsäuren.

Pyranose ↗ Monosaccharid, das als cyclisches ↗ Halbacetal vorliegt und dabei einen sechsgliedrigen Ring mit einem Sauerstoffatom ausbildet.

Pyrimidin-Base Stickstoffhaltige Base (Beispiele: Thymin, Uracil, Cytosin), Baustein von ↗ Nucleotiden und ↗ Nucleinsäuren.

Quantenzahlen Zahlen, die sich aus quantenmechanischen Berechnungen von Atomen ergeben und sich auf die Energieniveaus und Zustände der Elektronen beziehen. Es gibt Haupt-, Neben-, Magnet- und Spinquantenzahlen.

quartäres C-Atom C-Atom, das mit vier C-Atomen direkt verbunden ist.

Quartärstruktur Dreidimensionale Struktur eines ↗ Proteins, das aus mehreren Untereinheiten besteht.

***R,S*-Nomenklatur** Symbole zur Kennzeichnung der ↗ Konfiguration eines ↗ Chiralitätszentrums auf der Basis genauer Regeln.

Racemat Äquimolares Gemisch eines ↗ Enantiomerenpaares, die Lösung zeigt keine optische Aktivität, Synonym: racemische Verbindung.

Radikal Atome, Ionen oder Moleküle mit mindestens einem ungepaarten Elektron (Beispiele: CH_3•, •OH).
Radikalfänger Verbindung, die reaktive ↗ Radikale abfängt und so unschädlich macht.
Radioaktivität Eigenschaft von Atomkernen, sich ohne äußere Einwirkung (spontan) unter Abgabe von energiereichen Teilchen oder von energiereicher Strahlung in einen anderen Atomkern umzuwandeln.
Radioisotop Isotop eines chemischen Elementes, das radioaktiv ist (z. B. ^3H, ^{14}C, ^{125}I).
Reaktionsenthalpie (ΔH) Energie, die als Wärme bei einer chemischen Reaktion aufgenommen oder abgegeben werden kann. Einheit: kJ/mol.
Reaktionsentropie (ΔS) Entropieänderung im Verlauf einer chemischen Reaktion. Einheit: $kJ \cdot mol^{-1} \cdot K^{-1}$.
Reaktionsmechanismus Detaillierte Beschreibung der Prozesse, nach denen eine chemische Reaktion auf molekularer Ebene abläuft.
Reaktionsordnung Beschreibt die Abhängigkeit der Reaktionsgeschwindigkeit von der Konzentration der Reaktanten; mathematisch die Summe der Exponenten der Konzentrationen im Geschwindigkeitsgesetz.
Reaktivität Bereitschaft eines Teilchens, eine Reaktion einzugehen.
Redoxpaar Durch Elektronentransfer ineinander überführbare Komponenten, die Teil einer Redoxreaktion sind (z. B. $Mg/Mg^{2\oplus}$, $2\,Cl^{\ominus}/Cl_2$).
Redoxpotenzial Elektrisches Potenzial einer ↗ Halbzelle (E in Volt) in Bezug auf die ↗ Normalwasserstoffelektrode.
Reduktion Bei einem Redoxprozess die Teilreaktion, bei der ein Stoff Elektronen aufnimmt.
Reduktionsmittel Verbindung, die im Verlauf einer Redoxreaktion Elektronen abgibt, d. h. oxidiert wird, und dadurch die ↗ Reduktion eines Partners bewirkt.
Reduktionspotenzial In der ↗ Spannungsreihe durch das Vorzeichen der ↗ Normalpotenziale festgelegte Richtung, in der ein Redoxgleichgewicht betrachtet wird.
reduzierende Zucker Zucker mit freier anomerer Hydroxygruppe, der z. B. $Cu^{2\oplus}$ in ↗ Fehling-Lösung reduziert.
Reinstoff Bezeichnung für eine einheitliche chemische Verbindung.
relative Atommasse Dimensionslose Zahl, die als Faktor angibt, wie viel die Masse eines bestimmten Atoms größer ist als $1/12$ der Masse des Kohlenstoffisotops $^{12}_{6}C$. Ergibt sich bei Elementen aus der Mischung der Massen der natürlicherweise anteilig enthaltenen Isotope.
Resonanz ↗ Mesomerie, Kernresonanz.
Retentionszeit (t_R) Ausdruck für das Elutionsverhalten einer Substanz bei der Chromatographie (GC, HPLC). Es ist die Zeit, die die Probe benötigt, um eine Chromatographiesäule zu durchlaufen. Unter standardisierten Bedingungen kann die Retentionszeit der Identifizierung von Verbindungen dienen.
reversible Reaktion Bezeichnung für eine chemische Reaktion, die umkehrbar ist, es stellt sich das sog. chemische Gleichgewicht ein.
R_f-Wert Ausdruck für das Laufverhalten einer Substanz bei der Dünnschichtchromatographie unter standardisierten Bedingungen, definiert als der Quotient aus der Laufstrecke der Verbindung und der der Lösungsmittelfront.
RNA Abkürzung für Ribonucleinsäure (*ribonucleic acid*); ↗ Polynucleotid mit D-Ribose als Baustein.
Säure Protonendonator (nach ↗ Brönsted).
Salz Verbindung, die im festen Zustand aus Ionen aufgebaut ist.
Salzbrücke (Salzschlüssel) Durch die Ionen einer Salzlösung leitend gewordene Brücke zwischen zwei Elektrolytlösungen.
schmelzen Übergang eines Stoffes vom festen in den flüssigen Zustand.
Schmelzpunkt (Fp, Schmp.) Temperatur, bei der ein Stoff vom festen in den flüssigen ↗ Aggregatzustand übergeht. Der Schmelzpunkt ist für reine Stoffe bei gegebenem Druck eine charakteristische Eigenschaft.
Schmelzwärme (Schmelzenthalpie) Wärmemenge in kJ/mol, die zum Schmelzen eines Stoffes am Schmelzpunkt aufgebracht werden muss.
Schutzgruppe Organischer Rest, der vorübergehend an eine bestimmte funktionelle Gruppe eines polyfunktionellen Moleküls gebunden wird, damit diese nicht reagiert.
schwache Base Base, die in wässriger Lösung nur unvollständig ↗ dissoziiert.
schwache Säure Säure, die in wässriger Lösung nur unvollständig ↗ dissoziiert.
Schwefelsäureester Sammelbezeichnung für Derivate der Schwefelsäure, wenn mindestens ein H-Atom durch eine Alkyl- oder Arylgruppe ersetzt ist.
Seife Wasserlösliche, waschaktive Substanz mit ↗ amphiphilen Eigenschaften (Beispiel: Alkalisalze langkettiger Fettsäuren).
sekundäres C-Atom C-Atom, das an zwei weitere C-Atome direkt gebunden ist.
Sekundärstruktur Lokale räumliche Anordnung einer Peptidkette durch Ausbildung von ↗ Wasserstoffbrückenbindungen (z. B. β-Faltblatt, α-Helix).
Semichinon Radikalische ↗ Zwischenstufe bei der Oxidation eines Hydrochinons zum Chinon.
semipermeable Membran Membran, die für kleinere Teilchen (Ionen, Moleküle wie Wasser) durchlässig ist, für größere (z. B. Proteine) jedoch nicht.
Sequenz Primärstruktur bei Peptiden, Abfolge der ↗ Aminosäuren in der Peptidkette.
Sesselform ↗ Konformation des Cyclohexans.
Siedepunkt (Kp, Sdp.) Temperatur, bei der ein Stoff vom flüssigen in den gasförmigen Aggregatzustand übergeht. Der Siedepunkt ist für reine Stoffe bei gegebenem Druck charakteristisch.
Spannungsreihe Liste für die chemischen Elemente und redoxaktive Verbindungen nach zunehmendem ↗ Normalpotenzial.
Spezifische Drehung $[\alpha]_D$ Molekülspezifischer Wert für eine optisch aktive Verbindungen, die unter festgelegten Bedingungen die Ebene von linear polarisiertem Licht beim Durchtritt durch eine Lösung dreht.
Spurenelemente In lebenden Organismen nur in Spurenanteilen vorkommende chemische Elemente, die für den Organismus jedoch lebenswichtig (essenziell) sind.
Stärke ↗ Biopolymer aus α-D-Glucose in 1,4- (Amylose) sowie 1,4- und 1,6-glykosidischer Bindung (Amylopektin).
starke Base Base, die in wässriger Lösung vollständig dissoziiert, so dass $pOH = -\lg c(\text{Base})$.
starke Säure Säure, die in wässriger Lösung vollständig dissoziiert, so dass $pH = -\lg c(\text{Säure})$.
Stereoisomere Verschiedene Verbindungen mit demselben Bindungsmuster, aber unterschiedlicher räumlicher Anordnung der Atome (Beispiel: ↗ Konfigurationsisomere oder ↗ Konformere).

Stereozentrum C-Atom mit vier verschiedenen Substituenten, Synonyma: ↗ Chiralitätszentrum, asymmetrisches C-Atom.
Steroide Gruppenbezeichnung für tetracyclische Verbindungen, die sich vom Cholesterin ableiten, einige Vertreter sind Hormone (Beispiel: Testosteron).
Stöchiometrie Lehre von der mengenmäßigen Zusammensetzung chemischer Verbindungen aus den Elementen und Berechnung von Massen- und Ladungsverhältnissen chemischer Reaktionen.
Stoffmenge (*n*) 1 mol eines Elements bzw. einer Verbindung enthält $6{,}02 \cdot 10^{23}$ Atome bzw. Moleküle.
Stoffmengenkonzentration Definiert als Quotient aus der Stoffmenge *n* und dem Volumen V, $c = \frac{n}{V}$ (in $mol \cdot L^{-1}$).
Stoffumwandlung Transformation eines Stoffes in einen anderen im Verlauf einer chemischen Reaktion.
Strukturformel (Konstitutionsformel) Chemische Zeichensprache, die sichtbar macht, wie die Atome eines Moleküls miteinander verbunden sind.
Sublimation Übergang eines Stoffes vom festen in den gasförmigen Aggregatzustand, ohne dass bei der Phasenumwandlung der flüssige Zustand auftritt.
Substituent Ein Atom oder eine Gruppe von Atomen an einem Kohlenwasserstoffgrundgerüst (Beispiel: –OH, –CHO, $-NO_2$).
Substitutionsreaktion Bezeichnung für eine Reaktion, bei der in einem Molekül ein Atom oder eine Gruppe formal durch eine andere Gruppe ersetzt wird. Eine Substitution kann vom Mechanismus her radikalisch, nucleophil oder elektrophil ablaufen.
Sulfide ↗ Thioether.
Sulfonierung Einführung einer $-SO_3H$-Gruppe in eine organische Verbindung unter Bildung einer ↗ Sulfonsäure.
Sulfonium-Ion Bezeichnung für positiv geladenen dreibindigen Schwefel.
Sulfonsäure Organische Verbindung mit einer $-SO_3H$-Gruppe.
Sulfonsäureamid (Sulfonamid) Schwefelsäurederivat mit der allgemeinen Formel $R-SO_2-NH_2$, Sammelbezeichnung für Verbindungen mit antibakteriellen Eigenschaften, abgeleitet vom 4-Amino-benzolsulfonsäureamid.
Summenformel (Brutto-, Molekülformel) Stöchiometrische Zusammensetzung einer Verbindung durch Angabe von Art und Anzahl der beteiligten Elemente (z. B. H_2SO_4, C_6H_{12}).
Suspension Bezeichnung für ein ↗ heterogenes System aus Feststoffteilchen, die in einer Flüssigkeit fein verteilt sind.
Tautomere ↗ Konstitutionsisomere, die sich unter Verschiebung eines Protons und Umgruppierung der Bindungselektronen ineinander umwandeln (Beispiel: Keto-Enol-Tautomerie).
Temperatur (*T*), absolut Temperaturskala in der Einheit Kelvin (K), beginnend beim absoluten Nullpunkt.
Terpen Organische Verbindung, deren Grundgerüst aus Isopren-Einheiten aufgebaut wird.
tertiäres C-Atom C-Atom, an dem drei C-Atome direkt gebunden sind.
Tertiärstruktur Dreidimensionale Struktur eines ↗ Biopolymers.
Tetraeder Von vier Dreiecksflächen begrenzter Körper. Im Methan weisen die vier vom C-Atom ausgehenden Bindungen in die Ecken eines Tetraeders.
Tetrapyrrol-System Verbindung, bestehend aus vier durch Methin- oder Methylengruppen verbrückten Pyrrolringen. Wichtiges Grundgerüst für z. B. Vitamin B_{12}, Häm, Cytochrom.
Thermodynamik Beschreibung der Gesetze für Energieänderungen, die chemische Vorgänge begleiten.
thermodynamische Kontrolle Liegt vor, wenn bei einer Reaktion, die zu mehreren Produkten führen kann, vorwiegend das thermodynamisch stabilste Produkt entsteht.
Thioether (Sulfide) Organische Verbindung mit zweibindigem Schwefel, der Alkyl- oder Arylreste trägt (R^1–S–R^2).
Thiol (Mercaptan) Organische Verbindung, die eine –SH-Gruppe enthält (Anion: Thiolat).
Titration Bezeichnung für eine Analysenmethode, bei der man das ↗ Titrationsmittel aus einer Bürette in die Testlösung tropfen lässt, bis der Endpunkt einer Reaktion erreicht ist.
Titrationskurve Graphische Darstellung des pH-Wertes als Funktion der zugegebenen Menge an ↗ Titrationsmittel.
Titrationsmittel Lösung mit bekannter Konzentration, mit deren Hilfe die Menge einer Verbindung in einer Testlösung bestimmt wird.
Tollens-Reagens Lösung, die den Diamminsilber-Komplex $[Ag(NH_3)_2]^{\oplus}$ enthält. Reduktionsmittel (z. B. ↗ Aldehyde) können durch Bildung eines Silberspiegels nachgewiesen werden.
***trans*-Addition** Die bei einer Addition neu eintretenden Substituenten binden von entgegengesetzten Seiten an eine ↗ Doppelbindung.
Transaminierung Austausch einer NH_2-Gruppe zwischen ↗ α-Aminosäuren und ↗ α-Ketocarbonsäuren durch Pyridoxalphosphat-abhängige Transaminasen (Aminotransferasen).
***trans*-Isomer (E-Isomer)** Bezeichnung für ↗ Konfigurationsisomere an der C=C-Doppelbindung. Die Substituenten höherer Priorität stehen sich an der Doppelbindung gegenüber.
Triacylglycerin (Triglycerid) Ester des Glycerins mit drei gleichartigen oder verschiedenen Fettsäuren.
Trockeneis Festes Kohlendioxid (Kohlensäureschnee), das bei −78,5 °C sublimiert und als Kältemittel verwendet wird.
Übergangsmetalle Anderer Ausdruck für die ↗ Nebengruppenelemente im ↗ Periodensystem
Übergangszustand Instabile Anordnung der Reaktionspartner, die im Verlauf einer chemischen Reaktion auftritt. Im Energiediagramm einer Reaktion ist es der höchste Punkt.
UV-Spektroskopie Beobachtung der Absorption von gelösten Molekülen im Spektralbereich 190 – 800 nm des Lichtes (ultravioletter und sichtbarer Bereich, UV/VIS).
Valenzelektronen Elektronen eines Atoms, die sich auf der äußeren Elektronenschale befinden und die Reaktivität eines Atoms bestimmen.
Van-der-Waals-Kräfte Zwischenmolekulare Kräfte zwischen elektrisch neutralen Molekülen, die für eine Kohäsion der Stoffe verantwortlich sind und sich z. B. auf den Siedepunkt auswirken.
verbrennen Chemische Reaktion brennbarer Stoffe mit Sauerstoff.
verdampfen Übergang eines Stoffes vom flüssigen in den gasförmigen Aggregatzustand.
Verdampfungswärme (Verdampfungsenthalpie) Wärmemenge (in kJ/mol), die zum Verdampfen eines Stoffes an seinem Siedepunkt aufgebracht werden muss.
verdunsten Übergang eines Stoffes vom flüssigen in den gasförmigen Aggregatzustand unterhalb des Siedepunkts. Bei dem Vorgang wird der Umgebung Wärme entzogen.

Verteilungsgleichgewicht Gleichgewicht, das sich einstellt, wenn ein Stoff z. B. zwischen zwei nicht mischbaren Flüssigkeiten verteilt wird. Für die Konzentration des Stoffes in der jeweiligen Phase gilt das ↗ Nernst-Verteilungsgesetz.
Viskosität Widerstand, den eine Flüssigkeit durch innere Reibung dem Fließen entgegensetzt.
Wannenform Energiereiche ↗ Konformation des Cyclohexans.
Wasserstoffbrückenbindung Schwache chemische Bindung zwischen dem H-Atom einer Gruppe X–H (Donator) und dem ↗ freien Elektronenpaar eines Partners |Y (Akzeptor).
Zentral-Ion Metall-Kation im Zentrum eines ↗ Metallkomplexes.
Zerfallskonstante Gleichgewichtskonstante *K* entsprechend dem ↗ Massenwirkungsgesetz beim Zerfall eines vorgegebenen ↗ Metallkomplexes. Auch als Begriff für die ↗ Halbwertszeit bei radioaktiven Elementen in Gebrauch.
Z-Isomer ↗ *cis*-Isomer
Zuckeralkohol Polyhydroxyverbindung, die durch Reduktion der Carbonylgruppe aus ↗ Monosacchariden entsteht.
Zuckersäure Polyhydroxycarbonsäure, die aus ↗ Monosacchariden durch Oxidation einer der beiden terminalen Gruppen (-onsäuren oder -uronsäuren) gebildet werden. Bsp.: Gluconsäure, Glucuronsäure.
Zustandsfunktion Aus einfachen Zustandsgrößen wie Druck, Volumen, Temperatur abgeleitete thermodynamische Funktionen, wie z. B. ↗ Enthalpie (H), ↗ Entropie (S), ↗ Gibbs-Energie (G). Sie charakterisieren den Zustand eines Systems oder Stoffes, unabhängig davon, wie dieser Zustand erreicht wurde.
Zwischenstufe Nachweisbare Substanz, die im Verlauf einer chemischen Reaktion entsteht und wieder verbraucht wird.
Zwitterion Molekül, das zugleich positiv und negativ geladene Gruppen enthält.

Sachverzeichnis

A

Abführmittel, Salze 97
Abgangsgruppe
- Carbonsäurederivate 290
- nucleophile Substitution 249–251
Abgaskatalysatoren 215
Absorption, Strahlung 395
Absorptionsmaxima, UV-Spektroskopie 396
Acarbose 246
Acetal 265
Acetaldehyd 217, 259
- Aldol-Kondensation 269–270
- Ethanolabbau 227
Acetanhydrid 292, 309
Acetanilid 292
Acetat s. Acetessigsäure
Acetat-Puffer 125
Acetessigsäure (Acetat) 33, 110, 259–260, 284, 287, 310
- pK_s-Wert 115
Acetessigsäureethylester 297
Acetoacetat 287
Acetoacetyl-Coenzym A 259–260
Aceton 259–260, 263, 265–266, 272
- in der Atemluft 260
Aceton-dimethylacetal 265
Aceton-hydrazon 266
Acetonurie 260
Acetophenon 204, 259–260
Acetylaceton 263
Acetylcholin 244, 279, 298, 302
Acetylcholinesterase 216, 298
Acetyl-Coenzym A (Acetyl-CoA) 279, 298, 309
- Mitochondrien 154
S-Acetyl-cysteamin 301
Acetylen (s. Ethin) 202
N-Acetyl-*D*-galactosamin 367, 378
N-Acetyl-*D*-glucosamin 365, 367, 376, 378
N-Acetyl-*D*-neuraminsäure 365–366, 378
Acetylphosphat 307, 309–310
Acetylsalicylsäure 172, 208, 281, 292–293, 296–297, 302, 400, 406
Acetylsalicylsäure-methylester 296
achiral 314, 316
Aciclovir 172, 391
Acidität s. Azidität
Actinoide 16–17
Acylierung, Aminosäuren 338
Acylrest, Carbonsäurederivate 289–290
Addition 175
- 1,2-Addition 200
- 1,4-Addition 200
Additions-Eliminierungs-Mechanismus 294
Additions-Reaktionen, Alkene 195–199
Adenin 388–389
Adenosindiphosphat (ADP) 172, 309–310, 392
Adenosinmonophosphat (AMP) 389
Adenosintriphosphat (ATP) 105, 154, 171–172, 309–310
- Atmungskette 154
ADHS (Aufmerksamkeits-Defizit-Hyperaktivitäts-Störung) 245
ADP s. Adenosindiphosphat
Adrenalin 175, 206, 241, 244, 246
Adriamycin (= Doxorubicin) 367
Adsorbens 64
Adsorption
- Chromatographie 72
- Flüssigkeiten/Gase 58, 64–65
äquatoriale H-Atome, Cyclohexan 186
Äquivalentkonzentration 124
Äquivalentmasse 124
Aerosol 59
Äther s. Ether
Affinitätschromatographie 74
Aflatoxin B_1 297
Agent Orange 248
Aggregatzustände 47–48
- Phasenumwandlung 47
Aglykon 367
Aktivierung, chemische Reaktionen 210
Aktivierungsenergie 212–213
Aktivitätskoeffizient 104
- Lösungen 114–115
Aktivkohle 65, 76
Akzeptor
- Lewis-Säure 157
- Wasserstoffbrückenbindung 56
Akzeptorstärke, Metalle 144
Alanin 320, 330
- β-Alanin 331
- *D*-Alanin 319
- *L*-Alanin 319
Albumin 97
- Pufferkapazität 130
Aldehyddehydrogenase, mitochondriale/zytosolische 217
Aldehyde 257–272
- Aldol-Kondensation 269–270
- Alkanol(e), Oxidation 224
- Alkohol(e), primäre 261
- Amine, primäre, Addition 266
- Carbonsäuren, Oxidation 261
- Carbonylgruppe 257–259
- - Reduktion 268–269
- Halbacetale, cyclische 321, 361
- Kondensation 266
- Löslichkeit 261
- Nomenklatur/Struktur 259–261
- Oxidationsmittel 261
- Reaktion mit Alkoholen 264–265
- Siedepunkt 261–262
- Transaminierung 266
- Wasser, Addition 264–265
Aldehydgruppe, Oxidation 360
Aldehydhydrat 279
Aldohexosen 357
Aldol 269
Aldol-Addition 269–270, 297
Aldolase 270
Aldol-Kondensation 269–270
Aldopentosen 358
Aldosen 355, 359
Aldotetrosen 358
Aliphate 202
aliphatische Dicarbonsäuren 281
aliphatische Kohlenwasserstoffe 178–185
aliphatische Monocarbonsäuren 280
aliphatische Verbindungen 202
Alizarin 397
Alkadiene (s. Diene) 199–201
Alkalihalogenide 99
Alkalihydroxide 111
Alkalimetalle 18, 20, 28
Alkalimetrie 122
Alkalioxide 111
Alkalireserve 130
alkalische Esterhydrolyse 294
Alkaloide 341, 381, 384, 386
Alkalose 107, 130
- respiratorische 130
Alkandisäuren 281
Alkane 178–185
- Aktivierungsenergie 190
- Autoxidation 192
- Bedeutung 184
- Bindungsbruch, homo-/heterolytischer 188–189
- Bromierung, radikalische 191
- *n*-Butan 183
- Chlorierung 189
- - radikalische 189–190
- *n*-Decan 183
- Gibbs-Aktivierungsenergie 190
- Halogenierung, radikalische 190
- homologe Reihe 178
- Hyperkonjugation 182
- Kalotten-Modelle 181
- Keilstrich-Formel 181–182
- Konformation, ekliptische 182
- - gestaffelte 182
- Konformationsisomere 181–183
- Konstitutionsformel 179
- Konstitutionsisomere 179
- Kugelstab-Modelle 171
- Methylengruppe 178
- Newman-Projektion 182
- Nomenklatur 179–181
- Oxidation 192–193
- physikalische Eigenschaften 183–184
- radikalische Substitution 189–192
- Reaktionen 188–193
- Reaktionsenthalpie 192
- Rekombination 189
- Sägebock-Schreibweise 182
- Siedepunkt 178, 184
- Strukturformel 178–179
- Substitution 189
- Summenformel 178
- Übergangszustand 190
- Verbrennung 192
- Zickzack-Kette 183
Alkanole 218, 220–231
- s. a. Alkohol(e)
- *n*-Alkanole 222
- amphotere 222–223
- Basen 222–223
- Dehydratisierung 225
- Eigenschaften/Reaktionen 222–225
- einfache 220
- elektrophile Substitution 224
- Hydratisierung 225
- hydrophobe/lipophile 222
- Löslichkeit 222–223
- mehrwertige 225–226
- Mesomerie 223–224
- *meta-/ortho-* bzw. *para-*Stellung 226
- niedere 226–227
- nucleophile Substitution 249–250
- Oxidation 224–225
- - Aldehyde/Ketone 224
- primäre 220–221
- Reaktionsmechanismus 225
- Säuren 222–223
- sekundäre 220–221, 225
- Siedepunkte 222
- Struktur-/Summenformel 220
- tertiäre 220–221, 225
- Wasserstoffbrückenbindung 222
Alkanoylchlorid 291
Alkansäuren 281
Alkene 193–200
- Addition 195
- - von Chlorwasserstoff 196
- - Regioselektivität 196–197
- - von Wasser 196
- Additions-Reaktionen 195–199
- Alkanole, Dehydratisierung 225
- π-/σ-Bindung 195
- Bromierung 197
- C=C-Doppelbindung 194–195

- *cis*-Addition von Wasserstoff 198
- *cis-trans*-Isomerie 194
- Dehydratisierung, Alkene 225
- funktionelle Gruppen 174
- Hydratisierung 196
- Hydrierung 198
- Isomerie, geometrische 194 - 195
- π-Komplex 196 - 198
- Konfigurationsisomerie 194
- Konstitution 193 - 194
- Konstitutionsisomerie 193
- Nomenklatur 194
- Polymerisation 199
- Summenformel 193
- *trans*-Addition 198
- - von Brom 197
- unsymmetrische 196
- *Z*/*E*-Isomerie 194
Alkine 202
- funktionelle Gruppen 174
Alkoholat-Ion 223, 294
Alkoholdehydrogenase 227
- Methanolvergiftung 227
Alkohol(e) 44, 159, 195
- s. a. Alkanole
- absoluter 227
- Acetaldehyd 217
- Acetyl-Coenzym A 298
- Addition 264 - 265
- - Carbonyl-Doppelbindung 294
- - Carbonylgruppe 264
- amphotere 222 - 223
- einfache 220
- Ethanolgehalt 81
- funktionelle Gruppen 174
- hydrophobe/lipophile 222
- Lösung, wässrige, Volumenanteil 81
- mehrwertige 225 - 226
- *meta-/ortho* bzw. *para*-Stellung 226
- niedere 226 - 227
- im Organismus vorkommende 231
- primäre 220 - 221
- - Aldehyde 261
- Promille 81
- protonierter 196
- sekundäre 220 - 221, 225
- - Ketone 261
- Siedepunkt 222
- Strukturformel 196, 220
- Summenformel 220
- tertiäre 220 - 221, 225
- Vergällung 227
- Wasserstoffbrückenbindung 222
- Wirkungen 217
alkoholische Gärung 227
Alkoholyse 291, 293
Alkoxid 223, 234
Alkoxyalkane 231
Alkylamin 241 - 242
Alkylgruppen 180
Alkylhydroperoxid 180, 192
Alkylierung, Benzol 204
Alkyloxonium-Ion 223, 225, 234
Alkylradikal, Energiediagramm 190
Alkylrest, Benzol 205
Alkylsubstituenten 179
Allergene 338
Allergien 22
- Histamin 338
- Nickel 29
allgemeine Gaskonstante 49
allgemeines Gasgesetz 49
Allicin 240
Aloe-Emodin 274
Alternaria 297
Aluminium 21 - 22
Aluminiumhydroxid 121
Alzheimer-Krankheit 155
Ameisensäure 227, 280 - 281, 283 - 284
- Methanolvergiftung 226
Ameisensäuremethylester 294
Amidasen 300
Amide
- cyclische 300
- funktionelle Gruppen 174
- Hydrolyse 300
Amine 44, 159, 241 - 246
- Basizität 242 - 243
- biogene 337 - 338
- funktionelle Gruppen 174
- Geometrie 45
- Hydrochlorid 243
- Klassifizierung/Nomenklatur 241 - 242
- pK_b-Wert 242 - 243
- primäre 241, 266 - 268
- Salzbildung 243
- sekundäre 241, 250
- tertiäre 241, 249 - 250
p-Aminobenzoesäure (PAB) 309, 392
p-Aminobenzolsulfon(säure)mid 172, 308
α-Aminobuttersäure (GABA) 330, 337
Aminocarbonsäuren 329
- α-Aminocarbonsäuren 285, 330
Aminoende, Peptide 340
Aminogruppe
- Amine 242
- Aminosäuren 329 - 330
Aminolyse 291
Aminosäure-Analysator 344
Aminosäuren 172, 329 - 340, 350, 353
- α-Aminosäuren 330, 333
- β-Aminosäuren 330
- Acylierung 338 - 339
- Aminogruppe 329 - 330
- amphotere 112, 332
- Anion/Kation 334
- basische 332, 336
- Carboxylgruppe 329
- Chelatkomplex 333 - 334
- Chiralität 331
- *D-/L*-Konfiguration 331
- Decarboxylierung 337 - 338
- Dipeptide 340
- einfache 329 - 339
- Elektrophorese 335
- essenzielle 331
- Fischer-Projektion 331
- funktionelle Gruppen 332
- β-glykosidische Bindung 377
- hydrophobe Reste 332
- hydrophobe/hydrophile 332
- isoelektrischer Punkt 335 - 336
- neutrale 336
- nicht proteinogene 330
- Oligosaccharid-Strukturen 377
- Peptidbindung 340 - 342
- pH-Wert 332 - 333, 339
- pK_s-Wert 332
- Primärstruktur 340 - 342
- proteinogene 330 - 331, 353, 392
- Protolyse 112
- Puffereigenschaften 334 - 335
- Raumstrukturen, Stabilisierung 33, 334
- Salzbildung 333
- saure 332, 336
- Schmelzpunkt 332
- Sequenz 340 - 342
- Stereochemie 331
- Titrationskurve 334 - 335
- Transaminierung 266
- Tripeptide 340
- Veresterung 338
- wasserlösliche 62
- Zwitter-Ion 112, 332
Ammoniak 157, 159, 241, 305
- Bindungsenergie/-länge 37
- Dissoziationsgleichgewicht 115
- Druckverflüssigung 55
- Geometrie 45
- gewinkeltes Molekül 44
- Molekülmasse 35
- Oxidationsstufe 140
- pK_s-Wert 115
- Summenformel 35, 78
- Zellgift 305
Ammoniaklösung
- pH-Wert 118
- wässrige 108
Ammoniak-Puffer 126
Ammoniumcarboxylat 332
Ammoniumchlorid 122
- pH-Wert 121
Ammoniumcyanat 172
Ammonium-Ion 33, 158, 243, 300
- pK_s-Wert 115
- quartäres 243
Ammoniumsalz, quartäres 243, 249
Ammoniumsulfat 34
amorph 52
AMP (Adenosinmonophosphat) 389
Amphetamine 244 - 246
amphipathische Carbonsäuren 284
amphipathische Moleküle 306
amphiphil (s. amphipathisch) 284
Ampholyte 111 - 112, 332
amphoter 111
amphotere Alkanole 222 - 223
amphotere Aminosäuren 112, 332
Ampicillin 300
Amylasen 374
Amylopektin 374
Amylose 374 - 375
Anämie, perniziöse 384
anaphylaktischer Schock 338
angeregte Atome 9
Anhydrid(e) 296
Anilin 208, 242, 271, 292
Anionen 30
- hydratisierte 96
- Metallkomplexe 159
- Säuren 110
Anion-Nucleophile, nucleophile Substitution 249
Anis 208
Anisol 231
Anisotropie, Graphit 52
Anode
- elektrochemische Zelle 143
- Elektrolyse 103
anodische Oxidation 103
Anomere 361
Antazida 121
Anthocyanidin 120
Anthrachinon 274
antibindendes Molekülorbital 37
Antigene 379 - 380
Antihistaminika 338
Antikoagulanzien 376
Antioxidanzien 155, 192 - 193
- s. a. Radikalfänger
- Ubichinon 276
- Vitamin C 364 - 365
- Vitamin E 230 - 231
- Zusatz, Ether 234
Antipoden 316
Anziehungskräfte, elektrostatische, Ionenbindung 32
Apfelsäure 286
apikales Delta 104
aq 96
Aquakomplexe, Metallkomplexe 162
Aquaporine 57
Arachidonsäure 288, 295 - 296
Arbeit, maximale 86
Arene 202 - 208
Arginase 304
Arginin 304, 331
Aromate 202 - 208
aromatische Substitution, elektrophile 206 - 207
aromatische Verbindungen 202 - 208
Arrhenius-Gleichung 213
Arsen 22
- Verbindungen 22
Arteriosklerose, Cholesterin (= Cholesterol) 229
Arylamin 241
Arylketon 291
Arylrest, Benzol 205
Arzneimittel
- Angriffsorte an Nucleinsäuren 391
- Benzol 206
- Chiralität 325 - 326
- heterogene Systeme 59
- Schlüssel-Schloss-Prinzip 326
- Verabreichung 59
Ascorbinsäure (Vitamin C) 193, 364, 380
- Antioxidanzien 365
Asparagin 367 - 368
Asparaginsäure 330, 342
Aspartam 342
L-Aspartyl-*L*-phenylalaninmethylester 342
Aspergillus 297
Aspirin® (s. Acetylsalicylsäure) 172, 208, 281, 292 - 293, 296 - 297, 302, 400, 406
Assoziate, Wasser 56
Atemgift, Kohlenmonoxid 382
atm 48

Atmungskette 152 – 156
- ATP 154
- Chinone 248
- Cytochrom c 383
- Elektronenfluss 153
- ΔG^0 140 – 141
- Molybdän 21
- NAD^+ 153
- NADH 153 – 154
atomare Masseneinheit 3
Atombindung 27, 34 – 45
- Bindungsenergie 37
- einfache 173
- Energiediagramm 38
- polarisierte 42 – 43, 62, 173 – 174
Atome 3 – 5
- angeregte 9
- Bindigkeit (Valenzzahl) 34 – 35
- Größen und Abstände 4
- relative Größe 31
Atomenergie 24
Atomkern 4
- Bindungsachse 37
- Bindungslänge 37
- Spaltung/Zerfall 23
- - Radioaktivität 22
Atommasse 6
- relative 6 – 7
Atomorbitale 11 – 12
- Schalenbesetzung 17
Atomradien
- Hauptgruppenelemente 31
- Ionenbindung 31 – 32
ATP (Adenosintriphosphat) 105, 154, 171 – 172, 309 – 310
- Atmungskette 154
- Mangel, Myopathien 155
ATPasen 70
Aufmerksamkeits-Defizit-Hyperaktivitäts-Störung (ADHS) 245
Aufschlämmung 59
Auge, Tyndall-Effekt 58
Aussalzen, Proteine 97
Autoklav 55
Autoprotolyse (= Eigendissoziation) 112 – 114
Autoxidation, Alkane 192
Avogadro-Konstante (früher Loschmidt-Zahl) 6 – 7, 50
- Magnesiumchlorid 34
axiale H-Atome, Cyclohexan 186
Azabenzol (s. Pyridin) 385 – 386
Azidimetrie 122
Azidität
- Carbonsäuren 281 – 282
- Lösungen 113
Azidose 107, 130
- metabolische 130
Azidothymidin (AZT) 391
Azofarbstoffe 208

B

bar 48
Barbiturate 304, 386
Barium 22
Bariumchlorid 102
Bariumsulfat 34, 100, 102
Basen 107
- Alkanole 222 – 223
- Brönstedt-Definition 108
- Hydroxid-Ionen 108
- konjugierte 109
- Lebensmittel 118
- pK_b-Wert 115
- Protonenakzeptor 108
- Qualitäten 108
- schwache 118, 125 – 126
- - Titration 123
- Stärke 114 – 116
- starke 117, 121
- Titrationsmittel 124
Basenkonstante 114 – 115
Basenpaarung, DNA 390
basische Aminosäuren 332, 336
Basizität
- Amine 242 – 243
- Lösungen 113
- nucleophile Substitution 250
Batterie 134
Baumwolle 374
Benzaldehyd 259, 266, 271
Benzaldehyd-2.4-dinitrophenyl-hydrazon 266
Benzin 184
Benzoat 284
Benzochinon 273
Benzodiazepine 244
Benzoesäure 279, 281, 283 – 284
Benzol 165, 202
- Acylierung 204
- Alkylierung 204
- Alkylrest 205
- Arylrest 205
- Arzneimittel 206
- Benzylrest 205
- Bromierung 204
- elektrophile aromatische Substitution 204
- funktionelle Gruppen 204
- Mesomerie 203
- Mesomerie-/Resonanzenergie 203
- Molekülbau 202 – 203
- Nitrierung 204
- Reaktionen 204 – 206
- Resonanz 203
- Sulfonierung 204
- Toxizität 203
Benzolamin 225
Benzolcarbaldehyd 259
Benzolring 203
- *meta-/ortho-* bzw. *para-*Stellung 205
Benzolsulfonsäuren 204, 206
Benzoylchlorid 291
Benzpyren 206, 234 – 235
Benzyl 205
Benzylalkohol 221
Bergab-Regel, Redoxreaktionen 138, 147
Berliner Blau 160
Bernsteinsäure 280 – 281, 284
Beryllium, Elektronenkonfiguration 9
Bewegungsenergie 47
Bezugselektrode, Referenz-Halbzelle 145
bifunktionelle Moleküle 285
Bilayer (s. Lipid-Doppelschichtmembran) 306
bindendes Molekülorbital 37
Bindigkeit (Valenzzahl), Atom 34 – 35
Bindungen
- π-Bindung 41, 173, 195, 202
- σ-Bindung 37, 39, 41, 173, 195, 202
- chemische 27 – 46, 173 – 174
- Edelgaskonfiguration 27
- (α-)glykosidische 367
- heteropolare (s. Ionenbindung) 32
- homöopolare (s. Atombindung) 34
- koordinative, Metallkomplexe 157 – 158
- kovalente (s. Atombindung) 34 – 35, 176
- metallische 27 – 29
Bindungsbruch, hetero-/homolytischer, Alkane 188 – 189
Bindungselektronen, Bindung, koordinative 158
Bindungsenergie 37
Bindungsenthalpie 37
Bindungslänge 37
Bindungswinkel, CH-Bindungen 39
biogene Amine 337 – 338
Biokatalysatoren 353
Biomoleküle
- Benzol 206
- hochmolekulare 36
- thermolabile 72
Biophotonen 83
Biopolymere 373
- Kohlenhydrate 355 – 356
Bioverfügbarkeit 20
Bis(ethylendiamin)-kupfer(II)-Komplex 161
Bis(glycinato)-kupfer(II)-Komplex 161
Bittersalz ($MgSO_4$) 97
Blasengalle, Wassergehalt 60
Blausäure (HCN) 110, 116, 177
- pK_s-Wert 115
- Vergiftung 383
Blei 20, 22, 28, 240
- Verbindungen 22
Bleiakku 134
Bleisulfid 102
Blut
- Phosphor 310
- Puffer 130
- Pufferkapazität 130
- Untersuchungen, photometrische 398
- Wassergehalt 60
Blutfarbstoff, roter 166 – 167
- s. a. Hämoglobin
Blutgerinnung 21, 277, 376
- Vitamin K 277
Blut-Hirn-Schranke 63
Blutlaugensalz, gelbes/rotes 160
Blut-pH-Wert 119, 130
Blutplasma 98
Blutzuckerspiegel 93, 351
BNCT s. Bor-Neutronen-Einfang-Therapie
Bohr-Atommodell 11
Bor
- Elektronenkonfiguration 9
- Strahlentherapie 25
Bor-Neutronen-Einfang-Therapie (BNCT) 25
Bortrifluorid 157
Botenstoff, Calcium 21 – 22
Brennstoffe, fossile 193
Brennstoffzelle 153
Brenzkatechin 226
Brenztraubensäure 284, 286 – 287, 314 – 315, 317
- Stereoselektivität 317
Brönsted-Konzept, Säure-Base-Definition 108, 111, 158
Brom 195
- Addition 207
- radikalische Halogenierung 190
- Thermometer 50
- *trans*-Addition, Alkene 197
Brombenzol 204, 207
Bromid 33
Bromierung 197, 206 – 207
- Alkene 197
- Benzol 204
- radikalische, Alkane 191
Bromonium-Ion 197
Bromthymolblau 120
o-Bromtoluol 205
Bromwasserstoff 207
Bronze 29
Bronzezeit 29
1,3-Butadien 199
Butan
- *n*-Butan 178 – 179, 183, 186
- Druckverflüssigung 55
- Siedepunkt/Summenformel 178
Butandisäure 281
Butanol
- 1-Butanol 220
- 2-Butanol 220
- *n*-Butanol 203, 220, 233
- *tert*-Butanol 255
Butanon 260
Butansäure 329
Buten
- 1-Buten 194
- 2-Buten 194 – 195, 199
- *cis-trans*-2-Buten 324
2-Butenal 259
tert-Buthylbromid 255
Butin 202
Buttersäure (Butyrat) 280 – 281, 284, 329
Buttersäureethylester 294
Butyrat s. Buttersäure

C

$^4C_1$-Konformation, Monosaccharide 364
C_{60}-Fulleren 52
Cadmium 22, 240
Caesium 28
- ^{137}Caesium 22
Calcium 6, 21 – 22, 157
- Hydratationsenthalpie 97
- Isotope 6
Calcium(II)-chlorid, Gitterenergie 96
Calcium(II)-Ion 99
Calciumcarbonat 121
Calciumchlorid 98
Calciumfluorid 34, 101
Calciumhydroxid 101
Calcium-Ion 33
Calciumoxalatsteine 101
Calciumphosphatsteine 101
Calmodulin 105
Campfer 260, 272
Carbanion 262
Carbenium-Ion 196, 225, 232, 252, 255, 259, 265, 269
- Stabilität 196
Carbocylen 381
Carbonat 110

Carbonsäureamide 291, 299 - 301
Carbonsäureanhydride 283, 291 - 292
- Acetanhydrid 292
- Reaktivität 292
Carbonsäurechloride 290 - 291
- Chlorierungsmittel, anorganische 290
Carbonsäurederivate 289 - 302
- Abgangsgruppe 290
- Acylrest 289 - 290
- aktivierte 299
- Enolat-Bildung 290
Carbonsäureester 291, 293 - 297
Carbonsäuren 279 - 287, 289, 302 - 303, 320
- Acidität 281 - 282
- amphipathische 284
- Carboxylgruppe 279
- Decarboxylierung 287 - 288
- Dehydrierung 279
- Dimerisierung 281 - 282
- Eigenschaften 281 - 283
- funktionelle Gruppen 174, 285 - 288
- Geruch 281
- Hydratisierung 285
- hydrophile/hydrophobe 284
- induktiver Effekt 282 - 283
- IUPAC-Regeln 280
- als Konservierungsmittel 283
- Löslichkeit 281
- Oxidation, Aldehyde 261
- pK_s-Wert 282, 284
- Racematspaltung 322
- Salzbildung 283 - 285
- Siedepunkt 281
- Struktur/Nomenklatur 279 - 281
- Wasserstoffbrückenbindungen 281
Carbonyl-C-Atom 258, 264
Carbonyl-Doppelbindung 294
Carbonylgruppe
- Addition 264
- Aldehyde 257 - 259
- - Reduktion 268 - 269
- elektrophiles/nucleophiles Zentrum 258
- Hydrierung 268
- Ketone 257 - 259
- Polarisierung 258, 262
- Reaktionsverhalten 233
- Reaktivität 258
Carbonyl-O-Atom 258, 261 - 262, 289
Carbonylverbindungen, funktionelle Gruppen 174
Carboxylat 159, 282
Carboxylat-Ion 282 - 284, 290
- Mesomerie 282
Carboxyl-C-Atom 280
Carboxylende, Peptide 340
Carboxylgruppe
- Aminosäuren 329
- Carbonsäuren 279
Carboxypeptidase A 26
β-Carotin 200 - 201
Carrier, Zellmembranen 70
Catecholamine 244
C-Atom
- α-C-Atom 280
- alkylsubstituiertes 180
- angeregter Zusand 40
- σ-Bindung 41
- Carbonsäuren 280
- Deprotonierung 262
- Doppelbindung 173
- Orbitalschema 40
- *sp*²-/*sp*³-hybridisiertes 39 - 40, 173
- Zick-Zack-Kette 40
C=C-Doppelbindung, Alkene 194 - 195
C-C-Einfachbindungen 39 - 40
CD-Spektrometer 316
Cellobiose 370 - 371, 373
Cellulasen 374
Cellulose 356, 371, 373 - 374
Celsius 49
Ceramid 377
Cerebrosid 377
Chalkogene 18
C-H-Bindungen 173
- Bindungswinkel 39
- σ-Komplex 207
Chelat-Effekt 164
- Entropie 164
Chelatkomplexe 161 - 162
- Aminosäuren 333 - 334
- Bedeutung 166 - 167
- Häm 382
- Proteine 350
- Stabilität 164
Chelator(en) 160 - 162, 167
Chemilumineszenz 83
chemische Bindungen 173 - 174
chemische Evolution 20
chemische Gleichungen 77 - 78
chemische Kinetik 209
chemische Reaktionen 77 - 94, 209
- Aktivierung 210
- Chemilumineszenz 83
- Elektronenübergänge 133 - 134
- Energetik 81 - 87
- Kinetik 209 - 218
- Reaktionsmechanismus 209
- Triebkraft 85 - 87
chemische Synthese, Peptide 342 - 343
chemische Verbindungen 59
chemische Verschiebung, NMR-Spektrometrie 401
chemisches Element 59
chemisches Gleichgewicht 87 - 91
chemisches Rechnen 79 - 82
Chemotherapeutika 309
Chemotherapie 391
Chinhydron-Elektrode, pH-Wertmessung 151 - 152
Chinone 249, 273 - 278
- *o*-Chinon 273 - 274
- *p*-Chinon 273
- Dehydrierung 273
- Hydrierung 273
- Normalpotenzial 275
- Redoxpotenzial 275 - 276
- Redoxreaktionen 275 - 277
chiral 314, 316
chirale Arzneimittel 325 - 326
chirale Erkennung
- Enantiomere 316
- Nase 317
chirale Hilfsreagens 322
chirale Verbindungen
- *D*/*L*-Nomenklatur 319 - 320
- Konfiguration 318
Chiralität 313
- Aminosäuren 331
Chiralitätszentrum 314
- räumliche Anordung der Substituenten 318
- Tetrosen 358
- Verbindungen 313 - 323
Chitin 356, 377
Chlor 6, 21
- Bindigkeit 35
- Desinfektion 136
- FCKW 42
- Isotope 5 - 6
- Oxidationskraft/-mittel 136, 141
- Radikale 188
- radikalische Halogenierung 190
Chloralhydrat 264
Chloralkali-Elektrolyse 103, 247
Chloralkan 189
Chloressigsäure 282 - 283
Chlorethan 191 - 192
Chlorid 33, 110, 159
Chlorid-Ion 99
chlorierte Kohlenwasserstoffe (CKW) 63
Chlorierung, radikalische, Alkane 189 - 190
Chlorierungsmittel, anorganische, Carbonsäurechloride 290
Chlorkohlenwasserstoff, Addition, Alkene 196
Chlormethan 189
Chloroform 165, 189
Chlorophyll 383
- UV-Spektrum 397
Chlorphenol 248
Chlorpropan, 1/2-Chlorpropan 191
Chlorwasserstoff 80, 107, 110, 196, 299
- Addition, Alkene 196
- Molekülmasse 35
- pK_s-Wert 115
- Summenformel 35
Cholecalciferol 230
Cholestase 286
Cholesterin (= Cholesterol) 201, 228 - 229, 231, 325
- Arteriosklerose 229
- Chiralitätszentrum 325
Cholesterinfänger 229
Cholin 244, 298, 306
Cholin-Acetyltransferase 298
Chrom 21, 26
Chromatographie 72 - 75, 322
- Adsorption 65
- Diastereomere 322
- Reinheitskriterium 73
- Retentionszeit 74
- R_f-Wert 74
Chromophore 396 - 397
Chymotrypsin 344
Ciclosporin 353
Circulardichroismus (CD) 316
cis-Addition 198
- von Wasserstoff, Alkene 198
cis-Buten 186
cis-1,2-Dimethylcyclohexan 187, 198 - 199
Cisplatin 160
cis-Polyisopren 200
cis-Retinal, Sehvorgang 242
cis-trans-Decalin 324
cis-trans-Isomerie 324
- Alkene 194
- Cyclohexanderivate 174, 186 - 187
- Rhodopsin 268
- Steroide 229
Citrat 167, 284
Citronensäure 107, 279, 281, 284, 286, 302
CKW (chlorierte Kohlenwasserstoffe) 63
Claisen-Kondensation 297
Clusterbildung, Wasser 56
CMP (Cytidinmonophosphat) 389
^{13}C-NMR-Spektrum 402
Cobalamin (Vitamin B_{12}) 21, 26, 383 - 384, 392, 394
Cobalt 6, 21, 26
- Isotope 6
Cobalt(II)-Ion 33
Cocain 244
Code, genetischer 390 - 391
C-O-Doppelbindung 173
Coenzym A (CoA) 240, 268, 298
Coenzym K 277
Coenzym Q_{10} 275 - 276
Coeruloplasmin 168
Coffein 246, 388
CO_2-Kreislauf 356
Computertomographie 406
Contergan® (Thalidomid) 326
Creme 59
Crotonaldehyd 259, 269 - 270, 279
Cyanid 110, 156, 159, 163
Cyanocobalamin (s. Vitamin B_{12}) 21, 26, 383 - 384, 392, 394
cyclische Ether 232
cyclische Halbacetale 265, 361
cyclische Phosphorsäurediester 306
Cycloalkane 185 - 188
Cycloalkene 198
1,4-Cyclohexadien 199
Cyclohexan 185, 381
- H-Atome, axiale/äquatoriale 186
- Konformation 185 - 186
- Sesselform 185
- Wannenform 185 - 186
Cyclohexanderivate 186 - 187, 324
- *cis*/*trans*-Isomerie 186 - 187, 324
Cyclohexanol 221
Cyclohexanon 260
Cyclohexen 194, 198
Cyclooxygenase (COX) 293
- Hemmung 293
Cyclopentan 185
Cyclopenten 194
Cyclopropan 184 - 185
Cysteamin 241, 244, 337
Cystein 240, 314, 330, 337, 349, 383
Cystin 349
Cytidin 289
Cytidinmonophosphat (CMP) 389
Cytochrom c 383 - 384, 392
Cytochrome 21, 26, 156
Cytosin 386, 389

D

Dalton (D) 36
Dampfdruck 55
Dampfdrucktopf 55
Dampfdruckunterschiede, Sublimation 71
Daniell-Element 142–144
– Potenzialdifferenz 147
Darmbakterien, Urease 304
DDT 63
Decalin 187
– *cis-trans*-Isomerie 187
n-Decan 183
Decarboxylierung
– Aminosäuren 337–338
– Carbonsäuren 287–288
– oxidative 385
Dehydratisierung 225, 253–254
– Alkanole 225
– Alkene 225
Dehydrierung
– Aldehyde 261
– Carbonsäuren 279
– Chinone 273
– Thiole 238
Dehydroascorbinsäure 364
Dehydrogenasen 392, 397
Dehydrohalogenierung 253–254
Denaturierung, Proteine 348
2,4-Denitrophenylhydrazin 266
Depolarisation 70
Depotphorese-Verfahren, Wurzelkanalbehandlung 104
Deprotonierung, α-C-Atom 262
Desinfektion 136, 156
β-*N*-2-Desoxyribofuranosid 368
Desoxyribonucleinsäure s. DNA
2-Desoxy-*D*-ribose 358, 389
Desoxythymidin (dT) 389
Desoxythymidinmonophosphat (dTMP) 389
Destillation 71
Deuterium 5
Dextrane 372
D-Fructose 359
β-*D*-Galactopyranosyl 378
β-*D*-Galactopyranosyl-(1 → 4)-*D*-glucopyranose 371
D-Galactose 359
D-Glucitol 360
D-Gluconsäure 360
α-*D*-Glucopyranosyl-(1 → 1) α-*D*-glucopyranosid 372
α-*D*-Glucopyranosyl-(1 → 2) β-*D*-fructofuranosid 371
β-*D*-Glucopyranosyl-(1 → 4)-*D*-glucopyranose 370–371
D-Glucosamin 365, 376
D-Glucose 359, 362
D-Glycerinaldehyd 357
D_3-Hormon, aktives 230
Diabetes mellitus 352
– Acetonurie/Ketonurie 260
Diagnostik, Radioisotope 24
Dialkylether 234
Dialkyloxonium-Ion 233, 235
Dialyse 66, 72, 76
Diamant 52, 176
1,2-Diaminoethan 161
Diammindichloroplatin(II) 160
Diamminsilber(I)-Ion 159
Diamminsilber-Komplex 102
Dianion 161, 305
Diaphragma, Halbzelle 143
Diastereomere 322
1,2-Dibromalkane 195, 197
Dibromid 197
Dicarbonsäuren 280–281
– aliphatische 281
Dichlormethan 189
Dicyclohexylcarbodiimid 343
Dicyclohexylharnstoff 343
Diene 199–200
Dieselöl 184
Diester 305
Diethylether 61, 231, 233–234
Diffraktometrie 405
Diffusion 65–66, 70
– einfache (= passive = freie) 65–66
Dihydrogenphosphat 110, 128
– pK_s-Wert 115
Dihydroxyaceton 357
Dihydroxyacetonphosphat 270
1,2-Dihydroxybenzol 226
1,3-Dihydroxybenzol 226
1,4-Dihydroxybenzol (= Hydrochinon) 226, 273, 277
1,25-Dihydroxycholecalciferol 230
Dikaliumoxid 108
Diketone 274
Dimerisierung, Carbonsäuren 281
2,2-Dimethoxypropan 265
Dimethylamin 242
N,N-Dimethylanilin 242
1,2-Dimethylcyclohexan 198–199
1,2-Dimethylcyclohexen 198–199
Dimethylether 231, 233
Dimethylformamid (DMF) 299
2,3-Dimethylhexan 180
3,5-Dimethyl-2-hexen 194
N,N-Dimethylmethanamin 242
3,3-Dimethylpentan 181
Dimethylsulfid 239
Dimethylsulfon 239
Dimethylsulfoxid (DMSO) 237, 239
Dinatrium-hydrogenphosphat 128
m-Dinitrobenzol 205
Diolepoxid 234–235
Dioxan 232–233
Dioxin 248
Dipeptide 340, 342
Diphosphat 307
Dipol 43–44
– Wasser 55
Dipol-Dipol-Wechselwirkungen 55
Dipolmoleküle 43–45
Diradikal, Sauerstoff 42
Disaccharide 356, 369–372
– α-/β-glykosidische Bindung 370
– (nicht)reduzierende 369
– 1,1-/1,4-Verknüpfung 369
Dispersionsmittel 53
Dissoziation 107
– Druck, osmotischer 95
– Salze 95
Dissoziationsgleichgewicht 111, 115
Distickstoffoxid 142
Disulfidbrücken 349–350
– Proteine 349–350
– Thiole 238
Disulfide 238, 349
Dithiothreitol (DTT) 350
D-Konfiguration, Aminosäuren 331
D/L-Nomenklatur 320
– chirale Verbindungen 319
D-Mannopyranose 362
D-Mannose 359–360, 378
DMF (Dimethylformamid) 299
DMSO (Dimethylsulfoxid) 237, 239
DNA (Desoxyribonucleinsäure) 234–235, 388–390
– Basenpaarung 390
– Doppelhelix 390
– Kristallisation 51
– Phosphatreste 310
– Phosphorsäurediester-Gruppen 389
– Replikation/Transkription 391
– Zink 21
DNA-Gyrase 391
2D-NMR-Spektroskopie 402
Donator
– Lewis-Base 157
– Wasserstoffbrückenbindung 56
Donnan-Gleichgewicht 69–70
Donnan-Potenzial 69
Dopamin 206, 208, 241, 244, 246
Doppelbindungen 40–42
– C-Atom 173
– isolierte 199
– konjugierte 199
– olefinische 201
Doppelhelix, DNA 390
d-Orbitale 12
Doxorubicin (= Adriamycin) 367
D-Penicillamin 340
Drehung, spezifische, Enantiomere 316
Drehwert, Enantiomere 316
Dreifachbindungen 40–42
D-Rhamnose 365
D-Ribose 358, 362, 389
D-Ribulose 358
Druck
– Erhöhung, Prinzip des kleinsten Zwanges 89
– Gase 48
– hydrostatischer 67
– Löslichkeit 62
– osmotischer 67–68, 95
– Pascal/SI-Einheit 49
– Siedepunkt 54
drug design 326
dT (Desoxythymidin) 389
dTMP (Desoxythymidinmonophosphat) 389
Dünnschichtchromatographie 74
dynamisches Gleichgewicht 87

E

ΔE 144, 153
$ΔE^0$ 153
E_{Anode} 144–145
$E_{Kathode}$ 144–145
Ecstasy 245
Edelgase 18, 20, 28
Edelgaskonfiguration 27, 29
Edelgasregel 27
Edelmetalle 29, 148
– E^0-Wert 148
Edmann-Abbau 344
EDTA (Ethylendiamintetraessigsäure) 161, 164, 167
Edukte 78, 89, 112, 141
Eigendissoziation (= Autoprotolyse) 112–114
einsame (= freie) Elektronenpaare 32, 35, 44, 157
Einstabmessketten, pH-Wertmessung 152
Einstoffsysteme 57
Eisen 6–7, 21, 136
– Cytochrome 26, 383
– Elektronenkonfiguration 9
– Hämoglobin 26, 382
– Isotope 6
Eisen(II)-Ion 33
Eisen(II)-Salze, Kaliumcyanid 160
Eisen(III)-bromid 206–207
Eisen(III)-chlorid 34, 141
Eisen(III)-Ion 33
Eisen(III)-oxid, Reduktionsmittel 136
Eisen(III)-Salze 160
Eisenzeit 29
Eiweiße s. Proteine
elektrische Energie 103
– chemische Reaktionen 83
elektrische Leitfähigkeit 29, 102
– Metalle 29
elektrochemische Spannungsreihe 137–138
elektrochemische Zelle 142–143
– Elektrode 142–143
– Halbzelle 142
– Leistung 146–147
– Potenzialdifferenz 144
– Salzbrücke 142
– Spannungsdifferenz 144
Elektrode, elektrochemische Zelle 142–143
Elektrodenpotenzial 145–148
– Halbzelle 145–148
Elektrolyse 83
– Anode/Kathode 103
– Chloralkali-Elektrolyse 247
– Ionenwanderung 103
– Salze 102–103
– Wasser 153
Elektrolyte 98, 102–103
– Blutplasma 98
– Salze/Salzlösungen 95, 102–103
Elektrolythaushalt 98, 105
elektromagnetische Strahlung 395
elektromagnetisches Spektrum 396
elektromotorische Kraft (EMK) 143–145
Elektronegativität 30–31, 42
Elektronen 3, 12, 150
– π-Elektronen, delokalisierte 202–203
– einzelne (ungepaarte) 34
– Energieniveau 7, 9–10
– Ladung und Masse 3
– Oktettregel 35
– Spinquantenzahl 8
– Wanderungstendenz 133
Elektronenabgabe
– elektrochemische Zelle 143
– Oxidation 135

Elektronenaffinität 30
Elektronenakzeptor
- Elektrophile 258
- Oxidationsmittel 136
Elektronenaufnahme
- elektrochemische Zelle 143
- Reduktion 135
Elektronendonator 258
- Reduktionsmittel 136
Elektronenfluss 133
- Atmungskette 1523
- Redoxpaare 137 - 138
Elektronengas 27
Elektronenhülle 4, 7 - 12
Elektronenkonfiguration 8 - 10, 17 - 18
- Fluor/Natrium 32
- Kohlenstoffatom 38 - 39
Elektronenlücke 157
Elektronenoktett 176
Elektronenpaarbindung (s. Atombindung) 34
Elektronenpaar(e)
- freie (einsame) 32, 35, 44, 157
- gemeinsames (bindendes) 34 - 35
Elektronenschalen 7
Elektronenspektren 396
Elektronenstoß-Ionisation, Massenspektrometrie 304
Elektronentransfer-Reaktionen 135
Elektronenübergänge, chemische Reaktionen 133 - 134
Elektroneutralität 69
Elektrophile 176, 258
- Elektronenakzeptor 258
- Thioether 239
elektrophile Substitution 175 - 176
- Alkanole 224
- aromatische 204, 206 - 207
- Benzol 204
- Phenol 224
elektrophiles Zentrum, Carbonylgruppe 258
Elektrophorese 335, 349
Elektrosmog 12
Elektrospray-Ionisation (ESI) 344, 405
elektrostatische Anziehung 55
- Proteine 349
Elementarreaktion 212
- uni-/bimolekulare 212
Elementarteilchen 3
Elementarzelle, Röntgenstrukturanalyse 405
Elemente 5 - 6
- Atom-/Ionenradius 31
- Bedeutung 22
- biochemisch und medizinisch wichtige 19 - 22
- Bioverfügbarkeit 20
- chemische 59
- Elektronegativität 43
- Elektronenkonfiguration 9
- Häufigkeit im menschlichen Körper 20
- Hauptgruppen 16, 18
- Isotope 5
- lebensnotwendige 20 - 21
- Nebengruppen 16, 18 - 19
- Oxidationsstufe 139 - 140
- Periodensystem 15 - 26
- - Ionisierungsenergie 29
- pharmakologisch/toxikologisch wichtige 22
- radioaktive 22 - 23
- Spurenelemente 21 - 22, 26, 105
Elementsymbol 5
Eliminierungen 175, 253 - 256
- Addition, Umkehrreaktion 195
- bimolekulare 254
- β-Eliminierung 253
- unimolekulare 255
Eluat, Chromatographie 73
Emission, Strahlung 395
EMK (elektromotorische Kraft) 143 - 145
Emulsion 59
Enantiomere 313 - 314, 321 - 322
- chirale Erkennung 316
- Drehung, spezifische 316
- kinetische Kontrolle 317
- Milchsäure 314, 319
- optische Aktivität 315 - 316
- Racemat 322
- Stereoselektivität 316 - 317
- Thalidomid 326
endergone Reaktion 86
Endiol 357
Endodontie 104
Endopeptidasen 344
Endosymbionten-Hypothese 154
endotherm 54
endotherme Reaktionen 83
Energetik, chemische Reaktionen 81 - 87
Energie
- chemische Reaktionen 82 - 87
- elektrische 82, 103
- Elektronenübergänge 134
- kinetische 47, 54
- Stoffumwandlungen 82
Energiediagramm 38, 213
- Gleichgewichtsreaktion 90
- S_N1-/S_N2-Reaktion 251
Energiegrößen, Reaktion 87
Energiehaushalt, Gibbs- Energie 92
Energieniveauschema, Elektronen 9 - 10
energiereiche Verbindung 263
Enkephaline 353
Enol 263
Enolat, Konstitutionsisomere/-isomerie 262
Enolat-Bildung 258
- Carbonsäurederivate 290
- Säurekatalyse 290
Enolat-Ion 262
Enolat-O-Atom 262
Enolbrenztraubensäure 287
Enolform 262
Enolpyruvat 263, 287
Entgiftung, Metallvergiftungen 167
Enthalpie 83
- Hydratationsenthalpie 96 - 98
- Lösungsenthalpie 98
- Neutralisationsenthalpie 121
- Reaktionsenthalpie 83, 164
- Verbrennungsenthalpie 84
- Zustandsfunktion 83
Entmineralisierung, Knochen 118
Entropie 85
- Änderungen 85
- Chelat-Effekt 164
- Einflüsse 85
- Mizellenbildung 285
- Reaktionsentropie 85
- Salze, Lösen 98
Entropieloch 85
Enzyme 21, 36, 124, 310, 353
- Hydrathülle 348
- Kristallisation 51
- Nebengruppenelemente 21
- Schlüssel-Schloss-Prinzip 323
- Stereoselektivität 316
- Wasserlöslichkeit 62
Enzymkinetik 215 - 217
- Wechselzahl 216
Epimerasemangel 372
Epimere 359
Epoxide 232, 234
Erdalkalihalogenide 99
Erdalkalimetalle 18, 20, 28
Erdalkalioxide 111
Erdalkalisalze 21
Erdgas 184, 192 - 193
Erdmetalle 18
Erdöl 184, 193
- *cis-trans*-Decalin 187
E1-Reaktionen 256
E2-Reaktionen 254 - 255
Ergotamin 386
Erhaltung der Ladung bzw. Masse 78
erythro-Form, Threonin 322
Erythromycin 309
Erythrose 358
- *D*-Erythrose 358
Erythrozyten 4
ESI (Elektrospray-Ionisation) 344
Essigsäure 110, 116, 122, 227, 279 - 284, 292, 298
- pH-Wert 118
- pK_s-Wert 115, 282
- Summen-/Strukturformel 36
- Titration(skurve) 123, 127
Essigsäureethylester 294, 297, 309, 401
Ester
- cyclische 296
- funktionelle Gruppen 174
- Hydroxycarbonsäuren 296
Esterbildung 293
- Aminosäuren 338
Esterhydrolyse 293
- alkalische 294
Esterkondensation 297
Esterverseifung 294
Ethan 40, 178 - 179
- Kalotten-Modell 182
- Konformere 182
- Molmasse 222
- Newman-Projektion 182
- Schreibweisen 182
- Siedepunkt 178, 222
- Summenformel 178
Ethanal 259, 266, 269, 272
Ethanal-oxim 266
1,2-Ethandiol 225
Ethandisäure 281
Ethanol 220, 227
- Blutalkoholberechnung 81
- Kokarzinogen 227
- Konzentration, letale 227
- Molmasse/Siedepunkte 222
- Vergällung 227
- Vergiftung 227
Ethanolabbau, Acetaldehyd 227
Ethanolamin 244, 337
Ethanthiol 237
Ethen 40 - 41, 194, 198 - 199
- Summenformel 194
Ether 44, 63, 159, 232, 234 - 236, 296
- aliphatische 231
- Antioxidanzien 234
- cyclische 232
- Darstellung 234
- funktionelle Gruppen 174
- Konstitutionsisomere 231
- Methoxygruppe 232
- nucleophile Substitution 234, 249 - 250
- Reaktionen 233 - 235
- Reaktivität 234
- Säure-Base-Verhalten 233 - 235
- Siedepunkte 233
- (un)symmetrische 231, 234
Etherhydroperoxid 234
Etherperoxid 234
Ethin 40 - 41, 202
Ethoxyethan 231
Ethyl 179 - 180
Ethylacetat (s. Essigsäureethylester) 294, 297, 309
Ethylalkohol 220
Ethylchlorid 54
Ethylen 194
Ethylendiamin 161
Ethylendiamintetraessigsäure (EDTA) 161, 164, 167
Ethylenglycol 225 - 226
Ethylenoxid 232
Ethylester 294
Ethylethanoat (s. Essigsäureethylester) 294
Ethylmercaptan 237
5-Ethyl-2-methylheptan 181
Ethylmethylketon 259
E^0-Wert
- Edelmetalle 148
- Halbedelmetalle 148
- Redoxpaar, Oxidations-/Reduktionskraft 146
exergone Reaktion 86
Exopeptidasen 344
exotherm 54
exotherme Reaktionen 83
Extinktionskoeffizient, molarer, UV-Spektroskopie 396
Extraktion 72
E/*Z*-Nomenklatur 320
- Olefine 320
e^{Δ}-Zahl, maximale 7

F

F_2
- Molekülmasse 35
- Summenformel 35
FAD (Flavin-Adenin-Dinucleotid) 392
$FADH_2$ 392
Fällungs-Reaktion 77
- Niederschlag 101
- Salze 101 - 102
β-Faltblattstruktur, Peptide 344
Faraday-Konstante, Nernst-Gleichung 148
FCKW (Fluorchlorkohlenwasserstoffe) 42, 247

Fehling-Lösung 261, 360
Feinstaub, Laserdrucker 53
fest 47 - 48
fest/fest 59
fest/flüssig 59
fest/gasförmig 59
Feststoffe 50
- amorphe 52
- Energie, kinetische 47
- Kristallgitter 47
- kristalline 47, 51 - 52
- Modifikationen 51 - 52
Fette 172
- Autoxidation 192
- Esterhydrolyse 294
Fettsäuren 280
- essenzielle 296
- mehrfach ungesättigte 296
- Natriumsalze 295
- Omega-3-Fettsäuren 295
- ungesättigte 295
Fieber 84
Filtration, Membranen, semipermeable 66
Fingerprint-Bereich, IR-Spektroskopie 399
Fischer-Projektion 319
- Aminosäuren 331
Fischleberöl 230
Flavin 392
Flavin-Adenin-Dinucleotid (FAD) 392
Flavin-mononucleotid (FMN) 392
Flavoproteine 21, 392
Fließgleichgewicht 92 - 93, 216
flüssig 47 - 48
flüssig/flüssig 59
- Verteilung 72
flüssig/gasförmig 59
Flüssigkeiten 50 - 51
- Adsorption 64 - 65
- Energie, kinetische 47
- erstarrte 52
- Gravitationskräfte 50
- Löslichkeit 61
- Oberflächenspannung 50 - 51
- Phasenwechsel 50
- Viskosität 51
Flüssigkeitschromatographie 72 - 73
Fluor 21, 26, 28, 32
- Bindigkeit 35
- Elektronenkonfiguration 9, 32
- Kernladungszahl 32
- Oxidationskraft 141
Fluorapatit 101
Fluorchinolone 391
Fluorchlorkohlenwasserstoffe (FCKW) 42, 247
Fluoressigsäure, pK_s-Wert 282
Fluorid 33, 105, 159
5-Fluorouracil 391
Fluorwasserstoff 43
FMN (Flavin-mononucleotid) 392
$FMNH_2$ 392
Folsäure 208, 309, 392
Folsäurehemmer 392
f-Orbitale 12
Formaldehyd 158, 227, 259, 264, 337
- in der Anatomie 259
- Methanolvergiftung 226
Formalin 259
Formamid 299
Formelmasse 33
- Salze 36
Formiat 284
Fourier-Transformation, NMR-Spektrometrie 401
freie (einsame) Elektronenpaare 32, 35, 44, 157
freie Radikale 155
freie Reaktionsenthalpie 86
Fruchtzucker s. Fructose
β-*D*-Fructofuranose 362
β-*D*-Fructopyranose 362
Fructose 359
- *D*-Fructose 359 - 360, 363
Fructose-1,6-bisphosphat 270
Fructose-6-phosphat 359 - 360
L-Fucose 365, 378
fünfgliedrige Heterocyclen 381 - 385
Fullerene 52 - 53
Fumarat/Fumarsäure 201, 281
funktionelle Gruppen
- Carbonsäuren 285 - 288
- einfache, Verbindungen 219 - 256
- Kohlenstoff 174 - 175
- Valenzschwingungen 400
Furan 381
Furanosen 362 - 363, 366
Fusarium 297

G

ΔG 86, 89 - 90, 145
ΔG^0 80, 86, 89 - 90, 92, 164, 209, 213 - 214, 309
$\Delta G^{\#}$ 190, 214
$\Delta G_{Hin/Rück}$ 90
GABA (γ-Aminobuttersäure) 330, 337
β-*D*-Galactopyranosyl 378
β-*D*-Galactopyranosyl-(1 → 4)-*D*-glucopyranose 371
β-Galactosidase 372
- Mangel 372
Galaktosämie 372
Galaktose, *D*-Galaktose 359, 377 - 378
Gallensäuren 286
Gallensaft, pH-Wert 119
Gallium, Thermometer 50
Ganglioside 377, 380
Gasaustausch, Lunge 64
Gaschromatographie 72, 74 - 75
Gasdruck 48, 62
Gas(e) 48 - 50
- Adsorption 64 - 65
- Druck/Druckmessung 44
- ideales 49
- - V,T-Diagramm 50
- Löslichkeit 62
Gasembolie 76
- Taucher 62
gasförmig 47 - 48
Gasgesetz(e) 49 - 50
- allgemeines 49
Gaskonstante
- allgemeine 49
- Nernst-Gleichung 148
Gasmasken 65
Gasmischungen 58
Gastritis 121
Gefriertrocknung 71 - 72
Gegendruck (Turgor), Zellen 48
Gegenstromverteilung 64
Gehaltsbestimmung, Titration 124
Gehirn, Phosphor 310
gekoppelte Reaktionen 91
Gelbkörper 261
Gelchromatographie 74
Gelfiltration 73 - 75
genetischer Code 390 - 391
geometrische Isomerie, Alkene 194 - 195
Gerätesterilisation 55
Germanium 28
Geruchssinn, Schwefelverbindungen 238
gesättigte Kohlenwasserstoffe 178 - 185
gesättigte Lösung 61 - 62
Gesamt-Dipolmoment, Wassermolekül 44
Gesamtladung, Metallkomplexe 160
geschlossene Systeme 92
Geschwindigkeit, mittlere 44
geschwindigkeitsbestimmender Schritt, Reaktionen 212
Geschwindigkeitsgesetz 210
Geschwindigkeitskonstante 210
Gesetz(e)
- Henry-Dalton-Gesetz 64
- Lambert-Beer-Gesetz 396
- Massenwirkungsgesetz 88, 90, 332
- Nernst-Verteilungsgesetz 63 - 64
Gewebshormone 288, 295 - 296
gewinkeltes Molekül 44
Gibbs freie Energie 86
- Knallgasreaktion 81, 87
Gibbs-Aktivierungsenergie 214
- Alkane 190
- Katalysator 214
Gibbs-Energie 85 - 87, 92, 213 - 214, 248
- Chelat-Effekt 164
- chemisches Gleichgewicht 89 - 91
- Hydrolyse 263, 309 - 310
- unter Standardbedingungen 87, 89 - 91
Gibbs freie Reaktionsenthalpie 86
Gibbs-Helmholtz-Gleichung 85 - 86
Gibbs-Reaktionsenergie 214
Gibbs-Standardreaktionsenergie 90
Gicht 105, 130, 305
Gitterenergie (ΔH_{Gitter}) 95 - 96, 98
Glaselektrode 152
Glaskörper, Wassergehalt 60
Glaubersalz (Na_2SO_4) 97
Gleichgewicht
- chemisches 87 - 91
- dynamisches 87
- Edukte 89
- in Gegenwart von Membranen 65 - 69
- heterogenes 61 - 76, 99
- homogenes 87
- Reaktionen 87
- thermodynamisches 92
Gleichgewichtskonstante 88
Gleichgewichtsreaktionen
- Energiediagramm 90
- Katalysator 89
Gleichungen, chemische 77 - 78
Glia 63
Glucagon 353
D-Gluconsäure 360
Glucopyranose 363, 370
- α-*D*-Glucopyranose 361, 363, 366
- β-*D*-Glucopyranose 362, 364, 366, 370
- *D*-Glucopyranose 366, 374
α-*D*-Glucopyranosyl-(1 → 1) α-*D*-glucopyranosid 372
α-*D*-Glucopyranosyl-(1 → 2) β-*D*-fructofuranosid 371
β-*D*-Glucopyranosyl-(1 → 4)-D-glucopyranose 370 - 371
D-Glucosamin 365, 376
Glucose 359, 390
- alkoholische Gärung 227
- *D*-Glucose 357, 359, 378
- Konzentration im Blut 93, 351
- Wasserlöslichkeit 62
Glucose-1-phosphat, Glykogen 377
Glucose-6-phosphat 359 - 360
Glucoselösung, Druck, osmotischer 68
Glucoseoxidase 145
Glucose-Toleranzfaktor 26
β-Glucosidasen 374
Glucuronierungs-Reaktionen 367
Glucuronsäure, *D*-Glucuronsäure 360, 376
L-Glutamat 398
Glutamat-Oxalacetat-Transaminase (GOT) 398
Glutamin 330
Glutaminsäure 330, 336 - 337, 392
Glutarsäure 280 - 281
Glutathion 341 - 342
Glutathion-Peroxidase 26
Glycerat 286
Glycerin 225 - 226, 295, 306
Glycerin-3-phosphat 305 - 306, 310
Glycerinaldehyd 316, 320, 357
- Chiralitätszentrum 357
- *D*/*L*-Nomenklatur 320
- *D*-Glycerinaldehyd 320, 357
- *L*-Glycerinaldehyd 320, 357
Glycerinaldehyd-3-phosphat 175, 270, 305 - 306
Glycerinsäure 286
Glycerinsäure-1,3-bisphosphat 307
Glycerol 225 - 226
Glycerophospholipide 225
Glycin 161, 175, 305, 330 - 331, 338, 340
- isoelektrischer Punkt 335
- Papierelektrophorese 335
Glycinat 161
Glycin-hydrochlorid, Titrationskurve 334
Glycin-methylester 338
Glycin-Puffer 334 - 335
Glycol 225 - 226
Glycolyse 227
Glycyl-glycin 305
Glykane 373
Glykobiologie 378
Glykogen 356, 375 - 377, 380

Glykolipide 377 – 379
Glykonährstoffe 378
Glykoproteine 377 – 380
- *O*-/*N*-glykosidische Bindung 378
Glykosaminoglykane 21, 376
Glykoside 366 – 367
- Eigenschaften 367
- *N*-Glykoside 367
- *O*-Glykoside 368
glykosidische Bindung 367
- β-glykosidische Bindung 377
Glykosylierung 377
Gold 29
GOT (Glutamat-Oxalacetat-Transaminase) 398
Granit 59
Graphit 52
Gravitationskräfte, Flüssigkeiten 50
Grenzformeln
- mesomere, Benzol 203
- Phenolat-Ion 223
grob-dispers 59
Guanidin 304
Guanidinium-Ion 304
Guanidylgruppen, Hydrolyse 304
Guanin 388 – 389
Gyrasehemmer 391
Gyrasen 391

H

ΔH^0 83, 192, 198, 209
ΔH negativ/positiv 78
Häm 166, 382, 392
Hämoglobin 4, 21, 26, 64, 156, 166 – 167, 347, 382
- s. a. Blutfarbstoff, roter
- Porphyrin 166
- Pufferkapazität 130
- Pyrrolringe 166
- UV-Spektrum 397
Häm-Oxygenase, Kohlenmonoxid (CO) 167
Händigkeit 313
Halbacetale 264 – 265, 296
- cyclische 265, 361
Halbedelmetalle 148
- E^0-Wert 148
Halbmetalle 28
Halbwertszeit, radioaktive Elemente 23
Halbzelle 142
- elektrochemische Zelle 142
- Elektrodenpotenzial 145 – 148
- Normalpotenzial 146
- Oxidations-/Reduktionskraft 144
- Redoxpotenzial 148
Halluzinogene, LSD 386
Halogenalkane 195, 246 – 248
Halogenaromate 246 – 248
Halogene 18, 20, 28, 31
Halogenierung
- Alkane 189
- radikalische, Alkane 190
Halogenwasserstoff 43, 195
Halothan 191 – 192, 233
Harn, Wassergehalt 60
Harnflut 352
Harnsäure 62, 304 – 305, 388
- Tautomere/-merie 304
Harnsteine 130
Harnstoff 36, 172, 273, 303 – 304
- Dialyse 66
- Summen-/Strukturformel 36
- Wasserlöslichkeit 662
Harnstoff/Formaldehyd-Harze 304
Harnstoffzyklus 304
Hauptgruppenelemente 16, 18
- Atomradius 31
- Elektronegativität 30 – 31, 43
- Ionenradius 31
- Massenanteil im menschlichen Körper 21
- Periodensystem 16, 18, 20
Hauptquantenzahlen 7
Hauptsatz, erster, Thermodynamik 82
Hautkrebs-Risiko, UV-B-Strahlung 42
Haworth-Formel 361 – 362
- Pyranosen 364
H-Brücken 55
HDL (high density lipoprotein) 229
Heilerde 65
Hektopascal (hPa) 48
Helium 62
- Elektronenkonfiguration 9
α-Helix, Peptide 345 – 346
Henderson-Hasselbalch-Gleichung 126
Henry-Dalton-Gesetz 64
Heparin 373, 376, 380
n-Heptan 178, 192
Heptose 357
Herbizide 248
Herzinfarkt, Omega-3-Fettsäuren 295
Herzinfarktprophylaxe, Acetylsalicylsäure 293
Heteroatome 173
Heterocyclen 381 – 393
- fünfgliedrige 381 – 385
- mehrkernige 386 – 388
- sechsgliedrige 385 – 386
heterogen 58
heterogene Systeme 59
- Arzneimittel 59
heterogenes Gleichgewicht 61 – 76
heterogenes System 59
Heteroglykane 373
heterolytischer Bindungsbruch 188 – 189
heteropolare Bindungen 32
Hexaaquocobalt(II)-Ion 165
Hexaaquocobalt(III)-Ion 165
Hexacyanoferrat(II)-Ion 159, 163
2,4-Hexadien 199
2E,4E-Hexadiensäure 283
Hexamere, Wasser 56
Hexammincobalt(II)-Ion 165
Hexammincobalt(II)-Komplex 165
Hexammincobalt(III)-Ion 165
Hexammincobalt(III)-Komplex 163, 165
Hexan 180
- *n*-Hexan 178
Hexanoylchlorid 291
1,3,5-Hexatrien 202
2-Hexen 194
Hexosen 359 – 360
- Halbacetale, cyclische 361
ΔH_{Gitter} 98
ΔH_{Hyd} 96, 98
Hilfsreagens, chirales 322
Hinreaktion 87
Histamin 246, 337
- Allergien 338
Histidin 166, 330 – 331, 337, 382, 385, 394
ΔH_L 98
Hochdruck-Flüssigkeitschromatographie (HPLC) 74, 404
hochmolekulare Biomoleküle 36
Holz 374
Holzgeist (s. Methanol) 226
Holzverbrennung 108 – 109
HOMO (highest occupied molecular orbital) 396
homöopolare Bindungen 34
homogen 58
homogene Lösungen 80
homogenes Gleichgewicht 87
homogenes System 58
Homoglykane 373
homologe Reihe, Alkane 178
homolytischer Bindungsbruch 188 – 189
Hormone 172
- Zink 21
HPLC (Hochdruck-Flüssigkeitschromatographie) 74, 404
ΔH_u (Gitterenergie) 33, 95 – 96, 98
Hückel-Regel 202
Humaninsulin 351
Hund-Regel 9
Hyaluronsäuren 373, 376
- Murein 373
Hybridisierung 38 – 39
- sp^2-/sp^3-Hybridisierung 39 – 40, 173
Hydrat 264
Hydratation, Salze 96 – 97
Hydratationsenthalpie 96 – 98
Hydrathülle 96
- Enzyme 348
Hydratisierung 162
- Alkanole 225
- Alkene 196
- Carbonsäuren 285
- Peptide/Proteine 348
Hydratwasser 162
Hydrazin 266
Hydrazon 266
Hydrid-Ion 140, 269, 386
Hydrierung
- Alkene 198
- Carbonylgruppe 268
- Chinone 273
Hydrierwärme 198, 202
Hydrochinon (= 1,4-Dihydroxybenzol) 226, 273, 277
Hydrochlorid 333
- Amine 243
Hydrogencarbonat 33, 110, 130
- pK_s-Wert 115
Hydrogencarbonat-Ion 99
Hydrogenphosphat 110, 128
- pK_s-Wert 115
Hydrogenphosphat-Ion 99
Hydrogensulfat 110
- pK_s-Wert 115
Hydrogensulfid 110
Hydrolyse 289, 298
- alkalische, Triacylglycerine 295
- Amide 300
- Gibbs-Energie 263, 309 – 310
- Guanidylgruppen 304
- Säurederivate 278
Hydronium-Ion 108, 113, 120, 158
- pK_s-Wert 115
Hydroperoxide 234
hydrophil 62 – 63
hydrophile Carbonsäuren 284
hydrophob 62
hydrophobe Alkanole 222
hydrophobe Kohlenwasserstoffe 183 – 184
hydrophobe Wechselwirkung 284 – 285, 349
- Chromatographie 74
hydrostatischer Druck 67
Hydroxid 33, 159
Hydroxid-Ionen 108
- Neutralisation 120
2-Hydroxybenzaldehyd 259
4-Hydroxy-3-benzaldehyd 259
Hydroxybenzol (s. Phenol) 221
3-Hydroxybuttersäure/-butyrat 286
β-Hydroxybuttersäure/-butyrat 259 – 260
γ-Hydroxybuttersäure/-butyrat 296
Hydroxycarbonsäuren 286 – 287
- α-Hydroxycarbonsäuren 285, 287
- Ester 296
Hydroxyd-Ionen 113
Hydroxygruppe 219
Hydroxylamin 266
Hydroxylapatit 101, 105
4-Hydroxy-3-methoxybenzaldehyd 259
Hydroxynaphthalin (s. Naphthol) 221
Hyperglykämie 352
Hyperthermie
- artifizielle 85
hypertonische Lösungen 68
Hyperventilation 130
hypotonische Lösungen 68

I

^{123}I 20
IgE-vermittelte Überempfindlichkeitsreaktion 338
Imidazol 385, 392, 394
Imide 300
Imine 174, 266, 337
- funktionelle Gruppen 174
Indigo 397
Indikatoren
- Pflanzenfarbstoffe 120
- pH-Wert 119
- Titration 124
- Umschlagsbereich 119
Indikatorpapier/-streifen 120
Indol 386 – 387, 392, 394
induktiver Effekt, Carbonsäuren 282 – 283
Inhalationsnarkose 64, 142, 233
Inositol 226
Inositol-triphosphat 231
Insektizide, lipophile 63
Insulin 21, 93, 343, 350 – 351, 353

Insulin-Analoga 351
Insulinmangel 352
intermetallische Phasen, Legierungen 29
International Union of Pure and Applied Chemistry (IUPAC) 179
Inversion, S_N2-Reaktion 251
Invertase 371
Invertzucker 371
Iod 6, 21 – 22, 136
- Isotope 6
- Oxidatonskraft 141
- Schilddrüsenhormone 26
Iodalkan 234
- nucleophile Substitution 249
Iodid 33, 105
Iodmethan 249
Iodophore 136
Iodwasserstoff 43
Ion-Dipol-Wechselwirkung 96, 162
Ionen
- Formeln 33
- hydratisierte 97
- Körperflüssigkeit 98 – 99
- komplexe 139
- Ladung 33
- mineralische 99
- Namen 33 – 34
- Oxidationsstufe 33
- Wertigkeit 33
Ionenaustauschchromatographie 72, 74, 344
Ionenbildung 30
- Neigung 30 – 32
Ionenbindung 27, 29 – 34, 43
- Salze 32
Ionengitter 32
- Salze 32
Ionenkanäle 70, 353
Ionenprodukt, Wasser 112 – 113
Ionenradien 30 – 32
- Hauptgruppenelemente 31
- Salze 97
Ionentransport 22
Ionenverteilung im Körper 98
Ionenwanderung
- Elektrolyse 103
- Wurzelkanal 104
Ionisierungsenergie 29
Iontophorese, Wurzelkanalbehandlung 104
IR-Spektroskopie 399 – 400
- Beuge-/Streckschwingungen 399
- Fingerprint-Bereich 399
- Schwingungsanregung/-freiheitsgrade 399
Isobutan 179
Isocitrat 286
Isocitronensäure 286
isoelektrischer Punkt, Aminosäuren 335 – 336
Isofluran 233
Isoleucin 331
Isomerase 357
Isomerie
- Arten 324
- geometrische, Alkene 194 – 195
- Tripeptide 341
Isopren 200
Isopropanol 220
- Siedepunkte 261
Isopropyl 180
isotherm 65
isotonische Lösungen 68
Isotope 5 – 6
- instabile/radioaktive (s. Radioisotope) 5, 23
- Periodensystem 16
- stabile 5
Isotopenhäufigkeit 5
IST-Temperatur 84
IUPAC (International Union of Pure and Applied Chemistry) 179
- Carbonsäuren 280

J

Joule 82
Juglon 274

K

$K_{1/2}$-Wert 91
K_b 114
K_d 163
K_f 163
K_{ges} 91
K_{Ind} 119
K_k 163 – 164
K_s 114
K_z 163
K^+/Na^+-Pumpe 66
Kältezittern 84
Kalium 6, 21, 99
- Hydratationsenthalpie/Ionenradius 97
- Ionentransport 22
- Isotope 6
Kaliumchlorid, Gitterenergie 96
Kaliumcyanid 160
Kaliumhexacyanoferrat(II) 160
Kaliumhexacyanoferrat(III) 60
Kaliumiodid 34, 141
Kalium-Ion 33
Kaliumpermanganat 136, 238
Kalkmilch 59
Kalomel-Elektrode 152
Kalorimeter 84
Kalotten-Modell 181 – 182
Kapillar-GC 74
Karies 130, 372
Katalysator 214 – 215, 225
- Gibbs-Aktivierungsenergie 214
- Gleichgewichtsreaktionen 89
- Phasentransfer-Katalysator 235
Katalyse 214 – 215
- homogene/heterogene 215
- Säurekatalyse 290
Kathode
- elektrochemische Zelle 143
- Elektrolyse 103
kathodische Reaktion 103
Kationen 29 – 30
- hydratisierte 96
Kautschuk 200
Kayser-Fleischer-Kornealring 168
Keilstrich-Formel 181 – 182
Kelvin 49
Keratin, β-Keratin 344 – 345
Kernfusion 23 – 24
Kernladungszahl 4
- Fluor/Natrium 32
Kernreaktoren 23
Kernresonanz 401
Kernspaltung, Atomkerne 23
Kernspin 400 – 401
Kernspintomographie 401 – 403
Kerntemperatur
- Erhöhung 84
- Tagesrhythmus 84
Ketocarbonsäuren 266, 286 – 287
- α-Ketocarbonsäuren 287
- β-Ketocarbonsäuren 287
Keto-Enol-Tautomerie 262 – 264, 287
- Carbanion 262
- CH-Acidität 262
- Energie aus der Enolform 263 – 264
- Enolat-Ion 262
- Tautomerie-Gleichgewicht 262 – 263
Ketoform 262
α-Ketoglutarat 287, 398
Ketone 224, 257 – 272, 287
- Aldol-Kondensation 269 – 270
- Alkanole/Alkohole, Oxidation 224
- - sekundäre 261
- Amine, primäre, Addition 266
- Carbonylgruppe 257 – 259
- - Reduktion 268 – 269
- Kondensation 266
- Löslichkeit 261
- Nomenklatur/Struktur 259 – 261
- Reaktion mit Alkoholen 264 – 265
- Siedepunkt 261 – 262
- Transaminierung 266
- Wasser, Addition 264 – 265
Ketonurie 260
Ketosen 355, 359
Ketotriose 357
Kinetik, chemische Reaktionen 209 – 218
kinetische Energie 47, 54
kinetische Größe, Nucleophilie 250
kinetische Kontrolle 200
- Enantiomere 317
- Reaktionen 87, 214
Knallgasreaktion 78 – 79, 83, 87, 152 – 155, 209 – 210
- Sauerstoff/Wasserstoff 137
Knochen, Entmineralisierung 118
Kochsalz (= Natriumchlorid) 32, 34, 102, 105
- Gitterenergie 96
- pH-Wert 121
- Sättigungskonzentration 61
Kochsalzlösung
- isotonische 69
- physiologische 68
Körper(flüssigkeiten)
- Hauptgruppenelemente 22
- Ionen 98 – 99
- pH-Wert 119
- Verteilungsprozesse 63
- Wassergehalt 60
Kohle 193
Kohlendioxid (CO_2) 53, 108, 129, 177, 399
- alkoholische Gärung 227
- Druckverflüssigung 55
- Eisenoxid, Reduktion 136
- Phasendiagramm 55
- pK_s-Wert 115
Kohlenhydrate 172, 355 – 375, 378 – 380
- Bausteine 355 – 356
- Biopolymere 355 – 356
- Klassifizierung 356
- Oxidation 356
- reduzierende 360
- Stoffwechsel, Zink 21
- Summenformel 355
- Verwertung 356
Kohlenmonoxid (CO) 159, 167, 382
- Atemgift 167, 382
- Häm-Oxygenase 167
Kohlensäure 108, 110, 116, 129, 303 – 305
- Derivate 303 – 305
Kohlensäuredichlorid 303
Kohlensäure-Puffer 129 – 130
- pH-Wert 129
- pK_s-Wert 129
Kohlenstoff 6, 21 – 22, 38 – 39, 52, 171
- Bindigkeit 35
- Bindungsverhältnisse 173 – 174
- Elektronenkonfiguration 9 – 10, 38 – 39
- funktionelle Gruppen 174 – 175
- Isotope 6
- Modifikationen 52
- Oxidationsstufe 140
- Reaktionstypen, elementare 175 – 176
- tetraedrischer 177
Kohlenstoffatom
- primäres, sekundäres, tertiäres bzw. quartäres 180
- sp^3-Hybridisierung 39
Kohlenstoffgruppe 8
Kohlenstoff-Radikale 191
Kohlenwasserstoffe 171 – 208
- aliphatische 178 – 185
- chlorierte (CKW) 63
- flüssige 62
- gesättigte 178 – 185
- hydrophobe/lipophile 183 – 184
- physikalische Eigenschaften 183 – 184
- Siedepunkte 184, 222
- ungesättigte 193 – 200
- van-der-Waals-Kräfte 184
Kollagensynthese 21
kolloidale Lösungen 58
kolloid-dispers 58
Kolonne, Destillation 71
π-Komplex, Alkene 196 – 198
σ-Komplex 207
Komplexometrie 167
Kondensationsmittel, Peptide 343
Konfiguration
- chirale Verbindungen 318
- organische Moleküle 324 – 325
Konfigurationsisomere/-isomerie 321, 324
- Alkene 194
Konformation
- organische Moleküle 324 – 325
- Pyranosen 363
Konformationsisomere, Alkane 181 – 183

Konformere 324
Konglomerat 59
konjugierte Basen 109
konjugierte Doppelbindungen 199
konjugierte Säure-Base-Paare 109–112
konjugierte Säuren 109
Konstitution
- organische Moleküle 324–325
- Pyranosen 363
Konstitutionsformel, Alkane 179
Konstitutionsisomere/-isomerie 324
- Alkane 179
- Alkene 193
- Aminosäuren 329–330
- Citronensäure 286
- Enolat 262
- Ether 231
- Tripeptide 341
Konzentrationsangaben, Stoffumwandlungen 80
Konzentrationsgradienten 66
- Membranen 66
Koordinationszahl, Metallkomplexe 159
koordinative Bindung, Metallkomplexe 157–158
kovalente Bindungen 34–35, 176
Kraft, elektromotorische (EMK) 143–145
Kristallgitter 52
- Feststoffe 47, 51–52
- Röntgenstrukturanalyse 51
kristallin 51–52
Kristallisation 72
- Salze 33
Kronenether 165, 235–236
Kryolith 103
K-Schale 8
Kugelstab-Modelle 181–182
Kunstluft 62
Kunststoffe 199, 304
Kupfer 21
- Cytochrom-Oxidase 26
Kupfer-Calciumhydroxid-Paste, Wurzelkanalbehandlung 104
Kupfer(II)-chlorid-Lösung, Elektrolyse 103
Kupferelektrode 143
Kupfer(II)-Ion 33
Kupfer-Silber-Zelle 144
Kupfersulfat 34
Kupfer(II)-sulfat 34

L

Lachgas 64, 142, 233
Lackmus 119–120
β-Lactam-Antibiotika 300
β-Lactamase 300
Lactame 300
- β-Lactam 299
- γ-Lactam 299
- δ-Lactam 299
Lactamform, Harnsäure 304
β-Lactamring 300
Lactase 372
Lactat 286
Lactatdehydrogenase 316–317
- Stereoselektivität 316–317
Lactimform, Harnsäure 304
Lacton 296
- γ-Lacton 296
Lactose 370–372
Lactoseintoleranz 372
Ladung
- Elementarteilchen 3
- Erhaltung 78
- Ionen 33
Ladungswolken (s. Orbitale) 11
Lävulose 359
Lambert-Beer-Gesetz 396
Lanthanoide 16–17
Laserdrucker, Feinstaub 54
Laugen 107
- Verätzungen 116–117
LDL (low density lipoprotein) 229
LeChâtelier-Prinzip 88–89
Lecithin 246, 306
Legierungen 58
- Metalle 28
Leitfähigkeit
- elektrische 25, 29
- Salzlösungen 102
Leucin 331
Lewis-Base(n) 157–158
Lewis-Konzept, Säure-Base-Definition 158
Lewis-Säure(n) 157–158
Licht
- Energie 83
- Welle/Teilchen-Dualismus 10
Liganden, Metallkomplexe 158–159
Liganden-Austauschreaktion, Metallkomplexe 162
Lindan 63
Linienspektrum, Spektrometer 10
Linolensäure 201, 295–296
- α-Linolensäure 295–296, 302
Linolsäure 295–296
Lipid-Doppelschichtmembran 70, 306
- Fluidität (Beweglichkeit) 307
Lipide 229
Liponsäure, Schwefel 240
lipophil 62–63
lipophile Alkanole 222
lipophile Kohlenwasserstoffe 183–184
lipophob 62
Liposomen 307
Liquor(raum) 63
- Wassergehalt 60
Lithium 22
- Elektronenkonfiguration 9
- Hydratationsenthalpie 97
Lithiumaluminiumhydrid 268
Lithiumfluorid 33
- Ionengitter 32
Lithiumsalze 105
- manisch-depressive Erkrankungen 99
L-Konfiguration, Aminosäuren 331
Lösen, Salze 95–99
Löslichkeit 61–62
- Alkanole 222–223
- Druck/Gasdruck 62
- Gase 62
Löslichkeitsprodukt, Salze 99–101
Löslichkeitsunterschiede, Kristallisation 72
Lösungen 58
- Azidität 113
- Basizität 113
- echte 58
- gesättigte 61–62
- homogene 80
- hypertonische 68, 97
- hypotonische 68
- isotonische 68
- kolloidale 58
- konzentrierte 114
- Massenanteil/-konzentration 80–81
- mizellare 285
- Sättigungskonzentration 61
- Stoffmengenkonzentration 80
- übersättigte 72
- verdünnte 114
- Volumenanteil 81
- wässrige 107, 111, 122, 151
Lösungsenthalpie 98–99
Lösungsmittel
- hydrophile 63
- lipophile 63
- Viskosität 66
- zweiphasige 72
Lösungswärme 98–99
Logarithmen, Säure-Base-Reaktionen 113
Loschmidt-Zahl (s. Avogadro-Konstante) 6–7
L-Penicillamin 340
L-Schale 8
LSD (Lysergsäure-diethylamid) 386–387, 392
Luftsauerstoff, normaler 42
LUMO (lowest unoccupied molecular orbital) 396
Lunge, Gasaustausch 64
Lyophilisat 72
Lysergsäure 386
Lysergsäure-diethylamid (LSD) 386–387, 392
Lysin 330–331, 336

M

Magensaft, pH-Wert 119
Magnesium 6, 21, 29, 99, 134, 157
- Elektronenkonfiguration 9
- Hydratationsenthalpie 97
- Nucleosidtriphosphate, energiereiche 21
- Reduktionsmittel 136
Magnesium-Aluminium-Silikathydrat 121
Magnesiumammoniumphosphatsteine 101
Magnesiumchlorid 34
- Magnesium(II)-chlorid, Gitterenergie 96
Magnesiumhydroxid 121
- pH-Wert 119
Magnesium-Ion 33
Magnesiumsulfat 34
Magnetquantenzahl 8
Makrokosmos, Größen und Abstände 4
Malat 286, 398
- *L*-Malat 398
Malatdehydrogenase (MDH) 398
MALDI (matrix assisted laser desorption ionisation) 344, 405
Maleinsäure 281
Maleinsäureanhydrid 292
Malonat 284
Malonsäure 280–281, 284
Maltose 370
Malzzucker s. Maltose
Mangan 21
- Pyruvat-Carboxylase 26
manisch-depressive Erkrankungen, Lithiumsalze 99
Mannit(ol) 68, 360
Mannose, *D*-Mannose 321, 359, 378
Manometer, Gasdruck 48
Markovnikov-Regel 197
Masse
- Elementarteilchen 3
- Erhaltung 78
- molare 36
Massenanteil, Lösungen 80
Massenberechnung 79
Masseneinheit, atomare 3
Massenkonzentration 80–81
Massen-Ladungs-Verhältnis, SDS-Polyacrylamidgel 349
Massenspektrometrie 344, 404–405
- Elektronenstoß-Ionisation 304
- Fragmentierung 405
- hochauflösende 405
- Isotopenmuster 405
- Messvorgang 404
- Molekül-Ion 304
Massenwirkungsgesetz (MWG) 88, 332
- thermodynamische Ableitung 90
Massenzahl 4
Materie, Erscheinungsformen 47–60
matrix assisted laser desorption ionisation (MALDI) 344, 405
Meerwasser 69
Mehrfachbindungen 40–42
mehrkernige Heterocyclen 386–388
mehrprotonige Säuren 110, 116
Melaninsynthese 21
Melatonin 387
Membranen
- s. a. Zellmembranen
- biologische 70
- neuronale 63
- semipermeable 65
Membranpotenzial 69–70
Membranproteine 353
Menbranen, Konzentrationsgradienten 66
Menthol 231
Mercaptane (s. Thiole) 237–241, 298
Mercaptoethanol 350
2-Mercaptoethylamin (MEA) 241
Merrifield-Festphasen-Peptidsynthese 343
Mescalin 227, 244–245
mesomere Grenzformel 203
Mesomerie 42
- Alkanole 223–224
- Benzol 203
- Carboxylat-Ion 282
- Ozon 42
- Peptide 345
meso-Weinsäure 323
Messing 29
Metalle 18, 27–28, 157
- Akzeptor-/Donatorstärke 144
- Basenbildner 107

- edle 148
- Härte 29
- halbedle 148
- Korrosionsbeständigkeit 29
- Legierungen 28
- Leitfähigkeit 25, 29
- Osmoregulation 21
- Oxidation 133–134
- Oxidations-/Reduktionskraft 144
- unedle 148
Metallhydride 268
metallische Bindung 27–29
Metallkomplexe 157–168
- Aquakomplex 162
- Aufbau 158–160
- Bildungskonstante K_k 163
- Eigenschaften 164–165
- Farbe 164
- Gesamtladung 160
- Hydratisierung 162
- inerte 163
- Koordinationszahl 159
- koordinative Bindungen 157–158
- Kronenether 165
- labile 163
- Liganden 158–159
- - Anionen/Moleküle 159
- Liganden-Austauschreaktion 162
- Löslichkeit 165
- Nomenklatur 160
- Reaktionen 77, 162–164
- Redoxpotenzial 165
- Stabilität 158, 163–164
- Zentral-Ion 158–159
- Zerfallskonstante K_z 163
Metalloenzyme 166
Metalloxid, Reduktion 134
Metallvergiftungen 167
Methämoglobin 167
Methan 38–39, 53, 173, 177–179, 184, 189, 192
- Bindungsenergie/-länge 37
- Kalotten-/Kugelstab-Modell 181
- Keilstrich-Formel 181
- Molekülmasse 35
- Siedepunkt 178
- Summenformel 35, 178
- Tetraeder 39
- Treibhauseffekt 184
- Verbrennung 192
Methanal 259
Methanhydrat 184
Methanol 220, 226–227
- Molmasse/Siedepunkte 222
- Säure-/Basen-Reaktion 223
- Toxizität 226
- Verbrennungsmotoren 226
- Vergiftungen 226
Methansulfonsäure 238
Methanthiol 238
Methionin 240, 330–331, 383
Methoxybenzol 231
Methoxygruppe, Ether 232
Methoxymethan 231
2-Methoxy-2-methylpropan 231
Methyl 179–180
- aktives 239
Methylalkohol s. Methanol
Methylamin 242–243
Methylammoniumchlorid 243
N-Methylanilin 242
3-Methyl-1-butanthiol 237
Methylchlorid 189
Methyl-α-*D*-glucopyranosid 366
Methyl-β-*D*-glucopyranosid 366
Methyl-*D*-glucopyranoside 366
Methylenchlorid 189
Methylengruppe, Alkane 178
Methylformamid 299
Methylformiat s. Ameisensäuremethylester
Methylglykoside 366
N-Methylmethanamin 242
Methylmethanoat s. Ameisensäuremethylester
Methylorange 120, 124
2-Methyl-2-pentenal 270
Methylphenidat (Ritalin®) 245
Methylphenylketon 260
2-Methyl-2-propanamin 242
2-Methyl-1-propanol 197
2-Methyl-2-propanol 220
2-Methyl-2-propanthiol 237
Methylrot 120
Methyl-*tert*-butylether 231
Michaelis-Konstante K_M 216
Michaelis-Menten-Gleichung 216–217
Michaelis-Menten-Modell 215
Mikrokosmos, Größen und Abstände 4
Milchsäure 107, 279, 283, 286, 302, 316, 319–320
- *D*/*L*-Nomenklatur 319–320
- Enantiomere 314, 319
- Stereoselektivität 316–317
Milchzucker s. Lactose
Mitochondrien 156
- Acetyl-Coenzym A (Acetyl-CoA) 154
Mitoxantron 274
Mizellen 284–285
MO s. Molekülorbitale
Mol 6–7
molare Masse 36
molarer Extinktionskoeffizient 396
Molarität s. Stoffmengenkonzentration
molecular modelling 326
Moleküle 36
- bifunktionelle 285
- gewinkelte 44
- hoch-/niedermolekulare 36
- Oxidationsstufe 139
- physikalische Eigenschaften 43
- Reaktivität 43
- Struktur-/Summenformel 36
Molekülmasse 36
- relative 36
Molekülorbitale 37–38
- π-Molekülorbital 37, 41
- σ-Molekülorbital 37–38
- σ*-Molekülorbital 38
- antibindende 37
- bindende 37–38
molekular-dispers 58
Molekulargewicht 36
Molekularität, Reaktionen 212
Molmasse 36
- scheinbare, Wasser 56
- Schwefelwasserstoff 56
- Wasser 56
Molvolumen 50
Molybdän 21, 26
- ^{99}Molybdän 24
Monensin 236
Monoanion 305
Monocarbonsäuren 280
- aliphatische 280
- Löslichkeit 281
- Seifen 284
Monoester 305
Monosaccharide 357, 366, 378
- abgewandelte 364–366
- $^4C_1$-Konformation 364
- α-/β-Form 361
- Eigenschaften 360
- Haworth-Formel 361
- Reaktionen 360
- Strukturvarianz 366
Morbus Wilson 168
Morphin 244, 367
Morpholin 245
MR-Tomographie 403
M-Schale 8
Murein 356
Mutarotation, Halbacetale, cyclische 361–362
Mutterkorn-Alkaloide 386
Mykotoxine 297
myo-Inosit 225–226
Myopathien, ATP-Mangel 155

N

N-Acylglycin 338
N-Acylierung 338
NAD (Nicotinamid-adenin-dinucleotid) 153
NAD^+ 385, 397–398
NADH 156, 268–269, 317, 386, 397
- Atmungskette 153–154
- Hydridion, Abspaltung 268
- Mitochondrien 154
NADH-Komplex, Atmungskette 141, 153–155
NAD^+/NADH 153
Naphthalin 204–205
β-Naphthalinsulfonsäure 205
Naphthochinon 274
- 1,4-Naphthochinon-Gerüst 274
Naphthol 221
- α-Naphthol 205
2-Naphtylrest, Benzol 205
Narkosemittel 76
- Verteilungskoeffizient 63
Nase, chirale Erkennung 317
Natrium 6, 21, 29, 99, 157
- Elektronenkonfiguration 9, 32
- Hydratationsenthalpie/Ionenradius 97
- Ionenbildung 32
- Ionentransport 22
- Isotope 6
- Kernladungszahl 32
- Ordnungszahl 6
- Reduktionsmittel 136
Natriumacetat 34, 121
- pH-Wert 121
Natriumalkoxid 234
Natriumborhydrid 268
Natriumbromid, pH-Wert 121
Natriumcarbonat 34
- pH-Wert 121
Natriumchlorid 32, 34, 102, 105
- Gitterenergie 96
- pH-Wert 121
- Sättigungskonzentration 61
Natriumdihydrogenphosphat 128
Natriumdodecylsulfat (SDS) 348–349
Natriumhydrogencarbonat 34, 121, 129
- pH-Wert 121
Natriumhydroxid 80, 103, 107
Natriumiodid 234
Natrium-Ion 33
Natrium-Kalium-Kanäle 105
Natriumkanäle 70
Natriummethanolat 223
Natriummethoxid 223
Natriumnitrat 102
Natriumnitrit 34
Natriumphenolat 223
Natriumphosphat, primäres/sekundäres 128
Natriumphosphat-Puffer 128
Natriumpropanthiolat 238
Natriumsalze, Fettsäuren 295
Natriumstearat 284–285
Natriumsulfat 102
- pH-Wert 121
Natronlauge 121
- pH-Wert 117
Nebengruppenelemente 16, 18–19
- biochemisch wichtige 21
- Enzyme 21
- Periodensystem 16, 18–20
Nebenquantenzahlen 8
Neon 9
Nernst-Gleichung 148–149, 275
Nernst-Verteilungsgesetz 63–64
Nervenreizleitung 70, 76, 105
Neurotransmitter 70, 99, 298, 381
Neusilber 29
neutrale Aminosäuren 336
Neutralisation 120–121
- Hydroniumionen 120
- Hydroxidionen 120
- Phenol 223
- Säuren 120–121
Neutralisationswärme 121
Neutralpunkt
- pH-Wert 122
- Titration 122
Neutronen 3, 24
- Ladung und Masse 3
Newman-Projektion, Alkane 182
N-Glykosid 368
N-glykosidische Bindung 378
Nichtmetalle 28, 157
- Oxidationsstufe 140
- Säurebildner 107
Nickel 22, 29, 198
Nickelallergien 29
Nicotin 242, 246, 384–385
Nicotinamid 386
Nicotinamid-adenin-dinucleotid s. NAD
Nicotinrezeptoren 385
Niederschlag, Fällungsreaktion 101
Nierensteine 76, 101, 105, 305
Ninhydrin 335, 344
Nitrat 33, 110
Nitrierung, Benzol 204
Nitrile, funktionelle Gruppen 174
Nitrobenzol 204
Nitrofen 248

Nitroglycerin 142
Nitrosamine 385
N-Lost 245
NMR-Spektren, Auswertung 401
NMR-Spektroskopie 400 – 403
- chemische Verschiebung 401
- ^{13}C-NMR-Spektrum 402
- 2D-/3D-Spektrum 402 – 403
3D-NMR-Technik 403
NO-bildende Medikamente 142
Nocardien 309
Nonactin 236
Noradrenalin 245
Norfloxacin 391
Normalbedingungen, Gas, ideales 50
Normaldruck 48 – 49
Normallösungen 124
Normalnull 48
Normalpotenzial
- Chinone 275
- Halbzelle 146
Normalwasserstoffelektrode 145 – 146
- pH-Abhängigkeit 150
NO-Synthase (NOS) 142
N-Schale 8
Nucleinbasen 388, 390
Nucleinsäuren 36, 381, 388 – 391
- Angriffsorte für Arzneimittel 391
Nucleonen 4
Nucleonenzahl (s. Massenzahl) 4
Nucleophil(e) 176, 234, 249, 258, 289
- ungeladenes, nucleophile Substitution 250
nucleophile Substitution 175 – 176, 248 – 253
- Abgangsgruppe 249 – 251
- Anion-Nucleophile 249
- Basizität 250
- bimolekulare 251
- Nucleophil, ungeladenes 250
- unimolekulare 252
nucleophiles Zentrum, Carbonylgruppe 258
Nucleophilie 250
Nucleosidtriphosphate 21
Nucleotide 172
Nullpunkt, absoluter 49 – 50

O

Oberflächenspannung, Flüssigkeiten 50 – 51
n-Octan 178
Öl-in-Wasser-Gemisch 59
Ölsäure 295 – 296
Östradiol 228 – 229, 231
Östrogene 206, 208, 261
O-Glykosid 368
O-glykosidische Bindung 378
OH-Gruppen, Vitamine 230
Oktanzahl 192
Oktett 16, 18
Oktettregel 27, 35
Olefine 193 – 200
- *E*/*Z*-Nomenklatur 320
olefinische Doppelbindungen 201
Oligopeptide 340, 343
Oligosaccharide 356, 377, 379
Omega-3-Fettsäuren 295
optische Aktivität, Enantiomere 315
Orbitale 11
- *d*-Orbitale 12
- *f*-Orbitale 12
- *p*-Orbitale 2, 11 – 12
- Schalenbesetzung 17
- *s*-Orbitale 11 – 12
- sp^3-Hybrid-Orbitale 38
- sp^3-Orbitale 39
Ordnungszahl 4, 15
organische Moleküle 324 – 326
Ornithin 304, 331
ortho-Stellung 207
Osmodiuretika 68, 76
Osmoregulation, Metalle 21
Osmose 57, 67 – 70
osmotischer Druck 67 – 68
osmotischer Schock 68, 76
osmotisches Ungleichgewicht 69
Ottomotor 192
Oxacyclohexan 232
Oxacyclopentan 232
Oxacyclopropan 232, 234
Oxalacetat 286, 288, 398
Oxalat 284
Oxalatdrusen 68
Oxalatessigsäure 286
Oxalsäure 110, 280 – 281, 283 – 284
Oxalylchlorid 291
Oxidasen 21
Oxidation 133 – 156
- Alkane 192 – 193
- Alkanole 224 – 225
- anodische 103
- Elektronenabgabe 135
- Teilreaktionen 135
- Thioether 239
- Thiole 238
- Verbrennungen 134
Oxidationskraft 138, 146
- Halbzelle 144
- Metalle 144
- Sauerstoff 151
Oxidationsmittel 136
Oxidationsstufe 139
- Elemente 139 – 140
- Ionen 33
- Redoxgleichungen 139, 141
Oxidationszahl s. Oxidationsstufe
oxidative Decarboxylierung 385
oxidierte Redoxpaare 137 – 138
Oxim 266
Oxiran 232, 234
Ozon 42
- Desinfektion 136
- Mesomerie 42
Ozonloch 42
Ozon-Sauerstoff-Gleichgewicht 42

P

PAB (*p*-Aminobenzoesäure) 309, 392
Palladium 198, 215
Palmitat 284
Palmitinsäure 280, 284, 295
Pankreassaft
- pH-Wert 119
- Wassergehalt 60
Papierchromatographie 74
Papierelektrophorese 335
PAPS (3'-Phospho-adenosin-5'-phosphosulfat) 308
Paraffine 184
Paraffingranulome 184
Paraffinöl 184
para-Stellung 207
Parkinson-Syndrom 155
Partialdruck, Adsorptions-Isotherme 65
Partialhydrolyse, Peptide 344
parts per billion (ppb) 81
parts per million (ppm) 81
Pascal 49
Patulin 297
Pauli-Prinzip 8
p-Elektronen 8
Penicillamin 168
- *L*-Penicillamin 340
Penicillin 270, 300, 302, 309
Penicillin G 300
Penicillin-Allergie 301
Penicillium 297
1,4-Pentadien 199
n-Pentan 40, 178, 233
Pentan-2,4-dion 263
Pentandisäure 281
1-Penten/2-Penten 194
Pentosen 358 – 359
- Halbacetale, cyclische 361
PEP s. Phosphoenolpyruvat
Peptidasen 166, 344
Peptidbindung 340 – 342
Peptide 172, 340 – 353
- Abbau 344
- Aminoende 340
- Aufbau 342 – 344
- C-/N-Terminus 340
- Carboxylende 340
- *cis*-/*trans*-Struktur 344
- β-Faltblattstruktur 344
- α-Helix 345 – 346
- Hydratisierung 348
- Kondensationsmittel 343
- Mesomerie 345
- Partialhydrolyse 344
- Primärstruktur 341
- Quartärstruktur 347
- Raumstruktur 347 – 350
- Säure-Base-Eigenschaften 341
- Schutzgruppen 343
- Sekundärstruktur 344 – 346
- Sequenz 341
- Sequenzanalyse 344
- Synthese, biologische 343 – 344
- - chemische 342
- Tertiärstruktur 347
- Totalhydrolyse 344
- Wasserstoffbrücken 345
Peptidgruppe, räumliche Anordnung 345
Periodensystem
- Elemente 15 – 26
- Halbmetalle 28
- Hauptgruppen 16, 18 – 20
- Isotope 16
- des Lebens 20
- Metalle 28
- Nebengruppen 16, 18 – 20
- Nichtmetalle 28
- Zahlenordnung 19
Peroxide 140, 234
Pestizide 248
Petroether 184
Pflanzenfarbstoffe als Indikatoren 120
pH-Messung
- Elektroden 152
- Glaselektrode 152
pH-Abhängigkeit
- Normalwasserstoffelektrode 150
- Redoxpotenzial 150 – 151
Phasentransfer-Katalysatoren 235
Phasenumwandlungen 53 – 54
- Aggregatzustände 47
- Flüssigkeiten 50
pH-Bestimmung, Potenzialmessung 151 – 152
Phenolat-Ion 207
- Grenzformeln 224
- Mesomerie 224
Phenol(e) 205, 218, 220 – 231
- elektrophile Substitution 224
- Hydroxygruppe 219
- Klassifizierung/Nomenklatur 219 – 221
- mehrwertige 225 – 226
- mesomerer Effekt 224
- Molmasse/Siedepunkte 222
- Neutralisation 223
Phenolphthalein 120, 125
Phenyl 205
Phenylalanin 208, 330 – 331, 342
Phenylbrenztraubensäure 342
pH-Indikatoren 120
pH-Messung, Chinhydron-Elektrode 151 – 152
pH-Meter 119
pH-Optimum, Pufferlösung 128
Phosgen 303 – 304
Phosphat 33, 110, 128, 305
- Zuckerstoffwechsel 310
Phosphatasen 305
Phosphatgruppen-Übertragungspotenzial 310
Phosphat-Puffer 128 – 130
3'-Phospho-adenosin-5'-phosphosulfat (PAPS) 308
Phosphodiesterasen 305
Phosphoenolpyruvat (PEP) 263 – 264, 287, 305 – 306, 309
Phosphogluco-Mutase 21
3-Phospho-glycerinsäure 359
Phospholipid-Doppelschicht, Zellmembran 57, 310
Phospholipide 280, 295 – 296, 306
- Membranen 307
Phosphor 6, 21, 52, 310
- Heteroatome 173
- Isotope 6
- weißer 310
Phosphorsäure 110, 303, 305 – 307, 388
- Dissoziationsstufen 128
- pK_s-Wert 115
- Titrationskurve 128
- Veresterung 305
Phosphorsäureanhydride 307
Phosphorsäurediester 305 – 306, 389
- cyclische 306
Phosphorsäureester 287, 305 – 306
Phosphorsäuremonoester 305
Phosphorsäuretriester 305
Photometrie 397 – 398
Photonen 10

Photosynthese 83, 134, 355 – 356, 383
– CO_2-Fixierung 134, 359
pH-Papier 120
Phthalsäure 281
Phthalsäureanhydrid 292
pH-Wert 113 – 114
– Aminosäuren 332 – 333, 339
– Basen/Säuren, schwache 118
– – starke 117
– Berechnung 117 – 118
– Körperflüssigkeiten 119
– Messung 119 – 120
– – Elektroden 151 – 152
– – Indikatoren 119
– Neutralpunkt 122
– Pufferlösungen 125 – 126
– Salzlösungen 121 – 122
– Titrationskurve 334
– Umschlagsbereich 124
Phyllochinon 277
Phytol 383 – 384
Piperidin 242
pK_b-Wert 115, 242 – 243
– Basen 115
pK_{Ind} 119
pK_s-Wert 115
– Alkansäuren 281
– Aminosäuren 332
– Carbonsäuren 282, 284
– Kohlensäure-Puffer 129
– Säure-Base-Paare 115 – 116
– Säuren 115
– Titrationskurve 334
Planck-Wirkungsquantum 9
Plasmamembran 57
Platin 22, 160, 198, 215
– *cis-trans*-Isomere 160
Plutonium 24
Pneumokokken 309
pOH-Skala/-Wert 113 – 114
– Lösungen, basische/saure 114
Polarimeter 315 – 316
polarisierte Atombindung 42 – 43, 62, 173 – 174
Polarität, Stoffe 62
Polyacrylamid 349
Polyacrylamid-Gelelektrophorese 348 – 349
Polyene 199 – 200
Polyether-Antibiotika 236
Polyethylen (PE) 199
Polyisopren 200
Polymere, synthetische 198
Polymerisation 198
– Alkene 199
Polynucleotide 388
Polypeptide 340
– Biosynthese 343 – 344
– elektrostatische Anziehung 349
– α-Helix 345
– Primärstruktur 341
– SDS-Gele 348
– Wasserstoffbrückenbindungen 347
– Wechselwirkung, hydrophobe 349
Polysaccharide 356, 373 – 377
Polyvinylchlorid (PVC) 198 – 199
p-Orbitale 11 – 12
Poren, Zellmembranen 70
Porengröße, Diffusion 59
Porphyrin, Hämoglobin 166
Potenzialdifferenz
– Daniell-Element 147
– elektrochemische Zelle 144
Potenzialmessung, pH-Bestimmung 151 – 152
Primärstruktur
– Aminosäuren 340 – 342
– Peptide 341
Prinzip
– des kleinsten Zwanges 88 – 89
– von Le Châtelier 88 – 89
prochiral 315
Prochiralitätszentrum 314 – 315
Produkte 78, 112
– Redoxgleichungen 141
Progesteron 260 – 261, 272
– im weiblichen Zyklus 261
Prolin 384
Promille 81
Propan 178 – 179
– Molmasse 222
– Siedepunkt 178, 222, 261
– Summenformel 178, 194
Propanal 259, 271
– Siedepunkt 261
Propandisäure 281
Propanol
– 2-Propanol 225
– *n*-Propanol 220
– Siedepunkt 261
Propanon 260
– Siedepunkte 261
Propanthiol 237
Propen 225
Propin 202
Propionaldehyd 259, 261
Propionat 284
Propionsäure 280, 282, 284, 314 – 315
– α-/β-Cholpropionsäure 282
– pK_s-Wert 282
– Prochiralitätszentrum 315
n-Propyl 180
Propylen 194
Prostaglandin E_2 288
Prostaglandine 201, 288, 293, 296, 302
Proteasen 344
Proteinat 130
Proteine 340, 353
– Aussalzen 97
– Chelatkomplexe 350
– Denaturierung 239, 348
– Disulfidbrücken 349 – 350
– elektrostatische Anziehung 349
– Hydratisierung 348
– körpereigene 331
– Kristallisation 51
– Lipiddoppelschichten 70
– Raumstruktur 347 – 350
– Wasserstoffbrückenbindungen 347 – 348
proteinogene Aminosäuren 330, 353, 392
Proteinpuffer 130
Protolyse 108, 112
Protonen 3, 33, 108, 150
– Ladung und Masse 3
Protonenakzeptor, Basen 108 – 109
Protonendonator, Säuren 108 – 109, 116
Protonendonator-Stärke 111
– Säure 114
Protonengradienten 70
Protonenübertragungs-Reaktionen 108
– Salzlösungen 122
Protonigkeit, Säuren 110
Psychostimulanzien 244
Pteridin 392
Pufferbereich 128
Puffereigenschaften, Aminosäuren 334 – 335
Puffergleichung 125 – 126
Pufferkapazität 126 – 127
– Blut 130
Pufferlösungen/-substanzen 124 – 130
– Einsatzbereich 128
– pH-Optimum 128
– pH-Wert 126
Puffersystem, offenes 129
Purin 388, 392
Purinderivate 388
Purintyp, Nucleinbasen 388
PVC (Polyvinylchlorid) 198
Pyranosen 361 – 362
– Haworth-Formel 364
– Konformation/Konstitution 363
– Sesselform-Schreibweise 363 – 364
Pyridin 385 – 386, 392
Pyridinium-Ion 269
Pyridoxalphosphat 266 – 267, 272
Pyridoxaminphosphat 267
Pyrimethamin 309
Pyrimidin (Vitamin B_1) 385 – 386, 392
Pyrimidinderivate 386
Pyrimidintyp, Nucleinbasen 388
Pyrophosphat 307, 309
Pyrrol 381
Pyrrol-Doppelbindungen 383
Pyrrolidin 384, 392
Pyrrolringe, Hämoglobin 166
Pyrrolysin 340
Pyruvat 263 – 264, 284, 286 – 287
Pyruvat-Carboxylase 26
Pyruvat-Dehydrogenase 385
P_z-Orbitale, Graphit 52

Q

Quant 9
Quantenstrahlung, Energie 10
Quantentheorie 11
Quantenzahlen 7 – 8
quartäres Ammoniumsalz 243, 249
Quartärstruktur, Peptidkette 347
Quarz 177
Quecksilber 20, 22, 49, 237, 240
– Thermometer 50
Quecksilber-Manometer 48 – 49

R

Racemat 317, 322 – 323
Racematspaltung 322 – 323, 326
Racemisierung, S_N2-Reaktion 252
Radikale 174, 176, 188, 192
– Chloratom 188
– freie 155
– reaktive 174
– Sauerstoff 42
– Verbrennung 192
– Wasserstoffatom 188
Radikalfänger 183, 191
– s. a. Antioxidanzien
– Thiole 238
– Ubichinon 276
– Vitamin E 230
radikalische Bromierung, Alkane 191
radikalische Chlorierung, Alkane 189 – 190
radikalische Halogenierung, Alkane 190
radikalische Substitution 176
– Alkane 189 – 192
radioaktive Elemente, Halbwertszeit 23
radioaktive Isotope s. Radioisotope
Radioaktivität 22
– natürliche 24
Radiocarbon-Methode 24
Radioisotope (= Radionuclide) 5, 23 – 25
– in der Diagnostik 24
Radiopharmakon 24
Radium 23
Radon 23
Rauch 59
Raumstruktur, Peptide/Proteine 347 – 350
Reaktion(en)
– Aktivierungsenergie 212 – 213
– Arrhenius-Gleichung 213
– chemische s. chemische Reaktionen
– endergone 86
– endotherme 83
– Energiediagramm 213
– Energiegrößen 87
– erster Ordnung 211
– exergone 86
– exotherme 83
– gekoppelte 91
– geschwindigkeitsbestimmender Schritt 212
– Halbwertszeit 211
– kinetische Kontrolle 87, 214
– Metallkomplexe 162 – 164
– Molekularität 212
– nullter Ordnung 211
– pseudonullter Ordnung 211, 216
– reversible 87
– Temperaturabhängigkeit 212 – 214
– thermodynamische Kontrolle 87
– Triebkraft 86
– Übergangszustand 213
– zweiter Ordnung 211 – 212
Reaktionsenergie 82 – 83
Reaktionsenthalpie 83 – 86, 164, 192
– freie 86
– Verdampfungswärme 84
Reaktionsentropie 85
Reaktionsgeschwindigkeit 210 – 214
Reaktionsgleichung 77 – 79
– Säure-Base-Reaktion 79
Reaktionsordnung 211
Reaktionsquotient 88
Reaktionswärme 83 – 85

Redoxgleichungen 139 – 142
- Aufstellen 139 – 140
- Beispiele 140 – 141
- Edukte/Produkte 141
- Oxidationsstufe 139, 141
Redoxpaare 137
- Elektronenfluss 138 – 139
- korrespondierende 138
- oxidierte/reduzierte Form 137 – 138
Redoxpotenzial
- Chinone 275 – 276
- Metallkomplexe 165
- pH-Abhängigkeit 150 – 151
- Zentral-Ion 165
Redoxreaktionen 103, 141, 150
- Bergab-Regel 138, 147
- Elektronentransfer-Reaktionen 135
- Ladungs-/Massenbilanz 78, 150
- Spannungsreihe 137 – 138
Redox-Teilreaktionen, umkehrbare 136 – 137
Reduktion 133 – 156
- Carbonylgruppe 268 – 269
- Elektronenaufnahme 135
- kathodische 103
- Teilreaktionen 135
Reduktionskraft 139, 146
- Halbzelle 144
- Metalle 144
- - unedele 148
Reduktionsmittel 136
Reduktionspotenzial, Daniell-Element 142
reduzierte Redoxpaare 137 – 138
Referenz-Halbzelle, Bezugselektrode 145
Regelsatz von Saytzev 254
Regenwasser 69
Reinelement, Isotope 6
Reinheitskriterien, Schmelz-/Siedepunkt 53
Reinmetalle 157
Reinstoffe/-substanzen 57 – 59
relative Atommasse 6 – 7
Relaxation, NMR-Spektrometrie 401
Replikation, DNA 391
Reserve-Kohlenhydrate 375 – 376
Resonanz, Benzol 203
Resonanzenergie, Benzol 203
Resorcin 226
Retentionszeit, Chromatographie 74
Retinal 268, 272
Retinol 268
reversible Reaktion 87
Rezeptoren 353
R_f-Wert, Chromatographie 74
Rhodium 215
Rhodopsin 268
Riboflavin (Vitamin B_2) 392, 394
α-*D*-Ribofuranose 362
β-*N*-Ribofuranosid 368
Ribonuclease 343
Ribonucleinsäure s. RNA
β-*D*-Ribopyranose 362
Ribose 307
Ribosomen 344
D-Ribulose 358
Ribulose-1,5-bisphosphat 359
Ritalin® (Methylphenidat) 245
RNA (Ribonucleinsäure) 21, 310, 388 – 389
Röntgendiagnostik 406 – 407
Röntgenkontrastmittel 100
Röntgenstrahlung 406
Röntgenstrukturanalyse 344, 405 – 407
- Elementarzelle 405
- Kristallgitter 51
Rohrzucker 342, 371
Rost 136
R/*S*-Nomenklatur 320
Rückreaktion 87
Rückresorption, Membranen, semipermeable 66
Ruhepotenzial 70

S

ΔS 85
$ΔS^0$ 85, 164
Saccharose 342, 370 – 372, 380
Sättigungsdampfdruck 54
Sättigungskonzentration 61
Sättigungskurve, Adsorption 65
Säulenchromatographie 73 – 74
Säureäquivalente, Blutpuffer 130
Säureamidbindung 305
Säure-Base-Definition 107 – 109
- Brönsted-Konzept 158
- Lewis-Konzept 158
Säure-Base-Eigenschaften, Peptide 341
Säure-Base-Haushalt 118
Säure-Base-Paare
- konjugierte 109 – 112
- pK_s-Wert 115 – 116
Säure-Base-Reaktionen 77, 150
- Berechnung 79 – 80
- Brönstedt-Definition 11
- Logarithmen 113
- Methanol 223
- Reaktionsgleichung 79
Säure-Base-Titration 122 – 124
Säure-Base-Verhalten, Ether 233 – 235
Säurechloride 291
Säurekatalyse 290
Säurekonstante 114 – 115
Säuren 107, 110
- Alkanole 222 – 223
- Anionen 1110
- anorganische, Derivate 303 – 311
- Brönstedt-Definition 108
- dreiprotonige 110
- konjugierte 109
- Lösungen, wässrige 107
- mehrprotonige 110, 116
- Neutralisation 120 – 121
- pK_s-Wert 115
- Protonen 108
- Protonendonator 108, 114, 116
- Protonigkeit 110
- Qualitäten 108
- schwache 115, 117 – 118, 125 – 126
- - Titration 122 – 123
- Stärke 114 – 116
- starke 115 – 117, 121 – 122
- - Titration 122
- Strukturformel 110
- Titrationsmittel 124
- Verätzungen 116 – 117
- zweiprotonige 110, 334
Salicin 293
Salicylaldehyd 259
Salicylsäure 292, 296
Salpetersäure 110
- pK_s-Wert 115
Salzbildung
- Amine 243
- Aminosäuren 333
- Carbonsäuren 283 – 285
- Säure-Base-Haushalt 118
- Säuren, stärkere 116
- Wasserhaushalt 118
Salzbrücke, elektrochemische Zelle 142
Salze 32 – 33, 95, 105
- Abführmittel 97
- Dissoziation 95
- Elektrolyse 102 – 103
- Elektrolyte 95
- Elektronegativität 31
- Fällungs-Reaktion 101 – 102
- Formelmasse 36
- Formeln 33
- Hydratation 96 – 97
- Ion-Dipol-Wechselwirkungen 96
- Ionenbindung 32
- Ionengitter 32
- Ionenradius 97
- Kristallisation 33
- Lösen 95 – 99
- - Entropie 98
- Löslichkeitsprodukt 99 – 101
- Lösungsenthalpie 98 – 99
- Monocarbonsäuren, langkettige 284
- Schmelzpunkte 33
- Stoffmenge 33
- Weinsäure 323
Salzformeln 33
Salzlösungen 95 – 105
- gesättigte 99
- hypertone 98
- pH-Wert 121 – 122
- Protonenübertragung 122
- wässrige 122
Salzsäure 110
- Gehaltsbestimmung 124
- Molekülmasse 35
- pH-Wert 117, 119, 121
- Summenformel 35
- Titrationskurve 123
- Verdünnung 117
Salzschmelzen 102
Salzvergiftungen 95
Satz von Heß 84
Sauerstoff 6, 21 – 22, 28, 57, 159, 167, 171
- Bindigkeit 35
- Bindungen 41 – 42
- Diradikal 42
- Elektronenkonfiguration 9
- gelöster 62
- Heteroatome 173
- Heterocyclen 381
- Isotope 6
- Knallgasreaktion 78, 137, 153
- Ordnungszahl 6
- Oxidationskraft 151
- Oxidationsmittel 136
- sp^3-Hybridisierung 44
Sauerstoff-Halbzelle 151
Sauerstoffradikale 42, 156, 364
saure Aminosäuren 336
Saytzev-Regelsatz 254
Schalen, Elektronenhülle 10
Schalenbesetzung, Atomorbitale 17
Schiff-Basen 266
Schlüssel-Schloss-Prinzip
- Arzneimittel 326
- Enzyme 323
Schmelzen, unterkühltes 52
Schmelzflusselektrolyse 103
Schmelzpunkt 53
- Aminosäuren 332
- Salze 33
- Schwefelwasserstoff 56
- Wasser 56
Schmelzwärme 53 – 54
Schock
- anaphylaktischer 338
- osmotischer 68, 76
Schüßler-Biochemie/-Salze 32, 34
Schutzgruppen, Peptide 343
Schwefel 6, 21, 28, 240
- Funktionen 239
- Heteroatome 173
- Heterocyclen 381
- Isotope 6
- Quecksilberbindung 49
- Schwermetallbelastungen 240
Schwefelsäure 110, 116, 124, 196, 204, 303, 308 – 309
- Gehaltsbestimmung 124
- pK_s-Wert 115
Schwefelsäureester 308
Schwefelsäuremonoester 308
Schwefelverbindungen, Geruchssinn 238
Schwefelwasserstoff 56 – 57, 102, 110, 237
- Eigenschaften 55 – 57
- Molmasse 56
- pK_s-Wert 115
- Schmelz-/Siedepunkt 6
- Verdampfungswärme 56
Schweiß, Wassergehalt 60
Schwermetallbelastungen 29
- Schwefel 240
Schwermetallsulfate 99
Schwermetallvergiftungen 340
Schwingungsanregung, IR-Spektroskopie 399
Schwitzen 54
SDS-(Gel-)Elektrophorese 348 – 349
SDS-Polyacrylamidgel 348 – 349
sechsgliedrige Heterocyclen 385 – 386
Sehvorgang, Chemie 268
Seiden-Fibroin 344
Seifen 284, 295
- Esterhydrolyse 294
Seifenlösungen 285
- pH-Wert 119
sek-Butanol 203, 220
sekundäre Alkohole 220, 225
- Aldehyde 261
sekundäre Amine 241, 250
Sekundärstruktur, Peptide 344 – 346
s-Elektronen 8
Selen 21, 26
Selenocystein 330
Semichinon 276
semipermeable Membranen 65

Senfgas 241
Sequenz, Peptide 305, 341
Sequenzanalyse, Peptide 344
Serin 330, 337, 367–368
Serotonin 208, 387
Sesselform, Cyclohexan 185
Sesselform-Schreibweise, Pyranosen 363
Seveso-Gift 248
Sevofluran 233
Shikonin 274
Siedepunkt 53
- Alkane 178
- Destillation 71
- Druck 54
- Kohlenwasserstoffe 184
SI-Einheiten 408
- abgeleitete 406
- Druck 48
- Präfixe, international festgelegte 406
Silberamalgam 29
Silberchlorid 78, 101
Silberhalogenide 99
Silbernitrat 34, 101–102
Silbersulfid 101
Silicium 21, 28, 177
Silikate 177
Singulett-Sauerstoff 42
Skorbut 364
S_N1-Reaktion 251–253
- Energiediagramm 251
- Zwischenstufe (Intermediat) 251–252
S_N2-Reaktion 251–253
- Energiediagramm 251
- Inversion 251
- Racemisierung 252
- Übergangszustand 251
Sodbrennen 121
sodium dodecyl sulfate s. SDS
Soll-Wert, Temperatur 84
Sonnenenergie 193
Sorbinsäure 279, 283, 302
Sorbit 225, 230–231
- *D*-Sorbit 226
s-Orbitale 11–12
Sorbitol 226
sp^2-hybridisiertes C-Atom 37, 173
sp^3-hybridisiertes C-Atom 39, 173
sp^3-Hybrid-Orbitale 38
sp^3-Orbitale 39
Spannungsdifferenz, elektrochemische Zelle 144
Spannungsreihe 137–138
Speichel, pH-Wert 119
Spektrometer 10
Spektroskopie 395–407
Sperma, Wassergehalt 60
Sphingolipide 201, 302
Sphingosin 377
Spiegelbildebene 313
Spinquantenzahl, Elektronen 8
Spurenelemente 21, 26, 105
Stärke 356, 374–375, 380
- Basen/Säuren 114–116
Standard-Kupferelektrode 146
Standard-Zinkelektrode 146
Start-Codon 390
steady state (stationärer Zustand) 216
Stearat 284
Stearinsäure 280, 284, 295
Steran 228
Stereochemie 313–328
- Aminosäuren 331
Stereoisomere/-isomerie 324
Stereoselektivität
- Enantiomere 316–317
- Enzyme 316
Sterilisation 55
Sterinsäure 281
Steroide 200, 228
- *cis-trans*-Isomerie 229
Stickstoff 6, 18, 21–22, 171
- Bindigkeit 35
- Bindungen 41–42
- Dreifachbindung 38
- Elektronenkonfiguration 9
- Heteroatome 173
- Heterocyclen 381
- Isotope 6
Stickstoff-Lost 245
Stickstoffmonoxid (NO) 142, 156, 159, 167
Stickstoffoxide 142
stöchiometrische Berechnungen 79–82
Stoffe
- Einteilung 59
- Extraktion 63
- heterogene 59
- homogene 59
- Löslichkeit 61–64
- Polarität 62
- reine 58–59, 527
- Trennverfahren, analytische 58
Stoffgemische 57–59
Stoffmenge 6
- Salze 33
Stoffmengenkonzentration 80
Stofftrennung 71–75
Stoffumwandlungen 82
- chemische Reaktionen 82–87
- Energie 87
- Konzentrationsangaben 80
Stoffwechsel, Pufferlösungen 124
Stoffwechselenergie als Stromquelle 145
Stopp-Codon 390
α-, β-, γ-Strahlen 22
Strahlenbelastung, Radioisotope 24
Strahlentherapie
- Bor 25
- Yttrium 25
Strahlung, harte/weiche 22
Streuung, Strahlung 395
Strom, elektrischer 33
^{90}Strontium 22
Strukturformel, Moleküle 36
Strychnin 387
Sublimation 55, 71
Substitution 175
- nucleophile 248–253
- radikalische, Alkane 189
Succinat 284
Sulfadiazin 308
Sulfamethoxazol 308
Sulfat 33, 110
Sulfat-Ion 99
Sulfide (s. Thioether) 33, 110, 237–241
- Schwefelwasserstoff 102
Sulfonamide 172, 206, 208, 308–309, 392
Sulfonierung, Benzol 204
Sulfoniumsalze 239
Sulfonsäureamid 308
Sulfonsäurechlorid 308
Sulfonsäuren 204, 308
Summe, Massen 78
Summenformel 78
- Moleküle 36
Suspension 59
symmetrische Ether 231, 234
Sympathomimetika 244
System
- geschlossenes 82, 90
- offenes 82, 92
Szintigramm 25

T

Tartrat 286, 323
Taucher, Gasembolie 62
Tauroursodeoxycholsäure (TUDCA) 286
Tautomere/-merie 262–263
- Harnsäure 304
Technetium 20–21
Teflon 198–199
Teilreaktionen 81
- Oxidation/Reduktion 135
Temperatur(abhängigkeit)
- Adsorption 65
- Diffusion 66
- Gasdruck 48
- Löslichkeit 62
- Prinzip des kleinsten Zwanges 89
- Reaktionen 212–214
- Reaktionsgeschwindigkeit 212
- Soll-Wert 84
Tenside 285
Terpene 200
tert-Butanol 184, 197, 220
tert-Butyl 180
tert-Butylamin 242
tertiäre Alkohole 220, 225
tertiäre Amine 241, 249–250
Tertiärstruktur, Peptidkette 347
Testosteron 206, 282
Tetraanion 161
Tetraaquadithiocyanatoeisen(III)-Ion 162
2,3,7,8-Tetrachlordioxin (TCD) 248
Tetrachlorkohlenstoff 189
Tetrachlormethan 189
Tetraeder, Methan 39
Tetrafluorethen 199
Tetrahydrofolsäure 392
Tetrahydrofuran 232
Tetrahydropyran 232
Tetramminkupfer(II)-Ion 159, 162–163
Tetramminkupfer(II)-Komplex 163
Tetrapyrrol 392
Tetrapyrrolsystem 381
Tetrosen 358
- Chiralitätszentrum 358
- *D-/L*-Reihe 358
Thalidomid (Contergan®) 326
Thermodynamik 209–210
- Hauptsatz, erster 82
- System/Umgebung 82
- Zustandsgrößen 82
thermodynamische Ableitung, Massenwirkungsgesetz 90
thermodynamische Gleichgewichte 92
thermodynamische Kontrolle 200
- Reaktion 87
thermolabile Biomoleküle 72
Thermometer 50
Thermorezeptoren 84
Thiamazol 385
Thiamin (Vitamin B_1) 385
Thiaminpyrophosphat (TPP) 385
Thiazol 385, 392
Thioalkohole 349
Thiocyanat 159
Thioester 298
Thioether 237–241
- s. a. Sulfide
- Oxidation 239
- Reaktionen 238–240
Thiolat 159
Thiole 237–241, 298
- Dehydrierung 238
- Disulfidbrücken 238
- nucleophile Substitution 249
- Oxidation 238
- Radikalfänger 238
- Reaktionen 238–240
Thionylchlorid 290
Thiophen 381
Thiylradikale 238
Threonin 321, 331
- *erythro-/threo*-Form 321–322
- Konfigurationsisomere 321
Threose 358
- *L*-Threose 358
Thromboxan 293, 296
Thrombozytenaggregation, Acetylsalicylsäure 293
Thymidin-Analogon 391
Thymin 386, 389
Thymolphthalein 120
Thyroxin 208
Titan 21
Titration 1, 122
- Gehaltsbestimmung 124
- Indikatoren 124
Titrationskurve 122–123, 127
- Aminosäuren 334–335
TNT (2,4,6-Trinitrotoluol) 206
Tocopherol 195, 230
Tollens-Probe 360
Tollens-Reagens 261, 360
Toluol 204
- Molmasse/Siedepunkte 205
p-Toluolsulfonsäure 193
Torr 48
Totalhydrolyse, Peptide 344
Toxoplasmose 309
Tracer-Methoden, Radioisotope 24
Trägergas, Chromatographie 72
trans-Addition 197
- Alkene 198
Transaminasen 266
Transaminierung 266
trans-1,2-Dibromcyclohexan 198
trans-1,2-Dimethylcyclohexan 187
trans-1,2-Diol 234
Transkription, DNA 391
Transport, aktiver 66, 70
trans-Retinal 268
Trehalase 372
Trehalose 370, 372
Treibhauseffekt 184, 193
Treibhausgas 356
Trennverfahren 71–75

Triacylglycerine 280, 295, 302, 306
- Hydrolyse, alkalische 295
2,4,6-Tribromphenol 224
Tricarbonsäuren 281
Trichloressigsäure 282
- pK_s-Wert 282
Trichlorethanal 264
Trichlorethanol 264
Trichlormethan 189
Triebkraft
- Reaktionen, chemische 85 - 87
- - gekoppelte 91
Triethanolamin 245
Triglyceride s. Triacylglycerine
Trimethylamin 242
2,4,6-Trinitrotoluol (TNT) 206
Triosen 357 - 358
Tripeptide 340 - 341
- isomere 341
- Sequenz 341
Triphosphat 307
Triplett, genetischer Code 390
Triplett-Sauerstoff 42
Trisaccharide 356
Tristearin s. Tristearoylglycerin
Tristearoylglycerin 295
Tritium 5, 24
tRNA (Transfer-Ribonucleinsäure) 345
Trockeneis 55
Trypsin 344
Tryptophan 331, 386 - 387, 394
Turgor s. Gegendruck
turnover number 216
Tyndall-Effekt im Auge 58
Tyrosin 331, 342

U

Ubichinon 275 - 276
- Radikalfänger 276
Übergangsmetalle 18, 28, 157
- Ionen 166
- Oxidationsstufe 140
Übergangszustand 213
- Alkane 190
- S_N2-Reaktion 251
übersättigte Lösungen 72
Übersäuerung 118, 121
Umlagerung 175 - 176
Umschlagsbereich
- Indikatoren 119
- pH-Wert 124
Umweltgifte 22, 59
ungesättigte Fettsäuren 295
Ungleichgewicht, osmotisches 69
Universalindikatoren 120
Unschärferelation 11
unsymmetrische Ether 231
Uracil 386, 389
Uran 6, 23
- Isotope 5 - 6
Urease, Darmbakterien 304
Urogen-III 381 - 382
Uronsäuren 360
Uroporphyrinogen-III 381 - 382
Ursodeoxycholsäure 286
UV-B-Strahlung 42
UV-Detektor, Chromatographie 73
Uveitis anterior 58
UV-Spektroskopie 396 - 398
- Absorptionsmaxima 357, 396
UV-Spektrum 396

V

Vakuumdestillation 71
Valenzelektronen 9, 18
- Oktettregel 18, 27
Valenzschwingungen, funktionelle Gruppen 400
Valin 331
Van-der-Waals-Kräfte 51, 184, 285
Vanillin 249, 259, 272
Vasopressin 353
Verätzungen, Laugen/Säuren 116 - 117
Verbrennung 134, 156
- Alkane 192
- kalte 136
- Methan 192
- Oxidation 1324
- Radikale 192
Verbrennungsenthalpie 84
Verbrennungswärme 192
Verdampfungswärme 53 - 54, 56, 72
- Schwefelwasserstoff 56
- Wasser 56
Verdunsten 54
Vereisen, Ethylchlorid 54
Veresterung
- Aminosäuren 338
- Phosphorsäure 305
Vergällung, Ethanol 227
Verseifung, Esterverseifung 294
Versilberung, Elektrolyse 103
Verteilungsgleichgewicht 63
Verteilungskoeffizient 63, 72
Verteilungsprozesse im Körper 63
Vinylchlorid 198 - 199
Viskosität, Flüssigkeiten 51
Vitamin A 200 - 201, 268, 272
Vitamin B_1 (Pyrimidin) 385 - 386, 392, 394
Vitamin B_2 (Riboflavin) 392, 394
Vitamin B_6 246
Vitamin B_{12} (Cobalamin) 21, 26, 383 - 384, 392, 394
Vitamin C (Ascorbinsäure) 193, 364, 380
- Antioxidanzien 365
Vitamin D 201
Vitamin D_3 230 - 231
Vitamin E 193, 206, 230
- Antoxidanzien 230 - 231
Vitamin K 248, 277
- Blutgerinnung 277
Vitamin-K-Antagonisten 277
Vitamin-K-Epoxid 277
Vitamine 172
- Antioxidanzien 193
- Heterocyclen 381
- OH-Gruppen 230
Volumen, Feststoffe 51
Volumenberechnung 79

W

Wärme, Reaktionen 82
Wärmeregulation 84
Wannenform, Cyclohexan 185 - 186
Warfarin 277
Wasser 56 - 57, 159, 399
- Addition, Aldehyde/Ketone 264 - 265
- - Alkene 196
- Assoziate 56
- Autoprotolyse 112
- Bindungsenergie/-länge 37
- Clusterbildung 56
- Dichteänderung 57
- Dipol 55
- Dipolmolekül 44
- Eigenschaften 55 - 57
- Elektrolyse 153
- elektrostatische Anziehungskräfte 55
- gewinkeltes Molekül 44
- Hexamere 56
- Ionenprodukt 112 - 113
- Lösungsmittel 62
- Molekülmasse 35
- Molmasse, scheinbare 56
- Phasendiagramm 55
- pH-Wert 119
- pK_s-Wert 115
- Schmelz-/Siedepunkt 56
- Summenformel 35, 78
- Verdampfungswärme 56, 84
- Zellen 57
Wasserdampf 84
Wassergehalt, Körperflüssigkeiten 60
Wasserhaushalt 98
- Salzbildung 118
Wasserleitungssystem, Zellen 57
wasserlöslich 62
Wassermolekül, Geometrie 44
Wassersäule, Normaldruck 48
Wasserstoff 5 - 6, 21 - 22, 35, 57, 171, 195
- Bindigkeit 35
- Bindungslänge/-energie 37
- Chloralkali-Elektrolyse 103
- *cis*-Addition 185
- - Alkene 198
- Elektronenkonfiguration 9
- Isotope 5 - 6
- Knallgasreaktion 78, 137, 153
- σ-Molekülorbital 38
- Radikale 188
Wasserstoffbrücken 55, 222
Wasserstoffbrückenbindungen 55 - 57, 261
- Alkanole 222
- Carbonsäuren 281
- intermolekulare 55
- intramolekulare 263
- Peptide 344 - 345
- Polypeptide 348
- Proteine 348
Wasserstoffelektrode
- pH-Abhängigkeit 150
- pH-Wertmessung 151
Wasserstoff-Ion 33
Wasserstoffperoxid 136, 140, 234
Wechselwirkungen, hydrophobe 349
Wechselzahl, Enzymkinetik 216
weiblicher Zyklus, Progesteron 261
Weingeist (s. Ethanol) 227
Weinsäure 286
- *D*/*L*-Weinsäure 323
- *meso*-Form 323
- Salze 323
Wellenlänge λ, UV-Spektroskopie 396
Wertigkeit (s. Oxidationsstufe) 139
Wilson-Syndrom 168
Wurzelkanal, Ionenwanderung 104

X

Xanthin-Oxidase 21, 26
Xenon 22, 233

Y

Yttrium, Strahlentherapie 25

Z

Zahlenordnung, Periodensystem 19
Zearalenon 297
Z/*E*-Isomerie, Alkene 194
Zelle(n)
- elektrochemische 142 - 143
- Gegendruck (Turgor) 48
- Wasserleitungssystem 57
Zellkern, Größen und Abstände 4
Zellmembran(en) 57, 70
- s. a. Membranen
- Lipiddoppelschichten 70
- Phospholipid-Doppelschicht 57
- Phospholipide 306
Zentral-Ion 158
- Löslichkeit 165
- Metallkomplexe 158 - 159
- Wanderungsgeschwindigkeit 165
Zickzack-Kette/-Konformation 229
- Alkane 183
Zink 21, 141
- Carboxypeptidase A 26
- Quecksilberbindung 49
Zinkelektrode, elektrochemische Zelle 142 - 143
Zinkfinger-Proteine 166
Zink-Halbzelle 146
Zinn 28, 52
- Verbindungen 22
Zucker 342, 388
Zuckeralkohole 360
Zuckerersatzstoff 360
Zuckerkrankheit 352
Zuckersäuren 360
Zuckerstoffwechsel, Phosphat 310
Zustandsfunktion, Enthalpie 83
Zustandsgrößen 82
Zwischenstufe (Intermediat), S_N1-Reaktion 251 - 252
Zwitter-Ion 112
- Aminosäuren 332

Tab. 1 Gültige Basiseinheiten nach dem Internationalen Einheitensystem (SI-Einheiten).

Länge *(l)*	in *Metern* (m)
Masse *(m)*	in *Kilogramm* (kg)
Zeit *(t)*	in *Sekunden* (s)
Temperatur *(T)*	in *Kelvin* (K)
Stoffmenge *(n)*	in *Mol* (mol)
Stromstärke *(I)*	in *Ampère* (A)
Lichtstärke (I_v)	in *Candela* (cd)

Tab. 2 International festgelegte Präfixe für dezimale Teile und Vielfache von SI-Einheiten.

Präfix		Faktor	Präfix		Faktor
Tera-	(T)	10^{12}	Dezi-	(d)	10^{-1}
Giga-	(G)	10^{9}	Zenti-	(c)	10^{-2}
Mega-	(M)	10^{6}	Milli-	(m)	10^{-3}
Kilo-	(k)	10^{3}	Mikro-	(µ)	10^{-6}
Hekto-	(h)	10^{2}	Nano-	(n)	10^{-9}
Deka-	(da)	10	Piko-	(p)	10^{-12}
			Femto-	(f)	10^{-15}
			Atto-	(a)	10^{-18}

Tab. 3 Abgeleitete SI-Einheiten ohne und mit eigenem Namen.

Abgeleitete SI-Einheit	Beziehung zur Basiseinheit
Fläche	m^2
Volumen *(V)*	cm^3 ($1\ L = 1\ dm^3 = 10^{-3}\ m^3$)
Dichte *(ϱ)*	$kg \cdot m^{-3}$ (gebräuchlich: $g \cdot cm^{-3}$)
Geschwindigkeit *(v)*	$m \cdot s^{-1}$ ($1\ m \cdot s^{-1} = 3{,}6\ km \cdot h^{-1}$)
Stoffmengenkonzentration *(c)*	$mol \cdot L^{-1}$ ($mol \cdot m^{-3}$)
Molare Masse *(M)*	$g \cdot mol^{-1}$ ($kg \cdot mol^{-1}$)
Druck in Pascal (Pa)	$1\ Pa = 1\ kg \cdot s^{-2} \cdot m^{-1} = 1\ Nm^{-2}$
Druck in Bar (bar)	$1\ bar = 10^5\ Pa = 1000\ hPa$
Kraft in Newton (N)	$1\ N = 1\ kg \cdot m \cdot s^{-2}$
Energie in Joule (J; Wärmemenge, Arbeit)	$1\ J = 1\ kg \cdot m^2 \cdot s^{-2} = 1\ Nm$
Leistung in Watt (W)	$1\ W = 1\ kg \cdot m^2 \cdot s^{-3} = 1\ J \cdot s^{-1}$
Elektrische Ladung in Coulomb (C)	1 C = 1 As
Elektrische Spannung in Volt (V)	$1\ V = 1\ kg \cdot m^2 \cdot A^{-1} \cdot s^{-3} = 1\ W \cdot A^{-1}$
Frequenz in Hertz (Hz)	$1\ Hz = 1\ s^{-1}$
Radioaktivität in Becquerel (Bq)	$1\ Bq = 1\ s^{-1}$

Tab. 4 Beziehung zwischen SI-Einheiten und einigen älteren, noch in Gebrauch befindlichen Einheiten.

	Beziehung zu SI-Einheiten
Zeit *(t)* in Minuten (min)	1 min = 60 s
in Stunden (h)	1 h = 60 min = 3600 s
in Tagen (d)	1 d = 24 h = 86 400 s
Temperatur in Grad Celsius (°C)	*T* (in K) = *T* (in °C) + 273,15
Druck *(p)* in Torr	1 Torr = 1,33 mbar
in Atmosphäre	1 atm = 1,013 bar = 760 mmHg = 1013 hPa
in mmHg	1 mmHg = 1 Torr = 1,33 mbar
Energie in Kalorien (cal)	1 cal = 4,18 J
Länge in Ångström	$1\ Å = 10^{-10}\ m$
Radioaktivität in Curie	$1\ Ci = 3{,}7 \cdot 10^{10}\ s^{-1}$